합격에 윙크(Win-Q)하다!

Win-Q

Win Qualification

윙크

항해사 6급 [필기]

합격에 윙크(Win-Q)하다!
Win-Q
Win Qualification
윙크
Always with you
사람이 길에서 우연하게 만나거나 함께 살아가는 것만이 인연은 아니라고 생각합니다.
책을 펴내는 출판사와 그 책을 읽는 독자의 만남도 소중한 인연입니다.
(주)시대고시기획은 항상 독자의 마음을 헤아리기 위해 노력하고 있습니다.
늘 독자와 함께하겠습니다.

PREFACE

머리말

선박 항해에 필요한 이론과 실무 및 관련법은 매우 방대하고 다양하며 선박의 종류, 크기, 항해 구역마다 적용되는 사항이 다르다. 이런 상황에서 수험생들이 짧은 시간 안에 많은 양의 이론을 공부하여 해기사시험에 합격하기란 결코 쉽지 않다.

이 책은 항해사 6급 면허시험에 응시하는 수험생들을 위해 만들어진 것으로, 시험에 나오는 핵심이론과 기출복원문제를 통해 단기간에 시험에 합격할 수 있도록 도움을 주고자 하였다. 핵심이론은 항해사 면허시험에 빈번히 출제되는 내용을 정리하였고 6급뿐만 아니라 상위 급수에 도전하는 수험생들에게도 필히 익혀야 할 내용으로 구성하였다. 또한 2017년도부터 항해사 6급 면허시험에 추가되는 상선전문, 어선전문을 포함한 기출복원문제는 상세한 해설을 수록하여 수험생들이 더욱 쉽게 내용을 이해할 수 있도록 하였다.

대부분의 수험생들이 항해사시험을 준비할 때 주관처인 한국해양수산연수원 홈페이지에서 제공하는 기출문제를 활용하는데 문제와 답을 암기하는 수준에서 시험을 보니 어려움을 많이 겪는다. 매회 출제되는 문제의 유형도 조금씩 바뀌기 때문에 기출문제의 답만 외우는 식의 공부방법으로는 한계가 있다.

본 교재에서는 수험생들이 많은 양의 기출문제를 풀어보고 문제에 대한 해설을 통해 내용을 이해할 수 있도록 도움을 주고자 하였다. 해기사시험의 특성상 고득점보다는 모든 영역에서 고르게 득점하여 평균 60점 이상을 취득해야 하므로 이론을 외우기보다는 기출문제 풀이와 해설을 이해함으로써 항해사에게 필요한 전반적인 지식을 습득하고 실무에 활용할 수 있도록 하였다.

다시 말하지만 단기간에 합격하기 위해서는 본 교재를 끝까지 풀어보고 문제와 해설을 반복 학습하는 것이 매우 중요하다. 그렇게 한다면 시험합격은 물론 실무에서도 유용하게 활용할 수 있을 것이다. 본 교재가 수험생들의 합격은 물론 항해사 실무에도 유용하게 활용될 수 있는 참고 서적이 되기를 바란다.

편저자 씀

시험 안내

개 요

해기사란 일정 기준의 기술 또는 기능이 있어 선박의 운용과 관련하여 특정한 업무수행을 할 수 있도록 면허받은 자격 또는 그 자격을 가진 자를 말한다.

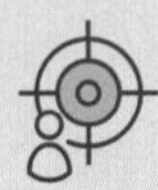

수행직무

수행하는 업무영역 및 책임범위에 따라 1~6급의 항해사 · 기관사, 1~4급의 운항사 · 통신사(전파전자급, 전파통신급) 및 소형선박조종사, 수면비행선박조종사(중, 소형) 등으로 구분되며, 승선 후 선장 · 항해사 · 기관장 · 기관사 · 통신장 · 통신사 · 운항장 및 운항사의 직무를 수행한다.

시험일정

❶ 정기시험
- ㉠ 부산 외 지역에서도 응시할 수 있음
- ㉡ 시험방식
  - 필기 : PBT(Paper Based Test)
  - 면접 : 구술시험(부산 및 인천지역에 한함)
- ㉢ 시행대상 : 항해사(상선), 항해사(어선), 기관사, 소형선박조종사, 통신사, 운항사(지역별 시행 직종 및 등급 확인)

※ 회별 시행 지역, 지역별 시행 직종 및 등급을 공고문에서 반드시 확인하시기 바랍니다.

❷ 상시시험
- ㉠ 승선 및 어로활동 등으로 정기시험 응시가 어려운 분들의 응시 편의를 위한 시험으로 회차별 시행 직종이 다름
- ㉡ 시험방식 : CBT(Computer Based Test)
  - 지정된 시험실에서 컴퓨터 모니터를 통해 문제를 푸는 방식
  - 컴퓨터로 통제되어 자동 채점되며, 시험 당일 합격자를 발표
- ㉢ 시행대상 : 항해사(상선), 항해사(어선), 기관사, 소형선박조종사
- ㉣ 회당 수용 가능 인원에 제한이 있으므로 접수기간 중 인터넷 선착순 마감

※ 회별 시행 지역, 직종 및 등급 등 세부사항은 월별 상시시험 공고문을 반드시 확인하시기 바랍니다.

시험요강

❶ 시 행 처 : 한국해양수산연수원(http://lems.seaman.or.kr)

❷ 시험과목 : 항해, 운용, 법규, 전문(상선, 어선)

❸ 검정방법 : 객관식 4지선다형으로 하며 과목당 25문항

❹ 합격기준
- ㉠ 과목당 100점 만점으로 매 과목 40점 이상, 전과목 평균 60점 이상(단, 항해사 법규과목은 60점 이상 득점)
- ㉡ 과목합격 : 불합격자 중 매 과목 60점 이상 득점 과목이 2과목 이상일 경우 발생(과목합격 유효기간 2년)

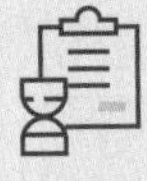

출제기준

면허등급	시험과목		과목내용	출제비율
6급 항해사	항 해		항해계기	12%
			항로표지	16%
			해도(수로도지)	16%
			조석 및 해류	12%
			지문항법	32%
			전파 및 레이더항법	12%
			합 계	100%
	운 용		선박의 구조 및 설비	24%
			선박의 이동 및 조종	28%
			선박의 복원성	8%
			당직근무	12%
			기상 및 해상	8%
			선박의 동력장치	4%
			비상조치 및 손상제어	4%
			선내의료	4%
			수색 및 구조, 해상통신	8%
			합 계	100%
	법 규		선박의 입항 및 출항 등에 관한 법률	8%
			선박안전법	8%
			해양환경관리법	8%
			해사안전법	8%
			국제해상충돌예방규칙	68%
			합 계	100%
	전 문	상 선	화물의 취급 및 적하	72%
			선박법	28%
			합 계	100%
		어 선	어획물의 취급 및 적하	72%
			수산관련법	28%
			합 계	100%

면허를 위한 승무경력

면허등급	승선 선박	직 무	기 간
6급 항해사	길이 20m 이상의 어선	선박의 운항	1년
	총톤수 100ton 이상의 상선	선박의 운항	2년
	배수톤수 100ton 이상의 함정	함정의 운항	2년
	길이 9m 이상 20m 미만의 어선	선박의 운항	2년
	총톤수 5ton 이상 100ton 미만의 상선	선박의 운항	3년
	배수톤수 5ton 이상 100ton 미만의 함정	함정의 운항	3년

※ 함정의 운항이란 함정에 승선하여 기관의 운전과 조리업무를 제외한 직무를 수행하는 것을 말함
※ 선박의 운항이란 선박직원이 아닌 자로서 선박에 승선하여 선박직원의 기관업무 보조 및 조리업무를 제외한 나머지 직무를 수행하는 것을 말함

이 책의 구성과 특징

1 항해계기

1-1. 컴퍼스

핵심이론 01 자기(마그네틱)컴퍼스

① 자기컴퍼스 : 자석을 이용해
지시하도록 만든 장치로 선
측하여 선위를 확인할
㉠ 건식 자기컴퍼스

PART 01 항 해

1 항해계기

1-1. 컴퍼스

핵심이론 01 자기(마그네틱)컴퍼스의 분류 및 구조

① 자기컴퍼스 : 자석을 이용해 자침이 지구 자기의 방향을 지시하도록 만든 장치로 선박의 침로나 물표의 방위를 관측하여 선위를 확인할 수 있다.
㉠ 건식 자기컴퍼스와 액체식 자기컴퍼스가 있다.
㉡ 선박에서는 액체식 자기컴퍼스를 주로 쓴다.
㉢ 액체식 자기컴퍼스는 크게 볼(Bowl)과 비너클(Binnacle)로 구성된다.
• 볼 : 반자성 재료인 청동 또는 놋쇠로 되어 있는 용기로써, 상하 2개의 방으로 그 안에는 액체가 있어 카드 부분이 거의 떠 있다.
• 비너클 : 목재 또는 비자성재로 만든 원통형의 지지대로 윗부분에는 짐벌즈(Gimbals, Gimbal Ring)가 들어 있어 컴퍼스 볼을 지지한다.
② 자기컴퍼스 설치상의 주의점
㉠ 동요가 가장 적은 중앙부 선수미선상에 설치
㉡ 방위 측정이 용이하고 시계가 차단되지 않는 곳에 설치
㉢ 철물, 전기기기 등 자력이 미치지 않는 곳에 설치

핵심예제

1-1. 다음 (   ) 안에 알맞은 것은?

액체식 자기컴퍼스는 크게 나누어 볼과 (   )로(으로) 구성되어 있다.

① 캡
② 피 벗
③ 비너클
④ 짐벌즈

정답 ③

1-2. 다음 중 액체식 자기컴퍼스에서 액체로 채워진 용기로 옳은 것은?

① 볼(Bowl)
② 캡(Cap)
③ 부실(Float)
④ 기선(Lubber Line)

정답 ①

해설

1-2
반자성 재료인 청동 또는 놋쇠로 되어 있는 용기로써, 상하 2개의 방으로 그 안에는 액체가 있어 카드 부분이 거의 떠 있다.

핵심이론

필수적으로 학습해야 하는 중요한 이론들을 각 과목별로 분류하여 수록하였습니다.
시험과 관계없는 두꺼운 기본서의 복잡한 이론은 이제 그만!
시험에 꼭 나오는 이론을 중심으로 효과적으로 공부하십시오.

항해사 6급

㉣ 자차의 변화요인
• 선수방위가 바뀔 때(가장 크다)
• 선체의 경사(경선차)
• 지구상의 위치변화
• 적하물의 이동
• 선수를 동일한 방향으로 장시간 두었을 때
• 선체의 심한 충격
• 동일 침로로 장시간 항해 후 변침(가우신 오차, Gaussin Error)
• 선체의 열적변화
• 나침의 부근의 구조 및 위치 변경 시
• 낙뢰, 발포, 기뢰의 폭격을 받았을 때
• 지방자기의 영향(우리나라에서 지방자기 영향이 가장 큰 곳 : 청산도)
③ 자차곡선도 : 미리 모든 방위의 자차를 구해 놓은 도표로 선수 방향에 대한 자차를 구하는데 편리하게 이용할 수 있다.
④ 컴퍼스오차(Compass Error)
㉠ 선내 나침의의 남북선(나북)과 진자오선(진북) 사이의 교각, 즉 편차와 자차에 의한 오차이다.
㉡ 자차와 편차의 부호가 같으면 그 합, 부호가 다르면 차(큰쪽 - 작은쪽)를 구한다.
㉢ 나북이 진북의 오른쪽에 있으면 편동오차(E), 왼쪽에 있으면 편서오차(W)로 표시한다.

진북 자북 나북 V D C E

핵심예제

4-1. 자차의 변화에 대한 설명으로 옳지 않은 것은?

① 선수방위에 따라 값이 다르다.
② 시간의 경과에 따라 값이 다르다.
③ 선박마다 같은 값이다.
④ 철재구조물을 설치하면 값이 다르다.

정답 ③

4-2. 다음 중 자차에 대한 설명으로 옳은 것은?

① 진자오선과 배의 항적이 이루는 교각
② 자기자오선과 선수미선과의 교각
③ 자기자오선과 자기컴퍼스의 남북선과의 교각
④ 자기컴퍼스의 남북선과 선수미선과의 교각

정답 ③

4-3. 편차 5°E, 자차 7°W일 때의 컴퍼스오차를 나타낸 것은?

① 2°E
② 12°E
③ 2°W
④ 12°W

정답 ③

해설

4-1
선박의 구조 및 재질에 따른 선내 철기 및 자기의 영향으로 자차가 변화한다.
4-2
① 진침로
② 자침로
④ 나침로
4-3
7°W - 5°E = 2°W
컴퍼스오차
• 자차와 편차의 부호가 같으면 그 합, 부호가 다르면 차(큰쪽 - 작은쪽)를 구한다.
• 나북이 진북의 오른쪽에 있으면 편동오차(E), 왼쪽에 있으면 편서오차(W)로 표시한다.

핵심예제

출제기준을 중심으로 출제빈도가 높은 기출문제와 필수적으로 풀어보아야 할 문제를 핵심이론당 1~2문제씩 선정했습니다. 각 문제마다 핵심을 찌르는 명쾌한 해설이 수록되어 있습니다.

2014년 제 1 회 과년도 기출복원문제

제1과목 항해

01 다음 중 선박용 자기컴퍼스에 대한 설명으로 틀린 것은?
① 쇠로 만들어진 선박에 비치되어 있는 자기컴퍼스는 그 선체가 가지는 자기의 영향을 받으므로 정확한 방향을 지시하지 못한다.
② 이와 같은 선체자기의 영향은 없애야 한다.
③ 이것을 없앨 목적으로 수정구를 컴퍼스 주변에 부착해 두었다.
④ 이 수정구는 수시로 페인트를 칠하여 녹이 나지 않도록 하여야 한다.

02 항해사가 항해 중 해도에서 편차를 구하기 위해 해도에서 보아야 할 곳은?
① 표제기사 ② 위도와 경도
③ 해도도식 ④ 나침도

해설
나침도에는 지자기에 따른 자침편차와 1년간의 변화량인 연차가 함께

04 색깔이 다른 종류의 빛을 교대로 내며 그 사이 등광이 꺼지지 않는 등은?
① 호광등 ② 부동등
③ 섬광등 ④ 명암등

해설
② 부동등(F) : 등색이나 등력이 바뀌지 않고 일정하게 계속 빛을 내는 등
③ 섬광등(Fl) : 빛을 비추는 시간이 꺼져 있는 시간보다 짧은 것으로, 일정한 간격으로 섬등을 내는 등
④ 명암등(Oc) : 한 주기 동안에 빛을 비추는 시간이 꺼져 있는 시간보다 길거나 같은 등

05 항로표지 중 일정한 선회 반지름을 가지고 이동되는 것은 무엇인가?
① 등 대 ② 등부표
③ 등 주 ④ 등 표

해설
등부표
• 등대와 함께 가장 널리 쓰이고 있는 야간표지
• 암초, 항해금지구역, 항로의 입구, 폭 및 변침점 등을 표시하기 위하여 설치
• 해저에 체인으로 연결되어 일정한 선회 반지름을 가지고 이동

과년도 기출복원문제

2014년부터 2017년까지 출제된 기출문제를 복원하여 수록하였습니다.
각 문제에는 자세한 해설이 추가되어 핵심이론만으로는 아쉬운 내용을 보충 학습하고 출제경향의 변화를 확인할 수 있습니다.

2019년 제 4 회 최근 기출복원문제

제1과목 항해

01 자기컴퍼스에 대한 설명으로 틀린 것은?
① 배가 경사한 때에도 자차가 변화한다.
② 같은 항구에 있는 선박의 자차는 같다.
③ 자차 측정은 기회 있을 때마다 실시한다.
④ 자차란 나침방위와 자침방위의 차이다.

해설
자차는 선내 철기 및 선체자기의 영향 때문에 발생한다.

02 컴퍼스에서 놋쇠로 된 가는 막대로 물표방위 측정 시 사용되는 것은 무엇인가?
① 섀도 핀 ② 글라스 커버
③ 방위환 ④ 육분의

해설
섀도 핀
• 놋쇠로 된 가는 막대로 컴퍼스 볼의 글라스커버의 중앙에 핀을 세울 수 있는 섀도 핀 꽂이가 있다.
• 사용 시 한쪽 눈을 감고 목표물을 핀을 통해 보고 관측선의 아래쪽의 카드의 눈금을 읽는다.
• 가장 간단하게 방위를 측정할 수 있으나 오차가 생기기가 쉽다.

04 해도상 등대 옆에 표시되어 있는 내용에서 ㉠이 뜻하는 것은?

Fl(3)	G	7s	39m	7M
㉠	㉡	㉢	㉣	㉤

① 주 기 ② 등 고
③ 등 질 ④ 광달거리

해설
• 등질 : 섬광등 연속 3번
• 등색 : 녹색
• 주기 : 7초마다
• 등고 : 39m
• 광달거리 : 7마일

05 선박의 항로표지 중 야간표지에만 해당하는 것은?
① 등대, 부표 ② 등선, 입표
③ 등대, 도등 ④ 등선, 부표

06 낮에 항로를 인도해 주는 항로표지는 무엇을 보고 특성과 기능을 판단하는가?

최근 기출복원문제

2017년부로 개정된 기출복원문제(상선전문 · 어선전문 포함)를 수록하였습니다. 가장 최신의 출제경향을 파악하고 새롭게 출제된 문제의 유형을 익혀 처음 보는 문제들도 모두 맞출 수 있도록 하였습니다.

CONTENTS

목 차

빨리보는 간단한 키워드

제 1 과목

항 해

■ **자기컴퍼스** : 자석을 이용해 자침이 지구 자기의 방향을 지시하도록 만든 장치로 선박의 침로나 물표의 방위를 관측하여 선위를 확인할 수 있으며 액체식 자기컴퍼스는 크게 볼과 비너클로 구성

■ **볼의 구조**

- 컴퍼스 카드(Compass Card)
  - 부실에 부착된 운모 또는 황동제의 원형판
  - 원주에 북을 0°로 하여 시계방향으로 360등분된 방위 눈금이 새겨져 있음
  - 안쪽에는 사방점 방위와 사우점이 새겨져 있음
  - 0°와 180°를 연결하는 선과 평행하게 자석이 부착되어 있음
  - 카드의 직경으로 컴퍼스 크기를 표시
- 부실(Float)
- 캡(Cap)
- 피벗(Pivot)
- 컴퍼스액(Compass Liquid) : 증류수와 에틸알코올을 약 6:4 비율로 혼합, 비중이 약 0.95
- 기선(Lubber Line)
- 윗방, 아랫방, 연결관
- 주액구
  - 볼 내에 컴퍼스액이 부족하여 기포가 생길 때 사용하는 구멍
  - 주액구를 위로 향하게 한 다음, 주사기로 액을 천천히 보충하여 기포를 제거
  - 주위의 온도가 15℃ 정도일 때 실시하는 것이 가장 좋음
- 짐벌 링(Gimbal Ring) : 선박의 동요로 비너클이 기울어(경사)져도 볼을 항상 수평으로 유지
- 자 침

■ 비너클의 구조

- 경사계 : 선체의 경사상태를 표시하는 계기로 선체의 수평 상태를 확인
- 상한차 수정구 : 컴퍼스 주변에 있는 일시자기의 수평력을 조정하기 위해 부착된 연철구 또는 연철판
- 조명장치와 조정손잡이
- B 자석 삽입구 : 선체영구자기 중 선수미분력을 조정하기 위한 영구자석(B 자석)을 넣는 구멍
- C 자석 삽입구 : 선체영구자기 중 정횡분력을 조정하기 위한 영구자석(C 자석)을 넣는 구멍
- 플린더즈 바 : 선체일시자기 중 수직분력을 조정하기 위한 일시자석, 퍼멀로이 바 라고도 함
- 경선차 수정자석 : 선체자기 중 컴퍼스의 중심을 기준으로 한 수직분력을 조절하기 위한 자석
- 비너클 톱 : 볼을 보호

■ 컴퍼스의 자차의 변화요인

- 선수 방위가 바뀔 때(가장 크다)
- 선체의 경사(경선차)
- 지구상의 위치변화
- 적하물의 이동
- 선수를 동일한 방향으로 장시간 두었을 때
- 선체의 심한 충격
- 동일 침로로 장시간 항해 후 변침(가우신 오차)
- 선체의 열적변화
- 나침의 부근의 구조 및 위치 변경 시
- 낙뢰, 발포, 기뢰의 폭격을 받았을 때
- 지방자기의 영향(우리나라에서 지방자기 영향이 가장 큰 곳 : 청산도)

■ 야간표지

- 광파표지 또는 야표라 부름
- 등화에 의해서 그 위치를 나타내며 주로 야간의 물표가 되는 항로표지를 말함
- 야간뿐만 아니라 주간에도 물표로 이용될 수 있음

■ 구조에 의한 분류

- 등대 : 야간표지의 대표적인 것으로 야간표지 중 광력이 가장 큼
- 등 주
- 등 표

• 등 선
• 등부표
  - 등대와 함께 가장 널리 쓰이고 있는 야간표지
  - 암초, 항행금지구역, 항로의 입구, 폭 및 변침점 등을 표시하기 위하여 설치
  - 해저에 체인으로 연결되어 일정한 선회 반지름을 가지고 이동
  - 파랑이나 조류에 의한 위치 이동 및 유실에 주의

■ 용도에 의한 분류

• 도등 : 통항이 곤란한 좁은 수로, 항만 입구 등에서 안전 항로의 연장선 위에 높고 낮은 2~3개의 등화를 앞뒤로 설치하여 그들의 중시선에 의해서 선박을 인도
• 부등(조사등) : 풍랑이나 조류 때문에 등부표를 설치하거나 관리하기 어려운 모래 기둥이나 암초 등이 있는 위험지점으로부터 가까운 등대에 강력한 투광기를 설치하여 그 구역을 비추어 위험을 표시
• 지향등 : 통항이 곤란한 좁은 수로, 항구, 만 입구 등에서 안전한 항로를 알려주기 위하여 항로 연장선 상의 육지에 설치한 분호등

■ 등 질

• 부동등(F) : 등색이나 등력이 바뀌지 않고 일정하게 계속 빛을 내는 등
• 명암등(Oc) : 한 주기 동안에 빛을 비추는 시간이 꺼져 있는 시간보다 길거나 같은 등
• 군명암등(Oc(＊)) : 명암등의 일종, 한 주기 동안에 2회 이상 꺼지는 등
• 섬광등(Fl.) : 빛을 비추는 시간이 꺼져 있는 시간보다 짧은 것으로, 일정한 간격으로 섬등을 내는 등
• 군섬광등(Fl(＊)) : 섬광등의 일종, 한 주기 동안에 2회 이상의 섬등을 내는 등
• 급섬광등(Q.) : 섬광등의 일종, 1분 동안 50회 이상 80회 이하의 일정한 간격으로 섬광을 내는 등
• 호광등(Al.) : 색깔이 다른 종류의 빛을 교대로 내며, 그 사이에 등광은 꺼지는 일이 없이 계속 빛을 내는 등

■ 주간표지

• 모양과 색깔로써 식별(형상표지)
• 연안 항해 시 주간에 선위 결정을 위한 물표로 이용
• 암초, 침선 등을 표시하여 항로를 유도하는 역할

■ 주간표지의 종류

- 입표 : 암초, 사주 등의 위에 고정적으로 설치하여 위험구역을 표시
- 부표 : 비교적 항행이 곤란한 장소나 항만에서의 유도표지로 항로를 따라 변침점에 설치하며, 해저에 체인으로 연결되어 일정한 선회 반지름을 가지고 이동
- 육표 : 육상에 설치된 간단한 기둥표
- 도표 : 좁은 수로의 항로를 표시하기 위하여 항로의 연장선 위에 앞뒤로 2개 이상의 육표를 설치하며 방향표가 되어 선박을 인도하는 것

■ 음향표지

- 안개, 눈 등에 의하여 시계가 나빠 육지나 등화를 발견하기 어려울 때에 선박에 항로표지의 위치를 알리거나 경고할 목적으로 설치된 표지로 무신호(Fog Singnal)라고도 함
- 일반적으로 등대나 다른 항로표지에 부설되어 있음
- 공중음 신호와 수중음 신호가 있음
- 사이렌이 많이 쓰임

■ 음향표지 이용 시 주의사항

- 시계가 나빠 항행에 지장을 초래할 우려가 있을 경우에 한하여 사용
- 신호음의 방향 및 강약만으로 신호소의 방위나 거리를 판단해서는 안 됨
- 무신호에만 의지하지 말고, 측심의나 레이더의 활용에 노력해야 함

■ 국제항로표지협회(IALA) 해상부표식

- IALA에서는 각 나라가 부표방식을 통일하여 적용할 수 있도록 A 지역과 B 지역의 두 가지 방식을 제시하고 있음
- 우리나라는 B 방식으로 좌현표지는 녹색, 우현표지는 홍색(A 방식은 반대)
- 측방표지, 방위표지, 고립장해표지, 안전수역표지, 특수표지의 다섯 가지로 이루어짐

■ **해도의 제작법에 의한 분류** : 평면도법, 점장도법, 대권도법, 횡점장도법, 다원추도법 등

■ 점장도법의 특징

- 항정선이 직선으로 표시되어 침로를 구하기 편리함
- 자오선과 거등권이 직선으로 나타남
- 거리측정 및 방위선 기입이 용이함
- 고위도에서는 왜곡이 생기므로 위도 70° 이하에서 사용됨

■ 항해용 해도

종 류	축 척	내 용
총 도	1/400만 이하	세계전도와 같이 넓은 구역을 나타낸 것으로, 장거리 항해와 항해계획 수립에 이용
항양도	1/100만 이하	원거리 항해에 쓰이며, 먼 바다의 수심, 주요 등대·등부표, 먼 바다에서도 보이는 육상의 물표 등이 표시됨
항해도	1/30만 이하	육지를 바라보면서 항해할 때 사용되는 해도로, 선위를 직접 해도상에서 구할 수 있도록 육상 물표, 등대, 등표 등이 비교적 상세히 표시됨
해안도	1/5만 이하	연안 항해에 사용하는 것이며, 연안의 상황이 상세하게 표시됨
항박도	1/5만 이상	항만, 정박지, 협수로 등 좁은 구역을 상세히 그린 평면도

■ 특수도 : 해저지형도, 어업용해도, 해류도, 조류도, 해도 도식 등

■ 수 심

- 1년 중 해면이 가장 낮은 이보다 아래로 내려가는 일이 거의 없는 면(기본수준면/약최저저조면)에서 측정한 물의 깊이(우리나라는 미터단위를 사용)
- 수심 20.9m 미만은 소수점 아래 둘째 자리는 절삭하고 첫째 자리까지만 표시하고, 21m 이상은 정수값만을 기재(예 20_9)

■ 등심선 : 통상 2m, 5m, 10m, 20m 및 200m로서 같은 수심인 장소를 연속하는 가는 실선으로 나타냄

■ 조류화살표

낙조류	창조류	해 류	유속이 *노트인 낙조류
 →	 ////→	 ⋙→	*kn 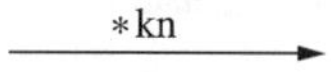 →

■ 해저위험물

	간출암 : 저조시 수면 위에 나타나는 바위(3m)
	항해에 위험한 간출암
	세암 : 저조시 수면과 거의 같아서 해수에 봉우리가 씻기는 바위
	항해에 위험한 세암
	암암 : 저조시에도 수면 위에 나타나지 않는 바위
	항해에 위험한 암암

(3_5)	노출암 : 저조시나 고조시에 항상 보이는 바위(3.5m)
	위험하지 않은 침선
	항해에 위험한 침선

■ **저질** : 자갈(G), 펄(M), 점토(Cl), 바위(Rk, rky), 모래(S), 조개껍질(Sh), 산호(Co)

■ **해상구역**

Hbr	항 구	Pass.	항로, 수로
Anch	묘박지	Str.	해 협
G.	항 만	B.	만
Thoro.	협수로	P.	항

■ **해도의 관리**

- 해도대의 서랍에 넣을 때 반드시 펴서 넣어야 함
- 부득이 접어야 할 경우 구김이 가지 않도록 주의
- 발행 기관별 번호 순서로 정리
- 서랍의 앞면에 해도번호나 구역을 표시
- 해도에는 필요한 선만 긋도록 하며, 여백에 낙서하는 일이 없도록 함

■ **항로지** : 해도의 내용 및 해도에서는 표현할 수 없는 사항에 대하여 상세하게 설명하는 안내서로 3편(총기, 연안기, 항만기)으로 나누어 기술

■ **지구상의 위치**

- 대권 : 지구의 중심을 지나도록 지구를 자른다고 했을 때 중심을 지나는 큰 원
- 소권 : 지구의 중심을 지나도록 지구를 자른다고 했을 때 중심을 벗어난 작은 원
- 지축 : 지구의 자전축(서에서 동으로 1일 1회전)
- 지극 : 지축의 양끝으로 한 쪽은 북극, 반대쪽은 남극
- 자오선 : 대권 중에서 양극을 지나는 적도와 직교하는 대권
- 본초자오선 : 영국의 그리니치 천문대를 지나는 자오선으로 경도의 기준(0°)
- 적도 : 지축에(자오선과) 직교하는 대권
- 거등권 : 적도와 평행한 소권으로 위도를 나타냄

- 위 도
  - 어느 지점을 지나는 거등권과 적도 사이의 자오선상의 호의 길이
  - 위도 1° = 60′, 1′ = 60″
- 변 위
  - 두 지점을 지나는 자오선상의 호의 크기로 위도가 변한 양
  - 두 지점의 위도가 같은 부호면 빼고, 다른 부호면 더함
  - 도착지가 출발지보다 더 북쪽이면 N, 남쪽이면 S
- 경 도
  - 어느 지점을 지나는 자오선과 본초자오선 사이의 적도상의 호
  - 동쪽으로 잰 것을 동경(E), 서쪽으로 잰 것을 서경(W)
- 변 경
  - 두 지점을 지나는 자오선 사이의 적도상의 호로 경도가 변한 양
  - 두 지점의 경도가 같은 부호면 빼고, 다른 부호면 더함
  - 합이 180°를 초과하면 360°에서 빼고 부호를 반대로 함
  - 출발지보다 도착지가 더 동쪽이면 E, 서쪽이면 W

■ 거리와 속력

- 해 리
  - 해상에서 사용하는 거리의 단위
  - 지리 위도 45°에서의 1′의 길이인 1,852m를 1마일로 정하여 사용
  - 1해리 = 1마일 = 1,852m = 위도 1′의 길이
- 노 트
  - 선박의 속력의 단위
  - 1시간에 1해리(마일)를 항주하는 선박의 속력을 1노트라 함
- 항정 : 출발지에서 도착지까지의 항정선상의 거리를 마일로 표시한 것
- 항정선 : 모든 자오선과 같은 각도로 만나는 곡선으로 선박이 일정한 침로를 유지하면서 항행할 때 지구 표면에 그리는 항적
- 동서거 : 선박이 출발지에서 목적지로 항해할 때, 동서 방향으로 간 거리

■ 편 차

- 연간변화량은 해도의 나침도의 중앙 부근에 기재
- 진자오선(진북)과 자기자오선(자북)과의 교각
- 자북이 진북의 오른쪽에 있으면 편동편차(E), 왼쪽에 있으면 편서편차(W)로 표시
- 지자기의 극은 시간이 지남에 따라 이동하기 때문에 편차는 장소와 시간의 경과에 따라 변함

■ 자 차

- 자기자오선(자북)과 자기컴퍼스의 남북선(나북)과의 교각
- 선내 철기 및 자기영향 때문에 발생
- 나북이 자북의 오른쪽에 있으면 편동자차(E), 나북이 자북의 왼쪽에 있으면 편서자차(W)로 표시

■ 나침의 오차(Compass Error)

- 선내 나침의의 남북선(나북)과 진자오선(진북) 사이의 교각, 즉 편차와 자차에 의한 오차
- 자차와 편차의 부호가 같으면 그 합, 부호가 다르면 차(큰쪽 - 작은쪽)를 구함
- 나북이 진북의 오른쪽에 있으면 편동오차(E), 왼쪽에 있으면 편서오차(W)로 표시

■ 방 위

- 기준선과 관측자 및 물표를 지나는 대권이 이루는 각을 북을 000°로 하여 시계방향으로 360°까지 측정한 것
- 진방위 : 진자오선과 관측자 및 물표를 지나는 대권이 이루는 교각
- 자침방위 : 자기자오선과 관측자 및 물표를 지나는 대권이 이루는 교각
- 나침방위 : 나침의 남북선과 관측자 및 물표를 지나는 대권이 이루는 교각
- 상대방위 : 자선의 선수를 0°로 하여 시계방향으로 360°까지 재거나 좌, 우현으로 180°씩 측정(견시 보고나 닻줄의 방향을 보고할 때 편리하게 사용)

■ 방위각

- 북(남)을 기준으로 하여 동(서)으로 90° 또는 180°까지 표시하는 방법
- 기준을 표시하기 위해 도수 앞에 N(S)이 붙고, 잰 방향을 표시하기 위해 도수의 뒤쪽에 E(W) 부호가 붙음
- N00°E(북을 기준으로 동쪽으로 00° 잰 것), S00°W(남을 기준으로 서쪽으로 00° 잰 것)

■ 포인트식

- 360°를 32등분하여 그 등분점마다 고유의 이름을 붙여서 방위를 표시하는 방법
- 1포인트는 11°15′

■ 침 로

- 선수미선과 선박을 지나는 자오선이 이루는 각
- 북을 기준으로 360°까지 측정
- 진침로 : 진자오선(진북)과 항적이 이루는 각

• 시침로 : 풍·유압차가 있을 때의 진자오선과 선수미선이 이루는 각
• 자침로 : 자기자오선(자북)과 선수미선이 이루는 각
• 나침로 : 나침의 남북선과 선수미선이 이루는 각

■ 침로(방위)개정

• 나침로(나침방위)를 진침로(진방위)로 고치는 것
• 나침로 → 자차 → 자침로 → 편차 → 시침로 → 풍압차 → 진침로(E는 더하고, W는 뺀다)

■ 반개정

• 진침로(진방위)를 나침로(나침방위)로 고치는 것
• 진침로 → 풍압차 → 시침로 → 편차 → 자침로 → 자차 → 나침로(E는 빼고, W는 더한다)

■ 선위의 종류

• 실측위치 : 지상의 물표의 방위나 거리를 실제로 측정하여 구한 위치
• 추측위치 : 가장 최근에 구한 실측위치를 기준으로 선박의 침로와 속력을 이용해 구하는 위치
• 추정위치 : 추측위치에 바람, 해·조류 등 외력의 영향을 가감하여 구한 위치

■ 위치선을 구하는 방법

• 방위에 의한 위치선 : 컴퍼스를 이용하여 물표의 방위를 측정, 컴퍼스 오차를 개정한 방위선
• 중시선에 의한 위치선 : 두 물표가 일직선상에 겹쳐보일 때 두 물표를 연결한 직선으로 피험선, 컴퍼스 오차 측정 등에도 이용
• 수평거리에 의한 위치선 : 레이더와 같은 항행장치로 선박으로부터 물표까지의 거리를 측정, 그 거리를 반지름으로 하고 물표를 중심으로 하는 원
• 수평협각에 의한 위치선 : 육분의로 두 물표 사이의 수평협각을 측정, 두 물표를 지나고 측정한 각을 품는 원
• 수심에 의한 위치선 : 수심의 변화가 규칙적이고 측량이 잘된 해도를 이용하여 직접 측정하여 얻은 수심과 같은 수심을 연결한 등심선, 다른 방법에 비해 정확도가 떨어짐
• 천체의 고도 측정에 의한 위치선 : 태양 및 달의 고도나, 혹성이나 항성의 고도를 육분의로 측정하여 얻은 위치선
• 전위선에 의한 위치선 : 위치선을 그동안 항주한 거리만큼 침로방향으로 평행이동시킨 것

■ **교차방위법** : 항해 중 해도상에 기재되어 있는 2개 이상의 고정된 물표를 선정하여 거의 동시에 각각의 방위를 측정, 방위선을 그어 이들의 교점으로 선위를 정하는 방법으로 연안 항해 중 가장 많이 이용되며, 측정법이 쉽고 위치의 정밀도가 높음

■ **물표 선정 시 주의사항**

- 해도상의 위치가 명확하고 뚜렷한 목표를 선정
- 먼 물표보다는 적당히 가까운 물표를 선택
- 물표 상호 간의 각도는 가능한 한 30~150°인 것을 선정
- 두 물표일 때는 90°, 세 물표일 때는 60° 정도가 가장 좋음
- 물표가 많을 때는 3개 이상을 선정하는 것이 좋음

■ **방위측정 시 주의사항**

- 선수미 방향이나 먼 물표를 먼저 재고, 정횡 방향이나 가까운 물표는 나중에 측정
- 방위변화가 빠른 물표는 나중에 측정
- 물표가 선수미선의 어느 한 쪽에만 있을 경우 선위가 반대쪽으로(왼쪽 또는 오른쪽)으로 편위될 수 있으므로 주의
- 방위측정은 빠르고 정확하게 해야 하며 해도상에 방위선을 작도 시 신속히 해야 함
- 위치선 및 선위를 기입할 때에는 관측시간과 방위를 기입

■ **오차삼각형이 생기는 이유**

- 자차나 편차에 오차가 있을 때
- 해도상의 물표의 위치가 실제와 차이가 있을 때
- 물표의 방위를 거의 동시에 관측하지 못하고 시간차가 많이 생겼을 때
- 관측이 부정확했을 때
- 위치선 작도 시 오차가 개입되었을 때

■ **수평협각법**

- 뚜렷한 3개의 물표를 육분의로 수평협각을 측정, 삼간분도기를 사용하여 그들 협각을 각각의 원주각으로 하는 원의 교점을 구하는 방법
- 수평협각의 측정 및 선위 결정에 다소 시간이 걸리며, 반드시 3개 이상의 물표가 있어야 함

■ 격시관측법

- 관측 가능한 물표가 1개뿐이거나 방위와 거리 중 한 가지 밖에 구할 수 없을 경우 시간차를 두고 위치선을 구하며 전위선과 위치선을 이용하여 선위를 구하는 방법
- 양측방위법 : 물표의 시간차를 두고 두 번 이상 측정하여 선위를 구하는 방법으로 첫 관측점에서 다음 관측점까지 침로를 정확히 유지해야 함
- 선수배각법 : 후측 시 선수각이 전측 시의 두 배가 되게 하여 선위를 구하는 방법
- 4점방위법 : 물표의 전측 시 선수각을 45°(4점)로 측정하고 후측 시 선수각을 90°(8점)로 측정하여 선위를 구하는 방법
- 정횡거리 예측법 : 물표의 정횡거리를 사전에 예측하여 선위를 구하는 방법
- 측심에 의한 선위 측정법 : 연안 항해 중 악천으로 목표를 볼 수 없을 때 대략적으로 선위를 알기 위해서 일정한 간격으로 연속적인 수심측정을 통하여 선위를 구하는 방법

운 용

■ 선박의 길이

- 전장 : 선체에 붙어 있는 모든 돌출물을 포함하여 선수의 최전단부터 선미의 최후단까지의 수평거리로 부두 접안이나 입거 등의 선박 조종에 사용
- 수선간장 : 계획만재흘수선상의 선수재의 전면으로부터 타주의 후면까지의 수평거리로 강선의 구조기준, 선박만재흘수선기준, 선박구획기준 등에 사용
- 수선장 : 각 흘수선상의 물에 잠긴 선체의 선수재 전면부터 선미 후단까지의 수평거리로 배의 저항, 추진력 계산 등에 사용
- 등록장 : 상갑판 보상의 선수재 전면부터 선미재 후면까지의 수평거리로 선박원부 및 선박국적증서에 기재되는 길이

■ 선박의 폭 및 깊이

- 전폭 : 선체의 폭이 가장 넓은 부분에서 외판의 외면부터 맞은편 외판의 외면까지의 수평거리
- 형폭 : 선체의 폭이 가장 넓은 부분에서 늑골의 외면부터 맞은편 늑골의 외면까지의 수평거리
- 깊이(형심) : 선체 중앙에서 용골의 상면부터 건현 갑판의 현측 상면까지의 수직거리

■ 용적톤수

- 총톤수(G.T.) : 선박의 밀폐된 용적에서 제외적량(선박의 안전, 위생, 항해 등에 필요한 장소)을 뺀 총용적으로 관세, 등록세, 계선료, 도선료 등의 산정기준이 되며, 선박국적증서에 기재됨
  ※ 용적톤수는 선박의 용적을 톤으로 표시한 것으로, 용적톤수 1톤은 용적 2.832m^3 또는 100ft^3으로 나타냄
- 순톤수(N.T.) : 총톤수에서 공제적량(선원상용실 및 해도실, 밸러스트탱크, 갑판 창고, 기관 창고, 기관실 등)을 뺀 용적으로 화물이나 여객운송을 위하여 쓰이는 실제 용적을 나타내며 입항세, 톤세, 항만시설사용료 등의 산정기준이 됨

■ **중량톤수**

- 배수톤수 : 수면 하의 선체의 용적(배수 용적)에 상당하는 해수의 중량인 배수량을 톤수로 나타낸 것으로 군함의 크기를 표시하는 데 이용
  - 경하배수량 : 순수한 선박 자체의 중량을 의미하며 화물, 연료, 청수, 식량 등을 적재하지 아니한 경우의 선박의 배수량
  - 만재배수량 : 만재흘수선까지 화물, 연료 등을 적재한 상태에서 선박의 배수량
- 재화중량톤수(D.W.T.) : 선박이 적재할 수 있는 최대의 무게를 나타내는 톤수이며, 만재배수량과 경하배수량의 차로 상선의 매매와 용선료 산정의 기준이 됨

■ **흘수** : 선체가 물속에 잠긴 깊이

- 형흘수 : 용골의 상면에서 수면까지의 수직거리
- 용골흘수 : 용골의 하면에서 수면까지의 수직거리

■ **흘수표** : 미터단위는 높이 10cm의 아라비아 숫자를 20cm 간격으로 기입

■ **트림** : 선박의 길이 방향의 경사를 나타내는 것으로 선수미 흘수의 차

- 등흘수 : 선수흘수와 선미흘수가 같은 상태로 수심이 얕은 수역을 항해할 때나 입거할 때 유리
- 선수트림 : 선수흘수가 선미흘수보다 큰 상태로 선속을 감소시키며, 타효가 불량
- 선미트림 : 선미흘수가 선수흘수보다 큰 상태로 선속이 증가되며, 타효가 좋음

■ **건현** : 선박의 만재흘수선부터 갑판선 상단까지의 수직거리

■ **만재흘수선** : 항행구역 내에서 선박의 안전상 허용된 최대의 흘수선으로 선체 중앙부의 양현에 표시되며 선박의 종류, 크기, 적재화물 및 항행구역에 따라 다름

■ **선체의 형상과 명칭**

- 선체 : 연돌, 키, 마스트, 추진기 등을 제외한 선박의 주된 부분
- 선수 : 선체의 앞부분
- 선미 : 선체의 뒷부분
- 선체 중앙 : 선체 길이의 중앙부로 선수미선과 직각을 이루는 방향을 어빔이라 함
- 현호 : 건현 갑판의 현측선이 휘어진 것으로 예비부력과 능파성을 향상시키며 미관을 좋게 함
- 캠버 : 갑판보의 양현의 현측보다 선체 중심선 부근이 높도록 원호를 이루는 높이의 차

- 우현 : 선수를 향해 오른쪽
- 좌현 : 선수를 향해 왼쪽
- 선체 중심선 : 선폭의 가운데를 통하는 선수미 방향의 직선으로 선수미선이라고도 함
- 선미 돌출부 : 선미에서 러더 스톡의 후방으로 돌출된 부분
- 텀블 홈 : 상갑판 부근의 선측 상부가 안쪽으로 굽은 정도
- 플래어 : 상갑판 부근의 선측 상부가 바깥쪽으로 굽은 정도
- 빌지 : 선저와 선측을 연결하는 만곡부
- 선저 경사 : 중앙 단면에서 선저의 경사도

■ **용골** : 선체의 최하부 중심선에 있는 종강력재로, 선체의 중심선을 따라 선수재에서 선미재까지의 종방향 힘을 구성하는 부분

■ **늑골** : 선체의 좌우 선측을 구성하는 뼈대로 용골에 직각으로 배치, 갑판보와 늑판에 양 끝이 연결되어 선체 횡강도의 주체가 됨

■ **이중저 구조의 장점**

- 선저부에 손상을 입어도 내저판으로 선내의 침수를 방지
- 선저부의 구조가 견고하므로 호깅 및 새깅 상태에도 잘 견딤
- 흘수 및 트림(Trim)의 조절이 가능
- 이중저의 내부를 구획하여 밸러스트, 연료 및 청수탱크로 사용 가능

■ **조타설비**

- 키 : 타주의 후부 또는 타두재에 설치되어 전진 또는 후진 시에 배를 임의의 방향으로 회전시키고 일정한 침로로 유지하는 역할
- 타각제한장치 : 이론적으로는 타각이 45°일 때가 최대유효타각이지만, 최대타각을 35° 정도가 되도록 타각제한장치를 설치

■ **구명설비**

- 구명정 : 선박의 조난 시나 인명구조에 사용되는 소형보트로, 충분한 복원력과 전복되더라도 가라앉지 않는 부력을 갖추도록 설계
- 구명뗏목 : 구명정과 같은 용도의 설비로써 항해능력은 떨어지나 손쉽게 강하시킬 수 있고, 침몰 시 자동으로 이탈되어 조난자가 탈 수 있는 상태로 됨

- 구조정 : 조난 중인 사람을 구조하고 또한 생존정을 인도하기 위하여 설계된 보트
- 구명부환 : 개인용 구명설비로, 수중의 생존자가 구조될 때까지 잡고 떠 있게 하는 도넛 모양의 물체
- 구명동의 : 조난 또는 비상시 윗몸에 착용하는 것으로 고형식과 팽창식이 있음
- 구명줄 발사기 : 선박이 조난을 당한 경우에 조난선과 구조선 또는 육상 간에 연결용 줄을 보내는 데 사용

■ 조난신호장비

- 로켓낙하산 화염신호 : 공중에 발사되면 낙하산이 펴져 천천히 떨어지면서 불꽃을 냄
- 신호홍염 : 손잡이를 잡고 불을 붙이면 붉은색의 불꽃을 냄
- 발연부신호 : 불을 붙여 물에 던지면 해면 위에서 연기를 내는 것으로 보통 주간에만 사용
- 자기점화등 : 야간에 구명부환의 위치를 알려주는 등으로 자동 점등됨
- 자기발연신호 : 주간신호로 물에 들어가면 자동으로 오렌지색 연기를 냄
- 신호거울 : 낮에 태양의 반사광으로 신호를 보내는 것
- 생존정용 구명무선설비 : 휴대용 비상통신기, 비상위치지시용 무선표지(EPIRB), 양방향 무선전화

■ 소방설비

- 소화기
  - 포말소화기 : A, B급 화재에 효과적
  - 이산화탄소 소화기 : B, C급 화재에 효과적
  - 분말소화기 : A, B, C급 화재에 사용
  - 할론소화기 : B, C급 화재에 사용
- 소방원 장구 : 방화복, 장화와 장갑, 안전모, 안전등, 방화 도끼, 구명줄, 방연헬멧, 방연마스크, 자장식 호흡구 등
- 비상탈출용 호흡구 : 화재 시 선원의 탈출에 사용하기 위한 장비

■ 계선설비

- 스톡리스 앵커
  - 대형 앵커 제작이 용이함
  - 파주력은 떨어지지만 투묘 및 양묘 시에 작업이 간단함
  - 앵커가 해저에 있을 때 앵커체인이 스톡에 얽힐 염려가 없음
  - 얕은 수심에서 앵커 암이 선저를 손상시키는 일이 없어 대형선에 널리 사용됨
- 앵커체인 : 철 주물의 사슬이며, 길이의 기준이 되는 1섀클의 길이는 25m
- 양묘기(윈드라스) : 앵커를 감아올리거나 투묘작업 및 선박을 부두에 접안시킬 때, 계선줄을 감는 데 사용되는 설비

• 계선윈치 : 계선줄을 감아올리거나 감아두기 위한 기기
• 페어리더 : 계선줄의 마모를 방지하기 위해 롤러들로 구성
• 비트, 볼라드, 클릿 : 계선줄을 붙들어 매는 기기

■ 하역설비

• 데릭식 하역설비 : 데릭 포스트, 데릭 붐, 윈치 및 로프들로 구성되며 주로 일반화물선에서 이용
• 태클 : 블록에 로프를 통과시켜 작은 힘으로 중량물을 끌어올리거나 힘의 방향을 바꿀 때 사용하는 장치(목재 블록의 크기는 셸의 세로 길이로, 철재 블록의 크기는 시브의 지름을 mm로 나타냄)
• 훅 : 태클이나 로프의 끝에 연결되어 화물 등을 거는 데 사용

■ 펌프설비

• 빌지펌프 : 빌지 배출용 펌프로 다른 펌프들도 빌지관에 연결하여 사용할 수 있는 경우 빌지펌프로 간주함
• 밸러스트펌프 : 밸러스트관과 연결되어 밸러스트의 급수 및 배수에 사용
• 잡용수펌프 : 보통 GS펌프라고 하며 빌지관, 밸러스트관, 위생관 등에 연결되어 다목적으로 사용
• 위생펌프 : 화장실에 물을 공급하는 펌프

■ 로프의 종류

• 합성섬유로프
  - 석탄이나 석유 등을 원료로 만든 것으로 가볍고 흡수성이 낮으며, 부식에 강함
  - 충격 흡수율이 좋으며 강도가 마닐라로프의 약 2배
  - 열에 약하고, 신장에 대하여 복원이 늦은 결점이 있음
• 와이어로프 : 와이어 소선을 여러 가닥으로 합하여 스트랜드를 만들고, 스트랜드 여섯 가닥을 다시 합하여 만든 것으로 새 와이어로프는 녹이 스는 것을 방지하기 위해 아연 도금을 함

■ 로프의 치수와 강도

• 굵기 : 로프의 외접원 지름을 mm 또는 원주를 inch로 표시
• 길이 : 굵기에 관계없이 200m를 1사리(Coil)
• 강 도
- 파단하중 : 로프에 장력을 가하여 로프가 절단되는 순간의 힘 또는 무게
- 시험하중 : 로프에 장력을 가할 때 변형이 일어나지 않는 최대장력으로 파단하중의 1/2 정도
- 안전사용하중 : 시험하중의 범위 내에 안전하게 사용할 수 있는 최대의 하중으로 파단력의 1/6 정도

■ 로프의 취급법

- 파단하중과 안전사용하중을 고려하여 사용
- 킹크가 생기지 않도록 주의
- 마모에 주의
- 항상 건조한 상태로 보관할 것
- 너무 뜨거운 장소는 피하고, 통풍과 환기가 잘 되는 곳에 보관할 것
- 마찰되는 부분은 캔버스를 이용하여 보호할 것
- 시일이 경과함에 따라 강도가 떨어지므로 특히 주의
- 로프가 물에 젖거나 기름이 스며들면 강도가 1/4 정도 감소
- 스플라이싱한 부분은 강도가 약 20~30% 떨어짐

■ 선박도료

- 도장의 목적 : 장식, 방식, 방오, 청결유지 등
- 선박도료의 종류
  - 광명단 도료 : 어선에서 가장 널리 사용되는 녹 방지용 도료로 내수성, 피복성이 강함
  - 제1호 선저도료(Anti-Corrosive paint ; A/C) : 선저 외판에 녹슮 방지용으로 칠하는 것이며 광명단 도료를 칠한 위에 사용, 건조가 빠르고 방청력이 뛰어나며 강판과의 밀착성이 좋음
  - 제2호 선저도료(Anti-Fouling paint ; A/F) : 선저 외판 중 항상 물에 잠기는 부분(경하흘수선 이하)에 해중생물의 부착 방지용으로 출거 직전에 칠하는 것
  - 제3호 선저도료(Boot-Top paint ; B/T) : 수선부 도료, 만재흘수선과 경하흘수선 사이의 외판에 칠하는 도료로 부식과 마멸방지에 사용

■ 선체 부식의 종류

- 전면부식 : 적색 녹이 계속 진행되면 전면부식으로 되기 쉬움
- 점식 : 전기화학적 요인에 의한 것으로 부분적으로 부식이 발생
- 응력부식 : 부분적으로 과도한 응력이 집중되는 부위에 다른 원인이 복합적으로 작용하여 발생
- 피로부식 : 연속적 응력으로 금속의 피로를 유발하여 부식이 급격히 촉진되는 현상

■ **선체의 부식 방지법** : 선체 외판, 추진기, 빌지 킬, 유조선의 선창 내부 등에 아연판을 부착하여 전식작용에 의한 부식을 방지

키의 역할

- 추종성 : 조타에 대한 선체 회두의 추종이 빠른지 또는 늦은지를 나타내는 것
- 침로 안정성 : 선박이 정해진 침로를 따라 직진하는 성질
- 선회성 : 일정한 타각을 주었을 때 선박이 어떠한 각속도로 움직이는지를 나타내는 것

조타명령

- 스타보드(포트)(Starboard(Port)) 00 : 우현(좌현)쪽으로 00°를 돌려라.
- 하드 어 스타보드(포트)(Hard a Starboard(Port)) : 우현(좌현) 최대타각으로 돌려라.
- 이지 투(타각)(Ease to(Five)) : 큰 타각을 주었다가 작은 타각(5°)으로 서서히 줄여라.
- 미드십(Midships) : 타각이 0°인 키 중앙으로 하라.
- 스테디(Steady) : 회두를 줄여서 일정한 침로에 정침하라.
- 코스 어게인(Course Again) : 원침로로 복귀하라.
- 스테디 애즈 쉬 고우즈(Steady as she goes) : 현침로를 유지하라.

수 류

- 흡입류 : 스크루 프로펠러가 수중에서 회전하면 앞쪽에서 스크루 프로펠러에 빨려드는 수류
- 배출류 : 추진기의 회전에 따라 추진기의 뒤쪽으로 흘러가는 수류
- 반류 : 선체가 앞으로 나아가면서 생기는 빈 공간을 채워주는 수류로 인하여 주로 뒤쪽 선수미선상의 물이 앞쪽으로 따라 들어오는 수류

선회 운동

- 선회권 : 전타 중 선체의 중심이 그리는 궤적
- 전심 : 선회권의 중심으로부터 선박의 선수미선에 수선을 내려서 만나는 점으로 선체 자체의 외관상의 회전중심에 해당
- 선회 종거 : 전타를 처음 시작한 위치에서 선수가 원침로로부터 90° 회두했을 때까지의 원침로선상에서의 전진 이동거리(최대 종거 : 최대의 전진 이동거리, 전속 전진 상태에서 선체 길이의 약 3~4배)
- 선회 횡거 : 선체 회두가 90° 된 곳까지 원침로에서 직각 방향으로 잰 거리
- 선회지름(선회경) : 회두가 원침로로부터 180° 되는 곳까지 원침로에서 직각 방향으로 잰 거리
- 킥 : 원침로에서 횡방향으로 무게중심이 이동한 거리
- 킥 현상 : 전타 직후 타판에 작용하는 압력 때문에 선미부분이 원침로의 외방으로 밀리는 현상
- 리치 : 전타를 시작한 최초의 위치에서 최종선회지름의 중심까지의 거리를 원침로선상에서 잰 거리
- 신침로 거리 : 전타한 최초의 위치에서 신·구침로의 교차점까지 원침로선상에서 잰 거리

■ 선회 중의 선체 경사

- 내방경사 : 전타 직후 키의 직압력이 타각을 준 반대쪽으로 선체의 하부를 밀어, 수면 상부의 선체는 타각을 준 쪽인 선회권의 안쪽으로 경사하는 현상
- 외방경사 : 정상 원운동 시에 원심력이 바깥쪽으로 작용하여, 수면 상부의 선체가 타각을 준 반대쪽인 선회권의 바깥쪽으로 경사하는 현상
- 전타 초기에는 내방경사하고 계속 선회하면 외방경사함

■ 선회권에 영향을 주는 요소

- 선체의 비척도(방향계수)
  - 선체의 뚱뚱한 정도를 나타내는 계수
  - 방형계수가 큰 선박이 작은 선박에 비하여 선회성이 강함
  - 방형계수가 큰 선박일수록 선회권은 작음
  - 일반적으로 고속선의 방형계수 값은 작음
- 흘수 : 일반적으로 만재 상태에서 선회권이 커짐
- 트림 : 선수트림의 선박에서는 물의 저항 작용점이 배의 무게중심보다 전방에 있으므로 선회우력이 커져서 선회권이 작아지고, 반대로 선미트림은 선회권이 커짐
- 타각 : 타각을 크게 할수록 선회권이 작아짐
- 수심 : 수심이 얕을수록 선회권이 커짐

■ 타력의 종류

- 발동타력 : 정지 중인 선박에 전진 전속을 발동하여 소정의 속력에 달할 때까지의 타력
- 정지타력 : 전진 중인 선박에 기관정지를 명령하여 선체가 정지할 때까지의 타력
- 반전타력 : 전진 전속 항주 중 기관을 후진 전속으로 걸어서 선체가 정지할 때까지의 타력
- 회두타력 : 변침할 때의 변침회두타력과, 변침을 끝내고 일정한 침로상에 정침할 때의 정침회두타력이 있음

■ 최단정지거리

- 전속 전진 중에 기관을 후진 전속으로 걸어서 선체가 정지할 때까지의 거리로 반전타력을 나타내는 척도가 됨
- 기관의 종류, 배수량, 선체의 비척도, 속력 등에 따라 차이가 있음

■ 선체저항

- 마찰저항 : 선체의 침수면에 닿은 물의 저항으로써 선저 표면의 미끄러움에 반비례하며 고속일수록 전 저항에서 차지하는 비율이 작아지는 저항으로 저속선에서는 선체가 받는 저항 중에서 마찰저항이 가장 큰 비중을 차지
- 조파저항 : 선박이 수면 위를 항주하면 선수미 부근의 압력이 높아져서 수면이 높아지고 중앙부에는 압력이 낮아져서 수면이 낮아지므로 파가 생김. 이로 인하여 발생하는 저항으로 배의 속력이 커지면 조파저항이 커지며, 조파저항을 줄이기 위해 선수의 형태를 구상선수로 하고 있음
- 조와저항 : 선박이 항주하면 선체 주위의 물 분자는 부착력 때문에 속도가 느리고, 선체에서 먼 곳의 물분자는 속도가 빠름. 이러한 물분자의 속도차로 인한 와류에 의한 저항으로 조와저항을 줄이기 위해 최근 선박은 유선형으로 선체를 만듦
- 공기저항 : 선박이 항진 중에 수면 상부의 선체 및 갑판 상부의 구조물이 공기의 흐름과 부딪쳐서 생기는 저항

■ 수심이 얕은 수역의 영향

- 선체의 침하 : 흘수가 증가
- 속력의 감소 : 조파저항이 커지고, 선체의 침하로 저항이 증대
- 조종성의 저하 : 선체 침하와 해저 형상에 따른 와류의 영향으로 키의 효과가 나빠짐
- 선회권은 커짐
- 저속으로 항행하는 것이 가장 좋으며, 수심이 깊어지는 고조시를 택하여 조종하는 것이 유리

■ 출 · 입항 계획

- 출 · 입항 시 조종 물표로 가장 좋은 것은 고정 물표의 중시선
- 출 · 입항 시 변침점은 정횡 부근의 뚜렷한 물표가 좋음
- 야간 통항 시에는 등화의 구별에 유의하고 특별히 경계를 철저히 해야 함
- 항로는 지정된 수로를 이용

■ 단묘박

- 선박의 선수 양쪽 현 중 한쪽 현의 닻을 내려서 정박하는 방법
- 바람, 조류에 따라 닻을 중심으로 돌기 때문에 넓은 수역을 필요로 함
- 앵커를 올리고 내리는 작업이 쉬워 황천 등의 상황에서 응급조치를 취하기 쉬움
- 선체가 돌면 앵커가 해저에서 빠져나와 끌릴 수 있으므로 유의하도록 함

■ **쌍묘박**

- 양쪽 현의 선수 닻을 앞·뒤쪽으로 서로 먼 거리를 두고서 투하하여, 선박을 그 중간에 위치시키는 정박법
- 선체의 선회면적이 작기 때문에 좁은 수역, 선박의 교통량이 많은 곳에서 주로 사용
- 바람, 조류에 따라 선체가 선회하여 앵커체인이 꼬이는 수가 많음
- 단점으로 투묘조작이 복잡하고, 장기간 묘박하면 파울 호즈가 되기 쉽고, 황천 등을 당하여 응급조치를 취하는 데 많은 시간이 필요

■ **이묘박** : 강풍이나 파랑이 심하거나 조류가 강한 수역에서 강한 파주력이 필요할 때 선택하는 정박법

■ **계선줄의 종류와 역할**

- 선수줄
  - 선수에 내어 전방 부두에 묶는 계선줄
  - 선체가 뒤쪽으로 움직이는 것을 막는 역할
- 선미줄
  - 선미에 내어 후방 부두에 묶는 계선줄
  - 선체가 앞쪽으로 움직이는 것을 막는 역할
- 선수 뒷줄
  - 선수에 내어 후방 부두에 묶는 계선줄
  - 선미줄과 같이 선체가 전방으로 움직이는 것을 막는 역할
- 선미 앞줄
  - 선미에 내어 전방 부두에 묶는 계선줄
  - 선수줄과 같이 선체가 후방으로 움직이는 것을 막는 역할
- 옆 줄
  - 부두에 거의 직각방향으로 잡는 계선줄(선수 옆줄, 선미 옆줄)
  - 선체를 부두에 붙어 있도록 하여 횡방향의 이동을 억제하는 역할

■ **예선의 활용**

- 예선은 기동력이 뛰어나서 타의 보조, 타력의 제어 및 횡방향으로 선체를 이동시키는 역할을 할 수 있으며 기관 마력이 클수록 유리함
- 예인색의 길이는 예선의 크기(길이), 수역의 상태 및 조종 보조의 역할에 따라 결정

■ 정박 중의 황천준비

- 하역작업을 중지하고, 선체의 개구부를 밀폐하며, 이동물을 고정시킴
- 상륙한 승조원은 전원 귀선시켜서 부서별로 황천 대비를 하도록 함
- 기관을 사용할 수 있도록 준비하고, 묘박 중이면 양묘를 준비함
- 공선 시에는 빈 탱크에 밸러스팅을 하여 흘수를 증가시킴
- 육안에 계류 중이면 배를 이안시켜서 적당한 정박지로 이동하는 것이 좋음
- 부표 계류 중이면 계선줄을 더 내어 주도록 함

■ 황천(태풍) 피항법

- R.R.R법칙 : 북반구에서 풍향이 우전(Right)하면 선박은 오른쪽(Right) 반원에 위치하며, 이때는 우현선수에 바람을 받으면서 조선하여 태풍중심에서 멀어짐
- L.L.S법칙 : 북반구에서 풍향이 좌전(Left)하면 선박은 왼쪽(Left) 반원에 위치하며, 이때는 우현선미로 바람을 받으면서 조선하여 태풍중심을 피함
- 태풍 진로상에 선박이 있을 경우 : 북반구의 경우 풍랑을 우현선미로 받으면서 가항반원으로 선박을 유도

■ 황천으로 항행이 곤란할 때의 선박운용

- 거주(Heave to) : 선수를 풍랑쪽으로 향하게 하여 조타가 가능한 최소의 속력으로 전진하는 방법으로 풍랑을 선수로부터 좌우현 25~35° 방향에서 받도록 함
- 순주(Scudding) : 풍랑을 선미 쿼터(Quarter)에서 받으며, 파에 쫓기는 자세로 항주하는 방법
- 표주(Lie to) : 황천 속에서 기관을 정지하여 선체가 풍하측으로 표류하도록 하는 방법으로 복원력이 큰 소형선에서 이용
- 진파기름(Storm Oil) 살포 : 구명정이나 조난선이 표주(라이 투)할 때에 선체 주위에 기름을 살포하여 파랑을 진정시키는 목적으로 사용하는 기름을 스톰오일이라 하며, 조난선의 위치를 확인하는 데 도움을 줄 수 있음

■ 협수로에서의 선박운용

- 선수미선과 조류의 유선이 일치되도록 조종하고, 회두 시 소각도로 여러 차례 변침
- 기관사용 및 앵커 투하 준비상태를 계속 유지하면서 항해
- 역조 때에는 정침이 잘되나 순조 때에는 정침이 어려우므로 타효가 잘 나타나는 안전한 속력을 유지
- 순조 시에는 대략 유속보다 3노트 정도 빠른 속력을 유지
- 협수로의 중앙을 벗어나면 육안 영향에 의한 선체 회두를 고려
- 좁은 수로에서는 원칙적으로 추월금지
- 통항시기는 게류 시나 조류가 약한 때

■ 협시계 항행 시의 주의사항

- 기관은 항상 사용할 수 있도록 스탠바이 상태로 준비하고, 안전한 속력으로 항행
- 레이더를 최대한 활용
- 이용 가능한 모든 수단을 동원하여 엄중한 경계를 유지
- 경계의 효과 및 타선의 무중신호를 조기에 듣기 위하여 선내 정숙을 기함
- 적절한 항해등을 점등하고, 필요 외의 조명등은 규제
- 일정한 간격으로 선위를 확인하고, 측심기를 작동시켜 수심을 계속 확인
- 수심이 낮은 해역에서는 필요시 즉시 사용 가능하도록 앵커 투하준비

■ 야간 항행 시의 주의사항

- 조타는 수동으로 할 것
- 안전을 가장 우선으로 한 항로와 침로를 선택할 것
- 엄중한 경계를 할 것
- 자선의 등화가 분명하게 켜져 있는지 확인할 것
- 야간표지의 발견에 노력할 것
- 일정한 간격으로 계속 선위를 확인할 것

■ 선내조직

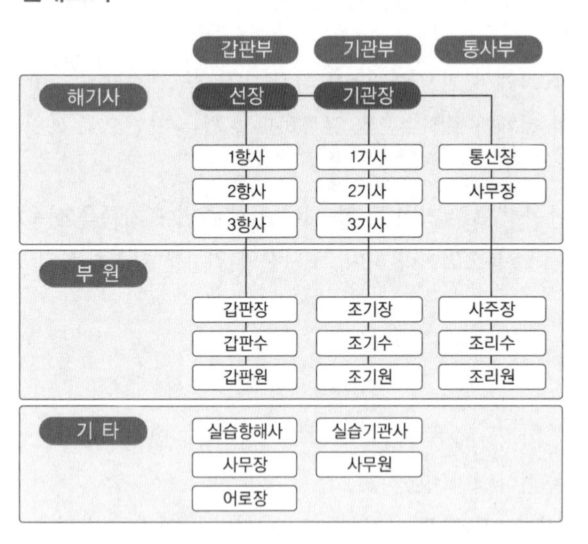

- 갑판부 : 화물의 적·양하 및 운송관리 업무, 갑판, 선체, 항해 및 안전장비 등을 유지관리
- 기관부 : 기관 및 부속설비의 운용 및 하역설비, 계선설비, 조타설비 및 전기전자설비 등을 유지관리
- 통사부 : 통신설비의 운용, 출입항 수속 관련 업무, 조리업무 등에 종사(최근에는 항해사가 통신사의 업무를 함께 처리)

견 시

- 시각 및 청각뿐만 아니라 당시의 시정과 조건에 알맞은 모든 유용수단을 동원하여 항상 적당한 견시를 유지하여야 함
- 견시를 방해하는 임무가 부가되거나 그러한 일에 착수하여서는 안 됨
- 견시임무와 조타임무는 별개의 임무로 생각
- 주간에 혼자 충분한 견시를 할 수 있는 경우 충분히 검토(기상상태, 시정, 교통량 등)하여 항해안전이 확인되면 당직사관 단독으로 견시 가능

선장에게 보고하여야 할 사항

- 제한시계에 조우하거나 예상될 경우
- 교통조건 또는 다른 선박들의 동정이 불안할 경우
- 침로유지가 곤란할 경우
- 예정된 시간에 육지나 항로표지를 발견하지 못하였을 경우 또는 측심을 못하였을 경우
- 예측하지 아니한 육지나 항로표지를 발견한 경우
- 주기관, 조타장치 또는 기타 중요한 항해장비에 고장이 생겼을 경우
- 황천 속 악천후 때문에 생길 수 있는 손상이 의심될 경우

항해당직 인수 · 인계

- 당직자는 당직 근무 시간 15분 전 선교에 도착하여 다음 사항을 확인 후 당직을 인수 · 인계할 것
  - 선장의 특별지시사항
  - 주변상황, 기상 및 해상상태, 시정
  - 선박의 위치, 침로, 속력, 기관 회전수
  - 항해계기 작동상태 및 기타 참고사항
  - 선체의 상태나 선내의 작업상황
  - 항해당직을 인수 받은 당직사관은 가장 먼저 선박의 위치를 확인할 것
- 당직이 인계되어야 할 시간에 어떤 위험을 피하기 위하여 선박의 조종 또는 기타 동작이 취하여지고 있을 때에는 임무의 교대를 미루어야 함

제 3 과목

법 규

1. 모든 시계상태에서의 항법

■ **경계** : 선박은 주위의 상황 및 다른 선박과 충돌할 수 있는 위험성을 충분히 파악할 수 있도록 시각 · 청각 및 당시의 상황에 맞게 이용할 수 있는 모든 수단을 이용하여 항상 적절한 경계를 하여야 한다.

■ **안전한 속력** : 선박은 다른 선박과의 충돌을 피하기 위하여 적절하고 효과적인 동작을 취하거나 당시의 상황에 알맞은 거리에서 선박을 멈출 수 있도록 항상 안전한 속력으로 항행하여야 한다.

■ **안전한 속력을 결정할 때의 고려사항**

- 시계의 상태
- 해상교통량의 밀도
- 선박의 정지거리 · 선회성능, 그 밖의 조종성능
- 야간의 경우에는 항해에 지장을 주는 불빛의 유무
- 바람 · 해면 및 조류의 상태와 항행장애물의 근접상태
- 선박의 흘수와 수심과의 관계
- 레이더의 특성 및 성능
- 해면상태 · 기상, 그 밖의 장애요인이 레이더 탐지에 미치는 영향
- 레이더로 탐지한 선박의 수 · 위치 및 동향

■ **충돌 위험**

- 선박은 다른 선박과 충돌할 위험이 있는지를 판단하기 위하여 당시의 상황에 알맞은 모든 수단을 활용하여야 한다.
- 레이더를 설치한 선박은 다른 선박과 충돌할 위험성 유무를 미리 파악하기 위하여 레이더를 이용하여 장거리 주사, 탐지된 물체에 대한 작도, 그 밖의 체계적인 관측을 하여야 한다.

- 선박은 불충분한 레이더 정보나 그 밖의 불충분한 정보에 의존하여 다른 선박과의 충돌 위험 여부를 판단하여서는 아니 된다.
- 선박은 접근하여 오는 다른 선박의 나침방위에 뚜렷한 변화가 일어나지 아니하면 충돌할 위험성이 있다고 보고 필요한 조치를 하여야 한다.

■ 충돌을 피하기 위한 동작

- 선박은 다른 선박과 충돌을 피하기 위하여 침로나 속력을 변경할 때에는 될 수 있으면 다른 선박이 그 변경을 쉽게 알아볼 수 있도록 충분히 크게 변경하여야 하며, 침로나 속력을 소폭으로 연속적으로 변경하여서는 아니 된다.
- 선박은 넓은 수역에서 충돌을 피하기 위하여 침로를 변경하는 경우에는 적절한 시기에 큰 각도로 침로를 변경하여야 하며, 그에 따라 다른 선박에 접근하지 아니하도록 하여야 한다.
- 선박은 다른 선박과의 충돌을 피하기 위하여 동작을 취할 때에는 다른 선박과의 사이에 안전한 거리를 두고 통과할 수 있도록 그 동작을 취하여야 한다. 이 경우 그 동작의 효과를 다른 선박이 완전히 통과할 때까지 주의 깊게 확인하여야 한다.
- 선박은 다른 선박과의 충돌을 피하거나 상황을 판단하기 위한 시간적 여유를 얻기 위하여 필요하면 속력을 줄이거나 기관의 작동을 정지하거나 후진하여 선박의 진행을 완전히 멈추어야 한다.

■ 좁은 수로 등

- 좁은 수로나 항로(좁은 수로 등)를 따라 항행하는 선박은 항행의 안전을 고려하여 될 수 있으면 좁은 수로 등의 오른편 끝 쪽에서 항행하여야 한다.
- 길이 20m 미만의 선박이나 범선은 좁은 수로 등의 안쪽에서만 안전하게 항행할 수 있는 다른 선박의 통행을 방해하여서는 아니 된다.
- 어로에 종사하고 있는 선박은 좁은 수로 등의 안쪽에서 항행하고 있는 다른 선박의 통항을 방해하여서는 아니 된다.
- 선박이 좁은 수로 등의 안쪽에서만 안전하게 항행할 수 있는 다른 선박의 통항을 방해하게 되는 경우에는 좁은 수로 등을 횡단하여서는 아니 된다.
- 추월선은 좁은 수로 등에서 추월당하는 선박이 추월선을 안전하게 통과시키기 위한 동작을 취하지 아니하면 추월할 수 없는 경우에는 기적신호를 하여 추월하겠다는 의사를 나타내야 한다. 이 경우 추월당하는 선박은 그 의도에 동의하면 기적신호를 하여 그 의사를 표현하고, 추월선을 안전하게 통과시키기 위한 동작을 취하여야 한다.
- 선박이 좁은 수로 등의 굽은 부분이나 항로에 있는 장애물 때문에 다른 선박을 볼 수 없는 수역에 접근하는 경우에는 특히 주의하여 항행하여야 한다.
- 선박은 좁은 수로 등에서 정박을 하여서는 아니 된다. 다만, 해양사고를 피하거나 인명이나 그 밖의 선박을 구조하기 위하여 부득이하다고 인정되는 경우에는 그러하지 아니하다.

■ 통항분리제도

- 통항분리수역 항행 시 준수 사항
  - 통항로 안에서는 정하여진 진행방향으로 항행할 것
  - 분리선이나 분리대에서 될 수 있으면 떨어져서 항행할 것
  - 통항로의 출입구를 통하여 출입하는 것을 원칙으로 하되, 통항로의 옆쪽으로 출입하는 경우에는 그 통항로에 대하여 정하여진 선박의 진행방향에 대하여 될 수 있으면 작은 각도로 출입할 것
- 선박은 통항로를 횡단하여서는 아니 된다. 다만, 부득이한 사유로 그 통항로를 횡단하여야 하는 경우에는 그 통항로와 선수방향이 직각에 가까운 각도로 횡단하여야 한다.
- 선박은 연안통항대에 인접한 통항분리수역의 통항로를 안전하게 통과할 수 있는 경우에는 연안통항대를 따라 항행하여서는 아니 된다. 다만, 다음의 선박의 경우에는 연안통항대를 따라 항행할 수 있다.
  - 길이 20m 미만의 선박
  - 범 선
  - 어로에 종사하고 있는 선박
  - 인접한 항구로 입항·출항하는 선박
  - 연안통항대 안에 있는 해양시설 또는 도선사의 승하선 장소에 출입하는 선박
  - 급박한 위험을 피하기 위한 선박
- 통항로를 횡단하거나 통항로에 출입하는 선박 외의 선박은 급박한 위험을 피하기 위한 경우나 분리대 안에서 어로에 종사하고 있는 경우 외에는 분리대에 들어가거나 분리선을 횡단하여서는 아니 된다.
- 통항분리수역에서 어로에 종사하고 있는 선박은 통항로를 따라 항행하는 다른 선박의 항행을 방해하여서는 아니 된다.
- 모든 선박은 통항분리수역의 출입구 부근에서는 특히 주의하여 항행하여야 한다.
- 선박은 통항분리수역과 그 출입구 부근에 정박하여서는 아니 된다.
- 통항분리수역을 이용하지 아니하는 선박은 될 수 있으면 통항분리수역에서 멀리 떨어져서 항행하여야 한다.
- 길이 20m 미만의 선박이나 범선은 통항로를 따라 항행하고 있는 다른 선박의 항행을 방해하여서는 아니 된다.
- 통항분리수역 안에서 해저전선을 부설·보수 및 인양하는 작업을 하거나 항행안전을 유지하기 위한 작업을 하는 중이어서 조종능력이 제한되고 있는 선박은 그 작업을 하는 데에 필요한 범위에서 위의 규정을 적용하지 아니한다.

2. 선박이 서로 시계 안에(눈으로 볼 수) 있는 때의 항법

■ 범 선

- 2척의 범선이 서로 접근하여 충돌할 위험이 있는 경우에는 다음에 따른 항행방법에 따라 항행하여야 한다.
  - 각 범선이 다른 쪽 현에 바람을 받고 있는 경우에는 좌현에 바람을 받고 있는 범선이 다른 범선의 진로를 피하여야 한다.
  - 두 범선이 서로 같은 현에 바람을 받고 있는 경우에는 바람이 불어오는 쪽의 범선이 바람이 불어가는 쪽의 범선의 진로를 피하여야 한다.
  - 좌현에 바람을 받고 있는 범선은 바람이 불어오는 쪽에 있는 다른 범선을 본 경우로서 그 범선이 바람을 좌우 어느 쪽에 받고 있는지 확인할 수 없는 때에는 그 범선의 진로를 피하여야 한다.

■ 추 월

- 추월선은 추월당하고 있는 선박을 완전히 추월하거나 그 선박에서 충분히 멀어질 때까지 그 선박의 진로를 피하여야 한다.
- 다른 선박의 양쪽 현의 정횡으로부터 22.5°를 넘는 뒤쪽에서 그 선박을 앞지르는 선박은 추월선으로 보고 필요한 조치를 취하여야 한다.
- 선박은 스스로 다른 선박을 추월하고 있는지 분명하지 아니한 경우에는 추월선으로 보고 필요한 조치를 취하여야 한다.
- 추월하는 경우 2척의 선박 사이의 방위가 어떻게 변경되더라도 추월하는 선박은 추월이 완전히 끝날 때까지 추월당하는 선박의 진로를 피하여야 한다.

■ 마주치는 상태

- 2척의 동력선이 마주치거나 거의 마주치게 되어 충돌의 위험이 있을 때에는 각 동력선은 서로 다른 선박의 좌현쪽을 지나갈 수 있도록 침로를 우현쪽으로 변경하여야 한다.
- 선박은 다른 선박을 선수 방향에서 볼 수 있는 경우로서 다음의 어느 하나에 해당하면 마주치는 상태에 있다고 보아야 한다.
  - 밤에는 2개의 마스트등을 일직선으로 또는 거의 일직선으로 볼 수 있거나 양쪽의 현등을 볼 수 있는 경우
  - 낮에는 2척의 선박의 마스트가 선수에서 선미까지 일직선이 되거나 거의 일직선이 되는 경우

■ **횡단하는 상태** : 2척의 동력선이 상대의 진로를 횡단하는 경우로서 충돌의 위험이 있을 때에는 다른 선박을 우현쪽에 두고 있는 선박(다른 선박의 홍등을 보는 선박)이 그 다른 선박의 진로를 피하여야 한다. 이 경우 다른 선박의 진로를 피하여야 하는 선박은 부득이한 경우 외에는 그 다른 선박의 선수 방향을 횡단하여서는 아니 된다.

■ **피항선의 동작** : 다른 선박의 진로를 피하여야 하는 모든 선박(피항선)은 될 수 있으면 미리 동작을 크게 취하여 다른 선박으로부터 충분히 멀리 떨어져야 한다.

■ **유지선의 동작**

- 침로와 속력을 유지하여야 하는 선박(유지선)은 피항선이 이 법에 따른 적절한 조치를 취하고 있지 아니하다고 판단하면 스스로의 조종만으로 피항선과 충돌하지 아니하도록 조치를 취할 수 있다. 이 경우 유지선은 부득이하다고 판단하는 경우 외에는 자기 선박의 좌현쪽에 있는 선박을 향하여 침로를 왼쪽으로 변경하여서는 아니 된다.
- 유지선은 피항선과 매우 가깝게 접근하여 해당 피항선의 동작만으로는 충돌을 피할 수 없다고 판단하는 경우에는 충돌을 피하기 위하여 충분한 협력을 하여야 한다.

■ **선박 사이의 책무**

- 항행 중인 동력선은 다음 선박의 진로를 피하여야 한다.
  - 조종불능선
  - 조종제한선
  - 어로에 종사하고 있는 선박
  - 범 선
- 항행 중인 범선은 다음 선박의 진로를 피하여야 한다.
  - 조종불능선
  - 조종제한선
  - 어로에 종사하고 있는 선박
- 어로에 종사하고 있는 선박 중 항행 중인 선박은 될 수 있으면 다음 선박의 진로를 피하여야 한다.
  - 조종불능선
  - 조종제한선
- 조종불능선이나 조종제한선이 아닌 선박은 부득이하다고 인정하는 경우 외에는 등화나 형상물을 표시하고 있는 흘수제약선의 통항을 방해하여서는 아니 된다.

3. 제한된 시계에서 선박의 항법

■ 모든 선박은 시계가 제한된 그 당시의 사정과 조건에 적합한 안전한 속력으로 항행하여야 하며, 동력선은 제한된 시계 안에 있는 경우 기관을 즉시 조작할 수 있도록 준비하고 있어야 한다.

■ 레이더만으로 다른 선박이 있는 것을 탐지한 선박은 해당 선박과 얼마나 가까이 있는지 또는 충돌할 위험이 있는지를 판단하여야 한다. 이 경우 해당 선박과 매우 가까이 있거나 그 선박과 충돌할 위험이 있다고 판단한 경우에는 충분한 시간적 여유를 두고 피항동작을 취하여야 한다.

■ 피항동작이 침로를 변경하는 것만으로 이루어질 경우에는 될 수 있으면 다음의 동작은 피하여야 한다.

- 다른 선박이 자기 선박의 양쪽 현의 정횡 앞쪽에 있는 경우 좌현쪽으로 침로를 변경하는 행위
- 자기 선박의 양쪽 현의 정횡 또는 그곳으로부터 뒤쪽에 있는 선박의 방향으로 침로를 변경하는 행위

■ 충돌할 위험성이 없다고 판단한 경우 외에는 다음의 어느 하나에 해당하는 경우 모든 선박은 자기 배의 침로를 유지하는 데에 필요한 최소한으로 속력을 줄여야 한다.

- 자기 선박의 양쪽 현의 정횡 앞쪽에 있는 다른 선박에서 무중신호를 듣는 경우
- 자기 선박의 양쪽 현의 정횡으로부터 앞쪽에 있는 다른 선박과 매우 근접한 것을 피할 수 없는 경우

4. 등화와 형상물

■ 적 용

- 모든 날씨에서 적용한다.
- 선박은 해지는 시각부터 해 뜨는 시각까지 이 법에서 정하는 등화를 표시하여야 하며, 이 시간 동안에는 이 법에서 정하는 등화 외의 등화를 표시하여서는 아니 된다.
- 이 법에서 정하는 등화를 설치하고 있는 선박은 해 뜨는 시각부터 해지는 시각까지도 제한된 시계에서는 등화를 표시하여야 하며, 필요하다고 인정되는 그 밖의 경우에도 등화를 표시할 수 있다.
- 선박은 낮 동안에는 이 법에서 정하는 흑색의 형상물을 표시하여야 한다.

■ 등화 및 형상물

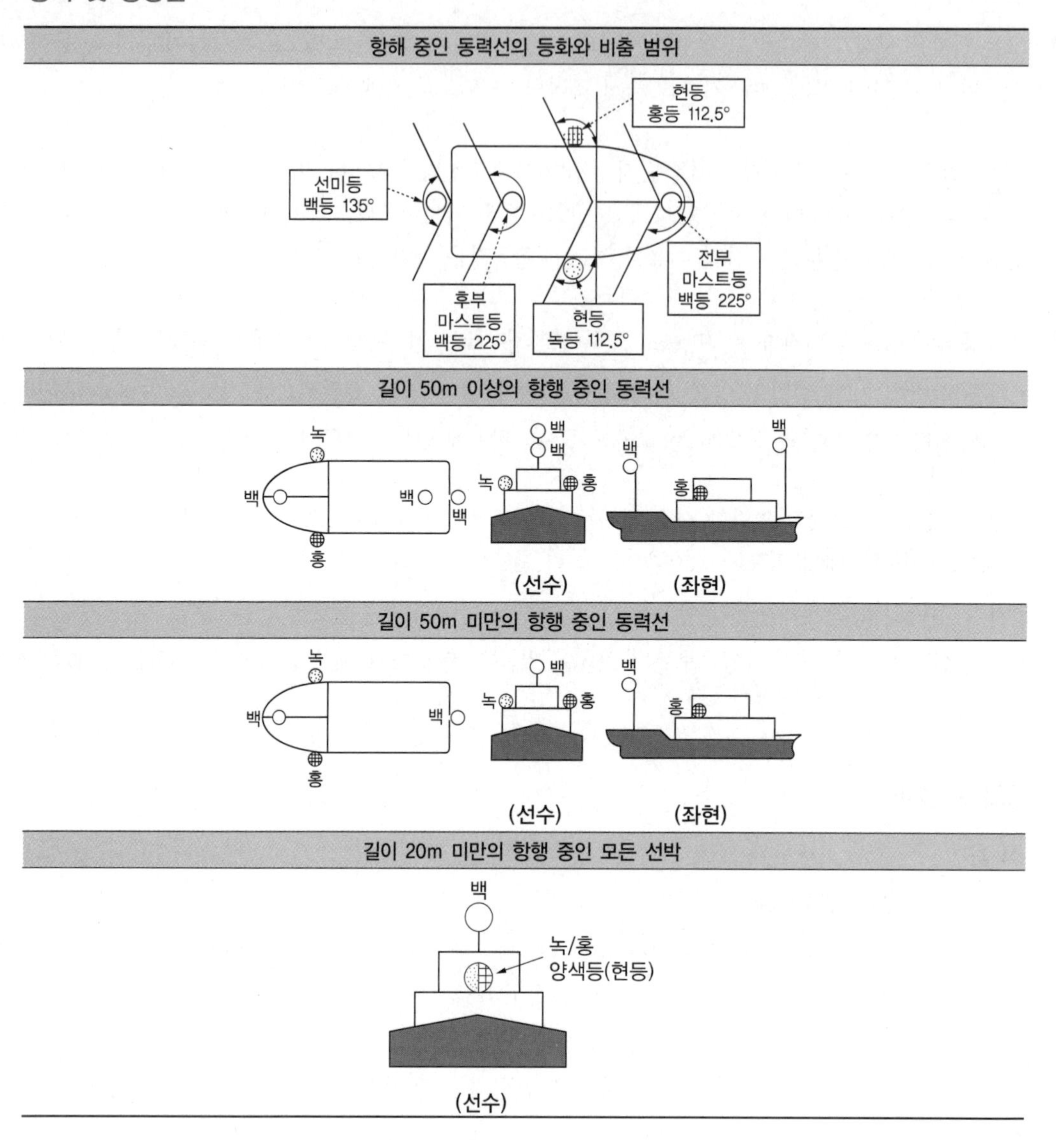

항해 중인 동력선의 등화와 비춤 범위
현등
홍등 112.5°
선미등
백등 135°
전부
마스트등
백등 225°
후부
마스트등
백등 225°
현등
녹등 112.5°
길이 50m 이상의 항행 중인 동력선
녹
백
백
백
백
백
홍
녹
홍
백
백
홍
(선수)
(좌현)
길이 50m 미만의 항행 중인 동력선
녹
백
백
홍
백
녹
홍
백
홍
(선수)
(좌현)
길이 20m 미만의 항행 중인 모든 선박
백
녹/홍
양색등(현등)
(선수)

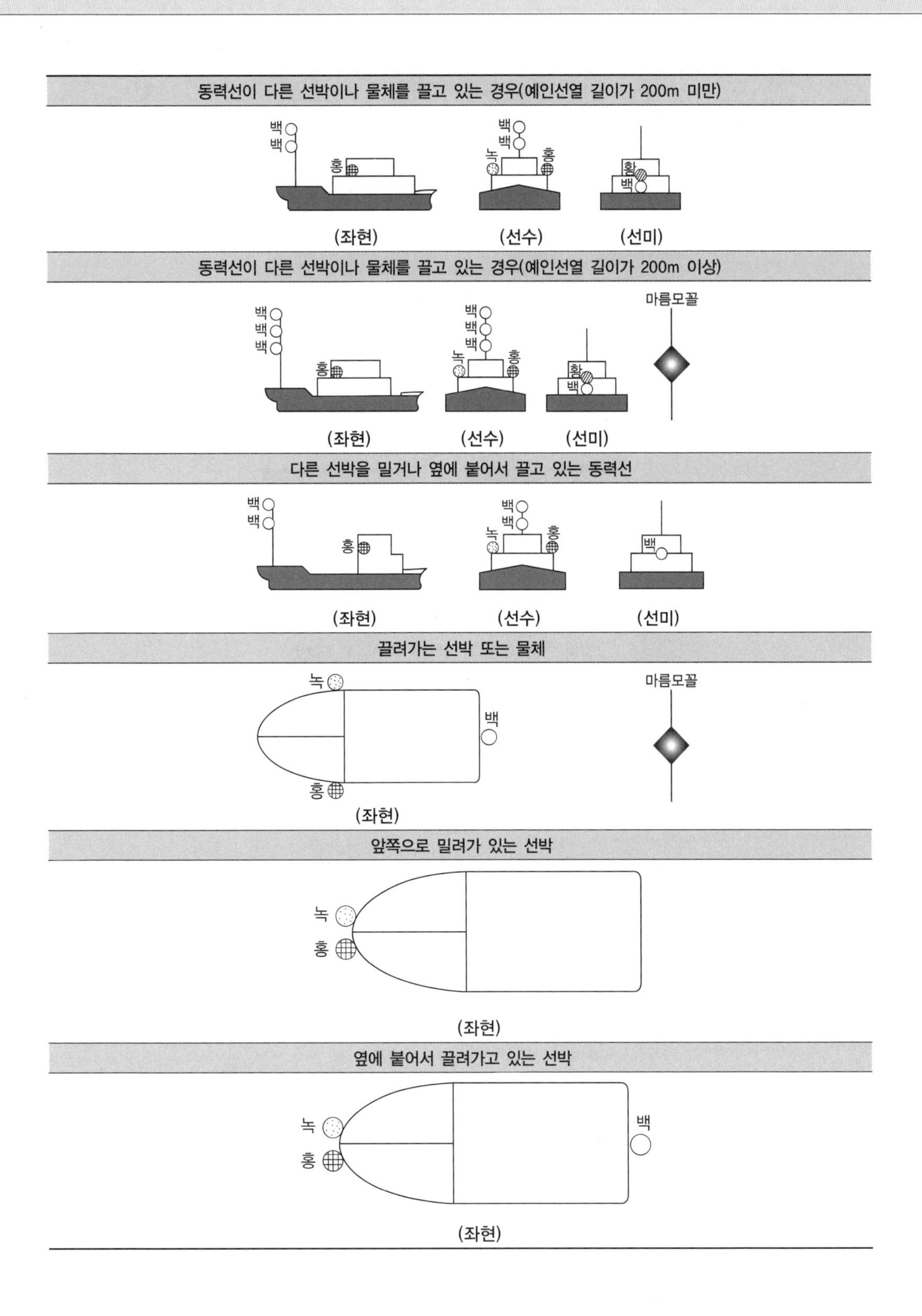
동력선이 다른 선박이나 물체를 끌고 있는 경우(예인선열 길이가 200m 미만)
백
백
홍
녹
황
(좌현)
(선수)
(선미)
동력선이 다른 선박이나 물체를 끌고 있는 경우(예인선열 길이가 200m 이상)
마름모꼴
백
백
백
홍
녹
황
(좌현)
(선수)
(선미)
다른 선박을 밀거나 옆에 붙어서 끌고 있는 동력선
백
백
홍
녹
(좌현)
(선수)
(선미)
끌려가는 선박 또는 물체
녹
백
홍
마름모꼴
(좌현)
앞쪽으로 밀려가 있는 선박
녹
홍
(좌현)
옆에 붙어서 끌려가고 있는 선박
녹
홍
백
(좌현)

항행 중인 범선

홍
녹
홍

(좌현)

트롤망 어로에 종사하고 있는 선박

녹 백 백

(대수속력이 없을 때-좌현)

녹 백 홍 백

(대수속력이 있을 때-좌현)

(길이 20m 미만의 선박은 바구니로 대신)

트롤망 어로 외의 어로에 종사하고 있는 선박

홍
백

(좌현)

(길이 20m 미만의 선박은 바구니로 대신)

(수평 거리로 150m가 넘는 어구를 선외에 내고 있는 경우)

조종불능선박

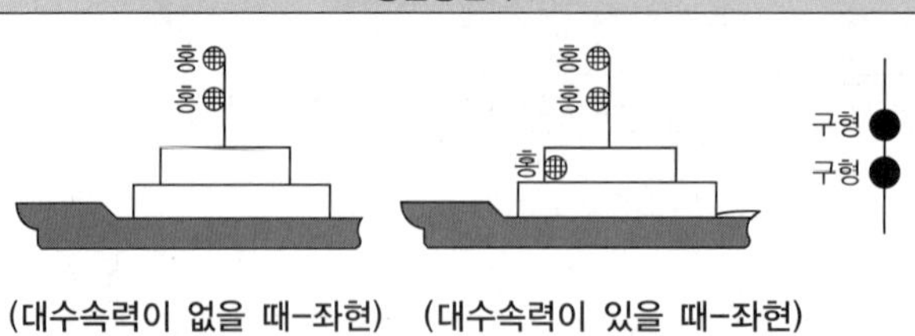

(대수속력이 없을 때-좌현) (대수속력이 있을 때-좌현)

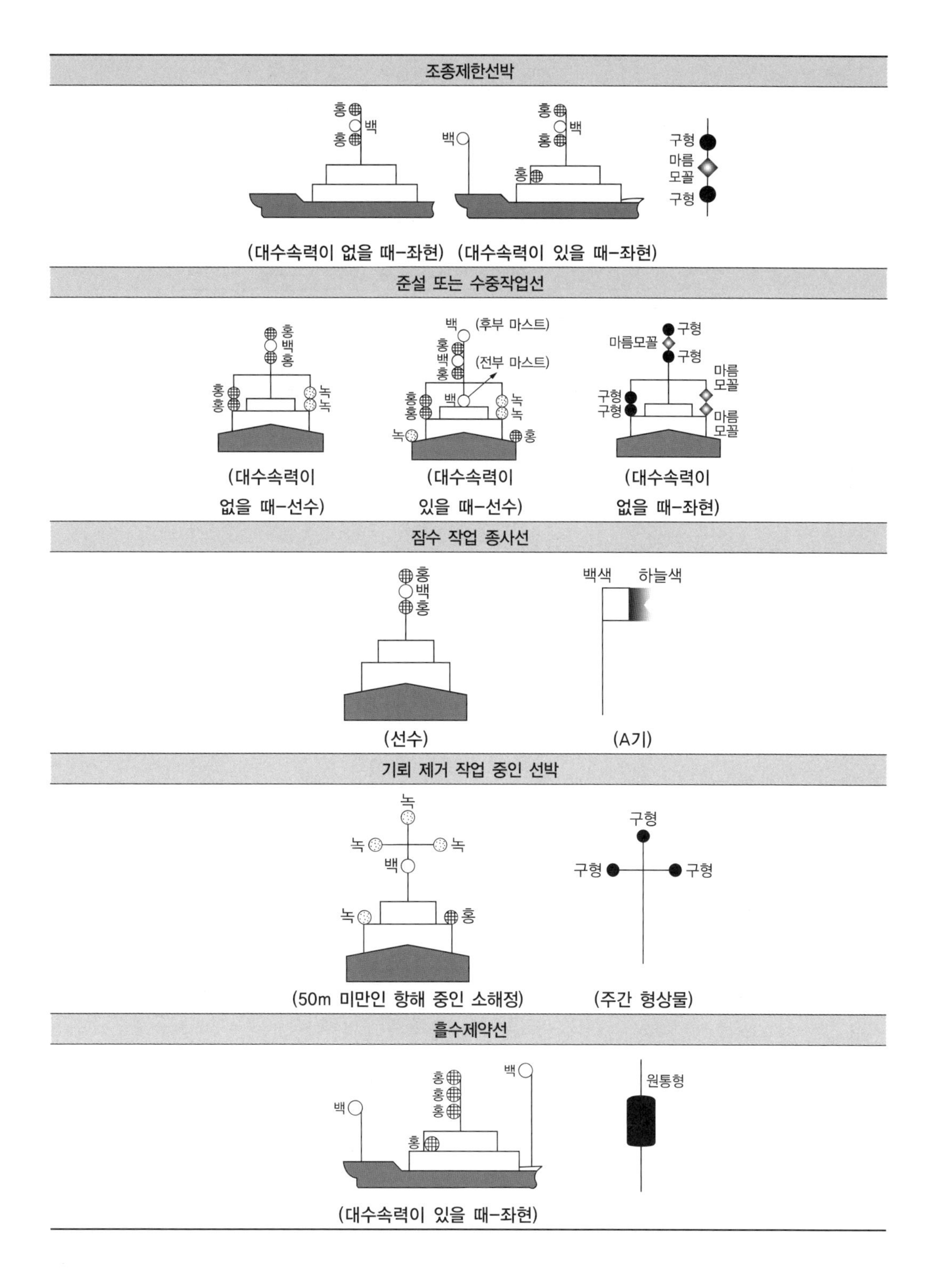

조종제한선박
홍
백
홍
백
홍
백
홍
홍
구형
마름모꼴
구형
(대수속력이 없을 때–좌현) (대수속력이 있을 때–좌현)
준설 또는 수중작업선
홍
백
홍
홍
홍
녹
녹
백
(후부 마스트)
홍
백
홍
(전부 마스트)
홍
홍
백
녹
녹
녹
홍
구형
마름모꼴
구형
구형
구형
마름모꼴
마름모꼴
(대수속력이 없을 때–선수)
(대수속력이 있을 때–선수)
(대수속력이 없을 때–좌현)
잠수 작업 종사선
홍
백
홍
백색
하늘색
(선수)
(A기)
기뢰 제거 작업 중인 선박
녹
녹
녹
백
녹
홍
구형
구형
구형
(50m 미만인 항해 중인 소해정)
(주간 형상물)
흘수제약선
홍
홍
홍
백
백
홍
원통형
(대수속력이 있을 때–좌현)

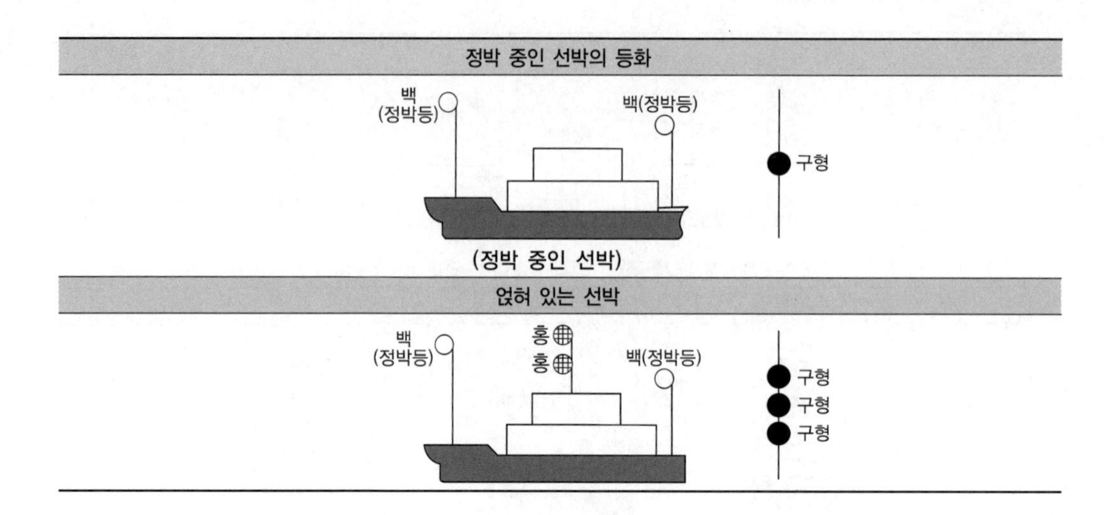
정박 중인 선박의 등화
백
(정박등)
백(정박등)
구형
(정박 중인 선박)
얹혀 있는 선박
백
(정박등)
홍
홍
백(정박등)
구형
구형
구형

MEMO

항해사 6급

PART of Contents

핵심이론 + 핵심예제

PART 01

항 해

1 항해계기

1-1. 컴퍼스

핵심이론 01 자기(마그네틱)컴퍼스의 분류 및 구조

① **자기컴퍼스** : 자석을 이용해 자침이 지구 자기의 방향을 지시하도록 만든 장치로 선박의 침로나 물표의 방위를 관측하여 선위를 확인할 수 있다.
  ㉠ 건식 자기컴퍼스와 액체식 자기컴퍼스가 있다.
  ㉡ 선박에서는 액체식 자기컴퍼스를 주로 쓴다.
  ㉢ 액체식 자기컴퍼스는 크게 볼(Bowl)과 비너클(Binnacle)로 구성된다.
    • 볼 : 반자성 재료인 청동 또는 놋쇠로 되어 있는 용기로써, 상하 2개의 방으로 그 안에는 액체가 있어 카드 부분이 거의 떠 있다.
    • 비너클 : 목재 또는 비자성재로 만든 원통형의 지지대로 윗부분에는 짐벌즈(Gimbals, Gimbal Ring)가 들어 있어 컴퍼스 볼을 지지한다.

② **자기컴퍼스 설치상의 주의점**
  ㉠ 동요가 가장 적은 중앙부 선수미선상에 설치
  ㉡ 방위 측정이 용이하고 시계가 차단되지 않는 곳에 설치
  ㉢ 철물, 전기기기 등 자력이 미치지 않는 곳에 설치
  ㉣ 선체의 동요와 기관 진동의 영향이 덜한 곳에 설치

핵심예제

1-1. 다음 (　　) 안에 알맞은 것은?

액체식 자기컴퍼스는 크게 나누어 볼과 (　　)로(으로) 구성되어 있다.

① 캡
② 피 벗
③ 비너클
④ 짐벌즈

정답 ③

1-2. 다음 중 액체식 자기컴퍼스에서 액체로 채워진 용기로 옳은 것은?

① 볼(Bowl)
② 캡(Cap)
③ 부실(Float)
④ 기선(Lubber Line)

정답 ①

해설

1-2
반자성 재료인 청동 또는 놋쇠로 되어 있는 용기로써, 상하 2개의 방으로 그 안에는 액체가 있어 카드 부분이 거의 떠 있다.

핵심이론 02 볼(Bowl)의 구조

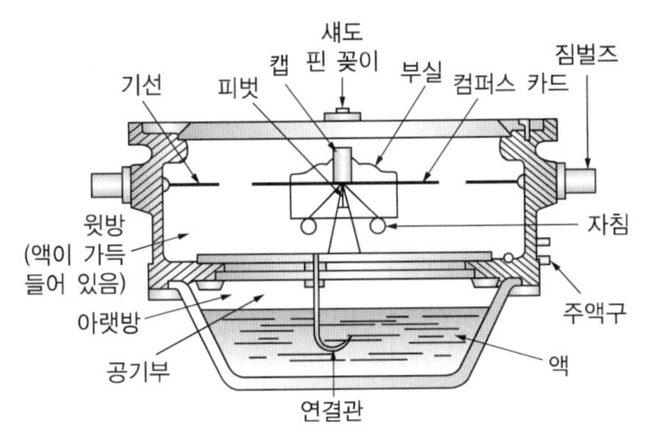

[컴퍼스 볼의 구조]

① 컴퍼스 카드(Compass Card)
- ㉠ 부실에 부착된 운모 또는 황동제의 원형판이다.
- ㉡ 원주에 북을 0°로 하여 시계방향으로 360등분된 방위 눈금이 새겨져 있다.
- ㉢ 안쪽에는 사방점 방위와 사우점이 새겨져 있다.
  - ※ 1점(point) = 11°15'
  - ※ 1점을 4등분하여 $\frac{1}{4}$ 점으로 눈금을 매겨 '북동남서'를 4방점이라 하고, '북동/남동/남서/북서'를 4우점이라 한다.
- ㉣ 0°와 180°를 연결하는 선과 평행하게 자석이 부착되어 있다.
- ㉤ 카드의 직경으로 컴퍼스 크기를 표시한다.

② 부실(Float)
- ㉠ 구리로 만들어진 반구형이다.
- ㉡ 밑부분에 원뿔형으로 파인 곳에 피벗(Pivot)이 들어간다.
- ㉢ 부실의 부력으로 지북력이 강한 무거운 자석을 사용(중량 97~98% 감소)할 수 있다.

③ 캡(Cap)
- ㉠ 사파이어가 끼워져 있으며 카드의 중심점이 되는 위치이다.
- ㉡ 카드 자체의 15° 정도 기울어짐(경사)에도 카드가 자유로이 회전하게 되어 있다.

④ 피벗(Pivot)
- ㉠ 캡에 꽉 끼여 카드를 지지한다.
- ㉡ 끝에는 백금과 이리듐의 합금으로 캡과의 마찰이 작아 카드가 자유로이 회전한다.

⑤ 컴퍼스액(Compass Liquid)
- ㉠ 증류수와 에틸알코올을 약 6 : 4 비율로 혼합한다.
- ㉡ 비중이 약 0.95(빙점 −24℃)이다.
- ㉢ +60 ~ −20℃에 걸쳐 점성 및 팽창계수의 변화가 작아야 한다.
- ㉣ 특수기름인 버솔(Varsol)을 사용하기도 한다.

⑥ 기선(Lubber Line) : 볼 내벽의 카드와 동일한 면 안에 4개의 기선이 각각 선수, 선미, 좌우의 정횡 방향을 표시한다.

⑦ 윗방, 아랫방, 연결관
- ㉠ 윗방은 컴퍼스액이 가득 차 있다.
- ㉡ 아랫방은 액의 윗부분이 비어 있다.
- ㉢ 연결관을 통해 온도변화에 따라 윗방의 액이 팽창, 수축하여 아랫방의 공기부에서 자동적으로 조절된다.

⑧ 주액구
- ㉠ 볼 내에 컴퍼스액이 부족하여 기포가 생길 때 사용하는 구멍이다.
- ㉡ 주액구를 위로 향하게 한 다음, 주사기로 액을 천천히 보충하여 기포를 제거한다.
- ㉢ 주위의 온도가 15℃ 정도일 때 실시하는 것이 가장 좋다.

⑨ 짐벌 링(Gimbal Ring) : 선박의 동요로 비너클이 기울어(경사)져도 볼을 항상 수평으로 유지한다.

⑩ 자 침
- ㉠ 영구자석(2개)을 사용하며 놋쇠로 된 관 속에 밀봉한다.
- ㉡ 카드의 남북선과 평행하다.
- ㉢ 지북력은 적도 부근이 가장 강하며 위도 증가에 따라 감소한다.

핵심예제

자기컴퍼스 구조에 대한 설명으로 적절한 것은?

① 피벗(Pivot)은 기선에 꽉 끼여 카드를 지지한다.
② 구조는 크게 나누어 볼(Bowl)과 캡(Cap)으로 구성되어 있다.
③ 컴퍼스액은 증류수와 에틸알코올을 약 3 : 7의 비율로 혼합한 것이다.
④ 카드의 원주에 북을 0°로 하여 시계방향으로 360등분된 방위 눈금이 새겨져 있다.

정답 ④

해설

① 피벗은 캡에 꽉 끼여 카드를 지지한다.
② 구조는 크게 나누어 볼과 비너클로 구성되어 있다.
③ 컴퍼스액은 증류수와 에틸알코올을 약 6 : 4의 비율로 혼합한 것이다.

핵심이론 03 비너클(Binnacle)의 구조

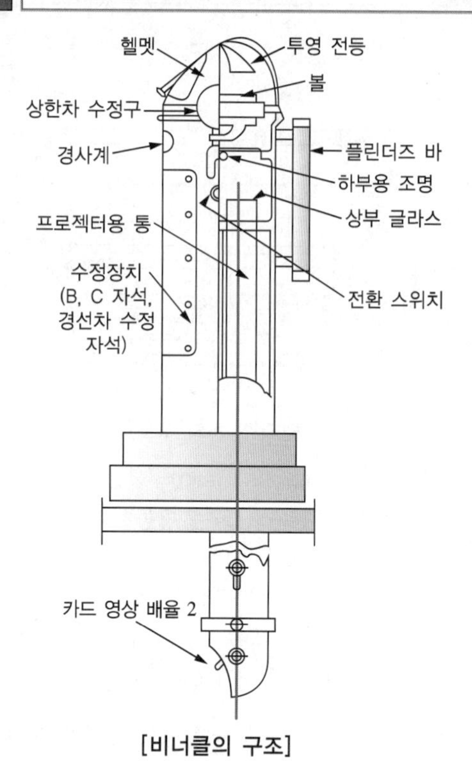

[비너클의 구조]

① **경사계** : 선체의 경사상태를 표시하는 계기로 선체의 수평 상태를 확인한다.
② **상한차 수정구** : 컴퍼스 주변에 있는 일시자기의 수평력을 조정하기 위해 부착된 연철구 또는 연철판을 말한다.
③ **조명장치와 조정손잡이**
④ **B 자석 삽입구** : 선체영구자기 중 선수미분력을 조정하기 위한 영구자석(B 자석)을 넣는 구멍이다.
⑤ **C 자석 삽입구** : 선체영구자기 중 정횡분력을 조정하기 위한 영구자석(C 자석)을 넣는 구멍이다.
⑥ **플린더즈 바** : 선체일시자기 중 수직분력을 조정하기 위한 일시자석, 퍼멀로이 바 라고도 한다.
⑦ **경선차 수정자석** : 선체자기 중 컴퍼스의 중심을 기준으로 한 수직분력을 조절하기 위한 자석이다.
⑧ **비너클 톱** : 볼을 보호한다.

핵심예제

3-1. 자기컴퍼스 주변에 있는 일시자기 중 수직분력을 조정하는 일시자석으로 옳은 것은?

① 연철구
② 비(B) 자석
③ 시(C) 자석
④ 플린더즈 바

정답 ④

3-2. 자기컴퍼스에 영향을 주는 선체영구자기 중 선수미분력을 조정하기 위한 영구자석으로 옳은 것은?

① 에이(A) 자석
② 비(B) 자석
③ 시(C) 자석
④ 디(D) 자석

정답 ②

해설

3-1
① 연철구(상한차 수정구) : 일시자기의 수평력을 수정
② B 자석 : 선수미 분력 수정
③ C 자석 : 정횡분력 수정

3-2
- B 자석 삽입구 : 선체영구자기 중 선수미분력을 조정하기 위한 영구자석(B 자석)을 넣는 구멍이다.
- C 자석 삽입구 : 선체영구자기 중 정횡분력을 조정하기 위한 영구자석(C 자석)을 넣는 구멍이다.

핵심이론 04 자기컴퍼스의 오차

① 편 차

㉠ 진자오선(진북)과 자기자오선(자북)과의 교각
㉡ 지자기의 극은 시간이 지남에 따라 이동하기 때문에 편차는 장소와 시간의 경과에 따라 변하게 된다.
㉢ 연간변화량은 해도의 나침도에 기재한다.
㉣ 자북이 진북의 오른쪽에 있으면 편동편차(E), 왼쪽에 있으면 편서편차(W)로 표시한다.

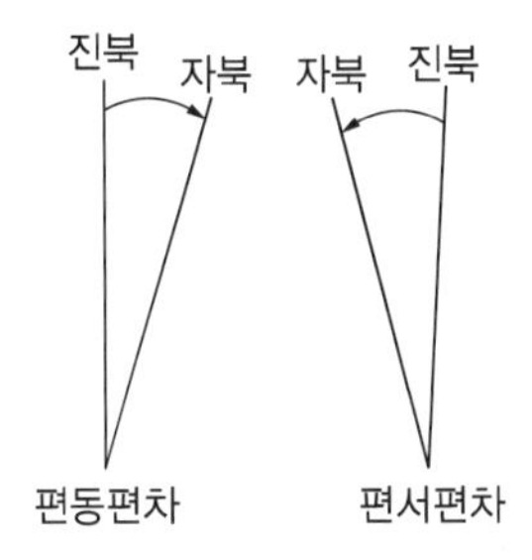

② 자 차

㉠ 자기자오선(자북)과 자기컴퍼스의 남북선(나북)과의 교각
㉡ 선내 철기 및 선체자기의 영향 때문에 발생한다.
㉢ 나북이 자북의 오른쪽에 있으면 편동자차(E), 나북이 자북의 왼쪽에 있으면 편서자차(W)로 표시한다.

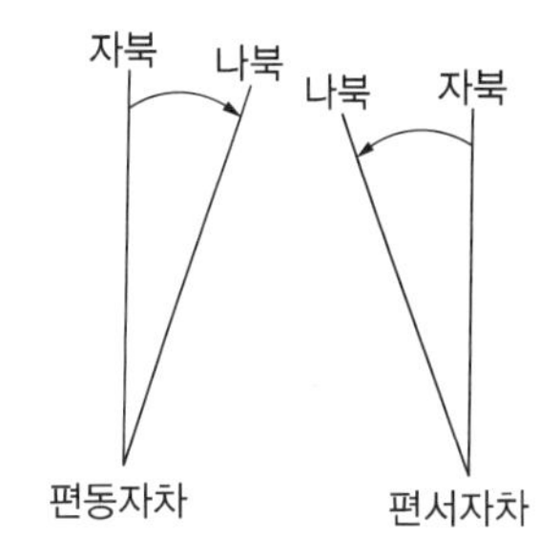

㉣ 자차의 변화요인
- 선수방위가 바뀔 때(가장 크다)
- 선체의 경사(경선차)
- 지구상의 위치변화
- 적하물의 이동
- 선수를 동일한 방향으로 장시간 두었을 때
- 선체의 심한 충격
- 동일 침로로 장시간 항해 후 변침(가우신 오차, Gaussin Error)
- 선체의 열적변화
- 나침의 부근의 구조 및 위치 변경 시
- 낙뢰, 발포, 기뢰의 폭격을 받았을 때
- 지방자기의 영향(우리나라에서 지방자기 영향이 가장 큰 곳 : 청산도)

③ **자차곡선도** : 미리 모든 방위의 자차를 구해 놓은 도표로 선수 방향에 대한 자차를 구하는데 편리하게 이용할 수 있다.

④ **컴퍼스오차**(Compass Error)

㉠ 선내 나침의의 남북선(나북)과 진자오선(진북) 사이의 교각, 즉 편차와 자차에 의한 오차이다.

㉡ 자차와 편차의 부호가 같으면 그 합, 부호가 다르면 차(큰쪽 - 작은쪽)를 구한다.

㉢ 나북이 진북의 오른쪽에 있으면 편동오차(E), 왼쪽에 있으면 편서오차(W)로 표시한다.

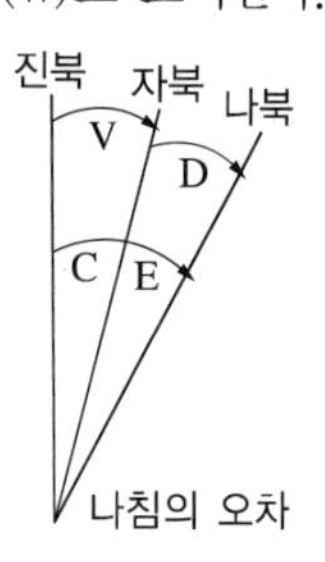

핵심예제

4-1. 자차의 변화에 대한 설명으로 옳지 않은 것은?

① 선수방위에 따라 값이 다르다.
② 시간의 경과에 따라 값이 다르다.
③ 선박마다 같은 값이다.
④ 철재구조물을 설치하면 값이 다르다.

정답 ③

4-2. 다음 중 자차에 대한 설명으로 옳은 것은?

① 진자오선과 배의 항적이 이루는 교각
② 자기자오선과 선수미선과의 교각
③ 자기자오선과 자기컴퍼스의 남북선과의 교각
④ 자기컴퍼스의 남북선과 선수미선과의 교각

정답 ③

4-3. 편차 5°E, 자차 7°W일 때의 컴퍼스오차를 나타낸 것은?

① 2°E
② 12°E
③ 2°W
④ 12°W

정답 ③

해설

4-1
선박의 구조 및 재질에 따른 선내 철기 및 자기의 영향으로 자차가 변화한다.

4-2
① 진침로
② 자침로
④ 나침로

4-3
7°W - 5°E = 2°W

컴퍼스오차
- 자차와 편차의 부호가 같으면 그 합, 부호가 다르면 차(큰쪽 - 작은쪽)를 구한다.
- 나북이 진북의 오른쪽에 있으면 편동오차(E), 왼쪽에 있으면 편서오차(W)로 표시한다.

핵심이론 05 자이로컴퍼스

① 고속으로 돌고 있는 팽이의 원리를 이용하여 지구상의 북(진북)을 아는 장치이다.
② 자차 및 편차가 없고 지북력이 강하다.
③ 방위를 간단히 전기신호로 바꾸어 방위정보를 알 수 있다.
④ 레이더, 종합항법장치, AIS 등과 연동이 가능하다.
⑤ 철물과 자기의 영향을 받지 않으므로 선내 어디에 설치해도 무방하다.
⑥ 항상 전원이 공급되어야 하며 정상 가동되기까지 4시간 정도 소요된다.

핵심예제

다음 중 자이로 컴퍼스에 대한 설명으로 틀린 것은?

① 전원이 공급되면 즉시 정상 가동된다.
② 자차 및 편차가 없고 지북력이 강하다.
③ 지구상의 북(진북)을 가리킨다.
④ 철물과 자기의 영향을 받지 않는다.

정답 ①

해설

항상 전원이 공급되어야 하며 정상 가동되기까지 4시간 정도 소요된다.

1-2. 방위측정기구

핵심이론 01 방위측정기구

① **방위환** : 컴퍼스 볼 위에 끼워서 자유롭게 회전시킬 수 있는 비자성재로 0°에서 360°까지 눈금이 새겨져 상대 방위를 측정할 수 있다.
② **섀도 핀**
  ㉠ 놋쇠로 된 가는 막대로 컴퍼스 볼의 글라스커버 중앙에 핀을 세울 수 있는 섀도 핀 꽂이가 있다.
  ㉡ 사용 시 한쪽 눈을 감고 목표물을 핀을 통해 보고 관측선 아래쪽의 카드의 눈금을 읽는다.
  ㉢ 가장 간단하게 방위를 측정할 수 있으나 오차가 생기기가 쉽다.
③ **방위경**
  ㉠ 컴퍼스 볼 위에 장치하여 천체 또는 물표의 방위를 정밀하게 측정할 때 사용하는 기구이다.
  ㉡ 고도가 높은 천체는 화살표를 위쪽으로, 고도가 낮은 천체는 화살표를 아래쪽으로 하여 측정한다.
  ㉢ 실용고도는 27° 전후이다.
④ **방위반** : 굴뚝, 마스트 등 장애물로 인해 물표가 가려져서 방위환으로 방위를 측정할 수 없을 때 물표가 잘 보이는 장소에서 방위를 측정할 수 있는 기구이다.

핵심예제

컴퍼스 볼 위에 장치하여 천체 또는 물표의 방위를 정밀하게 측정할 때 사용되는 방위측정 기구는?

① 방위환　　② 섀도핀
③ 방위경　　④ 방위반

정답 ③

핵심이론 02 방위와 방위각

① 방위(360도식)

㉠ 기준선과 관측자 및 물표를 지나는 대권이 이루는 각을 북을 000°로 하여 시계방향으로 360°까지 측정한 것(항상 3자리 숫자로 표시하며, 동은 090°, 남은 180°, 서는 270°로 표시함)

㉡ 진방위(T.B.) : 진자오선과 관측자 및 물표를 지나는 대권이 이루는 교각

㉢ 자침방위(M.B.) : 자기자오선과 관측자 및 물표를 지나는 대권이 이루는 교각

㉣ 나침방위(C.B.) : 나침의 남북선과 관측자 및 물표를 지나는 대권이 이루는 교각

㉤ 상대방위(R.B.) : 자선의 선수를 0°로 하여 시계방향으로 360°까지 재거나 좌, 우현으로 180°씩 측정

② 방위각(상한식)

㉠ 북(남)을 기준으로 하여 동(서)으로 90° 또는 180°까지 표시하는 방법이다.

㉡ 기준을 표시하기 위해 도수 앞에 N(S)이 붙고, 잰 방향을 표시하기 위해 도수의 뒤쪽에 E(W)부호가 붙는다.

㉢ N00°E(북을 기준으로 동쪽으로 00° 잰 것), S00°W (남을 기준으로 서쪽으로 00° 잰 것)

③ 포인트식

㉠ 360°를 32등분하여 그 등분점마다 고유의 이름을 붙여서 방위를 표시하는 방법이다.

㉡ 1포인트는 11°15'

핵심예제

다음 ( ) 안에 순서대로 알맞은 것은?

> 선수미선과 선박을 지나는 자오선이 이루는 각을 ( )(이)라고 하며, 북을 기준으로 하여 360°까지 측정한다. 북 또는 남을 기준으로 하여 동 또는 서로 90° 또는 180°까지 표시한 것을 ( )(이)라 한다.

① 방위, 방위각 ② 방위각, 방위
③ 침로, 방위각 ④ 방위각, 침로

정답 ③

1-3. 기타 항해 계기

핵심이론 01 측심의, 선속계, 육분의

① 측심의 : 수심을 측정하고 해저의 저질, 어군의 존재를 파악하기 위한 장치이다.

㉠ 핸드레드 : 수심이 얕은 바다의 수심 측정에 사용되며, 레드(납덩이)와 레드라인으로 구성

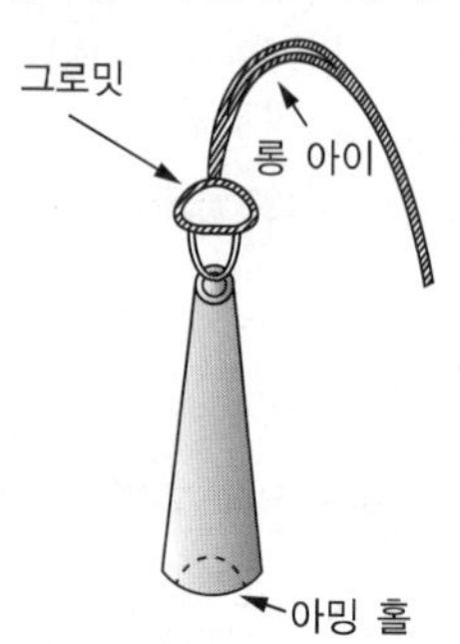

[핸드레드]

㉡ 음향측심기 : 선저에서 해저로 발사한 짧은 펄스의 초음파가 해저에서 반사되어 돌아오는 시간을 측정하여 수심을 측정하는 장치로 연속적 측정이 가능

② 선속계 : 선박의 속력과 항주거리를 측정하는 계기이다.

㉠ 전자식 선속계 : 패러데이의 전자유도의 법칙을 응용하여 선체의 속력 측정

㉡ 도플러 선속계 : 음파를 송신하여 그 반향음, 전달속도, 시간 등을 계산하여 선속 측정

㉢ 어쿠스틱 코릴레이션 선속계 : 도플러 선속계의 일종으로 업그레이드된 형태

③ 육분의 : 천체의 고도를 측정하거나 두 물표의 수평 협각을 측정하는 계기이다.

① 기면(Frame)	⑥ 릴리스 클러치(Release Clutch)
② 호(Arc)	⑦ 인덱스 바(Index Bar)
③ 손잡이(Handle)	⑧ 망원경(Telescope)
④ 마이크로미터 드럼(Micrometer Drum)	⑨ 동경(Index Glass, Index Mirror)
	⑩ 차광 유리(Shade Glass)
⑤ 버니어(Vernier)	⑪ 수평경(Horizon Glass)

[육분의 구조]

핵심예제

다음의 항해 계기 중 선박의 속력과 항주거리를 측정하는 계기는?

① 측심의 ② 선속계
③ 육분의 ④ 방위경

정답 ②

해설

① 측심의 : 수심을 측정하는 계기
③ 육분의 : 천체의 고도와 두 물표의 협각을 측정하는 계기
④ 방위경 : 천체 또는 물표의 방위를 정밀하게 측정하는 계기

2 항로표지

2-1. 야간표지

핵심이론 01 야간표지

① 광파표지 또는 야표라 부른다.
② 등화에 의해서 그 위치를 나타내며 주로 야간의 물표가 되는 항로표지를 말한다.
③ 야간뿐만 아니라 주간에도 물표로 이용될 수 있다.

핵심예제

야간뿐만 아니라 주간에도 물표로 이용될 수 있고, 광파표지라고도 부르는 표지는?

① 형상표지
② 야간표지
③ 음향표지
④ 특수신호표지

정답 ②

핵심이론 02 구조에 의한 분류

① 등 대
㉠ 야간표지의 대표적인 것으로 곶, 섬 등 선박의 물표가 되기에 알맞은 장소에 설치된 탑과 같이 생긴 구조물로 야간표지 중 광력이 가장 크다.
㉡ 부근의 다른 표지나 육상의 등화와 쉽게 구별할 수 있도록 등질을 서로 다르게 하고 있다.

② 등 주
㉠ 쇠, 나무, 콘크리트 기둥의 꼭대기에 등을 달아 놓은 것이다.
㉡ 광달거리가 크지 않아도 되는 항구, 항내 등에 설치한다.

③ 등 표
㉠ 항로, 항행에 위험한 암초, 항행금지구역 등을 표시하는 지점에 고정하여 설치한다.
㉡ 선박의 좌초를 예방하고, 항로를 지도하기 위하여 설치되는 표지이다.

④ 등 선
㉠ 육지에서 멀리 떨어진 해양, 항로의 중요한 위치에 있는 모래 기둥 등을 알리기 위해 일정한 지점에 정박하고 있는 특수구조의 선박이다.
㉡ 밤에는 등화를 밝혀 위치를 나타내고, 낮에는 구조나 형태에 의해 식별할 수 있도록 되어 있다.

⑤ 등부표
㉠ 등대와 함께 가장 널리 쓰이고 있는 야간표지이다.
㉡ 암초, 항행금지구역, 항로의 입구, 폭 및 변침점 등을 표시하기 위하여 설치한다.
㉢ 해저에 체인으로 연결되어 일정한 선회 반지름을 가지고 이동한다.
㉣ 파랑이나 조류에 의한 위치 이동 및 유실에 주의한다.

핵심예제

2-1. 야간표지 중에서 광력이 가장 큰 것으로 옳은 것은?

① 등 주　② 등 표
③ 등부표　④ 등 대

정답 ④

2-2. 항로표지 중 일정한 선회 반지름을 가지고 이동되는 것은 무엇인가?

① 등 대　② 등부표
③ 등 주　④ 등 표

정답 ②

해설

2-1

등 대

야간표지의 대표적인 것으로 곶, 섬 등 선박의 물표가 되기에 알맞은 장소에 설치된 탑과 같이 생긴 구조물로 야간표지 중 광력이 가장 크다.

2-2

등부표

- 등대와 함께 가장 널리 쓰이고 있는 야간표지
- 암초, 항행금지구역, 항로의 입구, 폭 및 변침점 등을 표시하기 위하여 설치
- 해저에 체인으로 연결되어 일정한 선회 반지름을 가지고 이동
- 파랑이나 조류에 의한 위치 이동 및 유실에 주의

핵심이론 03 용도에 의한 분류

① **도등** : 통항이 곤란한 좁은 수로, 항만 입구 등에서 안전항로의 연장선 위에 높고 낮은 2~3개의 등화를 앞뒤로 설치하여 그들의 중시선에 의해서 선박을 인도
② **부등(조사등)** : 풍랑이나 조류 때문에 등부표를 설치하거나 관리하기 어려운 모래 기둥이나 암초 등이 있는 위험지점으로부터 가까운 등대에 강력한 투광기를 설치하여 그 구역을 비추어 위험을 표시
③ **지향등** : 통항이 곤란한 좁은 수로, 항구, 만 입구 등에서 안전한 항로를 알려주기 위하여 항로 연장선상의 육지에 설치한 분호등
④ **임시등** : 선박출입이 빈번하지 않은 항만, 하구 등에 출입항선이 있을 때 또는 선박출입이 빈번해지는 계절에만 임시로 점등하는 등화
⑤ **가등** : 등대를 수리할 때 긴급조치로 가설되는 간단한 등화
⑥ **등의 등급** : 사용하는 렌즈의 크기로 표시되며 1~7등급까지 있다.

핵심예제

3-1. 다음에서 설명하는 것은?

> 통항이 곤란한 좁은 수로, 항만 입구 등에서 안전항로의 연장선 위에 높고 낮은 2~3개의 등화를 앞, 뒤에 설치하여 그들의 중시선에 의해 선박을 인도하는 것

① 조사등
② 지향등
③ 섬광등
④ 도 등

정답 ④

3-2. 등대의 부근에서 위험구역을 비추어 위험을 표시하는 등화로 옳은 것은?

① 조사등
② 명암등
③ 도 등
④ 지향등

정답 ①

해설

3-1
① 부등(조사등) : 위험지점으로부터 가까운 등대에 투광기를 설치하여 그 구역을 비추어 위험을 표시
② 지향등 : 통항이 곤란한 좁은 수로, 항구, 만 입구 등에서 안전한 항로를 알려주기 위하여 항로 연장선상의 육지에 설치한 분호등
③ 섬광등(Fl.) : 빛을 비추는 시간이 꺼져 있는 시간보다 짧은 것으로, 일정한 간격으로 섬등을 내는 등

3-2
부등(조사등) : 풍랑이나 조류 때문에 등부표를 설치하거나 관리하기 어려운 모래 기둥이나 암초 등이 있는 위험지점으로부터 가까운 등대에 강력한 투광기를 설치하여 그 구역을 비추어 위험을 표시

핵심이론 04 등 질

① 일반 등화와 혼동되지 않고 부근에 있는 다른 야간표지와도 구별될 수 있도록 등광의 발사상태를 달리하는 특징이다.

② **부동등(F)** : 등색이나 등력이 바뀌지 않고 일정하게 계속 빛을 내는 등이다.

③ **명암등(Oc)** : 한 주기 동안에 빛을 비추는 시간이 꺼져 있는 시간보다 길거나 같은 등이다.

④ **군명암등(Oc(*))**
- ㉠ 명암등의 일종, 한 주기 동안에 2회 이상 꺼지는 등이다.
- ㉡ 켜져 있는 시간의 총합이 꺼져 있는 시간과 같거나 길다.
- ㉢ 괄호 안의 *는 꺼지는 횟수를 나타낸다.

⑤ **섬광등(Fl.)** : 빛을 비추는 시간이 꺼져 있는 시간보다 짧은 것으로, 일정한 간격으로 섬등을 내는 등이다.

⑥ **군섬광등(Fl(*))**
- ㉠ 섬광등의 일종, 한 주기 동안에 2회 이상의 섬등을 내는 등이다.
- ㉡ 괄호 안의 *는 섬광등의 횟수를 나타낸다.

⑦ **급섬광등(Q.)** : 섬광등의 일종, 1분 동안 50회 이상 80회 이하의 일정한 간격으로 섬광을 내는 등이다.

⑧ **호광등(Al.)** : 색깔이 다른 종류의 빛을 교대로 내며, 그 사이에 등광은 꺼지는 일이 없이 계속 빛을 내는 등이다.

⑨ **분호등** : 서로 다른 지역을 다른 색상으로 비추는 등이다.

⑩ **모스부호등** : 모스부호를 빛으로 발하는 것으로, 어떤 부호를 발하느냐에 따라 그 등질이 다르다.

⑪ **주기** : 정해진 등질이 반복되는 시간으로 초(sec) 단위로 표시한다.

⑫ **등색** : 등화에 이용되는 색은 백색(W), 적색(R), 녹색(G), 황색(Y) 등이 있다.

⑬ **등 고**
- ㉠ 해도나 등대표에는 평균수면에서 등화의 중심까지이다.
- ㉡ 등선은 수면상의 높이이다.
- ㉢ 등부표는 높이가 거의 일정하므로 등고를 기재하지 않는다.
- ㉣ 대부분의 경우 미터로 표시한다.

⑭ **점등시간**
- ㉠ 일반적으로 일몰 시부터 일출 시까지이다.
- ㉡ 날씨에 따라 점등시간은 달라질 수 있으며, 항시 점등되어 있는 것도 있다.

⑮ **광달거리**
- ㉠ 등광을 알아볼 수 있는 최대거리로 해도상에서는 해리(M)로 표시한다.
- ㉡ 해도나 등대표에 기재된 광달거리는 관측자의 눈높이가 평균 수면으로부터 5m일 때를 기준으로 계산한 것이다.
- ㉢ 광달거리는 안고(관측자의 눈높이), 등대의 등고, 광원이 높을수록 길어진다.

⑯ **해도상 표시** : 등화의 등질, 등색, 주기, 등고, 광달거리 순으로 표시된다.

핵심예제

4-1. 야간 항해 중 적색이며, 광력과 등색이 바뀌지 않고 지속되는 등대를 발견했다면 해도상에 표시된 그 등대의 기호는?

① OcY ② FlG
③ Al.WR ④ FR

정답 ④

4-2. 해도에 Al W R 20s 18M이라고 표기되어 있는 등대로 접근하고 있는 선박의 항해사의 눈높이가 수면으로부터 약 5m라면, 정상적인 기상상태에서 먼 바다에서 접근할 때 이 등대를 처음 볼 수 있는 거리로 옳은 것은?

① 2해리 ② 8해리
③ 18해리 ④ 20해리

정답 ③

4-3. 등질에 있어서 한 주기 동안에 빛을 비추는 시간이 꺼져 있는 시간보다 짧은 것을 나타내는 것은?

① 부동등 ② 명암등
③ 섬광등 ④ 호광등

정답 ③

4-4. 다음 중 등대의 등화 주기의 단위로 옳은 것은?

① 초(sec) ② 분(min)
③ 시간(hour) ④ 일(day)

정답 ①

4-5. 다음 중 등대의 광달거리에 영향을 미치는 요소로 틀린 것은?

① 등 고 ② 등 질
③ 안 고 ④ 광 력

정답 ②

해설

4-1

FR

- 부동등(F) : 등색이나 등력이 바뀌지 않고 일정하게 계속 빛을 내는 등
- R : 등색은 적색(Red)

① Oc(명암등)Y(황색)
② Fl(섬광등)G(녹색)
③ Al.(호광등)WR(백색과 적색)

4-2

Al(호광등) W R(백색과 적색등) 20s(주기 20초) 18M(광달거리 18해리)

광달거리

- 등광을 알아볼 수 있는 최대거리로 해도상에서는 해리(M)로 표시한다.
- 해도나 등대표에 기재된 광달거리는 관측자의 눈높이가 평균수면으로부터 5m일 때를 기준으로 계산한 것이다.
- 광달거리는 안고(관측자의 눈높이), 등대의 등고, 광원이 높을수록 길어진다.

4-3

① 부동등(F) : 등색이나 등력이 바뀌지 않고 일정하게 계속 빛을 내는 등
② 명암등(Oc) : 한 주기 동안에 빛을 비추는 시간이 꺼져 있는 시간보다 길거나 같은 등
④ 호광등(Al.) : 색깔이 다른 종류의 빛을 교대로 내며, 그 사이에 등광은 꺼지는 일이 없이 계속 빛을 내는 등

4-4

등화의 주기 : 정해진 등질이 반복되는 시간으로 초(sec) 단위로 표시

4-5

광달거리는 안고(관측자의 눈높이), 등대의 등고, 광원이 높을수록 길어진다.

2-2. 주간표지

핵심이론 01 주간표지(주표)

① 점등장치가 없는 표지이다.
② 모양과 색깔로써 식별(형상표지)한다.
③ 연안 항해 시 주간에 선위 결정을 위한 물표로 이용한다.
④ 암초, 침선 등을 표시하여 항로를 유도하는 역할을 한다.

핵심예제

1-1. 다음 중 주간표지 설명으로 옳지 않은 것은?

① 항로를 유도한다.
② 암초 등 위험지역을 나타낸다.
③ 형상과 색으로 구별한다.
④ 대양항해에 필요하다.

정답 ④

1-2. 색깔과 모양만으로 식별할 수 있는 항로표지로 옳은 것은?

① 전파표지
② 형상표지
③ 광파표지
④ 음파표지

정답 ②

해설

1-1
연안 항해 시 주간에 선위 결정을 위한 물표로 이용한다.
1-2
형상표지 : 주간표지라고도 하며 점등장치가 없는 표지로 모양과 색깔로써 식별한다.

핵심이론 02 주간표지의 종류

① 입 표
㉠ 암초, 사주 등의 위에 고정적으로 설치하여 위험구역을 표시한다.
㉡ 등광을 함께 설치하면 등표가 된다.

② 부 표
㉠ 비교적 항행이 곤란한 장소나 항만에서의 유도표지이다.
㉡ 항로를 따라 변침점에 설치한다.
㉢ 해저에 체인으로 연결되어 일정한 선회 반지름을 가지고 이동한다.
㉣ 파랑이나 조류에 의한 위치 이동 및 유실에 주의한다.
㉤ 등광을 함께 설치하면 등부표가 된다.

③ 육 표
㉠ 육상에 설치된 간단한 기둥표이다.
㉡ 등광을 함께 설치하면 등주가 된다.

④ 도 표
㉠ 좁은 수로의 항로를 표시하기 위하여 항로의 연장선 위에 앞뒤로 2개 이상의 육표를 설치하며 방향표가 되어 선박을 인도하는 것이다.
㉡ 등광을 함께 설치하면 도등이 된다.

핵심예제

2-1. 항행이 까다로운 장소 또는 항만의 항로를 따라 설치하며 주로 유도표지로 이용되는 주간표지에 해당되는 것은?

① 육 표　　② 도 표
③ 등 표　　④ 부 표

정답 ④

2-2. 위치를 확인할 때 사용하는 물표로서 적절치 못한 것은?

① 등 대　　② 입 표
③ 부 표　　④ 등 주

정답 ③

해설

2-1
부 표
- 비교적 항행이 곤란한 장소나 항만에서의 유도표지
- 항로를 따라 변침점에 설치
- 등광을 함께 설치하면 등부표가 됨

2-2
부표는 해저에 체인으로 연결되어 일정한 선회 반지름을 가지고 이동하며, 파랑이나 조류에 의한 위치의 이동 및 유실 우려가 있어 위치 확인용으로 부적절하다.

2-3. 음향표지

핵심이론 01 음향표지(무중신호, Fog Signal)

① 음향표지
㉠ 안개, 눈 등에 의하여 시계가 나빠 육지나 등화를 발견하기 어려울 때에 선박에 항로표지의 위치를 알리거나 경고할 목적으로 설치된 표지로 무신호(Fog Signal)라고도 한다.
㉡ 일반적으로 등대나 다른 항로표지에 부설되어 있다.
㉢ 공중음 신호와 수중음 신호가 있다.
㉣ 사이렌이 많이 쓰인다.

② 음향표지 이용 시 주의사항
㉠ 시계가 나빠 항행에 지장을 초래할 우려가 있을 경우에 한하여 사용한다.
㉡ 신호음의 방향 및 강약만으로 신호소의 방위나 거리를 판단해서는 안 된다.
㉢ 무신호에만 의지하지 말고, 측심의(수심 측정 계기)나 레이더의 활용에 노력해야 한다.

③ 음향표지의 종류
㉠ 에어사이렌 : 압축공기에 의하여 사이렌을 울리는 장치
㉡ 모터사이렌 : 전동기에 의하여 사이렌을 울리는 장치
㉢ 다이어프램 폰 : 전자력에 의해서 발음판을 진동시켜 소리를 울리는 장치
㉣ 무종 : 가스의 압력 또는 기계장치로 종을 쳐서 소리를 내는 장치

핵심예제

1-1. 다음 중 무신호(Fog Signal) 청취 시 올바른 주의사항은?

① 무신호에만 의존하지 않고 측심의나 레이더 등을 활용하여 항행한다.
② 무신호의 음향전달거리는 대기상태에 관계없이 일정하여 신호소의 거리를 쉽게 파악할 수 있다.
③ 무신호의 방향은 항상 일정하므로 정확한 방위를 알 수 있다.
④ 무신호의 전달거리는 정해져 있으므로 정확한 거리를 알 수 있다.

정답 ①

1-2. 음향표지를 사용하는 경우는 언제인가?

① 야간에만 사용한다.
② 주간에만 사용한다.
③ 짙은 안개가 끼었을 때 사용한다.
④ 겨울철 기온이 급강하할 때 사용한다.

정답 ③

해설

1-1
음향표지 이용 시 주의사항
- 시계가 나빠 항행에 지장을 초래할 우려가 있을 경우에 한하여 사용한다.
- 신호음의 방향 및 강약만으로 신호소의 방위나 거리를 판단해서는 안 된다.
- 무신호에만 의지하지 말고, 측심의(측심기)나 레이더의 활용에 노력해야 한다.

1-2
음향표지
안개, 눈 등에 의하여 시계가 나빠 육지나 등화를 발견하기 어려울 때에 선박에 항로표지의 위치를 알리거나 경고할 목적으로 설치된 표지

2-4. 전파표지 및 특수신호표지

핵심이론 01 전파표지

① 전파의 특성인 직진, 등속, 반사성을 이용하여 선박의 위치를 측정할 수 있는 항로표지이다.
② 천후에 관계없이 이용 가능하고, 넓은 지역에 걸쳐 이용할 수 있다.
③ 전파표지의 종류
 ㉠ 무선 방위 신호소 : 선박에서 발사한 전파의 방위를 육상의 무선국에서 측정하여 다시 선박에 통보해 주는 무선국
 - 중파 표지국 : 무지향식, 지향식, 회전식 무선 표지국
 - 마이크로 표지국 : 유도 비컨, 레이더 반사기, 레이마크, 레이콘, 레이더 트랜스폰더, 토킹 비컨, 소다 비전
 ㉡ 항법용 표지국
 - 로란-C국 : 3~5개국이 1개의 체인형성, 주국과 종국에서 발사한 전파의 도달시간차를 이용, 이용범위 1,100마일
 - 데카 : 3~4개국이 1개의 체인형성, 주국과 종국에서 발사한 전파의 위상차를 이용, 이용범위 주간 590 / 야간 350
 - GPS : 위성항법시스템으로 24개의 위성에서 발사되는 전파를 이용하여 위치 계산
 - DGPS(디퍼렌셜GPS) : GPS 위성의 거리오차를 보완하기 위해서 사용

핵심이론 02 특수신호표지

① **조류신호소** : 강한 조류 등으로 선박의 항행 여건이 열악한 항만 출입구 및 주요 항로에 조류의 방향과 속력을 측정하여 현재의 유향, 유속을 전광판 등을 이용하여 실시간으로 알려주는 곳이다.
② **선박통항신호소** : 선박교통관리제도(VTS)의 일부를 이루는 것(레이더, VHF, AIS 등을 이용)으로, 항내의 특정 항로나 방파제 등에 설치하여 부근 수역을 항해하는 선박에게 항행 관련정보를 제공하는 장치이다.

2-5. 국제 해상부표방식

핵심이론 01 국제항로표지협회(IALA) 해상부표식

종별			표체		두표		도해				등질	
			도색	형식	도색	형상	등부표	부표	등표	입표	등색	등질
측방 표지	좌현 표지		녹	망대형, 원통형 또는 원주형	녹	원통형	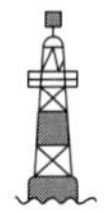	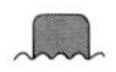	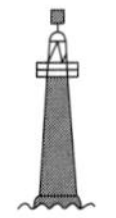	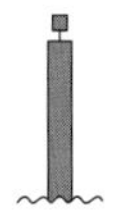	녹	FlG Fl(3)G QG Mo(B)G
	우현 표지		홍	망대형, 원추형 또는 원주형	홍	원추형	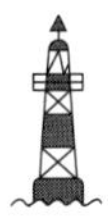	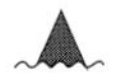	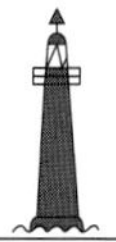	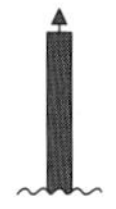	홍	FlR Fl(3)R QR Mo(B)R
	분기점 표지	좌현 항로 우선	홍색 바탕 녹횡대 1본	망대형, 원추형 또는 원주형	홍	원추형	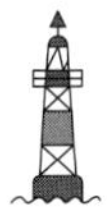	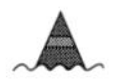	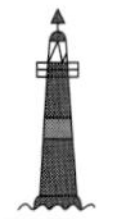	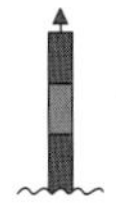	홍	Fl(2+1)R
		우현 항로 우선	녹색 바탕 홍횡대 1본	망대형, 원통형 또는 원주형	녹	원통형	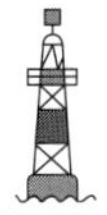	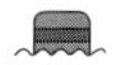	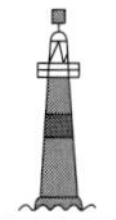	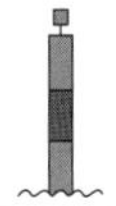	녹	Fl(2+1)G
방위 표지	북방위 표지		상부 흑 하부 황	망대형, 원통형 또는 원주형	흑	원추형 2개 (정점 상향)	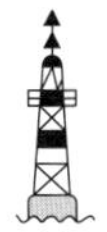	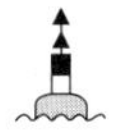	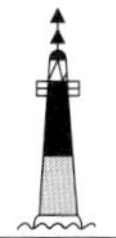	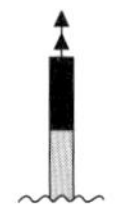	백	Q VQ
	동방위 표지		흑색 바탕 황횡대 1본	망대형 또는 원주형	흑	원추형 2개 (저면 대향)	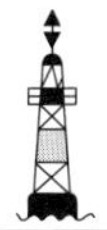	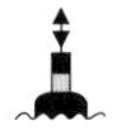	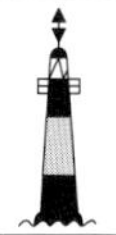	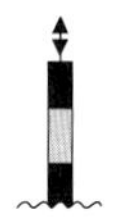	백	Q(3) VQ(3)
	남방위 표지		상부 황 하부 흑	망대형 또는 원주형	흑	원추형 2개 (정점 하향)	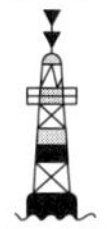	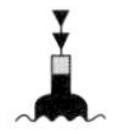	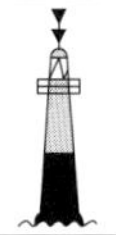	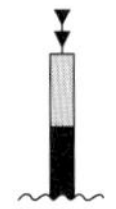	백	Q(6)+LFl VQ(6)+LFl
	서방위 표지		황색 바탕 흑횡대 1본	망대형 또는 원주형	흑	원추형 2개 (정점 대향)	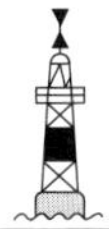	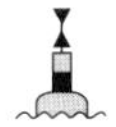	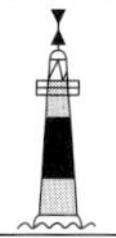	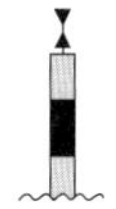	백	Q(9) VQ(9)
고립 장해 표지			흑색 바탕 홍횡대 1본	망대형 또는 원주형	흑	구형 2개	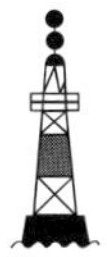	–	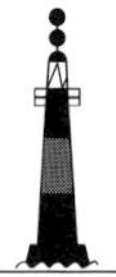	–	백	Fl(2)
안전 수역 표지			홍백 종선	망대형	홍	구 형	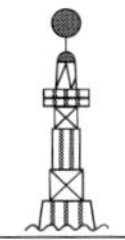	–	–	–	백	Iso Mo(A) LFl 10S OC
특수 표지			황	망대형 원통형 원추형 또는 원주형	황	X 형	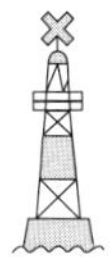	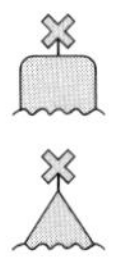	–	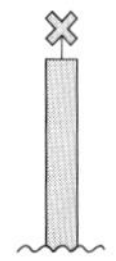	황	Fl Y Fl(3)Y Mo(B)Y

① IALA에서는 각 나라가 부표방식을 통일하여 적용할 수 있도록 A지역과 B지역의 두 가지 방식을 제시하고 있다.
② A, B 해상부표방식은 측방표지의 도장 및 등화의 색상이 서로 반대이다.
③ 측방표지, 방위표지, 고립장해표지, 안전수역표지, 특수표지의 다섯 가지로 이루어진다.
④ 우리나라는 B 방식(캐나다와 미국을 비롯한 북아메리카, 중앙 아메리카와 카리브해, 한국, 일본, 필리핀)을 따르고 있다.

핵심예제

1-1. 다음 표지 중 국제항로표지협회(IALA) 해상부표식의 종류가 아닌 것은?

① 전파표지
② 측방표지
③ 안전수역표지
④ 특수표지

정답 ①

1-2. 대한민국은 국제해상부표식에서 어느 지역에 속하는가?

① A 지역
② B 지역
③ C 지역
④ D 지역

정답 ②

해설

1-1
국제항로표지협회(IALA) 해상부표식
측방표지, 방위표지, 고립장해표지, 안전수역표지, 특수표지의 다섯 가지로 이루어진다.

1-2
우리나라는 B방식(캐나다와 미국을 비롯한 북아메리카, 중앙 아메리카와 카리브해, 한국, 일본, 필리핀)을 따르고 있다.

핵심이론 02 측방표지

① 항행수로의 좌・우측 한계를 표시하기 위해 설치된 표지
② B 지역(우리나라)의 좌현표지의 색깔과 등화의 색상은 녹색, 우현표지는 적색
③ **좌현표지** : 부표의 위치가 항로의 왼쪽 한계에 있음을 의미, 오른쪽이 가항수역
④ **우현표지** : 부표의 위치가 항로의 오른쪽 한계에 있음을 의미, 왼쪽이 가항수역
⑤ 하나의 목적지에 이르는 항로가 2개 주어졌을 때
　㉠ 좌측 항로가 일반적인 항로일 때에는 좌항로 우선표지를 설치
　㉡ 우측 항로가 일반적인 항로일 때에는 우항로 우선표지를 설치

핵심예제

2-1. 부산항에 입항하면서 전방에 적색 부표가 보였다면 우리 배의 항행으로 옳은 것은?

① 적색 부표 왼쪽으로 항행하여야 한다.
② 적색 부표 오른쪽으로 항행하여야 한다.
③ 적색 부표를 한 바퀴 돌아서 가야 한다.
④ 상관없이 그냥 그 위로 지나가면 된다.

정답 ①

2-2. 대한민국의 등부표 중 등색이 녹색인 표지는?

① 좌현표지
② 우현표지
③ 동방위표지
④ 특수표지

정답 ①

해설

2-1
측방표지
- 항행수로의 좌・우측 한계를 표시하기 위해 설치된 표지
- B지역(우리나라)의 좌현표지의 색깔과 등화의 색상은 녹색, 우현표지는 적색
- 좌현표지 : 부표의 위치가 항로의 왼쪽 한계에 있음을 의미, 오른쪽이 가항수역
- 우현표지 : 부표의 위치가 항로의 오른쪽 한계에 있음을 의미, 왼쪽이 가항수역

2-2
우리나라는 B 지역으로 등색은 좌현표지는 녹색, 우현표지는 적색이다. 방위표지의 등색은 백색, 특수표지는 황색이다.

핵심이론 03 방위표지

① 장해물을 중심으로 주위를 4개 상한으로 나누고 각각 북방위, 동방위, 남방위, 서방위를 표지
② 북방위 표지의 북쪽, 동방위 표지의 동쪽, 남방위 표지의 남쪽, 서방위 표지의 서쪽으로 항행하면 안전
③ 두표는 반드시 2개의 원추형을 사용
④ 색상은 흑색과 황색을 사용
⑤ 등화는 백색

핵심예제

방위표지에 대한 설명으로 옳지 않은 것은?

① 북방위 표지의 북쪽으로 항행하면 안전
② 두표는 2개의 원추형을 사용
③ 색상은 흑색과 홍색을 사용
④ 등화는 백색

정답 ③

핵심이론 04 고립장해표지

① 주위가 모두 가항수역인 암초나 침선 등 고립된 장해물의 위에 설치 또는 계류하는 표지
② 두표는 2개의 흑구를 수직으로 부착
③ 색상은 검은색 바탕에 1개 또는 그 이상의 적색 띠를 둘러 표시
④ 등화는 백색, 2회의 섬광등을 사용

핵심예제

다음 중 고립장해표지 주위에서 항행하는 올바른 방법은?

① 표지의 동쪽 방향만이 가항수역이다.
② 이 표지의 모든 주변이 가항수역이므로 부표에 접근하여 항해하여도 된다.
③ 표지로부터 충분한 안전거리만 확보한다면 통과하는 방향은 관계가 없다.
④ 이 표지는 해저에 강하게 고정되어 있으므로 소형선이 계류하여도 안전하다.

정답 ③

해설

고립장해표지
주위가 모두 가항수역인 암초나 침선 등 고립된 장해물의 위에 설치 또는 계류하는 표지이다.

핵심이론 05 안전수역표지

① 모든 주위가 가항수역임을 알림
② 중앙선이나 수로의 중앙을 나타냄
③ 두표는 1개의 적색구
④ 색상은 적색과 백색의 세로 방향 줄무늬
⑤ 등화는 백색

핵심예제

안전수역표지에 대한 설명으로 틀린 것은?

① 두표는 하나의 적색구이다.
② 모든 주위가 가항수역이다.
③ 등화는 3회 이상의 황색 섬광등이다.
④ 중앙선이나 수로의 중앙을 나타낸다.

정답 ③

해설

안전수역표지의 등화는 백색이다.

핵심이론 06 특수표지

① 수로도지에 기재되어 있는 공사구역, 토사 채취장 등 특별한 구역 또는 시설이 있음을 표시
② 두표는 X자 모양의 형상물
③ 색상은 황색
④ 등화는 황색

3 해도(수로표지)

3-1. 해 도

핵심이론 01 해도의 종류

① 제작법(도법)에 의한 분류

㉠ 평면도법

- 지구 표면의 좁은 한 구역을 평면으로 간주하고 그린 축척이 큰 해도이다.
- 거리나 방위의 오차는 아주 작으며, 어느 부분이던 주어진 척도로 거리를 잴 수 있다.
- 하나의 항만, 어항, 좁은 구역의 협수로 등을 표시하는 해도로 많이 이용한다.

㉡ 점장도법

- 지구는 타원체이기 때문에 인접한 자오선의 간격은 적도에서 극으로 갈수록 좁아지는데, 이러한 자오선을 위도와 관계없이 평행선으로 표시하는 방법이다.
- 거리를 척도가 다르고, 적도에서 남북으로 멀어질수록 면적이 확대된다.
- 항정선은 모든 자오선과 같은 각도를 이루므로 손쉽게 침로와 방위를 측정할 수 있다.
- 거리를 측정할 때에는 그 위치에 해당되는 위도 근처의 거리를 재야 한다.

※ 점장도의 특징

- 항정선이 직선으로 표시되어 침로를 구하기 편리하다.
- 자오선과 거등권이 직선으로 나타난다.
- 거리측정 및 방위선 기입이 용이하다.
- 고위도에서는 왜곡이 생기므로 위도 70° 이하에서 사용된다.

㉢ 대권도법

- 지구의 중심에서 시점을 두고 지구 표면 위의 한 점에 접하는 평면에 지구 표면을 투영하는 방법으로 심사도법이라고도 한다.
- 두 지점을 지나는 대권이 직선으로 표시되므로 두 점사이의 최단거리를 구하기 편리하다.
- 원양 항해계획을 세울 때 이용한다.
- 거리가 긴 대양 항해의 경우 대권 거리가 항정선 거리보다 짧아지게 된다.

㉣ 그 밖의 해도 제작법 : 횡점장도법, 다원추도법 등

② 사용목적에 의한 분류

㉠ 항해용 해도

종 류	축 척	내 용
총 도	1/400만 이하	세계전도와 같이 넓은 구역을 나타낸 것으로, 장거리 항해와 항해계획 수립에 이용
항양도	1/100만 이하	원거리 항해에 쓰이며, 먼 바다의 수심, 주요 등대·등부표, 먼 바다에서도 보이는 육상의 물표 등이 표시됨
항해도	1/30만 이하	육지를 바라보면서 항해할 때 사용되는 해도로, 선위를 직접 해도상에서 구할 수 있도록 육상 물표, 등대, 등표 등이 비교적 상세히 표시됨
해안도	1/5만 이하	연안 항해에 사용하는 것이며, 연안의 상황이 상세하게 표시됨
항박도	1/5만 이상	항만, 정박지, 협수로 등 좁은 구역을 상세히 그린 평면도

㉡ 특수도

- 해저지형도
- 어업용해도
- 해류도
- 조류도
- 해도 도식
- 기타 특수도(위치기입도, 영해도, 세계항로도 등)

③ 전자해도(ENC)

㉠ 해도상의 선박의 항해와 관련된 모든 정보를 국제수로기구의 표준규격에 따라 제작한 디지털 해도이다.

㉡ 장 점

- 항법장치를 접속하여 정확한 자선의 위치를 화면상에 자동적으로 표시할 수 있다.
- 레이더영상을 해도 화면상에 중첩시킬 수 있다.
- 선박의 움직임에 따라 화상의 표시범위를 자동적으로 변경하며 표시할 수 있다.
- 축척을 변경하여 화상의 표시범위를 임의로 바꿀 수 있다.
- 항해계획을 설정하고, 침로를 기억시키고, 예정 침로에 따른 자선의 항행이 가능하다.
- 얕은 수심 등의 위험해역에 가까워지면 경보를 보낼 수 있다.
- 항행통보 등에 의한 소개정 대신 데이터 통신을 통해 실시간으로 데이터를 바꿔 쓰는 것이 가능하므로, 항상 최신화된 내용을 확보할 수 있다.
- 측지계의 변환이 가능하다.

㉢ 단 점

- 종이해도와 같이 아무나 취급할 수 없다.
- 넓은 범위 전체를 화면상에서 볼 수가 없다.
- 가격이 비싸다.
- 전원의 차단 혹은 전자해도 표시장치가 고장난 경우에는 안전항해를 유지하기 곤란하다.

핵심예제

1-1. 해도의 도법상 분류가 아닌 것은?

① 평면도법
② 항박도법
③ 점장도법
④ 다원추도법

정답 ②

1-2. 다음 해도의 사용목적에 의한 분류 중 특수도에 해당하지 않는 것은?

① 해저지형도
② 어업용해도
③ 항양도
④ 조류도

정답 ③

1-3. 항정선을 평면 위에 직선으로 나타내기 위해 고안된 도법으로 옳은 것은?

① 평면도법
② 투영도법
③ 다원추도법
④ 점장도법

정답 ④

1-4. 다음 중 전자해도의 장점으로 옳지 않은 것은?

① 각종 항법장치를 접속하여 정확한 자선위치를 화면상에 자동 표시한다.
② 레이더 영상을 해도 화면상에 중첩시킬 수 있다.
③ 축척을 변경하여 화상의 표시범위를 임의로 바꿀 수 있다.
④ 영구적으로 해도를 개정할 필요가 없다.

정답 ④

1-5. 해도의 축척비가 큰 것에서 작은 순서대로 바르게 나열된 것은?

① 총도 → 항해도 → 해안도 → 항박도
② 총도 → 해안도 → 항박도 → 항해도
③ 항박도 → 항해도 → 해안도 → 총도
④ 항박도 → 해안도 → 항해도 → 총도

정답 ④

해설

1-1
항박도법은 사용목적에 의한 분류로 항해용 해도에 속한다.
제작법(도법)에 의한 분류
평면도법, 점장도법, 대권도법, 횡점장도법, 다원추도법 등

1-2
특수도
해저지형도, 어업용해도, 해류도, 조류도, 해도 도식, 기타 특수도(위치기입도, 영해도, 세계항로도 등)

1-3
점장도의 특징
- 항정선이 직선으로 표시되어 침로를 구하기 편리하다.
- 자오선과 거등권이 직선으로 나타난다.
- 거리측정 및 방위선 기입이 용이하다.
- 고위도에서는 왜곡이 생기므로 위도 70° 이하에서 사용된다.

1-4
데이터 통신을 통해 실시간으로 데이터를 업데이트 하여 항상 최신화된 내용을 확보할 수 있다.

1-5
해도의 축척
항박도(1/5만 이상) → 해안도(1/5만 이하) → 항해도(1/30만 이하) → 항양도(1/100만 이하) → 총도(1/400만 이하)

핵심이론 02 해도상의 정보

① 해도의 축척
㉠ 두 지점 사이의 실제 거리와 해도에서 이에 대응하는 두 지점 사이의 길이의 비이다.
㉡ 항박도와 같이 작은 지역을 상세하게 표시한 해도를 대축척 해도라 하고, 항양도 및 총도와 같이 넓은 지역을 작게 나타낸 해도를 소축척 해도라 한다.

② 해도번호 및 표제
㉠ 해도를 분류하고 정리할 때 이용하는 참조번호로 상부 왼쪽 및 하부 오른쪽에 표시한다.

분류번호 및 기호	내 용
100단위	동해안
200단위	남해안
300단위	서해안
400단위	참고용도 및 특수도
700~800단위	동남아 · 외국 해도
P	잠정판 해도
L	로란 해도
F	어업용 해도
INT	국제 해도(500단위로 시작)

㉡ 표제에는 지명, 도명, 축척, 수심과 높이의 단위가 기재되어 있고, 필요한 경우에는 도법명, 측량 연도 및 자료의 출처, 조석에 관한 기사, 측지계, 기타 용도상의 주의 기사가 기재되어 있다.

③ 간행 연월일, 소개정
㉠ 간행 연월일 : 해도의 아랫부분 중앙에 기재한다.
㉡ 소개정 : 아랫부분 좌측 부분에 표시한다.

④ 지명 : 위치측정에 필요한 갑(곶), 섬, 산 등의 지명, 항해에 장애가 되는 천소나 암초의 명칭, 항만, 해협 등이 기재된다.

⑤ 나침도 : 지자기에 따른 자침 편차와 1년간의 변화량인 연차가 함께 기재된다.

⑥ 경위도 표시 : 해도의 안쪽 윤곽선의 눈금의 구획에 도수, 분수가 기재된다.

⑦ 바다 부분의 표시

㉠ 수 심

- 1년 중 해면이 가장 낮은 이보다 아래로 내려가는 일이 거의 없는 면(기본수준면/약최저저조면)에서 측정한 물의 깊이(우리나라는 미터단위를 사용)이다.
- 수심 20.9m 미만은 소수점 아래 둘째 자리는 절삭하고 첫째 자리까지만 표시하고, 21m 이상은 정수값만을 기재(예 20_9)한다.

㉡ 저질 : 해저의 저질 또는 퇴적물 등을 말하며 규정된 약어로 기재한다.

예 자갈(G), 펄(M), 점토(Cl), 바위(Rk, rky), 모래(S), 조개껍질(Sh), 산호(Co)

㉢ 등심선 : 통상 2m, 5m, 10m, 20m 및 200m로서 같은 수심인 장소를 연속하는 가는 실선으로 나타낸다.

㉣ 항로표지 : 등대, 등표, 등주, 등부표, 무선 표지국 등을 규정된 기호와 약어로 기재한다.

㉤ 조류화살표 : 조류의 방향과 대조기의 최강 유속을 표시한다.

낙조류	 →
창조류	 ////→
해 류	 >>>→
유속이 *노트인 낙조류	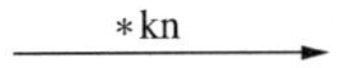 *kn →

㉥ 해저위험물

기호	설명
 3 3	간출암 : 저조시 수면 위에 나타나는 바위(3m)
	항해에 위험한 간출암
	세암 : 저조시 수면과 거의 같아서 해수에 봉우리가 씻기는 바위
	항해에 위험한 세암
+	암암 : 저조시에도 수면 위에 나타나지 않는 바위
	항해에 위험한 암암
 (3_5)	노출암 : 저조시나 고조시에 항상 보이는 바위(3.5m)
	위험하지 않은 침선
	항해에 위험한 침선

㉦ 해상구역 : 항계, 검역묘지, 사격훈련구역, 투묘금지구역, 항박금지구역, 항로 등을 기재한다.

Hbr	항 구	Pass.	항로, 수로
Anch	묘박지	Str.	해 협
G.	항 만	B.	만
Thoro.	협수로	P.	항

⑧ 육지 부분의 표시
- ㉠ 높이 : 평균수면으로부터의 높이로 표시, 우리나라는 미터단위를 사용한다.
- ㉡ 해안선 : 약최고고조면에서의 수륙 경계선으로 항박도를 제외하고는 대부분 실선으로 기재한다.
- ㉢ 지형 : 육도 등을 자료로 하여 등고선식으로 기재한다.
- ㉣ 지물 : 연안 부근의 도로, 철도, 다리 등이 기재된다.
- ㉤ 건조물 : 항만 시설, 항만·해사 관계 관공서, 공장, 절, 학교 등의 시설물이며 목표물로 이용되는 것이 기재된다.

핵심예제

2-1. 해도에 표시된 수심 '15_4'가 나타내는 것은?

① 15.4cm ② 154cm
③ 15.4m ④ 154m

정답 ③

2-2. 해도상에 'S'자가 표시되어 있는 곳의 저질은?

① 모 래 ② 펄
③ 자 갈 ④ 점 토

정답 ①

2-3. 해도도식에서 3kn → 가 나타내는 의미는?

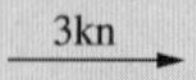

① 유속이 3노트인 창조류이다.
② 유속이 3노트인 낙조류이다.
③ 유속이 3노트인 해류이다.
④ 유속이 3km/h인 해류이다.

정답 ②

2-4. 해도도식 기호 (-+-) 의 의미로 옳은 것은?

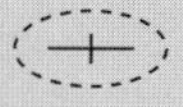

① 항해에 위험한 암암
② 항해에 위험한 세암
③ 항해에 관계없는 암암
④ 항해에 관계없는 세암

정답 ①

해설

2-1

수 심
- 1년 중 해면이 가장 낮은 이보다 아래로 내려가는 일이 거의 없는 면(기본수준면/약최저저조면)에서 측정한 물의 깊이(우리나라는 미터단위를 사용)
- 수심 20.9m 미만은 소수점 아래 둘째 자리는 절삭하고 첫째 자리까지만 표시하고, 21m 이상은 정수값만을 기재(예 20_9)

2-2

자갈(G), 펄(M), 점토(Cl), 바위(Rk, rky), 모래(S), 조개껍질(Sh)

2-3

조류화살표 : 조류의 방향과 대조기의 최강 유속을 표시

구분	기호
낙조류	——→
창조류	 ////——→
해 류	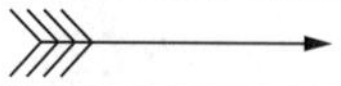 >>>——→
유속이 *노트인 낙조류	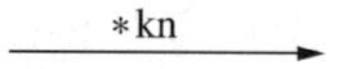 *kn ——→

2-4

② (+ with dots, dashed circle)
③ +
④ (+ with dots)

핵심이론 03 해도 사용법

① 해도 작업에 필요한 도구
㉠ 삼각자 : 해도상에서 방위를 재는 도구
㉡ 디바이더 : 해도상에서 거리를 재는 도구
㉢ 컴퍼스 : 레이더 등을 이용하여 물표까지의 거리를 파악하며, 해도 위에 작도할 때 사용

② 해도의 이용
㉠ 경도를 구하는 방법 : 삼각자 또는 평행자로 그 지점을 지나는 자오선을 긋고 해도의 위쪽이나 아래쪽에 기입된 경도 눈금을 읽는다.
㉡ 위도를 구하는 방법 : 삼각자 또는 평행자로 그 지점을 지나는 거등권을 긋고 해도의 왼쪽이나 오른쪽에 기입된 위도 눈금을 읽는다.
㉢ 두 지점 사이의 방위 또는 침로를 구하는 방법 : 삼각자의 한 변을 그들 두 지점 위에 똑바로 맞춘 다음, 또 하나의 삼각자를 같이 사용하여 그 변을 나침도의 중심까지 평행 이동시켜 방위(침로)를 읽는다.
㉣ 두 지점 간의 거리를 구하는 방법 : 두 지점에 디바이더의 발을 각각 정확히 맞추어 두 지점 간의 간격을 재고, 이것을 그들 두 지점의 위도와 가장 가까운 위도의 눈금에 대어 거리를 구한다.
㉤ 선박의 위치를 구하는 방법 : 어떤 물표를 관측하여 얻은 방위, 협각, 고도, 거리, 수심 등을 만족하는 점의 자취를 위치선이라 한다. 선박은 그 위치선의 어느 부분 위에 있다고 생각할 수 있으며, 이러한 위치선이 여러 개 겹치면 그 겹치는 지점에 선박이 위치하고 있다고 할 수 있다.

③ 해도의 선택
㉠ 항해목적에 따른 적합한 축척의 해도를 선택한다.
㉡ 최신의 해도를 선택하거나 항행통보에 의해 완전히 개정된 것을 선택한다.

④ 해도의 관리
㉠ 해도대의 서랍에 넣을 때 반드시 펴서 넣어야 한다.
㉡ 부득이 접어야 할 경우 구김이 가지 않도록 주의한다.
㉢ 발행 기관별 번호 순서로 정리한다.
㉣ 서랍의 앞면에 해도번호나 구역을 표시한다.
㉤ 해도에는 필요한 선만 긋도록 하며, 여백에 낙서하는 일이 없도록 한다.

핵심예제

3-1. 다음 ( ) 안에 알맞은 것은?

> 해도상에서 어느 지점의 위도를 구하려면 직각삼각자 1조나 평행자 등으로 그 지점을 지나는 ( )을 그어 해도의 왼쪽이나 오른쪽에 있는 위도의 눈금을 읽는다.

① 자오선 ② 거등권
③ 항정선 ④ 방위선

정답 ②

3-2. 해도의 보관요령으로 틀린 것은?

① 해도대 서랍에 넣을 때 구김이 가지 않도록 주의한다.
② 서랍의 앞면에 해도번호나 구역을 표시해 둔다.
③ 해도대 서랍에는 가급적 많은 장수의 해도를 넣도록 한다.
④ 번호 순서나 사용 순서대로 잘 정돈해 보관한다.

정답 ③

해설

3-1
위도를 구하는 방법
삼각자 또는 평행자로 그 지점을 지나는 거등권을 긋고 해도의 왼쪽이나 오른쪽에 기입된 위도 눈금을 읽는다.

3-2
해도의 관리
• 해도대의 서랍에 넣을 때 반드시 펴서 넣어야 한다.
• 부득이 접어야 할 경우 구김이 가지 않도록 주의한다.
• 발행 기관별 번호 순서로 정리한다.
• 서랍의 앞면에 해도번호나 구역을 표시한다.
• 해도에는 필요한 선만 긋도록 하며, 여백에 낙서하는 일이 없도록 한다.

3-2. 수로서지

핵심이론 01 수로서지의 분류

① 항로지

㉠ 해도의 내용 및 해도에서는 표현할 수 없는 사항에 대하여 상세하게 설명하는 안내서로 3편으로 나누어 기술한다.

㉡ 제1편 총기 : 기상 및 해상상태, 항로와 항만의 사정, 자기·통신에 관한 내용 등의 일반사항을 기술한다.

㉢ 제2편 연안기 : 연안을 소구역으로 나누어 항해하는데 필요한 목표물, 위험지역, 투묘지, 양식장, 침선 등의 내용을 기술한다.

㉣ 제3편 항만기 : 주요 항만의 항계, 항로, 도선구간, 검역사항, 항만시설과 보급, 관광과 교통편 등에 관한 내용을 기술한다.

② 특수서지

㉠ 등대표 : 선박을 안전하게 유도하고 선위 측정에 도움을 주는 주간, 야간, 음향, 무선표지 등 연안항로의 모든 표지를 상세하게 수록한다.

㉡ 조석표 : 각 지역의 조석 및 조류에 대하여 상세하게 기술한 것으로 용어의 해설도 포함한다.

㉢ 천측 계산용 서지 : 천체의 관측을 통하여 자선의 위치를 구하고 컴퍼스 오차 등을 측정하는데 필요한 수로서지이다.

③ 기타 수로서지

㉠ 국제신호서 : 선박의 항해와 인명의 안전에 위급한 상황이 생겼을 경우 음성, 무선, 수신호 등을 이용하여 상대방에게 도움을 요청할 수 있도록 국제적으로 약속한 부호와 그 부호의 의미를 상세하게 설명한 책이다.

㉡ 수로도서지 : 해도 및 수로서지의 목록으로 색인도와 함께 번호별로 분류한다.

㉢ 거리표 : 항구 사이의 항로거리를 해리로 나타낸 표이다.

㉣ 해도 도식 : 해도상에 여러 가지 사항들을 표시하기 위하여 사용되는 특수한 기호와 약어이다.

핵심예제

1-1. 다음 중 대한민국 연안 항로표지 전반에 대하여 수록된 수로서지는?

① 등대표　　② 조석표
③ 항로지　　④ 항해표

정답 ①

1-2. 항로지의 내용으로 옳지 않은 것은?

① 총 기　　② 연안기
③ 항만기　　④ 해도도식기

정답 ④

1-3. 해도상에서 여러 가지 사항들을 표시하기 위해 사용하는 특수한 기호로 옳은 것은?

① 편차도　　② 해도 색인도
③ 조류도　　④ 해도 도식

정답 ④

해설

1-1
등대표 : 선박을 안전하게 유도하고 선위 측정에 도움을 주는 주간, 야간, 음향, 무선표지가 상세하게 수록된 수로서지

1-2
항로지의 내용은 크게 3편(총기, 연안기, 항만기)으로 나누어 기술하고 있다.

1-3
해도 도식 : 해도상에 여러 가지 사항들을 표시하기 위하여 사용되는 특수한 기호와 약어

핵심이론 02 해도 및 수로서지의 개정

① 항행통보
 ㉠ 암초나 침선 등 위험물의 발견, 수심의 변화, 항로표지의 신설, 폐지 등과 같이 직접 항해 및 정박에 영향을 주는 사항을 항해자에게 통보하여 주의를 환기시키고, 수로서지를 정정하게 할 목적으로 발행하는 소책자
 ㉡ 우리나라의 항행통보는 해양조사원에서 영문판 및 국문판으로 매주 간행

② 개정 및 소개정
 ㉠ 개 판
  • 새로운 자료에 의해 해도의 내용을 전반적으로 개정하거나 해도의 포함 구역이나 크기 등을 변경하기 위해 해도원판을 새로 만드는 것
  • 개판에 관한 사항은 항행통보에 의해 통보되므로 개판 해도 이전의 해도는 폐기처분
 ㉡ 재 판
  • 현재 사용 중인 해도의 부족한 수량을 충족시킬 목적으로 원판을 약간 수정하여 다시 발행하는 것
  • 항행통보에 의한 정정 사항 및 항해상 직접 관계가 적은 사항 등을 수정하는 것으로 현재 사용 중인 해도가 폐간된 것이 아니므로 항행통보에 재판 발행 여부는 통보되지 않음
 ㉢ 소개정
  • 매주 간행되는 항행통보에 의해 직접 해도상에 수정, 보완하거나 보정도로써 개보하여 고치는 것
  • 해도 왼쪽 하단에 있는 소개정란에 통보 연도수와 통보 항수를 기입
  • 소개정의 방법으로는 수기, 보정도에 의한 개보가 있음

※ 소개정 방법
 • 수기에 의한 개보
  – 불필요한 부분은 두 줄을 그어 지운다.
  – 붉은색 잉크를 사용해야 한다.
  – 기사는 해도의 여백에 간결하고 알기 쉽게 가로로 써야 한다.
  – 해도 도식에 기호가 정해져 있지 않은 지물의 위치는 ◉ 또는 ○표로 표시하고, 그 옆에 명칭을 기입해야 한다.
  – 수심은 수심을 나타내는 숫자의 정수 부분이 중앙이 되도록 기재해야 한다.
  – 침선, 암초 등의 바로 위에 표지로서 설치된 부표를 기입할 때에는 침선, 암초 등을 삭제하지 말고, 거기에서 가장 가까운 항로쪽이나 외해쪽에 기입한다.
 • 보정도에 의한 개보
  – 지형, 해안선 또는 광범위하게 수심이 변화된 경우 또는 개보사항이 좁은 구역에 밀집된 경우 등은 변경사항이 그림으로 제공되는 보정도를 항행통보에서 오려서 해도의 개정 위치에 붙인다.
  – 보정도를 붙이기 전에 해도와 겹쳐서 대조하고, 개보내용을 확인한 다음 정확하게 붙인다.
  – 개보할 부분만 정확하게 자르고 불필요한 부분은 절단하여도 좋다.
  – 신축으로 인하여 차질이 없도록 확실하게 붙인다.

핵심예제

2-1. 다음 중 해도의 수기에 의한 개보 시 옳지 않은 것은?

① 불필요한 부분은 두 줄을 그어 지운다.
② 개보할 때에는 붉은색 잉크를 사용해야 한다.
③ 기사는 해도의 여백에 간결하고 알기 쉽게 가로로 써야 한다.
④ 수심은 수심을 나타내는 숫자의 정수 부분의 바깥이 되도록 기재해야 한다.

정답 ④

2-2. 다음 중 인쇄물에 의한 항행통보의 발행 주기로 옳은 것은?

① 주 1회 ② 월 1회
③ 월 2회 ④ 연 4회

정답 ①

2-3. 다음 중 항해자가 수기로 해도를 개보하는 것은?

① 소개정 ② 보 각
③ 보 도 ④ 부 도

정답 ①

해설

2-1
수심은 수심을 나타내는 숫자의 정수 부분이 중앙이 되도록 기재해야 한다.
2-2
우리나라의 항행통보는 해양조사원에서 영문판 및 국문판으로 매주 간행
2-3
소개정
- 매주 간행되는 항행통보에 의해 직접 해도상에 수정, 보완하거나 보정도로써 개보하여 고치는 것
- 해도 왼쪽 하단에 있는 소개정란에 통보 연도수와 통보 항수를 기입
- 소개정의 방법으로는 수기, 보정도에 의한 개보가 있음

4 조석 및 해류

4-1. 조석과 조류

핵심이론 01 조 석

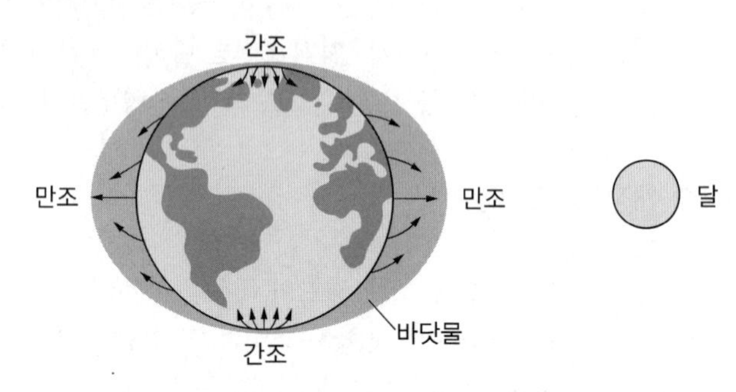

① **조석** : 지구의 각 지점에 대한 달과 태양의 인력으로 인한 해면의 주기적 승강운동으로 조석을 일으키는 힘(기조력)은 주로 달에 의하여 생김(태양의 영향은 달의 46% 정도)
② **고조** : 조석으로 인하여 해면이 가장 높아진 상태(만조)
③ **저조** : 조석으로 인하여 해면이 가장 낮아진 상태(간조)
④ **창조** : 저조부터 고조까지 해면이 점차 상승하는 시기(밀물)
⑤ **낙조** : 고조부터 저조까지 해면이 점차 하강하는 시기(썰물)
⑥ **정조** : 고조 및 저조의 전후에 해면의 승강이 너무 느려 마치 정지한 것 같은 상태
⑦ **조차** : 연이어 일어난 고조와 저조의 해면의 높이차를 조차라 하며, 장기간에 걸쳐 평균한 것을 평균조차라 함
⑧ **대조** : 삭망(그믐, 보름)이 지난 뒤 1~2일 만에 조차가 극대가 되었을 때(사리)
⑨ **소조** : 상현과 하현이 지난 뒤 1~2일 만에 조차가 극소가 되었을 때(조금)
⑩ **일조부등** : 하루 두 번의 고조와 저조의 높이와 간격이 같지 않은 현상
⑪ **백중사리** : 달이 지구에 가까이 올 때는 조차가 매우 큰 조석현상을 보이는데 이를 근지점조라 하고, 근지점조와 대조(사리)가 일치할 때로 평소의 사리보다 높은 조위(해수면 높이)를 보이는 현상
⑫ **대조승** : 대조 시 기본수준면에서 평균고조면까지의 높이

⑬ **소조승** : 소조 시 기본수준면에서 평균고조면까지의 높이
⑭ **조석의 주기** : 고조(저조)로부터 다음 고조(저조)까지 걸리는 시간, 약 12시간 25분

핵심예제

1-1. 하루 2회씩 일어나는 고조와 저조는 같은 날이라도 높이와 간격이 다소 차이가 있다. 이러한 현상으로 옳은 것은?

① 기조력　② 조화상수
③ 조 차　④ 일조부등

정답 ④

1-2. 다음 (　　)에 들어갈 말로 옳은 것은?

조석의 주기는 약 12시간 (　　)분이다.

① 10　② 15
③ 20　④ 25

정답 ④

1-3. 조석현상에 대한 올바른 설명은?

① 조석은 해면의 주기적인 수평운동이다.
② 낙조는 조석으로 해면이 가장 낮아진 상태이다.
③ 창조는 조석으로 해면이 가장 높아진 상태이다.
④ 조신은 어느 지역의 조석이나 조류의 특징이다.

정답 ④

1-4. 조석에 의한 해수의 주기적인 수평방향의 운동을 나타낸 것은?

① 대 조　② 조 류
③ 대조승　④ 백중 사리

정답 ②

해설

1-1
① 기조력 : 조석을 일으키는 힘을 말한다.
③ 조차 : 연이어 일어난 고조와 저조의 해면의 높이차를 조차라 하며, 장기간에 걸쳐 평균한 것을 평균조차라 한다.

1-3
① 조류에 대한 설명　② 저조에 대한 설명
③ 고조에 대한 설명

1-4
② 조류 : 조석에 의한 해수의 수평방향의 주기적 운동으로 유향은 흘러가는 방향, 속도는 노트로 표시함
① 대조 : 삭망(그믐, 보름)이 지난 뒤 1~2일 만에 조차가 극대가 되었을 때(사리)
③ 대조승 : 대조 시 기본수준면에서 평균고조면까지의 높이
④ 백중사리 : 달이 지구에 가까이 올 때는 조차가 매우 큰 조석현상을 보이는데 이를 근지점조라 하고, 근지점조와 대조(사리)가 일치할 때로 평소의 사리보다 높은 조위(해수면 높이)를 보이는 현상

핵심이론 02 조 류

① **조류** : 조석에 의한 해수의 수평방향의 주기적 운동으로 유향은 흘러가는 방향, 속도는 노트로 표시함
② **창조류** : 저조시에서 고조시까지 흐르는 조류
③ **낙조류** : 고조시에서 저조시까지 흐르는 조류
④ **게류** : 창조류(낙조류)에서 낙조류(창조류)로 변할 때 흐름이 잠시 정지하는 현상
⑤ **전류** : 조류의 흐름이 방향을 바꾸는 것
⑥ **와류** : 좁은 수로 등에서 조류가 격렬하게 흐르면서 물이 빙빙 도는 것
⑦ **급조** : 조류가 흐르면서 바다 밑의 장애물이나 반대 방향의 수류에 부딪혀 생기는 파도
⑧ **반류** : 주로 해안의 만입부에 형성되는 해안을 따라 흐르는 해류의 주류와 반대 방향으로 흐르는 해류
⑨ **조신** : 어느 지역의 조석이나 조류의 특징

핵심예제

2-1. 조류가 흐르는 방향이 바뀌는 것으로 옳은 것은?

① 전 류　② 낙조류
③ 창조류　④ 정 조

정답 ①

2-2. 어느 지역의 조석, 조류의 특징은?

① 급 조　② 조 신
③ 게 류　④ 밀 물

정답 ②

해설

2-1
② 낙조류 : 고조시에서 저조시까지 흐르는 조류
③ 창조류 : 저조시에서 고조시까지 흐르는 조류
④ 정조 : 고조 및 저조의 전후에 해면의 승강이 너무 느려 마치 정지한 것 같은 상태

2-2
① 급조 : 조류가 흐르면서 바다 밑의 장애물이나 반대 방향의 수류에 부딪혀 생기는 파도
③ 게류 : 창조류(낙조류)에서 낙조류(창조류)로 변할 때 흐름이 잠시 정지하는 현상
④ 밀물 : 저조부터 고조까지 해면이 점차 상승하는 시기(창조)

핵심이론 03 조석표

① 국립해양조사원에서 한국 연안 조석표와 태평양 및 인도양 연안의 조석표를 매년 발간

② **예보치의 정확도**

㉠ 조석표에서 구한 조시는 보통 상태에서는 약 20~30분 이내, 조고는 약 0.3m 이내로 실제와 일치

㉡ 개정수를 써서 구한 조시는 대략 1시간 이내로 실제와 일치

③ **주요 항만의 조고, 조시 및 조류를 구하는 법** : 조석표에서 구하는 항만의 관련 페이지를 찾아 해당 일자의 조석을 구함

④ **임의 항만(지역)의 조석을 구하는 법**

㉠ 조시 : 표준항의 조시에 구하려고 하는 임의 항만의 개정수인 조시차를 그 부호대로 가감

㉡ 조고 : 표준항의 조고에서 표준항의 평균해면을 빼고, 그 값에 임의 항만의 개정수인 조고비를 곱해서 임의 항만의 평균해면을 더함

⑤ **임의시의 유속을 구할 때 필요한 항목** : 전류시, 최강시, 최강시의 유속

핵심예제

3-1. 임의시의 유속을 구할 때 사용되는 항목으로 옳지 않은 것은?

① 전류시 ② 최강시
③ 전류시의 유속 ④ 최강시의 유속

정답 ③

3-2. 조석표에서 구한 조시가 보통 상태에서 실제와 일치하는 것은 약 몇 분 이내인가?

① 10~20분 ② 20~30분
③ 30~40분 ④ 40~50분

정답 ②

3-3. 다음 중 임의항의 조고를 구하기 위한 개정수는?

① 조시비 ② 조시차
③ 조고비 ④ 조고차

정답 ③

해설

3-2

예보치의 정확도

조석표에서 구한 조시는 보통 상태에서는 약 20~30분 이내, 조고는 약 0.3m 이내로 실제와 일치

3-3

임의 항만(지역)의 조석을 구하는 법

- 조시 : 표준항의 조시에 구하려고 하는 임의 항만의 개정수인 조시차를 그 부호대로 가감
- 조고 : 표준항의 조고에서 표준항의 평균해면을 빼고, 그 값에 임의 항만의 개정수인 조고비를 곱해서 임의 항만의 평균해면을 더함

핵심이론 04 우리나라 연안의 조석과 조류

① 동해안
- ㉠ 조석(조석간만의 차)은 매우 미약하여 조차는 0.3m 내외
- ㉡ 일조부등은 매우 현저하여 1일 1회의 만조와 간조가 되는 수가 있음

② 남해안
- ㉠ 일조부등이 매우 적고 규칙적인 승강
- ㉡ 조시의 부등은 저조에는 크고, 고조에는 거의 없음

③ 서해안
- ㉠ 일조부등은 일반적으로 작지만, 조차가 크므로 큰 조고의 부등을 볼 수 있음
- ㉡ 진도는 우리나라에서 유속이 가장 빠른 곳

핵심예제

4-1. 우리나라에서 조류가 가장 빠른 곳은 어디인가?

① 삼천포 입구　　② 진도 입구
③ 진해 입구　　④ 부산 입구

정답 ②

4-2. 우리나라에서는 하루에 저조가 보통 몇 번 일어나는가?

① 1회　　② 2회
③ 4회　　④ 5회

정답 ②

해설

4-1
진도는 우리나라에서 유속이 가장 빠른 곳이다.

4-2
일조부등 : 하루 두 번의 밀물(고조)과 썰물(저조)의 세기의 차가 뚜렷한 차이를 나타내는 것

4-2. 해 류

핵심이론 01 해류의 종류

① **해류** : 해수가 일정한 속력과 방향으로 이동하는 대규모의 흐름으로 바람이 가장 큰 원인이 된다.

② **취송류** : 바람과 해면의 마찰로 인하여 해수가 일정한 방향으로 떠밀려 생긴 해류이다.

③ **밀도류** : 해수의 밀도 차이에 의한 해수의 흐름으로 생긴 해류이다.

④ **경사류** : 해면이 바람, 기압, 비 또는 강물의 유입 등에 의해 경사를 일으키면 이를 평행으로 회복하려는 흐름이 생겨 발생하는 해류(적도반류)이다.

⑤ **보류** : 어느 장소의 해수가 다른 곳으로 이동하면, 이것을 보충하기 위한 흐름으로 생긴 해류(캘리포니아 해류)이다.

핵심예제

1-1. 공기와 해면의 마찰로 인하여 해수가 일정한 속력과 방향으로 이동하는 대규모의 흐름을 일으키는 가장 큰 원인으로 옳은 것은?

① 밀 도　　② 기 압
③ 수 온　　④ 바 람

정답 ④

1-2. 다음에서 설명하는 것은?

> 해면이 바람, 기압, 비 또는 강물의 유입 등에 의해 경사를 일으키면 이를 평형으로 회복하려는 흐름이 생겨 발생하는 해류

① 보 류　　② 밀도류
③ 경사류　　④ 취송류

정답 ③

해설

1-1
해류란 해수가 일정한 속력과 방향으로 이동하는 대규모의 흐름으로 바람이 가장 큰 원인이 된다.

1-2
① 보류 : 어느 장소의 해수가 다른 곳으로 이동하면, 이것을 보충하기 위한 흐름으로 생긴 해류
② 밀도류 : 해수의 밀도 차이에 의한 해수의 흐름으로 생긴 해류
④ 취송류 : 바람과 해면의 마찰로 인하여 해수가 일정한 방향으로 떠밀려 생긴 해류

핵심이론 02 | 우리나라 근해의 해류

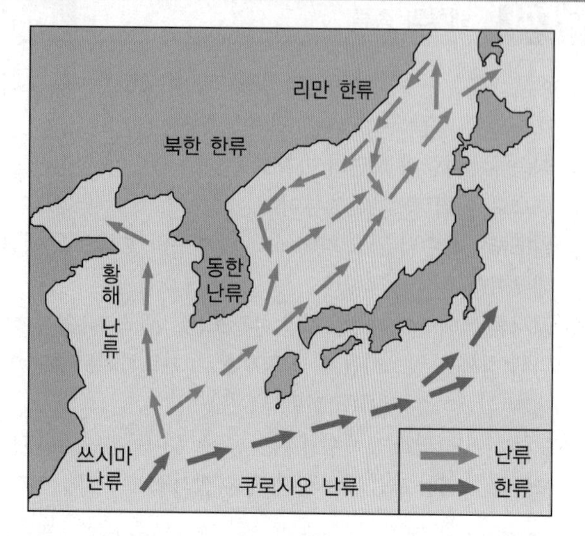

① **쿠로시오 해류** : 북적도 해류로부터 분리되어 우리나라 주변을 흐르는 북태평양 해류 순환체계의 한 부분으로 우리나라에 가장 크게 영향을 미치는 난류
② **쓰시마 난류** : 쿠로시오 본류로부터 분리되어 대한해협, 일본 서해안을 따라 흐르는 해류
③ **동한 난류** : 쿠로시오 본류로부터 분리되어 동해안으로 들어오는 해류로 울릉도 부근에서 동쪽으로 방향을 틀어 쓰시마 난류와 합류
④ **황해 난류** : 쿠로시오 본류로부터 분리되어 황해로 유입되는 해류로 흐름이 미약하고, 북서계절풍이 강한 겨울철에만 존재
⑤ **북한 한류** : 동해의 북쪽에서 내려오는 한류로 특히 겨울철에 발달

핵심예제

2-1. 난류(Warm Current)에 해당하는 것은?
① 리만 해류
② 오야시오 해류
③ 연해주 해류
④ 쿠로시오 해류

정답 ④

2-2. 동한 난류에 대한 설명으로 가장 적절한 것은?
① 리만 해류의 한 줄기이다.
② 우리나라 동해안을 따라 북쪽으로 흐른다.
③ 북한 연안을 따라 남하한다.
④ 북서계절풍이 강한 겨울철에만 서해에 존재한다.

정답 ②

해설

2-1
쿠로시오 해류 : 북적도 해류로부터 분리되어 우리나라 주변을 흐르는 북태평양 해류 순환체계의 한 부분으로 우리나라에 가장 크게 영향을 미치는 난류

2-2
동한 난류 : 쿠로시오 본류로부터 분리되어 동해안으로 들어오는 해류로 울릉도 부근에서 동쪽으로 방향을 틀어 쓰시마 난류와 합류

5 지문항법

5-1. 항해 기초 용어

핵심이론 01 지구상의 위치

① **대권** : 지구의 중심을 지나도록 지구를 자른다고 했을 때 중심을 지나는 큰 원
② **소권** : 지구의 중심을 지나도록 지구를 자른다고 했을 때 중심을 벗어난 작은 원
③ **지축** : 지구의 자전축(서에서 동으로 1일 1회전)
④ **지극** : 지축의 양끝으로 한쪽은 북극, 반대쪽은 남극
⑤ **자오선** : 대권 중에서 양극을 지나는 적도와 직교하는 대권
⑥ **본초자오선** : 영국의 그리니치 천문대를 지나는 자오선으로 경도의 기준(0°)
⑦ **적 도**
  ㉠ 지축에(자오선과) 직교하는 대권
  ㉡ 위도의 기준으로 적도를 경계로 북반구와 남반구로 나눔
⑧ **거등권** : 적도와 평행한 소권으로 위도를 나타냄
⑨ **위 도**
  ㉠ 어느 지점을 지나는 거등권과 적도 사이의 자오선상의 호의 길이
  ㉡ 적도를 0°로 하여 남북으로 각각 90°까지 측정
  ㉢ 북쪽으로 잰 것은 북위(N), 남쪽으로 잰 것은 남위(S)
  ㉣ 위도 1° = 60′, 1′ = 60″
⑩ **변 위**
  ㉠ 두 지점을 지나는 자오선상의 호의 크기로 위도가 변한 양
  ㉡ 두 지점의 위도가 같은 부호면 빼고, 다른 부호면 더함
  ㉢ 도착지가 출발지보다 더 북쪽이면 N, 남쪽이면 S
⑪ **경 도**
  ㉠ 어느 지점을 지나는 자오선과 본초자오선 사이의 적도상의 호
  ㉡ 본초자오선을 0°로 하여 동서로 각각 180°측정
  ㉢ 동쪽으로 잰 것을 동경(E), 서쪽으로 잰 것을 서경(W)
⑫ **변 경**
  ㉠ 두 지점을 지나는 자오선 사이의 적도상의 호로 경도가 변한 양
  ㉡ 두 지점의 경도가 같은 부호면 빼고, 다른 부호면 더함
  ㉢ 합이 180°를 초과하면 360°에서 빼고 부호를 반대로 함
  ㉣ 출발지보다 도착지가 더 동쪽이면 E, 서쪽이면 W

핵심예제

1-1. 다음 중 대권은 어느 것인가?

① 거등권　　② 항정선
③ 자오선　　④ 중시선

정답 ③

1-2. 다음 중 위도에 대한 설명이 틀린 것은?

① 출발 위도와 도착 위도가 모두 북위일 수 있다.
② 부산의 위도는 자오선상에서 적도와 부산까지의 호의 길이이다.
③ 적도를 기준으로 남북으로 각각 90°까지 재는데 북쪽은 이(E), 남쪽은 더블유(W) 부호를 붙인다.
④ 위도를 항해일지에 기입할 때 기호는 엘(L)로 쓴다.

정답 ③

1-3. 지구의 중심을 지나는 평면으로 지구를 자른다고 가정할 때 지구 표면에 생기는 원으로 옳은 것은?

① 소 권　　② 대 권
③ 위 도　　④ 경 도

정답 ②

1-4. 위도 1°를 분(′)으로 나타낸 것은?

① 1′　　② 10′
③ 60′　　④ 100′

정답 ③

1-5. 출발 경도 129°E, 도착 경도 121°E일 경우의 변경(DLo)으로 옳은 것은?

① 8°E　　② 8°W
③ 8°N　　④ 8°S

정답 ②

해설

1-1

자오선 : 대권 중에서 양극을 지나는 적도와 직교하는 대권

1-2

위 도

어느 지점을 지나는 거등권과 적도 사이의 자오선상의 호의 길이로 적도를 0°로 하여 남북으로 각각 90°까지 측정, 북쪽으로 잰 것을 북위(N), 남쪽으로 잰 것을 남위(S)라 한다.

1-3

① 소권 : 지구의 중심을 지나도록 지구를 자른다고 했을 때 중심을 벗어난 작은 원

③ 위도 : 어느 지점을 지나는 거등권과 적도 사이의 자오선상의 호의 길이

④ 경도 : 어느 지점을 지나는 자오선과 본초자오선 사이의 적도상의 호

1-4

위도 1° = 60′, 1′ = 60″

1-5

129° − 121° = 8° → 8°W

부호가 같으므로 빼고, 도착지가 더 서쪽이므로 부호는 W이다.

변 경

- 두 지점을 지나는 자오선 사이의 적도상의 호로 경도가 변한 양이다.
- 두 지점의 경도가 같은 부호면 빼고, 다른 부호면 더 한다.
- 합이 180°를 초과하면 360°에서 빼고 부호를 반대로 한다.
- 출발지보다 도착지가 더 동쪽이면 E, 서쪽이면 W이다.

핵심이론 02 거리와 속력

① 해 리

㉠ 해상에서 사용하는 거리의 단위

㉡ 지리 위도 45°에서의 1′의 길이인 1,852m를 1마일로 정하여 사용

㉢ 1해리 = 1마일 = 1,852m = 위도 1′의 길이

② 노 트

㉠ 선박의 속력의 단위

㉡ 1시간에 1해리(마일)를 항주하는 선박의 속력을 1노트라 함

③ 대수속력 : 물 위에서 항주한 속력

④ 대지속력 : 육지에 대한 속력, 도착 예정 시간은 대지속력으로 계산

⑤ 항정 : 출발지에서 도착지까지의 항정선상의 거리를 마일로 표시한 것

⑥ 항정선 : 모든 자오선과 같은 각도로 만나는 곡선으로 선박이 일정한 침로를 유지하면서 항행할 때 지구 표면에 그리는 항적

⑦ 동서거 : 선박이 출발지에서 목적지로 항해할 때, 동서 방향으로 간 거리

핵심예제

2-1. 다음 중 항행 중 사용하고 있는 해도에서 일반적으로 구하는 1해리에 대한 설명은?

① 위도 1분과 같다.
② 경도 1분과 같다.
③ 1,000m와 같다.
④ 1,609m와 같다.

정답 ①

2-2. 외력이 없는 상태에서 선속 12노트인 선박이 60분 동안 항해했다면 항정은 몇 마일인가?

① 8마일
② 10마일
③ 12마일
④ 15마일

정답 ③

2-3. 위도 1°는 몇 해리를 나타내는가?

① 6해리
② 12해리
③ 60해리
④ 120해리

정답 ③

해설

2-1
1해리 = 1마일 = 1,852m = 위도 1′의 길이

2-2
12노트 × 1시간 = 12마일

선박의 속력
• 1시간에 1해리(마일)를 항주하는 선박의 속력을 1노트라 한다.
• 속력 = 거리 / 시간 → 거리 = 속력 × 시간

2-3
1해리 = 1마일 = 1,852m = 위도 1′의 길이
1° = 60′ = 60해리

5-2. 방위와 침로

핵심이론 01 편차와 자차

① 편 차
㉠ 연간변화량은 해도의 나침도의 중앙 부근에 기재
㉡ 진자오선(진북)과 자기자오선(자북)과의 교각
㉢ 자북이 진북의 오른쪽에 있으면 편동편차(E), 왼쪽에 있으면 편서편차(W)로 표시
㉣ 지자기의 극은 시간이 지남에 따라 이동하기 때문에 편차는 장소와 시간의 경과에 따라 변하게 됨

② 자 차
㉠ 자기자오선(자북)과 자기컴퍼스의 남북선(나북)과의 교각
㉡ 선내 철기 및 자기영향 때문에 발생
㉢ 나북이 자북의 오른쪽에 있으면 편동자차(E), 나북이 자북의 왼쪽에 있으면 편서자차(W)로 표시

③ 나침의 오차(Compass Error)
㉠ 선내 나침의의 남북선(나북)과 진자오선(진북) 사이의 교각, 즉 편차와 자차에 의한 오차
㉡ 자차와 편차의 부호가 같으면 그 합, 부호가 다르면 차(큰쪽 - 작은쪽)를 구함
㉢ 나북이 진북의 오른쪽에 있으면 편동오차(E), 왼쪽에 있으면 편서오차(W)로 표시

핵심예제

1-1. 진자오선과 자기자오선과의 교각은?

① 자 차
② 편 차
③ 나침의 오차
④ 진침로

정답 ②

1-2. 자차에 대한 설명으로 가장 적절한 것은?

① 자차는 철기류의 영향으로 생길 수 있다.
② 편서자차의 부호는 E이다.
③ 자차는 선박 안팎의 여러 가지 원인으로 변화하지 않는다.
④ 자차값은 해도에서 구할 수 있다.

정답 ①

1-3. 해도상 편차(Variation)가 표시되어 있는 부분으로 적절한 것은?

① 해도 번호가 기재된 부근
② 표제 기사가 기재된 부근
③ 해도 발행 연도가 기재된 부근
④ 나침도의 중앙 부근

정답 ④

해설

1-1
① 자차 : 자기자오선(자북)과 자기컴퍼스의 남북선(나북)과의 교각
③ 나침의 오차 : 선내 나침의의 남북선(나북)과 진자오선(진북) 사이의 교각
④ 진침로 : 진자오선(진북)과 항적이 이루는 각

1-2
자 차
- 자기자오선(자북)과 자기컴퍼스의 남북선(나북)과의 교각
- 선내 철기류 및 자기영향 때문에 발생
- 나북이 자북의 오른쪽에 있으면 편동자차(E), 나북이 자북의 왼쪽에 있으면 편서자차(W)로 표시

1-3
편 차
- 연간변화량은 해도의 나침도의 중앙 부근에 기재
- 진자오선(진북)과 자기자오선(자북)과의 교각
- 자북이 진북의 오른쪽에 있으면 편동편차(E), 왼쪽에 있으면 편서편차(W)로 표시
- 지자기의 극은 시간이 지남에 따라 이동하기 때문에 편차는 장소와 시간의 경과에 따라 변함

핵심이론 02 방위와 방위각

① 방 위
　㉠ 기준선과 관측자 및 물표를 지나는 대권이 이루는 각을 북을 000°로 하여 시계방향으로 360°까지 측정한 것
　㉡ 진방위 : 진자오선과 관측자 및 물표를 지나는 대권이 이루는 교각
　㉢ 자침방위 : 자기자오선과 관측자 및 물표를 지나는 대권이 이루는 교각
　㉣ 나침방위 : 나침의 남북선과 관측자 및 물표를 지나는 대권이 이루는 교각
　㉤ 상대방위 : 자선의 선수를 0°로 하여 시계방향으로 360°까지 재거나 좌, 우현으로 180°씩 측정(견시보고나 닻줄의 방향을 보고할 때 편리하게 사용)

② 방위각
　㉠ 북(남)을 기준으로 하여 동(서)으로 90° 또는 180°까지 표시하는 방법
　㉡ 기준을 표시하기 위해 도수 앞에 N(S)이 붙고, 잰 방향을 표시하기 위해 도수의 뒤쪽에 E(W)부호가 붙음
　㉢ N00°E(북을 기준으로 동쪽으로 00° 잰 것), S00°W(남을 기준으로 서쪽으로 00° 잰 것)

③ 포인트식
　㉠ 360°를 32등분하여 그 등분점마다 고유의 이름을 붙여서 방위를 표시하는 방법
　㉡ 1포인트는 11°15′

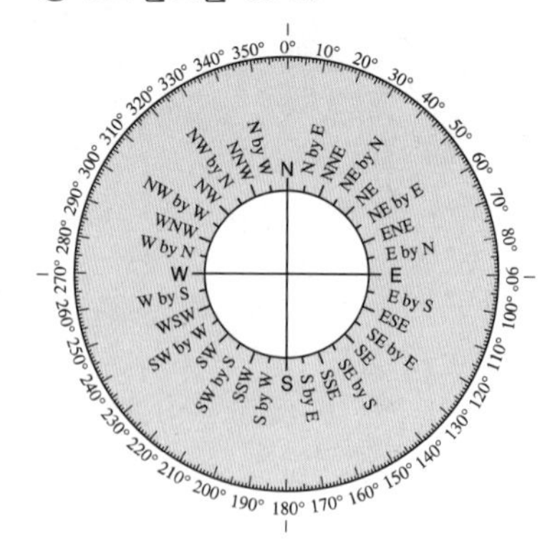

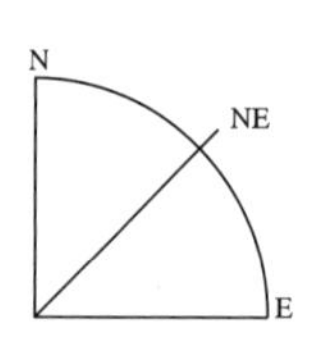

[포인트식]

핵심예제

2-1. 방위표시법에서 'NE'를 '360°식'으로 표시한 것으로 옳은 것은?

① 045°
② 090°
③ 135°
④ 255°

정답 ①

2-2. 방위표시법에서 어느 물표의 방위 310°를 90°식으로 표시한 것은 어느 것인가?

① N50°W
② N50°E
③ S130°W
④ S130°E

정답 ①

2-3. 경계보고나 닻줄의 방향을 보고할 때 편리한 방위로 옳은 것은?

① 진방위
② 자침방위
③ 나침방위
④ 상대방위

정답 ④

2-4. 진북을 000°로 하여 시계방향으로 360°까지 측정하여 진방위나 진침로 표시에 쓰이는 방위 표시방식을 나타내는 것은?

① 90°식
② 180°식
③ 360°식
④ 포인트식

정답 ③

2-5. 물표와 관측자를 지나는 대권이 진자오선과 이루는 교각은?

① 진방위
② 자침방위
③ 나침방위
④ 상대방위

정답 ①

해설

2-1
1포인트 = 11°15′
NE = 4포인트(4점)
11°15′ × 4 = 45°

2-2
① N50°W : 북을 기준으로 서쪽으로 50° 잰 것
기준을 표시하기 위해 도수 앞에 N(S)이 붙고, 잰 방향을 표시하기 위해 도수의 뒤쪽에 E(W) 부호가 붙는다.

2-3
④ 상대방위 : 자선의 선수를 0°로 하여 시계방향으로 360°까지 재거나 좌, 우현으로 180°씩 측정(견시보고나 닻줄의 방향을 보고할 때 편리하게 사용)
① 진방위 : 진자오선과 관측자 및 물표를 지나는 대권이 이루는 교각
② 자침방위 : 자기자오선과 관측자 및 물표를 지나는 대권이 이루는 교각
③ 나침방위 : 나침의 남북선과 관측자 및 물표를 지나는 대권이 이루는 교각

2-4
- 90°, 180°식 방위각 : 북(남)을 기준으로 하여 동(서)으로 90° 또는 180°까지 표시하는 방법
- 포인트식 : 360°를 32등분하여 그 등분점마다 고유의 이름을 붙여서 방위를 표시하는 방법

2-5
진방위 : 진자오선과 관측자 및 물표를 지나는 대권이 이루는 교각

핵심이론 03 침로와 침로각

① 침 로
 ㉠ 선수미선과 선박을 지나는 자오선이 이루는 각
 ㉡ 북을 기준으로 360°까지 측정

② 진침로
 ㉠ 진자오선(진북)과 항적이 이루는 각
 ㉡ 풍·유압차가 없을 때의 진자오선과 선수미선이 이루는 각

③ **시침로** : 풍·유압차가 있을 때의 진자오선과 선수미선이 이루는 각

④ **자침로** : 자기자오선(자북)과 선수미선이 이루는 각

⑤ 나침로
 ㉠ 나침의 남북선과 선수미선이 이루는 각
 ㉡ 나침의 오차(자차·편차) 때문에 진침로와 이루는 교각

⑥ **선수방향** : 선수미선과 자오선이 이루는 각

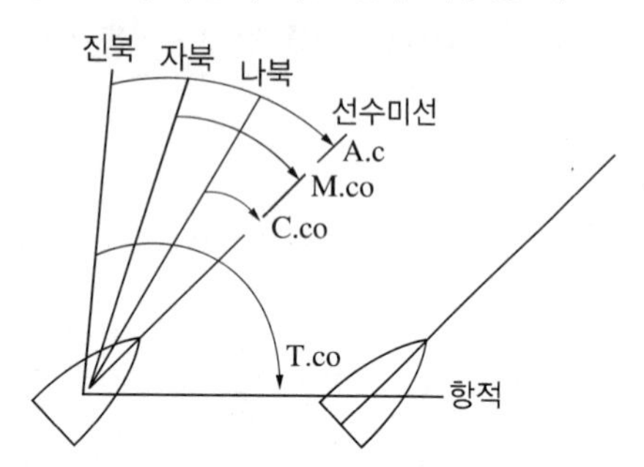

⑦ **풍압차와 유압차** : 선박이 항해 중 바람이나 조류의 영향을 받아 선수미선 방향과 항적(침로)이 이루는 교각

⑧ 침로(방위)개정
 ㉠ 나침로(나침방위)를 진침로(진방위)로 고치는 것
 ㉡ 나침로 → 자차 → 자침로 → 편차 → 시침로 → 풍압차 → 진침로(E는 더하고, W는 뺀다)

⑨ 반개정
 ㉠ 진침로(진방위)를 나침로(나침방위)로 고치는 것
 ㉡ 진침로 → 풍압차 → 시침로 → 편차 → 자침로 → 자차 → 나침로(E는 빼고, W는 더한다)

⑩ **풍·유압차의 부호** : 선박이 우현으로 밀리면 E, 좌현으로 밀리면 W

핵심예제

3-1. 현재의 나침로가 065°이고 자차는 1°E, 편차가 2°E일 때 진침로는 몇 °를 나타내는가?

① 059° ② 062°
③ 068° ④ 071°

정답 ③

3-2. 다음 ( ) 안에 순서대로 알맞은 것은?

> 선수미선과 선박을 지나는 자오선이 이루는 각을 ( )(이)라고 하며, 북을 기준으로 하여 360°까지 측정한다. 북 또는 남을 기준으로 하여 동 또는 서로 90° 또는 180°까지 표시한 것을 ( )(이)라 한다.

① 방위, 방위각
② 방위각, 방위
③ 침로, 방위각
④ 방위각, 침로

정답 ③

3-3. 다음 중 진침로 045°, 편동편차 3°, 편서자차 1°일 때, 나침로는 몇 °를 나타내는가?

① 041° ② 043°
③ 047° ④ 049°

정답 ②

3-4. 풍압차나 유압차가 있을 때의 진자오선과 선수미선이 이루는 각으로 옳은 것은?

① 진침로 ② 시침로
③ 자침로 ④ 나침로

정답 ②

해설

3-1

$65° + 1° + 2° = 68°$

침로개정

- 나침로(나침방위)를 진침로(진방위)로 고치는 것
- 나침로 → 자차 → 자침로 → 편차 → 시침로 → 풍압차 → 진침로(E는 더하고, W는 뺀다)

3-3

$45° - 3° + 1° = 43°$

반개정

- 진침로(진방위)를 나침로(나침방위)로 고치는 것
- 진침로 → 풍압차 → 시침로 → 편차 → 자침로 → 자차 → 나침로(E는 빼고, W는 더한다)

3-4

① 진침로 : 진자오선(진북)과 항적이 이루는 각, 풍·유압차가 없을 때의 진자오선과 선수미선이 이루는 각

③ 자침로 : 자기자오선(자북)과 선수미선이 이루는 각

④ 나침로 : 나침의 남북선과 선수미선이 이루는 각, 나침의 오차(자차·편차) 때문에 진침로와 이루는 교각

5-3. 선박의 위치

핵심이론 01 선위의 종류

① **실측위치** : 지상의 물표의 방위나 거리를 실제로 측정하여 구한 위치

② **추측위치** : 가장 최근에 구한 실측위치를 기준으로 선박의 침로와 속력을 이용해 구하는 위치

③ **추정위치** : 추측위치에 바람, 해·조류 등 외력의 영향을 가감하여 구한 위치

핵심예제

선박의 위치 결정법 중에서 추정위치로 옳은 것은?

① 현재 물체의 방위를 측정하여 구한 위치

② 현재 물체의 거리를 측정하여 구한 위치

③ 가장 최근의 실측위치를 기준하여 침로와 속력을 계산하여 구한 위치

④ 가장 최근의 실측위치를 기준하여 침로와 속력 및 해·조류, 바람 등을 고려하여 구한 위치

정답 ④

핵심이론 02 위치선

① **위치선** : 선박이 그 자취 위에 있다고 생각되는 특정한 선이며 위치선으로 2개 이상의 교점을 구하면 선박의 위치를 구할 수 있다.

② **위치선을 구하는 방법**

㉠ 방위에 의한 위치선 : 컴퍼스를 이용하여 물표의 방위를 측정, 컴퍼스 오차를 개정한 방위선

㉡ 중시선에 의한 위치선
- 두 물표가 일직선상에 겹쳐보일 때 두 물표를 연결한 직선으로 피험선, 컴퍼스 오차 측정 등에도 이용
- 관측자와 가까운 물표 사이의 거리가 두 물표 사이의 거리의 3배 이내이면 매우 정확한 위치선이 됨

㉢ 수평거리에 의한 위치선 : 레이더와 같은 항행장치로 선박으로부터 물표까지의 거리를 측정, 그 거리를 반지름으로 하고 물표를 중심으로 하는 원

㉣ 수평협각에 의한 위치선 : 육분의로 두 물표 사이의 수평협각을 측정, 두 물표를 지나고 측정한 각을 품는 원

㉤ 수심에 의한 위치선 : 수심의 변화가 규칙적이고 측량이 잘된 해도를 이용하여 직접 측정하여 얻은 수심과 같은 수심을 연결한 등심선, 다른 방법에 비해 정확도가 떨어짐

㉥ 천체의 고도 측정에 의한 위치선 : 태양 및 달의 고도나, 혹성이나 항성의 고도를 육분의로 측정하여 얻은 위치선

㉦ 전위선에 의한 위치선 : 위치선을 그동안 항주한 거리만큼 침로방향으로 평행이동시킨 것

핵심예제

2-1. 위치선을 해도에 작도할 때 곡선으로 표시되는 것으로 옳은 것은?

① 거리에 의한 위치선
② 방위에 의한 위치선
③ 중시선에 의한 위치선
④ 전파의 방위에 의한 위치선

정답 ①

2-2. 다음 중 위치선의 요소가 아닌 것은?

① 물표의 방위
② 물표의 수평거리
③ 중시선
④ 바다의 색깔

정답 ④

2-3. 위치선을 구하기 위하여 방위측정에 사용하는 계기로 옳은 것은?

① 측정의
② 육분의
③ 컴퍼스
④ 시진의

정답 ③

해설

2-1
수평거리에 의한 위치선 : 레이더와 같은 항행장치로 선박으로부터 물표까지의 거리를 측정, 그 거리를 반지름으로 하고 물표를 중심으로 하는 원

2-2
위치선은 선박이 그 자취 위에 있다고 생각되는 특정한 선으로 바다의 색깔과는 연관이 없다.

2-3
② 육분의 : 천체의 고도를 측정하거나 두 물표의 수평협각을 측정하는 계기

5-4. 선위측정법

핵심이론 01 동시관측법

① 교차방위법

㉠ 항해 중 해도상에 기재되어 있는 2개 이상의 고정된 물표를 선정하여 거의 동시에 각각의 방위를 측정하여 방위선을 그어 이들의 교점으로 선위를 정하는 방법이다. 연안 항해 중 가장 많이 이용되며, 측정법이 쉽고 위치의 정밀도가 높다.

㉡ 물표 선정 시 주의사항

- 해도상의 위치가 명확하고 뚜렷한 목표를 선정
- 먼 물표보다는 적당히 가까운 물표를 선택
- 물표 상호 간의 각도는 가능한 한 30~150°인 것을 선정
- 두 물표일 때는 90°, 세 물표일 때는 60° 정도가 가장 좋음
- 물표가 많을 때는 3개 이상을 선정하는 것이 좋음

㉢ 방위측정 시 주의사항

- 선수미 방향이나 먼 물표를 먼저 재고, 정횡 방향이나 가까운 물표는 나중에 측정
- 방위변화가 빠른 물표는 나중에 측정
- 물표가 선수미선의 어느 한쪽에만 있을 경우 선위가 반대쪽으로(왼쪽 또는 오른쪽)으로 편위될 수 있으므로 주의
- 방위측정은 빠르고 정확하게 해야 하며 해도상에 방위선을 작도 시 신속히 해야 함
- 위치선 및 선위를 기입할 때에는 관측시간과 방위를 기입

㉣ 오차삼각형이 생기는 이유

- 자차나 편차에 오차가 있을 때
- 해도상의 물표의 위치가 실제와 차이가 있을 때
- 물표의 방위를 거의 동시에 관측하지 못하고 시간차가 많이 생겼을 때
- 관측이 부정확했을 때
- 위치선 작도 시 오차가 개입되었을 때

② 두 개 이상 물표의 수평거리에 의한 방법

㉠ 두 개 이상의 물표를 레이더로 동시에 수평거리를 측정하여 각각의 위치권의 교점을 선위로 결정하는 방법이다.

㉡ 3물표의 위치권을 사용 시 확실한 선위를 얻을 수 있으며 물표가 가깝고 위치권의 교각이 90°에 가까울수록 좋다.

③ 물표의 방위와 거리에 의한 방법

㉠ 한 물표의 방위와 거리를 동시에 측정하여 그 방위에 의한 위치선과 수평거리에 의한 위치선의 교점을 선위로 정하는 방법으로 물표가 하나밖에 없을 때 사용한다.

㉡ 레이더에 의해 주로 사용된다.

④ 중시선과 방위선 또는 수평협각에 의한 방법

㉠ 두 물표의 중시선과 다른 물표의 방위 또는 그들 사이의 수평협각을 측정하여 선위를 구하는 방법이다.

㉡ 선위의 정밀도가 매우 좋으며 자차를 확인하는 경우에도 이용된다.

⑤ 두 중시선에 의한 방법

㉠ 두 중시선이 서로 교차할 때 두 중시선의 교점을 선위로 결정하는 방법이다.

㉡ 아주 정확한 위치를 구할 수 있는 관측법이다.

㉢ 협수로 통과 시의 변침점, 투묘위치선정, 물표는 많으나 선위측정의 시간적 여유가 없을 경우 유용하게 이용되며 자차측정에도 활용된다.

⑥ 수평협각법

㉠ 뚜렷한 3개의 물표를 육분의로 수평협각을 측정, 삼간분도기를 사용하여 그들 협각을 각각의 원주각으로 하는 원의 교점을 구하는 방법이다.

㉡ 수평협각의 측정 및 선위 결정에 다소 시간이 걸리며, 반드시 3개 이상의 물표가 있어야 한다.

핵심예제

1-1. 다음 중 방위측정에 관한 주의사항으로 적절한 것은?

① 방위변화가 빠른 물표를 먼저 측정한다.
② 선수미 방향의 물표를 먼저 측정한다.
③ 먼 물표는 뒤에 측정한다.
④ 정횡 방향의 물표를 먼저 측정한다.

정답 ②

1-2. 뚜렷한 물표 3개를 선정하여 육분의로 중앙 물표와 좌우양 물표의 협각을 측정하고, 3간분도기를 사용하여 선위를 구하는 방법은 무엇인가?

① 교차방위법 ② 수평협각법
③ 양측방위법 ④ 4점방위법

정답 ②

1-3. 두 개의 물표를 이용하여 교차방위법으로 선위를 구하는데 있어 육상의 2물표가 이루는 교각으로 가장 적절한 것은?

① 10° ② 30°
③ 45° ④ 90°

정답 ④

1-4. 교차방위법으로 선위를 측정하기 위해 물표를 선정할 때의 주의사항이 아닌 것은?

① 가까운 물표보다는 가급적 먼 물표를 선정하는 것이 좋다.
② 해도상의 위치가 명확하고, 뚜렷한 목표를 선정하는 것이 좋다.
③ 물표 상호간의 교각은 두 물표일 때 90°, 세 물표일 때 60°가 가장 좋다.
④ 물표가 많을 때는 2개보다 3개 이상을 선정하는 것이 선위오차를 확인할 수 있어서 좋다.

정답 ①

해설

1-1

방위측정 시 주의사항

- 방위변화가 빠른 물표는 나중에 측정
- 선수미 방향이나 먼 물표를 먼저재고, 정횡 방향이나 가까운 물표는 나중에 측정
- 물표가 선수미선의 어느 한쪽에만 있을 경우 선위가 반대쪽으로(왼쪽 또는 오른쪽)으로 편위될 수 있으므로 주의
- 방위측정은 빠르고 정확하게 해야 하며 해도상에 방위선을 작도 시 신속히 해야 함
- 위치선 및 선위를 기입할 때에는 관측시간과 방위를 기입

1-2

① 교차방위법 : 항해 중 해도상에 기재되어 있는 2개 이상의 고정된 물표를 선정하여 거의 동시에 각각의 방위를 측정하여 방위선을 그어 이들의 교점으로 선위를 정하는 방법
③ 양측방위법 : 물표의 시간차를 두고 두 번 이상 측정하여 선위를 구하는 방법
④ 4점방위법 : 물표의 전측 시 선수각을 45°(4점)로 측정하고, 후측 시 선수각을 90°(8점)로 측정하여 선위를 구하는 방법

1-3

두 물표일 때는 90°, 세 물표일 때는 60° 정도가 가장 좋다.

1-4

물표 선정 시 주의사항

- 해도상의 위치가 명확하고 뚜렷한 목표를 선정
- 먼 물표보다는 적당히 가까운 물표를 선택
- 물표 상호 간의 각도는 가능한 한 30~150°인 것을 선정
- 두 물표일 때는 90°, 세 물표일 때는 60° 정도가 가장 좋음
- 물표가 많을 때는 3개 이상을 선정하는 것이 좋음

핵심이론 02 격시관측법

① 관측 가능한 물표가 1개뿐이거나 방위와 거리 중 한 가지밖에 구할 수 없을 경우 시간차를 두고 위치선을 구하며 전위선과 위치선을 이용하여 선위를 구하는 방법이다.
② **양측방위법** : 물표의 시간차를 두고 두 번 이상 측정하여 선위를 구하는 방법으로 첫 관측점에서 다음 관측점까지 침로를 정확히 유지해야 한다.
③ **선수배각법** : 후측 시 선수각이 전측 시의 두 배가 되게 하여 선위를 구하는 방법이다.
④ **4점방위법** : 물표의 전측 시 선수각을 45°(4점)로 측정하고, 후측 시 선수각을 90°(8점)로 측정하여 선위를 구하는 방법이다.
⑤ **정횡거리 예측법** : 물표의 정횡거리를 사전에 예측하여 선위를 구하는 방법이다.
⑥ **측심에 의한 선위 측정법** : 연안 항해 중 악천으로 목표를 볼 수 없을 때 대략적으로 선위를 알기 위해서 일정한 간격으로 연속적인 수심측정을 통하여 선위를 구하는 방법이다.

핵심예제

2-1. 동시관측에 의해 결정된 선위에 해당되지 않는 것은?

① 2개 이상의 물표의 수평거리에 의한 선위
② 2개 이상의 물표를 이용한 방위측정에 의한 선위
③ 중시선과 방위선 또는 수평협각에 의하여 구한 선위
④ 한 물표를 이용하여 시간의 간격을 두고 방위를 측정하여 구한 선위

정답 ④

2-2. 교차방위법에 의한 선위결정 시 선정 물표가 세 개일 때 물표 상호 간의 적당한 각도는?

① 30° ② 60°
③ 100° ④ 150°

정답 ②

해설

2-1
④은 격시관측법에 의한 선위결정법이다.

2-2
두 물표일 때는 90°, 세 물표일 때는 60° 정도가 가장 좋다.

5-5. 선박교통관리제도 및 선박자동식별장치

핵심이론 01 선박교통관리제도(VTS) 및 선박자동식별장치(AIS)

① 선박교통관리제도(VTS)
　㉠ 목적 : 통항선박에 대하여 항행상의 위험정보나 주변 교통상황에 대한 정보를 제공함으로써 통항상의 안전과 원활한 교통흐름을 달성하고 해양환경을 보호하기 위함
　㉡ 항계 내에 출입항하는 선박을 관제 대상으로 하여 업무를 수행, 항만관제조직은 각 지방 해양수산청의 관련 기관으로 소속
② 선박자동식별장치(AIS)
　㉠ 무선전파 송수신기를 이용하여 선박의 위치 정보 등을 자동으로 송수신하는 시스템
　㉡ 선박에 설치된 VHF를 이용하여 자선의 위치, 속도, 항로 및 기타의 정보를 다른 선박 및 해안의 기지국에 자동송신
　㉢ 위치의 정확도는 DGPS 기술을 이용하여 3m 이내로 가능
　㉣ 미리 할당되어 있는 하나의 무선주파수 채널을 통해 선박 상호 간 및 해안기지국 사이의 무선데이터를 송신 가능
　㉤ 설치목적 : 선박 대 선박, 선박 대 육상관제소 간에 선박의 위치정보 등을 자동 송수신함으로써 선박의 충돌방지 및 해난수색구조 등을 지원하기 위한 시스템으로 해상교통량이 많은 해협이나 교차점 및 해상 통항분리대 구역에서 상대 선박의 식별을 용이하게 하기 위함

핵심예제

다음에서 설명하는 것은?

> 선박의 위치, 속도, 침로 및 기타의 정보를 다른 선박 및 해안의 기지국에 자동으로 송수신하여 식별하게 함으로써 선박의 안전항행을 확보하고자 하는 장치

① VTS ② AIS
③ 레이더 ④ GPS

정답 ②

6 전파 및 레이더 항법

6-1. 레이더의 원리 및 구조

핵심이론 01 레이더의 원리

① 레이더에서 발사한 전파가 물표에 반사되어 돌아오는 시간을 측정함으로써 물표까지의 거리 및 방위를 파악한다.
② 전파의 특성(등속성, 직진성, 반사성)을 이용한다.
③ 극초단파(마이크로파)를 사용하며 속도는 빛의 속도와 같다.
④ 마이크로파를 사용하는 이유
  ㉠ 회절이 작아 직진이 양호
  ㉡ 정확한 거리 측정이 가능
  ㉢ 물체탐지 및 측정이 수월
  ㉣ 수신감도가 좋음
  ㉤ 지향성이 양호하여 방위 분해능을 높임
  ㉥ 최소탐지거리가 짧음
⑤ 레이더의 특징
  ㉠ 날씨에 관계없이 이용 가능
  ㉡ 전방위의 물표 및 지형을 지시기에 표시
  ㉢ 타선박의 상대위치의 변화를 표시
  ㉣ 한 물표로 선위측정이 가능
  ㉤ 육상 송수신국이 필요 없음
  ㉥ 태풍의 중심 및 진로파악에 용이

핵심예제

1-1. 레이더에서 마이크로파(극초단파)를 사용하는 이유로 틀린 것은?

① 파장이 짧을수록 전파의 직진성이 강하다.
② 파장이 짧을수록 작은 물표로부터 반사파가 강하다.
③ 파장이 짧을수록 수신감도가 양호하다.
④ 파장이 짧을수록 먼 거리를 측정할 수 있다.

정답 ④

1-2. 다음 중 레이더를 활용하는 경우가 아닌 것은?

① 방위를 측정할 때
② 순간 속력을 측정할 때
③ 물표의 존재를 확인할 때
④ 거리를 측정할 때

정답 ②

해설

1-1
레이더에서 마이크로파를 사용하는 이유
• 회절이 작아 직진이 양호
• 정확한 거리 측정이 가능
• 물체탐지 및 측정이 수월
• 수신감도가 좋음
• 지향성이 양호하여 방위 분해능을 높임
• 최소탐지거리가 짧음

1-2
레이더의 원리 및 활용
레이더에서 발사한 전파가 물표에 반사되어 돌아오는 시간을 측정함으로써 물표까지의 거리 및 방위를 파악할 수 있다.

핵심이론 02 레이더의 구성

① **송신장치** : 짧고 강력한 펄스 형태의 레이더파를 발생시키는 장치
② **수신장치** : 목표물에 부딪혀 되돌아온 미약한 반사파를 증폭시켜 영상신호로 바꾸어 지시기에 보내는 장치
③ **송수신 전환 장치** : 전파가 송신할 경우에는 송신기만, 수신할 경우에는 수신기만이 스캐너에 직접 연결되게 하는 장치
④ **지시기** : 탐지되는 모든 물표를 나타내기 위해 평면위치표시(PPI) 방식을 채용하고 있으며 스캐너가 1회전할 때마다 화면상 소인선도 1회전함
⑤ **스캐너** : 전파를 발사하고 반사파를 수신하는 역할

핵심예제

레이더 스캐너가 1회전할 때 화면 소인선의 회전수는 몇 회인가?

① 1회전
② 2회전
③ 3회전
④ 4회전

정답 ①

6-2. 레이더의 성능

핵심이론 01 최대탐지거리 및 최소탐지거리

① 최대탐지거리
㉠ 목표물을 탐지할 수 있는 최대거리
㉡ 최대탐지거리에 영향을 주는 요소
- 주파수 : 낮을수록 탐지거리는 증가한다.
- 첨두 출력 : 클수록 탐지거리는 증가한다.
- 펄스의 길이 : 길수록 탐지거리는 증가한다.
- 펄스 반복률 : 낮을수록 탐지거리는 증가한다.
- 수평 빔 폭 : 좁을수록 탐지거리는 증가한다.
- 스캐너의 회전율 : 낮을수록 탐지거리는 증가한다.
- 스캐너의 높이 : 높을수록 탐지거리는 증가한다.

② 최소탐지거리
㉠ 가까운 거리에 있는 목표물을 탐지할 수 있는 최소거리
㉡ 최소탐지거리에 영향을 주는 요소 : 펄스 폭, 해면반사 및 측엽반사, 수직 빔 폭

핵심예제

1-1. 레이더 스캐너의 높이와 탐지거리와의 관계에 대한 설명으로 가장 적절한 것은?

① 스캐너 높이가 높으면 탐지거리는 증가한다.
② 스캐너 높이가 높으면 탐지거리는 감소한다.
③ 스캐너 높이는 탐지거리를 변화시키지 않는다.
④ 스캐너 높이가 높으면 탐지거리가 감소 또는 증가를 규칙적으로 반복한다.

정답 ①

1-2. 레이더에서 최소탐지거리에 영향을 주는 요소로 틀린 것은?

① 펄스 폭
② 수평 빔 폭
③ 측엽 반사
④ 수직 빔 폭

정답 ②

해설

1-1
스캐너의 높이가 높을수록 탐지거리는 증가한다.
1-2
최소탐지거리에 영향을 주는 요소
펄스 폭, 해면반사 및 측엽반사, 수직 빔 폭

핵심이론 02 **방위 분해능과 거리 분해능**

① 방위 분해능
  ㉠ 자선으로부터 같은 거리에 있는 서로 가까운 2개의 물체를 지시기상에 2개의 영상으로 분리하여 나타낼 수 있는 능력
  ㉡ 방위 분해능에 영향을 주는 요소 : 수평 빔 폭, 두 물체 사이의 거리, 휘점의 크기
  ㉢ 방위의 정확도를 높이는 방법
  - 작은 물표에 대해서는 물표의 중심 방위를 측정
  - 목표물의 양 끝에 대한 방위측정 시 수평 빔 폭의 절반만큼 안쪽으로 측정
  - 수신기의 감도를 약간 떨어뜨림
  - 거리선택 스위치를 근거리로 선택
  - 물표의 영상이 작을수록 정확한 방위측정이 가능
  - 정지해 있거나 천천히 움직이는 물표의 방위측정이 정확
  - 진방위 지시방식이 유리

② 거리 분해능
  ㉠ 같은 방위선상에 서로 가까이 있는 두 물표로부터 반사파가 수신되었을 때, 두 물표를 지시기상에 분리된 2개의 영상으로 분리하여 나타낼 수 있는 능력
  ㉡ 거리 분해능에 영향을 주는 요소 : 펄스 폭, 수신기의 감도, 지시기 화면의 크기 및 휘점의 크기

핵심예제

항행 중 레이더로 작은 물표의 방위를 측정하려면 영상의 어떤 곳을 측정하는가?

① 물표의 좌측 끝　② 물표의 우측 끝
③ 물표의 가장 가까운 점　④ 물표의 중심

정답 ④

해설

작은 물표에 대해서는 물표의 중심 방위를 측정한다.

6-3. 레이더영상의 방해현상과 거짓상

핵심이론 01 **영상의 방해현상**

① 해면반사에 의한 잡음 : STC스위치로 조정
② 눈비 등에 의한 방해 잡음 : FTC스위치로 조정
③ 레이더의 맹목구간 : 선박의 구조물(마스트, 연돌 등)로 스캐너에서 발사된 레이더 전파가 차단되어 물표를 탐지하지 못하는 구간
④ 다른 선박과의 레이더 간섭 : 화면상에 나선형으로 나타남
⑤ 레이더의 성능에 영향을 주는 요소
  ㉠ 물표의 유효 반사면적
  ㉡ 물표의 표면상태와 형상
  ㉢ 물표의 구성 물질
  ㉣ 물표의 높이 및 크기

핵심예제

레이더에서 물표로부터 반사파의 탐지 및 세기에 영향을 주는 요소에 해당하지 않는 것은?

① 물표의 높이
② 물표의 구성 물질
③ 물표부근의 풍향
④ 물표의 유효 반사면적

정답 ③

해설

레이더의 성능에 영향을 주는 요소
- 물표의 유효 반사면적
- 물표의 표면상태와 형상
- 물표의 구성 물질
- 물표의 높이 및 크기

핵심이론 02 레이더의 허상

① **간접반사** : 연돌, 마스트 등의 자선 구조물에 의한 반사

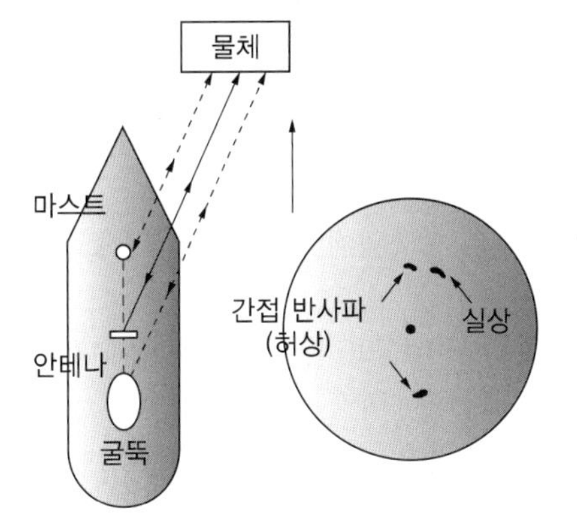

② **거울면반사** : 육상의 구조물(안벽, 빌딩, 창고 등)에 의한 반사

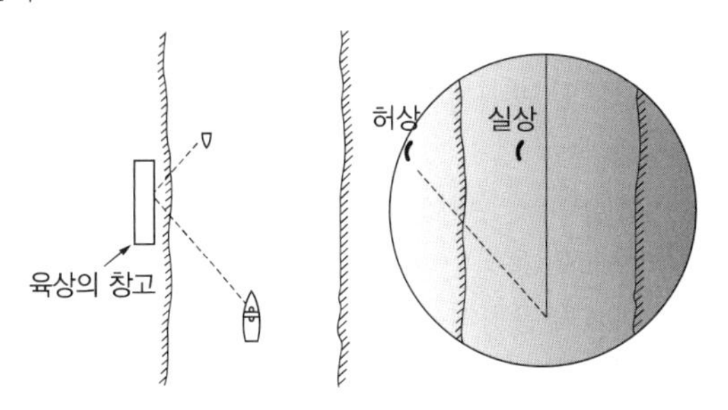

③ **다중반사** : 자선의 정횡 방향에 대형선 등 반사성이 좋은 물체에 의한 반사

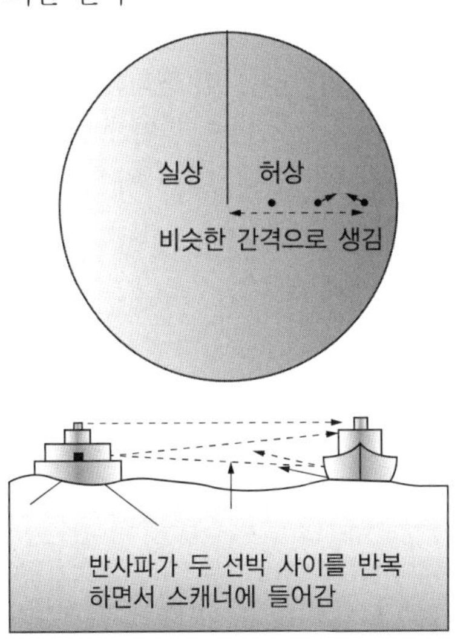

④ **측엽반사** : 자선 부근에 큰 물체가 있을 경우에 나타남

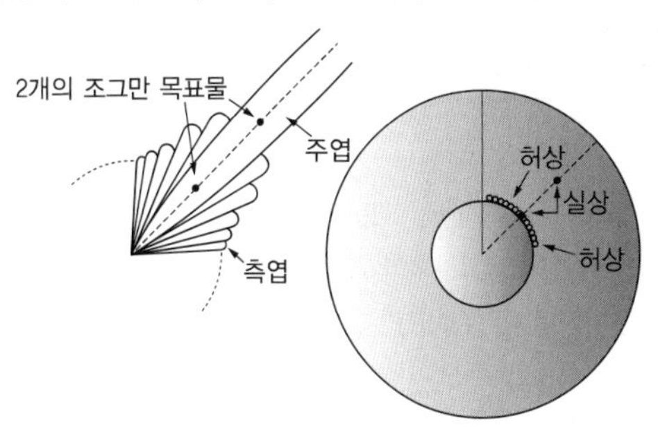

⑤ **2차 소인반사** : 멀리 떨어진 물체가 갑자기 가깝게 나타나는 현상

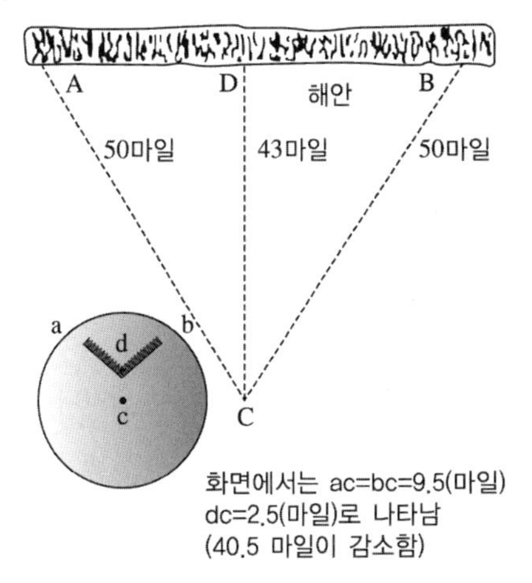

핵심예제

레이더의 허상에 해당되지 않는 것은?

① 간접반사 ② 거울면반사
③ 측엽반사 ④ 철선의 반사

정답 ④

해설

레이더의 허상
간접반사, 거울면반사, 다중반사, 측엽반사, 2차 소인반사

6-4. 레이더의 사용

핵심이론 01 레이더 조정기

① **전원스위치**
㉠ 보통 ON/OFF, STAND-BY로 구성
㉡ 전원을 켜고 예열 후(2~4분) 동작

② **동조 조정기(TUNE)**
㉠ 레이더의 국부 발진기의 발진 주파수를 조정하는 장치
㉡ 주파수가 적절히 조정되면 목표물의 반사에 의한 지시기의 화면이 선명하게 됨

③ **수신기 감도 조정기(GAIN)** : 수신기의 감도를 조정하는 것으로 감도가 증가하면 영상이 밝아지고 탐지능력이 좋아지나 영상의 잡음도 증가함

④ **해면 반사 억제기(STC)** : 자선 주위의 해면이 바람 등의 영향으로 거칠어져 해면반사가 일어날 때 자선 주위의 근거리에 대한 반사파의 수신 감도를 떨어뜨려 방해현상을 줄이는 장치

⑤ **비·눈 반사 억제기(FTC)**
㉠ 비나 눈 등의 영향으로 화면상에 나타나는 방해현상을 줄이는 장치
㉡ 과도하게 높이면 소형 물체의 반사파까지도 억제되어 화면상에 나타나지 않게 될 수도 있으므로 주의

⑥ **휘도 조정기** : 화면의 밝기를 조정하는 장치

⑦ **탐지거리 선택기** : 지시기의 화면 중심으로부터 원주까지의 반지름에 해당하는 레이더의 탐지거리를 전환시켜 주는 장치

⑧ **가변거리환 조정기(VRM)** : 자선에서 원하는 물체까지의 거리를 화면상에서 측정하기 위하여 사용하는 장치

⑨ **방위선**
㉠ 평행 방위선 : 화면 바로 위의 물체방위를 측정하기 위해 평행선이 그려진 투명원판을 돌려 방위측정이 가능하도록 하는 장치
㉡ 전자식 방위선 : 평행 방위선과 같이 방위를 측정하는 장치로 시차가 발생하지 않음

⑩ **중심이동 조정기** : 필요에 따라 소인선의 기점인 자선의 위치를 화면의 중심이 아닌 다른 곳(스코프 화면의 유효 반지름 범위 내)으로 이동시킬 수 있는 장치

⑪ **방위선택 스위치** : 필요에 따라 레이더 화면을 진방위 지시방식과 상대방위 지시방식으로 선택하는 장치
㉠ 진방위지시(표시)방식(North up)
- 자선의 선수쪽 방향은 항상 진북으로 0°이며 선수휘선은 자선의 실제침로를 가리키게 된다.
- 화면이 안정적이며 물체의 방위는 진방위로 표시된다.
- 선체의 움직임에 의한 영상의 흔들림이 생기지 않는다.
- 변침 시 영상은 변하지 않고 선수휘선만 변한다.
- 해도와 비교하기 쉽다.
- 변침을 많이 하는 협수로, 연안항해 시 유리하다.

㉡ 상대방위지시(표시)방식(Head up)
- 선수방향이 항상 화면의 위쪽을 향하게 된다.
- 선박 주위의 상황을 자선 중심으로 관측하는 데 편리하다.
- 물체의 방위는 자선의 선수에 대한 상대방위로 표시된다.
- 변침 시 선수휘선은 변하지 않고 영상만 변침한 반대쪽으로 움직인다.
- 자선의 움직임에 따라 영상이 흔들리게 되어 방위의 정확도가 떨어진다.
- 변침 시 영상판독이 어렵다.
- 영상과 실제 물표와의 비교가 쉽다.
- 혼잡한 해역을 통과할 때나 항해 장애물의 운동 및 배치상태를 파악하는 데 편리하다.

⑫ **선수휘선 억제기** : 선수휘선이 화면상에 표시되지 않도록 하는 장치(작은 목표물이 SHM(선수휘선)과 겹칠 때)

핵심예제

1-1. 레이더를 이용하여 물표와의 거리를 측정할 때 사용하는 것은?

① 전자식 방위선
② 중심이동 조정기
③ 가변거리환 조정기
④ 수신기 감도 조정기

정답 ③

1-2. 레이더 방위선택 스위치를 상대방위 지시방식으로 사용할 때 다음 보기 중 옳지 않은 것은?

① 선수휘선은 항상 본선의 선수미선 방향과 일치한다.
② 자이로컴퍼스가 없는 선박은 이 방식을 사용한다.
③ 실물과 영상의 비교가 쉽다.
④ 변침 시 영상의 변화가 없다.

정답 ④

해설

1-1

① 전자식 방위선 : 평행 방위선과 같이 방위를 측정하는 장치로 시차가 발생하지 않는다.
② 중심이동 조정기 : 필요에 따라 소인선의 기점인 자선의 위치를 화면의 중심이 아닌 다른 곳으로 이동시킬 수 있는 장치이다.
④ 수신기 감도 조정기 : 수신기의 감도를 조정하는 것으로 감도가 증가하면 영상이 밝아지고 탐지능력이 좋아지나 영상의 잡음도 증가한다.

1-2

상대방위 표시방식

- 선수방향이 항상 화면의 위쪽을 향하게 된다.
- 선박 주위의 상황을 자선 중심으로 관측하는 데 편리하다.
- 물체의 방위는 자선의 선수에 대한 상대방위로 표시된다.
- 변침 시 선수휘선은 변하지 않고 영상만 변침한 반대쪽으로 움직인다.
- 자선의 움직임에 따라 영상이 흔들리게 되어 방위의 정확도가 떨어진다.
- 변침 시 영상판독이 어렵다.
- 영상과 실제 물표와의 비교가 쉽다.
- 혼잡한 해역을 통과할 때나 항해 장애물의 운동 및 배치상태를 파악하는 데 편리하다.

핵심이론 02 레이더를 이용한 항법

① 외양에서 연안으로 접근 시 이용
  ㉠ 안개 등으로 시정이 나쁠 때 연안으로 접근 시 레이더로 정확한 선위 확인에 유용하다.
  ㉡ 맨 처음 구한 선위는 추정위치를 기준으로 화면상의 영상을 판독하므로 레이더의 영상은 수평선과 물표의 특성에 따라 해도와 다르게 나타날 수 있으므로 주의한다.

② 연안 항해에서의 이용
  ㉠ 레이더의 거리와 실측방위에 의한 방법 : 컴퍼스로 방위를 측정하고 거리는 레이더로 측정(가장 정확한 방법)한다.
  ㉡ 둘 이상 물표의 거리에 의한 방법 : 물표 2개 이상의 거리를 측정한다.
  ㉢ 한 물표의 레이더 방위와 거리에 의한 방법 : 레이더에 나타난 한 물표를 이용하여 방위와 거리를 측정, 선위를 결정하는 방법으로 정확도는 떨어지나 신속하게 측정이 가능하다.
  ㉣ 둘 이상 물표의 레이더 방위에 의한 방법 : 오차가 크기 때문에 정확도는 가장 떨어지나 개략적인 선위를 신속하게 구하고자 하거나 시계가 불량할 때 많이 사용한다.

③ 협수로에서의 이용 : 영상의 이동이 빠르므로 협수로에 진입하기 전에 미리 변침점, 선수방위의 목표물, 피험선 및 주요 목표물들의 정횡 거리 등을 미리 확인해 두도록 한다.

핵심예제

2-1. 협수로에서 레이더를 사용하는 경우 진입하기 전에 미리 확인해 두어야 할 정보로 틀린 것은?

① 침 로
② 변침점
③ 피험선
④ 연료소모량

정답 ④

2-2. 연안항해에서 선위를 측정하는 방법으로 가장 부정확한 것은?

① 한 목표물의 레이더 방위와 거리에 의한 방법
② 레이더 거리와 실측방위에 의한 방법
③ 둘 이상 목표물의 레이더 거리에 의한 방법
④ 둘 이상 목표물의 레이더 방위에 의한 방법

정답 ④

해설

2-1

협수로에서의 이용

영상의 이동이 빠르므로 협수로에 진입하기 전에 미리 변침점, 선수방위의 목표물, 피험선 및 주요 목표물들의 정횡거리 등을 미리 확인해 두도록 한다.

2-2

둘 이상 물표의 레이더 방위에 의한 방법 : 오차가 크기 때문에 정확도는 가장 떨어지나 개략적인 선위를 신속하게 구하고자 하거나 시계가 불량할 때 많이 사용한다.

핵심이론 03 마이크로파 표지국

① **유도비컨(Course Beacon)** : 선박이 항로상에 있으면 연속음이 들리고, 좌우로 멀어지면 단속음이 들리도록 전파를 발사하는 것
② **레이더 리플렉터** : 3각형 또는 4각형의 금속판을 서로 직각으로 조합시켜 강한 반사파를 나오게 하여 레이더 탐지능력을 향상시키기 위한 장치
③ **레이마크** : 선박의 레이더 영상에 송수신국의 방향이 휘선으로 나타나도록 전파를 발사하는 것
④ **레이콘** : 선박 레이더에서 발사된 전파를 받은 경우에만 응답하여 레이더 화면상에 일정 형태의 신호가 나타날 수 있도록 전파를 발사
⑤ **레이더 트랜스폰더** : 레이콘과 유사하나, 정확한 질문을 받거나 송신이 국부명령으로 이루어질 때 다른 관련 자료를 자동으로 송수신할 수 있음

핵심예제

다음에서 설명하는 것은?

> 3각형 또는 4각형의 금속판을 서로 직각으로 조합시켜 강한 반사파를 나오게 하여 레이더 탐지능력을 향상시키는 것

① 레이마크
② 레이더 트랜스폰더
③ 레이더 리플렉터
④ 레이콘

정답 ③

해설

① 레이마크 : 선박의 레이더 영상에 송수신국의 방향이 휘선으로 나타나도록 전파를 발사하는 것
② 레이더 트랜스폰더 : 레이콘과 유사하나, 정확한 질문을 받거나 송신이 국부명령으로 이루어질 때 다른 관련 자료를 자동으로 송수신할 수 있음
④ 레이콘 : 선박 레이더에서 발사된 전파를 받은 경우에만 응답하여 레이더 화면상에 일정 형태의 신호가 나타날 수 있도록 전파를 발사

핵심이론 04 레이더 플로팅

① 레이더 플로팅 : 다른 선박과의 충돌 가능성을 확인하기 위해 레이더에서 탐지된 영상의 위치를 체계적으로 연속 관측하여 이를 작도하고 최근접점의 위치와 예상도달시간, 타선의 진침로와 속력 등을 해석하는 방법이다.

② 플로팅 관련 용어
- ㉠ DRM : 상대운동방향
- ㉡ SRM : 상대운동속력
- ㉢ CPA : 최근접점까지의 거리
- ㉣ DCPA : 최근접점의 방위와 거리
- ㉤ TCPA : 최근접점의 예상도달시간
- ㉥ PPC : 계속 항해 시 충돌점
- ㉦ PAD : 충돌위험예상구역

③ 플로팅 시 주의사항
- ㉠ 10마일 내외의 충분히 여유가 있는 시기에 시작한다.
- ㉡ 3분 또는 6분마다 기점한다.
- ㉢ 방위변화가 없이 접근하는 목표물은 주의한다.
- ㉣ 진방위 지시방식의 화면을 사용한다.
- ㉤ 신속·정확하게 작도한다.
- ㉥ 상대운동속력이 큰 것을 주의한다.

핵심예제

4-1. 레이더 플로팅으로 얻을 수 없는 정보는 무엇인가?

① 최근접점(CPA)
② 상대선의 종류
③ 상대선의 진침로
④ 상대선의 상대운동속력

정답 ②

4-2. 다음 보기의 정의는?

레이더 플로팅에서 티시피에이(TCPA)

① 최근접점까지 도달하는 시간
② 최근접점까지의 거리
③ 물표의 속도
④ 물표의 방위

정답 ①

해설

4-1

레이더 플로팅

다른 선박과의 충돌 가능성을 확인하기 위해 레이더에서 탐지된 영상의 위치를 체계적으로 연속 관측하여 이를 작도하고 최근접점의 위치와 예상도달시간, 타선의 진침로와 속력 등을 해석하는 방법

PART 02

운 용

1 선박의 구조 및 설비

1-1. 선박의 크기

핵심이론 01 선박의 주요 치수

① 선박의 길이

㉠ 전장(LOA) : 선체에 붙어 있는 모든 돌출물을 포함하여 선수의 최전단부터 선미의 최후단까지의 수평거리로 부두 접안이나 입거 등의 선박 조종에 사용된다.

㉡ 수선간장(LBP) : 계획만재흘수선상의 선수재의 전면으로부터 타주의 후면까지의 수평거리로 강선의 구조기준, 선박만재흘수선기준, 선박구획기준 등에 사용된다.

㉢ 수선장(LWL) : 각 흘수선상의 물에 잠긴 선체의 선수재 전면부터 선미 후단까지의 수평거리로 배의 저항, 추진력 계산 등에 사용된다.

㉣ 등록장 : 상갑판 보(Beam)상의 선수재 전면부터 선미재 후면까지의 수평거리로 선박원부 및 선박국적증서에 기재되는 길이이다.

② 선박의 폭

㉠ 전폭 : 선체의 폭이 가장 넓은 부분에서 외판의 외면부터 맞은편 외판의 외면까지의 수평거리이다.

㉡ 형폭 : 선체의 폭이 가장 넓은 부분에서 늑골의 외면부터 맞은편 늑골의 외면까지의 수평거리이다.

③ 선박의 깊이(형심) : 선체 중앙에서 용골의 상면부터 건현갑판의 현측 상면까지의 수직거리이다.

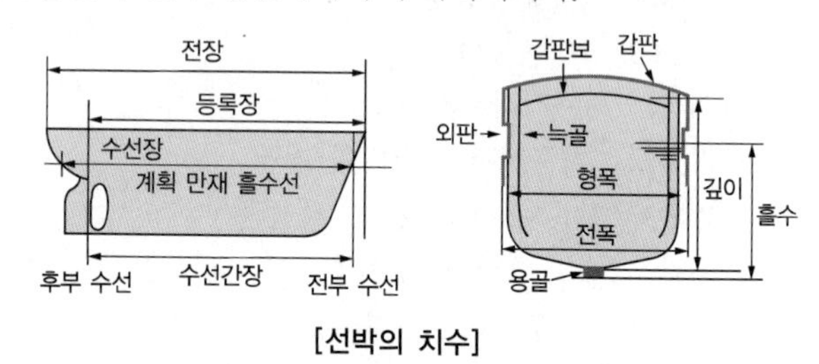

[선박의 치수]

핵심예제

다음 중 선박을 부두에 접안시킬 때나 입거시킬 때의 선박의 길이와 가장 관련이 깊은 것은?

① 전 장
② 수선간장
③ 수선장
④ 등록장

정답 ①

해설

② 수선간장(LBP) : 계획만재흘수선상의 선수재의 전면으로부터 타주의 후면까지의 수평거리로 강선의 구조기준, 선박만재흘수선기준, 선박구획기준 등에 사용된다.
③ 수선장(LWL) : 각 흘수선상의 물에 잠긴 선체의 선수재 전면부터 선미 후단까지의 수평거리로 배의 저항, 추진력 계산 등에 사용된다.
④ 등록장 : 상갑판 보(Beam)상의 선수재 전면부터 선미재 후면까지의 수평거리로 선박원부 및 선박국적증서에 기재되는 길이이다.

핵심이론 02 선박의 톤수

① 용적톤수

㉠ 총톤수(G.T.) : 선박의 밀폐된 용적에서 제외적량(선박의 안전, 위생, 항해 등에 필요한 장소)을 뺀 총용적으로 나타낸다. 관세, 등록세, 계선료, 도선료 등의 산정기준이 되며, 선박국적증서에 기재된다.

※ 용적톤수는 선박의 용적을 톤으로 표시한 것으로, 용적톤수 1톤은 용적 2,832m^3 또는 100ft^3으로 나타낸다.

㉡ 순톤수(N.T.) : 총톤수에서 공제적량(선원상용실 및 해도실, 밸러스트탱크, 갑판 창고, 기관 창고, 기관실 등)을 뺀 용적이다. 화물이나 여객운송을 위하여 쓰이는 실제 용적을 나타내며 입항세, 톤세, 항만시설사용료 등의 산정기준이 된다.

② 중량톤수

㉠ 배수톤수 : 수면 하의 선체의 용적(배수 용적)에 상당하는 해수의 중량인 배수량을 톤수로 나타낸 것으로 군함의 크기를 표시하는 데 이용된다.

- 경하배수량 : 순수한 선박 자체의 중량을 의미하며 화물, 연료, 청수, 식량 등을 적재하지 아니한 경우의 선박의 배수량이다.
- 만재배수량 : 만재흘수선까지 화물, 연료 등을 적재한 상태에서 선박의 배수량이다.

㉡ 재화중량톤수(D.W.T.) : 선박이 적재할 수 있는 최대의 무게를 나타내는 톤수이며, 만재배수량과 경하배수량의 차로 상선의 매매와 용선료 산정의 기준이 된다.

③ 그 밖의 톤수

㉠ 운하톤수 : 운하 통항료의 산정을 위하여 각각 특별한 측도방법에 의해 선박의 적량을 계산(파나마 운하톤수, 수에즈 운하톤수)한다.

㉡ 재화용적톤수 : 화물을 적재할 수 있는 선창의 용적을 톤으로 표시한 것이다.

핵심예제

2-1. 만재흘수선까지 화물, 연료 등을 적재한 상태의 배수량은?

① 경하배수량
② 만재배수량
③ 재화중량톤수
④ 재화용적톤수

정답 ②

2-2. 재화중량톤수와 관련이 없는 것은?

① 불명중량
② 화물의 중량
③ 연료의 중량
④ 선체의 중량

정답 ④

2-3. 만재배수톤수에서 경하배수톤수를 공제한 것은 무엇인가?

① 총톤수
② 불명중량
③ 화물의 중량
④ 재화중량톤수

정답 ④

해설

2-1

① 경하배수량 : 순수한 선박 자체의 중량을 의미하며 화물, 연료, 청수, 식량 등을 적재하지 아니한 경우의 선박의 배수량이다.
③ 재화중량톤수 : 선박이 적재할 수 있는 최대의 무게를 나타내는 톤수이며, 만재배수량과 경하배수량의 차로 상선의 매매와 용선료 산정의 기준이 된다.
④ 재화용적톤수 : 화물을 적재할 수 있는 선창의 용적을 톤으로 표시한 것이다.

2-2, 2-3

재화중량톤수(D.W.T.) : 선박이 적재할 수 있는 최대의 무게를 나타내는 톤수이며, 만재배수량과 경하배수량의 차로 상선의 매매와 용선료 산정의 기준이 된다.

1-2. 선박의 흘수와 건현

핵심이론 01 흘 수

① 흘수 : 선체가 물속에 잠긴 깊이
  ㉠ 형흘수 : 용골의 상면에서 수면까지의 수직거리
  ㉡ 용골흘수 : 용골의 하면에서 수면까지의 수직거리

② 흘수표
  ㉠ 선수와 선미의 양쪽에 표시하며, 중・대형선의 경우 선체 중앙부 양쪽에도 표시
  ㉡ 미터 단위는 높이 10cm의 아라비아 숫자를 20cm 간격으로 기입, 피트 단위는 높이 6인치의 아라비아 숫자나 로마 숫자를 1피트 간격으로 기입

③ 트림 : 선박의 길이 방향의 경사를 나타내는 것으로 선수미 흘수의 차
  ㉠ 등흘수 : 선수흘수와 선미흘수가 같은 상태로 수심이 얕은 수역을 항해할 때나 입거할 때 유리
  ㉡ 선수트림 : 선수흘수가 선미흘수보다 큰 상태로 선속을 감소시키며, 타효가 불량
  ㉢ 선미트림 : 선미흘수가 선수흘수보다 큰 상태로 선속이 증가되며, 타효가 좋음

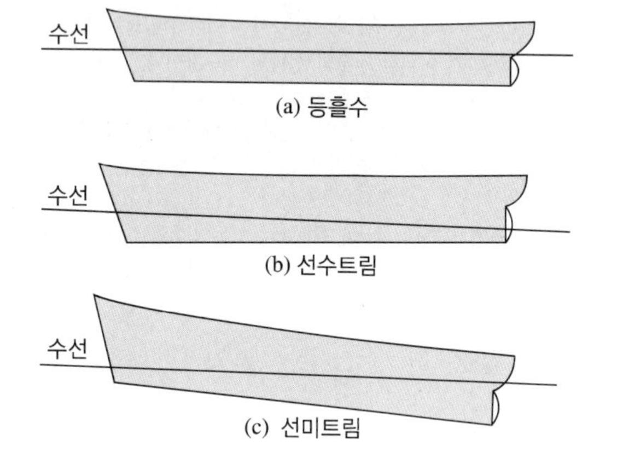

(a) 등흘수
(b) 선수트림
(c) 선미트림

핵심예제

1-1. 선수흘수와 선미흘수의 차이 또는 선박길이 방향의 경사를 말하는 것은?

① 트 림 ② 흘 수
③ 건 현 ④ 현 호

정답 ①

1-2. 미터 단위의 흘수표 표시는?

	글자 크기	글자 표시 간격
①	10cm	10cm
②	10cm	20cm
③	20cm	10cm
④	20cm	20cm

정답 ②

1-3. 선수흘수와 선미흘수가 같은 경우로 옳은 것은?

① 선수트림
② 선미트림
③ 등흘수(Even Keel)
④ 중앙트림(Center Trim)

정답 ③

해설

1-1
② 흘수 : 선체가 물속에 잠긴 깊이
③ 건현 : 만재흘수선과 갑판선 상단까지의 수직거리
④ 현호 : 건현 갑판의 현측선이 휘어진 것으로 예비부력과 능파성을 향상시키며 미관을 좋게 함

1-2
흘수표의 표시로 미터 단위는 높이 10cm의 아라비아 숫자를 20cm 간격으로 기입, 피트 단위는 높이 6인치의 아라비아 숫자나 로마 숫자를 1피트 간격으로 기입

1-3
① 선수트림 : 선수흘수가 선미흘수보다 큰 상태
② 선미트림 : 선미흘수가 선수흘수보다 큰 상태

핵심이론 02 건현 및 만재흘수선

① 건 현

㉠ 선박의 만재흘수선부터 갑판선 상단까지의 수직거리이다.

㉡ 건현은 만재흘수선의 종류에 따라 그 크기가 다르다.

㉢ 단순히 건현이라 할 때는 선박 중앙부의 수면에서 갑판선 상단까지의 수직거리이다.

② 만재흘수선

㉠ 항행구역 내에서 선박의 안전상 허용된 최대의 흘수선으로 선체 중앙부의 양현에 표시되며 선박의 종류, 크기, 적재화물 및 항행구역에 따라 다르다.

㉡ 만재흘수선의 적용 대역과 계절

종 류	기 호	적용 대역 및 계절
하기 만재 흘수선	S	하기 대역에서는 연중, 계절 열대 구역 및 계절 동기 대역에서는 각각 그 하기 계절 동안 해수에 적용
동기 만재 흘수선	W	계절 동기 대역에서 동기 계절 동안 해수에 적용
동기 북대서양 만재흘수선	WNA	북위 36° 이북의 북대서양을 그 동기 계절 동안 횡단하는 경우, 해수에 적용(근해 구역 및 길이 100m 이상의 선박은 WNA 건현표가 없다)
열대 만재 흘수선	T	열대 대역에서는 연중, 계절 열대 구역에서는 그 열대 계절 동안 해수에 적용
하기 담수 만재흘수선	F	하기 대역에서는 연중, 계절 열대 구역 및 계절 동기 대역에서는 각각 그 하기 계절 동안 담수에 적용
열대 담수 만재흘수선	TF	열대 대역에서는 연중, 계절 열대 구역에서는 그 열대 계절 동안 담수에 적용

㉢ 구획 만재흘수선 : 국제항해에 종사하는 여객선에는 만재흘수선 이외에 구획 만재흘수선을 나타내는 C를 부가하여 표시(선박의 손상 시 침수 정도의 한계선을 제한)한다.

㉣ 목재 만재흘수선 : 목재 운반선은 만재흘수선(계절별, 구역별) 이외에 원표의 후방에 별도로 목재 만재흘수선을 나타내는 L을 부가하여 표시(목재화물 자체가 부력이 있어 일반 만재흘수선보다 더 깊은 흘수를 허용)한다.

핵심예제

2-1. 다음 중 만재흘수선과 갑판선 상단까지의 수직거리는?

① 건 현 ② 깊 이
③ 흘 수 ④ 형 폭

정답 ①

2-2. 만재흘수선에서 동기만재흘수선의 기호를 나타낸 것은?

① W ② S
③ T ④ F

정답 ①

2-3. 용골의 최하면에서 수면까지의 수직거리로 옳은 것은?

① 형흘수 ② 공흘수
③ 용골흘수 ④ 용골깊이

정답 ③

해설

2-1
② 깊이 : 선체 중앙에서, 용골의 상면부터 건현 갑판의 현측 상면까지의 수직거리
③ 흘수 : 선체가 물속에 잠긴 깊이
④ 형폭 : 선체의 폭이 가장 넓은 부분에서 늑골의 외면부터 맞은편 늑골의 외면까지의 수평거리

2-2
① W : 동기 만재흘수선
② S : 하기 만재흘수선
③ T : 열대 만재흘수선
④ F : 하기 담수 만재흘수선

2-3
③ 용골흘수 : 용골의 하면에서 수면까지의 수직거리
① 형흘수 : 용골의 상면에서 수면까지의 수직거리

1-3. 선체의 형상 및 선체 도면

핵심이론 01 선체의 형상과 명칭

① 선체(Hull) : 연돌, 키, 마스트, 추진기 등을 제외한 선박의 주된 부분
② 선수(Bow) : 선체의 앞부분
③ 선미(Stern) : 선체의 뒷부분
④ 선체 중앙(Midship) : 선체 길이의 중앙부로 선수미선과 직각을 이루는 방향을 어빔(Abeam)이라 함
⑤ 현호(Sheer) : 건현 갑판의 현측선이 휘어진 것으로 예비 부력과 능파성을 향상시키며 미관을 좋게 함
⑥ 캠버(Camber) : 갑판보의 양현의 현측보다 선체 중심선 부근이 높도록 원호를 이루는 높이의 차
⑦ 우현(Starboard) : 선수를 향해 오른쪽
⑧ 좌현(Port) : 선수를 향해 왼쪽
⑨ 선체 중심선(Ship Center Line) : 선폭의 가운데를 통하는 선수미 방향의 직선으로 선수미선이라고도 함
⑩ 선미 돌출부(Counter) : 선미에서 러더 스톡의 후방으로 돌출된 부분
⑪ 텀블 홈(Tumble Home) : 상갑판 부근의 선측 상부가 안쪽으로 굽은 정도
⑫ 플래어(Flare) : 상갑판 부근의 선측 상부가 바깥쪽으로 굽은 정도
⑬ 빌지(Bilge) : 선저와 선측을 연결하는 만곡부
⑭ 선저 경사(Rise of Floor) : 중앙 단면에서 선저의 경사도

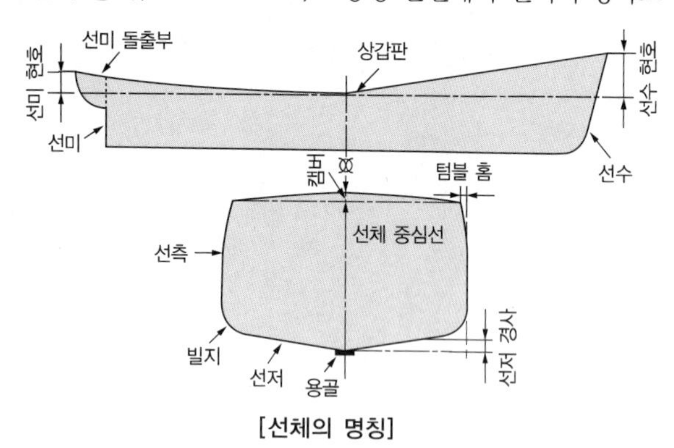

[선체의 명칭]

핵심예제

1-1. 다음에서 설명하는 것은?

선저와 선측을 연결하는 만곡부

① 빌 지
② 텀블 홈
③ 플래어
④ 킬 슨

정답 ①

1-2. 선박에서 현호를 두는 이유로 옳은 것은?

① 능파성을 줄이기 위해서
② 종강력을 좋게 하기 위해서
③ 횡강력을 좋게 하기 위해서
④ 예비 부력을 갖기 위해서

정답 ④

해설

1-1
① 빌지(Bilge) : 선저와 선측을 연결하는 만곡부
② 텀블 홈(Tumble Home) : 상갑판 부근의 선측 상부가 안쪽으로 굽은 정도
③ 플래어(Flare) : 상갑판 부근의 선측 상부가 바깥쪽으로 굽은 정도

1-2
현호(Sheer) : 건현 갑판의 현측선이 휘어진 것, 예비부력과 능파성을 향상시키며 미관을 좋게 한다.

핵심이론 02 선체 도면

① **일반배치도(GA)** : 선체 전체를 한 눈에 대략 파악하는 데 필요한 기본적인 도면이며, 의장도라고도 한다.
② **중앙 횡단면도** : 선체의 중앙부를 횡단하여 각 부의 구조와 치수를 나타내는 도면이다.
③ **강재배치도** : 일반배치도와 비슷한 모양이지만, 사용된 강재에 대한 것을 기입한 도면이다.
④ **선도** : 선체를 종, 횡 및 수평으로 등분한 절단선으로 구성되는 평면도, 측면도 및 반폭도의 3개의 도면으로 선체의 형을 정확히 나타내는 도면이다.
⑤ **외판전개도** : 외판을 평면으로 전개하여 나타낸 도면이다.
⑥ **기타 도면** : 파이프 배치도, 인명구조장비 배치도, 소화장비 배치도, 용적도 등이 있다.

핵심예제

선체 전체를 한 눈에 보고 대략 파악하는 데 필요한 기본적인 선체도면은 무엇인가?

① 중앙 횡단면도
② 강재배치도
③ 외판전개도
④ 일반배치도

정답 ④

해설

① 중앙 횡단면도 : 선체의 중앙부를 횡단하여 각 부의 구조와 치수를 나타내는 도면
② 강재배치도 : 일반배치도와 비슷한 모양이지만, 사용된 강재에 대한 것을 기입한 도면
③ 외판전개도 : 외판을 평면으로 전개하여 나타낸 도면

1-4. 선체의 구조와 명칭

핵심이론 01 용골(Keel)

① 선체의 최하부 중심선에 있는 종강력재로, 선체의 중심선을 따라 선수재에서 선미재까지의 종방향 힘을 구성하는 부분이다.
② **방형 용골(Bar Keel)**
㉠ 단면이 장방형이며, 재료는 단강재 또는 압연강재를 사용한다.
㉡ 선저 중앙부가 돌출되어 있으므로 흘수를 증가시킨다.
㉢ 입거할 때 손상되기 쉽고, 선저 내부구조와의 연결이 불완전하다.
㉣ 구조가 간단하고, 풍압에 의한 선체의 압류를 막아 횡동요를 감쇠시키는 역할을 한다.
㉤ 주로 소형선, 범선 및 어선 등에 채용한다.
③ **평판 용골(Flat Plate Keel)**
㉠ 선저 외판의 일부로 선저의 종강력을 분담하는 주요 재료이다.
㉡ 흘수를 증가시키지 않고, 선저 내부구조와의 연결이 완전하여 선저에 필요한 강도를 부여한다.
㉢ 선저에 돌출이 있지 않으므로 건조 시 결합이 쉽고 수밀이 용이하다.
㉣ 소형선 이외의 대부분의 선박에 채용한다.

핵심예제

1-1. 다음 (　　) 안에 들어갈 말로 옳은 것은?

> 선체의 최하부의 중심선에 있는 종강력 부재로, 선체를 구성하는 기초가 되는 부분을 (　　)이라 한다.

① 늑 골
② 빌 지
③ 용 골
④ 외 판

정답 ③

1-2. 다음 중 주로 소형 선박에 사용되는 용골(Keel)로 옳은 것은?

① 측판용골
② 평판용골
③ 빌지용골
④ 방형용골

정답 ④

해설

1-1

① 늑골 : 선체의 좌우 선측을 구성하는 뼈대로 용골에 직각으로 배치, 갑판보와 늑판에 양 끝이 연결되어 선체 횡강도의 주체가 된다.
② 빌지 : 선저와 선측을 연결하는 만곡부이다.
④ 외판 : 선박의 늑골 외면을 싸서 선체의 외곽을 이루며 종강도를 형성하는 주요 부재이다.

1-2

방형 용골(Bar Keel)

- 단면이 장방형이며, 재료는 단강재 또는 압연강재이다.
- 선저 중앙부가 돌출되어 있으므로 흘수를 증가시킨다.
- 입거할 때 손상되기 쉽고, 선저 내부구조와의 연결이 불완전하다.
- 구조가 간단하고 풍압에 의한 선체의 압류를 막아 횡동요를 감쇠시키는 역할을 한다.
- 주로 소형선, 범선 및 어선 등에 채용한다.

핵심이론 02 선저부 구조

① 선저 구조에는 단저 구조와 이중저 구조가 있다.
② 소형선은 대부분 단저 구조, 대형선은 선저의 안쪽에 내저판을 설치하여 선저를 이중저 구조로 하고 있다.
③ 이중저 구조의 장점
　㉠ 선저부에 손상을 입어도 내저판으로 선내의 침수를 방지한다.
　㉡ 선저부의 구조가 견고하므로 호깅 및 새깅 상태에도 잘 견딘다.
　㉢ 흘수 및 트림(Trim)의 조절이 가능하다.
　㉣ 이중저의 내부를 구획하여 밸러스트, 연료 및 청수탱크로 사용이 가능하다.

핵심예제

이중저탱크(Double Bottom Tank)의 기능에 해당하지 않는 것은?

① 좌초 시 침수방지
② 인접 화물의 손상방지
③ 흘수 및 트림(Trim) 조절
④ 공선항해 시 평형수 적재

정답 ②

해설

이중저 구조의 장점

- 선저부에 손상을 입어도 내저판으로 선내의 침수를 방지한다.
- 선저부의 구조가 견고하므로 호깅 및 새깅 상태에도 잘 견딘다.
- 흘수 및 트림(Trim)의 조절이 가능하다.
- 이중저의 내부를 구획하여 밸러스트, 연료 및 청수탱크로 사용이 가능하다.

핵심이론 03 늑골, 보 및 기둥

① **늑골(Frame)** : 선체의 좌우 선측을 구성하는 뼈대로 용골에 직각으로 배치, 갑판보와 늑판에 양 끝이 연결되어 선체 횡강도의 주체가 된다.
② **보(Beam)** : 양 현의 늑골과 빔 브래킷으로 결합되어 선체의 횡강력을 형성하는 부재이며, 횡방향의 수압과 갑판 위의 무게를 지탱한다.
③ **기둥(Pillar)** : 보와 갑판 또는 내저판 사이에 견고하게 고착되어 보를 지지하여 갑판 위의 하중을 분담하는 부재이며, 보의 보강, 선체의 횡강재의 지지 및 진동을 억제하는 역할을 한다.

핵심예제

선체의 좌우 선측을 구성하는 뼈대로서, 용골에 직각으로 배치되어 선체 횡강도의 기본을 이루는 것은?

① 격 벽
② 늑 골
③ 외 판
④ 용 골

정답 ②

해설

① 격벽 : 상갑판 아래의 공간을 선저에서 상갑판까지 종방향 또는 횡방향으로 나누는 벽
③ 외판 : 선박의 늑골 외면을 싸서 선체의 외곽을 이루며 종강도를 형성하는 주요 부재
④ 용골 : 선체의 최하부 중심선에 있는 종강력재로, 선체의 중심선을 따라 선수재에서 선미재까지의 종방향 힘을 구성하는 부분

핵심이론 04 외판 구조

① **외판** : 선박의 늑골 외면을 싸서 선체의 외곽을 이루며 종강도를 형성하는 주요 부재이다.
② **현측 후판** : 강력 갑판인 상갑판의 현측 최상부의 외판으로 가장 두꺼운 외판이다.
③ **현측 외판** : 현측 후판 바로 아래의 외판으로, 현측 후판과 다른 외판과의 강도 급변을 피하기 위한 것이다.
④ **선측 외판** : 현측 외판에서 선저 만곡부까지의 외판이다.
⑤ **선저 외판**
  ㉠ 만곡부 상부에서 평판 용골까지의 외판이다.
  ㉡ 선저 외판 중 만곡부 부분의 외판을 만곡부 외판 또는 빌지 외판이라 한다.
⑥ **용골 익판**
  ㉠ 방형 용골을 채용하는 경우에 용골과 인접한 외판이다.
  ㉡ 강선의 구조기준에서는 외판을 현측 후판, 용골 익판, 선저 외판, 선측 외판으로 구분한다.

핵심예제

선체 철판 중 가장 두꺼운 철판은 어느 것인가?

① 현측 후판
② 선루 외판
③ 선측 외판
④ 선저 외판

정답 ①

해설

현측 후판 : 강력 갑판인 상갑판의 현측 최상부의 외판으로 가장 두꺼운 외판이다.

핵심이론 05 기타 구조

① 격 벽

㉠ 상갑판 아래의 공간을 선저에서 상갑판까지 종방향 또는 횡방향으로 나누는 벽으로 격벽이 수밀인 경우를 수밀격벽, 수밀이 아닌 경우를 비수밀격벽이라 한다.

㉡ 수밀격벽의 역할

- 충돌, 좌초 등으로 침수될 경우, 그 구역에 한정시켜 선박의 침몰을 예방한다.
- 화재발생 시 방화벽의 역할을 하여 화재의 확산을 방지한다.
- 선체의 중요한 횡강력 또는 종강력을 형성한다.
- 화물을 분산, 적재하여 트림을 조정한다.
- 화물의 특성에 따라 구별 적재가 가능하다.

② **선창** : 화물 적재에 이용되는 공간이다.

③ **어창** : 어획물을 적재하는 창고로, 어획물의 선도 유지를 위한 단열 및 냉동설비를 갖추고 있다.

④ **갑판구** : 승강구, 탈출구, 기관실구, 천창 등 개구의 총칭이다.

⑤ **해치** : 갑판구 중에서 선창에 화물을 적재하거나 양하하기 위한 선창구로 갑판구 중 가장 크다.

⑥ **코퍼댐** : 다른 구획으로부터의 기름 등의 유입을 방지하기 위해 인접 구획 사이에 2개의 격벽 또는 늑판을 설치하여 좁은 공간을 두는 것으로 방화벽의 역할을 한다.

⑦ **딥탱크** : 물 또는 기름과 같은 액체화물을 적재하기 위하여 선창 또는 선수미 부근에 설치한 깊은 탱크로 보통 상선에 설치되어 있는 딥탱크는 피크탱크로 트림을 조절한다.

⑧ **빌지 웰** : 선창 내에서 발생한 해수, 폐수, 각종 오수들이 흘러가는 곳으로 오수들이 모이면 기관실 내의 빌지펌프를 통해 배출시킨다.

⑨ **빌지 웨이** : 선창 내의 오수를 한곳에 모아 배출시키기 위한 통로이다.

⑩ **빌지 용골** : 평판 용골인 선박에서 선체의 횡동요를 경감시키기 위해 빌지 외판의 바깥쪽에 종방향으로 붙이는 판이다.

핵심예제

5-1. 다음 중 선창 내의 오수를 한 곳에 모아 배수시키기 위한 통로로 옳은 것은?

① 빌지 웰(Bilge Well)
② 빌지 웨이(Bilge Way)
③ 림버 보드(Limber Board)
④ 로즈 박스(Rose Box)

정답 ②

5-2. 갑판에 있는 개구부 중 가장 큰 갑판구(Deck Opening)는 어느 것인가?

① 천 창
② 해치(Hatch)
③ 승강구
④ 기관실구

정답 ②

5-3. 수밀횡격벽을 설치하는 이유로 틀린 것은?

① 화재 시에 방화벽 역할을 한다.
② 선체의 종강력이 증대된다.
③ 침수를 단일 구획에서 저지할 수 있다.
④ 위험 화물과 잡화를 구분하여 적재할 수 있다.

정답 ②

해설

5-1

② 빌지 웨이 : 선창 내의 오수를 한곳에 모아 배출시키기 위한 통로이다.
① 빌지 웰 : 선창 내에서 발생한 해수, 폐수, 각종 오수들이 흘러가는 곳으로 오수들이 모이면 기관실 내의 빌지펌프를 통해 배출시킨다.

5-2

해치 : 갑판구 중에서 선창에 화물을 적재하거나 양하하기 위한 선창구로 갑판구 중 가장 크다.

5-3

수밀격벽의 역할

- 충돌, 좌초 등으로 침수될 경우, 그 구역에 한정시켜 선박의 침몰예방
- 화재발생 시 방화벽의 역할을 하여 화재의 확산방지
- 선체의 중요한 횡강력 또는 종강력을 형성
- 화물을 분산, 적재하여 트림을 조정
- 화물의 특성에 따라 구별 적재 가능

1-5. 선체의 강도 및 구조 양식

핵심이론 01 선체가 받는 힘

① 종방향의 힘

㉠ 호깅(Hogging) : 파장의 크기가 배의 길이와 비슷할 때, 파의 파정이 선체의 중앙부에 오면 선체의 전・후단에서 중력이 크고 중앙부에는 부력이 큰 상태를 말한다.

㉡ 새깅(Sagging) : 파의 파곡이 선체 중앙부에 오면 선체의 전・후단에서 부력이, 중앙부는 중력이 큰 상태를 말한다.

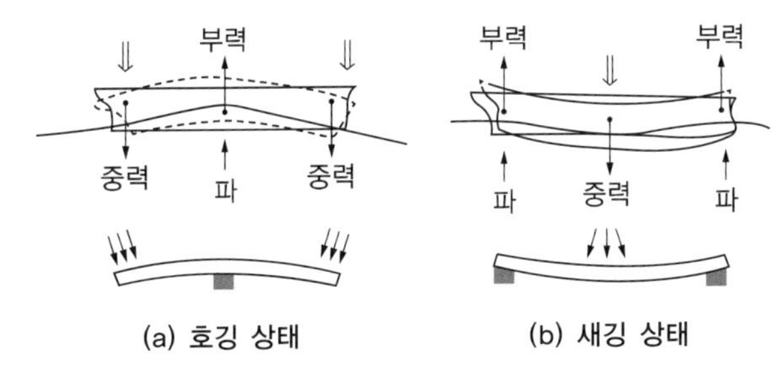

(a) 호깅 상태　(b) 새깅 상태

㉢ 종강력을 형성하는 부재 : 용골, 중심선 거더, 종격벽, 선저 외판, 선측 외판, 내저판, 갑판하 거더 등

② 횡방향의 힘

㉠ 래킹(Racking) : 선체가 횡방향에서 파랑을 받거나 횡동요를 하게 되어 선체의 좌현과 우현의 흘수가 달라져서 변형이 일어나는 현상을 말한다.

㉡ 횡강력을 형성하는 부재 : 늑골, 갑판보, 늑판, 빔 브래킷, 횡격벽, 외판, 갑판 등

③ 국부적인 힘

㉠ 팬팅(Panting) : 항해 중 황천을 만나 종동요와 횡동요가 심해지면서 선수부 및 선미부에 파랑에 의한 충격으로 심한 진동이 발생하는 현상을 말한다.

㉡ 국부 강력재 : 선수재, 선미재, 기둥, 횡격벽 등

핵심예제

1-1. 선박의 횡강력 구성재에 속하지 않는 것은?

① 늑 골
② 격 벽
③ 용 골
④ 갑판빔

정답 ③

1-2. 다음 부재(部材) 중 선체의 종강력 구성재에 속하지 않는 것은?

① 용 골　② 갑 판
③ 외 판　④ 늑 골

정답 ④

1-3. 황천 시 선수부 및 선미부에 파랑에 의한 충격으로 심한 진동이 발생하는 현상은?

① 팬 팅
② 슬로싱
③ 횡동요
④ 래 킹

정답 ①

해설

1-1
용골은 종강력 구성재이다.
횡강력을 형성하는 부재 : 늑골, 갑판보, 늑판, 빔 브래킷, 횡격벽, 외판, 갑판 등

1-2
늑골은 횡강력 구성재이다.
종강력을 형성하는 부재 : 용골, 중심선 거더, 종격벽, 선저 외판, 선측 외판, 내저판, 갑판하 거더 등

핵심이론 02 구조 양식

① **횡늑골식 구조** : 일반 화물선이나 냉동선에 적합하다.
  ㉠ 장점 : 구조가 간단하므로 건조하기 쉽고 강도에 신뢰성이 있으며, 선창 내에 돌출이 없으므로 넓게 사용할 수 있다.
  ㉡ 단점 : 강도의 유지를 위해 늑골의 간격을 좁히거나 강재를 두껍게 해야 되므로 선체 중량을 증가시킨다.

② **종늑골식 구조** : 액체화물을 적재하는 선박이나 광석 전용선에 적합하다.
  ㉠ 장점 : 종강도가 크고 강재를 절약할 수 있어 선체 중량을 경감할 수 있다.
  ㉡ 단점 : 구조가 복잡하고, 선창 내에 돌출물이 많다.

③ **혼합식 구조**
  ㉠ 대형 화물선이나 산적 화물선에 적합하다.
  ㉡ 횡늑골식 구조와 종늑골식 구조의 장점을 취한 양식으로 공정도 비교적 간단하다.

핵심예제

다음 중 액체화물을 적재하는 선박에서 주로 사용되는 선박구조 양식으로 옳은 것은?

① 횡늑골식 구조 ② 종늑골식 구조
③ 종・횡식 구조 ④ 횡강력 보강구조

정답 ②

해설

• 횡늑골식 구조 : 일반 화물선이나 냉동선에 적합하다.
• 혼합식 구조 : 대형 화물선이나 산적 화물선에 적합하다.

1-6. 선박의 설비

핵심이론 01 조타설비

① **키(Rudder)** : 타주의 후부 또는 타두재에 설치되어 전진 또는 후진 시에 배를 임의의 방향으로 회전시키고 일정한 침로로 유지하는 역할을 한다.

② **키의 구비조건**
  ㉠ 보침성 및 선회성이 크고, 구조가 간단하고 견고해야 하며, 프로펠러의 효율을 크게 하여야 한다.
  ㉡ 이론적으로는 타각이 45°일 때가 최대유효타각이지만, 최대타각을 35° 정도가 되도록 타각제한장치를 설치해 두고 있다.

③ **키의 종류**
  ㉠ 구조상 : 단판키, 복판키
  ㉡ 모양상 : 불평형키, 평형키, 반평형키
  ㉢ 키를 지지하는 방법 : 현수키, 보통키

④ **조타장치** : 항해 중 선박의 방향전환과 선박을 일정한 침로로 유지하기 위해 키를 원하는 상태로 동작시키는데 필요한 장치를 말한다.

⑤ **조타장치의 구비조건**
  ㉠ 해운관청이 인정하는 구비요건을 갖춘 주조타장치 및 보조조타장치를 설치하여야 한다.
  ㉡ 일반적으로 타의 최대유효타각은 타각제한장치에 의해 35°로 되어있다.
  ㉢ SOLAS협약에서는 조타장치의 동작속도를 최대 흘수 및 최대 항해 전진속력에서 한쪽 현 타각 35°에서 다른 쪽 현 타각 30°까지 회전시키는 데 28초 이내이어야 한다고 규정하고 있다.

⑥ **조타장치의 종류**
  ㉠ 인력조타장치
  ㉡ 동력조타장치
  ㉢ 자동조타장치 : 선수 방위가 주어진 침로에서 벗어나면 자동적으로 그 편각을 검출하여 편각이 없어지도록 직접 키를 제어하여 침로를 유지하는 장치이다.

㉣ 사이드 스러스터 : 물을 한쪽 현에서 다른 쪽 현으로 내보내어 선수나 선미를 횡방향으로 이동시키는 장치로 접이안 시 유용하다.
㉤ 비상조타장치 : 조종장치 고장 시 타기실에서 키를 직접 회전시키기 위한 장치이다.
㉥ 타각지시기 : 키의 실제 회전량을 표시해 주는 장치이다.

핵심예제

1-1. 다음 중 선박이 항해 중 침로를 변경 또는 유지하는 데에 이용하는 설비로 옳은 것은?

① 프로펠러 ② 러 더
③ 앵 커 ④ 발전기

정답 ②

1-2. 일반적으로 타의 최대유효타각으로 옳은 것은?

① 20° ② 25°
③ 30° ④ 35°

정답 ④

해설

1-1
키(Rudder) : 타주의 후부 또는 타두재에 설치되어 전진 또는 후진 시에 배를 임의의 방향으로 회전시키고 일정한 침로로 유지하는 역할을 한다.

1-2
이론적으로는 타각이 45°일 때가 최대유효타각이지만, 최대타각을 35° 정도가 되도록 타각제한장치를 설치해 두고 있다.

핵심이론 02 추진장치

① 추진기(Propeller) : 추진 원동기로부터 동력을 전달받아 추력을 발생하는 기계요소를 말한다.
② 선박에서는 고정피치 프로펠러와 가변피치 프로펠러가 많이 사용된다.
㉠ 고정피치 프로펠러 : 추진기의 날개가 보스에 고정되어 추진기 중심선의 수직인 면에 대한 날개의 각이 변하지 않는 추진기로 구조가 간단하나, 후진시키기 위해서는 추진기의 회전방향을 바꾸어야 한다.
㉡ 가변피치 프로펠러 : 추진기 보스에 연결되어 있는 날개를 움직여 날개각을 바꾸어 줌으로써 피치를 조절할 수 있는 추진기로 선박조종이 편리하다.

핵심예제

날개의 각도를 바꾸어 줌으로써 피치를 조절하여 선박조종이 편리한 프로펠러는 무엇인가?

① 분사추진기
② 외륜추진기
③ 고정피치 프로펠러
④ 가변피치 프로펠러

정답 ④

해설

④ 가변피치 프로펠러 : 추진기 보스에 연결되어 있는 날개를 움직여 날개각을 바꾸어 줌으로써 피치를 조절할 수 있는 추진기로 선박조종이 편리하다.
③ 고정피치 프로펠러 : 추진기의 날개가 보스에 고정되어 추진기 중심선의 수직인 면에 대한 날개의 각이 변하지 않는 추진기로 구조가 간단하나, 후진시키기 위해서는 추진기의 회전방향을 바꾸어야 한다.

핵심이론 03 구명설비

① **구명정** : 선박의 조난 시나 인명구조에 사용되는 소형보트로, 충분한 복원력과 전복되더라도 가라앉지 않는 부력을 갖추도록 설계한다.

② **구명뗏목** : 구명정과 같은 용도의 설비로써 항해능력은 떨어지나 손쉽게 강하시킬 수 있고, 침몰 시 자동으로 이탈되어 조난자가 탈 수 있는 상태로 된다.

③ **구조정** : 조난 중인 사람을 구조하고 또한 생존정을 인도하기 위하여 설계된 보트이다.

④ **구명부환** : 개인용 구명설비로, 수중의 생존자가 구조될 때까지 잡고 떠 있게 하는 도넛 모양의 물체이다.

⑤ **구명동의** : 조난 또는 비상시 윗몸에 착용하는 것으로 고형식과 팽창식이 있다.

⑥ **구명줄 발사기** : 선박이 조난을 당한 경우에 조난선과 구조선 또는 육상 간에 연결용 줄을 보내는 데 사용한다.

⑦ **조난신호장비**

㉠ 로켓낙하산 화염신호 : 공중에 발사되면 낙하산이 펴져 천천히 떨어지면서 불꽃을 낸다.

㉡ 신호홍염 : 손잡이를 잡고 불을 붙이면 붉은색의 불꽃을 낸다.

㉢ 발연부신호 : 불을 붙여 물에 던지면 해면 위에서 연기를 낸다. 보통 주간만 사용한다.

㉣ 자기점화등 : 야간에 구명부환의 위치를 알려주는 등으로 자동 점등된다.

㉤ 자기발연신호 : 주간신호로 물에 들어가면 자동으로 오렌지색 연기를 낸다.

㉥ 신호거울 : 낮에 태양의 반사광으로 신호를 보내는 것이다.

㉦ 생존정용 구명무선설비 : 휴대용 비상통신기, 비상위치지시용 무선표지(EPIRB), 양방향 무선전화가 있다.

핵심예제

3-1. 선박이 조난을 당했을 때 구조선과 조난선 간에 연결용 줄을 보내는 데 사용되는 것은 무엇인가?

① 낙하산신호
② 발연부신호
③ 구명뗏목
④ 구명줄 발사기

정답 ④

3-2. 구명설비 중 항해능력은 떨어지나 쉽게 강하시킬 수 있고 침몰 시 자동으로 이탈되어 조난자가 탈 수 있는 설비로 옳은 것은?

① 구명정
② 구조정
③ 구명뗏목
④ 구명부환

정답 ③

해설

3-1

① 낙하산신호 : 공중에 발사되면 낙하산이 펴져 천천히 떨어지면서 신호를 보낸다.
② 발연부신호 : 불을 붙여 물에 던지면 해면 위에서 연기를 낸다. 보통 주간만 사용한다.
③ 구명뗏목 : 구명설비 중 항해능력은 떨어지나 쉽게 강하시킬 수 있고, 침몰 시 자동으로 이탈되어 조난자가 탈 수 있는 설비이다.

3-2

① 구명정 : 선박의 조난 시나 인명구조에 사용되는 소형보트로, 충분한 복원력과 전복되더라도 가라앉지 않는 부력을 갖추도록 설계한다.
② 구조정 : 조난 중인 사람을 구조하고 또한 생존정을 인도하기 위하여 설계된 보트이다.
④ 구명부환 : 개인용 구명설비로, 수중의 생존자가 구조될 때까지 잡고 떠 있게 하는 도넛 모양의 물체이다.

핵심이론 04 소방설비

① 화재의 유형
- ㉠ A급 화재 : 일반 가연물화재
- ㉡ B급 화재 : 유류 및 가스화재
- ㉢ C급 화재 : 전기화재
- ㉣ D급 화재 : 금속화재

② 소화기
- ㉠ 포말소화기 : 중탄산나트륨과 황산알루미늄 수용액을 서로 섞이게 하여, 이때 발생되는 이산화탄소와 거품에 의해 산소를 차단시킴으로써 소화하는 방식으로 A, B급 화재에 효과적이다.
- ㉡ 이산화탄소 소화기 : 액체상태의 압축 이산화탄소를 고압 충전해 둔 것으로 B, C급 화재에 효과적이다.
- ㉢ 분말소화기 : 용기 내 약제 분말과 질소, 이산화탄소 등의 가스를 배합하여 방출 시 산소 차단작용과 냉각작용으로 소화하는 방식으로 A, B, C급 화재에 사용한다.
- ㉣ 할론소화기 : 화재주변의 산소농도를 떨어뜨리고, 열분해 과정에서 물과 이산화탄소를 생성함으로써 소화하는 방식으로 B, C급 화재에 사용한다.

③ **소방원 장구** : 방화복, 장화와 장갑, 안전모, 안전등, 방화도끼, 구명줄, 방연헬멧, 방연마스크, 자장식 호흡구가 있다.

④ **비상탈출용 호흡구** : 화재 시 선원의 탈출에 사용하기 위한 장비이다.

핵심예제

4-1. 다음 중 포말소화기로 소화가 가능한 화재에 해당하는 것은?

① C급 화재, D급 화재
② B급 화재, C급 화재
③ A급 화재, E급 화재
④ A급 화재, B급 화재

정답 ④

4-2. 다음 중 소방원 장구에 속하지 않는 것은?

① 방화복
② 방화도끼
③ 자장식 호흡구
④ 비상탈출용 호흡구

정답 ④

4-3. 화재발생 시 사용하는 소화설비로써 질식의 우려가 있으며 전기화재에 효과적인 것은?

① 포말소화기
② 비상탈출용 호흡구
③ 스프링클러
④ 이산화탄소 소화기

정답 ④

해설

4-1
포말소화기 : 중탄산나트륨과 황산알루미늄 수용액을 서로 섞이게 하여, 이때 발생되는 이산화탄소와 거품에 의해 산소를 차단시킴으로써 소화하는 방식으로 A, B급 화재에 효과적이다.

4-2
비상탈출용 호흡구는 화재 시 선원의 탈출에 사용하기 위한 설비이다.

4-3
④ 이산화탄소 소화기 : 액체상태의 압축 이산화탄소를 고압 충전해 둔 것으로 B, C급 화재에 효과적이다.

화재의 유형
- A급 화재 : 일반 가연물화재
- B급 화재 : 유류 및 가스화재
- C급 화재 : 전기화재
- D급 화재 : 금속화재

핵심이론 05 계선설비

① 앵커(닻)와 앵커체인

㉠ 스톡앵커 : 투묘할 때 파주력은 크지만 격납이 불편하여 주로 소형선에서 사용된다.

㉡ 스톡리스 앵커

- 대형 앵커 제작이 용이하다.
- 파주력은 떨어지지만 투묘 및 양묘 시에 작업이 간단하다.
- 앵커가 해저에 있을 때 앵커체인이 스톡에 얽힐 염려가 없다.
- 얕은 수심에서 앵커 암이 선저를 손상시키는 일이 없어 대형선에 널리 사용된다.

㉢ 앵커체인 : 철 주물의 사슬이며, 길이의 기준이 되는 1섀클의 길이는 25m이다.

② **양묘기(윈드라스)** : 앵커를 감아올리거나 투묘 작업 및 선박을 부두에 접안시킬 때, 계선줄을 감는데 사용되는 설비이다.

③ **계선윈치** : 계선줄을 감아올리거나 감아두기 위한 기기이다.

④ **캡스턴** : 계선줄이나 앵커체인을 감아올리기 위한 갑판기기이다.

⑤ **계선공** : 계선줄이 선외로 빠져 나가는 구멍이다.

⑥ **페어리더** : 계선줄의 마모를 방지하기 위해 롤러들로 구성되어 있다.

⑦ **비트, 볼라드, 클릿** : 계선줄을 붙들어 매는 기기이다.

⑧ **스토퍼** : 계선줄을 일시적으로 붙잡아 두는 기기이다.

⑨ **체인컨트롤러** : 앵커체인이 풀려나가지 못하도록 하는 장치이다.

⑩ **히빙라인** : 계선줄을 내보내기 위해 미리 내주는 줄이다.

⑪ **펜더** : 선박을 접안시키거나 타선에 접선시킬 때 충격을 막기 위해 사용되는 기구이다.

⑫ **쥐막이** : 접안 후 쥐의 침입을 막기 위해 계선줄에 설치한다.

핵심예제

5-1. 투하한 앵커체인 길이가 100m이면 약 몇 섀클이 투하되었는가?

① 2 섀클
② 4 섀클
③ 6 섀클
④ 8 섀클

정답 ②

5-2. 우리나라에서 앵커체인 1섀클(Shackle)의 길이는 몇 m를 나타내는가?

① 15m
② 20m
③ 25m
④ 30m

정답 ③

5-3. 스톡리스 앵커(Stockless Anchor)의 장점이 아닌 것은?

① 앵커 작업이 간단하다.
② 대형 앵커 제작이 용이하다.
③ 앵커체인이 스톡(Stock)에 얽힐 염려가 없다.
④ 스톡 앵커(Stock Anchor)에 비하여 파주력이 크다.

정답 ④

해설

5-1

1섀클의 길이는 25m이다.

25m × 4 = 100m

5-2

앵커체인 : 철 주물의 사슬이며, 길이의 기준이 되는 1섀클의 길이는 25m이다.

5-3

스톡리스 앵커

- 대형 앵커 제작이 용이하다.
- 파주력은 떨어지지만 투묘 및 양묘 시에 작업이 간단하다.
- 앵커가 해저에 있을 때 앵커체인이 스톡에 얽힐 염려가 없다.
- 얕은 수심에서 앵커 암이 선저를 손상시키는 일이 없어 대형선에 널리 사용된다.

핵심이론 06 하역설비

① 데릭식 하역설비
  ㉠ 데릭 포스트, 데릭 붐, 윈치 및 로프들로 구성되며 주로 일반화물선에서 이용하고 있다.
  ㉡ 윈치는 역할에 따라 데릭 붐을 올리거나 내리는 토핑 윈치, 붐을 회전시키는 슬루잉 윈치, 화물을 달아 올리거나 내리는 카고 윈치로 분류할 수 있다.

② 크레인식 하역설비
  ㉠ 하역작업이 간편하고 하역준비 및 격납이 쉬워 벌크 캐리어나 컨테이너 운반선에 많이 이용하고 있다.
  ㉡ 종류는 크게 위치가 고정된 지브 크레인과 선수미 방향으로 이동하는 갠트리 크레인으로 나뉜다.

③ 갠트리식 하역설비 : 육상의 크레인을 이용할 수 없는 항구에서 컨테이너 하역을 신속하게 하기 위해 갠트리 크레인을 장비하고, 여기에 스프레더를 부축시켜 하역작업을 한다.

④ 컨베이어식 하역설비 : 석탄, 광석 같은 산적화물의 하역에 이용되며, 선창을 깔때기 모양으로 하고 아랫부분에 컨베이어를 설치하여 각 선창의 화물을 선수 부근의 한 구역으로 이동시켜 선외로 양하시킨다.

⑤ 하역용 펌프 : 원유를 비롯한 액체화물의 하역에 사용된다.

⑥ 태클 : 블록에 로프를 통과시켜 작은 힘으로 중량물을 끌어올리거나 힘의 방향을 바꿀 때 사용하는 장치(목재 블록의 크기는 셀의 세로 길이로, 철재 블록의 크기는 시브의 지름을 mm로 나타낸다)이다.

⑦ 훅 : 태클이나 로프의 끝에 연결되어 화물 등을 거는데 사용한다.

⑧ 카고 슬링 : 하역 시 화물을 싸거나 묶어서 훅에 매다는 용구이다.

⑨ 턴버클 : 로프를 팽팽하게 당길 때 사용한다.

⑩ 와이어클립 : 두 가닥의 와이어로프를 연결하는 데 사용한다.

⑪ 심블 : 와이어로프 및 섬유로프의 끝단을 타원형 또는 둥글게 매듭짓는 데 사용한다.

핵심예제

6-1. 다음 (   ) 안에 알맞은 것은?

목재 블록의 크기는 (   )를 mm로 표시한다.

① 셀의 가로 길이
② 셀의 세로 길이
③ 시브의 가로 길이
④ 시브의 세로 길이

정답 ②

6-2. 다음 중 계선설비에 해당하지 않는 것은?

① 양묘기(Windlass)
② 슬링(Sling)
③ 볼라드(Bollard)
④ 페어리더(Fair Leader)

정답 ②

6-3. 주로 일반화물선에 설치되며 붐(Boom)을 이용하는 하역설비인 것은?

① 데릭식 하역설비
② 크레인식 하역설비
③ 갠트리식 하역설비
④ 컨베이어식 하역설비

정답 ①

해설

6-1
목재 블록의 크기는 셀의 세로 길이로, 철재 블록의 크기는 시브의 지름을 mm로 나타낸다.

6-2
슬링(Sling)은 화물 등을 싸거나 묶어서 훅에 매다는 용구로 하역설비에 속한다.

6-3
데릭식 하역설비
- 데릭 포스트, 데릭 붐, 윈치 및 로프들로 구성되며 주로 일반화물선에서 이용하고 있다.
- 윈치는 역할에 따라 데릭 붐을 올리거나 내리는 토핑 윈치, 붐을 회전시키는 슬루잉 윈치, 화물을 달아 올리거나 내리는 카고 윈치로 분류할 수 있다.

핵심이론 07 펌프설비

① **빌지펌프** : 빌지 배출용 펌프로 다른 펌프들도 빌지관에 연결하여 사용할 수 있는 경우 빌지펌프로 간주한다.
② **밸러스트펌프** : 밸러스트관과 연결되어 밸러스트의 급수 및 배수에 사용된다.
③ **잡용수펌프** : 보통 GS펌프라고 하며 빌지관, 밸러스트관, 위생관 등에 연결되어 다목적으로 사용된다.
④ **위생펌프** : 화장실에 물을 공급하는 펌프이다.
⑤ **기타 펌프** : 소방펌프, 냉각수펌프, 윤활유펌프 등이 있다.

핵심예제

7-1. 다음 중 선내 펌프 중 다목적으로 사용되는 것으로 옳은 것은?

① 빌지펌프(Bilge Pump)
② 잡용수펌프(General Service Pump)
③ 밸러스트펌프(Ballast Pump)
④ 냉각수펌프(Cooling Water Pump)

정답 ②

7-2. 선박의 화장실에 물을 공급하는 펌프로 옳은 것은?

① 빌지펌프
② 밸러스트펌프
③ 냉각수펌프
④ 위생펌프

정답 ④

해설

7-1
잡용수펌프 : 보통 GS펌프라고 하며 빌지관, 밸러스트관, 위생관 등에 연결되어 다목적으로 사용된다.

7-2
① 빌지펌프 : 빌지 배출용 펌프로 다른 펌프들도 빌지관에 연결하여 사용할 수 있는 경우 빌지펌프로 간주한다.
② 밸러스트펌프 : 밸러스트관과 연결되어 밸러스트의 급수 및 배수에 사용된다.
③ 냉각수펌프 : 냉각수 공급에 사용된다.

핵심이론 08 기타 설비

① **자동화설비** : 종합항법장치, 전자해도시스템, 선박자동식별장치, 항해자료기록기, 기관 자동화설비, 부두 접이안용 소나
② **브리지설비**
㉠ 엔진 텔레그래프 : 조타실에서 기관의 준비, 정지 및 전·후진 속력의 증감에 관한 명령을 기관실에 전달하는 장치
㉡ 방위측정설비 : 자기컴퍼스, 자이로컴퍼스
㉢ 선위측정설비 : NNSS, 오메가 수신기, 데카 수신기, GPS
㉣ 안전 및 경계설비 : 쌍안경, 선속계, 레이더, 자동레이더플로팅장비 등
③ **통신설비**
㉠ 선내 통신설비 : 전성관, 선내 전화, 선내 방송, 워키토키
㉡ 선외 통신설비
- 무선전신 : 중파 또는 단파용 송수신기에 의해 모스부호로 교신
- SSB 무선전화 : 단파를 이용한 장거리용 전화
- VHF 무선전화 : 초단파를 이용한 근거리용 통신수단이며, 선박 상호 간 또는 출입항 시 선박과 항만관제소 간의 교신에 이용
- 팩시밀리 : 전송 사진의 원리에 의해 일기도, 뉴스, 도면, 서류 등을 수신
- 발광신호 : 발광신호 등을 모스부호에 따라 명멸시키며 교신
- 국제이동위성기구(INMARSAT) : 정지 궤도상의 통신위성 및 위성을 추적 관제하는 시설이며, 해상에서 인명안전 및 조난에 관한 통신과 선박의 운행 및 선단 관리의 효율을 높이고 양호한 공중전기통신설비의 필요성을 충족시킬 목적으로 설립된 국제기구

핵심예제

8-1. 초단파를 이용한 근거리용 통신수단이며, 선박 상호 간 또는 출입항 시 선박과 항만관제소 간의 교신에 이용되는 통신설비는?

① 팩시밀리
② 무선전신
③ 무선전화(VHF)
④ 발광신호

정답 ③

8-2. 조타실에서 기관의 준비, 정지 및 전·후진 속력의 증감에 관한 명령을 기관실에 전달하는 장치로 옳은 것은?

① 엔진 텔레그래프
② 자동조타장치
③ 선수미 통화기
④ 워키토키

정답 ①

해설

8-1
① 팩시밀리 : 전송 사진의 원리에 의해 일기도, 뉴스, 도면, 서류 등을 수신
② 무선전신 : 중파 또는 단파용 송수신기에 의해 모스부호로 교신
④ 발광신호 : 발광신호 등을 모스부호에 따라 명멸시키며 교신

8-2
② 자동조타장치 : 선수 방위가 주어진 침로에서 벗어나면 자동적으로 그 편각을 검출하여 편각이 없어지도록 직접 키를 제어하여 침로를 유지하는 장치
③, ④ : 선내 통신설비

1-7. 선용품

핵심이론 01 로프의 종류

① 섬유로프
 ㉠ 식물섬유 로프 : 식물의 섬유로 만든 것으로 과거에 많이 사용되었다.
 ㉡ 합성섬유 로프
  • 석탄이나 석유 등을 원료로 만든 것으로 가볍고 흡수성이 낮으며, 부식에 강하다.
  • 충격 흡수율이 좋으며 강도가 마닐라로프의 약 2배가 된다.
  • 열에 약하고, 신장에 대하여 복원이 늦은 결점이 있다.

② 와이어로프 : 와이어 소선을 여러 가닥으로 합하여 스트랜드를 만들고, 스트랜드 여섯 가닥을 다시 합하여 만든 것으로 새 와이어로프는 녹이 스는 것을 방지하기 위해 아연도금을 한다.

핵심예제

합성섬유 로프의 장점은?

① 열에 강하다.
② 가볍다.
③ 쉽게 부식된다.
④ 강도가 마닐라로프보다 떨어진다.

정답 ②

해설

합성섬유 로프
• 가볍고 흡수성이 낮으며, 부식에 강하다.
• 충격 흡수율이 좋으며 강도가 마닐라로프의 약 2배가 된다.
• 열에 약하고, 신장에 대하여 복원이 늦은 결점이 있다.

핵심이론 02 로프의 치수와 강도

① **굵기** : 로프의 외접원 지름을 mm 또는 원주를 inch로 표시한다.

② **길이** : 굵기에 관계없이 200m를 1사리(Coil)로 한다.

③ **강 도**

㉠ 파단하중 : 로프에 장력을 가하여 로프가 절단되는 순간의 힘 또는 무게를 말한다.

㉡ 시험하중 : 로프에 장력을 가할 때 변형이 일어나지 않는 최대장력으로 파단하중의 1/2 정도이다.

㉢ 안전사용하중 : 시험하중의 범위 내에 안전하게 사용할 수 있는 최대의 하중으로 파단력의 1/6 정도이다.

④ **파단력 및 안전사용하중**

㉠ 섬유로프

$$B=\frac{C^2}{3}=\frac{(d/8)^2}{3},\quad W=\frac{C^2}{18}=\frac{(d/8)^2}{18}$$

여기서, B : 파단력, W : 안전사용력,
C : 로프의 원주(inch), d : 로프의 지름(mm)

㉡ 와이어로프

$$B=\left(\frac{d}{8}\right)^2\times k=k\cdot C^2,$$

$$W=\left(\frac{d}{8}\right)^2\times\frac{k}{6}=\frac{k}{6}\cdot C^2$$

여기서, B : 파단력
W : 안전사용력
k : 와이어로프
(유연성 와이어로프 : $k=2.5$,
비유연성 와이어로프 : $k=3.0$)

핵심예제

2-1. 로프의 한 사리(Coil)는 몇 m인가?

① 100m ② 150m
③ 200m ④ 300m

정답 ③

2-2. 선박에서 사용되는 로프의 안전사용하중은 보통 파단력의 얼마에 해당하는가?

① 1/2 정도
② 1/3 정도
③ 1/6 정도
④ 1/4 정도

정답 ③

2-3. 지름 20mm인 와이어로프는 지름 10mm인 와이어로프보다 몇 배의 파단력을 갖는가?

① 3배 ② 4배
③ 6배 ④ 18배

정답 ②

2-4. 다음 중 로프의 강도와 관련이 없는 하중은 무엇인가?

① 파단하중
② 스플라이싱하중
③ 시험하중
④ 안전사용하중

정답 ②

해설

2-1

로프의 길이 : 굵기에 관계없이 200m를 1사리(Coil)로 한다.

2-2

안전사용하중 : 시험하중의 범위 내에 안전하게 사용할 수 있는 최대의 하중으로 파단력의 1/6 정도이다.

2-3

와이어로프의 파단력

$$B=\left(\frac{d}{8}\right)^2\times k=k\cdot C^2$$

B : 파단력
k : 와이어로프(유연성 와이어로프 : $k=2.5$, 비유연성 와이어로프 : $k=3.0$)
C : 로프의 원주(inch)
d : 로프의 지름(mm)

2-4

① 파단하중 : 로프에 장력을 가하여 로프가 절단되는 순간의 힘 또는 무게를 말한다.
③ 시험하중 : 로프에 장력을 가할 때 변형이 일어나지 않는 최대장력으로 파단하중의 1/2 정도이다.
④ 안전사용하중 : 시험하중의 범위 내에 안전하게 사용할 수 있는 최대의 하중으로 파단력의 1/6 정도이다.

핵심이론 03 로프의 취급과 보존

① 로프의 취급법
- ㉠ 파단하중과 안전사용하중을 고려하여 사용한다.
- ㉡ 킹크가 생기지 않도록 주의한다.
- ㉢ 마모에 주의한다.
- ㉣ 항상 건조한 상태로 보관한다.
- ㉤ 너무 뜨거운 장소는 피하고, 통풍과 환기가 잘되는 곳에 보관한다.
- ㉥ 마찰되는 부분은 캔버스를 이용하여 보호한다.
- ㉦ 시일이 경과함에 따라 강도가 떨어지므로 특히 주의한다.
- ㉧ 로프가 물에 젖거나 기름이 스며들면 강도가 1/4 정도 감소한다.
- ㉨ 스플라이싱한 부분은 강도가 약 20~30% 떨어진다.

핵심예제

로프 취급 시 주의사항으로 틀린 것은?

① 마모에 주의할 것
② 밀폐된 장소에 보관할 것
③ 항상 건조한 상태로 보관할 것
④ 마찰되는 부분은 캔버스를 이용하여 보호할 것

정답 ②

핵심이론 04 선박도료

① 도장의 목적 : 장식, 방식, 방오, 청결유지 등
② 선박도료의 종류
- ㉠ 성분에 따른 분류 : 페인트, 바니시, 래커, 잡도료 등
- ㉡ 사용목적에 따른 분류
  - 광명단 도료 : 어선에서 가장 널리 사용되는 녹 방지용 도료로 내수성, 피복성이 강하다.
  - 제1호 선저도료(Anti-Corrosive paint ; A/C) : 선저 외판에 녹슮 방지용으로 칠하는 것이며, 광명단 도료를 칠한 위에 사용한다. 건조가 빠르고, 방청력이 뛰어나며 강판과의 밀착성이 좋다.
  - 제2호 선저도료(Anti-Fouling paint ; A/F) : 선저 외판 중 항상 물에 잠기는 부분(경하흘수선 이하)에 해중생물의 부착 방지용으로 출거 직전에 칠하는 것이다.
  - 제3호 선저도료(Boot-Top paint ; B/T) : 수선부 도료, 만재흘수선과 경하흘수선 사이의 외판에 칠하는 도료로 부식과 마멸방지에 사용한다.

핵심예제

다음 페인트 중 건조가 빠르고, 방청력이 뛰어나며 강판과의 밀착성이 매우 좋은 것은?

① 1호 선저도료(A/C)
② 2호 선저도료(A/F)
③ 수선부 도료(B/T)
④ 희석제

정답 ①

해설

제1호 선저도료(Anti-Corrosive paint ; A/C) : 선저 외판에 녹슮 방지용으로 칠하는 것이며 광명단 도료를 칠한 위에 사용한다. 건조가 빠르고, 방청력이 뛰어나며 강판과의 밀착성이 좋다.

1-8. 선체의 부식

핵심이론 01 선체의 부식

① 선체 부식의 종류

㉠ 전면부식 : 적색 녹이 계속 진행되면 전면부식으로 되기 쉽다.

㉡ 점식 : 전기화학적 요인에 의한 것으로 부분적으로 부식이 발생한다.

㉢ 응력부식 : 부분적으로 과도한 응력이 집중되는 부위에 다른 원인이 복합적으로 작용하여 발생한다.

㉣ 피로부식 : 연속적 응력으로 금속의 피로를 유발하여 부식이 급격히 촉진되는 현상이다.

② **선체의 부식 방지법** : 선체 외판, 추진기, 빌지 킬, 유조선의 선창 내부 등에 아연판을 부착하여 전식작용에 의한 부식을 방지한다.

핵심예제

1-1. 선체부식의 종류에 해당하지 않는 것은?

① 전면부식
② 점 식
③ 피로부식
④ 조파부식

정답 ④

1-2. 선박에서 선미 부근에 아연판을 부착하는 이유로 가장 적절한 것은?

① 추진기의 회전으로 인한 진동을 억제하기 위하여
② 전식 작용에 의한 부식을 방지하기 위하여
③ 선미의 강도를 보강하기 위하여
④ 해조류 및 패류의 부착을 막기 위하여

정답 ②

해설

1-1

선체 부식의 종류

- 전면부식 : 적색 녹이 계속 진행되면 전면 부식으로 되기 쉽다.
- 점식 : 전기화학적 요인에 의한 것으로 부분적으로 부식이 발생한다.
- 응력부식 : 부분적으로 과도한 응력이 집중되는 부위에 다른 원인이 복합적으로 작용하여 발생한다.
- 피로부식 : 연속적 응력으로 금속의 피로를 유발하여 부식이 급격히 촉진되는 현상이다.

1-2

선체의 부식 방지법

선체 외판, 추진기, 빌지 킬, 유조선의 선창 내부 등에 아연판을 부착하여 전식작용에 의한 부식을 방지한다.

2 선박의 이동 및 조종

2-1. 선박 조종

핵심이론 01 키의 작동

① 키의 역할

㉠ 추종성 : 조타에 대한 선체 회두의 추종이 빠른지 또는 늦은지를 나타내는 것

㉡ 침로 안정성 : 선박이 정해진 침로를 따라 직진하는 성질

㉢ 선회성 : 일정한 타각을 주었을 때 선박이 어떠한 각속도로 움직이는지를 나타내는 것

② 타판에 작용하는 압력

㉠ 직압력 : 수류에 의하여 키에 작용하는 전체 압력으로 타판에 작용하는 여러 종류의 힘의 기본력

㉡ 항력 : 타판에 작용하는 힘 중에서 그 작용하는 방향이 선수미선인 분력

㉢ 양력 : 타판에 작용하는 힘 중에서 그 작용하는 방향이 정횡방향인 분력

㉣ 마찰력 : 타판을 둘러싸고 있는 물의 점성에 의하여 타판 표면에 작용하는 힘

③ 조타명령

㉠ 스타보드(포트)(Starboard(Port)) 00 : 우현(좌현)쪽으로 00°를 돌려라.

㉡ 하드 어 스타보드(포트)(Hard a Starboard(Port)) : 우현(좌현) 최대타각으로 돌려라.

㉢ 이지 투(타각)(Ease to(Five)) : 큰 타각을 주었다가 작은 타각(5°)으로 서서히 줄여라.

㉣ 미드십(Midships) : 타각이 0°인 키 중앙으로 하라.

㉤ 스테디(Steady) : 회두를 줄여서 일정한 침로에 정침하라.

㉥ 코스 어게인(Course Again) : 원침로로 복귀하라.

㉦ 스테디 애즈 쉬 고우즈(Steady as she goes) : 현침로를 유지하라.

핵심예제

1-1. 다음 중 키의 역할이 아닌 것은?

① 추종성의 역할
② 선회성 역할
③ 선박 침로의 안정성
④ 선박 속력의 증가 역할

정답 ④

1-2. '신속하게 회두를 줄여서 정침하라'의 조타명령어로 옳은 것은?

① 하드포트(Hard-a-port)
② 코스 어게인(Course Again)
③ 스테디(Steady)
④ 미드십(Midships)

정답 ③

1-3. 조타명령에서 '타각을 0도로 하라'는 명령어로 옳은 것은?

① 미드십(Midships)
② 스테디(Steady)
③ 코스 어게인(Course Again)
④ 스테디 애즈 쉬 고우즈(Steady as She Goes)

정답 ①

해설

1-1

키의 역할

- 추종성 : 조타에 대한 선체 회두의 추종이 빠른지 또는 늦은지를 나타내는 것
- 침로안정성 : 선박이 정해진 침로를 따라 직진하는 성질
- 선회성 : 일정한 타각을 주었을 때 선박이 어떠한 각속도로 움직이는지를 나타내는 것

1-2

① 하드 어 스타보드(포트)(Hard a Starboard(Port)) : 우현(좌현) 최대타각으로 돌려라
② 코스 어게인(Course Again) : 원침로로 복귀하라
④ 미드십(Midships) : 타각이 0°인 키 중앙으로 하라

1-3

② 스테디(Steady) : 회두를 줄여서 일정한 침로에 정침하라
③ 코스 어게인(Course Again) : 원침로로 복귀하라
④ 스테디 애즈 쉬 고우즈(Steady as she goes) : 현침로를 유지하라

핵심이론 02 추진기(스크루 프로펠러)

① 추진원리
㉠ 스크루 프로펠러가 회전하면서 물을 뒤로 차 밀어 내면, 그 반작용으로 인해 선체를 앞으로 미는 추진력이 발생하게 된다.
㉡ 이와 같이 선박에서 스크루 프로펠러가 360° 회전하면서 선체가 나아간 거리를 피치라고 한다.
㉢ 스크루 프로펠러 회전방향(선미에서 선수방향으로 보았을 때)에 따라 우·좌회전 스크루 프로펠러라 부른다.
㉣ 일반 선박들의 대부분은 우회전 스크루 프로펠러를 한 개씩 장착하고 있다.

② 수 류
㉠ 흡입류 : 스크루 프로펠러가 수중에서 회전하면 앞쪽에서 스크루 프로펠러에 빨려드는 수류
㉡ 배출류 : 추진기의 회전에 따라 추진기의 뒤쪽으로 흘러가는 수류
㉢ 반류 : 선체가 앞으로 나아가면서 생기는 빈 공간을 채워주는 수류로 인하여 주로 뒤쪽 선수미선상의 물이 앞쪽으로 따라 들어오는 수류

③ 배출류의 영향
㉠ 고정피치 우선회 단추진기 선박의 전진 시 물을 시계방향으로 회전시키면서 뒤쪽으로 배출하므로 키에 직접적으로 부딪혀 키의 하부에 작용하는 수류의 힘이 강하여 선미를 좌현쪽으로 밀고 선수는 우현쪽으로 회두한다.
㉡ 고정피치 우선회 단추진기 선박의 후진 시 프로펠러를 반시계방향으로 회전하여 우현으로 흘러가는 배출류는 우현의 선미벽에 부딪치면서 측압을 형성하여 선미를 좌현쪽으로 밀고 선수는 우현쪽으로 회두한다.
㉢ 가변피치 프로펠러 선박의 경우 좌현 선미에 측압 작용하여 선미를 우현쪽으로 밀고 선수는 좌현쪽으로 회두한다.

④ 횡압력의 영향
㉠ 전진 중 스크루 프로펠러의 회전방향이 시계방향이 되어 선수를 좌편향한다.
㉡ 후진 중 스크루 프로펠러의 회전방향이 반시계방향이 되어 선수는 우편향한다.

핵심예제

2-1. 다음 (　　) 안에 들어갈 말로 옳은 것은?

추진기의 회전에 따라 추진기의 뒤쪽으로 흘러가는 수류를 (　　)라 한다.

① 반 류
② 흡입류
③ 배출류
④ 추적류

정답 ③

2-2. 다음 중 우회전 고정피치 단추진기 선박이 정지 중에 키를 중앙에 두고 기관을 후진으로 하였을 경우 선수는 어느 쪽으로 편향하는가?

① 좌 현
② 우 현
③ 선체 직후진
④ 기관 후진과 아무 관계가 없다.

정답 ②

해설

2-1

③ 배출류 : 추진기의 회전에 따라 추진기의 뒤쪽으로 흘러가는 수류
① 반류 : 선체가 앞으로 나아가면서 생기는 빈 공간을 채워주는 수류로 인하여 주로 뒤쪽 선수미선상의 물이 앞쪽으로 따라 들어오는 수류
② 흡입류 : 스크루 프로펠러가 수중에서 회전하면 앞쪽에서 스크루 프로펠러에 빨려드는 수류

2-2

고정피치 우선회 단추진기 선박의 후진 시 프로펠러를 반시계방향으로 회전하여 우현으로 흘러가는 배출류는 우현의 선미벽에 부딪치면서 측압을 형성하여 선미를 좌현쪽으로 밀고 선수는 우현쪽으로 회두한다.

핵심이론 03 키 및 추진기에 의한 선체 운동

① 정지에서 전진
㉠ 키 중앙일 때 : 초기에는 횡압력이 커서 선수가 좌회두하고, 전진속력이 증가하면 배출류가 강해져 선수가 우회두하려는 경향을 나타낸다.
㉡ 우타각일 때 : 배출류로 인한 키 압력이 횡압력보다 크게 작용하므로 선수가 우회두한다.
㉢ 좌타각일 때 : 배출류와 횡압력이 함께 선미를 우현으로 밀어 선수는 좌회두한다.

② 정지에서 후진
㉠ 키 중앙일 때 : 횡압력과 배출류의 측압작용이 선미를 좌현쪽으로 밀어 선수는 우회두한다.
㉡ 우타각일 때 : 횡압력과 배출류가 선미를 좌현쪽으로 밀고, 흡입류에 의한 직압력은 선미를 우현쪽으로 밀어서 평형 상태를 유지한다. 후진속력이 커지면 흡입류의 영향이 커지므로 선수는 좌회두하게 된다.
㉢ 좌타각일 때 : 횡압력, 배출류, 흡입류가 전부 선미를 좌현쪽으로 밀기 때문에 선수는 강하게 우회두한다.

③ 선회 운동
㉠ 선회권 : 전타 중 선체의 중심이 그리는 궤적을 말한다.
㉡ 전심 : 선회권의 중심으로부터 선박의 선수미선에 수선을 내려서 만나는 점으로 선체 자체의 외관상의 회전중심에 해당된다.
㉢ 선회 종거 : 전타를 처음 시작한 위치에서 선수가 원침로로부터 90° 회두했을 때까지의 원침로선상에서의 전진 이동거리(최대 종거 : 최대의 전진 이동거리이며, 전속 전진 상태에서 선체길이의 약 3~4배)이다.
㉣ 선회 횡거 : 선체 회두가 90° 된 곳까지 원침로에서 직각 방향으로 잰 거리이다.
㉤ 선회지름(선회경) : 회두가 원침로로부터 180° 되는 곳까지 원침로에서 직각 방향으로 잰 거리이다.
㉥ 킥 : 원침로에서 횡방향으로 무게중심이 이동한 거리이다.
㉦ 킥 현상 : 전타 직후 타판에 작용하는 압력 때문에 선미 부분이 원침로의 외방으로 밀리는 현상이다.
㉧ 리치 : 전타를 시작한 최초의 위치에서 최종선회지름의 중심까지의 거리를 원침로선상에서 잰 거리이다.
㉨ 신침로 거리 : 전타한 최초의 위치에서 신·구침로의 교차점까지 원침로선상에서 잰 거리이다.

④ 선회 중의 선체 경사

㉠ 내방경사 : 전타 직후 키의 직압력이 타각을 준 반대쪽으로 선체의 하부를 밀어, 수면 상부의 선체는 타각을 준 쪽인 선회권의 안쪽으로 경사하는 현상이다.

㉡ 외방경사 : 정상 원운동 시에 원심력이 바깥쪽으로 작용하여, 수면 상부의 선체가 타각을 준 반대쪽인 선회권의 바깥쪽으로 경사하는 현상이다.

㉢ 전타 초기에는 내방경사하고 계속 선회하면 외방경사한다.

⑤ 선회권에 영향을 주는 요소

㉠ 선체의 비척도(방형계수)
- 선체의 뚱뚱한 정도를 나타내는 계수이다.
- 방형계수가 큰 선박이 작은 선박에 비하여 선회성이 강하다.
- 방형계수가 큰 선박일수록 선회권은 작다.
- 일반적으로 고속선의 방형계수 값은 작다.

㉡ 흘수 : 일반적으로 만재 상태에서 선회권이 커진다.

㉢ 트림 : 선수트림의 선박에서는 물의 저항 작용점이 배의 무게중심보다 전방에 있으므로 선회우력이 커져서 선회권이 작아지고, 반대로 선미트림은 선회권이 커진다.

㉣ 타각 : 타각을 크게 할수록 선회권이 작아진다.

㉤ 수심 : 수심이 얕을수록 선회권이 커진다.

핵심예제

3-1. 다음 ( ) 안에 알맞은 것은?

> 우회전 고정피치 스크루프로펠러를 가진 선박이 항주 중 타를 똑바로 한 상태에서 기관을 후진 상태로 작동시키면 선체는 ( )

① 선수 좌회두한다.
② 선미 우회전한다.
③ 선수 우회두한다.
④ 선수미 회두는 없다.

정답 ③

3-2. 항주 중인 선박이 전타 선회 시 외방경사를 일으켰을 때 경사의 주된 원인은?

① 부 력　② 마찰저항
③ 원심력　④ 타의 항력

정답 ③

3-3. 선박이 전진 중에 전타할 경우 나타나는 현상이 아닌 것은?

① 전진력이 커진다.
② 선회운동을 한다.
③ 전타 직후 선미는 전타한 현의 반대방향으로 밀린다.
④ 정상 선회 운동 시 선체는 외방경사를 하게 된다.

정답 ①

3-4. 선수트림인 선박에서 나타나는 현상이 아닌 것은?

① 선회 우력이 크다.
② 속력이 빨라진다.
③ 선회권이 작아진다.
④ 물의 저항 작용점이 배의 무게 중심보다 전방에 있다.

정답 ②

3-5. 선박이 심해에서 전속 전진 중 전타각에 의한 종거(Advance)는 대략 자선 길이의 몇 배인가?

① 1~2배　② 3~4배
③ 5~6배　④ 8~10배

정답 ②

3-6. 항해 중인 선박에서 사람이 물에 빠졌을 경우, 빠진 쪽으로 전타하여 익수자가 프로펠러에 빨려 들어가는 것을 방지한다. 이때 전타에 의해 나타나는 현상은?

① 킥　② 양 력
③ 외방경사　④ 선체침하

정답 ①

해설

3-1

정지에서 후진

- 키 중앙일 때 : 횡압력과 배출류의 측압작용이 선미를 좌현쪽으로 밀어 선수는 우회두한다.
- 우타각일 때 : 횡압력과 배출류가 선미를 좌현쪽으로 밀고, 흡입류에 의한 직압력은 선미를 우현쪽으로 밀어서 평형 상태를 유지한다. 후진속력이 커지면 흡입류의 영향이 커지므로 선수는 좌회두하게 된다.
- 좌타각일 때 : 횡압력, 배출류, 흡입류가 전부 선미를 좌현쪽으로 밀기 때문에 선수는 강하게 우회두한다.

3-2

외방경사 : 정상 원운동 시에 원심력이 바깥쪽으로 작용하여, 수면 상부의 선체가 타각을 준 반대쪽인 선회권의 바깥쪽으로 경사하는 현상

3-3

선회 중의 선체 경사

- 내방경사 : 전타 직후 키의 직압력이 타각을 준 반대쪽으로 선체의 하부를 밀어, 수면 상부의 선체는 타각을 준 쪽인 선회권의 안쪽으로 경사하는 현상
- 외방경사 : 정상 원운동 시에 원심력이 바깥쪽으로 작용하여, 수면 상부의 선체가 타각을 준 반대쪽인 선회권의 바깥쪽으로 경사하는 현상
- 전타 초기에는 내방경사하고 계속 선회하면 외방경사한다.

3-4

선수트림의 선박에서는 물의 저항 작용점이 배의 무게 중심보다 전방에 있으므로 선회우력이 커져서 선회권이 작아지고, 반대로 선미트림은 선회권이 커진다.

3-5

선회 종거

- 전타를 처음 시작한 위치에서 선수가 원침로로부터 90° 회두했을 때까지의 원침로선상에서의 전진 이동거리이다.
- 최대의 전진 이동거리를 최대 종거라고 하며, 전속 전진 상태에서 선체 길이의 약 3~4배이다.

3-6

킥 현상 : 전타 직후 타판에 작용하는 압력때문에 선미부분이 원침로의 외방으로 밀리는 현상

핵심이론 04 타 력

① 타력의 종류

㉠ 발동타력 : 정지 중인 선박에 전진 전속을 발동하여 소정의 속력에 달할 때까지의 타력이다.

㉡ 정지타력 : 전진 중인 선박에 기관정지를 명령하여 선체가 정지할 때까지의 타력이다.

㉢ 반전타력 : 전진 전속 항주 중 기관을 후진 전속으로 걸어서 선체가 정지할 때까지의 타력이다.

㉣ 회두타력 : 변침할 때의 변침회두타력과, 변침을 끝내고 일정한 침로상에 정침할 때의 정침회두타력이 있다.

② 최단정지거리

㉠ 전속 전진 중에 기관을 후진 전속으로 걸어서 선체가 정지할 때까지의 거리로 반전타력을 나타내는 척도가 된다.

㉡ 기관의 종류, 배수량, 선체의 비척도, 속력 등에 따라 차이가 생긴다.

핵심예제

4-1. 전진 전속 항주 중 기관을 후진 전속으로 걸어서 선체가 정지할 때까지의 타력으로 옳은 것은?

① 발동타력　　② 정지타력
③ 반전타력　　④ 회두타력

정답 ③

4-2. 다음 중 최단정지거리에 크게 영향을 미치지 않는 것은?

① 외력의 크기　　② 흘수의 크기
③ 타효의 크기　　④ 배수량의 크기

정답 ③

해설

4-1

① 발동타력 : 정지 중인 선박에 전진 전속을 발동하여 소정의 속력에 달할 때까지의 타력이다.
② 정지타력 : 전진 중인 선박에 기관정지를 명령하여 선체가 정지할 때까지의 타력이다.
④ 회두타력 : 변침할 때의 변침회두타력과, 변침을 끝내고 일정한 침로상에 정침할 때의 정침회두타력이 있다.

4-2

최단정지거리는 기관의 종류, 배수량, 선체의 비척도, 속력 등에 따라 차이가 생긴다.

핵심이론 05 선체 저항과 외력의 영향

① 선체 저항
  ㉠ 마찰저항 : 선체의 침수면에 닿은 물의 저항으로써 선저 표면의 미끄러움에 반비례하며 고속일수록 전저항에서 차지하는 비율이 작아지는 저항으로 저속선에서는 선체가 받는 저항 중에서 마찰저항이 가장 큰 비중을 차지한다.
  ㉡ 조파저항 : 선박이 수면 위를 항주하면 선수미 부근의 압력이 높아져서 수면이 높아지고, 중앙부에는 압력이 낮아져서 수면이 낮아지므로 파가 생긴다. 이로 인하여 발생하는 저항으로 배의 속력이 커지면 조파저항이 커진다. 조파저항을 줄이기 위해 선수의 형태는 구상선수로 하고 있다.
  ㉢ 조와저항 : 선박이 항주하면 선체 주위의 물분자는 부착력 때문에 속도가 느리고, 선체에서 먼 곳의 물분자는 속도가 빠르다. 이러한 물분자의 속도차로 인한 와류에 의한 저항으로 조와저항을 줄이기 위해 최근 선박은 유선형으로 선체를 만든다.
  ㉣ 공기저항 : 선박이 항진 중에 수면 상부의 선체 및 갑판 상부의 구조물이 공기의 흐름과 부딪쳐서 생기는 저항이다.

② 바람의 영향
  ㉠ 전진 중 바람을 횡방향에서 받으면 선수는 바람이 불어오는 쪽으로 향한다.
  ㉡ 후진 중 바람을 횡방향에서 받으면 선미는 바람이 불어오는 쪽으로 향한다.

③ **조류의 영향** : 조류가 빠른 수역의 경우 선수 방향에서 조류를 받을 때에는 타효가 커서 선박 조종이 잘되지만, 선미 방향에서 조류를 받게 되면 선박의 조종성능이 저하된다.

④ **파도의 영향** : 파도의 골에 놓인 선박은 파도에 따라 크게 횡동요하고, 횡동요 주기와 파도의 주기가 일치하면 전복될 위험이 커진다.

⑤ 수심이 얕은 수역의 영향
  ㉠ 선체의 침하 : 흘수가 증가한다.
  ㉡ 속력의 감소 : 조파저항이 커지고, 선체의 침하로 저항이 증대된다.
  ㉢ 조종성의 저하 : 선체 침하와 해저 형상에 따른 와류의 영향으로 키의 효과가 나빠진다.
  ㉣ 선회권은 커진다.
  ㉤ 저속으로 항행하는 것이 가장 좋으며, 수심이 깊어지는 고조시를 택하여 조종하는 것이 유리하다.

핵심예제

5-1. 조파저항에 대한 설명으로 틀린 것은?

① 고속으로 항주하면 큰 파가 발생한다.
② 조파저항을 줄이기 위해 선수를 구상선수로 한다.
③ 수면상부의 선체 및 갑판 상부의 구조물에 의해서 발생하는 경우도 있다.
④ 선체가 수면 위를 항주하면 선수미 부근의 압력이 높아지고 중앙부에는 압력이 낮아진다.

정답 ③

5-2. 선저여유수심이 작으면 나타나는 현상은?

① 선속은 증가한다.
② 선회권이 커진다.
③ 선박의 흘수가 감소한다.
④ 약간의 선저여유수심만 확보되어도 조종성능에 변화가 없다.

정답 ②

5-3. 저속 화물선에서 항해 중 선체가 받는 저항 중 가장 큰 것은 어느 것인가?

① 마찰저항
② 조파저항
③ 공기저항
④ 조와저항

정답 ①

해설

5-1

조파저항

- 선박이 수면 위를 항주하면 선수미 부근의 압력이 높아져서 수면이 높아지고, 중앙부에는 압력이 낮아져서 수면이 낮아지므로 파가 생긴다. 이로 인하여 발생하는 저항을 조파저항이라고 한다.
- 배의 속력이 커지면 조파저항이 커진다.
- 조파저항을 줄이기 위해 선수의 형태는 구상선수로 하고 있다.

5-2

수심이 얕은 수역의 영향

- 선체의 침하 : 흘수가 증가한다.
- 속력의 감소 : 조파저항이 커지고, 선체의 침하로 저항이 증대된다.
- 조종성의 저하 : 선체 침하와 해저 형상에 따른 와류의 영향으로 키의 효과가 나빠진다.
- 선회권은 커진다.
- 저속으로 항행하는 것이 가장 좋으며, 수심이 깊어지는 고조시를 택하여 조종하는 것이 유리하다.

5-3

마찰저항

- 선체의 침수면에 닿은 물의 저항으로서 선저 표면의 미끄러움에 반비례하며 고속일수록 전저항에서 차지하는 비율이 작아지는 저항이다.
- 저속선에서는 선체가 받는 저항 중에서 마찰저항이 가장 큰 비중을 차지한다.

2-2. 출·입항 조종과 정박

핵심이론 01 출·입항 계획 및 준비

① 출·입항 계획
  ㉠ 출·입항 시 조종 물표로 가장 좋은 것은 고정 물표의 중시선이다.
  ㉡ 출·입항 시 변침점은 정횡 부근의 뚜렷한 물표가 좋다.
  ㉢ 야간 통항 시에는 등화의 구별에 유의하고 특별히 경계를 철저히 해야 한다.
  ㉣ 항로는 지정된 수로를 이용하도록 한다.

② 출항준비
  ㉠ 선내의 이동물의 고정, 수밀장치의 밀폐, 출·입항 시 필요한 장비들의 시운전, 탱크 측심 등을 점검하도록 한다.
  ㉡ 그 외 선박 서류, 하역 관련 서류, 항해 계획서 작성, 관련 부서와의 협조 등의 준비가 되었는지 확인한다.

③ 입항준비
  ㉠ 입항 전 충분한 여유를 가지고 각 부서장에게 알린다.
  ㉡ 도선사 승하선 준비, 필요한 기류 신호 준비(G기), 계선 및 하역 준비, 승·하선용 사다리(Gangway) 준비, 입항 서류 등을 준비한다.

④ **연료소비량 추정** : 예비연료량은 총연료소비량의 25% 정도 확보하는 것이 보통이다.

핵심예제

1-1. 선박이 출항할 때 준비해야 할 사항과 가장 거리가 먼 것은?

① 각종 선내 이동물을 고정시킨다.
② 조타장치를 시운전해 본다.
③ 수밀문, 현창, 선창 등은 밀폐한다.
④ 하역설비를 시운전한다.

정답 ④

1-2. 다음 중 선박의 출항준비사항으로 가장 거리가 먼 것은?

① 승·하선용 사다리(Gangway) 준비
② 선내 이동물의 고정
③ 수밀장치의 밀폐
④ 승무원의 승선 점검

정답 ①

해설

1-1, 1-2

출항준비

선내의 이동물의 고정, 수밀장치의 밀폐, 출·입항 시 필요한 장비들의 시운전, 탱크 측심 등을 점검하도록 한다. 그 외 선박 서류, 하역 관련 서류, 항해 계획서 작성, 관련 부서와의 협조 등의 준비가 되었는지 확인한다.

핵심이론 02 앵커작업과 운용

① 파주력
㉠ 앵커 및 앵커체인의 수중 무게의 배수로 나타내며, 이 배수로 표시한 값을 파주계수라 한다.
㉡ 앵커 및 앵커체인의 크기는 선박설비규정에 정해져 있는 의장수에 따라서 결정된다.
㉢ 파주력이 가장 큰 해저 저질은 펄질이다.
㉣ 관용적으로 사용하는 앵커체인의 신출 길이
- 풍속 20m/s 이하 : $Lc = 3D + 90\text{m}$
- 풍속 30m/s 정도 : $Lc = 4D + 150\text{m}$

여기서, Lc : 체인의 신출길이, D : 수심

② 앵커 투하작업
㉠ 워크아웃(Walk Out) : 닻을 수면 부근까지 내린 상태
㉡ 스탠바이 앵커(Standby Anchor) : 워크아웃 상태에서 닻을 내릴 준비가 완료된 상태
㉢ 렛고 앵커(Let Go Anchor) : "닻을 투하하라"는 용어
㉣ 브로트 업 앵커(Brought Up Anchor) : 정상적인 파주력을 가진 상태

③ 앵커 수납작업
㉠ 쇼트 스테이(Short Stay) : 앵커체인의 신출 길이가 수심의 1.5배 정도인 상태
㉡ 업 앤드 다운(Up and Down) : 앵커가 묘쇄공 바로 아래의 해저에 누워 있는 상태로, 앵커체인은 묘쇄공에서 수직상태를 유지한다. 일반적으로 양묘 중에는 이 상태를 기준으로 정박 상태와 항해 상태를 구분하며, 이 시각을 항해 시작 시간으로 사용한다.
㉢ 앵커 어웨이(Anchor Aweigh) : 닻이 해저를 막 떠날 때로 닻의 크라운이 해저에서 떨어지는 상태
㉣ 클리어 앵커(Clear Anchor) : 닻이 앵커체인과 엉키지 않고 올라온 상태
㉤ 파울 앵커(Foul Anchor) : 닻이 앵커체인과 엉켜서 올라온 상태
㉥ 업 앵커(Up Anchor) : 닻 수납작업이 완료된 상태

핵심예제

2-1. 선박이 풍속 20m/sec 이하에서 투묘 조선 시, 가장 많이 사용하는 앵커체인의 신출길이 산출식으로 옳은 것은?(단, Lc는 체인의 신출길이, D는 수심)

① $Lc = 4D + 145\text{m}$
② $Lc = 3D + 150\text{m}$
③ $Lc = 5D + 90\text{m}$
④ $Lc = 3D + 90\text{m}$

정답 ④

2-2. 다음 중 투묘 정박 시 닻의 파주력이 가장 큰 해저 저질은 무엇인가?

① 펄 ② 바 위
③ 모 래 ④ 자 갈

정답 ①

2-3. 선수 닻(Anchor) 투하작업에서 '우현 닻을 투하하라'는 용어를 고르면?

① 스탠드 바이 포트 앵커(Stand by Port Anchor)
② 스탠드 바이 스타보드 앵커(Stand by Starboard Anchor)
③ 홀드 온 앵커(Hold on Anchor)
④ 렛고 스타보드 앵커(Let Go Starboard Anchor)

정답 ④

2-4. 양묘작업 중 닻(Anchor)의 크라운(Crown)이 해저에서 떨어지는 상태는?

① 앵커 어웨이(Anchor Aweigh)
② 파울 앵커(Foul Anchor)
③ 클리어 앵커(Clear Anchor)
④ 쇼트 스테이(Short Stay)

정답 ①

해설

2-1
관용적으로 사용하는 앵커체인의 신출 길이
- 풍속 20m/sec 이하 : $Lc = 3D + 90\text{m}$
- 풍속 30m/sec 정도 : $Lc = 4D + 150\text{m}$

2-3
- 스탠바이 앵커(Standby Anchor) : 워크아웃 상태에서 닻을 내릴 준비가 완료된 상태
- 렛고 앵커(Let Go Anchor) : "닻을 투하하라"는 용어

2-4
② 파울 앵커(Foul Anchor) : 닻이 앵커체인과 엉켜서 올라온 상태
③ 클리어 앵커(Clear Anchor) : 닻이 앵커체인과 엉키지 않고 올라온 상태
④ 쇼트 스테이(Short Stay) : 앵커체인의 신출 길이가 수심의 1.5배 정도인 상태

핵심이론 03 묘박법

① 단묘박
　㉠ 선박의 선수 양쪽 현 중 한쪽 현의 닻을 내려서 정박하는 방법이다.
　㉡ 바람, 조류에 따라 닻을 중심으로 돌기 때문에 넓은 수역을 필요로 한다.
　㉢ 앵커를 올리고 내리는 작업이 쉬워 황천 등의 상황에서 응급조치를 취하기 쉽다.
　㉣ 선체가 돌면 앵커가 해저에서 빠져나와 끌릴 수 있으므로 유의하도록 한다.

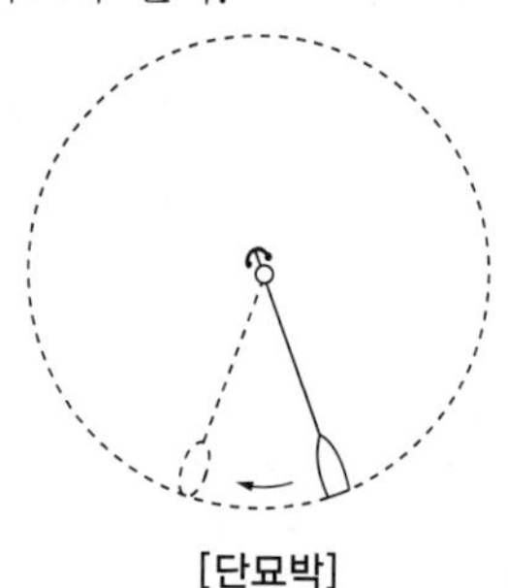

[단묘박]

② 쌍묘박
　㉠ 양쪽 현의 선수 닻을 앞·뒤쪽으로 서로 먼 거리를 두고서 투하하여, 선박을 그 중간에 위치시키는 정박법이다.
　㉡ 선체의 선회면적이 작기 때문에 좁은 수역, 선박의 교통량이 많은 곳에서 주로 사용된다.
　㉢ 바람, 조류에 따라 선체가 선회하여 앵커체인이 꼬이는 수가 많다.
　㉣ 단점으로 투묘조작이 복잡하고, 장기간 묘박하면 파울 호즈(Foul Hawse)가 되기 쉽고, 황천 등을 당하여 응급조치를 취하는 데 많은 시간이 필요하다.

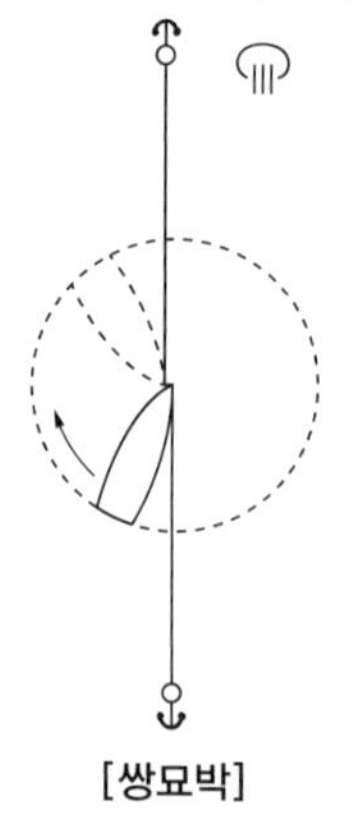

[쌍묘박]

③ 이묘박

㉠ 강풍이나 파랑이 심하거나 조류가 강한 수역에서 강한 파주력이 필요할 때 선택하는 정박법이다.

㉡ 양현 앵커를 나란히 사용하는 법

- 강력한 파주력을 얻기 위하여 양현 닻을 투하하고 닻줄을 같은 길이로 내어 주는 방법이다.
- 파주력은 단묘박의 2배 정도이고 일반적으로 양현 닻줄의 교각이 50~60°일 때가 좋으며 120°보다 커서는 안 된다.

㉢ 굴레(Bridle)를 씌우는 법 : 한쪽 현의 닻줄은 길게 내어 주어서 강한 파주력을 가지게 하고, 다른 쪽 현의 닻줄은 수심의 1.5~2배 정도로 내어 주어서 선체 선회를 억제시키게 하는 방법이다.

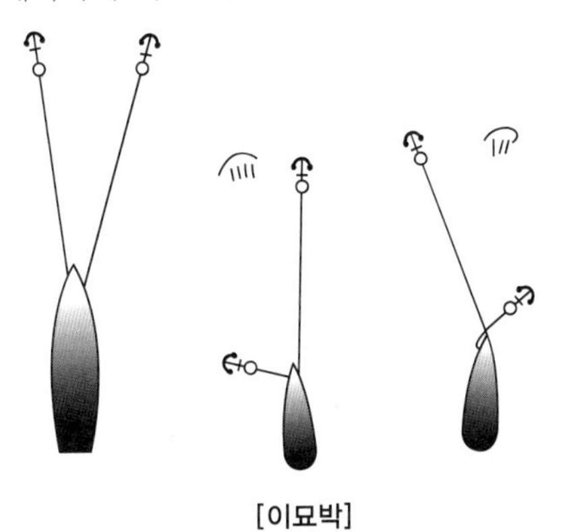

[이묘박]

핵심예제

3-1. 다음 정박법 중 양현의 선수 닻을 앞뒤쪽으로 서로 먼 거리를 두고 투하하여 선박을 그 중간에 위치시키는 방법은?

① 쌍묘박법
② 이묘박법
③ 단묘박법
④ 횡진 투묘법

정답 ①

3-2. 단묘박에 대한 설명으로 맞는 것은?

① 닻의 꼬임이 있을 경우 풀기가 쉽지 않다.
② 선체의 선회가 작기 때문에 강이나 좁은 장소에서 실시한다.
③ 선체가 닻을 중심으로 돌기 때문에 넓은 장소가 필요하다.
④ 황천 또는 강풍 시에 실시한다.

정답 ③

해설

3-1

쌍묘박

- 양쪽 현의 선수 닻을 앞·뒤쪽으로 서로 먼 거리를 두고서 투하하여, 선박을 그 중간에 위치시키는 정박법이다.
- 선체의 선회면적이 작기 때문에 좁은 수역, 선박의 교통량이 많은 곳에서 주로 사용된다.

3-2

단묘박

- 선박의 선수 양쪽 현 중 한쪽 현의 닻을 내려서 정박하는 방법이다.
- 바람, 조류에 따라 닻을 중심으로 돌기 때문에 넓은 수역을 필요로 한다.
- 앵커를 올리고 내리는 작업이 쉬워 황천 등의 상황에서 응급조치를 취하기 쉽다.
- 선체가 돌면 앵커가 해저에서 빠져나와 끌릴 수 있으므로 유의하도록 한다.

핵심이론 04 투묘법

① **전진투묘법**

㉠ 선박이 좁은 수역에서 강한 바람이나 조류를 옆에서 받고 투묘할 때에 많이 사용하는 방법으로 보침과 선체 자세의 조종이 쉬워서 닻을 예정 지점에 정확하게 투하할 수 있고, 닻줄을 원하는 방향으로 끌고 갈 수 있으므로 외력을 받으면서 앵커를 투하할 때 많이 이용된다.

㉡ 닻줄과 선체와의 마찰에 의한 손상이 일어나기 쉽고, 전진타력이 너무 크면 닻줄이 절단될 위험이 있다.

② **후진투묘법**

㉠ 투묘 직후 곧바로 닻줄이 선수 방향으로 나가게 되어 선체에 무리가 없고, 안전하게 투하할 수 있으며, 후진타력의 제어가 쉬워 일반 선박에서 가장 많이 사용하는 투묘법이다.

㉡ 선체 조종과 보침이 다소 어렵고, 옆에서 바람이나 조류를 받게 되면 정확한 위치에 투묘하기가 어려운 단점이 있다.

③ **심해투묘법** : 정박지의 수심이 25m 이상이면 선박을 정지시킨 후, 닻줄을 수심 정도까지 내려서 앵커를 투하하는 방법이다.

핵심예제

다음에서 설명하는 것은 무엇인가?

앵커 투묘 시 선체에 무리가 없고 안전하게 투묘할 수 있어 일반 선박에서 많이 사용되는 투묘법

① 전진투묘법
② 후진투묘법
③ 심해투묘법
④ 정지투묘법

정답 ②

해설

후진투묘법

- 투묘 직후 곧바로 닻줄이 선수 방향으로 나가게 되어 선체에 무리가 없고, 안전하게 투하할 수 있으며, 후진타력의 제어가 쉬워 일반 선박에서 가장 많이 사용하는 투묘법이다.
- 선체 조종과 보침이 다소 어렵고, 옆에서 바람이나 조류를 받게 되면 정확한 위치에 투묘하기가 어려운 단점이 있다.

핵심이론 05 묘박 당직

① **묘박 당직 요령** : 앵커가 끌리지 않도록 바람이나 파도가 강해지면 앵커체인을 더 내어주어서 파주력을 보강하고, 긴급 시에는 기관을 사용할 수 있도록 준비한다.

② **사묘(슬리핑 앵커, Slipping Anchor)** : 묘박 중 앵커체인을 감아 들일 여유가 없거나 감아 들이기가 불가능할 때 앵커체인을 절단하고 출항하는 것을 말한다. 나중에 회수하기 쉽도록 앵커 부이를 달아 표시를 하도록 한다.

③ **검묘(사이팅 앵커, Sighting Anchor)** : 강 하류나 조류가 강한 수역 등에 오래 정박하면 앵커나 앵커체인이 해저 저질 속에 묻히거나, 선박의 선회로 인하여 앵커체인이 꼬여서 앵커 수납이 어려워지므로 앵커를 감아올렸다가 다시 투하하거나 다른쪽 앵커와 바꾸어 투하하는 것을 말한다.

핵심예제

다음 중 선박이 강 하류 등에 정박했을 때 묘쇄를 자주 감아 올려 확인하는 이유로 적절한 것은?

① 묘쇄를 자주 정비하기 위하여
② 투묘지점을 자주 바꾸기 위하여
③ 투묘지점의 수심을 확인하기 위하여
④ 펄 속에 묻히는 것을 방지하기 위하여

정답 ④

해설

검묘(사이팅 앵커)

강 하류나 조류가 강한 수역 등에 오래 정박하면 앵커나 앵커체인이 해저 저질 속에 묻히거나 선박의 선회로 인하여 앵커체인이 꼬여서 앵커 수납이 어려워지므로 앵커를 감아올렸다가 다시 투하하거나 다른쪽 앵커와 바꾸어 투하하는 것을 말한다.

핵심이론 06 접・이안 작업과 조종

① 계선줄의 종류와 역할

㉠ 선수줄(Head Line, Bow Line)
- 선수에 내어 전방 부두에 묶는 계선줄
- 선체가 뒤쪽으로 움직이는 것을 막는 역할을 하고, 부두로부터 선수 부분이 떨어지지 않고 부두에 붙어 있게 한다.

㉡ 선미줄(Stern Line)
- 선미에 내어 후방 부두에 묶는 계선줄
- 선체가 앞쪽으로 움직이는 것을 막는 역할을 하고, 부두로부터 선미 부분이 떨어지지 않고 부두에 붙어 있게 한다.

㉢ 선수 뒷줄(Fore Spring Line)
- 선수에 내어 후방 부두에 묶는 계선줄
- 선미줄과 같이 선체가 전방으로 움직이는 것을 막는 역할을 하고, 부두에 접안할 때 전방의 가까운 곳에 장애물이 있으면 이 줄을 먼저 걸어서 전진타력을 억제하여 안전하게 접안할 수 있다. 출항 시 이 줄을 감으면 선미가 부두로부터 떨어지는 효과도 있다.

㉣ 선미 앞줄(After Spring Line)
- 선미에 내어 전방 부두에 묶는 계선줄
- 선수줄과 같이 선체가 후방으로 움직이는 것을 막는 역할을 하고, 부두에 접안할 때 후방에 장애물이 있으면 이 줄을 먼저 걸어서 후진타력을 억제하여 안전하게 접안할 수 있다.

㉤ 옆줄(Breast Line)
- 선수 및 선미에서 부두에 거의 직각방향으로 잡는 계선줄로 선수 부근에서 잡는 줄을 선수 옆줄(Forward Breast Line)이라 하고, 선미에서 잡는 줄을 선미 옆줄(After Breast Line)이라 한다.
- 선체를 부두에 붙어 있도록 하여 횡방향의 이동을 억제한다.

② 계선 시설

㉠ 안벽 : 배를 접안시킬 목적으로 해안이나 강가를 따라서 콘크리트로 쌓아올린 시설물로 하부로는 물이 유통되지 않는다.

㉡ 잔교 : 해안에서 거의 직각으로 축조된 시설물로 부두 밑으로 물이 자유로이 흐른다.

㉢ 부두 : 안벽이나 잔교를 포함한 하역 및 창고 등의 육상의 설비를 갖춘 모든 구조물을 총칭한다.

㉣ 돌핀 : 비교적 수심이 깊은 바다 가운데에 몇 개의 콘크리트 기둥을 조합하여 계선설비와 작업 플랫폼을 설치하여 하역작업이 가능하도록 설치한 시설물을 말한다.

㉤ 에스비엠(SBM) : 싱글 부이 무어링(Single Buoy Mooring)의 약어로 대형 유조선 같이 직접 접안하기 어려운 곳에서 바다 가운데 무어링 부이를 설치하고 육상으로부터 송유관을 부이에 연결하여 적・양하 작업을 할 수 있도록 한 설비를 말한다.

③ 예선의 활용

㉠ 예선은 기동력이 뛰어나서 타의 보조, 타력의 제어 및 횡방향으로 선체를 이동시키는 역할을 할 수 있으며 기관 마력이 클수록 유리하다.

㉡ 예인색의 길이는 예선의 크기(길이), 수역의 상태 및 조종 보조의 역할에 따라 결정된다.

㉢ 또한 수역에 여유가 있을 때에는 예선 길이의 2배 정도로 하고, 좁은 수역에서는 예선의 길이 정도로 짧게 하는 것이 좋다.

④ 접이안 조종 시의 요령

㉠ 접안 시 요령
- 미리 계선줄을 준비하고, 히빙라인과 펜더를 준비한다.
- 선박이 부두에 접근할 때에는 저속의 전진타력을 이용한다.
- 부두와 선박 간의 거리와 접안 부두의 전후에 있는 다른 선박과의 안전거리를 확인한다.
- 선박 접근 시 부두와 이루는 소각도는 1/2~1포인트, 대각도는 2~3포인트가 되도록 한다.
- 항상 닻을 사용할 수 있도록 접안하고자 하는 반대쪽 현의 닻을 준비한다.

- 선미에서 계선줄이 나가 있을 때에는 기관사용에 유의하여 스크루 프로펠러에 감기지 않게 한다.
- 선박을 접안하기 위해 조종하는 경우 항상 이안 조종을 고려하여 접안 반대 현측의 닻을 투하하여 출항 조종이 쉽도록 한다.

㉡ 이안 시 요령
- 현측 바깥으로 나가 있는 돌출물은 거두어 들인다.
- 가능하면 선미를 먼저 부두에서 떼어낸다.
- 바람이 불어오는 방향의 반대쪽, 즉 풍하쪽의 계선줄을 먼저 푼다.
- 바람이 부두쪽에서 불어오면 선미의 계선줄을 먼저 풀고, 선미가 부두에서 떨어지면 선수의 계선줄을 푼다.
- 바람이 부두쪽으로 불어오면 자력 이안이 어려우므로 예인선을 이용한다.
- 부두에 다른 선박들이 가까이 있어서 조종수역이 좁으면 예인선의 도움으로 이안시킨다.
- 기관을 저속으로 사용하여 주위에 접안작업 중인 다른 선박에 피해를 주지 않도록 한다.
- 항상 닻을 투하할 수 있게 준비하여 긴급 시에 이용한다.

핵심예제

6-1. 다음 중 부두에 접안할 때의 요령으로 거리가 먼 것은?

① 접안 전에 계선줄과 펜더를 준비한다.
② 부두에 접근 시 고속의 타력을 이용한다.
③ 항상 닻 투하 준비를 한다.
④ 계선줄이 육상에 나가 있을 경우, 계선줄이 프로펠러에 감기지 않도록 한다.

정답 ②

6-2. 부두 밑으로 물이 자유로이 흐르고, 해안에서 거의 직각으로 축조된 계선장은 무엇인가?

① 안벽(Quay)
② 돌제(Jetty)
③ 잔교(Pier)
④ 에스비엠(SBM)

정답 ③

핵심예제

6-3. 선박의 접·이안 시 사용되는 예선의 역할로 옳지 않은 것은?

① 타의 보조 역할
② 선박의 속력 증대
③ 선박의 타력 제어
④ 횡방향으로 이동

정답 ②

6-4. 계선줄 중 선수에서 앞쪽으로 내어 선체가 뒤쪽으로 이동하는 것을 억제하는 계선줄은 어느 것인가?

① 선미줄
② 선수줄
③ 선수 옆줄
④ 선수 뒷줄

정답 ②

해설

6-1

접안 시 요령
- 미리 계선줄을 준비하고, 히빙라인과 펜더를 준비한다.
- 선박이 부두에 접근할 때에는 저속의 전진타력을 이용한다.
- 부두와 선박 간의 거리와 접안 부두의 전후에 있는 다른 선박과의 안전거리를 확인한다.
- 선박 접근 시 부두와 이루는 소각도는 1/2~1포인트, 대각도는 2~3포인트가 되도록 한다.
- 항상 닻을 사용할 수 있도록 접안하고자 하는 반대쪽 현의 닻을 준비한다.
- 선미에서 계선줄이 나가 있을 때에는 기관사용에 유의하여 스크루 프로펠러에 감기지 않게 한다.
- 선박을 접안하기 위해 조종하는 경우 항상 이안조종을 고려하여 접안 반대 현측의 닻을 투하하여 출항조종이 쉽도록 한다.

6-2

① 안벽 : 배를 접안시킬 목적으로 해안이나 강가를 따라서 콘크리트로 쌓아올린 시설물로 하부로는 물이 유통되지 않는다.
④ 에스비엠(SBM) : 싱글 부이 무어링(Single Buoy Mooring)의 약어로 대형 유조선 같이 직접 접안하기 어려운 곳에서 바다 가운데 무어링 부이를 설치하고 육상으로부터 송유관을 부이에 연결하여 적·양하 작업을 할 수 있도록 한 설비를 말한다.

6-3

예선은 기동력이 뛰어나서 타의 보조, 타력의 제어 및 횡방향으로 선체를 이동시키는 역할을 할 수 있으며 기관마력이 클수록 유리하다.

6-4

① 선미줄 : 선체가 앞쪽으로 움직이는 것을 막는 역할
③ 선수 옆줄 : 선체를 부두에 붙어 있도록 하여 횡방향의 이동을 억제
④ 선수 뒷줄 : 선미줄과 같이 선체가 전방으로 움직이는 것을 막는 역할

2-3. 특수상황에서의 조종

핵심이론 01 정박 중의 황천

① 정박 중의 황천준비
- ㉠ 하역작업을 중지하고, 선체의 개구부를 밀폐하며, 이동물을 고정시킨다.
- ㉡ 상륙한 승조원은 전원 귀선시켜서 부서별로 황천 대비를 하도록 한다.
- ㉢ 기관을 사용할 수 있도록 준비하고, 묘박 중이면 양묘를 준비한다.
- ㉣ 공선 시에는 빈 탱크에 밸러스팅을 하여 흘수를 증가시킨다.
- ㉤ 육안에 계류 중이면 배를 이안시켜서 적당한 정박지로 이동하는 것이 좋다.
- ㉥ 부표 계류 중이면 계선줄을 더 내어 주도록 한다.

② 황천 시의 묘박
- ㉠ 바람의 방향을 고려하여 닻을 내린다.
- ㉡ 이묘박이 좋다.
- ㉢ 선수에 선원을 배치시켜 닻이 끌리는지 감시하도록 한다.

핵심예제

정박 중 황천을 만났을 때의 조치사항로서 옳지 않은 것은?

① 기관사용 준비, 조타 및 양묘 준비
② 상륙자 전원 귀선
③ 부표 계류 중이면 계류삭을 더욱 짧게 한다.
④ 육안 계류 중이면 적당한 정박지로 이동한다.

정답 ③

해설

정박 중의 황천 준비
- 하역작업을 중지하고, 선체의 개구부를 밀폐하며, 이동물을 고정시킨다.
- 상륙한 승조원은 전원 귀선시켜서 부서별로 황천 대비를 하도록 한다.
- 기관을 사용할 수 있도록 준비하고, 묘박 중이면 양묘를 준비한다.
- 공선 시에는 빈 탱크에 밸러스팅을 하여 흘수를 증가시킨다.
- 육안에 계류 중이면 배를 이안시켜서 적당한 정박지로 이동하는 것이 좋다.
- 부표 계류 중이면 계선줄을 더 내어주도록 한다.

핵심이론 02 항해 중의 황천

① 항해 중의 황천준비
- ㉠ 화물의 고정된 상태를 확인하고 선내 이동물, 구명정 등을 단단히 고정시킨다.
- ㉡ 탱크 내의 기름이나 물은 가득 채우거나 비우도록 한다.
- ㉢ 선체 외부의 개구부를 밀폐하고, 현측 사다리를 고정하고 배수구를 청소해 둔다.
- ㉣ 어선 등에서는 갑판상에 구명줄을 매고, 작업원의 몸에도 구명줄을 매어 황천에 대비한다.

② 태풍의 중심과 선박의 위치(북반구)
- ㉠ 풍향이 변하지 않고 폭풍우가 강해지고 기압이 점점 내려가면 선박은 태풍의 진로상에 위치하고 있다.
- ㉡ 태풍의 영향을 받고 있는 경우, 시간이 지나면서 풍향이 순전(시계방향)하면 태풍진로의 오른쪽 즉 위험반원에 들고, 풍향이 반전(반시계방향)하면 왼쪽 즉 가항반원에 들게 된다.
- ㉢ 바람이 북 – 북동 – 동 – 남동으로 변하고 기압이 하강하며 풍력이 증가하면 선박은 태풍의 우측반원의 위험반원에 있다.

③ 황천(태풍) 피항법
- ㉠ R.R.R법칙 : 북반구에서 풍향이 우전(Right)하면 선박은 오른쪽(Right) 반원에 위치한다. 이때는 우현선수에 바람을 받으면서 조선하여 태풍중심에서 멀어진다.
- ㉡ L.L.S법칙 : 북반구에서 풍향이 좌전(Left)하면 선박은 왼쪽(Left) 반원에 위치한다. 이때는 우현선미로 바람을 받으면서 조선하여 태풍중심을 피한다.
- ㉢ 태풍 진로상에 선박이 있을 경우 : 북반구의 경우 풍랑을 우현선미로 받으면서 가항반원으로 선박을 유도한다.

④ 황천으로 항행이 곤란할 때의 선박운용
- ㉠ 거주(Heave to) : 선수를 풍랑쪽으로 향하게 하여 조타가 가능한 최소의 속력으로 전진하는 방법으로 풍랑을 선수로부터 좌우현 25~35° 방향에서 받도록 한다.
- ㉡ 순주(Scudding) : 풍랑을 선미 쿼터(Quarter)에서 받으며, 파에 쫓기는 자세로 항주하는 방법이다.

㉢ 표주(Lie to) : 황천 속에서 기관을 정지하여 선체가 풍하측으로 표류하도록 하는 방법으로 복원력이 큰 소형선에서 이용할 수 있다.

㉣ 진파기름(Storm Oil) 살포 : 구명정이나 조난선이 표주(라이 투)할 때에 선체 주위에 기름을 살포하여 파랑을 진정시키는 목적으로 사용하는 기름을 스톰오일이라 한다. 또한 조난선의 위치를 확인하는 데 도움을 줄 수도 있다.

핵심예제

2-1. 풍랑을 선미 쿼터(Quarter)에서 받으며, 파에 쫓기는 자세로 항주하는 방법은?

① 히브 투(Heave to)
② 스커딩(Scudding)
③ 라이 투(Lie to)
④ 스톰 오일(Storm Oil) 살포

정답 ②

2-2. 항해 중 황천예상 시 준비사항으로 틀린 것은?

① 선내 이동물을 고정시킨다.
② 예정항로로 항해할 준비를 한다.
③ 조타장치의 고장에 대한 대책을 세운다.
④ 개구부는 밀폐하고 배수구는 원활히 한다.

정답 ②

해설

2-1

① 거주(Heave to) : 선수를 풍랑쪽으로 향하게 하여 조타가 가능한 최소의 속력으로 전진하는 방법으로 풍랑을 선수로부터 좌우현 25~35° 방향에서 받도록 한다.

③ 표주(Lie to) : 황천 속에서 기관을 정지하여 선체가 풍하측으로 표류하도록 하는 방법으로 복원력이 큰 소형선에서나 이용할 수 있다.

④ 진파기름(Storm Oil) 살포 : 구명정이나 조난선이 표주(라이 투)할 때에 선체 주위에 기름을 살포하여 파랑을 진정시키는 목적으로 사용하는 기름을 스톰오일이라 한다. 또한 조난선의 위치를 확인하는 데 도움을 줄 수도 있다.

2-2

항해 중의 황천준비

- 화물의 고정된 상태를 확인하고 선내 이동물, 구명정 등을 단단히 고정시킨다.
- 탱크 내의 기름이나 물은 가득 채우거나 비우도록 한다.
- 선체 외부의 개구부를 밀폐하고, 현측 사다리를 고정하고 배수구를 청소해 둔다.
- 어선 등에서는 갑판상에 구명줄을 매고, 작업원의 몸에도 구명줄을 매어 황천에 대비한다.

핵심이론 03 협수로에서의 선박조종

① 협수로(좁은 수로)에서의 선박운용

㉠ 선수미선과 조류의 유선이 일치되도록 조종하고, 회두 시 소각도로 여러 차례 변침한다.

㉡ 기관사용 및 앵커 투하 준비상태를 계속 유지하면서 항행한다.

㉢ 역조 때에는 정침이 잘되나 순조 때에는 정침이 어려우므로 타효가 잘 나타나는 안전한 속력을 유지하도록 한다.

㉣ 순조 시에는 대략 유속보다 3노트 정도 빠른 속력을 유지하도록 한다.

㉤ 협수로의 중앙을 벗어나면 육안 영향에 의한 선체 회두를 고려한다.

㉥ 좁은 수로에서는 원칙적으로 추월이 금지되어 있다.

㉦ 통항시기는 게류 시나 조류가 약한 때를 택한다.

② 강에서의 선박운용

㉠ 강물의 흐름으로 수심, 항로표지 위치 등이 변할 수 있으므로 해도를 너무 과신하지 말고, 측심 준비를 한다.

㉡ 해양에서 강으로 들어가면 비중이 낮아지기 때문에 선박의 흘수가 증가하며 사주 및 퇴적물로 인한 얕은 지역이 수시로 생기므로 고조시를 이용하여 통항하고 등흘수로 조정하도록 한다.

㉢ 조타 시에 물의 흐름에 대한 자선의 자세에 주의하고, 물표를 보고 항로를 따라서 수동 조타하도록 한다.

㉣ 강의 중앙을 벗어나면 육안 영향에 의한 선체 회두를 고려한다.

㉤ 원목 등과 같은 부유물이 많으므로 키나 추진기가 손상되지 않도록 주의하고, 가능하면 주간에 통과할 수 있도록 항행계획을 세운다.

핵심예제

3-1. 강에서의 선박운용 방법이 아닌 것은?

① 가능하면 강의 중앙 부근을 항행하는 것이 좋다.
② 강에는 원목 등의 부유물이 있을 수 있으므로 타와 추진기 손상에 유의한다.
③ 해양에서 강으로 들어가면 물의 비중이 낮아지기 때문에 선박의 흘수가 감소하므로 저조시를 이용하여 통항하도록 한다.
④ 강은 굴곡이 심하므로 조타 시 물의 흐름에 주의하고, 될 수 있는 대로 물표를 보고 항로를 따라서 수동 조타하는 것이 좋다.

정답 ③

3-2. 협수로에서의 선박운항 방법으로 틀린 것은?

① 선수미선과 유선이 일치되도록 한다.
② 회두 시 조타명령은 순차로 구령하여 소각도로 여러 차례 한다.
③ 기관사용 준비를 한다.
④ 선수 부근에 선박이 나타나면 즉시 기관을 정지한다.

정답 ④

해설

3-1

강에서의 선박운용

- 강물의 흐름으로 수심, 항로표지 위치 등이 변할 수 있으므로 해도를 너무 과신하지 말고, 측심 준비를 한다.
- 해양에서 강으로 들어가면 비중이 낮아지기 때문에 선박의 흘수가 증가하며 사주 및 퇴적물로 인한 얕은 지역이 수시로 생기므로 고조시를 이용하여 통항하고 등흘수로 조정하도록 한다.
- 조타 시에 물의 흐름에 대한 자선의 자세에 주의하고, 물표를 보고 항로를 따라서 수동 조타하도록 한다.
- 강의 중앙을 벗어나면 육안 영향에 의한 선체 회두를 고려한다.
- 원목 등과 같은 부유물이 많으므로 키나 추진기가 손상되지 않도록 주의하고, 가능하면 주간에 통과할 수 있도록 항행계획을 세운다.

3-2

협수로에서의 선박운용

- 선수미선과 조류의 유선이 일치되도록 조종하고, 회두 시 소각도로 여러 차례 변침한다.
- 기관사용 및 앵커 투하 준비상태를 계속 유지하면서 항행한다.
- 타효가 잘 나타나는 안전한 속력을 유지하도록 한다.
- 협수로의 중앙을 벗어나면 육안 영향에 의한 선체 회두를 고려한다.
- 좁은 수로에서는 원칙적으로 추월이 금지되어 있다.
- 통항시기는 게류 시나 조류가 약한 때를 택한다.

핵심이론 04 협시계에서의 조종

① 협시계 항행 시의 주의사항
㉠ 기관은 항상 사용할 수 있도록 스탠바이 상태로 준비하고, 안전한 속력으로 항행한다.
㉡ 레이더를 최대한 활용한다.
㉢ 이용 가능한 모든 수단을 동원하여 엄중한 경계를 유지한다.
㉣ 경계의 효과 및 타선의 무중신호를 조기에 듣기 위하여 선내 정숙을 기한다.
㉤ 적절한 항해등을 점등하고, 필요 외의 조명등은 규제한다.
㉥ 일정한 간격으로 선위를 확인하고, 측심기를 작동시켜 수심을 계속 확인한다.
㉦ 수심이 낮은 해역에서는 필요시 즉시 사용 가능하도록 앵커 투하준비를 한다.

② 야간 항행 시의 주의사항
㉠ 조타는 수동으로 한다.
㉡ 안전을 가장 우선으로 한 항로와 침로를 선택한다.
㉢ 엄중한 경계를 한다.
㉣ 자선의 등화가 분명하게 켜져 있는지 확인한다.
㉤ 야간표지의 발견에 노력한다.
㉥ 일정한 간격으로 계속 선위를 확인한다.

핵심예제

야간에 교량이 많은 항내를 항해할 때의 주의사항이 아닌 것은?

① 조타는 수동으로 한다.
② 선박의 위치를 자주 확인한다.
③ 항해등이 올바르게 켜져 있는지 확인한다.
④ 앞에서 오는 배가 잘 보이도록 선수에 밝은 등을 켠다.

정답 ④

해설

야간 항행 시의 주의사항

- 조타는 수동으로 한다.
- 안전을 가장 우선으로 한 항로와 침로를 선택한다.
- 엄중한 경계를 한다.
- 자선의 등화가 분명하게 켜져 있는지 확인한다.
- 야간표지의 발견에 노력한다.
- 일정한 간격으로 계속 선위를 확인한다.

3 선박의 복원성

3-1. 복원성

핵심이론 01 복원성과 용어

① **복원성** : 선박이 물 위에 떠 있는 상태에서 외부로부터 힘을 받아서 경사하려고 할 때의 저항 또는 경사한 상태에서 그 외력을 제거하였을 때 원래의 상태로 돌아오려고 하는 힘을 말한다.

② **복원력과 관련된 용어**

㉠ 배수량(W) : 선체 중 수면하에 잠겨있는 부분의 용적(V)에 물의 밀도(ρ)를 곱한 것을 말한다.

㉡ 무게중심(G) : 선체의 전체 중량이 한 점에 모여 있다고 생각할 수 있는 가상의 점을 말한다.

㉢ 부심(B) : 선체의 전체 부력이 한 점에 작용한다고 생각할 수 있는 점으로 선박의 수면하 체적의 기하학적 중심을 말한다.

㉣ 부력과 중력 : 물에 떠 있는 선체에서는 배의 무게만큼의 중력이 하방향으로 작용하고, 동시에 배가 밀어 낸 물의 무게만큼의 부력이 상방향으로 작용하는데 힘의 크기는 같고 방향은 반대이다.

㉤ 경심(M, 메타센터) : 배가 똑바로 떠 있을 때 부심을 통과하는 부력의 작용선과 경사된 부력의 작용선이 만나는 점을 말한다.

㉥ 메타센터높이(GM) : 무게중심에서 경심(메타센터)까지의 높이를 말한다.

핵심예제

1-1. 다음에서 설명하고 있는 것을 바르게 표시한 것은?

해상에 떠 있는 선박의 부력과 중력의 크기

① 부력 > 중력
② 부력 < 중력
③ 부력 = 중력
④ 부력 ≤ 중력

정답 ③

1-2. 배수량에 대한 설명으로 적절한 것은?

① 선박의 용적을 말한다.
② 선박의 총톤수를 말한다.
③ 매 센티미터(cm) 배수톤을 말한다.
④ 수면하 선체의 용적에 물의 밀도를 곱한 것을 말한다.

정답 ④

1-3. 선박의 수면하 체적의 기하학적 중심에 해당하는 것은?

① 경 심
② 중 력
③ 부면심
④ 부 심

정답 ④

해설

1-1
부력과 중력 : 물에 떠 있는 선체에서는 배의 무게만큼의 중력이 하방향으로 작용하고, 동시에 배가 밀어 낸 물의 무게만큼의 부력이 상방향으로 작용하는데 힘의 크기는 같고 방향은 반대이다.

1-2
배수량(W) : 선체 중 수면하에 잠겨있는 부분의 용적(V)에 물의 밀도(ρ)를 곱한 것을 말한다.

1-3
④ 부심(B) : 선체의 전체 부력이 한 점에 작용한다고 생각할 수 있는 점으로 선박의 수면하 체적의 기하학적 중심을 말한다.
① 경심(M, 메타센터) : 배가 똑바로 떠 있을 때 부심을 통과하는 부력의 작용선과 경사된 부력의 작용선이 만나는 점을 말한다.

핵심이론 02 선박의 안정성

① 선박의 안정성 판단

㉠ 경심(M)이 무게중심(G)보다 위쪽에 위치하면 선박은 안정 평형상태이다.

㉡ 경심(M)과 무게중심(G)이 같은 점에 위치하면 선박은 중립 평형상태이다.

㉢ 경심(M)이 무게중심(G)보다 아래쪽에 위치하면 선박은 불안정 평형상태로 전복된다.

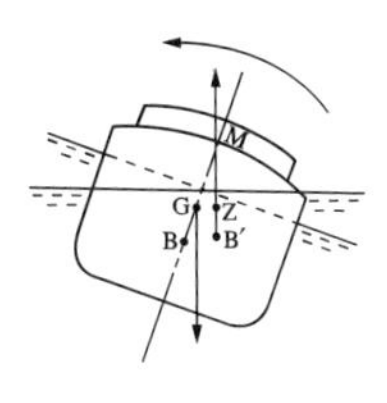

(a) 안정 평형

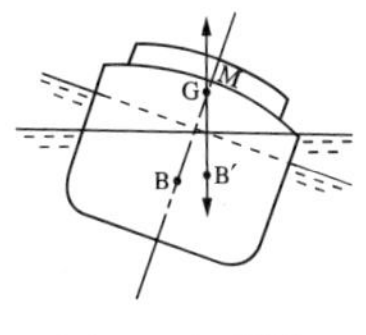

(b) 중립 평형

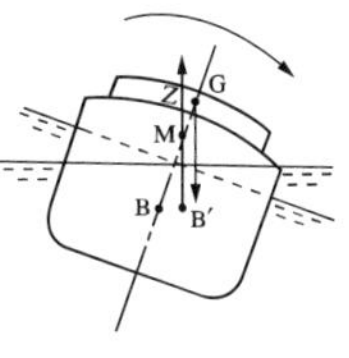

(c) 불안정 평형

② GM의 추정

㉠ 횡요 주기 : 선박이 한쪽 현으로 최대로 경사된 상태에서부터 시작하여 반대 현으로 기울었다가 다시 원위치로 되돌아오기까지 걸린 시간을 말한다.

㉡ 횡요 주기와 선폭을 알면 개략적인 GM을 구할 수 있다.

횡요 주기 $\fallingdotseq \dfrac{0.8B}{\sqrt{GM}}$, B : 선폭

㉢ 임의의 적화상태의 $GM = KM - KG$

여기서, KM : 배수량 곡선도에 주어진 선저기선에서 메타센터까지의 연직 높이

KG : 선저기선에서 선박의 무게중심까지의 연직 높이

③ GM에 따른 선박의 안정성

㉠ 적절한 복원성을 유지하기 위해서는 적당한 크기의 복원력을 가져야 한다.

㉡ GM은 배의 종류, 크기, 형상, 흘수 상태에 따라 달라지나 통상적으로 여객선은 선폭의 약 2%, 일반화물선은 5%, 유조선은 8%가 적당하다.

㉢ GM이 너무 클 경우 : 복원력이 과대하여 횡요 주기가 짧아지고, 승조원들의 멀미 및 화물의 이동이 우려된다.

㉣ GM이 너무 작을 경우 : 복원력이 작아서 횡요 주기가 길고, 경사하였을 때 원위치로 되돌아오려는 힘이 약하며, 높은 파도나 강풍을 만나면 전복의 위험이 있다.

핵심예제

2-1. 다음 중 선박이 불안정한 평형상태를 나타내는 것은?

① 무게중심과 경심의 위치가 같을 때
② 무게중심이 경심보다 아래에 있을 때
③ 무게중심이 부심 아래에 있을 때
④ 무게중심이 경심보다 위에 있을 때

정답 ④

2-2. 다음 중 기선상에서 메타센터까지의 높이(KM) 값을 구할 수 있는 곳은?

① 배수량 등곡선도 ② 적하 척도
③ 트림 수정표 ④ 해 도

정답 ①

2-3. 임의의 적화상태에 있어서 GM을 구하는 공식은?(단, G는 무게중심, M은 메타센터, K는 선저기선, B는 부심)

① $GM = KG - KM$
② $GM = KM - KG$
③ $GM = KG + KM$
④ $GM = KM - BG$

정답 ②

2-4. 항해 중 선박의 복원력에 대한 대략적인 GM값을 구할 때 측정해야 하는 것은?(단, G는 선박의 무게중심, M은 메타센터이다)

① 경사각 ② 횡요 주기
③ 배수량 ④ 부 심

정답 ②

해설

2-1

경심(M)이 무게중심(G)보다 아래쪽에 위치하면 선박은 불안정 평형상태로 전복된다.

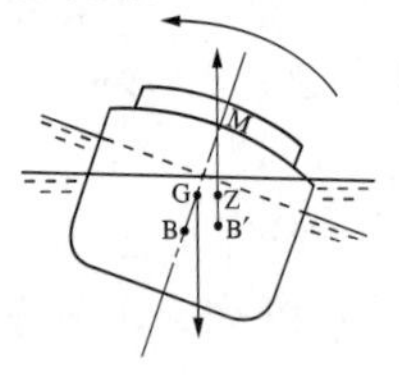

(a) 안정 평형

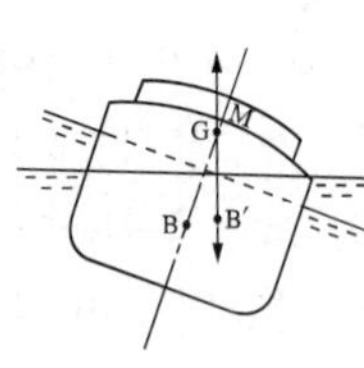

(b) 중립 평형

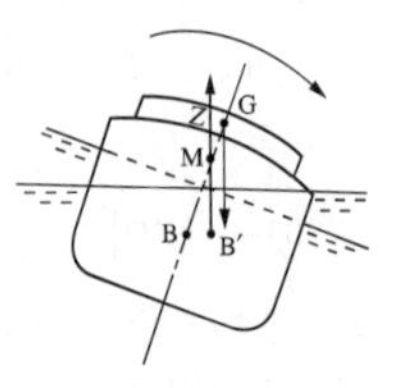

(c) 불안정 평형

2-2

KM은 배수량 곡선도에 주어진 선저기선을 기준으로 메타센터까지의 연직 높이이다.

2-3

임의의 적화상태의 $GM = KM - KG$

여기서, KM : 배수량 곡선도에 주어진 선저기선에서 메타센터까지의 연직 높이

KG : 선저기선에서 선박의 무게중심까지의 연직 높이

2-4

***GM*의 추정**

- 횡요 주기 : 선박이 한쪽 현으로 최대로 경사된 상태에서부터 시작하여 반대 현으로 기울었다가 다시 원위치로 되돌아오기까지 걸린 시간을 말한다.
- 횡요 주기와 선폭을 알면 개략적인 GM을 구할 수 있다.

횡요 주기 $\fallingdotseq \dfrac{0.8B}{\sqrt{GM}}$, B : 선폭

핵심이론 03 복원력의 요소

① 복원성에 영향을 미치는 요소

㉠ 선폭 : 일반적으로 선폭이 증가할수록 복원력이 커진다.

㉡ 건현 : 건현을 증가시키면 무게중심은 상승하나 최대 복원력에 대응하는 경사각은 커진다.

㉢ 무게중심 : 무게중심의 위치가 낮아질수록 복원력은 커진다.

㉣ 배수량 : 화물 적재량이 적을 때에는 밸러스팅하여 배수량과 GM을 증가시켜 복원력을 확보한다.

㉤ 유동수 : 항해 중 여러 탱크에 유동수가 많이 발생하면 무게중심의 위치가 상승하여 복원력을 감소시키는 효과를 일으킨다.

㉥ 현호 : 갑판 끝단이 물에 잠기는 것을 방지하여 복원력을 증가시킨다.

㉦ 바람 : 선박의 가로방향으로 바람과 파도의 영향이 합쳐지면 복원력이 감소하므로 주의한다.

② 항해 경과와 복원력 감소

㉠ 연료유, 청수 등의 소비로 인한 배수량의 감소

㉡ 유동수의 발생으로 무게중심의 위치 상승

㉢ 갑판 적화물이 물을 흡수하여 중량 증가

㉣ 갑판의 결빙으로 인한 갑판 중량 증가

핵심예제

3-1. 선박에 화물 1,000톤을 다음과 같이 적재하였다. 복원력이 가장 작게 되는 것은?

① 하창에 적재
② 중갑판에 적재
③ 상갑판에 적재
④ 하창과 중갑판에 등분하여 적재

정답 ③

3-2. 다음 중 선박의 복원력을 감소시키는 원인에 해당하는 것은?

① 선내 중량물을 하부 화물창으로 이동
② 화물의 이동방지
③ 이중저에 밸러스트 적재
④ 이중저의 연료 소비

정답 ④

해설

3-1
상갑판에 화물을 적재할 경우 무게중심이 상승하여 복원력이 감소한다.

3-2
이중저의 연료소비에 따라 배수량의 감소 및 무게중심의 위치가 상승하여 복원력이 감소한다.

4 당직근무

4-1. 선내조직과 승무원의 업무

핵심이론 01 선내조직

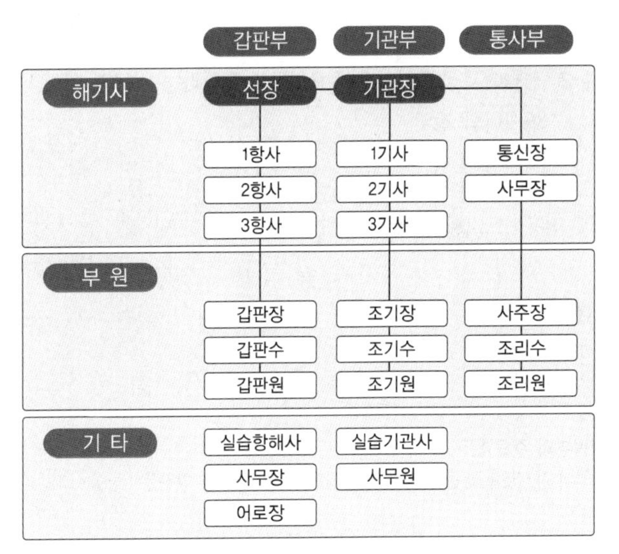

① **갑판부** : 화물의 적·양하 및 운송관리 업무, 갑판, 선체, 항해 및 안전장비 등을 유지관리
② **기관부** : 기관 및 부속설비의 운용 및 하역설비, 계선설비, 조타설비 및 전기전자설비 등을 유지관리
③ **통사부** : 통신설비의 운용, 출입항 수속 관련 업무, 조리 업무 등에 종사(최근에는 항해사가 통신사의 업무를 함께 처리)

핵심예제

1-1. 선내조직 중에서 갑판부의 조직 구성원이 아닌 사람은?

① 1등 항해사
② 조기장
③ 조타수
④ 갑판장

정답 ②

1-2. 선박에서 갑판부서의 주요업무에 해당하는 것은?

① 전기설비의 정비
② 보일러의 운전 및 정비
③ 항해, 정박, 계류 등에 관한 업무
④ 잡용펌프, 밸러스트펌프, 연료펌프의 관리 및 정비

정답 ③

해설

1-1
조기장은 기관부의 조직 구성원으로 볼 수 있다.
1-2
갑판부의 주요업무
화물의 적·양하 및 운송 관리 업무, 갑판, 선체, 항해 및 안전장비 등을 유지관리

핵심이론 02 승무원의 업무

① 선장의 직무
- ㉠ 선박을 지휘 통솔하고 선내 질서를 유지하며, 선박을 안전하게 운항시키는 총지휘 책임자
- ㉡ 승무원의 지휘, 통솔
- ㉢ 출항 전의 선박검사 의무
- ㉣ 항해성취 의무
- ㉤ 선원관리 업무
- ㉥ 출·입항 시나 그 밖의 조선지휘 의무
- ㉦ 선박 및 화물의 안전을 위한 긴급조치 의무
- ㉧ 비상시 최종적 결정 및 조치

② 1등 항해사의 직무
- ㉠ 갑판부의 책임자로 항해사 및 갑판부원을 지휘 및 감독하고, 선장을 보좌하며 선장 부재 시 그 직무를 대행
- ㉡ 선박의 안전과 규율 및 위생관리 업무
- ㉢ 화물의 적재계획 작성 및 하역감독, 화물의 안전관리
- ㉣ 갑판부원의 일과 지시 및 인사관리
- ㉤ 선체 각 부의 보존정비 및 관리감독
- ㉥ 갑판부 서류의 작성관리
- ㉦ 식수, 밸러스트, 빌지의 운용 및 관리
- ㉧ 출·입항 시 선수부 담당
- ㉨ 당직근무

③ 2등 항해사의 직무
- ㉠ 주로 항해에 관한 직무 담당
- ㉡ 항해 기기의 정비 및 관리
- ㉢ 해도, 수로서지의 개정 및 관리
- ㉣ 정오 위치측정과 보고
- ㉤ 출·입항 시 선미부 담당
- ㉥ 항해요약일지 작성
- ㉦ 당직근무

④ 3등 항해사의 직무
- ㉠ 출·입항 시 선장 보좌
- ㉡ 출·입항 시 컨디션 리포트 작성
- ㉢ 위생전담사관으로서 선내 병원 및 의약품 관리
- ㉣ 당직근무

⑤ 갑판부원의 직무
㉠ 갑판장은 1등 항해사의 지시에 따라 선교 당직자를 제외한 갑판수 및 갑판원을 지휘하여 출·입항 준비, 화물 작업, 선체정비 등의 주간작업을 진행
㉡ 갑판수는 일반적으로 조타수로서 선교에 근무하며, 항해사의 지시에 따라 조타 및 견시업무, 항해 및 신호기구의 정비, 측심 및 선교정리 등의 업무를 진행하며 정박 중에는 정박, 하역 당직업무를 수행
㉢ 갑판원은 일반적으로 갑판장의 지시에 따라 출·입항 준비, 화물작업, 선체정비 등의 주간작업을 진행

⑥ 기관부 구성원의 직무
㉠ 기관장은 기관부 전반을 지휘할 책임과 의무가 있으며, 기관에 관련된 내용 및 안전운항에 관련된 사항 등에 대하여 선장을 보좌하고 협조
㉡ 1등 기관사는 기관장을 보좌하여 기관부를 관리하고, 주기관 및 이에 관련된 기기 등을 담당
㉢ 2등 기관사 및 3등 기관사는 연료유 및 윤활유를 관리하고 발전기, 보일러, 각종 부속기기 등을 분담하여 담당
㉣ 기관부원은 1등 기관사의 지시에 따라 기관사를 보좌하여 기관의 안전점검, 보수, 정비작업을 진행

핵심예제

2-1. 다음 중 선장을 보좌하며 갑판부의 책임자로서 화물작업 및 선내의 질서유지에 대한 책임을 지고 있는 해기사로 옳은 것은?

① 기관장
② 1등 항해사
③ 2등 항해사
④ 3등 항해사

정답 ②

2-2. 선교에서 당직항해사를 보좌하며 조타 또는 그 밖의 항해 관련 업무를 수행하는 사람으로 옳은 것은?

① 갑판장
② 조타수
③ 갑판원
④ 기관원

정답 ②

해설

2-1
1등 항해사의 직무
• 갑판부의 책임자로 항해사 및 갑판부원을 지휘 및 감독하고, 선장을 보좌하며 선장 부재 시 그 직무를 대행
• 선박의 안전과 규율 및 위생관리 업무
• 화물의 적재계획 작성 및 하역감독, 화물의 안전관리
• 갑판부원의 일과 지시 및 인사관리
• 선체 각 부의 보존정비 및 관리감독
• 갑판부 서류의 작성관리
• 식수, 밸러스트, 빌지의 운용 및 관리
• 출·입항 시 선수부 담당

2-2
갑판수는 일반적으로 조타수로서 선교에 근무하며, 항해사의 지시에 따라 조타 및 견시업무, 항해 및 신호기구의 정비, 측심 및 선교정리 등의 업무를 진행하며 정박 중에는 정박, 하역 당직업무를 수행한다.

4-2. 항해당직

핵심이론 01 선교당직 항해사의 업무

① 선교당직자 구성 시 고려할 사항
- ㉠ 어느 경우든 선교를 비워서는 안 된다.
- ㉡ 기상조건, 시정 및 주간, 야간의 구별에 따른 배려
- ㉢ 항해장애물의 존재여부
- ㉣ 레이더 또는 선박의 안전항해에 영향을 미치는 기타 장비의 작동상태와 사용가능성
- ㉤ 자동조타장치의 유무

② 기본원칙
- ㉠ 항상 적절한 견시를 유지한다.
- ㉡ 항해계획은 모든 적절한 정보를 참작하여 사전에 수립하고, 모든 침로는 다시 한 번 검토한다.
- ㉢ 해상충돌예방규칙 등의 법규를 준수하고 선박의 조종성능을 충분히 숙지한다.
- ㉣ 항해 및 안전에 대한 주변상황 및 활동내용을 기록한다.
- ㉤ 항해장비 및 신호등의 정상상태 여부를 확인하고 적절하게 이용한다.
- ㉥ 선교에 비치된 항해 당직 근무수칙 및 특별지시사항을 준수한다.
- ㉦ 의심나는 사실이 있을 때에는 주저하지 말고 즉시 선장에게 보고하고 응급 시에는 즉각적인 예방조치를 한 후 보고한다.
- ㉧ 선내의 작업상황 및 화물상태 등을 확인하고 적절한 조치를 취한다.
- ㉨ 주기관의 사용권한은 당직사관에 있으므로 필요시 사용을 주저하면 안 된다.
- ㉩ 누구든 선박의 안전항해를 방해하는 임무를 주어서는 안 되며 그러한 일에 착수하여서도 안 된다.

③ 견 시
- ㉠ 시각 및 청각뿐만 아니라 당시의 시정과 조건에 알맞은 모든 유용수단을 동원하여 항상 적당한 견시를 유지하여야 한다.
- ㉡ 견시를 방해하는 임무가 부가되거나 그러한 일에 착수하여서는 안 된다.
- ㉢ 견시임무와 조타임무는 별개의 임무로 생각한다.
- ㉣ 주간에 혼자 충분한 견시를 할 수 있는 경우 충분히 검토(기상상태, 시정, 교통량 등)하여 항해안전이 확인되면 당직사관 단독으로 견시가 가능하다.

④ 선장에게 보고하여야 할 사항
- ㉠ 제한시계에 조우하거나 예상될 경우
- ㉡ 교통조건 또는 다른 선박들의 동정이 불안할 경우
- ㉢ 침로유지가 곤란할 경우
- ㉣ 예정된 시간에 육지나 항로표지를 발견하지 못하였을 경우 또는 측심을 못하였을 경우
- ㉤ 예측하지 아니한 육지나 항로표지를 발견한 경우
- ㉥ 주기관, 조타장치 또는 기타 중요한 항해장비에 고장이 생겼을 경우
- ㉦ 황천 속 악천후 때문에 생길 수 있는 손상이 의심될 경우

⑤ **도선사가 승선하고 있는 운항** : 도선사의 임무와 책임에도 불구하고 도선사가 승선하여 있기 때문에 선박의 안전을 위한 선장 또는 당직사관의 임무나 책임이 면제되는 것이 아니다.

⑥ 시정이 제한될 시
- ㉠ 당직사관은 무중신호를 울리고 적당한 속력으로 항해한다.
- ㉡ 선장에게 사항을 보고한다.
- ㉢ 견시와 조타수를 배치하고, 선박이 폭주하는 해역에서는 즉각 수동조타로 바꾼다.
- ㉣ 항해등을 켠다.
- ㉤ 레이더를 작동하고 사용한다.

핵심예제

1-1. 항해당직 중 당직사관의 업무에 대한 설명으로 틀린 것은?

① 필요 시 언제라도 선장에게 보고하지 않고 대각도 변침을 할 수 있다.
② 기관을 사용할 필요가 있다고 판단될 경우에는 일단 선장에게 보고한다.
③ 자동조타 혹은 수동조타는 자신의 판단에 따라 시행할 수 있다.
④ 무중신호 등 필요한 기적신호는 언제든지 시행할 수 있다.

정답 ②

1-2. 다음 중 항해일지에 기록할 내용은?

① 정박 중 발생한 국내외의 큰 사건
② 항해 중의 날씨 및 항해의 개요
③ 항해 중 만난 다른 선박의 명칭
④ 출입항 항구의 모습

정답 ②

1-3. 항해당직자의 경계(Look-out)업무에 대한 설명으로 적절한 것은?

① 시정이 양호한 주간에는 레이더를 사용하지 않아야 한다.
② 항상 시각, 청각 등 이용할 수 있는 모든 수단을 이용해야 한다.
③ 쌍안경은 시계가 불량할 때 또는 야간에 주로 사용한다.
④ 항해 중에는 전방경계만 철저히 하면 충돌사고를 예방할 수 있다.

정답 ②

1-4. 항해 중 시정이 제한될 때, STCW 협약에 따라 항해당직을 담당하는 해기사가 취할 조치로 틀린 것은?

① 선장에게 보고할 것
② 적절한 경계자를 배치할 것
③ 항해등을 끌 것
④ 레이더를 작동할 것

정답 ③

1-5. 항해당직자의 임무에서 가장 중요한 사항은?

① 선박이 계획된 침로상에 있는지 확인하는 일
② 선내에 있는 사람들의 소재를 파악하는 일
③ 화물의 적재상태를 확인하는 일
④ 급수, 연료유보급, 선용품보급에 대하여 지시하는 일

정답 ①

1-6. 도선사가 승선했을 때 선박 안전항해에 관한 책임을 지는 자로 옳은 것은?

① 기관장　　② 도선사
③ 선 장　　④ 1등 항해사

정답 ③

해설

1-1
주기관의 사용권한은 당직사관에 있으므로 필요시 사용을 주저하면 안 된다.

1-2
항해일지 기록사항
선박의 위치 및 상황, 기상상태, 방화·방수훈련 내용, 항해 중 발생사항과 선내에서의 출생·사망자 등을 기재

1-3
견 시
- 시각 및 청각뿐만 아니라 당시의 시정과 조건에 알맞은 모든 유용수단을 동원하여 항상 적당한 견시를 유지하여야 한다.
- 견시를 방해하는 임무가 부가되거나 그러한 일에 착수하여서는 안 된다.
- 견시임무와 조타임무는 별개의 임무로 생각한다.
- 주간에 혼자 충분한 견시를 할 수 있는 경우 충분히 검토(기상상태, 시정, 교통량 등)하여 항해안전이 확인되면 당직사관 단독으로 견시가 가능하다.

1-4
시정이 제한될 시
- 당직사관은 무중신호를 울리고 적당한 속력으로 항해한다.
- 선장에게 사항을 보고한다.
- 견시와 조타수를 배치하고, 선박이 폭주하는 해역에서는 즉각 수동조타로 바꾼다.
- 항해등을 켠다.
- 레이더를 작동하고 사용한다.

1-5
선박의 안전항해가 가장 중요한 임무로 선박이 계획된 침로상에 있는지 항상 적절한 견시를 유지하여야 한다.

1-6
도선사의 임무와 책임에도 불구하고 도선사가 승선하여 있기 때문에 선박의 안전을 위한 선장 또는 당직사관의 임무나 책임이 면제되는 것이 아니다.

핵심이론 02 항해당직 인수·인계

① 당직자는 당직 근무 시간 15분 전 선교에 도착하여 다음 사항을 확인 후 당직을 인수·인계한다.
  ㉠ 선장의 특별지시사항
  ㉡ 주변상황, 기상 및 해상상태, 시정
  ㉢ 선박의 위치, 침로, 속력, 기관 회전수
  ㉣ 항해 계기 작동상태 및 기타 참고사항
  ㉤ 선체의 상태나 선내의 작업상황
  ㉥ 항해당직을 인수 받은 당직사관은 가장 먼저 선박의 위치를 확인한다.
② 당직이 인계되어야 할 시간에 어떤 위험을 피하기 위하여 선박의 조종 또는 기타 동작이 취하여 지고 있을 때에는 임무의 교대를 미루어야 한다.

핵심예제

항해당직을 인수할 때의 주의사항으로 틀린 것은?

① 선장의 당직지침 및 특별 지시사항을 확인한다.
② 앵커체인의 상태를 확인하고 필요하면 조정한다.
③ 본선의 위치와 침로, 속력 등을 알아본다.
④ 항해계기의 작동상태를 알아본다.

정답 ②

핵심이론 03 정박 당직항해사의 업무

① 선장 및 1등 항해사의 특별지시사항을 준수한다.
② 기상 및 해상상태를 주시한다.
③ 수심, 흘수, 조석에 따른 계류색 및 닻의 상태를 수시로 확인한다.
④ 밸러스트의 이동과 청수, 소모품 및 주부식의 수급계획 등을 확인한다.
⑤ 승·하선자의 동향파악 및 통제를 지휘한다.
⑥ 적절한 간격으로 선내를 순시하여 안전 및 환경오염상태 등을 확인한다.
⑦ 당직부원을 지휘·감독한다.

핵심예제

투묘 정박 중인 선박의 당직항해사가 취하여야 할 조치로서 옳지 않은 것은?

① 정박위치의 이동여부 파악
② 효율적인 경계의 지속적 유지
③ 주묘 시 선장에게 보고
④ 빌지를 배출하고 갑판일지에 기재

정답 ④

5 기상 및 해상

5-1. 기상요소 및 관측

핵심이론 01 기상요소 및 관측

① 기 온

㉠ 지면으로부터 약 1.5m 높이의 대기온도로 섭씨(℃) 또는 화씨(°F)의 단위를 사용한다.

㉡ 온도계로는 수은, 알코올, 자기온도계 등이 있으며 수은온도계를 가장 많이 쓴다.

② 습 도

㉠ 대기 중에 포함된 수증기를 정량적으로 나타낸 것을 말하며, 기상에서는 일반적으로 상대습도를 말한다.

㉡ 수증기량은 장소마다 다르고 계절, 날씨, 기온 등에 따라 크게 변한다.

㉢ 습도계로는 건습구 온도계가 널리 쓰이며, 상대습도는 건구의 온도와 습구와 건구의 온도차를 이용하면 쉽게 구할 수 있다.

③ 기 압

㉠ 압력은 단위면적에 수직으로 작용하는 힘을 말하며, 기압은 대기의 압력으로 지표면 위에 쌓인 공기 기둥이 단위면적에 작용하는 힘이다.

㉡ 등압선은 기압값이 서로 같은 점을 연결한 선을 말한다.

㉢ 기압계로는 수은기압계, 자기기압계, 아네로이드 기압계 등이 있으며 사용이 간편한 아네로이드 기압계가 널리 쓰인다.

㉣ 아네로이드 기압계 사용법

- 충격을 받지 않는 곳에서 사용한다.
- 기차를 가감하여 기차보정을 한다.
- 직사광선이 없고 진동 및 먼지, 온도변화가 적은 곳에 설치한다.
- 일반적으로 수평으로 놓고 측정해야 하지만 벽에 수직으로 설치할 수도 있다.

④ 바 람

㉠ 지표면에 대한 공기의 상대운동으로, 방향과 크기로 표시되는 벡터량이다.

㉡ 바람은 끊임없이 변하고 있으므로 풍향과 풍속은 10분 동안의 관측값을 평균한 것으로 나타낸다.

㉢ 풍향과 풍속은 각각 풍향계와 풍속계로 관측하고 있으며 두 가지가 하나로 연결된 풍향 풍속계도 많이 사용한다. 선상에서는 선체 구조물 등의 영향을 피하기 위해 마스트 등의 높은 곳에 설치한다.

⑤ 강 수

㉠ 대기 중의 수증기가 변화하여 지상으로 떨어지는 액체 또는 고체 상태의 물 입자를 통칭한다.

㉡ 강우량은 뚜껑이 없는 원형용기를 사용하여 측정한다. 내린 눈을 측정할 때는 쌓인 눈의 깊이와 녹였을 때의 물의 양으로 나타내는 방법이 있다.

⑥ 시 정

㉠ 공기의 혼탁한 정도를 나타내는 것으로 물체나 빛이 분명하게 보이는 최대거리를 의미한다.

㉡ 목표물이 없는 해상에서는 육안으로 보이는 해안, 산, 섬, 선박 등의 거리를 레이더로 측정하여 시정을 알아낸다.

핵심예제

1-1. 평균풍속은 정시 관측 시간 전 몇 분간의 풍속을 평균해야 하는가?

① 7분 ② 10분
③ 15분 ④ 20분

정답 ②

1-2. 다음 중 아네로이드 기압계 사용법으로 틀린 것은?

① 충격을 받지 않는 곳에서 사용한다.
② 기차를 가감하여 기차보정을 한다.
③ 직사광선과 온도변화가 있는 실외에 설치한다.
④ 수평으로 놓고 측정해야 하지만 벽에 수직으로도 설치할 수 있다.

정답 ③

1-3. 기상에서 일반적으로 사용하고 있는 습도는 무엇인가?

① 상대습도 ② 절대습도
③ 비 습 ④ 혼합비

정답 ①

해설

1-1
바람은 끊임없이 변하고 있으므로 풍향과 풍속은 10분 동안의 관측값을 평균한 것으로 나타낸다.

1-2
아네로이드 기압계 사용법
- 충격을 받지 않는 곳에서 사용한다.
- 기차를 가감하여 기차보정을 한다.
- 직사광선이 없고 진동 및 먼지, 온도변화가 적은 곳에 설치한다.
- 일반적으로 수평으로 놓고 측정해야 하지만 벽에 수직으로 설치할 수도 있다.

1-3
습 도
대기 중에 포함된 수증기를 정량적으로 나타낸 것을 말하며, 기상에서는 일반적으로 상대습도를 말한다.

5-2. 기단과 전선

핵심이론 01 우리나라에 영향을 주는 기단

① 시베리아 기단
㉠ 겨울철에 시베리아 대륙에서 발달하는 한랭 건조한 대륙성 한대기단이다.
㉡ 시베리아 고기압이라고도 하며, 서고동저형의 기압 배치가 나타난다.
㉢ 겨울철 기단이 세력을 확장하게 되면 북서계절풍과 함께 한파와 폭설을 몰고 온다.

② 북태평양 기단
㉠ 여름철에 북태평양에서 형성되는 고온 다습한 해양성 열대기단이다.
㉡ 북태평양 고기압의 영향을 받으며, 남고북저형의 기압 배치에 기인한 남동계절풍이 분다.
㉢ 발달시기가 빨라지면 우리나라 초여름에 무더위를 가져올 수 있으며, 기단 세력이 약할 때는 시원한 여름이 되기도 한다.
㉣ 북태평양 고기압은 태풍의 진로에도 큰 영향을 미친다.

③ 오호츠크해 기단
㉠ 오호츠크해에서 형성되는 한랭 습윤한 해양성 한대기단이다.
㉡ 오호츠크 고기압이라고도 하며, 초여름에 북태평양기단과 접하게 되면 장마전선이 형성되어 흐리고 비가 오는 날이 계속된다.

④ 양쯔강 기단
㉠ 양쯔강 유역에서 형성되는 온난 건조한 대륙성 열대기단이다.
㉡ 이동성 고기압의 형태로 날씨변화가 심하며 특히 봄철 강한 편서풍을 타고 오는 황사로 인해 피해를 준다.

⑤ 적도 기단
㉠ 여름철 적도 부근에서 형성되는 극히 고온 다습한 열대성 해양기단이다.
㉡ 우리나라에는 초여름부터 영향을 주며 불안정한 것이 특징으로 적란운이 발생한다.

핵심예제

1-1. 대한민국 부근에서 발생하는 고기압에 해당하지 않는 것은?

① 시베리아 고기압
② 북태평양 고기압
③ 오호츠크해 고기압
④ 북대서양 고기압

정답 ④

1-2. 우리나라의 계절 중 황사가 가장 빈번한 때는?

① 봄
② 여 름
③ 가 을
④ 겨 울

정답 ①

해설

1-1
① 우리나라 겨울날씨에 영향을 준다.
② 우리나라 여름날씨에 영향을 준다.
③ 우리나라 초여름 장마전선에 영향을 준다.

1-2
양쯔강 기단
• 양쯔강 유역에서 형성되는 온난 건조한 대륙성 열대기단이다.
• 이동성 고기압의 형태로 날씨변화가 심하며 특히 봄철 강한 편서풍을 타고 오는 황사로 인해 피해를 준다.

핵심이론 02 기단의 이동과 변질

① 한랭기단의 변질
㉠ 차가운 기단이 따뜻한 지역으로 이동하면 하층 대기는 가열되고, 상층 대기는 차가운 상태를 유지하여 대기가 불안정해진다.
㉡ 바다 위로 이동하는 경우는 수증기를 공급하게 되므로 두꺼운 구름을 형성하며 습윤한 기단으로 바뀌게 된다.

② 온난기단의 변질
㉠ 따뜻한 기단이 차가운 지역이나 해역으로 이동하면 하층은 냉각되고 상층은 따뜻한 상태를 유지하여 대기가 안정하게 된다.
㉡ 이러한 조건에서는 안개나 층운이 생기는 경우가 많다.

③ 상승하는 기단의 변질
㉠ 기단이 높은 산사면을 따라 상승하는 동안 단열팽창에 의해 기온은 내려가고 응결현상이 일어나서 구름과 비가 생성된다.
㉡ 산을 넘어 내려오는 공기 덩어리는 수증기를 소비한 상태이므로 단열압축에 의해 기온은 상승하고 건조해진다.
㉢ 이러한 기후변화를 푄현상이라고 하며, 우리나라 영서지방에 나타난다. 푄현상의 바람을 높새바람이라고 한다.

핵심예제

다음 중 우리나라에서는 푄(Foehn)현상의 바람을 무엇으로 부르고 있는가?

① 북서풍
② 북동풍
③ 새바람
④ 높새바람

정답 ④

핵심이론 03 전선의 종류와 날씨

① 온난전선

㉠ 따뜻한 기단이 찬 기단 쪽으로 이동하는 전선으로 두 기단의 경계면의 경사는 완만하며 따뜻한 공기가 상승하므로 구름과 비가 발생된다.

㉡ 온난전선이 지나간 다음에는 일반적으로 기압이 감소하며, 기온은 높아진다.

㉢ 온난전선의 징후는 권층운, 고층운 등이 나타나고 다음에 난층운이 생성되어 비가 온다.

② 한랭전선

㉠ 찬 기단이 따뜻한 기단 밑으로 파고들면서 밀어내는 전선으로 전선면의 경사는 온난전선보다 크며 소나기, 우박, 뇌우 등이 잘 나타나고 폭풍도 분다.

㉡ 한랭전선이 지나간 다음에는 기온이 급강하하며 강한 바람의 돌풍을 일으키기도 한다.

③ 폐색전선

㉠ 온대 저기압의 한랭전선의 이동속도가 온난전선의 이동속도보다 빨라서 한랭전선과 온난전선이 합쳐진 전선을 말한다.

㉡ 폐색전선에 따른 날씨는 한랭 및 온난의 각 전선과 비슷하게 나타난다.

④ 정체전선

㉠ 북쪽의 찬 기단과 남쪽의 따뜻한 기단의 세력이 비슷하여 거의 이동하지 않고 일정한 자리에 머물러 있는 전선을 말한다.

㉡ 정체전선 근처에서는 날씨가 흐리고 비가 내리는 시간도 길어지는데, 여름철 우리나라에 걸치는 장마전선이 대표적인 예이다.

핵심예제

보통 바람의 상태는 온난전선이 통과할 때와 비교하여 한랭전선이 통과할 때는 어떠한가?

① 강하다.　　② 약하다.
③ 같다.　　④ 구별할 수 없다.

정답 ①

해설

한랭전선
찬 기단이 따뜻한 기단 밑으로 파고들면서 밀어내는 전선으로 전선면의 경사는 온난전선보다 크며 소나기, 우박, 뇌우 등이 잘 나타나고 폭풍도 분다. 한랭전선이 지나간 다음에는 기온이 급강하하며 강한 바람의 돌풍을 일으키기도 한다.

5-3. 고기압과 저기압

핵심이론 01 고기압

① 고기압의 특성

㉠ 고기압은 주위보다 상대적으로 기압이 높다.

㉡ 공기는 중심에서 밖으로 이동하며 시계(북반구)방향으로 바람이 분다.

㉢ 중심에서 빠져나간 공기를 보완하기 위해 하강기류가 형성되어 구름이 적고 맑은 날씨가 된다.

㉣ 중심으로 향함에 따라 기압은 높아지고 기압경도는 작아지며 바람이 약해진다.

② 고기압의 종류

㉠ 한랭 고기압 : 키 작은 고기압이라고도 하며, 시베리아에서 발달하는 전형적인 한랭 고기압은 우리나라 겨울날씨를 지배한다.

㉡ 온난 고기압 : 중위도 고압대에서 발달하는 고기압으로 키 큰 고기압이라고도 한다. 우리나라의 여름철에 영향을 주는 북태평양 고기압과 같은 아열대 고기압이 대표적이다.

㉢ 이동성 고기압 : 비교적 규모가 작은 고기압으로 우리나라 봄과 가을에 영향을 미치며, 날씨가 자주 변하고 대체로 맑은 날씨를 보인다.

㉣ 지형성 고기압 : 밤에 육지의 복사 냉각으로 형성되는 소규모의 고기압으로 날씨에는 많은 영향을 끼치지 않는다.

핵심예제

1-1. 다음 고기압 중 우리나라의 봄과 가을에 날씨가 자주 변하는 것에 영향을 미치는 것은?

① 북태평양 고기압
② 이동성 고기압
③ 지형성 고기압
④ 시베리아 고기압

정답 ②

1-2. 고기압의 일반적인 성질에 해당되지 않는 것은?

① 주위에 비하여 기압이 높다.
② 중심으로 향함에 따라 기압이 낮다.
③ 중심으로 향함에 따라 기압경도는 작다.
④ 중심부근에는 하강기류가 있다.

정답 ②

1-3. 대한민국의 여름 날씨를 대표하는 고기압으로 옳은 것은?

① 시베리아 고기압
② 오호츠크해 고기압
③ 이동성 고기압
④ 북태평양 고기압

정답 ④

해설

1-1
이동성 고기압 : 비교적 규모가 작은 고기압으로 우리나라 봄과 가을에 영향을 미치며, 날씨가 자주 변하고 대체로 맑은 날씨를 보인다.

1-2
고기압의 특성
- 고기압은 주위보다 상대적으로 기압이 높다.
- 공기는 중심에서 밖으로 이동하며 시계(북반구)방향으로 바람이 분다.
- 중심에서 빠져나간 공기를 보완하기 위해 하강기류가 형성되어 구름이 적고 맑은 날씨가 된다.
- 중심으로 향함에 따라 기압은 높아지고 기압경도는 작아지며 바람이 약해진다.

1-3
온난 고기압 : 중위도 고압대에서 발달하는 고기압으로 키 큰 고기압이라고도 한다. 우리나라의 여름철에 영향을 주는 북태평양 고기압과 같은 아열대 고기압이 대표적이다.

핵심이론 02 저기압

① 저기압의 특성
㉠ 저기압은 주위보다 상대적으로 기압이 낮다.
㉡ 주변으로 바람이 반시계방향(북반구)으로 불어 들어온다.
㉢ 상승기류가 형성되어 구름을 만들고 비를 형성하여 날씨가 나빠진다.
㉣ 중심으로 갈수록 기압경도는 증가하며 바람이 강해진다.
㉤ 기단의 기온 차가 심하면 발달한다.
㉥ 온대성 저기압은 전선의 유무에 따라 전선 저기압과 비전선 저기압으로 분류된다.

핵심예제

저기압의 일반적인 성질로 옳은 것은?

① 중심에 접근할수록 기압경도가 증가하며 풍속이 강해진다.
② 풍향은 북반구에서 시계방향으로 수렴한다.
③ 중심부근에는 하강기류가 있어 한랭 건조하다.
④ 전선이 존재하지 않는다.

정답 ①

해설

저기압의 특성으로는 중심으로 갈수록 기압경도가 증가하며 바람이 강해진다.

핵심이론 03 해륙풍과 계절풍

① 해륙풍

㉠ 바다와 육지의 온도차에 의해 생성되는 바람이다.

㉡ 낮에 육지가 바다보다 빨리 가열되면서 육지의 기압이 낮아져 상대적으로 기압이 높은 바다에서 육지로 바람이 부는데 이를 해풍이라 한다.

㉢ 밤에는 열용량이 큰 바다는 서서히 식기 때문에 바다의 기압이 더 낮아져 육지에서 바다로 바람이 부는데 이를 육풍이라 한다.

㉣ 일반적으로 해풍이 육풍보다 강하며 온대지방에서는 여름철에 주로 발달한다.

② 계절풍

㉠ 해륙풍과 같은 원리로 대륙과 해양 사이에서의 비열 차이에 의해 발생한다.

㉡ 여름철에는 해양에서 육지로, 겨울철에는 육지에서 해양으로 바람이 분다.

㉢ 우리나라 부근의 계절풍은 여름에는 남동풍, 겨울에는 북서풍이 분다.

핵심예제

3-1. 우리나라 부근의 탁월한 계절풍으로 적절한 것은?

① 여름 – 남동풍, 겨울 – 북서풍
② 여름 – 남서풍, 겨울 – 남동풍
③ 여름 – 북서풍, 겨울 – 남동풍
④ 여름 – 남동풍, 겨울 – 북동풍

정답 ①

3-2. 다음에서 설명하는 것은?

> 해안지방에서 일어나는 국지적인 바람이며, 주간에는 바다에서 육지로 향해 불고, 야간에는 육지에서 바다로 향하여 부는 바람

① 해륙풍
② 무역풍
③ 계절풍
④ 시 풍

정답 ①

해설

3-1

계절풍

해륙풍과 같은 원리로 대륙과 해양 사이에서의 비열 차이에 의해 발생하며 여름철에는 해양에서 육지로, 겨울철에는 육지에서 해양으로 바람이 분다. 우리나라 부근의 계절풍은 여름에는 남동풍, 겨울에는 북서풍이 분다.

3-2

해륙풍

바다와 육지의 온도차에 의해 생성되는 바람으로, 낮에 육지가 바다보다 빨리 가열되면서 육지의 기압이 낮아져 상대적으로 기압이 높은 바다에서 육지로 바람이 부는데 이를 해풍이라 한다. 밤에는 열용량이 큰 바다는 서서히 식기 때문에 바다의 기압이 더 낮아져 육지에서 바다로 바람이 부는데 이를 육풍이라 한다. 일반적으로 해풍이 육풍보다 강하며 온대지방에서는 여름철에 주로 발달한다.

5-4. 태풍과 항해

핵심이론 01 태 풍

① **태풍** : 열대 해상에서 발달하는 열대성 저기압으로 중심풍속이 17m/sec(풍력계급 12, 64노트) 이상의 폭풍우를 동반하는 열대성 저기압을 말한다.

② **태풍의 기압분포** : 등압선은 중심으로부터 1,000hPa 내외까지는 거의 원형으로 되어 있으며, 중심 부근으로 갈수록 기압은 급격하게 감소하고 등압선도 조밀하다.

③ **태풍의 일생**

㉠ 발생기 : 적도 부근의 약한 열대 저기압에서 태풍이 될 때까지의 기간을 말한다.

㉡ 발달기 : 북위 10°를 넘으면서 중심기압이 990hPa 이하로 내려가며, 최대 풍속이 30m/sec 이상의 강풍역이 되고 중심에는 눈이 나타난다.

㉢ 최성기 : 북위 20~25° 부근에 달하여 중심기압이 최저로 되며 태풍의 반경이 넓어진다. 최대 풍속은 70m/sec 정도로 전향점 근처에서 이동속도가 느려지고 전향점을 지나서 진행방향을 바꾼다.

㉣ 쇠약기 : 전향한 태풍은 편서풍대에 들어오면 이동속도가 급격히 증가하며 중심기압이 높아지면서 태풍의 위력이 떨어지고 온대 저기압화하여 소멸한다.

④ 우리나라에는 주로 7~8월에 많이 내습한다.

핵심예제

1-1. 다음 중 태풍의 이동속도가 가장 느린 곳은?

① 태풍 발생기 지점에서 이동할 때
② 발생기 지점에서 발달기 지점까지
③ 전향점 부근에서
④ 전향점에서 편서풍대에 들어왔을 때

정답 ③

1-2. 다음 중 열대성 저기압의 중심부근의 풍속이 몇 노트 이상일 경우 태풍이라고 하는가?

① 20노트 이상
② 44노트 이상
③ 54노트 이상
④ 64노트 이상

정답 ④

해설

1-1

태풍은 전향점 근처에서 이동속도가 느려지고 전향점을 지나서 진행방향을 바꾼다.

1-2

태풍의 정의

열대 해상에서 발달하는 열대성 저기압으로 중심풍속이 17m/sec(풍력계급 12, 64노트) 이상의 폭풍우를 동반하는 열대성 저기압을 말한다.

핵심이론 02 태풍의 진로와 피항

① 태풍의 중심과 선박의 위치(북반구)

㉠ 풍향이 변하지 않고 폭풍우가 강해지고 기압이 점점 내려가면 선박은 태풍의 진로상에 위치하고 있다.

㉡ 태풍의 영향을 받고 있는 경우, 시간이 지나면서 풍향이 순전(시계방향)하면 태풍진로의 오른쪽(위험반원)에 들고, 풍향이 반전(반시계방향)하면 왼쪽(가항반원)에 들게 된다.

㉢ 바람이 북 – 북동 – 동 – 남동으로 변하고 기압이 하강하며 풍력이 증가하면 선박은 태풍의 우측반원의 위험반원에 있다.

② 태풍 피항법

㉠ R.R.R법칙 : 북반구에서 풍향이 우전(Right)하면 선박은 오른쪽(Right) 반원에 위치한다. 이때는 우현선수(Right)에 바람을 받으면서 조선하여 태풍중심에서 멀어진다.

㉡ L.L.S법칙 : 북반구에서 풍향이 좌전(Left)하면 선박은 왼쪽(Left) 반원에 위치한다. 이때는 우현선미(Starboard Quarter)로 받으면서 조선하여 태풍중심을 피한다.

㉢ 태풍 진로상에 선박이 있을 경우: 북반구의 경우 풍랑을 우현선미로 받으면서 가항반원(안전반원)으로 선박을 유도한다.

핵심예제

2-1. R.R.R 법칙이란 무엇인가?

① 태풍 피항법
② 태풍 관측법
③ 태풍 진로 판단법
④ 태풍 중심 위치 판단법

정답 ①

2-2. 북반구에서 본선이 태풍의 진로상에 있다고 하면 어느 쪽으로 피항해야 하는가?

① 좌반원
② 우반원
③ 태풍 진로 방향
④ 태풍의 중심 방향

정답 ①

해설

2-1

태풍 피항법

- R.R.R법칙 : 북반구에서 풍향이 우전(Right)하면 선박은 오른쪽(Right) 반원에 위치한다. 이때는 우현선수(Right)에 바람을 받으면서 조선하여 태풍중심에서 멀어진다.
- L.L.S법칙 : 북반구에서 풍향이 좌전(Left)하면 선박은 왼쪽(Left) 반원에 위치한다. 이때는 우현선미(Starboard Quarter)로 바람을 받으면서 조선하여 태풍중심을 피한다.

2-2

태풍 진로상에 선박이 있을 때 북반구의 경우 풍랑을 우현선미로 받으면서 왼쪽(가항반원)으로 선박을 유도한다.

6 선박의 동력장치

핵심이론 01 주기관(외연기관과 내연기관)

① 외연기관

㉠ 보일러 내에서 연료를 연소시켜서 발생하는 연소가스의 열을 보일러 물에 전하여 증기를 만들고, 이 증기에 의하여 왕복기관이나 터빈을 움직인다.

㉡ 증기왕복운동기관 : 고압증기로 피스톤을 왕복운동 시키고, 피스톤 왕복운동을 크랭크에 의해 회전운동으로 변환시켜 추진기를 돌리는 기관이다.

㉢ 증기터빈기관 : 고압증기로 직접 회전 날개를 돌리게 하여 추진하는 방식이다.

② 내연기관

㉠ 연료가 직접 기관 내부에서 연소되는 열기관으로 불꽃점화방식의 가솔린기관과 가스기관, 압축점화방식의 디젤기관이 있다. 소형보트를 제외한 대부분의 선박에서는 디젤기관을 주기관으로 사용하고 있다.

㉡ 디젤기관의 특징

- 장점 : 압축비가 높아 연료 소비율이 낮으며, 가솔린기관에 비해 열효율이 높다.
- 단점 : 중량이 크고, 폭발압력이 커서 진동과 소음이 크다.

㉢ 디젤기관의 종류 : 디젤기관은 1회 폭발을 위한 행정 수에 따라 4행정 사이클기관과 2행정 사이클기관으로 구분한다.

- 4행정 사이클기관 : 흡입, 압축, 작동, 배기의 4작용이 각각 피스톤의 1행정 동안 일어난다. 즉, 크랭크축의 2회전으로 1사이클이 완성된다.
- 2행정 사이클기관 : 흡입과 압축, 작동과 배기가 각각 피스톤의 1행정 동안 동시에 일어난다. 즉, 크랭크축의 1회전으로 1사이클이 완성된다.

㉣ 윤활유의 작용 : 윤활작용, 냉각작용, 기밀작용, 청정작용, 응력분산작용, 방청작용

핵심예제

1-1. 다음 중 디젤기관의 장점은?

① 연료소비량이 적다.
② 시동이 용이하다.
③ 기관의 무게가 작다.
④ 진동과 소음이 작다.

정답 ①

1-2. 기관의 운동부 마찰면에 윤활유를 공급하여 기관을 원활하게 운전할 수 있게 하는데, 윤활유의 주된 기능이 아닌 것은?

① 윤활작용
② 냉각작용
③ 압축작용
④ 기밀작용

정답 ③

1-3. 2행정 기관이 크랭크 축 1회전마다 폭발하는 횟수로 옳은 것은?

① 4회　② 3회
③ 2회　④ 1회

정답 ④

1-4. 디젤기관의 점화방식으로 옳은 것은?

① 압축점화
② 스파크점화
③ 소구점화
④ 전기점화

정답 ①

해설

1-1
디젤기관의 특징
- 장점 : 압축비가 높아 연료 소비율이 낮으며, 가솔린기관에 비해 열효율이 높다.
- 단점 : 중량이 크고, 폭발압력이 커서 진동과 소음이 크다.

1-2
윤활유의 작용
윤활작용, 냉각작용, 기밀작용, 청정작용, 응력분산작용, 방청작용

1-3
2행정 사이클기관
흡입과 압축, 작동과 배기가 각각 피스톤의 1행정 동안 동시에 일어난다. 즉, 크랭크축의 1회전으로 1사이클이 완성된다.

1-4
내연기관은 연료가 직접 기관 내부에서 연소되는 열기관으로 불꽃점화방식의 가솔린기관과 가스기관, 압축점화방식의 디젤기관이 있다.

핵심이론 02 보조기계

① **발전기** : 선내에 필요한 전력을 공급하는 장치로 전압은 220V 또는 440V이며 용도에 따라 주발전기, 보조발전기, 비상용 발전기로 나눌 수 있다.

② **펌 프**

㉠ 왕복동식 펌프 : 흡입밸브와 송출밸브를 갖춘 실린더 속에서 피스톤이나 플런저를 왕복운동시켜 유체를 이송하는 펌프이다.

㉡ 원심력식 펌프 : 임펠러의 회전에 의한 운동에너지를 압력에너지로 변환시키는 펌프로 원심펌프, 사류펌프, 축류펌프 등이 있다.

㉢ 회전식 펌프 : 1~3개의 회전자의 회전에 의해 유체를 이송하는 펌프로 기어펌프, 베인펌프, 톱니펌프, 나사펌프 등이 있다.

③ **냉동장치** : 선박에서는 냉매가 압축기, 응축기, 팽창밸브, 증발기를 순환하는 가스압축식 냉동장치를 가장 많이 사용한다. 즉, 장치 내의 냉매가 압축기에서 고온·고압으로 압축된 후, 응축기와 팽창밸브를 거쳐 증발기에서 피냉동 물체의 증발열을 흡수하게 하여 냉동 목적을 달성한다.

④ **조수장치** : 선박에서 조수방법은 증발식, 역삼투식 등이 있는데, 주로 증발식 조수방법을 채택하고 있다.

⑤ **유청정기** : 기름 속에 포함된 수분이나 고형물질 등과 같은 불순물을 제거하는 장치로 원심식과 여과식을 많이사용한다.

⑥ **공기압축기** : 주기관 및 발전기관의 시동, 갑판기계구동, 각종 작업 등에 사용되며 왕복식 공기압축기, 회전식 공기압축기 등이 있다.

핵심예제

2-1. 임펠러를 이용하는 대용량 펌프인 것은?

① 축류펌프
② 플런저펌프
③ 슬라이딩 베인펌프
④ 기어펌프

정답 ①

2-2. 다음 중 냉동장치에서 냉매의 역할로 옳은 것은?

① 압력을 유지시킨다.
② 증발열을 흡수하여 주위의 온도를 내린다.
③ 증발열을 발산하고 냉각된다.
④ 압축기의 운동을 원활하게 한다.

정답 ②

해설

2-1

원심력식 펌프 : 임펠러의 회전에 의한 운동에너지를 압력에너지로 변환시키는 펌프로 원심펌프, 사류펌프, 축류펌프 등이 있다.

2-2

냉동장치

선박에서는 냉매가 압축기, 응축기, 팽창밸브, 증발기를 순환하는 가스압축식 냉동장치를 가장 많이 사용한다. 즉, 장치 내의 냉매가 압축기에서 고온·고압으로 압축된 후, 응축기와 팽창밸브를 거쳐 증발기에서 피냉동물체의 증발열을 흡수하게 하여 냉동 목적을 달성한다.

7 비상조치 및 손상제어

7-1. 해양사고의 종류와 조치

핵심이론 01 충돌사고

① 충돌하였을 때의 조치
- ㉠ 자선과 타선에 급박한 위험이 있는지 판단한다.
- ㉡ 자선과 타선의 인명구조에 임한다.
- ㉢ 선체의 손상과 침수 정도를 파악한다.
- ㉣ 선명, 선적항, 선박소유자, 출항지, 기항지 등을 서로 알린다.
- ㉤ 충돌 시각, 위치, 선수방향과 당시의 침로, 천후, 기상 상태 등을 기록한다.
- ㉥ 퇴선 시에는 중요서류를 반드시 지참한다.

② 충돌 시의 운용
- ㉠ 최선을 다하여 회피동작을 취하되 불가피한 경우에는 타력을 줄인다.
- ㉡ 충돌 직후에는 즉시 기관을 정지하고, 후진기관을 함부로 사용하면 선체 파공이 커져서 침몰될 위험이 있으므로 주의한다.
- ㉢ 파공이 크고, 침수가 심하면 수밀문을 닫아 침수구역의 확산을 막는다.
- ㉣ 급박한 위험이 있을 경우에는 연속된 음향신호를 포함한 긴급신호를 울려서 구조를 요청한다.
- ㉤ 침몰이 예상되면 사람을 대피시킨 후 얕은 곳에 얹히게 한다.

핵심예제

1-1. 다음 중 불가피한 상황에서의 충돌 시 선박운용으로 옳은 것은?

① 불가피하게 충돌해야 되는 경우 타력을 줄인다.
② 급박한 위험이 있어도 충돌 원인분석을 먼저 이행한다.
③ 충돌 직후 파공 부위의 확대방지를 위해 전진기관을 사용한다.
④ 파공부위가 크고 침수가 심하면 무조건 선박을 포기하고 퇴선한다.

정답 ①

1-2. 선박 충돌 시의 선박운용 방법으로 틀린 것은?

① 충돌 직후는 즉시 기관을 후진한다.
② 침수가 심하면 수밀문을 밀폐시킨다.
③ 급박한 위험 시에는 타선박에게 구조를 요청한다.
④ 침몰의 위험이 예상되면 얕은 곳에 얹히게 한다.

정답 ①

1-3. 선박과 충돌했을 때 상대선박에게 알려야 할 기본사항으로 옳지 않은 것은?

① 선명, 선적항
② 선박소유자
③ 비치 식료품의 종류, 잔량
④ 출항지, 기항지

정답 ③

해설

1-1
최선을 다하여 회피동작을 취하되 불가피한 경우에는 타력을 줄인다.

1-2
충돌 시의 운용
- 최선을 다하여 회피동작을 취하되 불가피한 경우에는 타력을 줄인다.
- 충돌 직후에는 즉시 기관을 정지하고, 후진기관을 함부로 사용하면 선체 파공이 커져서 침몰될 위험이 있으므로 주의한다.
- 파공이 크고, 침수가 심하면 수밀문을 닫아 침수구역의 확산을 막는다.
- 급박한 위험이 있을 경우에는 연속된 음향신호를 포함한 긴급신호를 울려서 구조를 요청한다.
- 침몰이 예상되면 사람을 대피시킨 후 얕은 곳에 얹히게 한다.

1-3
선박과 충돌 시 선명, 선적항, 선박소유자, 출항지, 기항지 등을 서로 알린다.

핵심이론 02 좌초와 이초

① 좌초와 이초 : 선박이 암초나 개펄 위에 얹히는 것을 좌초라 하고, 좌초상태에서 빠져 나오는 것을 이초라 한다.

② 좌초 시의 조치
- ㉠ 즉시 기관을 정지한다.
- ㉡ 손상 부위와 그 정도를 파악하고, 선저부의 손상 정도는 빌지와 탱크를 측심하여 추정한다.
- ㉢ 후진기관의 사용으로 손상 부위가 확대될 수 있으므로 주의한다.
- ㉣ 자력 이초가 불가능하면 가까운 육상 당국에 협조를 요청한다.
- ㉤ 간만의 차를 고려하여 이초 시기를 정한다.

③ 자력 이초
- ㉠ 조석의 만조 직전에 시도하고, 바람이나 파도, 조류 등을 최대한 이용한다.
- ㉡ 밸러스트를 배출하거나 화물을 투하하여 얹힌 부분의 선체 하중을 감소시키거나 부상시켜 작업을 시도한다.
- ㉢ 기관의 회전수를 천천히 높이고, 반출한 앵커 및 앵커체인을 감아 들인다.
- ㉣ 모래나 개흙이 냉각수로 흡입되면 펌프 및 기관이 고장을 일으키기 쉬우므로 유의한다.
- ㉤ 암초에 얹혔을 때에는 얹힌 부분의 흘수를 줄이고, 모래에 얹혔을 경우에는 얹히지 않은 부분의 흘수를 줄인다.
- ㉥ 개펄에 얹혔을 경우 선체를 좌우로 흔들면서 기관을 사용하면 효과적이다.
- ㉦ 선미가 얹혔을 때에는 키와 프로펠러에 손상이 가지 않도록 선미흘수를 줄인 후 기관을 사용한다.

④ 임의 좌주
- ㉠ 선체의 손상이 매우 커서 침몰 직전에 이르게 되면 선체를 적당한 해안에 임의적으로 좌초시키는 것을 말한다.
- ㉡ 임의 좌주 시 가능하면 만조 시에 실시하며, 투묘 후 해안과 직각이 되도록 하고 이중저탱크나 선창에 물을 넣어 선체를 해저에 밀착시킨다.

핵심예제

2-1. 선박이 좌초한 경우 자력이초의 시기로 가장 적당한 때를 나타낸 것은?

① 만조 직전
② 간조 시
③ 정류 시
④ 순조 시

정답 ①

2-2. 선체의 손상이 커서 선체를 적당한 해안에 좌초시키는 것이 임의좌주(Beaching)인데, 다음 중 임의좌주를 시도할 때의 내용으로 옳은 것은?

① 해저가 개펄인 곳에 시도한다.
② 경사가 급한 곳을 택한다.
③ 강한 조류가 있는 곳을 택한다.
④ 탱크나 선창에 물을 채운다.

정답 ④

해설

2-1

자력 이초

조석의 만조 직전에 시도하고, 바람이나 파도, 조류 등을 최대한 이용한다.

2-2

임의좌주

선체의 손상이 매우 커서 침몰 직전에 이르게 되면 선체를 적당한 해안에 임의적으로 좌초시키는 것을 말한다. 임의 좌주 시 가능하면 만조 시에 실시하며, 투묘 후 해안과 직각이 되도록 하고 이중저탱크나 선창에 물을 넣어 선체를 해저에 밀착시킨다.

핵심이론 03 선상화재

① 화재발생 시의 조치
㉠ 화재 구역의 통풍과 전기를 차단한다.
㉡ 어떤 물질이 타고 있는지를 알아내고 적절한 소화방법을 강구한다.
㉢ 소화 작업자의 안전에 유의하여 위험한 가스가 있는지 확인하고 호흡구를 준비한다.
㉣ 모든 소화기구를 집결하여 적절히 진화한다.
㉤ 작업자를 구출할 준비를 하고 대기한다.
㉥ 불이 확산되지 않도록 인접한 격벽에 물을 뿌리거나 가연성 물질을 제거한다.

② 화재발생 시의 운용
㉠ 선미쪽 화재발생 시 선미쪽을 풍하측으로, 선수쪽 화재 발생 시 선수쪽을 풍하측으로 한다.
㉡ 소화작업 시에는 화재의 확산을 막기 위해 상대풍속이 0이 되도록 조선한다.
㉢ 선체 중앙부 화재 시 : 정횡에서 바람을 받도록 조종한다.

핵심예제

3-1. 선미쪽에 화재가 발생했을 때의 조치사항으로 옳은 것은?

① 선미쪽을 풍하측으로 한다.
② 선수쪽을 풍하측으로 한다.
③ 정횡쪽을 풍상측으로 한다.
④ 기관부에 연락하여 전속 후진한다.

정답 ①

3-2. 소화작업을 할 때는 상대 풍속이 0이 되도록 조선하는 것이 원칙인데 그 이유로 옳은 것은?

① 선박이 떠밀리지 않도록
② 침로를 유지하기 위하여
③ 소화작업 중인 선원이 중심을 잡기 위하여
④ 화재의 확산을 막기 위하여

정답 ④

해설

3-1, 3-2
화재발생 시의 운용
• 선미쪽 화재발생 시 선미쪽을 풍하측으로, 선수쪽 화재발생 시 선수쪽을 풍하측으로 한다.
• 소화작업 시에는 화재의 확산을 막기 위해 상대풍속이 0이 되도록 조선한다.

7-2. 퇴 선

핵심이론 01 퇴선 전 기본 조치

① 조난신호
㉠ 국제 신호기 'NC'기의 게양
㉡ 양팔을 좌우로 벌리고 팔을 상하로 천천히 흔드는 신호
㉢ 낙하산 신호의 발사
㉣ 약 1분간의 간격으로 행하는 1회의 발포, 기타의 폭발에 의한 신호
㉤ 무중신호기구에 의한 연속된 음향신호
㉥ 모스(SOS)의 신호
㉦ 육상국이나 타선박에서 방향탐지가 가능하도록 10~15초간 장음 2회와 호출부호를 일정한 시간 간격으로 되풀이하여 송신
㉧ 무선전화의 채널16에서 'MAYDAY' 신호
㉨ 오렌지색 연기를 발하는 발연신호
㉩ EPIRB에 의하여 발신하는 신호 등

② 퇴선 준비
㉠ 선장은 퇴선상황에 직면하면 여러 요소를 종합적으로 판단하여 퇴선여부를 판단하고 퇴선신호를 명한다.
㉡ 퇴선신호는 기적 또는 선내 경보기를 사용하여 단음 7회 장음 1회를 울린다.
㉢ 전 승무원은 퇴선 비상 배치표에 따라 신속하고 침착하게 행동한다.
㉣ 퇴선 전 체온을 보호할 수 있도록 옷을 여러 겹으로 입고 구명동의를 착용한다.

핵심예제

1-1. 국제기류신호에 의한 'NC'의 신호로 옳은 것은?

① 일반신호
② 의료신호
③ 조난신호
④ 부정과 긍정신호

정답 ③

1-2. 퇴선 시 발하는 비상신호의 방법은?

① 장음 7회, 단음 1회
② 단음 7회, 장음 1회
③ 단음 1회, 장음 7회
④ 장음 1회, 단음 7회

정답 ②

해설

1-2
퇴선신호는 기적 또는 선내 경보기를 사용하여 단음 7회 장음 1회를 울린다.

핵심이론 02 퇴 선

① 가장 안전하고 바람직한 퇴선방법은 생존정을 타고 퇴선하는 것이다.
② 바다에 직접 뛰어들어 퇴선하는 경우 다음 사항에 대해 주의하도록 한다.
　㉠ 적당한 장소 선정 : 선체의 돌출물이 없는 가능한 낮은 장소를 찾아 뛰어내릴 지점의 안전상태, 구명정의 위치 등을 고려한 후 선박이 표류하는 반대방향으로 뛰어내린다.
　㉡ 뛰어드는 자세 : 두 다리를 모으고 한 손으로 코를 잡고 다른 한 손은 어깨에서 구명동의를 가볍게 잡은 후 시선을 정면에 고정한 채 다리부터 물속에 잠기도록 뛰어내린다.

핵심예제

부득이 물속으로 사람이 뛰어내릴 때 가장 적절한 것은?

① 선박이 표류하는 방향으로 뛰어내린다.
② 구명동의를 벗고 다이빙으로 뛰어내린다.
③ 한 손으로 코를 잡고 다리부터 물속에 잠기도록 뛰어내린다.
④ 선체에서 멀리 떨어지기 위해 선교의 높은 곳에서 뛰어내린다.

정답 ③

해설

물속으로 뛰어드는 자세
두 다리를 모으고 한 손으로 코를 잡고 다른 한 손은 어깨에서 구명동의를 가볍게 잡은 후 시선을 정면에 고정한 채 다리부터 물속에 잠기도록 뛰어내린다.

8 선내의료

핵심이론 01 응급처치법

① 응급처치의 목적 : 응급처치는 위급한 상황에서 자기 자신을 지키고 뜻하지 않은 부상자나 환자가 발생했을 때 전문적인 의료서비스를 받기 전까지 적절한 처치와 보호를 해주어 고통을 덜어주고, 치료기간의 단축 및 생명을 구할 수 있게 한다.

② 구조호흡 및 심폐소생법
㉠ 구조호흡 : 어떠한 원인에 의해 호흡정지가 된 환자에게 인공적으로 폐에 공기를 불어넣어 자력으로 호흡을 할 수 있게 하는 방법이다.
㉡ 구조호흡의 방법 : 구강 대 구강법, 구강 대 비강법, 등 누르고 팔 들기법, 가슴 누르고 팔 들기법 등이 있으며 물에 빠진 사람에게 가장 효과적인 인공호흡법은 구강 대 구강법이다.
㉢ 심폐소생법 : 심장과 폐의 운동이 정지된 사람에게 흉부를 압박함으로써 그 기능을 회복하도록 하는 방법이다.

③ 상 처
㉠ 타박상 : 둔기로 맞거나 딱딱한 곳에 떨어져 생기는 상처를 말한다.
㉡ 찰과상 : 피부의 표층만 다친 경우를 말하며 출혈이 없거나 있어도 소량이다.
㉢ 열상 : 상처의 가장자리가 톱니꼴로 불규칙하게 생긴 상처로 주로 피부조직이 찢겨져 생긴다.
㉣ 절상 : 칼이나 유리 등의 날카로운 물건에 의하여 베인 상처를 말한다.
㉤ 자상 : 바늘이나 못, 송곳 등과 같은 뾰족한 물건에 찔린 상처를 말한다.
㉥ 결출상 : 살이 찢겨져 떨어진 상태로 늘어진 살점이 붙어 있기도 하고 떨어져 있기도 하는 상처를 말한다.

④ 출혈과 지혈법
㉠ 동맥출혈 : 가장 심한 출혈 형태로 상처로부터 선명한 선홍색의 피가 상당한 높이로 솟구쳐 오르며, 피가 빠른 속도로 흘러나와 출혈량이 많고 응고도 거의 되지 않는다.
㉡ 정맥출혈 : 정맥으로부터 검붉은 피가 계속 스며들 듯이 흘러나오거나 혹은 쏟아져 나오기도 하는데 동맥출혈보다 지혈이 쉽다.
㉢ 모세혈관 출혈 : 피가 모세혈관으로부터 조금씩 나오며 가장 흔히 볼 수 있는 출혈 형태로 대개는 증세가 심각하지 않으며 지혈이 용이하고 자연적으로 응고된다.
㉣ 지혈법 : 출혈이 심하면 즉시 상처부위를 지혈하고 출혈부위를 심장높이보다 높게 해야 하며 적당한 지혈법을 선택하여야 한다.
- 직접압박법 : 압박붕대나 손으로 출혈부위를 직접 압박하는 방법이다.
- 지압점 압박법 : 직접압박으로 지혈되지 않을 때는 출혈부위에서 심장방향으로 가까이 위치한 동맥부위를 압박한다.
- 지혈대 이용 : 팔이나 다리에 심한 출혈이 있고, 직간접 압박법으로도 지혈이 되지 않을 때 최후의 수단으로 사용하는 지혈법이다.

⑤ 화 상
㉠ 1도 화상 : 표피가 붉게 변하며 쓰린 통증이 있지만 흉터는 남지 않는다.
㉡ 2도 화상 : 표피와 진피가 손상되어 물집이 생기며 심한 통증을 수반한다.
㉢ 3도 화상 : 피하조직 및 근용조직이 손상되어 괴사부위가 굳어지고 감각이 없고 흙색으로 변하며 가피가 형성된다.

핵심예제

1-1. 물에 빠진 사람에게 일반적으로 행하는 인공호흡법으로 가장 효과적인 것은?

① 구강 대 구강법
② 구강 대 비구강법
③ 등 누르고 팔 들기법
④ 가슴 누르고 팔 들기법

정답 ①

1-2. 동맥출혈의 현상으로 거리가 먼 것은?

① 피가 선홍색이다.
② 피가 분출성이다.
③ 피가 암적색이다.
④ 출혈량이 많다.

정답 ③

1-3. 다리와 팔에서 출혈이 계속될 때 최종적인 지혈법으로 옳은 것은?

① 직접 압박법 ② 간접 압박법
③ 지혈대 사용법 ④ 직, 간접 압박법 병용

정답 ③

1-4. 다음 중 못이나 송곳, 바늘 등과 같이 뾰족한 물건에 찔렸을 때 생기는 상처는?

① 절 상 ② 열 상
③ 찰과상 ④ 자 상

정답 ④

해설

1-1
구조호흡의 방법으로는 구강 대 구강법, 구강 대 비강법, 등 누르고 팔 들기법, 가슴 누르고 팔 들기법 등이 있으며 물에 빠진 사람에게 가장 효과적인 인공호흡법은 구강 대 구강법이다.

1-2
동맥출혈
가장 심한 출혈 형태로 상처로부터 선명한 선홍색의 피가 상당한 높이로 솟구쳐 오르며, 피가 빠른 속도로 흘러나와 출혈량이 많고 응고도 거의 되지 않는다.

1-3
지혈대 이용 : 팔이나 다리에 심한 출혈이 있고, 직간접 압박법으로도 지혈이 되지 않을 때 최후의 수단으로 사용하는 지혈법이다.

1-4
① 절상 : 칼이나 유리 등의 날카로운 물건에 의하여 베인 상처를 말한다.
② 열상 : 상처의 가장자리가 톱니꼴로 불규칙하게 생긴 상처로 주로 피부조직이 찢겨져 생긴다.
③ 찰과상 : 피부의 표층만 다친 경우를 말하며 출혈이 없거나 있어도 소량이다.

9 수색 및 구조, 해상통신

9-1. 해양사고 시의 수색구조

핵심이론 01 조난선의 인명구조

① 사람이 물에 빠졌을 때의 조치
㉠ 현장 발견자는 큰소리로 고함을 질러 선교에 알린다.
㉡ 즉시 기관을 정지시키고, 물에 빠진 사람 쪽으로 최대 타각을 주어 스크루 프로펠러에 사람이 빨려 들지 않도록 조종한다.
㉢ 자기점화등, 발연부신호가 부착된 구명부환을 익수자에게 던져서 위치표시를 한다.
㉣ 선내 비상소집을 발하며 구조정의 승조원은 즉각 진수 준비를 한다.
㉤ 구조 시는 익수자의 풍상측으로 접근하여 선박의 풍하측에서 구조하도록 한다.

② 물에 빠진 사람이 보일 때(반원 2회 선회법)
㉠ 전타 및 기관을 정지하여 사람이 선미에서 벗어나면 다시 전속 전진한다.
㉡ 180° 선회가 되면 정침하여 전진하다가 사람이 정횡 후방 약 30° 근방에 보일 때 다시 최대 타각을 주면서 선회시킨다.
㉢ 원침로에 왔을 때 정침하여 전진하면 선수 부근에 사람이 보이게 된다.

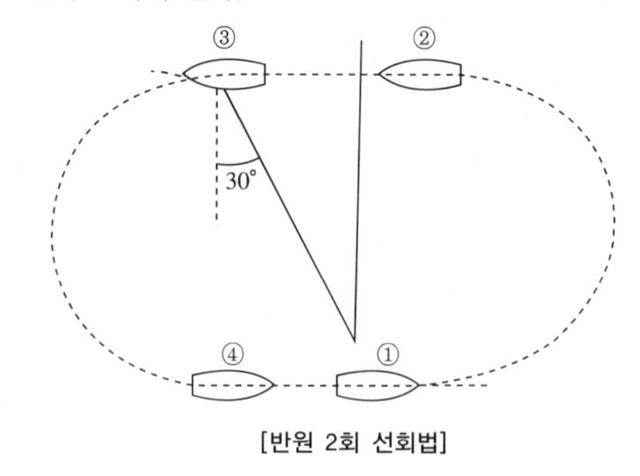

[반원 2회 선회법]

③ 물에 빠진 시간을 모를 때(윌리암슨 선회법)
㉠ 사람이 물에 빠진 시간 및 위치가 불명확하거나 협시계, 깜깜한 밤 등으로 인하여 물에 빠진 사람을 확인할 수 없을 때에 사용하는 방법이다.
㉡ 한 쪽으로 전타하여 원침로에서 약 60° 정도 벗어날 때까지 선회한 다음 반대현 쪽으로 전타하여 원침로로부터 180° 선회하여 전 항로로 돌아간다.

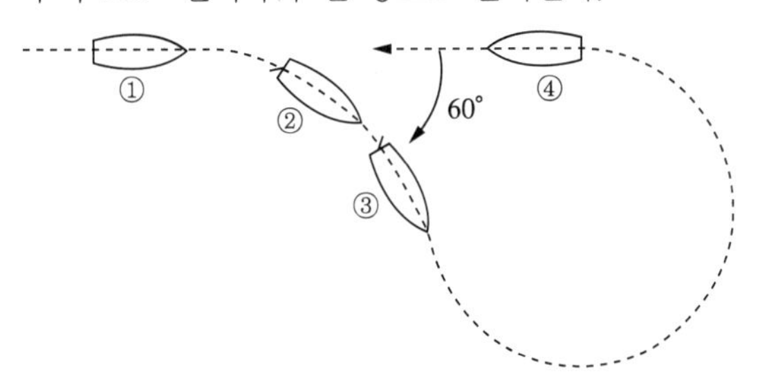

[윌리암슨 선회법]

④ 구명정을 이용한 인명구조
㉠ 구조선은 조난선의 풍상측에서 접근한다.
㉡ 풍하 현측의 구명정을 내려 조난선의 풍하쪽 선미 또는 선수에 접근하여 계선줄을 잡은 다음, 구명부환의 양단에 로프를 연결하여 조난선의 사람을 옮겨 태운다.

⑤ 조난선과 구조선을 줄로 연결시켜 구조
㉠ 구조선이 조난선의 풍하측 선수나 선미에 나란히 접근하여 충분한 거리를 유지한 다음 구명줄 발사기를 사용하여 양 선박을 연결시킨다.
㉡ 튼튼한 로프로 양 선박을 연결하여 트롤리가 달린 브리치스 부이(Breeches Buoy : 구명대)를 달아서 사람을 옮겨 태운다.

⑥ 표류 중인 조난자의 구조
㉠ 부표를 이용하는 방법 : 굵기 5~8cm 정도, 길이 약 200m 되는 로프에 구명동의와 구명부환 등을 달고, 끝에 구명뗏목 또는 드럼통을 매단다. 구조선은 이 로프를 달고 조난자의 풍하측에서 풍상측으로 한 바퀴 돌아 조이면서 구조한다.
㉡ 구조선을 표류시키는 법 : 구조선의 풍하 현측에 줄 또는 그물을 여러 군데 설치하고 조난자의 풍상측에서 구조선을 표류시킨다.

핵심예제

1-1. 다음에서 설명하는 인명구조방법은?

- 사람이 물에 빠진 시간 및 위치가 명확하지 못하고 시계가 제한되어 사람을 확인할 수 없을 때 사용한다.
- 한 쪽으로 전타하여 원침로에서 약 60° 정도 벗어날 때까지 선회한 다음 반대쪽으로 전타하여 원침로부터 180° 선회하여 전 항로로 돌아가는 방법이다.

① 반원 2회 선회법
② 윌리암슨 선회법
③ 지연 선회법
④ 전진 선회법

정답 ②

1-2. 사람이 물에 빠졌을 경우의 조치사항으로 틀린 것은?

① 현장 발견자는 큰소리로 고함을 질러 선교에 알린다.
② 선교 당직자는 사람이 물에 빠진 현으로 전타한다.
③ 기관을 정지한다.
④ 선교당직자는 사람이 물에 빠진 반대현으로 전타한다.

정답 ④

해설

1-1
반원 2회 선회법(물에 빠진 사람이 보일 때)
- 전타 및 기관을 정지하여 사람이 선미에서 벗어나면 다시 전속 전진한다.
- 180° 선회가 되면 정침하여 전진하다가 사람이 정횡 후방 약 30° 근방에 보일 때 다시 최대 타각을 주면서 선회시킨다.
- 원침로에 왔을 때 정침하여 전진하면 선수 부근에 사람이 보이게 된다.

1-2
사람이 물에 빠졌을 때의 조치
- 현장 발견자는 큰소리로 고함을 질러 선교에 알린다.
- 즉시 기관을 정지시키고, 물에 빠진 사람 쪽으로 최대 타각을 주어 스크루 프로펠러에 사람이 빨려 들지 않도록 조종한다.
- 자기점화등, 발연부신호가 부착된 구명부환을 익수자에게 던져서 위치표시를 한다.
- 선내 비상소집을 발하며 구조정의 승조원은 즉각 진수준비를 한다.
- 구조 시는 익수자의 풍상측으로 접근하여 선박의 풍하측에서 구조토록 한다.

핵심이론 02 수색구조 편람

① 조난선의 조난통보

㉠ 필수정보

- 선박의 식별(선종, 선명, 호출 부호, 국적, 총톤수, 선박 소유자의 주소 및 성명)
- 위치, 조난의 성질 및 필요한 원조의 종류
- 기타 필요한 정보(침로와 속력, 선장의 의향, 퇴선자 수, 선체 및 화물의 상태 등)

㉡ 추가정보

- 현장 부근의 기상 및 해상, 선체 표류 시각, 잔류 인원 및 중상자수, 강하된 구명정 및 구명뗏목의 종류와 수, 수중에서 표시할 위치표시방법, 침로와 속력의 변경 등
- 최초 통보에 모든 정보를 송신하는 것은 불가능하므로 단문 통보를 하고 차례로 추가시킨다.
- 육상국이나 타 선박에서 방향을 탐지할 수 있도록 10~15초간 장음 2회와 호출 부호를 일정한 시간 간격으로 되풀이하여 송신한다.
- 상황이 변하여 원조가 필요 없게 되면 즉시 조난통보를 취소해야 한다.

㉢ 구조선이 취할 조치

- 조난통보를 수신했을 조난선에 알리고, 상황에 따라서 조난통보를 재송신한다.
- 조난선에게 자선의 식별(선명, 호출 부호 등), 위치, 속력 및 도착예정시각(ETA) 등을 송신한다.
- 조난 주파수로 청취당직을 계속한다.
- 레이더를 계속하여 작동한다.
- 조난장소 부근에 접근하면 경계원을 추가로 배치한다.
- 조난현장으로 항진하면서 다른 구조선의 위치, 침로, 속력, ETA, 조난현장의 상황 등의 파악에 노력한다.
- 현장도착과 동시에 구조작업을 할 수 있도록 필요한 그물, 사다리, 로프, 들것 등의 준비를 한다.

㉣ 수색의 계획 및 실시

- 수색의 계획을 세우기 위해서 먼저 수색 목표가 존재할 가능성이 가장 큰 위치인 추정기점(Datum)을 결정한다.
- 모든 수색은 눈으로 해야 하며, 레이더를 병용하여 효과를 높인다.
- 수색 선박 간의 간격은 지침서에 정해진 대로 따라야 하고, 속력은 동일한 속력을 유지한다.

핵심예제

수색계획 수립 시 가장 먼저 결정하여야 할 사항은 무엇인가?

① 수색 목표가 존재할 가능성이 가장 큰 위치인 추정기점(Datum)을 결정한다.
② 수색 인원을 결정한다.
③ 조난의 원인과 사후 조난방지대책을 결정한다.
④ 수색 수당의 지급액을 결정한다.

정답 ①

해설

수색의 계획 및 실시

- 수색의 계획을 세우기 위해서 먼저 수색 목표가 존재할 가능성이 가장 큰 위치인 추정기점(Datum)을 결정한다.
- 모든 수색은 눈으로 해야 하며, 레이더를 병용하여 효과를 높인다.
- 수색 선박 간의 간격은 지침서에 정해진 대로 따라야 하고, 속력은 동일한 속력을 유지한다.

9-2. 해상 생존기술

핵심이론 01 해상 생존기술

① 방 호

㉠ 조난자는 해상에서의 생존을 위해 방호, 조난위치표시, 식수, 식량의 순위에 따라 조치를 취해야 한다.

㉡ 인체의 중추 체온이 35℃ 이하가 되는 것을 저체온 상태라 하며, 힘이 빠지고 나른해지며 말하기가 어렵고 방향감각이 없어지는 등 의식이 흐려진다.

㉢ 체온이 31℃ 이하로 떨어지면 맥박수가 현저히 저하되고, 30℃ 이하로 떨어지면 생명을 잃을 수도 있다.

㉣ 체온유지 방법
- 여러 벌의 옷을 겹쳐 입고, 옷의 소매나 바지 끝 부분은 잘 여민다.
- 불필요한 수영은 하지 말고, 웅크린 자세를 유지한 채 되도록 움직이지 않는다.
- 알코올은 체열 발산을 증가시키므로 절대 마시지 않는다.
- 가능하면 물에 젖지 않도록 하고 멀미약을 복용하여 멀미로 인한 체온저하를 예방한다.
- 구명동의 및 방수복 등을 착용한다.

② 위치표시

㉠ 해묘 등을 투하하여 표류를 감소시켜 조난위치 근처에 머문다.

㉡ 표류하고 있는 구명정, 구명뗏목 등을 연결하여 쉽게 발견되도록 한다.

㉢ 위치표시를 위해 적절한 신호기구를 사용한다.

③ 식 수

㉠ 표류 중 하루에 마시는 물의 적정한 양은 500cc이나, 탑승 인원이 많거나 물의 저장량이 적을 때 또는 구조가 지연될 때에는 하루 160cc까지 줄일 수 있다.

㉡ 식수의 절약을 위해 퇴선 후 24시간 이내에는 물을 지급하지 않고, 구명정이나 구명뗏목에 탑승 후에는 멀미약을 복용하며, 출혈 및 발열을 방지한다.

㉢ 물이 충분하지 못하면 탄수화물 계통의 구난식량만 먹는다.

④ 식 량

㉠ 식량은 식수에 비하여 그 중요성이 떨어진다.

㉡ 식량은 1인당 하루 500cal 정도씩 지급하도록 하되, 지급방법은 식수와 동일하다.

㉢ 조난 시 대용 식량으로 고기를 낚거나 해초를 수집하여 식량을 보충할 수 있으나 물이 충분하지 않을 때에는 먹지 않도록 한다.

핵심예제

1-1. 다음 중 인체의 중추 체온이 35℃ 이하인 저체온 상태와 거리가 먼 것은?

① 힘이 빠지고 나른해진다.
② 말을 하기 어렵다.
③ 방향감각이 없어진다.
④ 의식은 뚜렷해진다.

정답 ④

1-2. 다음 중 조난자가 취해야 할 행동으로 옳지 않은 것은?

① 퇴선 시는 반드시 구명동의를 착용한다.
② 물속에서는 수영을 계속하여 체온을 유지한다.
③ 퇴선 시는 가능한 한 옷을 많이 입는다.
④ 될 수 있는 한 수중에 있는 시간을 줄여야 한다.

정답 ②

해설

1-1
인체의 중추 체온이 35℃ 이하가 되는 것을 저체온 상태라 하며, 힘이 빠지고 나른해지며 말하기가 어렵고 방향감각이 없어지는 등 의식이 흐려진다.

1-2
체온유지를 위해 불필요한 수영은 하지 말고, 웅크린 자세를 유지한 채 되도록 움직이지 않는다.

9-3. 해상 통신

핵심이론 01 기류신호

구분	의 미	기 류	구분	의 미	기 류
A	나는 잠수부를 내렸다.		N	아니다.	
B	나는 위험물을 하역 중 또는 운송 중이다.		O	사람이 바다에 떨어졌다.	
C	그렇다.		P	• 본선은 출항할 것이니 전 선원은 귀선하라. • 본선의 어망이 장해물에 걸렸다.	
D	나를 피하라(조종이 자유롭지 않다).		Q	• 본선은 건강하다. • 검역 통과 허가를 바란다.	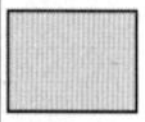
E	나는 우현으로 변침하고 있다.		R	–	
F	나는 조종할 수 없다(통신을 원한다).		S	본선의 기관은 후진 중이다.	
G	• 나는 도선사를 요구한다. • 나는 어망을 올리고 있다.		T	본선을 피하라(본선은 2척 1쌍의 트롤 어로 중이다).	
H	나는 도선사를 태우고 있다.	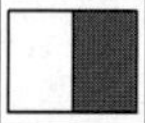	U	그대는 위험을 향해서 진행하고 있다.	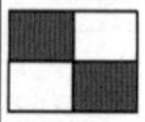
I	나는 좌현으로 변침하고 있다.		V	나는 원조를 바란다.	
J	나는 화재가 발생했으며 위험화물을 적재하고 있다(나를 충분히 피하라).		W	나는 의료 원조를 바란다.	
K	나는 그대와 통신을 하고자 한다.		X	실행을 중단하고 나의 신호에 주의하라.	
L	그대는 즉시 정지하라.		Y	본선은 닻이 끌리고 있다.	
M	• 본선은 정지하고 있다. • 대수속력은 없다.		Z	• 나는 예선이 필요하다. • 나는 투망 중이다.	

핵심예제

다음 국제기류신호 중 옳은 것은?

ㄱ. A기 : 잠수작업 중으로 저속으로 피하라.
ㄴ. B기 : 이 배는 도선사가 승선하고 있다.
ㄷ. O기 : 사람이 바다에 떨어졌다.
ㄹ. S기 : 이 배의 기관은 전속 전진 중이다.

① ㄱ, ㄴ
② ㄱ, ㄷ
③ ㄴ, ㄷ
④ ㄴ, ㄹ

정답 ②

해설

국제기류신호

구 분	의 미	기 류
A	나는 잠수부를 내렸다.	
B	나는 위험물을 하역 중 또는 운송 중이다.	
O	사람이 바다에 떨어졌다.	
S	본선의 기관은 후진 중이다.	

핵심이론 02 조난, 긴급, 안전통신

① **조난통신** : 선박이 중대하고 급박한 위험에 처하여 즉시 구조를 요구한다는 것을 표시하는 신호로 SOS(무선전신), 'MAYDAY'(무선전화)를 3회 반복한다.
② **긴급통신** : 선박의 안전, 또는 사람의 안전에 관한 긴급한 통보를 전송하고자 하는 것을 표시하는 신호로 XXX(무선전신), 'PAN PAN'(무선전화)를 3회 반복한다.
③ **안전통신** : 무선국이 중요한 항행 경보 또는 중요한 기상경보를 포함하는 통보를 전송하고자 하는 것을 표시하는 신호로 TTT(무선전신), 'SECURITE'(무선전화)를 3회 반복한다.

핵심예제

2-1. 다음 중 무선전화로 선박의 안전이나 인명보호와 관련하여 원조를 요청하는 긴급한 통보를 송신하고자 할 때 사용하는 용어는?

① 메이데이(MAY DAY)
② 판 판(PAN PAN)
③ 시큐리티(SECURITE)
④ 에스오에스(SOS)

정답 ②

2-2. 다음 설명하는 신호는?

육상 무선국에서 항해의 안전에 관한 통보 또는 중요한 기상경보를 무선전화로 통보하고자 함을 표시하는 신호

① MAYDAY(메이데이)
② PAN PAN(팡팡)
③ SECURITE(시큐리티)
④ DANGER(데인저)

정답 ③

해설

2-1
긴급통신 : 선박의 안전, 또는 사람의 안전에 관한 긴급한 통보를 전송하고자 하는 것을 표시하는 신호로 XXX(무선전신), 'PAN PAN'(무선전화)를 3회 반복한다.

핵심이론 03 조난안전통신설비

① **디지털 선택 호출장치(DSC)** : 기존의 무선설비에 부가된 장치
② **협대역 직접 인쇄 전신(NBDP)** : MF와 HF를 사용하는 무선 텔렉스로 수신자가 없어도 통보가 자동으로 수신 기록됨
③ **VHF 무선설비** : 채널70에 의한 DSC와 채널 6, 13, 16에 의한 무선전화 송수신을 하며 조난경보신호를 발신할 수 있는 설비
④ **MF 무선설비** : DSC나 무선전화를 사용하여 2,187.5kHz와 2,182kHz로 송수신을 하며, 조난경보신호를 발할 수 있는 설비
⑤ **MF/HF 무선설비** : DSC, 무선전화 및 협대역 직접 인쇄 전신을 사용하여 중단파대와 단파대의 모든 조난 및 안전 주파수로 송수신되며, 조난경보신호를 발할 수 있는 설비
⑥ **국제해사위성기구(INMARSAT)선박 지구국** : 해사 위성을 이용하여 통신을 하는 위성통신설비
⑦ **NAVTEX 수신기** : 518kHz로 운용되는 수신 전용의 협대역 인쇄 전신 수신장치
⑧ **고기능 집단 호출 수신기(EGC)** : 전해역, 특정구역, 지역의 항행경보, 기상경보와 기상예보 및 육상 대 선박의 조난경보를 수신하는 장치
⑨ **비상위치지시 무선표지(EPIRB)**
  ㉠ 선박이나 항공기가 조난상태에 있고, 수신설비도 이용할 수 없음을 표시
  ㉡ 수색 및 구조용 레이더 트랜스폰더(SART)
  ㉢ 조난 시 수동 또는 자동으로 작동되어 9GHz 주파수대 레이더 화면에 생존자 위치를 표시
⑩ **양방향 VHF 무선전화장치** : 조난현장에서 생존정과 구조정 사이 또는 생존정과 구조 항공기 사이에서 조난자의 구조에 관한 무선전화통신에 사용되는 장치
⑪ **2,182kHz 무선전화 경보신호 발생장치 및 청수신기** : GMDSS장비가 설치되어 있지 않은 선박에 무선전화 조난 주파수인 2,182kHz로 무선전화 경보신호를 송수신하기 위한 장치

핵심예제

다음에서 설명하는 통신설비로 옳은 것은?

> 조난현장에서 생존정과 구조정, 구조 항공기 사이에서 조난자의 구조 시에 사용되는 무선전화이다.

① NAVTEX 수신기
② 양방향 VHF 무선전화 장치
③ 고기능 집단 호출 수신기
④ 비상위치지시 무선 표지

정답 ②

PART 03

법 규

※ PART 03 법규의 법령 내용은 다음 시행일의 내용을 반영함
- 선박의 입항 및 출항 등에 관한 법률[시행 2020. 11. 1.]
- 선박안전법[시행 2020. 8. 19.]
- 해양환경관리법[시행 2020. 9. 25.]
- 해사안전법[시행 2020. 5. 19.]

1 선박의 입항 및 출항 등에 관한 법률

1-1. 총 칙

핵심이론 01 선박의 입항 및 출항 등에 관한 법률의 개요

① **목적** : 이 법은 무역항의 수상구역 등에서 선박의 입항·출항에 대한 지원과 선박운항의 안전 및 질서 유지에 필요한 사항을 규정함을 목적으로 한다.

② **용어의 정의**

㉠ 무역항 : 국민경제와 공공의 이해에 밀접한 관계가 있고 주로 외항선이 입항·출항하는 항만으로서 해양수산부장관이 지정하고 그 명칭·위치 및 구역은 대통령령으로 정한다.

㉡ 무역항의 수상구역 등 : 무역항의 수상구역과 항로·정박지·선유장·선회장 등의 수역시설 중 수상구역 밖의 수역시설로서 해양수산부장관이 지정·고시한 것을 말한다.

㉢ 선박 : 수상 또는 수중에서 항행용으로 사용하거나 사용할 수 있는 배 종류를 말하며 그 구분은 다음과 같다.
- 기선 : 기관을 사용하여 추진하는 선박과 수면 비행선박
- 범선 : 돛을 사용하여 추진하는 선박
- 부선 : 자력항행능력이 없어 다른 선박에 의하여 끌리거나 밀려서 항행되는 선박

㉣ 예선 : 예인선 중 무역항에 출입하거나 이동하는 선박을 끌어당기거나 밀어서 이안·접안·계류를 보조하는 선박을 말한다.

㉤ 우선피항선 : 주로 무역항의 수상구역에서 운항하는 선박으로서 다른 선박의 진로를 피하여야 하는 다음의 선박을 말한다.
- 부선(예인선이 부선을 끌거나 밀고 있는 경우의 예인선 및 부선을 포함하되, 예인선에 결합되어 운항하는 압항부선은 제외)
- 주로 노와 삿대로 운전하는 선박
- 예 선
- 항만운송관련사업을 등록한 자가 소유한 선박
- 해양환경관리업을 등록한 자가 소유한 선박 또는 해양폐기물 및 해양오염퇴적물 관리법에 따라 해양폐기물관리업을 등록한 자가 소유한 선박(폐기물해양배출업으로 등록한 선박은 제외)
- 위의 규정에 해당하지 아니하는 총톤수 20톤 미만의 선박

㉥ 정박 : 선박이 해상에서 닻을 바다 밑바닥에 내려놓고 운항을 멈추는 것을 말한다.

㉦ 정박지 : 선박이 정박할 수 있는 장소를 말한다.

㉧ 정류 : 선박이 해상에서 일시적으로 운항을 멈추는 것을 말한다.

㉨ 계류 : 선박을 다른 시설에 붙들어 매어 놓는 것을 말한다.

㉩ 계선 : 선박이 운항을 중지하고 정박하거나 계류하는 것을 말한다.

㉪ 항로 : 선박의 출입 통로로 이용하기 위하여 해양수산부장관이 지정·고시한 수로를 말한다.

㉫ 위험물 : 화재·폭발 등의 위험이 있거나 인체 또는 해양환경에 해를 끼치는 물질로서 해양수산부령으로 정하는 것을 말한다. 다만, 선박의 항행 또는 인명의 안전을 유지하기 위하여 해당 선박에서 사용하는 위험물은 제외한다.

㉲ 위험물취급자 : 위험물운송선박의 선장 및 위험물을 취급하는 사람을 말한다.

③ **다른 법률과의 관계** : 무역항의 수상구역 등에서의 선박 입항·출항에 관하여는 다른 법률에 특별한 규정이 있는 경우를 제외하고는 이 법에 따른다.

핵심예제

다음에서 설명하는 법은?

> 무역항의 수상구역 등에서 선박의 입항·출항에 대한 지원과 선박운항의 안전 및 질서 유지에 필요한 사항을 규정함을 목적으로 한다.

① 선박법
② 선박안전법
③ 선박직원법
④ 선박의 입항 및 출항 등에 관한 법률

정답 ④

1-2. 입항·출항 및 정박

핵심이론 01 출입신고

① 무역항의 수상구역 등에 출입하려는 선박의 선장은 대통령령으로 정하는 바에 따라 해양수산부장관에게 신고하여야 한다. 다만, 다음의 선박은 출입신고를 하지 아니할 수 있다.
㉠ 총톤수 5톤 미만의 선박
㉡ 해양사고구조에 사용되는 선박
㉢ 수상레저기구 중 국내항 간을 운항하는 모터보트 및 동력요트
㉣ 관공선, 군함, 해양경찰함정 등 공공의 목적으로 운영하는 선박
㉤ 도선선, 예선 등 선박의 출입을 지원하는 선박
㉥ 연안수역을 항행하는 정기여객선으로서 경유항에 출입하는 선박
㉦ 피난을 위하여 긴급히 출항하여야 하는 선박
㉧ 그 밖에 항만운영을 위하여 지방해양수산청장이나 시·도지사가 필요하다고 인정하여 출입신고를 면제한 선박

② ①에도 불구하고 전시·사변이나 그에 준하는 국가비상사태 또는 국가안전보장에 필요한 경우에는 선장은 대통령령으로 정하는 바에 따라 해양수산부장관의 허가를 받아야 한다.

③ ①에 따른 출입신고는 다음에 따른다.
㉠ 내항선이 무역항의 수상구역 등의 안으로 입항하는 경우에는 입항 전에, 무역항의 수상구역 등의 밖으로 출항하려는 경우에는 출항 전에 해양수산부령으로 정하는 바에 따라 내항선 출입신고서를 해양수산부장관에게 제출할 것
㉡ 외항선이 무역항의 수상구역 등의 안으로 입항하는 경우에는 입항 전에, 무역항의 수상구역 등의 밖으로 출항하려는 경우에는 출항 전에 해양수산부령으로 정하는 바에 따라 외항선 출입신고서를 해양수산부장관에게 제출할 것

㉢ 무역항을 출항한 선박이 피난, 수리 또는 그 밖의 사유로 출항 후 12시간 이내에 출항한 무역항으로 귀항하는 경우에는 그 사실을 적은 서면을 해양수산부장관에게 제출할 것
㉣ 선박이 해양사고를 피하기 위한 경우나 그 밖의 부득이한 사유로 무역항의 수상구역 등의 안으로 입항하거나 무역항의 수상구역 등의 밖으로 출항하는 경우에는 그 사실을 적은 서면을 해양수산부장관에게 제출할 것

핵심예제

1-1. 선박의 입항 및 출항 등에 관한 법률상 무역항의 수상구역 등에 출입 신고를 하여야 하는 선박은?

① 총톤수 5톤 미만의 선박
② 총톤수 20톤인 내항선박
③ 해양사고구조 업무에 종사하는 선박
④ 국내항 간을 운항하는 모터보트

정답 ②

1-2. 선박의 입항 및 출항 등에 관한 법률상 입출항신고를 하여야 하는 선박 총톤수의 기준은 몇 톤인가?

① 5톤 이상
② 10톤 이상
③ 15톤 이상
④ 20톤 이상

정답 ①

해설

1-1
무역항의 수상구역 등에 출입하려는 선박의 선장은 대통령령으로 정하는 바에 따라 해양수산부장관에게 신고하여야 한다. 다만, 다음의 선박은 출입신고를 하지 아니할 수 있다.
• 총톤수 5톤 미만의 선박
• 해양사고구조에 사용되는 선박
• 수상레저기구 중 국내항 간을 운항하는 모터보트 및 동력요트
• 관공선, 군함, 해양경찰함정 등 공공의 목적으로 운영하는 선박
• 도선선, 예선 등 선박의 출입을 지원하는 선박
• 연안수역을 항행하는 정기여객선으로서 경유항에 출입하는 선박
• 피난을 위하여 긴급히 출항하여야 하는 선박
• 그 밖에 항만운영을 위하여 지방해양수산청장이나 시·도지사가 필요하다고 인정하여 출입신고를 면제한 선박

핵심이론 02 정박지

① 정박지의 사용 등
㉠ 해양수산부장관은 무역항의 수상구역 등에 정박하는 선박의 종류·톤수·흘수 또는 적재물의 종류에 따른 정박구역 또는 정박지를 지정·고시할 수 있다.
㉡ 무역항의 수상구역 등에 정박하려는 선박은 지정·고시된 정박구역 또는 정박지에 정박하여야 한다. 다만, 다음과 같은 사유가 있는 경우에는 그러하지 아니하다.
• 해양사고를 피하기 위한 경우
• 선박의 고장이나 그 밖의 사유로 선박을 조종할 수 없는 경우
• 인명을 구조하거나 급박한 위험이 있는 선박을 구조하는 경우
• 해양오염 등의 발생 또는 확산을 방지하기 위한 경우
• 그 밖에 선박의 안전운항을 위하여 지방해양수산청장 또는 시·도지사가 필요하다고 인정하는 경우
㉢ 우선피항선은 다른 선박의 항행에 방해가 될 우려가 있는 장소에 정박하거나 정류하여서는 아니 된다.
㉣ 정박구역 또는 정박지가 아닌 곳에 정박한 선박의 선장은 즉시 그 사실을 해양수산부장관에게 신고하여야 한다.

② 정박의 제한 및 방법 등
㉠ 선박은 무역항의 수상구역 등에서 다음의 장소에는 정박하거나 정류하지 못한다.
• 부두·잔교·안벽·계선부표·돌핀 및 선거의 부근 수역
• 하천, 운하 및 그 밖의 좁은 수로와 계류장 입구의 부근 수역
㉡ 다음의 경우에는 ㉠의 장소에 정박하거나 정류할 수 있다.
• 해양사고를 피하기 위한 경우
• 선박의 고장이나 그 밖의 사유로 선박을 조종할 수 없는 경우
• 인명을 구조하거나 급박한 위험이 있는 선박을 구조하는 경우
• 허가를 받은 공사 또는 작업에 사용하는 경우

㉢ 무역항의 수상구역 등에 정박하는 선박은 지체 없이 예비용 닻을 내릴 수 있도록 닻 고정 장치를 해제하고, 동력선은 즉시 운항할 수 있도록 기관의 상태를 유지하는 등 안전에 필요한 조치를 하여야 한다.

핵심예제

선박의 입항 및 출항 등에 관한 법률상 항로에서 정박하지 못하는 경우는?

① 해양사고를 피하고자 할 때
② 어로작업 중일 때
③ 인명구조 작업 때
④ 허가된 공사 중일 때

정답 ②

해설

다음의 경우에는 항로에서 정박하거나 정류할 수 있다.

- 해양사고를 피하기 위한 경우
- 선박의 고장이나 그 밖의 사유로 선박을 조종할 수 없는 경우
- 인명을 구조하거나 급박한 위험이 있는 선박을 구조하는 경우
- 허가를 받은 공사 또는 작업에 사용하는 경우

핵심이론 03 선박의 계선 신고 등, 이동명령, 선박교통의 제한

① **선박의 계선 신고 등** : 총톤수 20톤 이상의 선박을 무역항의 수상구역 등에 계선하려는 자는 해양수산부령으로 정하는 바에 따라 해양수산부장관에게 신고하여야 한다.

② **선박의 이동명령** : 해양수산부장관은 다음의 경우에는 무역항의 수상구역 등에 있는 선박에 대하여 해양수산부장관이 정하는 장소로 이동할 것을 명할 수 있다.

㉠ 무역항을 효율적으로 운영하기 위하여 필요하다고 판단되는 경우

㉡ 전시・사변이나 그에 준하는 국가비상사태 또는 국가안전보장에 있어서 필요하다고 판단되는 경우

③ **선박교통의 제한** : 해양수산부장관은 무역항의 수상구역 등에서 선박교통의 안전을 위하여 필요하다고 인정하는 경우에는 항로 또는 구역을 지정하여 선박교통을 제한하거나 금지할 수 있다.

핵심예제

선박의 입항 및 출항 등에 관한 법률상 무역항의 수상구역 등에서 선박을 계선하려고 할 때 해양수산부장관에게 신고해야 하는 선박 크기의 기준으로 옳은 것은?

① 총톤수 5톤 이상
② 총톤수 10톤 이상
③ 총톤수 20톤 이상
④ 총톤수 30톤 이상

정답 ③

1-3. 항로 및 항법

핵심이론 01 항로 지정 및 준수

① 해양수산부장관은 무역항의 수상구역 등에서 선박교통의 안전을 위하여 필요한 경우에는 무역항과 무역항의 수상구역 밖의 수로를 항로로 지정·고시할 수 있다.

② 우선피항선 외의 선박은 무역항의 수상구역 등에 출입하는 경우 또는 무역항의 수상구역 등을 통과하는 경우에는 지정·고시된 항로를 따라 항행하여야 한다. 다만, 해양수산부령으로 정하는 사유인 다음의 경우에는 그러하지 아니하다.

㉠ 해양사고를 피하기 위한 경우
㉡ 선박의 고장이나 그 밖의 사유로 선박을 조종할 수 없는 경우
㉢ 인명을 구조하거나 급박한 위험이 있는 선박을 구조하는 경우
㉣ 해양오염 등의 발생 또는 확산을 방지하기 위한 경우
㉤ 그 밖에 선박의 안전운항을 위하여 지방해양수산청장 또는 시·도지사가 필요하다고 인정하는 경우

핵심이론 02 항로에서의 정박 등 금지

① 선장은 항로에 선박을 정박 또는 정류시키거나 예인되는 선박 또는 부유물을 방치하여서는 아니 된다. 다만, 다음의 어느 하나에 해당하는 경우는 그러하지 아니하다.

㉠ 해양사고를 피하기 위한 경우
㉡ 선박의 고장이나 그 밖의 사유로 선박을 조종할 수 없는 경우
㉢ 인명을 구조하거나 급박한 위험이 있는 선박을 구조하는 경우
㉣ 허가를 받은 공사 또는 작업에 사용하는 경우

② ①의 ㉠부터 ㉢까지의 사유로 선박을 항로에 정박시키거나 정류시키려는 자는 그 사실을 해양수산부장관에게 신고하여야 하며 ①의 ㉡에 해당하는 선박의 선장은 조종불능선 표시를 하여야 한다.

핵심이론 03 항 법

① **항로에서의 항법** : 모든 선박은 항로에서 다음의 항법에 따라 항행하여야 한다.

㉠ 항로 밖에서 항로에 들어오거나 항로에서 항로 밖으로 나가는 선박은 항로를 항행하는 다른 선박의 진로를 피하여 항행할 것

㉡ 항로에서 다른 선박과 나란히 항행하지 아니할 것

㉢ 항로에서 다른 선박과 마주칠 우려가 있는 경우에는 오른쪽으로 항행할 것

㉣ 항로에서 다른 선박을 추월하지 아니할 것. 다만, 추월하려는 선박을 눈으로 볼 수 있고 안전하게 추월할 수 있다고 판단되는 경우에는 「해사안전법」에 따른 방법으로 추월할 것

㉤ 항로를 항행하는 위험물운송선박(급유선은 제외한다) 또는 흘수제약선의 진로를 방해하지 아니할 것

㉥ 범선은 항로에서 지그재그로 항행하지 아니할 것

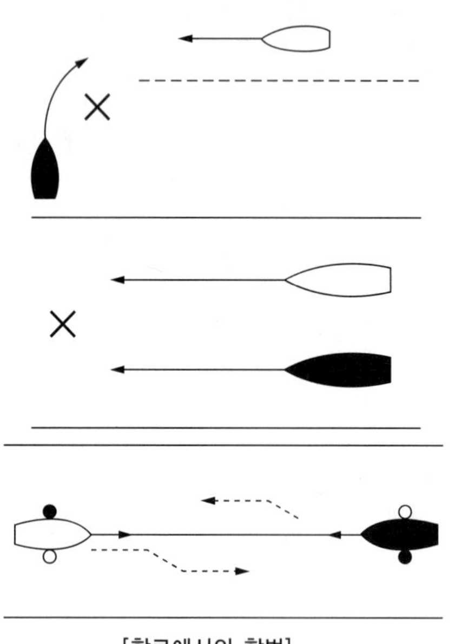

[항로에서의 항법]

② **방파제 부근에서의 항법** : 무역항의 수상구역 등에 입항하는 선박이 방파제 입구 등에서 출항하는 선박과 마주칠 우려가 있는 경우에는 방파제 밖에서 출항하는 선박의 진로를 피하여야 한다.

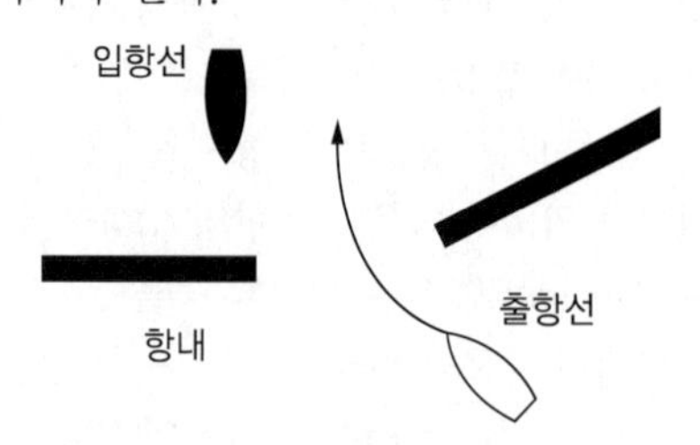

[방파제 부근에서의 항법]

③ **부두 등 부근에서의 항법** : 선박이 무역항의 수상구역 등에서 해안으로 길게 뻗어 나온 육지 부분, 부두, 방파제 등 인공시설물의 튀어나온 부분 또는 정박 중인 선박을 오른쪽 뱃전에 두고 항행할 때에는 부두 등에 접근하여 항행하고, 부두 등을 왼쪽 뱃전에 두고 항행할 때에는 멀리 떨어져서 항행하여야 한다.

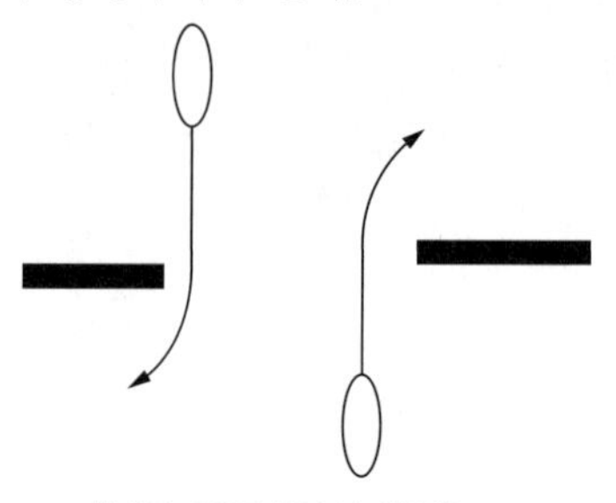

[부두 부근에서의 항법]

④ **예인선 등의 항법**

㉠ 예인선이 무역항의 수상구역 등에서 다른 선박을 끌고 항행하는 경우에는 다음에서 정하는 바에 따라야 한다.

- 예인선의 선수로부터 피예인선의 선미까지의 길이는 200m를 초과하지 아니할 것. 다만, 다른 선박의 출입을 보조하는 경우에는 그러하지 아니하다.
- 예인선은 한꺼번에 3척 이상의 피예인선을 끌지 아니할 것

㉡ 범선이 무역항의 수상구역 등에서 항행할 때에는 돛을 줄이거나 예인선이 범선을 끌고 가게 하여야 한다.

핵심예제

3-1. 선박의 입항 및 출항 등에 관한 법률상 무역항의 수상구역 내에서 두 선박이 그림과 같이 항행할 경우의 항법으로 옳은 것은?

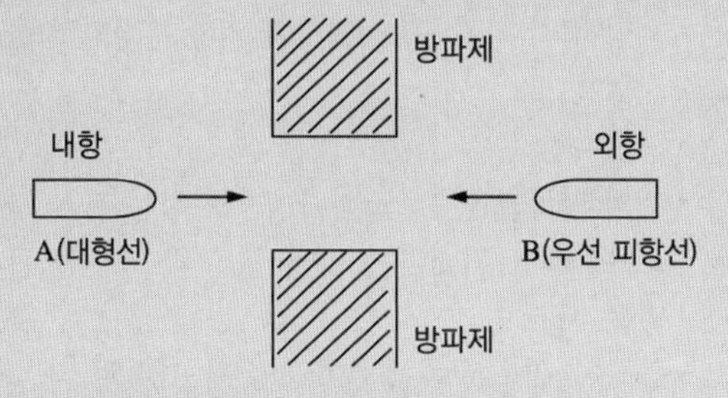

① B선이 입항선이므로 유지선이다.
② A선이 출항선이므로 피해야 한다.
③ B선이 입항선이므로 대기하였다가 입항해야 한다.
④ A선이 출항선이므로 대기하였다가 출항해야 한다.

정답 ③

3-2. 무역항의 수상구역 등에서 항행할 경우 다른 선박이 자신의 진로를 피하여야 하는 선박에 해당하는 것은?

① 여객선
② 위험물운송선박
③ 어 선
④ 우선피항선

정답 ②

해설

3-1
방파제 부근에서의 항법
무역항의 수상구역 등에 입항하는 선박이 방파제 입구 등에서 출항하는 선박과 마주칠 우려가 있는 경우에는 방파제 밖에서 출항하는 선박의 진로를 피하여야 한다.

핵심이론 04 진로방해의 금지, 속력 등의 제한, 항행 선박 간의 거리

① 진로방해의 금지
  ㉠ 우선피항선은 무역항의 수상구역 등이나 무역항의 수상구역 부근에서 다른 선박의 진로를 방해하여서는 아니 된다.
  ㉡ 공사 등의 허가를 받은 선박과 선박경기 등의 행사를 허가받은 선박은 무역항의 수상구역 등에서 다른 선박의 진로를 방해하여서는 아니 된다.

② 속력 등의 제한
  ㉠ 선박이 무역항의 수상구역 등이나 무역항의 수상구역 부근을 항행할 때에는 다른 선박에 위험을 주지 아니할 정도의 속력으로 항행하여야 한다.
  ㉡ 해양경찰청장은 선박이 빠른 속도로 항행하여 다른 선박의 안전 운항에 지장을 초래할 우려가 있다고 인정하는 무역항의 수상구역 등에 대하여는 해양수산부장관에게 무역항의 수상구역 등에서의 선박 항행 최고속력을 지정할 것을 요청할 수 있다.

③ 항행 선박 간의 거리 : 무역항의 수상구역 등에서 2척 이상의 선박이 항행할 때에는 서로 충돌을 예방할 수 있는 상당한 거리를 유지하여야 한다.

핵심예제

다음에 대한 설명으로 옳은 것은?

> 선박의 입항 및 출항 등에 관한 법률상 무역항의 수상구역 등에서 2척 이상의 선박이 항행할 때에 서로 충돌을 예방하기 위한 항행 선박 간의 거리에 관한 기준

① 적당한 거리
② 최소한 200m 이상
③ 최소한 큰 선박의 길이 이상
④ 충돌을 예방할 수 있는 상당한 거리

정답 ④

1-4. 예 선

핵심이론 01 예선의 사용의무 및 예선업의 등록 등

① **예선의 사용의무** : 해양수산부장관은 항만시설을 보호하고 선박의 안전을 확보하기 위하여 해양수산부장관이 정하여 고시하는 일정 규모 이상의 선박에 대하여 예선을 사용하도록 하여야 한다.

② **예선업의 등록 등**

㉠ 무역항에서 예선업무를 하는 사업을 하려는 자는 해양수산부장관에게 등록하여야 한다. 등록한 사항 중 해양수산부령으로 정하는 사항을 변경하려는 경우에도 또한 같다.

㉡ 예선업의 등록 또는 변경등록은 무역항별로 하되, 다음의 기준을 충족하여야 한다.

- 예선은 자기소유예선으로서 해양수산부령으로 정하는 무역항별 예선보유기준에 따른 마력(예항력)과 척수가 적합할 것
- 예선추진기형은 전방향추진기형일 것
- 예선에 소화설비 등 해양수산부령으로 정하는 시설을 갖출 것
- 등록 또는 변경등록 당시 해당 예선의 선령이 12년 이하일 것. 다만, 해양수산부장관이 예선 수요가 적어 사업의 수익성이 낮다고 인정하는 무역항에 등록 또는 변경 등록하는 선박의 경우와 해양환경공단이 해양오염방제에 대비·대응하기 위하여 선박을 배치하고자 변경 등록하는 경우에는 그러하지 아니하다.

㉢ 다음의 어느 하나에 해당하는 경우에는 해양수산부령으로 정하는 무역항별 예선보유기준에 따라 2개 이상의 무역항에 대하여 하나의 예선업으로 등록하게 할 수 있다.

- 1개의 무역항에 출입하는 선박의 수가 적은 경우
- 2개 이상의 무역항이 인접한 경우

㉣ 해양수산부장관은 예선업무를 안정적으로 수행하기 위하여 필요하다고 인정하는 경우 예선업이 등록된 무역항의 예선이 아닌 다른 무역항에 등록된 예선을 이용하게 할 수 있다.

③ 예선업의 등록 제한

㉠ 다음의 어느 하나에 해당하는 자는 예선업의 등록을 할 수 없다.

- 원유, 제철원료, 액화가스류 또는 발전용 석탄의 화주
- 외항 정기 화물운송사업자와 외항 부정기 화물운송사업자
- 조선사업자
- 위의 항목들 중 어느 하나에 해당하는 자가 사실상 소유하거나 지배하는 법인 및 그와 특수한 관계에 있는 자
- 등록이 취소된 후 2년이 지나지 아니한 자

④ **등록의 취소 등** : 해양수산부장관은 예선업자가 다음의 어느 하나에 해당하는 경우에는 그 등록을 취소하거나 6개월 이내의 기간을 정하여 사업정지를 명할 수 있다. 다만, ㉠부터 ㉢까지의 어느 하나에 해당하는 경우에는 그 등록을 취소하여야 한다.

㉠ 거짓이나 그 밖의 부정한 방법으로 등록 또는 변경등록을 한 경우

㉡ 예선업의 등록 또는 변경등록의 기준을 충족하지 못하게 된 경우

㉢ 예선업의 등록 제한 각 호의 어느 하나에 해당하게 된 경우

㉣ 해양수산부장관이 수립된 예선 수급계획에 따라 예선업의 등록 또는 변경등록을 일정 기간 제한하거나 등록 또는 변경등록에 붙인 조건을 위반한 경우

㉤ 정당한 사유 없이 예선의 사용 요청을 거절하거나 예항력 검사를 받지 아니한 경우

㉥ 예선을 공동으로 배정하는 경우

㉦ 개선명령을 이행하지 아니한 경우

⑤ **예선업의 등록 신청 등** : 예선업의 등록을 하려는 자는 예선업 등록신청서(전자문서 포함)에 다음의 서류를 첨부하여 지방해양수산청장 또는 시·도지사에게 제출하여야 한다.

㉠ 정관(법인인 경우만 해당한다)

㉡ 사업계획서

㉢ 예선의 척수, 제원 현황 및 소화장비 등의 시설현황

㉣ 「한국해양교통안전공단법」에 따라 설립된 한국해양교통안전공단(이하 '한국해양교통안전공단'이라 한다) 또는 「선박안전법」에 따른 선급법인(船級法人)(이하 '선급법인'이라 한다)이 발행한 예항력(曳航力) 증명서

핵심이론 02 기타 예선 관련 법규

① **과징금 처분** : 해양수산부장관은 예선업자가 사업을 정지시켜야 하는 경우로서 사업을 정지시키면 예선사용기준에 맞게 사용할 예선이 없는 경우에는 사업정지 처분을 대신하여 1천만원 이하의 과징금을 부과할 수 있다.

② **권리와 의무의 승계** : 다음의 어느 하나에 해당하는 자는 예선업자의 권리와 의무를 승계한다.
   ㉠ 예선업자가 사망한 경우 그 상속인
   ㉡ 예선업자가 사업을 양도한 경우 그 양수인
   ㉢ 법인인 예선업자가 다른 법인과 합병한 경우 합병 후 존속하는 법인이나 합병으로 설립되는 법인

③ **예선업자의 준수사항**
   ㉠ 예선업자는 다음의 경우를 제외하고는 예선의 사용 요청을 거절하여서는 아니 된다.
   - 다른 법령에 따라 선박의 운항이 제한된 경우
   - 천재지변이나 그 밖의 불가항력적인 사유로 예선업무를 수행하기가 매우 어려운 경우
   - 예선운영협의회에서 정하는 정당한 사유가 있는 경우

   ㉡ 예선업자는 등록 또는 변경등록한 각 예선이 등록 또는 변경등록 당시의 예항력을 유지할 수 있도록 관리하고, 해양수산부령으로 정하는 바에 따라 예선이 적정한 예항력을 가지고 있는지 확인하기 위하여 해양수산부장관이 실시하는 검사를 받아야 한다.

④ **예선운영협의회** : 해양수산부장관은 예선을 원활하게 운영하기 위하여 예선업을 대표하는 자, 예선 사용자를 대표하는 자 및 해운항만전문가가 참여하는 예선운영협의회를 설치·운영하게 할 수 있다.

⑤ **예선업의 적용 제외** : 조선소에서 건조·수리 또는 시험운항할 목적으로 선박 등을 이동시키거나 운항을 보조하기 위하여 보유·관리하는 예선에 대하여는 예선업에 관한 이 법의 규정을 적용하지 아니한다.

1-5. 위험물의 관리 등

핵심이론 01 위험물의 관리

① **위험물의 반입**
   ㉠ 위험물을 무역항의 수상구역 등으로 들여오려는 자는 해양수산부령으로 정하는 바에 따라 해양수산부장관에게 신고하여야 한다.
   ㉡ 해양수산부장관은 신고를 받았을 때에는 무역항 및 무역항의 수상구역 등의 안전, 오염방지 및 저장능력을 고려하여 해양수산부령으로 정하는 바에 따라 들여올 수 있는 위험물의 종류 및 수량을 제한하거나 안전에 필요한 조치를 할 것을 명할 수 있다.

② **위험물운송선박의 정박 등** : 위험물운송선박은 해양수산부장관이 지정한 장소가 아닌 곳에 정박하거나 정류하여서는 아니 된다.

③ **위험물의 하역** : 무역항의 수상구역 등에서 위험물을 하역하려는 자는 대통령령으로 정하는 바에 따라 자체안전관리계획을 수립하여 해양수산부장관의 승인을 받아야 한다. 승인받은 사항 중 대통령령으로 정하는 사항을 변경하려는 경우에도 또한 같다.

④ **위험물 취급 시의 안전조치** : 무역항의 수상구역 등에서 위험물취급자는 다음에 따른 안전에 필요한 조치를 하여야 한다.
   ㉠ 위험물 취급에 관한 안전관리자(위험물안전관리자)의 확보 및 배치
   ㉡ 해양수산부령으로 정하는 위험물 운송선박의 부두 이안·접안 시 위험물 안전관리자의 현장 배치
   ㉢ 위험물의 특성에 맞는 소화장비의 비치
   ㉣ 위험표지 및 출입통제시설의 설치
   ㉤ 선박과 육상 간의 통신수단 확보
   ㉥ 작업자에 대한 안전교육과 그 밖에 해양수산부령으로 정하는 안전에 필요한 조치

⑤ **교육기관의 지정 및 취소 등**
   ㉠ 해양수산부장관은 위험물 안전관리자의 교육을 위하여 교육기관을 지정·고시할 수 있다.

㉡ 해양수산부장관은 교육기관이 다음의 어느 하나에 해당하는 경우에는 그 지정을 취소하거나 6개월 이내의 기간을 정하여 업무의 정지를 명할 수 있다. 다만, 거짓이나 그 밖의 부정한 방법으로 교육기관 지정을 받은 경우에는 그 지정을 취소하여야 한다.
- 거짓이나 그 밖의 부정한 방법으로 교육기관 지정을 받은 경우
- 교육실적을 거짓으로 보고한 경우
- 시정명령을 이행하지 아니한 경우
- 교육기관으로 지정받은 날부터 2년 이상 교육 실적이 없는 경우
- 해양수산부장관이 교육기관으로서 업무를 수행하기가 어렵다고 인정하는 경우

⑥ 선박수리의 허가 등

㉠ 선장은 무역항의 수상구역 등에서 다음의 선박을 불꽃이나 열이 발생하는 용접 등의 방법으로 수리하려는 경우 해양수산부령으로 정하는 바에 따라 해양수산부장관의 허가를 받아야 한다. 다만, 총톤수 20톤 이상의 선박(위험물운송선박은 제외한다)은 기관실, 연료탱크, 그 밖에 해양수산부령으로 정하는 선박 내 위험구역에서 수리작업을 하는 경우에만 허가를 받아야 한다.
- 위험물을 저장·운송하는 선박과 위험물을 하역한 후에도 인화성 물질 또는 폭발성 가스가 남아 있어 화재 또는 폭발의 위험이 있는 선박(위험물운송선박)
- 총톤수 20톤 이상의 선박(위험물운송선박은 제외한다)

㉡ 해양수산부장관은 ㉠에 따른 허가 신청을 받았을 때에는 신청 내용이 다음의 어느 하나에 해당하는 경우를 제외하고는 허가하여야 한다.
- 화재·폭발 등을 일으킬 우려가 있는 방식으로 수리하려는 경우
- 용접공 등 수리작업을 할 사람의 자격이 부적절한 경우
- 화재·폭발 등의 사고 예방에 필요한 조치가 미흡한 것으로 판단되는 경우
- 선박수리로 인하여 인근의 선박 및 항만시설의 안전에 지장을 초래할 우려가 있다고 판단되는 경우
- 수리장소 및 수리시기 등이 항만운영에 지장을 줄 우려가 있다고 판단되는 경우
- 위험물운송선박의 경우 수리하려는 구역에 인화성 물질 또는 폭발성 가스가 없다는 것을 증명하지 못하는 경우

㉢ 총톤수 20톤 이상의 선박을 ㉠의 단서에 따른 위험구역 밖에서 불꽃이나 열이 발생하는 용접 등의 방법으로 수리하려는 경우에 그 선박의 선장은 해양수산부령으로 정하는 바에 따라 해양수산부장관에게 신고하여야 한다.

핵심예제

선박의 입항 및 출항 등에 관한 법률상 무역항의 수상구역 등에서 불꽃이나 열이 발생하는 작업을 할 경우 해양수산부장관의 허가를 받아야 하는 선박으로 틀린 것은?

① 총톤수 19톤의 도선선
② 총톤수 400톤의 유조선
③ 총톤수 950톤의 가스운반선
④ 재화중량톤수 500톤의 화학제품운반선

정답 ①

1-6. 수로의 보전

핵심이론 01 수로의 보전

① 폐기물의 투기 금지 등
  ㉠ 누구든지 무역항의 수상구역 등이나 무역항의 수상구역 밖 10km 이내의 수면에 선박의 안전운항을 해칠 우려가 있는 흙·돌·나무·어구 등 폐기물을 버려서는 아니 된다.
  ㉡ 무역항의 수상구역 등이나 무역항의 수상구역 부근에서 석탄·돌·벽돌 등 흩어지기 쉬운 물건을 하역하는 자는 그 물건이 수면에 떨어지는 것을 방지하기 위하여 대통령령으로 정하는 바에 따라 필요한 조치를 하여야 한다.

② 해양사고 등이 발생한 경우의 조치 : 무역항의 수상구역 등이나 무역항의 수상구역 부근에서 해양사고·화재 등의 재난으로 인하여 다른 선박의 항행이나 무역항의 안전을 해칠 우려가 있는 조난선의 선장은 즉시 항로표지를 설치하는 등 필요한 조치를 하여야 한다.

③ 장애물의 제거 : 해양수산부장관은 무역항의 수상구역 등이나 무역항의 수상구역 부근에서 선박의 항행을 방해하거나 방해할 우려가 있는 물건을 발견한 경우에는 그 장애물의 소유자 또는 점유자에게 제거를 명할 수 있다.

④ 공사 등의 허가 : 무역항의 수상구역 등이나 무역항의 수상구역 부근에서 대통령령으로 정하는 공사 또는 작업을 하려는 자는 해양수산부령으로 정하는 바에 따라 해양수산부장관의 허가를 받아야 한다.

⑤ 선박경기 등 행사의 허가
  ㉠ 무역항의 수상구역 등에서 선박경기 등 대통령령으로 정하는 행사를 하려는 자는 해양수산부령으로 정하는 바에 따라 해양수산부장관의 허가를 받아야 한다.
  ㉡ 해양수산부장관은 허가 신청을 받았을 때에는 다음의 어느 하나에 해당하는 경우를 제외하고는 허가하여야 한다.
    • 행사로 인하여 선박의 충돌·좌초·침몰 등 안전사고가 생길 우려가 있다고 판단되는 경우
    • 행사의 장소와 시간 등이 항만운영에 지장을 줄 우려가 있는 경우
    • 다른 선박의 출입 등 항행에 방해가 될 우려가 있다고 판단되는 경우
    • 다른 선박이 화물을 싣고 내리거나 보존하는 데에 지장을 줄 우려가 있다고 판단되는 경우
  ㉢ 해양수산부장관은 허가를 하였을 때에는 해양경찰청장에게 그 사실을 통보하여야 한다.

⑥ 부유물에 대한 허가 : 무역항의 수상구역 등에서 목재 등 선박교통의 안전에 장애가 되는 부유물에 대하여 다음의 어느 하나에 해당하는 행위를 하려는 자는 해양수산부령으로 정하는 바에 따라 해양수산부장관의 허가를 받아야 한다.
  ㉠ 부유물을 수상(水上)에 띄워 놓으려는 자
  ㉡ 부유물을 선박 등 다른 시설에 붙들어 매거나 운반하려는 자

⑦ 어로의 제한 : 누구든지 무역항의 수상구역 등에서 선박교통에 방해가 될 우려가 있는 장소 또는 항로에서는 어로(어구 등의 설치를 포함한다)를 하여서는 아니 된다.

핵심예제

선박의 입항 및 출항 등에 관한 법률상 무역항의 수상구역 등에서의 어로행위에 관한 설명으로 옳은 것은?

① 전면 금지된다.
② 선박교통에 방해가 되지 않는 장소에서는 가능하다.
③ 항로 내에서도 성어기에는 할 수 있다.
④ 동계에는 가능하다.

정답 ②

1-7. 불빛 및 신호

핵심이론 01 불빛 및 기적 등의 제한

① 불빛의 제한
- ㉠ 누구든지 무역항의 수상구역 등이나 무역항의 수상구역 부근에서 선박교통에 방해가 될 우려가 있는 강력한 불빛을 사용하여서는 아니 된다.
- ㉡ 해양수산부장관은 불빛을 사용하고 있는 자에게 그 빛을 줄이거나 가리개를 씌우도록 명할 수 있다.

② 기적 등의 제한
- ㉠ 선박은 무역항의 수상구역 등에서 특별한 사유 없이 기적이나 사이렌을 울려서는 아니 된다.
- ㉡ 무역항의 수상구역 등에서 기적이나 사이렌을 갖춘 선박에 화재가 발생한 경우 그 선박은 해양수산부령으로 정하는 바에 따라 화재를 알리는 경보를 울려야 한다.

③ 화재 시 경보방법
- ㉠ 화재를 알리는 경보는 기적이나 사이렌을 장음(4초에서 6초까지의 시간 동안 계속되는 울림을 말한다)으로 5회 울려야 한다.
- ㉡ 경보는 적당한 간격을 두고 반복하여야 한다.

핵심예제

다음 중 무역항의 수상구역 등에서 기적이나 사이렌을 갖춘 선박에 화재가 발생한 경우 그 선박이 울려야 하는 경보로 옳은 것은?

① 기적이나 사이렌으로 지속음
② 기적이나 사이렌으로 단음 7회에 이어 장음 1회
③ 기적이나 사이렌으로 장음 5회를 적당한 간격으로 반복
④ 기적이나 사이렌으로 장음 2회, 단음 2회를 적당한 간격으로 반복

정답 ③

해설

화재 시의 경보방법
- 화재를 알리는 경보는 기적이나 사이렌을 장음(4초에서 6초까지의 시간 동안 계속되는 울림을 말한다)으로 5회 울려야 한다.
- 경보는 적당한 간격을 두고 반복하여야 한다.

2 선박안전법

2-1. 총 칙

핵심이론 01 선박안전법의 개요

① 목적 : 선박의 감항성 유지 및 안전운항에 필요한 사항을 규정함으로써 국민의 생명과 재산을 보호함을 목적으로 한다.

② 용어의 정의
- ㉠ 선박 : 수상 또는 수중에서 항해용으로 사용하거나 사용될 수 있는 것(선외기를 장착한 것을 포함한다)과 이동식 시추선·수상호텔 등 해양수산부령이 정하는 부유식 해상구조물을 말한다.
- ㉡ 선박시설 : 선체·기관·돛대·배수설비 등 선박에 설치되어 있거나 설치될 각종 설비로서 해양수산부령이 정하는 것을 말한다.
- ㉢ 선박용물건 : 선박시설에 설치·비치되는 물건으로서 해양수산부장관이 정하여 고시하는 것을 말한다.
- ㉣ 기관 : 원동기·동력전달장치·보일러·압력용기·보조기관 등의 설비 및 이들의 제어장치로 구성되는 것을 말한다.
- ㉤ 선외기 : 선박의 선체 외부에 붙일 수 있는 추진기관으로서 선박의 선체로부터 간단한 조작에 의하여 쉽게 떼어낼 수 있는 것을 말한다.
- ㉥ 감항성 : 선박이 자체의 안정성을 확보하기 위하여 갖추어야 하는 능력으로서 일정한 기상이나 항해조건에서 안전하게 항해할 수 있는 성능을 말한다.
- ㉦ 만재흘수선 : 선박이 안전하게 항해할 수 있는 적재한도의 흘수선으로서 여객이나 화물을 승선하거나 싣고 안전하게 항해할 수 있는 최대한도를 나타내는 선을 말한다.
- ㉧ 복원성 : 수면에 평형상태로 떠 있는 선박이 파도·바람 등 외력에 의하여 기울어졌을 때 원래의 평형상태로 되돌아오려는 성질을 말한다.
- ㉨ 여객 : 선박에 승선하는 자로서 다음에 해당하는 자를 제외한 자를 말한다.

• 선 원
• 1세 미만의 유아
• 세관공무원 등 일시적으로 승선한 자로서 해양수산부령이 정하는 자

㉩ 여객선 : 13인 이상의 여객을 운송할 수 있는 선박을 말한다.
㉪ 소형선박 : 선박길이가 12m 미만인 선박을 말한다.
㉫ 부선 : 원동기·동력전달장치 등 추진기관이나 돛대가 설치되지 아니한 선박으로서 다른 선박에 의하여 끌리거나 밀려서 항해하는 선박을 말한다.
㉬ 예인선 : 다른 선박을 끌거나 밀어서 이동시키는 선박을 말한다.
㉭ 컨테이너 : 선박에 의한 화물의 운송에 반복적으로 사용되고, 기계를 사용한 하역 및 겹침방식의 적재가 가능하며, 선박 또는 다른 컨테이너에 고정시키는 장구가 부착된 것으로서 밑부분이 직사각형인 기구를 말한다.
㉮ 산적화물선 : 곡물·광물 등 건화물을 산적하여 운송하는 선박을 말한다.
㉯ 하역장치 : 화물을 올리거나 내리는데 사용되는 기계적인 장치로서 선체의 구조 등에 항구적으로 부착된 것을 말한다.
㉰ 하역장구 : 하역장치의 부속품이나 하역장치에 부착하여 사용하는 물품을 말한다.
㉱ 국적취득조건부선체용선 : 선체용선 기간 만료 및 총 선체용선료 완불 후 대한민국 국적을 취득하는 매선 조건부 선체용선을 말한다.

핵심예제

1-1. 선박안전법상 선박이 화물을 적재하고 안전하게 항행할 수 있는 최대한도를 나타내는 것은?

① 화 표
② 흘수표
③ 만재흘수선
④ 최대승선인원

정답 ③

1-2. 다음 중 선박안전법상 여객선에 해당하는 것은?

① 12인 이상의 여객을 탑재하는 선박
② 12인 미만의 여객과 화물을 탑재하는 선박
③ 여객정원이 13인 이상인 선박
④ 여객정원이 8명과 기타의 사람 6명인 선박

정답 ③

1-3. 다음 중 선박의 감항성 유지 및 안전운항에 필요한 사항을 규정한 법은?

① 선박법
② 선박안전법
③ 선원법
④ 선박직원법

정답 ②

해설

1-1
만재흘수선
선박이 안전하게 항해할 수 있는 적재한도의 흘수선으로서 여객이나 화물을 승선하거나 싣고 안전하게 항해할 수 있는 최대한도를 나타내는 선을 말한다.

1-2
여객선이란 13인 이상의 여객을 운송할 수 있는 선박을 말한다.

1-3
선박안전법의 목적
선박의 감항성 유지 및 안전운항에 필요한 사항을 규정함으로써 국민의 생명과 재산을 보호함을 목적으로 한다.

핵심이론 02 적용범위 및 선박시설 기준의 적용 등

① 적용범위

㉠ 이 법은 대한민국 국민 또는 대한민국 정부가 소유하는 선박에 대하여 적용한다. 다만, 다음의 어느 하나에 해당하는 선박에 대하여는 그러하지 아니하다.

- 군함 및 경찰용 선박
- 노, 상앗대, 페달 등을 이용하여 인력만으로 운전하는 선박
- 「어선법」에 따른 어선
- 위에 해당하는 것 외의 선박으로서 대통령령이 정하는 선박

㉡ 외국선박으로서 다음의 선박에 대하여는 대통령령으로 정하는 바에 따라 이 법의 전부 또는 일부를 적용한다.

- 내항정기여객운송사업 또는 내항부정기여객운송사업에 사용되는 선박
- 내항 화물운송사업에 사용되는 선박
- 국적취득조건부 선체용선을 한 선박

㉢ 다음의 선박에 대하여는 대통령령이 정하는 바에 따라 이 법의 전부 또는 일부를 적용하지 아니하거나 이를 완화하여 적용할 수 있다.

- 대한민국 정부와 외국 정부가 이 법의 적용범위에 관하여 협정을 체결한 경우의 해당 선박
- 조난자의 구조 등 해양수산부령이 정하는 긴급한 사정이 발생하는 경우의 해당 선박
- 새로운 특징 또는 형태의 선박을 개발할 목적으로 건조한 선박을 임시로 항해에 사용하고자 하는 경우의 해당 선박
- 외국에 선박매각 등을 위하여 예외적으로 단 한 번의 국제항해를 하는 선박

② ①의 ㉠에서 "대통령령이 정하는 선박"이란 다음의 선박을 말한다.

㉠ 선박검사증서를 발급받은 자가 일정 기간 동안 운항하지 아니할 목적으로 그 증서를 해양수산부장관에게 반납한 후 해당 선박을 계류한 경우 그 선박

㉡ 수상레저안전법상 안전검사를 받은 수상레저기구

㉢ 2007년 11월 4일 전에 건조된 선박 중 다음의 어느 하나에 해당하는 선박

- 추진기관 또는 범장이 설치되지 아니한 선박으로서 평수구역(호소・하천 및 항 내의 수역과 해양수산부령으로 정하는 수역을 말한다) 안에서만 운항하는 선박. 다만, 여객운송에 사용되는 선박 등 해양수산부령으로 정하는 선박은 제외한다.
- 추진기관 또는 범장이 설치되지 아니한 선박으로서 연해구역(영해기점으로부터 20해리 이내의 수역과 해양수산부령으로 정하는 수역을 말한다)을 운항하는 선박 중 여객이나 화물의 운송에 사용되지 아니하는 선박. 다만, 추진기관이 설치되어 있는 선박에 결합하여 운항하는 압항부선 또는 잠수선 등 특수한 구조로 되어 있는 선박으로서 해양수산부장관이 정하여 고시하는 선박은 제외한다.

③ **선박시설 기준의 적용** : 선박에 설치된 선박시설이나 선박용물건이 이 법에 따라 설치하여야 하는 선박시설의 기준과 동등하거나 그 이상의 성능이 있다고 인정되는 경우에는 이 법의 기준에 따른 선박시설이나 선박용 물건을 설치한 것으로 본다.

④ **국제협약과의 관계** : 국제항해에 취항하는 선박의 감항성 및 인명의 안전과 관련하여 국제적으로 발효된 국제협약의 안전기준과 이 법의 규정내용이 다른 때에는 해당 국제협약의 효력을 우선한다. 다만, 이 법의 규정내용이 국제협약의 안전기준보다 강화된 기준을 포함하는 때에는 그러하지 아니하다.

핵심예제

선박안전법의 적용을 받는 선박으로 옳은 것은?

① 경찰용 선박
② 노와 상앗대만으로 운전하는 선박
③ 기관을 설치한 5톤 미만의 선박
④ 수상레저안전법에 따른 안전검사를 받은 수상레저기구

정답 ③

해설

적용범위

이 법은 대한민국 국민 또는 대한민국 정부가 소유하는 선박에 대하여 적용한다. 다만, 다음의 어느 하나에 해당하는 선박에 대하여는 그러하지 아니하다.

- 군함 및 경찰용 선박
- 노, 상앗대, 페달 등을 이용하여 인력만으로 운전하는 선박
- 「어선법」에 따른 어선
- 수상레저안전법상 안전검사를 받은 수상레저기구

2-2. 선박의 검사

핵심이론 01 건조검사

① 선박을 건조하고자 하는 자는 선박에 설치되는 선박시설에 대하여 해양수산부령이 정하는 바에 따라 해양수산부장관의 검사(건조검사)를 받아야 한다.
② 해양수산부장관은 건조검사에 합격한 선박에 대하여 해양수산부령으로 정하는 사항과 검사기록을 기재한 건조검사증서를 교부하여야 한다.
③ 건조검사에 합격한 선박시설에 대하여는 정기검사 중 선박을 최초로 항해에 사용하는 때 실시하는 검사는 이를 합격한 것으로 본다.
④ 해양수산부장관은 외국에서 수입되는 선박 등 건조검사를 받지 아니하는 선박에 대하여 건조검사에 준하는 검사로서 해양수산부령이 정하는 검사(별도 건조검사)를 받게 할 수 있다. 이 경우 ② 및 ③의 규정은 별도 건조검사에 합격한 선박에 대하여 이를 준용한다.

핵심이론 02 정기검사

① 선박소유자는 선박을 최초로 항해에 사용하는 때 또는 선박검사증서의 유효기간이 만료된 때(5년)에는 선박시설과 만재흘수선에 대하여 해양수산부령이 정하는 바에 따라 해양수산부장관의 검사(정기검사)를 받아야 한다. 다만, 무선설비 및 선박위치발신장치에 대하여는 「전파법」의 규정에 따라 검사를 받았는지 여부를 확인하는 것으로 갈음한다.
② 해양수산부장관은 정기검사에 합격한 선박에 대하여 항해구역·최대승선인원 및 만재흘수선의 위치를 각각 지정하여 해양수산부령으로 정하는 사항과 검사기록을 기재한 선박검사증서를 교부하여야 한다.
③ 항해구역의 종류와 예외적으로 허용되거나 제한되는 항해구역, 최대승선인원의 산정기준 등에 관하여 필요한 사항은 해양수산부령으로 정한다.
④ ③에 따른 항해구역의 종류는 다음과 같다.
  ㉠ 평수구역(호소·하천 및 항내의 수역과 해양수산부령으로 정하는 수역)
  ㉡ 연해구역(영해기점으로부터 20해리 이내의 수역과 해양수산부령으로 정하는 수역)
  ㉢ 근해구역(동쪽은 동경 175°, 서쪽은 동경 94°, 남쪽은 남위 11° 및 북쪽은 북위 63°의 선으로 둘러싸인 수역)
  ㉣ 원양구역(모든 수역)
⑤ 항해구역의 지정
  ㉠ 항해구역을 지정하는 경우에는 선박소유자의 요청, 선박의 구조 및 선박시설기준 등을 고려하여 지정하여야 한다.
  ㉡ 외국의 동일 국가 내의 항구 사이 또는 외국의 호소·하천 및 항내의 수역에서만 항해하는 선박의 항해구역은 평수구역·연해구역 또는 근해구역으로 정할 수 있다.
  ㉢ 별도 건조검사를 받은 선박에 대하여는 해당 선박의 크기·구조·용도 등을 고려하여 항해구역을 제한하여 지정할 수 있다.

핵심예제

2-1. 선박안전법상 정기검사에 대한 설명이 아닌 것은?

① 선박을 최초로 항행에 사용할 때 받는다.
② 선박 검사증서의 유효기간이 만료되었을 때 받는다.
③ 가장 정밀한 검사이다.
④ 4년마다 실시한다.

정답 ④

2-2. 다음 중 선박안전법상 한반도와 제주도로부터 20마일 이내의 수역은?

① 열대대역
② 연해구역
③ 근해구역
④ 원양구역

정답 ②

2-3. 선박안전법상 정기검사에 합격한 선박에 지정되는 사항에 해당되지 않는 것은?

① 항해구역
② 최대승선인원
③ 만재흘수선의 위치
④ 화물적재량

정답 ④

해설

2-1

정기검사

선박을 최초로 항해에 사용하는 때 또는 선박검사증서의 유효기간이 만료된 때(5년)에는 선박시설과 만재흘수선에 대하여 해양수산부령이 정하는 바에 따라 해양수산부장관의 검사(정기검사)를 받아야 한다.

2-2

항해구역의 종류

- 평수구역(호소 · 하천 및 항내의 수역과 해양수산부령으로 정하는 수역)
- 연해구역(영해기점으로부터 20해리 이내의 수역과 해양수산부령으로 정하는 수역)
- 근해구역(동쪽은 동경 175°, 서쪽은 동경 94°, 남쪽은 남위 11° 및 북쪽은 북위 63°의 선으로 둘러싸인 수역)
- 원양구역(모든 수역)

2-3

정기검사

해양수산부장관은 정기검사에 합격한 선박에 대하여 항해구역 · 최대승선인원 및 만재흘수선의 위치를 각각 지정하여 해양수산부령으로 정하는 사항과 검사기록을 기재한 선박검사증서를 교부하여야 한다.

핵심이론 03 중간검사

① 선박소유자는 정기검사와 정기검사의 사이에 해양수산부령이 정하는 바에 따라 해양수산부장관의 검사(중간검사)를 받아야 한다.
② 중간검사의 종류는 제1종과 제2종으로 구분하며, 그 시기와 검사사항은 해양수산부령으로 정한다.
③ 해양수산부장관은 ①의 규정에 따른 중간검사에 합격한 선박에 대하여 선박검사증서의 검사기록에 그 검사결과를 기재하여야 한다.
④ 해외수역에서의 장기간 항해 · 조업 등 부득이한 사유로 인하여 중간검사를 받을 수 없는 자는 해양수산부령이 정하는 바에 따라 중간검사의 시기를 연기할 수 있다.
⑤ 다음의 어느 하나에 해당하는 선박에 대하여는 중간검사를 생략한다.
   ㉠ 총톤수 2톤 미만인 선박
   ㉡ 추진기관 또는 돛대가 설치되지 아니한 선박으로서 평수구역 안에서만 운항하는 선박
   ㉢ 추진기관 또는 돛대가 설치되지 아니한 선박으로서 연해구역을 운항하는 선박 중 여객이나 화물의 운송에 사용되지 아니하는 선박

핵심이론 04 임시검사

① 선박소유자는 다음의 어느 하나에 해당하는 경우에는 해양수산부령으로 정하는 바에 따라 해양수산부장관의 검사(임시검사)를 받아야 한다.
   ㉠ 선박시설에 대하여 해양수산부령이 정하는 개조 또는 수리를 행하고자 하는 경우
   ㉡ 선박검사증서에 기재된 내용을 변경하고자 하는 경우. 다만, 선박소유자의 성명과 주소, 선박명 및 선적항의 변경 등 선박시설의 변경이 수반되지 아니하는 경미한 사항의 변경인 경우에는 그러하지 아니하다.
   ㉢ 선박의 용도를 변경하고자 하는 경우
   ㉣ 선박의 무선설비를 새로이 설치하거나 이를 변경하고자 하는 경우
   ㉤ 해양사고 등으로 선박의 감항성 또는 인명안전의 유지에 영향을 미칠 우려가 있는 선박시설의 변경이 발생한 경우
   ㉥ 해양수산부장관이 선박시설의 보완 또는 수리가 필요하다고 인정하여 임시검사의 내용 및 시기를 지정한 경우
   ㉦ 만재흘수선의 변경 등 해양수산부령이 정하는 경우
② 해양수산부장관은 임시검사에 합격한 선박에 대하여 선박검사증서의 검사기록에 그 검사결과를 기재하여야 한다.
③ ②에도 불구하고 해양수산부장관은 선박검사증서에 적혀 있는 내용을 일시적으로 변경하기 위하여 ①의 ㉡ 본문에 따른 임시검사에 합격한 선박에 대해서는 해양수산부령으로 정하는 임시변경증을 발급할 수 있다.

핵심예제

선박안전법상 중간검사나 정기검사 이외에 선박의 구조를 변경한 때에 받아야 하는 검사로 옳은 것은?

① 임시검사　　② 특별검사
③ 제조검사　　④ 예비검사

정답 ①

해설

임시검사

선박소유자는 다음의 어느 하나에 해당하는 경우에는 해양수산부령이 정하는 바에 따라 해양수산부장관의 검사(임시검사)를 받아야 한다.
- 선박시설에 대하여 해양수산부령이 정하는 개조 또는 수리를 행하고자 하는 경우
- 선박검사증서에 기재된 내용을 변경하고자 하는 경우. 다만, 선박소유자의 성명과 주소, 선박명 및 선적항의 변경 등 선박시설의 변경이 수반되지 아니하는 경미한 사항의 변경인 경우에는 그러하지 아니하다.
- 선박의 용도를 변경하고자 하는 경우
- 선박의 무선설비를 새로이 설치하거나 이를 변경하고자 하는 경우
- 해양사고 등으로 선박의 감항성 또는 인명안전의 유지에 영향을 미칠 우려가 있는 선박시설의 변경이 발생한 경우
- 해양수산부장관이 선박시설의 보완 또는 수리가 필요하다고 인정하여 임시검사의 내용 및 시기를 지정한 경우
- 만재흘수선의 변경 등 해양수산부령이 정하는 경우

핵심이론 05 임시항해검사

① 정기검사를 받기 전에 임시로 선박을 항해에 사용하고자 하는 때 또는 국내의 조선소에서 건조된 외국선박의 시운전을 하고자 하는 경우에는 선박소유자 또는 선박의 건조자는 해당 선박에 요구되는 항해능력이 있는지에 대하여 해양수산부령이 정하는 바에 따라 해양수산부장관의 검사(임시항해검사)를 받아야 한다.
② 해양수산부장관은 임시항해검사에 합격한 선박에 대하여 해양수산부령으로 정하는 사항과 검사기록을 기재한 임시항해검사증서를 교부하여야 한다.

핵심이론 06 국제협약검사

① 국제항해에 취항하는 선박의 소유자는 선박의 감항성 및 인명안전과 관련하여 국제적으로 발효된 국제협약에 따른 해양수산부장관의 검사(국제협약검사)를 받아야 한다.
② 해양수산부장관은 국제협약검사에 합격한 선박에 대하여 해양수산부령으로 정하는 사항과 검사기록을 기재한 국제협약검사증서를 교부하여야 한다.
③ 해양수산부장관은 교부한 국제협약검사증서의 소유자가 국제협약을 위반한 경우에는 해당증서를 회수하거나 효력정지 또는 취소할 수 있다.
④ 해양수산부장관은 외국정부로부터 국제협약검사증서의 교부요청이 있는 때에는 해당 외국선박에 대하여 국제협약검사를 한 후 국제협약검사증서를 교부할 수 있다.

핵심이론 07 특별검사

① 해양수산부장관은 선박의 구조·설비 등의 결함으로 인하여 대형 해양사고가 발생한 경우 또는 유사사고가 지속적으로 발생한 경우에는 해양수산부령으로 정하는 바에 따라 관련되는 선박의 구조·설비 등에 대하여 검사(특별검사)를 할 수 있다.
② 해양수산부장관은 특별검사를 하고자 하는 경우에는 대상 선박의 범위, 선박소유자의 준비사항 등 필요한 사항을 30일 전에 공고하고, 해당 선박소유자에게 직접 통보하여야 한다.
③ 해양수산부장관은 특별검사의 결과 선박의 안전확보를 위하여 필요하다고 인정되는 경우에는 선박의 소유자에 대하여 대통령령이 정하는 바에 따라 항해정지명령 또는 시정·보완명령을 할 수 있다.

핵심예제

다음에서 설명하는 검사는?

> 선박안전법상 선박안전과 관련하여 대형 해양사고가 발생한 경우 또는 유사사고가 지속적으로 발생한 경우에 시행되는 검사

① 정기검사
② 특별검사
③ 임시검사
④ 제조검사

정답 ②

해설

특별검사

해양수산부장관은 선박의 구조·설비 등의 결함으로 인하여 대형 해양사고가 발생한 경우 또는 유사사고가 지속적으로 발생한 경우에는 해양수산부령으로 정하는 바에 따라 관련되는 선박의 구조·설비 등에 대하여 검사(특별검사)를 할 수 있다.

핵심이론 08 예비검사

① 해양수산부장관이 지정하여 고시하는 선박용 물건 또는 소형선박의 선체를 제조·개조·수리·정비 또는 수입하고자 하는 자는 선박용 물건이 선박에 설치되기 전에 해양수산부장관이 정하여 고시하는 기준에 따라 해양수산부장관의 검사(예비검사)를 받을 수 있다.
② 예비검사를 받고자 하는 자는 해양수산부령이 정하는 바에 따라 해당 선박용 물건 또는 소형선박의 선체의 도면에 대하여 해양수산부장관의 승인을 얻어야 한다. 이 경우 예비검사의 도면에 대한 승인의 표시에 관하여 이를 준용한다.
③ 해양수산부장관은 예비검사에 합격한 선박용 물건 또는 소형선박의 선체에 대하여 해양수산부령이 정하는 예비검사증서를 교부하여야 한다. 이 경우 당해 선박용 물건에 대하여는 합격을 나타내는 표시를 별도로 하여야 한다.
④ 예비검사에 합격한 선박용 물건 또는 소형선박의 선체에 대하여는 건조검사 또는 선박검사 중 최초로 실시하는 검사는 이를 합격한 것으로 본다.

핵심예제

다음 설명으로 옳은 것은?

선박용 물건이 선박에 설치되기 전에 받는 검사

① 정기검사
② 임시검사
③ 건조검사
④ 예비검사

정답 ④

해설

예비검사
해양수산부장관이 지정하여 고시하는 선박용 물건 또는 소형선박의 선체를 제조·개조·수리·정비 또는 수입하고자 하는 자는 선박용 물건이 선박에 설치되기 전에 해양수산부장관이 정하여 고시하는 기준에 따라 해양수산부장관의 검사를 받을 수 있다.

핵심이론 09 검사증서의 유효기간

① 선박검사증서 및 국제협약검사증서의 유효기간
㉠ 선박검사증서의 유효기간은 5년으로 한다.
㉡ 국제협약검사증서의 유효기간은 다음의 구분에 따른다. 다만, 해당 선박에 대하여 임시변경증 또는 임시항해검사증서를 발급받은 경우 그 유효기간은 해당 임시변경증 또는 임시항해검사증서에 기재된 유효기간으로 한다.
- 여객선안전검사증서·원자력여객선안전검사증서 및 원자력화물선안전검사증서 : 1년
- 그 밖의 국제협약검사증서 : 5년

㉢ 정해진 검사시기까지 중간검사 또는 임시검사에 합격하지 못하거나 해당 검사를 신청하지 아니한 선박의 선박검사증서 및 국제협약검사증서의 유효기간은 해당 검사시기가 만료되는 날의 다음 날부터 해당 검사에 합격될 때까지 그 효력이 정지된다.

② 선박검사증서 및 국제협약검사증서의 유효기간 연장
㉠ 선박검사증서 및 국제협약검사증서의 유효기간을 연장하려는 경우 다음의 구분에 따른 기간 이내에서 연장할 수 있다. 다만, 해당 선박이 정기검사 또는 해양수산부령으로 정하는 국제협약검사를 받을 장소에 도착하면 지체 없이 그 정기검사 또는 국제협약검사를 받아야 한다.
- 해당 선박이 정기검사 또는 해양수산부령으로 정하는 국제협약검사를 받기 곤란한 장소에 있는 경우 : 3개월 이내
- 해당 선박이 외국에서 정기검사 또는 해양수산부령으로 정하는 국제협약검사를 받았으나 선박검사증서 또는 국제협약검사증서를 선박에 갖추어 둘 수 없는 사유가 발생한 경우 : 5개월 이내
- 해당 선박이 짧은 거리의 항해(항해를 시작하는 항구부터 최종 목적지의 항구까지의 항해거리 또는 항해를 시작한 항구로 회항할 때까지의 항해거리가 1천해리를 넘지 아니하는 항해를 말한다)에 사용되는 경우(국제협약검사증서로 한정한다) : 1개월

㉡ 국제협약검사증서 중 국제방사능핵연료화물운송적합증서의 경우 특별한 사유가 없는 한 그 유효기간은 자동으로 연장된다.

③ 선박검사증서 등이 없는 선박의 항해금지 등

㉠ 누구든지 선박검사증서, 임시변경증, 임시항해검사증서, 국제협약검사증서 및 예인선항해검사증서(선박검사증서 등)가 없는 선박이나 선박검사증서 등의 효력이 정지된 선박을 항해에 사용하여서는 아니 된다.

㉡ 누구든지 선박검사증서 등에 기재된 항해와 관련한 조건을 위반하여 선박을 항해에 사용하여서는 아니 된다.

㉢ 선박검사증서 등을 발급받은 선박소유자는 그 선박 안에 선박검사증서 등을 갖추어 두어야 한다. 다만, 소형선박의 경우에는 선박검사증서 등을 선박 외의 장소에 갖추어 둘 수 있다.

핵심예제

9-1. 선박안전법상 선박검사증서의 유효기간이 만료되었으나 선박이 검사를 받을 장소에 있지 아니하여 검사증서의 유효기간을 연장 받을 수 있는 기간의 범위로 옳은 것은?

① 1개월　② 3개월
③ 6개월　④ 9개월

정답 ②

9-2. 다음 중 선박검사증서 등 선박검사에 관한 서류를 게시 또는 보관하는 장소는?

① 대리점　② 선박 내
③ 선박회사　④ 해양수산관청

정답 ②

해설

9-1

선박검사증서 및 국제협약검사증서의 유효기간 연장

선박검사증서 및 국제협약선박검사증서 및 국제협약검사증서의 유효기간을 연장하려는 경우 다음의 구분에 따른 기간 이내에서 연장할 수 있다.

- 해당 선박이 정기검사 또는 해양수산부령으로 정하는 국제협약검사를 받기 곤란한 장소에 있는 경우 : 3개월 이내
- 해당 선박이 외국에서 정기검사 또는 해양수산부령으로 정하는 국제협약검사를 받았으나 선박검사증서 또는 국제협약검사증서를 선박에 갖추어 둘 수 없는 사유가 발생한 경우 : 5개월 이내
- 해당 선박이 짧은 거리의 항해(항해를 시작하는 항구부터 최종 목적지의 항구까지의 항해거리 또는 항해를 시작한 항구로 회항할 때까지의 항해거리가 1천해리를 넘지 아니하는 항해를 말한다)에 사용되는 경우(국제협약검사증서로 한정한다) : 1개월

9-2

선박검사증서 등을 발급받은 선박소유자는 그 선박 안에 선박검사증서 등을 갖추어 두어야 한다. 다만, 소형선박의 경우에는 선박검사증서 등을 선박 외의 장소에 갖추어 둘 수 있다.

핵심이론 10 기타 선박검사 관계 법규

① 도면의 승인 등

㉠ 건조검사 · 정기검사 · 중간검사 · 임시검사를 받고자 하는 자는 해당 선박의 도면에 대하여 해양수산부령이 정하는 바에 따라 미리 해양수산부장관의 승인을 얻어야 한다. 승인을 얻은 사항에 대하여 변경하고자 하는 경우에도 또한 같다.

㉡ 해양수산부장관은 승인요청을 받은 도면이 기준에 적합한 때에는 이를 승인하고 해양수산부령으로 정하는 사항을 해당 도면에 표시하여야 한다.

㉢ 해양수산부장관의 승인을 얻은 자는 승인을 얻은 도면과 동일하게 선박을 건조하거나 개조하여야 한다.

㉣ 선박소유자는 승인을 얻은 도면을 해양수산부령이 정하는 바에 따라 선박에 비치하여야 한다.

② 검사의 준비 등

㉠ 건조검사 또는 정기검사 · 중간검사 · 임시검사 · 임시항해검사(선박검사)를 위하여 필요한 준비사항에 대하여는 해당 검사별로 해양수산부령으로 정한다.

㉡ ㉠에도 불구하고 해양수산부장관은 해당 선박의 구조 · 시설 · 크기 · 용도 또는 항해구역 등을 고려하여 해양수산부령으로 정하는 바에 따라 검사준비 · 서류제출 등에 대하여 전부 또는 일부를 완화하거나 면제할 수 있다.

㉢ 선박소유자는 ㉠에 따른 검사의 준비로서 해양수산부령으로 정하는 바에 따라 ㉣에 따라 지정된 두께측정업체로부터 선체두께의 측정을 받아야 한다. 다만, 해외수역에서의 장기간 항해 · 조업 또는 외국에서의 수리 등 부득이한 사유로 인하여 국내에서 선체두께를 측정할 수 없는 경우에는 해양수산부령으로 정하는 바에 따라 ㉣에 따라 지정된 두께측정업체 외의 외국의 두께측정업체로부터 측정을 받을 수 있다.

㉣ 해양수산부장관은 측정장비, 전문인력 등 대통령령으로 정하는 기준을 갖춘 두께측정업체를 ㉢에 따른 선체두께 측정 업무를 수행하는 두께측정업체로 지정할 수 있다.

③ 선박검사 후 선박의 상태유지
㉠ 선박소유자는 건조검사 또는 선박검사를 받은 후 해당 선박의 구조배치·기관·설비 등의 변경이나 개조를 하여서는 아니 된다.
㉡ 선박소유자는 건조검사 또는 선박검사를 받은 후 해당 선박이 감항성을 유지할 수 있도록 선박시설이 정상적으로 작동·운영되는 상태를 유지하여야 한다.
㉢ 선박소유자는 해양수산부령으로 정하는 복원성 기준을 충족하는 범위에서 해양수산부장관의 허가를 받아 선박의 길이·너비·깊이·용도의 변경 또는 설비의 개조를 할 수 있다.
㉣ 허가의 대상·절차 등에 필요한 사항은 해양수산부령으로 정한다.

2-3. 선박시설의 기준 등

핵심이론 01 선박시설의 기준 등

① **만재흘수선의 표시 등** : 다음의 어느 하나에 해당하는 선박소유자는 해양수산부장관이 정하여 고시하는 기준에 따라 만재흘수선의 표시를 하여야 한다. 다만, 잠수선 및 그 밖에 해양수산부령이 정하는 선박에 대하여는 만재흘수선의 표시를 생략할 수 있다.
㉠ 국제항해에 취항하는 선박
㉡ 선박의 길이가 12m 이상인 선박
㉢ 선박길이가 12m 미만인 선박으로서 다음의 어느 하나에 해당하는 선박
- 여객선
- 제41조의 규정에 따른 위험물을 산적하여 운송하는 선박

② **복원성의 유지** : 다음의 어느 하나에 해당하는 선박소유자 또는 해당 선박의 선장은 해양수산부장관이 정하여 고시하는 기준에 따라 복원성을 유지하여야 한다. 다만, 예인·해양사고구조·준설 또는 측량에 사용되는 선박 등 해양수산부령으로 정하는 선박에 대하여는 그러하지 아니하다.
㉠ 여객선
㉡ 선박길이가 12m 이상인 선박

③ **무선설비**
㉠ 다음의 어느 하나에 해당하는 선박소유자는 「해상에서의 인명안전을 위한 국제협약」에 따른 세계 해상조난 및 안전제도의 시행에 필요한 무선설비를 갖추어야 한다. 이 경우 무선설비는 「전파법」에 따른 성능과 기준에 적합하여야 한다.
- 국제항해에 취항하는 여객선
- 국제항해에 취항하는 여객선 외에 국제항해에 취항하는 총톤수 300톤 이상의 선박

㉡ ㉠의 규정에 따른 선박 외에 해양수산부령이 정하는 선박에 대하여는 해양수산부령이 정하는 기준에 따른 무선설비를 갖추어야 한다. 이 경우 무선설비는 「전파법」에 따른 성능과 기준에 적합하여야 한다.

㉢ ㉡에서 "해양수산부령이 정하는 선박"이란 다음의 선박을 제외한 선박을 말한다.
- 총톤수 2톤 미만의 선박
- 추진기관을 설치하지 아니한 선박
- 호소·하천 및 항내의 수역에서만 항해하는 선박
- 「유선 및 도선사업법」에 따른 도선으로서 출발항으로부터 도착항까지의 항해거리(경유지를 포함한다)가 2해리 이내인 선박

④ 선박위치발신장치
㉠ 선박의 안전운항을 확보하고 해양사고 발생 시 신속한 대응을 위하여 해양수산부령이 정하는 선박의 소유자는 해양수산부장관이 정하여 고시하는 기준에 따라 선박의 위치를 자동으로 발신하는 장치(선박위치발신장치)를 갖추고 이를 작동하여야 한다.
㉡ 무선설비가 선박위치발신장치의 기능을 가지고 있는 때에는 선박위치발신장치를 갖춘 것으로 본다.
㉢ 선박의 선장은 해적 또는 해상강도의 출몰 등으로 인하여 선박의 안전을 위협할 수 있다고 판단되는 경우 선박위치발신장치의 작동을 중단할 수 있다. 이 경우 선장은 그 상황을 항해일지 등에 기재하여야 한다.

핵심예제

선박안전법상 만재흘수선 표시의 생략이 가능한 선박은?

① 잠수선
② 국제항해에 취항하는 선박
③ 길이 12m 이상인 화물선
④ 길이 12m 미만인 여객선

정답 ①

해설

만재흘수선의 표시 등
다음의 어느 하나에 해당하는 선박소유자는 해양수산부장관이 정하여 고시하는 기준에 따라 만재흘수선의 표시를 하여야 한다. 다만, 잠수선 및 그 밖에 해양수산부령이 정하는 선박에 대하여는 만재흘수선의 표시를 생략할 수 있다.
- 국제항해에 취항하는 선박
- 선박의 길이가 12m 이상인 선박
- 선박길이가 12m 미만인 선박으로서 다음의 어느 하나에 해당하는 선박
  - 여객선
  - 제41조의 규정에 따른 위험물을 산적하여 운송하는 선박

3 해양환경관리법

3-1. 총 칙

핵심이론 01 해양환경관리법의 개요

① 목적 : 선박, 해양시설, 해양공간 등 해양오염물질을 발생시키는 발생원을 관리하고, 기름 및 유해액체물질 등 해양오염물질의 배출을 규제하는 등 해양오염을 예방, 개선, 대응, 복원하는 데 필요한 사항을 정함으로써 국민의 건강과 재산을 보호하는 데 이바지함을 목적으로 한다.

② 용어의 정의
㉠ 해양환경 : 해양에 서식하는 생물체와 이를 둘러싸고 있는 해양수, 해양지, 해양대기 등 비생물적 환경 및 해양에서의 인간의 행동양식을 포함하는 것으로서 해양의 자연 및 생활상태를 말한다.
㉡ 해양오염 : 해양에 유입되거나 해양에서 발생되는 물질 또는 에너지로 인하여 해양환경에 해로운 결과를 미치거나 미칠 우려가 있는 상태를 말한다.
㉢ 배출 : 오염물질 등을 유출·투기하거나 오염물질 등이 누출·용출되는 것을 말한다.
㉣ 폐기물 : 해양에 배출되는 경우 그 상태로는 쓸 수 없게 되는 물질로서 해양환경에 해로운 결과를 미치거나 미칠 우려가 있는 물질(기름, 유해액체물질 및 포장유해물질 제외)를 말한다.
㉤ 기름 : 「석유 및 석유대체연료 사업법」에 따른 원유 및 석유제품(석유가스를 제외한다)과 이들을 함유하고 있는 액체상태의 유성혼합물(액상유성혼합물) 및 폐유를 말한다.
㉥ 선박평형수 : 선박의 중심을 잡기 위하여 선박에 실려 있는 물을 말한다.
㉦ 유해액체물질 : 해양환경에 해로운 결과를 미치거나 미칠 우려가 있는 액체물질(기름을 제외한다)과 그 물질이 함유된 혼합 액체물질로서 해양수산부령이 정하는 것을 말한다.
㉧ 포장유해물질 : 포장된 형태로 선박에 의하여 운송되는 유해물질 중 해양에 배출되는 경우 해양환경에 해로운 결과를 미치거나 미칠 우려가 있는 물질로서 해양수산부령이 정하는 것을 말한다.

㉦ 유해방오도료 : 생물체의 부착을 제한 · 방지하기 위하여 선박 또는 해양시설 등에 사용하는 도료(방오도료) 중 유기주석 성분 등 생물체의 파괴작용을 하는 성분이 포함된 것으로서 해양수산부령이 정하는 것을 말한다.

㉧ 잔류성오염물질 : 해양에 유입되어 생물체에 농축되는 경우 장기간 지속적으로 급성 · 만성의 독성 또는 발암성을 야기하는 화학물질로서 해양수산부령으로 정하는 것을 말한다.

㉨ 오염물질 : 해양에 유입 또는 해양으로 배출되어 해양환경에 해로운 결과를 미치거나 미칠 우려가 있는 폐기물 · 기름 · 유해액체물질 및 포장유해물질을 말한다.

㉩ 오존층파괴물질 : 「오존층 보호를 위한 특정물질의 제조규제 등에 관한 법률」 제2조제1호에 해당하는 물질을 말한다.

㉪ 대기오염물질 : 오존층파괴물질, 휘발성유기화합물과 「대기환경보전법」 제2조제1호의 대기오염물질 및 온실가스 중 이산화탄소를 말한다.

㉫ 황산화물배출규제해역 : 황산화물에 따른 대기오염 및 이로 인한 육상과 해상에 미치는 악영향을 방지하기 위하여 선박으로부터의 황산화물 배출을 특별히 규제하는 조치가 필요한 해역으로서 해양수산부령이 정하는 해역을 말한다.

㉮ 휘발성유기화합물 : 탄화수소류 중 석유화학제품, 유기용제, 그 밖의 물질로서 환경부장관이 관계 중앙행정기관의 장과 협의하여 고시하는 것을 말한다.

㉯ 선박 : 수상 또는 수중에서 항해용으로 사용하거나 사용될 수 있는 것(선외기를 장착한 것을 포함한다) 및 해양수산부령이 정하는 고정식 · 부유식 시추선 및 플랫폼을 말한다.

㉰ 해양시설 : 해역의 안 또는 해역과 육지 사이에 연속하여 설치 · 배치하거나 투입되는 시설 또는 구조물로서 해양수산부령이 정하는 것을 말한다.

㉱ 선저폐수 : 선박의 밑바닥에 고인 액상유성혼합물을 말한다.

㉲ 항만관리청 : 「항만법」의 관리청, 「어촌 · 어항법」의 어항관리청 및 「항만공사법」에 따른 항만공사를 말한다.

㉳ 해역관리청 : 「해양환경 보전 및 활용에 관한 법률」에 따른 해역관리청을 말한다.

㉴ 선박에너지효율 : 선박이 화물운송과 관련하여 사용한 에너지량을 이산화탄소 발생비율로 나타낸 것을 말한다.

㉵ 선박에너지효율설계지수 : 1톤의 화물을 1해리 운송할 때 배출되는 이산화탄소량을 해양수산부장관이 정하여 고시하는 방법에 따라 계산한 선박에너지효율을 나타내는 지표를 말한다.

핵심예제

1-1. 해양환경관리법상 해양에 배출되었을 경우 해양환경의 보전을 저해하는 물질(기름, 유해액체물질 및 포장유해물질 제외)로서 해양에 배출됨으로써 그 상태로는 쓸 수 없게 된 물질을 나타내는 것은?

① 폐기물
② 액상유성혼합물
③ 선저폐수
④ 폐 유

정답 ①

1-2. 다음 중 해양환경관리법의 목적으로 틀린 것은?

① 해양환경 훼손 예방
② 깨끗하고 안전한 해양환경 조성
③ 국민의 삶의 질을 높임
④ 선박의 감항성 유지

정답 ④

해설

1-1

폐기물 : 해양에 배출되는 경우 그 상태로는 쓸 수 없게 되는 물질로서 해양환경에 해로운 결과를 미치거나 미칠 우려가 있는 물질(기름, 유해액체물질 및 포장유해물질 제외)을 말한다.

1-2

해양환경관리법의 목적

선박, 해양시설, 해양공간 등 해양오염물질을 발생시키는 발생원을 관리하고, 기름 및 유해액체물질 등 해양오염물질의 배출을 규제하는 등 해양오염을 예방, 개선, 대응, 복원하는 데 필요한 사항을 정함으로써 국민의 건강과 재산을 보호하는 데 이바지함을 목적으로 한다.

핵심이론 02 적용범위 및 국제협약과의 관계

① 적용범위

㉠ 이 법은 다음의 해역・수역・구역 및 선박・해양시설 등에서의 해양환경관리에 관하여 적용한다. 다만, 방사성물질과 관련한 해양환경관리(연구・학술 또는 정책수립 목적 등을 위한 조사는 제외한다) 및 해양오염방지에 대하여는 「원자력안전법」이 정하는 바에 따른다.

- 영해 및 대통령령이 정하는 해역
- 배타적 경제수역
- 환경관리해역
- 해저광구

㉡ ㉠ 각 호의 해역・수역・구역 밖에서 「선박법」에 따른 대한민국 선박에 의하여 행하여진 해양오염의 방지에 관하여는 이 법을 적용한다.

㉢ 대한민국선박 외의 선박(외국선박)이 ㉠ 각 호의 해역・수역・구역 안에서 항해 또는 정박하고 있는 경우에는 이 법을 적용한다. 다만, 해양환경관리법 제32조, 제41조의3제2항부터 제5항까지, 제41조의4, 제49조부터 제54조까지, 제54조의2, 제56조부터 제58조까지, 제60조, 제112조 및 제113조의 규정은 국제항해에 종사하는 외국선박에 대하여 적용하지 아니한다.

② **국제협약과의 관계** : 해양환경 및 해양오염과 관련하여 국제적으로 발효된 국제협약에서 정하는 기준과 이 법에서 규정하는 내용이 다른 때에는 국제협약의 효력을 우선한다. 다만, 이 법의 규정내용이 국제협약의 기준보다 강화된 기준을 포함하는 때에는 그러하지 아니하다.

핵심예제

다음 내용 중 해양환경관리법의 적용범위에 해당하는 것을 모두 고르면?

㉠ 대한민국 영해 내의 해양오염
㉡ 해저광구의 개발과 관련하여 발생한 해양오염
㉢ 방사성 물질에 의한 해양오염
㉣ 대한민국 선박에 의한 대기오염

① ㉠, ㉡, ㉢
② ㉠, ㉢, ㉣
③ ㉠, ㉡, ㉣
④ ㉠, ㉡, ㉢, ㉣

정답 ③

해설

적용범위

- 이 법은 다음의 해역・수역・구역 및 선박・해양시설 등에서의 해양환경관리에 관하여 적용한다. 다만, 방사성물질과 관련한 해양환경관리(연구・학술 또는 정책수립 목적 등을 위한 조사는 제외한다) 및 해양오염방지에 대하여는 「원자력안전법」이 정하는 바에 따른다.
  - 영해 및 대통령령이 정하는 해역
  - 배타적 경제수역
  - 환경관리해역
  - 해저광구
- 위의 각 호의 해역・수역・구역 밖에서 「선박법」에 따른 대한민국 선박에 의하여 행하여진 해양오염의 방지에 관하여는 이 법을 적용한다.
- 대한민국선박 외의 선박(외국선박)이 위의 각 호의 해역・수역・구역 안에서 항해 또는 정박하고 있는 경우에는 이 법을 적용한다.

3-2. 환경관리해역의 지정 등

핵심이론 01 환경관리해역의 지정・관리

① 해양수산부장관은 해양환경의 보전・관리를 위하여 필요하다고 인정되는 경우에는 다음의 구분에 따라 환경보전해역 및 특별관리해역(환경관리해역)을 지정・관리할 수 있다. 이 경우 관계 중앙행정기관의 장 및 관할 시・도지사 등과 미리 협의하여 한다.
   ㉠ 환경보전해역: 해양환경 및 생태계가 양호한 해역 중 해양환경기준의 유지를 위하여 지속적인 관리가 필요한 해역으로서 해양수산부장관이 정하여 고시하는 해역(해양오염에 직접 영향을 미치는 육지를 포함한다)
   ㉡ 특별관리해역 : 「해양환경 보전 및 활용에 관한 법률」에 따른 해양환경기준의 유지가 곤란한 해역 또는 해양환경 및 생태계의 보전에 현저한 장애가 있거나 장애가 발생할 우려가 있는 해역으로서 해양수산부장관이 정하여 고시하는 해역(해양오염에 직접 영향을 미치는 육지를 포함한다)

② 해양수산부장관은 환경관리해역의 지정 목적이 달성되었거나 지정 목적이 상실된 경우 또는 당초 지정 목적의 달성을 위하여 지정범위를 확대하거나 축소하는 등의 조정이 필요한 경우 환경관리해역의 전부 또는 일부의 지정을 해제하거나 지정범위를 변경하여 고시할 수 있다. 이 경우 대상 구역을 관할하는 시・도지사와 미리 협의하여야 한다.

③ 해양수산부장관은 제1항 및 제2항에 따른 환경관리해역의 지정, 해제 또는 변경 시 다음 각 호의 사항을 고려하여야 한다.
   ㉠ 제9조에 따른 해양환경측정망 조사 결과
   ㉡ 제39조에 따른 잔류성오염물질 조사 결과
   ㉢ 「해양생태계의 보전 및 관리에 관한 법률」 제10조에 따른 국가해양생태계종합조사 결과
   ㉣ 국가 및 지방자치단체에서 3년 이상 지속적으로 시행한 해양환경 및 생태계 관련 조사 결과

④ **오염물질 총량규제 항목 등** : 오염물질의 총량규제 항목은 다음의 항목 중에서 해양수산부장관이 해양환경기준, 해역의 이용현황 및 수질상태 등을 종합적으로 고려하여 해당 오염물질 총량규제를 실시하는 해역의 관할 시・도지사와 협의하여 결정한다.
   ㉠ 화학적 산소요구량
   ㉡ 질 소
   ㉢ 인
   ㉣ 중금속

핵심이론 02 환경관리해역기본계획의 수립 등

① 해양수산부장관은 환경관리해역에 대하여 다음의 사항이 포함된 환경관리해역기본계획을 5년마다 수립하고, 환경관리해역기본계획을 구체화하여 특정 해역의 환경보전을 위한 해역별 관리계획을 수립・시행하여야 한다. 이 경우 관계 행정기관의 장과 미리 협의하여야 한다.
  ㉠ 해양환경의 관측에 관한 사항
  ㉡ 오염원의 조사・연구에 관한 사항
  ㉢ 해양환경보전 및 개선대책에 관한 사항
  ㉣ 환경관리에 따른 주민지원에 관한 사항
  ㉤ 그 밖에 환경관리해역의 관리에 관하여 필요한 것으로서 대통령령으로 정하는 사항

② 환경관리해역기본계획은 「해양수산발전 기본법」에 따른 해양수산발전위원회의 심의를 거쳐 확정한다.

핵심이론 03 해양환경개선조치

① 해역관리청은 오염물질의 유입・확산 또는 퇴적 등으로 인한 해양오염을 방지하고 해양환경을 개선하기 위하여 필요하다고 인정되는 때에는 대통령령으로 정하는 바에 따라 다음의 해양환경개선조치를 할 수 있다.
  ㉠ 오염물질 유입・확산방지시설의 설치
  ㉡ 오염물질(폐기물은 제외한다)의 수거 및 처리
  ㉢ 그 밖에 해양환경개선과 관련하여 필요한 사업으로서 해양수산부령이 정하는 조치

② 해양수산부장관은 ①에 따른 해양환경개선조치의 대상해역 또는 구역이 둘 이상의 시・도지사의 관할에 속하는 등 대통령령으로 정하는 경우에는 ①에 따른 해양환경개선조치를 할 수 있다. 이 경우 해양수산부장관은 해당 시・도지사와 미리 협의하여야 한다.

③ ①의 규정에 따른 해양환경개선조치와 관련하여 오염물질 유입·확산방지시설의 설치방법, 오염물질(폐기물은 제외한다)의 수거·처리방법 등에 관하여 필요한 사항은 해양수산부령으로 정한다.

3-3. 해양오염방지를 위한 규제

핵심이론 01 오염물질의 배출금지 등

① 누구든지 선박으로부터 오염물질을 해양에 배출하여서는 아니 된다. 다만, 다음의 경우에는 그러하지 아니하다.
  ㉠ 선박의 항해 및 정박 중 발생하는 폐기물을 배출하고자 하는 경우에는 해양수산부령이 정하는 해역에서 해양수산부령이 정하는 처리기준 및 방법에 따라 배출할 것
  ㉡ 다음의 구분에 따라 기름을 배출하는 경우
    • 선박에서 기름을 배출하는 경우에는 해양수산부령이 정하는 해역에서 해양수산부령이 정하는 배출기준 및 방법에 따라 배출할 것
    • 유조선에서 화물유가 섞인 선박평형수, 화물창의 세정수 및 선저폐수를 배출하는 경우에는 해양수산부령이 정하는 해역에서 해양수산부령이 정하는 배출기준 및 방법에 따라 배출할 것
    • 유조선에서 화물창의 선박평형수를 배출하는 경우에는 해양수산부령이 정하는 세정도에 적합하게 배출할 것
  ㉢ 다음의 구분에 따라 유해액체물질을 배출하는 경우
    • 유해액체물질을 배출하는 경우에는 해양수산부령이 정하는 해역에서 해양수산부령이 정하는 사전처리 및 배출방법에 따라 배출할 것
    • 해양수산부령이 정하는 유해액체물질의 산적운반에 이용되는 화물창에서 세정된 선박평형수를 배출하는 경우에는 해양수산부령이 정하는 정화방법에 따라 배출할 것

② 누구든지 해양시설 또는 해수욕장・하구역 등 대통령령이 정하는 장소(해양공간)에서 발생하는 오염물질을 해양에 배출하여서는 아니 된다. 다만, 다음의 경우에는 그러하지 아니하다.
  • 해양시설 및 해양공간(해양시설 등)에서 발생하는 폐기물을 해양수산부령이 정하는 해역에서 해양수산부령이 정하는 처리기준 및 방법에 따라 배출하는 경우
  • 해양시설 등에서 발생하는 기름 및 유해액체물질을 해양수산부령이 정하는 처리기준 및 방법에 따라 배출하는 경우

③ 다음의 어느 하나에 해당하는 경우에는 ①과 ②의 규정에 불구하고 선박 또는 해양시설 등에서 발생하는 오염물질(폐기물은 제외)을 해양에 배출할 수 있다.
  ㉠ 선박 또는 해양시설 등의 안전확보나 인명구조를 위하여 부득이하게 오염물질을 배출하는 경우
  ㉡ 선박 또는 해양시설 등의 손상 등으로 인하여 부득이하게 오염물질이 배출되는 경우
  ㉢ 선박 또는 해양시설 등의 오염사고에 있어 해양수산부령이 정하는 방법에 따라 오염피해를 최소화하는 과정에서 부득이하게 오염물질이 배출되는 경우

④ 선박으로부터 기름을 배출하는 경우에는 다음의 요건에 모두 적합하게 배출하여야 한다.
  ㉠ 선박(시추선 및 플랫폼을 제외한다)의 항해 중에 배출할 것
  ㉡ 배출액 중의 기름 성분이 0.0015%(15ppm) 이하일 것. 다만, 「해저광물자원 개발법」에 따른 해저광물(석유 및 천연가스에 한함)의 탐사·채취 과정에서 발생한 물의 경우에는 0.004% 이하여야 한다.
  ㉢ 기름오염방지설비의 작동 중에 배출할 것. 다만, 시추선 및 플랫폼에서 스킴파일(Skim Pile, 분리된 기름을 수집하는 내부 칸막이(Baffle Plate)를 가진 바닥이 개방된 수직의 파이프)의 설치를 통하여 기름을 배출하는 경우는 제외한다.

⑤ 화물유가 섞인 선박평형수, 세정수, 선저폐수의 배출기준 등
  ㉠ 화물유가 섞인 선박평형수, 세정수, 선저폐수의 배출기준 : 유조선에서 화물유가 섞인 선박평형수, 화물창의 세정수 및 화물펌프실의 선저폐수를 배출하는 경우에는 다음의 요건에 적합하게 배출하여야 한다.
    • 항해 중에 배출할 것
    • 기름의 순간배출률이 1해리당 30L 이하일 것
    • 1회의 항해 중(선박평형수를 실은 후 그 배출을 완료할 때까지)의 배출총량이 그 전에 실은 화물총량의 3만분의 1 이하일 것
    • 「영해 및 접속수역법」에 따른 기선으로부터 50해리 이상 떨어진 곳에서 배출할 것
    • 기름오염방지설비의 작동 중에 배출할 것
  ㉡ 선박평형수의 세정도 : 유조선의 화물창으로부터 선박평형수를 배출하는 경우에는 다음의 요건에 적합하게 배출하여야 한다.
    • 정지 중인 유조선의 화물창으로부터 청명한 날 맑고 평온한 해양에 선박평형수를 배출하는 경우에는 눈으로 볼 수 있는 유막이 해면 또는 인접한 해안선에 생기지 아니하거나 유성찌꺼기(Sludge) 또는 유성혼합물이 수중 또는 인접한 해안선에 생기지 아니하도록 화물창이 세정되어 있을 것
    • 선박평형수용 기름배출감시제어장치 또는 평형수농도감시장치를 통하여 선박평형수를 배출하는 경우에는 해당 장치로 측정된 배출액의 유분함유량이 0.0015%[15ppm]를 초과하지 아니할 것
  ㉢ 분리평형수 및 맑은평형수의 배출방법
    • 분리평형수 및 맑은평형수는 해당 선박의 흘수선 위쪽에서 배출하여야 한다. 다만, 분리평형수 및 맑은평형수의 표면에서 기름이 관찰되지 아니하는 경우에는 흘수선 아래쪽에서 배출할 수 있다.
    • 분리평형수의 흘수선 위쪽 배출에 따른 단서에 따라 흘수선 아래쪽에서 배출하는 경우 항만 및 해양터미널 외의 해역에서는 중력에 따른 배출방법을 사용하여야 한다.
  ㉣ 선박 안에서 발생하는 유성혼합물 등의 저장 또는 처리
    • 선박 안에서 발생하는 선저폐수·유성찌꺼기 및 유성혼합물은 법에 따라 배출하는 경우를 제외하고는 다음의 구분에 따라 저장하거나 처리하여야 한다.
      – 기관구역의 선저폐수는 선저폐수저장장치에 저장한 후 배출관장치를 통하여 오염물질저장시설 또는 해양오염방제업·유창청소업(저장시설 등)의 운영자에게 인도할 것. 다만, 기름여과장치가 설치된 선박의 경우에는 기름여과장치를 통하여 해양에 배출할 수 있다.

- 유성찌꺼기(Sludge)는 유성찌꺼기탱크에 저장하되, 유성찌꺼기탱크용량의 80%를 초과하는 경우에는 출항 전에 유성찌꺼기 전용펌프와 배출관장치를 통하여 저장시설 등의 운영자에게 인도할 것. 다만, 소각설비가 설치된 선박의 경우에는 해상에서 유성찌꺼기를 소각하여 처리할 수 있다.
- 유조선의 화물구역에서 발생하는 유성혼합물은 법에 따라 해양에 배출하는 경우를 제외하고는 선박 안에 저장할 것

• 기관구역의 선저폐수 또는 유성찌꺼기를 역류방지 밸브가 설치된 이송관을 통하여 혼합물탱크로 이송하여 저장하는 유조선의 경우에는 선박 안에서 발생하는 선저폐수 · 유성찌꺼기 및 유성혼합물의 저장 및 처리에 관한 규칙을 적용하지 아니한다.

• 해양환경관리법에 따라 유성혼합물을 해양에 배출하는 경우에는 흘수선 위쪽에서 배출하여야 한다. 다만, 혼합물탱크로부터 배출하지 아니하는 경우로서 다음의 어느 하나에 해당하는 경우에는 흘수선 아래쪽에서 배출할 수 있다.
- 탱크 안에서 물과 기름이 분리되어 저장되고 배출 전에 유수경계면 검출기로 유수경계면을 조사한 결과 기름에 따른 오염의 위험이 없다고 판단되는 경우로서 중력으로 배출하는 경우
- 1979년 12월 31일 이전에 인도된 선박으로서 유조선에 지방해양수산청장이 인정하는 파트플로우 장치를 설치하고 이를 작동하여 배출하는 경우

• 화물창 또는 연료유탱크에 실은 선박평형수는 제1호 또는 제2호에 적합한 경우 외에는 이를 선박 안에 저장한 후 저장시설 등의 운영자에게 인도하여야 한다.

핵심예제

1-1. 선박 안에서 발생하는 유성찌꺼기(슬러지)의 처리방법으로 틀린 것은?

① 자가처리시설에서 처리한다.
② 유창청소업자에게 인도한다.
③ 저장시설의 운영자에게 인도한다.
④ 간이 소각기로 소각한다.

정답 ④

1-2. 해양환경관리법상 선박 기관실에서 배출 가능한 유분의 농도로 옳은 것은?

① 100만분의 15 이하
② 100만분의 20 이하
③ 15,000분의 10 이하
④ 10,000분의 100 이하

정답 ①

1-3. 해양환경관리법상 기름의 배출이 허용되는 경우에 해당하는 것은?

① 연료탱크 청소 후의 해양배출
② 선박이 항해 중일 때의 해양배출
③ 선박이 선적항에 정박 중일 때의 해양배출
④ 선박의 안전을 확보하기 위한 부득이한 해양배출

정답 ④

해설

1-1
유성찌꺼기(Sludge)는 유성찌꺼기탱크에 저장하되, 유성찌꺼기탱크용량의 80%를 초과하는 경우에는 출항 전에 유성찌꺼기 전용펌프와 배출관장치를 통하여 저장시설 등의 운영자에게 인도할 것. 다만, 소각설비가 설치된 선박의 경우에는 해상에서 유성찌꺼기를 소각하여 처리할 수 있다.

1-2
선박으로부터의 기름 배출
선박으로부터 기름을 배출하는 경우에는 다음의 요건에 모두 적합하게 배출하여야 한다.
• 선박(시추선 및 플랫폼을 제외한다)의 항해 중에 배출할 것
• 배출액 중의 기름 성분이 0.0015%(15ppm) 이하일 것
• 기름오염방지설비의 작동 중에 배출할 것

1-3
다음의 어느 하나에 해당하는 경우에는 선박 또는 해양시설 등에서 발생하는 오염물질을 해양에 배출할 수 있다.
• 선박 또는 해양시설 등의 안전확보나 인명구조를 위하여 부득이하게 오염물질을 배출하는 경우
• 선박 또는 해양시설 등의 손상 등으로 인하여 부득이하게 오염물질이 배출되는 경우
• 선박 또는 해양시설 등의 오염사고에 있어 해양수산부령이 정하는 방법에 따라 오염피해를 최소화하는 과정에서 부득이하게 오염물질이 배출되는 경우

핵심이론 03 해양오염방지활동

① 해역관리청은 오염방지활동을 위하여 필요하다고 인정되는 때에는 해양공간에 대하여 수질검사 등 해양수산부령이 정하는 조사·측정활동을 할 수 있다.
② 해역관리청은 조사·측정활동 등 오염방지활동을 위하여 필요한 선박 또는 처리시설을 운영할 수 있다.

3-4. 선박에서의 해양오염방지

핵심이론 01 폐기물오염방지설비의 설치 등

① 해양수산부령이 정하는 선박의 소유자는 그 선박 안에서 발생하는 해양수산부령이 정하는 폐기물을 저장·처리하기 위한 설비(폐기물오염방지설비)를 해양수산부령이 정하는 기준에 따라 설치하여야 한다.
② 다음의 어느 하나에 해당하는 선박의 소유자(선박을 임대하는 경우에는 선박임차인을 말한다)는 그 선박 안에서 발생하는 분뇨를 저장·처리하기 위한 설비(분뇨오염방지설비)를 설치하여야 한다.
  ㉠ 총톤수 400톤 이상의 선박(선박검사증서상 최대승선인원이 16인 미만인 부선은 제외한다)
  ㉡ 선박검사증서 또는 어선검사증서상 최대승선인원이 16명 이상인 선박
  ㉢ 수상레저기구 안전검사증에 따른 승선정원이 16명 이상인 선박
  ㉣ 소속 부대의 장 또는 경찰관서·해양경찰관서의 장이 정한 승선인원이 16명 이상인 군함과 경찰용 선박
③ ②에 따른 **분뇨오염방지설비의 설치기준** : 다음의 분뇨오염방지설비의 설비 중 어느 하나를 설치하여야 한다.
  ㉠ 지방해양수산청장이 형식 승인한 분뇨처리장치
  ㉡ 지방해양수산청장이 형식 승인한 분뇨마쇄소독장치
  ㉢ 분뇨저장탱크

핵심이론 02 기름오염방지설비의 설치 등

① 선박의 소유자는 선박 안에서 발생하는 기름의 배출을 방지하기 위한 설비(기름오염방지설비)를 해당 선박에 설치하거나 폐유저장을 위한 용기를 비치하여야 한다. 이 경우 그 대상선박과 설치기준 등은 해양수산부령으로 정한다.

② 선박의 소유자는 선박의 충돌·좌초 또는 그 밖의 해양사고가 발생하는 경우 기름의 배출을 방지할 수 있는 선체구조 등을 갖추어야 한다. 이 경우 그 대상선박, 선체구조기준 그 밖에 필요한 사항은 해양수산부령으로 정한다.

③ 기름오염방지설비 설치 및 폐유저장용기 비치기준

㉠ 기관구역에서의 기름오염방지설비의 설치기준

<table>
<tr><th>대상선박</th><th>기름오염방지설비</th></tr>
<tr><td>가. 총톤수 50톤 이상 400톤 미만의 유조선</td><td rowspan="2">• 선저폐수저장탱크 또는 기름여과장치
• 배출관장치</td></tr>
<tr><td>나. 총톤수 100톤 이상 400톤 미만으로서 유조선이 아닌 선박</td></tr>
<tr><td>다. 총톤수 400톤 이상 1만톤 미만의 선박(마.의 선박 제외)</td><td>• 기름여과장치
• 유성찌꺼기탱크
• 배출관장치</td></tr>
<tr><td>라. 총톤수 1만톤 이상의 모든 선박(마.의 선박 제외)</td><td>• 기름여과장치
• 선저폐수농도경보장치
• 유성찌꺼기탱크
• 배출관장치</td></tr>
<tr><td>마. 총톤수 400톤 이상으로서 국제특별해역 안에서만 운항하는 선박</td><td>• 기름여과장치
• 선저폐수농도경보장치
• 유성찌꺼기탱크
• 배출관장치</td></tr>
</table>

※ 위 다~마의 선박에 대한 기름오염방지설비는 유성혼합물을 선박에 보유한 후 수용시설에 배출하는 경우에 한하여 유성찌꺼기탱크 및 배출관장치만 설치할 수 있다.

㉡ 화물구역에서의 기름오염방지설비의 설치기준

<table>
<tr><th>구분</th><th colspan="2">대상선박</th><th>기름오염방지설비</th></tr>
<tr><td rowspan="7">유성평형수의 배출방지설비</td><td rowspan="6">총톤수 150톤 이상의 유조선</td><td>근해구역 이상의 항해에만 종사하는 유조선</td><td>• 기름배출감시 제어장치
• 평형수배출관장치
• 혼합물탱크장치</td></tr>
<tr><td>국내항해에만 종사하는 유조선</td><td rowspan="3">• 기름배출감시 제어장치
• 평형수배출관장치
• 혼합물탱크장치
• 화물구역에서 발생하는 유성혼합물을 선박 안에 저장한 후 육상수용시설에 배출하는 경우에 한하여 평형수배출관장치만 설치할 수 있다.</td></tr>
<tr><td>국제협약의 한 당사국 안에서만 종사하는 유조선</td></tr>
<tr><td>아스팔트 또는 물과의 분리가 불가능한 물리적 특성을 가지는 정제유를 운송하는 유조선</td></tr>
<tr><td>국제항해를 포함하는 연해구역 안에서만 종사하는 유조선</td><td rowspan="2">• 기름배출감시 제어장치
• 평형수배출관장치
• 혼합물탱크장치
• 화물구역에서 발생하는 유성혼합물을 선박 안에 저장한 후 육상수용시설에 배출하는 경우에 한하여 평형수배출관장치 및 혼합물탱크장치만 설치할 수 있다.</td></tr>
<tr><td>육지로부터 50해리를 넘지 아니하고, 총항해시간이 72시간 이내로 제한된 국제항해에 운항하는 유조선</td></tr>
<tr><td colspan="2">합계용적 200m³ 이상의 기름을 실을 수 있는 화물창을 가진 선박</td><td>• 기름배출감시 제어장치
• 평형수배출관장치
• 혼합물탱크장치
• 화물창의 합계용적이 1,000m³ 미만인 경우에는 화물창에서 발생하는 유성혼합물을 항해 중 바다에 배출하지 않고 선박 안에 저장한 후 육상수용시설에 배출하는 경우에 한하여 평형수배출관장치만 설치할 수 있다.</td></tr>
</table>

<table>
<tr><th>구분</th><th>대상선박</th><th>기름오염방지설비</th></tr>
<tr><td rowspan="3">평형수탱크 및 화물탱크의 세정설비</td><td>1982년 6월 1일 후에 인도된 유조선으로서 원유만을 운송하는 재화중량톤수 2만톤 이상의 유조선</td><td rowspan="2">• 분리평형수탱크
• 화물창원유세정설비
• 원유세정에 적합하지 아니한 원유만을 운송하거나 정제유와 함께 원유를 운송하는 유조선은 화물구역에서 발생하는 유성혼합물을 항해 중 바다에 배출하지 않고 선박 안에 저장한 후 육상수용시설에 전량 배출하는 경우에 한하여 분리평형수탱크만 설치할 수 있다.</td></tr>
<tr><td>1982년 6월 1일 후에 인도된 유조선으로서 원유 및 정제유를 운송하는 재화중량톤수 2만톤 이상의 유조선</td></tr>
<tr><td>1982년 6월 1일 후에 인도된 유조선으로서 정제유만을 운송하는 재화중량톤수 3만톤 이상의 유조선</td><td>분리평형수탱크</td></tr>
<tr><td rowspan="4">평형수탱크 및 화물탱크의 세정설비</td><td>1982년 6월 1일 이전에 인도된 유조선으로서 원유만을 운송하는 재화중량톤수 4만톤 이상의 유조선</td><td>화물창원유세정설비 또는 분리평형수탱크</td></tr>
<tr><td>1982년 6월 1일 이전에 인도된 유조선으로서 정제유만을 운송하는 재화중량톤수 4만톤 이상의 유조선</td><td>• 맑은평형수탱크
• 평형수농도감시장치
• 분리평형수탱크를 설치한 경우를 제외한다.</td></tr>
<tr><td>1982년 6월 1일 이전에 인도된 유조선으로서 원유와 정제유를 운송하는 재화중량톤수 4만톤 이상의 유조선</td><td>분리평형수탱크</td></tr>
<tr><td>1982년 6월 1일 이전에 인도된 유조선으로서 국내항해에만 종사하는 재화중량톤수 4만톤 이상의 유조선</td><td>• 화물창원유세정설비 또는 분리평형수탱크
• 화물구역에서 발생하는 유성혼합물을 선박 안에 보유한 후 수용시설에 배출하는 경우에 한하여 동 설비를 설치하지 아니할 수 있다.</td></tr>
</table>

㉢ 폐유저장용기의 비치기준

• 기관구역용 폐유저장용기

대상선박	저장용량(단위 : L)
총톤수 5톤 이상 10톤 미만의 선박	20
총톤수 10톤 이상 30톤 미만의 선박	60
총톤수 30톤 이상 50톤 미만의 선박	100
총톤수 50톤 이상 100톤 미만으로서 유조선이 아닌 선박	200

• 화물구역용 폐유저장용기

대상선박	저장용량(단위 : L)
총톤수 150톤 미만의 유조선	400

핵심예제

해양환경관리법상 기름오염방지설비로 옳지 않은 것은?

① 기름여과장치
② 유성찌꺼기탱크
③ 배출관장치
④ 조수장치

정답 ④

해설

기름오염방지설비

선저폐수저장탱크, 기름여과장치, 배출관장치, 유성찌꺼기 탱크, 선저폐수농도경보장치, 평형수용 기름배출감시제어장치, 평형수배출관장치, 혼합물탱크장치, 분리평형수탱크, 화물창원유세정설비, 맑은평형수탱크, 평형수농도감시장치

핵심이론 03 유해액체물질 오염방지설비의 설치 등

① 유해액체물질을 산적하여 운반하는 선박으로서 해양수산부령이 정하는 선박의 소유자는 유해액체물질을 그 선박 안에서 저장·처리할 수 있는 설비 또는 유해액체물질에 의한 해양오염을 방지하기 위한 설비(유해액체물질오염방지설비)를 해양수산부령이 정하는 기준에 따라 설치하여야 한다.

② 유해액체물질의 오염방지설비

물질의 구분	유해액체물질 오염방지설비
X류 물질	• 스트리핑장치 • 예비세정장치 • 유해액체물질·선박평형수 등의 배출관장치 • 수면하 배출장치 • 통풍세정장치(정화방법에 따라 화물창을 정화하는 선박으로 한정)
Y류 물질	• 스트리핑장치 • 예비세정장치(응고성물질 또는 고점성물질을 운송하는 선박으로 한정) • 유해액체물질·선박평형수 등의 배출관장치 • 수면하 배출장치 • 통풍세정장치
Z류 물질	• 스트리핑장치 • 유해액체물질·선박평형수 등의 배출관장치 • 수면하 배출장치 • 통풍세정장치

비 고

1. 위 표에도 불구하고 잔류물의 배출방법이 배출해역·예비세정방법 및 배출방법(별표 5 제8호나목)에 따른 수면하 배출방법이 요구되지 않는 선박은 수면하 배출장치를 설치하지 않을 수 있다.
2. 위 표에도 불구하고 화물창에 선박평형수를 적재하지 않고 수리나 입거 시에만 화물창을 세정하도록 되어 있는 구조와 운항특성을 가지고 지방해양수산청장의 승인을 받은 선박의 유해액체물질오염방지설비는 유해액체물질·선박평형수 등의 배출관장치로만 할 수 있다.
3. 위 표에도 불구하고 국내항해에 종사하고 선박에서의 오염방지에 관한 규칙 제12조에 따른 배출방법으로 세정된 선박평형수를 배출하는 선박의 유해액체물질오염방지설비는 통풍세정장치 및 유해액체물질·선박평형수 등의 배출관장치로만 할 수 있다.

핵심이론 04 선박평형수 및 기름의 적재제한

① 해양수산부령이 정하는 유조선의 화물창 및 해양수산부령이 정하는 선박의 연료유탱크에는 선박평형수를 적재하여서는 아니 된다. 다만, 새로이 건조한 선박을 시운전하거나 선박의 안전을 확보하기 위하여 필요한 경우로서 해양수산부령이 정하는 경우에는 그러하지 아니하다.

② 해양수산부령이 정하는 선박의 경우 그 선박의 선수탱크 및 충돌격벽보다 앞쪽에 설치된 탱크에는 기름을 적재하여서는 아니 된다.

핵심이론 05 선박오염물질기록부의 관리

① 선박의 선장은 그 선박에서 사용하거나 운반·처리하는 폐기물·기름 및 유해액체물질에 대한 다음의 구분에 따른 기록부(선박오염물질기록부)를 그 선박 안에 비치하고 그 사용량·운반량 및 처리량 등을 기록하여야 한다.

㉠ 폐기물기록부 : 해양수산부령이 정하는 일정 규모 이상의 선박에서 발생하는 폐기물의 총량·처리량 등을 기록하는 장부. 다만, 해양환경관리업자가 처리대장을 작성·비치하는 경우에는 동 처리대장으로 갈음한다.

㉡ 기름기록부 : 선박에서 사용하는 기름의 사용량·처리량을 기록하는 장부. 다만, 해양수산부령이 정하는 선박의 경우를 제외하며, 유조선의 경우에는 기름의 사용량·처리량 외에 운반량을 추가로 기록하여야 한다.

㉢ 유해액체물질기록부 : 선박에서 산적하여 운반하는 유해액체물질의 운반량·처리량을 기록하는 장부

② 선박오염물질기록부의 보존기간은 최종기재를 한 날부터 3년으로 하며, 그 기재사항·보존방법 등에 관하여 필요한 사항은 해양수산부령으로 정한다.

③ ①의 ㉡에 따른 기름기록부에는 다음의 사항을 적어야 한다.

㉠ 연료유탱크에 선박평형수의 적재 또는 연료유탱크의 세정

㉡ 연료유탱크로부터의 선박평형수 또는 세정수의 배출

㉢ 기관구역의 유성찌꺼기 및 유성잔류물의 처리

㉣ 선저폐수의 처리

㉤ 선저폐수용 기름배출감시제어장치의 상태

㉥ 사고, 그 밖의 사유로 인한 예외적인 기름의 배출

㉦ 연료유 및 윤활유의 선박 안에서의 수급

핵심예제

5-1. 해양환경관리법상 기름기록부의 보존은 최종기재한 날부터 몇 년간인가?

① 1년
② 2년
③ 3년
④ 4년

정답 ③

5-2. 다음 중 해양환경관리법상 기름기록부에 기재하여야 할 사항으로 틀린 것은?

① 연료유의 수급
② 선저폐수의 처리
③ 사고로 인한 기름의 배출
④ 보일러의 용량 및 사용상태

정답 ④

해설

5-1

선박오염물질기록부의 보존기간은 최종기재를 한 날부터 3년으로 하며, 그 기재사항·보존방법 등에 관하여 필요한 사항은 해양수산부령으로 정한다.

5-2

기름기록부 기재사항

- 연료유탱크에 선박평형수의 적재 또는 연료유탱크의 세정
- 연료유탱크로부터의 선박평형수 또는 세정수의 배출
- 기관구역의 유성찌꺼기 및 유성잔류물의 처리
- 선저폐수의 처리
- 선저폐수용 기름배출감시제어장치의 상태
- 사고, 그 밖의 사유로 인한 예외적인 기름의 배출
- 연료유 및 윤활유의 선박 안에서의 수급

핵심이론 06 선박해양오염비상계획서의 관리 등

① 선박의 소유자는 기름 또는 유해액체물질이 해양에 배출되는 경우에 취하여야 하는 조치사항에 대한 내용을 포함하는 기름 및 유해액체물질의 해양오염비상계획서(선박해양오염비상계획서)를 작성하여 해양경찰청장의 검인을 받은 후 이를 그 선박에 비치하고, 선박해양오염비상계획서에 따른 조치 등을 이행하여야 한다.

② 기름 또는 유체액체물질의 해양오염비상계획서(선박해양오염비상계획서)를 갖추어두어야 하는 선박은 다음과 같다.

㉠ 기름의 해양오염비상계획서를 갖추어두어야 하는 선박
- 총톤수 150톤 이상의 유조선
- 총톤수 400톤 이상의 유조선 외의 선박(군함, 경찰용 선박 및 국내항해에만 사용하는 부선은 제외)
- 시추선 및 플랫폼

㉡ 유해액체물질의 해양오염비상계획서를 갖추어두어야 하는 선박 : 총톤수 150톤 이상의 선박으로서 유해액체물질을 산적하여 운송하는 선박

핵심이론 07 선박 해양오염방지관리인

① 해양수산부령으로 정하는 선박의 소유자는 그 선박에 승무하는 선원 중에서 선장을 보좌하여 선박으로부터의 오염물질 및 대기오염물질의 배출방지에 관한 업무를 관리하게 하기 위하여 대통령령으로 정하는 자격을 갖춘 사람을 해양오염방지관리인을 임명하여야 한다. 이 경우 유해액체물질을 산적하여 운반하는 선박의 경우에는 유해액체물질의 해양오염방지관리인 1인 이상을 추가로 임명하여야 한다.

② 선박의 소유자는 해양오염방지관리인을 임명한 증빙서류를 선박 안에 비치하여야 한다.

③ ①에서 "해양수산부령이 정하는 선박"이란 다음의 선박을 말한다.

㉠ 총톤수 150톤 이상인 유조선

㉡ 총톤수 400톤 이상인 선박(국적취득조건부로 나용선한 외국선박을 포함) 다만, 부선 등 선박의 구조상 오염물질 및 대기오염물질을 발생하지 아니하는 선박은 제외한다.

핵심예제

해양환경관리법상 유해액체물질 운반 선박의 경우 최소한 몇 명의 해양오염방지관리인을 임명할 수 있는가?

① 오염물질 및 대기오염물질의 해양오염방지관리인과 유해액체물질의 해양오염방지관리인 각 2명
② 오염물질 및 대기오염물질의 해양오염방지관리인 1명
③ 유해액체물질의 해양오염방지관리인 1명
④ 오염물질 및 대기오염물질의 해양오염방지관리인과 유해액체물질의 해양오염방지관리인 각 1명

정답 ④

해설

선박 해양오염방지관리인

해양수산부령이 정하는 선박의 소유자는 그 선박에 승무하는 선원 중에서 선장을 보좌하여 선박으로부터의 오염물질 및 대기오염물질의 배출방지에 관한 업무를 관리하게 하기 위하여 해양오염방지관리인을 임명하여야 한다. 이 경우 유해액체물질을 산적하여 운반하는 선박의 경우에는 유해액체물질의 해양오염방지관리인 1인 이상을 추가로 임명하여야 한다.

핵심이론 08 선박 대 선박 기름화물이송 관리

① 해상에서 유조선 간(선박 대 선박)에 기름화물을 이송하려는 선박소유자는 그 이송하는 작업방법 등 해양수산부령으로 정하는 사항을 기술한 계획서(선박 대 선박 기름화물이송계획서)를 작성하여 해양수산부장관의 검인을 받은 후 선박에 비치하고, 이송작업 시 이를 준수하여야 한다.

② 선박의 선장은 선박 대 선박 기름화물의 이송작업에 관하여 이송량, 이송시간 등 해양수산부령으로 정하는 사항을 기름기록부에 기록하여야 하고, 최종 기록한 날부터 3년간 보관하여야 한다.

③ ②에서 "이송량, 이송시간 등 해양수산부령으로 정하는 사항"이란 다음의 사항을 말한다.
- ㉠ 선박 대 선박 기름화물의 이송시간 및 장소
- ㉡ 선박 대 선박 기름화물의 종류, 양 및 탱크의 식별번호
- ㉢ 이송 전 절차
- ㉣ 선박 대 선박 기름화물의 이송작업에 대한 책임에 관한 사항
- ㉤ 선박 대 선박 기름화물의 이송을 위한 계획
- ㉥ 선박 대 선박 기름화물의 이송에 대한 일반적인 요구사항
- ㉦ 선박 대 선박 기름화물의 이송 후 작업에 관한 사항

3-5. 해양시설에서의 해양오염방지

해양시설 오염물질기록부 및 오염비상계획서의 관리 등

① 해양시설오염물질기록부의 관리
- ㉠ 기름 및 유해액체물질을 취급하는 해양시설 중 해양수산부령이 정하는 해양시설의 소유자는 그 시설 안에 기름 및 유해액체물질의 기록부(해양시설오염물질기록부)를 비치하고 기름 및 유해액체물질의 사용량과 반입・반출에 관한 사항 등을 기록하여야 한다.
- ㉡ 해양시설오염물질기록부의 보존기간은 최종기재를 한 날부터 3년으로 하며, 그 기재사항・관리방법 등에 관하여 필요한 사항은 해양수산부령으로 정한다.

② 해양시설오염비상계획서의 관리 등 : 기름 및 유해액체물질을 사용・저장 또는 처리하는 해양시설의 소유자는 기름 및 유해액체물질이 해양에 배출되는 경우에 취하여야 하는 조치사항에 대한 내용이 포함된 해양오염비상계획서(해양시설오염비상계획서)를 작성하여 해양경찰청장의 검인을 받은 후 그 해양시설에 비치하고, 해양시설오염비상계획서에 따른 조치 등을 이행하여야 한다. 다만, 해양시설오염비상계획서를 그 해양시설에 비치하는 것이 곤란한 때에는 해양시설의 소유자의 사무실에 비치할 수 있다.

핵심이론 02 해양시설 해양오염방지관리인

① 해양수산부령으로 정하는 해양시설의 소유자는 그 해양시설에 근무하는 직원 중에서 해양시설로부터의 오염물질의 배출방지에 관한 업무를 관리하게 하기 위하여 대통령령으로 정하는 자격을 갖춘 사람을 해양오염방지관리인을 임명하여야 한다.
② 해양시설의 소유자는 해양오염방지관리인을 임명(바꾸어 임명한 경우를 포함)한 경우에는 지체 없이 이를 해양수산부령으로 정하는 바에 따라 해양경찰청장에게 신고하여야 한다.
③ 해양오염방지관리인의 업무내용 및 준수사항은 다음과 같다.
㉠ 해양시설오염물질기록부의 기록 및 보관
㉡ 오염물질을 이송 또는 배출하는 작업의 지휘・감독
㉢ 해양오염방지설비의 정비 및 작동상태의 점검
㉣ 해양오염방제를 위한 자재 및 약제의 관리
㉤ 오염물질 배출이 있는 경우 신속한 신고 및 필요한 응급조치
㉥ 해양오염 방지 및 방제에 관한 교육・훈련의 이수 및 해당 시설의 직원에 대한 교육
㉦ 그 밖에 해당 시설로부터의 오염사고를 방지하는 데 필요한 사항

3-6. 해양에서의 대기오염방지를 위한 규제

핵심이론 01 대기오염 물질의 배출방지를 위한 설비의 설치 등

① 선박의 소유자는 해양수산부령이 정하는 바에 따라 그 선박에 대기오염물질의 배출을 방지하거나 감축하기 위한 설비(대기오염방지설비)를 설치하여야 한다.
② 선박의 소유자는 ①에 따라 선박에 다음의 대기오염방지설비를 설치하여야 한다.
㉠ 오존층파괴물질이 포함된 설비
- 선박소유자는 이미 설치된 설비에서 오존층파괴물질이 배출되지 아니하도록 유지・작동하여야 한다.
- 오존층파괴물질이 포함된 설비는 새로 설치할 수 없다.

㉡ 디젤기관의 질소산화물 배출 저감을 위한 설비 : 디젤기관은 질소산화물배출방지기관이거나 질소산화물배출방지용 배기가스정화장치 또는 이와 유사한 장치를 설치한 디젤기관이어야 한다.
㉢ 황산화물 배출 저감 설비 : 황산화물배출규제해역을 항해하는 선박으로서 황함유량 기준을 초과하는 연료유를 사용하는 선박은 황산화물용 배기가스정화장치 또는 이와 유사한 장치 등을 설치하여야 한다.
㉣ 휘발성유기화합물 배출 방지 설비 : 휘발성유기화합물 규제항만에서 휘발성유기화합물을 싣고자 하는 총톤수 400톤 이상의 선박은 유증기수집제어장치를 설치하여야 한다.
㉤ 선박 안의 소각기 : 선박의 항해 중에 발생하는 물질을 선박 안에서 소각하고자 하는 선박은 형식승인을 받은 선내소각기를 설치하여야 한다.

핵심이론 02 선박 안에서의 소각금지 등

① 누구든지 선박의 항해 및 정박 중에 다음의 물질을 선박 안에서 소각하여서는 아니 된다. 다만, 폴리염화비닐을 해양수산부령으로 정하는 선박소각설비에서 소각하는 경우에는 그러하지 아니하다.

㉠ 화물로 운송되는 기름·유해액체물질 및 포장유해물질의 잔류물과 그 물질에 오염된 포장재

㉡ 폴리염화비페닐

㉢ 해양수산부장관이 정하여 고시하는 기준량 이상의 중금속이 포함된 쓰레기

㉣ 할로겐화합물질을 함유하고 있는 정제된 석유제품

㉤ 폴리염화비닐

㉥ 육상으로부터 이송된 폐기물

㉦ 배기가스정화장치의 잔류물

② 선박의 항해 및 정박 중에 발생하는 ① 이외의 물질을 선박 안에서 소각하려는 선박의 소유자는 대기오염물질의 배출을 방지하기 위하여 적정한 온도를 유지하는 등 해양수산부령이 정하는 방법으로 선박에 설치된 소각설비(선박소각설비)를 작동하여야 한다.

③ 선박의 항해 및 정박 중에 발생하는 유성찌꺼기 및 하수찌꺼기는 선박의 주기관·보조기관 또는 보일러에서 소각할 수 있다. 다만, 항만 또는 어항구역 등 해양수산부령이 정하는 해역에서는 그러하지 아니하다.

핵심예제

2-1. 해양환경관리법상 선박 안에서 소각이 금지된 물질에 해당되지 않는 것은?

① 배기가스정화장치의 잔류물

② 폴리염화비페닐

③ 육상으로부터 이송된 폐기물

④ 선내작업 중 발생한 유성폐기물

정답 ④

2-2. 해양환경관리법상 선박 안에서 소각이 금지된 물질 중에서 해양수산부령으로 정하는 선박소각설비에서 소각할 수 있는 것은?

① 폴리염화비닐

② 폴리염화비페닐

③ 배기가스정화장치의 잔류물

④ 육상으로부터 이송된 폐기물

정답 ①

해설

2-1

누구든지 선박의 항해 및 정박 중에 다음의 물질을 선박 안에서 소각하여서는 아니 된다. 다만, 폴리염화비닐을 해양수산부령으로 정하는 선박소각설비에서 소각하는 경우에는 그러하지 아니하다.

- 화물로 운송되는 기름·유해액체물질 및 포장유해물질의 잔류물과 그 물질에 오염된 포장재
- 폴리염화비페닐
- 해양수산부장관이 정하여 고시하는 기준량 이상의 중금속이 포함된 쓰레기
- 할로겐화합물질을 함유하고 있는 정제된 석유제품
- 폴리염화비닐
- 육상으로부터 이송된 폐기물
- 배기가스정화장치의 잔류물

2-2

누구든지 선박의 항해 및 정박 중에 다음의 물질을 선박 안에서 소각하여서는 아니 된다. 다만, 폴리염화비닐을 해양수산부령으로 정하는 선박소각설비에서 소각하는 경우에는 그러하지 아니하다.

3-7. 해양오염방지를 위한 선박의 검사 등

핵심이론 01 해양오염방지를 위한 선박의 검사

① 정기검사
㉠ 폐기물오염방지설비 · 기름오염방지설비 · 유해액체물질오염방지설비 및 대기오염방지설비(해양오염방지설비)를 설치하거나 선체 및 화물창을 설치 · 유지하여야 하는 선박(검사대상선박)의 소유자가 해양오염방지설비, 선체 및 화물창(해양오염방지설비 등)을 선박에 최초로 설치하여 항해에 사용하려는 때 또는 유효기간이 만료한 때에는 해양수산부령이 정하는 바에 따라 해양수산부장관의 검사(정기검사)를 받아야 한다.
㉡ 해양수산부장관은 정기검사에 합격한 선박에 대하여 해양수산부령이 정하는 해양오염방지검사증서를 교부하여야 한다.

② 중간검사
㉠ 검사대상선박의 소유자는 정기검사와 정기검사의 사이에 해양수산부령이 정하는 바에 따라 해양수산부장관의 검사(중간검사)를 받아야 한다.
㉡ 해양수산부장관은 중간검사에 합격한 선박에 대하여 해양오염방지검사증서에 그 검사결과를 표기하여야 한다.

③ 임시검사
㉠ 검사대상선박의 소유자가 해양오염방지설비 등을 교체 · 개조 또는 수리하고자 하는 때에는 해양수산부령이 정하는 바에 따라 해양수산부장관의 검사(임시검사)를 받아야 한다.
㉡ 해양수산부장관은 임시검사에 합격한 선박에 대하여 해양오염방지검사증서에 그 검사결과를 표기하여야 한다.

④ 임시항해검사
㉠ 검사대상선박의 소유자가 해양오염방지검사증서를 교부받기 전에 임시로 선박을 항해에 사용하고자 하는 때에는 해당 해양오염방지설비 등에 대하여 해양수산부령이 정하는 바에 따라 해양수산부장관의 검사(임시항해검사)를 받아야 한다.
㉡ 해양수산부장관은 임시항해검사에 합격한 선박에 대하여 해양수산부령이 정하는 임시해양오염방지검사증서를 교부하여야 한다.

⑤ 방오시스템검사
㉠ 해양수산부령이 정하는 선박의 소유자가 방오시스템을 선박에 설치하여 항해에 사용하려는 때에는 해양수산부령이 정하는 바에 따라 해양수산부장관의 검사(방오시스템검사)를 받아야 한다.
㉡ 해양수산부장관은 방오시스템검사에 합격한 선박에 대하여 해양수산부령이 정하는 방오시스템검사증서를 교부하여야 한다.
㉢ 선박의 소유자가 방오시스템을 변경 · 교체하고자 하는 때에는 해양수산부령이 정하는 바에 따라 해양수산부장관의 검사(임시방오시스템검사)를 받아야 한다.
㉣ 해양수산부장관은 임시방오시스템검사에 합격한 선박에 대하여 방오시스템검사증서에 그 검사결과를 표기하여야 한다.

⑥ 대기오염방지설비의 예비검사 등
㉠ 해양수산부령이 정하는 대기오염방지설비를 제조 · 개조 · 수리 · 정비 또는 수입하려는 자는 해양수산부령이 정하는 바에 따라 해양수산부장관의 검사(예비검사)를 받을 수 있다.
㉡ 해양수산부장관은 예비검사에 합격한 대기오염방지설비에 대하여 해양수산부령이 정하는 예비검사증서를 교부하여야 한다.
㉢ 예비검사에 합격한 대기오염방지설비에 대하여는 해양수산부령이 정하는 바에 따라 정기검사 · 중간검사 · 임시검사 및 임시항해검사의 전부 또는 일부를 생략할 수 있다.

⑦ 에너지효율검사
㉠ 해양환경관리법 제41조의2제1항, 제41조의3제1항에 따른 선박의 소유자는 해양수산부령으로 정하는 바에 따라 해양수산부장관이 실시하는 선박에너지효율에 관한 검사(에너지효율검사)를 받아야 한다.
㉡ 해양수산부장관은 에너지효율검사에 합격한 선박에 대하여 해양수산부령으로 정하는 에너지효율검사증서를 발급하여야 한다.

핵심예제

다음 중 해양환경관리법에서 규정하는 검사의 종류로 틀린 것은?

① 정기검사
② 특별검사
③ 방오시스템검사
④ 임시검사

정답 ②

해설

해양환경관리법상 규정된 검사의 종류
정기검사, 중간검사, 임시검사, 임시항해검사, 방오시스템검사, 임시방오시스템검사, 대기오염방지설비의 예비검사, 에너지효율검사가 있다.

핵심이론 02 협약검사증서의 교부 등 및 해양오염방지검사증서 등의 유효기간

① 협약검사증서의 교부 등

㉠ 해양수산부장관은 정기검사・중간검사・임시검사・임시항해검사 및 방오시스템검사(해양오염방지선박검사)에 합격한 선박의 소유자 또는 선장으로부터 그 선박을 국제항해에 사용하기 위하여 해양오염방지에 관한 국제협약에 따른 검사증서(협약검사증서)의 교부신청이 있는 때에는 해양수산부령이 정하는 바에 따라 협약검사증서를 교부하여야 한다.

㉡ 선박의 소유자 또는 선장이 국제협약의 당사국인 외국(협약당사국)의 정부로부터 직접 협약검사증서를 교부받고자 하는 경우에는 해당 국가에 주재하는 우리나라의 영사를 통하여 신청하여야 한다.

㉢ 해양수산부장관은 협약당사국의 정부로부터 그 국가의 선박에 대하여 협약검사증서의 교부신청이 있는 경우에는 해당 선박에 대하여 해양오염방지선박검사를 행하고, 해당 선박의 소유자 또는 선장에게 협약검사증서를 교부할 수 있다.

㉣ 교부받은 협약검사증서는 해양오염방지검사증서 및 방오시스템검사증서와 같은 효력이 있는 것으로 본다.

② 해양오염방지검사증서 등의 유효기간

㉠ 해양오염방지검사증서, 방오시스템검사증서, 에너지효율검사증서 및 협약검사증서의 유효기간은 다음과 같다.

- 해양오염방지검사증서 : 5년
- 방오시스템검사증서 : 영구
- 에너지효율검사증서 : 영구
- 협약검사증서 : 5년

㉡ 해양수산부장관은 해양오염방지검사증서 및 협약검사증서의 유효기간을 해양수산부령이 정하는 기간의 범위(3개월) 안에서 그 효력을 연장할 수 있다.

㉢ 중간검사 또는 임시검사에 불합격한 선박의 해양오염방지검사증서 및 협약검사증서의 유효기간은 해당 검사에 합격할 때까지 그 효력이 정지된다.

3-8. 해양오염방제를 위한 조치

핵심이론 01 오염물질이 배출되는 경우의 신고의무

① 대통령령이 정하는 배출기준을 초과하는 오염물질이 해양에 배출되거나 배출될 우려가 있다고 예상되는 경우 다음의 어느 하나에 해당하는 자는 지체 없이 해양경찰청장 또는 해양경찰서장에게 이를 신고하여야 한다.
   ㉠ 배출되거나 배출될 우려가 있는 오염물질이 적재된 선박의 선장 또는 해양시설의 관리자. 이 경우 해당 선박 또는 해양시설에서 오염물질의 배출원인이 되는 행위를 한 자가 신고하는 경우에는 그러하지 아니하다.
   ㉡ 오염물질의 배출원인이 되는 행위를 한 자
   ㉢ 배출된 오염물질을 발견한 자
② ①에 따라 해양시설로부터의 오염물질 배출을 신고하려는 자는 서면·구술·전화 또는 무선통신 등을 이용하여 신속하게 하여야 하며, 그 신고사항은 다음과 같다.
   ㉠ 해양오염사고의 발생일시·장소 및 원인
   ㉡ 배출된 오염물질의 종류, 추정량 및 확산상황과 응급조치상황
   ㉢ 사고선박 또는 시설의 명칭, 종류 및 규모
   ㉣ 해면상태 및 기상상태

핵심예제

1-1. 해양환경관리법이 정하는 배출기준을 초과하여 기름이 배출되었을 경우 해양환경관리법상 누구에게 신고하여야 하는가?

① 해양수산부장관
② 지방자치단체장
③ 해양경찰청장
④ 환경부장관

정답 ③

1-2. 해양환경관리법상 해양시설로부터 오염물질이 배출된 경우 신고해야 할 사항이 아닌 것은?

① 해면 및 기상상태
② 배출된 오염물질의 가액
③ 해양오염사고의 발생장소
④ 사고선박 또는 시설의 명칭

정답 ②

해설

1-1

오염물질이 배출되는 경우의 신고의무

대통령령이 정하는 배출기준을 초과하는 오염물질이 해양에 배출되거나 배출될 우려가 있다고 예상되는 경우 다음의 어느 하나에 해당하는 자는 지체 없이 해양경찰청장 또는 해양경찰서장에게 이를 신고하여야 한다.

- 배출되거나 배출될 우려가 있는 오염물질이 적재된 선박의 선장 또는 해양시설의 관리자. 이 경우 당해 선박 또는 해양시설에서 오염물질의 배출원인이 되는 행위를 한 자가 신고하는 경우에는 그러하지 아니하다.
- 오염물질의 배출원인이 되는 행위를 한 자.
- 배출된 오염물질을 발견한 자

1-2

해양시설로부터의 오염물질 배출신고

해양시설로부터의 오염물질 배출을 신고하려는 자는 서면·구술·전화 또는 무선통신 등을 이용하여 신속하게 하여야 하며, 그 신고사항은 다음과 같다.

- 해양오염사고의 발생일시·장소 및 원인
- 배출된 오염물질의 종류, 추정량 및 확산상황과 응급조치상황
- 사고선박 또는 시설의 명칭, 종류 및 규모
- 해면상태 및 기상상태

핵심이론 02 오염물질이 배출된 경우의 방제조치

① 방제의무자는 배출된 오염물질에 대하여 대통령령이 정하는 바에 따라 다음에 해당하는 조치(방제조치)를 하여야 한다.
  ㉠ 오염물질의 배출방지
  ㉡ 배출된 오염물질의 확산방지 및 제거
  ㉢ 배출된 오염물질의 수거 및 처리

② 오염물질이 항만의 안 또는 항만의 부근 해역에 있는 선박으로부터 배출되는 경우 다음의 어느 하나에 해당하는 자는 방제의무자가 방제조치를 취하는 데 적극 협조하여야 한다.
  ㉠ 해당 항만이 배출된 오염물질을 싣는 항만인 경우에는 해당 오염물질을 보내는 자
  ㉡ 해당 항만이 배출된 오염물질을 내리는 항만인 경우에는 해당 오염물질을 받는 자
  ㉢ 오염물질의 배출이 선박의 계류 중에 발생한 경우에는 해당 계류시설의 관리자
  ㉣ 그 밖에 오염물질의 배출원인과 관련되는 행위를 한 자

③ 해양경찰청장은 방제의무자가 자발적으로 방제조치를 행하지 아니하는 때에는 그 자에게 시한을 정하여 방제조치를 하도록 명령할 수 있다.

④ 해양경찰청장은 방제의무자가 방제조치명령에 따르지 아니하는 경우에는 직접 방제조치를 할 수 있다.

⑤ 해양경찰청장은 방제조치를 위하여 필요한 경우 다음의 조치를 직접 하거나 관계 기관에 지원을 요청할 수 있다.
  ㉠ 오염해역을 통행하는 선박의 통제
  ㉡ 오염해역의 선박안전에 관한 조치
  ㉢ 인력 및 장비·시설 등의 지원 등

핵심예제

해양환경관리법상 해양경찰청장이 오염물질이 배출되었을 때 방제조치를 위하여 필요한 경우 취하는 조치로 틀린 것은?

① 인력 및 장비의 지원
② 오염을 발생시킨 선박의 예인
③ 오염해역의 선박안전에 관한 조치
④ 오염해역을 통행하는 선박의 통제

정답 ②

해설

해양경찰청장은 방제조치를 위하여 필요한 경우 다음의 조치를 직접 하거나 관계 기관에 지원을 요청할 수 있다.
- 오염해역을 통행하는 선박의 통제
- 오염해역의 선박안전에 관한 조치
- 인력 및 장비·시설 등의 지원 등

핵심이론 03 방제선 등의 배치 등

다음의 어느 하나에 해당하는 선박 또는 해양시설의 소유자는 기름의 해양유출사고에 대비하여 대통령령으로 정하는 기준에 따라 방제선 또는 방제장비(방제선 등)를 해양수산부령으로 정하는 해역 안에 배치 또는 설치하여야 한다.

① 총톤수 500톤 이상의 유조선
② 총톤수 1만톤 이상의 선박(유조선을 제외한 선박에 한한다)
③ 신고된 해양시설로서 저장용량 1만kL 이상의 기름저장시설

4 해사안전법

4-1. 총 칙

핵심이론 01 해사안전법의 개요

① 목적 : 이 법은 선박의 안전운항을 위한 안전관리체계를 확립하여 선박항행과 관련된 모든 위험과 장해를 제거함으로써 해사안전 증진과 선박의 원활한 교통에 이바지함을 목적으로 한다.
② 용어의 정의
  ㉠ 해사안전관리 : 선원·선박소유자 등 인적 요인, 선박·화물 등 물적 요인, 항행보조시설·안전제도 등 환경적 요인을 종합적·체계적으로 관리함으로써 선박의 운용과 관련된 모든 일에서 발생할 수 있는 사고로부터 사람의 생명·신체 및 재산의 안전을 확보하기 위한 모든 활동을 말한다.
  ㉡ 선박 : 물에서 항행수단으로 사용하거나 사용할 수 있는 모든 종류의 배(물 위에서 이동할 수 있는 수상항공기와 수면비행선박을 포함한다)를 말한다.
  ㉢ 수상항공기 : 물 위에서 이동할 수 있는 항공기를 말한다.
  ㉣ 수면비행선박 : 표면효과 작용을 이용하여 수면 가까이 비행하는 선박을 말한다.
  ㉤ 대한민국선박 : 「선박법」 제2조 각 호에 따른 선박을 말한다.
  ㉥ 위험화물운반선 : 선체의 한 부분인 화물창이나 선체에 고정된 탱크 등에 해양수산부령으로 정하는 위험물을 싣고 운반하는 선박을 말한다.
  ㉦ 거대선 : 길이 200m 이상의 선박을 말한다.
  ㉧ 고속여객선 : 시속 15노트 이상으로 항행하는 여객선을 말한다.
  ㉨ 동력선 : 기관을 사용하여 추진하는 선박을 말한다. 다만, 돛을 설치한 선박이라도 주로 기관을 사용하여 추진하는 경우에는 동력선으로 본다.
  ㉩ 범선 : 돛을 사용하여 추진하는 선박을 말한다. 다만, 기관을 설치한 선박이라도 주로 돛을 사용하여 추진하는 경우에는 범선으로 본다.
  ㉪ 어로에 종사하고 있는 선박 : 그물, 낚싯줄, 트롤망, 그 밖에 조종성능을 제한하는 어구를 사용하여 어로 작업을 하고 있는 선박을 말한다.

㉺ 조종불능선 : 선박의 조종성능을 제한하는 고장이나 그 밖의 사유로 조종을 할 수 없게 되어 다른 선박의 진로를 피할 수 없는 선박을 말한다.

㉽ 조종제한선 : 다음의 작업과 그 밖에 선박의 조종성능을 제한하는 작업에 종사하고 있어 다른 선박의 진로를 피할 수 없는 선박을 말한다.

- 항로표지, 해저전선 또는 해저파이프라인의 부설·보수·인양작업
- 준설·측량 또는 수중작업
- 항행 중 보급, 사람 또는 화물의 이송작업
- 항공기의 발착작업
- 기뢰제거작업
- 진로에서 벗어날 수 있는 능력에 제한을 많이 받는 예인작업

㉾ 흘수제약선 : 가항수역의 수심 및 폭과 선박의 흘수와의 관계에 비추어 볼 때 그 진로에서 벗어날 수 있는 능력이 매우 제한되어 있는 동력선을 말한다.

㉮ 해양시설 : 자원의 탐사·개발, 해양과학조사, 선박의 계류·수리·하역, 해상주거·관광·레저 등의 목적으로 해저에 고착된 교량·터널·케이블·인공섬·시설물이거나 해상부유 구조물로서 선박이 아닌 것을 말한다.

㉯ 해상교통안전진단 : 해상교통안전에 영향을 미치는 다음의 사업(안전진단대상사업)으로 발생할 수 있는 항행안전 위험 요인을 전문적으로 조사·측정하고 평가하는 것을 말한다.

- 항로 또는 정박지의 지정·고시 또는 변경
- 선박의 통항을 금지하거나 제한하는 수역의 설정 또는 변경
- 수역에 설치되는 교량·터널·케이블 등 시설물의 건설·부설 또는 보수
- 항만 또는 부두의 개발·재개발
- 그 밖에 해상교통안전에 영향을 미치는 사업으로서 대통령령으로 정하는 사업

㉰ 항행장애물 : 선박으로부터 떨어진 물건, 침몰·좌초된 선박 또는 이로부터 유실된 물건 등 해양수산부령으로 정하는 것으로서 선박항행에 장애가 되는 물건을 말한다.

㉱ 통항로 : 선박의 항행안전을 확보하기 위하여 한쪽 방향으로만 항행할 수 있도록 되어 있는 일정한 범위의 수역을 말한다.

㉲ 제한된 시계 : 안개·연기·눈·비·모래바람 및 그 밖에 이와 비슷한 사유로 시계가 제한되어 있는 상태를 말한다.

㉳ 항로지정제도 : 선박이 통항하는 항로, 속력 및 그 밖에 선박 운항에 관한 사항을 지정하는 제도를 말한다.

㉴ 항행 중 : 선박이 다음의 어느 하나에 해당하지 아니하는 상태를 말한다.

- 정 박
- 항만의 안벽 등 계류시설에 매어 놓은 상태(계선부표나 정박하고 있는 선박에 매어 놓은 경우를 포함한다)
- 얹혀 있는 상태

㉵ 길이 : 선체에 고정된 돌출물을 포함하여 선수의 끝단부터 선미의 끝단 사이의 최대 수평거리를 말한다.

㉶ 폭 : 선박 길이의 횡방향 외판의 외면으로부터 반대쪽 외판의 외면 사이의 최대 수평거리를 말한다.

㉷ 통항분리제도 : 선박의 충돌을 방지하기 위하여 통항로를 설정하거나 그 밖의 적절한 방법으로 한쪽 방향으로만 항행할 수 있도록 항로를 분리하는 제도를 말한다.

㉸ 분리선(분리대) : 서로 다른 방향으로 진행하는 통항로를 나누는 선 또는 일정한 폭의 수역을 말한다.

㉹ 연안통항대 : 통항분리수역의 육지 쪽 경계선과 해안 사이의 수역을 말한다.

㉺ 예인선열 : 선박이 다른 선박을 끌거나 밀어 항행할 때의 선단 전체를 말한다.

㉻ 대수속력 : 선박의 물에 대한 속력으로서 자기 선박 또는 다른 선박의 추진장치의 작용이나 그로 인한 선박의 타력에 의하여 생기는 것을 말한다.

핵심예제

1-1. 국제해상충돌방지규칙상 제한된 시정의 원인으로 틀린 것은?

① 연 기 ② 강 설
③ 안 개 ④ 해상장애물

정답 ④

1-2. 국제해상충돌방지규칙상 동력선에 해당하지 않는 것은?

① 기관을 사용하여 추진하는 선박
② 돛을 설치한 선박이 기관으로 추진하는 선박
③ 무배수량 상태로 항해 중인 공기부양선
④ 노도만으로 움직이는 선박

정답 ④

1-3. 다음 선박 중 해사안전법상의 조종제한선에 속하지 않는 것은?

① 준설작업 중인 선박
② 기뢰제거작업 중인 선박
③ 측량작업 중인 선박
④ 추진기 고장으로 기관수리작업 중인 선박

정답 ④

1-4. 해사안전법상 고속여객선이란 몇 노트 이상의 속력으로 항행하는 여객선을 말하는가?

① 10노트 ② 15노트
③ 30노트 ④ 50노트

정답 ②

해설

1-1
제한된 시계 : 안개·연기·눈·비·모래바람 및 그 밖에 이와 비슷한 사유로 시계가 제한되어 있는 상태를 말한다.

1-2
동력선 : 기관을 사용하여 추진하는 선박을 말한다. 다만, 돛을 설치한 선박이라도 주로 기관을 사용하여 추진하는 경우에는 동력선으로 본다.

1-3
조종제한선 : 다음의 작업과 그 밖에 선박의 조종성능을 제한하는 작업에 종사하고 있어 다른 선박의 진로를 피할 수 없는 선박을 말한다.
- 항로표지, 해저전선 또는 해저파이프라인의 부설·보수·인양 작업
- 준설·측량 또는 수중 작업
- 항행 중 보급, 사람 또는 화물의 이송 작업
- 항공기의 발착작업
- 기뢰제거작업
- 진로에서 벗어날 수 있는 능력에 제한을 많이 받는 예인작업

1-4
고속여객선 : 시속 15노트 이상으로 항행하는 여객선을 말한다.

핵심이론 02 적용범위

이 법은 다음의 어느 하나에 해당하는 선박과 해양시설에 대하여 적용한다.

① 대한민국의 영해, 내수에 있는 선박이나 해양시설. 다만, 대한민국선박이 아닌 선박(외국선박) 중 다음에 해당하는 외국선박에 대하여 제46조부터 제50조까지의 규정을 적용할 때에는 대통령령으로 정하는 바에 따라 이 법의 일부를 적용한다.
 ㉠ 대한민국의 항(港)과 항 사이만을 항행하는 선박
 ㉡ 국적의 취득을 조건으로 하여 선체용선(船體傭船)으로 차용한 선박
② 대한민국의 영해 및 내수를 제외한 해역에 있는 대한민국 선박
③ 대한민국의 배타적 경제수역에서 항행장애물을 발생시킨 선박
④ 대한민국의 배타적 경제수역 또는 대륙붕에 있는 해양시설

4-2. 해사안전관리계획

핵심이론 01 해사안전관리계획

① 국가해사안전기본계획

㉠ 해양수산부장관은 해사안전 증진을 위한 국가해사안전기본계획(기본계획)을 5년 단위로 수립하여야 한다. 다만, 기본계획 중 항행환경개선에 관한 계획은 10년 단위로 수립할 수 있다.

㉡ 해양수산부장관은 ㉠에 따른 기본계획을 수립하는 경우 관계 행정기관의 장과 협의하여야 한다.

② 해사안전시행계획

㉠ 해양수산부장관은 기본계획을 시행하기 위하여 매년 해사안전시행계획(시행계획)을 수립・시행하고 이에 필요한 재원을 확보하기 위하여 노력하여야 한다.

㉡ 해양수산부장관은 시행계획의 수립을 위하여 필요하다고 인정하는 경우에는 관계 중앙행정기관의 장, 시・도지사, 시장・군수・구청장, 공공기관의 장, 해사안전과 관련된 기관・단체 또는 개인에 대하여 관련 자료의 제출, 의견의 진술 또는 그 밖에 필요한 협력을 요청할 수 있다. 이 경우 요청을 받은 자는 특별한 사유가 없으면 이에 따라야 한다.

4-3. 수역 안전관리

핵심이론 01 해양시설의 보호수역 설정 및 관리

① 보호수역의 설정 및 입역허가

㉠ 해양수산부장관은 해양시설 부근 해역에서 선박의 안전항행과 해양시설의 보호를 위한 수역(보호수역)을 설정할 수 있다.

㉡ 누구든지 보호수역에 입역하기 위하여는 해양수산부장관의 허가를 받아야 하며, 해양수산부장관은 해양시설의 안전 확보에 지장이 없다고 인정하거나 공익상 필요하다고 인정하는 경우 보호수역의 입역을 허가할 수 있다.

㉢ 보호수역의 범위는 대통령령으로 정하고, 보호수역 입역허가 등에 필요한 사항은 해양수산부령으로 정한다.

② 보호수역의 입역 : ①의 ㉡에도 불구하고 다음의 어느 하나에 해당하면 해양수산부장관의 허가를 받지 아니하고 보호수역에 입역할 수 있다.

㉠ 선박의 고장이나 그 밖의 사유로 선박 조종이 불가능한 경우

㉡ 해양사고를 피하기 위하여 부득이한 사유가 있는 경우

㉢ 인명을 구조하거나 또는 급박한 위험이 있는 선박을 구조하는 경우

㉣ 관계 행정기관의 장이 해상에서 안전 확보를 위한 업무를 하는 경우

㉤ 해양시설을 운영하거나 관리하는 기관이 그 해양시설의 보호수역에 들어가려고 하는 경우

핵심이론 02 교통안전 특정해역의 설정 등

① 해양수산부장관은 다음의 어느 하나에 해당하는 해역으로서 대형 해양사고가 발생할 우려가 있는 해역(교통안전특정해역)을 설정할 수 있다.
   ㉠ 해상교통량이 아주 많은 해역
   ㉡ 거대선, 위험화물운반선, 고속여객선 등의 통항이 잦은 해역
② 해양수산부장관은 관계 행정기관의 장의 의견을 들어 해양수산부령으로 정하는 바에 따라 교통안전특정해역 안에서의 항로지정제도를 시행할 수 있다.
③ 교통안전특정해역의 범위는 대통령령으로 정한다.

핵심예제

해사안전법상 교통안전특정해역을 설정하는 목적에 해당하지 않는 것은?

① 입항 선박의 우선권을 주기 위하여
② 교통량이 많은 곳에서 대형 해양사고 방지
③ 거대선 통항이 많은 곳의 항해 안전을 위하여
④ 위험화물운반선의 통항이 많은 곳의 항해 안전을 위하여

정답 ①

해설

교통안전특정해역의 설정 등
해양수산부장관은 다음의 어느 하나에 해당하는 해역으로서 대형 해양사고가 발생할 우려가 있는 해역(교통안전특정해역)을 설정할 수 있다.
- 해상교통량이 아주 많은 해역
- 거대선, 위험화물운반선, 고속여객선 등의 통항이 잦은 해역

핵심이론 03 거대선 등의 항행안전확보 조치

① 해양경찰서장은 거대선, 위험화물운반선, 고속여객선, 그 밖에 해양수산부령으로 정하는 선박이 교통안전특정해역을 항행하려는 경우 항행안전을 확보하기 위하여 필요하다고 인정하면 선장이나 선박소유자에게 다음의 사항을 명할 수 있다.
   ㉠ 통항시각의 변경
   ㉡ 항로의 변경
   ㉢ 제한된 시계의 경우 선박의 항행 제한
   ㉣ 속력의 제한
   ㉤ 안내선의 사용
   ㉥ 그 밖에 해양수산부령으로 정하는 사항

핵심예제

해사안전법상 거대선 및 위험화물운반선이 교통안전특정해역을 항행하려는 경우 해양경찰서장이 안전 항행을 위해 선주에게 명할 수 있는 사항으로 틀린 것은?

① 항로의 변경
② 속력의 제한
③ 안내선의 사용
④ 선원의 추가 승선

정답 ④

해설

거대선 등의 항행안전확보 조치
해양경찰서장은 거대선, 위험화물운반선, 고속여객선, 그 밖에 해양수산부령으로 정하는 선박이 교통안전특정해역을 항행하려는 경우 항행안전을 확보하기 위하여 필요하다고 인정하면 선장이나 선박소유자에게 다음의 사항을 명할 수 있다.
- 통항시각의 변경
- 항로의 변경
- 제한된 시계의 경우 선박의 항행 제한
- 속력의 제한
- 안내선의 사용
- 그 밖에 해양수산부령으로 정하는 사항

핵심이론 04 어업의 제한 등

① 교통안전특정해역에서 어로 작업에 종사하는 선박은 항로지정제도에 따라 그 교통안전특정해역을 항행하는 다른 선박의 통항에 지장을 주어서는 아니 된다.
② 교통안전특정해역에서는 어망 또는 그 밖에 선박의 통항에 영향을 주는 어구 등을 설치하거나 양식업을 하여서는 아니 된다.
③ 교통안전특정해역으로 정하여지기 전에 그 해역에서 면허를 받은 어업권・양식업권을 행사하는 경우에는 해당 어업면허 또는 양십업면허의 유효기간이 끝나는 날까지 ②을 적용하지 아니한다.
④ 특별자치도지사・시장・군수・구청장(자치구의 구청장을 말한다)이 교통안전특정해역에서 어업면허, 양식업면허, 어업허가 또는 양식업허가(면허 또는 허가의 유효기간 연장을 포함)하려는 경우에는 미리 해양경찰청장과 협의하여야 한다.

핵심이론 05 공사 또는 작업

① 교통안전특정해역에서 해저전선이나 해저파이프라인의 부설, 준설, 측량, 침몰선 인양작업 또는 그 밖에 선박의 항행에 지장을 줄 우려가 있는 공사나 작업을 하려는 자는 해양경찰청장의 허가를 받아야 한다. 다만, 관계 법령에 따라 국가가 시행하는 항로표지 설치, 수로 측량 등 해사안전에 관한 업무의 경우에는 그러하지 아니하다.
② 해양경찰청장은 ①에 따라 공사 또는 작업의 허가를 받은 자가 다음의 어느 하나에 해당하면 그 허가를 취소하거나 6개월의 범위에서 공사나 작업의 전부 또는 일부의 정지를 명할 수 있다. 다만, ㉠ 또는 ㉣에 해당하는 경우에는 그 허가를 취소하여야 한다.
   ㉠ 거짓이나 그 밖의 부정한 방법으로 허가를 받은 경우
   ㉡ 공사나 작업이 부진하여 이를 계속할 능력이 없다고 인정되는 경우
   ㉢ 허가를 할 때 붙인 허가조건 또는 허가사항을 위반한 경우
   ㉣ 정지명령을 위반하여 정지기간 중에 공사 또는 작업을 계속한 경우
③ 허가를 받은 자는 해당 허가기간이 끝나거나 허가가 취소되었을 때에는 해당 구조물을 제거하고 원래 상태로 복구하여야 한다.

핵심예제

해사안전법상 교통안전 특정해역에서 공사 또는 다른 작업 시 허가를 받아야 한다. 허가 받을 공사 또는 작업으로 볼 수 없는 것은?

① 항로표지 설치
② 준설작업
③ 해저파이프라인 부설
④ 침몰선 인양작업

정답 ①

해설

교통안전 특정해역에서 공사 또는 작업
교통안전특정해역에서 해저전선이나 해저파이프라인의 부설, 준설, 측량, 침몰선 인양작업 또는 그 밖에 선박의 항행에 지장을 줄 우려가 있는 공사나 작업을 하려는 자는 해양경찰청장의 허가를 받아야 한다. 다만, 관계 법령에 따라 국가가 시행하는 항로표지 설치, 수로 측량 등 해사안전에 관한 업무의 경우에는 그러하지 아니하다.

핵심이론 06 유조선의 통항제한

① 다음의 어느 하나에 해당하는 석유 또는 유해액체물질을 운송하는 선박(유조선)의 선장이나 항해당직을 수행하는 항해사는 유조선의 안전운항을 확보하고 해양사고로 인한 해양오염을 방지하기 위하여 유조선의 통항을 금지한 해역(유조선통항금지해역)에서 항행하여서는 아니 된다.

㉠ 원유, 중유, 경유 또는 이에 준하는 「석유 및 석유대체연료사업법」에 따른 탄화수소유, 가짜석유제품, 석유대체연료 중 원유・중유・경유에 준하는 것으로 해양수산부령으로 정하는 기름 1,500kL 이상을 화물로 싣고 운반하는 선박

㉡ 「해양환경관리법」에 따른 유해액체물질을 1,500톤 이상 싣고 운반하는 선박

② 유조선은 다음의 어느 하나에 해당하면 ①에도 불구하고 유조선통항금지해역에서 항행할 수 있다.

㉠ 기상상황의 악화로 선박의 안전에 현저한 위험이 발생할 우려가 있는 경우

㉡ 인명이나 선박을 구조하여야 하는 경우

㉢ 응급환자가 생긴 경우

㉣ 항만을 입항・출항하는 경우. 이 경우 유조선은 출입해역의 기상 및 수심, 그 밖의 해상상황 등 항행여건을 충분히 헤아려 유조선통항금지해역의 바깥쪽 해역에서부터 항구까지의 거리가 가장 가까운 항로를 이용하여 입항・출항하여야 한다.

핵심예제

다음 중 해사안전법상 유조선이 화물로 중유를 적재했을 때 유조선 통항금지해역에서 항행할 수 없는 것은 몇 kL 이상인가?

① 100kL 이상
② 500kL 이상
③ 1,000kL 이상
④ 1,500kL 이상

정답 ④

해설

유조선의 통항제한

다음의 어느 하나에 해당하는 석유 또는 유해액체물질을 운송하는 선박(유조선)의 선장이나 항해당직을 수행하는 항해사는 유조선의 안전운항을 확보하고 해양사고로 인한 해양오염을 방지하기 위하여 유조선의 통항을 금지한 해역(유조선통항금지해역)에서 항행하여서는 아니 된다.

- 원유, 중유, 경유 또는 이에 준하는 「석유 및 석유대체연료 사업법」에 따른 탄화수소유, 가짜석유제품, 석유대체연료 중 원유・중유・경유에 준하는 것으로 해양수산부령으로 정하는 기름 1,500kL 이상을 화물로 싣고 운반하는 선박
- 「해양환경관리법」에 따른 유해액체물질을 1,500톤 이상 싣고 운반하는 선박

4-4. 해상교통 안전관리

핵심이론 01 항로의 지정 등

① 해양수산부장관은 선박이 통항하는 수역의 지형·조류, 그 밖에 자연적 조건 또는 선박 교통량 등으로 해양사고가 일어날 우려가 있다고 인정하면 관계 행정기관의 장의 의견을 들어 그 수역의 범위, 선박의 항로 및 속력 등 선박의 항행안전에 필요한 사항을 해양수산부령으로 정하는 바에 따라 고시할 수 있다.

② 해양수산부장관은 태풍 등 악천후를 피하려는 선박이나 해양사고 등으로 자유롭게 조종되지 아니하는 선박을 위한 수역 등을 지정·운영할 수 있다.

핵심이론 02 외국선박의 통항

① 외국선박은 해양수산부장관의 허가를 받지 아니하고는 대한민국의 내수에서 통항할 수 없다.

② ①에도 불구하고 「영해 및 접속수역법」에 따른 직선기선에 따라 내수에 포함된 해역에서는 정박·정류·계류 또는 배회함이 없이 계속적이고 신속하게 통항할 수 있다. 다만, 다음의 경우에는 그러하지 아니하다.
  ㉠ 불가항력이나 조난으로 인하여 필요한 경우
  ㉡ 위험하거나 조난상태에 있는 인명·선박·항공기를 구조하기 위한 경우
  ㉢ 그 밖에 대한민국 항만에의 입항 등 해양수산부령으로 정하는 경우

③ ①에 따라 내수 통항의 허가를 받으려는 외국선박은 다음의 서류를 관할 지방해양수산청장에게 제출하여야 한다.
  ㉠ 선박의 명세
  ㉡ 선박소유자 및 선박운항자의 성명(명칭) 또는 주소
  ㉢ 내수 통항이 필요한 사유
  ㉣ 통항 위치 및 일정 등을 기재한 통항계획서
  ㉤ 해상교통에 미치는 영향 및 안전대책

핵심이론 03 특정선박에 대한 안전조치

① 대한민국의 영해 또는 내수를 통항하는 외국선박 중 다음의 선박(특정선박)은 「해상에서의 인명안전을 위한 국제협약」 등 관련 국제협약에서 정하는 문서를 휴대하거나 해양수산부령으로 정하는 특별예방조치를 준수하여야 한다.
  ㉠ 핵추진선박
  ㉡ 핵물질 등 위험화물운반선

② 해양수산부장관은 특정선박에 의한 해양오염 방지, 경감 및 통제를 위하여 필요하면 통항로를 지정하는 등 안전조치를 명할 수 있다.

핵심이론 04 항로 등의 보전

① 누구든지 항로에서 다음의 어느 하나에 해당하는 행위를 하여서는 아니 된다.
  ㉠ 선박의 방치
  ㉡ 어망 등 어구의 설치나 투기

② 해양경찰서장은 ①을 위반한 자에게 방치된 선박의 이동·인양 또는 어망 등 어구의 제거를 명할 수 있다.

③ 누구든지 「항만법」에 따른 항만의 수역 또는 「어촌·어항법」에 따른 어항의 수역 중 대통령령으로 정하는 수역에서는 해상교통의 안전에 장애가 되는 스킨다이빙, 스쿠버다이빙, 윈드서핑 등 대통령령으로 정하는 행위를 하여서는 아니 된다. 다만, 해상교통안전에 장애가 되지 아니한다고 인정되어 해양경찰서장의 허가를 받은 경우와 「체육시설의 설치·이용에 관한 법률」에 따라 신고한 체육시설업과 관련된 해상에서 행위를 하는 경우에는 그러하지 아니하다.

④ 해양경찰서장은 ③에 따라 허가를 받은 사람이 다음의 어느 하나에 해당하면 그 허가를 취소하거나 해상교통안전에 장애가 되지 아니하도록 시정할 것을 명할 수 있다. 다만, ㉢에 해당하는 경우에는 그 허가를 취소하여야 한다.
  ㉠ 항로나 정박지 등 해상교통 여건이 달라진 경우
  ㉡ 허가 조건을 위반한 경우
  ㉢ 거짓이나 그 밖의 부정한 방법으로 허가를 받은 경우

핵심예제

해사안전법상 항로 등을 보전하기 위하여 항로상에서 제한하는 행위로 옳지 않은 것은?

① 선박의 방치
② 어망의 설치
③ 폐어구 투기
④ 항로 지정 고시

정답 ④

해설

항로 등의 보전
누구든지 항로에서 다음의 어느 하나에 해당하는 행위를 하여서는 아니 된다.
• 선박의 방치
• 어망 등 어구의 설치나 투기

핵심이론 05 수역 등 및 항로의 안전 확보

① 누구든지 수역 등 또는 수역 등의 밖으로부터 10km 이내의 수역에서 선박 등을 이용하여 수역 등이나 항로를 점거하거나 차단하는 행위를 함으로써 선박 통항을 방해하여서는 아니 된다.
② 해양경찰서장은 ①을 위반하여 선박 통항을 방해한 자 또는 방해할 우려가 있는 자에게 일정한 시간 내에 스스로 해산할 것을 요청하고, 이에 따르지 아니하면 해산을 명할 수 있다.
③ ②에 따른 해산명령을 받은 자는 지체 없이 물러가야 한다.

핵심예제

다음의 해사안전법 중 조항에 들어갈 수치로 옳은 것은?

> 누구든지 수역 등 또는 수역 등의 밖으로부터 (   ) 이내의 수역에서 선박 등을 이용하여 수역 등이나 항로를 점거하거나 차단하는 행위를 함으로써 선박 통항을 방해하여서는 아니 된다.

① 5km
② 10km
③ 15km
④ 20km

정답 ②

핵심이론 06 선박위치정보의 공개 제한 등

① 항해자료기록장치 등 해양수산부령으로 정하는 전자적 수단으로 선박의 항적 등을 기록한 정보(선박위치정보)를 보유한 자는 다음의 경우를 제외하고는 선박위치정보를 공개하여서는 아니 된다.

㉠ 선박위치정보의 보유권자가 그 보유 목적에 따라 사용하려는 경우

㉡ 「해양사고의 조사 및 심판에 관한 법률」에 따른 조사관 등이 해양사고의 원인을 조사하기 위하여 요청하는 경우

㉢ 「재난 및 안전관리 기본법」에 따른 긴급구조기관이 급박한 위험에 처한 선박 또는 승선자를 구조하기 위하여 요청하는 경우

㉣ 6개월 이상의 기간이 지난 선박위치정보로서 해양수산부령으로 정하는 경우

② 직무상 선박위치정보를 알게 된 선박소유자, 선장 및 해원 등은 선박위치정보를 누설・변조・훼손하여서는 아니 된다.

핵심이론 07 선박 출항통제

① 해양수산부장관은 해상에 대하여 기상특보가 발표되거나 제한된 시계 등으로 선박의 안전운항에 지장을 줄 우려가 있다고 판단할 경우에는 선박소유자나 선장에게 선박의 출항통제를 명할 수 있다.

② 선박출항통제의 기준 및 절차

㉠ 국제항해에 종사하지 않는 여객선 및 여객용 수면비행선박

- 적용선박 : 국제항해에 종사하지 않는 여객선 및 여객용 수면비행선박(내항여객선)
- 출항통제권자 : 해양경찰서장
- 기상상태별 출항통제선박

<table>
<tr><th colspan="2">기상상태</th><th>출항통제선박</th></tr>
<tr><td colspan="2" rowspan="2">풍랑・폭풍
해일주의보</td><td>평수구역 밖을 운항하는 내항여객선. 다만, 「기상법 시행령」에 따른 해상예보구역 중 앞바다에서 운항하는 내항여객선과 총톤수 2,000톤 이상 내항여객선에 대해서는 운항항로의 해상상태가 「해운법」에 따른 운항관리규정의 출항정지조건・운항정지조건(출항정지조건 등)에 해당하지 않는 내항여객선에 한정하여 출항을 허용할 수 있다.</td></tr>
<tr><td>평수구역 안에서 운항하는 내항여객선. 다만, 운항항로의 해상상태가 해당 내항여객선의 출항정지조건 등에 해당하여 안전운항에 위험이 있다고 판단될 경우에만 운항을 통제할 수 있다.</td></tr>
<tr><td colspan="2">풍랑・폭풍
해일경보, 태풍
주의보・경보</td><td>모든 내항여객선</td></tr>
<tr><td rowspan="2">시계
제한 시</td><td>시정
1km 이내</td><td>모든 내항여객선(여객용 수면비행선박은 제외한다)</td></tr>
<tr><td>시정
11km 이내</td><td>여객용 수면비행선박</td></tr>
</table>

㉡ 내항여객선 외의 선박

- 적용선박 : 내항여객선을 제외한 선박. 다만, 다음의 어느 하나에 해당하는 선박에 대해서는 적용하지 않는다.
  - 「수상레저안전법」에 따른 수상레저기구
  - 「낚시 관리 및 육성법」에 따른 낚시어선
  - 「유선 및 도선 사업법」에 따른 유・도선

- 출항통제권자 : 지방해양수산청장
- 기상상태별 출항통제선박

기상상태		출항통제선박
풍랑·폭풍 해일주의보		• 평수구역 밖을 운항하는 선박 중 총톤수 250톤 미만으로서 길이 35m 미만의 국제항해에 종사하지 않는 선박 • 국제항해에 종사하는 예부선 결합선박 • 수면비행선박(여객용 수면비행선박은 제외한다)
풍랑·폭풍 해일경보		• 총톤수 1,000톤 미만으로서 길이 63m 미만의 국제항해에 종사하지 않는 선박 • 국제항해에 종사하는 예부선 결합선박
태풍주의보 및 경보		• 총톤수 7,000톤 미만의 국제항해에 종사하지 않는 선박 • 국제항해에 종사하는 예부선 결합선박
시계 제한 시	시정 0.5km 이내	• 화물을 적재한 유조선·가스운반선 또는 화학제품운반선[향도선(嚮導船)을 활용하는 경우는 제외한다] • 레이더 및 초단파 무선전화(VHF) 통신설비를 갖추지 않은 선박
	시정 11km 이내	수면비행선박(여객용 수면비행선박은 제외한다)

핵심예제

해사안전법상 여객선(어선을 포함) 외의 선박이 시정 0.5km 이내가 될 경우 선박출항통제에 해당하는 선박이 아닌 것은?

① 향도선이 배치되어 있는 위험화물운반선
② 향도선이 없는 화물을 적재한 유조선
③ 향도선이 없는 화물을 적재한 가스운반선
④ 향도선이 없는 화물을 적재한 화학제품운반선

정답 ①

해설

내항여객선 외의 선박의 기상상태별 출항통제 선박

시계 제한 시	시정 0.5km 이내	• 화물을 적재한 유조선·가스운반선 또는 화학제품운반선[향도선(嚮導船)을 활용하는 경우는 제외한다] • 레이더 및 초단파 무선전화(VHF) 통신설비를 갖추지 않은 선박
	시정 11km 이내	수면비행선박(여객용 수면비행선박은 제외한다)

핵심이론 08 술에 취한 상태에서의 조타기 조작 등 금지

① 술에 취한 상태에 있는 사람은 운항을 하기 위하여 선박의 조타기를 조작하거나 조작할 것을 지시하는 행위 또는 「도선법」에 따른 도선을 하여서는 아니 된다.

② 해양경찰청 소속 경찰공무원은 다음의 어느 하나에 해당하는 경우에는 운항을 하기 위하여 조타기를 조작하거나 조작할 것을 지시하는 사람(운항자) 또는 ①에 따라 도선을 하는 사람(도선사)이 술에 취하였는지 측정할 수 있으며, 해당 운항자 또는 도선사는 해양경찰청 소속 경찰공무원의 측정 요구에 따라야 한다. 다만, ㉢에 해당하는 경우에는 반드시 술에 취하였는지를 측정하여야 한다.
   ㉠ 다른 선박의 안전운항을 해치거나 해칠 우려가 있는 등 해상교통의 안전과 위험방지를 위하여 필요하다고 인정되는 경우
   ㉡ 술에 취한 상태에서 조타기를 조작하거나 조작할 것을 지시하였거나 도선을 하였다고 인정할 만한 충분한 이유가 있는 경우
   ㉢ 해양사고가 발생한 경우

③ 술에 취한 상태의 기준은 혈중알코올농도 0.03% 이상으로 한다.

핵심예제

다음 중 해사안전법상 술에 취한 상태의 기준은 혈중 알코올농도가 몇 % 이상일 때인가?

① 0.03
② 0.07
③ 0.10
④ 0.15

정답 ①

해설

술에 취한 상태의 기준은 혈중알코올농도 0.03% 이상으로 한다.

핵심이론 09 해양사고가 일어난 경우의 조치

① 선장이나 선박소유자는 해양사고가 일어나 선박이 위험하게 되거나 다른 선박의 항행안전에 위험을 줄 우려가 있는 경우에는 위험을 방지하기 위하여 신속하게 필요한 조치를 취하고, 해양사고의 발생 사실과 조치 사실을 지체 없이 해양경찰서장이나 지방해양수산청장에 신고하여야 한다.

② 선장 또는 선박소유자는 ①에 따른 해양사고가 발생한 경우에는 다음의 사항을 관할 해양경찰서장 또는 지방해양수산청장(관할관청)에게 신고하여야 한다. 다만, 외국에서 발생한 해양사고의 경우에는 선적항 소재지의 관할 관청에 신고하여야 한다.
- ㉠ 해양사고의 발생일시 및 발생장소
- ㉡ 선박의 명세
- ㉢ 사고개요 및 피해상황
- ㉣ 조치사항
- ㉤ 그 밖에 해양사고의 처리 및 항행안전을 위하여 해양수산부장관이 필요하다고 인정하는 사항

핵심예제

해외에서 해양사고가 발생했을 때는 어디에 보고해야 하는가?

① 현지 대사관
② 현지 총영사
③ 인접국의 대리점
④ 선적항 소재지 관할 관청

정답 ④

해설

- 선장이나 선박소유자는 해양사고가 일어나 선박이 위험하게 되거나 다른 선박의 항행안전에 위험을 줄 우려가 있는 경우에는 위험을 방지하기 위하여 신속하게 필요한 조치를 취하고, 해양사고의 발생 사실과 조치 사실을 지체 없이 해양경찰서장이나 지방해양수산청장에 신고하여야 한다.
- 선장 또는 선박소유자는 위 항목에 따른 해양사고가 발생한 경우에는 다음의 사항을 관할 해양경찰서장 또는 지방해양수산청장(관할관청)에게 신고하여야 한다. 다만, 외국에서 발생한 해양사고의 경우에는 선적항 소재지의 관할관청에 신고하여야 한다.
  - 해양사고의 발생일시 및 발생장소
  - 선박의 명세
  - 사고개요 및 피해상황
  - 조치사항
  - 그 밖에 해양사고의 처리 및 항행안전을 위하여 해양수산부장관이 필요하다고 인정하는 사항

4-5. 선박 및 사업장의 안전관리

핵심이론 01 인증심사

선박소유자는 안전관리체제를 수립·시행하여야 하는 선박이나 사업장에 대하여 다음의 구분에 따라 해양수산부장관으로부터 안전관리체제에 대한 인증심사(인증심사)를 받아야 한다.

① **최초인증심사** : 안전관리체제의 수립·시행에 관한 사항을 확인하기 위하여 처음으로 하는 심사
② **갱신인증심사** : 선박안전관리증서 또는 안전관리적합증서의 유효기간이 끝난 때에 하는 심사
③ **중간인증심사** : 최초인증심사와 갱신인증심사 사이 또는 갱신인증심사와 갱신인증심사 사이에 해양수산부령으로 정하는 시기에 행하는 심사
④ **임시인증심사** : 최초인증심사를 받기 전에 임시로 선박을 운항하기 위하여 다음의 어느 하나에 대하여 하는 심사
- ㉠ 새로운 종류의 선박을 추가하거나 신설한 사업장
- ㉡ 개조 등으로 선종이 변경되거나 신규로 도입한 선박

핵심이론 02 선박안전관리증서 등의 발급 등

① 해양수산부장관은 최초인증심사나 갱신인증심사에 합격하면 그 선박에 대하여는 선박안전관리증서를 내주고, 그 사업장에 대하여는 안전관리적합증서를 내주어야 한다.
② 해양수산부장관은 임시인증심사에 합격하면 그 선박에 대하여는 임시선박안전관리증서를 내주고, 그 사업장에 대하여는 임시안전관리적합증서를 내주어야 한다.
③ 선박소유자는 그 선박에는 선박안전관리증서나 임시선박안전관리증서의 원본과 안전관리적합증서나 임시안전관리적합증서의 사본을 갖추어 두어야 하며, 그 사업장에는 안전관리적합증서나 임시안전관리적합증서의 원본을 갖추어 두어야 한다.
④ 선박안전관리증서와 안전관리적합증서의 유효기간은 각각 5년으로 하고, 임시안전관리적합증서의 유효기간은 1년, 임시선박안전관리증서의 유효기간은 6개월로 한다.
⑤ 선박안전관리증서는 5개월의 범위에서, 임시선박안전관리증서는 6개월의 범위에서 해양수산부령으로 정하는 바에 따라 각각 한 차례만 유효기간을 연장할 수 있다.
⑥ 해양수산부장관은 선박소유자가 중간인증심사 또는 수시인증심사에 합격하지 못하면 그 인증심사에 합격할 때까지 안전관리적합증서 또는 선박안전관리증서의 효력을 정지하여야 한다.
⑦ 안전관리적합증서의 효력이 정지된 경우에는 해당 사업장에 속한 모든 선박의 선박안전관리증서의 효력도 정지된다.

핵심예제

다음에서 설명하는 것은?

> 선박의 안전관리체제 인증심사에 합격한 경우 해양수산부장관이 선박에 대하여 발급하는 증서

① 선박국적증서　② 선적증서
③ 선박안전관리증서　④ 안전관리적합증서

정답 ③

해설

선박안전관리증서 등의 발급 등
해양수산부장관은 최초인증심사나 갱신인증심사에 합격하면 그 선박에 대하여는 선박안전관리증서를 내주고, 그 사업장에 대하여는 안전관리적합증서를 내주어야 한다.

핵심이론 03 개선명령 및 이의신청

① 개선명령
㉠ 해양수산부장관은 지도・감독 결과 필요하다고 인정하거나 해양사고의 발생빈도와 경중 등을 고려하여 필요하다고 인정할 때에는 그 선박의 선장, 선박소유자, 안전관리대행업자, 그 밖의 관계인에게 다음의 조치를 명할 수 있다.
- 선박 시설의 보완이나 대체
- 소속 직원의 근무시간 등 근무 환경의 개선
- 소속 임직원에 대한 교육・훈련의 실시
- 그 밖에 해사안전관리에 관한 업무의 개선

㉡ 해양수산부장관은 ①의 ㉠에 따른 조치를 명할 경우에는 선박 시설을 보완하거나 대체하는 것을 마칠 때까지 해당 선박의 항행정지를 함께 명할 수 있다.

② 이의신청
㉠ 항행정지명령 또는 시정・보완 명령, 항행정지 명령에 불복하는 선박소유자는 명령을 받은 날부터 90일 이내에 그 불복 사유를 적어 해양수산부장관에게 이의신청을 할 수 있다.
㉡ 이의신청을 받은 해양수산부장관은 이의신청에 대하여 검토한 결과를 60일 이내에 신청인에게 통보하여야 한다. 다만, 부득이한 사정이 있을 때에는 30일 이내의 범위에서 통보시한을 연장할 수 있다.

핵심예제

해사안전법상 해양수산부장관은 선박의 안전과 사고방지를 위해 개선명령을 할 수 있으며, 선박시설을 보완하거나 대체하는 것을 마칠 때까지 명할 수 있는 것은 무엇인가?

① 상륙금지
② 양륙금지
③ 선적금지
④ 항행정지

정답 ④

5 국제해상충돌예방규칙

※ 국제해상충돌예방규칙에 선박의 항법이 제시되어 있음

5-1. 모든 시계상태에서의 항법

핵심이론 01 경계 및 안전한 속력

① **경계** : 선박은 주위의 상황 및 다른 선박과 충돌할 수 있는 위험성을 충분히 파악할 수 있도록 시각·청각 및 당시의 상황에 맞게 이용할 수 있는 모든 수단을 이용하여 항상 적절한 경계를 하여야 한다.

② 안전한 속력

㉠ 선박은 다른 선박과의 충돌을 피하기 위하여 적절하고 효과적인 동작을 취하거나 당시의 상황에 알맞은 거리에서 선박을 멈출 수 있도록 항상 안전한 속력으로 항행하여야 한다.

㉡ 안전한 속력을 결정할 때에는 다음의 사항을 고려하여야 한다.

- 시계의 상태
- 해상교통량의 밀도
- 선박의 정지거리·선회성능, 그 밖의 조종성능
- 야간의 경우에는 항해에 지장을 주는 불빛의 유무
- 바람·해면 및 조류의 상태와 항행장애물의 근접상태
- 선박의 흘수와 수심과의 관계
- 레이더의 특성 및 성능
- 해면상태·기상, 그 밖의 장애요인이 레이더 탐지에 미치는 영향
- 레이더로 탐지한 선박의 수·위치 및 동향

핵심예제

1-1. 국제해상충돌방지규칙상 '당시의 사정과 조건에서 충돌을 피하기 위한 속력'으로 적절한 것은?

① 항해속력
② 경제속력
③ 안전한 속력
④ 최저속력

정답 ③

1-2. 다음 중 레이더를 사용하고 있는 선박의 경우, 안전한 속력을 결정하는 요소가 아닌 것은?

① 레이더의 특성
② 레이더의 수
③ 레이더로 탐지된 선박의 수
④ 장애 요인이 레이더 탐지에 미치는 영향

정답 ②

해설

1-1

안전한 속력

선박은 다른 선박과의 충돌을 피하기 위하여 적절하고 효과적인 동작을 취하거나 당시의 상황에 알맞은 거리에서 선박을 멈출 수 있도록 항상 안전한 속력으로 항행하여야 한다.

1-2

안전한 속력을 결정할 때에는 다음의 사항을 고려하여야 한다.

- 시계의 상태
- 해상교통량의 밀도
- 선박의 정지거리·선회성능, 그 밖의 조종성능
- 야간의 경우에는 항해에 지장을 주는 불빛의 유무
- 바람·해면 및 조류의 상태와 항행장애물의 근접상태
- 선박의 흘수와 수심과의 관계
- 레이더의 특성 및 성능
- 해면상태·기상, 그 밖의 장애요인이 레이더 탐지에 미치는 영향
- 레이더로 탐지한 선박의 수·위치 및 동향

핵심이론 02 충돌 위험

① 선박은 다른 선박과 충돌할 위험이 있는지를 판단하기 위하여 당시의 상황에 알맞은 모든 수단을 활용하여야 한다.
② 레이더를 설치한 선박은 다른 선박과 충돌할 위험성 유무를 미리 파악하기 위하여 레이더를 이용하여 장거리 주사, 탐지된 물체에 대한 작도, 그 밖의 체계적인 관측을 하여야 한다.
③ 선박은 불충분한 레이더 정보나 그 밖의 불충분한 정보에 의존하여 다른 선박과의 충돌 위험 여부를 판단하여서는 아니 된다.
④ 선박은 접근하여 오는 다른 선박의 나침방위에 뚜렷한 변화가 일어나지 아니하면 충돌할 위험성이 있다고 보고 필요한 조치를 하여야 한다. 접근하여 오는 다른 선박의 나침방위에 뚜렷한 변화가 있더라도 거대선 또는 예인작업에 종사하고 있는 선박에 접근하거나, 가까이 있는 다른 선박에 접근하는 경우에는 충돌을 방지하기 위하여 필요한 조치를 하여야 한다.

핵심예제

2-1. 접근하여 오는 다른 선박의 컴퍼스 방위가 계속 변하지 않으면서 거리가 가까워지고 있는 경우의 상태는?

① 우현쪽으로 통과한다.
② 좌현쪽으로 통과한다.
③ 추월하고 있다.
④ 충돌의 위험이 있다.

정답 ④

2-2. 다음 중 충돌 위험의 유무를 판단하는 방법으로 옳지 못한 것은?

① 모든 수단의 활용
② 컴퍼스 방위의 관측
③ 불충분한 정보라도 적절히 활용
④ 레이더의 적절한 사용

정답 ③

해설

2-1
선박은 접근하여 오는 다른 선박의 나침방위에 뚜렷한 변화가 일어나지 아니하면 충돌할 위험성이 있다고 보고 필요한 조치를 하여야 한다.

2-2
선박은 불충분한 레이더 정보나 그 밖의 불충분한 정보에 의존하여 다른 선박과의 충돌 위험 여부를 판단하여서는 아니 된다.

핵심이론 03 충돌을 피하기 위한 동작

① 선박은 적절한 항법에 따라 다른 선박과 충돌을 피하기 위한 동작을 취하되, 이 법에서 정하는 바가 없는 경우에는 될 수 있으면 충분한 시간적 여유를 두고 적극적으로 조치하여 선박을 적절하게 운용하는 관행에 따라야 한다.
② 선박은 다른 선박과 충돌을 피하기 위하여 침로나 속력을 변경할 때에는 될 수 있으면 다른 선박이 그 변경을 쉽게 알아볼 수 있도록 충분히 크게 변경하여야 하며, 침로나 속력을 소폭으로 연속적으로 변경하여서는 아니 된다.
③ 선박은 넓은 수역에서 충돌을 피하기 위하여 침로를 변경하는 경우에는 적절한 시기에 큰 각도로 침로를 변경하여야 하며, 그에 따라 다른 선박에 접근하지 아니하도록 하여야 한다.
④ 선박은 다른 선박과의 충돌을 피하기 위하여 동작을 취할 때에는 다른 선박과의 사이에 안전한 거리를 두고 통과할 수 있도록 그 동작을 취하여야 한다. 이 경우 그 동작의 효과를 다른 선박이 완전히 통과할 때까지 주의 깊게 확인하여야 한다.
⑤ 선박은 다른 선박과의 충돌을 피하거나 상황을 판단하기 위한 시간적 여유를 얻기 위하여 필요하면 속력을 줄이거나 기관의 작동을 정지하거나 후진하여 선박의 진행을 완전히 멈추어야 한다.
⑥ 이 법에 따라 다른 선박의 통항이나 통항의 안전을 방해하여서는 아니 되는 선박은 다음의 사항을 준수하고 유의하여야 한다.
  ㉠ 다른 선박이 안전하게 지나갈 수 있는 여유 수역이 충분히 확보될 수 있도록 조기에 동작을 취할 것
  ㉡ 다른 선박에 접근하여 충돌할 위험이 생긴 경우에는 그 책임을 면할 수 없으며, 피항동작을 취할 때에는 이 장에서 요구하는 동작에 대하여 충분히 고려할 것

핵심예제

3-1. 국제해상충돌방지규칙상 충돌을 피하기 위한 동작의 요건으로 틀린 것은?

① 명확히 행동할 것
② 충분히 여유 있는 시간에 행동할 것
③ 자선의 의도를 강조하기 위하여 소각도로 수회에 걸쳐 변침할 것
④ 적극적으로 이행할 것

정답 ③

3-2. 다음 중 충돌을 피해야 할 때 취해야 할 행동으로 옳지 않은 것은?

① 적극적인 동작
② 시간적으로 여유 있는 동작
③ 적절한 운용술에 입각한 동작
④ 연속적인 소각도 변침 동작

정답 ④

해설

3-1
선박은 넓은 수역에서 충돌을 피하기 위하여 침로를 변경하는 경우에는 적절한 시기에 큰 각도로 침로를 변경하여야 하며, 그에 따라 다른 선박에 접근하지 아니하도록 하여야 한다.

3-2
선박은 다른 선박과 충돌을 피하기 위하여 침로나 속력을 변경할 때에는 될 수 있으면 다른 선박이 그 변경을 쉽게 알아볼 수 있도록 충분히 크게 변경하여야 하며, 침로나 속력을 소폭으로 연속적으로 변경하여서는 아니 된다.

핵심이론 04 좁은 수로 등

① 좁은 수로나 항로(좁은 수로 등)를 따라 항행하는 선박은 항행의 안전을 고려하여 될 수 있으면 좁은 수로 등의 오른편 끝 쪽에서 항행하여야 한다. 다만, 해양수산부장관이 특별히 지정한 수역 또는 통항분리제도가 적용되는 수역에서는 좁은 수로 등의 오른편 끝 쪽에서 항행하지 아니하여도 된다.
② 길이 20m 미만의 선박이나 범선은 좁은 수로 등의 안쪽에서만 안전하게 항행할 수 있는 다른 선박의 통행을 방해하여서는 아니 된다.
③ 어로에 종사하고 있는 선박은 좁은 수로 등의 안쪽에서 항행하고 있는 다른 선박의 통항을 방해하여서는 아니 된다.
④ 선박이 좁은 수로 등의 안쪽에서만 안전하게 항행할 수 있는 다른 선박의 통항을 방해하게 되는 경우에는 좁은 수로 등을 횡단하여서는 아니 된다.
⑤ 추월선은 좁은 수로 등에서 추월당하는 선박이 추월선을 안전하게 통과시키기 위한 동작을 취하지 아니하면 추월할 수 없는 경우에는 기적신호를 하여 추월하겠다는 의사를 나타내야 한다. 이 경우 추월당하는 선박은 그 의도에 동의하면 기적신호를 하여 그 의사를 표현하고, 추월선을 안전하게 통과시키기 위한 동작을 취하여야 한다.
⑥ 선박이 좁은 수로 등의 굽은 부분이나 항로에 있는 장애물 때문에 다른 선박을 볼 수 없는 수역에 접근하는 경우에는 특히 주의하여 항행하여야 한다.
⑦ 선박은 좁은 수로 등에서 정박(정박 중인 선박에 매어 있는 것을 포함한다)을 하여서는 아니 된다. 다만, 해양사고를 피하거나 인명이나 그 밖의 선박을 구조하기 위하여 부득이하다고 인정되는 경우에는 그러하지 아니하다.

핵심예제

4-1. 국제해상충돌방지규칙상 좁은 수로에서 제한되는 행동으로 옳은 것은?

① 좁은 수로에서의 정박
② 적절한 경계 유지
③ 좁은 수로의 우측 항행
④ 안전한 속력 유지

정답 ①

4-2. 서로 시계 내 좁은 수로에서의 추월에 관한 설명으로 알맞은 것은?

① 좁은 수로에서는 추월하면 절대 안 된다.
② 소형선은 좁은 수로에서 언제나 추월이 가능하다.
③ 어선은 좁은 수로에서 언제나 추월이 가능하다.
④ 피추월선의 추월 동의가 있어야만 추월이 가능하다.

정답 ④

4-3. 좁은 수로에서는 실행 가능한 한 항행해야 하는 방향은 어느 쪽인가?

① 항로의 중앙부
② 항로의 우현쪽
③ 항로의 좌현쪽
④ 항로의 가장 깊은 부분

정답 ②

해설

4-1

선박은 좁은 수로 등에서 정박(정박 중인 선박에 매어 있는 것을 포함한다)을 하여서는 아니 된다. 다만, 해양사고를 피하거나 인명이나 그 밖의 선박을 구조하기 위하여 부득이하다고 인정되는 경우에는 그러하지 아니하다.

4-2

추월선은 좁은 수로 등에서 추월당하는 선박이 추월선을 안전하게 통과시키기 위한 동작을 취하지 아니하면 추월할 수 없는 경우에는 기적신호를 하여 추월하겠다는 의사를 나타내야 한다. 이 경우 추월당하는 선박은 그 의도에 동의하면 기적신호를 하여 그 의사를 표현하고, 추월선을 안전하게 통과시키기 위한 동작을 취하여야 한다.

4-3

좁은 수로나 항로(좁은 수로 등)를 따라 항행하는 선박은 항행의 안전을 고려하여 될 수 있으면 좁은 수로 등의 오른편 끝 쪽에서 항행하여야 한다.

핵심이론 05 통항분리제도

① 다음의 수역(통항분리수역)에 대하여 적용한다.
  ㉠ 국제해사기구가 채택하여 통항분리제도가 적용되는 수역
  ㉡ 해상교통량이 아주 많아 충돌사고 발생의 위험성이 있어 통항분리제도를 적용할 필요성이 있는 수역으로서 해양수산부령으로 정하는 수역

② 선박이 통항분리수역을 항행하는 경우에는 다음의 사항을 준수하여야 한다.
  ㉠ 통항로 안에서는 정하여진 진행방향으로 항행할 것
  ㉡ 분리선이나 분리대에서 될 수 있으면 떨어져서 항행할 것
  ㉢ 통항로의 출입구를 통하여 출입하는 것을 원칙으로 하되, 통항로의 옆쪽으로 출입하는 경우에는 그 통항로에 대하여 정하여진 선박의 진행방향에 대하여 될 수 있으면 작은 각도로 출입할 것

③ 선박은 통항로를 횡단하여서는 아니 된다. 다만, 부득이한 사유로 그 통항로를 횡단하여야 하는 경우에는 그 통항로와 선수방향이 직각에 가까운 각도로 횡단하여야 한다.

④ 선박은 연안통항대에 인접한 통항분리수역의 통항로를 안전하게 통과할 수 있는 경우에는 연안통항대를 따라 항행하여서는 아니 된다. 다만, 다음의 선박의 경우에는 연안통항대를 따라 항행할 수 있다.
  ㉠ 길이 20m 미만의 선박
  ㉡ 범 선
  ㉢ 어로에 종사하고 있는 선박
  ㉣ 인접한 항구로 입항·출항하는 선박
  ㉤ 연안통항대 안에 있는 해양시설 또는 도선사의 승하선 장소에 출입하는 선박
  ㉥ 급박한 위험을 피하기 위한 선박

⑤ 통항로를 횡단하거나 통항로에 출입하는 선박 외의 선박은 급박한 위험을 피하기 위한 경우나 분리대 안에서 어로에 종사하고 있는 경우 외에는 분리대에 들어가거나 분리선을 횡단하여서는 아니 된다.

⑥ 통항분리수역에서 어로에 종사하고 있는 선박은 통항로를 따라 항행하는 다른 선박의 항행을 방해하여서는 아니 된다.
⑦ 모든 선박은 통항분리수역의 출입구 부근에서는 특히 주의하여 항행하여야 한다.
⑧ 선박은 통항분리수역과 그 출입구 부근에 정박(정박하고 있는 선박에 매어 있는 것을 포함한다)하여서는 아니 된다. 다만, 해양사고를 피하거나 인명이나 선박을 구조하기 위하여 부득이하다고 인정되는 사유가 있는 경우에는 그러하지 아니하다.
⑨ 통항분리수역을 이용하지 아니하는 선박은 될 수 있으면 통항분리수역에서 멀리 떨어져서 항행하여야 한다.
⑩ 길이 20m 미만의 선박이나 범선은 통항로를 따라 항행하고 있는 다른 선박의 항행을 방해하여서는 아니 된다.
⑪ 통항분리수역 안에서 해저전선을 부설·보수 및 인양하는 작업을 하거나 항행안전을 유지하기 위한 작업을 하는 중이어서 조종능력이 제한되고 있는 선박은 그 작업을 하는 데에 필요한 범위에서 ①부터 ⑩까지의 규정을 적용하지 아니한다.

핵심예제

5-1. 통항분리방식을 이용하는 선박에 대한 국제해상충돌방지규칙의 규정으로 틀린 것은?

① 통항로의 일반적인 교통 방향을 따라서 진행하여야 한다.
② 가능한 한 통항분리선에 가깝게 항해하여야 한다.
③ 통항로를 횡단할 경우에는 일반적인 교통 방향에 대해서 가능한 한 직각에 가깝게 횡단하여야 한다.
④ 어로에 종사 중인 선박은 통항로를 따라 진행하는 선박의 통항을 방해하여서는 안 된다.

정답 ②

5-2. 다음 중 통항분리 방식에서 연안통항대를 이용할 수 있는 선박은?

① 길이 20m 미만의 선박 ② 총톤수 20톤 미만의 선박
③ 길이 20m 이상의 선박 ④ 총톤수 20톤 이상의 선박

정답 ①

5-3. 다음 중 국제해상충돌방지규칙에서 통항분리방식의 횡단 방법은?

① 통항로와 선수방향이 직각에 가까운 각도로 횡단하여야 한다.
② 통항로와 선수방향이 예각에 가까운 각도로 횡단하여야 한다.
③ 통항로와 선수방향이 둔각에 가까운 각도로 횡단하여야 한다.
④ 통항로와 선수방향이 소각도로 횡단하여야 한다.

정답 ①

해설

5-1
선박이 통항분리수역을 항행하는 경우에는 다음의 사항을 준수하여야 한다.
- 통항로 안에서는 정하여진 진행방향으로 항행할 것
- 분리선이나 분리대에서 될 수 있으면 떨어져서 항행할 것
- 통항로의 출입구를 통하여 출입하는 것을 원칙으로 하되, 통항로의 옆쪽으로 출입하는 경우에는 그 통항로에 대하여 정하여진 선박의 진행방향에 대하여 될 수 있으면 작은 각도로 출입할 것

5-2
선박은 연안통항대에 인접한 통항분리수역의 통항로를 안전하게 통과할 수 있는 경우에는 연안통항대를 따라 항행하여서는 아니 된다. 다만, 다음의 선박의 경우에는 연안통항대를 따라 항행할 수 있다.
- 길이 20m 미만의 선박
- 범 선
- 어로에 종사하고 있는 선박
- 인접한 항구로 입항·출항하는 선박
- 연안통항대 안에 있는 해양시설 또는 도선사의 승하선 장소에 출입하는 선박
- 급박한 위험을 피하기 위한 선박

5-3
선박은 통항로를 횡단하여서는 아니 된다. 다만, 부득이한 사유로 그 통항로를 횡단하여야 하는 경우에는 그 통항로와 선수방향이 직각에 가까운 각도로 횡단하여야 한다.

5-2. 선박이 서로 시계 안에(눈으로 볼 수) 있는 때의 항법

핵심이론 01 범 선

① 2척의 범선이 서로 접근하여 충돌할 위험이 있는 경우에는 다음에 따른 항행방법에 따라 항행하여야 한다.
㉠ 각 범선이 다른 쪽 현에 바람을 받고 있는 경우에는 좌현에 바람을 받고 있는 범선이 다른 범선의 진로를 피하여야 한다.
㉡ 두 범선이 서로 같은 현에 바람을 받고 있는 경우에는 바람이 불어오는 쪽의 범선이 바람이 불어가는 쪽의 범선의 진로를 피하여야 한다.
㉢ 좌현에 바람을 받고 있는 범선은 바람이 불어오는 쪽에 있는 다른 범선을 본 경우로서 그 범선이 바람을 좌우 어느 쪽에 받고 있는지 확인할 수 없는 때에는 그 범선의 진로를 피하여야 한다.
② ①을 적용할 때에 바람이 불어오는 쪽이란 종범선에서는 주범을 펴고 있는 쪽의 반대쪽을 말하고, 횡범선에서는 최대의 종범을 펴고 있는 쪽의 반대쪽을 말하며, 바람이 불어가는 쪽이란 바람이 불어오는 쪽의 반대쪽을 말한다.

핵심예제

다음 (　　) 안에 순서대로 알맞은 것은?

> 국제해상충돌방지규칙상 두 척의 범선이 서로 접근하여 충돌할 위험이 있을 경우, 서로 다른 현측에서 바람을 받고 있는 경우에는 (　　)측에서 바람을 받고 있는 선박이, 같은 현측에서 바람을 받고 있는 경우에는 (　　)측의 선박이 다른 선박의 진로를 피하여야 한다.

① 우현, 풍상　　② 우현, 풍하
③ 좌현, 풍상　　④ 좌현, 풍하

정답 ③

해설

2척의 범선이 서로 접근하여 충돌할 위험이 있는 경우에는 다음에 따른 항행방법에 따라 항행하여야 한다.
- 각 범선이 다른 쪽 현에 바람을 받고 있는 경우에는 좌현에 바람을 받고 있는 범선이 다른 범선의 진로를 피하여야 한다.
- 두 범선이 서로 같은 현에 바람을 받고 있는 경우에는 바람이 불어오는 쪽의 범선이 바람이 불어가는 쪽의 범선의 진로를 피하여야 한다.
- 좌현에 바람을 받고 있는 범선은 바람이 불어오는 쪽에 있는 다른 범선을 본 경우로서 그 범선이 바람을 좌우 어느 쪽에 받고 있는지 확인할 수 없는 때에는 그 범선의 진로를 피하여야 한다.

핵심이론 02 추 월

① 추월선은 추월당하고 있는 선박을 완전히 추월하거나 그 선박에서 충분히 멀어질 때까지 그 선박의 진로를 피하여야 한다.
② 다른 선박의 양쪽 현의 정횡으로부터 22.5°를 넘는 뒤쪽(밤에는 다른 선박의 선미등만을 볼 수 있고 어느 쪽의 현등도 볼 수 없는 위치를 말한다)에서 그 선박을 앞지르는 선박은 추월선으로 보고 필요한 조치를 취하여야 한다.
③ 선박은 스스로 다른 선박을 추월하고 있는지 분명하지 아니한 경우에는 추월선으로 보고 필요한 조치를 취하여야 한다.
④ 추월하는 경우 2척의 선박 사이의 방위가 어떻게 변경되더라도 추월하는 선박은 추월이 완전히 끝날 때까지 추월당하는 선박의 진로를 피하여야 한다.

핵심예제

다른 선박의 정횡 후 몇 °를 넘는 후방으로부터 그 선박을 앞지르고 있는 경우에 추월선에 해당하는가?

① 11.5°
② 22.5°
③ 45°
④ 67.5°

정답 ②

해설

다른 선박의 양쪽 현의 정횡으로부터 22.5°를 넘는 뒤쪽에서 그 선박을 앞지르는 선박은 추월선으로 보고 필요한 조치를 취하여야 한다.

핵심이론 03 마주치는 상태

① 2척의 동력선이 마주치거나 거의 마주치게 되어 충돌의 위험이 있을 때에는 각 동력선은 서로 다른 선박의 좌현쪽을 지나갈 수 있도록 침로를 우현쪽으로 변경하여야 한다.

② 선박은 다른 선박을 선수 방향에서 볼 수 있는 경우로서 다음의 어느 하나에 해당하면 마주치는 상태에 있다고 보아야 한다.

㉠ 밤에는 2개의 마스트등을 일직선으로 또는 거의 일직선으로 볼 수 있거나 양쪽의 현등을 볼 수 있는 경우

㉡ 낮에는 2척의 선박의 마스트가 선수에서 선미까지 일직선이 되거나 거의 일직선이 되는 경우

③ 선박은 마주치는 상태에 있는지가 분명하지 아니한 경우에는 마주치는 상태에 있다고 보고 필요한 조치를 취하여야 한다.

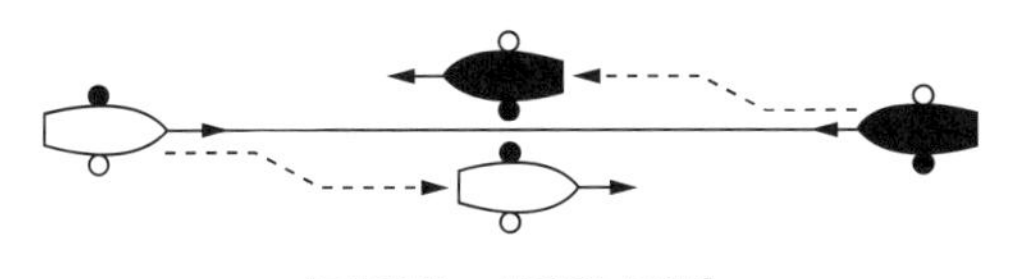

[마주치는 상태의 항법]

핵심예제

3-1. 동력선이 항행 중 서로 시계 내에서 마주치는 경우의 항법으로 옳은 것은?

① 각각 좌현으로 변침한다.
② 각각 우현으로 변침한다.
③ 한 선박이 좌현으로 변침한다.
④ 한 선박은 좌현으로 한 선박은 우현으로 변침한다.

정답 ②

3-2. 다음 중 선박이 야간에 서로 마주치는 상태를 나타내는 것은?

① 정선수방향에서 다른 선박의 홍등과 녹등이 동시에 보일 때
② 좌현 선수에 홍등이 보일 때
③ 우현 선수에 홍등이 보일 때
④ 우현 선수에 녹등이 보일 때

정답 ①

해설

3-1

2척의 동력선이 마주치거나 거의 마주치게 되어 충돌의 위험이 있을 때에는 각 동력선은 서로 다른 선박의 좌현쪽을 지나갈 수 있도록 침로를 우현쪽으로 변경하여야 한다.

3-2

선박은 다른 선박을 선수 방향에서 볼 수 있는 경우로서 다음의 어느 하나에 해당하면 마주치는 상태에 있다고 보아야 한다.

- 밤에는 2개의 마스트등을 일직선으로 또는 거의 일직선으로 볼 수 있거나 양쪽의 현등을 볼 수 있는 경우
- 낮에는 2척의 선박의 마스트가 선수에서 선미까지 일직선이 되거나 거의 일직선이 되는 경우

핵심이론 04 횡단하는 상태

2척의 동력선이 상대의 진로를 횡단하는 경우로서 충돌의 위험이 있을 때에는 다른 선박을 우현쪽에 두고 있는 선박(다른 선박의 홍등을 보는 선박)이 그 다른 선박의 진로를 피하여야 한다. 이 경우 다른 선박의 진로를 피하여야 하는 선박은 부득이한 경우 외에는 그 다른 선박의 선수 방향을 횡단하여서는 아니 된다.

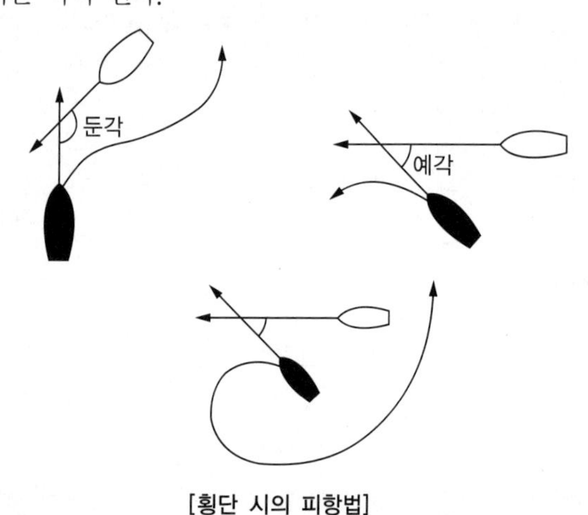

[횡단 시의 피항법]

핵심예제

4-1. 국제해상충돌방지규칙상 서로 시계 내에 있는 두 동력선 A, B가 교차 상태일 때 A선이 취해야 할 행동과 음향 신호의 연결이 옳은 것은?

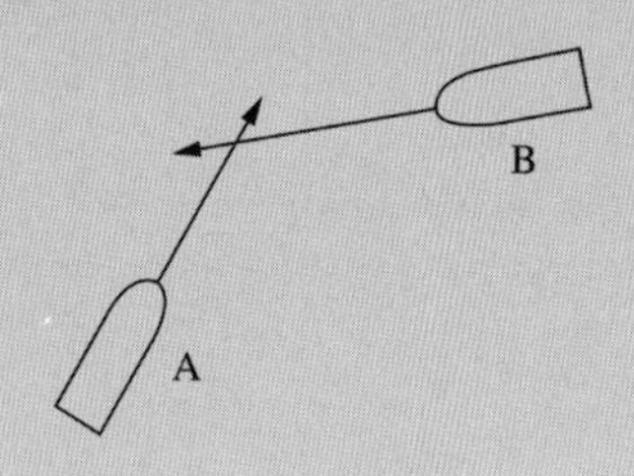

① 좌현변침 - 단음 1회
② 우현변침 - 단음 1회
③ 직진 - 장음 1회
④ 좌현변침 - 단음 3회

정답 ②

핵심예제

4-2. 다음 A, B에 들어갈 말로 옳은 것은?

> 야간에 2척의 선박이 다른 선박의 한쪽 현등만 보이는 상태로 접근되어 충돌의 위험이 있는 경우 다른 선박의 (A)을 보고 있는 선박이 피항선이고 다른 선박의 (B)을 보고 있는 선박은 유지선이다.

① A : 홍등, B : 홍등
② A : 녹등, B : 녹등
③ A : 홍등, B : 녹등
④ A : 녹등, B : 홍등

정답 ③

4-3. 다음 중 서로 시계 내에 있는 두 선박이 야간에 횡단관계로 충돌의 위험이 있을 때 피항동작을 취해야 할 선박으로 옳은 것은?

① 두 선박 중 작은 선박
② 두 선박 중 속력이 빠른 선박
③ 상대선의 녹색등을 보는 선박
④ 상대선의 홍등을 보는 선박

정답 ④

해설

4-1
횡단 시의 피항법

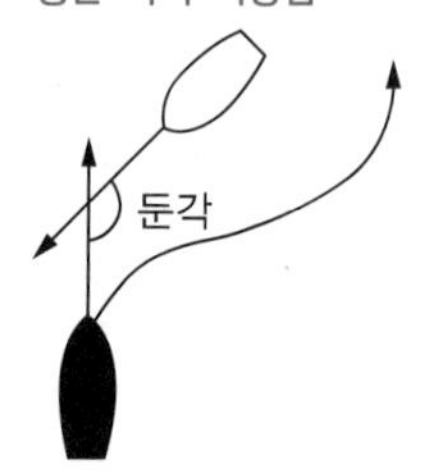

4-2, 4-3
2척의 동력선이 상대의 진로를 횡단하는 경우로서 충돌의 위험이 있을 때에는 다른 선박을 우현쪽에 두고 있는 선박(다른 선박의 홍등을 보는 선박)이 그 다른 선박의 진로를 피하여야 한다. 이 경우 다른 선박의 진로를 피하여야 하는 선박은 부득이한 경우 외에는 그 다른 선박의 선수 방향을 횡단하여서는 아니 된다.

핵심이론 05 피항선의 동작

다른 선박의 진로를 피하여야 하는 모든 선박(피항선)은 될 수 있으면 미리 동작을 크게 취하여 다른 선박으로부터 충분히 멀리 떨어져야 한다.

핵심예제

다음 중 피항선의 동작으로 옳지 않은 것은?

① 조기에 행한다.
② 충분한 시간을 두고 행한다.
③ 대각도로 행한다.
④ 증속하여 피한다.

정답 ④

해설

피항선의 동작

다른 선박의 진로를 피하여야 하는 모든 선박(피항선)은 될 수 있으면 미리 동작을 크게 취하여 다른 선박으로부터 충분히 멀리 떨어져야 한다.

핵심이론 06 유지선의 동작

① 2척의 선박 중 1척의 선박이 다른 선박의 진로를 피하여야 할 경우 다른 선박은 그 침로와 속력을 유지하여야 한다.
② ①에 따라 침로와 속력을 유지하여야 하는 선박(유지선)은 피항선이 이 법에 따른 적절한 조치를 취하고 있지 아니하다고 판단하면 ①에도 불구하고 스스로의 조종만으로 피항선과 충돌하지 아니하도록 조치를 취할 수 있다. 이 경우 유지선은 부득이하다고 판단하는 경우 외에는 자기 선박의 좌현 쪽에 있는 선박을 향하여 침로를 왼쪽으로 변경하여서는 아니 된다.
③ 유지선은 피항선과 매우 가깝게 접근하여 해당 피항선의 동작만으로는 충돌을 피할 수 없다고 판단하는 경우에는 ①에도 불구하고 충돌을 피하기 위하여 충분한 협력을 하여야 한다.
④ ②과 ③은 피항선에게 진로를 피하여야 할 의무를 면제하는 것은 아니다.

핵심예제

국제해상충돌방지규칙상 유지선의 동작에 대한 설명이 아닌 것은?

① 유지선은 침로와 속력을 유지하여야 한다.
② 유지선은 충돌을 피하기 위한 최선의 협력 동작을 취하여야 한다.
③ 유지선은 피항선이 피항 동작을 취하지 않을 경우, 자선의 조종만으로 충돌을 피하기 위한 동작을 취할 수 있다.
④ 유지선은 자선의 좌현측에 있는 선박의 진로를 피하기 위하여 좌현측으로 변침하여야 한다.

정답 ④

해설

유지선의 동작

1. 2척의 선박 중 1척의 선박이 다른 선박의 진로를 피하여야 할 경우 다른 선박은 그 침로와 속력을 유지하여야 한다.
2. 1.에 따라 침로와 속력을 유지하여야 하는 선박(유지선)은 피항선이 이 법에 따른 적절한 조치를 취하고 있지 아니하다고 판단하면 1.에도 불구하고 스스로의 조종만으로 피항선과 충돌하지 아니하도록 조치를 취할 수 있다. 이 경우 유지선은 부득이하다고 판단하는 경우 외에는 자기 선박의 좌현 쪽에 있는 선박을 향하여 침로를 왼쪽으로 변경하여서는 아니 된다.
3. 유지선은 피항선과 매우 가깝게 접근하여 해당 피항선의 동작만으로는 충돌을 피할 수 없다고 판단하는 경우에는 1.에도 불구하고 충돌을 피하기 위하여 충분한 협력을 하여야 한다.

핵심이론 07 선박 사이의 책무

① 항행 중인 동력선은 다음에 따른 선박의 진로를 피하여야 한다.
  ㉠ 조종불능선
  ㉡ 조종제한선
  ㉢ 어로에 종사하고 있는 선박
  ㉣ 범 선
② 항행 중인 범선은 다음에 따른 선박의 진로를 피하여야 한다.
  ㉠ 조종불능선
  ㉡ 조종제한선
  ㉢ 어로에 종사하고 있는 선박
③ 어로에 종사하고 있는 선박 중 항행 중인 선박은 될 수 있으면 다음에 따른 선박의 진로를 피하여야 한다.
  ㉠ 조종불능선
  ㉡ 조종제한선
④ 조종불능선이나 조종제한선이 아닌 선박은 부득이하다고 인정하는 경우 외에는 등화나 형상물을 표시하고 있는 흘수제약선의 통항을 방해하여서는 아니 된다.
⑤ 수상항공기는 될 수 있으면 모든 선박으로부터 충분히 떨어져서 선박의 통항을 방해하지 아니하도록 하되, 충돌할 위험이 있는 경우에는 이 법에서 정하는 바에 따라야 한다.
⑥ 수면비행선박은 선박의 통항을 방해하지 아니하도록 모든 선박으로부터 충분히 떨어져서 비행(이륙 및 착륙을 포함한다)하여야 한다. 다만, 수면에서 항행하는 때에는 이 법에서 정하는 동력선의 항법을 따라야 한다.

핵심예제

7-1. 국제해상충돌방지규칙상 선박 상호 간의 책임한계에 대한 설명으로 틀린 것은?

① 항행 중인 동력선은 범선의 진로를 피하여야 한다.
② 항행 중인 범선은 어로에 종사 중인 선박의 진로를 피하여야 한다.
③ 수면상에 떠있는 수상항공기는 범선의 진로를 피하여야 한다.
④ 기뢰제거작업에 종사 중인 선박은 어로에 종사 중인 선박의 진로를 피하여야 한다.

정답 ④

7-2. 서로 시계 내에서 자유롭게 조종이 안 되는 선박과 어로종사선이 만났을 때 피항법으로 옳은 것은?

① 작은 선박이 피함
② 그때 상황에 따라 다름
③ 어로종사선이 피함
④ 조종이 자유롭지 못한 선박이 피함

정답 ③

해설

7-1, 7-2
어로에 종사하고 있는 선박 중 항행 중인 선박은 될 수 있으면 다음에 따른 선박의 진로를 피하여야 한다.
• 조종불능선
• 조종제한선

5-3. 제한된 시계에서 선박의 항법

핵심이론 01 제한된 시계에서 선박의 항법

① 시계가 제한된 수역 또는 그 부근을 항행하고 있는 선박이 서로 시계 안에 있지 아니한 경우에 적용한다.
② 모든 선박은 시계가 제한된 그 당시의 사정과 조건에 적합한 안전한 속력으로 항행하여야 하며, 동력선은 제한된 시계 안에 있는 경우 기관을 즉시 조작할 수 있도록 준비하고 있어야 한다.
③ 선박은 조치를 취할 때에는 시계가 제한되어 있는 당시의 상황에 충분히 유의하여 항행하여야 한다.
④ 레이더만으로 다른 선박이 있는 것을 탐지한 선박은 해당 선박과 얼마나 가까이 있는지 또는 충돌할 위험이 있는지를 판단하여야 한다. 이 경우 해당 선박과 매우 가까이 있거나 그 선박과 충돌할 위험이 있다고 판단한 경우에는 충분한 시간적 여유를 두고 피항동작을 취하여야 한다.
⑤ ④에 따른 피항동작이 침로를 변경하는 것만으로 이루어질 경우에는 될 수 있으면 다음의 동작은 피하여야 한다.
  ㉠ 다른 선박이 자기 선박의 양쪽 현의 정횡 앞쪽에 있는 경우 좌현쪽으로 침로를 변경하는 행위(추월당하고 있는 선박에 대한 경우는 제외한다)
  ㉡ 자기 선박의 양쪽 현의 정횡 또는 그곳으로부터 뒤쪽에 있는 선박의 방향으로 침로를 변경하는 행위
⑥ 충돌할 위험성이 없다고 판단한 경우 외에는 다음의 어느 하나에 해당하는 경우 모든 선박은 자기 배의 침로를 유지하는 데에 필요한 최소한으로 속력을 줄여야 한다. 이 경우 필요하다고 인정되면 자기 선박의 진행을 완전히 멈추어야 하며, 어떠한 경우에도 충돌할 위험성이 사라질 때까지 주의하여 항행하여야 한다.
  ㉠ 자기 선박의 양쪽 현의 정횡 앞쪽에 있는 다른 선박에서 무중신호를 듣는 경우
  ㉡ 자기 선박의 양쪽 현의 정횡으로부터 앞쪽에 있는 다른 선박과 매우 근접한 것을 피할 수 없는 경우

핵심예제

시계가 제한된 상태에서 레이더만으로 다른 선박을 탐지한 선박의 피항동작이 변침만으로 이루어질 때 가능한 한 하지 않아야 하는 동작에 해당하는 것은?

① 정횡보다 전방의 선박에 대한 대각도 변침
② 정횡보다 전방의 선박에 대한 우현 변침
③ 정횡보다 전방의 선박에 대한 우현 대각도 변침
④ 정횡보다 전방의 선박에 대한 좌현 변침

정답 ④

해설

시계가 제한된 상태에서 피항동작이 침로를 변경하는 것만으로 이루어질 경우에는 될 수 있으면 다음의 동작은 피하여야 한다.
- 다른 선박이 자기 선박의 양쪽 현의 정횡 앞쪽에 있는 경우 좌현쪽으로 침로를 변경하는 행위(추월당하고 있는 선박에 대한 경우는 제외한다)
- 자기 선박의 양쪽 현의 정횡 또는 그곳으로부터 뒤쪽에 있는 선박의 방향으로 침로를 변경하는 행위

5-4. 등화와 형상물

핵심이론 01 적 용

① 모든 날씨에서 적용한다.

② 선박은 해지는 시각부터 해 뜨는 시각까지 이 법에서 정하는 등화를 표시하여야 하며, 이 시간 동안에는 이 법에서 정하는 등화 외의 등화를 표시하여서는 아니 된다. 다만, 다음의 어느 하나에 해당하는 등화는 표시할 수 있다.

㉠ 이 법에서 정하는 등화로 오인되지 아니할 등화

㉡ 이 법에서 정하는 등화의 가시도나 그 특성의 식별을 방해하지 아니하는 등화

㉢ 이 법에서 정하는 등화의 적절한 경계를 방해하지 아니하는 등화

③ 이 법에서 정하는 등화를 설치하고 있는 선박은 해 뜨는 시각부터 해지는 시각까지도 제한된 시계에서는 등화를 표시하여야 하며, 필요하다고 인정되는 그 밖의 경우에도 등화를 표시할 수 있다.

④ 선박은 낮 동안에는 이 법에서 정하는 흑색의 형상물을 표시하여야 한다.

㉠ 구형은 직경이 0.6m 이상되어야 한다.

㉡ 원추형은 저면 직경이 0.6m 이상, 그리고 높이는 직경과 같다.

㉢ 원통형은 직경이 적어도 0.6m가 되어야 하며 높이는 직경의 2배가 되어야 한다.

㉣ 능형은 두 개의 원추형 형상물의 저면을 맞대어 만든다.

㉤ 형상물 사이의 수직거리는 적어도 1.5m 있어야 한다.

㉥ 길이가 20m 미만인 선박에 있어서는 선박의 크기에 상응하는 보다 작은 크기를 가진 형상물이 사용될 수도 있으며 그들의 간격도 이에 따라 축소시킬 수 있다.

핵심예제

다음에서 설명하는 색으로 옳은 것은?

> 국제해상충돌방지규칙에 따라 선박이 주간에 표시하는 형상물의 색깔

① 녹 색
② 황 색
③ 흑 색
④ 홍 색

정답 ③

해설

선박은 낮 동안에는 국제해상충돌예방규칙에서 정하는 흑색의 형상물을 표시하여야 한다.

핵심이론 02 등화의 종류

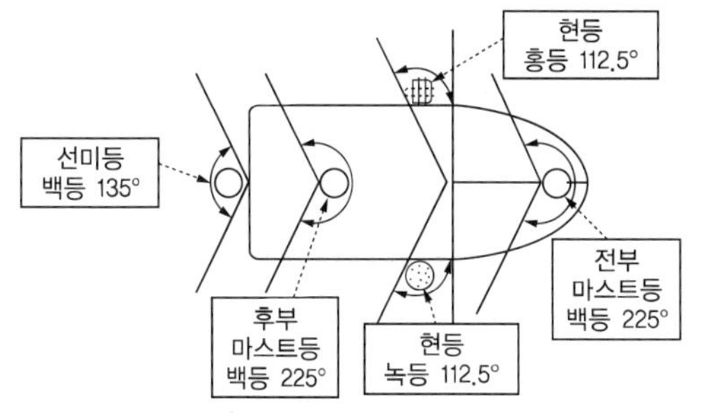

[항해 중인 동력선의 등화와 비춤 범위]

① **마스트등** : 선수와 선미의 중심선상에 설치되어 225°에 걸치는 수평의 호(弧)를 비추되, 그 불빛이 정선수 방향으로부터 양쪽 현의 정횡으로부터 뒤쪽 22.5°까지 비출 수 있는 흰색등

② **현등** : 정선수 방향에서 양쪽 현으로 각각 112.5°에 걸치는 수평의 호를 비추는 등화로서 그 불빛이 정선수 방향에서 좌현 정횡으로부터 뒤쪽 22.5°까지 비출 수 있도록 좌현에 설치된 붉은색등과 그 불빛이 정선수 방향에서 우현 정횡으로부터 뒤쪽 22.5°까지 비출 수 있도록 우현에 설치된 녹색등

③ **선미등** : 135°에 걸치는 수평의 호를 비추는 흰색등으로서 그 불빛이 정선미 방향으로부터 양쪽 현의 67.5°까지 비출 수 있도록 선미 부분 가까이에 설치된 등

④ **예선등** : 선미등과 같은 특성을 가진 황색등

⑤ **전주등** : 360°에 걸치는 수평의 호를 비추는 등화. 다만, 섬광등은 제외한다.

⑥ **섬광등** : 360°에 걸치는 수평의 호를 비추는 등화로서 일정한 간격으로 1분에 120회 이상 섬광을 발하는 등

⑦ **양색등** : 선수와 선미의 중심선상에 설치된 붉은색과 녹색의 두 부분으로 된 등화로서 그 붉은색과 녹색 부분이 각각 현등의 붉은색등 및 녹색등과 같은 특성을 가진 등

⑧ **삼색등** : 선수와 선미의 중심선상에 설치된 붉은색·녹색·흰색으로 구성된 등으로서 그 붉은색·녹색·흰색의 부분이 각각 현등의 붉은색등과 녹색등 및 선미등과 같은 특성을 가진 등

⑨ 등화의 가시거리

구분	가시거리
길이 50m 이상의 선박	• 마스트등 : 6해리 • 현등 : 3해리 • 선미등 : 3해리 • 예선등 : 3해리 • 백색, 홍색, 또는 녹색, 황색의 전주등 : 3해리
길이 12m 이상 50m 미만인 선박	• 마스트등 : 5해리(20m 미만의 선박 : 3해리) • 현등 : 2해리 • 선미등 : 2해리 • 예선등 : 2해리 • 백색, 홍색, 녹색 또는 황색의 전주등 : 2해리
길이 12m 미만의 선박	• 마스트등 : 2해리 • 현등 : 1해리 • 예선등 : 2해리 • 백색, 홍색, 녹색 또는 황색의 전주등 : 2해리
눈에 잘 띄지 않고 부분적으로 잠수되어 끌어가고 있는 선박이나 물체	백색의 전주등 : 3해리

핵심예제

2-1. 다음 중 선미등의 색깔과 비추는 범위의 연결이 바른 것은?

① 백색 - 135° ② 백색 - 112.5°
③ 백색 - 360° ④ 황색 - 225°

정답 ①

2-2. 다음 중 삼색등의 색의 종류는?

① 홍색, 녹색, 백색 ② 청색, 황색, 흑색
③ 백색, 청색, 녹색 ④ 녹색, 황색, 흑색

정답 ①

2-3. 국제해상충돌방지규칙상 섬광등이란 깜박거리는 등화인데 1분간에 몇 회 이상 깜박거리는가?

① 50회 ② 100회
③ 120회 ④ 200회

정답 ③

2-4. 국제해상충돌방지규칙상 예선등의 등화 색깔로 옳은 것은?

① 백 색 ② 홍 색
③ 녹 색 ④ 황 색

정답 ④

2-5. 다음 중 현등의 경우 그 불빛이 정선수 방향으로부터 각 정횡 후 몇 °까지를 비춰지도록 설치하는가?

① 10.5° ② 22.5°
③ 42.5° ④ 50°

정답 ②

해설

2-1

선미등 : 135°에 걸치는 수평의 호를 비추는 흰색 등으로서 그 불빛이 정선미 방향으로부터 양쪽 현의 67.5°까지 비출 수 있도록 선미 부분 가까이에 설치된 등

2-2

삼색등 : 선수와 선미의 중심선상에 설치된 붉은색·녹색·흰색으로 구성된 등으로서 그 붉은색·녹색·흰색의 부분이 각각 현등의 붉은색등과 녹색등 및 선미등과 같은 특성을 가진 등

2-3

섬광등 : 360°에 걸치는 수평의 호를 비추는 등화로서 일정한 간격으로 1분에 120회 이상 섬광을 발하는 등

2-4

예선등 : 선미등과 같은 특성을 가진 황색등

2-5

현등 : 정선수 방향에서 양쪽 현으로 각각 112.5°에 걸치는 수평의 호를 비추는 등화로서 그 불빛이 정선수 방향에서 좌현 정횡으로부터 뒤쪽 22.5°까지 비출 수 있도록 좌현에 설치된 붉은색등과 그 불빛이 정선수 방향에서 우현 정횡으로부터 뒤쪽 22.5°까지 비출 수 있도록 우현에 설치된 녹색등

핵심이론 03 항행 중인 동력선

① 항행 중인 동력선은 다음의 등화를 표시하여야 한다.

㉠ 앞쪽에 마스트등 1개와 그 마스트등보다 뒤쪽의 높은 위치에 마스트등 1개. 다만, 길이 50m 미만의 동력선은 뒤쪽의 마스트등을 표시하지 아니할 수 있다.

㉡ 현등 1쌍(길이 20m 미만의 선박은 이를 대신하여 양색등을 표시할 수 있다)

㉢ 선미등 1개

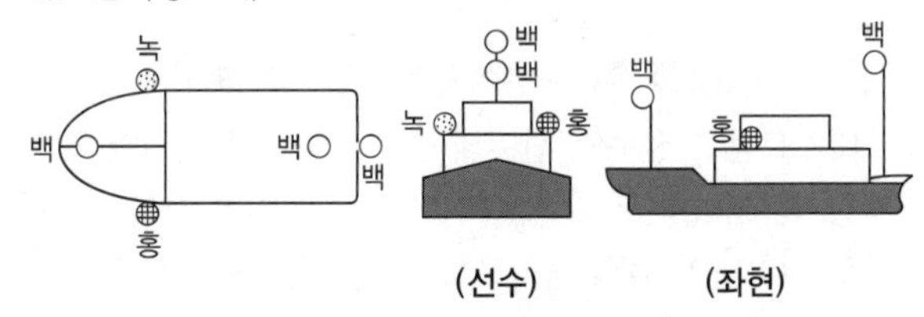

[길이 50m 이상의 항행 중인 동력선]

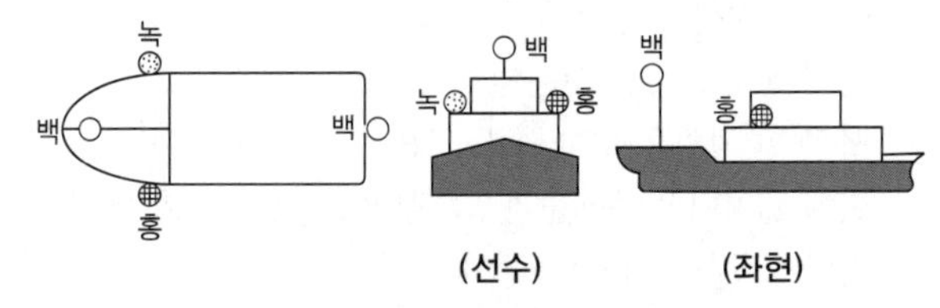

[길이 50m 미만의 항행 중인 동력선]

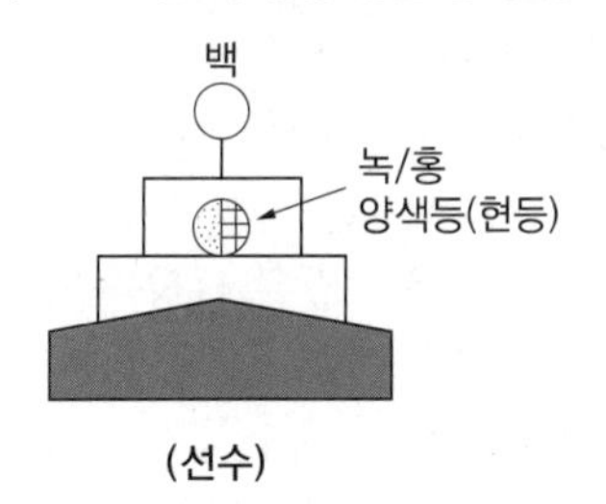

[길이 20m 미만의 항행 중인 모든 선박]

② 수면에 떠 있는 상태로 항행 중인 선박(공기 부양선)은 항행 중인 동력선 등화에 덧붙여 사방을 비출 수 있는 황색의 섬광등 1개를 표시하여야 한다.

③ 수면비행선박이 비행하는 경우에는 항행 중인 동력선 등화에 덧붙여 사방을 비출 수 있는 고광도 홍색 섬광등 1개를 표시하여야 한다.

④ 길이 12m 미만의 동력선은 항행 중인 동력선 등화를 대신하여 흰색 전주등 1개와 현등 1쌍을 표시할 수 있다.

⑤ 길이 7m 미만이고 최대속력이 7노트 미만인 동력선은 ①이나 ④에 따른 등화를 대신하여 흰색 전주등 1개만을 표시할 수 있으며, 가능한 경우 현등 1쌍도 표시할 수 있다.
⑥ 길이 12m 미만인 동력선에서 마스트등이나 흰색 전주등을 선수와 선미의 중심선상에 표시하는 것이 불가능할 경우에는 그 중심선 위에서 벗어난 위치에 표시할 수 있다. 이 경우 현등 1쌍은 이를 1개의 등화로 결합하여 선수와 선미의 중심선상 또는 그에 가까운 위치에 표시하되, 그 표시를 할 수 없을 경우에는 될 수 있으면 마스트등이나 흰색 전주등이 표시된 선으로부터 가까운 위치에 표시하여야 한다.

핵심예제

3-1. 길이 35m의 동력선이 항행 중 표시하여야 할 등화로 옳지 않은 것은?

① 현 등　　② 선미등
③ 양색등　　④ 마스트등

정답 ③

3-2. 다음에서 설명하는 등화는?

배수량이 없는 상태로 항해하는 공기부양선이 항행 중인 동력선이 게양하는 등화에 추가해서 표시하여야 하는 등화

① 백색 전주등 1개
② 적색 섬광 전주등 1개
③ 황색 섬광 전주등 1개
④ 녹색 전주등 1개

정답 ③

해설

3-1
항행 중인 동력선은 다음의 등화를 표시하여야 한다.
• 앞쪽에 마스트등 1개와 그 마스트등보다 뒤쪽의 높은 위치에 마스트등 1개. 다만, 길이 50m 미만의 동력선은 뒤쪽의 마스트등을 표시하지 아니할 수 있다.
• 현등 1쌍(길이 20m 미만의 선박은 이를 대신하여 양색등을 표시할 수 있다)
• 선미등 1개
3-2
수면에 떠 있는 상태로 항행 중인 선박(공기 부양선)은 항행 중인 동력선 등화에 덧붙여 사방을 비출 수 있는 황색의 섬광등 1개를 표시하여야 한다.

핵심이론 04 항행 중인 예인선

① 동력선이 다른 선박이나 물체를 끌고 있는 경우에는 다음의 등화나 형상물을 표시하여야 한다.
　㉠ 앞쪽에 표시하는 마스트등을 대신하여 같은 수직선 위에 마스트등 2개. 다만, 예인선의 선미로부터 끌려가고 있는 선박이나 물체의 뒤쪽 끝까지 측정한 예인선열의 길이가 200m를 초과하면 같은 수직선 위에 마스트등 3개를 표시하여야 한다.
　㉡ 현등 1쌍
　㉢ 선미등 1개
　㉣ 선미등의 위쪽에 수직선 위로 예선등 1개
　㉤ 예인선열의 길이가 200m를 초과하면 가장 잘 보이는 곳에 마름모꼴의 형상물 1개

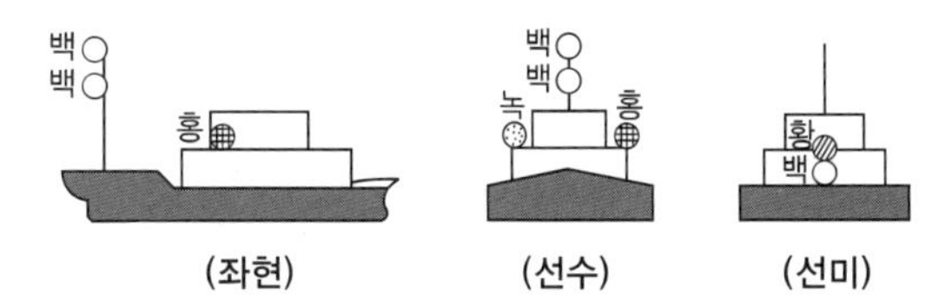

[동력선이 다른 선박이나 물체를 끌고 있는 경우
(예인선열 길이가 200m 미만)]

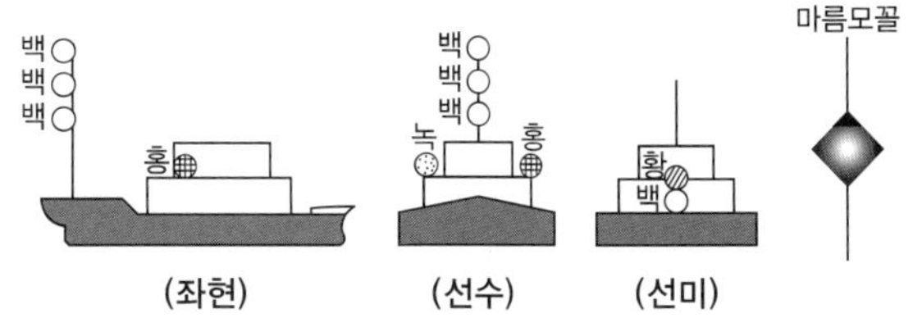

[동력선이 다른 선박이나 물체를 끌고 있는 경우
(예인선열 길이가 200m 이상)]

② 다른 선박을 밀거나 옆에 붙여서 끌고 있는 동력선은 다음의 등화를 표시하여야 한다.
　㉠ 앞쪽에 표시하는 마스트등을 대신하여 같은 수직선 위로 마스트등 2개
　㉡ 현등 1쌍
　㉢ 선미등 1개

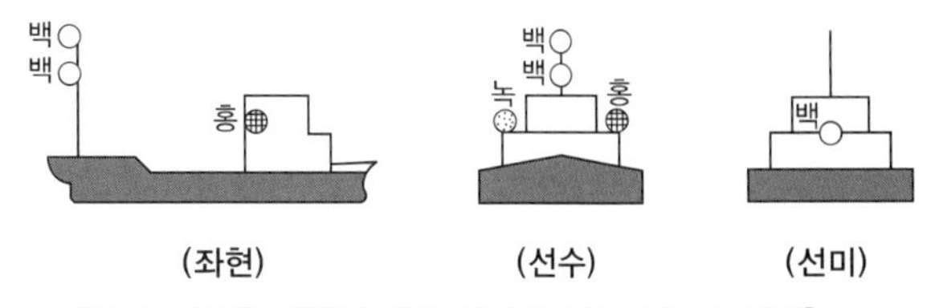

[다른 선박을 밀거나 옆에 붙여서 끌고 있는 동력선]

③ 끌려가고 있는 선박이나 물체는 다음의 등화나 형상물을 표시하여야 한다.
   ㉠ 현등 1쌍
   ㉡ 선미등 1개
   ㉢ 예인선열의 길이가 200m를 초과하면 가장 잘 보이는 곳에 마름모꼴의 형상물 1개

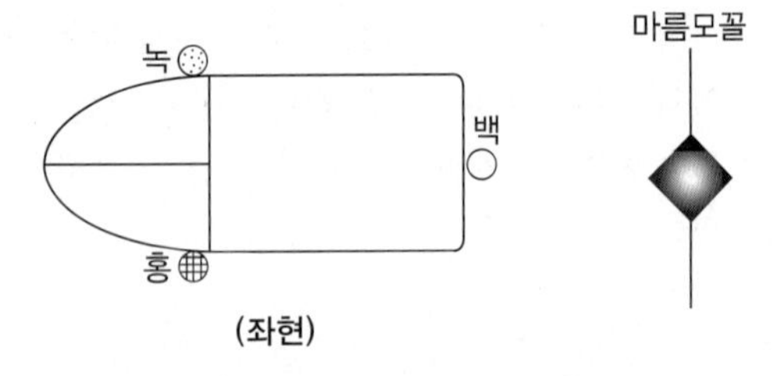

(좌현)

[끌려가는 선박 또는 물체]

④ 2척 이상의 선박이 한 무리가 되어 밀려가거나 옆에 붙어서 끌려갈 경우에는 이를 1척의 선박으로 보고 다음의 등화를 표시하여야 한다.
   ㉠ 앞쪽으로 밀려가고 있는 선박의 앞쪽 끝에 현등 1쌍
   ㉡ 옆에 붙어서 끌려가고 있는 선박은 선미등 1개와 그의 앞쪽 끝에 현등 1쌍

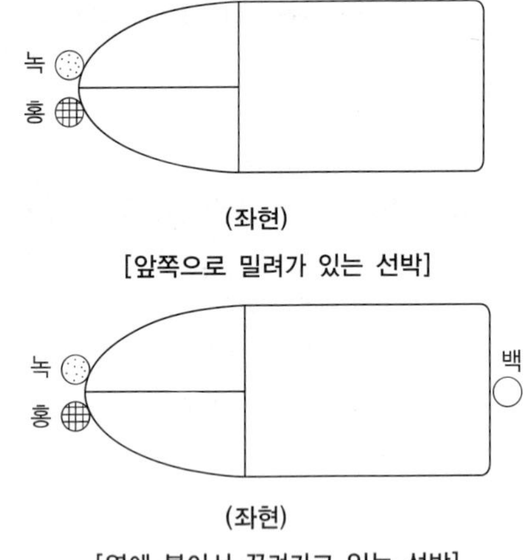

(좌현)

[앞쪽으로 밀려가 있는 선박]

(좌현)

[옆에 붙어서 끌려가고 있는 선박]

⑤ 일부가 물에 잠겨 잘 보이지 아니하는 상태에서 끌려가고 있는 선박이나 물체 또는 끌려가고 있는 선박이나 물체의 혼합체는 ③에도 불구하고 다음의 등화나 형상물을 표시하여야 한다.
   ㉠ 폭 25m 미만이면 앞쪽 끝과 뒤쪽 끝 또는 그 부근에 흰색 전주등 각 1개
   ㉡ 폭 25m 이상이면 ㉠에 따른 등화에 덧붙여 그 폭의 양쪽 끝이나 그 부근에 흰색 전주등 각 1개
   ㉢ 길이가 100m를 초과하면 ㉠과 ㉡에 따른 등화 사이의 거리가 100m를 넘지 아니하도록 하는 흰색 전주등을 함께 표시
   ㉣ 끌려가고 있는 맨 뒤쪽의 선박이나 물체의 뒤쪽 끝 또는 그 부근에 마름모꼴의 형상물 1개. 이 경우 예인선열의 길이가 200m를 초과할 때에는 가장 잘 볼 수 있는 앞쪽 끝 부분에 마름모꼴의 형상물 1개를 함께 표시한다.

⑥ 끌려가고 있는 선박이나 물체에 ③ 또는 ⑤에 따른 등화나 형상물을 표시할 수 없는 경우에는 끌려가고 있는 선박이나 물체를 조명하거나 그 존재를 나타낼 수 있는 가능한 모든 조치를 취하여야 한다.

⑦ 통상적으로 예인작업에 종사하지 아니한 선박이 조난당한 선박이나 구조가 필요한 다른 선박을 끌고 있는 경우로서 ①이나 ②에 따른 등화를 표시할 수 없을 때에는 그 등화들을 표시하지 아니할 수 있다. 이 경우 끌고 있는 선박과 끌려가고 있는 선박 사이의 관계를 표시하기 위하여 끄는 데에 사용되는 줄을 탐조등으로 비추는 등 가능한 모든 조치를 취하여야 한다.

⑧ 밀고 있는 선박과 밀려가고 있는 선박이 단단하게 연결되어 하나의 복합체를 이룬 경우에는 이를 1척의 동력선으로 본다.

핵심예제

4-1. 국제해상충돌방지규칙상 선박이 양현등과 선미등만을 켜도록 요구되는 경우로 옳은 것은?

① 타선에 끌려갈 때
② 작업의 특성상 조종능력이 제한되었을 때
③ 어로에 종사할 때
④ 도선선에 도선사를 태웠을 때

정답 ①

4-2. 다음의 설명으로 옳은 것은?

> 마스트등 2개, 현등 1쌍, 선미등 1개, 예선등 1개의 등화를 표시해야 하는 선박

① 다른 선박과 함께 항해하는 동력선
② 다른 선박을 끌고 있는 동력선
③ 다른 선박을 밀고 있는 동력선
④ 다른 선박에 끌려가고 있는 선박

정답 ②

해설

4-1
끌려가고 있는 선박이나 물체는 다음의 등화나 형상물을 표시하여야 한다.
- 현등 1쌍
- 선미등 1개
- 예인선열의 길이가 200m를 초과하면 가장 잘 보이는 곳에 마름모꼴의 형상물 1개

4-2
동력선이 다른 선박이나 물체를 끌고 있는 경우에는 다음의 등화나 형상물을 표시하여야 한다.
- 앞쪽에 표시되는 마스트등을 대신하여 같은 수직선 위에 마스트등 2개. 다만, 예인선의 선미로부터 끌려가고 있는 선박이나 물체의 뒤쪽 끝까지 측정한 예인선열의 길이가 200m를 초과하면 같은 수직선 위에 마스트등 3개를 표시하여야 한다.
- 현등 1쌍
- 선미등 1개
- 선미등의 위쪽에 수직선 위로 예선등 1개
- 예인선열의 길이가 200m를 초과하면 가장 잘 보이는 곳에 마름모꼴의 형상물 1개

핵심이론 05 항행 중인 범선 등

① 항행 중인 범선은 다음의 등화를 표시하여야 한다.
  ㉠ 현등 1쌍
  ㉡ 선미등 1개
② 항행 중인 길이 20m 미만의 범선은 양 현등 및 선미등을 대신하여 마스트의 꼭대기나 그 부근의 가장 잘 보이는 곳에 삼색등 1개를 표시할 수 있다.
③ 항행 중인 범선은 양 현등 및 선미등에 덧붙여 마스트의 꼭대기나 그 부근의 가장 잘 보이는 곳에 전주등 2개를 수직선의 위아래에 표시할 수 있다. 이 경우 위쪽의 등화는 붉은색, 아래쪽의 등화는 녹색이어야 하며, 이 등화들은 ②에 따른 삼색등과 함께 표시하여서는 아니 된다.

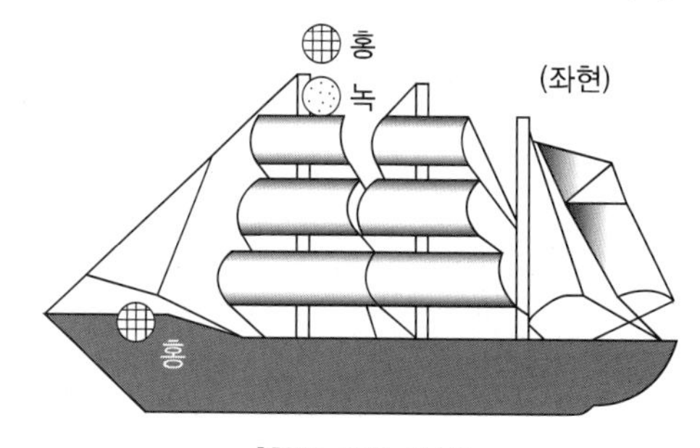

[항행 중인 범선]

④ 길이 7m 미만의 범선은 될 수 있으면 ①이나 ②에 따른 등화를 표시하여야 한다. 다만, 이를 표시하지 아니할 경우에는 흰색 휴대용 전등이나 점화된 등을 즉시 사용할 수 있도록 준비하여 충돌을 방지할 수 있도록 충분한 기간 동안 이를 표시하여야 한다.
⑤ 노도선은 이 조에 따른 범선의 등화를 표시할 수 있다. 다만, 이를 표시하지 아니하는 경우에는 흰색 휴대용 전등이나 점화된 등을 즉시 사용할 수 있도록 준비하여 충돌을 방지할 수 있도록 충분한 기간 동안 이를 표시하여야 한다.
⑥ 범선이 기관을 동시에 사용하여 진행하고 있는 경우에는 앞쪽의 가장 잘 보이는 곳에 원뿔꼴로 된 형상물 1개를 그 꼭대기가 아래로 향하도록 표시하여야 한다.

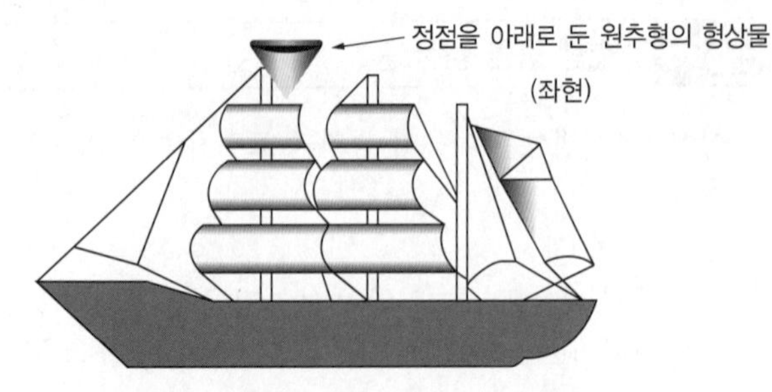

[범선이 기관을 동시에 사용하여 진행할 때]

핵심예제

5-1. 다음에 해당하는 것은?

국제해상충돌방지규칙상 항해 중인 범선이 표시해야 하는 전주등 2개의 배치방법

① 마스트의 꼭대기나 그 부근의 가장 잘 보이는 곳에 수직으로 백등 2개를 표시한다.
② 마스트의 꼭대기나 그 부근의 가장 잘 보이는 곳에 수직으로 홍등 2개를 표시한다.
③ 마스트의 꼭대기나 그 부근의 가장 잘 보이는 곳에 수직으로 위쪽에는 홍등, 아래쪽은 백등을 표시한다.
④ 마스트의 꼭대기나 그 부근의 가장 잘 보이는 곳에 수직으로 위쪽에는 홍등, 아래쪽은 녹등을 표시한다.

정답 ④

5-2. 항행 중 3색등을 달 수 있는 선박으로 옳은 것은?

① 어로작업 중인 선박
② 기관이 고장 난 선박
③ 길이 20m 미만의 범선
④ 트롤어업 중인 선박

정답 ③

해설

5-1
항행 중인 범선은 양 현등 및 선미등에 덧붙여 마스트의 꼭대기나 그 부근의 가장 잘 보이는 곳에 전주등 2개를 수직선의 위아래에 표시할 수 있다. 이 경우 위쪽의 등화는 붉은색, 아래쪽의 등화는 녹색이어야 하며, 이 등화들은 삼색등과 함께 표시하여서는 아니 된다.

5-2
항행 중인 길이 20m 미만의 범선은 양 현등 및 선미등을 대신하여 마스트의 꼭대기나 그 부근의 가장 잘 보이는 곳에 삼색등 1개를 표시할 수 있다.

핵심이론 06 어 선

① 항망이나 그 밖의 어구를 수중에서 끄는 트롤망어로에 종사하는 선박은 항행에 관계없이 다음의 등화나 형상물을 표시하여야 한다.
　㉠ 수직선 위쪽에는 녹색, 그 아래쪽에는 흰색 전주등 각 1개 또는 수직선 위에 2개의 원뿔을 그 꼭대기에서 위아래로 결합한 형상물 1개
　㉡ ㉠의 녹색 전주등보다 뒤쪽의 높은 위치에 마스트등 1개. 다만, 어로에 종사하는 길이 50m 미만의 선박은 이를 표시하지 아니할 수 있다.
　㉢ 대수속력이 있는 경우에는 ①과 ②에 따른 등화에 덧붙여 현등 1쌍과 선미등 1개

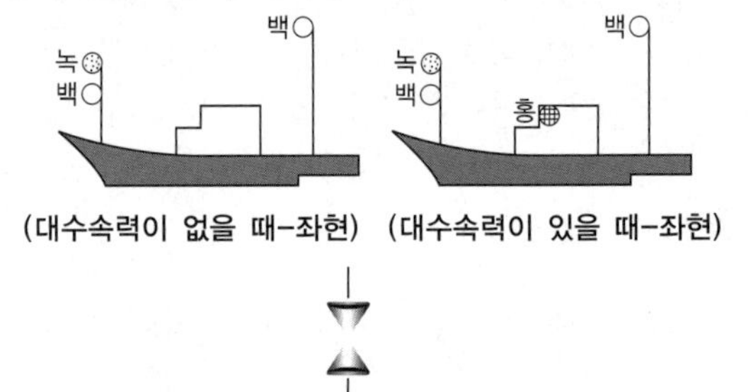

(대수속력이 없을 때-좌현) (대수속력이 있을 때-좌현)

(길이 20m 미만의 선박은 바구니로 대신)

[트롤망 어로에 종사하고 있는 선박]

② 트롤 선박 외에 어로에 종사하는 선박은 항행 여부에 관계없이 다음의 등화나 형상물을 표시하여야 한다.
　㉠ 수직선 위쪽에는 붉은색, 아래쪽에는 흰색 전주등 각 1개 또는 수직선 위에 2개의 원뿔을 그 꼭대기에서 위아래로 결합한 형상물 1개
　㉡ 수평거리로 150m가 넘는 어구를 선박 밖으로 내고 있는 경우에는 어구를 내고 있는 방향으로 흰색 전주등 1개 또는 꼭대기를 위로 한 원뿔꼴의 형상물 1개
　㉢ 대수속력이 있는 경우에는 ㉠과 ㉡에 따른 등화에 덧붙여 현등 1쌍과 선미등 1개

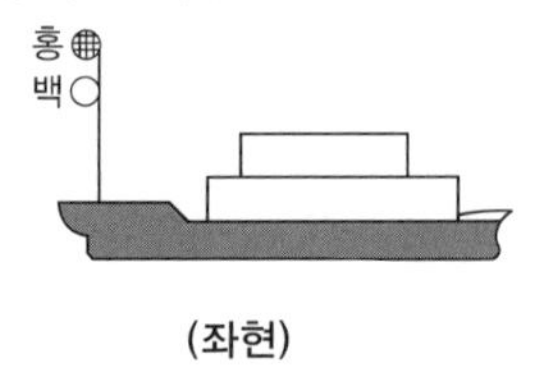

(좌현)

(길이 20m 미만의 선박은 바구니로 대신)

(수평 거리로 150m가 넘는 어구를 선외에 내고 있는 경우)

[트롤망 어로 외의 어로에 종사하고 있는 선박]

※ 어로 작업을 하는 어선의 부가신호

① 트롤 어선에 관한 신호

㉠ 길이 20m를 초과하는 선박이 트롤망 어로에 종사할 때에는 다음 신호를 표시하여야 한다.

- 투망을 할 때 : 수직선상에 백등 2개
- 어망을 끌어 올리고(예망) 있을 때 : 수직선상에 백등 1개, 그 하방에 홍등 1개
- 어망이 장애물에 걸려 묶여 있을 때 : 수직선상에 홍등 2개

㉡ 짝을 지어 트롤망 어로에 종사하는 길이 20m 이상은 다음을 표시하여야 한다.

- 야간에는 전진방향과 자기 짝의 다른 선박의 방향을 비추는 탐조등 1개
- 어망을 내보내거나, 끌어들이거나, 또는 장애물에 걸려서 묶였을 때에는 ㉠에 규정된 등화

㉢ 트롤망어로에 종사하고 있는 길이 20m 미만의 선박은 이 절의 ㉠ 또는 ㉡에 규정된 합당한 등화를 표시할 수 있다.

② 건착망 어선에 대한 신호 : 건착망어구로 어로에 종사하고 있는 선박은 수직선상에 황색등 2개를 표시할 수 있다. 이들 등화는 발광과 차광의 간격이 균일하고 매초마다 교대로 비추어야 한다. 이들 등화는 어선이 자기의 어구에 의하여 방해를 받을 때에 한해서 표시할 수 있다.

핵심예제

6-1. 국제해상충돌방지규칙상 다음 그림의 선박은?

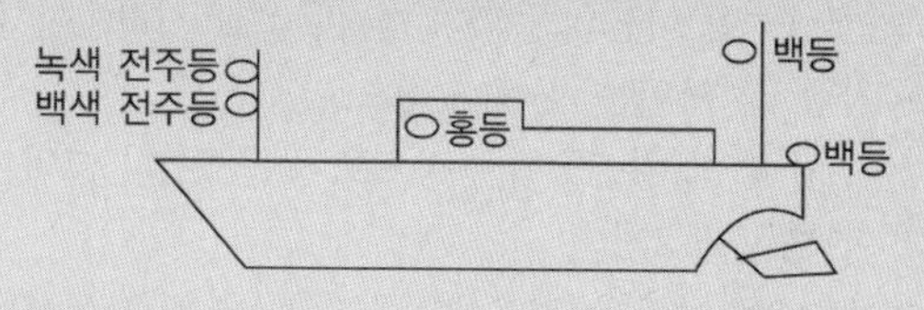

① 조종불능선
② 여객선
③ 트롤망어로에 종사 중인 대수속력이 있는 선박
④ 대수속력이 있는 동력선

정답 ③

6-2. 동력선인 자선의 선수 방향에 수직선상으로 상부의 것이 녹색이고 하부의 것이 백색인 전주등과 홍색 현등을 보았다. 다음 설명 중 틀린 것은?

① 타선은 트롤 이외의 어로에 종사하고 있다.
② 타선은 대수속력이 있다.
③ 자선은 피항선이다.
④ 타선은 길이 50m 미만의 선박이다.

정답 ①

해설

6-1, 6-2

트롤망어로에 종사하는 선박은 항행에 관계없이 다음의 등화나 형상물을 표시하여야 한다.

1. 수직선 위쪽에는 녹색, 그 아래쪽에는 흰색 전주등 각 1개 또는 수직선 위에 2개의 원뿔을 그 꼭대기에서 위아래로 결합한 형상물 1개
2. 1.의 녹색 전주등보다 뒤쪽의 높은 위치에 마스트등 1개. 다만, 어로에 종사하는 길이 50m 미만의 선박은 이를 표시하지 아니할 수 있다.
3. 대수속력이 있는 경우에는 1.과 2.에 따른 등화에 덧붙여 현등 1쌍과 선미등 1개

핵심이론 07 조종불능선과 조종제한선

① 조종불능선은 다음의 등화나 형상물을 표시하여야 한다.
   ㉠ 가장 잘 보이는 곳에 수직으로 붉은색 전주등 2개
   ㉡ 가장 잘 보이는 곳에 수직으로 둥근꼴이나 그와 비슷한 형상물 2개
   ㉢ 대수속력이 있는 경우에는 ㉠과 ㉡에 따른 등화에 덧붙여 현등 1쌍과 선미등 1개

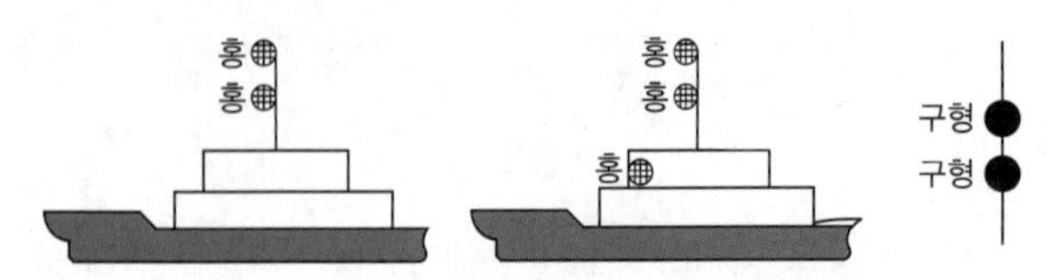

(대수속력이 없을 때-좌현) (대수속력이 있을 때-좌현)

[조종불능선박]

② 조종제한선은 기뢰제거작업에 종사하고 있는 경우 외에는 다음의 등화나 형상물을 표시하여야 한다.
   ㉠ 가장 잘 보이는 곳에 수직으로 위쪽과 아래쪽에는 붉은색 전주등, 가운데에는 흰색 전주등 각 1개
   ㉡ 가장 잘 보이는 곳에 수직으로 위쪽과 아래쪽에는 둥근꼴, 가운데에는 마름모꼴의 형상물 각 1개
   ㉢ 대수속력이 있는 경우에는 ㉠에 따른 등화에 덧붙여 마스트등 1개, 현등 1쌍 및 선미등 1개
   ㉣ 정박 중에는 ㉠과 ㉡에 따른 등화나 형상물에 덧붙여 백색의 전주등(정박등)과 구형의 형상물 각 1개

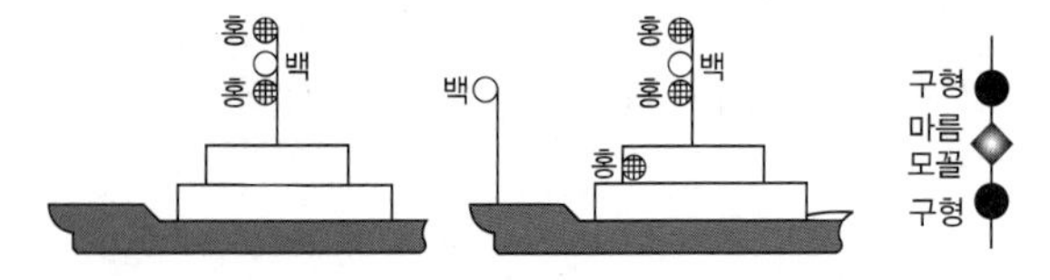

(대수속력이 없을 때-좌현) (대수속력이 있을 때-좌현)

[조종제한선박]

③ 동력선이 진로로부터 이탈능력을 매우 제한받는 예인작업에 종사하고 있는 경우에는 동력선이 다른 선박이나 물체를 끌고 있는 경우의 등화나 형상물에 덧붙여 ②의 ㉠과 ㉡에 따른 등화나 형상물을 표시하여야 한다.

④ 준설이나 수중작업에 종사하고 있는 선박이 조종능력을 제한받고 있는 경우에는 ②에 따른 등화나 형상물을 표시하여야 하며, 장애물이 있는 경우에는 이에 덧붙여 다음의 등화나 형상물을 표시하여야 한다.
   ㉠ 장애물이 있는 쪽을 가리키는 뱃전에 수직으로 붉은색 전주등 2개나 둥근꼴의 형상물 2개
   ㉡ 다른 선박이 통과할 수 있는 쪽을 가리키는 뱃전에 수직으로 녹색 전주등 2개나 마름모꼴의 형상물 2개
   ㉢ 정박 중인 때에는 정박 시의 등화나 형상물을 대신하여 ㉠과 ㉡에 따른 등화나 형상물

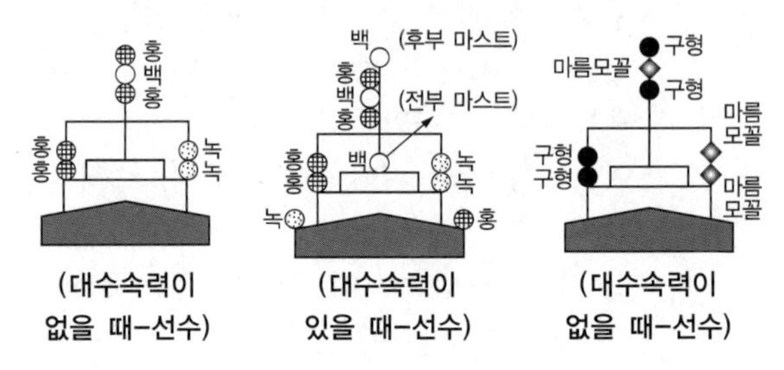

(대수속력이 없을 때-선수) (대수속력이 있을 때-선수) (대수속력이 없을 때-선수)

[준설 또는 수중작업선]

⑤ 잠수작업에 종사하고 있는 선박이 그 크기로 인하여 ④에 따른 등화와 형상물을 표시할 수 없으면 다음의 표시를 하여야 한다.
   ㉠ 가장 잘 보이는 곳에 수직으로 위쪽과 아래쪽에는 붉은색 전주등, 가운데에는 흰색 전주등 각 1개
   ㉡ 국제해사기구가 정한 국제신호서 에이(A)기의 모사판을 1m 이상의 높이로 하여 사방에서 볼 수 있도록 표시

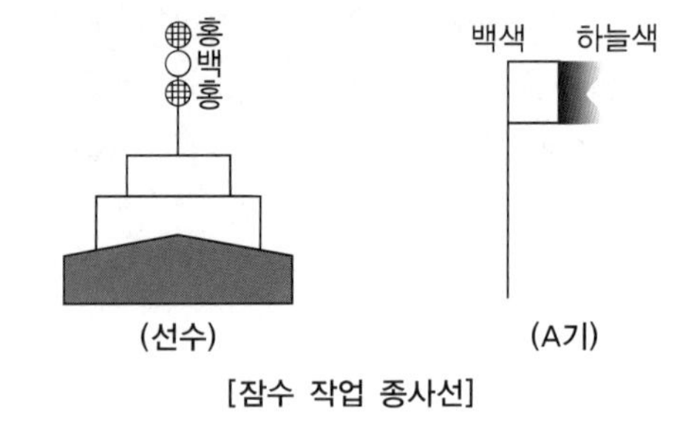

(선수) (A기)

[잠수 작업 종사선]

⑥ 기뢰제거작업에 종사하고 있는 선박은 해당 선박에서 1천 m 이내로 접근하면 위험하다는 경고로서 동력선에 관한 등화, 정박하고 있는 선박의 등화나 형상물에 덧붙여 녹색의 전주등 3개 또는 둥근꼴의 형상물 3개를 표시하여야 한다. 이 경우 이들 등화나 형상물 중에서 하나는 앞쪽 마스트의 꼭대기 부근에 표시하고, 다른 2개는 앞쪽 마스트의 가름대의 양쪽 끝에 1개씩 표시하여야 한다.

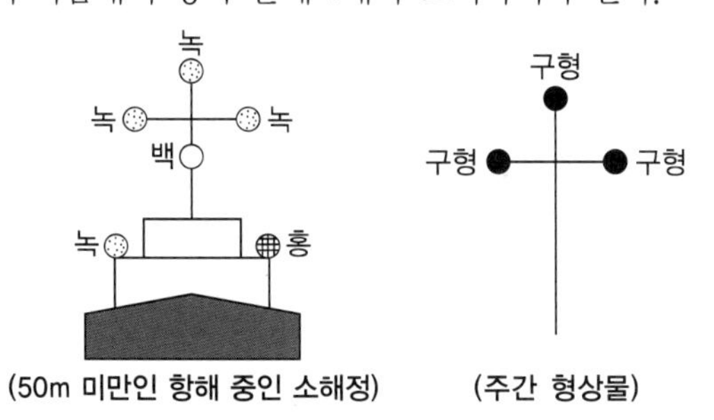

[기뢰 제거 작업 중인 선박]

⑦ 길이 12m 미만의 선박은 잠수작업에 종사하고 있는 경우 외에는 이 조에 따른 등화와 형상물을 표시하지 아니할 수 있다.

핵심예제

7-1. 다음 중 조종제한선의 형상물에 해당하는 것은?

① 위쪽과 아래쪽에는 구형, 중간에는 마름모꼴, 각 1개
② 위쪽과 아래쪽에는 마름모꼴, 중간에는 구형, 각 1개
③ 위쪽과 아래쪽에는 구형, 중간에는 원추형, 각 1개
④ 위쪽과 아래쪽에는 마름모꼴, 중간에는 원추형, 각 1개

정답 ①

7-2. 국제해상충돌방지규칙상 그림과 같은 신호기를 올려야 하는 경우는 언제인가?

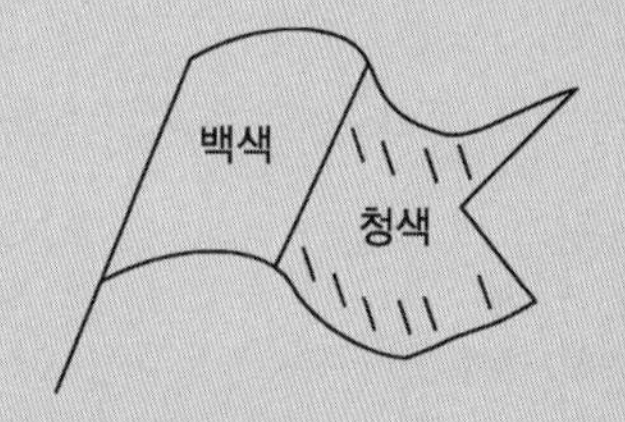

① 운전 부자유선이 항행 중일 때
② 어선이 어로작업 중인 때
③ 조난을 당한 때
④ 잠수작업 중인 때

정답 ④

7-3. 그림과 같이 녹색(G)의 전주등 3개를 마스트에 표시한 선박이 의미하는 것은?

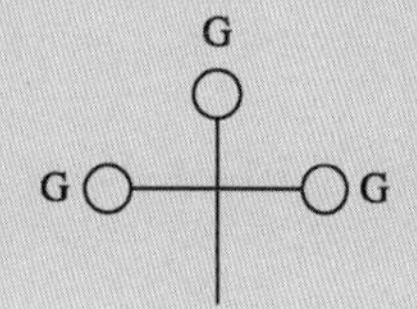

① 기뢰제거선박 ② 조종불능선
③ 어로종사선 ④ 흘수제약선

정답 ①

7-4. 다음 중 기관이 고장 난 선박이 달아야 할 전주등으로 옳은 것은?

① 상부 백등, 하부 홍등
② 상부 홍등, 하부 백등
③ 홍등 2개
④ 홍등 4개

정답 ③

해설

7-1

조종제한선은 기뢰제거작업에 종사하고 있는 경우 외에는 다음의 등화나 형상물을 표시하여야 한다.

1. 가장 잘 보이는 곳에 수직으로 위쪽과 아래쪽에는 붉은색 전주등, 가운데에는 흰색 전주등 각 1개
2. 가장 잘 보이는 곳에 수직으로 위쪽과 아래쪽에는 둥근꼴, 가운데에는 마름모꼴의 형상물 각 1개
3. 대수속력이 있는 경우에는 1.에 따른 등화에 덧붙여 마스트등 1개, 현등 1쌍 및 선미등 1개
4. 정박 중에는 1.과 2.에 따른 등화나 형상물에 덧붙여 백색의 전주등(정박등)과 구형의 형상물 각 1개

7-2

잠수작업에 종사하고 있는 선박이 그 크기로 인하여 등화와 형상물을 표시할 수 없으면 다음의 표시를 하여야 한다.

- 가장 잘 보이는 곳에 수직으로 위쪽과 아래쪽에는 붉은색 전주등, 가운데에는 흰색 전주등 각 1개
- 국제해사기구가 정한 국제신호서 에이(A) 기의 모사판을 1m 이상의 높이로 하여 사방에서 볼 수 있도록 표시

A	나는 잠수부를 내렸다.	

7-3

기뢰제거작업에 종사하고 있는 선박은 해당 선박에서 1천m 이내로 접근하면 위험하다는 경고로서 동력선에 관한 등화, 정박하고 있는 선박의 등화나 형상물에 덧붙여 녹색의 전주등 3개 또는 둥근꼴의 형상물 3개를 표시하여야 한다. 이 경우 이들 등화나 형상물 중에서 하나는 앞쪽 마스트의 꼭대기 부근에 표시하고, 다른 2개는 앞쪽 마스트의 가름대의 양쪽 끝에 1개씩 표시하여야 한다.

7-4

조종불능선은 다음의 등화나 형상물을 표시하여야 한다.

- 가장 잘 보이는 곳에 수직으로 붉은색 전주등 2개
- 가장 잘 보이는 곳에 수직으로 둥근꼴이나 그와 비슷한 형상물 2개
- 대수속력이 있는 경우에는 위의 등화에 덧붙여 현등 1쌍과 선미등 1개

핵심이론 08 흘수제약선 및 도선선

① 흘수제약선은 동력선의 등화에 덧붙여 가장 잘 보이는 곳에 붉은색 전주등 3개를 수직으로 표시하거나 원통형의 형상물 1개를 표시할 수 있다.

② 도선선

㉠ 도선업무에 종사하고 있는 선박은 다음의 등화나 형상물을 표시하여야 한다.

1. 마스트의 꼭대기나 그 부근에 수직선 위쪽에는 흰색 전주등, 아래쪽에는 붉은색 전주등 각 1개
2. 항행 중에는 1.에 따른 등화에 덧붙여 현등 1쌍과 선미등 1개
3. 정박 중에는 1.에 따른 등화에 덧붙여 정박하고 있는 선박의 등화나 형상물

㉡ 도선선이 도선업무에 종사하지 아니할 때에는 그 선박과 같은 길이의 선박이 표시하여야 할 등화나 형상물을 표시하여야 한다.

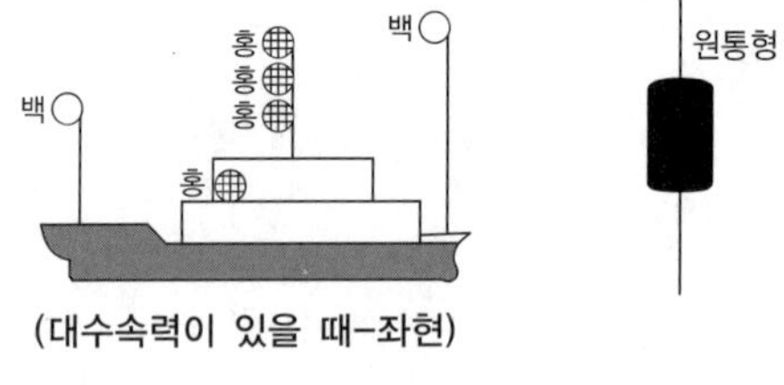

(대수속력이 있을 때–좌현)

[흘수제약선]

핵심예제

다음 중 주간에 흑색의 원통형 형상물 1개를 달고 있는 선박으로 옳은 것은?

① 흘수제약선
② 조종불능선
③ 어로작업선
④ 트롤어선

정답 ①

해설

흘수제약선은 동력선의 등화에 덧붙여 가장 잘 보이는 곳에 붉은색 전주등 3개를 수직으로 표시하거나 원통형의 형상물 1개를 표시할 수 있다.

핵심이론 09 정박선과 얹혀 있는 선박

① 정박 중인 선박은 가장 잘 보이는 곳에 다음의 등화나 형상물을 표시하여야 한다.
   ㉠ 앞쪽에 흰색의 전주등 1개 또는 둥근꼴의 형상물 1개
   ㉡ 선미나 그 부근에 ㉠에 따른 등화보다 낮은 위치에 흰색 전주등 1개

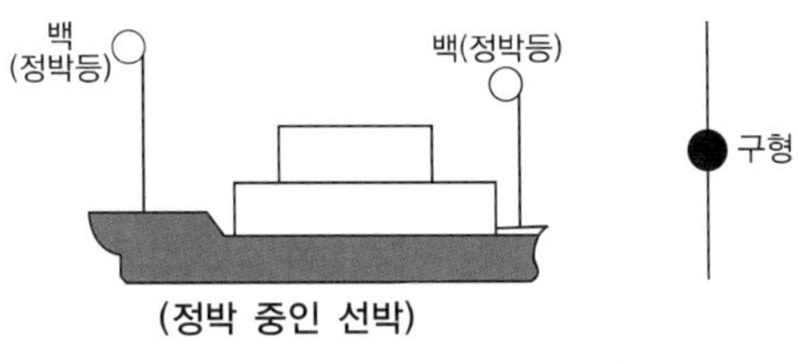

[정박 중인 선박의 등화]

② 길이 50m 미만인 선박은 ①에 따른 등화를 대신하여 가장 잘 보이는 곳에 흰색 전주등 1개를 표시할 수 있다.
③ 정박 중인 선박은 갑판을 조명하기 위하여 작업등 또는 이와 비슷한 등화를 사용하여야 한다. 다만, 길이 100m 미만의 선박은 이 등화들을 사용하지 아니할 수 있다.
④ 얹혀 있는 선박(좌초선)은 ①이나 ②에 따른 등화를 표시하여야 하며, 이에 덧붙여 가장 잘 보이는 곳에 다음의 등화나 형상물을 표시하여야 한다.
   ㉠ 수직으로 붉은색의 전주등 2개
   ㉡ 수직으로 둥근꼴의 형상물 3개

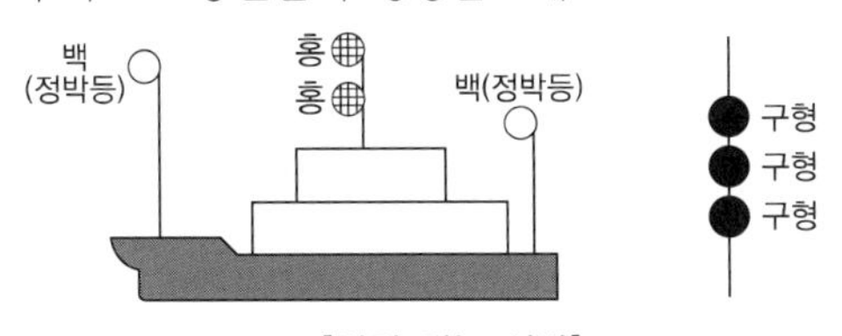

[얹혀 있는 선박]

⑤ 길이 7m 미만의 선박이 좁은 수로 등 정박지 안 또는 그 부근과 다른 선박이 통상적으로 항행하는 수역이 아닌 장소에 정박하거나 얹혀 있는 경우에는 정박 시의 등화나 형상물을 표시하지 아니할 수 있다.
⑥ 길이 12m 미만의 선박이 얹혀 있는 경우에는 ④에 따른 등화나 형상물을 표시하지 아니할 수 있다.

핵심예제

9-1. 다음 등화 중 길이 50m 미만의 선박이 정박 중인 경우 표시해야 하는 것은?

① 백색 전주등 1개
② 홍색 전주등 1개
③ 녹색 전주등 1개
④ 황색 전주등 1개

정답 ①

9-2. 다음에서 설명하는 것은?

> 정박등과 가장 잘 보이는 곳에 홍색의 전주등 2개를 달고 있는 선박

① 조종불능선
② 좌초선
③ 정박선
④ 작업선

정답 ②

해설

9-1
- 정박 중인 선박은 가장 잘 보이는 곳에 다음의 등화나 형상물을 표시하여야 한다.
  1. 앞쪽에 흰색의 전주등 1개 또는 구형의 형상물 1개
  2. 선미나 그 부근에 1.에 따른 등화보다 낮은 위치에 흰색 전주등 1개
- 길이 50m 미만인 선박은 가장 잘 보이는 곳에 흰색 전주등 1개를 표시할 수 있다.

9-2
얹혀 있는 선박(좌초선)은 정박시의 등화를 표시하여야 하며, 이에 덧붙여 가장 잘 보이는 곳에 다음의 등화나 형상물을 표시하여야 한다.
- 수직으로 붉은색의 전주등 2개
- 수직으로 둥근꼴의 형상물 3개

5-5. 음향신호와 발광신호

핵심이론 01 기적의 종류 및 음향신호설비

① 기적이란 다음의 구분에 따라 단음과 장음을 발할 수 있는 음향신호장치를 말한다.
- ㉠ 단음 : 1초 정도 계속되는 고동소리
- ㉡ 장음 : 4초부터 6초까지의 시간 동안 계속되는 고동소리

② 음향신호설비
- ㉠ 길이 12m 이상의 선박은 기적 1개를, 길이 20m 이상의 선박은 기적 1개 및 호종 1개를 갖추어 두어야 하며, 길이 100m 이상의 선박은 이에 덧붙여 호종과 혼동되지 아니하는 음조와 소리를 가진 징을 갖추어 두어야 한다. 다만, 호종과 징은 각각 그것과 음색이 같고 이 법에서 규정한 신호를 수동으로 행할 수 있는 다른 설비로 대체할 수 있다.
- ㉡ 길이 12m 미만의 선박은 ㉠에 따른 음향신호설비를 갖추어 두지 아니하여도 된다. 다만, 이들을 갖추어 두지 아니하는 경우에는 유효한 음향신호를 낼 수 있는 다른 기구를 갖추어 두어야 한다.
- ㉢ 선박이 갖추어 두어야 할 기적·호종 및 징의 기술적 기준과 기적의 위치 등에 관하여는 해양수산부장관이 정하여 고시한다.

핵심예제

국제해상충돌방지규칙상 기적 1개와 호종 1개를 비치해야 하는 선박의 최소 길이는 얼마인가?

① 12m
② 20m
③ 50m
④ 70m

정답 ②

해설

음향신호설비

길이 12m 이상의 선박은 기적 1개를, 길이 20m 이상의 선박은 기적 1개 및 호종 1개를 갖추어 두어야 하며, 길이 100m 이상의 선박은 이에 덧붙여 호종과 혼동되지 아니하는 음조와 소리를 가진 징을 갖추어 두어야 한다. 다만, 호종과 징은 각각 그것과 음색이 같고 이 법에서 규정한 신호를 수동으로 행할 수 있는 다른 설비로 대체할 수 있다.

핵심이론 02 조종신호와 경고신호

① 항행 중인 동력선이 서로 상대의 시계 안에 있는 경우에 이 법의 규정에 따라 그 침로를 변경하거나 그 기관을 후진하여 사용할 때에는 다음의 구분에 따라 기적신호를 행하여야 한다.
- ㉠ 침로를 오른쪽으로 변경하고 있는 경우 : 단음 1회
- ㉡ 침로를 왼쪽으로 변경하고 있는 경우 : 단음 2회
- ㉢ 기관을 후진하고 있는 경우 : 단음 3회

② 항행 중인 동력선은 다음의 구분에 따른 발광신호를 적절히 반복하여 ①에 따른 기적신호를 보충할 수 있다.
- ㉠ 침로를 오른쪽으로 변경하고 있는 경우 : 섬광 1회
- ㉡ 침로를 왼쪽으로 변경하고 있는 경우 : 섬광 2회
- ㉢ 기관을 후진하고 있는 경우 : 섬광 3회

③ ②에 따른 섬광의 지속시간 및 섬광과 섬광 사이의 간격은 1초 정도로 하되, 반복되는 신호 사이의 간격은 10초 이상으로 하며, 이 발광신호에 사용되는 등화는 적어도 5해리의 거리에서 볼 수 있는 흰색 전주등이어야 한다.

④ 선박이 좁은 수로 등에서 서로 상대의 시계 안에 있는 경우 기적신호를 할 때에는 다음에 따라 행하여야 한다.
- ㉠ 다른 선박의 우현쪽으로 추월하려는 경우에는 장음 2회와 단음 1회의 순서로 의사를 표시할 것
- ㉡ 다른 선박의 좌현쪽으로 추월하려는 경우에는 장음 2회와 단음 2회의 순서로 의사를 표시할 것
- ㉢ 추월당하는 선박이 다른 선박의 추월에 동의할 경우에는 장음 1회, 단음 1회의 순서로 2회에 걸쳐 동의의사를 표시할 것

⑤ 서로 상대의 시계 안에 있는 선박이 접근하고 있을 경우에는 하나의 선박이 다른 선박의 의도 또는 동작을 이해할 수 없거나 다른 선박이 충돌을 피하기 위하여 충분한 동작을 취하고 있는지 분명하지 아니한 경우에는 그 사실을 안 선박이 즉시 기적으로 단음을 5회 이상 재빨리 울려 그 사실을 표시하여야 한다. 이 경우 의문신호는 5회 이상의 짧고 빠르게 섬광을 발하는 발광신호로써 보충할 수 있다.

⑥ 좁은 수로 등의 굽은 부분이나 장애물 때문에 다른 선박을 볼 수 없는 수역에 접근하는 선박은 장음으로 1회의 기적신호를 울려야 한다. 이 경우 그 선박에 접근하고 있는 다른 선박이 굽은 부분의 부근이나 장애물의 뒤쪽에서 그 기적신호를 들은 경우에는 장음 1회의 기적신호를 울려 이에 응답하여야 한다.

⑦ 100m 이상 거리를 두고 둘 이상의 기적을 갖추어 두고 있는 선박이 조종신호 및 경고신호를 울릴 때에는 그 중 하나만을 사용하여야 한다.

핵심예제

2-1. 다음 중 항행 중인 선박이 굴곡부에서 다른 선박의 신호를 들었을 때의 조치는?

① 속력을 올려 빨리 지나간다.
② 신호를 특별히 할 필요 없다.
③ 상대선이 보일 때까지 정지한다.
④ 장음 1회로 응답하고 주의와 경계를 한다.

정답 ④

2-2. 좁은 수로를 통과하는 자선의 선미쪽에서 같은 방향으로 진행하여 오는 다른 선박으로부터 장음 2회 단음 2회의 기적신호를 들었다. 그 기적신호의 의미는?

① 의문을 표시하는 신호이다.
② 주의환기 신호이다.
③ 자선의 우현쪽을 추월하고자 하는 신호이다.
④ 자선의 좌현쪽을 추월하고자 하는 신호이다.

정답 ④

2-3. 국제해상충돌방지규칙상 서로 시계 안에서 항행 중인 동력선이 침로를 왼쪽으로 변경하고 있는 경우에 발하는 기적신호로 옳은 것은?

① 단음 1회　② 단음 2회
③ 장음 1회　④ 장음 2회

정답 ②

해설

2-1
좁은 수로 등의 굽은 부분이나 장애물 때문에 다른 선박을 볼 수 없는 수역에 접근하는 선박은 장음으로 1회의 기적신호를 울려야 한다. 이 경우 그 선박에 접근하고 있는 다른 선박이 굽은 부분의 부근이나 장애물의 뒤쪽에서 그 기적신호를 들은 경우에는 장음 1회의 기적신호를 울려 이에 응답하여야 한다.

2-2
선박이 좁은 수로 등에서 서로 상대의 시계 안에 있는 경우 기적신호를 할 때에는 다음에 따라 행하여야 한다.

- 다른 선박의 우현 쪽으로 추월하려는 경우에는 장음 2회와 단음 1회의 순서로 의사를 표시할 것
- 다른 선박의 좌현 쪽으로 추월하려는 경우에는 장음 2회와 단음 2회의 순서로 의사를 표시할 것
- 추월당하는 선박이 다른 선박의 추월에 동의할 경우에는 장음 1회, 단음 1회의 순서로 2회에 걸쳐 동의의사를 표시할 것

2-3
- 침로를 오른쪽으로 변경하고 있는 경우 : 단음 1회
- 침로를 왼쪽으로 변경하고 있는 경우 : 단음 2회
- 기관을 후진하고 있는 경우 : 단음 3회

핵심이론 03 제한된 시계 안에서의 음향신호

① 시계가 제한된 수역이나 그 부근에 있는 모든 선박은 밤낮에 관계없이 다음에 따른 신호를 하여야 한다.

㉠ 항행 중인 동력선은 대수속력이 있는 경우에는 2분을 넘지 아니하는 간격으로 장음을 1회 울려야 한다.

㉡ 항행 중인 동력선은 정지하여 대수속력이 없는 경우에는 장음 사이의 간격을 2초 정도로 연속하여 장음을 2회 울리되, 2분을 넘지 아니하는 간격으로 울려야 한다.

㉢ 조종불능선, 조종제한선, 흘수제약선, 범선, 어로 작업을 하고 있는 선박 또는 다른 선박을 끌고 있거나 밀고 있는 선박은 ㉠과 ㉡에 따른 신호를 대신하여 2분을 넘지 아니하는 간격으로 연속하여 3회의 기적(장음 1회에 이어 단음 2회를 말한다)을 울려야 한다.

㉣ 끌려가고 있는 선박(2척 이상의 선박이 끌려가고 있는 경우에는 제일 뒤쪽의 선박)은 승무원이 있을 경우에는 2분을 넘지 아니하는 간격으로 연속하여 4회의 기적(장음 1회에 이어 단음 3회를 말한다)을 울릴 것. 이 경우 신호는 될 수 있으면 끌고 있는 선박이 행하는 신호 직후에 울려야 한다.

㉤ 정박 중인 선박은 1분을 넘지 아니하는 간격으로 5초 정도 재빨리 호종을 울릴 것. 다만, 정박하여 어로 작업을 하고 있거나 작업 중인 조종제한선은 ㉢에 따른 신호를 울려야 하고, 길이 100m 이상의 선박은 호종을 선박의 앞쪽에서 울리되, 호종을 울린 직후에 뒤쪽에서 징을 5초 정도 재빨리 울려야 하며, 접근하여 오는 선박에 대하여 자기 선박의 위치와 충돌의 가능성을 경고할 필요가 있을 경우에는 이에 덧붙여 연속하여 3회(단음 1회, 장음 1회, 단음 1회) 기적을 울릴 수 있다.

㉥ 얹혀 있는 선박 중 길이 100m 미만의 선박은 1분을 넘지 아니하는 간격으로 재빨리 호종을 5초 정도 울림과 동시에 그 직전과 직후에 호종을 각각 3회 똑똑히 울릴 것. 이 경우 그 선박은 이에 덧붙여 적절한 기적신호를 울릴 수 있다.

ⓢ 얹혀 있는 선박 중 길이 100m 이상의 선박은 그 앞쪽에서 1분을 넘지 아니하는 간격으로 재빨리 호종을 5초 정도 울림과 동시에 그 직전과 직후에 호종을 각각 3회씩 똑똑히 울리고, 뒤쪽에서는 그 호종의 마지막 울림 직후에 재빨리 징을 5초 정도 울릴 것. 이 경우 그 선박은 이에 덧붙여 알맞은 기적신호를 할 수 있다.

ⓞ 길이 12m 미만의 선박은 ㉠부터 ⓢ까지의 규정에 따른 신호를, 길이 12m 이상 20m 미만인 선박은 ⓜ부터 ⓢ까지의 규정에 따른 신호를 하지 아니할 수 있다. 다만, 그 신호를 하지 아니한 경우에는 2분을 넘지 아니하는 간격으로 다른 유효한 음향신호를 하여야 한다.

ⓙ 도선선이 도선업무를 하고 있는 경우에는 ㉠, ㉡ 또는 ⓜ에 따른 신호에 덧붙여 단음 4회로 식별신호를 할 수 있다.

② 밀고 있는 선박과 밀려가고 있는 선박이 단단하게 연결되어 하나의 복합체를 이룬 경우에는 이를 1척의 동력선으로 보고 ①을 적용한다.

핵심예제

3-1. 국제해상충돌방지규칙상 정박선이 제한된 시계 내에서 자선의 위치와 충돌의 가능성을 경고하기 위하여 울리는 음향신호로 옳은 것은?

① 장음 1회, 단음 1회, 장음 1회
② 단음 3회, 장음 1회
③ 단음 1회, 장음 1회, 단음 1회
④ 장음 4회

정답 ③

3-2. 다음에서 설명하는 선박은?

국제해상충돌방지규칙상 제한된 시계 내에서 길이 100m 미만의 선박으로 1분을 넘지 않은 간격으로 5초 정도 재빨리 호종을 울려야 하는 선박

① 정박선
② 얹혀 있는 선박
③ 예인선
④ 범 선

정답 ①

3-3. 국제해상충돌방지규칙상 대수속력이 있는 동력선이 무중항행 중에 울려야 하는 무중신호로 옳은 것은?

① 2분을 넘지 아니하는 간격으로 장음 1회
② 2분을 넘지 아니하는 간격으로 장음 2회
③ 2분을 넘지 아니하는 간격으로 장음 1회, 단음 1회
④ 2분을 넘지 아니하는 간격으로 장음 1회, 단음 2회

정답 ①

3-4. 국제해상충돌방지규칙에서 규정하고 있는 장음, 단음, 단음, 단음의 무중신호를 울려야 할 선박으로 옳은 것은?

① 어 선
② 예인선
③ 피예인선
④ 수중작업선

정답 ③

3-5. 제한된 시계 내에서 어로종사선이 울려야 할 음향신호로 옳은 것은?

① 장음 1회
② 장음 3회
③ 장음, 단음, 단음
④ 장음, 단음, 장음

정답 ③

해설

3-1
정박 중인 선박은 1분을 넘지 아니하는 간격으로 5초 정도 재빨리 호종을 울릴 것. 접근하여 오는 선박에 대하여 자기 선박의 위치와 충돌의 가능성을 경고할 필요가 있을 경우에는 이에 덧붙여 연속하여 3회(단음 1회, 장음 1회, 단음 1회) 기적을 울릴 수 있다.

3-3
항행 중인 동력선은 대수속력이 있는 경우에는 2분을 넘지 아니하는 간격으로 장음을 1회 울려야 한다.

3-4
끌려가고 있는 선박(2척 이상의 선박이 끌려가고 있는 경우에는 가장 뒤쪽의 선박)은 승무원이 있을 경우에는 2분을 넘지 아니하는 간격으로 연속하여 4회의 기적(장음 1회에 이어 단음 3회를 말한다)을 울릴 것. 이 경우 신호는 될 수 있으면 끌고 있는 선박이 행하는 신호 직후에 울려야 한다.

3-5
시계가 제한된 수역이나 그 부근의 조종불능선, 조종제한선, 흘수제약선, 범선, 어로 작업을 하고 있는 선박 또는 다른 선박을 끌고 있거나 밀고 있는 선박은 2분을 넘지 아니하는 간격으로 연속하여 3회의 기적(장음 1회에 이어 단음 2회를 말한다)을 울려야 한다.

핵심이론 04 주의환기신호 및 조난신호

① 주의환기신호
㉠ 모든 선박은 다른 선박의 주의를 환기시키기 위하여 필요하면 이 법에서 정하는 다른 신호로 오인되지 아니하는 발광신호 또는 음향신호를 하거나 다른 선박에 지장을 주지 아니하는 방법으로 위험이 있는 방향에 탐조등을 비출 수 있다.
㉡ ㉠에 따른 발광신호나 탐조등은 항행보조시설로 오인되지 아니하는 것이어야 하며, 스트로보등이나 그 밖의 강력한 빛이 점멸하거나 회전하는 등화를 사용하여서는 아니 된다.

② 조난신호 : 선박이 조난을 당하여 구원을 요청하는 경우 국제해사기구가 정하는 신호를 하여야 한다.
㉠ 약 1분간의 간격으로 행하는 1회의 발포 기타 폭발에 의한 신호
㉡ 무중신호장치에 의한 연속음향신호
㉢ 짧은 시간 간격으로 1회에 1개씩 발사되어 별 모양의 붉은 불꽃을 발하는 로켓 또는 유탄에 의한 신호
㉣ 임의의 신호 수단에 의하여 발신되는 모르스부호 …−−−…(SOS)의 신호
㉤ 무선전화에 의한 '메이데이'라는 말의 신호
㉥ 국제기류신호에 의한 NC의 조난신호
㉦ 상방 또는 하방에 구 또는 이와 유사한 것 1개를 붙인 4각형 기로 된 신호
㉧ 선상에서의 발연(타르통, 기름통 등의 연소로 생기는) 신호
㉨ 낙하산이 달린 적색의 염화 로켓 또는 적색의 수동염화에 의한 신호
㉩ 오렌지색의 연기를 발하는 발연신호
㉪ 좌우로 벌린 팔을 천천히 반복하여 올렸다. 내렸다 하는 신호
㉫ 디지털선택호출(DSC) 수단에 의해 발신된 조난신호

핵심예제

4-1. 다음 중 선박에서 임의적으로 사용할 수 있는 신호에 해당하는 것은?

① 무중신호
② 조종신호
③ 굴곡부신호
④ 주의환기신호

정답 ④

4-2. 국제해상충돌방지규칙상 선박의 조난신호에 해당하는 것은?

① 1분 간격의 3회 발포
② 국제기류신호에 의한 AC기 게양
③ 무선전화에 의한 '메이데이' 송신
④ 위험이 있는 방향으로 탐조등 비추기

정답 ③

해설

4-1

주의환기신호

모든 선박은 다른 선박의 주의를 환기시키기 위하여 필요하면 이 법에서 정하는 다른 신호로 오인되지 아니하는 발광신호 또는 음향신호를 하거나 다른 선박에 지장을 주지 아니하는 방법으로 위험이 있는 방향에 탐조등을 비출 수 있다.

4-2

조난신호

- 약 1분간의 간격으로 행하는 1회의 발포 기타 폭발에 의한 신호
- 무중신호장치에 의한 연속음향신호
- 짧은 시간 간격으로 1회에 1개씩 발사되어 별 모양의 붉은 불꽃을 발하는 로켓 또는 유탄에 의한 신호
- 임의의 신호 수단에 의하여 발신되는 모르스부호 …−−−…(SOS)의 신호
- 무선전화에 의한 '메이데이'라는 말의 신호
- 국제기류신호에 의한 NC의 조난신호
- 상방 또는 하방에 구 또는 이와 유사한 것 1개를 붙인 4각형 기로 된 신호
- 선상에서의 발연(타르통, 기름통 등의 연소로 생기는) 신호
- 낙하산이 달린 적색의 염화 로켓 또는 적색의 수동 염화에 의한 신호
- 오렌지색의 연기를 발하는 발연신호
- 좌우로 벌린 팔을 천천히 반복하여 올렸다. 내렸다 하는 신호
- 디지털선택호출(DSC) 수단에 의해 발신된 조난신호

MEMO

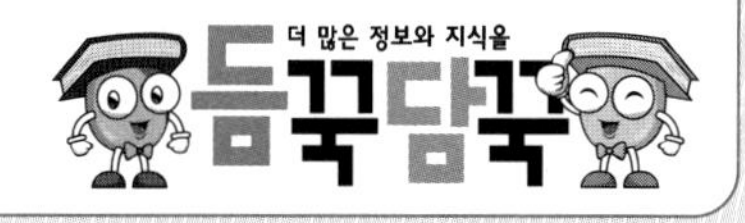

항해사 6급

PART of Contents

과년도 + 최근 기출복원문제

2014년 제1회 과년도 기출복원문제

제1과목 항 해

01 다음 중 선박용 자기컴퍼스에 대한 설명으로 틀린 것은?

① 쇠로 만들어진 선박에 비치되어 있는 자기컴퍼스는 그 선체가 가지는 자기의 영향을 받으므로 정확한 방향을 지시하지 못한다.
② 이와 같은 선체자기의 영향은 없애야 한다.
③ 이것을 없앨 목적으로 수정구를 컴퍼스 주변에 부착해 두었다.
④ 이 수정구는 수시로 페인트를 칠하여 녹이 나지 않도록 하여야 한다.

02 항해사가 항해 중 해도에서 편차를 구하기 위해 해도에서 보아야 할 곳은?

① 표제기사　② 위도와 경도
③ 해도도식　④ 나침도

해설
나침도에는 지자기에 따른 자침편차와 1년간의 변화량인 연차가 함께 기재되어 있다.

03 자기컴퍼스에서 선체의 동요로 비너클이 경사하여도 볼이 항상 수평을 유지하게 하는 장치는 무엇인가?

① 피 벗　② 짐벌 링
③ 캡　④ 수정구

해설
① 피벗 : 캡에 끼여 카드를 지지
③ 캡 : 카드의 중심점이 되는 위치
④ 수정구 : 자차 수정을 위한 용구

04 색깔이 다른 종류의 빛을 교대로 내며 그 사이 등광이 꺼지지 않는 등은?

① 호광등　② 부동등
③ 섬광등　④ 명암등

해설
② 부동등(F) : 등색이나 등력이 바뀌지 않고 일정하게 계속 빛을 내는 등
③ 섬광등(Fl.) : 빛을 비추는 시간이 꺼져 있는 시간보다 짧은 것으로, 일정한 간격으로 섬등을 내는 등
④ 명암등(Oc) : 한 주기 동안에 빛을 비추는 시간이 꺼져 있는 시간보다 길거나 같은 등

05 항로표지 중 일정한 선회 반지름을 가지고 이동되는 것은 무엇인가?

① 등 대　② 등부표
③ 등 주　④ 등 표

해설
등부표
- 등대와 함께 가장 널리 쓰이고 있는 야간표지
- 암초, 항해금지구역, 항로의 입구, 폭 및 변침점 등을 표시하기 위하여 설치
- 해저에 체인으로 연결되어 일정한 선회 반지름을 가지고 이동
- 파랑이나 조류에 의해 위치 이동 및 유실에 주의

06 다음 표지 중 국제항로표지협회(IALA) 해상부표식의 종류가 아닌 것은?

① 전파표지　② 측방표지
③ 안전수역표지　④ 특수표지

해설
IALA 해상부표식 : 측방표지, 방위표지, 고립장해표지, 안전수역표지, 특수표지

1 ④ 2 ④ 3 ② 4 ① 5 ② 6 ① 정답

07 다음 중 무신호(Fog Signal) 청취 시 올바른 주의사항은?

① 무신호에만 의존하지 않고 측심의나 레이더 등을 활용하여 항행한다.
② 무신호의 음향전달거리는 대기상태에 관계없이 일정하여 신호소의 거리를 쉽게 파악할 수 있다.
③ 무신호의 방향은 항상 일정하므로 정확한 방위를 알 수 있다.
④ 무신호의 전달거리는 정해져 있으므로 정확한 거리를 알 수 있다.

해설
음향표지 이용 시 주의사항
- 시계가 나빠 항행에 지장을 초래할 우려가 있을 경우에 한하여 사용
- 신호음의 방향 및 강약만으로 신호소의 방위나 거리를 판단해서는 안 됨
- 무신호에만 의지하지 말고, 측심의나 레이더의 활용에 노력해야 함

08 다음 중 해도를 구입할 때 유의사항으로 틀린 것은?

① 해도 번호나 색인도를 참고하여 사용목적에 따라 선택한다.
② 가급적 소축척의 해도가 연안 항해에 유효하다.
③ 최신판 또는 개판된 해도를 고른다.
④ 연안 항해용은 수심과 저질이 정밀하게 나타난 해도를 선택한다.

해설
소축척 지도는 원거리 및 장거리 항해와 항해계획 수립에 이용한다.

09 해도에 표시된 수심 '15_4'가 나타내는 것은?

① 15.4cm
② 154cm
③ 15.4m
④ 154m

해설
수 심
1년 중 해면이 가장 낮아 이보다 아래로 내려가는 일이 거의 없는 면(기본수준면/약최저저조면)에서 측정한 물의 깊이(우리나라는 미터 단위를 사용)로, 수심 20.9m 미만은 소수점 아래 둘째 자리는 절삭하여 첫째 자리까지만 표시하고, 21m 이상은 정수값만을 기재한다.

10 다음에서 설명하는 것은 무엇인가?

> 원거리 항해에 사용하며, 해안에서 떨어진 바다의 수심, 주요 등대, 연안에서 눈에 잘 띄는 부표, 멀리에서 보이는 육상의 물표 등이 표시되어 있는 해도

① 해안도 ② 항해도
③ 항박도 ④ 항양도

해설
해도의 축척

종 류	축 척	내 용
총 도	1/400만 이하	세계전도와 같이 넓은 구역을 나타낸 것으로, 장거리 항해와 항해계획 수립에 이용
항양도	1/100만 이하	원거리 항해에 쓰이며, 먼 바다의 수심, 주요 등대·등부표, 먼 바다에서도 보이는 육상의 물표 등이 표시됨
항해도	1/30만 이하	육지를 바라보면서 항해할 때 사용되는 해도로, 선위를 직접 해도상에서 구할 수 있도록 육상 물표, 등대, 등표 등이 비교적 상세히 표시됨
해안도	1/5만 이하	연안 항해에 사용하는 것이며, 연안의 상황이 상세하게 표시됨
항박도	1/5만 이상	항만, 정박지, 협수로 등 좁은 구역을 상세히 그린 평면도

11 현재 사용 중인 해도의 부족 수량을 충족시키기 위해 원판을 수정하여 다시 발행하는 것은 무엇인가?

① 소개정 ② 재 판
③ 개 보 ④ 증 판

해설
재 판
현재 사용 중인 해도의 부족 수량을 충족시킬 목적으로 원판을 약간 수정하여 다시 발행하는 것이다. 항행 통보에 의한 정정사항 및 항해상 직접 관계가 적은 사항 등을 수정하는 것으로 현재 사용 중인 해도가 폐간된 것이 아니므로 항행 통보에 재판 발행여부는 통보되지 않는다.

정답 7 ① 8 ② 9 ③ 10 ④ 11 ②

12 다음 (　　) 안에 알맞은 것은?

조석이란 해수의 (　　)방향의 운동이다.

① 수 직　② 수 평
③ 직 각　④ 대각선

13 어떤 해류가 지금 북동쪽에서 흘러온다면 이 해류의 유향은 어떻게 되는가?

① 남동류　② 남서류
③ 북서류　④ 북동류

해설
유향은 흘러가는 방향을 말하며, 속도는 노트로 표시한다. 표면의 해류는 계절풍의 영향으로 계절에 따라 유향은 반대이므로 해류의 유향은 남서류가 된다.

14 조석표에 기재된 조고의 기준면은 무엇인가?

① 약최저저조면
② 평균수면
③ 약최고고조면
④ 해저면

15 다음 (　　) 안에 알맞은 말은?

중시선이 매우 정확한 위치선이 되기 위해서는 관측자와 가까운 물표 사이의 거리가 두 물표 사이의 거리의 (　　)배 이내이어야 한다.

① 3　② 5
③ 7　④ 10

해설
중시선에 의한 위치선
두 물표가 일직선 상에 겹쳐 보일 때 두 물표를 연결한 직선으로, 관측자와 가까운 물표 사이의 거리가 두 물표 사이의 거리의 3배 이내이면 매우 정확한 위치선이 된다. 피험선, 컴퍼스오차 측정 등에 이용된다.

16 육상에 있는 물표의 방위를 측정하여 배의 위치를 구하려고 할 때에 필요한 항해계기는 무엇인가?

① 나침의　② 시진의
③ 선속계　④ 측심의

해설
① 나침의 : 육상에 있는 물표의 방위를 측정하여 배의 위치를 구하는 계기
③ 선속계 : 선박의 속력과 항주거리를 측정하는 계기
④ 측심의 : 수심을 측정하고 해저의 저질, 어군의 존재를 파악하기 위한 장치

17 본선이 부산 앞 바다에 있을 때 경도 부호로 옳은 것은?

① N　② S
③ W　④ E

해설
경도 : 어느 지점을 지나는 자오선과 본초자오선 사이의 적도상의 호로 본초자오선을 0°로 하여 동서로 각각 180° 측정한다. 동쪽으로 잰 것을 동경(E), 서쪽으로 잰 것을 서경(W)이라 한다. 우리나라의 경우 위치가 동경 125°이므로 E의 부호를 붙인다.

18 항정 24마일을 항주하는 데 4시간이 걸렸다. 이 배의 속력은 얼마인가?

① 6노트　② 8노트
③ 9노트　④ 12노트

해설
선박의 속력
1시간에 1해리(마일)를 항주하는 선박의 속력을 1노트라 한다.
속력 = 거리 / 시간
24마일 ÷ 4시간 = 6노트

19 다음 설명 중 두 지점의 경도 차이가 10°일 때는?

① 적도상에서 두 지점 간의 거리는 600마일이다.
② 위도 45°에서 두 지점 간의 거리는 600마일이다.
③ 위도 60°에서 두 지점 간의 거리는 600마일이다.
④ 위도에 관계없이 두 지점 간의 거리는 600마일이다.

12 ① 13 ② 14 ① 15 ① 16 ① 17 ④ 18 ① 19 ① 정답

20 침로 개정을 할 때의 순서로 올바른 것은?

① 나침로 - 자차 - 진침로 - 편차 - 자침로
② 나침로 - 편차 - 자침로 - 자차 - 진침로
③ 진침로 - 자차 - 자침로 - 편차 - 나침로
④ 나침로 - 자차 - 자침로 - 편차 - 진침로

해설
침로(방위) 개정 : 나침로(나침방위)를 진침로(진방위)로 고치는 것
나침로 → 자차 → 자침로 → 편차 → 시침로 → 풍압차 → 진침로(E는 더하고, W는 뺀다)

21 방위 표시법에서 'NE'를 '360°식'으로 표시한 것으로 옳은 것은?

① 045°   ② 090°
③ 135°   ④ 255°

해설
NE = 4포인트(4점), 1포인트 = 11° 15′
11° 15′ × 4 = 45°

22 물표와 관측자를 지나는 대권이 진자오선과 이루는 교각은?

① 진방위
② 자침방위
③ 나침방위
④ 상대방위

해설
② 자침방위 : 자기자오선과 관측자 및 물표를 지나는 대권이 이루는 교각
③ 나침방위 : 나침의 남북선과 관측자 및 물표를 지나는 대권이 이루는 교각
④ 상대방위 : 자선의 선수를 0°로 하여 시계방향으로 360°까지 재거나 좌, 우현으로 180°씩 측정

23 레이더 스캐너의 높이와 탐지거리와의 관계에 대한 설명으로 가장 적절한 것은?

① 스캐너 높이가 높으면 탐지거리는 증가한다.
② 스캐너 높이가 높으면 탐지거리는 감소한다.
③ 스캐너 높이는 탐지거리를 변화시키지 않는다.
④ 스캐너 높이가 높으면 탐지거리가 감소 또는 증가를 규칙적으로 반복한다.

해설
최대탐지거리에 영향을 주는 요소
- 주파수 : 낮을수록 탐지거리는 증가한다.
- 첨두출력 : 클수록 탐지거리는 증가한다.
- 펄스의 길이 : 길수록 탐지거리는 증가한다.
- 펄스 반복률 : 낮을수록 탐지거리는 증가한다.
- 수평 빔 폭 : 좁을수록 탐지거리가 증가한다.
- 스캐너의 회전율 : 낮을수록 탐지거리가 증가한다.
- 스캐너의 높이 : 스캐너의 높이가 높을수록 탐지거리가 증가한다.

24 다음 중 본선 옆에 대형선이 지나갈 때 레이더 영상에 그림처럼 같은 방향에 거짓상이 나타나는 현상은 무엇인가?

① 측엽에 의한 거짓상
② 다중반사에 의한 거짓상
③ 거울면 반사에 의한 거짓상
④ 간접 반사에 의한 거짓상

해설
① 측엽반사 : 자선부근에 큰 물체가 있을 경우에 나타남
③ 거울면반사 : 육상의 구조물(안벽, 빌딩, 창고 등)에 의한 반사
④ 간접반사 : 연돌, 마스트등의 자선 구조물에 의한 반사

정답 20 ④ 21 ① 22 ① 23 ① 24 ②

25 다음의 설명으로 옳은 것은?

> 레이더에서 같은 방향에 근접해 있는 두 개의 물표를 구별하여 영상으로 나타내는 능력

① 방위분해능
② 거리분해능
③ 최대탐지거리
④ 최소탐지거리

해설
① 방위분해능 : 자선으로부터 같은 거리에 있는 서로 가까운 2개의 물체를 지시기상에 2개의 영상으로 분리하여 나타낼 수 있는 능력
③ 최대탐지거리 : 목표물을 탐지할 수 있는 최대거리
④ 최소탐지거리 : 가까운 거리에 있는 목표물을 탐지할 수 있는 최소거리

제2과목 운 용

01 다음 중 선내 펌프 중 다목적으로 사용되는 것으로 옳은 것은?

① 빌지펌프(Bilge Pump)
② 잡용수펌프(General Service Pump)
③ 밸러스트펌프(Ballast Pump)
④ 냉각수펌프(Cooling Water Pump)

해설
② 잡용수펌프 : 보통 GS펌프라고 하며, 빌지관, 밸러스트관, 위생관 등에 연결되어 다목적으로 사용된다.
① 빌지펌프 : 빌지 배출용 펌프로 다른 펌프들도 빌지관에 연결하여 사용할 수 있는 경우 빌지펌프로 간주한다.
③ 밸러스트펌프 : 밸러스트관과 연결되어 밸러스트의 급수 및 배수에 사용된다.
④ 냉각수펌프 : 냉각수 공급에 사용된다.

02 다음 중 하역설비 및 그 용구로 틀린 것은?

① 양묘기(Windlass)
② 윈치(Winch)
③ 갠트리 크레인(Gantry Crane)
④ 데릭(Derrick)

해설
①는 계선설비이다.

03 다음 중 선박에서 선미 부근에 아연판을 부착하는 이유로 옳은 것은?

① 스크루 프로펠러(Screw Propeller)의 회전으로 인한 진동을 억제하기 위하여
② 전식작용에 의한 부식을 방지하기 위하여
③ 선미를 보다 보강하기 위하여
④ 해조류 및 패류의 부착을 막기 위하여

해설
선체의 부식방지법
선체 외판, 추진기, 빌지 킬, 유조선의 선창 내부 등에 아연판을 부착하여 전식작용에 의한 부식을 방지한다.

04 다음 중 선박을 부두에 접안시킬 때나 입거시킬 때의 선박의 길이와 가장 관련이 깊은 것은?

① 전 장
② 수선간장
③ 수선장
④ 등록장

해설
② 수선간장(LBP) : 계획 만재흘수선상의 선수재의 전면으로부터 타주의 후면까지의 수평거리로 강선 구조 규정, 선박 만재흘수선 규정, 선박 구획 규정 등에 사용된다.
③ 수선장(LWL) : 각 흘수선상의 물에 잠긴 선체의 선수재 전면부터 선미 후단까지의 수평거리로 배의 저항, 추진력 계산 등에 사용된다.
④ 등록장 : 상갑판 보(Beam)상의 선수재 전면부터 선미재 후면까지의 수평거리로 선박원부 및 선박 국적 증서에 기재되는 길이이다.

25 ② / 1 ② 2 ① 3 ② 4 ① 정답

05 다음 중 블록에 로프를 통과시켜 작은 힘으로 중량물을 끌어올리거나 힘의 방향을 바꿀 때 사용하는 장치는 무엇인가?

① 윈 치 ② 양묘기
③ 데 릭 ④ 태 클

06 합성섬유(나일론)로프에 관한 설명으로 틀린 것은?

① 해수에 대한 내구력이 크다.
② 부식되지 않는다.
③ 마닐라로프보다 강하다.
④ 열에 강하다.

해설
합성섬유로프
- 석탄이나 석유 등을 원료로 만든 것이다.
- 가볍고 흡수성이 낮으며, 부식에 강하다.
- 충격 흡수율이 좋으며 강도가 마닐라로프의 약 2배가 된다.
- 열에 약하고, 신장에 대하여 복원이 늦은 결점이 있다.

07 선박의 회두에서 원침로로부터 180° 되는 곳까지 원침로에서 직각 방향으로 잰 거리는?

① 선회종거 ② 선회횡거
③ 킥 ④ 선회지름

해설
① 선회종거 : 전타를 처음 시작한 위치에서 선수가 원침로로부터 90° 회두했을 때까지의 원침로선상에서의 전진 이동거리
② 선회횡거 : 선체 회두가 90°인 곳까지 원침로에서 직각방향으로 잰 거리
③ 킥 : 원침로에서 횡방향으로 무게중심이 이동한 거리

08 보통 화물선이 항해 중 전타했을 때의 선체는?

① 전타한 안쪽으로 경사 후 바깥쪽으로 경사한다.
② 전타한 바깥쪽으로 경사 후 안쪽으로 경사한다.
③ 좌우 균형을 잡고 경사되지 않는다.
④ 전타한 안쪽으로 경사 후 전복한다.

해설
선회 중의 선체 경사
- 내방경사 : 전타 직후 키의 직압력이 타각을 준 반대쪽으로 선체의 하부를 밀어, 수면 상부의 선체는 타각을 준 쪽인 선회권의 안쪽으로 경사하는 현상
- 외방경사 : 정상 원운동 시에 원심력이 바깥쪽으로 작용하여, 수면 상부의 선체가 타각을 준 반대쪽인 선회권의 바깥쪽으로 경사하는 현상
- 전타 초기에는 내방경사하고 계속 선회하면 외방경사한다.

09 저속 화물선에서 항해 중 선체가 받는 저항 중 가장 큰 것은 어느 것인가?

① 마찰저항 ② 조파저항
③ 공기저항 ④ 조와저항

해설
마찰저항 : 선체의 침수면에 닿은 물의 저항으로서 선저 표면의 미끄러움에 반비례하며 고속일수록 전저항에서 차지하는 비율이 작아지는 저항이다. 저속선에서는 선체가 받는 저항 중에서 마찰저항이 가장 큰 비중을 차지한다.

10 다음 중 부표 계류정박(Buoy Mooring)의 장점이 아닌 것은?

① 하역의 능률을 높일 수 있다.
② 항내의 수역을 능률적으로 활용할 수 있다.
③ 항(港)을 용이하게 관리할 수 있다.
④ 해저의 저질이 불량한 곳도 정박지로서 편리하게 이용할 수 있다.

11 문제 삭제

정답 5 ④ 6 ④ 7 ④ 8 ① 9 ① 10 ① 11 문제 삭제

12 **다음에서 설명하는 것은 무엇인가?**

앵커 투묘 시 선체에 무리가 없고 안전하게 투묘할 수 있어 일반 선박에서 많이 사용되는 투묘법

① 전진투묘법
② 후진투묘법
③ 심해투묘법
④ 정지투묘법

해설
후진투묘법
투묘 직후 곧바로 닻줄이 선수 방향으로 나가게 되어 선체에 무리가 없고, 안전하게 투하할 수 있으며, 또 후진 타력의 제어가 쉬워서 일반 선박에서 가장 많이 사용하는 투묘법이다. 선체 조종과 보침이 다소 어렵고, 옆에서 바람이나 조류를 받게 되면 정확한 위치에 투묘하기가 어려운 단점이 있다.

13 **다음 중 풍랑을 선수로부터 좌우현으로 25~35° 정도 방향에서 받도록 조종하는 것은?**

① 히브 투(Heave to)
② 스커딩(Scudding)
③ 라이 투(Lie to)
④ 슬래밍(Slamming)

해설
거주(Heave to) : 선수를 풍랑쪽으로 향하게 하여 조타가 가능한 최소의 속력으로 전진하는 방법으로 풍랑을 선수로부터 좌우현 25~35° 방향에서 받도록 한다.

14 **임의의 적화상태에 있어서 GM을 구하는 공식은? (단, G는 무게중심, M은 메타센터, K는 선저기선, B는 부심이다)**

① $GM = KG - KM$
② $GM = KM - KG$
③ $GM = KG + KM$
④ $GM = KM - BG$

해설
임의 적화상태의 $GM = KM - KG$
여기서, KM : 배수량 곡선도에 주어진 선저 기선에서 메타센터까지의 연직 높이
KG : 선저기선에서 선박의 무게중심까지의 연직 높이

15 **다음 중 선박의 복원력에 대한 설명으로 틀린 것은?**

① 선박은 적당한 크기의 복원력을 가져야 한다.
② 적당한 크기의 GM값은 선박의 종류, 형상 등에 따라 다르다.
③ 횡요 주기가 최대한 길게 되도록 복원력을 확보한다.
④ 전복될 위험이 없도록 복원력이 확보되어야 한다.

16 **항해당직 중에 당직사관이 수행하여야 하는 임무가 아닌 것은?**

① 침로를 유지하면서 엄중한 경계를 한다.
② 선박의 위치를 자주 확인한다.
③ 응급 시에는 먼저 선장에게 보고한 후에 필요한 조치를 취한다.
④ 기회가 있으면 컴퍼스의 오차를 측정한다.

해설
의심이 되는 사실이 있을 때에는 주저하지 말고 즉시 선장에게 보고하고 응급 시에는 즉각적인 예방조치를 한 후 보고한다.

17 **다음 중 당직사관이 하역작업 감독 중에 이행하여야 할 사항으로 틀린 것은?**

① 하역기기의 작동에 이상이 발생하면 작업을 중지시키고 점검해 본다.
② 어떤 사유로 작업이 중단되면 상급자에게 보고한다.
③ 포장이 찢겨진 화물은 재포장하여 싣는다.
④ 선창 내에서 담배를 못 피우도록 주의를 시킨다.

12 ② 13 ① 14 ② 15 ③ 16 ③ 17 ③ 정답

18 다음 중 선박에서 당직 인수 전의 확인사항으로 옳은 것은?

① 선장의 지시사항
② 거주구역의 환기상태
③ 전원의 공급상태
④ 선내 안전훈련 상황

해설
인수 전 확인사항
- 선장의 특별지시사항
- 주변 상황, 기상 및 해상상태, 시정
- 선박의 위치, 침로, 속력, 기관 회전수
- 항해 계기 작동상태 및 기타 참고사항
- 선체의 상태나 선내의 작업상황

19 다음 중 아네로이드 기압계 사용법으로 틀린 것은?

① 충격을 받지 않는 곳에서 사용한다.
② 기차를 가감하여 기차보정을 한다.
③ 직사광선과 온도변화가 있는 실외에 설치한다.
④ 수평으로 놓고 측정해야 하지만 벽에 수직으로도 설치할 수 있다.

해설
아네로이드 기압계 사용법
- 충격을 받지 않는 곳에서 사용한다.
- 기차를 가감하여 기차보정을 한다.
- 직사광선이 없고 진동 및 먼지, 온도변화가 적은 곳에 설치한다.
- 일반적으로 수평으로 놓고 측정해야 하지만 벽에 수직으로 설치할 수도 있다.

20 태풍의 등압선은 어떤 형에 해당하는가?

① 불규칙한 타원형
② 거의 원형
③ 직선형
④ 불규칙형

해설
태풍의 기압분포
등압선은 중심으로부터 1,000hPa 내외까지는 거의 원형으로 되어 있으며, 중심부근으로 갈수록 기압은 급격하게 감소하고 등압선도 조밀하다.

21 디젤기관의 점화방식으로 옳은 것은?

① 압축점화 ② 스파크점화
③ 소구점화 ④ 전기점화

해설
내연기관에는 연료가 직접 기관 내부에서 연소되는 열기관으로 불꽃점화 방식의 가솔린기관과 가스기관, 압축점화방식의 디젤기관이 있다.

22 퇴선훈련 시 일반적으로 사용하는 비상신호 설비는 무엇인가?

① 기 적 ② 호 종
③ 무 종 ④ 징

해설
퇴선신호는 기적 또는 선내 경보기를 사용하여 단음 7회, 장음 1회를 울린다.

23 문제 삭제

24 다음 중 조난통보의 내용으로 틀린 것은?

① 목적항 ② 선명 또는 호출부호
③ 조난의 종류 ④ 조난당한 위치

해설
조난통보 시 필수정보
- 선박의 식별(선종, 선명, 호출 부호, 국적, 총톤수, 선박 소유자의 주소 및 성명)
- 위치, 조난의 성질 및 필요한 원조의 종류
- 기타 필요한 정보(침로와 속력, 선장의 의향, 퇴선자 수, 선체 및 화물의 상태 등)

정답 18 ① 19 ③ 20 ② 21 ① 22 ① 23 문제 삭제 24 ①

25 **다음 중 퇴선 후 생존유지를 위한 조치로 적절하지 못한 것은?**

① 닥쳐올 위험에 대비한 방호조치
② 저체온 방지를 위한 음주
③ 구조선이 발견하기 용이하도록 위치 표시
④ 음료수와 식량에 대한 조치

해설
② 알코올은 체열 발산을 증가시키므로 절대 마시지 않는다.
조난자는 해상에서의 생존을 위해 방호, 조난위치 표시, 식수, 식량의 순위에 따라 조치를 취해야 한다.

제3과목 법 규

01 **선박의 입항 및 출항 등에 관한 법률상 무역항의 수상구역 등에 출입하려는 선박의 선장은 대통령령으로 정하는 바에 따라 해양수산부장관에게 신고하여야 한다. 신고 면제대상 선박으로 틀린 것은?**

① 해양사고구조에 종사하는 선박
② 시·군·구청장의 허가를 받은 선박
③ 공공의 목적으로 운영하는 선박
④ 총톤수 5톤 미만의 선박

해설
출입 신고(선박의 입항 및 출항 등에 관한 법률 제4조)
무역항의 수상구역 등에 출입하려는 선박의 선장은 대통령령으로 정하는 바에 따라 해양수산부장관에게 신고하여야 한다. 다만, 다음의 선박은 출입 신고를 하지 아니할 수 있다.
• 총톤수 5톤 미만의 선박
• 해양사고구조에 사용되는 선박
• 수상레저기구 중 국내항 간을 운항하는 모터보트 및 동력요트
• 관공선, 군함, 해양경찰함정 등 공공의 목적으로 운영하는 선박
• 도선선, 예선 등 선박의 출입을 지원하는 선박
• 연안수역을 항행하는 정기여객선으로서 경유항에 출입하는 선박
• 피난을 위하여 긴급히 출항하여야 하는 선박
• 그 밖에 항만운영을 위하여 지방해양수산청장이나 시·도지사가 필요하다고 인정하여 출입 신고를 면제한 선박

02 **무역항의 수상구역 등에서 항법으로 틀린 것은?**

① 선박은 항로에서 나란히 항행하지 못한다.
② 항로에서 마주칠 위험이 있을 경우 우측으로 항행한다.
③ 항로에서 다른 선박을 원칙적으로 추월해서는 아니 된다.
④ 범선은 지그재그(Zigzag)로 항행한다.

해설
항로에서의 항법(선박의 입항 및 출항 등에 관한 법률 제12조)
모든 선박은 항로에서 다음의 방법에 따라 항행하여야 한다.
• 항로 밖에서 항로에 들어오거나 항로에서 항로 밖으로 나가는 선박은 항로를 항행하는 다른 선박의 진로를 피하여 항행할 것
• 항로에서 다른 선박과 나란히 항행하지 아니할 것
• 항로에서 다른 선박과 마주칠 우려가 있는 경우에는 오른쪽으로 항행할 것
• 항로에서 다른 선박을 추월하지 아니할 것. 다만, 추월하려는 선박을 눈으로 볼 수 있고 안전하게 추월할 수 있다고 판단되는 경우에는 해사안전법에 따른 방법으로 추월할 것
• 항로를 항행하는 위험물운송선박(급유선은 제외한다) 또는 해사안전법에 따른 흘수제약선의 진로를 방해하지 아니할 것
• 선박법에 따른 범선은 항로에서 지그재그(Zigzag)로 항행하지 아니할 것

03 **선박안전법의 적용을 받지 않는 선박은 무엇인가?**

① 범 선
② 화물선
③ 여객선
④ 군 함

해설
적용범위(선박안전법 제3조)
이 법은 대한민국 국민 또는 대한민국 정부가 소유하는 선박에 대하여 적용한다. 다만, 다음의 어느 하나에 해당하는 선박에 대하여는 그러하지 아니하다.
1. 군함 및 경찰용 선박
2. 노, 상앗대, 페달 등을 이용하여 인력만으로 운전하는 선박
3. 어선법에 따른 어선
4. 1.~3. 외의 선박으로서 안전검사를 받은 수상레저기구 등 대통령령으로 정하는 선박

25 ② / 1 ② 2 ④ 3 ④ 정답

04 선박안전법상 항해구역의 종류가 아닌 것은?

① 항내구역 ② 평수구역
③ 연해구역 ④ 근해구역

해설

항해구역의 종류(선박안전법 시행규칙 제15조)
항해구역의 종류는 다음과 같다.
- 평수구역
- 연해구역
- 근해구역
- 원양구역

05 해양환경관리법상 '기름'에 포함되지 않는 것은 어느 것인가?

① 원 유 ② 폐 유
③ 액상유성혼합물 ④ 석유가스

해설

정의(해양환경관리법 제2조)
기름 : 석유 및 석유대체연료 사업법에 따른 원유 및 석유제품(석유가스를 제외한다)과 이들을 함유하고 있는 액체상태의 유성혼합물 및 폐유를 말한다.

06 해양환경관리법상 기름의 배출이 허용되는 것은?

① 선박이 선적항에 정박 중일 때의 해양배출
② 선박이 항해 중일 때의 해양배출
③ 연료탱크 청소 후의 해양배출
④ 선박의 안전을 확보하기 위하여 부득이한 해양배출

해설

오염물질의 배출금지 등(해양환경관리법 제22조)
다음의 어느 하나에 해당하는 경우에는 선박 또는 해양시설 등에서 발생하는 오염물질(폐기물은 제외)을 해양에 배출할 수 있다.
- 선박 또는 해양시설 등의 안전확보나 인명구조를 위하여 부득이하게 오염물질을 배출하는 경우
- 선박 또는 해양시설 등의 손상 등으로 인하여 부득이하게 오염물질이 배출되는 경우
- 선박 또는 해양시설 등의 오염사고에 있어 해양수산부령이 정하는 방법에 따라 오염피해를 최소화하는 과정에서 부득이하게 오염물질이 배출되는 경우

07 해사안전법상 항행 중인 동력선이 서로 시계 안에 있는 경우에 침로를 오른쪽으로 변경하고자 할 때 알맞은 음향신호는?

① 단음 2회 ② 장음 2회, 단음 2회
③ 단음 1회 ④ 장음 2회, 단음 1회

해설

조종신호와 경고신호(해사안전법 제92조)
항행 중인 동력선이 서로 상대의 시계 안에 있는 경우에 이 법의 규정에 따라 그 침로를 변경하거나 그 기관을 후진하여 사용할 때에는 다음의 구분에 따라 기적신호를 행하여야 한다.
- 침로를 오른쪽으로 변경하고 있는 경우 : 단음 1회
- 침로를 왼쪽으로 변경하고 있는 경우 : 단음 2회
- 기관을 후진하고 있는 경우 : 단음 3회

08 문제 삭제

09 항행 중에 해당하는 것은?

① 표 류 ② 계 류
③ 묘 박 ④ 좌 초

해설

정의(해사안전법 제2조)
항행 중 : 선박이 다음의 어느 하나에 해당하지 아니하는 상태를 말한다.
- 정 박
- 항만의 안벽 등 계류시설에 매어 놓은 상태(계선부표나 정박하고 있는 선박에 매어 놓은 경우를 포함한다)
- 얹혀 있는 상태

10 국제해상충돌방지규칙에서 안전한 속력을 결정할 때 고려하여야 할 요소가 아닌 것은?

① 시계의 제한 정도 ② 선박 교통의 상황
③ 자선의 조종성능 ④ 자선의 승무원 수

해설

안전한 속력(해사안전법 제64조)
안전한 속력을 결정할 때에는 다음의 사항을 고려하여야 한다.
- 시계의 상태
- 해상교통량의 밀도

정답 4 ① 5 ④ 6 ④ 7 ③ 8 문제 삭제 9 ① 10 ④

- 선박의 정지거리 · 선회성능, 그 밖의 조종성능
- 야간의 경우에는 항해에 지장을 주는 불빛의 유무
- 바람 · 해면 및 조류의 상태와 항행장애물의 근접상태
- 선박의 흘수와 수심과의 관계
- 레이더의 특성 및 성능
- 해면상태 · 기상, 그 밖의 장애요인이 레이더 탐지에 미치는 영향
- 레이더로 탐지한 선박의 수 · 위치 및 동향

11 **국제해상충돌방지규칙상 통항분리방식 내 항행에 대한 설명은?**

① 통항분리방식 내에서는 어로 행위를 할 수 없다.
② 통항분리방식 내에서는 가능하면 횡단하지 않도록 한다.
③ 통항분리방식에 출입할 때에는 대각도로 출입한다.
④ 통항분리방식을 따라 항행할 때는 타 선박에 전혀 신경 쓸 필요가 없다.

해설
통항분리제도(해사안전법 제68조)
선박은 통항로를 횡단하여서는 아니 된다. 다만, 부득이한 사유로 그 통항로를 횡단하여야 하는 경우에는 그 통항로와 선수방향이 직각에 가까운 각도로 횡단하여야 한다.

12 **트롤어로에 종사하는 어선의 등화로 옳은 것은?**

① 상부 홍색, 하부 백색
② 상부 녹색, 하부 백색
③ 상부 백색, 하부 홍색
④ 상부 백색, 하부 녹색

해설
어선(해사안전법 제84조)
트롤망어로에 종사하는 선박은 항행에 관계없이 다음의 등화나 형상물을 표시하여야 한다.
- 수직선 위쪽에는 녹색, 그 아래쪽에는 흰색 전주등 각 1개 또는 수직선 위에 2개의 원뿔을 그 꼭대기에서 위아래로 결합한 형상물 1개
- 녹색 전주등보다 뒤쪽의 높은 위치에 마스트등 1개. 다만, 어로에 종사하는 길이 50m 미만의 선박은 이를 표시하지 아니할 수 있다.
- 대수속력이 있는 경우에는 등화에 덧붙여 현등 1쌍과 선미등 1개

13 **문제 삭제**

14 **다른 선박의 정횡 후 몇 °를 넘는 후방으로부터 그 선박을 앞지르고 있는 경우에 추월선에 해당하는가?**

① 11.5°　　② 22.5°
③ 45°　　④ 67.5°

해설
추월(해사안전법 제71조)
다른 선박의 양쪽 현의 정횡으로부터 22.5°를 넘는 뒤쪽에서 그 선박을 앞지르는 선박은 추월선으로 보고 필요한 조치를 취하여야 한다.

15 **다음 (　　) 안에 알맞은 것은?**

> 추월이란 야간에 그 선박의 (　　)만 볼 수 있고 어느 쪽 현등도 볼 수 없는 위치로부터 타선박을 앞지르는 경우이다.

① 마스트등　　② 전주등
③ 선미등　　④ 현 등

해설
추월(해사안전법 제71조)
다른 선박의 양쪽 현의 정횡으로부터 22.5°를 넘는 뒤쪽(밤에는 다른 선박의 선미등만을 볼 수 있고 어느 쪽의 현등도 볼 수 없는 위치를 말한다)에서 그 선박을 앞지르는 선박은 추월선으로 보고 필요한 조치를 취하여야 한다.

16 **야간에 마주치는 상태에 해당하는 것은?**

① 자선의 홍등이 타선의 홍등과 서로 마주보는 경우
② 자선의 선수방향으로 타선의 녹등을 보는 경우
③ 자선의 선수방향으로 타선의 양현등을 보는 경우
④ 자선의 선수방향으로 타선의 홍등을 보는 경우

해설
마주치는 상태(해사안전법 제72조)
선박은 다른 선박을 선수 방향에서 볼 수 있는 경우로서 다음의 어느 하나에 해당하면 마주치는 상태에 있다고 보아야 한다.

11 ② 12 ② 13 문제 삭제 14 ② 15 ③ 16 ③ 정답

- 밤에는 2개의 마스트등을 일직선으로 또는 거의 일직선으로 볼 수 있거나 양쪽의 현등을 볼 수 있는 경우
- 낮에는 2척의 선박의 마스트가 선수에서 선미까지 일직선이 되거나 거의 일직선이 되는 경우

17 두 척의 동력선이 횡단하는 경우에 다른 선박의 현등이 어떤 색일 때 피항하여야 하는가?

① 녹 색 ② 홍 색
③ 백 색 ④ 황 색

해설
횡단하는 상태(해사안전법 제73조)
2척의 동력선이 상대의 진로를 횡단하는 경우로서 충돌의 위험이 있을 때에는 다른 선박을 우현쪽에 두고 있는 선박(다른 선박의 홍등을 보는 선박)이 그 다른 선박의 진로를 피하여야 한다. 이 경우 다른 선박의 진로를 피하여야 하는 선박은 부득이한 경우 외에는 그 다른 선박의 선수 방향을 횡단하여서는 아니 된다.

18 국제해상충돌방지규칙상 선박의 항해등 중 135°에 걸쳐 수평의 호를 비추는 백등으로 추월 관계를 명확히 하는 등화는 어느 것인가?

① 선미등 ② 예선등
③ 마스트등 ④ 현 등

해설
등화의 종류(해사안전법 제79조)
선미등 : 135°에 걸치는 수평의 호를 비추는 흰색 등으로서 그 불빛이 정선미 방향으로부터 양쪽 현의 67.5°까지 비출 수 있도록 선미 부분 가까이에 설치된 등

19 예선등은 무슨 색인가?

① 백 색 ② 녹 색
③ 홍 색 ④ 황 색

해설
등화의 종류(해사안전법 제79조)
예선등 : 선미등과 같은 특성을 가진 황색 등

20 국제해상충돌방지규칙상 예인선이 표시하여야 하는 예선등의 설치 위치는 어디인가?

① 선미등 하부
② 선미등 상부
③ 선미등 후부
④ 선미등 전부

해설
항행 중인 예인선(해사안전법 제82조)
동력선이 다른 선박이나 물체를 끌고 있는 경우에는 다음의 등화나 형상물을 표시하여야 한다.
- 같은 수직선 위에 마스트등 2개. 다만, 예인선의 선미로부터 끌려가고 있는 선박이나 물체의 뒤쪽 끝까지 측정한 예인선열의 길이가 200m를 초과하면 같은 수직선 위에 마스트등 3개를 표시하여야 한다.
- 현등 1쌍
- 선미등 1개
- 선미등의 위쪽에 수직선 위로 예선등 1개
- 예인선열의 길이가 200m를 초과하면 가장 잘 보이는 곳에 마름모꼴의 형상물 1개

21 그림과 같이 녹색(G)의 전주등 3개를 마스트에 표시한 선박은 어느 것인가?

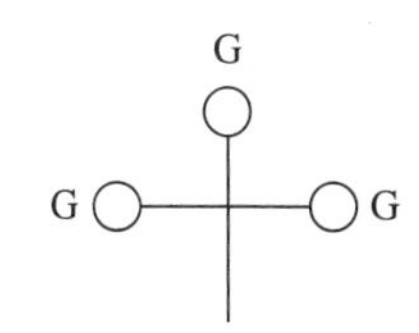

① 기뢰제거선박
② 조종불능선
③ 어로종사선
④ 흘수제약선

해설
조종불능선과 조종제한선(해사안전법 제85조)
기뢰제거작업에 종사하고 있는 선박은 해당 선박에서 1,000m 이내로 접근하면 위험하다는 경고로서 동력선에 관한 등화, 정박하고 있는 선박의 등화나 형상물에 덧붙여 녹색의 전주등 3개 또는 둥근꼴의 형상물 3개를 표시하여야 한다. 이 경우 이들 등화나 형상물 중에서 하나는 앞쪽 마스트의 꼭대기 부근에 표시하고, 다른 2개는 앞쪽 마스트의 가름대의 양쪽 끝에 1개씩 표시하여야 한다.

정답 17 ② 18 ① 19 ④ 20 ② 21 ①

22 홍색 전주등 2개를 수직선상으로 표시해야 하는 선박은 어느 것인가?

① 조종불능선
② 조종제한선
③ 어로종사선
④ 범 선

해설
조종불능선과 조종제한선(해사안전법 제85조)
조종불능선은 다음의 등화나 형상물을 표시하여야 한다.
- 가장 잘 보이는 곳에 수직으로 붉은색 전주등 2개
- 가장 잘 보이는 곳에 수직으로 둥근꼴이나 그와 비슷한 형상물 2개
- 대수속력이 있는 경우에는 위의 등화에 덧붙여 현등 1쌍과 선미등 1개

23 국제해상충돌방지규칙상 장음의 기적소리는 몇 초 동안 계속되는가?

① 1~3초
② 2~4초
③ 4~6초
④ 8초

해설
기적의 종류(해사안전법 제90조)
'기적'이란 다음의 구분에 따라 단음과 장음을 발할 수 있는 음향신호장치를 말한다.
- 단음 : 1초 정도 계속되는 고동소리
- 장음 : 4초부터 6초까지의 시간 동안 계속되는 고동소리

24 다음 중 수직선상에 둥근꼴의 형상물 3개를 표시한 선박은 무엇인가?

① 얹혀 있는 선박
② 정박선
③ 조종능력제한선
④ 조종불능선

해설
정박선과 얹혀 있는 선박(해사안전법 제88조)
얹혀 있는 선박은 정박 중에 따른 등화를 표시하여야 하며, 이에 덧붙여 가장 잘 보이는 곳에 다음의 등화나 형상물을 표시하여야 한다.
- 수직으로 붉은색의 전주등 2개
- 수직으로 둥근꼴의 형상물 3개

25 다음에 해당하는 것은?

> 상호 시계 내 항법에서 항행 중인 동력선이 침로를 오른쪽으로 변경하고 있는 경우에 울리는 기적 신호

① 단음 1회
② 장음 1회
③ 단음 2회
④ 장음 2회

해설
조종신호와 경고신호(해사안전법 제92조)
항행 중인 동력선이 서로 상대의 시계 안에 있는 경우에 이 법의 규정에 따라 그 침로를 변경하거나 그 기관을 후진하여 사용할 때에는 다음의 구분에 따라 기적신호를 행하여야 한다.
- 침로를 오른쪽으로 변경하고 있는 경우 : 단음 1회
- 침로를 왼쪽으로 변경하고 있는 경우 : 단음 2회
- 기관을 후진하고 있는 경우 : 단음 3회

22 ① 23 ③ 24 ① 25 ① 정답

2014년 제2회 과년도 기출복원문제

제1과목 항 해

01 다음 선체 자기에 대한 설명으로 틀린 것은?

① 위도에 따라 변한다.
② 자차와는 상관이 없다.
③ 선수 방위에 따라 변한다.
④ 철물로 구성된 선체에 발생한다.

해설
선내 철기 및 선체 자기의 영향으로 자차가 발생한다.

02 다음에서 설명하는 것은?

> 편차 5°E, 자차 7°W일 때 컴퍼스오차

① 2°E　　② 12°E
③ 2°W　　④ 12°W

해설
자차와 편차의 부호가 같으면 그 합, 부호가 다르면 차(큰쪽 - 작은쪽)를 구한다.
7°W - 5°E = 2°W

03 다음 (　　) 안에 알맞은 것은?

> 액체식 자기컴퍼스는 크게 나누어 볼과 (　　)로(으로) 구성되어 있다.

① 캡　　② 피 벗
③ 비너클　　④ 짐벌즈

해설
캡, 피벗, 짐벌즈는 볼의 구성요소이다.

04 등대의 백색광이 20초마다 연속 3번씩 섬광이 비칠 때의 약식 표기로 옳은 것은?

① Fl(20) 3s　　② Oc(3) 3s
③ Fl(3) 20s　　④ Oc(3) 20s

해설
- Fl(3) : 군섬광등(1주기 동안 3회 섬광)
- 20s : 주기 20초
- Oc(명암등) : 빛을 내는 시간이 꺼진 시간보다 길거나 같은 등
- Fl(섬광등) : 빛을 내는 시간이 꺼진 시간보다 짧은 등

05 다음 중 분호의 색으로 많이 쓰이는 것은?

① 백 색　　② 적 색
③ 녹 색　　④ 청 색

06 안전수역표지에 대한 설명으로 틀린 것은?

① 두표는 하나의 적색구이다.
② 모든 주위가 가항 수역이다.
③ 등화는 3회 이상의 황색 섬광등이다.
④ 중앙선이나 수로의 중앙을 나타낸다.

해설
안전수역표지
- 모든 주위가 가항 수역임을 알림
- 중앙선이나 수로의 중앙을 나타냄
- 두표는 1개의 적색구
- 색상은 적색과 백색의 세로 방향 줄무늬
- 등화는 백색

정답 1 ② 2 ③ 3 ③ 4 ③ 5 ② 6 ③

07 음향표지 또는 무중신호에 대한 설명으로 틀린 것은?

① 밤에만 작동한다.
② 사이렌이 많이 쓰인다.
③ 공중음신호와 수중음신호가 있다.
④ 일반적으로 등대나 다른 항로표지에 부설되어 있다.

해설

음향표지
- 안개, 눈 등에 의하여 시계가 나빠 육지나 등화를 발견하기 어려울 때에 선박에 항로표지의 위치를 알리거나 경고할 목적으로 설치된 표지로 무신호(Fog Signal)라고도 한다.
- 일반적으로 등대나 다른 항로표지에 부설되어 있다.
- 공중음신호와 수중음신호가 있다.
- 사이렌이 많이 쓰인다.

08 다음 중 해도상 묘박지의 약자로 옳은 것은?

① Anch.
② Ref.
③ Pag.
④ Mon.

09 다음 〈보기〉의 해도 도식의 이름은?

〈보 기〉

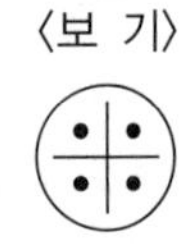

① 침 선 ② 세 암
③ 암 암 ④ 난파물

해설

②
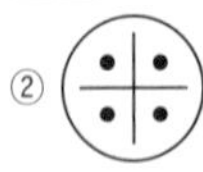

①

③

10 해도의 도법상 분류가 아닌 것은?

① 평면도법 ② 항박도법
③ 점장도법 ④ 다원추도법

해설

② 사용목적에 의한 분류로 항해용해도에 속한다.
제작법에 의한 분류
평면도법, 점장도법, 대권도법, 횡점장도법, 다원추도법 등

11 다음에서 설명하는 것은 무엇인가?

> 선박을 안전하게 유도하고 선위 측정에 도움을 주는 주간, 야간, 음향, 무선표지가 상세하게 수록되어 있는 것

① 조석표 ② 등대표
③ 수로지 ④ 항로지

12 창조와 낙조 사이에 해수흐름이 잠시 정지하는 것은?

① 조 신 ② 게 류
③ 와 류 ④ 반 류

해설

① 조신 : 어느 지역의 조석이나 조류의 특징
③ 와류 : 좁은 수로 등에서 조류가 격렬하게 흐르면서 물이 빙빙 도는 것
④ 반류 : 주로 해안의 만입부에 형성되는 해안을 따라 흐르는 해류의 주류와 반대 방향으로 흐르는 해류

13 조석표를 이용하여 임의항만의 조시를 구할 때 필요한 요소는?

① 조고비 ② 조시차
③ 임의항의 평균해면 ④ 표준항의 평균해면

해설

임의항만(지역)의 조석을 구하는 법
- 조시 : 표준항의 조시에 구하려고 하는 임의항만의 개정수인 조시차를 그 부호대로 가감
- 조고 : 표준항의 조고에서 표준항의 평균해면을 빼고, 그 값에 임의항만의 개정수인 조고비를 곱해서 임의항만의 평균해면을 더함

정답 7 ① 8 ① 9 ② 10 ② 11 ② 12 ② 13 ②

14 해류를 일으키는 가장 큰 원인에 해당하는 것은?

① 온 도 ② 밀 도
③ 바 람 ④ 기 압

해설
해류 : 해수가 일정한 속력과 방향으로 이동하는 대규모의 흐름으로 바람이 가장 큰 원인이 된다.

15 선위측정을 위한 교차방위법 사용 시 물표 선정에 있어서의 주의사항이 아닌 것은?

① 가까운 물표보다는 가급적 먼 물표를 선정할 것
② 해도상의 위치가 명확하고, 뚜렷한 목표를 선정할 것
③ 물표 상호 간의 교각은 두 물표일 때 90°, 세 물표일 때 60°가 가장 좋다.
④ 물표가 많을 때는 2개보다 3개 이상을 선정하는 것이 선위오차를 확인할 수 있어서 좋다.

해설
물표 선정 시 주의사항
- 선수미 방향의 물표를 먼저 측정
- 해도상의 위치가 명확하고 뚜렷한 목표를 선정
- 먼 물표보다는 적당히 가까운 물표를 선택
- 물표 상호 간의 각도는 가능한 한 30~150°인 것을 선정
- 두 물표일 때는 90°, 세 물표일 때는 60° 정도가 가장 좋음
- 물표가 많을 때는 3개 이상을 선정하는 것이 좋음

16 다음에서 설명하고 있는 것은?

> 현재의 선위를 모를 때 가장 최근에 구한 실측위치를 기준으로 선박의 침로와 속력을 이용해 구하는 위치

① 실측위치 ② 추정위치
③ 추측위치 ④ 가정위치

해설
① 실측위치 : 지상의 물표의 방위나 거리를 실제로 측정하여 구한 위치
② 추정위치 : 추측위치에 바람, 해·조류 등 외력의 영향을 가감하여 구한 위치

17 선박이 항주 중 선수미선이 이루는 각도로서 컴퍼스에서 알 수 있는 것은 무엇인가?

① 편 차 ② 자 차
③ 항 정 ④ 침 로

18 선위를 해도에 작도할 때 기재해야 할 것으로 옳은 것은?

① 관측시각 ② 바다 수심
③ 풍향, 풍속 ④ 조류와 해류

19 20노트로 항행하는 선박이 3시간 30분에 갈 수 있는 총항정을 구하면?

① 60해리 ② 65해리
③ 70해리 ④ 75해리

해설
선박의 속력
1시간에 1해리(마일)를 항주하는 선박의 속력을 1노트라 한다.
속력 = 거리 / 시간 → 거리 = 속력 × 시간
20노트 × 3.5시간 = 70마일

20 다음 ( ) 안에 알맞은 것은?

> 방위는 북을 0°로 하여 시계방향으로 ( )°까지 표시한 것이다.

① 90 ② 180
③ 270 ④ 360

정답 14 ③ 15 ① 16 ③ 17 ④ 18 ① 19 ③ 20 ④

21 진침로 060°, 편차 4°W, 자차 6°E일 때 나침로는 얼마인가?(단, 바람이나 조류, 해류의 영향은 없다고 가정한다)

① 056° ② 058°
③ 062° ④ 066°

해설
반개정 : 진침로(진방위)를 나침로(나침방위)로 고치는 것
진침로 → 풍압차 → 시침로 → 편차 → 자침로 → 자차 → 나침로(E는 빼고, W는 더한다)
60 + 4 − 6 = 58

22 남동(SE)의 180° 반대 방향의 방위는?

① 272° ② 278°
③ 315° ④ 360°

해설
SE = 135°
135° + 180° = 315°

23 연안 항해에서 레이더 방위만으로 위치를 구하면 오차가 큰 이유는 무엇인가?

① 수평 빔 폭의 영향
② 최소탐지거리의 영향
③ 최대탐지거리의 영향
④ 두 물표의 간섭에 의한 영향

24 레이더 플로팅으로 얻을 수 없는 정보는 무엇인가?

① 최근접점(CPA)
② 상대선의 종류
③ 상대선의 진침로
④ 상대선의 상대운동 속력

해설
레이더 플로팅
다른 선박과의 충돌가능성을 확인하기 위해 레이더에서 탐지된 영상의 위치를 체계적으로 연속 관측하여 이를 작도하고 최근접점의 위치와 예상도달시간, 타선의 진침로와 속력 등을 해석하는 방법

25 레이더로 물표까지 거리를 정확하게 측정할 때 사용하는 조정기는 무엇인가?

① 고정 거리환
② 가변 거리환
③ 평행 방위선
④ 방위 선택 스위치

해설
가변 거리환 조정기(VRM)
자선에서 원하는 물체까지의 거리를 화면상에서 측정하기 위하여 사용하는 장치

제2과목 운 용

01 해묘(Sea Anchor)에 대한 설명으로 가장 적절한 것은?

① 구명정에서 풍랑이 있는 방향으로 선수부를 유지시키기 위하여 사용하며 범포로 만든다.
② 소형선에 있어서 외항에서 정박 시 사용하는 것이다.
③ 중형선의 예비 묘(Anchor)를 말한다.
④ 모든 선박이 묘박 시 사용하는 것이다.

02 문제 삭제

03 선박의 딥탱크(Deep Tank)의 기능은?

① 인접 화물의 손상방지
② 방화수 적재
③ 흘수 및 트림(Trim) 조절
④ 갑판 청소용수 저장

해설
딥탱크 : 물 또는 기름과 같은 액체 화물을 적재하기 위하여 선창 또는 선수미 부근에 설치한 깊은 탱크로 보통 상선에 설치되어 있는 딥탱크는 피크탱크로 트림을 조절한다.

정답
21 ② 22 ③ 23 ① 24 ② 25 ② / 1 ① 2 문제 삭제 3 ③

04 황천 시 선수부 및 선미부에 파랑에 의한 충격으로 심한 진동이 발생하는 현상은?

① 팬 팅
② 슬로싱
③ 횡동요
④ 래 킹

05 제1호 선저도료(A/C)의 특징으로 가장 거리가 먼 것은?

① 방청력이 커야 한다.
② 밀착력이 커야 한다.
③ 독성이 들어 있어야 한다.
④ 건조가 빨라야 한다.

해설
제1호 선저도료
- 선저 외판에 녹슮 방지용으로 칠하는 것 → 광명단 도료를 칠한 위에 사용(Anticorrosive Paint : A/C)
- 건조가 빠르고, 방청력이 뛰어나며, 강판과의 밀착성이 좋음

06 다음 ( ) 안에 알맞은 것은?

목재 블록의 크기는 ( )를 mm로 표시한다.

① 셀의 가로 길이
② 셀의 세로 길이
③ 시브의 가로 길이
④ 시브의 세로 길이

해설
목재 블록의 크기는 셀의 세로 길이로, 철재 블록의 크기는 시브의 지름을 mm로 나타낸다.

07 문제 삭제

08 선박의 선회면적이 작기 때문에 좁은 수역이나 선박의 교통량이 많은 곳에 사용하는 정박법은 무엇인가?

① 단묘박 ② 쌍묘박
③ 이묘박 ④ 선미묘박

해설
쌍묘박
양쪽 현의 선수 닻을 앞뒤쪽으로 서로 먼 거리를 두고 투하하여 선박을 그 중간에 위치시키는 정박법이다. 선체의 선회면적이 작기 때문에 좁은 수역, 선박의 교통량이 많은 곳에서 주로 사용된다.

09 양묘작업 중 닻(Anchor)의 크라운(Crown)이 해저에서 떨어지는 상태는?

① 앵커 어웨이(Anchor Aweigh)
② 파울 앵커(Foul Anchor)
③ 클리어 앵커(Clear Anchor)
④ 쇼트 스테이(Short Stay)

해설
② 파울 앵커(Foul Anchor) : 닻이 앵커체인과 엉켜서 올라온 상태
③ 클리어 앵커(Clear Anchor) : 닻이 앵커체인과 엉키지 않고 올라온 상태
④ 쇼트 스테이(Short Stay) : 앵커체인의 신출 길이가 수심의 1.5배 정도인 상태

10 부두 이안작업 시의 요령으로 틀린 것은?

① 현 밖의 돌출물을 거두어 들인다.
② 반드시 선수를 먼저 떼어 낸다.
③ 바람이 부두를 향하면 예인선을 이용한다.
④ 기관을 저속으로 사용한다.

해설
이안 시의 요령
- 현측 바깥으로 나가 있는 돌출물은 거두어 들인다.
- 가능하면 선미를 먼저 부두에서 떼어 낸다.
- 바람이 불어오는 방향의 반대쪽, 즉 풍하 쪽의 계선줄을 먼저 푼다.
- 바람이 부두 쪽에서 불어오면 선미의 계선줄을 먼저 풀고, 선미가 부두에서 떨어지면 선수의 계선줄을 푼다.

정답 4 ① 5 ③ 6 ② 7 문제 삭제 8 ② 9 ① 10 ②

- 바람이 부두 쪽으로 불어오면 자력 이안이 어려우므로 예인선을 이용한다.
- 부두에 다른 선박들이 가까이 있어서 조종 수역이 좁으면 예인선의 도움으로 이안시킨다.
- 기관을 저속으로 사용하여, 주위에 접안 작업 중인 다른 선박에 피해를 주지 않도록 한다.
- 항상 닻을 투하할 수 있게 준비하여 긴급 시에 이용한다.

11 다음 중 선박의 출항준비사항으로 가장 거리가 먼 것은?

① 승·하선용 사다리(Gangway) 준비
② 선내 이동물의 고정
③ 수밀장치의 밀폐
④ 승무원의 승선 점검

해설
출항준비
선내의 이동물의 고정, 수밀장치의 밀폐, 출·입항 시 필요한 장비들의 시운전, 탱크 측심 등을 점검하도록 한다. 그 외 선박 서류, 하역 관련 서류, 항해 계획서 작성, 관련 부서와의 협조 등의 준비가 되었는지 확인한다.

12 정박 중 닻이 끌리는 것을 알아내는 방법으로 가장 좋은 것은?

① 교차 방위에 의한 선위 확인방법
② 풍향 관측방법
③ 조류의 방향 관측방법
④ 기상의 변화 관측방법

13 다음 중 황천준비와 거리가 먼 것은?

① 구명정의 강하준비를 한다.
② 선내의 모든 이동물을 고정시킨다.
③ 선내의 수밀문을 전부 닫는다.
④ 선내를 순시하여, 누수나 이동의 위험이 있는 것에 대하여 안전조치를 한다.

해설
황천준비
- 화물의 고정된 상태를 확인하고, 선내 이동물, 구명정 등을 단단히 고정시킨다.
- 탱크 내의 기름이나 물은 가득 채우거나 비우도록 한다.
- 선체 외부의 개구부를 밀폐하고, 현측 사다리를 고정하고 배수구를 청소해 둔다.
- 어선 등에서는 갑판상에 구명줄을 매고, 작업원의 몸에도 구명줄을 매어 황천에 대비한다.

14 항해 중 선박의 개략적인 GM을 구할 때 이용하는 것은 무엇인가?(단, G : 무게중심, M : 경심)

① 흘 수
② 종요주기
③ 횡요주기
④ 선체길이

해설
GM의 추정
횡동요주기 : 선박이 한쪽 현으로 최대로 경사된 상태에서부터 시작하여 반대 현으로 기울었다가 다시 원위치로 되돌아오기까지 걸린 시간을 말한다. 횡동요주기와 선폭을 알면 개략적인 GM을 구할 수 있다 $\left(\text{횡동요주기} \fallingdotseq \frac{0.8B}{\sqrt{GM}},\ B : \text{선폭}\right)$.

15 다음 중 복원력에 가장 많은 영향을 주는 요소는 무엇인가?

① 호 깅
② 새 깅
③ 종경심
④ 횡경심

16 항해당직 인수·인계에 대한 올바른 설명은?

① 당직인수자는 선박의 위치, 침로, 주변상황 등을 스스로 확인해야 한다.
② 당직인수·인계는 반드시 정시에 이루어져야 한다.
③ 전임당직자는 인계할 사항을 인계한 후에는 언제라도 선교를 떠날 수 있다.
④ 인계자는 반드시 당직교대 직전의 선위를 측정해 두어야 한다.

11 ① 12 ① 13 ① 14 ③ 15 ④ 16 ① 정답

해설

당직자는 당직 근무시간 15분 전 선교에 도착하여 다음의 사항을 확인 후 당직을 인수·인계한다.

- 선장의 특별지시사항
- 주변상황, 기상 및 해상상태, 시정
- 선박의 위치, 침로, 속력, 기관 회전수
- 항해 계기 작동상태 및 기타 참고사항
- 선체의 상태나 선내의 작업상황

17 항해당직사관이 항해일지에 기록해야 할 사항으로 틀린 것은?

① 항해등의 점등 및 소등시각

② 중요한 변침점 통과시각

③ 무중에 무중신호(Fog Signal) 취명 및 레이더 작동에 관한 사항

④ 항만무선과 교신한 시각

해설

항해일지에 기록해야 할 사항

선박의 위치 및 상황, 기상상태, 방화방수훈련 내용, 항해 중 발생사항과 선내에서의 출생·사망자 등을 기재

18 다음 중 항해당직 중 당직사관이 즉시 선장에게 보고해야 할 사항이 아닌 것은?

① 항해에 위험한 해상의 표류물을 발견했을 때

② 예기치 않은 육상물표 혹은 항로표지를 발견했을 때

③ 조타장치 등 필수 항해장비가 고장 났을 때

④ 예상했던 시각에 중요한 등대를 초인했을 때

해설

선장을 요청할 일

- 제한시계에 조우하거나 예상될 경우
- 교통조건 또는 다른 선박들의 동정이 불안할 경우
- 침로유지가 곤란할 경우
- 예정된 시간에 육지나 항로표지를 발견하지 못할 경우 또는 측심을 못하였을 경우
- 예측하지 아니한 육지나 항로표지를 발견한 경우
- 주기관, 조타장치 또는 기타 중요한 항해장비에 고장이 생겼을 경우
- 황천 속 악천후 때문에 생길 수 있는 손상이 의심될 경우

19 다음에서 설명하는 것은?

> 해안지방에서 일어나는 국지적인 바람이며, 주간에는 바다에서 육지로 향해 불고, 야간에는 육지에서 바다로 향하여 부는 바람

① 해륙풍 ② 무역풍

③ 계절풍 ④ 시 풍

해설

해륙풍

바다와 육지의 온도차에 의해 생성되는 바람으로 낮에 육지가 바다보다 빨리 가열되면서 육지의 기압이 낮아져 상대적으로 기압이 높은 바다에서 육지로 바람이 부는데 이를 해풍이라 한다. 밤에는 열용량이 큰 바다는 서서히 식기 때문에 바다의 기압이 더 낮아져 육지에서 바다로 바람이 부는데 이를 육풍이라 한다. 일반적으로 해풍이 육풍보다 강하며 온대지방에서는 여름철에 주로 발달한다.

20 대한민국 부근에서 발생하는 고기압에 해당하지 않는 것은?

① 시베리아 고기압 ② 북태평양 고기압

③ 오호츠크해 고기압 ④ 북대서양 고기압

해설

① 우리나라 겨울 날씨에 영향을 준다.

② 우리나라 여름 날씨에 영향을 준다.

③ 우리나라 초여름 장마전선에 영향을 준다.

21 다음 중 디젤기관의 장점은?

① 연료소비량이 적다.

② 시동이 용이하다.

③ 기관의 무게가 작다.

④ 진동과 소음이 작다.

해설

디젤기관의 특징

- 장점 : 압축비가 높아 연료소비율이 낮으며, 가솔린기관에 비해 열효율이 높다.
- 단점 : 중량이 크고, 폭발 압력이 커서 진동과 소음이 크다.

정답 17 ④ 18 ④ 19 ① 20 ④ 21 ①

22 퇴선 시 발하는 비상신호의 방법은?

① 장음 7회, 단음 1회
② 단음 7회, 장음 1회
③ 단음 1회, 장음 7회
④ 장음 1회, 단음 7회

해설
퇴선신호는 기적 또는 선내 경보기를 사용하여 단음 7회, 장음 1회를 울린다.

23 '본선 의료상의 원조를 바람'이라는 뜻을 가진 문자 신호기는 무엇인가?

① D ② A
③ M ④ W

해설

W	나는 의료 원조를 바란다.	

24 다음 중 조난을 당했을 때 수영을 하면 안 되는 경우는?

① 자기 수영능력에 충분한 확신을 가질 때
② 본선으로부터 안전한 거리로 이탈하기 위한 경우
③ 구명정이나 구명벌에 접근하기 위한 경우
④ 조난자들이 한 곳으로 모이기 위한 경우

25 퇴선 시에 취해야 할 행동으로 가장 거리가 먼 것은?

① 퇴선 신호 발령과 동시에 곧바로 물에 뛰어든다.
② 구명정의 경우 구명정 강하 요원은 구명정을 승정 갑판까지 강하하여 전원이 탑승하면 구명정을 수면까지 내리고, 구명정 강하 요원은 승정용 사다리를 이용하여 탑승한다.
③ 구명뗏목의 경우는 구명뗏목 이탈장치를 수동 조작하여 투하하고, 완전히 팽창될 때까지 기다려 승정용 사다리를 이용하여 탑승한다.
④ 물로 바로 뛰어 들어야 하는 경우는 한 손은 코를 잡고 다리를 모은 다음, 발부터 물속에 잠기도록 뛰어내린다.

해설
퇴선 시의 취해야 할 행동
가장 안전하고 바람직한 퇴선 방법은 생존정을 타고 퇴선하는 것이다. 바다에 직접 뛰어들어 퇴선하는 경우 다음의 사항에 대해 주의하도록 한다.
- 적당한 장소 선정 : 선체의 돌출물이 없는 가능한 한 낮은 장소를 찾아 뛰어내릴 지점의 안전 상태, 구명정의 위치 등을 고려한 후 선박이 표류하는 반대 방향으로 뛰어내린다.
- 뛰어드는 자세 : 두 다리를 모으고 한 손으로 코를 잡고 다른 한 손은 어깨에서 구명동의를 가볍게 잡은 후 시선을 정면에 고정한 채 다리부터 물속에 잠기도록 뛰어내린다.

제3과목 법 규

01 선박의 입항 및 출항 등에 관한 법률상 항로에서의 항법에 대한 설명으로 틀린 것은?

① 항로에서 항로 밖으로 나가는 선박은 항로를 항행하는 다른 선박의 진로를 피하여야 한다.
② 선박은 항로 내에서 나란히 항행하지 못한다.
③ 선박은 항로 내에서 원칙적으로 다른 선박을 추월하여서는 아니 된다.
④ 선박이 항로 내에서 다른 선박과 마주칠 때는 항로의 좌측으로 항행하여야 한다.

해설
항로에서의 항법(선박의 입항 및 출항 등에 관한 법률 제12조)
모든 선박은 항로에서 다음의 항법에 따라 항행하여야 한다.
- 항로 밖에서 항로에 들어오거나 항로에서 항로 밖으로 나가는 선박은 항로를 항행하는 다른 선박의 진로를 피하여 항행할 것
- 항로에서 다른 선박과 나란히 항행하지 아니할 것
- 항로에서 다른 선박과 마주칠 우려가 있는 경우에는 오른쪽으로 항행할 것
- 항로에서 다른 선박을 추월하지 아니할 것. 다만, 추월하려는 선박을 눈으로 볼 수 있고 안전하게 추월할 수 있다고 판단되는 경우에는 해사안전법에 따른 방법으로 추월할 것
- 항로를 항행하는 위험물운송선박(급유선은 제외한다) 또는 해사안전법에 따른 흘수제약선의 진로를 방해하지 아니할 것
- 선박법에 따른 범선은 항로에서 지그재그(Zigzag)로 항행하지 아니할 것

22 ② 23 ④ 24 ① 25 ① / 1 ④ 정답

02 다음 선박이 초과할 수 없는 거리는?

> 선박의 입항 및 출항 등에 관한 법률상 예인선이 무역항의 수상구역 등에서 다른 선박을 끌고 항행하는 경우 예인선의 선수로부터 피예인선의 선미까지의 길이

① 100m ② 200m
③ 300m ④ 400m

해설
예인선의 항법 등(선박의 입항 및 출항 등에 관한 법률 시행규칙 제9조)
예인선이 무역항의 수상구역 등에서 다른 선박을 끌고 항행하는 경우 예인선의 선수로부터 피예인선의 선미까지의 길이는 200m를 초과하지 아니할 것. 다만, 다른 선박의 출입을 보조하는 경우에는 그러하지 아니하다.

03 다음에서 설명하는 검사는?

> 선박안전법상 선박안전과 관련하여 대형 해양사고가 발생한 경우 또는 유사사고가 지속적으로 발생한 경우에 시행되는 검사

① 정기검사
② 특별검사
③ 임시검사
④ 제조검사

해설
특별검사(선박안전법 제71조)
해양수산부장관은 선박안전과 관련하여 대형 해양사고가 발생한 경우 또는 유사사고가 지속적으로 발생한 경우에는 해양수산부령이 정하는 바에 따라 관련되는 선박의 구조·설비 등에 대하여 검사를 할 수 있다.

04 선박안전법상 여객선이란 몇 명 이상의 여객을 운송할 수 있는 선박인가?

① 5인 ② 6인
③ 10인 ④ 13인

해설
정의(선박안전법 제2조)
여객선이란 13인 이상의 여객을 운송할 수 있는 선박을 말한다.

05 해양환경관리법상 해상에서 오염물질이 배출된 경우의 방제조치가 아닌 것은?

① 오염물질의 배출방지
② 배출된 오염물질의 확산방지 및 제거
③ 배출된 오염물질의 수거 및 처리
④ 적재된 오염물질의 희석 및 배출

해설
오염물질이 배출된 경우의 방제조치(해양환경관리법 제64조)
방제의무자는 배출된 오염물질에 대하여 대통령령이 정하는 바에 따라 다음에 해당하는 조치를 하여야 한다.
- 오염물질의 배출방지
- 배출된 오염물질의 확산방지 및 제거
- 배출된 오염물질의 수거 및 처리

06 해양환경관리법이 정하는 배출기준을 초과하여 기름이 배출되었을 경우 해양환경관리법상 누구에게 신고하여야 하는가?

① 해양수산부장관
② 지방자치단체장
③ 해양경찰청장
④ 환경부장관

해설
오염물질이 배출되는 경우의 신고의무(해양환경관리법 제63조)
대통령령이 정하는 배출기준을 초과하는 오염물질이 해양에 배출되거나 배출될 우려가 있다고 예상되는 경우 다음의 어느 하나에 해당하는 자는 지체 없이 해양경찰청장 또는 해양경찰서장에게 이를 신고하여야 한다.
- 배출되거나 배출될 우려가 있는 오염물질이 적재된 선박의 선장 또는 해양시설의 관리자. 이 경우 해당 선박 또는 해양시설에서 오염물질의 배출원인이 되는 행위를 한 자가 신고하는 경우에는 그러하지 아니하다.
- 오염물질의 배출원인이 되는 행위를 한 자
- 배출된 오염물질을 발견한 자

정답 2 ② 3 ② 4 ④ 5 ④ 6 ③

07 해사안전법의 내용으로 다음 (   ) 안에 알맞은 것은?

> 누구든지 수역 등 또는 수역 등의 밖으로부터 (   ) 이내의 수역에서 선박 등을 이용하여 수역 등이나 항로를 점거하거나 차단하는 행위를 함으로써 선박 통항을 방해하여서는 아니 된다.

① 5km ② 10km
③ 15km ④ 20km

해설
수역 등 및 항로의 안전 확보(해사안전법 제35조)
누구든지 수역 등 또는 수역 등의 밖으로부터 10km 이내의 수역에서 선박 등을 이용하여 수역 등이나 항로를 점거하거나 차단하는 행위를 함으로써 선박 통항을 방해하여서는 아니 된다.

08 해사안전법상 '항행 중'에 해당하는 것은?

① 정박한 상태 ② 예인 상태
③ 안벽에의 계류 ④ 얹혀 있는 상태

해설
정의(해사안전법 제2조)
항행 중 : 선박이 다음의 어느 하나에 해당하지 아니하는 상태를 말한다.
- 정 박
- 항만의 안벽 등 계류시설에 매어 놓은 상태(계선부표나 정박하고 있는 선박에 매어 놓은 경우를 포함한다)
- 얹혀 있는 상태

09 국제해상충돌방지규칙상 동력선에 해당하지 않는 것은?

① 기관을 사용하여 추진하는 선박
② 돛을 설치한 선박이 기관으로 추진하는 선박
③ 무배수량 상태로 항해 중인 공기부양선
④ 노도만으로 움직이는 선박

해설
정의(해사안전법 제2조)
동력선 : 기관을 사용하여 추진하는 선박을 말한다. 다만, 돛을 설치한 선박이라도 주로 기관을 사용하여 추진하는 경우에는 동력선으로 본다.

10 국제해상충돌방지규칙상 안전한 속력을 결정하는 요소에 해당하지 않는 것은?

① 항해사의 면허급수 ② 시정상태
③ 선박의 조종성능 ④ 교통의 밀도

해설
안전한 속력(해사안전법 제64조)
안전한 속력을 결정할 때에는 다음의 사항을 고려하여야 한다.
- 시계의 상태
- 해상교통량의 밀도
- 선박의 정지거리 · 선회성능, 그 밖의 조종성능
- 야간의 경우에는 항해에 지장을 주는 불빛의 유무
- 바람 · 해면 및 조류의 상태와 항행장애물의 근접상태
- 선박의 흘수와 수심과의 관계
- 레이더의 특성 및 성능
- 해면상태 · 기상, 그 밖의 장애요인이 레이더 탐지에 미치는 영향
- 레이더로 탐지한 선박의 수 · 위치 및 동향

11 국제해상충돌방지규칙상 충돌을 피하기 위한 동작의 요건으로 틀린 것은?

① 명확히 행동할 것
② 충분히 여유 있는 시간에 행동할 것
③ 자선의 의도를 강조하기 위하여 소각도로 수회에 걸쳐 변침할 것
④ 적극적으로 이행할 것

해설
충돌을 피하기 위한 동작(해사안전법 제66조)
선박은 넓은 수역에서 충돌을 피하기 위하여 침로를 변경하는 경우에는 적절한 시기에 큰 각도로 침로를 변경하여야 하며, 그에 따라 다른 선박에 접근하지 아니하도록 하여야 한다.

12 접근하여 오는 다른 선박의 컴퍼스 방위가 계속 변하지 않으면서 거리가 가까워지고 있는 경우의 상태는?

① 우현쪽으로 통과한다.
② 좌현쪽으로 통과한다.
③ 추월하고 있다.
④ 충돌의 위험이 있다.

7 ② 8 ② 9 ④ 10 ① 11 ③ 12 ④ 정답

해설
충돌 위험(해사안전법 제65조)
선박은 접근하여 오는 다른 선박의 나침방위에 뚜렷한 변화가 일어나지 아니하면 충돌할 위험성이 있다고 보고 필요한 조치를 하여야 한다.

13 다음에 해당하는 것은?

> 국제해상충돌방지규칙상 선박이 주간에 표시하는 형상물의 색깔

① 녹 색　② 백 색
③ 흑 색　④ 홍 색

해설
선박은 낮 동안에는 국제해상충돌예방규칙에서 정하는 흑색의 형상물을 표시하여야 한다.

14 다음 ( ) 안에 알맞은 것은?

> 국제해상충돌방지규칙상 좁은 수로나 항로를 따라 진행하고 있는 선박은 항행의 안전을 고려하여 안전하고 실행 가능한 한 그 선박의 ( )측에 위치한 항로의 외측 한계 가까이를 항행하여야 한다.

① 좌 현　② 중 앙
③ 우 현　④ 선 수

해설
좁은 수로 등(해사안전법 제67조)
좁은 수로나 항로(좁은 수로 등)를 따라 항행하는 선박은 항행의 안전을 고려하여 될 수 있으면 좁은 수로 등의 오른편 끝 쪽에서 항행하여야 한다.

15 좁은 수로를 통과하는 자선의 선미쪽에서 같은 방향으로 진행하여 오는 다른 선박으로부터 장음 2회 단음 2회의 기적신호를 들었다. 그 기적신호의 의미는?

① 의문을 표시하는 신호이다.
② 주의환기 신호이다.
③ 자선의 우현쪽을 추월하고자 하는 신호이다.
④ 자선의 좌현쪽을 추월하고자 하는 신호이다.

해설
조종신호와 경고신호(해사안전법 제92조)
선박이 좁은 수로 등에서 서로 상대의 시계 안에 있는 경우 기적신호를 할 때에는 다음에 따라 행하여야 한다.
• 다른 선박의 우현쪽으로 추월하려는 경우에는 장음 2회와 단음 1회의 순서로 의사를 표시할 것
• 다른 선박의 좌현쪽으로 추월하려는 경우에는 장음 2회와 단음 2회의 순서로 의사를 표시할 것
• 추월당하는 선박이 다른 선박의 추월에 동의할 경우에는 장음 1회, 단음 1회의 순서로 2회에 걸쳐 동의의사를 표시할 것

16 국제해상충돌방지규칙상 통항분리방식에 대한 설명으로 맞는 것은?

① 통항로를 횡단할 때에는 직각에 가깝게 횡단하여야 한다.
② 길이 20m 미만의 선박이 항상 우선한다.
③ 길이 20m 미만의 범선이 항상 우선한다.
④ 통항로 상에서 어로 활동을 금지한다.

해설
통항분리제도(해사안전법 제68조)
선박은 통항로를 횡단하여서는 아니 된다. 다만, 부득이한 사유로 그 통항로를 횡단하여야 하는 경우에는 그 통항로와 선수방향이 직각에 가까운 각도로 횡단하여야 한다.

17 국제해상충돌방지규칙상 추월선이란 정횡 후 몇 °를 넘는 후방에서 타선을 추월하는 선박인가?

① 11.5°　② 22.5°
③ 90°　④ 135°

해설
추월(해사안전법 제71조)
다른 선박의 양쪽 현의 정횡으로부터 22.5°를 넘는 뒤쪽에서 그 선박을 앞지르는 선박은 추월선으로 보고 필요한 조치를 취하여야 한다.

정답 13 ③ 14 ③ 15 ④ 16 ① 17 ②

18 국제해상충돌방지규칙상 서로 시계 내에 2척의 동력선이 정면 또는 거의 정면으로 마주칠 경우의 피항법은 무엇인가?

① 서로 좌현 변침하여 피항한다.
② 서로 우현 변침하여 피항한다.
③ 풍상측 선박이 피항한다.
④ 풍하측 선박이 피항한다.

해설
마주치는 상태(해사안전법 제72조)
2척의 동력선이 마주치거나 거의 마주치게 되어 충돌의 위험이 있을 때에는 각 동력선은 서로 다른 선박의 좌현쪽을 지나갈 수 있도록 침로를 우현쪽으로 변경하여야 한다.

19 국제해상충돌방지규칙상 둥근꼴 형상물의 직경은 얼마 이상인가?

① 0.3m　　② 0.4m
③ 0.5m　　④ 0.6m

20 국제해상충돌방지규칙상 예선등은 선미등과 동일한 구조를 갖는 등화이다. 예선등의 색깔은 무엇인가?

① 백 색　　② 홍 색
③ 녹 색　　④ 황 색

해설
등화의 종류(해사안전법 제79조)
예선등 : 선미등과 같은 특성을 가진 황색 등

21 길이 35m인 동력선이 다른 선박을 끌고 있다. 이때의 예인선열의 길이는 210m이다. 국제해상충돌방지규칙상 이 동력선이 표시해야 하는 등화는 무엇인가?

① 현등, 선미등, 예선등, 수직선상 3개의 마스트등
② 현등, 선미등, 예선등, 수직선상 2개의 마스트등
③ 현등, 선미등, 예선등, 수직선상 1개의 마스트등
④ 현등, 선미등, 예선등

해설
항행 중인 예인선(해사안전법 제82조)
동력선이 다른 선박이나 물체를 끌고 있는 경우에는 다음의 등화나 형상물을 표시하여야 한다.
- 같은 수직선 위에 마스트등 2개. 다만, 예인선의 선미로부터 끌려가고 있는 선박이나 물체의 뒤쪽 끝까지 측정한 예인선열의 길이가 200m를 초과하면 같은 수직선 위에 마스트등 3개를 표시하여야 한다.
- 현등 1쌍
- 선미등 1개
- 선미등의 위쪽에 수직선 위로 예선등 1개
- 예인선열의 길이가 200m를 초과하면 가장 잘 보이는 곳에 마름모꼴의 형상물 1개

22 국제해상충돌방지규칙상 섬광등이란 깜박거리는 등화인데 1분간에 몇 회 이상 깜박거리는가?

① 50회　　② 100회
③ 120회　　④ 200회

해설
등화의 종류(해사안전법 제79조)
섬광등 : 360°에 걸치는 수평의 호를 비추는 등화로서 일정한 간격으로 1분에 120회 이상 섬광을 발하는 등

23 다음에서 설명하는 것은 무엇인가?

> 국제해상충돌방지규칙상 시계가 제한된 수역이나 그 부근에서 끌려가는 선박이 울리는 음향신호

① 장음, 단음, 단음, 단음
② 단음, 장음, 단음
③ 장음, 단음, 단음
④ 장음, 장음, 단음

해설
제한된 시계 안에서의 음향신호(해사안전법 제93조)
시정이 제한된 수역이나 그 부근에서 끌려가고 있는 선박(2척 이상의 선박이 끌려가고 있는 경우에는 제일 뒤쪽의 선박)은 승무원이 있을 경우에는 2분을 넘지 아니하는 간격으로 연속하여 4회의 기적(장음 1회에 이어 단음 3회를 말한다)을 울릴 것. 이 경우 신호는 될 수 있으면 끌고 있는 선박이 행하는 신호 직후에 울려야 한다.

18 ② 19 ④ 20 ④ 21 ① 22 ③ 23 ① 정답

24 **국제해상충돌방지규칙상 단음 1회는 무엇을 의미하는가?**

① 나는 침로를 우현으로 변경하고 있다.
② 나는 침로를 좌현으로 변경하고 있다.
③ 나는 후진하고 있다.
④ 나는 정지하려고 한다.

해설

조종신호와 경고신호(해사안전법 제92조)

항행 중인 동력선은 서로 상대의 시계 안에 있는 경우에 이 법의 규정에 따라 그 침로를 변경하거나 그 기관을 후진하여 사용할 때에는 다음의 구분에 따라 기적신호를 행하여야 한다.

- 침로를 오른쪽으로 변경하고 있는 경우 : 단음 1회
- 침로를 왼쪽으로 변경하고 있는 경우 : 단음 2회
- 기관을 후진하고 있는 경우 : 단음 3회

25 **다음에서 설명하는 것은?**

> 국제해상충돌방지규칙상 좁은 수로의 만곡부 부근에서 울려야 하는 신호

① 장음 1회
② 단음 1회
③ 장음 2회
④ 단음 2회

해설

조종신호와 경고신호(해사안전법 제92조)

좁은 수로 등의 굽은 부분이나 장애물 때문에 다른 선박을 볼 수 없는 수역에 접근하는 선박은 장음으로 1회의 기적신호를 울려야 한다. 이 경우 그 선박에 접근하고 있는 다른 선박이 굽은 부분의 부근이나 장애물의 뒤쪽에서 그 기적신호를 들은 경우에는 장음 1회의 기적신호를 울려 이에 응답하여야 한다.

2014년 제 3 회

과년도 기출복원문제

제1과목 항 해

01 다음 ( ) 안에 알맞은 것은?

> 액체식 자기컴퍼스는 크게 나누어 볼과 ( )로(으로) 구성되어 있다.

① 캡 ② 피 벗
③ 비너클 ④ 짐벌즈

해설
캡, 피벗, 짐벌즈는 볼의 구성요소이다.

02 자차수정용구 중 선수미 방향의 수정용 자석은 무엇인가?

① B자석 ② C자석
③ 연철구 ④ 플린더즈 바

해설
② C자석 : 정횡 분력 수정
③ 연철구(상한차 수정구) : 일시 자기의 수평력 수정
④ 플린더즈 바 : 수직 분력 수정

03 자기컴퍼스에 대한 설명으로 틀린 것은?

① 배가 경사한 때에도 자차가 변화한다.
② 같은 항구에 있는 선박의 자차는 같다.
③ 자차 측정은 기회 있을 때마다 실시한다.
④ 자차란 나침방위와 자침방위의 차이이다.

해설
선박의 구조 및 재질에 따른 선내 철기 및 자기의 영향으로 자차가 틀려진다.

04 다음 설명이 뜻하는 것은?

> 좁은 수로나 항만의 입구 등에 2~3개의 등화를 앞뒤로 설치하여 그 중시선에 의해 선박을 인도하도록 하는 것

① 부 등 ② 도 등
③ 임시등 ④ 가 등

해설
① 부등(조사등) : 위험 지점으로부터 가까운 등대에 투광기를 설치하여 그 구역을 비추어 위험을 표시
③ 임시등 : 선박 출입이 빈번하지 않은 항만, 하구 등에 출입항선이 있을 때, 선박 출입이 빈번해지는 계절에만 임시로 점등하는 등화
④ 가등 : 등대를 수리할 때 긴급조치로 가설되는 간단한 등화

05 등질에서 'F'로 표시되는 것은 무엇인가?

① 섬광등 ② 부동등
③ 호광등 ④ 명암등

해설
① 섬광등(Fl)
③ 호광등(Al)
④ 명암등(Oc)

06 암초 위에 고정적으로 설치하여 위험구역을 표시하는 것은 무엇인가?

① 육 표 ② 입 표
③ 등부표 ④ 부 표

해설
① 육상에 설치된 간단한 기둥표
③ 부표에 등광을 함께 설치한 것
④ 비교적 항행이 곤란한 장소나 항만의 유도 표지

1 ③ 2 ① 3 ② 4 ② 5 ② 6 ② 정답

07 다음 중 음향표지의 효과는?

① 모양과 색깔로 구분하며 선위결정에 이용된다.
② 주간에 암초, 사주 등의 위치를 알리고 경고한다.
③ 제한시계 시 항로표지의 위치를 알리고 경고한다.
④ 야간에 위험한 암초, 항행금지 구역 등을 알리고 경고한다.

해설
- 음향표지 : 안개, 눈 등에 의하여 시계가 나빠 육지나 등화를 발견하기 어려울 때에 선박에 항로표지의 위치를 알리거나 경고할 목적으로 설치된 표지
- ①, ② : 주간표지(형상표지)에 관한 내용
- ④ : 야간표지에 관한 내용

08 간출암을 표시하는 약기호는?

① 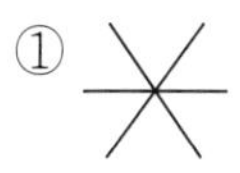
② 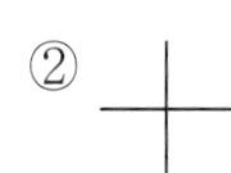
③ 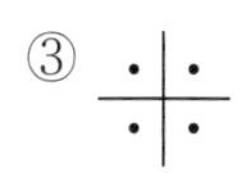
④ 

해설
② 암 암
③ 세 암
④ 침 선

09 국립해양조사원에서 행하는 해도의 개보 중에 해도번호나 표제가 바뀌는 경우는?

① 개판(New Edition)
② 재판(Reprint)
③ 신간(New Chart)
④ 보각(Supplement)

10 다음 ( ) 안에 알맞은 것은?

> 해도상에서 어느 지점의 위도를 구하려면 직각삼각자 1조나 평행자 등으로 그 지점을 지나는 ( )을 그어 해도의 왼쪽이나 오른쪽에 있는 위도의 눈금을 읽는다.

① 자오선　　② 거등권
③ 항정선　　④ 방위선

해설
위도를 구하는 방법
삼각자 또는 평행자로써 그 지점을 지나는 거등권을 긋고 해도의 왼쪽이나 오른쪽에 기입된 위도 눈금을 읽는다.

11 해도상 1해리의 거리는?

① 위도 1′의 길이　　② 위도 1°의 길이
③ 경도 1′의 길이　　④ 경도 1°의 길이

해설
지리 위도 45°에서의 1′의 길이인 1,852m를 1마일로 정하여 사용
1해리 = 1마일 = 1,852m = 위도 1′의 길이

12 다음 중 지구에서 고조가 일어나는 지점에 대한 올바른 설명은?

① 달의 바로 밑에 위치한 해면에서만 일어난다.
② 달의 오른쪽 90°에 위치한 해면에서 일어난다.
③ 달의 왼쪽 90°에 위치한 해면에서 일어난다.
④ 달의 바로 밑에 위치한 해면과 그 반대쪽 해면에서도 일어난다.

해설

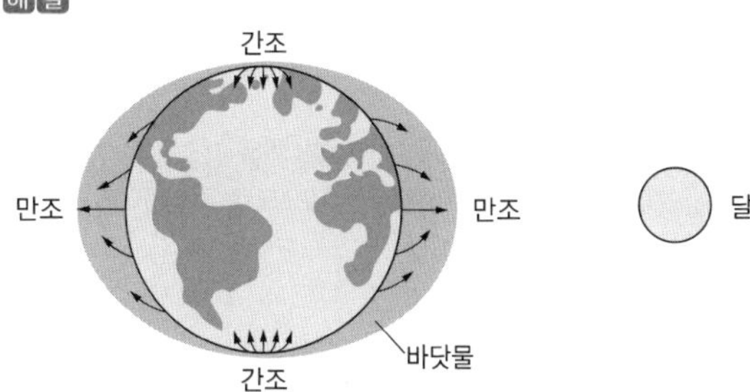

13 조석표를 이용하여 임의항만의 조시를 구하는 방법으로 적절한 것은?

① 표준항의 조시에 조시차를 부호대로 가감하여 구한다.
② 표준항의 조시에 조시차를 부호와 반대로 가감하여 구한다.
③ 표준항의 조시에 조시차를 곱하여 구한다.
④ 표준항의 조시에 조시차를 나누어 구한다.

해설
임의항만(지역)의 조석을 구하는 법
- 조시 : 표준항의 조시에 구하려고 하는 임의항만의 개정수인 조시차를 그 부호대로 가감
- 조고 : 표준항의 조고에서 표준항의 평균해면을 빼고, 그 값에 임의항만의 개정수인 조고비를 곱해서 임의항만의 평균해면을 더함

14 난류(Warm Current)는?

① 리만해류　② 오야시오해류
③ 연해주해류　④ 쿠로시오해류

해설
쿠로시오해류 : 북적도 해류로부터 분리되어 우리나라 주변을 흐르는 북태평양 해류 순환 체계의 한 부분으로 우리나라에 가장 크게 영향을 미치는 난류

15 물표가 선수미선의 오른쪽에만 있을 경우 뒤에서부터 앞으로 차례로 측정하면 선위가 편위하는 쪽은?

① 예정침로의 위쪽
② 예정침로의 아래쪽
③ 예정침로의 오른쪽
④ 예정침로의 왼쪽

해설
물표가 선수미선의 어느 한쪽에만 있을 경우 선위가 반대쪽으로(왼쪽 또는 오른쪽)으로 편위될 수 있으므로 주의하여야 한다.

16 물표가 한 개밖에 없을 때에 유용하게 사용할 수 있는 선위측정법은 어느 것인가?

① 물표의 방위에 의한 방법
② 물표의 거리에 의한 방법
③ 물표의 방위와 거리에 의한 방법
④ 중시선과 수평협각에 의한 방법

해설
물표의 방위와 거리에 의한 방법
한 물표의 방위와 거리를 동시에 측정하여 그 방위에 의한 위치선과 수평거리에 의한 위치선의 교점을 선위로 정하는 방법이며 물표가 하나밖에 없을 때 사용한다. 주로 레이더에 의해 사용된다.

17 교차방위법으로 두 물표를 관측하여 가장 정확한 선위를 구할 때는 두 물표 상호 간의 각도가 몇 °일 때인가?

① 0°　② 30°
③ 45°　④ 90°

해설
두 물표일 때는 90°, 세 물표일 때는 60° 정도가 가장 좋다.

18 다음 (　　) 안에 알맞은 것은?

> 추측위치에 대하여 조류, 해류 및 풍압차 등의 외력의 영향을 고려하여 구한 위치를 (　　)라고 한다.

① 디알(DR) 위치　② 실측위치
③ 추정위치　④ 최확위치

19 항적과 선수미선과의 교각은?

① 자 차　② 편 차
③ 풍압차　④ 나침의 오차

해설
풍압차 : 선박이 항해 중 바람이나 조류의 영향을 받아 선수미선 방향과 항적이 이루는 교각

13 ① 14 ④ 15 ④ 16 ③ 17 ④ 18 ③ 19 ③ 정답

20 경계보고나 닻줄의 방향을 보고할 때 편리하게 사용되는 방위는 무엇인가?

① 상대방위
② 진방위
③ 자침방위
④ 나침방위

해설
① 상대방위 : 자선의 선수를 0°로 하여 시계방향으로 360°까지 재거나 좌, 우현으로 180°씩 측정(견시보고나 닻줄의 방향을 보고할 때 편리하게 사용)
② 진방위 : 진자오선과 관측자 및 물표를 지나는 대권이 이루는 교각
③ 자침방위 : 자기자오선과 관측자 및 물표를 지나는 대권이 이루는 교각
④ 나침방위 : 나침의 남북선과 관측자 및 물표를 지나는 대권이 이루는 교각

21 방위표시법에서 어느 물표의 방위 310°를 90°식으로 표시한 것은 어느 것인가?

① N50°W ② N50°E
③ S130°W ④ S130°E

해설
기준을 표시하기 위해 도수 앞에 N(S)이 붙고, 잰 방향을 표시하기 위해 도수의 뒤쪽에 E(W)부호가 붙는다.
N50°W는 북을 기준으로 서쪽으로 50° 잰 것이다.

22 자침로가 003°이고 그 지점의 편차가 8°W일 때 진침로는 몇 °인가?

① 355° ② 359°
③ 003° ④ 011°

해설
나침로 → 자차 → 자침로 → 편차 → 시침로 → 풍압차 → 진침로
(E는 더하고, W는 뺀다)
- 3 − 8 = − 5
- 360 − 5 = 355

23 레이더에서 최소탐지거리에 영향을 주는 요소가 아닌 것은 무엇인가?

① 펄스 폭 ② 수평 빔 폭
③ 측 엽 ④ 수직 빔 폭

해설
최소탐지거리에 영향을 주는 요소
펄스 폭, 해면반사 및 측엽반사, 수직 빔 폭

24 레이더의 조정기 중에서 FTC의 기능은 무엇인가?

① 비, 눈 등의 반사파 억제
② 전원 스위치
③ 해면 반사파 억제
④ 초점조정

해설
① FTC : 눈, 비(우설) 등의 반사파 억제
② 보통 ON/OFF, STAND-BY로 구성
③ STC : 해면의 반사파 억제

25 레이더에서 마이크로파(극초단파)를 사용하는 이유로 틀린 것은?

① 파장이 짧을수록 전파의 직진성이 강하다.
② 파장이 짧을수록 작은 물표로부터 반사파가 강하다.
③ 파장이 짧을수록 수신감도가 양호하다.
④ 파장이 짧을수록 먼 거리를 측정할 수 있다.

해설
레이더에서 마이크로파를 사용하는 이유
- 회절이 작아 직진 양호
- 정확한 거리 측정 가능
- 물체탐지 및 측정 수월
- 수신감도가 좋음
- 지향성이 양호하여 방위 분해능을 높임
- 최소탐지거리가 짧음

정답 20 ① 21 ① 22 ① 23 ② 24 ① 25 ④

제2과목 운 용

01 선박을 접안시키거나 타선에 접선시킬 때 충격을 방지하기 위한 기구는 어느 것인가?

① 펜 더　② 스토퍼
③ 히빙라인　④ 롤러초크

해설
① 펜더 : 선박을 접안시키거나 타선에 접선시킬 때 충격을 방지하기 위한 기기
② 스토퍼 : 계선줄을 일시적으로 붙잡아 두는 기기
③ 히빙라인 : 계선줄을 내보내기 위해 미리 내주는 줄

02 초단파를 이용한 근거리용 통신수단이며, 선박 상호 간 또는 출입항 시 선박과 항만관제소 간의 교신에 이용되는 통신설비는?

① 팩시밀리
② 무선전신
③ 무선전화(VHF)
④ 발광신호

해설
① 팩시밀리 : 전송 사진의 원리에 의해 일기도, 뉴스, 도면, 서류 등을 수신
② 무선전신 : 중파 또는 단파용 송수신기에 의해 모스부호로 교신
④ 발광신호 : 발광신호 등을 모스부호에 따라 명멸시키며 교신

03 SOLAS 협약에서 조타장치는 한쪽 현 타각 35°에서 다른 쪽 현 타각 30°까지 회전시키는 데 몇 초 이내이어야 하는가?

① 10초　② 18초
③ 28초　④ 35초

해설
SOLAS 협약에서는 조타장치의 동작속도를 최대 흘수 및 최대 항해 전진속력에서 한쪽 현 타각 35°에서 다른 쪽 현 타각 30°까지 회전시키는 데 28초 이내이어야 한다고 규정하고 있다.

04 선체 철판 중 가장 두꺼운 철판은 어느 것인가?

① 현측 후판　② 선루 외판
③ 선측 외판　④ 선저 외판

해설
현측 후판 : 강력 갑판인 상갑판의 현측 최상부의 외판으로, 가장 두꺼운 외판이다.

05 다음에서 설명하는 검사에 해당하는 것은?

> 여객선 및 길이 24m 이상의 선박은 선체, 기관 및 조타설비 계선 및 양묘설비의 설계 및 공사에 대하여, 만재흘수선 표시를 필요로 하는 선박은 만재흘수선에 대하여 선박건조를 시작한 때부터 검사를 받는다.

① 임시검사　② 건조검사
③ 정기검사　④ 특수선검사

06 계선줄 중 선수에서 앞쪽으로 내어 선체가 뒤쪽으로 이동하는 것을 억제하는 계선줄은 어느 것인가?

① 선미줄　② 선수줄
③ 선수 옆줄　④ 선수 뒷줄

해설
① 선미줄 : 선체가 앞쪽으로 움직이는 것을 막는 역할
③ 선수 옆줄 : 선체를 부두에 붙어 있도록 하여 횡방향의 이동을 억제하는 역할
④ 선수 뒷줄 : 선미줄과 마찬가지로 선체가 전방으로 움직이는 것을 막는 역할

07 조파저항에 대한 설명으로 틀린 것은?

① 고속으로 항주하면 큰 파가 발생한다.
② 조파저항을 줄이기 위해 선수를 구상선수로 한다.
③ 수면상부의 선체 및 갑판 상부의 구조물에 의해서 발생하는 경우도 있다.
④ 선체가 수면 위를 항주하면 선수미 부근의 압력이 높아지고 중앙부에는 압력이 낮아진다.

1 ① 2 ③ 3 ③ 4 ① 5 ② 6 ② 7 ③ 정답

해설

조파저항

선박이 수면 위를 항주하면 선수미 부근의 압력이 높아져서 수면이 높아지고, 중앙부에는 압력이 낮아져서 수면이 낮아지므로 파가 생긴다. 이로 인하여 발생하는 저항을 조파저항이라고 한다. 배의 속력이 커지면 조파저항이 커지며, 조파저항을 줄이기 위해 선수의 형태를 구상선수로 많이 하고 있다.

08 정지 중인 선박에 전진전속을 발동하여 소정의 속력에 달할 때까지의 타력은?

① 정지타력 ② 발동타력
③ 회두타력 ④ 반전타력

해설

① 정지타력 : 전진 중인 선박에 기관정지를 명령하여 선체가 정지할 때까지의 타력이다.
③ 회두타력 : 변침할 때의 변침회두타력과, 변침을 끝내고 일정한 침로상에 정침할 때의 정침회두타력이 있다.
④ 반전타력 : 전진 전속 항주 중 기관을 후진 전속으로 걸어서 선체가 정지할 때까지의 타력이다.

09 부두 밑으로 물이 자유로이 흐르고, 해안에서 거의 직각으로 축조된 계선장은 무엇인가?

① 안벽(Quay) ② 돌제(Jetty)
③ 잔교(Pier) ④ 에스비엠(SBM)

해설

① 안벽 : 배를 접안시킬 목적으로 해안이나 강가를 따라서 콘크리트로 쌓아올린 시설물로 하부로는 물이 유통하지 않는다.
④ 에스비엠(SBM) : 싱글 부이 무어링(Single Buoy Mooring)의 약어로 대형 유조선 같이 직접 접안하기 어려운 곳에서 바다 가운데 무어링 부이를 설치하고 육상으로부터 송유관을 부이에 연결하여 적·양하 작업을 할 수 있도록 한 설비를 말한다.

10 황천피항 항법으로 틀린 것은?

① 히브 투(Heave to)
② 라이 투(Lie to)
③ 슬래밍(Slamming)
④ 스커딩(Scudding)

해설

황천으로 항행이 곤란할 때의 선박 운용
- 거주(Heave to)
- 순주(Scudding)
- 표주(Lie to)
- 진파기름(Storm Oil) 살포

11 예항 중의 주의사항이 아닌 것은?

① 감속 및 가속은 서서히 행한다.
② 한꺼번에 20° 이상의 변침은 피한다.
③ 예인줄에 급격한 장력이 미치지 않게 조선한다.
④ 황천을 만나면 파랑을 정선수에 받도록 조선한다.

12 조류가 빠른 좁은 수로 통항 시 유의하여야 할 사항으로 틀린 것은?

① 통항 시기는 조류가 약한 때를 택한다.
② 순조 때보다 역조 때가 키 사용이 용이하다.
③ 선수미선과 조류의 방향이 되도록이면 일치하지 않는 것이 좋다.
④ 수로의 폭이 좁고 굴곡이 심하기 때문에 철저한 경계를 유지한다.

해설

협수로에서의 선박 운용
- 선수미선과 조류의 유선이 일치하도록 조종하고, 회두 시 소각도로 여러 차례 변침한다.
- 기관사용 및 앵커 투하 준비상태를 계속 유지하면서 항행한다.
- 역조 때에는 정침이 잘되나 순조 때에는 정침이 어려우므로 타효가 잘 나타나는 안전한 속력을 유지하도록 한다.
- 순조 시에는 대략 유속보다 3노트 정도 빠른 속력을 유지하도록 한다.
- 협수로의 중앙을 벗어나면 육안 영향에 의한 선체 회두를 고려한다.
- 좁은 수로에서는 원칙적으로 추월이 금지되어 있다.
- 통항시기는 게류 시나 조류가 약한 때를 택한다.

정답 8 ② 9 ③ 10 ③ 11 ④ 12 ③

13 **선박이 안개 속에서 항내를 항해할 때 유의해야 할 사항은?**

① 최대의 속력으로 항진한다.
② 경계는 좌우보다는 선수 쪽으로만 한다.
③ 간격 없이 계속하여 음향신호를 낸다.
④ 조타 가능한 최소속력으로 감속한다.

해설
협시계 항행 시의 주의사항
- 기관은 항상 사용할 수 있도록 스탠드 바이 상태로 준비하고, 안전한 속력으로 항행한다.
- 레이더를 최대한 활용한다.
- 이용 가능한 모든 수단을 동원하여 엄중한 경계를 유지한다.
- 경계의 효과 및 타선의 무중 신호를 조기에 듣기 위하여 선내 정숙을 기한다.
- 적절한 항해등을 점등하고, 필요 외의 조명등은 규제한다.
- 일정한 간격으로 선위를 확인하고, 측심기를 작동시켜 수심을 계속 확인한다.
- 수심이 낮은 해역에서는 필요시 즉시 사용가능하도록 앵커 투하를 준비한다.

14 **선박의 유동수의 영향에 대한 설명으로 거리가 먼 것은?**

① 복원력에 영향을 미친다.
② 복원력 감소 효과가 나타난다.
③ 무게중심을 상승시키는 효과가 나타난다.
④ 해수, 청수 등의 액체가 탱크 내에 충만되었을 때 생긴다.

해설
유동수의 영향을 없애기 위해서는 탱크를 가득 채우거나 완전히 비우면 된다.

15 **선박에 화물 1,000톤을 다음과 같이 적재하였다. 복원력이 가장 작게 되는 것은?**

① 하창에 적재
② 중갑판에 적재
③ 상갑판에 적재
④ 하창과 중갑판에 등분하여 적재

해설
상갑판에 화물을 적재할 경우 무게중심이 상승하여 복원력이 감소한다.

16 **항해당직 중 충돌위험성 판단을 위한 조치에 대한 설명으로 가장 거리가 먼 것은?**

① 주변에 있는 선박들의 움직임을 관찰한다.
② 접근하는 선박의 상대방위 변화를 자주 살핀다.
③ 가능한 때는 언제나 레이더플로팅을 한다.
④ 상대방위변화가 뚜렷한 거대선은 일단 충돌 위험이 없는 것으로 본다.

17 **안개로 인하여 시정이 제한된 경우 당직항해사로서 취할 조치로 옳은 것은?**

① 수심과 흘수를 조사한다.
② 규정된 무중신호를 울린다.
③ 컴퍼스의 오차를 측정한다.
④ 움직일 수 있는 물체를 잘 묶어둔다.

해설
시정이 제한될 시
- 당직사관은 무중신호를 울리고 적당한 속력으로 항해한다.
- 선장에게 사항을 보고한다.
- 견시와 조타수를 배치하고, 선박이 폭주하는 해역에서는 즉각 수동조타로 바꾼다.
- 항해등을 켠다.
- 레이더를 작동하고 사용한다.

18 **항해당직사관이 유념해야 할 레이더 사용 요령에 대한 설명으로 틀린 것은?**

① 레이더상에서 움직이는 물표를 발견하였을 경우 쌍안경을 이용하여 육안으로 관찰하는 것이 좋다.
② 항로 주변에 어선 등 타선이 많을 경우 큰 탐지거리에 고정시켜 두고 계속 주위를 살피는 것이 좋다.
③ 레이더 사용 시에는 레이더의 한계에 대해 주의하여야 한다.
④ 항해 중인 타선에 대해서는 레이더플로팅 등에 의해 움직임을 체계적으로 관찰한다.

13 ④ 14 ④ 15 ③ 16 ④ 17 ② 18 ② 정답

해설
항로 주변에 타선이 많은 경우 탐지거리를 적절히 조절하여 안전항해에 만전을 기한다.

19 다음 중 기압의 일교차에 대한 옳은 설명은?

① 저위도보다 고위도가 크다.
② 겨울철보다 여름철이 크다.
③ 맑은 날보다 흐린 날이 크다.
④ 약한 바람이 불 때보다 강한 바람이 불 때가 크다.

20 우리나라의 계절 중 황사가 가장 빈번한 때는?

① 봄 ② 여 름
③ 가 을 ④ 겨 울

해설
양쯔강기단
양쯔강 유역에서 형성되는 온난 건조한 대륙성 열대기단이다. 이동성 고기압의 형태로 날씨 변화가 심하며, 특히 봄철 강한 편서풍을 타고 오는 황사로 인해 피해를 준다.

21 1마력(PS)은?

① 10kgf · m/s ② 100kgf · m/s
③ 7.5kgf · m/s ④ 75kgf · m/s

22 다음 중 선내 화재발생 시 취해야 할 조치로 틀린 것은?

① 가연성 물질의 이동
② 통풍구의 개방
③ 상황에 따라 전기차단
④ 인명구조

해설
화재발생 시의 조치
- 화재구역의 통풍과 전기를 차단한다.
- 어떤 물질이 타고 있는지를 알아내고 적절한 소화방법을 강구한다.
- 소화 작업자의 안전에 유의하여 위험한 가스가 있는지 확인하고 호흡구를 준비한다.
- 모든 소화기구를 집결하여 적절히 진화한다.
- 작업자를 구출할 준비를 하고 대기한다.
- 불이 확산되지 않도록 인접한 격벽에 물을 뿌리거나 가연성 물질을 제거한다.

23 둔기로 맞거나 딱딱한 곳에 떨어져 생기는 상처는?

① 자 상
② 절 상
③ 둔 상
④ 타박상

해설
④ 타박상 : 둔기로 맞거나 딱딱한 곳에 떨어져 생기는 상처를 말한다.
① 자상 : 바늘이나 못, 송곳 등과 같은 뾰족한 물건에 찔린 상처를 말한다.
② 절상 : 칼이나 유리 등의 날카로운 물건에 의하여 베인 상처를 말한다.

24 수색을 실시할 때의 조치가 아닌 것은?

① 조난 주파수를 계속 청취한다.
② 레이더를 병용하여 효과를 높인다.
③ 수색 속력은 통상 가장 빠른 선박의 최대속력을 유지한다.
④ 수색 선박 간의 간격은 지침서에 정해진 대로 따라야 한다.

해설
수색 선박 간의 간격은 지침서에 정해진 대로 따라야 하고, 속력은 동일한 속력을 유지한다.

정답 19 ② 20 ① 21 ④ 22 ② 23 ④ 24 ③

25 다음에서 설명하고 있는 것은?

> 국제신호서에 규정된 1문자신호 중 '본선을 피하라, 본선은 조종이 곤란하다.'의 뜻을 가진 기

① F기　② A기
③ D기　④ K기

해설

D	나를 피하라(조종이 자유롭지 않다)	

제3과목 법규

01 선박의 입항 및 출항 등에 관한 법률상 입출항신고를 하여야 하는 선박 총톤수의 기준은 몇 톤인가?

① 5톤 이상　② 10톤 이상
③ 15톤 이상　④ 20톤 이상

해설
출입 신고(선박의 입항 및 출항 등에 관한 법률 제4조)
무역항의 수상구역 등에 출입하려는 선박의 선장은 대통령령으로 정하는 바에 따라 해양수산부장관에게 신고하여야 한다. 다만, 다음의 선박은 출입 신고를 하지 아니할 수 있다.
- 총톤수 5톤 미만의 선박
- 해양사고구조에 사용되는 선박
- 수상레저기구 중 국내항 간을 운항하는 모터보트 및 동력요트

02 무역항의 수상구역 등에서 항행할 경우 다른 선박이 자신의 진로를 피하여야 하는 선박에 해당하는 것은?

① 여객선　② 위험물운송선박
③ 어 선　④ 우선피항선

해설
항로에서의 항법(선박의 입항 및 출항 등에 관한 법률 제12조)
모든 선박은 항로를 항행하는 위험물운송선박 또는 흘수제약선의 진로를 방해하지 아니하여야 한다.

03 선박안전법상 여객선이란 몇 명 이상의 여객을 운송할 수 있는 선박인가?

① 5인　② 6인
③ 10인　④ 13인

해설
정의(선박안전법 제2조)
여객선이란 13인 이상의 여객을 운송할 수 있는 선박을 말한다.

04 선박안전법상 정기검사에 대한 설명이 아닌 것은?

① 선박을 최초로 항행에 사용할 때 받는다.
② 선박 검사증서의 유효기간이 만료되었을 때 받는다.
③ 가장 정밀한 검사이다.
④ 4년마다 실시한다.

해설
정기검사(선박안전법 제8조)
선박소유자는 선박을 최초로 항해에 사용하는 때 또는 선박검사증서의 유효기간이 만료된 때에는 선박시설과 만재흘수선에 대하여 해양수산부령이 정하는 바에 따라 해양수산부장관의 검사를 받아야 한다.
선박검사증서 및 국제협약검사증서의 유효기간 등(선박안전법 제16조)
선박검사증서 및 국제협약검사증서의 유효기간은 5년 이내의 범위에서 대통령령으로 정한다.

05 다음 내용 중 해양환경관리법의 적용범위에 해당하는 것을 모두 고르면?

> ㉠ 대한민국 영해 내의 해양오염
> ㉡ 해저광구의 개발과 관련하여 발생한 해양오염
> ㉢ 방사성 물질에 의한 해양오염
> ㉣ 대한민국 선박에 의한 대기오염

① ㉠, ㉡, ㉢
② ㉠, ㉢, ㉣
③ ㉠, ㉡, ㉣
④ ㉠, ㉡, ㉢, ㉣

25 ③ / 1 ① 2 ② 3 ④ 4 ④ 5 ③ 정답

해설

적용범위(해양환경관리법 제3조)

① 이 법은 다음의 해역·수역·구역 및 선박·해양시설 등에서의 해양환경관리에 관하여 적용한다. 다만, 방사성 물질과 관련한 해양환경관리(연구·학술 또는 정책수립 목적 등을 위한 조사는 제외한다) 및 해양오염방지에 대하여는 원자력안전법이 정하는 바에 따른다.
1. 영해 및 대통령령이 정하는 해역
2. 배타적 경제수역
3. 환경관리해역
4. 해저광구

② ① 각 호의 해역·수역·구역 밖에서 선박법에 따른 대한민국 선박에 의하여 행하여진 해양오염의 방지에 관하여는 이 법을 적용한다.

③ 대한민국 외의 선박(외국선박)이 ① 각 호의 해역·수역·구역 안에서 항해 또는 정박하고 있는 경우에는 이 법을 적용한다.

06 유조선의 화물창에서 화물유가 섞인 선박평형수 배출을 허용하는 조건으로 틀린 것은?

① 배출되는 기름의 유분이 100ppm 이상일 것
② 기름의 순간 배출률이 1해리당 30L 이하일 것
③ 선박이 항해 중일 것
④ 유조선이 영해 기선으로부터 50해리 이상 떨어질 것

해설

화물유가 섞인 선박평형수, 세정수, 선저폐수의 배출기준 등(선박에서의 오염방지에 관한 규칙 [별표 4])

- 화물유가 섞인 선박평형수, 세정수, 선저폐수의 배출기준
  - 항해 중에 배출할 것
  - 기름의 순간 배출률이 1해리당 30L 이하일 것
  - 1회의 항해 중(선박평형수를 실은 후 그 배출을 완료할 때까지를 말한다)의 배출총량이 그 전에 실은 화물총량의 3만분의 1(1979년 12월 31일 이전에 인도된 선박으로서 유조선의 경우에는 1만5천분의 1) 이하일 것
  - 기선으로부터 50해리 이상 떨어진 곳에서 배출할 것
  - 기름오염방지설비의 작동 중에 배출할 것
- 선박평형수의 세정도
  - 정지 중인 유조선의 화물창으로부터 청명한 날 맑고 평온한 해양에 선박평형수를 배출하는 경우에는 눈으로 볼 수 있는 유막이 해면 또는 인접한 해안선에 생기지 아니하거나 유성찌꺼기(Sludge) 또는 유성혼합물이 수중 또는 인접한 해안선에 생기지 아니하도록 화물창이 세정되어 있을 것
  - 선박평형수용 기름배출감시제어장치 또는 평형수농도감시장치를 통하여 선박평형수를 배출하는 경우에는 해당 장치로 측정된 배출액의 유분함유량이 0.0015%(15ppm)를 초과하지 아니할 것

07 해사안전법상 항해 중인 선박의 항법상의 진로우선권을 나타낸 것으로 틀린 것은?

① 동력선은 조종불능선의 진로를 피해야 한다.
② 조종제한선은 범선의 진로를 피해야 한다.
③ 어로에 종사하고 있는 선박은 조종불능선의 진로를 피해야 한다.
④ 범선은 흘수제약선의 진로를 피해야 한다.

해설

선박 사이의 책무(해사안전법 제76조)

- 항행 중인 동력선은 다음에 따른 선박의 진로를 피하여야 한다.
  - 조종불능선
  - 조종제한선
  - 어로에 종사하고 있는 선박
  - 범 선
- 항행 중인 범선은 다음에 따른 선박의 진로를 피하여야 한다.
  - 조종불능선
  - 조종제한선
  - 어로에 종사하고 있는 선박
- 어로에 종사하고 있는 선박 중 항행 중인 선박은 될 수 있으면 다음에 따른 선박의 진로를 피하여야 한다.
  - 조종불능선
  - 조종제한선
- 조종불능선이나 조종제한선이 아닌 선박은 부득이하다고 인정하는 경우 외에는 흘수제약선에 따른 등화나 형상물을 표시하고 있는 흘수제약선의 통항을 방해하여서는 아니 된다.
- 수상항공기는 될 수 있으면 모든 선박으로부터 충분히 떨어져서 선박의 통항을 방해하지 아니하도록 하되, 충돌할 위험이 있는 경우에는 이 법에서 정하는 바에 따라야 한다.
- 수면비행선박은 선박의 통항을 방해하지 아니하도록 모든 선박으로부터 충분히 떨어져서 비행(이륙 및 착륙을 포함한다. 이하 같다)하여야 한다. 다만, 수면에서 항행하는 때에는 이 법에서 정하는 동력선의 항법을 따라야 한다.

08 해사안전법상 여객선(어선을 포함) 외의 선박이 시정 0.5킬로미터(km) 이내가 될 경우 선박출항통제에 해당하는 선박이 아닌 것은?

① 향도선이 배치되어 있는 위험화물운반선
② 향도선이 없는 화물을 적재한 유조선
③ 향도선이 없는 화물을 적재한 가스운반선
④ 향도선이 없는 화물을 적재한 화학제품운반선

정답 6 ① 7 ② 8 ①

해설

선박출항통제의 기준 및 절차(해사안전법 시행규칙 [별표 10])

<table>
<tr><th colspan="2">기상상태</th><th>출항통제선박</th></tr>
<tr><td colspan="2">풍랑 · 폭풍
해일주의보</td><td>• 평수구역 밖을 운항하는 선박 중 총톤수 250톤 미만으로서 길이 35m 미만의 국제항해에 종사하지 않는 선박
• 국제항해에 종사하는 예부선 결합선박
• 수면비행선박(여객용 수면비행선박은 제외한다)</td></tr>
<tr><td colspan="2">풍랑 · 폭풍
해일경보</td><td>• 총톤수 1,000톤 미만으로서 길이 63m 미만의 국제항해에 종사하지 않는 선박
• 국제항해에 종사하는 예부선 결합선박</td></tr>
<tr><td colspan="2">태풍주의보 및 경보</td><td>• 총톤수 7,000톤 미만의 국제항해에 종사하지 않는 선박
• 국제항해에 종사하는 예부선 결합선박</td></tr>
<tr><td rowspan="2">시
계
제
한
시</td><td>시정
0.5km 이내</td><td>• 화물을 적재한 유조선 · 가스운반선 또는 화학제품운반선(향도선을 활용하는 경우는 제외한다)
• 레이더 및 초단파 무선전화(VHF) 통신설비를 갖추지 않은 선박</td></tr>
<tr><td>시정
11km 이내</td><td>수면비행선박(여객용 수면비행선박은 제외한다)</td></tr>
</table>

09 다음 중 '항행 중'에 해당되는 선박은?

① 육지에 계류하고 있는 선박
② 대수속력은 있으나 기관을 정지한 선박
③ 정박하고 있는 선박
④ 얹혀 있는 선박

해설

정의(해사안전법 제2조)

항행 중이란 선박이 다음의 어느 하나에 해당하지 아니하는 상태를 말한다.

- 정 박
- 항만의 안벽 등 계류시설에 매어 놓은 상태(계선부표나 정박하고 있는 선박에 매어 놓은 경우를 포함한다)
- 얹혀 있는 상태

10 다음 중 상대선과 충돌을 피하기 위한 조치로서 옳지 못한 것은?

① 침로를 상대가 알아볼 수 있도록 크게 변경한다.
② 위험이 오기 전에 미리 동작을 취한다.
③ 되도록 넓은 수역에서 변침한다.
④ 변침을 소각도로 조금씩 실시한다.

해설

충돌을 피하기 위한 동작(해사안전법 제66조)

선박은 넓은 수역에서 충돌을 피하기 위하여 침로를 변경하는 경우에는 적절한 시기에 큰 각도로 침로를 변경하여야 하며, 그에 따라 다른 선박에 접근하지 아니하도록 하여야 한다.

11 다음 중 좁은 수로 등에서 정박의 제한이 면제되는 선박은 어느 것인가?

① 조난구조선　　② 어로작업선
③ 대형유조선　　④ 예인선

해설

좁은 수로 등(해사안전법 제67조)

선박은 좁은 수로 등에서 정박(정박 중인 선박에 매어 있는 것을 포함한다)을 하여서는 아니 된다. 다만, 해양사고를 피하거나 인명이나 그 밖의 선박을 구조하기 위하여 부득이하다고 인정되는 경우에는 그러하지 아니하다.

12 좁은 수로에서의 추월행위에 대한 설명으로 적절한 것은?

① 추월당하는 선박이 동의하면 추월할 수 있다.
② 위험하기 때문에 추월할 수 없다.
③ 길이 20m 이상의 선박만 추월할 수 있다.
④ 추월 동의 신호는 장음, 단음, 단음이다.

해설

좁은 수로 등(해사안전법 제67조)

추월선은 좁은 수로 등에서 추월당하는 선박이 추월선을 안전하게 통과시키기 위한 동작을 취하지 아니하면 추월할 수 없는 경우에는 기적신호를 하여 추월하겠다는 의사를 나타내야 한다. 이 경우 추월당하는 선박은 그 의도에 동의하면 기적신호를 하여 그 의사를 표현하고, 추월선을 안전하게 통과시키기 위한 동작을 취하여야 한다.

9 ② 10 ④ 11 ① 12 ① 정답

13 좁은 수로에서는 실행 가능한 한 항행해야 하는 방향은 어느 쪽인가?

① 항로의 중앙부　② 항로의 우현쪽
③ 항로의 좌현쪽　④ 항로의 가장 깊은 부분

해설
좁은 수로 등(해사안전법 제67조)
좁은 수로나 항로(좁은 수로 등)를 따라 항행하는 선박은 항행의 안전을 고려하여 될 수 있으면 좁은 수로 등의 오른편 끝 쪽에서 항행하여야 한다.

14 다음 ( ) 안에 알맞은 것은?

> 국제해상충돌방지규칙상 각 범선이 다른 현에 바람을 받는 경우에는 ( )에서 바람을 받는 범선이, 서로 같은 현에서 바람을 받는 경우에는 ( ) 범선이 진로를 피하여야 한다.

① 우현, 풍하측　② 우현, 풍상측
③ 좌현, 풍상측　④ 좌현, 풍하측

해설
범선(해사안전법 제70조)
2척의 범선이 서로 접근하여 충돌할 위험이 있는 경우에는 다음에 따른 항행방법에 따라 항행하여야 한다.
- 각 범선이 다른 쪽 현에 바람을 받고 있는 경우에는 좌현에 바람을 받고 있는 범선이 다른 범선의 진로를 피하여야 한다.
- 두 범선이 서로 같은 현에 바람을 받고 있는 경우에는 바람이 불어오는 쪽의 범선이 바람이 불어가는 쪽의 범선의 진로를 피하여야 한다.
- 좌현에 바람을 받고 있는 범선은 바람이 불어오는 쪽에 있는 다른 범선을 본 경우로서 그 범선이 바람을 좌우 어느 쪽에 받고 있는지 확인할 수 없는 때에는 그 범선의 진로를 피하여야 한다.

15 통항분리방식을 이용하는 선박에 대한 국제해상충돌방지규칙의 규정으로 틀린 것은?

① 통항로의 일반적인 교통 방향을 따라서 진행하여야 한다.
② 가능한 한 통항분리선에 가깝게 항해하여야 한다.
③ 통항로를 횡단할 경우에는 일반적인 교통 방향에 대해서 가능한 한 직각에 가깝게 횡단하여야 한다.
④ 어로에 종사 중인 선박은 통항로를 따라 진행하는 선박의 통항을 방해하여서는 안 된다.

해설
통항분리제도(해사안전법 제68조)
선박이 통항분리수역을 항행하는 경우에는 다음의 사항을 준수하여야 한다.
- 통항로 안에서는 정하여진 진행방향으로 항행할 것
- 분리선이나 분리대에서 될 수 있으면 떨어져서 항행할 것
- 통항로의 출입구를 통하여 출입하는 것을 원칙으로 하되, 통항로의 옆쪽으로 출입하는 경우에는 그 통항로에 대하여 정하여진 선박의 진행방향에 대하여 될 수 있으면 작은 각도로 출입할 것

16 다음 ( ) 안에 적절한 것은?

> 국제해상충돌방지규칙상 통항분리방식에서 길이 ( )의 선박은 통항로를 따라 항행하는 다른 선박의 항행을 방해하여서는 안 된다.

① 20m 미만　② 30m 미만
③ 40m 미만　④ 50m 이상

해설
통항분리제도(해사안전법 제68조)
길이 20m 미만의 선박이나 범선은 통항로를 따라 항행하고 있는 다른 선박의 항행을 방해하여서는 아니 된다.

17 통항분리방식에서 통항로를 따라 항행하는 다른 선박의 항행을 방해하여서는 안 되는 선박은 어느 것인가?

① 여객선　② 컨테이너선
③ 범 선　④ 자동차 운반선

해설
통항분리제도(해사안전법 제68조)
길이 20m 미만의 선박이나 범선은 통항로를 따라 항행하고 있는 다른 선박의 항행을 방해하여서는 아니 된다.

정답 13 ② 14 ③ 15 ② 16 ① 17 ③

18 동력선이 항행 중 서로 시계 내에서 마주치는 경우의 항법으로 옳은 것은?

① 각각 좌현으로 변침한다.
② 각각 우현으로 변침한다.
③ 한 선박이 좌현으로 변침한다.
④ 한 선박은 좌현으로 한 선박은 우현으로 변침한다.

해설
마주치는 상태(해사안전법 제72조)
2척의 동력선이 마주치거나 거의 마주치게 되어 충돌의 위험이 있을 때에는 각 동력선은 서로 다른 선박의 좌현쪽을 지나갈 수 있도록 침로를 우현쪽으로 변경하여야 한다.

19 국제해상충돌방지규칙의 규정에 따라서 서로 시계 내에서 범선과 동력선이 서로 마주치는 경우의 항법은?

① 각각 좌현 변침한다.
② 각각 우현 변침한다.
③ 동력선이 피항선이다.
④ 동력선은 우현으로 범선은 풍하측으로 변침한다.

해설
선박 사이의 책무(해사안전법 제76조)
항행 중인 동력선은 다음에 따른 선박의 진로를 피하여야 한다.
• 조종불능선
• 조종제한선
• 어로에 종사하고 있는 선박
• 범 선

20 항로쪽으로 돌출되어 있는 안벽에 계류 중인 선박이 있다. 안개가 짙게 끼었을 때 국제해상충돌방지규칙에 따라 이 선박이 취할 적절한 조치는?

① 경계원을 선수, 선미에 배치하고 기관사용 준비를 한다.
② 경계원을 선수, 선미에 배치하고 정박등을 점등한다.
③ 경계원을 선수, 선미에 배치하고 정박선의 무중신호를 한다.
④ 경계원을 선수, 선미에 배치하고 발광신호를 한다.

해설
제한된 시계 안에서의 음향신호(해사안전법 제93조)
시계가 제한된 수역이나 그 부근에 있는 정박 중인 선박은 밤낮에 관계없이 1분을 넘지 아니하는 간격으로 5초 정도 재빨리 호종을 울려야 한다.

21 국제해상충돌방지규칙상 형상물 사이 수직거리의 최소간격은 몇 m인가?

① 0.6m ② 1.0m
③ 1.5m ④ 3.0m

해설
형상물 사이의 수직거리는 최소 1.5m가 필요하다.

22 국제해상충돌방지규칙상 등화와 형상물에 관한 규정이 적용되는 시기는 언제인가?

① 악천후 시의 야간과 주간
② 모든 날씨
③ 야간 및 제한된 시계
④ 주간 및 제한된 시계

해설
적용(해사안전법 제78조)
등화와 형상물은 모든 날씨에서 적용한다.

23 다음 중 삼색등의 색의 종류는?

① 홍색, 녹색, 백색
② 청색, 황색, 흑색
③ 백색, 청색, 녹색
④ 녹색, 황색, 흑색

해설
등화의 종류(해사안전법 제79조)
삼색등 : 선수와 선미의 중심선상에 설치된 붉은색 · 녹색 · 흰색으로 구성된 등으로서 그 붉은색 · 녹색 · 흰색의 부분이 각각 현등의 붉은색 등과 녹색등 및 선미등과 같은 특성을 가진 등

18 ② 19 ③ 20 ③ 21 ③ 22 ② 23 ① 정답

24 국제해상충돌방지규칙상 그림과 같은 신호기를 올려야 하는 경우는 언제인가?

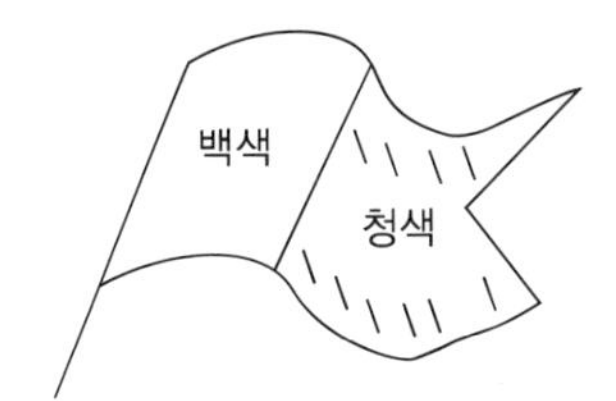

① 운전 부자유선이 항행 중일 때
② 어선이 어로작업 중인 때
③ 조난을 당한 때
④ 잠수작업 중인 때

해설
조종불능선과 조종제한선(해사안전법 제85조)
잠수작업에 종사하고 있는 선박이 그 크기로 인하여 등화와 형상물을 표시할 수 없으면 다음의 표시를 하여야 한다.
- 가장 잘 보이는 곳에 수직으로 위쪽과 아래쪽에는 붉은색 전주등, 가운데에는 흰색 전주등 각 1개
- 국제해사기구가 정한 국제신호서 에이(A)기의 모사판을 1m 이상의 높이로 하여 사방에서 볼 수 있도록 표시

A	나는 잠수부를 내렸다.	

25 다음 중 얹혀 있는 선박이 표시해야 할 등화 또는 형상물로 틀린 것은?

① 정박등
② 수직선상에 홍색의 전주등 2개
③ 마름모꼴의 형상물 1개
④ 수직선상에 구형의 형상물 3개

해설
정박선과 얹혀 있는 선박(해사안전법 제88조)
얹혀 있는 선박(좌초선)은 정박 중에 따른 등화를 표시하여야 하며, 이에 덧붙여 가장 잘 보이는 곳에 다음의 등화나 형상물을 표시하여야 한다.
- 수직으로 붉은색의 전주등 2개
- 수직으로 구형의 형상물 3개

2014년 제4회 과년도 기출복원문제

제1과목 항 해

01 다음 중 편차의 설명이 아닌 것은?

① 진자오선과 자기자오선과의 교각이다.
② 같은 장소라도 시일의 경과에 따라 다르다.
③ 자북이 진북의 왼편에 있으면 편서 편차이다.
④ 지구표면상에서 그 값은 일정하다.

해설
지자기의 극은 고정되어 있지 않고 진극의 중심으로 이동하기 때문에 변하며, 연간변화량은 해도의 나침도에 기재되어 있다.

02 자기컴퍼스에서 자차가 변하는 원인으로 틀린 것은?

① 선수방위가 변할 때
② 태양광선에 노출 시
③ 철재화물의 이동 시
④ 선체 경사 시

03 편차는 해도에 수록되어 있어 필요시 이 값을 이용하여 수정하면 되는데, 편차가 기재되어 있는 것은?

① 해류도
② 방위환
③ 지방자기
④ 나침도

해설
나침도에는 지자기에 따른 자침 편차와 1년간의 변화량인 연차가 함께 기재되어 있다.

04 다음 중 명암등의 기호는?

① Oc　② Fl
③ F　④ Al

해설
② 섬광등
③ 부동등
④ 호광등

05 다음에서 설명하는 것은?

> 등대와 함께 가장 널리 쓰이고 있는 야간표지로서 암초 등의 위험을 알리거나 항행을 금지하는 지점을 표시하기 위하여 또는 항구입구, 폭 및 변침점 등을 표시하기 위하여 설치하는 것

① 등 표　② 등 주
③ 등부표　④ 등 선

해설
등부표
• 등대와 함께 가장 널리 쓰이고 있는 야간표지
• 암초, 항해금지구역, 항로의 입구, 폭 및 변침점 등을 표시하기 위하여 설치
• 해저에 체인으로 연결되어 일정한 선회반지름을 가지고 이동
• 파랑이나 조류에 의해 위치 이동 및 유실에 주의

06 다음에서 설명하는 것은?

> 통항이 곤란한 좁은 수로, 항만입구 등에서 안전항로의 연장선 위에 높고 낮은 2~3개의 등화를 앞, 뒤에 설치하여 그들의 중시선에 의해 선박을 인도하는 것

① 조사등　② 지향등
③ 섬광등　④ 도 등

정답 1 ④ 2 ② 3 ④ 4 ① 5 ③ 6 ④

해설
① 부등(조사등) : 위험 지점으로부터 가까운 등대에 투광기를 설치하여 그 구역을 비추어 위험을 표시
② 지향등 : 통항이 곤란한 좁은 수로, 항구, 만 입구 등에서 안전한 항로를 알려 주기 위하여 항로 연장선상의 육지에 설치한 분호등
③ 섬광등(Fl) : 빛을 비추는 시간이 꺼져 있는 시간보다 짧은 것으로, 일정한 간격으로 섬등을 내는 등

07 해면에 떠 있는 구조물로서 항행이 곤란한 항로나 항만의 유도표지로 주간에만 사용되는 것은 무엇인가?

① 입 표
② 부 표
③ 도 표
④ 등 주

해설
② 부표 : 비교적 항행이 곤란한 장소나 항만의 유도표지이며, 항로를 따라 변침점에 설치
① 입표 : 암초, 사주 등의 위에 고정적으로 설치하여 위험구역을 표시
③ 도표 : 좁은 수로의 항로를 표시하기 위하여 항로의 연장선 위에 앞뒤로 2개 이상의 육표된 것과 방향표로 되어 선박을 인도하는 것
④ 등주 : 육상에 등광과 함께 설치된 간단한 기둥표

08 다음 중 점장도의 특성과 거리가 먼 것은?

① 항정선이 직선으로 표시된다.
② 침로를 구하기에 편리하다.
③ 두 지점 간의 최단거리를 구하기에 편리하다.
④ 자오선과 거등권은 직선으로 나타낸다.

해설
③ 대권도법에 대한 설명이다.
점장도의 특징
- 항정선이 직선으로 표시되어 침로를 구하기 편리하다.
- 자오선과 거등권이 직선으로 나타난다.
- 거리측정 및 방위선 기입이 용이하다.
- 고위도에서는 왜곡이 생기므로 위도 70° 이하에서 사용된다.

09 우리나라 해도에서 높이와 수심을 나타내는 단위는 무엇인가?

① 피 트 ② 미 터
③ 센티미터 ④ 패 덤

10 해도 선택 시 유의사항은?

① 해도는 적합한 축척의 해도를 선택하는 것이 좋다.
② 해도는 오래된 것일수록 안전하다.
③ 수심이 드문드문 기재된 해도가 좋다.
④ 등심선이 표시되지 않은 해도가 편리하다.

해설
② 최신의 해도를 선택하거나 항행 통보에 의해 완전히 개정된 것을 사용한다.
③ 수심이 조밀하게 기재된 해도가 좋다.
④ 등심선이 표시된 해도가 편리하다.

11 다음 중 항해용 해도상에 표시된 정보의 내용으로 틀린 것은?

① 수 심 ② 축 척
③ 파 고 ④ 조 류

12 다음 설명에 해당하는 것은?

> 조류가 해안과 평행으로 흐를 때, 해안선의 돌출부 뒷부분에서 주류와 반대방향의 흐름이 생기는 것

① 반 류 ② 급 조
③ 격 조 ④ 조 신

해설
① 반류 : 조류가 해안과 평행으로 흐를 때, 해안선의 돌출부 뒷부분에서 주류와 반대방향의 흐름이 생기는 것
② 급조 : 조류가 흐르면서 바다 밑의 장애물이나 반대 방향의 수류에 부딪혀 생기는 파도
④ 조신 : 어느 지역의 조석이나 조류의 특징

정답 7 ② 8 ③ 9 ② 10 ① 11 ③ 12 ①

13 다음 중 낙조류란?

① 저조시에서 저조시까지 흐르는 조류
② 저조시에서 고조시까지 흐르는 조류
③ 고조시에서 저조시까지 흐르는 조류
④ 고조시에서 고조시까지 흐르는 조류

해설
③ 낙조류 : 고조시에서 저조시까지 흐르는 조류
② 창조류 : 저조시에서 고조시까지 흐르는 조류

14 다음에서 설명하는 것은?

> 해면이 바람, 기압, 비 또는 강물의 유입 등에 의해 경사를 일으키면 이를 평형으로 회복하려는 흐름이 생겨 발생하는 해류

① 보 류 ② 밀도류
③ 경사류 ④ 취송류

해설
① 보류 : 어느 장소의 해수가 다른 곳으로 이동하면, 이것을 보충하기 위한 흐름으로 생긴 해류
② 밀도류 : 해수의 밀도 불균일로 인한 압력차에 의한 해수의 흐름으로 생긴 해류
④ 취송류 : 바람과 해면의 마찰로 인하여 해수가 일정한 방향으로 떠밀려 생긴 해류

15 동시관측에 의해 결정된 선위에 해당되지 않는 것은?

① 2개 이상의 물표의 수평거리에 의한 선위
② 2개 이상의 물표를 이용한 방위 측정에 의한 선위
③ 중시선과 방위선 또는 수평협각에 의하여 구한 선위
④ 한 물표를 이용하여 시간의 간격을 두고 방위를 측정하여 구한 선위

해설
④ 격시관측법에 의한 선위결정법

16 다음 중 해상에서 선박이 항해한 거리를 나타낼 때 국제적으로 사용하는 단위는?

① 마 일 ② 노 트
③ 미 터 ④ 킬로미터

해설
마일 : 해상에서 사용하는 거리의 단위
지리 위도 45°에서의 1′의 길이인 1,852m를 1마일로 정하여 사용
1마일 = 1해일 = 1,852m = 위도 1′의 길이

17 중시선에 대한 설명으로 맞는 것은?

① 어떤 물표를 90°로 측정했을 때의 위치선
② 두 물표가 일직선으로 겹쳐 보이는 선
③ 어떤 물표가 자오선과 180°로 보이는 선
④ 위험을 방지하기 위하여 선정한 선

해설
중시선 : 두 물표가 일직선상에 겹쳐 보일 때 이 물표들을 연결한 직선으로 선위를 측정하는 것 이외에도 좁은 수로를 통과할 때의 피험선, 컴퍼스 오차의 측정 등에 이용된다.

18 문제 삭제

19 어떤 물표를 관측하여 얻은 방위, 협각, 고도, 거리 등을 만족시키는 점의 자취로서, 관측을 실시한 선박이 그 자취 위에 존재한다고 생각되는 특정한 선을 나타내는 것은?

① 위치선 ② 방위선
③ 항정선 ④ 피험선

해설
위치선 : 선박이 그 자취 위에 있다고 생각되는 특정한 선으로 위치선으로 2개 이상의 교점을 구하면 선박의 위치를 구할 수 있다.

13 ③ 14 ③ 15 ④ 16 ① 17 ② 18 문제 삭제 19 ① 정답

20 다음에서 설명하는 것은?

> 선박의 위치, 속도, 침로 및 기타의 정보를 다른 선박 및 해안의 기지국에 자동으로 송수신하여 식별하게 함으로써 선박의 안전항행을 확보하고자 하는 장치

① VTS
② AIS
③ 레이더
④ GPS

21 다음 중 편차가 변할 수 있는 요인은?

① 선체가 경사했을 때
② 선수방위가 바뀔 때
③ 선박의 위치가 변화했을 때
④ 적하물의 이동이 생겼을 때

해설
편차 : 지자기의 극은 시간이 지남에 따라 이동하기 때문에 편차는 장소와 시간의 경과에 따라 변하게 된다.

22 자침방위로의 방위 개정 시에 편서오차이면 나침방위에 나타낼 때는 어떻게 해야 하는가?

① 빼 준다.
② 더해 준다.
③ 편차의 부호에 따른다.
④ 위도에 따른다.

해설
방위개정
나침로 → 자차 → 자침로 → 편차 → 시침로 → 풍압차 → 진침로
(E는 더하고, W는 뺀다)

23 항해당직 중 레이더의 사용에 관한 내용으로 틀린 것은?

① 선박 통항이 빈번한 해역에서는 항상 레이더를 사용해야 한다.
② 영상을 주의 깊게 관찰하고 효과적으로 판단해야 한다.
③ 레이더의 탐지거리는 항상 고정하여 관찰한다.
④ 영상의 방해현상과 거짓상에 주의해야 한다.

해설
레이더의 탐지거리는 항해 상황에 맞게 적절히 조절하여 관찰하여야 한다.

24 레이더의 구성에서 미약한 반사파를 증폭시켜서 영상 신호로 바꾸는 것은 무엇인가?

① 지시기 ② 스캐너
③ 송신장치 ④ 수신장치

해설
① 지시기 : 탐지되는 모든 물표를 나타내기 위해 평면위치표시(PPI)방식을 채용
② 스캐너 : 전파를 발사하고 반사파를 수신하는 역할
③ 송신장치 : 짧고 강력한 펄스 형태의 레이더파를 발생시키는 장치

25 문제 삭제

제2과목 운 용

01 다음 중 계선설비에 해당하지 않는 것은?

① 양묘기(Windlass)
② 슬링(Sling)
③ 볼라드(Bollard)
④ 페어 리더(Fair Leader)

해설
②는 화물 등을 싸거나 묶어서 훅에 매다는 용구로 하역설비에 속한다.

정답 20 ② 21 ③ 22 ① 23 ③ 24 ④ 25 문제 삭제 / 1 ②

02 다음 중 주로 소형 선박에 사용되는 용골(Keel)로 옳은 것은?

① 측판용골　② 평판용골
③ 빌지용골　④ 방형용골

해설

방형용골(Bar Keel)
- 단면이 장방형이며, 재료는 단강재 또는 압연 강재
- 선저 중앙부가 돌출되어 있으므로 흘수를 증가시킴
- 입거할 때 손상되기 쉽고, 선저 내부 구조와 연결이 불완전
- 구조가 간단하고 횡동요를 감쇠시키는 역할을 하며, 풍압에 의한 선체의 압류를 막음
- 주로 소형선, 범선 및 어선 등에 채용

03 선수흘수와 선미흘수의 차이 또는 선박길이 방향의 경사를 말하는 것은?

① 트 림　② 흘 수
③ 건 현　④ 현 호

해설

② 흘수 : 선체가 물속에 잠긴 깊이
③ 건현 : 만재흘수선과 갑판선 상단까지의 수직거리
④ 현호 : 건현 갑판의 현측선이 휘어진 것으로 예비부력과 능파성을 향상시키며 미관을 좋게 함

04 선박 길이와 관련 있는 용어는?

① 형 심　② 형 폭
③ 수선장　④ 흘 수

해설

수선장(LWL) : 각 흘수선상의 물에 잠긴 선체의 선수재 전면부터 선미 후단까지의 수평거리

05 선체의 경하흘수선 이하 선저부에 칠하는 것으로 출거 직전에 칠하는 방오용 페인트는 어느 것인가?

① 프라이머 페인트
② 1호 선저도료(A/C)
③ 2호 선저도료(A/F)
④ 광명단

해설

선박의 도료
- 광명단 도료 : 어선에서 가장 널리 사용되는 녹 방지용 도료 → 내수성, 피복성이 강함
- 제1호 선저도료 : 선저 외판에 녹슮 방지용으로 칠하는 것 → 광명단 도료를 칠한 위에 사용(Anticorrosive Paint : A/C), 건조가 빠르고, 방청력이 뛰어나며, 강판과의 밀착성이 좋음
- 제2호 선저도료 : 선저 외판 중 항상 물에 잠기는 부분(경하흘수선 이하)에 해중생물의 부착 방지용으로 출거 직전에 칠하는 것 (Antifouling Paint : A/F)
- 제3호 선저도료 : 수선부 도료, 만재흘수선과 경하흘수선 사이의 외판에 칠하는 도료 → 부식과 마멸방지에 사용(Boot Topping Paint : B/T)

06 다음 중 새 와이어로프에 아연도금을 하는 이유로 가장 맞는 것은?

① 보기에 좋도록 하기 위하여
② 마모가 적도록 하기 위하여
③ 녹이 스는 것을 방지하기 위하여
④ 강도를 크게 하기 위하여

07 부두 근처를 항해하는 선박이 있을 경우 접안선의 계선줄 파손을 예방하기 위한 조치가 아닌 것은?

① 통항선은 속력을 줄여 저속으로 항해한다.
② 접안선은 통항선이 있으면 하역작업을 중지하여야 한다.
③ 접안선은 계선줄의 수를 증가시키고, 장력이 고루 걸리게 한다.
④ 통항선은 가능한 한 접안선으로부터 멀리 떨어져서 항해한다.

2 ④ 3 ① 4 ③ 5 ③ 6 ③ 7 ② 정답

08 항주 중인 선박이 전타 선회 시 외방경사를 일으켰을 때 경사의 주된 원인은?

① 부 력 ② 마찰저항
③ 원심력 ④ 타의 항력

해설
외방경사 : 정상 원운동 시에 원심력이 바깥쪽으로 작용하여, 수면 상부의 선체가 타각을 준 반대쪽인 선회권의 바깥쪽으로 경사하는 현상

09 우회전 고정피치 스크루프로펠러를 가진 단추진기 선박이 저속으로 항주 중 타를 똑바로 한 상태에서 기관을 후진 상태로 작동시킬 때 선체는?

① 선수 좌회두한다.
② 선미 우회전한다.
③ 선수 우회두한다.
④ 선수미 회두는 없다.

해설
횡압력과 배출류의 측압작용이 선미를 좌현쪽으로 밀어 선수는 우회두한다.

10 다음 중 전타 선회 시 가장 먼저 생기는 현상은 무엇인가?

① 킥 ② 종 거
③ 선회경 ④ 횡 거

11 다음에서 설명하는 것은?

> 강풍이나 파랑이 심하거나, 또는 조류가 강한 수역에서 앵커 체인의 강한 파주력이 필요할 때 선택하는 묘박법

① 단묘박 ② 선미묘박
③ 이묘박 ④ 선수미묘박

12 정박 중 황천을 만났을 때의 조치사항으로 옳지 못한 것은?

① 기관 사용 준비, 조타 및 양묘 준비
② 상륙자 전원 귀선
③ 부표 계류 중이면 계류삭을 더욱 짧게 한다.
④ 육안 계류 중이면 적당한 정박지로 이동한다.

해설
정박 중의 황천 준비
- 하역 작업을 중지하고, 선체의 개구부를 밀폐하며, 이동물을 고정시킨다.
- 상륙한 승조원은 전원 귀선시켜서 부서별로 황천 대비를 하도록 한다.
- 기관을 사용할 수 있도록 준비하고, 묘박 중이면 양묘를 준비한다.
- 공선 시에는 빈 탱크에 밸러스팅을 하여 흘수를 증가시킨다.
- 육안에 계류 중이면 배를 이안시켜서 적당한 정박지로 이동하는 것이 좋다.
- 부표 계류 중이면 계선줄을 더 내어 주도록 한다.

13 다음 중 입출항 시 조류의 방향을 알 수 없는 것은?

① 해 도
② 등부표가 기울어진 방향
③ 묘박 중인 선박의 자세
④ 천측력

해설
④는 천문사항을 기재한 수로서지이다.

14 다음 중 선박의 무게중심(G)이 이동하는 경우가 아닌 것은?

① 유동수의 영향
② 적화물 이동
③ 외력의 영향
④ 배수량의 변화

해설
무게중심(G)은 선체의 전체 중량이 한 점에 모여 있다고 생각할 수 있는 가상의 점으로 외력과는 직접적 연관성이 적다.

정답 8 ③ 9 ③ 10 ① 11 ③ 12 ③ 13 ④ 14 ③

15 **부심(B)에 대한 설명으로 틀린 것은?**

① 선박의 수면하 체적의 기하학적 중심이다.
② 흘수가 결정되면 부심의 높이는 선형에 의하여 정해진다.
③ 선박이 외력에 의하여 경사되어도 부심의 위치는 변하지 않는다.
④ 선박에 작용하는 부력의 중심이다.

16 **도선사 승선 시에 선박 안전항해에 관한 책임을 져야 하는 사람은?**

① 기관장 ② 도선사
③ 선 장 ④ 갑판장

해설
도선사가 승선하고 있는 운항
도선사가 승선하고 있어도 선박의 안전을 위한 선장 또는 당직사관의 임무나 책임이 면제되지는 않는다.

17 **항해당직 중 경계를 할 때 고려사항으로 틀린 것은?**

① 기상상태 ② 시 정
③ 해상의 교통량 ④ 건 현

해설
항해당직 중에는 시각 및 청각뿐만 아니라 당시의 시정과 조건에 알맞은 모든 유용수단을 동원하여 항상 적당한 견시를 유지하여야 한다.

18 **항해당직 중 시정이 제한될 경우 당직항해사가 취할 조치로 틀린 것은?**

① 일항사에게 보고할 것
② 필요시 견시자를 추가 배치할 것
③ 항해등을 켤 것
④ 레이더를 작동할 것

해설
시정이 제한될 시
- 당직사관은 무중신호를 울리고 적당한 속력으로 항해한다.
- 선장에게 사항을 보고한다.
- 견시와 조타수를 배치하고, 선박이 폭주하는 해역에서는 즉각 수동조타로 바꾼다.
- 항해등은 켠다.
- 레이더를 작동하고 사용한다.

19 **기압계의 종류에 해당되지 않는 것은?**

① 알코올 기압계
② 수은 기압계
③ 아네로이드 기압계
④ 자기 기압계

해설
기압계로는 수은 기압계, 자기 기압계, 아네로이드 기압계 등이 있으며 사용이 간편한 아네로이드 기압계가 널리 쓰인다.

20 **북반구에서 본선이 태풍의 진로상에 있다고 하면 어느 쪽으로 피항해야 하는가?**

① 좌반원 ② 우반원
③ 태풍 진로 방향 ④ 태풍의 중심 방향

해설
태풍 진로 상에 선박이 있을 경우 : 북반구의 경우 풍랑을 우현선미로 받으면서 왼쪽(가항반원)으로 선박을 유도한다.

21 **조타장치의 원동기로 사용되는 동력발생 형식 중 가장 많이 쓰이는 것은 무엇인가?**

① 기계식
② 전동기식
③ 전동유압식
④ 증기왕복동식

15 ③ 16 ③ 17 ④ 18 ① 19 ① 20 ① 21 ③ 정답

22 다음 중 포말소화기로 소화가 가능한 화재에 해당하는 것은?

① C급 화재, D급 화재
② B급 화재, C급 화재
③ A급 화재, E급 화재
④ A급 화재, B급 화재

해설
포말소화기 : 중탄산나트륨과 황산알루미늄 수용액을 서로 섞이게 하여, 이때 발생되는 이산화탄소와 거품에 의해 산소를 차단시킴으로써 소화하는 방식으로 A, B급 화재에 효과적이다.

23 다음 중 기계나 둔한 물체에 끼여 불규칙하게 찢어진 상처는?

① 자 상 ② 절 상
③ 열 상 ④ 찰과상

해설
① 자상 : 바늘이나 못, 송곳 등과 같은 뾰족한 물건에 찔린 상처를 말한다.
② 절상 : 칼이나 유리 등의 날카로운 물건에 의하여 베인 상처를 말한다.
④ 찰과상 : 피부의 표층만 다친 경우를 말하며 출혈이 없거나 있어도 소량이다.

24 다음에서 설명하는 인명 구조방법은?

- 사람이 물에 빠진 시간 및 위치가 명확하지 못하고 시계가 제한되어 사람을 확인할 수 없을 때 사용한다.
- 한 쪽으로 전타하여 원침로에서 약 60° 정도 벗어날 때까지 선회한 다음 반대쪽으로 전타하여 원침로부터 180° 선회하여 전 항로로 돌아가는 방법이다.

① 반원 2회 선회법 ② 윌리암슨 선회법
③ 지연 선회법 ④ 전진 선회법

해설
다음에서 설명하는 것은 윌리암슨 선회법이다.
※ 반원 2회 선회법(물에 빠진 사람이 보일 때)
- 전타 및 기관을 정지하여 사람이 선미에서 벗어나면 다시 전속 전진한다.
- 180° 선회가 되면 정침하여 전진하다가 사람이 정횡 후방 약 30° 근방에 보일 때 다시 최대 타각을 주면서 선회시킨다.
- 원침로에 왔을 때 정침하여 전진하면 선수 부근에 사람이 보이게 된다.

25 다음 중 인체의 중추 체온이 35℃ 이하인 저체온 상태와 거리가 먼 것은?

① 힘이 빠지고 나른해진다.
② 말을 하기 어렵다.
③ 방향감각이 없어진다.
④ 의식은 뚜렷해진다.

해설
인체의 중추 체온이 35℃ 이하가 되는 것을 저체온 상태라 하며, 힘이 빠지고 나른해지며 말하기가 어렵고 방향감각이 없어지는 등 의식이 흐려진다.

제3과목 법 규

01 선박의 입항 및 출항 등에 관한 법률상 무역항의 수상구역 등에 정박 또는 정류할 수 있는 장소는?

① 지정된 묘박지
② 부두 및 잔교 부근
③ 안벽 및 선거의 부근
④ 운하 및 협소한 수로

해설
정박지의 사용 등(선박의 입항 및 출항 등에 관한 법률 제5조)
무역항의 수상구역 등에 정박하려는 선박은 지정·고시된 정박구역 또는 정박지에 정박하여야 한다.
정박지의 제한 및 방법 등(선박의 입항 및 출항 등에 관한 법률 제6조)
선박은 무역항의 수상구역 등에서 다음의 장소에는 정박하거나 정류하지 못한다.
- 부두·잔교(棧橋)·안벽(岸壁)·계선부표·돌핀 및 선거(船渠)의 부근 수역
- 하천, 운하 및 그 밖의 좁은 수로와 계류장(繫留場) 입구의 부근 수역

정답 22 ④ 23 ③ 24 ② 25 ④ / 1 ①

02 다음 중 무역항의 수상구역 등에서 선박교통관제절차에 따라 보고해야 하는 내용으로 틀린 것은?

① 입항보고 ② 출항보고
③ 이동보고 ④ 하역보고

해설
선박교통관제에 관한 절차(선박교통관제의 시행 등에 관한 규칙 제3조)
- 입항보고
  - 입항 예정 시간, 입항 시간 및 입항 장소
  - 해양경찰청장이 정하는 지점의 통과 시간
- 출항보고
  - 출항 예정 시간, 출항 시간, 출항 장소 및 목적지
  - 해양경찰청장이 정하는 지점의 통과 시간
- 이동보고
  - 이동 예정 장소, 이동 예정 시간 및 목적지
  - 이동 완료 시간 및 이동 완료 장소

03 다음 중 선박안전법상 여객선에 해당하는 것은?

① 12인 이상의 여객을 탑재하는 선박
② 12인 미만의 여객과 화물을 탑재하는 선박
③ 여객정원이 13인 이상인 선박
④ 여객정원이 8명과 기타의 사람 6명인 선박

해설
정의(선박안전법 제2조)
여객선이란 13인 이상의 여객을 운송할 수 있는 선박을 말한다.

04 다음에서 설명하는 것은?

> 선박안전법상 선박이 여객이나 화물을 승선하거나 싣고 안전하게 항행할 수 있는 최대한도를 나타내는 선

① 안전항해선
② 안전적재선
③ 만재흘수선
④ 제한흘수선

해설
정의(선박안전법 제2조)
만재흘수선 : 선박이 안전하게 항해할 수 있는 적재한도의 흘수선으로서 여객이나 화물을 승선하거나 싣고 안전하게 항해할 수 있는 최대한도를 나타내는 선을 말한다.

05 다음 중 해양환경 및 해양오염과 관련하여 국제적으로 발효된 국제협약에서 정하는 기준과 해양환경관리법이 다른 경우에 적용하는 것은?

① 해양환경관리법상에 규정내용이 국제협약의 기준보다 낮을 경우 국제협약의 효력을 우선한다.
② 국내법만 적용한다.
③ 해양환경관리법상의 규정내용이 국제협약의 기준보다 강화된 기준을 포함할 경우에는 국제협약의 효력을 우선한다.
④ 국내법과 국제법을 동시에 적용한다.

해설
국제협약과의 관계(해양환경관리법 제4조)
해양환경 및 해양오염과 관련하여 국제적으로 발효된 국제협약에서 정하는 기준과 이 법에서 규정하는 내용이 다른 때에는 국제협약의 효력을 우선한다. 다만, 이 법의 규정내용이 국제협약의 기준보다 강화된 기준을 포함하는 때에는 그러하지 아니하다.

06 다음 중 해양환경관리법의 목적으로 틀린 것은?

① 해양환경 훼손 예방
② 깨끗하고 안전한 해양환경 조성
③ 국민의 삶의 질을 높임
④ 선박의 감항성 유지

해설
목적(해양환경관리법 제1조)
선박, 해양시설, 해양공간 등 해양오염물질을 발생시키는 발생원을 관리하고, 기름 및 유해액체물질 등 해양오염물질의 배출을 규제하는 등 해양오염을 예방, 개선, 대응, 복원하는 데 필요한 사항을 정함으로써 국민의 건강과 재산을 보호하는 데 이바지함을 목적으로 한다.

2 ④ 3 ③ 4 ③ 5 ① 6 ④ 정답

07 다음에서 설명하는 것은?

> 선박의 안전관리체제 인증심사에 합격한 경우 해양수산부장관이 선박에 대하여 발급하는 증서

① 선박국적증서
② 선적증서
③ 선박안전관리증서
④ 안전관리적합증서

해설
선박안전관리증서 등의 발급 등(해사안전법 제49조)
해양수산부장관은 최초인증심사나 갱신인증심사에 합격하면 그 선박에 대하여는 선박안전관리증서를 내주고, 그 사업장에 대하여는 안전관리적합증서를 내주어야 한다.

08 해사안전법의 목적으로 틀린 것은?

① 선박의 안전관리체계 확립
② 선박 항행상의 위험요소 제거
③ 선박의 원활한 교통 확보
④ 선박직원의 자격 규정

해설
목적(해사안전법 제1조)
선박의 안전운항을 위한 안전관리체계를 확립하여 선박항행과 관련된 모든 위험과 장해를 제거함으로써 해사안전 증진과 선박의 원활한 교통에 이바지함을 목적으로 한다.

09 다음 선박 중 조종불능선은?

① 어로 중인 선박
② 추진기가 고장 난 선박
③ 예인 중인 선박
④ 해저 전선 부설작업 중인 선박

해설
정의(해사안전법 제2조)
조종불능선 : 선박의 조종성능을 제한하는 고장이나 그 밖의 사유로 조종을 할 수 없게 되어 다른 선박의 진로를 피할 수 없는 선박을 말한다.

10 국제해상충돌방지규칙상 안전한 속력에 관한 설명이 아닌 것은?

① 해상교통안전을 확보하기 위한 항해사의 주의의무의 하나이다.
② 시정이 제한될 때는 모든 선박은 안전한 속력으로 항진하여야 한다.
③ 타 선박과의 충돌을 피하기 위하여 적절한 동작을 취할 수 있는 속력이다.
④ 선장이나 항해사의 조선능력으로 충돌을 피할 수 있는 속력이다.

해설
안전한 속력(해사안전법 제64조)
선박은 다른 선박과의 충돌을 피하기 위하여 적절하고 효과적인 동작을 취하거나 당시의 상황에 알맞은 거리에서 선박을 멈출 수 있도록 항상 안전한 속력으로 항행하여야 한다.

11 예인선열의 길이가 200m를 초과할 경우 예인선이 표시하는 형상물은 어느 것인가?

① 원통형의 형상물 1개
② 마름모꼴의 형상물 1개
③ 정방형의 형상물 1개
④ 삼각형의 형상물 1개

해설
항행 중인 예인선(해사안전법 제82조)
예인선열의 길이가 200m를 초과하면 가장 잘 보이는 곳에 마름모꼴의 형상물 1개를 표시한다.

12 추월항법이 적용되는 관계를 나타낸 것 중 가장 적절한 것은?

① 동력선과 동력선끼리만 적용된다.
② 범선과 범선끼리만 적용된다.
③ 모든 선박에 적용된다.
④ 상선과 어선에만 적용된다.

해설
적용(해사안전법 제69조)
선박이 서로 시계 안에 있는 때의 항법은 선박에서 다른 선박을 눈으로 볼 수 있는 상태에 있는 선박에 적용한다.

정답 7 ③ 8 ④ 9 ② 10 ④ 11 ② 12 ③

13 해상교통분리수역에서 통항로를 횡단하는 방법으로 옳은 것은?

① 항로에 선수방향이 직각에 가깝게 횡단한다.
② 항로와 비슷한 각도로 횡단한다.
③ 항로가 끝나는 부분까지 항해하여 돌아온다.
④ 항로는 어떠한 일이 있어도 횡단하여서는 아니 된다.

해설
통항분리제도(해사안전법 제68조)
선박은 통항로를 횡단하여서는 아니 된다. 다만, 부득이한 사유로 그 통항로를 횡단하여야 하는 경우에는 그 통항로와 선수방향이 직각에 가까운 각도로 횡단하여야 한다.

14 다음 선박의 등화 중 전주등은?

① 마스트등 ② 예선등
③ 현 등 ④ 정박등

해설
등화의 종류(해사안전법 제79조)
- 전주등 : 360°에 걸치는 수평의 호를 비추는 등화. 다만, 섬광등은 제외한다.
- 마스트등 : 선수와 선미의 중심선상에 설치되어 225°에 걸치는 수평의 호를 비추되, 그 불빛이 정선수 방향으로부터 양쪽 현의 정횡으로부터 뒤쪽 22.5°까지 비출 수 있는 흰색등
- 예선등 : 선미등과 같은 특성을 가진 황색등
- 현등 : 정선수 방향에서 양쪽 현으로 각각 112.5°에 걸치는 수평의 호를 비추는 등화로서 그 불빛이 정선수 방향에서 좌현 정횡으로부터 뒤쪽 22.5°까지 비출 수 있도록 좌현에 설치된 붉은색등과 그 불빛이 정선수 방향에서 우현 정횡으로부터 뒤쪽 22.5°까지 비출 수 있도록 우현에 설치된 녹색등

15 다음 중 선미등의 색깔과 비추는 범위의 연결이 바른 것은?

① 백색 – 135°
② 백색 – 112.5°
③ 백색 – 360°
④ 황색 – 225°

해설
등화의 종류(해사안전법 제79조)
선미등 : 135°에 걸치는 수평의 호를 비추는 흰색등으로서 그 불빛이 정선미 방향으로부터 양쪽 현의 67.5°까지 비출 수 있도록 선미 부분 가까이에 설치된 등

16 길이 40m인 동력선이 야간 항해 중에 표시해야 할 등화로 옳은 것은?

① 전부의 마스트등 1개, 현등 1쌍, 선미등 1개
② 전부의 마스트등 1개, 양색등 1개, 선미등 1개
③ 삼색등 1개, 선미등 1개
④ 현등 1쌍, 후부의 마스트등 1개, 작업등 1개

해설
항행 중인 동력선(해사안전법 제81조)
항행 중인 동력선은 다음의 등화를 표시하여야 한다.
- 앞쪽에 마스트등 1개와 그 마스트등보다 뒤쪽의 높은 위치에 마스트등 1개. 다만, 길이 50m 미만의 동력선은 뒤쪽의 마스트등을 표시하지 아니할 수 있다.
- 현등 1쌍(길이 20m 미만의 선박은 이를 대신하여 양색등을 표시할 수 있다)
- 선미등 1개

17 다음 선박의 길이는 몇 m 미만인가?

> 양현등을 선체 선수미선상에 있는 하나의 등각에 합칠 수 있는 선박의 길이

① 100m ② 50m
③ 25m ④ 20m

해설
항행 중인 동력선(해사안전법 제81조)
항행 중인 동력선은 다음의 등화를 표시하여야 한다.
- 앞쪽에 마스트등 1개와 그 마스트등보다 뒤쪽의 높은 위치에 마스트등 1개. 다만, 길이 50m 미만의 동력선은 뒤쪽의 마스트등을 표시하지 아니할 수 있다.
- 현등 1쌍(길이 20m 미만의 선박은 이를 대신하여 양색등을 표시할 수 있다)
- 선미등 1개

13 ① 14 ④ 15 ① 16 ① 17 ④ **정답**

18 다음의 선박이 표시해야 하는 등화 및 형상물은?

> 예인선열의 길이가 200m를 넘는 경우에 끌려가고 있는 선박이 표시하여야 할 등화 및 형상물

① 마스트등 1개, 현등 1쌍, 구형 형상물 2개
② 현등 1쌍, 선미등 1개, 원통형 형상물 1개
③ 현등 1쌍, 예선등 1개, 구형 형상물 1개
④ 현등 1쌍, 선미등 1개, 마름모꼴 형상물 1개

해설

항행 중인 예인선(해사안전법 제82조)
끌려가고 있는 선박이나 물체는 다음의 등화나 형상물을 표시하여야 한다.

- 현등 1쌍
- 선미등 1개
- 예인선열의 길이가 200m를 초과하면 가장 잘 보이는 곳에 마름모꼴의 형상물 1개

19 다음에서 설명하는 선박은?

> 야간 항해 중 전방에 수직으로 위쪽에는 홍등, 아래쪽에는 백등이 켜진 선박

① 흘수제약선
② 수중작업선
③ 트롤어선 이외의 어선
④ 도선선

해설

어선(해사안전법 제84조)
트롤망 어로 외에 종사하는 선박은 항행여부에 관계없이 다음의 등화나 형상물을 표시하여야 한다.

- 수직선 위쪽에는 붉은색, 아래쪽에는 흰색 전주등 각 1개 또는 수직선 위에 2개의 원뿔을 그 꼭대기에서 위아래로 결합한 형상물 1개
- 수평거리로 150m가 넘는 어구를 선박 밖으로 내고 있는 경우에는 어구를 내고 있는 방향으로 흰색 전주등 1개 또는 꼭대기를 위로 한 원뿔꼴의 형상물 1개
- 대수속력이 있는 경우에는 등화에 덧붙여 현등 1쌍과 선미등 1개

20 다음 등화 중 조종불능선이 표시해야 하는 것은?

① 홍색의 전주등 2개
② 홍색의 전주등 3개
③ 홍색의 전주등 1개
④ 백색의 전주등 2개

해설

조종불능선과 조종제한선(해사안전법 제85조)
조종불능선은 다음의 등화나 형상물을 표시하여야 한다.

- 가장 잘 보이는 곳에 수직으로 붉은색 전주등 2개
- 가장 잘 보이는 곳에 수직으로 둥근꼴이나 그와 비슷한 형상물 2개

21 다음 중 조종제한선의 형상물에 해당하는 것은?

① 위쪽과 아래쪽에는 구형, 중간에는 마름모꼴, 각 1개
② 위쪽과 아래쪽에는 마름모꼴, 중간에는 구형, 각 1개
③ 위쪽과 아래쪽에는 구형, 중간에는 원추형, 각 1개
④ 위쪽과 아래쪽에는 마름모꼴, 중간에는 원추형, 각 1개

해설

조종불능선과 조종제한선(해사안전법 제85조)
조종제한선은 기뢰제거작업에 종사하고 있는 경우 외에는 다음의 등화나 형상물을 표시하여야 한다.

1. 가장 잘 보이는 곳에 수직으로 위쪽과 아래쪽에는 붉은색 전주등, 가운데에는 흰색 전주등 각 1개
2. 가장 잘 보이는 곳에 수직으로 위쪽과 아래쪽에는 둥근꼴, 가운데에는 마름모꼴의 형상물 각 1개
3. 대수속력이 있는 경우에는 식별 등화에 덧붙여 마스트등 1개, 현등 1쌍 및 선미등 1개
4. 정박 중에는 1.과 2.에 따른 등화나 형상물에 덧붙여 백색의 전주등(정박등)과 구형의 형상물 각 1개

정답 18 ④ 19 ③ 20 ① 21 ①

22 다음 등화 중 길이 50m 미만의 선박이 정박 중인 경우 표시해야 하는 것은?

① 백색 전주등 1개
② 홍색 전주등 1개
③ 녹색 전주등 1개
④ 황색 전주등 1개

해설
정박선과 얹혀 있는 선박(해사안전법 제88조)
- 정박 중인 선박은 가장 잘 보이는 곳에 다음의 등화나 형상물을 표시하여야 한다.
  1. 앞쪽에 흰색의 전주등 1개 또는 구형의 형상물 1개
  2. 선미나 그 부근에 1.에 따른 등화보다 낮은 위치에 흰색 전주등 1개
- 길이 50m 미만인 선박은 가장 잘 보이는 곳에 흰색 전주등 1개를 표시할 수 있다.

23 다음 국제해상충돌방지규칙상 단음과 장음의 지속시간은?

① 단음 2초, 장음 4~5초
② 단음 1초, 장음 4~6초
③ 단음 2초, 장음 4~8초
④ 단음 1초, 장음 6~8초

해설
기적의 종류(해사안전법 제90조)
- 단음 : 1초 정도 계속되는 고동소리
- 장음 : 4초부터 6초까지의 시간 동안 계속되는 고동소리

24 굴곡부 접근 시의 음향신호와 이에 응답하는 음향신호로 옳은 것은?

① 장음 1회 – 단음 1회
② 단음 1회 – 장음 2회
③ 장음 1회 – 장음 1회
④ 장음 5회 – 단음 5회

해설
조종신호와 경고신호(해사안전법 제92조)
좁은 수로 등의 굽은 부분이나 장애물 때문에 다른 선박을 볼 수 없는 수역에 접근하는 선박은 장음으로 1회의 기적신호를 울려야 한다. 이 경우 그 선박에 접근하고 있는 다른 선박이 굽은 부분의 부근이나 장애물의 뒤쪽에서 그 기적신호를 들은 경우에는 장음 1회의 기적신호를 울려 이에 응답하여야 한다.

25 선박에서 발광신호를 할 때 반복되는 발광신호 사이의 간격은?

① 약 5초 이상
② 약 10초 이상
③ 약 20초 이상
④ 약 2분

해설
조종신호와 경고신호(해사안전법 제92조)
선박에서 발광신호를 할 때 섬광의 지속시간 및 섬광과 섬광 사이의 간격은 1초 정도로 하되, 반복되는 신호 사이의 간격은 10초 이상으로 하며, 이 발광신호에 사용되는 등화는 적어도 5해리의 거리에서 볼 수 있는 흰색 전주등이어야 한다.

22 ① 23 ② 24 ③ 25 ② 정답

2015년 제1회

과년도 기출복원문제

제1과목 항 해

01 자차에 변화가 생길 수 있는 경우가 아닌 것은?

① 선수 방향이 변하였을 때
② 목재화물을 적재하였을 때
③ 선내의 철재를 이동하였을 때
④ 선체가 열적인 변화를 받았을 때

해설
비자성의 목재화물은 선체 자기에 영향을 주지 않는다.

02 다음 중 선박의 침로나 물표의 방위를 측정하는 항해계기는 무엇인가?

① 측심의 ② 선속계
③ 육분의 ④ 자기컴퍼스

해설
① 측심의 : 수심을 측정하고 해저의 저질, 어군의 존재를 파악하기 위한 장치
② 선속계 : 선박의 속력과 항주거리를 측정하는 계기
③ 육분의 : 천체의 고도를 측정하거나 두 물표의 수평 협각을 측정하는 계기

03 자기컴퍼스에서 눈금이 새겨져 있는 것은 무엇인가?

① 볼(Bowl)
② 부실(Float)
③ 짐벌 링(Gimbal Ring)
④ 컴퍼스 카드(Compass Card)

해설
컴퍼스 카드(Compass Card)
• 원주에 북을 0으로 하여 시계 방향으로 360 등분된 방위 눈금이 새겨져 있다.
• 안쪽에는 사방점 방위와 사우점이 새겨져 있다.

04 사용하는 해도의 등대에 'Fl'이라는 등화의 등질이 표시되어 있는데 이것이 나타내는 의미는?

① 등대불이 계속 켜져 있는 등화이다.
② 빨간 등불만 계속 켜져 있는 등화이다.
③ 여러 색깔의 등불이 계속 번갈아 켜져 있는 등화이다.
④ 등대불이 켜져 있는 시간보다 꺼져 있는 시간이 긴 등화이다.

해설
① F(부동등)
② F(부동등)R(적색등화)
③ Al.(호광등)

05 대한민국에서 사용하는 부표의 측방표지 중 우현표지의 표체 도색은 어느 것인가?

① 적 색 ② 녹 색
③ 백 색 ④ 흑 색

해설
B 지역(우리나라)의 좌현표지의 색깔과 등화의 색상은 녹색, 우현표지는 적색이다.

06 위치를 확인할 때 사용하는 물표로서 적절치 못한 것은?

① 등 대 ② 입 표
③ 부 표 ④ 등 주

해설
부표는 해저에 체인으로 연결되어 일정한 선회반지름을 가지고 이동하며, 파랑이나 조류에 의해 위치의 이동 및 유실 우려가 있어 위치확인용으로 부적절하다.

정답 1 ② 2 ④ 3 ④ 4 ④ 5 ① 6 ③

07 다음 중 모양과 색상으로 식별할 수 있는 항로표지는 어느 것인가?

① 형상표지 ② 전파표지
③ 광파표지 ④ 음파표지

해설
형상표지 : 주간표지라고도 하며 점등장치가 없는 표지로 모양과 색깔로써 식별

08 다음 해도도식 중 해저 저질이 모래임을 나타내는 것은?

① M ② S
③ R ④ Sh

해설
- 자갈 : G
- 점토 : Cl
- 모래 : S
- 펄 : M
- 바위 : Rk, rky
- 조개껍질 : Sh

09 다음에서 설명하는 것은?

> 매주 간행되는 항행통보에 의해 직접 해도상에 수정, 보완 또는 보정도로 개보하여 고치는 것을 뜻하는 용어

① 개 보 ② 재 판
③ 소개정 ④ 증 판

해설
소개정
- 매주 간행되는 항행통보에 의해 직접 해도상에 수정, 보완하거나 보정도로서 개보하여 고치는 것
- 해도 왼쪽 하단에 있는 '소개정'란에 통보 연도수와 통보 항수를 기입
- 소개정의 방법으로는 수기, 보정도에 의한 개보가 있음

10 해도기호에서 (+) 의 표시는 무엇을 나타내는가?

① 등 대 ② 침 선
③ 고정점, 육표 ④ 항해에 위험한 암암

11 한국 해도를 발간하는 곳은 어디인가?

① 국립수산과학원
② 국립해양조사원
③ 선박검사기술공단
④ 부산지방해양수산청

12 다음 조석에 대한 설명으로 옳은 것은 무엇인가?

① 평균 수면상의 해면의 높이
② 해면의 주기적 승강운동
③ 같은 날이라도 두 번의 고조와 저조의 높이와 간격이 같지 않은 현상
④ 소조의 평균 저조면상의 해면의 높이

해설
② 조석 : 해면의 주기적 승강운동
③ 일조부등

13 고조와 저조 때 해면의 승강운동이 순간적으로 거의 정지한 것과 같이 보이는 상태를 무엇이라고 하는가?

① 정 조 ② 낙 조
③ 급 조 ④ 창 조

해설
② 낙조 : 고조부터 저조까지 해면이 점차 하강하는 시기(썰물)
③ 급조 : 조류가 흐르면서 바다 밑의 장애물이나 반대 방향의 수류에 부딪혀 생기는 파도
④ 창조 : 저조부터 고조까지 해면이 점차 상승하는 시기(밀물)

14 고조와 저조 때의 해면의 높이에 대한 차를 평균한 것은 무엇인가?

① 조 고 ② 평균조차
③ 조차간격 ④ 월조간격

해설
조차 : 연이어 일어난 고조와 저조의 해면의 높이차를 조차라 하며, 장기간에 걸쳐 평균한 것을 평균조차라 한다.

7 ① 8 ② 9 ③ 10 ④ 11 ② 12 ② 13 ① 14 ② 정답

15 다음에서 설명하는 것은?

> 연안 항해 중에 가장 많이 이용되는 선위결정법으로 측정방법이 쉽고, 위치의 정확도가 비교적 높은 것

① 교차방위법
② 양측방위법
③ 수평협각법
④ 정횡거리법

해설
② 양측방위법 : 물표의 시간차를 두고 두 번 이상 측정하여 선위를 구하는 방법
③ 수평협각법 : 뚜렷한 3개의 물표를 육분의로 수평협각을 측정, 삼간분도기를 사용하여 그 협각을 각각의 원주각으로 하는 원의 교점을 구하는 방법
④ 정횡거리법 : 물표의 정횡거리를 사전에 예측하여 선위를 구하는 방법

16 다음 (　) 안에 알맞은 말은?

> 물표를 관측하여 선박의 위치를 구할 때, 관측시간에 따른 2가지 방법은 동시관측과 (　　)관측이 있다.

① 격 시　② 교 차
③ 협 각　④ 물 표

17 나침로를 진침로로 고치는 것은?

① 침로개정　② 침로유지
③ 침로이탈　④ 침로변경

해설
침로개정 : 나침로를 진침로로 고치는 것
나침로 → 자차 → 자침로 → 편차 → 시침로 → 풍압차 → 진침로(E는 더하고, W는 뺀다)

18 다음 (　) 안에 알맞은 말은?

> 어떤 물표를 관측하여 얻은 방위, 거리, 협각, 고도 등을 만족시키는 점의 자취로서 관측을 실시한 시점에 선박이 그 자취 위에 있다고 생각되는 특정한 선을 (　　)이라 한다.

① 방위선　② 위치선
③ 중시선　④ 전위선

19 북극과 남극을 지나는 대권으로 적도와 직교하는 대권은 무엇인가?

① 위 도　② 동서거
③ 자오선　④ 거등권

해설
① 위도 : 어느 지점을 지나는 거등권과 적도 사이의 자오선상의 호의 길이
② 동서거 : 선박이 출발지에서 목적지로 항해할 때, 동서 방향으로 간 거리
④ 거등권 : 적도와 평행한 소권으로 위도를 나타냄

20 부산항 근처를 항해할 때 강선인 본선 자기컴퍼스의 남북선과 오륙도 등대 및 관측자를 지나는 대권이 이루는 교각은?

① 진방위　② 나침방위
③ 자침방위　④ 상대방위

해설
나침방위 : 나침의 남북선과 관측자 및 물표를 지나는 대권이 이루는 교각

21 진침로 060°, 편차 4°W, 자차 6°E일 때 자침로는?(단, 바람이나 조류, 해류의 영향은 없다고 가정함)

① 054°　② 056°
③ 064°　④ 066°

정답 15 ① 16 ① 17 ① 18 ② 19 ③ 20 ② 21 ③

해설
반개정 : 진침로(진방위)를 나침로(나침방위)로 고치는 것
진침로 → 풍압차 → 시침로 → 편차 → 자침로 → 자차 → 나침로(E는 빼고, W는 더한다)
60 + 4 = 64

22 지구상 두 지점의 경도차는?

① 위 도　② 변 위
③ 변 경　④ 경 도

해설
① 위도 : 어느 지점을 지나는 거등권과 적도 사이의 자오선상의 호의 길이
② 변위 : 두 지점을 지나는 자오선상의 호의 크기로 위도가 변한 양
④ 경도 : 어느 지점을 지나는 자오선과 본초자오선 사이의 적도상의 호

23 항해 중 레이더로 선위를 측정할 때 가장 확실한 물표는 무엇인가?

① 편평한 언덕
② 평지가 많은 낮은 해안선
③ 경사가 급하고 돌출된 바위
④ 굴곡이 거의 없는 완만한 해안선

해설
물표의 탐지는 물표의 유효 반사면적, 표면상태와 형상, 구성물질, 높이 및 크기에 따라 달라진다.
①, ②, ④의 경우 반사가 미약해 레이더에 거의 나타나지 않는다.

24 레이더에서 물표로부터 반사파의 탐지 및 세기에 영향을 주는 요소에 해당하지 않는 것은?

① 물표의 높이
② 물표의 구성물질
③ 물표부근의 풍향
④ 물표의 유효 반사면적

해설
레이더의 성능에 영향을 주는 요소
• 물표의 유효 반사면적
• 물표의 표면상태와 형상
• 물표의 구성물질
• 물표의 높이 및 크기

25 레이더에서 발사되는 전파의 속도는?

① 빛 속도의 1/2이다.
② 빛의 속도와 같다.
③ 음파의 속도와 같다.
④ 음파 속도의 2배이다.

제2과목 운 용

01 선박의 설비 중에서 사용 목적이 틀린 것은?

① 데 릭　② 크레인
③ 윈드라스　④ 카고윈치

해설
①, ②, ④ : 하역설비
③ : 계선설비

02 다음 중 선수에서 선미에 이르는 건현 갑판의 만곡은 무엇인가?

① 빌 지　② 어 빔
③ 현 호　④ 플레어

해설
③ 현호 : 선수에서 선미에 이르는 건현 갑판의 만곡
① 빌지(Bilge) : 선저와 선측을 연결하는 만곡부
② 어빔 : 선수미선과 직각을 이루는 방향

22 ③ 23 ③ 24 ③ 25 ② / 1 ③ 2 ③ 정답

03 갑판에 있는 개구부 중 가장 큰 갑판구(Deck Opening)는 어느 것인가?

① 천 창　　② 해치(Hatch)
③ 승강구　　④ 기관실구

해설
해치 : 갑판구 중에서 선창에 화물을 적재하거나 양하하기 위한 선창구로 갑판구 중 가장 크다.

04 선박의 길이에서 상갑판 보(Beam)상의 선수재 전면부터 선미재 후면까지의 수평거리는?

① 전 장　　② 등록장
③ 수선장　　④ 수선간장

해설
① 전장(LOA) : 선체에 붙어 있는 모든 돌출물을 포함하여 선수의 최전단부터 선미의 최후단까지의 수평거리
③ 수선장(LWL) : 각 흘수선상의 물에 잠긴 선체의 선수재 전면부터 선미 후단까지의 수평거리
④ 수선간장(LBP) : 계획 만재흘수선상의 선수재의 전면으로부터 타주의 후면까지의 수평거리

05 계선줄의 마모를 방지할 수 있도록 롤러로 구성된 계선설비는 어느 것인가?

① 계선공　　② 볼라드
③ 쥐막이　　④ 페어리더

해설
① 계선공 : 계선줄이 선외로 빠져 나가는 구멍
② 볼라드 : 계선줄을 붙들어 매는 기기
③ 쥐막이 : 접안 후 쥐의 침입을 막기 위해 계선줄에 설치

06 섬유로프의 스플라이싱(Splicing)한 부분의 강도가 떨어지는 정도는 약 몇 %인가?

① 1~5%　　② 5~10%
③ 10~15%　　④ 20~30%

07 다음 중 선체 운동 중 킥(Kick)현상이란 무엇인가?

① 전타하면 속도가 떨어지는 현상
② 전타한 방향으로 배가 돌아가는 현상
③ 전타하면 원심력에 의해 선체가 기울어지는 현상
④ 전타 직후 타판에 작용하는 압력 때문에 선미부분이 원침로의 외방으로 밀리는 현상

08 타효 및 추진효율이 가장 좋은 선박의 상태는 무엇인가?

① 선수각　　② 등흘수
③ 선미트림　　④ 선수트림

해설
③ 선미트림 : 선미흘수가 선수흘수보다 큰 상태로 선속이 증가되며, 타효가 좋음
② 등흘수 : 선수흘수와 선미흘수가 같은 상태로 수심이 얕은 수역을 항해할 때나 입거할 때 유리
④ 선수트림 : 선수흘수가 선미흘수보다 큰 상태로 선속을 감소시키며, 타효가 불량

09 다음 중 닻의 투하작업에서 닻을 수면 부근까지 내린 상태는?

① 워크아웃(Walk Out)
② 파울앵커(Foul Anchor)
③ 쇼트스테이(Short Stay)
④ 앵커어웨이(Anchor Aweigh)

해설
② 파울앵커(Foul Anchor) : 닻이 앵커체인과 엉켜서 올라온 상태
③ 쇼트스테이(Short Stay) : 앵커체인의 신출 길이가 수심의 1.5배 정도인 상태
④ 앵커어웨이(Anchor Aweigh) : 닻이 해저를 막 떠날 때로 닻의 크라운이 해저에서 떨어지는 상태

정답 3 ② 4 ② 5 ④ 6 ④ 7 ④ 8 ③ 9 ①

10 다음 중 투묘 정박 시 닻의 파주력이 가장 큰 해저 저질은 무엇인가?

① 펄　　② 바 위
③ 모 래　　④ 자 갈

11 다음 중 수심이 얕은 수역을 항행 시 나타나는 현상으로 틀린 것은?

① 선체가 침하된다.
② 속력이 감소된다.
③ 선회권이 작아진다.
④ 조종성이 저하된다.

해설
수심이 얕은 수역의 영향
- 선체의 침하 : 흘수가 증가한다.
- 속력의 감소 : 조파 저항이 커지고, 선체의 침하로 저항이 증대된다.
- 조종성의 저하 : 선체 침하와 해저 형상에 따른 와류의 영향으로 키의 효과가 나빠진다.
- 선회권 : 커진다.
- 저속으로 항행하는 것이 가장 좋으며, 수심이 깊어지는 고조시를 택하여 조종하는 것이 유리하다.

12 풍랑을 선미 쿼터(Quarter)에서 받으며, 파에 쫓기는 자세로 항주하는 방법은?

① 히브 투(Heave to)
② 스커딩(Scudding)
③ 라이 투(Lie to)
④ 스톰 오일(Storm Oil) 살포

해설
① 거주(Heave to) : 선수를 풍랑쪽으로 향하게 하여 조타가 가능한 최소의 속력으로 전진하는 방법으로 풍랑을 선수로부터 좌우현 25~35° 방향에서 받도록 한다.
③ 표주(Lie to) : 황천 속에서 기관을 정지하여 선체가 풍하측으로 표류하도록 하는 방법으로 복원력이 큰 소형선에서나 이용할 수 있다.
④ 진파기름(Storm Oil)살포 : 구명정이나 조난선이 라이 투 할 때에 선체 주위에 기름을 살포하여 파랑을 진정시키는 목적으로 사용하는 기름을 스톰 오일이라 한다. 또한 조난선의 위치를 확인하는 데 도움을 줄 수도 있다.

13 다음 중 좁은 수로에서의 선박조종법으로 틀린 것은?

① 역조 때가 순조 때보다 정침이 쉽다.
② 선박의 회두 시 조타는 대각도 변침이 좋다.
③ 통항시기는 게류 시나 조류가 약한 때를 택한다.
④ 기관사용 및 앵커 투하준비 상태를 계속 유지하면서 항행한다.

해설
협수로에서의 선박 운용
- 선수미선과 조류의 유선이 일치하도록 조종하고, 회두 시 소각도로 여러 차례 변침한다.
- 기관사용 및 앵커 투하준비 상태를 계속 유지하면서 항행한다.
- 역조 때에는 정침이 잘되나 순조 때에는 정침이 어려우므로 타효가 잘 나타나는 안전한 속력을 유지하도록 한다.
- 순조 시에는 대략 유속보다 3노트 정도 빠른 속력을 유지하도록 한다.
- 협수로의 중앙을 벗어나면 육안 영향에 의한 선체 회두를 고려한다.
- 좁은 수로에서는 원칙적으로 추월이 금지되어 있다.
- 통항시기는 게류 시나 조류가 약한 때를 택한다.

14 선박의 전체 중량이 한 점에 있다고 생각할 수 있는 가상의 점은?

① 부 심　　② 경 심
③ 배수량　　④ 무게중심

해설
① 부심(B) : 선체의 전체 부력이 한 점에 작용한다고 생각할 수 있는 점으로 선박의 수면하 체적의 기하학적 중심을 말한다.
② 경심(M : 메타센터) : 배가 똑바로 떠 있을 때 부심을 통과하는 부력의 작용선과 경사된 부력의 작용선이 만나는 점을 말한다.
③ 배수량(W) : 선체 중에 수면하에 잠겨 있는 부분의 용적(V)에 물의 밀도(ρ)를 곱한 것을 말한다.

15 배가 밀어낸 물의 무게만큼 힘이 상방으로 작용하는 것은?

① 중 력　　② 부 력
③ 원심력　　④ 구심력

10 ① 11 ③ 12 ② 13 ② 14 ④ 15 ② 정답

해설
부력과 중력 : 물에 떠 있는 선체에서는 배의 무게만큼의 중력이 하방향으로 작용하고, 동시에 배가 밀어 낸 물의 무게만큼의 부력이 상방향으로 작용하는데 힘의 크기는 같고 방향은 반대이다.

16 다음 중 항해당직사관이 당직 중 선장에게 알려야 할 사항으로 틀린 것은?

① 의심스러운 상황을 만났을 때
② 주요 항해 계기가 고장이 났을 때
③ 다른 선박들의 동정이 의심스러울 때
④ 부근을 항해 중인 선박을 발견했을 때

해설
선장을 요청할 일
- 제한시계에 조우하거나 예상될 경우
- 교통조건 또는 다른 선박들의 동정이 불안할 경우
- 침로유지가 곤란할 경우
- 예정된 시간에 육지나 항로표지를 발견하지 못할 경우 또는 측심을 못하였을 경우
- 예측하지 아니한 육지나 항로표지를 발견한 경우
- 주기관, 조타장치 또는 기타 중요한 항해장비에 고장이 생겼을 경우
- 황천 속 악천후 때문에 생길 수 있는 손상이 의심될 경우

17 다음 중 항해일지에 기재하는 내용으로 거리가 먼 것은?

① 침 로　　② 항 정
③ 풍 향　　④ 조 류

해설
항해일지 기록사항
선박의 위치 및 상황, 기상상태, 방화방수훈련 내용, 항해 중 발생사항과 선내에서의 출생·사망자 등을 기재

18 항해당직을 인수할 때의 주의사항에 해당하지 않는 것은?

① 항해 계기의 작동상태를 확인한다.
② 본선의 위치와 침로, 속력 등을 확인한다.
③ 선장의 당직지침 및 특별지시사항을 확인한다.
④ 앵커체인의 상태를 확인하고 필요하면 조정한다.

해설
항해당직 인수 시 확인사항
- 선장의 특별지시사항
- 주변상황, 기상 및 해상상태, 시정
- 선박의 위치, 침로, 속력, 기관 회전수
- 항해 계기 작동상태 및 기타 참고사항
- 선체의 상태나 선내의 작업 상황

19 해륙풍에 대한 설명으로 틀린 것은?

① 해풍이 육풍보다 강하다.
② 온대지방에서는 여름철에 발달한다.
③ 바다와 육지의 온도차에 의해서 생긴다.
④ 낮에는 육풍이 불고 밤에는 해풍이 분다.

해설
해륙풍
바다와 육지의 온도차에 의해 생성되는 바람으로 낮에 육지가 바다보다 빨리 가열되면서 육지의 기압이 낮아져 상대적으로 기압이 높은 바다에서 육지로 바람이 부는데 이를 해풍이라 한다. 밤에는 열용량이 큰 바다는 서서히 식기 때문에 바다의 기압이 더 낮아져 육지에서 바다로 바람이 부는데 이를 육풍이라 한다. 일반적으로 해풍이 육풍보다 강하며 온대지방에서는 여름철에 주로 발달한다.

20 R.R.R 법칙이란 무엇인가?

① 태풍피항법
② 태풍관측법
③ 태풍진로판단법
④ 태풍중심위치판단법

해설
태풍피항법
- R.R.R 법칙 : 북반구에서 풍향이 우전(Right)하면 선박은 오른쪽(Right) 반원에 위치한다. 이때는 우현선수에 바람을 받으면서 조선하여 태풍중심에서 멀어진다.
- L.L.S 법칙 : 북반구에서 풍향이 좌전(Left)하면 선박은 왼쪽(Left) 반원에 위치한다. 이때는 우현선미로 받으면서 조선하여 태풍중심을 피한다.
- 태풍 진로상에 선박이 있을 경우 : 북반구의 경우 풍랑을 우현선미로 받으면서 가항반원으로 선박을 유도한다.

정답 16 ④ 17 ④ 18 ④ 19 ④ 20 ①

21 다음 중 갑판기기에 해당하지 않는 것은?

① 양화기 ② 양묘기
③ 계선기 ④ 조수기

22 다음 중 불가피한 상황에서의 충돌 시 선박운용으로 옳은 것은?

① 불가피하게 충돌해야 되는 경우 타력을 줄인다.
② 급박한 위험이 있어도 충돌 원인분석을 먼저 이행한다.
③ 충돌 직후 파공부위의 확대방지를 위해 전진기관을 사용한다.
④ 파공부위가 크고 침수가 심하면 무조건 선박을 포기하고 퇴선한다.

해설
최선을 다하여 회피동작을 취하되 불가피한 경우에는 타력을 줄인다.

23 눈에 독물이 들어가거나 스쳤을 때 응급처치 방법으로 적절한 것은?

① 의사가 오기를 기다린다.
② 안연고를 바르고 안대를 하여 안정시킨다.
③ 안약을 넣고 안대를 하여 조용히 안정한다.
④ 세면대에 수돗물을 흘리면서 눈을 담가 깜박이며 씻어낸다.

24 다음 중 체내의 수분이 소모되는 것을 방지하는 방법으로 거리가 먼 것은?

① 부상은 속히 치료하여 출혈을 막는다.
② 불필요한 운동을 피하고 안정을 취한다.
③ 염류의 보충을 위해 해수나 소변을 마신다.
④ 땀을 흘리지 않도록 하고, 천막 위에 물을 끼얹는 등의 방법을 사용한다.

25 조난선의 조난통보에 대한 설명으로 틀린 것은?

① 선박의 식별, 위치, 조난의 성질 등 필수정보를 송신한다.
② 상황이 변하여 원조가 필요 없게 되어도 조난통보는 취소해서는 안 된다.
③ 최초의 통보에 모든 정보를 송신하는 것은 불가능하므로 단문 통보하고 차례로 추가시킨다.
④ 육상국이나 타선박에서 방향탐지가 가능하도록 10~15초간 장음 2회와 호출부호를 일정한 시간 간격으로 되풀이하여 송신한다.

제3과목 법 규

01 다음 선박 중 선박의 입항 및 출항 등에 관한 법률상 우선피항선에 속하지 않는 것은?

① 총톤수 10톤의 부선
② 총톤수 15톤의 단정
③ 총톤수 25톤의 범선
④ 총톤수 30톤의 예선

해설
정의(선박의 입항 및 출항 등에 관한 법률 제2조)
우선피항선이란 주로 무역항의 수상구역에서 운항하는 선박으로서 다른 선박의 진로를 피하여야 하는 다음의 선박을 말한다.
- 부선(예인선이 부선을 끌거나 밀고 있는 경우의 예인선 및 부선을 포함하되, 예인선에 결합되어 운항하는 입항부선은 제외)
- 주로 노와 삿대로 운전하는 선박
- 예 선
- 항만운송관련사업을 등록한 자가 소유한 선박
- 해양환경관리업에 따라 해양환경관리업을 등록한 자가 소유한 선박 또는 해양폐기물 및 해양오염퇴적물 관리법에 따라 해양폐기물관리업을 등록한 자가 소유한 선박(폐기물해양배출업으로 등록한 선박은 제외)
- 위의 규정에 해당하지 아니하는 총톤수 20톤 미만의 선박

21 ④ 22 ① 23 ④ 24 ③ 25 ② / 1 ③ 정답

02 다음에 대한 설명으로 옳은 것은?

> 선박의 입항 및 출항 등에 관한 법률상 무역항의 수상구역 등에서 2척 이상의 선박이 항행할 때에 서로 충돌을 예방하기 위한 항행 선박 간의 거리에 관한 기준

① 적당한 거리
② 최소한 200m 이상
③ 최소한 큰 선박의 길이 이상
④ 충돌을 예방할 수 있는 상당한 거리

해설
항행 선박 간의 거리(선박의 입항 및 출항 등에 관한 법률 제18조)
무역항의 수상구역 등에서 2척 이상의 선박이 항행할 때에는 서로 충돌을 예방할 수 있는 상당한 거리를 유지하여야 한다.

03 다음 중 선박안전법상 한반도와 제주도로부터 20마일 이내의 수역은?

① 열대대역　② 연해구역
③ 근해구역　④ 원양구역

해설
항해구역의 종류(선박안전법 시행규칙 제15조)
- 평수구역(호소・하천 및 항내의 수역(항만법에 따른 항만구역과 어촌・어항법에 따른 어항구역)과 해양수산부령으로 정하는 수역)
- 연해구역(영해기점으로부터 20해리 이내의 수역과 해양수산부령으로 정하는 수역)
- 근해구역(동쪽은 동경 175°, 서쪽은 동경 94°, 남쪽은 남위 11° 및 북쪽은 북위 63°의 선으로 둘러싸인 수역)
- 원양구역(모든 수역)

04 다음 중 선박검사증서 등 선박검사에 관한 서류를 게시 또는 보관하는 장소는?

① 대리점　② 선박 내
③ 선박회사　④ 해양수산관청

해설
선박검사증서 등이 없는 선박의 항해금지 등(선박안전법 제17조)
선박검사증서 등을 발급받은 선박소유자는 그 선박 안에 선박검사증서 등을 갖추어 두어야 한다. 다만, 소형선박의 경우에는 선박검사증서 등을 선박 외의 장소에 갖추어 둘 수 있다.

05 다음에서 설명하는 것은?

> 해양환경관리법상 기관구역에 기름오염방지설비를 설치하지 아니할 수 있는 선박

① 총톤수 60톤인 유조선
② 총톤수 50톤인 일반 화물선
③ 총톤수 150톤인 예인선
④ 총톤수 150톤인 여객선

해설
기관구역에서의 기름오염방지설비의 설치기준(선박에서의 오염방지에 관한 규칙 [별표 7])

대상선박	기름오염방지설비
가. 총톤수 50톤 이상 400톤 미만의 유조선	• 선저폐수저장탱크 또는 기름여과장치 • 배출관장치
나. 총톤수 100톤 이상 400톤 미만으로서 유조선이 아닌 선박	
다. 총톤수 400톤 이상 1만톤 미만의 선박(마목의 선박 제외)	• 기름여과장치 • 유성찌꺼기탱크 • 배출관장치
라. 총톤수 1만톤 이상의 모든 선박(마목의 선박 제외)	• 기름여과장치 • 선저폐수농도경보장치 • 유성찌꺼기탱크 • 배출관장치
마. 총톤수 400톤 이상으로서 국제특별해역 안에서만 운항하는 선박	• 기름여과장치 • 선저폐수농도경보장치 • 유성찌꺼기탱크 • 배출관장치

06 다음 중 해양환경관리법상 기름기록부에 기재하여야 할 사항으로 틀린 것은?

① 연료유의 수급
② 선저폐수의 처리
③ 사고로 인한 기름의 배출
④ 보일러의 용량 및 사용상태

해설
선박오염물질기록부의 기재사항 등(선박에서의 오염방지에 관한 규칙 제24조)
기름기록부에는 다음의 구분에 따른 사항을 적어야 한다.
- 연료유탱크에 선박평형수의 적재 또는 연료유탱크의 세정
- 연료유탱크로부터의 선박평형수 또는 세정수의 배출
- 기관구역의 유성찌꺼기 및 유성잔류물의 처리

정답 2 ④ 3 ② 4 ② 5 ② 6 ④

- 선저폐수의 처리
- 선저폐수용 기름배출감시제어장치의 상태
- 사고, 그 밖의 사유로 인한 예외적인 기름의 배출
- 연료유 및 윤활유의 선박 안에서의 수급

07 다음에서 설명하는 권한을 가진 자는?

> 해사안전법상 항로상에 선박의 방치, 어망 및 어구의 설치 또는 투기는 항로를 보전하기 위한 금지행위로서 이러한 설치물 또는 투기물에 대한 제거를 명령할 수 있는 사람

① 관세청장　② 선박대리점
③ 해양경찰서장　④ 출입국관리소장

해설

항로 등의 보전(해사안전법 제34조)

- 누구든지 항로에서 다음의 어느 하나에 해당하는 행위를 하여서는 아니 된다.
  - 선박의 방치
  - 어망 등 어구의 설치나 투기
- 해양경찰서장은 위를 위반한 자에게 방치된 선박의 이동·인양 또는 어망 등 어구의 제거를 명할 수 있다.

08 해사안전법상 선박 항해 시 안전한 속력을 결정하는 데 고려해야 할 요소에 해당되지 않는 것은?

① 시계상태　② 해상교통량의 밀도
③ 선박의 조종성능　④ 당직항해사의 자질

해설

안전한 속력(해사안전법 제64조)

안전한 속력을 결정할 때에는 다음의 사항을 고려하여야 한다.

- 시계의 상태
- 해상교통량의 밀도
- 선박의 정지거리·선회성능, 그 밖의 조종성능
- 야간의 경우에는 항해에 지장을 주는 불빛의 유무
- 바람·해면 및 조류의 상태와 항행장애물의 근접상태
- 선박의 흘수와 수심과의 관계
- 레이더의 특성 및 성능
- 해면상태·기상, 그 밖의 장애요인이 레이더 탐지에 미치는 영향
- 레이더로 탐지한 선박의 수·위치 및 동향

09 국제해상충돌방지규칙상 조종불능선은 무엇인가?

① 추진기나 조타기가 고장 난 선박
② 소해작업에 종사하고 있는 선박
③ 수중작업에 종사하고 있는 선박
④ 항로표지, 해저전선 등의 부설, 보수 및 인양작업에 종사하고 있는 선박

해설

정의(해사안전법 제2조)

조종불능선 : 선박의 조종성능을 제한하는 고장이나 그 밖의 사유로 조종을 할 수 없게 되어 다른 선박의 진로를 피할 수 없는 선박을 말한다.

②, ③, ④는 조종제한선이다.

10 다음 중 국제해상충돌방지규칙상 좁은 수로의 굴곡부를 돌아 항행할 때의 항법으로 맞는 것은?

① 최단거리가 되는 침로를 취한다.
② 멀리 돌아서 항행하게 되어 있다.
③ 자선의 좌현쪽에서 굴곡부를 보는 선박은 굴곡부에 접근하여 항행한다.
④ 자선의 우현쪽에서 굴곡부를 보는 선박은 굴곡부에 접근하여 항행한다.

해설

좁은 수로 등(해사안전법 제67조)

좁은 수로나 항로(좁은 수로 등)를 따라 항행하는 선박은 항행의 안전을 고려하여 될 수 있으면 좁은 수로 등의 오른편 끝 쪽에서 항행하여야 한다.

11 다음에서 설명하는 선박의 길이는?

> 국제해상충돌방지규칙에서 좁은 수로의 안쪽이 아니면 안전하게 항행할 수 없는 선박의 통항을 방해하여서는 안 되는 선박의 길이

① 20m 미만　② 30m 미만
③ 40m 미만　④ 60m 미만

해설

통항분리제도(해사안전법 제68조)

길이 20m 미만의 선박이나 범선은 통항로를 따라 항행하고 있는 다른 선박의 항행을 방해하여서는 아니 된다.

7 ③ 8 ④ 9 ① 10 ④ 11 ① 정답

12 **다음 중 국제해상충돌방지규칙상 통항분리방식이 적용되는 해역에서 부득이하게 통항로를 횡단해야 할 경우의 횡단방법으로 맞는 것은?**

① 일반적인 교통 방향에 대하여 선수방향이 비슷하게
② 일반적인 교통 방향에 대하여 선수방향이 30° 정도가 되게
③ 일반적인 교통 방향에 대하여 선수방향이 직각이 되게
④ 어떤 경우든 횡단할 수 없다.

해설
통항분리제도(해사안전법 제68조)
선박은 통항로를 횡단하여서는 아니 된다. 다만, 부득이한 사유로 그 통항로를 횡단하여야 하는 경우에는 그 통항로와 선수방향이 직각에 가까운 각도로 횡단하여야 한다.

13 **국제해상충돌방지규칙상 마주치는 상태에 있어서의 항법이 적용되기 위한 조건으로 적절하지 않은 것은?**

① 충돌의 위험성이 있을 것
② 두 선박이 모두 항행 중일 것
③ 두 선박이 마주치거나 또는 거의 마주치는 상태일 것
④ 동력선과 범선의 항법관계 또는 범선끼리의 관계일 것

해설
마주치는 상태(해사안전법 제72조)
2척의 동력선이 마주치거나 거의 마주치게 되어 충돌의 위험이 있을 때에는 각 동력선은 서로 다른 선박의 좌현쪽을 지나갈 수 있도록 침로를 우현 쪽으로 변경하여야 한다.

14 **다음 ( ) 안에 들어갈 내용으로 알맞은 것은?**

> 횡단 상태에서 피항선은 다른 선박의 ( )을 보면서 접근하는 선박이다.

① 녹색등　　② 백색등
③ 황색등　　④ 홍색등

해설
횡단하는 상태(해사안전법 제73조)
2척의 동력선이 상대의 진로를 횡단하는 경우로서 충돌의 위험이 있을 때에는 다른 선박을 우현쪽에 두고 있는 선박(다른 선박의 홍등을 보는 선박)이 그 다른 선박의 진로를 피하여야 한다. 이 경우 다른 선박의 진로를 피하여야 하는 선박은 부득이한 경우 외에는 그 다른 선박의 선수 방향을 횡단하여서는 아니 된다.

15 **국제해상충돌방지규칙상 "조종이 보다 용이한 선박이 그렇지 못한 선박을 피하여야 한다"는 피항의 일반원칙의 적용으로 옳지 못한 것은?**

① 범선의 조종불능선에 대한 피항 의무
② 범선의 어로종사 중인 선박에 대한 피항 의무
③ 항행 중인 동력선의 정박선에 대한 피항 의무
④ 어로종사 중인 선박의 항행 중인 동력선에 대한 피항 의무

해설
선박 사이의 책무(해사안전법 제76조)
- 항행 중인 동력선은 다음에 따른 선박의 진로를 피하여야 한다.
  - 조종불능선
  - 조종제한선
  - 어로에 종사하고 있는 선박
  - 범 선
- 어로에 종사하고 있는 선박 중 항행 중인 선박은 될 수 있으면 다음에 따른 선박의 진로를 피하여야 한다.
  - 조종불능선
  - 조종제한선

16 **다음 중 국제해상충돌방지규칙상 연안 항행 중 안개 때문에 시계가 불량해질 때 취하는 조치가 아닌 것은?**

① 안전한 속력으로 감속한다.
② 경계원을 증원하여 배치한다.
③ 경계에 집중하기 위하여 무선전화를 끈다.
④ 모든 항해계기를 활용하여 선위를 확인한다.

정답 12 ③ 13 ④ 14 ④ 15 ④ 16 ③

해설

경계(해사안전법 제63조)

선박은 주위의 상황 및 다른 선박과 충돌할 수 있는 위험성을 충분히 파악할 수 있도록 시각·청각 및 당시의 상황에 맞게 이용할 수 있는 모든 수단을 이용하여 항상 적절한 경계를 하여야 한다.

충돌 위험(해사안전법 제65조)

선박은 다른 선박과 충돌할 위험이 있는지를 판단하기 위하여 당시의 상황에 알맞은 모든 수단을 활용하여야 한다.

제한된 시계에서 선박의 항법(해사안전법 제77조)

모든 선박은 시계가 제한된 그 당시의 사정과 조건에 적합한 안전한 속력으로 항행하여야 하며, 동력선은 제한된 시계 안에 있는 경우 기관을 즉시 조작할 수 있도록 준비하고 있어야 한다.

17 **국제해상충돌방지규칙상 등화 및 형상물에 관한 규정의 적용시기로서 옳지 않은 것은?**

① 모든 천후에 적용함

② 주간에는 형상물을 표시함

③ 등화는 제한된 시계에서도 표시함

④ 등화는 일출시부터 일몰시까지 표시함

해설

적용(해사안전법 제78조)

선박은 해지는 시각부터 해뜨는 시각까지 이 법에서 정하는 등화를 표시하여야 하며, 이 시간 동안에는 이 법에서 정하는 등화 외의 등화를 표시하여서는 아니 된다.

18 **국제해상충돌방지규칙상 현등의 설치는 그 불빛이 정선수 방향으로부터 각 정횡 후 몇 °까지를 비추어야 하는가?**

① 11.5° ② 22.5°

③ 33.5° ④ 45°

해설

등화의 종류(해사안전법 제79조)

현등 : 정선수 방향에서 양쪽 현으로 각각 112.5°에 걸치는 수평의 호를 비추는 등화로서 그 불빛이 정선수 방향에서 좌현 정횡으로부터 뒤쪽 22.5°까지 비출 수 있도록 좌현에 설치된 붉은색 등과 그 불빛이 정선수 방향에서 우현 정횡으로부터 뒤쪽 22.5°까지 비출 수 있도록 우현에 설치된 녹색 등

19 **국제해상충돌방지규칙상 선박이 양현등과 선미등만을 켜도록 요구되는 경우로 옳은 것은?**

① 타선에 끌려갈 때

② 작업의 특성상 조종능력이 제한되었을 때

③ 어로에 종사할 때

④ 도선선에 도선사를 태웠을 때

해설

항행 중인 예인선(해사안전법 제82조)

끌려가고 있는 선박이나 물체는 다음의 등화나 형상물을 표시하여야 한다.

- 현등 1쌍
- 선미등 1개
- 예인선열의 길이가 200m를 초과하면 가장 잘 보이는 곳에 마름모꼴의 형상물 1개

20 **다음에 해당하는 것은?**

> 국제해상충돌방지규칙상 항해 중인 범선이 표시해야 하는 전주등 2개의 배치방법

① 마스트의 꼭대기나 그 부근의 가장 잘 보이는 곳에 수직으로 백등 2개를 표시한다.

② 마스트의 꼭대기나 그 부근의 가장 잘 보이는 곳에 수직으로 홍등 2개를 표시한다.

③ 마스트의 꼭대기나 그 부근의 가장 잘 보이는 곳에 수직으로 위쪽에는 홍등, 아래쪽은 백색등을 표시한다.

④ 마스트의 꼭대기나 그 부근의 가장 잘 보이는 곳에 수직으로 위쪽에는 홍등, 아래쪽은 녹색등을 표시한다.

해설

항행 중인 범선 등(해사안전법 제83조)

항행 중인 범선은 등화에 덧붙여 마스트의 꼭대기나 그 부근의 가장 잘 보이는 곳에 전주등 2개를 수직선의 위아래에 표시할 수 있다. 이 경우 위쪽의 등화는 붉은색, 아래쪽의 등화는 녹색이어야 하며, 이 등화들은 삼색등과 함께 표시하여서는 아니 된다.

17 ④ 18 ② 19 ① 20 ④ 정답

21 이 그림은 국제해상충돌방지규칙상 어떤 선박의 등화인가?

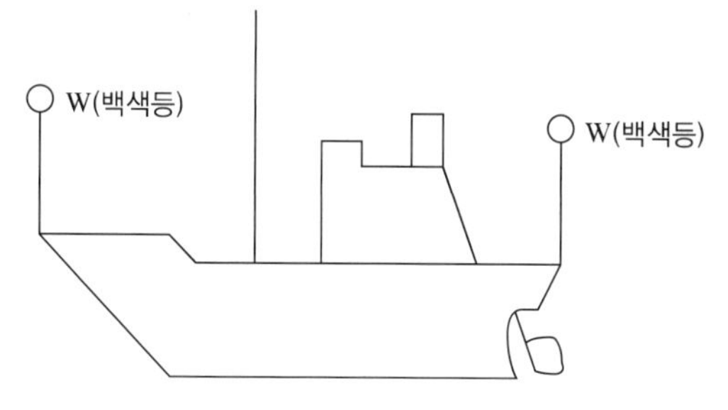

① 예인선 ② 정박선
③ 흘수제약선 ④ 어로종사선

해설
정박선과 얹혀 있는 선박(해사안전법 제88조)
정박 중인 선박은 가장 잘 보이는 곳에 다음의 등화나 형상물을 표시하여야 한다.
1. 앞쪽에 흰색의 전주등 1개 또는 둥근꼴의 형상물 1개
2. 선미나 그 부근에 1.에 따른 등화보다 낮은 위치에 흰색 전주등 1개

22 다음에서 설명하는 등화는?

> 국제해상충돌방지규칙상 길이 50m 미만의 좌초선이 야간에 표시해야 하는 등화

① 정박등만 표시한다.
② 정박등(백등 1개)에 부가하여 전주를 비추는 홍등 2개를 수직으로 표시한다.
③ 정박등(백등 1개)에 부가하여 전주를 비추는 백등 2개를 수직으로 표시한다.
④ 정박등(백등 1개)에 부가하여 전주를 비추는 홍등 3개를 수평으로 표시한다.

해설
정박선과 얹혀 있는 선박(해사안전법 제88조)
- 길이 50m 미만인 선박은 정박 중인 선박에 따른 등화를 대신하여 가장 잘 보이는 곳에 흰색 전주등 1개를 표시할 수 있다.
- 얹혀 있는 선박(좌초선)은 정박 시에 따른 등화를 표시하여야 하며, 이에 덧붙여 가장 잘 보이는 곳에 다음의 등화나 형상물을 표시하여야 한다.
  - 수직으로 붉은색의 전주등 2개
  - 수직으로 둥근꼴의 형상물 3개

23 국제해상충돌방지규칙에서 규정하고 있는 선박에 비치해야 할 음향신호장치로 틀린 것은?

① 북 ② 기 적
③ 호 종 ④ 징(동라)

해설
음향신호설비(해사안전법 제91조)
길이 12m 이상의 선박은 기적 1개를, 길이 20m 이상의 선박은 기적 1개 및 호종 1개를 갖추어 두어야 하며, 길이 100m 이상의 선박은 이에 덧붙여 호종과 혼동되지 아니하는 음조와 소리를 가진 징을 갖추어 두어야 한다.

24 다음에 해당하는 것은?

> 국제해상충돌방지규칙상 제한된 시계 내에서 대수속력이 있는 항행 중인 동력선의 음향신호

① 2분을 넘지 않는 간격으로 장음 1회
② 2분을 넘지 않는 간격으로 장음 2회
③ 2분을 넘지 않는 간격으로 단음 1회
④ 2분을 넘지 않는 간격으로 단음 2회

해설
제한된 시계 안에서의 음향신호(해사안전법 제93조)
항행 중인 동력선은 대수속력이 있는 경우에는 2분을 넘지 아니하는 간격으로 장음을 1회 울려야 한다.

25 국제해상충돌방지규칙에서 장음, 단음, 단음, 단음의 무중 신호를 울려야 하는 선박은?

① 수중작업선 ② 피예인선
③ 예인선 ④ 어로종사선

해설
제한된 시계 안에서의 음향신호(해사안전법 제93조)
끌려가고 있는 선박(2척 이상의 선박이 끌려가고 있는 경우에는 제일 뒤쪽의 선박)은 승무원이 있을 경우에는 2분을 넘지 아니하는 간격으로 연속하여 4회의 기적(장음 1회에 이어 단음 3회를 말한다)을 울릴 것. 이 경우 신호는 될 수 있으면 끌고 있는 선박이 행하는 신호 직후에 울려야 한다.

정답 21 ② 22 ② 23 ① 24 ① 25 ②

2015년 제2회

과년도 기출복원문제

제1과목 항 해

01 액체식 자기컴퍼스의 컴퍼스카드에 대한 설명으로 틀린 것은?

① 카드 안쪽에는 4방점 방위와 4우점 방위가 새겨져 있다.
② 0°와 180°를 연결하는 선과 평행하게 자석이 부착되어 있다.
③ 온도가 변하더라도 변형되지 않도록 부실에 부착된 황동제 원형판이다.
④ 카드에 북을 0°로 하여 반시계방향으로 360등분된 방위눈금이 새겨져 있다.

해설
북을 0°로 하여 시계방향으로 360등분된 방위눈금이 새겨져 있다.

02 선수 방위가 변할 때마다 즉시 자차측정을 하는 것이 불가능하므로 미리 모든 방위의 자차를 구해 놓은 도표는?

① 점장도 ② 자차곡선도
③ 나침도 ④ 자장도

해설
자차표에 의한 자차곡선도를 이용하면 선수 방향에 대한 자차를 구하는 데 편리하게 이용할 수 있다.

03 컴퍼스 볼 위에 끼워서 자유롭게 회전시킬 수 있는 비자성재로 0°에서 360°까지 눈금을 새겨 놓은 것은?

① 부 실 ② 거 울
③ 방위환 ④ 반사경

04 야간 항해 중 적색이며, 광력과 등색이 바뀌지 않고 지속되는 등대를 발견했다면 해도상에 표시된 그 등대의 기호는?

① OcY ② FlG
③ Al.WR ④ FR

해설
FR
• 부동등(F) : 등색이나 등력이 바뀌지 않고 일정하게 계속 빛을 내는 등
• R : 등색은 적색(Red)
① Oc(명암등)Y(황색)
② Fl(섬광등)G(녹색)
③ Al.(호광등)WR(백색과 적색)

05 다음 중 암초 등의 위험을 알리거나 항행금지지점을 표시하며 해저에 체인으로 연결되어 있는 야간표지는?

① 등 대 ② 등 주
③ 부 표 ④ 등부표

해설
등부표
• 등대와 함께 가장 널리 쓰이고 있는 야간표지
• 암초, 항해금지구역, 항로의 입구, 폭 및 변침점 등을 표시하기 위하여 설치
• 해저에 체인으로 연결되어 일정한 선회반지름을 가지고 이동
• 파랑이나 조류에 의해 위치 이동 및 유실에 주의

06 부산항에 입항하면서 전방에 적색 부표가 보였다면 우리 배의 항행으로 옳은 것은?

① 적색 부표 왼쪽으로 항행하여야 한다.
② 적색 부표 오른쪽으로 항행하여야 한다.
③ 적색 부표를 한 바퀴 돌아서 가야 한다.
④ 상관없이 그냥 그 위로 지나가면 된다.

1 ④ 2 ② 3 ③ 4 ④ 5 ④ 6 ① 정답

해설
측방표지
- 항행수로의 좌·우측 한계를 표시하기 위해 설치된 표지
- B 지역(우리나라)의 좌현표지의 색깔과 등화의 색상은 녹색, 우현표지는 적색
- 좌현표지 : 부표의 위치가 항로의 왼쪽 한계에 있음을 의미, 오른쪽이 가항 수역
- 우현표지 : 부표의 위치가 항로의 오른쪽 한계에 있음을 의미, 왼쪽이 가항 수역

07 음향표지의 효과로 적절한 것은?

① 모양과 색깔로 구분하며 선위결정에 이용된다.
② 주간에 암초, 사주 등의 위치를 알리고 경고한다.
③ 제한시계 시 항로표지의 위치를 알리고 경고한다.
④ 야간에 위험한 암초, 항행금지구역 등을 알리고 경고한다.

해설
음향표지
안개, 눈 등에 의하여 시계가 나빠 육지나 등화를 발견하기 어려울 때에 선박에 항로 표지의 위치를 알리거나 경고할 목적으로 설치된 표지로 무신호(Fog Signal)라고도 한다.

08 해도에 사용하는 조개껍질의 저질표시는?

① M ② Oz
③ Sh ④ St

해설
① 펄
② 연한 진흙
④ 돌

09 "해도상에서 두 점 간의 거리를 구할 때 디바이더의 발을 두 지점에서 재어 해도의 좌우에 있는 ( )에서 구한다." ( ) 안에 옳은 것은?

① 경도측 눈금 ② 위도측 눈금
③ 방위측 ④ 거리측

해설
두 지점 간의 거리를 구하는 방법
두 지점에 디바이더의 발을 각각 정확히 맞추어 두 지점 간의 간격을 재고, 이것을 그들 두 지점의 위도와 가장 가까운 위도의 눈금에 대어 거리를 구한다.

10 해도에서 해저의 기복 상태를 알기 위해 같은 수심인 장소를 연속된 가는 실선으로 통상 2m, 5m, 10m, 20m 및 200m의 선으로 표시한 것은?

① 해안선 ② 등심선
③ 등고선 ④ 저 질

해설
- 등심선 : 통상 2m, 5m, 10m, 20m 및 200m의 같은 수심인 장소를 연속하는 가는 실선으로 나타낸다.
- 해안선 : 약최고고조면에서의 수륙 경계선으로 항박도를 제외하고는 대부분 실선으로 기재한다.

11 축척이 5만분의 1 이상인 해도를 나타내는 것은?

① 해안도 ② 항박도
③ 항양도 ④ 항해도

해설
해도의 축척

종 류	축 척	내 용
총 도	1/400만 이하	세계전도와 같이 넓은 구역을 나타낸 것으로, 장거리 항해와 항해계획 수립에 이용
항양도	1/100만 이하	원거리 항해에 쓰이며, 먼 바다의 수심, 주요 등대·등부표, 먼 바다에서도 보이는 육상의 물표 등이 표시됨
항해도	1/30만 이하	육지를 바라보면서 항해할 때 사용되는 해도로, 선위를 직접 해도상에서 구할 수 있도록 육상 물표, 등대, 등표 등이 비교적 상세히 표시됨
해안도	1/5만 이하	연안 항해에 사용하는 것이며, 연안의 상황이 상세하게 표시됨
항박도	1/5만 이상	항만, 정박지, 협수로 등 좁은 구역을 상세히 그린 평면도

정답 7 ③ 8 ③ 9 ② 10 ② 11 ②

12 **하루 2회씩 일어나는 고조와 저조는 같은 날이라도 높이와 간격이 다소 차이를 나타낸다. 이 현상을 무엇이라고 하는가?**

① 기조력
② 조화상수
③ 조 차
④ 일조부등

해설
④ 일조부등 : 하루 2회씩 일어나는 고조와 저조가 같은 날이라도 높이와 간격이 다소 차이를 나타내는 현상
① 기조력 : 조석을 일으키는 힘
③ 조차 : 연이어 일어난 고조와 저조의 해면의 높이차를 조차라 하며, 장기간에 걸쳐 평균한 것을 평균 조차라 한다.

13 **오늘의 오전 고조시가 10시였다면, 내일의 오전 고조시는 대략 몇 시 몇 분인가?**

① 약 09시 10분
② 약 09시 35분
③ 약 10시 25분
④ 약 10시 50분

해설
조석의 주기
고조(저조)로부터 다음 고조까지 걸리는 시간, 약 12시간 25분
고조에서 저조까지 걸리는 시간이 약 12시간 25분, 저조에서 다시 고조까지 걸리는 시간이 약 12시간 25분(반일주조)이므로, 고조에서 다음 날 고조까지 걸리는 시간은 약 24시간 50분(일주조)이다.

14 **동한난류에 대한 설명으로 가장 적절한 것은?**

① 리만해류의 한 줄기이다.
② 우리나라 동해안을 따라 북쪽으로 흐른다.
③ 북한 연안을 따라 남하한다.
④ 북서계절풍이 강한 겨울철에만 서해에 존재한다.

해설
동한난류 : 쿠로시오 본류로부터 분리되어 동해안으로 들어오는 해류로 울릉도 부근에서 동쪽으로 방향을 틀어 쓰시마난류와 합류

15 **교차방위법에서 물표의 방위를 측정하려고 할 때의 주의사항은?**

① 방위변화가 빠른 물표를 먼저 측정한다.
② 선수미 방향의 물표를 먼저 측정한다.
③ 먼 물표는 뒤에 측정한다.
④ 정횡 방향의 물표를 먼저 측정한다.

해설
물표 선정 시 주의사항
• 선수미 방향의 물표를 먼저 측정
• 해도상의 위치가 명확하고 뚜렷한 목표를 선정
• 먼 물표보다는 적당히 가까운 물표를 선택
• 물표 상호 간의 각도는 가능한 한 30~150°인 것을 선정
• 두 물표일 때는 90°, 세 물표일 때는 60° 정도가 가장 좋음
• 물표가 많을 때는 3개 이상을 선정하는 것이 좋음

16 **최근에 구한 실측위치에서의 진침로와 항정의 요소로 구한 선위의 위치는?**

① 추측위치　② 추정위치
③ 실측위치　④ 가정위치

해설
① 추측위치 : 최근에 구한 실측위치에서의 진침로와 항정의 요소로 구한 선위의 위치
② 추정위치 : 추측위치에 바람, 해·조류 등 외력의 영향을 가감하여 구한 위치
③ 실측위치 : 지상의 물표의 방위나 거리를 실제로 측정하여 구한 위치

17 **실측위치에 오차가 생기는 원인으로 틀린 것은?**

① 관측기기에 의한 오차
② 해도 기입상의 오차
③ 관측자의 습관에 의한 오차
④ 조류에 의한 오차

18 **다음 중 대권은 어느 것인가?**

① 거등권　② 항정선
③ 자오선　④ 중시선

12 ④ 13 ④ 14 ② 15 ② 16 ① 17 ④ 18 ③ 정답

해설
자오선 : 대권 중에서 양 극을 지나는 적도와 직교하는 대권(대원)

19 다음 중 위도에 대한 설명으로 가장 적절한 것은?

① 제주도의 위도가 부산보다 높다.
② 부산보다 인천의 위도가 더 높다.
③ 속초에서 부산으로 항해 시 위도가 높아진다.
④ 동해에서 일본으로 090° 항해 시 위도가 높아진다.

해설
인천이 부산보다 더 북쪽에 위치한다.

20 다음 방위 중 경계보고나 닻줄의 방향을 보고할 때 편리하게 사용되는 것은?

① 상대방위 ② 진방위
③ 자침방위 ④ 나침방위

해설
① 상대방위 : 자선의 선수를 0°로 하여 시계방향으로 360°까지 재거나 좌, 우현으로 180°씩 측정(견시보고나 닻줄의 방향을 보고할 때 편리하게 사용)
② 진방위 : 진자오선과 관측자 및 물표를 지나는 대권이 이루는 교각
③ 자침방위 : 자기자오선과 관측자 및 물표를 지나는 대권이 이루는 교각
④ 나침방위 : 나침의 남북선과 관측자 및 물표를 지나는 대권이 이루는 교각

21 나침로 210°, 편동자차 2°, 편동편차 5°일 때 진침로는 약 몇 °를 나타내는가?

① 203° ② 207°
③ 213° ④ 217°

해설
침로(방위)개정 : 나침로(나침방위)를 진침로(진방위)로 고치는 것
나침로 → 자차 → 자침로 → 편차 → 시침로 → 풍압차 → 진침로(E는 더하고, W는 뺀다)
210 + 2 + 5 = 217°

22 소형 철선에서 주로 사용하는 자기컴퍼스의 오차에 대한 설명은?

① 거의 항상 존재한다.
② 존재하지 않는다.
③ 밤낮에 따라 변한다.
④ 수심에 따라 변한다.

23 레이더에서 최소탐지거리에 영향을 주는 요소로 틀린 것은?

① 펄스폭 ② 수평 빔 폭
③ 측엽반사 ④ 수직 빔 폭

해설
최소탐지거리에 영향을 주는 요소
펄스폭, 해면반사 및 측엽반사, 수직 빔 폭

24 레이더의 허상에 해당되지 않는 것은?

① 간접반사 ② 거울면반사
③ 측엽반사 ④ 철선의 반사

해설
레이더의 허상
간접반사, 거울면반사, 다중반사, 측엽반사, 2차 소인반사

25 항행 중 레이더로 작은 물표의 방위를 측정할 때 영상에서 측정하는 위치는?

① 물표의 중심
② 물표의 우측 끝
③ 물표의 좌측 끝
④ 물표의 가장 가까운 점

해설
방위의 정확도를 높이는 방법
• 작은 물표에 대해서는 물표의 중심 방위를 측정
• 목표물의 양 끝에 대한 방위 측정 시 수평 빔 폭의 절반만큼 안쪽으로 측정

정답 19 ② 20 ① 21 ④ 22 ① 23 ② 24 ④ 25 ①

- 수신기의 감도를 약간 떨어뜨림
- 거리선택 스위치를 근거리로 선택
- 물표의 영상이 작을수록 정확한 방위측정이 가능
- 정지해 있거나 천천히 움직이는 물표의 방위측정이 정확
- 진방위 지시 방식이 유리

제2과목 운 용

01 다음 설비 중 선박의 접·이안 시 횡방향으로 이동할 수 있도록 하는 것은?

① 크레인 ② 양묘기
③ 페어리더 ④ 사이드 스러스터

해설
① 크레인 : 하역설비
② 양묘기 : 앵커를 감아올리거나 투묘작업 및 선박을 부두에 접안시킬 때, 계선줄을 감는 데 사용되는 설비
③ 페어리더 : 계선줄의 마모를 방지하기 위해 롤러로 구성

02 다음 보조기계 중 선박에서 필요한 청수를 만들어주는 것은?

① 청정기 ② 조수기
③ 냉동기 ④ 공기압축기

03 다음 중 만재흘수선과 갑판선 상단까지의 수직거리는?

① 건 현 ② 깊 이
③ 흘 수 ④ 형 폭

해설
② 깊이 : 선체 중앙에서, 용골의 상면부터 건현 갑판의 현측 상면까지의 수직거리
③ 흘수 : 선체가 물속에 잠긴 깊이
④ 형폭 : 선체의 폭이 가장 넓은 부분에서 늑골의 외면부터 맞은편 늑골의 외면까지의 수평거리

04 다음 중 각 흘수선상의 물에 잠긴 선체의 선수재 전면부터 선미 후단까지의 수평거리는?

① 전 폭 ② 전 장
③ 등록장 ④ 수선장

해설
① 전폭 : 선체의 폭이 가장 넓은 부분에서, 외판의 외면부터 맞은편 외판의 외면까지의 수평거리
② 전장(LOA) : 선체에 붙어 있는 모든 돌출물을 포함하여 선수의 최전단부터 선미의 최후단까지의 수평거리
③ 등록장 : 상갑판 보(Beam)상의 선수재 전면부터 선미재 후면까지의 수평거리

05 교량을 통과할 때 교량하부의 높이보다 작아야 하는 것은?

① 흘 수 ② 선 폭
③ 수선장 ④ 수면상 선체의 높이

06 선박의 길이(세로) 방향의 경사를 나타내는 것으로 선수미 흘수의 차는?

① 트 림 ② 흘 수
③ 건 현 ④ 선체경사

해설
① 트림 : 선박의 길이(세로) 방향의 경사
② 흘수 : 선체가 물속에 잠긴 깊이
③ 건현 : 선박의 만재흘수선부터 갑판선 상단까지의 수직거리

07 선회권의 크기에 영향을 주는 주요 요소와 거리가 먼 것은?

① 흘 수 ② 타 각
③ 킥(Kick) ④ 수 심

해설
선회권에 영향을 주는 요소
선체의 비척도(방형계수), 흘수, 트림, 타각, 수심

1 ④ 2 ② 3 ① 4 ④ 5 ④ 6 ① 7 ③ 정답

08 항내 조선 시 유의사항으로 옳은 것은?

① 빠른 속력을 유지한다.
② 항상 닻을 투하할 준비를 한다.
③ 선박의 입항 및 출항 등에 관한 법률에 따를 필요는 없다.
④ 마주치는 선박이 있을 때 좌현 변침하여 피한다.

해설
① 안전한 속력을 유지하도록 한다.
③ 항내 조선 시 선박의 입항 및 출항 등에 관한 법률에 따른다.
④ 마주치는 선박이 있을 때 우현 변침하여 피한다.

09 다음 중 묘박법으로 틀린 것은?

① 단묘박　② 주묘박
③ 쌍묘박　④ 이묘박

해설
② 주묘 시 닻이 끌려 배의 위치가 이동한다.

10 단추진기선에 대한 설명으로 가장 옳은 것은?

① 스크루 프로펠러가 안벽, 표류물 등에 접촉하여 파손되기 쉽다.
② 축로(Shaft Tunnel)가 2개이므로 선창 용적이 작아진다.
③ 기관실 용적이 작고 연료소비가 적다.
④ 접안할 때 계선줄이 쌍추진기선보다 스크루 프로펠러에 감기기 쉽다.

11 선박의 접 · 이안 시 사용되는 예선의 역할로 옳지 않은 것은?

① 타의 보조 역할　② 선박의 속력 증대
③ 선박의 타력 제어　④ 횡방향으로 이동

해설
예선은 기동력이 뛰어나서 타의 보조, 타력의 제어 및 횡방향으로 선체를 이동시키는 역할을 할 수 있으며 기관마력이 클수록 유리하다.

12 조류가 있는 협수로에서의 선박통항 시기로 가장 적절한 것은?

① 강한 역조 시
② 강한 순조 시
③ 순조 초기 시
④ 게류 시나 조류가 약할 때

해설
협수로에서의 선박 운용
- 선수미선과 조류의 유선이 일치하도록 조종하고, 회두 시 소각도로 여러 차례 변침한다.
- 기관사용 및 앵커 투하 준비상태를 계속 유지하면서 항행한다.
- 역조 때에는 정침이 잘되나 순조 때에는 정침이 어려우므로 타효가 잘 나타나는 안전한 속력을 유지하도록 한다.
- 순조 시에는 대략 유속보다 3노트 정도 빠른 속력을 유지하도록 한다.
- 협수로의 중앙을 벗어나면 육안 영향에 의한 선체 회두를 고려한다.
- 좁은 수로에서는 원칙적으로 추월이 금지되어 있다.
- 통항시기는 게류 시나 조류가 약한 때를 택한다.

13 항구에 입항하여 도선사를 필요로 할 때 게양하는 기류 신호로 옳은 것은?

① A기　② P기
③ O기　④ G기

14 다음 중 선박의 복원력을 감소시키는 원인은?

① 선내 중량물을 하부 화물창으로 이동
② 화물의 이동방지
③ 이중저에 밸러스트 적재
④ 이중저의 연료 소비

해설
이중저의 연료 소비에 따라 배수량의 감소 및 무게중심의 위치가 상승하여 복원력이 감소된다.

정답 8 ② 9 ② 10 ③ 11 ② 12 ④ 13 ④ 14 ④

15 배가 똑바로 떠 있고 부력의 작용선과 경사된 때 부력의 작용선이 만나는 점은?

① 무게중심 ② 부면심
③ 전 심 ④ 경 심

16 항해당직사관이 즉시 선장에게 보고하여야 할 사항이 아닌 것은?

① 무선전화기(VHF)에 의해 다른 선박으로부터 호출이 있을 때
② 시정이 제한될 경우
③ 다른 선박의 움직임이 염려스러울 때
④ 침로유지가 어려울 경우

해설
선장에게 보고하여야 할 사항
- 제한시계에 조우하거나 예상될 경우
- 교통조건 또는 다른 선박들의 동정이 불안할 경우
- 침로유지가 곤란할 경우
- 예정된 시간에 육지나 항로표지를 발견하지 못할 경우 또는 측심을 못하였을 경우
- 예측하지 아니한 육지나 항로표지를 발견한 경우
- 주기관, 조타장치 또는 기타 중요한 항해장비에 고장이 생겼을 경우
- 황천 속 악천후 때문에 생길 수 있는 손상이 의심될 경우

17 부두 접안 중 당직항해사의 업무로 틀린 것은?

① 승・하선자 동향파악
② 청수 수급계획 확인
③ 계류삭 확인
④ 주기적으로 선위측정

해설
부두 접안 중일 때는 선박의 위치가 변하지 않는다.

18 선내조직 중에서 갑판부의 조직구성원이 아닌 사람은?

① 1등 항해사 ② 조기장
③ 조타수 ④ 갑판장

해설
②는 기관부의 조직구성원으로 볼 수 있다.

19 기온의 일교차가 가장 크게 나타날 때는?

① 맑은 날에 크다.
② 해안지방에서 크다.
③ 고위도 지방에서 크다.
④ 흐린 날에 크다.

20 중위도지방에서 해륙풍이 현저히 발달하는 것은 어느 계절인가?

① 봄 ② 여 름
③ 가 을 ④ 겨 울

해설
일반적으로 해풍이 육풍보다 강하며 온대지방에서는 여름철에 주로 발달한다.

21 다음 중 내연기관으로 틀린 것은?

① 가스터빈
② 가솔린기관
③ 증기터빈
④ 디젤기관

해설
③는 외연기관에 속한다.

22 폭발성가스의 인화 원인으로 틀린 것은?

① 정전기
② 담뱃불
③ 드라이아이스에 의한 급냉각
④ 강철 쇠망치의 추락으로 인한 스파크

15 ④ 16 ① 17 ④ 18 ② 19 ① 20 ② 21 ③ 22 ③ 정답

23 응급처치의 목적으로 거리가 먼 것은?

① 생명을 구한다.
② 고통을 덜어준다.
③ 실력을 향상시킨다.
④ 치료기간을 단축시킨다.

해설
응급처치의 목적
응급처치는 위급한 상황에서 자기 자신을 지키고 뜻하지 않은 부상자나 환자가 발생했을 때 전문적인 의료서비스를 받기 전까지 적절한 처치와 보호를 해 주어 고통을 덜어주고 치료기간의 단축 및 생명을 구할 수 있게 한다.

24 수색계획 수립 시 가장 먼저 결정할 사항인 것은?

① 수색 인원을 결정한다.
② 수색 수당의 지급액을 결정한다.
③ 조난의 원인과 사후 조난 방지 대책을 결정한다.
④ 수색목표가 존재할 가능성이 가장 큰 위치인 추정기점(Datum)을 결정한다.

해설
수색의 계획 및 실시
수색의 계획을 세우기 위해서 먼저 수색목표가 존재할 가능성이 가장 큰 위치인 추정기점(Datum)을 결정한다.

25 다음 중 무선전화로 선박의 안전이나 인명보호와 관련하여 원조를 요청하는 긴급한 통보를 송신하고자 할 때 사용하는 용어는?

① 메이데이(Mayday)
② 판 판(Pan Pan)
③ 시큐리티(Securite)
④ 에스오에스(SOS)

해설
긴급통신 : 선박의 안전, 또는 사람의 안전에 관한 긴급한 통보를 전송하고자 하는 것을 표시하는 신호로 XXX(무선전신), 'Pan Pan'(무선전화)를 3회 반복한다.

제3과목 법 규

01 예인선이 무역항의 수상구역 등에서 다른 선박을 끌고 항행하는 경우 한꺼번에 예인 가능한 것은 최대 몇 척까지인가?

① 1척 ② 2척
③ 3척 ④ 4척

해설
예인선의 항법 등(선박의 입항 및 출항 등에 관한 법률 시행규칙 제9조)
예인선은 한꺼번에 3척 이상의 피예인선을 끌지 아니하여야 한다.

02 선박의 입항 및 출항 등에 관한 법률상 항로에서의 항법에 대한 설명으로 틀린 것은?

① 선박은 항로 내에서 나란히 항행하지 못한다.
② 선박은 항로 내에서 원칙적으로 다른 선박을 추월하여서는 아니 된다.
③ 선박이 항로 내에서 다른 선박과 마주칠 때는 항로의 좌측으로 항행하여야 한다.
④ 항로에서 항로 밖으로 나가는 선박은 항로를 항행하는 다른 선박의 진로를 피하여야 한다.

해설
항로에서의 항법(선박의 입항 및 출항 등에 관한 법률 제12조)
모든 선박은 항로에서 다음의 항법에 따라 항행하여야 한다.
- 항로 밖에서 항로에 들어오거나 항로에서 항로 밖으로 나가는 선박은 항로를 항행하는 다른 선박의 진로를 피하여 항행할 것
- 항로에서 다른 선박과 나란히 항행하지 아니할 것
- 항로에서 다른 선박과 마주칠 우려가 있는 경우에는 오른쪽으로 항행할 것
- 항로에서 다른 선박을 추월하지 아니할 것. 다만, 추월하려는 선박을 눈으로 볼 수 있고 안전하게 추월할 수 있다고 판단되는 경우에는 해사안전법에 따른 방법으로 추월할 것
- 항로를 항행하는 위험물운송선박(급유선은 제외한다) 또는 해사안전법에 따른 흘수제약선의 진로를 방해하지 아니할 것
- 선박법에 따른 범선은 항로에서 지그재그(Zigzag)로 항행하지 아니할 것

정답 23 ③ 24 ④ 25 ② / 1 ② 2 ③

03 선박안전법상 선박의 사용 중에 선박 조종성에 영향을 미치는 개조를 하고자 할 때 받아야 하는 검사는?

① 정기검사 ② 중간검사
③ 임시검사 ④ 임시항해검사

해설
임시검사(선박안전법 제10조)
선박소유자는 다음의 어느 하나에 해당하는 경우에는 해양수산부령이 정하는 바에 따라 해양수산부장관의 검사를 받아야 한다.
- 선박시설에 대하여 해양수산부령으로 정하는 개조 또는 수리를 행하고자 하는 경우
- 선박검사증서에 기재된 내용을 변경하고자 하는 경우. 다만, 선박소유자의 성명과 주소, 선박명 및 선적항의 변경 등 선박시설의 변경이 수반되지 아니하는 경미한 사항의 변경인 경우에는 그러하지 아니하다.
- 선박의 용도를 변경하고자 하는 경우
- 선박의 무선설비를 새로이 설치하거나 이를 변경하고자 하는 경우
- 해양사고의 조사 및 심판에 관한 법률에 따른 해양사고 등으로 선박의 감항성 또는 인명안전의 유지에 영향을 미칠 우려가 있는 선박시설의 변경이 발생한 경우
- 만재흘수선의 변경 등 해양수산부령으로 정하는 경우
- 해양수산부장관이 선박시설의 보완 또는 수리가 필요하다고 인정하여 임시검사의 내용 및 시기를 지정한 경우

04 선박안전법상 선박이 화물을 싣고 안전하게 항행할 수 있는 최대한도를 나타내는 것은?

① 화 표 ② 흘수표
③ 만재흘수선 ④ 최대승선인원

해설
정의(선박안전법 제2조)
만재흘수선 : 선박이 안전하게 항해할 수 있는 적재한도의 흘수선으로서 여객이나 화물을 승선하거나 싣고 안전하게 항해할 수 있는 최대한도를 나타내는 선을 말한다.

05 해양환경관리법상 선박 기관실에서 배출할 수 있는 유분의 농도는 얼마인가?

① 100만분의 15 이하
② 10만분의 20 이하
③ 15,000분의 10 이하
④ 10,000분의 100 이하

해설
선박으로부터의 기름 배출(선박에서의 오염방지에 관한 규칙 제9조)
선박으로부터 기름을 배출하는 경우에는 다음의 요건에 모두 적합하게 배출하여야 한다.
- 선박(시추선 및 플랫폼을 제외한다)의 항해 중에 배출할 것
- 배출액 중의 기름 성분이 0.0015%(15ppm) 이하일 것
- 기름오염방지설비의 작동 중에 배출할 것

06 해양환경관리법상 기름기록부의 경우 최종기재일로부터 몇 년간 보존하여야 하는가?

① 1년
② 2년
③ 3년
④ 5년

해설
선박오염물질기록부의 관리(해양환경관리법 제30조)
선박오염물질기록부의 보존기간은 최종기재를 한 날부터 3년으로 하며, 그 기재사항・보존방법 등에 관하여 필요한 사항은 해양수산부령으로 정한다.

07 해사안전법상 교통안전 특정해역에서 공사 또는 다른 작업 시 허가를 받아야 한다. 허가 받을 공사 또는 작업이 아닌 것은?

① 항로표지 설치
② 준설작업
③ 해저파이프라인 부설
④ 침몰선 인양작업

해설
공사 또는 작업(해사안전법 제13조)
교통안전특정해역에서 해저전선이나 해저파이프라인의 부설, 준설, 측량, 침몰선 인양작업 또는 그 밖에 선박의 항행에 지장을 줄 우려가 있는 공사나 작업을 하려는 자는 해양경찰청장의 허가를 받아야 한다. 다만, 관계 법령에 따라 국가가 시행하는 항로표지 설치, 수로 측량 등 해사안전에 관한 업무의 경우에는 그러하지 아니하다.

3 ③ 4 ③ 5 ① 6 ③ 7 ① 정답

08 **해사안전법상 거대선 및 위험화물 운반선이 교통안전 특정 해역을 항행하려는 경우 해양경찰서장이 안전 항행을 위해 선주에게 명할 수 있는 사항으로 틀린 것은?**

① 항로의 변경　② 속력의 제한
③ 안내선의 사용　④ 선원의 추가 승선

해설
거대선 등의 항행안전확보 조치(해사안전법 제11조)
해양경찰서장은 거대선, 위험화물운반선, 고속여객선, 그 밖에 해양수산부령으로 정하는 선박이 교통안전특정해역을 항행하려는 경우 항행안전을 확보하기 위하여 필요하다고 인정하면 선장이나 선박소유자에게 다음의 사항을 명할 수 있다.
- 통항시각의 변경
- 항로의 변경
- 제한된 시계의 경우 선박의 항행 제한
- 속력의 제한
- 안내선의 사용
- 그 밖에 해양수산부령으로 정하는 사항

09 **무역항의 수상구역 등에서 국제해상충돌방지규칙과 선박의 입항 및 출항 등에 관한 법률의 적용 관계는?**

① 국제해상충돌방지규칙이 우선적으로 적용된다.
② 선박의 입항 및 출항 등에 관한 법률이 우선적으로 적용된다.
③ 항법 관계에 따라 다르다.
④ 외항선박은 국제해상충돌방지규칙이 적용된다.

해설
다른 법률과의 관계(선박의 입항 및 출항 등에 관한 법률 제3조)
무역항의 수상구역 등에서의 선박 입항·출항에 관하여는 다른 법률에 특별한 규정이 있는 경우를 제외하고는 이 법에 따른다.

10 **국제해상충돌방지규칙상 서로 시계 내에 있다는 것은 어떤 거리 안에 있다는 뜻인가?**

① 망원경으로 볼 수 있는 거리
② 육안(눈)으로 볼 수 있는 거리
③ 음향신호를 들을 수 있는 거리
④ 레이더로 탐지할 수 있는 거리

해설
적용(해사안전법 제69조)
선박이 서로 시계 안에 있는 때의 항법은 선박에서 다른 선박을 눈으로 볼 수 있는 상태에 있는 선박에 적용한다.

11 **국제해상충돌방지규칙에서 규정하는 '제한된 시정'의 원인으로 틀린 것은?**

① 안 개　② 폭우, 강설
③ 모래먼지　④ 항해사 시력

해설
정의(해사안전법 제2조)
제한된 시계 : 안개·연기·눈·비·모래바람 및 그 밖에 이와 비슷한 사유로 시계가 제한되어 있는 상태를 말한다.

12 **국제해상충돌방지규칙상 동력선의 정의로 옳은 것은?**

① 항행 중의 모든 선박
② 기계로 추진되는 모든 선박
③ 타선의 진로를 피할 수 있는 모든 선박
④ 풍력에 의하여 추진되고 있는 모든 선박

해설
정의(해사안전법 제2조)
동력선 : 기관을 사용하여 추진하는 선박을 말한다. 다만, 돛을 설치한 선박이라도 주로 기관을 사용하여 추진하는 경우에는 동력선으로 본다.

13 **국제해상충돌방지규칙상 안전속력으로 항행할 의무가 적용되는 시기로 옳은 것은?**

① 연안 항해 시에만
② 좁은 수로 통과 시에만
③ 시계가 제한될 때만
④ 모든 시계 상태에서 항상

해설
안전한 속력(해사안전법 제64조)
선박은 다른 선박과의 속력을 피하기 위하여 적절하고 효과적인 동작을 취하거나 당시의 상황에 알맞은 거리에서 멈출 수 있도록 항상 안전한 속력으로 항행하여야 한다.

정답 8 ④ 9 ② 10 ② 11 ④ 12 ② 13 ④

14 국제해상충돌방지규칙상 충돌의 위험을 피하기 위한 조치로 틀린 것은?

① 변침은 큰 각도로 할 것
② 피항선이면 되도록 좌현쪽으로 변침할 것
③ 적절한 운용술에 따라 유의하여 실시할 것
④ 충분한 시간적 여유를 두고 피항조치를 실시할 것

해설
피항선이면 되도록 우현쪽으로 변침하도록 한다.
유지선의 동작(해사안전법 제75조)
- 2척의 선박 중 1척의 선박이 다른 선박의 진로를 피하여야 할 경우 다른 선박은 그 침로와 속력을 유지하여야 한다.
- 침로와 속력을 유지하여야 하는 선박(유지선)은 피항선이 이 법에 따른 적절한 조치를 취하고 있지 아니하다고 판단하면 스스로의 조종만으로 피항선과 충돌하지 아니하도록 조치를 취할 수 있다. 이 경우 유지선은 부득이하다고 판단하는 경우 외에는 자기 선박의 좌현 쪽에 있는 선박을 향하여 침로를 왼쪽으로 변경하여서는 아니 된다.

15 국제해상충돌방지규칙에서 규정하고 있는 경고신호에 대한 설명으로 틀린 것은?

① 기적으로 장음 5회를 울린다.
② 접근하는 선박의 동작을 이해할 수 없을 때 울린다.
③ 상대선이 충돌을 피하기 위한 동작을 취하지 않을 때 울린다.
④ 서로 시계 내에 있을 때 울린다.

해설
조종신호와 경고신호(해사안전법 제92조)
서로 상대의 시계 안에 있는 선박이 접근하고 있을 경우에는 하나의 선박이 다른 선박의 의도 또는 동작을 이해할 수 없거나 다른 선박이 충돌을 피하기 위하여 충분한 동작을 취하고 있는지 분명하지 아니한 경우에는 그 사실을 안 선박이 즉시 기적으로 단음을 5회 이상 재빨리 울려 그 사실을 표시하여야 한다. 이 경우 의문신호는 5회 이상의 짧고 빠르게 섬광을 발하는 발광신호로써 보충할 수 있다.

16 국제해상충돌방지규칙에서 규정하고 있는 좁은 수로 항행과 관련된 설명으로 적절치 못한 것은?

① 좁은 수로에서는 절대로 어로 행위를 해서는 안 된다.
② 좁은 수로에서도 추월할 수 있다.
③ 좁은 수로에서도 횡단할 수 있다.
④ 좁은 수로에서는 수로의 오른쪽 끝단에 접근하여 항행하여야 한다.

해설
좁은 수로 등(해사안전법 제67조)
어로에 종사하고 있는 선박은 좁은 수로 등의 안쪽에서 항행하고 있는 다른 선박의 통항을 방해하여서는 아니 된다.

17 "국제해상충돌방지규칙상 통항분리방식에서 통항로 옆쪽으로 출입하는 경우에는 일반적인 교통방향에 대하여 가능한 한 (　　)(으)로 출입하여야 한다." (　　) 안에 알맞은 것은?

① 대각도　② 직 각
③ 소각도　④ 둔 각

해설
통항분리제도(해사안전법 제68조)
선박이 통항분리수역을 항행하는 경우에는 다음의 사항을 준수하여야 한다.
- 통항로 안에서는 정하여진 진행방향으로 항행할 것
- 분리선이나 분리대에서 될 수 있으면 떨어져서 항행할 것
- 통항로의 출입구를 통하여 출입하는 것을 원칙으로 하되, 통항로의 옆쪽으로 출입하는 경우에는 그 통항로에 대하여 정하여진 선박의 진행방향에 대하여 될 수 있으면 작은 각도로 출입할 것

18 국제해상충돌방지규칙상 선박 상호 간의 책임한계에 대한 설명으로 적절치 못한 것은?

① 좁은 수로에서 적용된다.
② 항행 중인 범선은 조종불능선을 피하여야 한다.
③ 항행 중인 범선은 어로에 종사 중인 선박의 진로를 피하여야 한다.
④ 항행 중인 범선은 측량작업에 종사 중인 선박의 진로를 피하여야 한다.

14 ② 15 ① 16 ① 17 ③ 18 ① 정답

해설
선박 사이의 책무 등(해사안전법 제76조)
항행 중인 범선은 다음에 따른 선박의 진로를 피하여야 한다.
- 조종불능선
- 조종제한선
- 어로에 종사하고 있는 선박

19 제한된 시계 내에서 선박의 항법으로 틀린 것은?

① 경계를 철저히 실시한다.
② 안전한 속력으로 항해한다.
③ 기관을 즉시 사용할 수 있게 한다.
④ 모든 레이더를 사용 준비상태로 두고 경계한다.

해설
제한된 시계에서 선박의 항법(해사안전법 제77조)
레이더만으로 다른 선박이 있는 것을 탐지한 선박은 해당 선박과 얼마나 가까이 있는지 또는 충돌할 위험이 있는지 판단하여야 한다.

20 국제해상충돌방지규칙이 규정하고 있는 구형 형상물의 크기로 옳은 것은?

① 지름 1.2m 이상　② 지름 0.9m 이상
③ 지름 0.6m 이상　④ 제한 없음

해설
속구(비자항선에 대한 것)(선박설비기준 [별표 12])
흑색구형형상물
- 수량 : 3개
- 적 요
  - 지름 600mm 이상의 것으로서 보존에 견디는 재료를 사용한 것일 것. 다만, 전장 20m 미만의 선박에 비치하는 것의 크기는 해당 선박의 크기에 적합한 것으로 할 수 있다.
  - 하천·호소만을 항해하는 선박으로서 해양수산부장관이 지장이 없다고 인정하는 것에는 이를 비치하지 아니할 수 있다.

21 길이 50m 이상 선박의 마스트등의 최소가시거리는 얼마인가?

① 6해리　② 5해리
③ 3해리　④ 2해리

해설
등화의 가시거리

구분	가시거리
길이 50m 이상의 선박	• 마스트등 : 6해리 • 현등 : 3해리 • 선미등 : 3해리 • 예선등 : 3해리 • 백색, 홍색 또는 녹색, 황색의 전주등 : 3해리

22 국제해상충돌방지규칙상 노도선의 등화는?

① 등화를 표시할 필요가 없다.
② 범선의 등화를 표시할 수 있다.
③ 범선의 등화를 표시하여야 한다.
④ 동력선의 등화를 표시하여야 한다.

해설
항행 중인 범선 등(해사안전법 제83조)
노도선은 범선의 등화를 표시할 수 있다. 다만, 이를 표시하지 아니하는 경우에는 흰색 휴대용 전등이나 점화된 등을 즉시 사용할 수 있도록 준비하여 충돌을 방지할 수 있도록 충분한 기간 동안 이를 표시하여야 한다.

23 길이 50m 이상의 항행 중인 동력선의 표시 등화는?

① 마스트등 1개, 현등, 선미등
② 마스트등 2개, 현등, 선미등
③ 마스트등 2개, 현등
④ 마스트등 1개, 양색등

해설
항행 중인 동력선(해사안전법 제81조)
항행 중인 동력선은 다음의 등화를 표시하여야 한다.
- 앞쪽에 마스트등 1개와 그 마스트등보다 뒤쪽의 높은 위치에 마스트등 1개. 다만, 길이 50m 미만의 동력선은 뒤쪽의 마스트등을 표시하지 아니할 수 있다.
- 현등 1쌍(길이 20m 미만의 선박은 이를 대신하여 양색등을 표시할 수 있다)
- 선미등 1개

정답 19 ④ 20 ③ 21 ① 22 ② 23 ②

24 **둥근꼴의 형상물 1개를 표시해야 하는 선박은?**

① 기관이 고장 난 선박
② 트롤어로에 종사 중인 선박
③ 여객을 나르는 선박
④ 정박 중인 선박

해설
정박선과 얹혀 있는 선박(해사안전법 제88조)
정박 중인 선박은 가장 잘 보이는 곳에 다음의 등화나 형상물을 표시하여야 한다.
1. 앞쪽에 흰색의 전주등 1개 또는 둥근꼴의 형상물 1개
2. 선미나 그 부근에 1.에 따른 등화보다 낮은 위치에 흰색 전주등 1개

25 **국제해상충돌방지규칙상 야간에 정박등에 부가하여 가장 잘 보이는 곳에 전주를 비추는 2개의 홍등을 수직으로 표시한 선박이 나타내는 것은?**

① 얹혀 있는 선박
② 추월 중인 선박
③ 정박 중인 선박
④ 항해 중인 선박

해설
정박선과 얹혀 있는 선박(해사안전법 제88조)
얹혀 있는 선박은 정박 중에 따른 등화를 표시하여야 하며, 이에 덧붙여 가장 잘 보이는 곳에 다음의 등화나 형상물을 표시하여야 한다.
• 수직으로 붉은색의 전주등 2개
• 수직으로 둥근꼴의 형상물 3개

24 ④ 25 ① 정답

2015년 제 3 회

과년도 기출복원문제

제1과목 항 해

01 액체식 자기컴퍼스의 컴퍼스카드에 대한 설명으로 틀린 것은?

① 카드 안쪽에는 4방점 방위와 4우점 방위가 새겨져 있다.
② 0°와 180°를 연결하는 선과 직각되게 자석이 부착되어 있다.
③ 온도가 변하더라도 변형되지 않도록 부실에 부착된 황동제 원형판이다.
④ 카드에 북을 0°로 하여 시계방향으로 360등분된 방위눈금이 새겨져 있다.

해설
0°와 180°를 연결하는 선과 평행하게 자석이 부착되어 있다.

02 자차를 알아두어야 하는 이유로 옳은 것은?

① 정확한 항정을 구하기 위하여
② 정확한 속력을 구하기 위하여
③ 정확한 침로와 선위를 구하기 위하여
④ 정확한 도착 예정 시각을 구하기 위하여

03 자기컴퍼스 근처에 두어서는 안 되는 것으로 옳은 것은?

① 목재류 ② 철재류
③ 유리제품 ④ 도자기류

해설
철재류의 영향으로 컴퍼스의 오차(자차)가 발생한다.

04 다음 중 명칭과 약호의 연결이 잘못된 것은?

① 연속초급섬광등 : VQ
② 명암등 : Oc
③ 군섬광등 : F.Fl
④ 호광등 : Al.

해설
③ 군섬광등(Fl(*))
괄호 안의 *는 섬광등의 횟수를 나타낸다.

05 해도에 Al W R 20s 18M이라고 표기되어 있는 등대로 접근하고 있는 선박의 항해사의 눈높이가 수면으로부터 약 5m라면, 정상적인 기상상태에서 먼 바다에서 접근할 때 이 등대를 처음 볼 수 있는 거리로 옳은 것은?

① 2해리 ② 8해리
③ 18해리 ④ 20해리

해설
광달거리
- 등광을 알아볼 수 있는 최대거리로 해도상에서는 해리(M)으로 표시한다.
- 해도나 등대표에 기재된 광달거리는 관측자의 눈높이가 평균 수면으로부터 5m일 때를 기준으로 계산한 것이다.
- 광달거리는 안고(관측자의 눈 높이), 등대의 등고, 광원이 높을수록 길어진다.

06 우리나라에서 우현표지의 색깔로 옳은 것은?

① 녹 색 ② 적 색
③ 백 색 ④ 흑 색

해설
우리나라 B 지역의 좌현표지의 색깔과 등화의 색상은 녹색, 우현표지는 적색이다.

정답 1② 2③ 3② 4③ 5③ 6②

07 항로표지의 설치 목적으로 옳지 않은 것은?

① 항로 표시　② 해난구조
③ 선박의 유도　④ 물표의 식별 용이

해설
항로표지의 설치 목적
선박이 연안을 항해할 때에나 항구를 입·출항할 때 선박을 안전하게 유도하고, 선위측정을 용이하게 하는 등 항해의 안전을 돕기 위하여 인위적으로 설치한 모든 시설을 항로표지라 한다.

08 해도의 나침도에서 직접 알 수 있는 사항으로 옳은 것은?

① 자차 및 편차　② 해도의 종류
③ 해도의 간행 연월일　④ 편차 및 연차

해설
나침도
지자기에 따른 자침 편차와 1년간의 변화량인 연차가 함께 기재

09 항해용 해도 중 주로 평면도로 되어 있는 것으로 옳은 것은?

① 총 도　② 항해도
③ 해안도　④ 항박도

해설
해도의 축척

종 류	축 척	내 용
총 도	1/400만 이하	세계전도와 같이 넓은 구역을 나타낸 것으로, 장거리 항해와 항해계획 수립에 이용
항양도	1/100만 이하	원거리 항해에 쓰이며, 먼 바다의 수심, 주요 등대·등부표, 먼 바다에서도 보이는 육상의 물표 등이 표시됨
항해도	1/30만 이하	육지를 바라보면서 항해할 때 사용되는 해도로, 선위를 직접 해도상에서 구할 수 있도록 육상 물표, 등대, 등표 등이 비교적 상세히 표시됨
해안도	1/5만 이하	연안 항해에 사용하는 것이며, 연안의 상황이 상세하게 표시됨
항박도	1/5만 이상	항만, 정박지, 협수로 등 좁은 구역을 상세히 그린 평면도

10 해도의 사용목적에 의한 분류 중 특수도로 옳지 않은 것은?

① 해저지형도　② 어업용해도
③ 항양도　④ 조류도

해설
특수도
해저지형도, 어업용해도, 해류도, 조류도, 해도 도식, 기타 특수도(위치 기입도, 영해도, 세계항로도 등)

11 해도상 항구의 표시로 옳은 것은?

① Oc　② Aa
③ Hbr　④ Abc

12 조류가 흐르는 방향이 바뀌는 것으로 옳은 것은?

① 전 류　② 낙조류
③ 창조류　④ 정 조

해설
② 낙조류 : 고조시에서 저조시까지 흐르는 조류
③ 창조류 : 저조시에서 고조시까지 흐르는 조류
④ 정조 : 고조 및 저조의 전후에 해면의 승강이 극히 느려 마치 정지하고 있는 것 같은 상태

13 조석표를 이용하여 임의항만의 조시를 구할 때 필요한 개정수로 옳은 것은?

① 조 고　② 조고비
③ 조시차　④ 평균해면

해설
임의항만(지역)의 조석을 구하는 법
- 조시 : 표준항의 조시에 구하려고 하는 임의항만의 개정수인 조시차를 그 부호대로 가감
- 조고 : 표준항의 조고에서 표준항의 평균해면을 빼고, 그 값에 임의항만의 개정수인 조고비를 곱해서 임의항만의 평균해면을 더함

7 ② 8 ④ 9 ④ 10 ③ 11 ③ 12 ① 13 ③ 정답

14 매년 한국 연안 조석표를 간행하는 곳으로 옳은 것은?

① 해양수산부
② 농림축산식품부
③ 국립해양조사원
④ 해군본부

해설
국립해양조사원에서 한국 연안 조석표와 태평양 및 인도양 연안의 조석표를 매년 발간한다.

15 연안항해 시 구할 수 있는 위치선 중 정확도가 가장 낮은 것을 고르면?

① 방위에 의한 위치선
② 수심에 의한 위치선
③ 중시선에 의한 위치선
④ 수평거리에 의한 위치선

16 양측 방위법으로 선위를 구하고자 할 때의 주의사항으로 적절한 것은?

① 본선의 정확한 침로를 몰라도 된다.
② 첫 관측점에서 다음 관측점까지 침로를 정확히 유지해야 한다.
③ 측정 중 침로를 변경하여도 무방하다.
④ 양 관측시간에 방위의 변화가 적어야 선위가 정확하다.

17 다음 중 프로펠러 회전으로 인한 본선 전진속력이 10노트이고, 순조상태의 해류가 2노트인 상황이라면 본선의 대수속력은 약 몇 노트인가?

① 8노트 ② 10노트
③ 12노트 ④ 20노트

해설
대수속력 : 물 위에서 항주한 속력

18 다음 중 항행 중 사용하고 있는 해도에서 일반적으로 구하는 1해리에 대한 설명은?

① 위도 1분과 같다.
② 경도 1분과 같다.
③ 1,000m와 같다.
④ 1,609m와 같다.

해설
1해리 = 1마일 = 1,852m = 위도 1'의 길이

19 다음 중 적도는 위도 몇 도(°)인가?

① 0° ② 45°
③ 60° ④ 90°

해설
적도 : 지축에(자오선과) 직교하는 대권이다. 위도의 기준으로 적도를 경계로 북반구와 남반구로 나눈다.

20 다음 중 진침로 045°, 편동편차 3°, 편서자차 1°일 때, 나침로는 몇 °를 나타내는가?

① 041° ② 043°
③ 047° ④ 049°

해설
반개정 : 진침로(진방위)를 나침로(나침방위)로 고치는 것
진침로 → 풍압차 → 시침로 → 편차 → 자침로 → 자차 → 나침로(E는 빼고, W는 더한다)
45 − 3 + 1 = 43

21 다음 (　　)에 들어갈 말로 옳은 것은?

> 침로개정을 할 때 풍·유압차가 없을 때는 진침로이고, 풍·유압차가 있을 때는 (　　)가 된다.

① 자침로 ② 시침로
③ 진침로 ④ 나침로

정답 14 ③ 15 ② 16 ② 17 ② 18 ① 19 ① 20 ② 21 ②

해설
① 자침로 : 자기자오선(자북)과 선수미선이 이루는 각
③ 진침로 : 진자오선(진북)과 항적이 이루는 각, 풍·유압차가 없을 때에는 진자오선과 선수미선이 이루는 각
④ 나침로 : 나침의 남북선과 선수미선이 이루는 각, 나침의 오차(자차·편차) 때문에 진침로와 이루는 교각

22 다음 중 편차에 관한 설명으로 틀린 것은?

① 지구상의 장소에 따라 편차의 양이 다르다.
② 같은 장소라도 시일이 경과하면 편차의 양이 달라진다.
③ 같은 시기에 같은 장소라도 선박의 종류에 따라 편차의 양이 다르다.
④ 1년 동안에 어느 지점에서 편차가 변화하는 양을 그 지점의 연차라 한다.

해설
편 차
- 연간변화량은 해도의 나침도의 중앙 부근에 기재
- 진자오선(진북)과 자기자오선(자북)과의 교각
- 자북이 진북의 오른쪽에 있으면 편동 편차(E), 왼쪽에 있으면 편서 편차(W)로 표시
- 지자기의 극은 시간이 지남에 따라 이동하기 때문에 편차는 장소와 시간의 경과에 따라 변하게 됨

23 레이더를 활용할 수 없는 경우로 옳은 것은?

① 선위의 결정
② 충돌의 예방
③ 선박의 자차 수정
④ 물표의 거리와 방위 측정

해설
선박의 자차 수정 시에는 컴퍼스가 활용된다.
레이더의 원리 및 활용
레이더에서 발사한 전파가 물표에 반사되어 돌아오는 시간을 측정함으로써 물표까지의 거리 및 방위를 파악할 수 있는 기기이다.

24 다음 (   )에 들어갈 말로 옳은 것은?

> 레이더에서 가까운 거리에 있는 물표를 탐지할 수 있는 최소의 거리를 (   )라 한다.

① 거리분해능　　② 방위분해능
③ 최소탐지거리　　④ 최대탐지거리

해설
① 같은 방위선상에 서로 가까이 있는 두 물표로부터 반사파가 수신되었을 때, 두 물표를 지시기상에 분리된 2개의 영상으로 분리하여 나타낼 수 있는 능력
② 자선으로부터 같은 거리에 있는 서로 가까운 2개의 물체를 지시기상에 2개의 영상으로 분리하여 나타낼 수 있는 능력
④ 목표물을 탐지할 수 있는 최대거리

25 레이더의 특성으로 적절하지 않은 것은?

① 상대선의 위치변화를 알아낼 수 있다.
② 본선의 안전에 위해를 줄 수 있는 암초를 항상 파악할 수 있다.
③ 주위 물표의 거리와 방위를 동시에 파악할 수 있다.
④ 밤낮은 물론, 눈비가 올 때도 사용이 가능하다.

해설
수면하의 암초는 해도상의 해도도식을 이용하여 파악할 수 있다.

제2과목 운 용

01 일반적으로 타의 최대유효타각으로 옳은 것은?

① 20°　　② 25°
③ 30°　　④ 35°

해설
이론적으로는 타각이 45°일 때가 최대유효타각이지만, 최대타각을 35° 정도가 되도록 타각 제한장치를 설치해 두고 있다.

22 ③ 23 ③ 24 ③ 25 ② / 1 ④ 정답

02 우리나라에서 앵커체인 1섀클(Shackle)의 길이는 몇 m를 나타내는가?

① 15m ② 20m
③ 25m ④ 30m

해설
앵커체인 : 철 주물의 사슬이며, 길이의 기준이 되는 1섀클의 길이는 25m이다.

03 구명정에서 보통 주간에만 사용하는 신호로 옳은 것은?

① 로켓낙하산 화염신호
② 신호 홍염
③ 발연부 신호
④ 자기점화등

04 만재흘수선의 표시기호로 옳지 않은 것은?

① S ② W
③ F ④ A

해설
만재흘수선의 표시기호

종 류	기 호	적용 대역 및 계절
하기 만재흘수선	S	하기 대역에서는 연중, 계절 열대구역 및 계절 동기 대역에서는 각각 그 하기 계절 동안 해수에 적용
동기 만재흘수선	W	계절 동기 대역에서 동기 계절 동안 해수에 적용
동기 북대서양 만재흘수선	WNA	북위 36° 이북의 북대서양을 그 동기 계절 동안 횡단하는 경우, 해수에 적용(근해 구역 및 길이 100m 이상의 선박은 WNA 건현표가 없다)
열대 만재흘수선	T	열대 대역에서는 연중, 계절 열대구역에서는 그 열대 계절 동안 해수에 적용
하기 담수 만재흘수선	F	하기 대역에서는 연중, 계절 열대구역 및 계절 동기 대역에서는 각각 그 하기 계절 동안 담수에 적용
열대 담수 만재흘수선	TF	열대 대역에서는 연중, 계절 열대구역에서는 그 열대 계절 동안 담수에 적용

05 다음 중 소방원 장구에 속하지 않는 것은?

① 방화복
② 방화도끼
③ 자장식 호흡구
④ 비상탈출용 호흡구

해설
비상탈출용 호흡구는 화재 시 선원의 탈출에 사용하기 위한 설비이다.

06 태클이나 로프 끝에 연결하여 화물을 걸기 위하여 사용되는 설비로 옳은 것은?

① 섀 클 ② 카고 슬링
③ 태 클 ④ 훅

해설
④ 훅 : 태클이나 로프 끝에 연결하여 화물을 걸기 위하여 사용되는 설비
② 카고 슬링 : 하역 시 화물을 싸거나 묶어서 훅에 매다는 용구
③ 태클 : 블록에 로프를 통과시켜 작은 힘으로 중량물을 끌어올리거나 힘의 방향을 바꿀 때 사용하는 장치

07 선박이 전진 중에 전타할 경우 나타나는 현상이 아닌 것은?

① 전진력이 커진다.
② 선회운동을 한다.
③ 전타 직후 선미는 전타한 현의 반대방향으로 밀린다.
④ 정상 선회 운동 시 선체는 외방경사를 하게 된다.

해설
선회 중의 선체 경사
- 내방경사 : 전타 직후 키의 직압력이 타각을 준 반대쪽으로 선체의 하부를 밀어, 수면 상부의 선체는 타각을 준 쪽인 선회권의 안쪽으로 경사하는 현상
- 외방경사 : 정상 원운동 시에 원심력이 바깥쪽으로 작용하여, 수면 상부의 선체가 타각을 준 반대쪽인 선회권의 바깥쪽으로 경사하는 현상
- 전타 초기에는 내방경사하고 계속 선회하면 외방경사를 함

정답 2 ③ 3 ③ 4 ④ 5 ④ 6 ④ 7 ①

08 다음 ( ) 안에 들어갈 순서대로 알맞은 것은?

> 선박이 전진 항해 중 기관을 전속 후진했을 때 선체가 수면에 대하여 정지할 때까지의 타력을 ( )이라 하고, 그 거리를 ( )라 한다.

① 반전타력 – 최단정지거리
② 진출타력 – 최대정지거리
③ 정지타력 – 후진정지거리
④ 발동타력 – 최대후진정지거리

해설
- 반전타력 : 전진 전속 항주 중 기관을 후진 전속으로 걸어서 선체가 정지할 때까지의 타력
- 최단정지거리 : 전속 전진 중에 기관을 후진 전속으로 걸어서 선체가 정지할 때까지의 거리로 반전타력을 나타내는 척도가 된다.

09 다음 중 닻 작업에서 앵커체인의 신출 길이가 수심의 약 1.5배가 된 상태를 나타내는 것은?

① 쇼트 스테이(Short Stay)
② 업 앤드 다운(Up and Down)
③ 앵커 어웨이(Anchor Aweigh)
④ 업 앵커(Up Anchor)

해설
② 업 앤드 다운(Up and Down) : 앵커가 묘쇄공 바로 아래의 해저에 누워 있는 상태로, 앵커체인은 묘쇄공에서 수직상태를 유지한다. 일반적으로 양묘 중에는 이 상태를 기준으로 정박 상태와 항해 상태를 구분하며, 이 시각을 항해 시작 시간으로 사용한다.
③ 앵커 어웨이(Anchor Aweigh) : 닻이 해저를 막 떠날 때로 닻의 크라운이 해저에서 떨어지는 상태를 말한다.
④ 업 앵커(Up Anchor) : 닻 수납 작업이 완료된 상태이다.

10 다음 중 선박이 강 하류 등에 정박했을 때 묘쇄를 자주 감아 올려 확인하는 이유로 적절한 것은?

① 묘쇄를 자주 정비하기 위하여
② 투묘지점을 자주 바꾸기 위하여
③ 투묘지점의 수심을 확인하기 위하여
④ 펄 속에 묻히는 것을 방지하기 위하여

해설
검묘(사이팅 앵커)
강 하류나 조류가 강한 수역 등에 오래 정박하면 앵커나 앵커체인이 해저 저질 속에 묻히거나 선박의 선회로 인하여 앵커체인이 꼬여서 앵커 수납이 어려워지므로 앵커를 감아올렸다가 다시 투하하거나 다른 쪽 앵커와 바꾸어 투하하는 것을 말한다.

11 황천 속에서 기관을 정지하여 선체가 풍하측으로 표류하도록 하는 방법으로 복원력이 큰 소형선에서 이용할 수 있는 황천피항 방법으로 옳은 것은?

① 거 주　　② 순 주
③ 표 주　　④ 항 주

해설
③ 표주 : 황천 속에서 기관을 정지하여 선체가 풍하측으로 표류하도록 하는 방법
① 거주(Heave to) : 선수를 풍랑쪽으로 향하게 하여 조타가 가능한 최소의 속력으로 전진하는 방법으로 풍랑을 선수로부터 좌, 우현 25~35° 방향에서 받도록 한다.
② 순주(Scudding) : 풍랑을 선미 쿼터(Quarter)에서 받으며, 파에 쫓기는 자세로 항주하는 방법이다.

12 다음 중 연안 항해 시 안개지역을 통과할 때 필요한 조치로서 틀린 것은?

① 국제해상충돌방지규칙에 따라 무중신호를 발한다.
② 선교에서는 계속적으로 소음을 발한다.
③ 필요시 닻 투하준비를 한다.
④ 선박의 위치를 자주 확인한다.

해설
협시계 항행 시의 주의사항
- 기관은 항상 사용할 수 있도록 스탠드 바이 상태로 준비하고, 안전한 속력으로 항행한다.
- 레이더를 최대한 활용한다.
- 이용 가능한 모든 수단을 동원하여 엄중한 경계를 유지한다.
- 경계의 효과 및 타선의 무중신호를 조기에 듣기 위하여 선내 정숙을 기한다.
- 적절한 항해등을 점등하고, 필요 외의 조명등은 규제한다.
- 일정한 간격으로 선위를 확인하고, 측심기를 작동시켜 수심을 계속 확인한다.
- 수심이 낮은 해역에서는 필요시 즉시 사용 가능하도록 앵커 투하준비를 한다.

8 ① 9 ① 10 ④ 11 ③ 12 ② 정답

13 다음 중 야간 항해 및 조종 시의 유의사항으로 틀린 것은?

① 항해등 및 작업등을 밝게 한다.
② 철저한 경계를 한다.
③ 야간표지의 발견에 노력한다.
④ 신중하게 침로를 설정한다.

해설
야간 항행 시의 주의사항
- 조타는 수동으로 한다.
- 안전을 가장 우선으로 한 항로와 침로를 선택한다.
- 엄중한 경계를 한다.
- 자선의 등화가 분명하게 켜져 있는지 확인한다.
- 야간표지의 발견에 노력한다.
- 일정한 간격으로 계속 선위를 확인한다.

14 배수량에 대한 설명으로 적절한 것은?

① 선박의 용적을 말한다.
② 선박의 총톤수를 말한다.
③ 매 센티미터(cm) 배수톤을 말한다.
④ 수면하 선체의 용적에 물의 밀도를 곱한 것을 말한다.

해설
배수량(W) : 선체 중에 수면하에 잠겨 있는 부분의 용적(V)에 물의 밀도(ρ)를 곱한 것을 말한다.

15 복원력을 크게 하는 방법으로 틀린 것은?

① 이중저의 평형수를 비운다.
② 유동수를 최대한 줄인다.
③ GM을 크게 한다.
④ 무거운 화물은 아래쪽에 적재한다.

해설
- 무게중심의 위치가 낮을수록 복원력은 커진다.
- 이중저의 평형수를 비우는 것은 오히려 무게중심의 위치가 높아져 복원력이 작아진다.

16 항해당직 교대 시의 인계사항에 해당되지 않는 것은?

① 선원들의 동태
② 선장의 지시사항
③ 자선의 현재위치
④ 항해계기 작동상태

해설
당직 인수 시 확인사항
- 선장의 특별지시사항
- 주변 상황, 기상 및 해상상태, 시정
- 선박의 위치, 침로, 속력, 기관 회전수
- 항해 계기 작동상태 및 기타 참고사항
- 선체의 상태나 선내의 작업상황

17 항해당직자의 업무로 옳지 않은 것은?

① 조타 침로 확인
② 선박의 속력 확인
③ 선박의 위치 확인
④ 선용품 보급 확인

18 항해당직사관이 반드시 선장을 호출해야 하는 상황은?

① 자동조타장치를 사용할 경우
② 컴퍼스의 오차를 확인한 경우
③ 예정된 시각에 항행상의 물표의 발견에 실패한 경우
④ 예정 항로 부근의 레이더 정보 해석을 할 경우

해설
선장에게 보고하여야 할 사항
- 제한시계에 조우하거나 예상될 경우
- 교통조건 또는 다른 선박들의 동정이 불안할 경우
- 침로유지가 곤란할 경우
- 예정된 시간에 육지나 항로표지를 발견하지 못할 경우 또는 측심을 못하였을 경우
- 예측하지 아니한 육지나 항로표지를 발견한 경우
- 주기관, 조타장치 또는 기타 중요한 항해장비에 고장이 생겼을 경우
- 황천 속 악천후 때문에 생길 수 있는 손상이 의심될 경우

정답 13 ① 14 ④ 15 ① 16 ① 17 ④ 18 ③

19 다음 (   )에 들어갈 말로 옳은 것은?

> 북반구에서 바람이 북 – 북동 – 동 – 남동으로 변하고 기압이 하강하며 풍력이 증가하면 본선은 태풍의 (   )에 있다.

① 좌측반원 전상한
② 좌측반원 후상한
③ 우측반원 전상한
④ 우측반원 후상한

해설

태풍의 중심과 선박의 위치(북반구)

- 풍향이 변하지 않고 폭풍우가 강해지고 기압이 점점 내려가면 선박은 태풍의 진로상에 위치하고 있다.
- 태풍의 영향을 받고 있는 경우, 시간이 지나면서 풍향이 순전(시계방향)하면 태풍진로의 오른쪽(위험반원)에 들고, 풍향이 반전(반시계방향)하면 왼쪽(가항반원)에 들게 된다.
- 바람이 북 – 북동 – 동 – 남동으로 변하고 기압이 하강하며 풍력이 증가하면 선박은 태풍의 우측반원에 전상한에 있다.

20 다음 중 우리나라에 내습하는 태풍에 대한 설명으로 적절한 것은?

① 주로 겨울에 우리나라에 영향을 미친다.
② 대륙에서 발달한 이동성 저기압이다.
③ 고위도 지방에서 발생한 한대 저기압이다.
④ 열대 해상에서 발생하는 열대성 저기압이다.

해설

태풍의 정의

열대 해상에서 발달하는 열대성 저기압으로 중심풍속이 17m/s(풍력계급 12, 64노트) 이상의 폭풍우를 동반하는 열대성 저기압을 말한다.

21 냉동장치에서 냉매의 역할로 옳은 것은?

① 압력을 유지시킨다.
② 기화 시의 흡열작용으로 주위의 온도를 내린다.
③ 증발열을 발산하고 냉각된다.
④ 압축기의 운동을 원활하게 한다.

해설

냉동장치

선박에서는 냉매가 압축기, 응축기, 팽창밸브, 증발기를 순환하는 가스압축식 냉동장치를 가장 많이 사용한다. 즉, 장치 내의 냉매가 압축기에서 고온·고압으로 압축된 후, 응축기와 팽창밸브를 거쳐 증발기에서 피냉동 물체의 증발열을 흡수하게 하여 냉동 목적을 달성한다.

22 다음 중 선미 쪽에 화재가 발생했을 때의 선박 조종방법으로 맞는 것은?

① 선미쪽을 풍하측으로 한다.
② 선수쪽을 풍하측으로 한다.
③ 정횡쪽을 풍상측으로 한다.
④ 기관부에 연락하여 전속 후진한다.

해설

화재발생 시의 운용

- 선미쪽 화재발생 시 선미쪽을 풍하측으로, 선수쪽 화재발생 시 선수쪽을 풍하측으로 한다.
- 소화작업 시에는 화재의 확산을 막기 위해 상대 풍속이 0이 되도록 조선한다.

23 바늘이나 못, 송곳 등과 같은 뾰족한 물건에 찔린 상처로 옳은 것은?

① 절 상　　② 열 상
③ 찰과상　　④ 자 상

해설

① 절상 : 칼이나 유리 등의 날카로운 물건에 의하여 베인 상처를 말한다.
② 열상 : 상처의 가장자리가 톱니꼴로 불규칙하게 생긴 상처로 주로 피부조직이 찢겨져 생긴다.
③ 찰과상 : 피부의 표층만 다친 경우를 말하며 출혈이 없거나 있어도 소량이다.

24 국제 기류 신호에 의한 'NC'기의 신호로 옳은 것은?

① 일반신호　　② 의료신호
③ 조난신호　　④ 부정과 긍정신호

19 ③ 20 ④ 21 ② 22 ① 23 ④ 24 ③ 정답

25 다음 중 조난자가 조난 시 취할 행동으로 바르지 못한 것은?

① 퇴선 시는 반드시 구명동의를 착용한다.
② 물속에서는 수영을 계속하여 체온을 유지한다.
③ 퇴선 시는 가능한 한 옷을 많이 입는다.
④ 될 수 있는 한 수중에 있는 시간을 줄여야 한다.

해설
체온유지를 위해 불필요한 수영은 하지 말고, 웅크린 자세를 유지한 채 되도록 움직이지 않는다.

제3과목 법 규

01 선박의 입항 및 출항 등에 관한 법률상 무역항의 수상구역 등에서 선박을 계선하려고 할 때 해양수산부장관에게 신고해야 하는 선박 크기의 기준으로 옳은 것은?

① 총톤수 5톤 이상　② 총톤수 10톤 이상
③ 총톤수 20톤 이상　④ 총톤수 30톤 이상

해설
선박의 계선 신고 등(선박의 입항 및 출항 등에 관한 법률 제7조)
총톤수 20톤 이상의 선박을 무역항의 수상구역 등에 계선하려는 자는 해양수산부령으로 정하는 바에 따라 해양수산부장관에게 신고하여야 한다.

02 다음 중 무역항의 수상구역 등에서 기적이나 사이렌을 갖춘 선박에 화재가 발생한 경우 그 선박이 울려야 하는 경보로 옳은 것은?

① 기적이나 사이렌으로 지속음
② 기적이나 사이렌으로 단음 7회에 이어 장음 1회
③ 기적이나 사이렌으로 장음 5회를 적당한 간격으로 반복
④ 기적이나 사이렌으로 장음 2회, 단음 2회를 적당한 간격으로 반복

해설
화재 시 경보방법(선박의 입항 및 출항 등에 관한 법률 시행규칙 제29조)
- 화재를 알리는 경보는 기적(汽笛)이나 사이렌을 장음(4초에서 6초까지의 시간동안 계속되는 울림을 말한다)으로 5회 울려야 한다.
- 경보는 적당한 간격을 두고 반복하여야 한다.

03 선박안전법과 관계 있는 국제협약으로 옳은 것은?

① 해양오염방지협약(MARPOL)
② 1982년 유엔해양법협약(1982 UNCLOS)
③ 해상에서의 인명의 안전을 위한 국제협약(SOLAS)
④ 선원의 훈련, 자격증명 및 당직근무에 관한 국제협약(STCW)

04 선박안전법의 목적으로 옳지 않은 것은?

① 선원의 근로조건 개선
② 국민의 생명과 재산을 보호
③ 안전운항에 필요한 사항 규정
④ 선박의 감항성 유지에 필요한 사항 규정

해설
목적(선박안전법 제1조)
선박의 감항성 유지 및 안전운항에 필요한 사항을 규정함으로써 국민의 생명과 재산을 보호함을 목적으로 한다.

05 해양환경관리법의 적용을 받지 않는 선박으로 옳은 것은?

① 공해상에 있는 외국선박
② 무역항 내에 있는 외국선박
③ 영해 내에 있는 외국선박
④ 공해상에 있는 대한민국 선박

해설
적용범위(해양환경관리법 제3조)
① 이 법은 다음의 해역·수역·구역 및 선박·해양시설 등에서의 해양환경관리에 관하여 적용한다.

정답 25 ② / 1 ③ 2 ③ 3 ③ 4 ① 5 ①

1. 영해 및 대통령령이 정하는 해역
2. 배타적 경제수역
3. 환경관리해역
4. 해저광구

② 위의 각 호의 해역·수역·구역 밖에서 선박법에 따른 대한민국 선박에 의하여 행하여진 해양오염의 방지에 관하여는 이 법을 적용한다.

③ 외국선박이 ① 각 호의 해역·수역 안에서 항해 또는 정박하고 있는 경우에는 이 법을 적용한다.

06 해양환경관리법상 규정된 검사의 종류로 옳지 않은 것은?

① 정기검사 ② 특별검사
③ 방오시스템검사 ④ 임시검사

해설
해양오염방지를 위한 검사 등(해양환경관리법 제5장 관련)
정기검사, 중간검사, 임시검사, 임시항해검사, 방오시스템검사, 임시방오시스템검사, 대기오염방지설비의 예비검사, 에너지효율검사

07 다음 중 해사안전법상 연안통항대를 사용할 수 있는 선박이 아닌 것은?

① 범 선
② 길이 20m 이상의 선박
③ 급박한 위험을 피하기 위한 선박
④ 어로에 종사하고 있는 선박

해설
통항분리제도(해사안전법 제68조)
선박은 연안통항대에 인접한 통항분리수역의 통항로를 안전하게 통과할 수 있는 경우에는 연안통항대를 따라 항행하여서는 아니 된다. 다만, 다음의 선박의 경우에는 연안통항대를 따라 항행할 수 있다.

- 길이 20m 미만의 선박
- 범 선
- 어로에 종사하고 있는 선박
- 인접한 항구로 입항·출항하는 선박
- 연안통항대 안에 있는 해양시설 또는 도선사의 승하선 장소에 출입하는 선박
- 급박한 위험을 피하기 위한 선박

08 외국에서 해양사고가 발생 시에 보고해야 하는 곳으로 옳은 것은?

① 현지 대사관
② 현지 총영사
③ 인접국의 대리점
④ 선적항 소재지 관할 관청

해설
해양사고신고 절차 등(해사안전법 시행규칙 제32조)
선장이나 선박소유자는 해양사고가 일어나 선박이 위험하게 되거나 다른 선박의 항행안전에 위험을 줄 우려가 있는 경우에는 위험을 방지하기 위하여 신속하게 필요한 조치를 취하고, 해양사고의 발생 사실과 조치 사실을 지체 없이 해양경찰서장이나 지방해양수산청장(관할관청)에게 신고하여야 한다. 다만, 외국에서 발생한 해양사고의 경우에는 선적항 소재지의 관할관청에 신고하여야 한다.

09 국제해상충돌방지규칙상 안개, 눈, 폭풍우 등으로 인하여 가까이 있는 선박이 잘 보이지 않는 상태를 나타내는 것은?

① 모든 시계 ② 야간 시계
③ 서로 시계 내 ④ 제한된 시계

해설
정의(해사안전법 제2조)
제한된 시계 : 안개·연기·눈·비·모래바람 및 그 밖에 이와 비슷한 사유로 시계가 제한되어 있는 상태를 말한다.

10 다음 중 국제해상충돌방지규칙이 적용되지 않는 것은?

① 병원선
② 부선 및 예선
③ 군함 및 관공선
④ 고정된 해양구조물

해설
국제해상충돌방지규칙에 의거하여 외양항행선이 항행할 수 있는 해양과 이와 접속한 모든 수역의 수상에 있는 모든 선박에 적용한다. 고정된 해양구조물은 선박이라 할 수 없다.

6 ② 7 ② 8 ④ 9 ④ 10 ④ 정답

11 다음 중 충돌 위험의 유무를 판단하는 방법으로 옳지 못한 것은?

① 모든 수단의 활용
② 컴퍼스 방위의 관측
③ 불충분한 정보라도 적절히 활용
④ 레이더의 적절한 사용

해설
충돌 위험(해사안전법 제65조)
선박은 불충분한 레이더 정보나 그 밖의 불충분한 정보에 의존하여 다른 선박과의 충돌 위험 여부를 판단하여서는 아니 된다.

12 다음 중 발광신호로 옳은 것은?

① 오른쪽 변침 때는 섬광 2회
② 왼쪽 변침 때는 섬광 1회
③ 기관후진 때는 섬광 3회
④ 기관정지 때는 섬광 4회

해설
조종신호와 경고신호(해사안전법 제92조)
- 침로를 오른쪽으로 변경하고 있는 경우 : 섬광 1회
- 침로를 왼쪽으로 변경하고 있는 경우 : 섬광 2회
- 기관을 후진하고 있는 경우 : 섬광 3회

13 국제해상충돌방지규칙상 주로 돛만으로 추진하는 선박으로 옳은 것은?

① 범 선
② 기 선
③ 동력선
④ 기범선

해설
정의(해사안전법 제2조)
범선 : 돛을 사용하여 추진하는 선박을 말한다. 다만, 기관을 설치한 선박이라도 주로 돛을 사용하여 추진하는 경우에는 범선으로 본다.

14 국제해상충돌방지규칙상 좁은 수로에서 제한되는 행동으로 옳은 것은?

① 좁은 수로에서의 정박
② 적절한 경계 유지
③ 좁은 수로의 우측 항행
④ 안전한 속력 유지

해설
좁은 수로 등(해사안전법 제67조)
선박은 좁은 수로 등에서 정박(정박 중인 선박에 매어 있는 것을 포함한다)을 하여서는 아니 된다. 다만, 해양사고를 피하거나 인명이나 그 밖의 선박을 구조하기 위하여 부득이하다고 인정되는 경우에는 그러하지 아니하다.

15 다음 (　) 안에 알맞은 것은?

> 추월선이란 앞쪽 선박의 정횡 (　　) 후방에서 앞지르기를 하는 선박이다.

① 22.5°　　② 45°
③ 112.5°　　④ 135°

해설
추월(해사안전법 제71조)
다른 선박의 양쪽 정횡으로부터 22.5°를 넘는 뒤쪽에서 그 선박을 앞지르는 선박은 추월선으로 보고 필요한 조치를 취하여야 한다.

16 국제해상충돌방지규칙상 서로 시계 내에 있는 두 동력선 A, B가 교차상태일 때 A선이 취해야 할 행동과 음향신호로 옳은 것은?

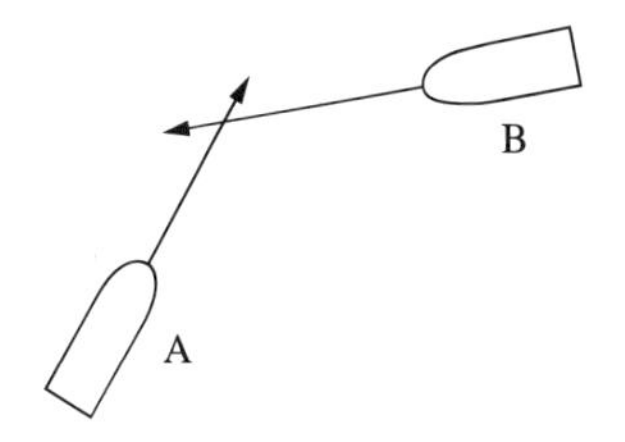

① 후진 - 장음 1회
② 우현변침 - 단음 1회
③ 좌현변침 - 단음 2회
④ 좌현변침 - 단음 3회

정답 11 ③ 12 ③ 13 ① 14 ① 15 ① 16 ②

해설

횡단 시의 피항법

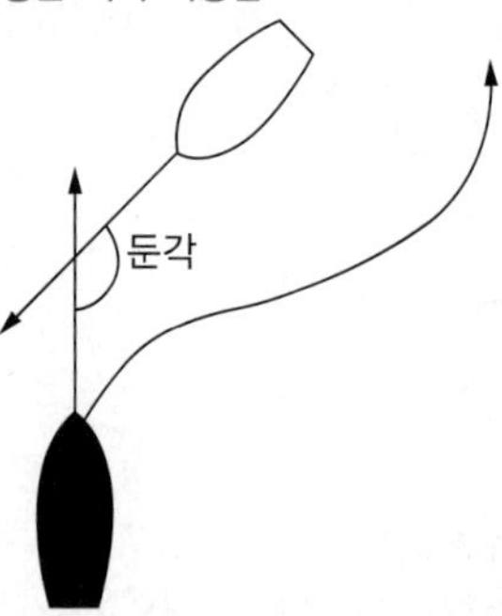

횡단하는 상태(해사안전법 제73조)

2척의 동력선이 상대의 진로를 횡단하는 경우로서 충돌의 위험이 있을 때에는 다른 선박을 우현 쪽에 두고 있는 선박이 그 다른 선박의 진로를 피하여야 한다. 이 경우 다른 선박의 진로를 피하여야 하는 선박은 부득이한 경우 외에는 그 다른 선박의 선수 방향을 횡단하여서는 아니 된다.

조종신호와 경고신호(해사안전법 제92조)

항행 중인 동력선이 서로 상대의 시계 안에 있는 경우에 이 법의 규정에 따라 그 침로를 변경하거나 그 기관을 후진하여 사용할 때에는 다음의 구분에 따라 기적신호를 행하여야 한다.

- 침로를 오른쪽으로 변경하고 있는 경우 : 단음 1회
- 침로를 왼쪽으로 변경하고 있는 경우 : 단음 2회

17 (　) 안에 순서대로 들어갈 말로 알맞은 것은?

> 2척의 동력선이 마주칠 경우, 서로 다른 선박의 (　) 을 통과할 수 있도록 침로를 (　)쪽으로 변경하여야 한다.

① 좌현, 우현
② 우현, 좌현
③ 우현, 선미
④ 좌현, 선미

해설

마주치는 상태(해사안전법 제72조)

2척의 동력선이 마주치거나 거의 마주치게 되어 충돌의 위험이 있을 때에는 각 동력선은 서로 다른 선박의 좌현쪽을 지나갈 수 있도록 침로를 우현쪽으로 변경하여야 한다.

18 서로 시계 내에 있을 때 교차상태에서 유지선의 동작으로 틀린 것은?

① 속력을 유지한다.
② 침로를 유지한다.
③ 피항협력동작을 취한다.
④ 좌현변침하여 피항선을 피한다.

해설

유지선의 동작(해사안전법 제75조)

- 2척의 선박 중 1척의 선박이 다른 선박의 진로를 피하여야 할 경우 다른 선박은 그 침로와 속력을 유지하여야 한다.
- 침로와 속력을 유지하여야 하는 선박(유지선)은 피항선이 이 법에 따른 적절한 조치를 취하고 있지 아니하다고 판단하면 스스로의 조종만으로 피항선과 충돌하지 아니하도록 조치를 취할 수 있다. 이 경우 유지선은 부득이하다고 판단하는 경우 외에는 자기 선박의 좌현 쪽에 있는 선박을 향하여 침로를 왼쪽으로 변경하여서는 아니 된다.
- 유지선은 피항선과 매우 가깝게 접근하여 해당 피항선의 동작만으로는 충돌을 피할 수 없다고 판단하는 경우에는 충돌을 피하기 위하여 충분한 협력을 하여야 한다.

19 길이 50m 이상 동력선의 양현등의 최소가시거리로 옳은 것은?

① 1해리
② 2해리
③ 3해리
④ 4해리

해설

등화의 가시거리

길이 50m 이상의 선박	• 마스트등 : 6해리 • 현등 : 3해리 • 선미등 : 3해리 • 예선등 : 3해리 • 백색, 홍색 또는 녹색, 황색의 전주등 : 3해리

17 ① 18 ④ 19 ③ 정답

20 길이 35m의 동력선이 항행 중 표시하여야 할 등화로 옳지 않은 것은?

① 현 등
② 선미등
③ 양색등
④ 마스트등

해설
항행 중인 동력선(해사안전법 제81조)
항행 중인 동력선은 다음의 등화를 표시하여야 한다.
- 앞쪽에 마스트등 1개와 그 마스트등보다 뒤쪽의 높은 위치에 마스트등 1개. 다만, 길이 50m 미만의 동력선은 뒤쪽의 마스트등을 표시하지 아니할 수 있다.
- 현등 1쌍(길이 20m 미만의 선박은 이를 대신하여 양색등을 표시할 수 있다)
- 선미등 1개

21 국제해상충돌방지규칙상 예인 중인 예선의 선미에 표시하는 예선등의 색상으로 옳은 것은?

① 홍 색
② 녹 색
③ 백 색
④ 황 색

해설
등화의 종류(해사안전법 제79조)
예선등 : 선미등과 같은 특성을 가진 황색 등

22 국제해상충돌방지규칙상 정박 중인 길이 50m 이상의 선박이 표시해야 하는 주간 형상물로 옳은 것은?

① 선수부 가장 잘 보이는 곳에 둥근꼴의 형상물 1개
② 선수부 가장 잘 보이는 곳에 원뿔꼴의 형상물 1개
③ 선미의 가장 잘 보이는 곳에 원통형의 형상물 1개
④ 선미의 가장 잘 보이는 곳에 마름모꼴의 형상물 1개

해설
정박선과 얹혀 있는 선박(해사안전법 제88조)
정박 중인 선박은 가장 잘 보이는 곳에 다음의 등화나 형상물을 표시하여야 한다.
1. 앞쪽에 흰색의 전주등 1개 또는 둥근꼴의 형상물 1개
2. 선미나 그 부근에 1.에 따른 등화보다 낮은 위치에 흰색 전주등 1개

23 국제해상충돌방지규칙상 주간에 가장 잘 보이는 곳에 둥근꼴 형상물 3개를 표시한 선박으로 옳은 것은?

① 예인 작업 중인 선박
② 항행 중인 선박
③ 추월하는 선박
④ 얹혀 있는 선박

해설
정박선과 얹혀 있는 선박(해사안전법 제88조)
얹혀 있는 선박은 정박 중에 따른 등화를 표시하여야 하며, 이에 덧붙여 가장 잘 보이는 곳에 다음의 등화나 형상물을 표시하여야 한다.
- 수직으로 붉은색의 전주등 2개
- 수직으로 둥근꼴의 형상물 3개

24 제한시계의 수역 내에 있는 예인선과 조종불능선이 2분을 넘지 아니하는 간격으로 울리는 음향신호로 옳은 것은?

① 장음, 단음, 단음
② 장음, 단음, 단음, 단음
③ 장음, 장음, 단음
④ 장음, 장음, 단음, 단음

해설
제한된 시계 안에서의 음향신호(해사안전법 제93조)
시계가 제한된 수역이나 그 부근에 있는 조종불능선, 조종제한선, 흘수제약선, 범선, 어로작업을 하고 있는 선박 또는 다른 선박을 끌고 있거나 밀고 있는 선박은 2분을 넘지 아니하는 간격으로 연속하여 3회의 기적(장음 1회에 이어 단음 2회를 말한다)을 울려야 한다.

정답 20 ③ 21 ④ 22 ① 23 ④ 24 ①

25 **안개 속에서 2분을 넘지 않는 간격으로 장음 1회를 울리는 선박으로 옳은 것은?**

① 정박선
② 어로 작업 중인 어선
③ 끌려가고 있는 선박
④ 대수속력이 있는 동력선

해설
제한된 시계 안에서의 음향신호(해사안전법 제93조)
시계가 제한된 수역이나 그 부근에 있는 항행 중인 동력선은 대수속력이 있는 경우에는 2분을 넘지 아니하는 간격으로 장음을 1회 울려야 한다.

25 ④ 정답

2015년 제4회 과년도 기출복원문제

제1과목 항 해

01 나침로(나침방위)를 진침로(진방위)로 고치는 것은?

① 유압개정 ② 침로(방위)개정
③ 풍압개정 ④ 속도개정

해설
침로(방위)개정
나침로 → 자차 → 자침로 → 편차 → 시침로 → 풍압차 → 진침로(E는 더하고, W는 뺀다)

02 액체식 자기컴퍼스의 볼(Bowl)에 속하는 부분으로 옳은 것은?

① 부실(Float)
② 경사계(Clinometer)
③ 조명장치(Dimmer)
④ 플린더즈 바(Flinders Bar)

해설
②, ③, ④ : 비너클에 속하는 부분이다.

03 자기컴퍼스 주변에 있는 일시자기의 수평력을 수정하는 기구로 옳은 것은?

① 비(B) 자석 ② 시(C) 자석
③ 플린더즈 바 ④ 상한차 수정구

해설
① B 자석 : 선수미 방향의 수정
② C 자석 : 정횡 분력 수정
③ 플린더즈 바 : 수직 분력 수정

04 등대의 부근에서 위험구역을 비추어 위험을 표시하는 등화로 옳은 것은?

① 조사등 ② 명암등
③ 도 등 ④ 지향등

해설
부등(조사등)
풍랑이나 조류 때문에 등부표를 설치하거나 관리하기 어려운 모래기둥이나 암초 등이 있는 위험 지점으로부터 가까운 등대에 강력한 투광기를 설치하여 그 구역을 비추어 위험을 표시한다.

05 우리나라의 등부표 중 등색이 녹색인 것으로 옳은 것은?

① 좌현표지 ② 우현표지
③ 특수표지 ④ 동방위표지

해설
우리나라는 B 지역으로 좌현표지의 등색은 녹색, 우현표지는 적색이고, 방위표지의 등색은 백색, 특수표지는 황색이다.

06 해도에 'Fl R4s'라고 기재되어 있는 등화의 의미로 옳은 것은?

① 2초 간격으로 황색의 섬광을 발하는 등화
② 4초 간격으로 적색의 섬광을 발하는 등화
③ 2초 간격으로 백색의 섬광을 발하는 등화
④ 4초 간격으로 녹색의 섬광을 발하는 등화

해설
Fl R4s
• Fl : 섬광등
• R : 적색(Red)의 등색
• 4s : 주기 4초

정답 1 ② 2 ① 3 ④ 4 ① 5 ① 6 ②

07 우리나라 연안의 항로표지 전반에 대하여 수록된 수로서지로 옳은 것은?

① 등대표 ② 조석표
③ 항로지 ④ 항해표

해설
등대표 : 선박을 안전하게 유도하고 선위 측정에 도움을 주는 주간, 야간, 음향, 무선표지가 상세하게 수록된 수로서지

08 육지를 바라보면서 항해할 때 사용하는 해도로서, 선위를 직접 해도상에서 구할 수 있도록 되어 있는 것으로 옳은 것은?

① 총 도 ② 항양도
③ 항박도 ④ 항해도

해설
해도의 축척

종 류	축 척	내 용
총 도	1/400만 이하	세계전도와 같이 넓은 구역을 나타낸 것으로, 장거리 항해와 항해계획 수립에 이용
항양도	1/100만 이하	원거리 항해에 쓰이며, 먼 바다의 수심, 주요 등대·등부표, 먼 바다에서도 보이는 육상의 물표 등이 표시됨
항해도	1/30만 이하	육지를 바라보면서 항해할 때 사용되는 해도로, 선위를 직접 해도상에서 구할 수 있도록 육상 물표, 등대, 등표 등이 비교적 상세히 표시됨
해안도	1/5만 이하	연안 항해에 사용하는 것이며, 연안의 상황이 상세하게 표시됨
항박도	1/5만 이상	항만, 정박지, 협수로 등 좁은 구역을 상세히 그린 평면도

09 해도에서 'G'로 표시된 곳의 저질로 옳은 것은?

① 모 래 ② 자 갈
③ 산 호 ④ 바 위

해설
자갈(G), 펄(M), 점토(Cl), 바위(Rk, rky), 모래(S), 조개껍질(Sh), 산호(Co)

10 해도의 표제 기사에 적힌 것이 아닌 것은?

① 축 척 ② 해도의 명칭
③ 자료의 출처 ④ 등 질

해설
표제에는 지명, 도명, 축척, 수심과 높이의 단위가 기재되어 있고, 필요한 경우에는 도법명, 측량 연도 및 자료의 출처, 조석에 관한 기사, 측지계, 기타 용도상의 주의 기사가 기재되어 있다.

11 점장도의 특징이 아닌 것은?

① 항정선이 곡선으로 표시된다.
② 자오선은 남북방향의 평행선이다.
③ 거등권은 동서방향의 평행선이다.
④ 항정선과 자오선은 일정한 각도로 만난다.

해설
점장도의 특징
- 항정선이 직선으로 표시되어 침로를 구하기 편리하다.
- 자오선과 거등권이 직선으로 나타난다.
- 거리측정 및 방위선 기입이 용이하다.
- 고위도에서는 왜곡이 생기므로 위도 70° 이하에서 사용된다.

12 조석 현상에 대한 올바른 설명은?

① 조석은 해면의 주기적인 수평운동이다.
② 낙조는 조석으로 해면이 가장 낮아진 상태이다.
③ 창조는 조석으로 해면이 가장 높아진 상태이다.
④ 조신은 어느 지역의 조석이나 조류의 특징이다.

해설
① 조류에 대한 설명
② 저조에 대한 설명
③ 고조에 대한 설명

7 ① 8 ④ 9 ② 10 ④ 11 ① 12 ④ 정답

13 다음 ( )에 들어갈 말로 옳은 것은?

> 임의의 항만의 조시는 ( )의 조시에 조시차를 그 부호대로 가감하여 구한다.

① 표준항 ② 입항항
③ 선적항 ④ 양하항

해설
임의항만(지역)의 조석을 구하는 법
- 조시 : 표준항의 조시에 구하려고 하는 임의항만의 개정수인 조시차를 그 부호대로 가감
- 조고 : 표준항의 조고에서 표준항의 평균해면을 빼고, 그 값에 임의항만의 개정수인 조고비를 곱해서 임의항만의 평균해면을 더함

14 다음 ( )에 들어갈 말로 옳은 것은?

> 조석의 주기는 약 12시간 ( )분이다.

① 10 ② 15
③ 20 ④ 25

15 연안 항해에서 많이 사용하는 교차방위법으로 옳은 것은?

① 육상의 뚜렷한 2물표 이상의 방위를 측정하여 방위선의 교점을 선위로 하는 것
② 레이더에 나타난 2물표 이상의 수평거리를 측정하여 거리의 교점을 선위로 하는 것
③ 바다의 수심이 같은 지역을 연결하여 구한 수심선을 선위로 하는 것
④ 육분의를 이용해 연안 3물표의 수평협각을 측정해 만나는 점을 선위로 하는 것

해설
교차방위법
항해 중 해도상에 기재되어 있는 2개 이상의 고정된 물표를 선정하여 거의 동시에 각각의 방위를 측정, 방위선을 그어 이들의 교점으로 선위를 정하는 방법이다. 연안 항해 중 가장 많이 이용되며, 측정법이 쉽고 위치의 정밀도가 높다.

16 선박의 위치 결정법 중에서 추정위치로 옳은 것은?

① 현재 물체의 방위를 측정하여 구한 위치
② 현재 물체의 거리를 측정하여 구한 위치
③ 가장 최근의 실측 위치를 기준하여 침로와 속력을 계산하여 구한 위치
④ 가장 최근의 실측 위치를 기준하여 침로와 속력 및 해·조류, 바람 등을 고려하여 구한 위치

해설
③은 추측위치, 이 추측위치에 바람, 조류 등의 외력이 선위에 미치는 영향을 추정하여 수정하면 추정위치가 되는데, 실제적으로 항해 중에 계속적으로 선위를 실측하거나 추정하는 것은 불가능하다.

17 경계 보고나 닻줄의 방향을 보고할 때 편리한 방위로 옳은 것은?

① 진방위 ② 자침방위
③ 나침방위 ④ 상대방위

해설
④ 상대방위 : 자선의 선수를 0°로 하여 시계방향으로 360°까지 재거나 좌, 우현으로 180°씩 측정(견시보고나 닻줄의 방향을 보고할 때 편리하게 사용)
① 진방위 : 진자오선과 관측자 및 물표를 지나는 대권이 이루는 교각
② 자침방위 : 자기자오선과 관측자 및 물표를 지나는 대권이 이루는 교각
③ 나침방위 : 나침의 남북선과 관측자 및 물표를 지나는 대권이 이루는 교각

18 육상의 2물표가 겹쳐 보이는 선으로 선박의 위치를 구할 때 사용하는 것으로 옳은 것은?

① 천 체 ② 중시선
③ 투명도 ④ 수평협각

해설
중시선 : 두 물표가 일직선상에 겹쳐 보일 때 이 물표들을 연결한 직선으로 선위를 측정하는 이외에도 좁은 수로를 통과할 때의 피험선, 컴퍼스오차의 측정 등에 이용된다.

정답 13 ① 14 ④ 15 ① 16 ④ 17 ④ 18 ②

19 다음 중 위도에 대한 설명이 틀린 것은?

① 출발위도와 도착위도가 모두 북위일 수 있다.
② 부산의 위도는 자오선 상에서 적도와 부산까지의 호의 길이이다.
③ 적도를 기준으로 남북으로 각각 90°까지 재는데 북쪽은 이(E), 남쪽은 더블유(W) 부호를 붙인다.
④ 위도를 항해일지에 기입할 때 기호는 엘(L)로 쓴다.

해설
어느 지점을 지나는 거등권과 적도 사이의 자오선상의 호의 길이로 적도를 0°로 하여 남북으로 각각 90°까지 측정, 북쪽으로 잰 것을 북위(N), 남쪽으로 잰 것을 남위(S)라 한다.

20 다음 중 진침로에서 나침로로 반개정 시 편차의 부호가 무엇일 때 더해 주는가?

① 엔(N)
② 에스(S)
③ 이(E)
④ 더블유(W)

해설
반개정 : 진침로(진방위)를 나침로(나침방위)로 고치는 것
진침로 → 풍압차 → 시침로 → 편차 → 자침로 → 자차 → 나침로(E는 빼고, W는 더한다)

21 다음 (　　)에 들어갈 말로 옳은 것은?

선내 나침의의 남북선과 진북(진자오선) 사이의 교각 즉, 자차와 편차에 의한 오차를 (　　)오차라 한다.

① 절 대　　② 나침의
③ 자이로　　④ 진방위

22 선박의 침로 중 풍압차가 있을 때의 진자오선과 선수미선이 이루는 각의 침로로 옳은 것은?

① 진침로　　② 자침로
③ 시침로　　④ 나침로

해설
① 진침로 : 진자오선(진북)과 항적이 이루는 각, 풍·유압차가 없을 때에는 진자오선과 선수미선이 이루는 각
② 자침로 : 자기자오선(자북)과 선수미선이 이루는 각
④ 나침로 : 나침의 남북선과 선수미선이 이루는 각, 나침의 오차(자차·편차) 때문에 진침로와 이루는 교각

23 레이더 화면에서 본선 주위에 파도에 의한 방해현상이 있을 때 조절하는 것은?

① 동조조정기(TUNE)
② 해면반사억제기(STC)
③ 수신감도조정기(GAIN)
④ 가변거리환조정기(VRM)

해설
① 동조조정기(TUNE) : 레이더의 국부 발진기의 발진주파수를 조정하는 장치이다.
③ 수신감도조정기(GAIN) : 수신기의 감도를 조정하는 것으로 감도가 증가하면 영상이 밝아지고 탐지능력이 좋아지나 영상의 잡음도 증가한다.
④ 가변거리환조정기(VRM) : 자선에서 원하는 물체까지의 거리를 화면상에서 측정하기 위하여 사용하는 장치이다.

24 레이더 플로팅 용어 중 티시피에이(TCPA)의 뜻으로 옳은 것은?

① 최근접점
② 상대운동속력
③ 본선의 원래 위치
④ 최근접점까지의 도달 시간

해설
플로팅 관련 용어
- DRM : 상대운동방향
- SRM : 상대운동속력
- CPA : 최근접점까지의 거리
- DCPA : 최근접점의 방위와 거리
- TCPA : 최근접점의 예상 도달 시간

19 ③　20 ④　21 ②　22 ③　23 ②　24 ④ **정답**

25 레이더의 수신감도조정기(GAIN)에 대한 설명으로 틀린 것은?

① 근거리 스케일 사용 시에는 약간 줄인다.
② 원거리 스케일 사용 시에는 약간 높여준다.
③ 조정기를 높일수록 잡음이 감소한다.
④ 조정기를 높일수록 화면이 밝아진다.

해설
수신기의 감도를 조정하는 것으로 감도가 증가하면 영상이 밝아지고 탐지능력이 좋아지나 영상의 잡음도 증가한다.

제2과목 운 용

01 스톡리스 앵커(Stockless Anchor)의 장점이 아닌 것은?

① 앵커 작업이 간단하다.
② 대형 앵커 제작이 용이하다.
③ 앵커체인이 스톡(Stock)에 얽힐 염려가 없다.
④ 스톡 앵커(Stock Anchor)에 비하여 파주력이 크다.

해설
스톡리스 앵커
- 대형 앵커 제작이 용이하다.
- 파주력은 떨어지지만 투묘 및 양묘 시에 작업이 간단하다.
- 앵커가 해저에 있을 때 앵커체인이 스톡에 얽힐 염려가 없다.
- 얕은 수심에서 앵커 암이 선저를 손상시키는 일이 없어 대형선에 널리 사용된다.

02 다음 중 선박이 조난을 당한 경우 조난선과 구조선 또는 육상 간에 연결용 줄을 보내는 데 사용되는 구명설비로 옳은 것은?

① 구명동의
② 로켓낙하산 신호
③ 자기발연신호
④ 구명줄 발사기

해설
① 구명동의 : 조난 또는 비상시 윗몸에 착용하는 것으로 고형식과 팽창식이 있다.
② 로켓 낙하산 신호 : 공중에 발사되면 낙하산이 펴져 천천히 떨어지면서 신호를 낸다.
③ 자기발연신호 : 주간신호로 물에 들어가면 자동으로 오렌지색 연기를 낸다.

03 일반적으로 유조선에서 많이 사용되고 있는 선박의 형태는?

① 선수 기관실선 ② 중앙 기관실선
③ 반선미 기관실선 ④ 선미 기관실선

04 수밀횡격벽을 설치하는 이유로 틀린 것은?

① 화재 시에 방화벽 역할을 한다.
② 선체의 종강력이 증대된다.
③ 침수를 단일 구획에서 저지할 수 있다.
④ 위험 화물과 잡화를 구분하여 적재할 수 있다.

해설
수밀격벽의 역할
- 충돌, 좌초 등으로 침수될 경우, 그 구역에 한정시켜 선박의 침몰 예방
- 화재 발생 시 방화벽의 역할을 하여 화재의 확산 방지
- 선체의 중요한 횡강력재
- 화물을 분산, 적재하여 트림을 조정
- 화물의 특성에 따라 구별 적재 가능

05 재화중량톤수와 관련이 없는 것은?

① 불명중량
② 화물의 중량
③ 연료의 중량
④ 선체의 중량

해설
재화중량톤수(D.W.T.) : 선박이 적재할 수 있는 최대의 무게를 나타내는 톤수로, 만재 배수량과 경하 배수량의 차로 상선의 매매와 용선료 산정의 기준이 된다.

정답 25 ③ / 1 ④ 2 ④ 3 ④ 4 ② 5 ④

06 다음 중 선박의 침몰 시 자동으로 이탈되어 조난자가 사용할 수 있는 구명 기구로 옳은 것은?

① 구조정 ② 구명정
③ 구명뗏목 ④ 구명부환

해설
① 구조정 : 조난 중인 사람을 구조하고 또한 생존정을 인도하기 위하여 설계된 보트이다.
② 구명정 : 선박의 조난 시나 인명 구조에 사용되는 소형보트로, 충분한 복원력과 전복되더라도 가라앉지 않는 부력을 갖추도록 설계되었다.
④ 구명부환 : 개인용 구명설비로, 수중의 생존자가 구조될 때까지 잡고 떠있게 하는 도넛 모양의 물체이다.

07 다음 중 우회전 고정피치 단추진기 선박이 정지 중에 키를 중앙에 두고 기관을 후진으로 하였을 경우 선수는 어느 쪽으로 편향하는가?

① 좌 현
② 우 현
③ 선체 직후진
④ 기관 후진과 아무 관계가 없다.

해설
배출류의 영향
후진 시 프로펠러를 반시계방향으로 회전하여 우현으로 흘러가는 배출류는 우현의 선미벽에 부딪치면서 측압을 형성하여 선미를 좌현쪽으로 밀고 선수는 우현쪽으로 회두한다.

08 다음 ( )에 들어갈 말로 옳은 것은?

> ( )이란, 선박이 물 위에 떠 있는 상태에서 외부로부터 힘을 받아서 경사하려고 할 때의 저항, 또는 경사한 상태에서 그 외력을 제거하였을 때 원래의 상태로 돌아오려고 하는 힘을 말한다.

① 복원력 ② 원심력
③ 구심력 ④ 마찰력

09 조타 명령 중 발령한 현재의 선수방향을 유지하라는 뜻은?

① 스테디(Steady)
② 미드십스(Midships)
③ 이즈 더 휠(Ease the Wheel)
④ 스타보드(Starboard)

10 선수 닻(Anchor) 투하작업에서 '우현 닻을 투하하라'는 용어를 고르면?

① 스탠드 바이 포트 앵커(Stand by Port Anchor)
② 스탠드 바이 스타보드 앵커(Stand by Starboard Anchor)
③ 홀드 온 앵커(Hold on Anchor)
④ 렛고 스타보드 앵커(Let Go Starboard Anchor)

해설
- 스탠드 바이 앵커(Stand by Anchor) : 워크아웃상태에서 닻을 내릴 준비가 완료된 상태
- 렛고 앵커(Let Go Anchor) : '닻을 투하하라'는 용어

11 황천 피항조선법으로 맞는 것은?

① 항상 키를 중앙의 위치에 놓아둔다.
② 옆 방향(정횡)으로부터 파랑을 받고 항해한다.
③ 배에 실려 있는 모든 무거운 것들을 바다에 투하한다.
④ 선수에서 약간 좌현이나 우현에 파랑을 받고 항해한다.

해설
황천(태풍) 피항법
- R.R.R 법칙 : 북반구에서 풍향이 우전(Right)하면 선박은 오른쪽(Right) 반원에 위치한다. 이때는 우현선수에 바람을 받으면서 조선하여 태풍중심에서 멀어진다.
- L.L.S 법칙 : 북반구에서 풍향이 좌전(Left)하면 선박은 왼쪽(Left) 반원에 위치한다. 이때는 우현선미로 받으면서 조선하여 태풍중심을 피한다.

6 ③ 7 ② 8 ① 9 ① 10 ④ 11 ④ 정답

12 일정한 대지속력으로 항해할 때 타효가 가장 좋지 않은 것은?

① 순조 때
② 정횡방향에서 조류를 받을 때
③ 선수 2~3점에서 조류를 받을 때
④ 역조 때

해설
역조 때에는 정침이 잘되나 순조 때에는 정침이 어렵다.

13 제한된 시계에서 항해 시 주의사항으로 틀린 것은?

① 무중신호를 발한다.
② 엄중한 경계를 한다.
③ 선내의 모든 불을 켜 준다.
④ 선내 정숙을 유지하는 것이 좋다.

해설
협시계 항행 시의 주의사항
- 기관은 항상 사용할 수 있도록 스탠드 바이 상태로 준비하고, 안전한 속력으로 항행한다.
- 레이더를 최대한 활용한다.
- 이용 가능한 모든 수단을 동원하여 엄중한 경계를 유지한다.
- 경계의 효과 및 타선의 무중 신호를 조기에 듣기 위하여 선내 정숙을 기한다.
- 적절한 항해등을 점등하고, 필요 외의 조명등은 규제한다.
- 일정한 간격으로 선위를 확인하고, 측심기를 작동시켜 수심을 계속 확인한다.
- 수심이 낮은 해역에서는 필요시 즉시 사용 가능하도록 앵커 투하 준비를 한다.

14 다음 중 선박의 수면하 용적의 기하학적 중심을 나타내는 것은?

① 무게중심　② 부 심
③ 경 심　④ 부면심

해설
② 부심 : 선박의 수면하 용적의 기하학적 중심
① 무게중심(G) : 선체의 전체 중량이 한 점에 모여 있다고 생각할 수 있는 가상의 점을 말한다.
③ 경심(M : 메타센터) : 배가 똑바로 떠 있을 때 부심을 통과하는 부력의 작용선과 경사된 부력의 작용선이 만나는 점을 말한다.

15 다음 ( )에 들어갈 말로 옳은 것은?

> 선박이 한쪽 현으로 최대로 경사된 상태에서부터 시작하여 반대 현으로 기울었다가 다시 원위치로 되돌아오기까지 걸린 시간을 ( )라고 한다.

① 상하 주기
② 종요 주기
③ 회전 주기
④ 횡요 주기

16 항해당직을 인수받은 당직사관이 가장 먼저 확인할 사항으로 옳은 것은?

① 선내를 순시한다.
② 선위를 확인한다.
③ 항해일지를 쓴다.
④ 선장에게 당직교대를 알린다.

17 항해당직자의 태도에 대한 설명으로 적절한 것은?

① 항해당직 중 당직항해사와 조타수가 지루함을 면하기 위해 잡담을 하는 것은 별 문제가 되지 않는다.
② 당직항해사는 당직 중 선장이나 기관장의 호출이 있을 경우 잠시 선교를 떠나도 무방하다.
③ 주간 항해 중 충분히 안전하다고 당직항해사가 판단하는 경우 항해사 혼자 경계를 하여도 무방하다.
④ 항해당직 중 피로할 경우 소파에 앉아서 경계를 하여도 무방하다.

정답 12 ① 13 ③ 14 ② 15 ④ 16 ② 17 ③

18 1등 항해사의 업무와 거리가 먼 것은?

① 화물의 적부계획 작성
② 항해요약일지의 작성
③ 출입항 시 선수부 작업 담당
④ 갑판부 서류의 작성 및 관리

해설
②는 2등 항해사의 업무이다.

19 다음 고기압 중 우리나라의 봄과 가을에 날씨가 자주 변하는 것에 영향을 미치는 것은?

① 북태평양 고기압
② 이동성 고기압
③ 지형성 고기압
④ 시베리아 고기압

해설
이동성 고기압 : 비교적 규모가 작은 고기압으로 우리나라 봄과 가을에 영향을 미치며, 날씨가 자주 변하며 대체로 맑은 날씨를 보인다.

20 고기압의 일반적인 성질에 해당되지 않는 것은?

① 주위에 비하여 기압이 높다.
② 중심으로 향함에 따라 기압이 낮다.
③ 중심으로 향함에 따라 기압경도는 작다.
④ 중심부근에는 하강기류가 있다.

해설
고기압의 특성
- 고기압은 주위보다 상대적으로 기압이 높다.
- 공기는 중심에서 밖으로 이동하며 시계(북반구)방향으로 바람이 분다.
- 중심에서 빠져나간 공기를 보완하기 위해 하강기류가 형성되어 구름이 적고 맑은 날씨가 된다.
- 중심으로 향함에 따라 기압은 높아지고 기압경도는 작아지며 바람이 약해진다.

21 임펠러를 이용하는 대용량 펌프인 것은?

① 축류펌프
② 플런저펌프
③ 슬라이딩 베인 펌프
④ 기어펌프

해설
원심력식 펌프 : 임펠러의 회전에 의한 운동에너지를 압력에너지로 변환시키는 펌프로 원심펌프, 사류펌프, 축류펌프 등이 있다.

22 해양사고로 인하여 선체 손상이 매우 커서 침몰 위험이 있을 때 일부러 선체를 적당한 해안에 좌초시키는 것을 무엇이라 하는가?

① 가정박 ② 라이투
③ 임의좌주 ④ 자력이초

해설
임의좌주
선체의 손상이 매우 커서 침몰 직전에 이르게 되면 선체를 적당한 해안에 임의적으로 좌초시키는 것을 임의좌주라 한다. 임의좌주 시 가능하면 만조 시에 실시하며 투묘 후 해안과 직각이 되도록 하고 이중저탱크나 선창에 물을 넣어 선체를 해저에 밀착한다.

23 심장기능과 호흡기능이 동시에 정지되었을 때의 응급처치 방법은?

① 인공호흡
② 산소흡입
③ 심폐소생법
④ 심장마사지

해설
심폐소생법 : 심장과 폐의 운동이 정지된 사람의 흉부를 압박함으로써 그 기능을 회복하도록 하는 방법

18 ② 19 ② 20 ② 21 ① 22 ③ 23 ③ 정답

24 조난선에서 사용할 수 있는 통상적인 조난 송신의 주파수로서 맞지 않는 것은?

① 500kHz - 무선 전신
② 2,182kHz - 무선 전화
③ 156.8MHz - VHF 채널 16
④ 100kHz - 무선 전신

25 해상 수색 현장 조정관(OSC)의 임무에 해당하지 않는 것은?

① 현장 통신을 조정
② 정기적인 상황 보고
③ 수색 또는 구조활동 계획 수립
④ 수색 수당을 수색현장에서 지급

제3과목 법 규

01 선박의 입항 및 출항 등에 관한 법률상 무역항의 수상구역 등에 출입 신고를 하여야 하는 선박은?

① 총톤수 5톤 미만의 선박
② 총톤수 20톤인 내항선박
③ 해양사고구조 업무에 종사하는 선박
④ 국내항 간을 운항하는 모터보트

해설
출입 신고(선박의 입항 및 출항 등에 관한 법률 제4조)
무역항의 수상구역 등에 출입하려는 선박의 선장은 대통령령으로 정하는 바에 따라 해양수산부장관에게 신고하여야 한다. 다만, 다음의 선박은 출입 신고를 하지 아니할 수 있다.
- 총톤수 5톤 미만의 선박
- 해양사고구조에 사용되는 선박
- 수상레저기구 중 국내항 간을 운항하는 모터보트 및 동력요트
- 관공선, 군함, 해양경찰함정 등 공공의 목적으로 운영하는 선박
- 도선선(導船船), 예선(曳船) 등 선박의 출입을 지원하는 선박
- 연안수역을 항행하는 정기여객선으로서 경유항(經由港)에 출입하는 선박
- 피난을 위하여 긴급히 출항하여야 하는 선박
- 그 밖에 항만운영을 위하여 지방해양수산청장이나 시·도지사가 필요하다고 인정하여 출입 신고를 면제한 선박

02 선박의 입항 및 출항 등에 관한 법률상 무역항의 수상구역 등에서 불꽃이나 열이 발생하는 작업을 할 경우 해양수산부장관의 허가를 받아야 하는 선박으로 틀린 것은?

① 총톤수 19톤의 도선선
② 총톤수 400톤의 유조선
③ 총톤수 950톤의 가스운반선
④ 재화중량톤수 500톤의 화학제품운반선

해설
선박수리의 허가 등(선박의 입항 및 출항 등에 관한 법률 제37조)
선장은 무역항의 수상구역 등에서 다음의 선박을 불꽃이나 열이 발생하는 용접 등의 방법으로 수리하려는 경우 해양수산부령으로 정하는 바에 따라 해양수산부장관의 허가를 받아야 한다.
- 위험물을 저장·운송하는 선박과 위험물을 하역한 후에도 인화성 물질 또는 폭발성 가스가 남아 있어 화재 또는 폭발의 위험이 있는 선박(위험물운송선박)
- 총톤수 20톤 이상의 선박(위험물운송선박은 제외한다)

03 다음 중 선박의 감항성 유지 및 안전운항에 필요한 사항을 규정한 법은?

① 선박법 ② 선박안전법
③ 선원법 ④ 선박직원법

해설
목적(선박안전법 제1조)
이 법은 선박의 감항성 유지 및 안전운항에 필요한 사항을 규정함으로써 국민의 생명과 재산을 보호함을 목적으로 한다.

04 선박안전법상 정기검사와 정기검사의 중간에 정기적으로 행하는 선박 검사로 옳은 것은?

① 중간검사 ② 임시항해검사
③ 임시검사 ④ 특별검사

정답 24 ④ 25 ④ / 1 ② 2 ① 3 ② 4 ①

해설
중간검사(선박안전법 제9조)
선박소유자는 정기검사와 정기검사의 사이에 해양수산부령이 정하는 바에 따라 해양수산부장관의 검사를 받아야 한다.

05 해양환경관리법상 해양경찰청장이 오염물질이 배출되었을 때 방제조치를 위하여 필요한 경우 취하는 조치로 틀린 것은?

① 인력 및 장비의 지원
② 오염을 발생시킨 선박의 예인
③ 오염해역의 선박안전에 관한 조치
④ 오염해역을 통행하는 선박의 통제

해설
오염물질이 배출된 경우의 방제조치(해양환경관리법 시행령 제48조)
해양경찰청장은 방제조치를 위하여 필요한 경우 다음의 조치를 직접 하거나 관계 기관에 지원을 요청할 수 있다.
- 오염해역을 통행하는 선박의 통제
- 오염해역의 선박안전에 관한 조치
- 인력 및 장비·시설 등의 지원 등

06 선박 안에서 발생하는 유성찌꺼기(슬러지)의 처리방법으로 틀린 것은?

① 자가처리시설에서 처리한다.
② 유창청소업자에게 인도한다.
③ 저장시설의 운영자에게 인도한다.
④ 간이 소각기로 소각한다.

해설
화물유가 섞인 선박평형수, 세정수, 선저폐수의 배출기준 등(선박에서의 오염방지에 관한 규칙 [별표 4])
유성찌꺼기(Sludge)는 유성찌꺼기탱크에 저장하되, 유성찌꺼기탱크 용량의 80%를 초과하는 경우에는 출항 전에 유성찌꺼기 전용펌프와 배출관장치를 통하여 저장시설 등의 운영자에게 인도할 것. 다만, 소각설비가 설치된 선박의 경우에는 해상에서 유성찌꺼기를 소각하여 처리할 수 있다.

07 해사안전법상 교통안전 특정해역을 설정하는 목적에 해당하지 않는 것은?

① 입항 선박의 우선권을 주기 위하여
② 교통량이 많은 곳에서 대형 해양사고 방지
③ 거대선 통항이 많은 곳의 항해 안전을 위하여
④ 위험화물운반선의 통항이 많은 곳의 항해 안전을 위하여

해설
교통안전특정해역의 설정 등(해사안전법 제10조)
해양수산부장관은 다음의 어느 하나에 해당하는 해역으로서 대형 해양사고가 발생할 우려가 있는 해역(교통안전특정해역)을 설정할 수 있다.
- 해상교통량이 아주 많은 해역
- 거대선, 위험화물운반선, 고속여객선 등의 통항이 잦은 해역

08 해양수산부장관이 선박의 항해 안전을 위해서 항로지정을 시행할 때 고려해야 할 사항으로 맞지 않는 것은?

① 선박 통항 수역의 지형
② 선박 통항 수역의 조류 및 그 밖에 자연적 조건
③ 선박 통항량
④ 선박에 승선하는 선원의 국적

해설
정의(해사안전법 제2조)
항로지정제도 : 선박이 통항하는 항로, 속력 및 그 밖에 선박 운항에 관한 사항을 지정하는 제도를 말한다.

09 국제해상충돌방지규칙상 조종제한선의 사유로 틀린 것은?

① 준설작업　　② 기뢰제거
③ 수중작업　　④ 기관고장

해설
정의(해사안전법 제2조)
조종불능선 : 선박의 조종성능을 제한하는 고장이나 그 밖의 사유로 조종을 할 수 없게 되어 다른 선박의 진로를 피할 수 없는 선박을 말한다.

5 ② 6 ④ 7 ① 8 ④ 9 ④ 정답

10 국제해상충돌방지규칙상 '당시의 사정과 조건에서 충돌을 피하기 위한 속력'으로 적절한 것은?

① 항해속력 ② 경제속력
③ 안전한 속력 ④ 최저속력

해설
안전한 속력(해사안전법 제64조)
다른 선박과의 충돌을 피하기 위하여 적절하고 효과적인 동작을 취하거나 당시의 상황에 알맞은 거리에서 선박을 멈출 수 있도록 항상 안전한 속력으로 항행하여야 한다.

11 국제해상충돌방지규칙상 '모든 시정상태'에 대한 설명으로 적절한 것은?

① 달빛이 없는 야간을 말한다.
② 시정이 양호할 때만을 말한다.
③ 안개, 비 등으로 시정이 제한된 경우를 말한다.
④ 시정의 양호, 불량에 관계없이 모든 천후를 말한다.

해설
모든 시계(시정)는 시정의 양호(다른 선박을 눈으로 볼 수 있는 상태 : 선박이 서로 시계 안에 있을 때 선박의 항법), 불량(시계가 제한된 상태 : 제한된 시계에서 선박의 항법)에 관계없이 모든 천후를 말한다.

12 국제해상충돌방지규칙상 충돌을 피하기 위한 동작에 대한 설명이 틀린 것은?

① 명확하게 이행한다.
② 상대방이 피항할 때까지 기다린다.
③ 적당한 선박 운용술에 따라 이행한다.
④ 충분한 시간적 여유를 두고 이행한다.

해설
충돌을 피하기 위한 동작(해사안전법 제66조)
선박은 해사안전법에 따라 다른 선박과 충돌을 피하기 위한 동작을 취하되, 이 법에서 정하는 바가 없는 경우에는 될 수 있으면 충분한 시간적 여유를 두고 적극적으로 조치하여 선박을 적절하게 운용하는 관행에 따라야 한다.

13 국제해상충돌방지규칙상 선박의 조난신호에 해당하는 것은?

① 1분 간격의 3회 발포
② 국제기류신호에 의한 AC기 게양
③ 무선전화에 의한 '메이데이' 송신
④ 위험이 있는 방향으로 탐조등 비추기

해설
조난신호
- 약 1분간의 간격으로 행하는 1회의 발포 기타 폭발에 의한 신호
- 무중신호장치에 의한 연속음향신호
- 짧은 시간 간격으로 1회에 1개씩 발사되어 별 모양의 붉은 불꽃을 발하는 로켓 또는 유탄에 의한 신호
- 임의의 신호 수단에 의하여 발신되는 모스부호 ···———···(SOS)의 신호
- 무선전화에 의한 '메이데이'라는 말의 신호
- 국제기류신호에 의한 NC의 조난신호
- 상방 또는 하방에 구 또는 이와 유사한 것 1개를 붙인 4각형 기로된 신호
- 선상에서의 발연(타르통, 기름통 등의 연소로 생기는) 신호
- 낙하산이 달린 적색의 염화 로켓 또는 적색의 수동 염화에 의한 신호
- 오렌지색의 연기를 발하는 발연신호
- 좌우로 벌린 팔을 천천히 반복하여 올렸다 내렸다 하는 신호
- 디지털 선택 호출 (DSC) 수단에 의해 발신된 조난신호

14 국제해상충돌방지규칙상 야간에 추월선이 추월을 당하는 선박의 등화 중 가장 먼저 보는 등은?

① 좌현등
② 마스트등
③ 선미등
④ 우현등

해설
추월(해사안전법 제71조)
다른 선박의 양쪽 현의 정횡으로부터 22.5°를 넘는 뒤쪽(밤에는 다른 선박의 선미등만을 볼 수 있고 어느 쪽의 현등도 볼 수 없는 위치)에서 그 선박을 앞지르는 선박은 추월선으로 보고 필요한 조치를 취하여야 한다.

정답 10 ③ 11 ④ 12 ② 13 ③ 14 ③

15 **국제해상충돌방지규칙상 두 척의 범선이 서로 다른 현측에서 바람을 받고 있는 경우의 피항선으로 옳은 것은?**

① 풍상측에서 바람을 받는 선박
② 풍하측에서 바람을 받는 선박
③ 우현측에서 바람을 받는 선박
④ 좌현측에서 바람을 받는 선박

해설
범선(해사안전법 제70조)
2척의 범선이 서로 접근하여 충돌할 위험이 있는 경우에는 다음에 따른 항행방법에 따라 항행하여야 한다.
- 각 범선이 다른 쪽 현에 바람을 받고 있는 경우에는 좌현에 바람을 받고 있는 범선이 다른 범선의 진로를 피하여야 한다.
- 두 범선이 서로 같은 현에 바람을 받고 있는 경우에는 바람이 불어오는 쪽의 범선이 바람이 불어가는 쪽의 범선의 진로를 피하여야 한다.
- 좌현에 바람을 받고 있는 범선은 바람이 불어오는 쪽에 있는 다른 범선을 본 경우로서 그 범선이 바람을 좌우 어느 쪽에 받고 있는지 확인할 수 없는 때에는 그 범선의 진로를 피하여야 한다.

16 **국제해상충돌방지규칙상 추월 항법에 대한 설명으로 틀린 것은?**

① 추월선은 추월당하고 있는 선박의 진로를 피하여야 한다.
② 추월선이 추월당하는 선박의 정횡을 통과한 시점에 횡단항법이 적용된다.
③ 다른 선박의 정횡 후 22.5°를 넘는 후방에서 접근하는 선박이 추월선이다.
④ 다른 선박을 추월하고 있는지의 여부가 불분명할 때에는 자선이 추월하고 있는 선박으로 생각하고 이에 대한 합당한 동작을 취한다.

해설
추월(해사안전법 제71조)
- 추월선은 추월당하고 있는 선박을 완전히 추월하거나 그 선박에서 충분히 멀어질 때까지 그 선박의 진로를 피하여야 한다.
- 다른 선박의 양쪽 현의 정횡으로부터 22.5°를 넘는 뒤쪽(밤에는 다른 선박의 선미등만을 볼 수 있고 어느 쪽의 현등도 볼 수 없는 위치)에서 그 선박을 앞지르는 선박은 추월선으로 보고 필요한 조치를 취하여야 한다.
- 선박은 스스로 다른 선박을 추월하고 있는지 분명하지 아니한 경우에는 추월선으로 보고 필요한 조치를 취하여야 한다.
- 추월하는 경우 2척의 선박 사이의 방위가 어떻게 변경되더라도 추월하는 선박은 추월이 완전히 끝날 때까지 추월당하는 선박의 진로를 피하여야 한다.

17 **국제해상충돌방지규칙상 선박 상호 간의 책임한계에 대한 설명으로 틀린 것은?**

① 항행 중인 동력선은 범선의 진로를 피하여야 한다.
② 항행 중인 범선은 어로에 종사 중인 선박의 진로를 피하여야 한다.
③ 수면상에 떠있는 수상항공기는 범선의 진로를 피하여야 한다.
④ 기뢰제거작업에 종사 중인 선박은 어로에 종사 중인 선박의 진로를 피하여야 한다.

해설
선박 사이의 책무(해사안전법 제76조)
- 항행 중인 동력선은 조종불능선, 조종제한선, 어로에 종사하고 있는 선박, 범선의 진로를 피하여야 한다.
- 항행 중인 범선은 조종불능선, 조종제한선, 어로에 종사하고 있는 선박의 진로를 피하여야 한다.
- 어로에 종사하고 있는 선박 중 항행 중인 선박은 될 수 있으면 조종불능선과 조종제한선의 진로를 피하여야 한다.
- 조종불능선이나 조종제한선이 아닌 선박은 부득이하다고 인정하는 경우 외에는 등화나 형상물을 표시하고 있는 흘수제약선의 통항을 방해하여서는 아니 된다.
- 수상항공기는 될 수 있으면 모든 선박으로부터 충분히 떨어져서 선박의 통항을 방해하지 아니하도록 하되, 충돌할 위험이 있는 경우에는 이 법에서 정하는 바에 따라야 한다.
- 수면비행선박은 선박의 통항을 방해하지 아니하도록 모든 선박으로부터 충분히 떨어져서 비행(이륙 및 착륙을 포함)하여야 한다. 다만, 수면에서 항행하는 때에는 이 법에서 정하는 동력선의 항법을 따라야 한다.

15 ④ 16 ② 17 ④ 정답

18 국제해상충돌방지규칙상 무배수량 상태로 움직이는 수상활공선(Air-cushion Vessel, 에어쿠션선)이 표시하는 황색섬광등의 깜박이는 간격과 횟수의 기준으로 옳은 것은?

① 1분에 30회 이상　② 1분에 60회 이상
③ 1분에 90회 이상　④ 1분에 120회 이상

해설
등화의 종류(해사안전법 제79조)
섬광등 : 360°에 걸치는 수평의 호를 비추는 등화로서 일정한 간격으로 1분에 120회 이상 섬광을 발하는 등

19 다음 중 국제해상충돌방지규칙상 예선은 선미등의 어느 곳에 예선등을 달아야 하는가?

① 후 부　② 하 부
③ 전 부　④ 상 부

해설
항행 중인 예인선(해사안전법 제82조)
동력선이 다른 선박이나 물체를 끌고 있는 경우에는 다음의 등화나 형상물을 표시하여야 한다.
- 같은 수직선 위에 마스트등 2개. 다만, 예인선의 선미로부터 끌려가고 있는 선박이나 물체의 뒤쪽 끝까지 측정한 예인선열의 길이가 200m를 초과하면 같은 수직선 위에 마스트등 3개를 표시하여야 한다.
- 현등 1쌍
- 선미등 1개
- 선미등의 위쪽에 수직선 위로 예선등 1개
- 예인선열의 길이가 200m를 초과하면 가장 잘 보이는 곳에 마름모꼴의 형상물 1개

20 국제해상충돌방지규칙상 마스트 상부에서부터 홍등, 녹색등을 표시하는 선박은?

① 기관이 고장 난 선박
② 어로 중인 선박
③ 다른 선박을 끌고 있는 선박
④ 항행 중인 범선

해설
항행 중인 범선 등(해사안전법 제83조)
항행 중인 범선의 등화에 덧붙여 마스트의 꼭대기나 그 부근의 가장 잘 보이는 곳에 전주등 2개를 수직선의 위아래에 표시할 수 있다. 이 경우 위쪽의 등화는 붉은색, 아래쪽의 등화는 녹색이어야 하며, 이 등화들은 삼색등과 함께 표시하여서는 아니 된다.

21 국제해상충돌방지규칙상 끌려가고 있는 선박이 표시해야 할 등화로 틀린 것은?

① 우현등　② 좌현등
③ 선미등　④ 마스트등

해설
항행 중인 예인선(해사안전법 제82조)
끌려가고 있는 선박이나 물체는 다음의 등화나 형상물을 표시하여야 한다.
- 현등 1쌍
- 선미등 1개
- 예인선열의 길이가 200m를 초과하면 가장 잘 보이는 곳에 마름모꼴의 형상물 1개

22 국제해상충돌방지규칙상 예인선열의 길이가 200m를 초과할 경우 가장 잘 보이는 장소에 표시하여야 하는 형상물로 옳은 것은?

① 사각형의 형상물　② 원뿔꼴의 형상물
③ 원통형의 형상물　④ 마름모꼴의 형상물

해설
항행 중인 예인선(해사안전법 제82조)
예인선열의 길이가 200m를 초과하면 가장 잘 보이는 곳에 마름모꼴의 형상물 1개를 표시한다.

23 국제해상충돌방지규칙에서 길이가 100m 이상인 선박의 음향신호장치와 거리가 먼 것은?

① 기 적　② 무중호각
③ 징　④ 호 종

정답 18 ④ 19 ④ 20 ④ 21 ④ 22 ④ 23 ②

해설

음향신호설비(해사안전법 제91조)

길이 12m 이상의 선박은 기적 1개를, 길이 20m 이상의 선박은 기적 1개 및 호종 1개를 갖추어 두어야 하며, 길이 100m 이상의 선박은 이에 덧붙여 호종과 혼동되지 아니하는 음조와 소리를 가진 징을 갖추어 두어야 한다. 다만, 호종과 징은 각각 그것과 음색이 같고 이 법에서 규정한 신호를 수동으로 행할 수 있는 다른 설비로 대체할 수 있다.

24 **국제해상충돌방지규칙상 제한된 시계 내에서 도선업무에 종사하는 선박이 규정된 음향신호에 부가하여 울릴 수 있는 신호로 옳은 것은?**

① 단음 1회

② 장음 2회

③ 장음 3회

④ 단음 4회

해설

제한된 시계 안에서의 음향신호(해사안전법 제93조)

도선선이 도선업무를 하고 있는 경우에는 제한된 시계 안에서의 음향신호에 덧붙여 단음 4회로 식별신호를 할 수 있다.

25 **국제해상충돌방지규칙에서 주의환기신호의 설명으로 올바른 것은?**

① 임의 신호이다.

② 강제 신호이다.

③ 발광신호 방법이 정해져 있다.

④ 음향신호 방법이 정해져 있다.

해설

주의환기신호(해사안전법 제94조)

- 모든 선박은 다른 선박의 주의를 환기시키기 위하여 필요하면 이 법에서 정하는 다른 신호로 오인되지 아니하는 발광신호 또는 음향신호를 하거나 다른 선박에 지장을 주지 아니하는 방법으로 위험이 있는 방향에 탐조등을 비출 수 있다.
- 발광신호나 탐조등은 항행보조시설로 오인되지 아니하는 것이어야 하며, 스트로보등(燈)이나 그 밖의 강력한 빛이 점멸하거나 회전하는 등화를 사용하여서는 아니 된다.

24 ④ 25 ① 정답

2016년 제 1 회 과년도 기출복원문제

제1과목 항 해

01 우리나라에서 지방자기의 교란이 가장 심한 곳은 어디인가?

① 강화도 부근　② 청산도 부근
③ 울릉도 부근　④ 가덕도 부근

02 다음 중 자차가 가장 크게 변하는 것은?

① 선체 도장　② 강재 선체 개조
③ 기관 수리　④ 레이더 수리

03 오차가 없는 자이로컴퍼스로 측정한 방위를 가리키는 것은?

① 자침방위　② 나침방위
③ 진방위　④ 상대방위

해설
진방위란 기준선의 방향을 진북으로 선정하였을 때의 방위를 말한다.
자이로컴퍼스
고속으로 돌고 있는 팽이를 이용하여 지구상의 북(진북)을 아는 장치로 자차 및 편차가 없고 지북력이 강하다.

04 등질에 있어서 한 주기 동안에 빛을 비추는 시간이 꺼져 있는 시간보다 짧은 것을 나타내는 것은?

① 부동등　② 명암등
③ 섬광등　④ 호광등

해설
① 부동등(F) : 등색이나 등력이 바뀌지 않고 일정하게 계속 빛을 내는 등
② 명암등(Oc) : 한 주기 동안에 빛을 비추는 시간이 꺼져 있는 시간보다 길거나 같은 등
④ 호광등(Al.) : 색깔이 다른 종류의 빛을 교대로 내며, 그 사이에 등광은 꺼지는 일이 없이 계속 빛을 내는 등

05 야간 항해 중 발견한 등화가 약 3초의 간격으로 한 번씩 깜박이는 백색이었다면 이 등화의 등질이 해도에서 표기되는 방법은?

① Fl 3s　② Fl R 2s
③ Fl G 20s　④ Fl Y 30s

해설
Fl 3s
- 섬광등(Fl.) : 빛을 비추는 시간이 꺼져 있는 시간보다 짧은 것으로, 일정한 간격으로 섬등을 내는 등
- 3s : 주기 3초

06 항행이 까다로운 장소 또는 항만의 항로를 따라 설치하며 주로 유도표지로 이용되는 주간표지에 해당되는 것은?

① 육 표　② 도 표
③ 등 표　④ 부 표

해설
부 표
- 비교적 항행이 곤란한 장소나 항만의 유도표지
- 항로를 따라 변침점에 설치
- 등광을 함께 설치하면 등부표가 됨

정답 1 ② 2 ② 3 ③ 4 ③ 5 ① 6 ④

07 다음 중 고립장해표지 주위에서 항행하는 올바른 방법은?

① 표지의 동쪽 방향만이 가항수역이다.
② 이 표지의 모든 주변이 가항수역이므로 부표에 접근하여 항해하여도 된다.
③ 표지로부터 충분한 안전거리만 확보한다면 통과하는 방향은 관계가 없다.
④ 이 표지는 해저에 강하게 고정되어 있으므로 소형선이 계류하여도 안전하다.

해설
고립장해표지
그 전 주위가 가항수역(항해가 가능한 수역)인 암초나 침선 등 고립된 장해물 위에 설치 또는 계류하는 표지

08 해도상의 저질표시 중 'S'가 나타내는 것은?

① 펄
② 모 래
③ 자 갈
④ 암 반

해설
① M : 펄
③ G : 자갈
④ Rk : 암반

09 "(+++) Mast"로 표시된 해도도식의 의미로 옳은 것은?

① 기본수준면상에서 마스트만 노출된 침선
② 마스트를 내리는 구역
③ 마스트에서 감시하는 구역
④ 마스트에 등화가 점등되어 있는 침선

10 다음 중 해도에서 수심의 기준이 되며, 해면이 이보다 아래로 내려가는 일이 거의 없는 면을 나타내는 것은?

① 평균해면 ② 약최고고조면
③ 기본수준면 ④ 고조면

해설
해도상의 수심의 기준
• 해도의 수심 : 기본수준면(약최저저조면)
• 물표의 높이 : 평균수면
• 해안선 : 약최고고조면

11 항로지의 내용으로 옳지 않은 것은?

① 총 기 ② 연안기
③ 항만기 ④ 해도도식기

해설
항로지의 내용은 크게 3편(총기, 연안기, 항만기)으로 나누어진다.

12 임의시의 유속을 구할 때 사용되는 요소에 해당되지 않는 것은?

① 전류시 ② 최강시
③ 저고조 높이차 ④ 최강시의 유속

13 바람이 일정한 방향으로 오랫동안 불면 공기와 해면의 마찰로 인하여 해수가 일정한 방향으로 떠밀려 형성되는 해류로 옳은 것은?

① 취송류 ② 보충류
③ 경사류 ④ 밀도류

해설
② 보류 : 어느 장소의 해수가 다른 곳으로 이동하면, 이것을 보충하기 위한 흐름으로 생긴 해류
③ 경사류 : 해면이 바람, 기압, 비 또는 해수 등의 유입으로 경사를 일으키면 이를 평행으로 회복하려는 흐름이 생겨 발생하는 해류
④ 밀도류 : 해수의 밀도 불균일로 인한 압력차에 의한 해수의 흐름으로 생긴 해류

7 ③ 8 ② 9 ① 10 ③ 11 ④ 12 ③ 13 ① 정답

14 우리나라에 가장 크게 영향을 미치는 난류로 옳은 것은?

① 남적도해류
② 북태평양해류
③ 적도반류
④ 쿠로시오해류

해설
쿠로시오해류
북적도해류로부터 분리되어 우리나라 주변을 흐르는 북태평양해류 순환체계의 한 부분으로 우리나라에 가장 크게 영향을 미치는 난류

15 선위측정법 중 오차삼각형이 생기는 경우로 옳은 것은?

① 수평협각법
② 교차방위법
③ 선수배각법
④ 정횡거리법

해설
오차삼각형
교차방위법으로 선박위치를 결정할 때 관측된 3개의 방위선이 자침의 오차로 인해 1점에서 만나지 않고 작은 삼각형을 이룬다는 것

16 자차에 대한 설명으로 가장 적절한 것은?

① 자차는 철기류의 영향으로 생길 수 있다.
② 편서 자차의 부호는 E이다.
③ 자차는 선박 안팎의 여러 가지 원인으로 변화하지 않는다.
④ 자차값은 해도에서 구할 수 있다.

해설
자 차
• 자기자오선(자북)과 자기컴퍼스의 남북선(나북)과의 교각
• 선내 철기류 및 자기영향 때문에 발생
• 나북이 자북의 오른쪽에 있으면 편동 자차(E), 나북이 자북의 왼쪽에 있으면 편서 자차(W)로 표시

17 다음 중 중시선이 이용되는 경우로 옳지 않은 것은?

① 선위 측정
② 조시 계산
③ 컴퍼스오차의 측정
④ 좁은 수로 통과 시의 피험선

해설
중시선 : 두 물표가 일직선상에 겹쳐 보일 때 이 물표들을 연결한 직선으로 선위를 측정하는 이외에도 좁은 수로를 통과할 때의 피험선, 컴퍼스오차의 측정 등에 이용된다.

18 어느 선박이 12노트의 속력으로 2시간 30분 동안 항해했다면 이 선박의 항주거리는 몇 해리인가?(단, 외력은 없다고 가정한다)

① 14해리
② 18해리
③ 30해리
④ 36해리

해설
선박의 속력
1시간에 1해리(마일)를 항주하는 선박의 속력을 1노트라 한다.
속력 = 거리 / 시간 → 거리 = 속력 × 시간
12노트 × 2.5시간 = 30마일

19 어느 지점을 지나는 진자오선과 자기자오선이 이루는 교각은?

① 자 차
② 편 차
③ 나침의 오차
④ 진침로

해설
① 자차 : 자기자오선(자북)과 자기컴퍼스의 남북선(나북)과의 교각
③ 나침의 오차 : 선내 나침의의 남북선(나북)과 진자오선(진북) 사이의 교각
④ 진침로 : 진자오선(진북)과 항적이 이루는 각

정답 14 ④ 15 ② 16 ① 17 ② 18 ③ 19 ②

20 진북을 000°로 하여 시계 방향으로 360°까지 측정하여 진방위나 진침로 표시에 쓰이는 방위 표시방식을 나타내는 것은?

① 90°식 ② 180°식
③ 360°식 ④ 포인트식

해설
- 360°식 : 일반적으로는 북쪽을 000°로 하여 시계방향으로 360°까지 측정하는 방법
- 방위각 : 북(남)을 기준으로 하여 동(서)로 90° 또는 180°까지 표시하는 방법
- 포인트식 : 360°를 32등분하여 그 등분점마다 고유의 이름을 붙여서 방위를 표시하는 방법

21 자차가 3°E이고 편차가 8°E일 때 컴퍼스오차로 옳은 것은?

① 5°W ② 5°E
③ 11°W ④ 11°E

해설
3°E + 8°E = 11°E
컴퍼스오차(Compass Error)
- 자차와 편차의 부호가 같으면 그 합, 부호가 다르면 차(큰쪽 - 작은쪽)를 구한다.
- 나북이 진북의 오른쪽에 있으면 편동 오차(E), 왼쪽에 있으면 편서 오차(W)로 표시한다.

22 현재의 나침로가 065°이고 자차는 1°E, 편차가 2°E일 때 진침로는 몇 °를 나타내는가?

① 059° ② 062°
③ 068° ④ 071°

해설
침로개정 : 나침로를 진침로로 고치는 것
나침로 → 자차 → 자침로 → 편차 → 시침로 → 풍압차 → 진침로(E는 더하고, W는 뺀다)
65°+ 1° + 2° = 68°

23 레이더를 이용하여 물표와의 거리를 측정할 때 사용하는 것은?

① 전자식방위선
② 중심이동조정기
③ 가변거리환조정기
④ 수신기감도조정기

해설
① 전자식방위선 : 평행방위선과 같이 방위를 측정하는 장치로 시차가 발생하지 않는다.
② 중심이동조정기 : 필요에 따라 소인선의 기점인 자선의 위치를 화면의 중심이 아닌 다른 곳으로 이동시킬 수 있는 장치이다.
④ 수신기감도조정기 : 수신기의 감도를 조정하는 것으로 감도가 증가하면 영상이 밝아지고 탐지능력이 좋아지나 영상의 잡음도 증가한다.

24 삼각형 또는 사각형의 금속판을 서로 직각으로 조합하여 전파를 강하게 반사시켜 레이더 탐지능력을 향상시키는 것으로 옳은 것은?

① 레이 마크 ② 레이더 트랜스폰더
③ 레이더 리플렉터 ④ 레이콘

해설
① 레이 마크 : 선박의 레이더 영상에 송수신국의 방향이 휘선으로 나타나도록 전파를 발사하는 것이다.
② 레이더 트랜스폰더 : 레이콘과 유사하나, 정확한 질문을 받거나 송신이 국부 명령으로 이루어질 때 다른 관련 자료를 자동으로 송수신할 수 있다.
④ 레이콘 : 선박 레이더에서 발사된 전파를 받은 때에만 응답하여 레이더 화면상에 일정 형태의 신호가 나타날 수 있도록 전파를 발사한다.

25 레이더 스캐너가 1회전할 때 화면 소인선의 회전수는 몇 회인가?

① 1회전 ② 2회전
③ 3회전 ④ 4회전

20 ③ 21 ④ 22 ③ 23 ③ 24 ③ 25 ① 정답

제2과목 운 용

01 선박 설비규정에 의한 법정 의장품에 해당되는 것으로 옳은 것은?

① 닻, 앵커 체인
② 키, 스크루 프로펠러
③ 주기관
④ 페인트, 캔버스

02 구명설비 중 항해능력은 떨어지나 쉽게 강하시킬 수 있고 침몰 시 자동으로 이탈되어 조난자가 탈 수 있는 설비로 옳은 것은?

① 구명정 ② 구조정
③ 구명뗏목 ④ 구명부환

해설
① 구명정 : 선박의 조난 시나 인명 구조에 사용되는 소형보트로, 충분한 복원력과 전복되더라도 가라앉지 않는 부력을 갖추도록 설계한다. 생명정이라고도 한다.
② 구조정 : 조난 중인 사람을 구조하고 또한 생존정(Survival Craft)을 인도하기 위하여 설계된 보트이다.
④ 구명부환 : 개인용 구명 설비로, 수중의 생존자가 구조될 때까지 잡고 떠있게 하는 도넛 모양의 물체이다.

03 선박에서 현호를 두는 이유로 옳은 것은?

① 능파성을 줄이기 위해서
② 종강력을 좋게 하기 위해서
③ 횡강력을 좋게 하기 위해서
④ 예비 부력을 갖기 위해서

해설
현호(Sheer) : 건현 갑판의 현측선이 휘어진 것, 예비 부력과 능파성을 향상시키며 미관을 좋게 한다.

04 용골의 최하면에서 수면까지의 수직거리로 옳은 것은?

① 형흘수
② 공흘수
③ 용골흘수
④ 용골깊이

해설
용골흘수는 용골의 최하면에서 수면까지의 수직거리를 말하며, 형흘수는 용골의 상면에서 수면까지의 수직거리이다.

05 선박의 크기를 나타내는 표준이 되며 관세와 등록세의 기준이 되는 톤수로 옳은 것은?

① 총톤수 ② 순톤수
③ 배수톤수 ④ 재화중량톤수

해설
② 순톤수(N.T.) : 총톤수에서 선원상용실, 밸러스트탱크, 갑판장 창고, 기관실 등을 뺀 용적으로, 화물이나 여객 운송을 위하여 쓰이는 실제 용적
③ 배수톤수 : 선체의 수면하의 용적(배수용적)에 상당하는 해수의 중량인 배수량에 톤수를 붙인 것으로 군함의 크기를 표시하는 데 이용
④ 재화중량톤수(D.W.T.) : 선박이 적재할 수 있는 최대의 무게를 나타내는 톤수로, 만재배수량과 경하배수량의 차로 상선의 매매와 용선료 산정의 기준이 됨

06 선수흘수와 선미흘수가 같은 경우로 옳은 것은?

① 선수트림
② 선미트림
③ 등흘수(Even Keel)
④ 중앙트림(Center Trim)

해설
① 선수트림 : 선수흘수가 선미흘수보다 큰 상태
② 선미트림 : 선미흘수가 선수흘수보다 큰 상태

정답 1 ① 2 ③ 3 ④ 4 ③ 5 ① 6 ③

07 선박이 항행 중 키(Rudder)를 한쪽 방향으로 돌렸을 때 일어나는 현상으로 옳은 것은?

① 속력의 증가　② 흘수의 감소
③ 타압의 감소　④ 선체의 선회

08 잔잔한 해면에서 선회권에 영향을 주는 요소로 옳지 않은 것은?

① 수 심　② 현호의 대소
③ 트림의 상태　④ 선체의 비척도

해설
선회권에 영향을 주는 요소
선체의 비척도(방형계수), 흘수, 트림, 타각, 수심

09 (　) 안에 순서대로 들어갈 각도로 옳은 것은?

> 일반 선박의 경우 이론적으로는 타각이 (　)°일 때가 최대유효타각이지만, 최대타각을 (　)° 정도가 되도록 타각 제한장치를 설치해 두고 있다.

① 20, 15　② 25, 20
③ 35, 25　④ 45, 35

10 선박의 전후 방향의 이동을 억제하는 계선줄로 옳지 않은 것은?

① 선수줄(Head Line)
② 선수 뒷줄 또는 선미 앞줄(Spring Line)
③ 옆줄(Breast Line)
④ 선미줄(Stern Line)

해설
옆 줄
선수 및 선미에서 부두에 거의 직각 방향으로 잡는 계선줄로 선수 부근에서 잡는 줄을 선수 옆줄(Forward Breast Line)이라 하고, 선미에서 잡는 줄을 선미 옆줄(After Breast Line)이라 한다. 선체를 부두에 붙어 있도록 하여 횡방향의 이동을 억제한다.

11 다음 중 쌍추진기선이 타 중앙으로 하여 전진 중일 때 우현측의 추진기를 정지하면 선박은?

① 선수가 좌현으로 회두한다.
② 선미가 우편향한다.
③ 선수가 우현으로 회두한다.
④ 직진한다.

12 협수로 통과 시 선박조종 방법으로 틀린 것은?

① 게류 시나 조류가 약한 때를 선택한다.
② 닻을 언제든지 사용할 수 있도록 준비하고 항해한다.
③ 순조 시 대략 유속보다 3노트 이상의 속력을 유지한다.
④ 역조 때에는 타효가 나쁘므로 큰 타각으로 조타한다.

해설
협수로에서의 선박 운용
- 선수미선과 조류의 유선이 일치하도록 조종하고, 회두 시 소각도로 여러 차례 변침한다.
- 기관사용 및 앵커 투하 준비상태를 계속 유지하면서 항행한다.
- 역조 때에는 정침이 잘되나 순조 때에는 정침이 어려우므로 타효가 잘 나타나는 안전한 속력을 유지하도록 한다.
- 순조 시에는 대략 유속보다 3노트 정도 빠른 속력을 유지하도록 한다.
- 협수로의 중앙을 벗어나면 육안 영향에 의한 선체 회두를 고려한다.
- 좁은 수로에서는 원칙적으로 추월이 금지되어 있다.
- 통항시기는 게류 시나 조류가 약한 때를 택한다.

13 다음 중 선박이 수심이 얕은 수역에서 항해할 때 일어나는 현상으로 옳은 것은?

① 선체침하　② 속력증가
③ 저항감소　④ 흘수감소

해설
수심이 얕은 수역의 영향
- 선체의 침하 : 흘수가 증가한다.
- 속력의 감소 : 조파 저항이 커지고, 선체의 침하로 저항이 증대된다.

7 ④ 8 ② 9 ④ 10 ③ 11 ③ 12 ④ 13 ① 정답

• 조종성의 저하 : 선체 침하와 해저 형상에 따른 와류의 영향으로 키의 효과가 나빠진다.
• 선회권 : 커진다.
• 저속으로 항행하는 것이 가장 좋으며, 수심이 깊어지는 고조 시를 택하여 조종하는 것이 유리하다.

14 항해 중 복원력의 크기를 판단할 수 있는 방법으로 옳은 것은?

① 트림 계산　② 흘수 계산
③ 종요주기 측정　④ 횡요주기 측정

해설
횡동요 주기
• 선박이 한쪽 현으로 최대로 경사진 상태에서부터 시작하여 반대 현으로 기울었다가 다시 원위치로 되돌아오기까지 걸린 시간을 말한다.
• 횡동요 주기와 선폭을 알면 개략적인 GM을 구할 수 있다 $\left(\text{횡동요 주기} \fallingdotseq \dfrac{0.8B}{\sqrt{GM}},\ B : \text{선폭}\right)$.

15 항해 경과로 인한 복원력의 감소 요인에 해당되지 않는 것은?

① 연료의 소비로 인한 것
② 유동수의 발생으로 인한 것
③ 갑판 적화물의 흡수로 인한 것
④ 수심이 얕은 해역을 항해할 때 생기는 것

해설
항해 경과와 복원력 감소 요인
• 연료유, 청수 등의 소비
• 유동수의 발생
• 갑판 적화물의 흡수
• 갑판의 결빙

16 항해당직 중 당직사관의 업무에 대한 설명으로 틀린 것은?

① 필요시 언제라도 선장에게 보고하지 않고 대각도 변침을 할 수 있다.
② 기관을 사용할 필요가 있다고 판단될 경우에는 일단 선장에게 보고한다.
③ 자동조타 혹은 수동조타는 자신의 판단에 따라 시행할 수 있다.
④ 무중신호 등 필요한 기적신호는 언제든지 시행할 수 있다.

해설
주기관의 사용권한은 당직사관에 있으므로 필요시 사용을 주저하면 안 된다.

17 투묘 정박 중인 선박의 당직항해사가 취하여야 할 조치 중 잘못된 것은?

① 주묘 시 선장에게 보고한다.
② 정박위치의 이동 여부를 파악한다.
③ 효율적인 경계를 지속적으로 유지한다.
④ 빌지를 배출하고 갑판일지에 기재한다.

해설
원칙적으로 투묘 정박 중에는 빌지를 배출할 수 없다.
정박 당직항해사의 업무
• 선장 및 1등 항해사의 특별지시사항을 준수한다.
• 기상 및 해상상태를 주시한다.
• 수심, 흘수, 조석에 따른 계류색 및 닻의 상태를 수시로 확인한다.
• 밸러스트의 이동과 청수, 소모품 및 주부식의 수급 계획 등을 확인한다.
• 승·하선자의 동향 파악 및 통제를 지휘한다.
• 적절한 간격으로 선내를 순시하여 안전 및 환경오염상태 등을 확인한다.
• 당직 부원을 지휘·감독한다.

18 항해당직 중 당직사관이 이행해야 할 사항으로 틀린 것은?

① 선교에서 당직을 수행할 것
② 당직 중 어떠한 경우에도 선교를 떠나지 말 것
③ 당직 중 선장이 선교에 올라왔을 경우 선장이 책임자가 되므로 당직사관은 선장을 보좌할 것
④ 당직 중 타선의 행동으로 인하여 안전이 염려될 경우 선장에게 보고할 것

정답 14 ④ 15 ④ 16 ② 17 ④ 18 ③

19 저기압의 정의로 옳은 것은?

① 1,013hPa 이하를 말한다.
② 990hPa 이하를 말한다.
③ 1,100hPa 이하를 말한다.
④ 기압이 주위보다 낮은 것을 말한다.

20 우리나라 부근의 탁월한 계절풍으로 적절한 것은?

① 여름 – 남동풍, 겨울 – 북서풍
② 여름 – 남서풍, 겨울 – 남동풍
③ 여름 – 북서풍, 겨울 – 남동풍
④ 여름 – 남동풍, 겨울 – 북동풍

해설
계절풍
해륙풍과 같은 원리로 대륙과 해양 사이에서의 비열 차이에 의해 발생하며 여름철에는 해양에서 육지로, 겨울철에는 육지에서 해양으로 바람이 분다. 우리나라 부근의 계절풍은 여름에는 남동풍, 겨울에는 북서풍이 분다.

21 4행정기관은 크랭크축 2회전에 몇 번 폭발하는 것을 말하는가?

① 1회
② 2회
③ 3회
④ 4회

해설
4행정 사이클기관
흡입, 압축, 작동, 배기의 4작용이 각각 피스톤의 1행정 동안에 일어난다. 즉, 크랭크축의 2회전으로 1사이클이 완성된다.

22 부득이 물속으로 사람이 뛰어내릴 때 가장 적절한 것은?

① 선박이 표류하는 방향으로 뛰어내린다.
② 구명동의를 벗고 다이빙으로 뛰어내린다.
③ 한 손으로 코를 잡고 다리부터 물속에 잠기도록 뛰어내린다.
④ 선체에서 멀리 떨어지기 위해 선교의 높은 곳에서 뛰어내린다.

해설
물속으로 뛰어드는 자세
두 다리를 모으고 한 손으로 코를 잡고 다른 한 손은 어깨에서 구명동의를 가볍게 잡은 후 시선을 정면에 고정한 채 다리부터 물속에 잠기도록 뛰어내린다.

23 의료 부분에 관한 통신문을 작성하고자 할 때 필요한 수로서지인 것은?

① 조석표　　② 조류도
③ 국제신호서　　④ 대양항로지

24 국제신호서상 1문자 신호 중 '본선은 도선사를 필요로 한다'는 뜻을 나타내는 기는?

① A기　　② S기
③ G기　　④ P기

해설

G	• 나는 도선사를 요구한다. • 나는 어망을 올리고 있다.	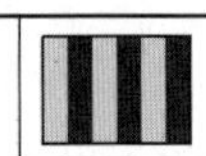

25 조난 시 조난자가 취할 행동이 아닌 것은?

① 퇴선 시는 반드시 구명동의를 착용한다.
② 물속에서는 수영을 계속하여 체온을 유지한다.
③ 퇴선 시는 가능한 한 옷을 많이 입는다.
④ 될 수 있는 한 수중에 있는 시간을 줄여야 한다.

해설
체온유지를 위해 불필요한 수영은 하지 말고, 웅크린 자세를 유지한 채 되도록 움직이지 않는다.

19 ④ 20 ① 21 ① 22 ③ 23 ③ 24 ③ 25 ② 정답

제3과목 법 규

01 선박의 입항 및 출항 등에 관한 법률상 선박이 해상에서 일시적으로 운항을 정지한 것은?

① 정 박　　② 정 류
③ 계 류　　④ 좌 초

해설
정의(선박의 입항 및 출항 등에 관한 법률 제2조)
- 정박 : 선박이 해상에서 닻을 바다 밑바닥에 내려놓고 운항을 멈추는 것을 말한다.
- 정류 : 선박이 해상에서 일시적으로 운항을 멈추는 것을 말한다.
- 계류 : 선박을 다른 시설에 붙들어 매어 놓는 것을 말한다.

02 다음 (　　) 안에 들어갈 말로 옳은 것은?

> 선박의 입항 및 출항 등에 관한 법률상 무역항의 수상구역 등에서 선박을 예인할 때 (　　) 이상을 한꺼번에 예인하여서는 아니 된다.

① 1척　　② 2척
③ 3척　　④ 4척

해설
예인선의 항법 등(선박의 입항 및 출항 등에 관한 법률 시행규칙 제9조)
예인선이 무역항의 수상구역 등에서 다른 선박을 끌고 항행하는 경우에는 다음에서 정하는 바에 따라야 한다.
- 예인선의 선수로부터 피예인선의 선미까지의 길이는 200m를 초과하지 아니할 것. 다만, 다른 선박의 출입을 보조하는 경우에는 그러하지 아니하다.
- 예인선은 한꺼번에 3척 이상의 피예인선을 끌지 아니할 것

03 선박안전법의 적용을 받는 선박으로 옳은 것은?

① 경찰용 선박
② 노와 상앗대만으로 운전하는 선박
③ 기관을 설치한 5톤 미만의 선박
④ 수상레저안전법에 따른 안전검사를 받은 수상레저기구

해설
적용범위(선박안전법 제3조)
이 법은 대한민국 국민 또는 대한민국 정부가 소유하는 선박에 대하여 적용한다. 다만, 다음의 어느 하나에 해당하는 선박에 대하여는 그러하지 아니하다.
- 군함 및 경찰용 선박
- 노, 상앗대, 페달 등을 이용하여 인력만으로 운전하는 선박
- 어선법에 따른 어선
- 선박검사증서를 발급받은 자가 일정기간 동안 운항하지 아니할 목적으로 그 증서를 해양수산부장관에게 반납한 후 해당 선박을 계류한 경우 그 선박
- 수상레저안전법에 따른 안전검사를 받은 수상레저기구

04 선박안전법상 선박의 정기검사 실시 후 항해구역을 지정할 때 고려하는 사항으로 옳지 않은 것은?

① 선박의 구조　　② 선박의 국적
③ 선박시설기준　　④ 선박소유자의 요청

해설
항해구역의 지정(선박안전법 시행규칙 제16조)
- 항해구역을 지정하는 경우에는 선박소유자의 요청, 선박의 구조 및 선박시설기준 등을 고려하여 지정하여야 한다.
- 외국의 동일 국가 내의 항구 사이 또는 외국의 호소·하천 및 항내의 수역에서만 항해하는 선박의 항해구역은 평수구역·연해구역 또는 근해구역으로 정할 수 있다.
- 별도건조검사를 받은 선박에 대하여는 해당 선박의 크기·구조·용도 등을 고려하여 항해구역을 제한하여 지정할 수 있다.

05 해양환경관리법상 선박 안에서 소각이 금지된 물질에 해당되지 않는 것은?

① 배기가스정화장치의 잔류물
② 폴리염화비페닐
③ 육상으로부터 이송된 폐기물
④ 선내작업 중 발생한 유성폐기물

해설
선박 안에서의 소각금지 등(해양환경관리법 제46조)
누구든지 선박의 항해 및 정박 중에 다음의 물질을 선박 안에서 소각하여서는 아니 된다. 다만, 폴리염화비닐을 해양수산부령으로 정하는 선박소각설비에서 소각하는 경우에는 그러하지 아니하다.
- 화물로 운송되는 기름·유해액체물질 및 포장유해물질의 잔류물과 그 물질에 오염된 포장재
- 폴리염화비페닐

정답 1 ② 2 ③ 3 ③ 4 ② 5 ④

- 해양수산부장관이 정하여 고시하는 기준량 이상의 중금속이 포함된 쓰레기
- 할로겐화합물질을 함유하고 있는 정제된 석유제품
- 폴리염화비닐
- 육상으로부터 이송된 폐기물
- 배기가스정화장치의 잔류물

06 해양환경관리법상 해양시설로부터 오염물질이 배출된 경우 신고해야 할 사항이 아닌 것은?

① 해면 및 기상상태
② 배출된 오염물질의 가액
③ 해양오염사고의 발생장소
④ 사고선박 또는 시설의 명칭

해설

해양시설로부터의 오염물질 배출신고(해양환경관리법 시행규칙 제29조)

해양시설로부터의 오염물질 배출을 신고하려는 자는 서면·구술·전화 또는 무선통신 등을 이용하여 신속하게 하여야 하며, 그 신고사항은 다음과 같다.

- 해양오염사고의 발생일시·장소 및 원인
- 배출된 오염물질의 종류, 추정량 및 확산상황과 응급조치상황
- 사고선박 또는 시설의 명칭, 종류 및 규모
- 해면상태 및 기상상태

07 다음 중 해사안전법상 유조선이 화물로 중유를 적재했을 때 유조선 통항금지해역에서 항행할 수 없는 것은 몇 kL 이상인가?

① 100kL 이상 ② 500kL 이상
③ 1,000kL 이상 ④ 1,500kL 이상

해설

유조선의 통항제한(해사안전법 제14조)

다음의 어느 하나에 해당하는 석유 또는 유해액체물질을 운송하는 선박(유조선)의 선장이나 항해당직을 수행하는 항해사는 유조선의 안전운항을 확보하고 해양사고로 인한 해양오염을 방지하기 위하여 유조선의 통항을 금지한 해역(유조선통항금지해역)에서 항행하여서는 아니 된다.

- 원유, 중유, 경유 또는 이에 준하는 석유 및 석유대체연료사업법에 따른 탄화수소유, 가짜석유제품, 석유대체연료 중 원유·중유·경유에 준하는 것으로 해양수산부령으로 정하는 기름 1,500kL 이상을 화물로 싣고 운반하는 선박
- 해양환경관리법에 따른 유해액체물질을 1,500톤 이상 싣고 운반하는 선박

08 해사안전법상 항로 등을 보전하기 위하여 항로상에서 제한하는 행위로 옳지 않은 것은?

① 선박의 방치
② 어망의 설치
③ 폐어구 투기
④ 항로 지정 고시

해설

항로 등의 보전(해사안전법 제34조)

누구든지 항로에서 다음의 어느 하나에 해당하는 행위를 하여서는 아니 된다.

- 선박의 방치
- 어망 등 어구의 설치나 투기

09 다음 선박 중 국제해상충돌방지규칙상 조종불능선에 포함되지 않는 것은?

① 기관이 고장 난 선박
② 바람이 없어 정지하고 있는 범선
③ 조타기가 고장 난 선박
④ 소해작업에 종사하고 있는 소해정

해설

④는 조종제한선이다.

10 국제해상충돌방지규칙상 항행 중인 선박에 해당하는 것은?

① 정박 중인 선박
② 얹혀 있는 선박
③ 투묘 준비 중인 선박
④ 정박하고 있는 선박에 계류 중인 선박

해설

정의(해사안전법 제2조)

항행 중이란 선박이 다음의 어느 하나에 해당하지 아니하는 상태를 말한다.

- 정 박
- 항만의 안벽 등 계류시설에 매어 놓은 상태(계선부표나 정박하고 있는 선박에 매어 놓은 경우를 포함한다)
- 얹혀 있는 상태

6 ② 7 ④ 8 ④ 9 ④ 10 ③ 정답

11 작업의 성질상 국제해상충돌방지규칙이 요구하는 대로 조종하는 능력이 제한되어 타 선박의 진로를 피할 수 없는 선박에 해당되는 것은?

① 범 선
② 조종불능선
③ 동력선
④ 조종제한선

해설
정의(해사안전법 제2조)
조종제한선이란 다음의 작업과 그 밖에 선박의 조종성능을 제한하는 작업에 종사하고 있어 다른 선박의 진로를 피할 수 없는 선박을 말한다.
- 항로표지, 해저전선 또는 해저파이프라인의 부설・보수・인양작업
- 준설・측량 또는 수중작업
- 항행 중 보급, 사람 또는 화물의 이송작업
- 항공기의 발착작업
- 기뢰제거작업
- 진로에서 벗어날 수 있는 능력에 제한을 많이 받는 예인작업

12 다음 선박 중 국제해상충돌방지규칙상 흘수에 의하여 제한을 받는 것은?

① 흘수가 현저히 적어 풍파에 대응하기 곤란한 선박
② 길이 200m 이상인 선박
③ 초대형 선박
④ 흘수와 가항수역의 수심과 폭의 관계로 침로를 이탈하기 곤란한 선박

해설
정의(해사안전법 제2조)
흘수제약선이란 가항수역의 수심 및 폭과 선박의 흘수와의 관계에 비추어 볼 때 그 진로에서 벗어날 수 있는 능력이 매우 제한되어 있는 동력선을 말한다.

13 국제해상충돌방지규칙상 정박선이 제한된 시계 내에서 자선의 위치와 충돌의 가능성을 경고하기 위하여 울리는 음향신호로 옳은 것은?

① 장음 1회, 단음 1회, 장음 1회
② 단음 3회, 장음 1회
③ 단음 1회, 장음 1회, 단음 1회
④ 장음 4회

해설
제한된 시계 안에서의 음향신호(해사안전법 제93조)
정박 중인 선박은 1분을 넘지 아니하는 간격으로 5초 정도 재빨리 호종을 울릴 것. 접근하여 오는 선박에 대하여 자기 선박의 위치와 충돌의 가능성을 경고할 필요가 있을 경우에는 이에 덧붙여 연속하여 3회(단음 1회, 장음 1회, 단음 1회) 기적을 울릴 수 있다.

14 다음 문자신호기 중 국제해상충돌방지규칙상 잠수작업선을 표시하는 것은?

① H기 ② G기
③ S기 ④ A기

해설
조종불능선과 조종제한선(해사안전법 제85조)
잠수작업에 종사하고 있는 선박이 그 크기로 인하여 등화와 형상물을 표시할 수 없으면 다음의 표시를 하여야 한다.
- 가장 잘 보이는 곳에 수직으로 위쪽과 아래쪽에는 붉은색 전주등, 가운데에는 흰색 전주등 각 1개
- 국제해사기구가 정한 국제신호서 에이(A)기의 모사판을 1m 이상의 높이로 하여 사방에서 볼 수 있도록 표시

A	나는 잠수부를 내렸다.	

15 국제해상충돌방지규칙상 범선이 기관을 동시에 사용하여 진행하고 있는 경우에 표시하는 형상물은?

① 원통형
② 사각형
③ 바구니형
④ 정점을 아래쪽으로 한 원추형

해설
항행 중인 범선 등(해사안전법 제83조)
범선이 기관을 동시에 사용하여 진행하고 있는 경우에는 앞쪽의 가장 잘 보이는 곳에 원뿔꼴로 된 형상물 1개를 그 꼭대기가 아래로 향하도록 표시하여야 한다.

정답 11 ④ 12 ④ 13 ③ 14 ④ 15 ④

16 **국제해상충돌방지규칙상 좁은 수로에서의 추월항법에 대한 설명은?**

① 좁은 수로에서는 추월하면 절대 안 된다.
② 소형선은 좁은 수로에서 언제나 추월이 가능하다.
③ 어선은 좁은 수로에서 언제나 추월이 가능하다.
④ 피추월선의 추월 동의가 있어야만 추월이 가능하다.

해설
좁은 수로 등(해사안전법 제67조)
추월선은 좁은 수로 등에서 추월당하는 선박이 추월선을 안전하게 통과시키기 위한 동작을 취하지 아니하면 추월할 수 없는 경우에는 기적신호를 하여 추월하겠다는 의사를 나타내야 한다. 이 경우 추월당하는 선박은 그 의도에 동의하면 기적신호를 하여 그 의사를 표현하고, 추월선을 안전하게 통과시키기 위한 동작을 취하여야 한다.

17 **다음 (　　) 안에 적합한 것은?**

> '통항분리제도'란 선박의 충돌을 방지하기 위하여 통항로를 설정하거나 그 밖의 적절한 방법으로 (　　) 방향으로만 항행할 수 있도록 항로를 분리하는 제도를 말한다.

① 양 쪽　　② 한 쪽
③ 바 깥　　④ 안 쪽

해설
정의(해사안전법 제2조)
'통항분리제도'란 선박의 충돌을 방지하기 위하여 통항로를 설정하거나 그 밖의 적절한 방법으로 한쪽 방향으로만 항행할 수 있도록 항로를 분리하는 제도를 말한다.

18 **국제해상충돌방지규칙상 추월선에 대한 설명은?**

① 상대선의 현등을 볼 수 있는 지점에서 추월하는 선박
② 상대선의 마스트등을 볼 수 있는 지점에서 항해하는 선박
③ 상대선의 양현등을 다 볼 수 있는 지점에 있는 선박
④ 상대선의 선미등만을 볼 수 있는 지점에서 앞지르고자 하는 선박

해설
추월(해사안전법 제71조)
다른 선박의 양쪽 현의 정횡으로부터 22.5°를 넘는 뒤쪽(밤에는 다른 선박의 선미등만을 볼 수 있고 어느 쪽의 현등도 볼 수 없는 위치를 말한다)에서 그 선박을 앞지르는 선박은 추월선으로 보고 필요한 조치를 취하여야 한다.

19 **국제해상충돌방지규칙상 길이 50m 이상인 선박의 등화에 관한 가시거리의 기준으로 틀린 것은?**

① 마스트등 5해리　　② 현등 3해리
③ 선미등 3해리　　④ 예선등 3해리

해설
등화의 가시거리

구분	가시거리
길이 50m 이상의 선박	• 마스트등 : 6해리 • 현등 : 3해리 • 선미등 : 3해리 • 예선등 : 3해리 • 백색, 홍색 또는 녹색, 황색의 전주등 : 3해리

20 **국제해상충돌방지규칙상 유지선의 동작에 대한 설명으로 바르지 못한 것은?**

① 유지선은 침로와 속력을 유지하여야 한다.
② 유지선은 충돌을 피하기 위한 협력동작의 의무는 면제된다.
③ 유지선은 자선의 조종만으로서 충돌을 피하기 위한 동작을 취할 수 있다.
④ 유지선은 상황이 허락하는 한 자선의 좌현측에 있는 선박의 진로를 피하기 위하여 좌현측으로 변침하여서는 아니 된다.

16 ④ 17 ② 18 ④ 19 ① 20 ② 정답

해설
유지선의 동작(해사안전법 제75조)
유지선은 피항선과 매우 가깝게 접근하여 해당 피항선의 동작만으로는 충돌을 피할 수 없다고 판단하는 경우에는 충돌을 피하기 위하여 충분한 협력을 하여야 한다.

21 국제해상충돌방지규칙상 선박의 백색 전주등의 사광범위에 해당하는 것은?

① 22.5°　② 67.5°
③ 135°　④ 360°

해설
등화의 종류(해사안전법 제79조)
전주등 : 360°에 걸치는 수평의 호를 비추는 등화. 다만, 섬광등은 제외한다.

22 국제해상충돌방지규칙상 무배수량 상태로 움직이는 수상활공선(Air-cushion Vessel, 에어쿠션선)이 동력선의 등화에 추가하여 표시하는 것으로 옳은 것은?

① 수직으로 백등 3개
② 수직으로 홍등 3개
③ 전주를 비추는 고광도의 홍색 섬광등 1개
④ 1분에 120회 이상 깜박이는 황색 섬광등 1개

해설
항행 중인 동력선(해사안전법 제81조)
수면에 떠있는 상태로 항행 중인 선박(공기 부양선)은 항행 중인 동력선 등화에 덧붙여 사방을 비출 수 있는 황색의 섬광등 1개를 표시하여야 한다.
등화의 종류(해사안전법 제79조)
섬광등 : 360°에 걸치는 수평의 호를 비추는 등화로서 일정한 간격으로 1분에 120회 이상 섬광을 발하는 등

23 국제해상충돌방지규칙상 항행 중인 범선이 표시해야 하는 등화는 어느 것인가?

① 마스트등, 선미등　② 현등, 선미등
③ 마스트등, 현등　④ 녹색 전주등

해설
항행 중인 범선(해사안전법 제83조)
항행 중인 범선은 다음의 등화를 표시하여야 한다.
- 현등 1쌍
- 선미등 1개

24 국제해상충돌방지규칙상 길이 20m 이상이고 100m 미만의 선박이 갖추어야 할 음향신호기구로 옳은 것은?

① 기적 1개
② 호종 1개
③ 기적 1개, 호종 1개
④ 기적 1개, 호종 1개, 동라 1개

해설
음향신호설비(해사안전법 제91조)
길이 12m 이상의 선박은 기적 1개를, 길이 20m 이상의 선박은 기적 1개 및 호종 1개를 갖추어 두어야 하며, 길이 100m 이상의 선박은 이에 덧붙여 호종과 혼동되지 아니하는 음조와 소리를 가진 징을 갖추어 두어야 한다. 다만, 호종과 징은 각각 그것과 음색이 같고 이 법에서 규정한 신호를 수동으로 행할 수 있는 다른 설비로 대체할 수 있다.

25 국제해상충돌방지규칙상 제한시계 내에서 어로에 종사하고 있는 선박의 음향신호로 옳은 것은?

① 1분 넘지 않는 간격의 장음 3회
② 2분 넘지 않는 간격의 장음 2회
③ 2분 넘지 않는 간격으로 장음 1회에 이어 단음 2회
④ 2분 넘지 않는 간격으로 장음 1회에 이어 단음 3회

해설
제한된 시계 안에서의 음향신호(해사안전법 제93조)
조종불능선, 조종제한선, 흘수제약선, 범선, 어로 작업을 하고 있는 선박 또는 다른 선박을 끌고 있거나 밀고 있는 선박은 2분을 넘지 아니하는 간격으로 연속하여 3회의 기적(장음 1회에 이어 단음 2회를 말한다)을 울려야 한다.

정답 21 ④ 22 ④ 23 ② 24 ③ 25 ③

2016년 제2회

과년도 기출복원문제

제1과목 항 해

01 자기컴퍼스 구조에 대한 설명으로 적절한 것은?

① 피벗(Pivot)은 기선에 꽉 끼여 카드를 지지한다.
② 구조는 크게 나누어 볼(Bowl)과 캡(Cap)으로 구성되어 있다.
③ 컴퍼스액은 증류수와 에틸알코올을 약 3:7의 비율로 혼합한 것이다.
④ 카드의 원주에 북을 0°로 하여 시계방향으로 360 등분된 방위눈금이 새겨져 있다.

해설
① 피벗은 캡에 꽉 끼여 카드를 지지한다.
② 구조는 크게 나누어 볼과 비너클로 구성되어 있다.
③ 컴퍼스액은 증류수와 에틸알코올을 약 6:4의 비율로 혼합한 것이다.

02 자차 측정 준비사항으로 틀린 것은?

① 자차 분석표 준비
② 선내의 모든 철제류는 항해 상태로 할 것
③ 천측력 준비
④ 선회가 가능한 넓은 해역인가 조사

해설
천측력은 천체를 관측하여 선박의 위치를 결정할 때 필요한 자료를 수록한 천문력이다.

03 자차의 변화에 대한 설명으로 바르지 못한 것은?

① 선박마다 같은 값이다.
② 선수방위에 따라 값이 변한다.
③ 시일의 경과에 따라 값이 변한다.
④ 철재구조물을 설치하면 값이 변한다.

해설
선박의 구조 및 재질에 따른 선내 철기 및 자기의 영향으로 자차가 틀려진다.

04 다음 중 등색이 2가지인 등으로 옳은 것은?

① 부동등 ② 명암등
③ 섬광등 ④ 호광등

해설
호광등(Al.) : 색깔이 다른 종류의 빛을 교대로 내며, 그 사이에 등광은 꺼지는 일이 없이 계속 빛을 내는 등

05 해도상에 표시되는 등화의 특성에 해당되지 않는 것은?

① 주 기 ② 등 색
③ 등 질 ④ 점등시간

해설
해도상에 등화는 등질, 등색, 주기, 등고, 광달거리 순으로 표시된다.

06 야간 항해 중 발견한 등화가 약 3초의 간격으로 한 번씩 깜박이는 백색이었다면 이 등화의 등질을 해도에 바르게 표기한 것은?

① Fl 3s
② Fl R 2s
③ Fl G 20s
④ Fl Y 30s

해설
Fl 3s
- 섬광등(Fl.) : 빛을 비추는 시간이 꺼져 있는 시간보다 짧은 것으로, 일정한 간격으로 섬등을 내는 등
- 3s : 주기 3초

1 ④ 2 ③ 3 ① 4 ④ 5 ④ 6 ① 정답

07 야간표지로 사용되는 등화 주기의 단위에 해당되는 것은?

① 초(sec) ② 분(min)
③ 시간(hour) ④ 일(day)

해설
등화의 주기 : 정해진 등질이 반복되는 시간으로 초(s)단위로 표시

08 해수면 중 기본수준면을 나타낸 것은?

① 고조와 저조의 평균을 말한다.
② 1년 중 그 이상 해면이 낮아지는 일이 거의 없는 낮은 해면을 말한다.
③ 1년 중 그 이상 해면이 높아지는 일이 거의 없는 높은 해면을 말한다.
④ 저조의 평균을 말한다.

09 평상시의 수심과 해도의 표시 수심의 차이점은?

① 깊거나 같다. ② 얕거나 같다.
③ 항상 같다. ④ 조류에 따라 얕아진다.

해설
해도의 수심은 1년 중 해면이 이보다 아래로 내려가는 일이 거의 없는 면(기본수준면/약최저저조면)에서 측정한 물의 깊이(우리나라는 미터 단위를 사용)를 사용한다.

10 일반 항해에 편리하여 가장 널리 사용되고 있는 해도로 옳은 것은?

① 점장도 ② 대권도
③ 평면도 ④ 다원추도

11 해도에 표시된 등대의 높이 기준으로 알맞은 것은?

① 평균수면 ② 기본수준면
③ 약최고고조면 ④ 약최저저조면

해설
해도상의 수심의 기준
• 해도의 수심 : 기본수준면(약최저저조면)
• 물표의 높이 : 평균수면
• 해안선 : 약최고고조면

12 달과 태양의 인력 때문에 생기는 해면의 주기적인 수직운동에 해당하는 것은?

① 와 류 ② 조 류
③ 조 석 ④ 해 류

해설
③ 조석 : 달과 태양의 인력 때문에 생기는 해면의 주기적인 수직운동이다.
② 조류 : 조석에 의한 해수의 수평방향의 주기적 운동으로 유향은 흘러가는 방향, 속도는 노트로 표시한다.
④ 해류 : 해수가 일정한 속력과 방향으로 이동하는 대규모의 흐름으로 바람이 가장 큰 원인이 된다.

13 다음 중 기조력(조석을 일으키는 힘)에 가장 큰 영향을 미치는 것은?

① 지자기력 ② 달의 인력
③ 행성의 인력 ④ 태양의 인력

해설
조석 : 지구의 각 지점에 대한 달과 태양의 인력으로 인한 해면의 주기적 승강운동으로 조석을 일으키는 힘(기조력)은 주로 달에 의하여 생김(태양의 영향은 달의 46% 정도)

14 우리나라 서해의 해류에 대한 설명으로 적절한 것은?

① 서해의 해류 세력은 동해에 비해 무척 강하다.
② 서해의 해류 세력은 약하고 오히려 조류가 강하다.
③ 리만 해류의 한 줄기가 서해의 주요 해류이다.
④ 서해의 해류는 모두 한류이다.

해설
황해 난류 : 쿠로시오 본류로부터 분리되어 황해로 유입되는 해류이다. 흐름이 미약하고, 북서계절풍이 강한 겨울철에만 존재한다.

정답 7 ① 8 ② 9 ① 10 ① 11 ① 12 ③ 13 ② 14 ②

15 항해 중 오차가 없는 자이로컴퍼스로 측정한 물표의 방위는?

① 진방위 ② 자침방위
③ 나침방위 ④ 상대방위

해설
자이로컴퍼스
고속으로 돌고 있는 팽이를 이용하여 지구상의 북(진북)을 아는 장치로 자차 및 편차가 없고 지북력이 강하다.
① 진방위 : 기준선의 방향을 진북으로 선정하였을 때의 방위이며, 진자오선과 관측자 및 물표를 지나는 대권이 이루는 교각
② 자침방위 : 자기자오선과 관측자 및 물표를 지나는 대권이 이루는 교각
③ 나침방위 : 나침의 남북선과 관측자 및 물표를 지나는 대권이 이루는 교각
④ 상대방위 : 자선의 선수를 0°로 하여 시계방향으로 360°까지 재거나 좌, 우현으로 180°씩 측정

16 다음 중 육분의를 사용하여 선위를 측정하는 방법은?

① 교차방위법 ② 수평협각법
③ 양측방위법 ④ 정횡거리법

해설
② 수평협각법 : 뚜렷한 3개의 물표를 육분의로 수평협각을 측정, 삼간분도기를 사용하여 그 협각을 각각의 원주각으로 하는 원의 교점을 구하는 방법
① 교차방위법 : 항해 중 해도상에 기재되어 있는 2개 이상의 고정된 물표를 선정하여 거의 동시에 각각의 방위를 측정, 방위선을 그어 이들의 교점으로 선위를 정하는 방법
③ 양측방위법 : 물표의 시간차를 두고 두 번 이상 측정하여 선위를 구하는 방법
④ 정횡거리법 : 물표의 정횡거리를 사전에 예측하여 선위를 구하는 방법

17 출발 경도 129°E, 도착 경도 121°E일 경우의 변경(DLo)으로 옳은 것은?

① 8°E ② 8°W
③ 8°N ④ 8°S

해설
변경 : 두 지점을 지나는 자오선 사이의 적도상의 호로 경도가 변한 양이다. 두 지점의 경도가 같은 부호이면 빼고, 다른 부호이면 더한다. 합이 180°를 초과하면 360°에서 빼고 부호를 반대로 한다. 출발지보다 도착지가 더 동쪽이면 E, 서쪽이면 W이다. 부호가 같으므로 빼고, 도착지가 더 서쪽이므로 부호는 W로 129° − 121° = 8° → 8°W이다.

18 적도에 평행한 소권을 나타낸 것은?

① 자오선
② 경 도
③ 적 도
④ 거등권

해설
① 자오선 : 대권 중에서 양 극을 지나는 적도와 직교하는 대권
② 경도 : 어느 지점을 지나는 자오선과 본초자오선 사이의 적도상의 호
③ 적도 : 지축에(자오선과) 직교하는 대권

19 20분에 4마일을 항주하는 선박의 속력은 몇 노트인가?

① 4노트 ② 8노트
③ 12노트 ④ 20노트

해설
선박의 속력
1시간에 1해리(마일)를 항주하는 선박의 속력을 1노트라 한다.
속력 = 거리 / 시간
4마일 ÷ 1/3시간 = 12노트

20 위도 1°를 분(′)으로 나타낸 것은?

① 1′ ② 10′
③ 60′ ④ 100′

해설
위도 1° = 60′, 1′ = 60″

15 ① 16 ② 17 ② 18 ④ 19 ③ 20 ③ 정답

21 본초자오선의 동쪽 방향으로 올바른 것은?

① 동 경　② 서 경
③ 남 위　④ 북 위

해설
경 도
어느 지점을 지나는 자오선과 본초자오선 사이의 적도상의 호로 본초자오선을 0°로 하여 동서로 각각 180° 측정한다. 동쪽으로 잰 것을 동경(E), 서쪽으로 잰 것을 서경(W)이라고 한다.

22 지구의 중심을 지나는 평면으로 지구를 자른다고 가정할 때 지구 표면에 생기는 원으로 옳은 것은?

① 소 권　② 대 권
③ 위 도　④ 경 도

해설
① 소권 : 지구의 중심을 지나도록 지구를 자른다고 했을 때 중심을 벗어난 작은 원
③ 위도 : 어느 지점을 지나는 거등권과 적도 사이의 자오선상의 호의 길이
④ 경도 : 어느 지점을 지나는 자오선과 본초자오선 사이의 적도상의 호

23 레이더 플로팅을 하는 이유로 틀린 것은?

① 최근접점 계산
② 상대선 속력의 판단
③ 상대선 침로의 판단
④ 본선의 속력과 침로의 판단

해설
레이더 플로팅
다른 선박과의 충돌가능성을 확인하기 위해 레이더에서 탐지된 영상의 위치를 체계적으로 연속 관측하여 이를 작도하고 최근접점의 위치와 예상도달시간, 타선의 진침로와 속력 등을 해석하는 방법이다.

24 좁은 수로에서의 레이더 이용 방법으로 적절하지 못한 것은?

① 레이더의 맹목구간, 거짓상 등에 특히 주의한다.
② 넓은 수역을 항해할 때와 같이 거리 범위를 조절한다.
③ 단시간에 영상을 판독하여 필요한 정보를 얻어야 한다.
④ 좁은 수로에 진입하기 전에 미리 물표 등을 조사해 둔다.

해설
협수로에서의 이용
영상의 이동이 빠르므로, 협수로에 진입하기 전에 미리 변침점, 선수 방위의 목표물, 피험선 및 주요 목표물들의 정횡 거리 등을 미리 확인해 두도록 한다. 협수로 항해 시 주위 상황의 변화가 빠르므로 넓은 해역을 항행할 때보다 위치를 신속하고 정확하게 구해야 하므로 탐지거리 범위를 적절히 조절한다.

25 무중항해 중 선박 간 충돌방지에 사용되는 항해계기로 옳은 것은?

① EPIRB　② 레이더
③ 자기컴퍼스　④ 무선방향탐지기

제2과목 운 용

01 주로 일반화물선에 설치되며 붐(Boom)을 이용하는 하역설비인 것은?

① 데릭식 하역설비　② 크레인식 하역설비
③ 갠트리식 하역설비　④ 컨베이어식 하역설비

해설
데릭식 하역설비
데릭포스트, 데릭붐, 윈치 및 로프들로 구성되며 주로 일반화물선에서 이용하고 있다. 윈치는 역할에 따라 데릭붐을 올리거나 내리는 토핑윈치, 붐을 회전시키는 슬루잉윈치, 화물을 달아 올리거나 내리는 카고윈치로 분류할 수 있다.

정답 21 ① 22 ② 23 ④ 24 ② 25 ② / 1 ①

02 선체의 좌우 선측을 구성하는 뼈대로서 용골에 직각으로 배치되어 선체 횡강도의 기본을 이루는 것은?

① 격 벽　② 늑 골
③ 외 판　④ 용 골

해설
① 격벽 : 상갑판 아래의 공간을 선저에서 상갑판까지 종방향 또는 횡방향으로 나누는 벽
③ 외판 : 선박의 늑골 외면을 싸서 선체의 외곽을 이루며 종강도를 형성하는 주요 부재
④ 용골 : 선체의 최하부 중심선에 있는 종강력재로, 선체의 중심선을 따라 선수재에서 선미재까지의 종방향 힘을 구성하는 부분

03 화재 발생 시 사용하는 소화설비로서 질식의 우려가 있으며 전기 화재에 효과적인 것은?

① 포말소화기　② 비상탈출용 호흡구
③ 스프링클러　④ 이산화탄소 소화기

해설
④ 이산화탄소 소화기 : 액체 상태의 압축이산화탄소를 고압 충전해 둔 것으로 B, C급 화재에 효과적이다.

화재의 유형
- A급 화재 : 일반 가연물 화재
- B급 화재 : 유류 및 가스 화재
- C급 화재 : 전기 화재
- D급 화재 : 금속 화재

04 로프 취급 시 주의사항으로 틀린 것은?

① 마모에 주의할 것
② 밀폐된 장소에 보관할 것
③ 항상 건조한 상태로 보관할 것
④ 마찰되는 부분은 캔버스를 이용하여 보호할 것

해설
로프의 취급법
- 파단하중과 안전사용하중을 고려하여 사용할 것
- 킹크가 생기지 않도록 주의할 것
- 마모에 주의할 것
- 항상 건조한 상태로 보관할 것
- 너무 뜨거운 장소를 피하고, 통풍과 환기가 잘 되는 곳에 보관할 것
- 마찰되는 부분은 캔버스를 이용하여 보호할 것
- 시일이 경과함에 따라 강도가 떨어지므로 특히 주의할 것
- 로프가 물에 젖거나 기름이 스며들면 강도가 1/4 정도 감소
- 스플라이싱한 부분은 강도가 약 20~30% 떨어짐

05 선박에서 사용되는 로프의 안전사용하중은 보통 파단력의 얼마에 해당하는가?

① 1/2 정도
② 1/3 정도
③ 1/6 정도
④ 1/4 정도

해설
안전사용하중 : 시험하중의 범위 내에 안전하게 사용할 수 있는 최대의 하중으로 파단력의 1/6 정도이다.

06 다음 페인트 중 건조가 빠르고, 방청력이 뛰어나며 강판과의 밀착성이 매우 좋은 것은?

① 1호 선저도료(A/C)
② 2호 선저도료(A/F)
③ 수선부 도료(B/T)
④ 희석제

해설
선박의 도료
- 광명단 도료 : 어선에서 가장 널리 사용되는 녹 방지용 도료 → 내수성, 피복성이 강함
- 제1호 선저도료 : 선저 외판에 녹슮 방지용으로 칠하는 것 → 광명단 도료를 칠한 위에 사용(Anticorrosive Paint : A/C), 건조가 빠르고, 방청력이 뛰어나며, 강판과의 밀착성이 좋음
- 제2호 선저도료 : 선저 외판 중 항상 물에 잠기는 부분(경하흘수선 이하)에 해중 생물의 부착 방지용으로 출거 직전에 칠하는 것(Antifouling Paint : A/F)
- 제3호 선저도료 : 수선부 도료, 만재흘수선과 경하흘수선 사이의 외판에 칠하는 도료 → 부식과 마멸 방지에 사용(Boot Topping Paint : B/T)

2 ② 3 ④ 4 ② 5 ③ 6 ① 정답

07 선박이 심해에서 전속 전진 중 전타각에 의한 종거(Advance)는 대략 자선 길이의 몇 배인가?

① 1~2배
② 3~4배
③ 5~6배
④ 8~10배

해설
선회 종거
• 전타를 처음 시작한 위치에서 선수가 원침로로부터 90° 회두했을 때까지의 원침로선 상에서의 전진 이동거리
• 최대의 전진 이동거리를 최대 종거라고 하며, 전속 전진 상태에서 선체 길이의 약 3~4배

08 선박이 전속 전진 중일 때 전타를 행할 때의 선체의 경사로 옳은 것은?

① 선회 시 경사하는 방향은 일정하지 않다.
② 선회가 종료될 때까지 계속 외방경사한다.
③ 선회가 종료될 때까지 계속 내방경사한다.
④ 초기에는 내방경사하고 계속 선회하면 외방경사한다.

해설
선회 중의 선체 경사
• 내방경사 : 전타 직후 키의 직압력이 타각을 준 반대쪽으로 선체의 하부를 밀어, 수면 상부의 선체는 타각을 준 쪽인 선회권의 안쪽으로 경사하는 현상
• 외방경사 : 정상 원운동 시에 원심력이 바깥쪽으로 작용하여, 수면 상부의 선체가 타각을 준 반대쪽인 선회권의 바깥쪽으로 경사하는 현상
• 전타 초기에는 내방경사하고 계속 선회하면 외방경사한다.

09 다음 정박법 중 양현의 선수 닻을 앞뒤쪽으로 서로 먼 거리를 두고 투하하여 선박을 그 중간에 위치시키는 방법은?

① 쌍묘박법 ② 이묘박법
③ 단묘박법 ④ 횡진 투묘법

해설
쌍묘박
• 양쪽 현의 선수 닻을 앞뒤쪽으로 서로 먼 거리를 두고 투하하여, 선박을 그 중간에 위치시키는 정박법이다.
• 선체의 선회면적이 작기 때문에 좁은 수역, 선박의 교통량이 많은 곳에서 주로 사용된다.

10 선저여유수심이 작으면 나타나는 현상은?

① 선속은 증가한다.
② 선회권이 커진다.
③ 선박의 흘수가 감소한다.
④ 약간의 선저여유수심만 확보되어도 조종성능에 변화가 없다.

해설
수심이 얕은 수역의 영향
• 선체의 침하 : 흘수가 증가한다.
• 속력의 감소 : 조파 저항이 커지고, 선체의 침하로 저항이 증대된다.
• 조종성의 저하 : 선체 침하와 해저 형상에 따른 와류의 영향으로 키의 효과가 나빠진다.
• 선회권 : 커진다.
• 저속으로 항행하는 것이 가장 좋으며, 수심이 깊어지는 고조 시를 택하여 조종하는 것이 유리하다.

11 선수 트림인 선박에서 나타나는 현상이 아닌 것은?

① 선회 우력이 크다.
② 속력이 빨라진다.
③ 선회권이 작아진다.
④ 물의 저항 작용점이 배의 무게중심보다 전방에 있다.

해설
선수 트림의 선박에서는 물의 저항 작용점이 배의 무게중심보다 전방에 있으므로 선회 우력이 커져서 선회권이 작아지고, 반대로 선미 트림은 선회권이 커진다.

정답 7 ② 8 ④ 9 ① 10 ② 11 ②

12 좁은 수로에서의 선박운용 방법으로 틀린 것은?

① 회두 시에는 대각도로 한 번에 변침한다.
② 언제든지 닻을 사용할 수 있도록 준비한다.
③ 선수미선과 조류의 유선이 일치하도록 조종한다.
④ 수로의 중앙을 벗어나면 육안 영향(Bank Effect)으로 인한 선체 회두를 고려해야 한다.

해설

협수로에서의 선박 운용

- 선수미선과 조류의 유선이 일치하도록 조종하고, 회두 시 소각도로 여러 차례 변침한다.
- 기관사용 및 앵커 투하 준비상태를 계속 유지하면서 항행한다.
- 타효가 잘 나타나는 안전한 속력을 유지하도록 한다.
- 협수로의 중앙을 벗어나면 육안 영향에 의한 선체 회두를 고려한다.
- 좁은 수로에서는 원칙적으로 추월이 금지되어 있다.
- 통항 시기는 게류 시나 조류가 약한 때를 택한다.

13 강에서의 선박운용 방법이 아닌 것은?

① 가능하면 강의 중앙 부근을 항행하는 것이 좋다.
② 강에는 원목 등의 부유물이 있을 수 있으므로 타와 추진기 손상에 유의한다.
③ 해양에서 강으로 들어가면 물의 비중이 낮아지기 때문에 선박의 흘수가 감소하므로 저조시를 이용하여 통항하도록 한다.
④ 강은 굴곡이 심하므로 조타 시 물의 흐름에 주의하고, 될 수 있는 대로 물표를 보고 항로를 따라서 수동 조타하는 것이 좋다.

해설

강에서의 선박 운용

- 강물의 흐름으로 수심, 항로 표지 위치 등이 변할 수 있으므로 해도를 너무 과신하지 말고, 측심 준비를 한다.
- 해양에서 강으로 들어가면 비중이 낮아지기 때문에 선박의 흘수가 증가하며 사주 및 퇴적물로 인한 얕은 지역이 수시로 생기므로 고조시를 이용하여 통항하고 등흘수로 조정하도록 한다.
- 조타 시에 물의 흐름에 대한 자선의 자세에 주의하고, 물표를 보고 항로를 따라서 수동 조타하게 한다.
- 강의 중앙을 벗어나면 육안 영향에 의한 선체 회두를 고려한다.
- 원목 등과 같은 부유물이 많으므로 키나 추진기가 손상되지 않도록 주의하고, 가능하면 주간에 통과할 수 있도록 항행 계획을 세운다.

14 다음 중 기선상에서 메타센터까지의 높이(KM) 값을 구할 수 있는 곳은?

① 배수량 등곡선도　② 적하 척도
③ 트림 수정표　④ 해 도

해설

KM은 배수량 곡선도에 주어진 선저기선을 기준으로 메타센터까지의 연직높이이다.

15 다음 중 선박 복원력에 가장 작은 영향을 미치는 요소는?

① 현 호　② 배수량
③ 선 폭　④ 속 력

해설

선박의 복원력에 영향을 미치는 요소

선폭, 건현, 무게중심, 배수량, 유동수, 현호, 바람 등

16 항해당직자의 당직 중 수행하는 점검내용으로 틀린 것은?

① 자동조타의 올바른 침로유지 여부 확인
② 선내순시
③ 당직 중 적어도 한 번의 수동조타 시험
④ 등화의 정상작동 여부 확인

해설

선교 당직항해사의 업무

- 항상 적절한 견시를 유지하며, 선교를 비우는 일이 없도록 한다.
- 선내의 작업 상황 및 화물 상태 등을 확인하고 적절한 조치를 취한다.
- 해상충돌예방규칙 등의 법규를 준수하고 선박의 조종 성능을 충분히 숙지한다.
- 항해 및 안전에 대한 주변 상황 및 활동 내용을 기록한다.
- 항해장비 및 신호등의 정상상태 여부를 확인하고 적절하게 이용한다.
- 선교에 비치된 항해 당직근무수칙 및 특별지시사항을 준수한다.
- 의심 가는 사실이 있을 때에는 주저하지 말고 즉시 선장에게 보고하고 필요시에는 즉각적인 예방 조치를 취한다.
- 당직 부원의 당직 업무를 감독한다.

12 ① 13 ③ 14 ① 15 ④ 16 ② 정답

17 선교의 항해당직 업무에 해당되지 않는 것은?

① 선위확인
② 엄중한 경계
③ 선내 전기, 조명시설관리
④ 항해장비의 정상상태 여부 확인

18 다음 중 퇴선 후 해상에서 조난자가 사망하는 주원인으로 옳은 것은?

① 과다한 멀미　　② 체온의 저하
③ 과다한 운동　　④ 수분의 부족

19 우리나라의 장마철에 형성되는 전선으로 옳은 것은?

① 정체전선　　② 한랭전선
③ 온난전선　　④ 폐색전선

해설
정체전선
- 북쪽의 찬 기단과 남쪽의 따뜻한 기단의 세력이 비슷하여 거의 이동하지 않고 일정한 자리에 머물러 있는 전선을 말한다.
- 정체전선 근처에서는 날씨가 흐리고 비가 내리는 시간도 길어지는데, 여름철 우리나라에 걸치는 장마전선이 대표적인 예이다.

20 기압이 급강하하면서 갑자기 강한 바람이 부는 것은?

① 육 풍　　② 돌 풍
③ 편서풍　　④ 산곡풍

21 디젤기관이 타기관에 비하여 열효율이 높은 이유로 타당한 것은?

① 압축비가 높다.
② 회전수가 빠르다.
③ 연료가 다르다.
④ 연료 소모량이 크다.

해설
디젤기관의 특징
- 장점 : 압축비가 높아 연료 소비율이 낮으며, 가솔린기관에 비해 열효율이 높다.
- 단점 : 중량이 크고, 폭발 압력이 커서 진동과 소음이 크다.

22 선박이 좌초한 경우 자력이초의 시기로 가장 적당한 때를 나타낸 것은?

① 만조 직전　　② 간조 시
③ 정류 시　　④ 순조 시

해설
자력이초
조석의 만조 직전에 시도하고, 바람이나, 파도, 조류 등을 최대한 이용한다.

23 다음 화상의 정도 중 손상부위가 굳어지고 감각이 없으며 흑색으로 변한 상태인 것은?

① 1도 화상　　② 2도 화상
③ 3도 화상　　④ 4도 화상

해설
① 1도 화상 : 표피가 붉게 변하며 쓰린 통증이 있지만 흉터는 남지 않는다.
② 2도 화상 : 표피와 진피가 손상되어 물집이 생기며 심한 통증을 수반한다.

24 조난선박에 접근하는 구조선이 취할 조치로 틀린 것은?

① 경계원을 모두 구조업무에 투입한다.
② 현측에 그물을 내린다.
③ 현측에 사다리를 내린다.
④ 구명줄 발사기 및 필요한 밧줄을 준비한다.

해설
구조선이 취할 조치
- 조난통보를 수신했을 때 조난선에 알리고, 상황에 따라서 조난 통보를 재송신한다.
- 조난선에게 자선의 식별(선명, 호출 부호 등), 위치, 속력 및 도착예정시각(ETA) 등을 송신한다.

정답 17 ③ 18 ② 19 ① 20 ② 21 ① 22 ① 23 ③ 24 ①

- 조난 주파수로 청취당직을 계속한다.
- 레이더를 계속하여 작동한다.
- 조난 장소 부근에 접근하면 경계원을 추가로 배치한다.
- 조난 현장으로 항진하면서 다른 구조선의 위치, 침로, 속력, ETA, 조난 현장의 상황 등의 파악에 노력한다.
- 현장 도착과 동시에 구조 작업을 할 수 있도록 필요한 그물, 사다리, 로프, 들것 등의 준비를 한다.

25 생존정을 타고 있는 조난자를 구조자가 쉽게 발견할 수 있도록 조난장소 부근에 머물기 위해 투하하여야 하는 것은?

① 신호탄류
② 식물성 기름
③ 젖은 옷가지
④ 해묘(Sea Anchor)

제3과목 법 규

01 선박의 입항 및 출항 등에 관한 법률상 무역항의 수상구역 등에 출입하려는 선박의 선장이 출입 신고를 생략할 수 있는 것은?

① 외항선이 무역항의 수상구역 등의 안으로 입항하는 경우
② 내항선이 무역항의 수상구역 등의 밖으로 출항하는 경우
③ 내항선이 무역항의 수상구역 등의 안으로 입항하는 경우
④ 연안수역을 항행하는 정기여객선이 경유항에 출입하는 경우

해설
출입 신고(선박의 입항 및 출항 등에 관한 법률 제4조)
다음의 선박은 출입 신고를 하지 아니할 수 있다.
- 총톤수 5톤 미만의 선박
- 해양사고구조에 사용되는 선박
- 수상레저기구 중 국내항 간을 운항하는 모터보트 및 동력요트
- 관공선, 군함, 해양경찰함정 등 공공의 목적으로 운영하는 선박
- 도선선(導船船), 예선(曳船) 등 선박의 출입을 지원하는 선박
- 연안수역을 항행하는 정기여객선으로서 경유항(經由港)에 출입하는 선박
- 피난을 위하여 긴급히 출항하여야 하는 선박
- 그 밖에 항만운영을 위하여 지방해양수산청장이나 시·도지사가 필요하다고 인정하여 출입 신고를 면제한 선박

02 선박의 입항 및 출항 등에 관한 법률상 항로에서 정박하지 못하는 경우는?

① 해양사고를 피하고자 할 때
② 어로작업중일 때
③ 인명구조 작업 때
④ 허가된 공사 중일 때

해설
정박의 제한 및 방법 등(선박의 입항 및 출항 등에 관한 법률 제6조)
다음의 경우에는 정박하거나 정류할 수 있다.
- 해양사고를 피하기 위한 경우
- 선박의 고장이나 그 밖의 사유로 선박을 조종할 수 없는 경우
- 인명을 구조하거나 급박한 위험이 있는 선박을 구조하는 경우
- 허가를 받은 공사 또는 작업에 사용하는 경우

03 선박안전법상 정기검사에 합격한 선박에 지정되는 사항에 해당되지 않는 것은?

① 항해구역
② 최대승선인원
③ 만재흘수선의 위치
④ 화물적재량

해설
정기검사(선박안전법 제8조)
해양수산부장관은 정기검사에 합격한 선박에 대하여 항해구역·최대승선인원 및 만재흘수선의 위치를 각각 지정하여 해양수산부령으로 정하는 사항과 검사기록을 기재한 선박검사증서를 교부하여야 한다.

25 ④ / 1 ④ 2 ② 3 ④ 정답

04 선박안전법상 만재흘수선 표시의 생략이 가능한 선박은?

① 잠수선
② 국제항해에 취항하는 선박
③ 길이 12m 이상인 화물선
④ 길이 12m 미만인 여객선

해설

만재흘수선의 표시 등(선박안전법 제27조)

다음의 어느 하나에 해당하는 선박소유자는 해양수산부장관이 정하여 고시하는 기준에 따라 만재흘수선의 표시를 하여야 한다. 다만, 잠수선 및 그 밖에 해양수산부령이 정하는 선박에 대하여는 만재흘수선의 표시를 생략할 수 있다.

- 국제항해에 취항하는 선박
- 선박의 길이가 12m 이상인 선박
- 선박길이가 12m 미만인 선박으로서 다음의 어느 하나에 해당하는 선박
  - 여객선
  - 위험물을 산적하여 운송하는 선박

05 해양환경관리법상 선박 안에서 소각이 금지된 물질 중에서 해양수산부령으로 정하는 선박소각설비에서 소각할 수 있는 것은?

① 폴리염화비닐
② 폴리염화비페닐
③ 배기가스정화장치의 잔류물
④ 육상으로부터 이송된 폐기물

해설

선박 안에서의 소각금지 등(해양환경관리법 제46조)

누구든지 선박의 항해 및 정박 중에 다음의 물질을 선박 안에서 소각하여서는 아니 된다. 다만, 폴리염화비닐을 해양수산부령으로 정하는 선박소각설비에서 소각하는 경우에는 그러하지 아니하다.

- 화물로 운송되는 기름・유해액체물질 및 포장유해물질의 잔류물과 그 물질에 오염된 포장재
- 폴리염화비페닐
- 해양수산부장관이 정하여 고시하는 기준량 이상의 중금속이 포함된 쓰레기
- 할로겐화합물질을 함유하고 있는 정제된 석유제품
- 폴리염화비닐
- 육상으로부터 이송된 폐기물
- 배기가스정화장치의 잔류물

06 해양환경관리법상 유해액체물질 운반 선박의 경우 최소한 몇 명의 해양오염방지관리인을 임명할 수 있는가?

① 오염물질 및 대기오염물질의 해양오염방지관리인과 유해액체물질의 해양오염방지관리인 각 2명
② 오염물질 및 대기오염물질의 해양오염방지관리인 1명
③ 유해액체물질의 해양오염방지관리인 1명
④ 오염물질 및 대기오염물질의 해양오염방지관리인과 유해액체물질의 해양오염방지관리인 각 1명

해설

해양오염방지관리인(해양환경관리법 제32조)

해양수산부령으로 정하는 선박의 소유자는 그 선박에 승무하는 선원 중에서 선장을 보좌하여 선박으로부터의 오염물질 및 대기오염물질의 배출방지에 관한 업무를 관리하게 하기 위하여 대통령령으로 정하는 자격을 갖춘 사람을 해양오염방지관리인으로 임명하여야 한다. 이 경우 유해액체물질을 산적하여 운반하는 선박의 경우에는 유해액체물질의 해양오염방지관리인 1명 이상을 추가로 임명하여야 한다.

07 다음 (   )에 들어갈 내용이 순서대로 적합한 것은?

> 해사안전법상 마스트등이란 선수미의 중심선상에 설치되어 (   )에 걸치는 수평의 호를 비추되, 그 불빛이 정선수 방향으로부터 양쪽 현의 정횡으로부터 뒤쪽 22.5°까지 비출 수 있는 (   )을 말한다.

① 225°, 백색등
② 135°, 황색등
③ 112.5°, 홍색등
④ 360°, 녹색등

해설

등화의 종류(해사안전법 제79조)

마스트등 : 선수와 선미의 중심선상에 설치되어 225°에 걸치는 수평의 호를 비추되, 그 불빛이 정선수 방향으로부터 양쪽 현의 정횡으로부터 뒤쪽 22.5°까지 비출 수 있는 흰색등

정답 4 ① 5 ① 6 ④ 7 ①

08 다음 선박 중 해사안전법상의 조종제한선에 속하지 않는 것은?

① 준설작업 중인 선박
② 기뢰제거작업 중인 선박
③ 측량작업 중인 선박
④ 추진기 고장으로 기관수리작업 중인 선박

해설
정의(해사안전법 제2조)
조종제한선 : 다음의 작업과 그 밖에 선박의 조종성능을 제한하는 작업에 종사하고 있어 다른 선박의 진로를 피할 수 없는 선박을 말한다.
• 항로표지, 해저전선 또는 해저파이프라인의 부설·보수·인양작업
• 준설·측량 또는 수중작업
• 항행 중 보급, 사람 또는 화물의 이송작업
• 항공기의 발착작업
• 기뢰제거작업
• 진로에서 벗어날 수 있는 능력에 제한을 많이 받는 예인작업

09 국제해상충돌방지규칙상 제한된 시정의 원인으로 틀린 것은?

① 연 기　② 강 설
③ 안 개　④ 해상장애물

해설
정의(해사안전법 제2조)
제한된 시계 : 안개·연기·눈·비·모래바람 및 그 밖에 이와 비슷한 사유로 시계가 제한되어 있는 상태를 말한다.

10 국제해상충돌방지규칙상 선박에서의 안전속력 결정 시 고려할 사항에 속하지 않는 것은?

① 시정상태
② 기상상태
③ 교통 밀도
④ 승무원 건강상태

해설
안전한 속력(해사안전법 제64조)
안전한 속력을 결정할 때에는 다음의 사항을 고려하여야 한다.
• 시계의 상태
• 해상교통량의 밀도
• 선박의 정지거리·선회성능, 그 밖의 조종성능
• 야간의 경우에는 항해에 지장을 주는 불빛의 유무
• 바람·해면 및 조류의 상태와 항행장애물의 근접상태
• 선박의 흘수와 수심과의 관계
• 레이더의 특성 및 성능
• 해면상태·기상, 그 밖의 장애요인이 레이더 탐지에 미치는 영향
• 레이더로 탐지한 선박의 수·위치 및 동향

11 다음 선박 중 국제해상충돌방지규칙상 항행 중인 선박의 등화에 홍색의 섬광등을 추가하여 표시하는 것은?

① 동력선
② 예인선
③ 수면비행선박
④ 피예인선

해설
항행 중인 동력선(해사안전법 제81조)
수면비행선박이 비행하는 경우에는 항행 중인 동력선 등화에 덧붙여 사방을 비출 수 있는 고광도 홍색 섬광등 1개를 표시하여야 한다.

12 국제해상충돌방지규칙상 충돌의 위험성을 판단하기 위한 구체적인 방법이 아닌 것은?

① 레이더 플로팅에 의한 판단
② 컴퍼스 방위에 의한 판단
③ 교차방위에 의한 판단
④ 무선 전화에 의한 판단

해설
교차방위법은 본선의 선위를 구하기 위한 방법으로써 충돌의 위험성을 판단하기 위한 방법으로 볼 수 없다.

8 ④ 9 ④ 10 ④ 11 ③ 12 ③ 정답

13 국제해상충돌방지규칙상 그림의 통항분리수역을 항행하는 방법으로 적절한 것은?

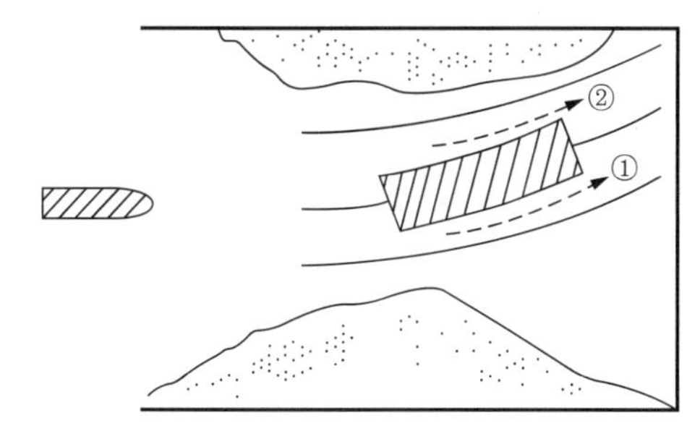

① ①번 진로를 따른다.
② ②번 진로를 따른다.
③ 아무쪽이나 갈 수 있다.
④ 당시의 교통상황에 따라 다르다.

해설
통항분리수역은 우측통행을 한다.
마주치는 상태(해사안전법 제72조)
2척의 동력선이 마주치거나 거의 마주치게 되어 충돌의 위험이 있을 때에는 각 동력선은 서로 다른 선박의 좌현쪽을 지나갈 수 있도록 침로를 우현쪽으로 변경하여야 한다.

14 국제해상충돌방지규칙상 통항분리방식에서 통항로의 측면으로 합류하거나 이탈하고자 하는 선박의 일반적인 교통방향은?

① 직각으로 출입
② 소각도로 출입
③ 대각도로 출입
④ 둔각도로 출입

해설
통항분리제도(해사안전법 제68조)
선박이 통항분리수역을 항행하는 경우에는 다음의 사항을 준수하여야 한다.
- 통항로 안에서는 정하여진 진행방향으로 항행할 것
- 분리선이나 분리대에서 될 수 있으면 떨어져서 항행할 것
- 통항로의 출입구를 통하여 출입하는 것을 원칙으로 하되, 통항로의 옆쪽으로 출입하는 경우에는 그 통항로에 대하여 정하여진 선박의 진행방향에 대하여 될 수 있으면 작은 각도로 출입할 것

15 국제해상충돌방지규칙상 추월에 관한 내용으로 적절하지 못한 것은?

① 추월선은 추월당하고 있는 선박을 완전히 추월하거나, 그 선박에서 충분히 멀어질 때까지 그 선박의 진로를 피한다.
② 야간에 다른 선박의 선미등만을 볼 수 있는 위치에서 그 선박을 앞지르는 선박은 추월선으로 볼 수 없다.
③ 다른 선박을 추월하고 있는지가 분명하지 아니한 경우에는 추월선으로 보아야 한다.
④ 추월하는 경우 2척의 선박 사이의 방위가 어떻게 변경되더라도 추월하는 선박은 추월이 완전히 끝날 때까지 추월당하는 선박의 진로를 피하여야 한다.

해설
추월(해사안전법 제71조)
밤에는 다른 선박의 선미등만을 볼 수 있는 위치에서 그 선박을 앞지르는 선박은 추월선으로 볼 수 있다.

16 국제해상충돌방지규칙상 자선의 정선수 방향에 다른 선박의 마스트등과 양현등을 보게 되는 경우는 어떠한 상태인가?

① 횡단하는 상태
② 마주치는 상태
③ 추월하는 상태
④ 상대선은 정박 중인 상태

해설
마주치는 상태(해사안전법 제72조)
선박은 다른 선박을 선수 방향에서 볼 수 있는 경우로서 다음의 어느 하나에 해당하면 마주치는 상태에 있다고 보아야 한다.
- 밤에는 2개의 마스트등을 일직선으로 또는 거의 일직선으로 볼 수 있거나 양쪽의 현등을 볼 수 있는 경우
- 낮에는 2척의 선박의 마스트가 선수에서 선미까지 일직선이 되거나 거의 일직선이 되는 경우

정답 13 ① 14 ② 15 ② 16 ②

17 다음 중 국제해상충돌방지규칙상 선박이 상호 시계 내에서 마주치는 경우에 원칙적으로 취할 조치는?

① 서로 오른쪽으로 변침한다.
② 서로 그대로 항진한다.
③ 서로 왼쪽으로 변침한다.
④ 왼쪽, 오른쪽 어느 쪽이든지 상관없다.

해설
마주치는 상태(해사안전법 제72조)
2척의 동력선이 마주치거나 거의 마주치게 되어 충돌의 위험이 있을 때에는 각 동력선은 서로 다른 선박의 좌현쪽을 지나갈 수 있도록 침로를 우현쪽으로 변경하여야 한다.

18 국제해상충돌방지규칙상 형상물에 관한 규정이 아닌 것은?

① 형상물의 색은 백색, 흑색, 홍색, 녹색 및 황색이어야 한다.
② 둥근꼴 형상물은 직경이 0.6m 이상이어야 한다.
③ 형상물 사이의 수직거리는 적어도 1.5m이어야 한다.
④ 원통형 형상물의 높이는 직경의 2배이어야 한다.

해설
형상물의 색은 흑색이어야 한다.

19 국제해상충돌방지규칙상 배수량이 있는 상태로 움직이는 공기부양선이 표시하는 등화에 해당되지 않는 것은?

① 현 등　② 선미등
③ 황색섬광등　④ 마스트등

해설
수면에 떠있는 상태로 항행 중인(배수량이 없는 상태) 공기부양선의 경우에는 동력선의 등화에 덧붙여 황색섬광등을 표시하고, 배수량이 있는 상태로 움직이는 공기부양선은 동력선의 등화로만 표시하여야 한다.

항행 중인 동력선(해사안전법 제81조)
① 항행 중인 동력선은 다음의 등화를 표시하여야 한다.
- 앞쪽에 마스트등 1개와 그 마스트등보다 뒤쪽의 높은 위치에 마스트등 1개
- 현등 1쌍
- 선미등 1개

② 수면에 떠있는 상태로 항행 중인 공기부양선은 ①에 따른 등화에 덧붙여 사방을 비출 수 있는 황색의 섬광등 1개를 표시하여야 한다.

20 국제해상충돌방지규칙상 다음 그림의 선박은?

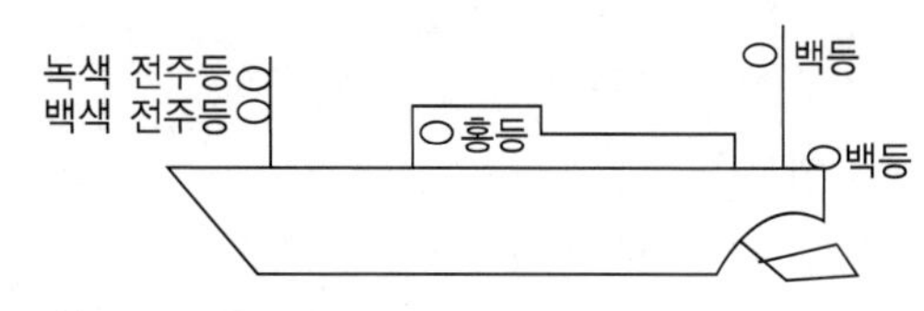

① 조종불능선
② 여객선
③ 트롤망어로에 종사 중인 대수속력이 있는 선박
④ 대수속력이 있는 동력선

해설
어선(해사안전법 제84조)
트롤망어로에 종사하는 선박은 항행에 관계없이 다음의 등화나 형상물을 표시하여야 한다.
- 수직선 위쪽에는 녹색, 그 아래쪽에는 흰색 전주등 각 1개 또는 수직선 위에 2개의 원뿔을 그 꼭대기에서 위아래로 결합한 형상물 1개
- 녹색 전주등보다 뒤쪽의 높은 위치에 마스트등 1개. 다만, 어로에 종사하는 길이 50m 미만의 선박은 이를 표시하지 아니할 수 있다.
- 대수속력이 있는 경우에는 등화에 덧붙여 현등 1쌍과 선미등 1개

21 다음 선박 중 국제해상충돌방지규칙상 마스트에 홍색의 전주등 3개를 표시하는 것은?

① 조종불능선　② 잠수작업선
③ 흘수제약선　④ 어로종사선

해설
흘수제약선(해사안전법 제86조)
흘수제약선은 동력선의 등화에 덧붙여 가장 잘 보이는 곳에 붉은색 전주등 3개를 수직으로 표시하거나 원통형의 형상물 1개를 표시할 수 있다.

17 ① 18 ① 19 ③ 20 ③ 21 ③ 정답

22 **국제해상충돌방지규칙상 길이 20m 미만인 선박에 설치된 음향신호의 최소 가청거리(해리)는?**

① 0.5해리 이상
② 1해리 이상
③ 1.5해리 이상
④ 2해리 이상

23 **국제해상충돌방지규칙상 제한 시계 내에서 전방으로 밀고 있는 선박 및 밀리고 있는 선박이 견고하게 연결되어 복합체로 되어 있는 경우의 음향신호로 옳은 것은?**

① 1척의 동력선으로 간주하고, 2분을 넘지 않는 간격으로 장음 1회와 단음 3회를 울린다.
② 1척의 동력선으로 간주하고, 대수속력이 있는 경우 2분을 초과하지 아니하는 간격으로 장음 1회를 울린다.
③ 2척의 동력선으로 간주하고, 2분을 넘지 않는 간격으로 장음 1회에 이어 단음 2회를 울린다.
④ 2척의 동력선으로 간주하고, 대수속력이 있는 경우 장음 2회를 2초간의 간격으로 2분을 초과하지 않도록 울린다.

해설
제한된 시계 안에서의 음향신호(해사안전법 제93조)
밀고 있는 선박과 밀려가고 있는 선박이 단단하게 연결되어 하나의 복합체를 이룬 경우에는 이를 1척의 동력선으로 보고 대수속력이 있는 경우에는 2분을 넘지 아니하는 간격으로 장음을 1회 울려야 한다.

24 **국제해상충돌방지규칙상 상호 시계 내에 있을 때 좁은 수로에서 상대선의 우현쪽으로 추월하고자 할 때 울리는 신호를 바르게 나타낸 것은?**

① 장음, 장음, 단음
② 장음, 장음, 단음, 단음
③ 단음, 단음, 장음
④ 단음, 단음, 장음, 장음

해설
조종신호와 경고신호(해사안전법 제92조)
선박이 좁은 수로 등에서 서로 상대의 시계 안에 있는 경우 기적신호를 할 때에는 다음에 따라 행하여야 한다.
- 다른 선박의 우현쪽으로 추월하려는 경우에는 장음 2회와 단음 1회의 순서로 의사를 표시할 것
- 다른 선박의 좌현쪽으로 추월하려는 경우에는 장음 2회와 단음 2회의 순서로 의사를 표시할 것
- 추월당하는 선박이 다른 선박의 추월에 동의할 경우에는 장음 1회, 단음 1회의 순서로 2회에 걸쳐 동의 의사를 표시할 것

25 **국제해상충돌방지규칙상 주간 조난신호로 옳지 못한 것은?**

① 자기점화등
② 발연부신호
③ 국제기류신호
④ 수신호

해설
자기점화등은 빛을 내는 것으로 주간보다는 야간 조난신호로 적합하다.

정답 22 ① 23 ② 24 ① 25 ①

2016년 제3회

과년도 기출복원문제

제1과목 항 해

01 액체식 자기컴퍼스에 대한 설명으로 가장 적절한 것은?

① 볼(Bowl) 내벽의 카드와 동일한 면 안에 2개의 기선이 있다.
② 컴퍼스액은 비중이 약 0.95인 액으로 증류수와 에틸알코올로 되어 있다.
③ 부실의 부력으로 인하여 피벗에 걸리는 중량이 크므로 중량이 가벼운 자석을 사용하여야 한다.
④ 컴퍼스카드의 원주에는 북을 0°로 하여 반시계방향으로 360등분된 방위눈금이 새겨져 있다.

해설
① 볼(Bowl) 내벽의 카드와 동일한 면 안에 4개의 기선이 있다.
③ 부실의 부력으로 피벗에 걸리는 중량은 미소하므로 지북력이 강한 무거운 자석을 사용할 수 있다.
④ 원주에는 북을 0°로 하여 시계방향으로 360등분된 방위눈금이 새겨져 있다.

02 자기컴퍼스 주변에 있는 일시자기 중 수직분력을 조정하는 일시자석으로 옳은 것은?

① 연철구
② 비(B) 자석
③ 씨(C) 자석
④ 플린더즈 바

해설
① 연철구(상한차 수정구) : 일시자기의 수평력을 수정
② B 자석 : 선수미 방향의 수정
③ C 자석 : 정횡분력 수정

03 액체식 자기컴퍼스의 볼(Bowl) 내 기포를 제거하는 방법이 아닌 것은?

① 측면의 주액구를 위로 향하게 한다.
② 기포가 0°에 왔을 때 마개를 뺀다.
③ 컴퍼스의 액과 같은 종류의 액체를 서서히 주입한다.
④ 액체의 온도가 상온(15℃)일 때 행한다.

해설
주액구
• 볼 내에 컴퍼스액이 부족하여 기포가 생길 때 사용하는 구멍
• 주액구를 위로 향하게 한 다음, 주사기로 액을 천천히 보충하여 기포를 제거
• 주위의 온도가 15℃ 정도일 때 실시하는 것이 가장 좋음

04 야간뿐만 아니라 주간에도 물표로 이용될 수 있고, 광파표지라고도 부르는 표지는?

① 형상표지 ② 야간표지
③ 음향표지 ④ 특수 신호표지

해설
야간표지
• 광파표지 또는 야표라 부른다.
• 등화에 의해서 그 위치를 나타내며 주로 야간의 물표가 되는 항로표지를 말한다.
• 야간뿐만 아니라 주간에도 물표로 이용될 수 있다.

05 등질에서 'Oc5s'가 의미하는 것으로 틀린 것은?

① 명암등이다.
② 주기가 5초이다.
③ 두 가지 등색을 가진다.
④ 한 주기에 1번만 켜진다.

1 ② 2 ④ 3 ② 4 ② 5 ③ 정답

해설
Oc5s
- Oc(명암등) : 빛을 내는 시간이 꺼진 시간보다 길거나 같은 등
- 5s : 주기 5초

06 형상표지를 이용하는 것은 언제인가?

① 주간 항해 시 ② 야간 항해 시
③ 무중 항해 시 ④ 대양 항해 시

해설
주간표지(주표)
- 점등장치가 없는 표지
- 모양과 색깔로서 식별(형상표지)
- 연안 항해 시 주간에 선위 결정을 위한 물표로 이용
- 암초, 침선 등을 표시하여 항로를 유도하는 역할

07 국제항로표지협회(IALA) 해상부표식의 종류로 거리가 먼 것은?

① 전파표지 ② 측방표지
③ 안전수역표지 ④ 특수표지

해설
국제항로표지협회 해상부표식
측방표지, 방위표지, 고립장해표지, 안전수역표지, 특수표지의 다섯 가지로 이루어진다.

08 해도도식에서 $\xrightarrow{3kn}$ 가 나타내는 의미는?

① 유속이 3노트인 창조류이다.
② 유속이 3노트인 낙조류이다.
③ 유속이 3노트인 해류이다.
④ 유속이 3km/h인 해류이다.

해설
조류화살표 : 조류의 방향과 대조기의 최강 유속을 표시

낙조류	⟶
창조류	////⟶
해 류	》》》⟶
유속이 *노트인 낙조류	$\xrightarrow{*kn}$

09 어느 지역의 수심이 12.49m일 때 해도상 표시로 적절한 것은?

① 12.49 ② 12.5
③ 12 ④ 12_4

해설
수심 20.9m 미만은 소수점 아래 둘째자리는 절삭하고 첫째자리까지만 표시하고, 21m 이상은 정수 값만을 기재(예 20_9)

10 해도도식 기호 (+)의 의미로 옳은 것은?

① 항해에 위험한 암암
② 항해에 위험한 세암
③ 항해에 관계없는 암암
④ 항해에 관계없는 세암

해설
② (⁘), ③ +, ④ ⁘

11 다음 해도의 개보 중 항행 통보에 의해서 사용자가 직접 개보하는 것은 어느 것인가?

① 개 판 ② 재 판
③ 보 도 ④ 소개정

해설
소개정
- 매주 간행되는 항행 통보에 의해 직접 해도상에 수정, 보완하거나 보정도로서 개보하여 고치는 것
- 해도 왼쪽 하단에 있는 '소개정'란에 통보 연도수와 통보 항수를 기입
- 소개정의 방법으로는 수기, 보정도에 의한 개보가 있음

12 다음 중 임의항의 조고를 구하기 위한 개정수는?

① 조시비 ② 조시차
③ 조고비 ④ 조고차

정답 6 ① 7 ① 8 ② 9 ④ 10 ① 11 ④ 12 ③

해설
임의항만(지역)의 조석을 구하는 법
- 조시 : 표준항의 조시에 구하려고 하는 임의항만의 개정수인 조시차를 그 부호대로 가감
- 조고 : 표준항의 조고에서 표준항의 평균해면을 빼고, 그 값에 임의항만의 개정수인 조고비를 곱해서 임의항만의 평균해면을 더함

13 어떤 해류가 북동쪽에서 흘러온다면 이 해류의 유향으로 옳은 것은?

① 남동류 ② 남서류
③ 북서류 ④ 북동류

해설
- 유향은 흘러가는 방향, 속도는 노트로 표시한다.
- 에크만 수송(나선) : 해류는 어떤 깊이(약 100mm)에 이르면 해류의 방향이 바람의 방향과 정반대가 된다.

14 공기와 해면의 마찰로 인하여 해수가 일정한 속력과 방향으로 이동하는 대규모의 흐름을 일으키는 가장 큰 원인으로 옳은 것은?

① 밀 도 ② 기 압
③ 수 온 ④ 바 람

해설
해류 : 해수가 일정한 속력과 방향으로 이동하는 대규모의 흐름으로 바람이 가장 큰 원인이다.

15 선위결정 시 위치선으로 사용하려고 한다. 틀린 것은?

① 중시선
② 물표의 방위
③ 물표까지의 수평거리
④ 항행 중인 상대 선박의 방위

해설
항해 중인 상대 선박은 방위 및 위치의 변화가 크므로 위치선으로 사용될 수 없다.

16 두 개의 물표를 이용하여 교차방위법으로 선위를 구하는 데 있어 육상의 2물표가 이루는 교각으로 가장 적절한 것은?

① 10° ② 30°
③ 45° ④ 90°

해설
두 물표일 때는 90°, 세 물표일 때는 60° 정도가 가장 적합하다.

17 뚜렷한 물표 3개를 선정하여 육분의로 중앙 물표와 좌우 양 물표의 협각을 측정하고, 3간분 도기를 사용하여 선위를 구하는 방법은 무엇인가?

① 교차방위법 ② 수평협각법
③ 양측방위법 ④ 4점방위법

해설
① 교차방위법 : 항해 중 해도상에 기재되어 있는 2개 이상의 고정된 물표를 선정하여 거의 동시에 각각의 방위를 측정, 방위선을 그어 이들의 교점으로 선위를 정하는 방법
③ 양측방위법 : 물표의 시간차를 두고 두 번 이상 측정하여 선위를 구하는 방법
④ 4점방위법 : 물표의 전측 시 선수각을 45°(4점)로 측정하고 후측 시 선수각을 90°(8점)로 측정하여 선위를 구하는 방법

18 어느 지점의 거등권과 적도 사이의 자오선상 호의 길이를 나타낸 것은?

① 위 도 ② 경 도
③ 변 위 ④ 변 경

해설
② 경도 : 어느 지점을 지나는 자오선과 본초자오선 사이의 적도상의 호
③ 변위 : 두 지점을 지나는 자오선상의 호의 크기로 위도가 변한 양
④ 변경 : 두 지점을 지나는 자오선 사이의 적도상의 호로 경도가 변한 양

13 ② 14 ④ 15 ④ 16 ④ 17 ② 18 ① 정답

19 지구 표면상의 모든 자오선과 같은 각으로 만나는 곡선으로 옳은 것은?

① 항정선 ② 침로선
③ 위치선 ④ 대 권

해설
항정선 : 모든 자오선과 같은 각도로 만나는 곡선으로 선박이 일정한 침로를 유지하면서 항행할 때 지구 표면에 그리는 항적

20 다음 중 위치선을 구하기 위하여 방위측정에 사용하는 계기는 무엇인가?

① 측정의 ② 육분의
③ 컴퍼스 ④ 시진의

해설
③ 컴퍼스 : 지구자기의 방향을 지시하는 장치로 침로나 물표의 방위를 관측하는 장치
② 육분의 : 천체의 고도를 측정하거나 두 물표의 수평 협각을 측정하는 계기

21 해도상 편차(Variation)가 표시되어 있는 부분으로 적절한 것은?

① 해도 번호가 기재된 부근
② 표제 기사가 기재된 부근
③ 해도 발행 연도가 기재된 부근
④ 나침도의 중앙 부근

해설
편 차
- 연간변화량은 해도의 나침도의 중앙 부근에 기재
- 진자오선(진북)과 자기자오선(자북)과의 교각
- 자북이 진북의 오른쪽에 있으면 편동 편차(E), 왼쪽에 있으면 편서 편차(W)로 표시
- 지자기의 극은 시간이 지남에 따라 이동하기 때문에 편차는 장소와 시간의 경과에 따라 변함

22 물표와 관측자를 지나는 대권이 진자오선과 이루는 교각은?

① 진방위 ② 자침방위
③ 나침방위 ④ 상대방위

해설
② 자침방위 : 자기자오선과 관측자 및 물표를 지나는 대권이 이루는 교각
③ 나침방위 : 나침의 남북선과 관측자 및 물표를 지나는 대권이 이루는 교각
④ 상대방위 : 자선의 선수를 0°로 하여 시계방향으로 360°까지 재거나 좌, 우현으로 180°씩 측정

23 제한된 시정에서 레이더를 장치한 선박이 충돌을 피하기 위한 동작이다. 적절한 것은?

① 속력의 변경은 주로 증속을 한다.
② 침로의 변경은 소각도로 자주 행한다.
③ 충분히 여유 있는 시간에 피항조치를 취한다.
④ 레이더 정보는 정확하므로 순간적으로 피항한다.

해설
선박은 다른 선박과 충돌을 피하기 위하여 침로나 속력을 변경할 때에는 될 수 있으면 다른 선박이 그 변경을 쉽게 알아볼 수 있도록 충분히 크게 변경하여야 하며, 침로나 속력을 소폭으로 연속적으로 변경하여서는 아니 된다. 또한 충분히 여유가 있는 시기에 플로팅을 시작하여 안전하게 피항조치를 하도록 한다.

24 레이더를 활용하는 경우로 틀린 것은?

① 방위를 측정할 때
② 거리를 측정할 때
③ 순간 속력을 측정할 때
④ 물표의 존재를 확인할 때

해설
레이더의 원리 및 활용
레이더에서 발사한 전파가 물표에 반사되어 돌아오는 시간을 측정함으로써 물표까지의 거리 및 방위를 파악할 수 있다.

정답 19 ① 20 ③ 21 ④ 22 ① 23 ③ 24 ③

25 레이더에서 영상을 밝게 하고 탐지능력을 조정할 수 있는 것은?

① 수신기감도조정기(GAIN)
② 해면반사억제기(STC)
③ 비, 눈 반사억제기(FTC)
④ 가변거리환조정기(VRM)

해설
② 자선 주위의 해면이 바람 등의 영향으로 거칠어져 해면반사가 일어날 때 자선 주위의 근거리에 대한 반사파의 수신 감도를 떨어뜨려 방해현상을 줄이는 장치
③ 비나 눈 등의 영향으로 화면상에 나타나는 방해현상을 줄이는 장치
④ 자선에서 원하는 물체까지의 거리를 화면상에서 측정하기 위하여 사용하는 장치

제2과목 운 용

01 조타실에서 기관의 준비, 정지 및 전·후진 속력의 증감에 관한 명령을 기관실에 전달하는 장치로 옳은 것은?

① 엔진 텔레그래프 ② 자동조타장치
③ 선수미통화기 ④ 워키토키

해설
② 자동조타장치 : 선수 방위가 주어진 침로에서 벗어나면 자동적으로 그 편각을 검출하여 편각이 없어지도록 직접 키를 제어하여 침로를 유지하는 장치
③, ④ : 선내 통신 설비

02 선박이 항해 중 침로를 변경 또는 유지하는 데에 이용되는 설비로 알맞은 것은?

① 볼라드 ② 양묘기
③ 조타기 ④ 발전기

03 선박에서 선미 부근에 아연판을 부착하는 이유로 가장 적절한 것은?

① 추진기의 회전으로 인한 진동을 억제하기 위하여
② 전식 작용에 의한 부식을 방지하기 위하여
③ 선미의 강도를 보강하기 위하여
④ 해조류 및 패류의 부착을 막기 위하여

해설
선체의 부식 방지법
선체 외판, 추진기, 빌지 킬, 유조선의 선창 내부 등에 아연판을 부착하여 전식 작용에 의한 부식을 방지한다.

04 이중저(Double Bottom)의 장점에 해당되지 않는 것은?

① 선저 손상 시 내저판에 의해 침수를 방지할 수 있다.
② 선체 강도를 보강할 수 있다.
③ 트림을 조절할 수 있다.
④ 화물을 많이 적재할 수 있다.

해설
이중저 구조의 장점
- 선저부의 손상을 입어도 내저판으로 선내의 침수를 방지
- 선저부 구조가 견고하므로 호깅 및 새깅 상태에도 잘 견딤
- 흘수 및 트림(Trim)의 조절이 가능
- 이중저의 내부를 구획하여 밸러스트, 연료 및 청수탱크로 사용 가능

05 다음 중 선수흘수가 1m 60cm이고, 선미흘수가 2m 00cm인 선박의 평균 흘수는?

① 3m 40cm
② 1m 80cm
③ 2m 00cm
④ 1m 40cm

해설
$$\frac{1m\ 60cm + 2m\ 00cm}{2} = 1m\ 80cm$$

25 ① / 1 ① 2 ③ 3 ② 4 ④ 5 ② 정답

06 다음 도료 중 선저에 수중생물이 부착해서 선속이 저하되는 것을 방지하기 위하여 칠하는 것은?

① 1호 선저도료(A/C)
② 2호 선저도료(A/F)
③ 3호 선저도료(B/T)
④ 수선도료(W/L)

해설
선박의 도료
- 광명단 도료 : 어선에서 가장 널리 사용되는 녹 방지용 도료 → 내수성, 피복성이 강함
- 제1호 선저도료 : 선저 외판에 녹슴 방지용으로 칠하는 것 → 광명단 도료를 칠한 위에 사용(Anticorrosive Paint : A/C), 건조가 빠르고 방청력이 뛰어나며 강판과의 밀착성이 좋음
- 제2호 선저도료 : 선저 외판 중 항상 물에 잠기는 부분(경하흘수선 이하)에 해중생물의 부착방지용으로 출거 직전에 칠하는 것(Anti-fouling Paint : A/F)
- 제3호 선저도료 : 수선부 도료, 만재 흘수선과 경하흘수선 사이의 외판에 칠하는 도료 → 부식과 마멸방지에 사용(Boot Topping Paint : B/T)

07 항해 중인 선박에서 사람이 물에 빠졌을 경우, 빠진 쪽으로 전타하여 익수자가 프로펠러에 빨려 들어가는 것을 방지한다. 이때 전타에 의해 나타나는 현상은?

① 킥　② 양 력
③ 외방경사　④ 선체침하

해설
킥 현상 : 전타 직후 타판에 작용하는 압력 때문에 선미부분이 원침로의 외방으로 밀리는 현상

08 방형계수에 대한 설명이 아닌 것은?

① 선체의 뚱뚱한 정도를 나타내는 계수이다.
② 일반적으로 고속선의 방형계수 값은 작다.
③ 방형계수가 작은 선박은 방형계수가 큰 선박보다 선회권이 작다.
④ 방형계수가 큰 선박이 방형계수가 작은 선박보다 선회성이 좋다.

해설
선체의 비척도(방형계수)
- 선체의 뚱뚱한 정도를 나타내는 계수이다.
- 방형계수가 큰 선박이 작은 선박에 비하여 선회성이 강하다.
- 방형계수가 큰 선박일수록 선회권은 작다.
- 일반적으로 고속선의 방형계수 값은 작다.

09 전타 중 선체의 중심이 그리는 궤적을 나타내는 것은?

① 편 각　② 킥(Kick)
③ 선회권　④ 자차곡선

해설
③ 선회권(Turning Circle) : 선박이 상당한 타각을 주고 그 상태를 유지하고 선회하면서 원운동을 하는데, 이렇게 360°를 회전하면서 선박의 무게중심이 그리는 궤적
② 킥 : 원침로에서 횡방향으로 무게중심이 이동한 거리

10 조타명령에서 '타각을 0도로 하라'는 명령어로 옳은 것은?

① 미드십(Midships)
② 스테디(Steady)
③ 코스 어게인(Course Again)
④ 스테디 애즈 쉬 고우즈(Steady as She Goes)

해설
② 스테디(Steady) : 회두를 줄여서 일정한 침로에 정침하라.
③ 코스 어게인(Course Again) : 원침로로 복귀하라.
④ 스테디 애즈 쉬 고우즈(Steady as She Goes) : 현침로를 유지하라.

11 단묘박에 대한 설명으로 맞는 것은?

① 닻의 꼬임이 있을 경우 풀기가 쉽지 않다.
② 선체의 선회가 작기 때문에 강이나 좁은 장소에서 실시한다.
③ 선체가 닻을 중심으로 돌기 때문에 넓은 장소가 필요하다.
④ 황천 또는 강풍 시에 실시한다.

정답 6 ② 7 ① 8 ③ 9 ③ 10 ① 11 ③

해설

단묘박

- 선박의 선수 양쪽 현 중 한쪽 현의 닻을 내려서 정박하는 방법이다.
- 바람, 조류에 따라 닻을 중심으로 돌기 때문에 넓은 수역을 필요로 한다.
- 앵커를 올리고 내리는 작업이 쉬워 황천 등의 상황에서 응급조치를 취하기 쉽다.
- 선체가 돌면 앵커가 해저에서 빠져나와 끌릴 수 있으므로 유의하도록 한다.

12 항해 중 황천예상 시 준비사항으로 틀린 것은?

① 선내 이동물을 고정시킨다.
② 예정항로로 항해할 준비를 한다.
③ 조타장치의 고장에 대한 대책을 세운다.
④ 개구부는 밀폐하고 배수구는 원활히 한다.

해설

항해 중의 황천 준비

- 화물의 고정된 상태를 확인하고, 선내 이동물, 구명정 등을 단단히 고정시킨다.
- 탱크 내의 기름이나 물은 가득 채우거나 비우도록 한다.
- 선체 외부의 개구부를 밀폐하고, 현측 사다리를 고정하고 배수구를 청소해 둔다.
- 어선 등에서는 갑판상에 구명줄을 매고, 작업원의 몸에도 구명줄을 매어 황천에 대비한다.

13 야간에 교량이 많은 항내를 항해할 때의 주의사항이 아닌 것은?

① 조타는 수동으로 한다.
② 선박의 위치를 자주 확인한다.
③ 항해등이 올바르게 켜져 있는지 확인한다.
④ 앞에서 오는 배가 잘 보이도록 선수에 밝은 등을 켠다.

해설

야간 항행 시의 주의사항

- 조타는 수동으로 한다.
- 안전을 가장 우선으로 한 항로와 침로를 선택한다.
- 엄중한 경계를 한다.
- 자선의 등화가 분명하게 켜져 있는지 확인한다.
- 야간 표지의 발견에 노력한다.
- 일정한 간격으로 계속 선위를 확인한다.

14 항해 중 선박의 복원력에 대한 대략적인 GM값을 구할 경우 측정해야 할 것은?(단, G는 선박의 무게중심, M은 메타센터)

① 경사각 ② 횡요 주기
③ 배수량 ④ 부 심

해설

GM의 추정

- 횡동요 주기 : 선박이 한쪽 현으로 최대로 경사된 상태에서부터 시작하여 반대 현으로 기울었다가 다시 원위치로 되돌아오기까지 걸린 시간을 말한다.
- 횡동요 주기와 선폭을 알면 개략적인 GM을 구할 수 있다.

횡동요 주기 $\fallingdotseq \frac{0.8B}{\sqrt{GM}}$, B : 선폭

15 임의의 적화 상태에 있어서 GM을 구하는 공식은?(단, G는 무게중심, M은 메타센터, K는 선저기선, B는 부심)

① $GM = KG - KM$ ② $GM = KM - KG$
③ $GM = KG + KM$ ④ $GM = KM - BG$

해설

임의 적화 상태의 $GM = KM - KG$

여기서, KM : 배수량 곡선도에 주어진 선저기선에서 메타센터까지의 연직 높이

KG : 선저기선에서 선박의 무게중심까지의 연직 높이

16 항해당직 교대 시 당직 인수자가 스스로 확인해야 할 사항으로 틀린 것은?

① 레이더 등 주요 항해계기의 작동상태
② 선장의 특별지시사항
③ 다음 항 입항예정시각(ETA)
④ 선박의 위치, 침로, 속력 및 흘수

12 ② 13 ④ 14 ② 15 ② 16 ③ 정답

해설

당직 인수 시 확인사항
- 선장의 특별지시사항
- 주변 상황, 기상 및 해상 상태, 시정
- 선박의 위치, 침로, 속력, 기관 회전수
- 항해 계기 작동상태 및 기타 참고사항
- 선체의 상태나 선내의 작업 상황

17 항해 중 시정이 제한될 때, STCW 협약에 따라 항해당직을 담당하는 해기사가 취할 조치가 아닌 것은?

① 항해등을 끌 것
② 레이더를 작동시킬 것
③ 선장에게 보고할 것
④ 적절한 경계자를 배치할 것

해설

시정이 제한될 시
- 당직사관은 무중신호를 울리고 적당한 속력으로 항해한다.
- 선장에게 사항을 보고한다.
- 견시와 조타수를 배치하고, 선박이 폭주하는 해역에서는 즉각 수동조타로 바꾼다.
- 항해등은 켠다.
- 레이더를 작동시키고 사용한다.

18 퇴선 후 생존을 위한 조치사항으로 틀린 것은?

① 조난위치 표시 ② 식수 확보
③ 위치의 이동 ④ 방호조치

19 평균풍속은 정시 관측 시간 전 몇 분간의 풍속을 평균해야 하는가?

① 7분 ② 10분
③ 15분 ④ 20분

해설

바람은 끊임없이 변하고 있으므로 풍향과 풍속은 10분 동안의 관측값을 평균한 것으로 나타낸다.

20 일반적으로 풍력계급이 12 이상인 열대저기압을 나타내는 것은?

① 태 풍 ② 폭 풍
③ 약한 열대저기압 ④ 강한 열대저기압

해설

태풍의 정의

열대 해상에서 발달하는 열대성 저기압으로 중심풍속이 17m/sec(풍력계급 12, 64노트) 이상의 폭풍우를 동반하는 열대성 저기압을 말한다.

21 4행정기관의 작용을 순서대로 배열한 것은?

① 흡입 – 압축 – 배기 – 작동
② 흡입 – 배기 – 작동 – 압축
③ 흡입 – 압축 – 작동 – 배기
④ 작동 – 흡입 – 배기 – 압축

해설

4행정 사이클기관

흡입, 압축, 작동, 배기의 4작용이 각각 피스톤의 1행정 동안 일어난다. 즉, 크랭크축의 2회전으로 1사이클이 완성된다.

22 임의 좌주(Beaching) 시에 선체의 손상이 확대되는 것을 막기 위하여 가장 우선적으로 해야 하는 조치는?

① 육지 고정물과 로프 연결
② 앵커 투하
③ 이중저탱크에 물을 넣어 선체를 해저에 밀착시킴
④ 해안과 평행하게 좌주시킴

해설

임의 좌주

선체의 손상이 매우 커서 침몰 직전에 이르게 되면 선체를 적당한 해안에 임의적으로 좌초시키는 것을 임의 좌주라 한다. 임의 좌주 시 가능하면 만조 시에 실시하며 투묘 후 해안과 직각이 되도록 하고 이중저탱크나 선창에 물을 넣어 선체를 해저에 밀착시킨다.

정답 17 ① 18 ③ 19 ② 20 ① 21 ③ 22 ③

23 물에 빠진 사람에게 일반적으로 행하는 인공호흡법으로 가장 효과적인 것은?

① 구강 대 구강법
② 구강 대 비구강법
③ 등 누르고 팔 들기법
④ 가슴 누르고 팔 들기법

해설
구조 호흡의 방법으로는 구강 대 구강법, 구강 대 비강법, 등 누르고 팔 들기법, 가슴 누르고 팔 들기법 등이 있으며 물에 빠진 사람에게 가장 효과적인 인공호흡법은 구강 대 구강법이다.

24 다음에서 설명하는 통신설비는 무엇인가?

> 조난 현장에서 생존정과 구조정, 구조 항공기 사이에서 조난자의 구조 시에 사용되는 무선전화이다.

① NAVTEX 수신기
② 양방향 VHF 무선전화장치
③ 고기능 집단호출수신기
④ 비상위치지시 무선표지

25 국제신호서에 규정된 1문자신호 중 'Q'의 의미는?

① 본선 도선사가 승무 중임
② 본선 출항예정임. 전원 귀선하라
③ 본선 건강함. 검역 허가 바람
④ 본선은 잠수 작업 중임

해설
국제신호서

Q	• 본선은 건강하다. • 검역 통과 허가를 바란다.	

제3과목 법 규

01 선박의 입항 및 출항 등에 관한 법률상 무역항의 수상구역 내에서 두 선박이 그림과 같이 항행할 경우의 항법으로 옳은 것은?

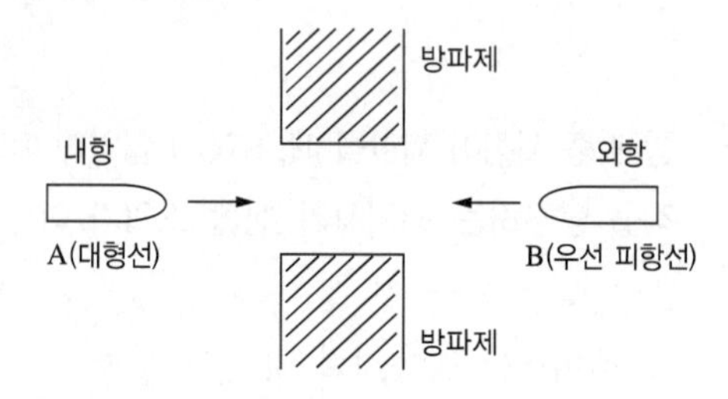

① B선이 입항선이므로 유지선이다.
② A선이 출항선이므로 피해야 한다.
③ B선이 입항선이므로 대기하였다가 입항해야 한다.
④ A선이 출항선이므로 대기하였다가 출항해야 한다.

해설
방파제 부근에서의 항법(선박의 입항 및 출항 등에 관한 법률 제13조)
무역항의 수상구역 등에 입항하는 선박이 방파제 입구 등에서 출항하는 선박과 마주칠 우려가 있는 경우에는 방파제 밖에서 출항하는 선박의 진로를 피하여야 한다.

02 선박의 입항 및 출항 등에 관한 법률상 무역항의 수상구역 등에서의 금지사항으로 틀린 것은?

① 선박교통에 방해가 될 우려가 있는 항로에서의 어로작업
② 선박의 안전운항을 해칠 우려가 있는 폐기물 투기
③ 항로에서의 정박
④ 예선의 항로 항행

해설
무역항의 수상구역 등에서의 금지사항(선박의 입항 및 출항 등에 관한 법률 각 조)
선박의 입항 및 출항 등에 관한 법률상 무역항의 수상구역 등에서의 금지사항으로는 항로에서의 정박 금지(제11조), 폐기물 투기 금지(제38조), 어로의 제한(제44조), 불빛 및 기적 등의 제한(제45조, 46조) 등이 있으며, 선박은 지정·고시된 항로를 따라 항행하여 한다(제10조).

23 ① 24 ② 25 ③ / 1 ③ 2 ④ 정답

03 선박안전법상 선박의 안전성을 확보하기 위하여 선박에 승선을 허용하는 최대한도의 인원으로 옳은 것은?

① 만재흘수선 ② 최소승무정원
③ 최대승선인원 ④ 최대승무정원

04 선박안전법상 항해구역의 종류에 해당되지 않는 것은?

① 항내구역 ② 평수구역
③ 연해구역 ④ 근해구역

해설
항해구역의 종류(선박안전법 시행규칙 제15조)
- 평수구역
- 연해구역
- 근해구역
- 원양구역

05 해양환경관리법상 해양에 배출되었을 경우 해양환경의 보전을 저해하는 물질(기름, 유해액체물질 및 포장유해물질 제외)로서 해양에 배출됨으로써 그 상태로는 쓸 수 없게 된 물질을 나타내는 것은?

① 폐기물 ② 액상유성혼합물
③ 선저폐수 ④ 폐 유

해설
정의(해양환경관리법 제2조)
폐기물 : 해양에 배출되는 경우 그 상태로는 쓸 수 없게 되는 물질로서 해양환경에 해로운 결과를 미치거나 미칠 우려가 있는 물질을 말한다.

06 15ppm(피피엠)이 나타내는 올바른 의미는?

① 10만분의 15
② 15만분의 15
③ 100만분의 15
④ 1,000만분의 15

해설
ppm : 미량 함유 물질의 농도 단위 중에서 가장 널리 사용되는 것으로 중량 100만분율로 나타내는 기호

07 해사안전법상 좁은 수로 등의 굽은 부분 또는 장애물로 인하여 다른 선박을 볼 수 없는 수역에 접근하는 선박의 음향신호로 옳은 것은?

① 장음 1회
② 단음 1회
③ 장음 2회, 단음 1회
④ 장음 2회, 단음 2회

해설
조종신호와 경고신호(해사안전법 제92조)
좁은 수로 등의 굽은 부분이나 장애물 때문에 다른 선박을 볼 수 없는 수역에 접근하는 선박은 장음으로 1회의 기적신호를 울려야 한다. 이 경우 그 선박에 접근하고 있는 다른 선박이 굽은 부분의 부근이나 장애물의 뒤쪽에서 그 기적신호를 들은 경우에는 장음 1회의 기적신호를 울려 이에 응답하여야 한다.

08 해사안전법상 통항분리수역에서 통항로를 따라 항행하는 선박의 통항을 방해하지 않아야 하는 선박에 해당하는 것은?

① 범 선
② 준설작업에 종사 중인 선박
③ 항로 표지를 설치하고 있는 선박
④ 해저전선 부설 작업에 종사 중인 선박

해설
통항분리제도(해사안전법 제68조)
길이 20m 미만의 선박이나 범선은 통항로를 따라 항행하고 있는 다른 선박의 항행을 방해하여서는 아니 된다.

09 국제해상충돌방지규칙상 조종불능선인 것은?

① 준설선
② 기뢰제거작업 종사선
③ 조타기가 고장 난 선박
④ 비행기 발착에 종사하고 있는 선박

정답 3 ③ 4 ① 5 ① 6 ③ 7 ① 8 ① 9 ③

해설

정의(해사안전법 제2조)

조종불능선 : 선박의 조종성능을 제한하는 고장이나 그 밖의 사유로 조종을 할 수 없게 되어 다른 선박의 진로를 피할 수 없는 선박을 말한다.

10 국제해상충돌방지규칙상 '제한된 시계'의 원인으로 틀린 것은?

① 안개가 짙은 상태
② 청명하고 어두운 밤
③ 모래바람이 강한 상태
④ 눈과 비가 많이 내리는 상태

해설

정의(해사안전법 제2조)

제한된 시계 : 안개・연기・눈・비・모래바람 및 그 밖에 이와 비슷한 사유로 시계가 제한되어 있는 상태를 말한다.

11 국제해상충돌방지규칙상 정박등에 부가하여 수직선상에 홍색 전주등 2개를 표시하고 있는 선박은 무엇인가?

① 얹혀 있는 선박 ② 정박선
③ 예인선 ④ 작업선

해설

정박선과 얹혀 있는 선박(해사안전법 제88조)

얹혀 있는 선박은 정박 중에 따른 등화를 표시하여야 하며, 이에 덧붙여 가장 잘 보이는 곳에 다음의 등화나 형상물을 표시하여야 한다.

- 수직으로 붉은색의 전주등 2개
- 수직으로 둥근꼴의 형상물 3개

12 피항선의 피항 동작으로 거리가 먼 것은?

① 침로 변경
② 침로 유지
③ 침로와 속력의 동시 변경
④ 속력 변경

해설

②은 유지선의 동작이다.

피항선의 동작(해사안전법 제74조)

이 법에 따라 다른 선박의 진로를 피하여야 하는 모든 선박(피항선)은 될 수 있으면 미리 동작을 크게 취하여 다른 선박으로부터 충분히 멀리 떨어져야 한다.

유지선의 동작(해사안전법 제75조)

2척의 선박 중 1척의 선박이 다른 선박의 진로를 피하여야 할 경우 다른 선박은 그 침로와 속력을 유지하여야 한다.

13 국제해상충돌방지규칙상 트롤 어로에 종사하는 어선의 등화로 옳은 것은?

① 상부 홍색, 하부 백색
② 상부 녹색, 하부 백색
③ 상부 백색, 하부 홍색
④ 상부 백색, 하부 녹색

해설

어선(해사안전법 제84조)

트롤망어로에 종사하는 선박은 항행에 관계없이 다음의 등화나 형상물을 표시하여야 한다.

- 수직선 위쪽에는 녹색, 그 아래쪽에는 흰색 전주등 각 1개 또는 수직선 위에 2개의 원뿔을 그 꼭대기에서 위아래로 결합한 형상물 1개
- 녹색 전주등보다 뒤쪽의 높은 위치에 마스트등 1개. 다만, 어로에 종사하는 길이 50m 미만의 선박은 이를 표시하지 아니할 수 있다.
- 대수속력이 있는 경우에는 등화에 덧붙여 현등 1쌍과 선미등 1개

14 국제해상충돌방지규칙상 좁은 수로에서의 추월에 관한 설명으로 맞는 것은?

① 좁은 수로에서는 언제나 추월할 수 없다.
② 속력이 빠르면 언제나 추월이 가능하다.
③ 소형선은 언제나 추월이 가능하다.
④ 추월 동의신호가 없으면 추월하여서는 안 된다.

해설

좁은 수로 등(해사안전법 제67조)

추월선은 좁은 수로 등에서 추월당하는 선박이 추월선을 안전하게 통과시키기 위한 동작을 취하지 아니하면 추월할 수 없는 경우에는 기적신호를 하여 추월하겠다는 의사를 나타내야 한다. 이 경우 추월당하는 선박은 그 의도에 동의하면 기적신호를 하여 그 의사를 표현하고, 추월선을 안전하게 통과시키기 위한 동작을 취하여야 한다.

10 ② 11 ① 12 ② 13 ② 14 ④ 정답

15 **다음 중 국제해상충돌방지규칙상 통항분리방식 내 항행에 관한 설명으로 옳은 것은?**

① 통항분리방식 내에서는 어로 행위를 할 수 없다.
② 통항분리방식 내에서는 가능하면 횡단하지 않도록 한다.
③ 통항분리방식에 출입할 때에는 대각도로 출입한다.
④ 통항분리방식을 따라 항행할 때는 타 선박에 전혀 신경 쓸 필요가 없다.

해설
통항분리제도(해사안전법 제68조)
선박은 통항로를 횡단하여서는 아니 된다. 다만, 부득이한 사유로 그 통항로를 횡단하여야 하는 경우에는 그 통항로와 선수방향이 직각에 가까운 각도로 횡단하여야 한다.

16 **다음 ( ) 안에 알맞은 것은?**

> 두 선박이 서로 횡단하는 상태일 때 상대선을 ( )에 두고 있는 선박이 피한다.

① 우 현 ② 좌 현
③ 선 미 ④ 선 수

해설
횡단하는 상태(해사안전법 제73조)
2척의 동력선이 상대의 진로를 횡단하는 경우로서 충돌의 위험이 있을 때에는 다른 선박을 우현쪽에 두고 있는 선박이 그 다른 선박의 진로를 피하여야 한다. 이 경우 다른 선박의 진로를 피하여야 하는 선박은 부득이한 경우 외에는 그 다른 선박의 선수 방향을 횡단하여서는 아니 된다.

17 **선박의 우현을 표시하는 등화의 색으로 옳은 것은?**

① 녹 색 ② 홍 색
③ 황 색 ④ 청 색

해설
등화의 종류(해사안전법 제79조)
현등 : 정선수 방향에서 양쪽 현으로 각각 112.5°에 걸치는 수평의 호를 비추는 등화로서 그 불빛이 정선수 방향에서 좌현 정횡으로부터 뒤쪽 22.5°까지 비출 수 있도록 좌현에 설치된 붉은색 등과 그 불빛이 정선수 방향에서 우현 정횡으로부터 뒤쪽 22.5°까지 비출 수 있도록 우현에 설치된 녹색 등

18 **선박의 등화 중 예선등과 동일한 비춤 범위를 가진 등화로 옳은 것은?**

① 마스트등 ② 우현등
③ 좌현등 ④ 선미등

해설
등화의 종류(해사안전법 제79조)
예선등 : 선미등과 같은 특성을 가진 황색 등

19 **다음 ( ) 안에 알맞은 것은?**

> 국제해상충돌방지규칙상 길이 ( ) 이상의 동력선에서 현등은 전부 마스트등의 전면에 설치하여서는 아니 된다.

① 12m ② 20m
③ 50m ④ 100m

20 **주간에 흑색의 원통형 형상물 1개를 달고 있는 선박이 의미하는 것은?**

① 흘수제약선 ② 조종불능선
③ 어로작업선 ④ 트롤어선

해설
흘수제약선(해사안전법 제86조)
흘수제약선은 동력선의 등화에 덧붙여 가장 잘 보이는 곳에 붉은색 전주등 3개를 수직으로 표시하거나 원통형의 형상물 1개를 표시할 수 있다.

21 **그림과 같이 녹색(G)의 전주등 3개를 마스트에 표시한 선박이 의미하는 것은?**

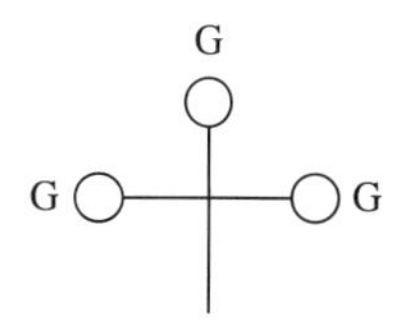

① 기뢰제거선박 ② 조종불능선
③ 어로종사선 ④ 흘수제약선

정답 15 ② 16 ① 17 ① 18 ④ 19 ② 20 ① 21 ①

해설
조종불능선과 조종제한선(해사안전법 제85조)
기뢰제거작업에 종사하고 있는 선박은 해당 선박에서 1,000m 이내로 접근하면 위험하다는 경고로서 동력선에 관한 등화, 정박하고 있는 선박의 등화나 형상물에 덧붙여 녹색의 전주등 3개 또는 둥근꼴의 형상물 3개를 표시하여야 한다. 이 경우 이들 등화나 형상물 중에서 하나는 앞쪽 마스트의 꼭대기 부근에 표시하고, 다른 2개는 앞쪽 마스트의 가름대의 양쪽 끝에 1개씩 표시하여야 한다.

22 다음 ( ) 안에 알맞은 것은?

> 제한된 시계 내에서 대수속력이 있는 동력선은 2분을 초과하지 아니하는 간격으로 ( )를 울려야 한다.

① 장음 1회 ② 단음 1회
③ 장음 2회 ④ 단음 2회

해설
제한된 시계 안에서의 음향신호(해사안전법 제93조)
시계가 제한된 수역이나 그 부근에 있는 항행 중인 동력선은 밤낮에 관계없이 대수속력이 있는 경우에는 2분을 넘지 아니하는 간격으로 장음을 1회 울려야 한다.

23 좁은 수로에 있어서 추월선의 추월에 동의하는 신호로 옳은 것은?

① 장음 1회에 이어 단음 1회
② 장음 2회에 이어 단음 2회
③ 급속한 장음 5회 이상
④ 장음 1회, 단음 1회, 장음 1회, 단음 1회

해설
조종신호와 경고신호(해사안전법 제92조)
선박이 좁은 수로 등에서 서로 상대의 시계 안에 있는 경우 기적신호를 할 때에는 다음에 따라 행하여야 한다.
- 다른 선박의 우현 쪽으로 추월하려는 경우에는 장음 2회와 단음 1회의 순서로 의사를 표시할 것
- 다른 선박의 좌현 쪽으로 추월하려는 경우에는 장음 2회와 단음 2회의 순서로 의사를 표시할 것
- 추월당하는 선박이 다른 선박의 추월에 동의할 경우에는 장음 1회, 단음 1회의 순서로 2회에 걸쳐 동의의사를 표시할 것

24 항행 중 전방에서 단음 5회 이상의 음향신호를 들었다면 이 신호의 뜻은?

① 경고신호
② 변침신호
③ 추월신호
④ 동의신호

해설
조종신호와 경고신호(해사안전법 제92조)
서로 상대의 시계 안에 있는 선박이 접근하고 있을 경우에는 하나의 선박이 다른 선박의 의도 또는 동작을 이해할 수 없거나 다른 선박이 충돌을 피하기 위하여 충분한 동작을 취하고 있는지 분명하지 아니한 경우에는 그 사실을 안 선박이 즉시 기적으로 단음을 5회 이상 재빨리 울려 그 사실을 표시하여야 한다. 이 경우 의문신호는 5회 이상의 짧고 빠르게 섬광을 발하는 발광신호로써 보충할 수 있다.

25 국제해상충돌방지규칙상 선박을 조종하는 의미로 사용되는 음향신호가 아닌 것은 무엇인가?

① 단음 1회
② 단음 2회
③ 단음 3회
④ 단음 4회

해설
조종신호와 경고신호(해사안전법 제92조)
항행 중인 동력선이 서로 상대의 시계 안에 있는 경우에 이 법의 규정에 따라 그 침로를 변경하거나 그 기관을 후진하여 사용할 때에는 다음의 구분에 따라 기적신호를 행하여야 한다.
- 침로를 오른쪽으로 변경하고 있는 경우 : 단음 1회
- 침로를 왼쪽으로 변경하고 있는 경우 : 단음 2회
- 기관을 후진하고 있는 경우 : 단음 3회

22 ① 23 ④ 24 ① 25 ④ 정답

2016년 제4회 과년도 기출복원문제

제1과목 항 해

01 자기컴퍼스에 영향을 주는 선체영구자기 중 선수미분력을 조정하기 위한 영구자석으로 옳은 것은?

① 에이(A) 자석　② 비(B) 자석
③ 시(C) 자석　④ 디(D) 자석

해설
② B 자석 : 자기컴퍼스에 영향을 주는 선체영구자기 중 선수미분력을 조정하기 위한 영구자석
③ C 자석 : 정횡분력 수정

02 다음 중 선박용 자기컴퍼스에 대한 설명으로 틀린 것은?

① 쇠로 만들어진 선박에 비치된 자기컴퍼스는 선체자기의 영향을 받으므로 정확한 방향을 지시하지 못한다.
② 선체자기의 영향을 최소화하여야 한다.
③ 선체자기의 영향을 최소화하기 위해 수정구를 가지고 있다.
④ 수정구는 수시로 페인트를 칠하여 녹이 나지 않도록 관리하여야 한다.

03 편차 5°E, 자차 7°W일 때의 컴퍼스오차를 나타낸 것은?

① 2°E　② 12°E
③ 2°W　④ 12°W

해설
자차와 편차의 부호가 같으면 그 합, 부호가 다르면 차(큰쪽 - 작은쪽)를 구한다.
7°W - 5°E = 2°W

04 등대의 백색광이 20초마다 연속 3번씩 섬광이 비치는 경우 등질 표기로 맞는 것은?

① Fl(20) 3s　② Oc(3) 3s
③ Fl(3) 20s　④ Oc(3) 20s

해설
- Fl(3) : 군섬광등(1주기 동안 3회 섬광)
- 20s : 주기 20초
- Oc(명암등) : 빛을 내는 시간이 꺼진 시간보다 길거나 같은 등
- Fl(섬광등) : 빛을 내는 시간이 꺼진 시간보다 짧은 등

05 색깔이 다른 종류의 빛을 교대로 내며 그 사이 등광이 꺼지는 일이 없는 등은?

① 호광등　② 부동등
③ 섬광등　④ 명암등

해설
② 부동등(F) : 등색이나 등력이 바뀌지 않고 일정하게 계속 빛을 내는 등
③ 섬광등(Fl.) : 빛을 비추는 시간이 꺼져 있는 시간보다 짧은 것으로, 일정한 간격으로 섬등을 내는 등
④ 명암등(Oc) : 한 주기 동안에 빛을 비추는 시간이 꺼져 있는 시간보다 길거나 같은 등

06 항로표지 중 일정한 선회 반지름을 가지고 움직이는 것으로 옳은 것은?

① 등 대　② 등부표
③ 등 주　④ 등 표

해설
등부표
- 등대와 함께 가장 널리 쓰이고 있는 야간표지
- 암초, 항해금지구역, 항로의 입구, 폭 및 변침점 등을 표시하기 위하여 설치
- 해저에 체인으로 연결되어 일정한 선회 반지름을 가지고 이동
- 파랑이나 조류에 의해 위치 이동 및 유실에 주의

정답 1 ② 2 ④ 3 ③ 4 ③ 5 ① 6 ②

07 음향표지를 사용하는 경우는 언제인가?

① 야간에만 사용한다.
② 주간에만 사용한다.
③ 짙은 안개가 끼었을 때 사용한다.
④ 겨울철 기온이 급강하할 때 사용한다.

해설
음향표지
안개, 눈 등에 의하여 시계가 나빠 육지나 등화를 발견하기 어려울 때에 선박에 항로 표지의 위치를 알리거나 경고할 목적으로 설치된 표지

08 해도상에 'S'가 표시되어 있는 곳의 저질은?

① 모 래 ② 펄
③ 자 갈 ④ 산 호

해설
자갈(G), 펄(M), 점토(Cl), 바위(Rk, rky), 모래(S), 조개껍질(Sh), 산호(Co)

09 다음 ( ) 안에 알맞은 것은?

> 해도에서 경도를 구하려면 그 지점을 지나는 자오선을 긋고 해도의 ( )에 있는 경도눈금을 읽는다.

① 좌・우 ② 상・하
③ 근 처 ④ 전・후

해설
경도를 구하는 방법
삼각자 또는 평행자로써 그 지점을 지나는 자오선을 긋고 해도의 위쪽이나 아래쪽에 기입된 경도눈금을 읽는다.

10 저조 시에도 수면 위에 나타나지 않아서 항행에 위험한 바위인 암암의 기호로 옳은 것은?

① ※ ② #
③ ⊙ ④ (+)

11 해안선의 기준이 되는 수면으로 옳은 것은?

① 기본수준면
② 평균수면
③ 고조면
④ 약최고고조면

해설
해도상의 수심의 기준
- 해도의 수심 : 기본수준면(약최저저조면)
- 물표의 높이 : 평균수면
- 해안선 : 약최고고조면

12 조석에 의한 해수의 주기적인 수평방향의 운동을 나타낸 것은?

① 대 조
② 조 류
③ 대조승
④ 백중사리

해설
② 조류 : 조석에 의한 해수의 수평방향의 주기적 운동으로 유향은 흘러가는 방향, 속도는 노트로 표시함
① 대조 : 삭망이 지난 뒤 1~2일 만에 조차가 극대가 되었을 때(사리)
③ 대조승 : 대조 시 기본수준면에서 평균고조면까지의 높이
④ 백중사리 : 달이 지구에 가까이 올 때는 조차가 매우 큰 조석현상을 보이는데 이를 근지점조라하고, 근지점조와 대조(사리)가 일치할 때로 평소의 사리보다 높은 조위를 보이는 현상

13 어느 지역의 조석, 조류의 특징을 뜻하는 것은?

① 급 조 ② 조 신
③ 게 류 ④ 밀 물

해설
① 급조 : 조류가 흐르면서 바다 밑의 장애물이나 반대 방향의 수류에 부딪혀 생기는 파도
③ 게류 : 창조류(낙조류)에서 낙조류(창조류)로 변할 때 흐름이 잠시 정지하는 현상
④ 밀물 : 저조부터 고조까지 해면이 점차 상승하는 시기(창조)

7 ③ 8 ① 9 ② 10 ④ 11 ④ 12 ② 13 ② 정답

14 해류를 일으키는 가장 큰 원인에 해당하는 것은?

① 온 도　　② 밀 도
③ 바 람　　④ 기 압

해설
해류 : 해수가 일정한 속력과 방향으로 이동하는 대규모의 흐름으로 바람이 가장 큰 원인이 된다.

15 선위 측정 시 오차삼각형이 생기는 원인으로 틀린 것은?

① 관측이 부정확했을 때
② 물표가 선미 부근에 있을 때
③ 자차나 편차에 오차가 있을 때
④ 방위를 거의 동시에 관측하지 못하였을 때

해설
오차삼각형이 생기는 이유
- 자차나 편차에 오차가 있을 때
- 해도상의 물표의 위치가 실제와 차이가 있을 때
- 물표의 방위를 거의 동시에 관측하지 못하고 시간차가 많이 생겼을 때
- 관측이 부정확했을 때
- 위치선을 작도할 때 오차가 개입되었을 때

16 교차방위법으로 선위를 측정하기 위해 물표를 선정할 때의 주의사항이 아닌 것은?

① 가까운 물표보다는 가급적 먼 물표를 선정하는 것이 좋다.
② 해도상의 위치가 명확하고, 뚜렷한 목표를 선정하는 것이 좋다.
③ 물표 상호 간의 교각은 두 물표일 때 90°, 세 물표일 때 60°가 가장 좋다.
④ 물표가 많을 때는 2개보다 3개 이상을 선정하는 것이 선위오차를 확인할 수 있어서 좋다.

해설
물표선정 시 주의사항
- 해도상의 위치가 명확하고 뚜렷한 목표를 선정
- 먼 물표보다는 적당히 가까운 물표를 선택
- 물표 상호 간의 각도는 가능한 한 30~150°인 것을 선정
- 두 물표일 때는 90°, 세 물표일 때는 60° 정도가 가장 좋음
- 물표가 많을 때는 3개 이상을 선정하는 것이 좋음

17 본선이 부산 앞 바다에 있을 때 경도 부호로 옳은 것은?

① 엔(N)　　② 에스(S)
③ 더블유(W)　　④ 이(E)

해설
경도 : 어느 지점을 지나는 자오선과 본초자오선 사이의 적도상의 호로 본초자오선을 0°로 하여 동서로 각각 180° 측정한다. 동쪽으로 잰 것을 동경(E), 서쪽으로 잰 것을 서경(W)이라 한다. 우리나라의 경우 위치가 동경 125°이므로 E의 부호를 붙인다.

18 외력이 없는 상태에서 선속 12노트인 선박이 90분 동안 항해했을 때 항정으로 옳은 것은?

① 12해리　　② 18해리
③ 24해리　　④ 30해리

해설
선박의 속력
1시간에 1해리(마일)를 항주하는 선박의 속력을 1노트라 한다.
속력 = 거리 / 시간 → 거리 = 속력 × 시간
12노트 × 1.5시간 = 18마일

19 편차에 대한 설명으로 틀린 것은?

① 진자오선과 자기자오선이 일치하지 않아서 생긴 교각이다.
② 편차는 장소와 시간의 경과에 따라 변하게 된다.
③ 편동편차의 부호는 더블유(W), 편서 편차의 부호는 이(E)이다.
④ 지역의 연간변화량은 해도의 나침도에 기재되어 있다.

해설
편 차
- 연간변화량은 해도의 나침도에 기재
- 진자오선(진북)과 자기자오선(자북)과의 교각

정답　14 ③　15 ②　16 ①　17 ④　18 ②　19 ③

- 자북이 진북의 오른쪽에 있으면 편동편차(E), 왼쪽에 있으면 편서편차(W)로 표시
- 지자기의 극은 시간이 지남에 따라 이동하기 때문에 편차는 장소와 시간의 경과에 따라 변함

20 출발 위도 33°N인 지점에서 위도 30°N인 지점에 도착하였다. 변위는?

① 3°N ② 3°S
③ 63°N ④ 63°S

해설
변위 : 두 지점을 지나는 자오선상의 호의 크기로 위도가 변한 양이며, 두 지점의 위도가 같은 부호이면 빼고, 다른 부호이면 더한다. 도착지가 출발지보다 더 북쪽이면 N, 남쪽이면 S로 한다. 부호가 같으므로 빼고, 더 남쪽으로 갔으므로 33° − 30° = 3° → 3°S이다.

21 다음 ( ) 안에 순서대로 알맞은 것은?

> 선수미선과 선박을 지나는 자오선이 이루는 각을 ( )(이)라고 하며, 북을 기준으로 하여 360°까지 측정한다. 북 또는 남을 기준으로 하여 동 또는 서로 90° 또는 180°까지 표시한 것을 ( )(이)라 한다.

① 방위, 방위각 ② 방위각, 방위
③ 침로, 방위각 ④ 방위각, 침로

22 풍압차나 유압차가 있을 때의 진자오선과 선수미선이 이루는 각으로 옳은 것은?

① 진침로 ② 시침로
③ 자침로 ④ 나침로

해설
① 진침로 : 진자오선(진북)과 항적이 이루는 각, 풍·유압차가 없을 때에는 진자오선과 선수미선이 이루는 각
③ 자침로 : 자기자오선(자북)과 선수미선이 이루는 각
④ 나침로 : 나침의 남북선과 선수미선이 이루는 각, 나침의 오차(자차·편차) 때문에 진침로와 이루는 교각

23 레이더 스캐너의 높이와 탐지거리와의 관계에 대한 설명으로 적절한 것은?

① 스캐너 높이가 높으면 탐지거리는 증가한다.
② 스캐너 높이가 높으면 탐지거리는 감소한다.
③ 스캐너 높이는 탐지거리를 변화시키지 않는다.
④ 스캐너 높이가 높으면 탐지거리가 감소 또는 증가를 규칙적으로 반복한다.

해설
최대탐지거리에 영향을 주는 요소
- 주파수 : 낮을수록 탐지거리는 증가한다.
- 첨두 출력 : 클수록 탐지거리는 증가한다.
- 펄스의 길이 : 길수록 탐지거리는 증가한다.
- 펄스 반복률 : 낮을수록 탐지거리는 증가한다.
- 수평 빔 폭 : 좁을수록 탐지거리가 증가한다.
- 스캐너의 회전율 : 낮을수록 탐지거리가 증가한다.
- 스캐너의 높이 : 스캐너의 높이가 높을수록 탐지거리가 증가한다.

24 협수로에서 레이더를 사용하는 경우 진입하기 전에 미리 확인해 두어야 할 정보로 틀린 것은?

① 침 로 ② 변침점
③ 피험선 ④ 연료소모량

해설
협수로에서의 이용
영상의 이동이 빠르므로, 협수로에 진입하기 전에 미리 변침점, 선수 방위의 목표물, 피험선 및 주요 목표물들의 정횡 거리 등을 미리 확인해 두도록 한다.

25 본선으로부터 약 10해리 떨어진 선박의 움직임을 감시하기 위한 가장 적절한 레이더의 탐지거리 척도로 옳은 것은?

① 3해리 ② 6해리
③ 12해리 ④ 24해리

20 ② 21 ③ 22 ② 23 ① 24 ④ 25 ③ 정답

제2과목 운 용

01 이중저탱크(Double Bottom Tank)의 기능에 해당하지 않는 것은?

① 좌초 시 침수방지
② 인접 화물의 손상방지
③ 흘수 및 트림(Trim) 조절
④ 공선항해 시 평형수 적재

해설
이중저구조의 장점
- 선저부의 손상을 입어도 내저판으로 선내의 침수를 방지
- 선저부 구조가 견고하므로 호깅 및 새깅 상태에도 잘 견딤
- 흘수 및 트림(Trim)의 조절이 가능
- 이중저의 내부를 구획하여 밸러스트, 연료 및 청수탱크로 사용 가능
- 공선항해 시 선박의 안정성이 떨어지므로 평형수를 적재하여 안정성을 높임

02 날개의 각도를 바꾸어 줌으로써 피치를 조절하여 선박조종이 편리한 프로펠러는 무엇인가?

① 분사추진기 ② 외륜추진기
③ 고정피치 프로펠러 ④ 가변피치 프로펠러

해설
④ 가변피치 프로펠러 : 날개의 각도를 바꾸어 줌으로써 피치를 조절하여 선박조종이 편리한 프로펠러
③ 고정피치 프로펠러 : 추진기의 날개가 보스에 고정되어 추진기 중심선에 수직인 면에 대한 날개의 각이 변하지 않는 추진기로 구조가 간단하나, 후진시키기 위해서는 추진기의 회전 방향을 바꾸어야 함

03 만재배수톤수에서 경하배수톤수를 공제한 것은 무엇인가?

① 총톤수 ② 불명중량
③ 화물의 중량 ④ 재화중량톤수

해설
④ 재화중량톤수 : 선박이 적재할 수 있는 최대의 무게를 나타내는 톤수로, 만재배수량과 경하배수량의 차로 상선의 매매와 용선료 산정의 기준이 된다.
① 총톤수(G.T.) : 측정 갑판의 아랫부분 용적에, 측정 갑판보다 위의 밀폐된 장소의 용적을 합한 것이다.

04 만재흘수선에서 동기만재흘수선의 기호를 나타낸 것은?

① W ② S
③ T ④ F

해설
만재흘수선의 적용대역과 계절

종 류	기 호	적용대역 및 계절
하기 만재흘수선	S	하기 대역에서는 연중, 계절 열대 구역 및 계절 동기 대역에서는 각각 그 하기 계절 동안 해수에 적용
동기 만재흘수선	W	계절 동기 대역에서 동기 계절 동안 해수에 적용
동기 북대서양 만재흘수선	WNA	북위 36° 이북의 북대서양을 그 동기 계절 동안 횡단하는 경우, 해수에 적용(근해 구역 및 길이 100m 이상의 선박은 WNA 건현표가 없다)
열대 만재흘수선	T	열대 대역에서는 연중, 계절 열대 구역에서는 그 열대 계절 동안 해수에 적용
하기 담수 만재흘수선	F	하기 대역에서는 연중, 계절 열대 구역 및 계절 동기 대역에서는 각각 그 하기 계절 동안 담수에 적용
열대 담수 만재흘수선	TF	열대 대역에서는 연중, 계절 열대 구역에서는 그 열대 계절 동안 담수에 적용

05 미터 단위의 흘수표 표시는?

	글자 크기	글자 표시 간격
①	10cm	10cm
②	10cm	20cm
③	20cm	10cm
④	20cm	20cm

해설
흘수표
- 선수와 선미의 양쪽에 표시하며, 중·대형선의 경우 선체 중앙부 양쪽에도 표시
- 미터 단위는 높이 10cm의 아라비아 숫자를 20cm 간격으로 기입, 피트 단위는 높이 6인치의 아라비아 숫자나 로마 숫자를 1피트 간격으로 기입

정답 1 ② 2 ④ 3 ④ 4 ① 5 ②

06 다음 중 로프의 강도와 관련이 없는 하중은 무엇인가?

① 파단하중
② 스플라이싱하중
③ 시험하중
④ 안전사용하중

해설
① 파단하중 : 로프에 장력을 가하여 로프가 절단되는 순간의 힘 또는 무게를 말한다.
③ 시험하중 : 로프에 장력을 가할 때 변형이 일어나지 않는 최대 장력으로 파단하중의 1/2 정도이다.
④ 안전사용하중 : 시험하중의 범위 내에 안전하게 사용할 수 있는 최대의 하중으로 파단력의 1/6 정도이다.

07 조타명령에 관한 용어 중 '미드십스(Midships)'가 지시하는 뜻으로 옳은 것은?

① 타각을 0°로 하라.
② 현재의 선수침로를 유지하라.
③ 원침로로 복귀하라.
④ 타각이 10°가 되게 서서히 돌려라.

08 저속 화물선에서 항해 중 선체가 받는 저항 중에서 가장 큰 것은 무엇인가?

① 마찰저항
② 조파저항
③ 공기저항
④ 조와저항

해설
마찰저항 : 선체의 침수면에 닿은 물의 저항으로서 선저 표면의 미끄러움에 반비례하며 고속일수록 전 저항에서 차지하는 비율이 작아지는 저항이다. 저속선에서는 선체가 받는 저항 중에서 마찰저항이 가장 큰 비중을 차지한다.

09 양묘작업 중 닻(Anchor)의 크라운(Crown)이 해저에서 떨어지는 상태를 나타내는 것은?

① 앵커 어웨이(Anchor Aweigh)
② 파울 앵커(Foul Anchor)
③ 클리어 앵커(Clear Anchor)
④ 쇼트 스테이(Short Stay)

해설
② 파울 앵커(Foul Anchor) : 닻이 앵커체인과 엉켜서 올라온 상태
③ 클리어 앵커(Clear Aanchor) : 닻이 앵커체인과 엉키지 않고 올라온 상태
④ 쇼트 스테이(Short Stay) : 앵커체인의 신출 길이가 수심의 1.5배 정도인 상태

10 다음 (　　) 안에 알맞은 것은?

> 이묘박 시 단묘박보다 파주력을 크게 하기 위하여 양현 닻을 투하하고 닻줄을 같은 길이로 내어 줄 때는 일반적으로 닻줄 사이 각도가 (　　)보다 커서는 안 된다.

① 60°　　② 120°
③ 90°　　④ 45°

해설
이묘박 시 양현 앵커를 나란히 사용하는 법
강력한 파주력을 얻기 위하여 양현 닻을 투하하고 닻줄을 같은 길이로 내어 주는 방법이다. 파주력은 단묘박의 2배 정도이며 일반적으로 양현 닻줄의 교각이 50~60°일 때가 좋으며 120°보다 커서는 안 된다.

11 협수로에서의 선박운항방법으로 틀린 것은?

① 선수미선과 유선이 일치되도록 한다.
② 회두 시 조타명령은 순차로 구령하여 소각도로 여러 차례 한다.
③ 기관사용 준비를 한다.
④ 선수 부근에 선박이 나타나면 즉시 기관을 정지한다.

6 ② 7 ① 8 ① 9 ① 10 ② 11 ④ 정답

해설

협수로에서의 선박 운용

- 선수미선과 조류의 유선이 일치하도록 조종하고, 회두 시 소각도로 여러 차례 변침한다.
- 기관사용 및 앵커 투하 준비상태를 계속 유지하면서 항행한다.
- 타효가 잘 나타나는 안전한 속력을 유지하도록 한다.
- 협수로의 중앙을 벗어나면 육안 영향에 의한 선체 회두를 고려한다.
- 좁은 수로에서는 원칙적으로 추월이 금지되어 있다.
- 통항시기는 게류 시나 조류가 약한 때를 택한다.

12 수심이 얕은 수역에서 조종성 저하를 막기 위한 대책으로 적절한 것은?

① 저속으로 항행한다.
② 흘수를 증가시킨다.
③ 바람을 뒤에서 받는다.
④ 조류를 뒤에서 받는다.

해설

수심이 얕은 수역의 영향

조종성의 저하 : 선체 침하와 해저 형상에 따른 와류의 영향으로 키의 효과가 나빠진다. 저속으로 항행하는 것이 가장 좋으며, 수심이 깊어지는 고조시를 택하여 조종하는 것이 유리하다.

13 다음 (　　) 안에 알맞은 것은?

> 조류가 빠른 수역에서는 선수에서 조류를 받을 때 (　　)이(가) 커서 선박의 조종이 잘 된다.

① 타 효
② 흘 수
③ 속 력
④ 조 력

해설

조류의 영향

조류가 빠른 수역에서, 선수방향에서 조류를 받을 때에는 타효가 커서 선박조종이 잘되지만, 선미방향에서 조류를 받게 되면 선박의 조종성능이 저하된다.

14 선박의 무게중심(G)이 상승할 때 배의 상태는 어떠한가?

① 복원력이 커진다.
② 복원력이 작아진다.
③ 복원력과 관계없다.
④ 횡동요 주기가 빨라진다.

15 선박의 수면하 체적의 기하학적 중심에 해당하는 것은?

① 경 심
② 중 력
③ 부면심
④ 부 심

해설

④ 부심(B) : 선체의 전체 부력이 한 점에 작용한다고 생각할 수 있는 점으로 선박의 수면하 체적의 기하학적 중심을 말한다.

① 경심(M, 메타센터) : 배가 똑바로 떠 있을 때 부심을 통과하는 부력의 작용선과 경사된 부력의 작용선이 만나는 점을 말한다.

16 항해당직자의 경계(Look-out)업무에 대한 설명으로 적절한 것은?

① 시정이 양호한 주간에는 레이더를 사용하지 않아야 한다.
② 항상 시각, 청각 등 이용할 수 있는 모든 수단을 이용해야 한다.
③ 쌍안경은 시계가 불량할 때 또는 야간에 주로 사용한다.
④ 항해 중에는 전방경계만 철저히 하면 충돌사고를 예방할 수 있다.

정답 12 ① 13 ① 14 ② 15 ④ 16 ②

해설

견 시

- 시각 및 청각뿐만 아니라 당시의 시정과 조건에 알맞은 모든 유용수단을 동원하여 항상 적당한 견시를 유지하여야 한다.
- 견시를 방해하는 임무가 부가되거나 그러한 일에 착수하여서는 안 된다.
- 견시임무와 조타임무는 별개의 임무로 생각한다.
- 주간에 혼자 충분한 견시를 할 수 있는 경우 충분히 검토(기상 상태, 시정, 교통량 등)하여 항해안전이 확인되면 당직사관 단독으로 견시가 가능하다.

17 항해당직자의 근무에 관한 설명으로 적절한 것은?

① 시정이 양호한 주간에는 조타수를 갑판작업에 종사시켜도 무방하다.

② 항해 중 주위에 통항선이 별로 없을 때는 해도 소개정 등 해도작업을 수행해도 무방하다.

③ 항해당직 중에는 경계를 방해하는 어떠한 일도 해서는 안 된다.

④ 항해당직 중에는 항상 당직사관과 조타수가 함께 당직에 임해야 한다.

해설

견 시

- 시각 및 청각뿐만 아니라 당시의 시정과 조건에 알맞은 모든 유용수단을 동원하여 항상 적당한 견시를 유지하여야 한다.
- 견시를 방해하는 임무가 부가되거나 그러한 일에 착수하여서는 안 된다.
- 견시임무와 조타임무는 별개의 임무로 생각한다.
- 주간에 혼자 충분한 견시를 할 수 있는 경우 충분히 검토(기상 상태, 시정, 교통량 등)하여 항해안전이 확인되면 당직사관 단독으로 견시가 가능하다.

18 선박에서 갑판부서의 주요업무에 해당하는 것은?

① 전기설비의 정비

② 보일러의 운전 및 정비

③ 항해, 정박, 계류 등에 관한 업무

④ 잡용펌프, 밸러스트펌프, 연료펌프의 관리 및 정비

해설

갑판부의 주요업무

화물의 적·양하 및 운송관리 업무, 갑판, 선체, 항해 및 안전장비 등을 유지·관리

19 저기압의 일반적인 성질을 나타낸 것은?

① 중심에 접근할수록 기압경도가 증가하며 풍속이 강해진다.

② 풍향은 북반구에서 시계방향으로 수렴한다.

③ 중심부근에는 하강기류가 있어 한랭건조하다.

④ 전선이 존재하지 않는다.

해설

저기압의 특성

- 저기압은 주위보다 상대적으로 기압이 낮다.
- 주변으로 바람이 반시계방향(북반구)으로 불어 들어온다.
- 상승 기류가 형성되어 구름을 만들고 비를 형성하여 날씨가 나빠진다.
- 중심으로 갈수록 기압경도는 증가하며 바람이 강해진다.
- 기단의 기온의 차가 심하면 발달한다.
- 온대성 저기압은 전선의 유무에 따라 전선 저기압과 비전선 저기압으로 분류된다.

20 우리나라 근해에 태풍이 많이 내습하는 시기로 옳은 것은?

① 1, 2, 3월

② 4, 5, 6월

③ 7, 8, 9월

④ 10, 11, 12월

21 가솔린기관에 비해 디젤기관의 장점에 해당하는 것은?

① 열효율이 높다.

② 시동이 용이하다.

③ 기관의 무게가 작다.

④ 진동과 소음이 작다.

해설

디젤기관의 특징

- 장점 : 압축비가 높아 연료소비율이 낮으며, 가솔린기관에 비해 열효율이 높다.
- 단점 : 중량이 크고, 폭발압력이 커서 진동과 소음이 크다.

17 ③ 18 ③ 19 ① 20 ③ 21 ① 정답

22 **화재발생 시의 일반적인 조치사항으로 틀린 것은?**

① 유해가스를 배출하기 위해 강한 송풍장치로 공기를 화재구역에 투입한다.
② 어떤 물질이 타고 있는가 알아내고 적절한 소화방법을 강구한다.
③ 소화 작업자의 안전에 유의하여 유해가스가 있는지 확인하고 호흡구를 준비한다.
④ 작업자를 구출할 기구를 준비하고 대기한다.

해설
화재발생 시의 조치
- 화재 구역의 통풍과 전기를 차단한다.
- 어떤 물질이 타고 있는지를 알아내고 적절한 소화방법을 강구한다.
- 소화 작업자의 안전에 유의하여 위험한 가스가 있는지 확인하고 호흡구를 준비한다.
- 모든 소화기구를 집결하여 적절히 진화한다.
- 작업자를 구출할 준비를 하고 대기한다.
- 불이 확산되지 않도록 인접한 격벽에 물을 뿌리거나 가연성 물질을 제거한다.

23 **동맥출혈의 현상으로 거리가 먼 것은?**

① 피가 선홍색이다. ② 피가 분출성이다.
③ 피가 암적색이다. ④ 출혈량이 많다.

해설
동맥출혈
가장 심한 출혈 형태로 상처로부터 선명한 선홍색의 피가 상당한 높이로 솟구쳐 오르며 피가 빠른 속도로 흘러나와 다량의 피를 잃게 되고 응고도 거의 되지 않는다.

24 **구조선이 취할 조치로 적절하지 않은 것은?**

① 측심기를 이용하여 조난선을 수색한다.
② 조난 주파수 청취 당직을 계속한다.
③ 조난장소 부근에 접근하면 경계원을 추가 배치한다.
④ 다른 구조선의 위치, 침로 속력, 도착예정시각 등을 파악한다.

해설
① 측심기는 수심을 측정하는 장비이다.
구조선이 취할 조치
- 조난통보를 수신했을 때 조난선에 알리고, 상황에 따라서 조난 통보를 재송신한다.
- 조난선에게 자선의 식별(선명, 호출 부호 등), 위치, 속력 및 도착예정시각(ETA) 등을 송신한다.
- 조난 주파수로 청취당직을 계속한다.
- 레이더를 계속하여 작동한다.
- 조난장소 부근에 접근하면 경계원을 추가로 배치한다.
- 조난현장으로 항진하면서 다른 구조선의 위치, 침로, 속력, ETA, 조난현장의 상황 등의 파악에 노력한다.
- 현장 도착과 동시에 구조작업을 할 수 있도록 필요한 그물, 사다리, 로프, 들것 등의 준비를 한다.

25 **국제신호기가 한 벌 밖에 없는 배에서 'KK'를 표시하려면 'K'기와 그 아래에 같이 게양해야 하는 것은?**

① 제2대표기 ② 제1대표기
③ 회답기 ④ 'L'기

제3과목 법 규

01 **선박의 입항 및 출항 등에 관한 법률상 무역항의 수상구역 등에서 정박을 할 수 없는 장소임에도 불구하고 정박이 가능한 경우가 아닌 것은?**

① 급박한 위험이 있는 선박을 구조하는 경우
② 선박의 고장으로 선박 조종이 불가능한 경우
③ 승무원의 교대를 위하여 잠시 정박하는 경우
④ 해양사고를 피하기 위한 경우

해설
정박의 제한 및 방법 등(선박의 입항 및 출항 등에 관한 법률 제6조)
다음의 경우에는 정박하거나 정류할 수 있다.
- 해양사고를 피하기 위한 경우
- 선박의 고장이나 그 밖의 사유로 선박을 조종할 수 없는 경우
- 인명을 구조하거나 급박한 위험이 있는 선박을 구조하는 경우
- 허가를 받은 공사 또는 작업에 사용하는 경우

정답 22 ① 23 ③ 24 ① 25 ② / 1 ③

02 선박의 입항 및 출항 등에 관한 법률상 항로에서 다른 선박과 마주칠 우려가 있는 경우에는 항로의 어느 쪽으로 항행하는가?

① 항로 내 왼쪽 ② 항로 내 오른쪽
③ 항로 내 중앙 ④ 항로의 바깥쪽

해설
항로에서의 항법(선박의 입항 및 출항 등에 관한 법률 제12조)
항로에서 다른 선박과 마주칠 우려가 있는 경우에는 오른쪽으로 항행할 것

03 선박안전법에서 규정하는 내용으로 틀린 것은?

① 선박의 검사 ② 선박의 시설
③ 기관의 시설 ④ 선박소유자의 규정

해설
목적(선박안전법 제1조)
선박안전법은 선박의 감항성 유지 및 안전운항에 필요한 사항(선박시설기준, 선박의 검사 등)을 규정함으로써 국민의 생명과 재산을 보호함을 목적으로 한다.

04 선박안전법상 선박검사증서의 유효기간이 만료되었으나 선박이 검사를 받을 장소에 있지 아니하여 검사증서의 유효기간을 연장 받을 수 있는 기간의 범위로 옳은 것은?

① 1개월 ② 3개월
③ 6개월 ④ 9개월

해설
선박검사증서 및 국제협약검사증서의 유효기간 연장(선박안전법 시행령 제6조)
선박검사증서 및 국제협약검사증서의 유효기간을 연장하려는 경우 다음의 구분에 따른 기간 이내에서 연장할 수 있다.
- 해당 선박이 정기검사 또는 해양수산부령으로 정하는 국제협약검사를 받기 곤란한 장소에 있는 경우 : 3개월 이내
- 해당 선박이 외국에서 정기검사 또는 해양수산부령으로 정하는 국제협약검사를 받았으나 선박검사증서 또는 국제협약검사증서를 선박에 갖추어 둘 수 없는 사유가 발생한 경우 : 5개월 이내
- 해당 선박이 짧은 거리의 항해(항해를 시작하는 항구부터 최종 목적지의 항구까지의 항해거리 또는 항해를 시작한 항구로 회항할 때까지의 항해거리가 1천해리를 넘지 아니하는 항해)에 사용되는 경우(국제협약검사증서로 한정한다) : 1개월

05 다음 중 해양환경관리법상 '기름'에 포함되지 않는 것은?

① 원 유 ② 폐 유
③ 석유가스 ④ 액상유성혼합물

해설
정의(해양환경관리법 제2조)
기름 : 석유 및 석유대체연료 사업법에 따른 원유 및 석유제품(석유가스를 제외한다)과 이들을 함유하고 있는 액체상태의 유성혼합물 및 폐유를 말한다.

06 해양환경관리법상 기름의 배출이 허용되는 경우에 해당하는 것은?

① 연료탱크 청소 후의 해양배출
② 선박이 항해 중일 때의 해양배출
③ 선박이 선적항에 정박 중일 때의 해양배출
④ 선박의 안전을 확보하기 위한 부득이한 해양배출

해설
오염물질의 배출금지 등(해양환경관리법 제22조)
다음의 어느 하나에 해당하는 경우에는 선박 또는 해양시설 등에서 발생하는 오염물질(폐기물은 제외)을 해양에 배출할 수 있다.
- 선박 또는 해양시설 등의 안전확보나 인명구조를 위하여 부득이하게 오염물질을 배출하는 경우
- 선박 또는 해양시설 등의 손상 등으로 인하여 부득이하게 오염물질이 배출되는 경우
- 선박 또는 해양시설 등의 오염사고에 있어 해양수산부령이 정하는 방법에 따라 오염피해를 최소화하는 과정에서 부득이하게 오염물질이 배출되는 경우

07 해사안전법상 고속여객선이란 몇 노트 이상의 속력으로 항행하는 여객선을 말하는가?

① 5노트 ② 15노트
③ 30노트 ④ 50노트

2 ② 3 ④ 4 ② 5 ③ 6 ④ 7 ② 정답

해설
정의(해사안전법 제2조)
고속여객선 : 시속 15노트 이상으로 항행하는 여객선을 말한다.

08 **해사안전법상 해양수산부장관은 선박의 안전과 사고 방지를 위해 개선명령을 할 수 있으며, 선박시설을 보완하거나 대체하는 것을 마칠 때까지 명할 수 있는 것은 무엇인가?**

① 상륙금지 ② 양륙금지
③ 선적금지 ④ 항행정지

해설
개선명령(해사안전법 제59조)
- 해양수산부장관은 지도 · 감독 결과 필요하다고 인정하거나 해양사고의 발생빈도와 경중 등을 고려하여 필요하다고 인정할 때에는 그 선박의 선장, 선박소유자, 안전관리대행업자, 그 밖의 관계인에게 다음의 조치를 명할 수 있다.
  – 선박시설의 보완이나 대체
  – 소속 직원의 근무시간 등 근무환경의 개선
  – 소속 임직원에 대한 교육 · 훈련의 실시
  – 그 밖에 해사안전관리에 관한 업무의 개선
- 해양수산부장관은 선박시설의 보완이나 대체 조치를 명할 경우에는 선박시설을 보완하거나 대체하는 것을 마칠 때까지 해당 선박의 항행정지를 함께 명할 수 있다.

09 **국제해상충돌방지규칙상 항행 중으로 볼 수 있는 것은?**

① 계류 중
② 묘박 중
③ 좌 초
④ 표류 중

해설
정의(해사안전법 제2조)
항행 중이란 선박이 다음의 어느 하나에 해당하지 아니하는 상태를 말한다.
- 정 박
- 항만의 안벽 등 계류시설에 매어 놓은 상태(계선부표나 정박하고 있는 선박에 매어 놓은 경우를 포함한다)
- 얹혀 있는 상태

10 **국제해상충돌방지규칙상 동력선에 대한 설명으로 틀린 것은?**

① 축전지로 추진기계를 작동시켜 추진하는 선박은 동력선이다.
② 돛만으로 추진 중인 선박에 추진기계가 장치되어 있으면 동력선이다.
③ 돛과 추진기계를 동시에 사용하여 추진하는 선박은 동력선이다.
④ 수상항공기와 공기부양선은 동력선이다.

해설
②번은 범선으로 볼 수 있다.
정의(해사안전법 제2조)
- 동력선 : 기관을 사용하여 추진하는 선박을 말한다. 다만, 돛을 설치한 선박이라도 주로 기관을 사용하여 추진하는 경우에는 동력선으로 본다.
- 범선 : 돛을 사용하여 추진하는 선박을 말한다. 다만, 기관을 설치한 선박이라도 주로 돛을 사용하여 추진하는 경우에는 범선으로 본다.

11 **국제해상충돌방지규칙상 조종제한선으로 볼 수 있는 선박은?**

① 준설 및 측량작업 종사선
② 길이 200m 이상인 거대선
③ 끌낚시로 어로에 종사하는 어선
④ 흘수 때문에 제약을 받는 동력선

해설
정의(해사안전법 제2조)
조종제한선 : 다음의 작업과 그 밖에 선박의 조종성능을 제한하는 작업에 종사하고 있어 다른 선박의 진로를 피할 수 없는 선박을 말한다.
- 항로표지, 해저전선 또는 해저파이프라인의 부설 · 보수 · 인양작업
- 준설 · 측량 또는 수중작업
- 항행 중 보급, 사람 또는 화물의 이송작업
- 항공기의 발착작업
- 기뢰제거작업
- 진로에서 벗어날 수 있는 능력에 제한을 많이 받는 예인작업

정답 8 ④ 9 ④ 10 ② 11 ①

12 국제해상충돌방지규칙상 '안전한 속력'에 대한 설명에 해당하는 것은?

① 본선의 극미속 정도의 속력
② 최소한의 선회성능이 발휘되는 속력
③ 당시의 조건에 따라 3노트 미만의 속력
④ 충돌을 피하기 위하여 적절한 거리 내에서 정선할 수 있는 속력

해설
안전한 속력(해사안전법 제64조)
선박은 다른 선박과의 충돌을 피하기 위하여 적절하고 효과적인 동작을 취하거나 당시의 상황에 알맞은 거리에서 선박을 멈출 수 있도록 항상 안전한 속력으로 항행하여야 한다.

13 국제해상충돌방지규칙상 피항선의 항법으로 틀린 것은?

① 기관정지 또는 역전하여 감속한다.
② 우전타하여 타선의 선미 부근을 통과한다.
③ 전타하여 타선과의 안전거리를 확보한다.
④ 전진 전속으로 급히 타선의 전방을 통과한다.

해설
피항선의 동작(해사안전법 제74조)
다른 선박의 진로를 피하여야 하는 모든 선박(피항선)은 될 수 있으면 미리 동작을 크게 취하여 다른 선박으로부터 충분히 멀리 떨어져야 한다.

14 다음 (　　) 안에 순서대로 알맞은 것은?

국제해상충돌방지규칙상 두 척의 범선이 서로 접근하여 충돌할 위험이 있을 경우, 서로 다른 현측에서 바람을 받고 있는 경우에는 (　　)측에서 바람을 받고 있는 선박이, 같은 현측에서 바람을 받고 있는 경우에는 (　　)측의 선박이 다른 선박의 진로를 피하여야 한다.

① 우현, 풍상　　② 우현, 풍하
③ 좌현, 풍상　　④ 좌현, 풍하

해설
범선(해사안전법 제70조)
2척의 범선이 서로 접근하여 충돌할 위험이 있는 경우에는 다음에 따른 항행방법에 따라 항행하여야 한다.
- 각 범선이 다른 쪽 현에 바람을 받고 있는 경우에는 좌현에 바람을 받고 있는 범선이 다른 범선의 진로를 피하여야 한다.
- 두 범선이 서로 같은 현에 바람을 받고 있는 경우에는 바람이 불어오는 쪽의 범선이 바람이 불어가는 쪽의 범선의 진로를 피하여야 한다.
- 좌현에 바람을 받고 있는 범선은 바람이 불어오는 쪽에 있는 다른 범선을 본 경우로서 그 범선이 바람을 좌우 어느 쪽에 받고 있는지 확인할 수 없는 때에는 그 범선의 진로를 피하여야 한다.

15 다음 (　　) 안에 순서대로 알맞은 것은?

마주치는 상태에서 각 선박은 서로 다른 선박의 (　　)측을 통과하도록 각기 (　　)측으로 변침하여야 한다.

① 우현, 좌현　　② 좌현, 우현
③ 우현, 우현　　④ 선미, 우현

해설
마주치는 상태(해사안전법 제72조)
2척의 동력선이 마주치거나 거의 마주치게 되어 충돌의 위험이 있을 때에는 각 동력선은 서로 다른 선박의 좌현쪽을 지나갈 수 있도록 침로를 우현쪽으로 변경하여야 한다.

16 국제해상충돌방지규칙상 서로 시계 안에서 조종제한선과 어로에 종사하는 선박이 만났을 때의 피항방법은?

① 작은 선박이 피한다.
② 조종제한선이 피한다.
③ 어로에 종사하는 선박이 피한다.
④ 상대선을 우현으로 보는 선박이 피한다.

해설
선박 사이의 책무(해사안전법 제76조)
어로에 종사하고 있는 선박 중 항행 중인 선박은 될 수 있으면 다음에 따른 선박의 진로를 피하여야 한다.
- 조종불능선
- 조종제한선

12 ④ 13 ④ 14 ③ 15 ② 16 ③ 정답

17 동력선인 자선의 선수 방향에 수직선상으로 상부의 것이 녹색이고 하부의 것이 백색인 전주등과 홍색 현등을 보았다. 다음 설명 중 틀린 것은?

① 타선은 트롤 이외의 어로에 종사하고 있다.
② 타선은 대수속력이 있다.
③ 자선은 피항선이다.
④ 타선은 길이 50m 미만의 선박이다.

해설
어선(해사안전법 제84조)
항망이나 그 밖에 어구를 수중에서 끄는 트롤망어로에 종사하는 선박은 항행에 관계없이 다음의 등화나 형상물을 표시하여야 한다.

1. 수직선 위쪽에는 녹색, 그 아래쪽에는 흰색 전주등 각 1개 또는 수직선 위에 2개의 원뿔을 그 꼭대기에서 위아래로 결합한 형상물 1개
2. 1.의 녹색 전주등보다 뒤쪽의 높은 위치에 마스트등 1개. 다만, 어로에 종사하는 길이 50m 미만의 선박은 이를 표시하지 아니할 수 있다.
3. 대수속력이 있는 경우에는 1.과 2.에 따른 등화에 덧붙여 현등 1쌍과 선미등 1개

18 국제해상충돌방지규칙상 유지선의 동작에 대한 설명이 아닌 것은?

① 유지선은 침로와 속력을 유지하여야 한다.
② 유지선은 충돌을 피하기 위한 최선의 협력 동작을 취하여야 한다.
③ 유지선은 피항선이 피항 동작을 취하지 않을 경우, 자선의 조종만으로 충돌을 피하기 위한 동작을 취할 수 있다.
④ 유지선은 자선의 좌현측에 있는 선박의 진로를 피하기 위하여 좌현측으로 변침하여야 한다.

해설
유지선의 동작(해사안전법 제75조)

1. 2척의 선박 중 1척의 선박이 다른 선박의 진로를 피하여야 할 경우 다른 선박은 그 침로와 속력을 유지하여야 한다.
2. 1.에 따라 침로와 속력을 유지하여야 하는 선박(유지선)은 피항선이 이 법에 따른 적절한 조치를 취하고 있지 아니하다고 판단하면 스스로의 조종만으로 피항선과 충돌하지 아니하도록 조치를 취할 수 있다. 이 경우 유지선은 부득이하다고 판단하는 경우 외에는 자기 선박의 좌현 쪽에 있는 선박을 향하여 침로를 왼쪽으로 변경하여서는 아니 된다.
3. 유지선은 피항선과 매우 가깝게 접근하여 해당 피항선의 동작만으로는 충돌을 피할 수 없다고 판단하는 경우에는 1.에도 불구하고 충돌을 피하기 위하여 충분한 협력을 하여야 한다.

19 시계가 제한된 상태에서 레이더만으로 다른 선박을 탐지한 선박의 피항동작이 변침만으로 이루어질 때 가능한 한 하지 않아야 하는 동작에 해당하는 것은?

① 정횡보다 전방의 선박에 대한 대각도 변침
② 정횡보다 전방의 선박에 대한 우현 변침
③ 정횡보다 전방의 선박에 대한 우현 대각도 변침
④ 정횡보다 전방의 선박에 대한 좌현 변침

해설
제한된 시계에서 선박의 항법(해사안전법 제77조)
시계가 제한된 상태에서의 피항동작이 침로를 변경하는 것만으로 이루어질 경우에는 될 수 있으면 다음의 동작은 피하여야 한다.

- 다른 선박이 자기 선박의 양쪽 현의 정횡 앞쪽에 있는 경우 좌현 쪽으로 침로를 변경하는 행위(추월당하고 있는 선박에 대한 경우는 제외한다)
- 자기 선박의 양쪽 현의 정횡 또는 그곳으로부터 뒤쪽에 있는 선박의 방향으로 침로를 변경하는 행위

20 다음 (　　) 안에 순서대로 알맞은 것은?

> 국제해상충돌방지규칙상 현등이라 함은 정선수 방향으로부터 양현으로 각각 (　　)°에 걸치는 수평의 호를 비추는 등화로서 좌현쪽에 설치된 (　　)과 우현쪽에 설치된 (　　)을 말한다.

① 112.5, 홍등, 녹등
② 112.5, 녹등, 홍등
③ 135.0, 홍등, 녹등
④ 135.0, 녹등, 홍등

해설
등화의 종류(해사안전법 제79조)
현등 : 정선수 방향에서 양쪽 현으로 각각 112.5°에 걸치는 수평의 호를 비추는 등화로서 그 불빛이 정선수 방향에서 좌현 정횡으로부터 뒤쪽 22.5°까지 비출 수 있도록 좌현에 설치된 붉은색 등과 그 불빛이 정선수 방향에서 우현 정횡으로부터 뒤쪽 22.5°까지 비출 수 있도록 우현에 설치된 녹색 등

정답 17 ① 18 ④ 19 ④ 20 ①

21 국제해상충돌방지규칙상 예선등의 등화 색깔로 옳은 것은?

① 백 색 ② 홍 색
③ 녹 색 ④ 황 색

해설
등화의 종류(해사안전법 제79조)
예선등 : 선미등과 같은 특성을 가진 황색 등

22 국제해상충돌방지규칙상 길이 35m인 동력선이 다른 선박을 끌고 있고, 예인선열의 길이는 210m인 경우 동력선이 표시해야 하는 등화로 옳은 것은?

① 현등, 선미등, 예선등, 수직선상 3개의 마스트등
② 현등, 선미등, 예선등, 수직선상 2개의 마스트등
③ 현등, 선미등, 예선등, 수직선상 1개의 마스트등
④ 현등, 선미등, 예선등

해설
항행 중인 예인선(해사안전법 제82조)
동력선이 다른 선박이나 물체를 끌고 있는 경우에는 다음의 등화나 형상물을 표시하여야 한다.
- 같은 수직선 위에 마스트등 2개. 다만, 예인선의 선미로부터 끌려가고 있는 선박이나 물체의 뒤쪽 끝까지 측정한 예인선열의 길이가 200m를 초과하면 같은 수직선 위에 마스트등 3개를 표시하여야 한다.
- 현등 1쌍
- 선미등 1개
- 선미등의 위쪽에 수직선 위로 예선등 1개
- 예인선열의 길이가 200m를 초과하면 가장 잘 보이는 곳에 마름모꼴의 형상물 1개

23 국제해상충돌방지규칙상 대수속력이 있는 동력선이 무중 항행 중에 울려야 하는 무중신호로 옳은 것은?

① 2분을 넘지 아니하는 간격으로 장음 1회
② 2분을 넘지 아니하는 간격으로 장음 2회
③ 2분을 넘지 아니하는 간격으로 장음 1회, 단음 1회
④ 2분을 넘지 아니하는 간격으로 장음 1회, 단음 2회

해설
제한된 시계 안에서의 음향신호(해사안전법 제93조)
항행 중인 동력선은 대수속력이 있는 경우에는 2분을 넘지 아니하는 간격으로 장음을 1회 울려야 한다.

24 국제해상충돌방지규칙상 선박에서 임의적으로 사용 가능한 신호는?

① 무중신호 ② 조종신호
③ 만곡부신호 ④ 주의환기신호

해설
주의환기신호(해사안전법 제94조)
모든 선박은 다른 선박의 주의를 환기시키기 위하여 필요하면 이 법에서 정하는 다른 신호로 오인되지 아니하는 발광신호 또는 음향신호를 하거나 다른 선박에 지장을 주지 아니하는 방법으로 위험이 있는 방향에 탐조등을 비출 수 있다.

25 국제해상충돌방지규칙상 서로 시계 안에서 항행 중인 동력선이 침로를 왼쪽으로 변경하고 있는 경우에 발하는 기적신호로 옳은 것은?

① 단음 1회 ② 단음 2회
③ 장음 1회 ④ 장음 2회

해설
조종신호와 경고신호(해사안전법 제92조)
항행 중인 동력선이 서로 상대의 시계 안에 있는 경우에 이 법의 규정에 따라 그 침로를 변경하거나 그 기관을 후진하여 사용할 때에는 다음의 구분에 따라 기적신호를 행하여야 한다.
- 침로를 오른쪽으로 변경하고 있는 경우 : 단음 1회
- 침로를 왼쪽으로 변경하고 있는 경우 : 단음 2회
- 기관을 후진하고 있는 경우 : 단음 3회

정답 21 ④ 22 ① 23 ① 24 ④ 25 ②

2017년 제1회

과년도 기출복원문제

제1과목 항 해

01 자기컴퍼스의 주용도는?

① 수심 측정
② 선박의 속력 측정
③ 두 물표의 수평 협각 측정
④ 물표의 방위 측정

해설
해자기컴퍼스
자석을 이용해 자침이 지구 자기의 방향을 지시하도록 만든 장치로 선박의 침로나 물표의 방위를 관측하여 선위를 확인할 수 있다.

02 선체 자기의 설명으로 틀린 것은?

① 선수 방위에 따라 변한다.
② 자차와는 상관이 없다.
③ 위도에 따라 변한다.
④ 철물로 구성된 선체에서 발생한다.

해설
선내 철기 및 선체 자기의 영향으로 자차가 발생한다.

03 자기컴퍼스의 연철구 또는 연철판의 사용 용도로 옳은 것은?

① 타각 조정　② 방위 측정
③ 자차 수정　④ 침로 개정

해설
연철구(상한차 수정구) : 일시자기의 수평력을 수정하는 데 사용된다.

04 다음 설명이 뜻하는 것은?

> 좁은 수로나 항만의 입구 등에 2~3개의 등화를 앞뒤로 설치하여 그 중시선에 의해 선박을 인도하도록 하는 것

① 부 등　② 도 등
③ 임시등　④ 가 등

해설
① 부등(조사등) : 위험 지점으로부터 가까운 등대에 투광기를 설치하여 그 구역을 비추어 위험을 표시
③ 임시등 : 선박 출입이 빈번치 않는 항만, 하구 등에 출입 항선이 있을 때 선박 출입이 빈번해지는 계절에만 임시로 점등하는 등화
④ 가등 : 등대를 수리할 때 긴급조치로 가설되는 간단한 등화

05 다음 중 암초 위에 고정적으로 설치하여 위험구역을 표시하는 것은 무엇인가?

① 등부표　② 입 표
③ 육 표　④ 부 표

해설
① 부표에 등광을 함께 설치한 것
③ 육상에 설치된 간단한 기둥표
④ 비교적 항행이 곤란한 장소나 항만의 유도표지

06 다음 안전수역표지에 대한 설명으로 틀린 것은?

① 두표는 하나의 적색구이다.
② 중앙선이나 수로의 중앙을 나타낸다.
③ 등화는 3회 이상의 황색 섬광등이다.
④ 모든 주위가 가항 수역이다.

해설
안전수역표지
• 모든 주위가 가항 수역임을 알림

정답 1 ④ 2 ② 3 ③ 4 ② 5 ② 6 ③

- 중앙선이나 수로의 중앙을 나타냄
- 두표는 1개의 적색구
- 색상은 적색과 백색의 세로 방향 줄무늬
- 등화는 백색

07 무신호(Fog Signal) 청취 시 올바른 주의사항은?

① 무신호의 전달거리는 정해져 있으므로 정확한 거리를 알 수 있다.
② 무신호의 방향은 항상 일정하므로 정확한 방위를 알 수 있다.
③ 무신호에만 의존하지 않고 측심의나 레이더 등을 활용하여 항행한다.
④ 무신호의 음향전달거리는 대기상태에 관계없이 일정하여 신호소의 거리를 쉽게 파악할 수 있다.

해설

음향표지(무신호) 이용 시 주의사항
- 시계가 나빠 항행에 지장을 초래할 우려가 있을 경우에 한하여 사용
- 신호음의 방향 및 강약만으로 신호소의 방위나 거리를 판단해서는 안 됨
- 무신호에만 의지하지 말고, 측심의나 레이더의 활용에 노력해야 함

08 다음 중 점장도의 특징과 거리가 먼 것은?

① 항정선이 직선으로 표시된다.
② 자오선과 거등권은 직선으로 나타낸다.
③ 두 지점 간의 최단거리를 구하기에 편리하다.
④ 침로를 구하기에 편리하다.

해설

③ 대권도법에 대한 설명이다.

점장도의 특징
- 항정선이 직선으로 표시되어 침로를 구하기 편리하다.
- 자오선과 거등권이 직선으로 나타난다.
- 거리 측정 및 방위선 기입이 용이하다.
- 고위도에서는 왜곡이 생기므로 위도 70° 이하에서 사용된다.

09 해도의 소개정에 대한 설명으로 틀린 것은?

① 기사는 해도의 여백에 간결하고 알기 쉽게 가로로 쓴다.
② 개보할 때에는 붉은색 잉크를 사용한다.
③ 불필요한 부분은 두 줄을 그어 지운다.
④ 수심은 수심을 나타내는 숫자의 정수 부분의 바깥이 되도록 기재한다.

해설

수심은 수심을 나타내는 숫자의 정수 부분이 중앙이 되도록 기재해야 한다.

10 해도의 관리 방법으로 틀린 것은?

① 발행기관별 번호순서로 정리한다.
② 사용할 것과 사용한 것을 분리하여 정리한다.
③ 서랍의 앞면에 해도번호나 구역을 표시해 둔다.
④ 해도대 서랍에 넣을 때에는 반드시 접어서 넣어야 한다.

해설

해도의 관리
- 해도대의 서랍에 넣을 때 반드시 펴서 넣어야 한다.
- 부득이 접어야 할 경우 구김이 가지 않도록 주의한다.
- 발행 기관별 번호 순서로 정리한다.
- 서랍의 앞면에 해도번호나 구역을 표시한다.
- 해도에는 필요한 선만 긋도록 하며, 여백에 낙서하는 일이 없도록 한다.

11 다음 중 항해용 해도상에 표시된 정보의 내용으로 틀린 것은?

① 수 심　　② 축 척
③ 파 고　　④ 조 류

7 ③ 8 ③ 9 ④ 10 ④ 11 ③ 정답

12 창조와 낙조 사이에 해수 흐름이 잠시 정지하는 것은?

① 조 신 ② 게 류
③ 반 류 ④ 와 류

해설
① 조신 : 어느 지역의 조석이나 조류의 특징
③ 반류 : 주로 해안의 만입부에 형성되는 해안을 따라 흐르는 해류의 주류와 반대 방향으로 흐르는 해류
④ 와류 : 좁은 수로 등에서 조류가 격렬하게 흐르면서 물이 빙빙 도는 것

13 조차가 최대로 되는 시기로 옳은 것은?

① 삭 및 망의 1~2일 전
② 삭 및 망의 1~2일 후
③ 상현 및 하현의 1~2일 전
④ 상현 및 하현의 1~2일 후

해설
대조 : 삭(그믐달) 및 망(보름달)이 지난 뒤 1~2일 만에 조차가 극대가 되었을 때(사리)

14 난류(Warm Current)에 해당하는 것은?

① 연해주 해류 ② 오야시오 해류
③ 리만 해류 ④ 쿠로시오 해류

해설
쿠로시오 해류
북적도 해류로부터 분리되어 우리나라 주변을 흐르는 북태평양 해류 순환체계의 한 부분으로 우리나라에 가장 크게 영향을 미치는 난류

15 최근에 구한 실측위치에서 진침로와 항정의 요소로 구한 선위의 위치는?

① 추측위치 ② 추정위치
③ 실측위치 ④ 가정위치

해설
② 추정위치 : 추측위치에 바람, 해・조류 등 외력의 영향을 가감하여 구한 위치
③ 실측위치 : 지상의 물표의 방위나 거리를 실제로 측정하여 구한 위치

16 다음 중 물표의 수평 협각을 측정하는 기기는 무엇인가?

① 측심기 ② 컴퍼스
③ 레이더 ④ 육분의

해설
육분의 : 천체의 고도를 측정하거나 두 물표의 수평 협각을 측정하는 계기

17 다음 중 해상에서 선박이 항해한 거리를 나타낼 때 사용하는 단위는?

① 미 터 ② 노 트
③ 해 리 ④ 피 트

해설
해 리
해상에서 사용하는 거리의 단위이다. 지리 위도 45°에서의 1′의 길이인 1,852m를 1마일로 정하여 사용한다.
1해리 = 1마일 = 1,852m = 위도 1′의 길이

18 다음 중 우리나라의 표준자오선은 몇 °인가?

① 0° ② 동경 45°
③ 동경 105° ④ 동경 135°

19 어떤 물표를 관측하여 얻은 방위, 협각, 고도, 거리 등을 만족시키는 점의 자취로서, 관측을 실시한 선박이 그 자취위에 존재한다고 생각되는 특정한 선을 나타내는 것은?

① 위치선 ② 항정선
③ 방위선 ④ 피험선

해설
위치선 : 선박이 그 자취 위에 있다고 생각되는 특정한 선으로 위치선으로 2개 이상의 교점을 구하면 선박의 위치를 구할 수 있다.

정답 12 ② 13 ② 14 ④ 15 ① 16 ④ 17 ③ 18 ④ 19 ①

20 다음 중 선내 자기컴퍼스의 남북선과 진북 사이의 교각으로 옳은 것은?

① 자 차　② 편 차
③ 나침의 오차　④ 자이로 오차

해설
① 자차 : 자기자오선(자북)과 선내 자기컴퍼스 남북선(나북)과의 교각
② 편차 : 진자오선(진북)과 자기자오선(자북)과의 교각
④ 자이로 오차 : 자이로컴퍼스에서 발생하는 오차

21 다음 중 대권에 해당되지 않는 것은?

① 적 도
② 자오선
③ 거등권
④ 본초 자오선

해설
• 소권 : 지구를 평면으로 자른다고 했을 때 지구의 중심을 벗어난 작은 원
• 대권 : 지구를 평면으로 자른다고 했을 때 지구의 중심을 지나는 큰 원
③ 거등권 : 적도와 평행한 소권
① 적도 : 지축(자오선)에 직교하는 대권
② 자오선 : 대권 중에서 양극을 지나는 적도와 직교하는 대권
④ 본초 자오선 : 영국의 그리니치 천문대를 지나는 자오선

22 다음 중 선수를 기준으로 측정한 방위를 나타낸 것은?

① 진방위　② 자침방위
③ 나침방위　④ 상대방위

해설
④ 상대방위 : 자선의 선수를 0°로 하여 시계방향으로 360°까지 재거나 좌, 우현으로 180°씩 측정
① 진방위 : 진자오선과 관측자 및 물표를 지나는 대권이 이루는 교각
② 자침방위 : 자기 자오선과 관측자 및 물표를 지나는 대권이 이루는 교각
③ 나침방위 : 나침의 남북선과 관측자 및 물표를 지나는 대권이 이루는 교각

23 다음 중 레이더 플로팅 시의 일반적인 주의사항과 가장 거리가 먼 것은?

① 가까이 있는 선박보다 멀리 있는 것을 먼저 한다.
② 충분히 여유 있는 시기부터 한다.
③ 방위 변화 없이 접근하는 것부터 한다.
④ 상대운동 속력이 큰 것부터 한다.

해설
플로팅 시 주의사항
• 10마일 내외의 충분히 여유가 있는 시기에 시작한다.
• 3분 또는 6분마다 기점한다.
• 방위 변화가 없이 접근하는 목표물은 주의한다.
• 진방위지시방식의 화면을 사용한다.
• 신속 · 정확하게 작도한다.
• 상대운동 속력이 큰 것을 주의한다.

24 다음의 설명으로 옳은 것은?

레이더에서 같은 방향에 근접해 있는 두 개의 물표를 구별하여 영상으로 나타내는 능력

① 방위분해능　② 거리분해능
③ 최대 탐지거리　④ 최소 탐지거리

해설
① 방위분해능 : 자선으로부터 같은 거리에 있는 서로 가까운 2개의 물체를 지시기상에 2개의 영상으로 분리하여 나타낼 수 있는 능력
③ 최대 탐지거리 : 목표물을 탐지할 수 있는 최대 거리
④ 최소 탐지거리 : 가까운 거리에 있는 목표물을 탐지할 수 있는 최소 거리

25 다음 중 레이더로 물표까지 거리를 정확하게 측정할 때 사용하는 조정기는 무엇인가?

① 고정 거리환
② 가변 거리환
③ 평행 방위선
④ 방위 선택 스위치

해설
가변 거리환 조정기(VRM) : 자선에서 원하는 물체까지의 거리를 화면상에서 측정하기 위하여 사용하는 장치

20 ③ 21 ③ 22 ④ 23 ① 24 ② 25 ② 정답

제2과목 운 용

01 다음 중 좁은 수역에서 선박을 회전시키거나 긴급한 감속을 위한 보조수단으로 사용할 수 있는 설비는 무엇인가?

① 닻　② 데 릭
③ 비 트　④ 윈 치

02 다음의 설명에 해당되는 것은?

> 선박을 접안시키거나 타선에 접선시킬 때 충격을 흡수하기위해 사용되는 것

① 펜 더　② 스토퍼
③ 히빙라인　④ 롤러초크

해설
② 스토퍼 : 계선줄을 일시적으로 붙잡아 두는 기기
③ 히빙라인 : 계선줄을 내보내기 위해 미리 내주는 줄
④ 롤러초크 : 여러 가지 밧줄을 필요한 방향으로 이끄는 밧줄받이용의 롤러

03 다음 (　　) 안에 적합한 것은?

> 닻줄(Anchor Chain)은 링크 지름의 (　　) 이상 마모되면 닻줄을 교환해야 한다.

① 약 5%　② 약 8%
③ 약 10%　④ 약 12%

04 초단파를 이용한 근거리용 통신수단이며, 선박 상호간 또는 출・입항 시 선박과 항만관제기관과의 교신에 이용되는 통신설비로 옳은 것은?

① 팩시밀리　② 무선전신
③ 무선전화기(VHF)　④ 발광신호

해설
① 팩시밀리 : 전송 사진의 원리에 의해 일기도, 뉴스, 도면, 서류 등을 수신
② 무선전신 : 중파 또는 단파용 송수신기에 의해 모스부호로 교신
④ 발광신호 : 발광신호 등을 모스 부호에 따라 명멸시키며 교신

05 강력 갑판인 상갑판의 현측 최상부의 외판으로 가장 두꺼운 철판은 무엇인가?

① 현측 후판　② 선측 외판
③ 선루 외판　④ 선저 외판

해설
현측 후판 : 강력 갑판인 상갑판의 현측 최상부의 외판으로, 가장 두꺼운 외판이다.

06 제1호 선저도료(A/C)의 특징으로 가장 거리가 먼 것은?

① 방청성이 좋아야 한다.
② 강판과의 밀착성이 좋아야 한다.
③ 건조가 빨라야 한다.
④ 해저생물의 부착 방지성이 좋아야 한다.

해설
제1호 선저도료
- 선저 외판에 녹슴 방지용으로 칠하는 것 → 광명단 도료를 칠한 위에 사용(Anticorrosive Paint : A/C)
- 건조가 빠르고, 방청력이 뛰어나며, 강판과의 밀착성이 좋음

07 다음 중 최단 정지거리에 크게 영향을 미치지 않는 것은?

① 기관의 종류
② 선체의 비척도
③ 타효의 크기
④ 배수량

해설
최단 정지거리 : 전속 전진 중에 기관을 후진 전속으로 걸어서 선체가 정지할 때까지의 거리로 기관의 종류, 배수량, 선체의 비척도, 속력 등에 따라 차이가 생긴다.

정답 1 ① 2 ① 3 ④ 4 ③ 5 ① 6 ④ 7 ③

08 보통 고정피치 우선회 단추진기 선박의 후진 시 측압작용에 의한 선수회두로 옳은 것은?

① 우회두 ② 좌회두
③ 정 횡 ④ 직 진

해설
배출류의 영향
후진 시 프로펠러를 반시계 방향으로 회전하여 우현으로 흘러가는 배출류는 우현의 선미 벽에 부딪치면서 측압을 형성하여 선미를 좌현쪽으로 밀고 선수는 우현쪽으로 회두한다.

09 정지 중인 선박에 전진전속을 발동하여 소정의 속력에 달할 때까지의 타력으로 옳은 것은?

① 회두타력 ② 반전타력
③ 정지타력 ④ 발동타력

해설
① 회두타력 : 변침할 때의 변침 회두타력과 변침을 끝내고 일정한 침로 상에 정침할 때의 정침 회두타력이 있음
② 반전타력 : 전진 전속 항주 중 기관을 후진 전속으로 걸어서 선체가 정지할 때까지의 타력
③ 정지타력 : 전진 중인 선박에 기관정지를 명령하여 선체가 정지할 때까지의 타력

10 다음에서 설명하는 것은?

> 나선형 추진기가 수중에서 회전할 때 추진기의 앞쪽에서 빨려 들어오는 수류

① 반 류 ② 추적류
③ 흡입류 ④ 배출류

해설
① 반류 : 선체가 앞으로 나아가면서 생기는 빈 공간을 채워 주는 수류로 인하여 주로 뒤쪽 선수미선상의 물이 앞쪽으로 따라 들어오는 수류
④ 배출류 : 추진기의 회전에 따라 추진기의 뒤쪽으로 흘러가는 수류

11 강풍이나 파랑이 심하거나 또는 조류가 강한 수역에서 강한 파주력이 필요할 때 선택하는 묘박법은 어느 것인가?

① 단묘박 ② 쌍묘박
③ 이묘박 ④ 선수미 묘박

해설
① 단묘박 : 바람, 조류에 따라 닻을 중심으로 돌기 때문에 넓은 수역을 필요로 한다.
② 쌍묘박 : 선체의 선회 면적이 작기 때문에 좁은 수역, 선박의 교통량이 많은 곳에서 주로 사용된다.

12 선박의 전후 방향의 이동을 억제하는 계선줄로 옳지 않은 것은?

① 선수줄(Head Line)
② 선수 뒷줄 또는 선미 앞줄(Spring Line)
③ 옆줄(Breast Line)
④ 선미줄(Stern Line)

해설
옆 줄
선수 및 선미에서 부두에 거의 직각 방향으로 잡는 계선줄로 선수 부근에서 잡는 줄을 선수 옆줄(Forward Breast Line)이라 하고, 선미에서 잡는 줄을 선미 옆줄(After Breast Line)이라고 한다. 선체를 부두에 붙어 있도록 하여 횡방향의 이동을 억제한다.

13 조류가 빠른 협수로 통항 시 유의하여야 할 사항으로 틀린 것은?

① 통항시기는 조류가 약한 때를 택한다.
② 순조 때보다 역조 때가 정침이 잘된다.
③ 선수 미선과 조류의 방향이 되도록이면 일치하지 않는 것이 좋다.
④ 유속이나 선속이 빠르면 천수 영향이 커져서 조종이 어려울 수도 있다.

8 ① 9 ④ 10 ③ 11 ③ 12 ③ 13 ③ 정답

해설

협수로에서의 선박 운용
- 선수 미선과 조류의 유선이 일치되도록 조종하고, 회두 시 소각도로 여러 차례 변침한다.
- 기관사용 및 앵커 투하 준비상태를 계속 유지하면서 항해한다.
- 역조 때에는 정침이 잘되나 순조 때에는 정침이 어려우므로 타효가 잘 나타나는 안전한 속력을 유지하도록 한다.
- 순조 시에는 대략 유속보다 3노트 정도 빠른 속력을 유지하도록 한다.
- 협수로의 중앙을 벗어나면 육안 영향에 의한 선체 회두를 고려한다.
- 좁은 수로에서는 원칙적으로 추월이 금지되어 있다.
- 통항시기는 게류 시나 조류가 약한 때를 택한다.

14 복원력이 증가함에 따라 나타나는 영향에 대한 설명으로 틀린 것은?

① 화물이 이동할 위험이 있다.
② 승무원의 작업능률을 저하시킬 수 있다.
③ 선체나 기관 등이 손상될 우려가 있다.
④ 횡요주기가 길어진다.

해설

복원력이 클수록 횡요주기가 짧아지고, 승조원들의 멀미 및 화물의 이동이 우려된다.

15 다음 중 선박이 수면상 안정 평형 상태인 것은?

① 경심이 무게중심보다 위에 있을 때
② 경심이 무게중심보다 아래에 있을 때
③ 전심이 경심보다 위에 있을 때
④ 경심과 무게중심이 같을 때

해설

경심(M)이 무게중심(G)보다 위쪽에 위치하면 선박은 안정 평형 상태이다.

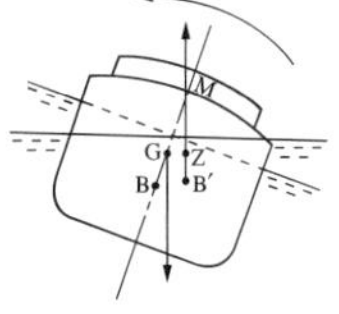

(a) 안전 평형

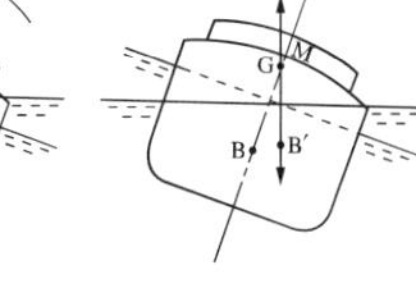

(b) 중립 평형

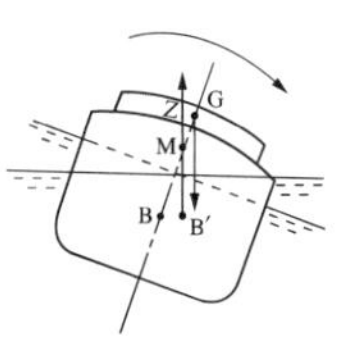

(c) 불안정 평형

16 항해 당직 중 경계를 할 때 고려사항으로 틀린 것은?

① 건 현 ② 해상의 교통량
③ 기상 상태 ④ 시 정

해설

항해 당직 중에는 시각 및 청각뿐만 아니라 당시의 시정과 조건에 알맞은 모든 유용수단을 동원하여 항상 적당한 견시를 유지하여야 한다.

17 항해 당직 중 시계가 제한될 경우 당직 항해사가 취할 조치로 틀린 것은?

① 최대 속력으로 증속할 것
② 레이더를 작동할 것
③ 항해등을 켤 것
④ 필요시 경계원을 추가 배치할 것

해설

시계가 제한될 시 당직요령
- 당직사관은 무중신호를 울리고 적당한 속력으로 항해한다.
- 선장에게 사항을 보고한다.
- 견시와 조타수를 배치하고, 선박이 폭주하는 해역에서는 즉각 수동조타로 바꾼다.
- 항해등을 켠다.
- 레이더를 작동하고 사용한다.

18 선교에서 당직 항해사를 보좌하며 조타 또는 그 밖의 항해 관련 업무를 수행하는 사람으로 옳은 것은?

① 조타수
② 기관원
③ 갑판원
④ 갑판장

해설

갑판수는 일반적으로 조타수로서 선교에 근무하며, 항해사의 지시에 따라 조타 및 견시 업무, 항해 및 신호기구의 정비, 측심 및 선교 정리 등의 업무를 진행하며 정박 중에는 정박, 하역 당직 업무를 수행한다.

정답 14 ④ 15 ① 16 ① 17 ① 18 ①

19 다음 중 따뜻한 공기가 온도가 낮은 표면상으로 이동해서 냉각되어 생긴 안개는 무엇인가?

① 증기무 ② 이류무
③ 전선무 ④ 역전무

해설
① 증기무 : 찬 공기가 따뜻한 수면 또는 습한 지면 위를 이동할 때 증발에 의해 형성된 안개
③ 전선무 : 다른 두 기단 사이의 경계 부분에서 발생하는 안개
④ 역전무 : 지표면의 복사냉각으로 인해 지표면 위로 기온역전층이 생겨 발생한 안개

20 ( ) 안에 순서대로 알맞은 것은?

> 우리나라의 겨울에는 시베리아 대륙으로부터 ( ) 계열의 계절풍이 불고, 여름에는 태평양쪽으로부터 ( ) 계열의 계절풍이 불어온다.

① 북풍, 남풍 ② 남풍, 서풍
③ 동풍, 서풍 ④ 서풍, 북풍

해설
계절풍 : 해륙풍과 같은 원리로 대륙과 해양 사이에서의 비열 차이에 의해 발생하며 여름철에는 해양에서 육지로 겨울철에는 육지에서 해양으로 바람이 분다. 우리나라 부근의 계절풍은 여름에는 남동풍, 겨울에는 북서풍이 분다.

21 다음 중 크랭크축의 회전을 균일하게 해 주는 역할을 하고, 디젤 기관의 시동을 쉽게 해 주는 것은?

① 평형추 ② 플라이 휠
③ 피스톤 ④ 크랭크 암

22 다음 중 구조선이 조난 통보를 수신하였을 때의 조치사항으로 틀린 것은?

① 조난 주파수로 청취당직을 계속한다.
② 조난선에게 자선의 식별, 위치, 속력 및 도착 예정 시각 등을 송신한다.
③ 수신했음을 조난선에게 알리고 상황에 따라서 조난 통보를 재송신한다.
④ 타 선박에 조난 통보를 재송신한 경우 본선은 도착항을 향해 계속 항해한다.

해설
구조선이 취할 조치
- 조난 통보를 수신했을 때 조난선에 알리고, 상황에 따라서 조난 통보를 재송신한다.
- 조난선에게 자선의 식별(선명, 호출부호 등), 위치, 속력 및 도착 예정 시각(ETA) 등을 송신한다.
- 조난 주파수로 청취 당직을 계속한다.
- 레이더를 계속하여 작동한다.
- 조난 장소 부근에 접근하면 경계원을 추가로 배치한다.
- 조난 현장으로 항진하면서 다른 구조선의 위치, 침로, 속력, ETA, 조난 현장의 상황 등의 파악에 노력한다.
- 현장 도착과 동시에 구조 작업을 할 수 있도록 필요한 그물, 사다리, 로프, 들것 등을 준비한다.

23 다음 중 일사병이나 열사병에 걸려 넘어졌을 때 조치방법으로 틀린 것은?

① 통풍이 잘되는 조용한 방에 옮겨 눕힌다.
② 옷을 느슨하게 해 준다.
③ 호흡이 불안정하거나 정지되었을 때에도 인공호흡을 실시해서는 안 된다.
④ 의식이 회복되면 찬물을 마시게 하고 안정을 취하도록 한다.

해설
호흡이 불안정하거나 정지되었을 때는 인공호흡 및 심폐소생법을 실시하도록 한다.

24 조난선이 해안의 방향탐지국 또는 다른 선박에서 탐지할 수 있도록 발송하는 조난 통보신호로 옳은 것은?

① 10~15초간의 단음 1회
② 10~15초간의 장음 2회
③ 10~15초간의 단음 3회
④ 10~15초간의 장음 4회

19 ② 20 ① 21 ② 22 ④ 23 ③ 24 ② 정답

25 수색을 실시할 때의 조치가 아닌 것은?

① 레이더를 병용하여 효과를 높인다.
② 조난 주파수를 계속 청취한다.
③ 수색 속력은 통상 가장 빠른 선박의 최대 속력을 유지한다.
④ 수색 선박 간의 간격은 지침서에 정해진 대로 따라야 한다.

해설
수색 선박 간의 간격은 지침서에 정해진 대로 따라야 하고, 속력은 동일한 속력을 유지한다.

제3과목 법 규

01 선박의 입항 및 출항 등에 관한 법률상 무역항의 수상구역 등에 출입할 때에 출입신고를 하여야 한다. 신고 면제 선박으로 틀린 것은?

① 총톤수 5톤 이상의 선박
② 해양사고 구조에 종사하는 선박
③ 총톤수 300톤의 원양 어선
④ 총톤수 500톤의 일반 화물선

해설
선박의 입항 및 출항 등에 관한 법률 제4조(출입 신고)
무역항의 수상구역 등에 출입하려는 선박의 선장은 대통령령으로 정하는 바에 따라 해양수산부장관에게 신고하여야 한다. 다만, 다음의 선박은 출입 신고를 하지 아니할 수 있다.
- 총톤수 5톤 미만의 선박
- 해양사고 구조에 사용되는 선박
- 수상레저안전법에 따른 수상레저기구 중 국내항 간을 운항하는 모터보트 및 동력요트
- 그 밖에 공공목적이나 항만 운영의 효율성을 위하여 해양수산부령으로 정하는 선박

02 다음 중 선박의 입항 및 출항 등에 관한 법률상 무역항의 수상구역 등에서 다른 선박의 진로를 피하여야 하는 선박으로 옳은 것은?

① 어 선　　② 여객선
③ 우선피항선　　④ 위험물 운송 선박

해설
선박의 입항 및 출항 등에 관한 법률 제2조(정의)
우선피항선이란 주로 무역항의 수상구역에서 운항하는 선박으로서 다른 선박의 진로를 피하여야 하는 선박을 말한다.
- 선박법에 따른 부선(예인선이 부선을 끌거나 밀고 있는 경우의 예인선 및 부선을 포함하되, 예인선에 결합되어 운항하는 압항부선은 제외한다)
- 주로 노와 삿대로 운전하는 선박
- 예 선
- 항만운송사업법에 따라 항만운송관련사업을 등록한 자가 소유한 선박
- 해양환경관리업에 따라 해양환경관리업을 등록한 자가 소유한 선박 또는 해양폐기물 및 해양오염퇴적물 관리법에 따라 해양폐기물관리업을 등록한 자가 소유한 선박(폐기물해양배출업으로 등록한 선박은 제외한다)
- 위의 규정에 해당하지 아니하는 총톤수 20톤 미만의 선박

03 다음에서 설명하는 검사는?

선박안전법상 선박안전과 관련하여 대형 해양사고가 발생한 경우 또는 유사사고가 지속적으로 발생한 경우에 시행되는 검사

① 정기검사　　② 특별검사
③ 제조검사　　④ 임시검사

해설
선박안전법 제71조(특별검사)
해양수산부장관은 선박의 구조・설비 등의 결함으로 인하여 대형 해양사고가 발생한 경우 또는 유사사고가 지속적으로 발생한 경우에는 해양수산부령으로 정하는 바에 따라 관련되는 선박의 구조・설비 등에 대하여 검사(특별검사)를 할 수 있다.

정답 25 ③ / 1 ② 2 ③ 3 ②

04 다음 설명에 해당되는 증서는?

> 선박안전법상 정기검사를 실시한 후 해양수산부장관이 지정하는 항해구역이 기재되어 있는 증서

① 특수선검사증서 ② 선박검사증서
③ 선박국적증서 ④ 임시항해검사증서

해설
선박안전법 제8조(정기검사)
해양수산부장관은 정기검사에 합격한 선박에 대하여 항해구역, 최대 승선인원 및 만재흘수선의 위치를 각각 지정하여 해양수산부령으로 정하는 사항과 검사기록을 기재한 선박검사증서를 교부하여야 한다.

05 해양환경관리법상 화물유가 섞인 선박평형수의 배출 기준으로 틀린 것은?

① 항해 중에 배출할 것
② 기름오염방지설비의 작동 중에 배출할 것
③ 기름의 순간 배출률이 1해리당 50L 이하일 것
④ 기선으로부터 50해리 이상 떨어진 곳에서 배출할 것

해설
선박에서의 오염방지에 관한 규칙[별표4]
화물유가 섞인 선박평형수, 세정수, 선저폐수의 배출 기준
- 항해 중에 배출할 것
- 기름의 순간 배출률이 1해리당 30L 이하일 것
- 1회의 항해 중의 배출 총량이 그 전에 실은 화물총량의 3만분의 1 이하일 것
- 기선으로부터 50해리 이상 떨어진 곳에서 배출할 것
- 기름오염방지설비의 작동 중에 배출할 것

06 (　　)에 적합한 것은?

> 해양환경관리법이 정하는 배출기준을 초과하여 기름이 배출 되었을 경우 해양환경관리법상 (　　)에게 신고하여야 한다.

① 해양수산부장관
② 지방자치단체장
③ 해양경찰청장
④ 환경부장관

해설
해양환경관리법 제63조(오염물질이 배출되는 경우의 신고의무)
대통령령이 정하는 배출기준을 초과하는 오염물질이 해양에 배출되거나 배출될 우려가 있다고 예상되는 경우 다음의 어느 하나에 해당하는 자는 지체 없이 해양경찰청장 또는 해양경찰서장에게 이를 신고하여야 한다.
- 배출되거나 배출될 우려가 있는 오염물질이 적재된 선박의 선장 또는 해양시설의 관리자. 이 경우 해당 선박 또는 해양시설에서 오염물질의 배출원인이 되는 행위를 한 자가 신고하는 경우에는 그러하지 아니하다.
- 오염물질의 배출원인이 되는 행위를 한 자
- 배출된 오염물질을 발견한 자

07 해사안전법상 항행 중인 동력선이 서로 시계 안에 있는 경우에 침로를 오른쪽으로 변경하고자 할 때 알맞은 음향신호는?

① 단음 2회 ② 장음 2회, 단음 2회
③ 단음 1회 ④ 장음 2회, 단음 1회

해설
해사안전법 제92조(조종신호와 경고신호)
항행 중인 동력선이 서로 상대의 시계 안에 있는 경우에 이 법의 규정에 따라 그 침로를 변경하거나 그 기관을 후진하여 사용할 때에는 다음의 구분에 따라 기적신호를 행하여야 한다.
- 침로를 오른쪽으로 변경하고 있는 경우 : 단음 1회
- 침로를 왼쪽으로 변경하고 있는 경우 : 단음 2회
- 기관을 후진하고 있는 경우 : 단음 3회

08 다음 중 해사안전법상 서로 시계 안에서의 항법에 대한 설명으로 틀린 것은?

① 두 척의 동력선이 상대의 진로를 횡단하는 경우 다른 선박을 우현 쪽에 두는 선박이 피항선이 된다.
② 두 범선이 서로 다른 현에서 바람을 받고 있는 경우 좌현에서 바람을 받고 있는 선박을 피항선으로 본다.
③ 두 척의 동력선이 마주치는 경우 충돌의 위험을 피하기 위해 침로를 좌현으로 변경해야 한다.
④ 다른 선박의 양쪽 현의 정횡으로부터 22.5°를 넘는 후방에서 그 선박을 앞지르는 선박은 추월선으로 본다.

정답 4 ② 5 ③ 6 ③ 7 ③ 8 ③

해설
해사안전법 제72조(마주치는 상태)
두 척의 동력선이 마주치거나 거의 마주치게 되어 충돌의 위험이 있을 때에는 각 동력선은 서로 다른 선박의 좌현쪽을 지나갈 수 있도록 침로를 우현쪽으로 변경하여야 한다.

09 **국제해상충돌방지 규칙상 '제한된 시계'의 원인으로 틀린 것은?**

① 안개 속에 있는 경우
② 눈보라가 많이 날리는 경우
③ 해안선이 복잡하여 시야가 막히는 경우
④ 침로의 전면에 안개 덩어리가 있는 경우

해설
해사안전법 제2조(정의)
제한된 시계란 안개·연기·눈·비·모래바람 및 그 밖에 이와 비슷한 사유로 시계(視界)가 제한되어 있는 상태를 말한다.

10 **다음 중 국제해상충돌방지 규칙상의 항해 중인 선박에 해당되는 것은?**

① 정박 중인 선박
② 표류 중인 선박
③ 육안에 계류 중인 선박
④ 좌초되어 있는 선박

해설
해사안전법 제2조(정의)
항행 중이란 선박이 다음의 어느 하나에 해당하지 아니하는 상태를 말한다.
• 정 박
• 항만의 안벽 등 계류시설에 매어 놓은 상태(계선부표나 정박하고 있는 선박에 매어 놓은 경우를 포함한다)
• 얹혀 있는 상태

11 **국제해상충돌방지규칙상 레이더를 사용하고 있는 선박의 경우, 안전한 속력을 결정하는 요소가 아닌 것은?**

① 레이더의 수
② 레이더의 특성
③ 레이더로 탐지된 선박의 수
④ 장애 요인이 레이더 탐지에 미치는 영향

해설
해사안전법 제64조(안전한 속력)
레이더를 사용하고 있는 선박이 안전한 속력을 결정할 때 고려할 요소
• 레이더의 특성 및 성능
• 해면 상태, 기상 그 밖의 장애 요인이 레이더 탐지에 미치는 영향
• 레이더로 탐지한 선박의 수, 위치 및 동향

12 **국제해상충돌방지규칙상 충돌을 피하기 위한 동작의 요건으로 틀린 것은?**

① 적극적으로 이행할 것
② 명확히 행동할 것
③ 충분히 여유 있는 시간에 행동할 것
④ 자선의 의도를 강조하기 위하여 소각도로 수회에 걸쳐 변침할 것

해설
해사안전법 제66조(충돌을 피하기 위한 동작)
선박은 다른 선박과 충돌을 피하기 위하여 침로나 속력을 변경할 때에는 될 수 있으면 다른 선박이 그 변경을 쉽게 알아볼 수 있도록 충분히 크게 변경하여야 하며, 침로나 속력을 소폭으로 연속적으로 변경하여서는 아니 된다.

13 **국제해상충돌방지규칙상 접근하여 오는 다른 선박의 컴퍼스 방위가 계속 변하지 않으면서 거리가 가까워지고 있는 경우의 상태는?**

① 우현쪽으로 통과한다.
② 좌현쪽으로 통과한다.
③ 추월하고 있다.
④ 충돌의 위험이 있다.

해설
해사안전법 제65조(충돌 위험)
선박은 접근하여 오는 다른 선박의 나침방위에 뚜렷한 변화가 일어나지 아니하면 충돌할 위험성이 있다고 보고 필요한 조치를 하여야 한다. 접근하여 오는 다른 선박의 나침방위에 뚜렷한 변화가 있더라도 거대선 또는 예인작업에 종사하고 있는 선박에 접근하거나, 가까이 있는 다른 선박에 접근하는 경우에는 충돌을 방지하기 위하여 필요한 조치를 하여야 한다.

정답 9 ③ 10 ② 11 ① 12 ④ 13 ④

14 **국제해상충돌방지규칙상 좁은 수로에서는 실행 가능한 한 항행해야 하는 방향은 어느 쪽인가?**

① 항로의 가장 깊은 부분
② 항로의 우측
③ 항로의 좌측
④ 항로의 중앙부

해설
해사안전법 제67조(좁은 수로 등)
좁은 수로나 항로(좁은 수로 등)를 따라 항행하는 선박은 항행의 안전을 고려하여 될 수 있으면 좁은 수로 등의 오른편 끝 쪽에서 항행하여야 한다.

15 **국제해상충돌방지규칙상 통항분리방식 내의 분리선이나 분리대를 횡단할 수 있는 경우로 틀린 것은?**

① 통항로에 진입하거나 떠나는 경우
② 자차 수정을 위해 급회전이 필요한 경우
③ 분리대 내에서 어로에 종사하고자 하는 경우
④ 급박한 위험을 피하기 위한 긴급한 경우

해설
해사안전법 제68조(통항분리제도)
통항로를 횡단하거나 통항로에 출입하는 선박 외의 선박은 급박한 위험을 피하기 위한 경우나 분리대 안에서 어로에 종사하고 있는 경우 외에는 분리대에 들어가거나 분리선을 횡단하여서는 아니 된다.

16 **다음 (   ) 안에 적합한 것은?**

> 통항분리방식에서 길이 (   )의 선박은 통항로를 따라 항행하는 다른 선박의 항행을 방해하여서는 안 된다.

① 20m 미만　② 30m 미만
③ 40m 미만　④ 60m 이상

해설
해사안전법 제68조(통항분리제도)
길이 20m 미만의 선박이나 범선은 통항로를 따라 항행하고 있는 다른 선박의 항행을 방해하여서는 아니 된다.

17 **국제해상충돌방지규칙상 같은 현측에 바람을 받고 있는 두 척의 범선이 서로 접근하여 충돌의 위험이 있을 경우의 항법으로 적절한 것은?**

① 두 선박이 서로 우현 변침한다.
② 두 선박이 서로 좌현 변침한다.
③ 풍상측의 선박이 풍하측의 선박을 피한다.
④ 풍하측의 선박이 풍상측의 선박을 피한다.

해설
해사안전법 제70조(범선)
2척의 범선이 서로 접근하여 충돌할 위험이 있는 경우에는 다음에 따른 항행방법에 따라 항행하여야 한다.
- 각 범선이 다른 쪽 현에 바람을 받고 있는 경우에는 좌현에 바람을 받고 있는 범선이 다른 범선의 진로를 피하여야 한다.
- 두 범선이 서로 같은 현에 바람을 받고 있는 경우에는 바람이 불어오는 쪽의 범선이 바람이 불어가는 쪽의 범선의 진로를 피하여야 한다.
- 좌현에 바람을 받고 있는 범선은 바람이 불어오는 쪽에 있는 다른 범선을 본 경우로서 그 범선이 바람을 좌우 어느 쪽에 받고 있는지 확인할 수 없는 때에는 그 범선의 진로를 피하여야 한다.

18 **국제해상충돌방지규칙상 추월 항법에 대한 설명으로 틀린 것은?**

① 추월선은 추월당하는 선박의 진로를 피하여야 한다.
② 추월선은 완전히 앞질러 멀어질 때까지 추월당하는 선박의 진로를 피하여야 할 의무가 있다.
③ 다른 선박의 정횡 후 22.5°를 넘는 후방에서 접근하는 선박으로서 야간에는 그 선박의 현등만 보고 접근하는 선박이 추월선이다.
④ 다른 선박을 추월하고 있는지의 여부가 불분명할 때에는 자선이 추월하고 있는 선박으로 생각하고 이에 대한 합당한 동작을 취한다.

해설
해사안전법 제71조(추월)
- 추월선은 추월당하고 있는 선박을 완전히 추월하거나 그 선박에서 충분히 멀어질 때까지 그 선박의 진로를 피하여야 한다.
- 다른 선박의 양쪽 현의 정횡으로부터 22.5°를 넘는 뒤쪽(밤에는 다른 선박의 선미등만을 볼 수 있고 어느 쪽의 현등도 볼 수 없는 위치를 말한다)에서 그 선박을 앞지르는 선박은 추월선으로 보고 필요한 조치를 취하여야 한다.

14 ② 15 ② 16 ① 17 ③ 18 ③ 정답

- 선박은 스스로 다른 선박을 추월하고 있는지 분명하지 아니한 경우에는 추월선으로 보고 필요한 조치를 취하여야 한다.
- 추월하는 경우 2척의 선박 사이의 방위가 어떻게 변경되더라도 추월하는 선박은 추월이 완전히 끝날 때까지 추월당하는 선박의 진로를 피하여야 한다.

19 국제해상충돌방지규칙의 규정에 따라 서로 시계 내에서 범선과 동력선이 서로 마주치는 경우의 항법은?

① 각각 좌현 변침한다.
② 각각 우현 변침한다.
③ 동력선이 피항선이다.
④ 동력선은 우현으로 범선은 풍하측으로 변침한다.

해설
해사안전법 제76조(선박 사이의 책무)
항행 중인 동력선은 다음에 따른 선박의 진로를 피하여야 한다.
- 조종 불능선
- 조종 제한선
- 어로에 종사하고 있는 선박
- 범 선

20 다음 중 국제해상충돌방지규칙상 형상물 사이 수직거리의 최소 간격으로 옳은 것은?

① 0.6m　　② 1.0m
③ 1.5m　　④ 2.0m

해설
국제해상충돌방지규칙상 형상물의 기준
- 형상물은 흑색이어야 하고 그 크기는 다음과 같아야 한다.
  - 구형은 지경이 0.6m 이상 되어야 한다.
  - 원추형은 저면 직경이 0.6m 이상, 그리고 높이는 직경과 같다.
  - 원통형은 직경이 적어도 0.6m가 되어야 하며 높이는 직경의 2배가 되어야 한다.
  - 능형은 위의 두 개의 원추형 형상물의 저면을 맞대어 만든다.
- 형상물 사이의 수직거리는 적어도 1.5m 있어야 한다.
- 길이가 20m 미만인 선박에 있어서는 선박의 크기에 상응하는 보다 작은 크기를 가진 형상물이 사용될 수도 있으며 그들의 간격도 이에 따라 축소시킬 수 있다.

21 다음 중 길이 12m 미만 동력선의 마스트등의 최소 가시거리로 옳은 것은?

① 1해리　　② 2해리
③ 3해리　　④ 4해리

해설
국제해상충돌방지 규칙상 등화의 가시거리

구분	가시거리
길이 50m 이상의 선박	• 마스트등 : 6해리 • 현등 : 3해리 • 선미등 : 3해리 • 예인등 : 3해리 • 백색, 홍색, 또는 녹색, 황색의 전주등 : 3해리
길이 12m 이상 50m 미만인 선박	• 마스트등 : 5해리(20m 미만의 선박 : 3해리) • 현등 : 2해리 • 선미등 : 2해리 • 예인등 : 2해리 • 백색, 홍색, 녹색 또는 황색의 전주등 : 2해리
길이 12m 미만의 선박	• 마스트등 : 2해리 • 현등 : 1해리 • 예인등 : 2해리 • 백색, 홍색, 녹색 또는 황색의 전주등 : 2해리
눈에 잘 띄지 않고 부분적으로 잠수되어 끌어가고 있는 선박이나 물체	백색의 전주등 : 3해리

22 국제해상충돌방지규칙상 주간에 예인선열의 길이가 200m를 초과하는 경우 예인선과 피예인선이 달아야 하는 형상물로 옳은 것은?

① 마름모꼴 1개씩
② 마름모꼴 2개를 상하로
③ 원통형 1개씩
④ 둥근꼴 3개씩

정답 19 ③ 20 ③ 21 ② 22 ①

해설

해사안전법 제82조(항행 중인 예인선)

- 동력선이 다른 선박이나 물체를 끌고 있는 경우에는 다음의 등화나 형상물을 표시하여야 한다.
  - 같은 수직선 위에 마스트등 2개. 다만, 예인선의 선미로부터 끌려가고 있는 선박이나 물체의 뒤쪽 끝까지 측정한 예인선열의 길이가 200m를 초과하면 같은 수직선 위에 마스트등 3개를 표시하여야 한다.
  - 현등 1쌍
  - 선미등 1개
  - 선미등의 위쪽에 수직선 위로 예선등 1개
  - 예인선열의 길이가 200m를 초과하면 가장 잘 보이는 곳에 마름모꼴의 형상물 1개
- 끌려가고 있는 선박이나 물체는 다음의 등화나 형상물을 표시하여야 한다.
  - 현등 1쌍
  - 선미등 1개
  - 예인선열의 길이가 200m를 초과하면 가장 잘 보이는 곳에 마름모꼴의 형상물 1개

23 국제해상충돌방지규칙상 상방에 백색등, 하방에 홍색등을 표시하고 있는 선박으로 옳은 것은?

① 수중 작업선 ② 정박선
③ 어 선 ④ 도선선

해설

해사안전법 제87조(도선선)

도선 업무에 종사하고 있는 선박은 다음의 등화나 형상물을 표시하여야 한다.

① 마스트의 꼭대기나 그 부근에 수직선 위쪽에는 흰색 전주등, 아래쪽에는 붉은색 전주등 각 1개
② 항행 중에는 ①에 따른 등화에 덧붙여 현등 1쌍과 선미등 1개
③ 정박 중에는 ①에 따른 등화에 덧붙여 제88조에 따른 정박하고 있는 선박의 등화나 형상물

24 다음 형상물로 옳은 것은?

> 국제해상충돌방지규칙에서 얹혀 있는 선박이 표시하는 형상물

① 구형 형상물 1개
② 구형 형상물 2개
③ 구형 형상물 3개
④ 구형 형상물 4개

해설

해사안전법 제88조(정박선과 얹혀 있는 선박)

얹혀 있는 선박은 정박 중인 선박의 등화를 표시하여야 하며, 이에 덧붙여 가장 잘 보이는 곳에 다음의 등화나 형상물을 표시하여야 한다.

- 수직으로 붉은색의 전주등 2개
- 수직으로 둥근꼴의 형상물 3개

25 국제해상충돌방지규칙상 제한된 시계 내에서 대수속력이 있는 동력선의 음향신호로 옳은 것은?

① 2분 넘지 않는 간격으로 장음 1회
② 2분 넘지 않는 간격으로 장음 2회
③ 2분 넘지 않는 간격으로 장음 1회에 이어 단음 2회
④ 2분 넘지 않는 간격으로 장음 2회에 이어 단음 3회

해설

해사안전법 제93조(제한된 시계 안에서의 음향신호)

항행 중인 동력선은 대수 속력이 있는 경우에는 2분을 넘지 아니하는 간격으로 장음을 1회 울려야 한다.

23 ④ 24 ③ 25 ① 정답

2017년 제2회 과년도 기출복원문제

제1과목 항 해

01 다음 중 액체식 자기컴퍼스의 주액구에 대한 설명으로 틀린 것은?

① 볼 윗방의 상면에 있다.
② 액을 보충할 때는 주사기로 천천히 보충한다.
③ 볼(Bowl) 내의 컴퍼스 액이 부족하여 기포가 생길 때 사용하는 구멍이다.
④ 보충작업은 주위의 온도가 15℃ 정도일 때 하는 것이 가장 좋다.

해설
주액구

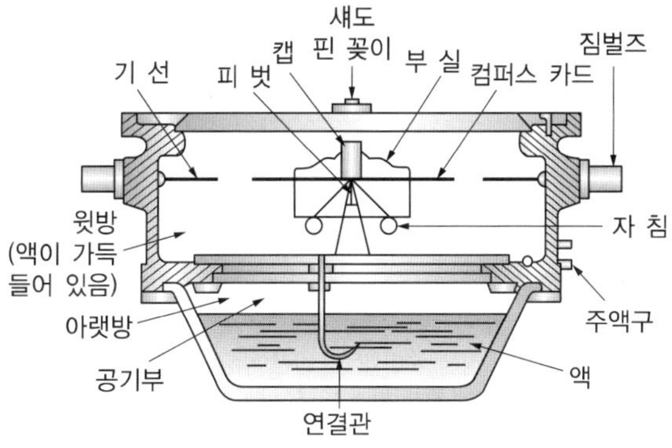

- 볼 내에 컴퍼스 액이 부족하여 기포가 생길 때 사용하는 구멍이다.
- 주액구를 위로 향하게 한 다음, 주사기로 액을 천천히 보충하여 기포를 제거한다.
- 주위의 온도가 15℃ 정도일 때 실시하는 것이 가장 좋다.

02 액체식 자기컴퍼스 볼(Bowl)의 구조에 대한 설명으로 틀린 것은?

① 부실은 구리로 만들어진 반구형으로 되어 있다.
② 컴퍼스 카드는 0°에서 360°까지 45° 간격으로 방위가 새겨져 있다.
③ 컴퍼스 액은 증류수와 에틸알코올이 일정 비율로 혼합되어 있다.
④ 자침은 자력이 좀처럼 감소되지 않는 영구자석이 사용된다.

해설
컴퍼스카드에는 원주의 북을 0°로 하여 시계 방향으로 360등분된 방위 눈금이 새겨져 있다.

03 다음 (　　) 안에 들어갈 용어로 옳은 것은?

> 액체식 자기컴퍼스는 크게 나누어 볼과 (　)(으)로 구성되어 있다.

① 캡　② 짐벌즈
③ 비너클　④ 피 벗

해설
캡, 피벗, 짐벌즈는 볼의 구성요소이다.

04 다음의 설명으로 옳은 것은?

> 실측 가능한 2개 이상의 고정된 뚜렷한 물표의 방위를 측정하여 선위를 결정하는 방법

① 교차방위법　② 수평협각법
③ 양측방위법　④ 4점방위법

정답 1 ① 2 ② 3 ③ 4 ①

해설

② 수평협각법 : 뚜렷한 물표 3개를 선정하여 육분의로 중앙 물표와 좌우 양 물표의 협각을 측정하고, 3간분도기를 사용하여 선위를 구하는 방법
③ 양측방위법 : 물표의 시간차를 두고 두 번 이상 측정하여 선위를 구하는 방법
④ 4점방위법 : 물표의 전측 시 선수각을 45°(4점)로 측정하고 후측 시 선수각을 90°(8점)로 측정하여 선위를 구하는 방법

05 등질에서 'F'로 표시되는 것은 무엇인가?

① 섬광등　　② 부동등
③ 명암등　　④ 호광등

해설

① 섬광등 : Fl
③ 명암등 : Oc
④ 호광등 : Al

06 우리나라의 우현표지에 대한 올바른 설명은?

① 우측항로가 일반적인 항로임을 나타낸다.
② 공사구역 등 특별한 시설이 있음을 나타낸다.
③ 고립된 장애물 위에 설치하여 장애물이 있음을 나타낸다.
④ 항행하는 수로의 우측 한계를 표시하므로, 표지 좌측으로 항해하여야 안전하다.

해설

① 동방위표지
② 특수표지
③ 고립 장애표지

07 다음 중 음향표지 또는 무중신호에 대한 설명으로 틀린 것은?

① 밤에만 작동한다.
② 사이렌이 많이 쓰인다.
③ 공중 음신호와 수중 음신호가 있다.
④ 일반적으로 등대나 다른 항로표지에 부설되어 있다.

해설

음향표지
안개, 눈 등에 의하여 시계가 나빠서 육지나 등화를 발견하기 어려울 때에 선박에 항로표지의 위치를 알리거나 경고할 목적으로 설치된 표지로 무신호(Fog Signal)라고도 한다.

08 항해에 가장 많이 이용하는 해도의 도법으로 옳은 것은?

① 대권도법　　② 점장도법
③ 평면도법　　④ 방위등거극도법

해설

점장도의 특징
- 항정선이 직선으로 표시되어 침로를 구하기 편리하다.
- 자오선과 거등권이 직선으로 나타난다.
- 거리 측정 및 방위선 기입이 용이하다.
- 고위도에서는 외곡이 생기므로 위도 70° 이하에서 사용된다.

09 다음에서 설명하는 것은?

> 항해 및 정박에 직접 영향을 주는 사항들을 항해자에게 통보하여 주의를 환기시키고, 수로서지를 개정할 목적으로 발행하는 소책자

① 색인도　　② 신판해도
③ 기상통보　　④ 항행통보

해설

항행통보
- 암초나 침선 등 위험물의 발견, 수심의 변화, 항로표지의 신설, 폐지 등과 같이 직접 항해 및 정박에 영향을 주는 사항을 항해자에게 통보하여 주위를 환기시키고, 수로서지를 정정하게 할 목적으로 발행하는 소책자
- 우리나라의 항행통보는 해양조사원에서 영문판 및 국문판으로 매주 간행

10 다음에서 설명하는 것은?

> 두 지점 사이의 실제 거리와 해도에서 이에 대응하는 두 지점 사이의 거리의 비

① 축 척　　② 지 명
③ 위 도　　④ 경 도

5 ② 6 ④ 7 ① 8 ② 9 ④ 10 ① 정답

11 해도에서 여러 사항들을 표시하기 위해서 사용되는 특수한 기호와 약어를 무엇이라고 하는가?

① 조류도 ② 편차도
③ 해도도식 ④ 해도색인도

해설
해도도식 : 해도상에 여러 가지 사항들을 표시하기 위하여 사용되는 특수한 기호와 약어

12 낙조류에 대한 설명으로 옳은 것은?

① 고조시에서 고조시까지 흐르는 조류
② 고조시에서 저조시까지 흐르는 조류
③ 저조시에서 고조시까지 흐르는 조류
④ 저조시에서 저조시까지 흐르는 조류

해설
- 낙조류 : 고조시에서 저조시까지 흐르는 조류
- 창조류 : 저조시에서 고조시까지 흐르는 조류

13 조석표를 이용하여 임의 항만의 조시를 구할 때 필요한 요소로 옳은 것은?

① 조고비
② 조시차
③ 임의 항만의 평균해면
④ 표준항의 평균해면

해설
임의항만(지역)의 조석을 구하는 방법
- 조시 : 표준항의 조시에 구하려고 하는 임의 항만의 개정수인 조시차를 그 부호대로 가감
- 조고 : 표준항의 조고에서 표준항의 평균해면을 빼고, 그 값에 임의 항만의 개정수인 조고비를 곱해서 임의 항만의 평균해면을 더함

14 다음 중 조석과 조류에 대한 설명으로 틀린 것은?

① 조석으로 인한 해수의 주기적인 수평운동을 조류라 한다.
② 조류가 암초나 반대 방향의 수류에 부딪혀 생기는 파도를 급조라 한다.
③ 좁은 수로 등에서 조류가 격렬하게 흐르면서 물이 빙빙 도는 것을 반류라고 한다.
④ 같은 날의 조석이 그 높이와 간격이 같지 않은 현상을 일조부등이라고 한다.

해설
와류 : 좁은 수로 등에서 조류가 격렬하게 흐르면서 물이 빙빙 도는 것

15 위치선을 그 동안 항주한 거리만큼 동일한 침로의 방향으로 평행 이동한 것은 무엇인가?

① 평행선 ② 전위선
③ 중시선 ④ 피험선

해설
③ 중시선 : 두 물표가 일직선상에 겹쳐 보일 때 그들 물표를 연결한 직선
④ 피험선 : 입출항 시나 협수로 통과 시에 위험물을 피하고자 표시한 위험 예방선

16 방위각 N30°E를 방위로 나타내면 몇 °인가?

① 030° ② 150°
③ 210° ④ 330°

해설
N30°E : 북을 기준으로 동쪽으로 30° 잰 것

17 20노트로 항행하는 선박이 3시간 30분 동안 갈 수 있는 총항정은 얼마인가?

① 60해리 ② 65해리
③ 70해리 ④ 75해리

해설
선박의 속력
1시간에 1해리(마일)를 항주하는 선박의 속력을 1노트라 한다.
속력 = 거리 / 시간 → 거리 = 속력 × 시간
∴ 20노트 × 3.5시간 = 70해리(마일)

정답 11 ③ 12 ② 13 ② 14 ③ 15 ② 16 ① 17 ③

18 지구의 중심을 지나지 않는 평면으로 지구를 자른다고 가정할 때 지구 표면에 생기는 원은 무엇이라 하는가?

① 소 권 ② 변 위
③ 대 권 ④ 변 경

해설
② 대권 : 지구를 평면으로 자른다고 했을 때 지구의 중심을 지나는 큰 원
③ 변위 : 두 지점을 지나는 자오선상의 호의 크기로 위도가 변한 양
④ 변경 : 두 지점을 지나는 자오선 사이의 적도상의 호로 경도가 변한 양

19 방위표시 엔이(NE)를 포인트식으로 나타내면 몇 포인트인가?

① 2포인트 ② 4포인트
③ 6포인트 ④ 8포인트

해설
포인트식
360°를 32등분하여 그 등분점마다 고유의 이름을 붙여서 방위를 표시하는 방법
NE = 4포인트(4점)

20 선내 자기컴퍼스로 목표물의 방위를 100°로 측정하였다면 이 100°가 나타내는 방위는?

① 진방위 ② 자침방위
③ 나침방위 ④ 상대방위

해설
③ 나침방위 : 나침의 남북선과 관측자 및 물표를 지나는 대권이 이루는 교각
① 진방위 : 진자오선과 관측자 및 물표를 지나는 대권이 이루는 교각
② 자침방위 : 자기자오선과 관측자 및 물표를 지나는 대권이 이루는 교각
④ 상대방위 : 자선의 선수를 0°로 하여 시계방향으로 360°까지 재거나 좌, 우현으로 180°씩 측정(견시보고나 닻줄의 방향을 보고할 때 편리하게 사용)

21 자침방위로의 방위개정 시에 편서오차이면 나침방위에 나타낼 때는 어떻게 해야 하는가?

① 빼 준다.
② 더해 준다.
③ 경도가 E이면 빼고, W이면 더해 준다.
④ 위도가 N이면 더하고, S이면 빼 준다.

해설
방위개정
나침로 → 자차 → 자침로 → 편차 → 시침로 → 풍압차 → 진침로(E는 더하고, W는 뺀다)

22 다음 중 자차가 변화하지 않는 경우는?

① 선수 방위가 바뀔 때
② 선체가 심한 충격을 받았을 때
③ 낙뢰를 받았을 때
④ 어창에 고기상자를 적재했을 때

해설
자차 변화요인
- 선수 방위가 바뀔 때(가장 크다)
- 선체의 경사(경선차)
- 지구상의 위치 변화
- 선수를 동일한 방향으로 장시간 두었을 때
- 선체의 심한 충격
- 동일 침로로 장시간 항해 후 변침(가우신 오차)
- 선체의 열적 변화
- 나침의 부근의 구조 및 위치 변경 시
- 낙뢰, 발포, 기뢰의 폭격을 받았을 때
- 지방자기의 영향(우리나라에서 지방자기 영향이 가장 큰 곳 : 청산도)

23 다음 중 레이더 화면상에 거리가 가까워지는 타선이 존재할 때의 충돌의 위험이 있는 경우로 옳은 것은?

① 타선과의 침로가 평행하다.
② 타선의 침로 변화가 없다.
③ 타선과의 상대방위 변화가 없다.
④ 타선과의 상대속력에 변화가 없다.

해설
선박은 접근하여 오는 다른 선박의 나침방위에 뚜렷한 변화가 일어나지 아니하면 충돌할 위험성이 있다고 보고 필요한 조치를 하여야 한다.

18 ① 19 ② 20 ③ 21 ① 22 ④ 23 ③ 정답

24 다음에서 설명하는 것은 무엇인가?

> 레이더파가 대기층과 해면 사이를 연속적으로 반복하여 굴절함으로써 100여 마일의 원거리 물표까지 관측되기도 하는 것

① 초굴절 ② 아굴절
③ 펄스폭 ④ 도관현상

해설

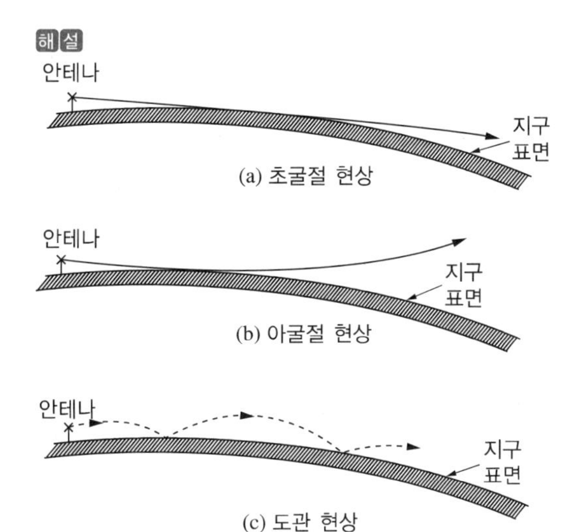

- 초굴절 : 차갑고 습기가 많은 공기 표면층 위에 따뜻하고 건조한 상부 공기층이 있는 경우에는 레이더파가 아래쪽으로 휘게 되며, 그 결과 탐지거리가 증가한다.
- 아굴절 : 초굴절과 반대되는 현상으로 따뜻하고 건조한 공기층 위에 차갑고 습한 공기층이 있을 경우에 레이더파는 위로 휘게 되며, 그 결과 탐지거리가 감소한다.
- 도관현상 : 초굴절이 큰 경우에 나타나는 현상으로 레이더파가 대기층과 해면 사이를 연속적으로 반복하여 굴절함으로써 100여 마일의 원거리의 물체까지 탐지되기도 한다.

25 레이더에 나타난 물표의 방위를 알 수 있는 것은?

① 전파의 속도
② 스캐너의 회전수
③ 스캐너의 높이
④ 스캐너의 방향

제2과목 운 용

01 선내 펌프 중 다목적으로 사용되는 것으로 옳은 것은?

① 빌지펌프(Bilge Pump)
② 잡용펌프(General Service Pump)
③ 밸러스트펌프(Ballast Pump)
④ 냉각수펌프(Cooling Water Pump)

해설

② 잡용펌프 : 보통 GS펌프라고 하며, 빌지관, 밸러스트관, 위생관 등에 연결되어 다목적으로 사용된다.
① 빌지펌프 : 빌지 배출용 펌프로 다른 펌프들도 빌지관에 연결하여 사용할 수 있는 경우 빌지펌프로 간주
③ 밸러스트펌프 : 밸러스트관과 연결되어 밸러스트의 급수 및 배수에 사용
④ 냉각수펌프 : 냉각수 공급에 사용

02 선박의 횡강력 구성재에 속하지 않는 것은?

① 늑 골 ② 격 벽
③ 용 골 ④ 갑판빔

해설

용골은 종강력 구성재이다.
횡강력을 형성하는 부재 : 늑골, 갑판보, 늑판, 빔 브래킷, 횡격벽, 외판, 갑판 등

03 다음에서 설명하는 것은?

> 점화하여 바다에 던지면 해면 위에서 연기를 발하는 조난신호용구

① 자기점화등 ② 신호홍염
③ 로켓낙하산 신호 ④ 발연부신호

해설

① 자기점화등 : 야간에 구명부환의 위치를 알려 주는 등으로 자동 점등된다.
② 신호홍염 : 손잡이를 잡고 불을 붙이면 붉은색의 불꽃을 낸다.
③ 로켓낙하산 화염신호 : 공중에 발사되면 낙하산이 퍼져 천천히 떨어지면서 불꽃을 낸다.
④ 발연부신호 : 불을 붙여 물에 던지면 해면 위에서 연기를 낸다. 보통 주간만 사용한다.

정답 24 ④ 25 ④ / 1 ② 2 ③ 3 ④

04 다음 중 만재흘수선까지 화물, 연료 등을 적재한 상태의 배수량을 뜻하는 것은?

① 경하배수량 ② 만재배수량
③ 재화용적톤수 ④ 재화중량톤수

해설
① 경하배수량 : 순수한 선박 자체의 중량을 의미하는 것으로 화물, 연료, 청수, 식량 등을 적재하지 아니한 경우의 선박의 배수량
③ 재화용적톤수 : 화물을 적재할 수 있는 선창의 용적을 톤으로 표시한 것으로 만재배수톤수에서 경하배수톤수를 공제한 톤수
④ 재화중량톤수 : 선박이 적재할 수 있는 최대의 무게를 나타내는 톤수로, 만재배수량과 경하배수량의 차로 상선의 매매와 용선료 산정의 기준

05 다음 중 선박의 해수탱크, 청수탱크, 코퍼댐 등에 도장하는 페인트는?

① 방오 페인트 ② 역청 페인트
③ 에폭시 페인트 ④ 에나멜 페인트

06 다음 중 블록에 로프를 통과시켜 작은 힘으로 중량물을 끌어올리거나 힘의 방향을 바꿀 때 사용하는 장치는 무엇인가?

① 데 릭 ② 양묘기
③ 윈 치 ④ 태 클

해설
태클 : 블록에 로프를 통과시켜 작은 힘으로 중량물을 끌어올리거나 힘의 방향을 바꿀 때 사용하는 장치(목재 블록의 크기는 셸의 세로 길이로, 철재 블록의 크기는 시브의 지름을 mm로 나타낸다)이다.

07 다음에서 설명하는 것은?

> 전진전속 항주 중 기관을 후진전속으로 걸어서 선체가 정지할 때까지의 타력

① 발동타력 ② 정지타력
③ 반전타력 ④ 회두타력

해설
① 발동타력 : 정지 중인 선박에 전진전속을 발동하여 소정의 속력에 달할 때까지의 타력
② 정지타력 : 전진 중인 선박에 기관정지를 명령하여 선체가 정지할 때까지의 타력
④ 회두타력 : 변침할 때의 변침 회두타력과 변침을 끝내고 일정한 침로상에 정침할 때의 정침 회투타력이 있음

08 다음 중 전타 선회 시 제일 먼저 생기는 현상은 무엇인가?

① 킥 ② 횡 거
③ 선회경 ④ 종 거

해설
킥 현상 : 전타 직후 타판에 작용하는 압력 때문에 선미 부분이 원침로의 외방으로 밀리는 현상

09 선박의 출입이 많아서 항내의 묘박지가 부족하거나 부두시설이 항내의 모든 선박을 수용할 수 없는 좁은 수역인 경우 이를 효율적으로 활용하기 위하여 사용하는 계류에 해당되는 것은?

① 부표 계류 ② 부두 계류
③ 묘박지 계류 ④ 출입항 계류

10 황천 시의 조선법으로 틀린 것은?

① 히브 투(Heave to) ② 라이 투(Lie to)
③ 슬래밍(Slamming) ④ 스커딩(Scudding)

해설
황천으로 항행이 곤란할 때의 선박 운용
• 거주(Heave to)
• 순주(Scudding)
• 표주(Lie to)
• 진파기름(Storm Oil) 살포

4 ② 5 ③ 6 ④ 7 ③ 8 ① 9 ① 10 ③ **정답**

11 **예항 중의 주의사항이 아닌 것은?**

① 감속 및 가속은 서서히 한다.
② 한꺼번에 20° 이상의 변침은 피한다.
③ 예인줄에 급격한 장력이 미치지 않게 조선한다.
④ 황천을 만나면 파랑을 정선수에 받도록 조선한다.

12 **선박이 수심이 얕은 곳을 항행할 때 일어나는 현상으로 틀린 것은?**

① 타효가 좋지 않다.
② 속력이 급격하게 증가한다.
③ 선박의 조종이 용이하지 않다.
④ 선박의 흘수가 증가한다.

해설
수심이 얕은 수역의 영향
- 선체의 침하 : 흘수가 증가한다.
- 속력의 감소 : 조파저항이 커지고, 선체의 침하로 저항이 증대된다.
- 조종성의 저하 : 선체 침하와 해저 형상에 따른 와류의 영향으로 키의 효과가 나빠진다.
- 선회권 : 커진다.

13 **다음 중 선박이 우현쪽으로 둑(Bank)에 접근할 때 선수가 받는 영향으로 옳은 것은?**

① 우회두한다. ② 흡인된다.
③ 반발한다. ④ 영향이 없다.

해설
수로 둑의 영향
둑에서 가까운 선수부분은 둑으로부터 반발작용을 받고, 선미부분은 둑 쪽으로 흡인작용을 받는다.

14 **매센티미터(cm) 배수톤에 대한 설명으로 옳은 것은?**

① 트림 1cm를 변화시키는 데 필요한 중량
② 평균 흘수 1cm를 변화시키는 데 필요한 중량
③ 선미흘수 1cm를 증가시키는 데 필요한 중량
④ 무게중심 1cm를 하강시키는 데 필요한 중량

해설
매 cm 배수톤 : 선체가 경사됨이 없이 평행하게 1cm 물속에 잠기게 하는 데 필요한 무게(Tcm)

15 **조선소에서 경사시험을 하는 목적은 무엇인가?**

① 만재흘수선의 위치 결정
② 무게중심의 위치 결정
③ 건현의 결정
④ 배수량 계산

16 **안개로 인하여 시정이 제한된 경우 당직 항해사로서 취할 조치로 옳은 것은?**

① 수심과 흘수를 조사한다.
② 규정된 무중신호를 울린다.
③ 움직일 수 있는 물체를 잘 묶어 둔다.
④ 컴퍼스의 오차를 측정한다.

해설
시정이 제한될 시
- 당직 사관은 무중신호를 울리고 적당한 속력으로 항해한다.
- 선장에게 사항을 보고한다.
- 견시와 조타수를 배치하고, 선박이 폭주하는 해역에서는 즉각 수동조타로 바꾼다.
- 항해등을 켠다.
- 레이더를 작동하고 사용한다.

17 **항해 당직자의 임무에서 가장 중요한 사항은?**

① 화물의 적재 상태를 확인하는 일
② 선내에 있는 사람들의 소재를 파악하는 일
③ 선박이 계획된 침로상에 있는지 확인하는 일
④ 급수, 연료유 보급, 선용품 보급에 대하여 지시하는 일

해설
항해 당직자의 임무
선박의 안전 항해에서 가장 중요한 임무는 선박이 계획된 침로상에 있는지 항상 적절한 견시를 유지하여야 한다.

정답 11 ④ 12 ② 13 ③ 14 ② 15 ② 16 ② 17 ③

18 **항해 당직 중 조타기 사용에 대한 설명으로 적절하지 않은 것은?**

① 자동조타장치가 올바른 침로를 유지하는지 확인한다.
② 자동조타장치는 한 당직에 적어도 한 번 수동으로 시험한다.
③ 통항선이 많은 곳에서는 반드시 수동조타를 해야 한다.
④ 자기컴퍼스와 자이로컴퍼스를 자주 비교하여 오차가 없는지 확인한다.

19 **다음 중 우리나라 여름철의 날씨를 지배하는 대표적인 고기압은 무엇인가?**

① 시베리아 고기압
② 이동성 고기압
③ 지형성 고기압
④ 북태평양 고기압

해설
온난 고기압 : 중위도 고압대에서 발달하는 고기압으로 키 큰 고기압이라고도 한다. 우리나라의 여름철에 영향을 주는 북태평양 고기압과 같은 아열대 고기압이 대표적이다.

20 **다음 중 북반구에서 태풍의 진행 방향의 오른쪽 반원에 대한 설명으로 올바른 것은?**

① 가항반원이다.
② 위험반원이다.
③ 피항가능반원이다.
④ 풍파가 왼쪽 반원보다 약하다.

해설
북반구에서 태풍의 오른쪽 반원에서는 태풍의 바람 방향과 태풍의 이동 방향이 비슷하여 풍속이 커지고, 왼쪽 반원에서는 그 방향이 반대가 되어 상쇄되므로 풍속이 약화되기 때문에 오른쪽 반원을 위험반원, 왼쪽 반원을 가항반원이라고 한다.

21 **일반적으로 선박의 주기관으로 가장 널리 쓰이는 것은?**

① 디젤기관
② 가솔린기관
③ 증기왕복동기관
④ 증기터빈기관

해설
소형 보트를 제외한 대부분의 선박에서는 디젤기관을 주기관으로 사용하고 있다.

22 **다음 중 선내 화재 발생 시 취해야 할 조치로 틀린 것은?**

① 가연성 물질의 제거
② 통풍구의 개방
③ 상황에 따라 전기 차단
④ 인명구조

해설
화재 발생 시의 조치
- 화재 구역의 통풍과 전기를 차단한다.
- 어떤 물질이 타고 있는지를 알아내고 적절한 소화방법을 강구한다.
- 소화 작업자의 안전에 유의하여 위험한 가스가 있는지 확인하고 호흡구를 준비한다.
- 모든 소화기구를 집결하여 적절히 진화한다.
- 작업자를 구출할 준비를 하고 대기한다.
- 불이 확산되지 않도록 인접한 격벽에 물을 뿌리거나 가연성 물질을 제거한다.

23 **벌에 쏘였을 경우 응급조치로 가장 적절한 것은?**

① 독침을 빼고 암모니아수를 바른다.
② 독침을 빼고 식초를 바른다.
③ 독침을 빼고 머큐롬을 바른다.
④ 독침을 빼고 요오드 용액을 바른다.

18 ③ 19 ④ 20 ② 21 ① 22 ② 23 ① 정답

24 다음 중 조난선이 필수적으로 조난통보를 해야 하는 요소를 〈보기〉에서 모두 고른 것은?

〈보 기〉
㉠ 국 적 ㉡ 조난의 성질
㉢ 위 치 ㉣ 퇴선자의 이름

① ㉠ ② ㉠, ㉢
③ ㉠, ㉡, ㉢ ④ ㉠, ㉡, ㉢, ㉣

해설
조난통보 시 필수정보
- 선박의 식별(선종, 선명, 호출 부호, 국적, 총톤수, 선박 소유자의 주소 및 성명)
- 위치, 조난의 성질 및 필요한 원조의 종류
- 기타 필요한 정보(침로와 속력, 선장의 의향, 퇴선자 수, 선체 및 화물의 상태 등)

25 항해 중 선수에서 사람이 갑자기 물에 빠졌을 때 구조하기 위한 조치로 틀린 것은?

① 구조정 담당 선원은 즉시 진수준비를 한다.
② 익수자가 선미에서 벗어나도록 물에 빠진 반대현으로 대각도 전타한다.
③ 구조 시는 익수자의 풍상측으로 접근하여 선박의 풍하측에서 구조하도록 한다.
④ 주간의 경우 발연부신호, 야간의 경우 자기점화등을 구명부환과 함께 익수자에게 던져 준다.

해설
사람이 물에 빠졌을 때의 조치
- 현장 발견자는 큰소리로 고함을 질러 선교에 알린다.
- 즉시 기관을 정지시키고, 물에 빠진 사람 쪽으로 최대 타각을 주어 스크루 프로펠러에 사람이 빨려 들지 않게 조종한다.
- 자기점화등, 발연부신호가 부착된 구명부환을 익수자에게 던져서 위치 표시를 한다.
- 선내 비상소집을 발하며 구조정의 승조원은 즉각 진수준비를 한다.
- 구조 시는 익수자의 풍상측으로 접근하여 선박의 풍하측에서 구조하도록 한다.

제3과목 법 규

01 선박의 입항 및 출항 등에 관한 법률에 따라 무역항의 수상구역 등에서 정박 또는 정류할 수 있는 장소로 옳은 것은?

① 지정된 정박지
② 부두 및 잔교 부근
③ 운하 및 좁은 수로
④ 안벽 및 선거의 부근

해설
선박의 입항 및 출항 등에 관한 법률 제6조(정박의 제한 및 방법 등)
선박은 무역항의 수상구역 등에서 다음의 장소에는 정박하거나 정류하지 못한다.
- 부두 · 잔교 · 안벽 · 계선부표 · 돌핀 및 선거의 부근 수역
- 하천, 운하 및 그 밖의 좁은 수로와 계류장 입구의 부근 수역

02 선박의 입항 및 출항 등에 관한 법률에 따라 방파제 입구 등에서 두 선박이 마주칠 우려가 있는 경우의 항법으로 적절한 것은?

① 입항선이 방파제 밖에서 출항선의 진로를 피한다.
② 서로 우측으로 변침하여 서로의 진로를 피한다.
③ 출항선이 입항선의 진로를 피한다.
④ 좌현측에 있는 선박이 피한다.

해설
선박의 입항 및 출항 등에 관한 법률 제13조(방파제 부근에서의 항법)
무역항의 수상구역 등에 입항하는 선박이 방파제 입구 등에서 출항하는 선박과 마주칠 우려가 있는 경우에는 방파제 밖에서 출항하는 선박의 진로를 피하여야 한다.

03 다음 중 선박의 구조 및 설비에 관한 기준과 검사절차 등을 규정하고 있는 법은 무엇인가?

① 선박법 ② 선박안전법
③ 해사안전법 ④ 선박직원법

해설
선박안전법은 선박의 감항성 유지 및 안전 운항에 필요한 사항을 규정함으로써 국민의 생명과 재산을 보호함을 목적으로 한다.

정답 24 ③ 25 ② / 1 ① 2 ① 3 ②

04 다음 중 선박안전법상 선박이 여객이나 화물을 승선하거나 싣고 안전하게 항행할 수 있는 최대한도를 나타내는 선은 무엇인가?

① 안전항해선　② 안전적재선
③ 만재흘수선　④ 제한흘수선

해설
선박안전법 제2조(정의)
만재흘수선이라 함은 선박이 안전하게 항해할 수 있는 적재한도의 흘수선으로서 여객이나 화물을 승선하거나 싣고 안전하게 항해할 수 있는 최대한도를 나타내는 선을 말한다.

05 해양환경관리법상 해상에서 배출된 오염물질의 방제조치에 해당하지 않는 것은?

① 오염물질의 배출방지
② 배출된 오염물질의 수거 및 처리
③ 배출된 오염물질의 확산 방지 및 제거
④ 적재된 오염물질의 희석 및 배출

해설
해양환경관리법 제64조(오염물질이 배출된 경우의 방제조치)
방제의무자는 배출된 오염물질에 대하여 대통령령이 정하는 바에 따라 다음에 해당하는 조치(방제조치)를 하여야 한다.
- 오염물질의 배출 방지
- 배출된 오염물질의 확산 방지 및 제거
- 배출된 오염물질의 수거 및 처리

06 해양환경관리법상 선박에서 발생하는 폐기물 처리 기준 및 방법으로 틀린 것은?

① 총톤수 100톤 이상의 선박과 최대승선인원 15명 이상의 선박은 선원이 실행할 수 있는 폐기물관리계획서를 비치해야 한다.
② 분쇄된 음식찌꺼기는 25mm 이하의 개구를 가진 스크린을 통과할 수 있어야 한다.
③ 분쇄되지 않은 음식찌꺼기는 영해기선으로부터 3해리 이상 떨어져서 배출해야 한다.
④ 길이 12m 이상의 선박에서는 폐기물의 처리요건을 선내에 게시해야 한다.

해설
선박에서의 오염방지에 관한 규칙[별표 3]
선박 안에서 발생하는 폐기물의 배출해역별 처리기준 및 방법에 따라 음식찌꺼기는 영해기선으로부터 최소한 12해리 이상의 해역에 버릴 수 있다. 다만, 분쇄기 또는 연마기를 통하여 25mm 이하의 개구를 가진 스크린을 통과할 수 있도록 분쇄되거나 연마된 음식찌꺼기의 경우 영해기선으로부터 3해리 이상의 해역에 버릴 수 있다.

07 해사안전법상 여객선(어선을 포함) 외의 선박 중 시정 0.5km 이내가 될 경우 출항통제의 대상으로 틀린 것은?

① 레이더를 갖추지 아니하는 선박
② 화물을 적재한 유조선
③ VHF 통신설비를 갖추지 아니한 선박
④ 향도선을 활용하여 출항하는 가스운반선

해설
해사안전법 시행규칙[별표 10](선박출항 통제의 기준 및 절차)
여객선 외의 선박 중 시정 0.5km 이내가 될 경우 출항통제 대상 선박
- 화물을 적재한 유조선・가스운반선 또는 화학제품운반선(향도선을 활용하는 경우는 제외한다)
- 레이더 및 초단파 무선전화(VHF) 통신설비를 갖추지 않은 선박

08 해사안전법상 좁은 수로에서의 항법에 대한 설명으로 틀린 것은?

① 좁은 수로에서는 횡단을 해서는 아니 된다.
② 어로에 종사하고 있는 선박은 좁은 수로의 안쪽에서 항행하고 있는 다른 선박의 통항을 방해해서는 아니 된다.
③ 길이 20m 미만의 선박은 좁은 수로의 안쪽에서만 안전하게 항행할 수 있는 다른 선박의 통행을 방해해서는 아니 된다.
④ 좁은 수로에서는 될 수 있으면 오른편 끝 쪽에서 항행해야 한다.

해설
해사안전법 제67조(좁은 수로 등)
선박이 좁은 수로 등의 안쪽에서만 안전하게 항행할 수 있는 다른 선박의 통항을 방해하게 되는 경우에는 좁은 수로 등을 횡단하여서는 아니 된다.

4 ③ 5 ④ 6 ③ 7 ④ 8 ① 정답

09 다음 설명에 해당하는 선박은?

> 국제해상충돌방지규칙상 선박의 조종이 자유롭지 못한 고장, 기타의 사유로 조종이 불가능하여 타 선박의 진로를 피할 수 없는 선박

① 좌초선　② 흘수제약선
③ 조종불능선　④ 조종제한선

해설
해사안전법 제2조(정의)
조종불능선이란 선박의 조종 성능을 제한하는 고장이나 그 밖의 사유로 조종을 할 수 없게 되어 다른 선박의 진로를 피할 수 없는 선박을 말한다.

10 다음 (　　) 안에 들어갈 용어로 옳은 것은?

> 국제해상충돌방지규칙상 모든 선박은 충돌을 피하기 위하여 적절하고 유효한 동작을 취할 수 있고 그 당시의 사정과 상태에 알맞은 거리에서 정선할 수 있도록 항상 (　　)으로 항행하여야 한다.

① 최대 속력　② 최소 속력
③ 안전한 속력　④ 알맞은 속력

해설
해사안전법 제64조(안전한 속력)
선박은 다른 선박과의 충돌을 피하기 위하여 적절하고 효과적인 동작을 취하거나 당시의 상황에 알맞은 거리에서 선박을 멈출 수 있도록 항상 안전한 속력으로 항행하여야 한다.

11 국제해상충돌방지규칙상 선박이 충돌을 피하기 위한 동작으로 가장 적절하지 않은 것은?

① 적절한 선박운용술에 따른 동작
② 적극적인 동작
③ 충분한 시간적인 여유를 두고 실행한 동작
④ 상대선의 동작을 보아가며 약간씩 취한 동작

해설
해사안전법 제66조(충돌을 피하기 위한 동작)
선박은 다른 선박과 충돌을 피하기 위하여 침로나 속력을 변경할 때에는 될 수 있으면 다른 선박이 그 변경을 쉽게 알아볼 수 있도록 충분히 크게 변경하여야 하며, 침로나 속력을 소폭으로 연속적으로 변경하여서는 아니 된다.

12 국제해상충돌방지규칙상 선박이 주간에 표시하는 형상물의 색깔로 옳은 것은?

① 녹 색　② 홍 색
③ 흑 색　④ 백 색

해설
선박은 낮 동안에는 국제해상충돌예방규칙에서 정하는 흑색의 형상물을 표시하여야 한다.

13 다음 중 국제해상충돌방지규칙상 통항분리방식을 이용하는 선박에 대한 규정으로 틀린 것은?

① 가능한 한 통항분리선에 가깝게 항해하여야 한다.
② 통항로의 일반적인 교통 방향을 따라서 진행하여야 한다.
③ 부득이 통항로를 횡단할 경우에는 일반적인 교통방향에 대해서 자선의 선수방향이 가능한 한 직각에 가깝게 횡단하여야 한다.
④ 어로에 종사중인 선박은 통항로를 따라 진행하는 선박의 통항을 방해하여서는 안 된다.

해설
해사안전법 제68조(통항분리제도)
선박이 통항분리수역을 항행하는 경우에는 다음의 사항을 준수하여야 한다.
- 통항로 안에서는 정하여진 진행방향으로 항행할 것
- 분리선이나 분리대에서 될 수 있으면 떨어져서 항행할 것
- 통항로의 출입구를 통하여 출입하는 것을 원칙으로 하되, 통항로의 옆쪽으로 출입하는 경우에는 그 통항로에 대하여 정하여진 선박의 진행방향에 대하여 될 수 있으면 작은 각도로 출입할 것

14 국제해상충돌방지규칙상 통항분리방식의 분리대 내에 들어갈 수 있는 선박에 해당하는 것은?

① 범 선
② 흘수제약선
③ 길이 20m 미만의 선박
④ 분리대 내에서 어로에 종사하고자 하는 어선

정답 9 ③ 10 ③ 11 ④ 12 ③ 13 ① 14 ④

해설
해사안전법 제68조(통항분리제도)
통항로를 횡단하거나 통항로에 출입하는 선박 외의 선박은 급박한 위험을 피하기 위한 경우나 분리대 안에서 어로에 종사하고 있는 경우 외에는 분리대에 들어가거나 분리선을 횡단하여서는 아니 된다.

15 국제해상충돌방지규칙상 다른 선박의 정횡 후 몇 °를 기준으로 하여 그 후방으로부터 선박을 앞지르고 있는 경우 추월선에 해당하는가?

① 11.5°　　② 22.5°
③ 45°　　④ 67.5°

해설
해사안전법 제71조(추월)
다른 선박의 양쪽 현의 정횡으로부터 22.5°를 넘는 뒤쪽(밤에는 다른 선박의 선미등만을 볼 수 있고 어느 쪽의 현등도 볼 수 없는 위치를 말한다)에서 그 선박을 앞지르는 선박은 추월선으로 보고 필요한 조치를 취하여야 한다.

16 국제해상충돌방지규칙상 서로 시계 안에 2척의 동력선이 정면 또는 거의 정면으로 마주칠 경우의 피항법으로 옳은 것은?

① 풍하측 선박이 피항한다.
② 풍상측 선박이 피항한다.
③ 서로 우현 변침하여 피항한다.
④ 서로 좌현 변침하여 피항한다.

해설
해사안전법 제72조(마주치는 상태)
2척의 동력선이 마주치거나 거의 마주치게 되어 충돌의 위험이 있을 때에는 각 동력선은 서로 다른 선박의 좌현 쪽을 지나갈 수 있도록 침로를 우현 쪽으로 변경하여야 한다.

17 국제해상충돌방지규칙상 흘수제약선의 진로를 피하여야 하는 선박으로 옳지 않은 것은?

① 항행 중인 어선
② 수면에 떠 있는 수상항공기
③ 기관을 사용하여 항행 중인 범선
④ 준설작업에 종사하고 있는 선박

해설
해사안전법 제76조(선박 사이의 책무)
조종불능선이나 조종제한선이 아닌 선박은 부득이하다고 인정하는 경우 외에는 흘수제약선의 통항을 방해하여서는 아니 된다.

18 국제해상충돌방지규칙상 서로 시계 안에서 연안항해 중 어로에 종사하고 있는 선박과 만났을 때 피항하지 않아도 되는 선박은 어느 것인가?

① 조종불능선
② 항행 중인 범선
③ 항행 중인 동력선
④ 조업지를 향해 항행 중인 어선

해설
해사안전법 제76조(선박 사이의 책무)
어로에 종사하고 있는 선박 중 항행 중인 선박은 될 수 있으면 다음에 따른 선박의 진로를 피하여야 한다.
- 조종불능선
- 조종제한선

19 국제해상충돌방지규칙상 선박의 등화에서 마스트등의 색깔은?

① 홍 색　　② 황 색
③ 녹 색　　④ 백 색

해설
해사안전법 제79조(등화의 종류)
마스트등 : 선수와 선미의 중심선상에 설치되어 225°에 걸치는 수평의 호를 비추되, 그 불빛이 정선수 방향으로부터 양쪽 현의 정횡으로부터 뒤쪽 22.5°까지 비출 수 있는 흰색등

20 다음에서 설명하는 선박에 해당하는 것은?

국제해상충돌방지규칙상 상단 및 하단에 홍색, 중간에 백색인 전주등 3개를 수직선상으로 표시해야 하는 선박

① 범 선
② 조종제한선
③ 어로에 종사하고 있는 선박
④ 조종불능선

15 ② 16 ③ 17 ④ 18 ① 19 ④ 20 ② 정답

해설
해사안전법 제85조(조종불능선과 조종제한선)
조종제한선은 기뢰제거 작업에 종사하고 있는 경우 외에는 다음의 등화나 형상물을 표시하여야 한다.
㉠ 가장 잘 보이는 곳에 수직으로 위쪽과 아래쪽에는 붉은색 전주등, 가운데에는 흰색 전주등 각 1개
㉡ 가장 잘 보이는 곳에 수직으로 위쪽과 아래쪽에는 둥근꼴, 가운데에는 마름모꼴의 형상물 각 1개
㉢ 대수속력이 있는 경우에는 ㉠에 따른 등화에 덧붙여 마스트등 1개, 현등 1쌍 및 선미등 1개
㉣ 정박 중에는 ㉠과 ㉡에 따른 등화나 형상물에 덧붙여 백색의 전주등(정박등)과 구형의 형상물 각 1개

21 국제해상충돌방지규칙상 주간에 흑색 마름모꼴 형상물을 표시하고 있는 선박으로 옳은 것은?

① 예인선 ② 조종불능선
③ 트롤어선 ④ 트롤 이외의 어선

해설
마름모꼴 형상물은 해사안전법 제82조, 제85조에 따라 예인선 및 조종제한선에 사용한다.

22 국제해상충돌방지규칙상 야간에 고장으로 타선에 의해 끌려서 항행할 경우 등화의 표시로 옳은 것은?

① 현등만 표시
② 동력선의 등화 표시
③ 현등과 선미등만 표시
④ 홍색의 전주등 2개만 표시

해설
해사안전법 제82조(항행 중인 예인선)
끌려가고 있는 선박이나 물체는 다음의 등화나 형상물을 표시하여야 한다.
- 현등 1쌍
- 선미등 1개
- 예인선열의 길이가 200m를 초과하면 가장 잘 보이는 곳에 마름모꼴의 형상물 1개

23 국제해상충돌방지규칙상 예인선이 표시하여야 하는 예선등의 설치 위치로 옳은 것은?

① 선미등 하부 ② 선미등 상부
③ 선미등 우측 ④ 선미등 좌측

해설
해사안전법 제82조(항행 중인 예인선)
동력선이 다른 선박이나 물체를 끌고 있는 경우에는 다음의 등화나 형상물을 표시하여야 한다.
- 수직선 위에 마스트등 2개. 다만, 예인선의 선미로부터 끌려가고 있는 선박이나 물체의 뒤쪽 끝까지 측정한 예인선열의 길이가 200m를 초과하면 같은 수직선 위에 마스트등 3개를 표시하여야 한다.
- 현등 1쌍
- 선미등 1개
- 선미등의 위쪽에 수직선 위로 예선등 1개
- 예인선열의 길이가 200m를 초과하면 가장 잘 보이는 곳에 마름모꼴의 형상물 1개

24 국제해상충돌방지규칙상 정박선이 주간에 표시해야 하는 형상물은 무엇인가?

① 원통형 형상물 1개 ② 원뿔꼴 형상물 1개
③ 둥근꼴 형상물 1개 ④ 장구형 형상물 1개

해설
해사안전법 제88조(정박선과 얹혀 있는 선박)
정박 중인 선박은 가장 잘 보이는 곳에 다음의 등화나 형상물을 표시하여야 한다.
- 앞쪽에 흰색의 전주등 1개 또는 둥근꼴의 형상물 1개
- 선미나 그 부근에 위에 따른 등화보다 낮은 위치에 흰색 전주등 1개

25 국제해상충돌방지규칙상 제한된 시계에서 어로에 종사하고 있는 선박이 울려야 하는 음향신호로 옳은 것은?

① 장음 1회 ② 장음 2회
③ 장음, 단음, 단음 ④ 장음, 단음, 장음

해설
해사안전법 제93조(제한된 시계 안에서의 음향신호)
조종불능선, 조종제한선, 흘수제약선, 범선, 어로 작업을 하고 있는 선박 또는 다른 선박을 끌고 있거나 밀고 있는 선박은 2분을 넘지 아니하는 간격으로 연속하여 3회의 기적(장음 1회에 이어 단음 2회를 말한다)을 울려야 한다.

정답 21 ① 22 ③ 23 ② 24 ③ 25 ③

2017년 제 3 회 과년도 기출복원문제

항 해

01 컴퍼스 볼의 글라스커버 중앙에 세운 후 카드의 눈금을 읽어 방위를 측정하는 기기는?

① 섀도 핀
② 거 울
③ 방위환
④ 자기컴퍼스

해설
③ 방위환 : 컴퍼스 볼 위에 끼워서 자유롭게 회전시킬 수 있는 비자성재로, 0°에서 360°까지 눈금이 새겨져 있어 상대 방위를 측정할 수 있다.
④ 자기컴퍼스 : 자석을 이용해 자침이 지구자기의 방향을 지시하도록 만든 장치로, 선박의 침로나 물표의 방위를 관측하여 선위를 확인할 수 있다.

02 항해사가 해도에서 편차를 구하려면 해도의 어디를 보아야 하는가?

① 표제 기사 ② 위 도
③ 해도도식 ④ 나침도

해설
나침도에는 지자기에 따른 자침편차와 1년간의 변화량인 연차가 함께 기재되어 있다.

03 자석이 지구자기의 방향을 지시하는 성질을 이용하여 방위를 측정할 수 있도록 만든 계기는?

① 시진의
② 방위환
③ 육분의
④ 자기컴퍼스

해설
① 시진의 : 해군 함정이 대양을 항해하면서 천체를 이용하여 위치를 산출할 때 사용하는 아주 정밀한 시계
② 방위환 : 컴퍼스 볼 위에 끼워서 자유롭게 회전시킬 수 있는 비자성재로 0°에서 360까지 눈금이 새겨져 상대 방위를 측정할 수 있다.
③ 육분의 : 천체의 고도를 측정하거나 두 물표의 수평 협각을 측정하는 계기

04 다음 중 등대의 광달거리에 영향을 미치는 요소로 틀린 것은?

① 등 고 ② 등 질
③ 안 고 ④ 광 력

해설
광달거리는 안고(관측자의 눈 높이) 및 등대의 등고가 높을수록, 광력이 클수록 길어진다.

05 다음 〈보기〉에서 설명하는 것은?

〈보 기〉
통항이 곤란한 좁은 수로, 항만입구 등에서 안전항로의 연장선 위에 높고 낮은 2~3개의 등화를 앞뒤에 설치하여 그들의 중시선에 의해 선박을 인도하는 야간표지

① 조사등 ② 지향등
③ 섬광등 ④ 도 등

해설
① 부등(조사등) : 위험 지점으로부터 가까운 등대에 투광기를 설치하여 그 구역을 비추어 위험을 표시
② 지향등 : 통항이 곤란한 좁은 수로, 항구, 만 입구 등에서 안전한 항로를 알려 주기 위하여 항로 연장선상의 육지에 설치한 분호등
③ 섬광등(Fl.) : 빛을 비추는 시간이 꺼져 있는 시간보다 짧은 것으로, 일정한 간격으로 섬등을 내는 등

1 ① 2 ④ 3 ④ 4 ② 5 ④ 정답

06 다음 그림과 같이 원추형 2개가 상방으로 향한 두표를 지닌 방위표지는?

① 북방위표지
② 남방위표지
③ 동방위표지
④ 서방위표지

해설
방위표지

북방위표지 두표 : ▲▲, 남방위표지 두표 : ▼▼

동방위표지 두표 : ▲▼, 서방위표지 두표 : ▼▲

07 안개, 눈 등에 의해 시계가 나빠 육지나 등화를 발견하기 어려울 때 사용하는 항로표지는?

① 야간표지
② 주간표지
③ 음향표지
④ 발광표지

해설
① 야간표지 : 등화에 의해서 그 위치를 나타내며 주로 야간의 물표가 되는 항로표지를 말하며, 주간에도 물표로 이용할 수 있다.
② 주간표지(형상표지) : 점등장치가 없는 표지로 모양과 색깔로 식별하며 주간에 선위를 결정할 때 이용한다.
④ 항로표지에 해당되지 않는다.

08 항정선이 직선으로 표시되어 침로를 구하기 편하며 침로와 방위를 직선으로 나타낼 수 있는 해도도법은?

① 점장도법 ② 투영도법
③ 다원추도법 ④ 방위등거극도법

해설
점장도의 특징
• 항정선이 직선으로 표시되어 침로를 구하기 편리하다.
• 자오선과 거등권이 직선으로 나타난다.
• 거리 측정 및 방위선 기입이 용이하다.
• 고위도에서는 외곡이 생기므로 위도 70° 이하에서 사용된다.

09 다음의 해도도식이 의미하는 것은?

① 침몰선
② 간출암
③ 노출암
④ 정박 위치

해설
① +++
③ (3_5) O

10 다음 〈보기〉의 (   ) 안에 들어갈 적합한 용어는?

〈보 기〉
해도상에서 어느 지점의 위도를 구하려면 삼각자 1조나 평행자 등으로 그 지점을 지나는 (   )을 그어 해도의 왼쪽이나 오른쪽에 있는 위도의 눈금을 읽는다.

① 자오선
② 거등권
③ 방위선
④ 항정선

해설
위도를 구하는 방법
삼각자 또는 평행자로 그 지점을 지나는 거등권을 긋고 해도의 왼쪽이나 오른쪽에 기입된 위도의 눈금을 읽는다.

정답 6 ① 7 ③ 8 ① 9 ② 10 ②

11 다음 중 항해용 해도상에 표시되어 있는 정보로 틀린 것은?

① 지 명
② 축 척
③ 간행 연월일
④ 선박 통항량

12 국립해양조사원에서 매년 발간하는 조석표에 대한 설명으로 틀린 것은?

① 유속의 단위는 노트(kn)로 표시한다.
② 조고의 단위는 패덤(Fathom)으로 표시한다.
③ 창조류는 +, 낙조류는 - 부호로 표시한다.
④ 표준항의 조석을 이용하여 각 지역의 조석의 시간과 높이를 구할 수 있다.

해설
조석표의 조고의 단위는 cm로 표시한다.

13 다음 중 조석표에 기재된 조고의 기준면은?

① 약최저저조면
② 약최고고조면
③ 평균수면
④ 해저면

14 하루 2회씩 일어나는 고조와 저조는 같은 날이라도 높이와 간격이 다소 차이가 생기는데 이러한 현상을 무엇이라 하는가?

① 기조력
② 조화상수
③ 조 차
④ 일조부등

해설
① 기조력 : 조석을 일으키는 힘
③ 조차 : 연이어 일어난 고조와 저조의 해면의 높이차를 조차라고 하며, 장기간에 걸쳐 평균한 것을 평균 조차라고 한다.

15 다음 중 가장 확실한 피험선은?

① 두 물표의 중시선에 의한 것
② 두 물표의 수평협각에 의한 것
③ 측면에 있는 물표로부터의 거리에 의한 것
④ 선수 방향에 있는 물표의 방위선에 의한 것

해설
중시선에 의한 위치선 : 두 물표가 일직선상에 겹쳐 보일 때 두 물표를 연결한 직선으로 가장 확실한 피험선이다.

16 다음 중 대권도에 대한 설명으로 옳은 것은?

① 항정선이 직선으로 표시된다.
② 연안 항해 시 많이 사용된다.
③ 침로를 구하기 편리하다.
④ 두 지점 사이의 최단 거리를 구하기가 편리하다.

해설
대권도법
두 지점을 지나는 대권이 직선으로 표시되므로 두 점 사이의 최단거리를 구하기 편리하여 원양항해계획을 세울 때 이용한다.

17 교차방위법에 의한 선위결정 시 선정 물표가 세 개일 때 물표 상호간 각도로 가장 적당한 것은?

① 30°
② 60°
③ 90°
④ 150°

해설
두 물표일 때는 90°, 세 물표일 때는 60° 정도가 가장 좋다.

18 다음 〈보기〉의 (   ) 안에 적합한 것은?

〈보 기〉
추측 위치에 대하여 조류, 해류 및 풍압차 등의 외력의 영향을 고려하여 구한 위치를 (   )라고 한다.

① 최확위치
② 실측위치
③ 추정위치
④ 추측위치

11 ④ 12 ② 13 ① 14 ④ 15 ① 16 ④ 17 ② 18 ③ 정답

해설
선위의 종류
- 실측위치 : 지상의 물표의 방위나 거리를 실제로 측정하여 구한 위치
- 추측위치 : 가장 최근에 구한 실측위치를 기준으로 선박의 침로와 속력을 이용해 구하는 위치
- 추정위치 : 추측위치에 바람, 해류, 조류 등 외력의 영향을 가감하여 구한 위치

19 다음 〈보기〉의 두 지점 사이의 거리는?

〈보 기〉
적도상에 존재하는 두 지점의 경도가 각각 동경 135° 20′과 동경 140°일 때 이들 두 지점 사이의 거리

① 140해리 ② 280해리
③ 300해리 ④ 320해리

해설
140° - 135° 20′ = 4° 40′ = 280′
1′ = 1마일, 1° = 60′

20 다음 중 지축과 직교하는 대권은?

① 위 도 ② 경 도
③ 거등권 ④ 적 도

해설
① 위도 : 어느 지점을 지나는 거등권과 적도 사이의 자오선상의 호의 길이
② 경도 : 어느 지점을 지나는 자오선과 본초 자오선 사이의 적도상의 호
③ 거등권 : 적도와 평행한 소권으로 위도를 나타냄

21 본선이 진침로 090°로 항해 중 상대 선박이 상대방위 000°로 관측하였다. 이때 상대선이 본선과 같은 침로이면 상대선이 본선을 볼 때 상대방위는?

① 000°
② 090°
③ 180°
④ 270°

22 다음 〈보기〉의 내용이 설명하는 것은?

〈보 기〉
선수 방향이 바뀌거나 위치가 변하는 등의 원인으로 발생하는 것으로 자기자오선과 선내 자기컴퍼스 남북선과의 교각

① 자 차 ② 편 차
③ 컴퍼스오차 ④ 자이로오차

해설
② 편차 : 진자오선(진북)과 자기자오선(자북)과의 교각
③ 컴퍼스오차 : 선내 나침의의 남북선(나북)과 진자오선(진북) 사이의 교각
④ 자이로오차 : 자이로컴퍼스에서 발생하는 오차

23 연안 항해에서 선위를 측정할 때 가장 정확하지 않은 방법은?

① 레이더거리와 실측방위에 의한 방법
② 한 목표물의 레이더방위와 거리에 의한 방법
③ 둘 이상 목표물의 레이더거리에 의한 방법
④ 둘 이상 목표물의 레이더방위에 의한 방법

24 레이더 플로팅으로 알 수 없는 정보는?

① 상대선의 종류
② 상대선의 진침로
③ 최근 접점까지의 거리
④ 상대선의 상대운동 속력

해설
레이더 플로팅
다른 선박과의 충돌 가능성을 확인하기 위해 레이더에 탐지된 영상의 위치를 체계적으로 연속 관측하여 이를 작도하고 최근 접점의 위치와 예상 도달시간, 타선의 진침로와 속력 등을 해석하는 방법

정답 19 ② 20 ④ 21 ③ 22 ① 23 ④ 24 ①

25 다음 중 레이더의 성능에 영향을 주는 요소가 아닌 것은?

① 안테나 면적
② 송신 첨두 출력
③ 당직 항해사의 경력
④ 물표의 유효 반사면적

해설
레이더의 성능에 영향을 주는 요소
• 물표의 유효 반사면적
• 구성물질
• 안테나 면적
• 표면 상태와 형상
• 물표의 높이 및 크기
• 송신 첨두 출력

제2과목 운 용

01 계선설비에 해당하지 않는 것은?

① 양묘기(Windlass) ② 슬링(Sling)
③ 볼라드(Bollard) ④ 페어리더(Fair Leader)

해설
슬링 : 화물 등을 싸거나 묶어서 훅에 매다는 용구로 하역설비에 속한다.

02 다음 중 화물선의 주기관으로 가장 많이 사용되는 기관은?

① 디젤 기관 ② 가솔린 기관
③ 증기 왕복 기관 ④ 증기 터빈 기관

해설
소형 보트를 제외한 대부분의 선박에서는 디젤 기관을 주기관으로 사용하고 있다.

03 SOLAS협약에서 조타장치는 한쪽 현 타각 35°에서 다른 쪽 현 타각 30°까지 회전시키는 데 몇 초 이내이어야 하는가?

① 10초 ② 20초
③ 28초 ④ 38초

해설
SOLAS 협약에서는 조타장치의 동작속도를 최대 흘수 및 최대 항해 전진속력에서 한쪽 현 타각 35°에서 다른 쪽 현 타각 30°까지 회전시키는 데 28초 이내이어야 한다고 규정하고 있다.

04 선체 부재 중 갑판보 위에 설치되어 외판과 함께 수밀을 유지해 주는 중요한 기능을 하는 것은?

① 빌지용골 ② 갑 판
③ 늑 골 ④ 용 골

해설
① 빌지용골 : 평판용골인 선박에서 선체의 횡동요를 경감시키기 위해 빌지 외판의 바깥쪽에 종방향으로 붙이는 판
③ 늑골 : 선체의 좌우 선측을 구성하는 뼈대로 용골에 직각으로 배치, 갑판보와 늑판에 양 끝이 연결되어 선체 횡강도의 주체
④ 용골 : 선체의 최하부 중심선에 있는 종강력재로, 선체의 중심선을 따라 선수재에서 선미재까지의 종방향 힘을 구성하는 부분

05 다음 중 건현의 결정에 영향을 끼치는 요소로 틀린 것은?

① 예비 부력 ② 해치의 종류
③ 능파성 ④ 선체 강도

해설
건현이란 선박의 만재흘수선부터 갑판선 상단까지의 수직거리로 건현이 클수록 예비 부력이 크고, 능파성이 좋다.

06 다음 중 선체의 경하흘수선 이하 선저부에 칠하는 것으로 출거 직전에 칠하는 방오용 페인트는?

① 프라이머 페인트
② 1호 선저도료(A/C)
③ 2호 선저도료(A/F)
④ 광명단

해설
선박의 도료
• 광명단 도료 : 어선에서 가장 널리 사용되는 녹 방지용 도료 → 내수성, 피복성이 강함

25 ③ / 1 ② 2 ① 3 ③ 4 ② 5 ② 6 ③ 정답

- 제1호 선저도료 : 선저 외판에 녹슮 방지용으로 칠하는 것 → 광명단 도료를 칠한 위에 사용(Anticorrosive Paint : A/C). 건조가 빠르고, 방청력이 뛰어나며, 강판과의 밀착성이 좋음
- 제2호 선저도료 : 선저 외판 중 항상 물에 잠기는 부분(경하흘수선 이하)에 해중생물의 부착 방지용으로 출거 직전에 칠하는 것 (Antifouling Paint : A/F)
- 제3호 선저도료 : 수선부 도료, 만재흘수선과 경하흘수선 사이의 외판에 칠하는 도료 → 부식과 마멸 방지에 사용(Boot Topping Paint : B/T)

07 다음 중 선박에서 최단 정지거리가 가장 커질 때는?

① 배수량이 클 때
② 흘수가 작을 때
③ 바람이 역풍일 때
④ 선저부에 해조류가 부착했을 때

해설

최단 정지거리는 배수량에 비례하여 커지게 되며, 같은 선박에 있어서 만재 시의 최단 정지거리는 경하 시의 약 2배가 된다.

08 선박의 선회면적이 작아 좁은 수역이나 선박의 교통량이 많은 곳에 사용하는 정박법은?

① 단묘박　② 쌍묘박
③ 이묘박　④ 선미묘박

해설

쌍묘박

양쪽 현의 선수 닻을 앞·뒤쪽으로 서로 먼 거리를 두고서 투하하여, 선박을 그 중간에 위치시키는 정박법이다. 선체의 선회 면적이 작기 때문에 좁은 수역, 선박의 교통량이 많은 곳에서 주로 사용된다.

09 선체의 침수면에 닿는 물의 저항으로 선저 표면의 매끄러움에 반비례하며 고속일수록 전 저항에서 차지하는 비율이 작아지는 것은?

① 마찰저항　② 조파저항
③ 조와저항　④ 공기저항

해설

② 조파저항 : 선박이 수면 위를 항주하면 선수미 부근의 압력이 높아져서 수면이 높아지고, 중앙부에는 압력이 낮아져서 수면이 낮아져서 파가 생긴다. 이로 인하여 발생하는 저항이다.
③ 조와저항 : 선박이 항주하면 선체 주위의 물분자는 부착력으로 인하여 속도가 느리고, 선체에서 먼 곳의 물분자는 속도가 빠르다. 이러한 물분자의 속도차로 인한 와류에 의한 저항이다.
④ 공기저항 : 선박이 항진 중에 수면 상부의 선체 및 갑판 상부의 구조물이 공기의 흐름과 부딪쳐서 생기는 저항이다.

10 다음 〈보기〉에서 설명하는 것은?

> 〈보 기〉
> 투묘 시 선체에 무리가 없고 안전하게 투묘할 수 있어 일반선박에서 많이 사용되는 투묘법

① 전진 투묘법　② 후진 투묘법
③ 심해 투묘법　④ 정지 투묘법

해설

후진 투묘법

투묘 직후 곧바로 닻줄이 선수 방향으로 나가게 되어 선체에 무리가 없고, 안전하게 투하할 수 있으며, 후진 타력의 제어가 쉬워서 일반선박에서 가장 많이 사용하는 투묘법이다. 선체 조종과 보침이 다소 어렵고, 옆에서 바람이나 조류를 받게 되면 정확한 위치에 투묘하기가 어려운 단점이 있다.

11 닻이 투하되어 해저에 박히면 선체를 붙잡아 주는 힘이 발생되는데 이 힘은?

① 복원력　② 타 력
③ 배 력　④ 파주력

12 선박이 안개 속에서 항내를 항해할 때 유의해야 할 사항은?

① 최대의 속력으로 항진한다.
② 조타 가능한 최소속력으로 감속한다.
③ 간격 없이 계속 음향신호를 낸다.
④ 경계는 좌우보다는 선수쪽으로만 한다.

정답 7 ① 8 ② 9 ① 10 ② 11 ④ 12 ②

해설

협시계 항행 시 주의사항

- 기관은 항상 사용할 수 있도록 스텐바이 상태로 준비하고, 안전한 속력으로 항행한다.
- 레이더를 최대한 활용한다(이용 가능한 모든 수단을 동원하여 엄중한 경계를 유지한다).
- 경계의 효과 및 타선의 무중신호를 조기에 듣기 위하여 선내 정숙을 기한다.
- 적절한 항해등을 점등하고, 필요 외의 조명등은 규제한다(일정한 간격으로 선위를 확인하고, 측심기를 작동시켜 수심을 계속 확인한다).
- 수심이 낮은 해역에서는 필요시 즉시 사용 가능하도록 앵커 투하 준비를 한다.

13 입·출항 시 조류의 방향을 알 수 있는 방법에 해당하지 않는 것은?

① 해도를 이용하여 파악
② 천측력을 이용하여 파악
③ 등부표가 기울어진 방향을 관측하여 파악
④ 묘박 중인 선박의 자세를 관측하여 파악

해설

천측력은 천체를 관측하여 선박의 위치를 결정할 때 필요한 자료를 수록한 천문력이다.

14 선박의 복원력과 횡요 주기의 관계를 올바르게 설명한 것은?

① 복원력이 큰 선박은 횡요 주기가 길다.
② 복원력이 큰 선박은 횡요 주기가 짧다.
③ 복원력과 횡요 주기는 모든 선박이 같다.
④ 복원력과 횡요 주기는 상관없다.

해설

횡요 주기란 선박이 한쪽 현으로 최대로 경사된 상태에서부터 시작하여 반대 현으로 기울었다가 다시 원위치로 되돌아오기까지 걸린 시간으로 복원력이 클수록 횡요 주기는 짧아진다.

15 선박의 유동수의 영향에 대한 설명으로 틀린 것은?

① 복원력에 영향을 미친다.
② 복원력 감소 효과가 나타난다.
③ 무게중심을 상승시키는 효과가 나타난다.
④ 해수, 청수 등의 액체가 탱크 내에 가득 찼을 때 생긴다.

해설

유동수의 영향을 없애기 위해서는 탱크를 가득 채우거나 완전히 비우면 된다.

16 정박당직 시 당직 항해사가 인수받아야 할 내용으로 옳지 않은 것은?

① 본선의 최단 정지거리
② 빌지 및 밸러스트의 양
③ 선내 잔류자의 현황
④ 항만의 특별한 규정

해설

선박이 정지된 상태이므로 최단 정지거리는 인수·인계사항으로 옳지 않다.

17 항해당직자의 인수·인계 시 설명으로 적절한 것은?

① 당직 인수자는 선박의 위치, 침로, 주변상황 등을 스스로 확인해야 한다.
② 당직 인수·인계는 반드시 정시에 이루어져야 한다.
③ 전임 당직자는 인계할 사항을 인계한 후에는 언제라도 선교를 떠날 수 있다.
④ 인계자는 반드시 당직 교대 직전의 선위를 측정해 두어야 한다.

해설

항해당직 인수·인계

- 당직자는 당직 근무시간 15분 전 선교에 도착하여 다음 사항을 확인 후 당직을 인수·인계한다.
  - 선장의 특별 지시사항
  - 주변상황, 기상 및 해상 상태, 시정
  - 선박의 위치, 침로, 속력, 기관 회전수
  - 항해 계기 작동 상태 및 기타 참고사항

13 ② 14 ② 15 ④ 16 ① 17 ① 정답

– 선체의 상태나 선내의 작업상황
• 항해당직을 인수받은 당직사관은 가장 먼저 선박의 위치를 확인한다.
• 당직이 인계되어야 할 시간에 어떤 위험을 피하기 위하여 선박의 조종 또는 기타 동작이 취해 지고 있을 때에는 임무 교대를 미루어야 한다.

18 다음 〈보기〉의 (　　) 안에 적합한 것은?

〈보 기〉
STCW협약상 항해당직을 담당하는 해기사는 선박의 (　)를(을) 위하여 방해될 수 있는 어떠한 임무를 할당받거나 또는 수행하여서는 아니 된다.

① 무중항해　② 안전항해
③ 묘박당직　④ 하역당직

19 우리나라 겨울철에 가장 큰 영향을 미치는 고기압은?

① 시베리아 고기압
② 북대서양 고기압
③ 오호츠크해 고기압
④ 북태평양 고기압

해설
시베리아 고기압
시베리아 대륙에서 발달하는 한랭 건조한 대륙성 한대기단으로 겨울철 우리나라에 북서계절풍과 함께 한파와 폭설을 몰고 온다.

20 태풍에 관한 설명 중 틀린 것은?

① 태풍은 태풍눈을 가지고 있다.
② 태풍눈에서 기상현상이 가장 나쁘다.
③ 가항반원은 좌측반원이다.
④ 태풍은 여름철에 많이 발생한다.

해설
태풍의 눈
태풍 중심역의 바람이 약하고 푸른 하늘이 보이는 지역

21 1마력(PS)은?

① 10kgf・m/s　② 100kgf・m/s
③ 7.5kgf・m/s　④ 75kgf・m/s

22 퇴선훈련 시 일반적으로 사용하는 비상신호 설비는?

① 기 적　② 징
③ 무 종　④ 호 종

해설
퇴선신호는 기적 또는 선내 경보기를 사용하여 단음 7회, 장음 1회를 울린다.

23 둔기로 맞거나 딱딱한 곳에 떨어졌을 때 생기는 상처는?

① 자 상　② 절 상
③ 열 상　④ 타박상

해설
① 자상 : 바늘이나 못, 송곳 등과 같은 뾰족한 물건에 찔린 상처를 말한다.
② 절상 : 칼이나 유리 등의 날카로운 물건에 의하여 베인 상처를 말한다.
③ 열상 : 상처의 가장자리가 톱니꼴로 불규칙하게 생긴 상처로 주로 피부조직이 찢겨져 생긴다.

24 육상 무선국에서 항해의 안전에 관한 통보나 중요한 기상경보를 무선전화로 통보하고자 할 때 표시하는 신호는?

① 메이데이(MAYDAY)
② 판판(PAN PAN)
③ 시큐리티(SECURITE)
④ 데인저(DANGER)

해설
안전통신 : 무선국이 중요한 항행경보 또는 중요한 기상경보를 포함하는 통보를 전송하고자 하는 것을 표시하는 신호로 TTT(무선전신), SECURITE(무선전화)를 3회 반복한다.

정답 18 ② 19 ① 20 ② 21 ④ 22 ① 23 ④ 24 ③

25 다음 〈보기〉에서 설명하는 인명 구조방법은?

〈보 기〉
- 사람이 물에 빠진 시간 및 위치가 명확하지 않고 시계가 제한되어 사람을 확인할 수 없을 때 사용한다.
- 한쪽으로 전타하여 원침로에서 약 60° 정도 벗어날 때까지 선회한 다음 반대쪽으로 전타하여 원침로로부터 180° 선회하여 전 항로로 돌아가는 방법이다.

① 반원 2회 선회법 ② 윌리암슨 선회법
③ 지연선회법 ④ 전진선회법

해설
반원 2회 선회법(물에 빠진 사람이 보일 때)
- 전타 및 기관을 정지하여 사람이 선미에서 벗어나면 다시 전속 전진한다.
- 180° 선회되면 정침하여 전진하다가 사람이 정횡 후방 약 30° 근방에 보일 때 다시 최대 타각을 주면서 선회시킨다.
- 원침로에 왔을 때 정침하여 전진하면 선수 부근에 사람이 보인다.

제3과목 법 규

01 다음 〈보기〉의 (　　) 안에 알맞은 용어는?

〈보 기〉
선박의 입항 및 출항 등에 관한 법률상 (　　)(이)란 선박이 운항을 중지하고 (　　)하거나 계류하는 것이다.

① 계선, 정류 ② 계선, 정박
③ 정류, 정박 ④ 정류, 계선

해설
선박의 입항 및 출항 등에 관한 법률 제2조(정의)
계선이란 선박이 운항을 중지하고 정박하거나 계류하는 것을 말한다.

02 다음 〈보기〉의 (　　) 안에 적합한 것은?

선박의 입항 및 출항 등에 관한 법률상 선박이 무역항의 수상구역 등이나 무역항의 수상구역 부근을 항행할 때에는 (　　)으로 항행하여야 한다.

① 최저 속력
② 실행 가능한 최대 속력
③ 타효가 유효한 최저 속력
④ 다른 선박에 위험을 주지 아니할 정도의 속력

해설
선박의 입항 및 출항 등에 관한 법률 제17조(속력 등의 제한)
선박이 무역항의 수상구역 등이나 무역항의 수상구역 부근을 항행할 때에는 다른 선박에 위험을 주지 아니할 정도의 속력으로 항행하여야 한다.

03 선박안전법에 의한 선박검사에 대한 설명이 잘못된 것은?

① 선박검사증서는 선박 내에 비치해야 한다.
② 중간검사는 정기검사와 정기검사 사이에 받아야 한다.
③ 국제항해에 취항하고자 하는 선박은 국제협약검사를 받아야 한다.
④ 선박 시운전 등 임시로 선박을 항해에 사용하고자 할 경우 임시검사를 받아야 한다.

해설
선박안전법 제11조(임시항해검사)
정기검사를 받기 전에 임시로 선박을 항해에 사용하고자 하는 때 또는 국내의 조선소에서 건조된 외국 선박의 시운전을 하고자 하는 경우에는 선박소유자 또는 선박의 건조자는 해당 선박에 요구되는 항해능력이 있는지에 대하여 해양수산부령이 정하는 바에 따라 해양수산부장관의 검사(임시항해검사)를 받아야 한다.

04 선박안전법상 정기검사에 대한 설명이 잘못된 것은?

① 3년마다 실시한다.
② 선박을 최초로 항해에 사용할 때 받는다.
③ 선박검사증서의 유효기간이 만료된 때 받는다.
④ 해양수산부장관은 정기검사에 합격한 선박에 대하여 선박검사증서를 교부하여야 한다.

25 ② / 1 ② 2 ④ 3 ④ 4 ① 정답

해설

선박안전법 제8조(정기검사)

- 선박소유자는 선박을 최초로 항해에 사용하는 때 또는 선박검사증서의 유효기간이 만료된 때에는 선박시설과 만재흘수선에 대하여 해양수산부령이 정하는 바에 따라 해양수산부장관의 검사(정기검사)를 받아야 한다.
- 해양수산부장관은 정기검사에 합격한 선박에 대하여 항해구역·최대 승선인원 및 만재흘수선의 위치를 각각 지정하여 해양수산부령으로 정하는 사항과 검사기록을 기재한 선박검사증서를 교부하여야 한다.

선박안전법 시행령 제5조(선박검사증서 및 국제협약검사증서의 유효기간)

선박안전법에 따른 선박검사증서의 유효기간은 5년으로 한다.

05 해양환경관리법상 오염물질의 배출 방지를 위한 조치로 틀린 것은?

① 오염물질을 감식 및 분석하는 조치

② 파손·화재 등의 사고인 경우 오염물질을 다른 선박이나 해양시설로 옮겨 싣는 조치

③ 규정에 따른 조치에도 불구하고 오염물질이 배출될 우려가 있는 경우 확산 방지를 위한 필요한 조치

④ 침몰이 예상되는 경우 오염물질의 배출 우려가 있는 모든 부위를 막는 조치

해설

해양환경관리법 시행규칙 제31조(오염물질의 배출 방지를 위한 조치)

해양시설의 소유자는 해양환경관리법에 따라 오염물질의 배출 방지를 위한 다음의 조치를 취하여야 한다.

- 파손·화재 등의 사고인 경우에는 오염물질을 다른 선박이나 해양시설로 옮겨 싣는 조치 또는 손상 부위의 긴급수리, 침수 또는 배출 방지를 위하여 필요한 조치
- 침몰이 예상되는 경우에는 오염물질의 배출 우려가 있는 모든 부위를 막는 조치
- 불을 끄는 중에 생긴 오염물질의 경우에는 다른 선박이나 해양시설로 옮겨 싣는 조치 또는 배출 방지를 위하여 필요한 조치
- 위의 규정에 따른 조치에도 불구하고 오염물질이 배출될 우려가 있는 경우 배출 또는 확산 방지를 위하여 필요한 조치

06 해양환경관리법상 유조선의 화물창에서 화물유가 섞인 선박평형수 배출의 요건으로 틀린 것은?

① 선박이 항해 중일 것

② 배출되는 기름의 유분이 100ppm 이상일 것

③ 기름의 순간 배출률이 1해리당 30L 이하일 것

④ 유조선이 영해 기선으로부터 50해리 이상 떨어질 것

해설

선박에서의 오염 방지에 관한 규칙 [별표 4] 선박평형수의 세정도

유조선의 화물창으로부터 선박평형수를 배출하는 경우에는 다음의 요건에 적합하게 배출하여야 한다.

- 정지 중인 유조선의 화물창으로부터 청명한 날 맑고 평온한 해양에 선박평형수를 배출하는 경우에는 눈으로 볼 수 있는 유막이 해면 또는 인접한 해안선에 생기지 아니하거나 유성 찌꺼기(Sludge) 또는 유성 혼합물이 수중 또는 인접한 해안선에 생기지 아니하도록 화물창이 세정되어 있을 것
- 선박평형수용 기름배출감시제어장치 또는 평형수농도감시장치를 통하여 선박평형수를 배출하는 경우에는 해당 장치로 측정된 배출액의 유분 함유량이 0.0015%(15ppm)를 초과하지 아니할 것

07 해사안전법상 선박의 안전관리체제 인증심사에 합격한 선박에 대하여 해양수산부장관이 발급하는 증서는?

① 선박국적증서　② 선증서

③ 선박안전관리증서　④ 안전관리적합증서

해설

해사안전법 제49조(선박안전관리증서 등의 발급 등)

해양수산부장관은 최초인증심사나 갱신인증심사에 합격하면 그 선박에 대하여는 선박안전관리증서를 내주고, 그 사업장에 대하여는 안전관리적합증서를 내주어야 한다.

08 다음 설명으로 옳은 것은?

> 선원·선박소유자 등 인적 요인, 선박·화물 등 물적 요인, 항행보조시설·안전제도 등 환경적 요인을 종합적·체계적으로 관리함으로써 선박의 운용과 관련된 모든 일에서 발생할 수 있는 사고로부터 사람의 생명·신체 및 재산의 안전을 확보하기 위한 모든 활동

① 해사안전관리　② 수면비행선박

③ 조종불능선　④ 해상교통안전진단

정답 5 ① 6 ② 7 ③ 8 ①

해설
정의(해사안전법 제2조)
해사안전관리 : 선원 · 선박소유자 등 인적 요인, 선박 · 화물 등 물적 요인, 항행보조시설 · 안전제도 등 환경적 요인을 종합적 · 체계적으로 관리함으로써 선박의 운용과 관련된 모든 일에서 발생할 수 있는 사고로부터 사람의 생명 · 신체 및 재산의 안전을 확보하기 위한 모든 활동을 말한다.

09 국제해상충돌방지규칙상 조종불능선이 아닌 것은?

① 기관이 고장인 선박
② 바람이 없어서 정지하고 있는 범선
③ 조타기 고장으로 표류하고 있는 선박
④ 항공기의 이착륙 작업에 종사하고 있는 선박

해설
항공기의 이착륙 작업에 종사하고 있는 선박은 조종제한선이다.
해사안전법 제2조(정의)
조종불능선이란 선박의 조종성능을 제한하는 고장이나 그 밖의 사유로 조종을 할 수 없게 되어 다른 선박의 진로를 피할 수 없는 선박을 말한다.

10 국제해상충돌방지규칙상 제한된 시계의 원인으로 틀린 것은?

① 모래폭풍　　② 강 설
③ 안 개　　④ 해상 장애물

해설
해사안전법 제2조(정의)
제한된 시계란 안개 · 연기 · 눈 · 비 · 모래바람 및 그 밖에 이와 비슷한 사유로 시계(視界)가 제한되어 있는 상태를 말한다.

11 국제해상충돌방지규칙상 선박에 해당하지 않는 것은?

① 수면을 항행 중인 수상항공기
② 수면 가까이 비행하고 있는 수면비행선박
③ 노와 상앗대로만 운전하는 나룻배
④ 무배수량 상태로 수면에 뜬 공기부양선

해설
해사안전법 제2조(정의)
선박이란 물에서 항행수단으로 사용하거나 사용할 수 있는 모든 종류의 배(물 위에서 이동할 수 있는 수상항공기와 수면비행선박을 포함한다)를 말한다.

12 국제해상충돌방지규칙상 안전한 속력을 결정하는 데 고려해야 할 요소에 해당하지 않는 것은?

① 시계 상태
② 해상 교통량의 밀도
③ 선박의 조종성능
④ 항해사의 면허급수

해설
해사안전법 제64조(안전한 속력)
안전한 속력을 결정할 때에는 다음(레이더를 사용하고 있지 아니한 선박의 경우에는 ㉠부터 ㉥까지)의 사항을 고려하여야 한다.
㉠ 시계의 상태
㉡ 해상 교통량의 밀도
㉢ 선박의 정지거리 · 선회성능, 그 밖의 조종성능
㉣ 야간의 경우에는 항해에 지장을 주는 불빛의 유무
㉤ 바람 · 해면 및 조류의 상태와 항행장애물의 근접 상태
㉥ 선박의 흘수와 수심과의 관계
㉦ 레이더의 특성 및 성능
㉧ 해면 상태 · 기상, 그 밖의 장애요인이 레이더 탐지에 미치는 영향
㉨ 레이더로 탐지한 선박의 수 · 위치 및 동향

13 국제해상충돌방지규칙상 충돌을 피하기 위하여 적절하고 유효한 동작을 취하거나 적합한 거리에서 정선할 수 있는 속력은?

① 항해 속력　　② 타효 속력
③ 안전한 속력　　④ 대수 속력

해설
해사안전법 제64조(안전한 속력)
선박은 다른 선박과의 충돌을 피하기 위하여 적절하고 효과적인 동작을 취하거나 당시의 상황에 알맞은 거리에서 선박을 멈출 수 있도록 항상 안전한 속력으로 항행하여야 한다.

9 ④　10 ④　11 ③　12 ④　13 ③　정답

14 **국제해상충돌방지규칙상 피항선의 동작으로 틀린 것은?**

① 조기에 피항한다.
② 반드시 증속하여 피항한다.
③ 대각도로 피항한다.
④ 충분한 시간을 두고 피항한다.

해설
해사안전법 제74조(피항선의 동작)
다른 선박의 진로를 피하여야 하는 모든 선박(피항선)은 될 수 있으면 미리 동작을 크게 취하여 다른 선박으로부터 충분히 멀리 떨어져야 한다.

15 **국제해상충돌방지규칙상 국제신호기 A기를 표시하는 선박은?**

① 조난구조선 ② 잠수작업선
③ 해상보급선 ④ 어로작업선

해설
해사안전법 제85조(조종불능선과 조종제한선)
잠수작업에 종사하고 있는 선박이 그 크기로 인하여 등화와 형상물을 표시할 수 없으면 다음의 표시를 하여야 한다.
• 가장 잘 보이는 곳에 수직으로 위쪽과 아래쪽에는 붉은색 전주등, 가운데에는 흰색 전주등 각 1개
• 국제해사기구가 정한 국제신호서 에이(A)기의 모사판을 1m 이상의 높이로 하여 사방에서 볼 수 있도록 표시

A	나는 잠수부를 내렸다.	

16 **다음 〈보기〉의 (　　) 안에 알맞은 용어는?**

〈보 기〉
국제해상충돌방지규칙상 선박은 좁은 수로 등의 안쪽에서만 안전하게 (　　)할 수 있는 다른 선박의 (　　)을 방해하게 되는 경우에는 좁은 수로 등을 (　　)하여서는 아니 된다.

① 정침, 진행, 통항
② 통항, 속력, 접근
③ 정박, 운항, 통항
④ 항행, 통항, 횡단

해설
해사안전법 제67조(좁은 수로 등)
선박이 좁은 수로 등의 안쪽에서만 안전하게 항행할 수 있는 다른 선박의 통항을 방해하게 되는 경우에는 좁은 수로 등을 횡단하여서는 아니 된다.

17 **국제해상충돌방지규칙상 정선수 방향에 있는 다른 선박의 마스트등과 양쪽의 현등을 동시에 볼 수 있는 상태는?**

① 마주치는 상태
② 횡단하는 상태
③ 추월하는 상태
④ 상대 선박이 정박 중인 상태

해설
해사안전법 제72조(마주치는 상태)
선박은 다른 선박을 선수(船首) 방향에서 볼 수 있는 경우로서 다음의 어느 하나에 해당하면 마주치는 상태에 있다고 보아야 한다.
• 밤에는 2개의 마스트등을 일직선으로 또는 거의 일직선으로 볼 수 있거나 양쪽의 현등을 볼 수 있는 경우
• 낮에는 2척의 선박의 마스트가 선수에서 선미(船尾)까지 일직선이 되거나 거의 일직선이 되는 경우

18 **국제해상충돌방지규칙상 서로 시계 안에 있는 두 선박이 야간에 횡단관계로 충돌의 위험이 있을 때 피항동작을 취해야 할 선박은?**

① 상대선의 녹등을 보는 선박
② 상대선의 홍등을 보는 선박
③ 두 선박 중 작은 선박
④ 두 선박 중 속력이 빠른 선박

해설
해사안전법 제73조(횡단하는 상태)
2척의 동력선이 상대의 진로를 횡단하는 경우로서 충돌의 위험이 있을 때에는 다른 선박을 우현쪽에 두고 있는 선박(다른 선박의 홍등을 보는 선박)이 그 다른 선박의 진로를 피하여야 한다. 이 경우 다른 선박의 진로를 피하여야 하는 선박은 부득이한 경우 외에는 그 다른 선박의 선수 방향을 횡단하여서는 아니 된다.

정답 14 ② 15 ② 16 ④ 17 ① 18 ②

19 다음 중 국제해상충돌방지규칙상 서로 시계 내에서 진로우선권이 가장 큰 선박은?

① 동력선
② 범 선
③ 흘수제약선
④ 어로에 종사하고 있는 항행 중인 선박

해설
해사안전법 제76조(선박 사이의 책무)
조종불능선이나 조종제한선이 아닌 선박은 부득이하다고 인정하는 경우 외에는 흘수제약선의 통항을 방해하여서는 아니 된다.

20 국제해상충돌방지규칙상 등화와 형상물에 관한 규정이 적용되는 때는?

① 모든 날씨
② 야간 및 제한된 시계
③ 주간 및 제한된 시계
④ 악천후 시의 야간과 주간

해설
해사안전법 제78조(적용)
- 모든 날씨에서 적용한다.
- 선박은 해지는 시각부터 해뜨는 시각까지 이 법에서 정하는 등화를 표시하여야 하며, 이 시간 동안에는 이 법에서 정하는 등화 외의 등화를 표시하여서는 아니 된다.
- 이 법에서 정하는 등화를 설치하고 있는 선박은 해뜨는 시각부터 해지는 시각까지도 제한된 시계에서는 등화를 표시하여야 하며, 필요하다고 인정되는 그 밖의 경우에도 등화를 표시할 수 있다.
- 선박은 낮 동안에는 이 법에서 정하는 형상물을 표시하여야 한다.

21 국제해상충돌방지규칙상 선박의 항해등 중 135°에 걸쳐 수평의 호를 비추는 백등으로 추월관계를 명확히 하는 등화는?

① 선미등　　② 전주등
③ 마스트등　　④ 현 등

해설
해사안전법 제79조(등화의 종류)
- 마스트등 : 선수와 선미의 중심선상에 설치되어 225°에 걸치는 수평의 호를 비추되, 그 불빛이 정선수 방향으로부터 양쪽 현의 정횡으로부터 뒤쪽 22.5°까지 비출 수 있는 흰색 등
- 현등 : 정선수 방향에서 양쪽 현으로 각각 112.5°에 걸치는 수평의 호를 비추는 등화로서 그 불빛이 정선수 방향에서 좌현 정횡으로부터 뒤쪽 22.5°까지 비출 수 있도록 좌현에 설치된 붉은색 등과 그 불빛이 정선수 방향에서 우현 정횡으로부터 뒤쪽 22.5°까지 비출 수 있도록 우현에 설치된 녹색 등
- 선미등 : 135°에 걸치는 수평의 호를 비추는 흰색 등으로서 그 불빛이 정선미 방향으로부터 양쪽 현의 67.5°까지 비출 수 있도록 선미 부분 가까이에 설치된 등
- 예선등 : 선미등과 같은 특성을 가진 황색 등

22 다음 중 국제해상충돌방지규칙상 마스트등과 양색등을 표시할 수 있는 선박은?

① 범 선
② 도선선
③ 길이 50m 이상인 동력선
④ 길이 12m 이상 20m 미만인 동력선

해설
해사안전법 제81조(항행 중인 동력선)
항행 중인 동력선은 다음의 등화를 표시하여야 한다.
- 앞쪽에 마스트등 1개와 그 마스트등보다 뒤쪽의 높은 위치에 마스트등 1개. 다만, 길이 50m 미만의 동력선은 뒤쪽의 마스트등을 표시하지 아니할 수 있다.
- 현등 1쌍(길이 20m 미만의 선박은 이를 대신하여 양색등을 표시할 수 있다)
- 선미등 1개

23 다음 중 국제해상충돌방지규칙상 예인선열의 길이가 200m를 넘는 경우에 끌려가고 있는 선박이 표시하여야 할 등화 및 형상물로 옳은 것은?(단, 끌려가고 있는 선박은 부분적으로 잠수되지 않고 눈에 잘 띄는 상태임)

① 마스트등 1개, 현등 1쌍, 둥근꼴 형상물 2개
② 현등 1쌍, 선미등 2개, 원통형 형상물 1개
③ 현등 2쌍, 예선등 1개, 둥근꼴 형상물 1개
④ 현등 1쌍, 선미등 1개, 마름모꼴 형상물 1개

19 ③ 20 ① 21 ① 22 ④ 23 ④ 정답

해설

해사안전법 제82조(항행 중인 예인선)

끌려가고 있는 선박이나 물체는 다음의 등화나 형상물을 표시하여야 한다.

- 현등 1쌍
- 선미등 1개
- 예인선열의 길이가 200m를 초과하면 가장 잘 보이는 곳에 마름모꼴의 형상물 1개

24 국제해상충돌방지규칙상 조종불능선을 나타내는 등화는?

① 홍색의 전주등 2개

② 백색의 전주등 3개

③ 홍색의 전주등 3개

④ 백색의 전주등 2개

해설

해사안전법 제85조(조종불능선과 조종제한선)

조종불능선은 다음의 등화나 형상물을 표시하여야 한다.

㉠ 가장 잘 보이는 곳에 수직으로 붉은색 전주등 2개

㉡ 가장 잘 보이는 곳에 수직으로 둥근꼴이나 그와 비슷한 형상물 2개

㉢ 대수속력이 있는 경우에는 ㉠과 ㉡에 따른 등화에 덧붙여 현등 1쌍과 선미등 1개

25 국제해상충돌방지규칙상 대양에서 대수속력 없이 표류 중인 선박이 무중에 머무르고 있을 때 발하여야 하는 기적은?

① 2분을 넘지 않는 간격으로 연속한 장음 2회, 단음 2회

② 2분을 넘지 않는 간격으로 연속한 장음 2회

③ 1분을 넘지 않는 장음 1회

④ 1분을 넘지 않는 장음 2회

해설

해사안전법 제93조(제한된 시계 안에서의 음향신호)

항행 중인 동력선은 정지하여 대수속력이 없는 경우에는 장음 사이의 간격을 2초 정도로 연속하여 장음을 2회 울리되, 2분을 넘지 아니하는 간격으로 울려야 한다.

2017년 제4회 과년도 기출복원문제

제1과목 항 해

01 액체식 자기컴퍼스의 볼(Bowl)에 포함되지 않는 것은?

① 캡(Cap)
② 피벗(Pivot)
③ 플린더즈 바(Flinders Bar)
④ 컴퍼스 카드(Compass Card)

해설
경사계, 조명장치, 플린더즈 바 등은 비너클(Binnacle)에 포함된다.

02 자기컴퍼스의 북(나북)과 지자기의 북(자북)의 차이는?

① 자 차 ② 편 차
③ 진침로 ④ 컴퍼스 오차

해설
② 편차 : 진자오선(진북)과 자기자오선(자북)과의 교각
③ 진침로 : 진자오선(진북)과 항적이 이루는 각
④ 컴퍼스오차 : 선내 나침의 남북선(나북)과 진자오선(진북) 사이의 교각

03 컴퍼스에서 놋쇠로 된 가는 막대로 물표방위 측정 시 사용되는 것은?

① 섀도 핀 ② 글라스 커버
③ 방위환 ④ 비너클

해설
섀도 핀
• 놋쇠로 된 가는 막대로 컴퍼스볼의 글라스커버의 중앙에 핀을 세울 수 있는 섀도 핀 꽂이가 있다.
• 사용 시 한쪽 눈을 감고 핀을 통해 목표물을 보고 관측선의 아래쪽 카드의 눈금을 읽는다.
• 가장 간단하게 방위를 측정할 수 있으나 오차가 생기기가 쉽다.

04 항의 입구나 위험물이 있는 곳에 정박하고 있는 선박으로 등화, 안개신호장치 및 무선표지가 설치된 것은?

① 등 선 ② 육 표
③ 등부표 ④ 등 표

해설
② 육표 : 육상에 설치된 간단한 기둥표
③ 등부표 : 비교적 항행이 곤란한 장소나 항만의 유도표지로 일정한 선회 반지름을 가지고 이동
④ 등표 : 암초, 사주 등의 위에 고정적으로 설치하여 위험구역을 표시

05 섬광등에 관한 설명으로 옳은 것은?

① 꺼지지 않고 일정한 광력으로 비추는 등이다.
② 빛을 비추는 시간이 꺼져 있는 시간과 같다.
③ 2가지 색깔의 빛을 교대로 내는 등이다.
④ 빛을 비추는 시간이 꺼져 있는 시간보다 짧다.

해설
① 부동등
② 명암등
③ 호광등

06 다음 〈보기〉에서 설명하는 표지는?

> 〈보 기〉
> 항로의 연장선 위에 앞뒤로 2개 이상의 육표를 설치하여 중시선에 의해 선박을 인도하는 표지

① 입 표 ② 부 표
③ 도 표 ④ 유도표

정답 1 ③ 2 ① 3 ① 4 ① 5 ④ 6 ③

해설
① 입표 : 암초, 사주 등의 위에 고정적으로 설치하여 위험구역을 표시하는 주간표지
② 부표 : 항행이 곤란한 장소 또는 항만의 항로를 따라 설치하며 주로 유도표지로 이용되는 주간표지

07 음향표지를 이용하는 방법으로 잘못된 것은?

① 무중신호의 방향과 강약으로 신호소의 방위와 거리를 판단하여 적극적으로 항해에 이용한다.
② 음향표지에만 지나치게 의존하지 말고 다른 항로표지나 레이더를 적극적으로 사용하여야 한다.
③ 무중 항해 시에는 선내를 정숙하게 하고 특별한 주의를 기울여 음향표지, 항해기기 등을 활용하여야 한다.
④ 음향표지의 소리가 들리는 방향에 꼭 표지가 존재하지 않을 수도 있다는 것을 알아야 한다.

해설
신호음의 방향 및 강약만으로 신호소의 방위나 거리를 판단해서는 안 된다.

08 국립해양조사원에서 행하는 해도의 개보 중에 해도번호나 표제가 바뀌는 경우는?

① 개판(New Edition)
② 보각(Supplement)
③ 신간(New Chart)
④ 재판(Reprint)

해설
① 개판 : 새로운 자료에 의해 해도의 내용을 전반적으로 개정하거나 해도의 포함 구역이나 크기 등을 변경하기 위해 해도원판을 새로 만드는 것
② 재판 : 현재 사용 중인 해도의 부족 수량을 충족시킬 목적으로 원판을 약간 수정하여 다시 발행하는 것

09 진북을 가리키는 진방위권 안쪽은 자기컴퍼스가 가리키는 나침방위권을 표시한 것으로, 지자기에 따른 자침편차와 1년간의 변화량인 연차가 함께 기재되어 있는 것은?

① 나침도　　② 방위도
③ 점장도　　④ 풍향도

10 다음 중 해도상에 표시된 수심의 기준면은?

① 평균 해면
② 기본수준면
③ 약최고고조면
④ 용골하 여유 수심

해설
해도상의 수심의 기준
- 해도의 수심 : 기본 수준면(약최저저조면)
- 물표의 높이 : 평균수면
- 해안선 : 약최고고조면

11 해도 중에서 해도의 일부 구역을 확대하여 그 해도에 별도로 그려 넣은 것은?

① 항해도　　② 분 도
③ 총 도　　④ 항박도

해설
① 항해도 : 육지를 바라보면서 항해할 때 사용되는 해도로, 선위를 직접 해도상에서 구할 수 있도록 육상 물표, 등대, 등표 등이 비교적 상세히 표시됨
③ 총도 : 세계 전도와 같이 넓은 구역을 나타낸 것으로, 장거리 항해와 항해 계획 수립에 이용
④ 항박도 : 항만, 정박지, 협수로 등 좁은 구역을 상세히 그린 평면도

12 연이어 일어난 고조와 저조의 해면 높이차로 옳은 것은?

① 조 승　　② 조 차
③ 조 고　　④ 파 고

정답 7 ① 8 ③ 9 ① 10 ② 11 ② 12 ②

13 다음 기호 중 조석표의 월령 중 상현을 표시하는 것은?

① ◐ ② ○
③ ◑ ④ ●

해설
② 망, ③ 하현, ④ 삭

14 어느 장소의 해수가 다른 곳으로 이동하면 이것을 보충하기 위한 해류가 발생하는 데 이를 무엇이라 하는가?

① 와 류 ② 보 류
③ 경사류 ④ 취송류

해설
① 와류 : 좁은 수로 등에서 조류가 격렬하게 흐르면서 물이 빙빙 도는 것
③ 경사류 : 해면이 바람, 기압, 비 또는 강물의 유입 등에 의해 경사를 일으키면 이를 평행으로 회복하려는 흐름이 생겨 발생하는 해류
④ 취송류 : 바람과 해면의 마찰로 인하여 해수가 일정한 방향으로 떠밀려 생긴 해류

15 1개의 물표를 이용하여 선위를 측정할 수 없는 방법은?

① 4점 방위법 ② 양측방위법
③ 수평협각법 ④ 정횡거리법

해설
수평협각법
- 뚜렷한 3개의 물표를 육분의로 수평협각을 측정, 삼간분도기를 사용하여 그들 협각을 각각의 원주각으로 하는 원의 교점을 구하는 방법
- 수평협각의 측정 및 선위 경정에 다소 시간이 걸리며, 반드시 3개 이상의 물표가 있어야 한다.

16 다음 〈보기〉의 설명에 해당하는 것은?

〈보 기〉
측정의 시도에 의하여 정횡거리를 구할 수 있는 선위 결정법

① 4점 방위법 ② 수평거리법
③ 수심연측법 ④ 교차방위법

해설
4점 방위법 : 물표의 전측 시 선수각을 45°(4점)로 측정하고 후측 시 선수각을 90°(8점)로 측정하여 선위를 구하는 방법

17 교차방위법으로 선위를 구하기 위한 물표 선정 시 정밀도가 가장 낮은 물표는?

① 등 주 ② 등 선
③ 등 표 ④ 등부표

해설
등부표는 해저에 체인으로 연결되어 일정한 선회 반지름을 가지고 이동하므로 선위 측정 물표로 적절하지 못하다.

18 다음 중 위치선으로 사용할 수 없는 것은?

① 물표의 방위 ② 중시선
③ 해수의 수온분포 ④ 물표의 수평거리

해설
위치선 : 선박이 그 자취 위에 있다고 생각되는 특정한 선으로, 해수의 수온분포는 사용할 수 없다.

19 항정 24해리를 항주하는 데 4시간이 걸렸다. 이때 선박의 속력은?

① 6노트 ② 8노트
③ 10노트 ④ 12노트

해설
선박의 속력
1시간에 1해리(마일)를 항주하는 선박의 속력을 1노트라고 한다.
속력 = 거리 / 시간
24해리 / 4시간 = 6노트

20 적도와 적도 남쪽 방향 거등권 사이 자오선의 호는?

① 남 위 ② 북 위
③ 서 경 ④ 동 경

13 ① 14 ② 15 ③ 16 ① 17 ④ 18 ③ 19 ① 20 ① 정답

21 교차방위법에 의한 선위결정 시 선정 물표가 세 개일 때 물표 상호 간 적당한 각도는?

① 30° ② 60°
③ 90° ④ 150°

해설
두 물표일 때는 90°, 세 물표일 때는 60° 정도가 가장 좋다.

22 방위표시법에서 어느 물표의 방위 310°를 90°식으로 옳게 표시한 것은?

① N50°W ② N50°E
③ S130°W ④ S130°E

해설
기준을 표시하기 위해 도수 앞에 N(S)이 붙고, 잰 방향을 표시하기 위해 도수의 뒤쪽에 E(W)부호가 붙는다.
N50°W : 북을 기준으로 서쪽으로 50° 잰 것

23 레이더 작동 중 다음의 화면에 그림이 나타나는 경우는?

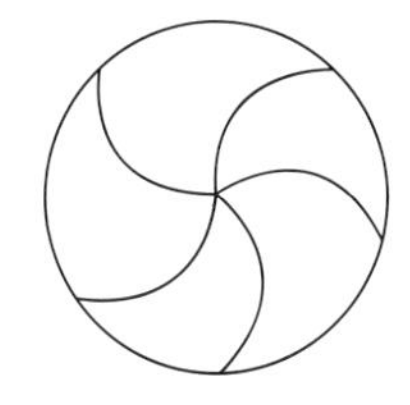

① 해면 반사
② 허상현상
③ 조류의 물결
④ 타선 레이더의 간섭 작용

해설
타선 레이더의 간섭
저선 레이더의 펄스 반복 주파수와 타선의 펄스 반복 주파수가 같을 때 간섭에 의한 점들은 원모양으로 나타나고, 주파수의 차이가 그다지 크지 않으면 점들은 나선형으로 나타난다.

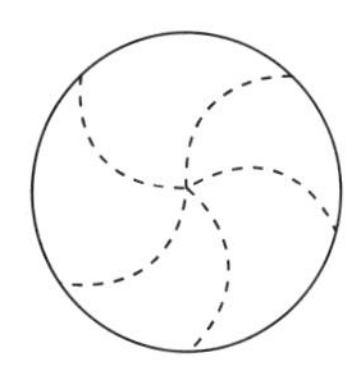

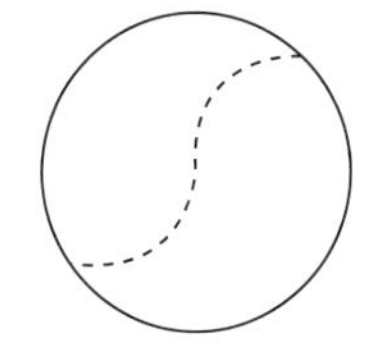

24 레이더의 구성에서 미약한 반사파를 증폭시켜서 영상 신호로 바꾸는 장치는?

① 지시기 ② 송신장치
③ 스캐너 ④ 수신장치

해설
① 지시기 : 탐지되는 모든 물표를 나타내기 위해 평면위치표시(PPI)방식을 채용
② 송신장치 : 짧고 강력한 펄스 형태의 레이더파를 발생시키는 장치
③ 스캐너 : 전파를 발사하고 반사파를 수신하는 역할

25 레이더에서 마이크로파(극초단파)를 사용하는 이유로 틀린 것은?

① 파장이 짧을수록 전파의 직진성이 강하다.
② 파장이 짧을수록 작은 물표로부터 반사파가 강하다.
③ 파장이 짧을수록 수신감도가 양호하다.
④ 파장이 짧을수록 먼 거리를 측정할 수 있다.

해설
레이더에서 마이크로파를 사용하는 이유
• 회절이 작아 직진이 양호
• 정확한 거리 측정이 가능
• 물체 탐지 및 측정이 수월
• 수신감도가 좋음
• 지향성이 양호하여 방위분해능을 높임
• 최소 탐지거리가 짧음

정답 21 ② 22 ① 23 ④ 24 ④ 25 ④

제2과목 운 용

01 **해묘(Sea Anchor)에 대한 설명으로 옳은 것은?**

① 구명정에서 풍랑이 있는 방향으로 선수를 유지시키기 위하여 사용하며 범포로 만든다.
② 소형선에 있어서 외항에서 정박 시 사용하는 것이다.
③ 모든 선박이 묘박 시 사용하는 것이다.
④ 중형선의 예비 묘(Anchor)를 말한다.

02 **투하한 닻줄의 길이가 100m이면 닻줄을 몇 섀클 투하한 것인가?**

① 약 2섀클　② 약 4섀클
③ 약 8섀클　④ 약 10섀클

해설
1섀클의 길이는 25m이므로
25m × 4 = 100m

03 **선박 늑골(Frame)의 외면을 싸서 선체의 외곽을 이루며, 종강도를 형성하는 주요 부재는?**

① 내저판　② 용 골
③ 선수재　④ 외 판

해설
① 내저판 : 이중저 선박에서 이중저의 상면을 덮어 내저를 구성하는 판
② 용골 : 선체의 최하부 중심선에 있는 종강력재로, 선체의 중심선을 따라 선수재에서 선미재까지의 종방향 힘을 구성하는 부분
③ 선수재 : 선체의 앞쪽 끝단의 중요한 골재로 선체의 전단부를 구성

04 **선수흘수가 1m 60cm이고, 선미흘수가 2m 00cm인 선박의 평균 흘수는 얼마인가?**

① 3m 60cm　② 1m 80cm
③ 2m 00cm　④ 1m 60cm

해설
(1m 60cm + 2m 00cm) / 2 = 1m 80cm

05 **로프에 하중을 가해서 로프가 절단되는 순간의 장력을 나타내는 것은?**

① 시험하중　② 파단하중
③ 안전사용하중　④ 충격하중

해설
① 시험하중 : 로프에 장력을 가할 때 변형이 일어나지 않는 최대 장력으로 파단하중의 1/2 정도이다.
③ 안전사용하중 : 시험하중의 범위 내에 안전하게 사용할 수 있는 최대 하중으로 파단력의 1/6 정도이다.

06 **계선줄 중 선수에서 앞쪽으로 내어 선체가 뒤쪽으로 이동하는 것을 억제하는 것은?**

① 선미줄　② 선수줄
③ 선수 뒷줄　④ 선수 옆줄

해설
① 선미줄 : 선체가 앞쪽으로 움직이는 것을 막는 역할
③ 선수 뒷줄 : 선미줄과 마찬가지로 선체가 전방으로 움직이는 것을 막는 역할
④ 선수 옆줄 : 선체를 부두에 붙어 있도록 하여 횡방향의 이동을 억제하는 역할

07 **우회전 고정피치 스크루 프로펠러를 가진 단추진기 선박이 저속으로 항주 중 타를 중립으로 한 상태에서 기관을 후진 상태로 작동시키면 일반적으로 선체는 어떻게 되는가?**

① 선미는 우회전한다.
② 선수는 좌회두한다.
③ 선수는 우회두한다.
④ 선수의 회두는 없다.

해설
고정피치 우선회 단추진기 선박의 후진 시 프로펠러를 반시계 방향으로 회전하여 우현으로 흘러가는 배출류는 우현의 선미벽에 부딪치면서 측압을 형성하여 선미를 좌현쪽으로 밀고 선수는 우현쪽으로 회두한다.

정답 1 ① 2 ② 3 ④ 4 ② 5 ② 6 ② 7 ③

08 다음 〈보기〉의 (　　) 안에 적합한 것은?

〈보 기〉
스크루 프로펠러 작용에서 깊이 잠긴 날개에 걸린 반작용력과 수면부근의 날개에 걸린 반작용력 차를 (　　)이라고 한다.

① 횡압력　② 반류의 영향
③ 측압작용　④ 배출류의 영향

09 정박 중 닻이 끌리는 것을 알 수 있는 가장 좋은 방법은?

① 교차 방위에 의한 선위 확인방법
② 풍향 관측방법
③ 조류의 방향 관측방법
④ 기상의 변화 관측방법

10 선미선교형 선박이 상당한 속력으로 전진 중 정횡에서 바람을 받으면 나타나는 상태는?

① 선수가 풍하쪽으로 향하려고 한다.
② 선미가 풍상쪽으로 향하려고 한다.
③ 선수가 풍상쪽으로 향하려고 한다.
④ 풍향에 관계없이 직진하려고 한다.

11 다음 중 "신속하게 회두를 줄여서 정침하라"는 조타 명령어는?

① 코스 어게인(Course Again)
② 하드 어 포트(Hard-a-Port)
③ 스테디(Steady)
④ 미드십스(Midships)

해설
① 코스 어게인(Course Again) : 원침로로 복귀하라.
② 하드 어 스타보드(포트) : 우현(좌현) 최대 타각으로 돌려라.
④ 미드십(Midships) : 타각이 0°인 키 중앙으로 하라.

12 선박의 선수 충돌이 일어난 경우 충돌 직후 후진기관을 사용하면 안 되는 이유 중 옳은 것은?

① 닻을 풀기 위하여
② 손상 확대 방지를 위하여
③ 구조대를 기다리기 위하여
④ 조난신호를 발사하기 위하여

13 야간 항해 시 선위 확인 및 항해에 대한 설명으로 잘못된 것은?

① 선위 확인은 한 개의 등대 방위라도 충분하다.
② 선위에 의문이 있으면 즉시 선장에게 보고한다.
③ 필요하면 언제든지 기관 및 기적을 사용한다.
④ 선위 확인은 짧은 시간에 민첩하게 한다.

14 GM이란?

① 선박의 배수량
② 복원력
③ 복원정
④ 선박의 무게중심으로부터 메타센터까지의 높이

해설
복원력과 관련된 용어
- 배수량(W) : 선체 중에 수면하게 잠겨 있는 부분의 용적(V)에 물의 밀도(ρ)를 곱한 것을 말한다.
- 무게중심(G) : 선체의 전체 중량이 한 점에 모여 있다고 생각할 수 있는 가상의 점을 말한다.
- 부심(B) : 선체의 전체 부력이 한 점에 작용한다고 생각할 수 있는 점으로 선박의 수면하 체적의 기하학적 중심을 말한다.
- 경심(M, 메타센터) : 배가 똑바로 떠 있을 때 부심을 통과하는 부력의 작용선과 경사된 부력의 작용선이 만나는 점을 말한다.
- GM : 무게중심에서 경심(메타센터)까지의 높이를 말한다.

정답 8 ① 9 ① 10 ③ 11 ③ 12 ② 13 ① 14 ④

15 **갑판상에 적재된 화물을 선박의 무게중심보다 낮은 곳으로 이동할 때 복원력의 변화는?**

① 복원력이 감소한다.
② 복원력이 증가한다.
③ 정적 복원력만 감소한다.
④ 복원력의 변화는 없다.

해설
안정성이 커지므로 복원력은 증가한다.

16 **도선사 승선 시에 선박 안전항해에 관한 책임은 누구에게 있는가?**

① 도선사
② 기관장
③ 선 장
④ 갑판장

해설
도선사가 승선하고 있는 운항
도선사의 임무와 책임에도 불구하고 도선사가 승선하고 있어도 선박의 안전을 위한 선장 또는 당직사관의 임무나 책임이 면제되는 것이 아니다.

17 **항해 당직 중에 유념해야 할 일반적인 주의사항으로 틀린 것은?**

① 적절한 경계를 유지한다.
② 국제해상충돌방지규칙 등의 법규를 준수한다.
③ 항해 및 안전에 대한 주변상황 및 활동내용을 기록한다.
④ 기관 사용이 필요하면 반드시 기관장에게 알리고 사용한다.

해설
주기관의 사용권한은 당직사관에 있으므로 필요시 사용을 주저하면 안 된다.

18 **항해 당직사관이 유념해야 할 레이더 사용요령에 대한 설명으로 적절하지 않은 것은?**

① 레이더상에서 움직이는 물표를 발견하였을 경우 쌍안경을 이용하여 육안으로 관찰하는 것이 좋다.
② 항로 주변에 어선 등 타선이 많을 경우 큰 탐지거리에 고정시켜 두고 계속 주위를 살피는 것이 좋다.
③ 레이더 사용 시에는 레이더의 한계에 대해 주의하여야 한다.
④ 항해 중인 타선에 대해서는 레이더 플로팅 등에 의해 움직임을 체계적으로 관찰한다.

해설
항로 주변에 타선이 많은 경우 탐지거리를 적절히 조절하여 안전항해에 만전을 기한다.

19 **북반구에서 본선이 태풍의 진로상에 있을 때 어느 방향으로 피항하는 것이 좋은가?**

① 좌반원
② 우반원
③ 태풍의 중심 방향
④ 태풍 진로 방향

해설
태풍 진로상에 선박이 있을 경우 : 북반구의 경우 풍랑을 우현선미로 받으면서 왼쪽(가항반원)으로 선박을 유도한다.

20 **소나기와 같은 강수를 가져오며 때로는 돌풍과 뇌우를 동반하는 전선은 무엇인가?**

① 정체전선
② 온난전선
③ 한랭전선
④ 폐색전선

15 ② 16 ③ 17 ④ 18 ② 19 ① 20 ③ 정답

해설
한랭전선
찬 기단이 따뜻한 기단 밑으로 파고들면서 밀어내는 전선으로 전선면의 경사는 온난전선보다 크며 소나기, 우박, 뇌우 등이 잘 나타나고 폭풍도 분다. 한랭전선이 지나간 다음에는 기온이 급강하하며 강한 바람의 돌풍을 일으키기도 한다.

21 피스톤의 상사점에서 하사점까지의 운동거리는?

① 행 정
② 연접봉 길이
③ 크랭크 길이
④ 크랭크 각도

22 자력 이초법의 내용으로 옳지 않은 것은?

① 고조 직전에 시도
② 바람, 파도, 조류의 영향을 이용함
③ 펄에 얹힌 경우는 선체를 동요시키면서 기관 사용
④ 기관 회전수는 처음에 높였다가 천천히 낮춤

해설
기관 회전수를 천천히 높이고, 반출한 앵커 및 앵커 체인을 감아 들인다.

23 다음 〈보기〉의 (　　) 안에 적합한 것은?

〈보 기〉
국제신호서 중에서 3문자신호는 (　)자로 시작되며, 의료 부문의 통신에 사용된다.

① D　　② M
③ N　　④ W

24 조난신호용 비품에 관한 설명으로 옳지 않은 것은?

① 로켓 낙하산 화염 신호는 약 70~80° 정도로 상공을 향해 발사한다.
② 로켓 낙하산 화염신호의 식별거리는 달 없는 밤에 25~35해리이다.
③ 신호홍염은 불티에 의해 구명 뗏목에 손상이 우려되므로 켜서 물에 띄워 표시한다.
④ 신호홍염은 구조선의 불빛을 눈으로 구별할 수 있는 거리(약 5~10해리)에 있을 때 사용한다.

해설
신호 홍염은 손잡이를 잡고 불을 붙여 붉은색의 불꽃으로 신호를 표시한다.

25 퇴선 시 체내의 수분이 소모되는 주요원인이 아닌 것은?

① 땀
② 출 혈
③ 동 상
④ 구 토

정답 21 ① 22 ④ 23 ② 24 ③ 25 ③

제3과목 법 규

01 선박의 입항 및 출항 등에 관한 법률상 출입신고를 면제받을 수 있는 선박이 아닌 것은?

① 관공선
② 도선선
③ 총톤수 20톤인 선박
④ 해양사고구조에 종사하는 선박

해설
선박의 입항 및 출항 등에 관한 법률 제4조(출입신고)
무역항의 수상구역 등에 출입하려는 선박의 선장은 대통령령으로 정하는 바에 따라 해양수산부장관에게 신고하여야 한다. 다만, 다음의 선박은 출입신고를 하지 아니할 수 있다.
- 총톤수 5톤 미만의 선박
- 해양사고구조에 사용되는 선박
- 수상레저안전법 제2조제3호에 따른 수상레저기구 중 국내항 간을 운항하는 모터보트 및 동력요트
- 그 밖에 공공목적이나 항만 운영의 효율성을 위하여 해양수산부령으로 정하는 선박

02 선박의 입항 및 출항 등에 관한 법률상 선박이 정박선 또는 방파제 부근을 항행할 때에 근접하여 항행할 때는?

① 이들을 정횡에 두고 항행할 때
② 이들을 선수 오른쪽 뱃전에 두고 항행할 때
③ 이들을 선수 왼쪽 뱃전에 두고 항행할 때
④ 이들을 정선수 방향으로 보고 항행할 때

해설
선박의 입항 및 출항 등에 관한 법률 제14조(부두 등 부근에서의 항법)
선박이 무역항의 수상구역 등에서 해안으로 길게 뻗어 나온 육지 부분, 부두, 방파제 등 인공시설물의 튀어나온 부분 또는 정박 중인 선박(부두 등)을 오른쪽 뱃전에 두고 항행할 때에는 부두 등에 접근하여 항행하고, 부두 등을 왼쪽 뱃전에 두고 항행할 때에는 멀리 떨어져서 항행하여야 한다.

03 선박안전법상 항만국통제에 대한 설명으로 잘못된 것은?

① 대한민국의 항만에 입항예정인 외국 선박에 검사관이 직접 승선하여 항만국통제를 행할 수 있다.
② 항만국통제 결과 결함이 현저한 위험을 초래할 경우 출항정지를 명령할 수 있다.
③ 검사관은 선원의 운항지식 등이 국제협약의 기준에 미달되는지를 확인할 수 있다.
④ 시정조치명령에 불복하는 경우에는 해당 명령을 받은 날부터 60일 이내에 불복사유를 기재하여 이의신청을 할 수 있다.

해설
선박안전법 제68조(항만국통제)
외국 선박의 소유자는 시정조치명령 또는 출항정지명령에 불복하는 경우에는 해당 명령을 받은 날부터 90일 이내에 그 불복사유를 기재하여 해양수산부장관에게 이의신청을 할 수 있다.

04 선박안전법상 선박검사증서의 유효기간은?

① 1년
② 3년
③ 4년
④ 5년

해설
선박안전법 시행령 제5조(선박검사증서 및 국제협약검사증서의 유효기간)
선박안전법에 따른 선박검사증서의 유효기간은 5년으로 한다.

05 해양환경관리법의 적용 대상에 해당되는 것은?

① 방사성 물질에 의한 해양오염
② 환경관리해역에서의 해양오염
③ 영해 내에서 해양시설로부터의 해양오염
④ 지정된 해저 광구 개발과 관련하여 발생한 해양오염

1 ③ 2 ② 3 ④ 4 ④ 5 ① 정답

해설
해양환경관리법 제3조(적용범위)
이 법은 다음의 해역 · 수역 · 구역 및 선박 · 해양시설 등에서의 해양환경관리에 관하여 적용한다. 다만, 방사성물질과 관련한 해양환경관리 및 해양오염방지에 대하여는 원자력안전법이 정하는 바에 따른다.
- 영해 및 대통령령이 정하는 해역
- 배타적 경제수역
- 환경관리해역
- 지정된 해저광구

06 해양환경관리법상 기름의 해양오염비상계획서를 갖추어야 하는 선박이 아닌 것은?

① 시추선
② 플랫폼
③ 총톤수 100톤인 유조선
④ 총톤수 500톤인 유조선 외의 선박

해설
선박에서의 오염방지에 관한 규칙 제25조(선박해양오염비상계획서 비치대상 등)
해양환경관리법에 따라 기름 또는 유해액체물질의 해양오염비상계획서(선박해양오염비상계획서)를 갖추어 두어야 하는 선박은 다음과 같다.
- 기름의 해양오염비상계획서를 갖추어 두어야 하는 선박
  - 총톤수 150톤 이상의 유조선
  - 총톤수 400톤 이상의 유조선 외의 선박(군함, 경찰용 선박 및 국내항해에만 사용하는 부선은 제외한다)
  - 시추선 및 플랫폼
- 유해액체물질의 해양오염비상계획서를 갖추어 두어야 하는 선박 : 총톤수 150톤 이상의 선박으로서 유해액체물질을 산적하여 운송하는 선박

07 해사안전법상 충돌위험을 판단하는 방법과 충돌을 피하기 위한 동작에 대한 설명으로 틀린 것은?

① 필요하면 기관의 작동을 정지하거나 후진하여 선박의 진행을 완전히 멈추어야 한다.
② 침로나 속력을 변경할 때에는 될 수 있으면 다른 선박이 그 변경을 쉽게 알아볼 수 있도록 충분히 크게 변경해야 한다.
③ 접근하여 오는 다른 선박의 나침방위에 뚜렷한 변화가 일어나지 아니하면 충돌할 위험이 있다고 보고 필요한 조치를 하여야 한다.
④ 충돌할 위험성 유무를 미리 파악하기 위하여 레이더를 이용하여 단거리 주사, 탐지된 물체에 작도, 그 밖의 체계적인 관측을 하여야 한다.

해설
해사안전법 제65조(충돌 위험)
레이더를 설치한 선박은 다른 선박과 충돌할 위험성 유무를 미리 파악하기 위하여 레이더를 이용하여 장거리 주사(走査), 탐지된 물체에 대한 작도(作圖), 그 밖의 체계적인 관측을 하여야 한다.

08 해사안전법상 안전한 속력을 결정할 때 고려해야 할 사항이 아닌 것은?

① 레이더의 특성 및 성능
② 항해사의 피로도
③ 해상교통량의 밀도
④ 선박의 흘수와 수심과의 관계

해설
해사안전법 제64조(안전한 속력)
안전한 속력을 결정할 때에는 다음(레이더를 사용하고 있지 아니한 선박의 경우에는 ㉠부터 ㉥까지)의 사항을 고려하여야 한다.
㉠ 시계의 상태
㉡ 해상교통량의 밀도
㉢ 선박의 정지거리 · 선회성능, 그 밖의 조종성능
㉣ 야간의 경우에는 항해에 지장을 주는 불빛의 유무
㉤ 바람 · 해면 및 조류의 상태와 항행장애물의 근접 상태
㉥ 선박의 흘수와 수심과의 관계
㉦ 레이더의 특성 및 성능
㉧ 해면 상태 · 기상, 그 밖의 장애요인이 레이더 탐지에 미치는 영향
㉨ 레이더로 탐지한 선박의 수 · 위치 및 동향

09 국제해상충돌방지규칙상 조종불능선에 해당되는 선박은?

① 예인 중인 선박
② 어로 중인 선박
③ 추진기가 고장난 선박
④ 해저 전선 부설작업 중인 선박

정답 6 ③ 7 ④ 8 ② 9 ③

해설

해사안전법 제2조(정의)

조종불능선이란 선박의 조종성능을 제한하는 고장이나 그 밖의 사유로 조종을 할 수 없게 되어 다른 선박의 진로를 피할 수 없는 선박을 말한다.

10 **국제해상충돌방지규칙상 '서로 시계 안에 있는 선박'에 해당되지 않는 것은?**

① 음향신호로 서로 그 존재를 알고 있는 선박
② 레이더로 서로 그 존재를 알고 있는 선박
③ 눈으로 보아서 서로 그 존재를 알고 있는 선박
④ 무선전화를 통하여 서로 그 존재를 알고 있는 선박

해설

해사안전법 제2절 선박이 서로 시계 안에 있는 때의 항법 제69조(적용)

선박에서 다른 선박을 눈으로 볼 수 있는 상태에 있는 선박에 적용한다.

11 **국제해상충돌방지규칙상 침로만 변경하여 충돌을 피하기 위한 동작으로 적합하지 않은 것은?**

① 적당한 시기에 대각도로 명확히 변침한다.
② 또 다른 선박과의 근접상태를 초래하지 않는다.
③ 제한된 시계에서는 가능한 한 좌현쪽으로 변침한다.
④ 다른 선박과 안전한 거리를 두고 통과할 수 있도록 조기에 변침한다.

해설

해사안전법 제77조(제한된 시계에서 선박의 항법)

피항동작이 침로를 변경하는 것만으로 이루어질 경우에는 될 수 있으면 다음의 동작은 피하여야 한다.

- 다른 선박이 자기 선박의 양쪽 현의 정횡 앞쪽에 있는 경우 좌현쪽으로 침로를 변경하는 행위(추월당하고 있는 선박에 대한 경우는 제외한다)
- 자기 선박의 양쪽 현의 정횡 또는 그곳으로부터 뒤쪽에 있는 선박의 방향으로 침로를 변경하는 행위

12 **국제해상충돌방지규칙상 추월항법이 적용되는 선박에 대한 설명으로 알맞은 것은?**

① 모든 선박에 적용된다.
② 상선과 어선에만 적용된다.
③ 범선과 범선끼리만 적용된다.
④ 동력선과 동력선끼리만 적용된다.

13 **국제해상충돌방지규칙상 좁은 수로를 항행할 때에는 자선의 우현쪽에 있는 수로 또는 항로의 어느 쪽에 접근하여 항행하여야 하는가?**

① 내측한계
② 외측한계
③ 안 쪽
④ 중 앙

해설

해사안전법 제67조(좁은 수로 등)

좁은 수로나 항로(좁은 수로 등)를 따라 항행하는 선박은 항행의 안전을 고려하여 될 수 있으면 좁은 수로 등의 오른편 끝쪽에서 항행하여야 한다.

14 **국제해상충돌방지규칙상 통항분리방식의 통항로를 이용할 수 있는 선박이 연안통항대를 이용할 수 없는 경우는?**

① 위험화물을 운송하는 경우
② 인접한 항구로 출·입항하는 경우
③ 연안통항대 내에 위치한 도선사 승하선 장소에 출입하는 경우
④ 연안통항대 내에 위치한 해상구조물에 출입하는 경우

10 ③ 11 ③ 12 ① 13 ② 14 ① 정답

해설
해사안전법 제68조(통항분리제도)
선박은 연안통항대에 인접한 통항분리수역의 통항로를 안전하게 통과할 수 있는 경우에는 연안통항대를 따라 항행하여서는 아니 된다. 다만, 다음의 선박의 경우에는 연안통항대를 따라 항행할 수 있다.
- 길이 20m 미만의 선박
- 범 선
- 어로에 종사하고 있는 선박
- 인접한 항구로 입항·출항하는 선박
- 연안통항대 안에 있는 해양시설 또는 도선사의 승하선(乘下船) 장소에 출입하는 선박
- 급박한 위험을 피하기 위한 선박

15 **국제해상충돌방지규칙상 통항분리방식에서 통항로를 따라 항행하는 다른 선박의 항행을 방해하면 안 되는 선박은?**

① 범 선
② 여객선
③ 컨테이너선
④ 자동차 운반선

해설
해사안전법 제68조(통항분리제도)
길이 20m 미만의 선박이나 범선은 통항로를 따라 항행하고 있는 다른 선박의 항행을 방해하여서는 아니 된다.

16 **다음 〈보기〉의 (　　) 안에 들어갈 적합한 용어는?**

국제해상충돌방지규칙상 두 척의 범선이 같은 현측에서 바람을 받고 있는 경우에는 (　　)측의 선박이 (　　)측의 선박의 진로를 피하여야 한다.

① 풍상, 풍하
② 풍하, 풍상
③ 우현, 좌현
④ 좌현, 우현

해설
해사안전법 제70조(범선)
두 범선이 서로 같은 현에 바람을 받고 있는 경우에는 바람이 불어오는 쪽의 범선이 바람이 불어가는 쪽의 범선의 진로를 피하여야 한다.

17 **국제해상충돌방지규칙상 A, B 두 동력선이 서로 시계 안에서 다음 그림과 같이 만났을 때 가장 적절한 피항법은?**

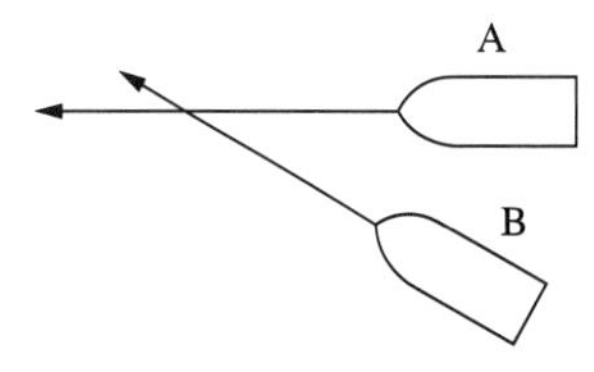

① A선이 우선회하면서 단음 1회를 울린다.
② B선이 좌선회하면서 단음 2회를 울린다.
③ A선이 좌선회하면서 단음 3회를 울린다.
④ B선이 침로를 유지하면서 장음 1회를 울린다.

해설

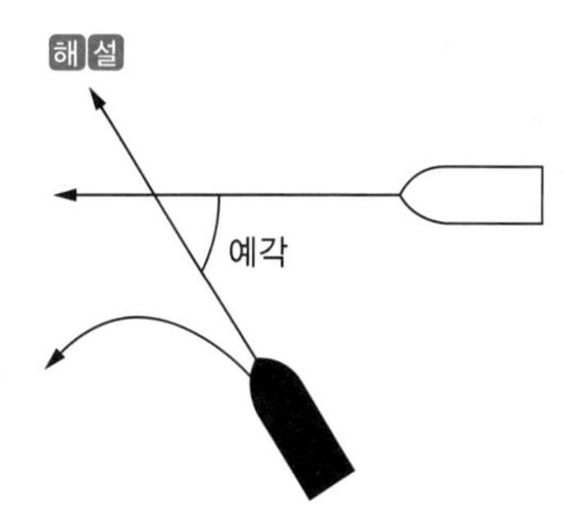

해사안전법 제73조(횡단하는 상태)
2척의 동력선이 상대의 진로를 횡단하는 경우로서 충돌의 위험이 있을 때에는 다른 선박을 우현 쪽에 두고 있는 선박이 그 다른 선박의 진로를 피하여야 한다. 이 경우 다른 선박의 진로를 피하여야 하는 선박은 부득이한 경우 외에는 그 다른 선박의 선수 방향을 횡단하여서는 아니 된다.
해사안전법 제92조(조종신호와 경고신호)
항행 중인 동력선이 서로 상대의 시계 안에 있는 경우에 이 법의 규정에 따라 그 침로를 변경하거나 그 기관을 후진하여 사용할 때에는 다음의 구분에 따라 기적신호를 행하여야 한다.
- 침로를 오른쪽으로 변경하고 있는 경우 : 단음 1회
- 침로를 왼쪽으로 변경하고 있는 경우 : 단음 2회
- 기관을 후진하고 있는 경우 : 단음 3회

정답 15 ① 16 ① 17 ②

18 다음 중 국제해상충돌방지규칙상 선박 사이의 책무규정에서 항행 중인 동력선이 먼저 진로를 피하지 않아도 되는 상대선은?

① 범 선
② 수상항공기
③ 조종불능선
④ 조종제한선

해설
해사안전법 제76조(선박 사이의 책무)
항행 중인 동력선은 다음에 따른 선박의 진로를 피하여야 한다.
- 조종불능선
- 조종제한선
- 어로에 종사하고 있는 선박
- 범 선

19 국제해상충돌방지규칙상 현등의 색깔과 비추는 범위가 옳게 짝지어진 것은?

① 좌현 – 홍색 – 135°
② 우현 – 녹색 – 112.5°
③ 우현 – 홍색 – 135°
④ 좌현 – 녹색 – 112.5°

해설
해사안전법 제79조(등화의 종류)
현등 : 정선수 방향에서 양쪽 현으로 각각 112.5°에 걸치는 수평의 호를 비추는 등화로서 그 불빛이 정선수 방향에서 좌현 정횡으로부터 뒤쪽 22.5°까지 비출 수 있도록 좌현에 설치된 붉은색 등과 그 불빛이 정선수 방향에서 우현 정횡으로부터 뒤쪽 22.5°까지 비출 수 있도록 우현에 설치된 녹색 등

20 다음 〈보기〉의 (   ) 안에 들어갈 적합한 용어는?

〈보 기〉
국제해상충돌방지규칙상 양색등이라 함은 선수·선미 중심선상에 설치된 (   ) 및 (   )의 부분으로 된 등화로서 현등과 동일한 특성을 가진 등화이다.

① 홍색, 녹색　　② 황색, 백색
③ 백색, 녹색　　④ 녹색, 황색

해설
해사안전법 제79조(등화의 종류)
양색등 : 선수와 선미의 중심선상에 설치된 붉은색과 녹색의 두 부분으로 된 등화로서 그 붉은색과 녹색 부분이 각각 현등의 붉은색 등 및 녹색 등과 같은 특성을 가진 등

21 국제해상충돌방지규칙상 마스트등 2개, 현등 1쌍, 선미등 1개, 예선등 1개의 등화를 표시해야 하는 경우는?

① 다른 선박과 함께 항행하는 동력선
② 다른 선박에 끌려가고 있는 선박
③ 예인선열의 길이가 200m 이하로 예인 중인 길이 50m 미만의 동력선
④ 미는 선박과 앞으로 밀리고 있는 선박이 견고하게 하나의 복합체를 이루는 경우

해설
해사안전법 제82조(항행 중인 예인선)
동력선이 다른 선박이나 물체를 끌고 있는 경우에는 다음의 등화나 형상물을 표시하여야 한다.
- 수직선 위에 마스트등 2개. 다만, 예인선의 선미로부터 끌려가고 있는 선박이나 물체의 뒤쪽 끝까지 측정한 예인선열의 길이가 200m를 초과하면 같은 수직선 위에 마스트등 3개를 표시하여야 한다.
- 현등 1쌍
- 선미등 1개
- 선미등의 위쪽에 수직선 위로 예선등 1개
- 예인선열의 길이가 200m를 초과하면 가장 잘 보이는 곳에 마름모꼴의 형상물 1개

22 국제해상충돌방지규칙상 트롤망 어로에 종사하는 어선의 등화 표시로 알맞은 것은?

① 수직선상에 상부는 녹색, 하부는 백색인 전주등 각 1개
② 수직선상에 상부는 홍색, 하부는 백색인 전주등 각 1개
③ 수직선상에 상부는 홍색, 하부는 녹색인 전주등 각 1개
④ 수직선상에 백색 전주등 2개

18 ② 19 ② 20 ① 21 ③ 22 ① 정답

해설

해사안전법 제84조(어선)

항망(桁網)이나 그 밖의 어구를 수중에서 끄는 트롤망 어로에 종사하는 선박은 항행에 관계없이 다음의 등화나 형상물을 표시하여야 한다.

㉠ 수직선 위쪽에는 녹색, 그 아래쪽에는 흰색 전주등 각 1개 또는 수직선 위에 2개의 원뿔을 그 꼭대기에서 위아래로 결합한 형상물 1개

㉡ ㉠의 녹색 전주등보다 뒤쪽의 높은 위치에 마스트등 1개. 다만, 어로에 종사하는 길이 50m 미만의 선박은 이를 표시하지 아니할 수 있다.

㉢ 대수속력이 있는 경우에는 ㉠과 ㉡에 따른 등화에 덧붙여 현등 1쌍과 선미등 1개

23 국제해상충돌방지규칙상 홍색 전주등 2개를 수직선상으로 표시해야 하는 선박으로 옳은 것은?

① 범 선　② 조종제한선

③ 어로종사선　④ 조종불능선

해설

해사안전법 제85조(조종불능선과 조종제한선)

조종불능선은 다음의 등화나 형상물을 표시하여야 한다.

㉠ 가장 잘 보이는 곳에 수직으로 붉은색 전주등 2개

㉡ 가장 잘 보이는 곳에 수직으로 둥근꼴이나 그와 비슷한 형상물 2개

㉢ 대수속력이 있는 경우에는 ㉠과 ㉡에 따른 등화에 덧붙여 현등 1쌍과 선미등 1개

24 국제해상충돌방지규칙상 도선업무에 종사하고 있는 도선선이 표시하는 등화로 잘못된 것은?

① 선미등 1개

② 현등 1쌍

③ 마스트등 1개

④ 마스트의 꼭대기나 그 부근에 수직선 위쪽에 백색, 아래쪽에 홍색의 전주등 각 1개

해설

해사안전법 제87조(도선선)

도선업무에 종사하고 있는 선박은 다음의 등화나 형상물을 표시하여야 한다.

㉠ 마스트의 꼭대기나 그 부근에 수직선 위쪽에는 흰색 전주등, 아래쪽에는 붉은색 전주등 각 1개

㉡ 항행 중에는 ㉠에 따른 등화에 덧붙여 현등 1쌍과 선미등 1개

㉢ 정박 중에는 ㉠에 따른 등화에 덧붙여 정박하고 있는 선박의 등화나 형상물

25 국제해상충돌방지규칙상 제한된 시계 안에서 항행 중인 동력선은 무중신호를 얼마의 간격으로 울려야 하는가?

① 1분을 넘지 않는 간격

② 2분을 넘지 않는 간격

③ 5분을 넘지 않는 간격

④ 7분을 넘지 않는 간격

해설

해사안전법 제93조(제한된 시계 안에서의 음향신호)

- 항행 중인 동력선은 대수속력이 있는 경우에는 2분을 넘지 아니하는 간격으로 장음을 1회 울려야 한다.
- 항행 중인 동력선은 정지하여 대수속력이 없는 경우에는 장음 사이의 간격을 2초 정도로 연속하여 장음을 2회 울리되, 2분을 넘지 아니하는 간격으로 울려야 한다.

정답 23 ④ 24 ③ 25 ②

2018년 제 1 회 과년도 기출복원문제

제1과목 항 해

01 선박용 자기컴퍼스에 대한 설명으로 틀린 것은?

① 선체자기의 영향을 최소화하기 위해 수정구를 가지고 있다.
② 선체자기의 영향을 최소화해야 한다.
③ 수정구는 수시로 페인트를 칠하여 녹이 생기지 않도록 관리해야 한다.
④ 쇠로 만들어진 선박에 비치된 자기컴퍼스는 선체자기의 영향을 받기 때문에 정확한 방향을 지시하지 못한다.

02 선수방위가 변할 때마다 즉시 자차 측정을 할 수 없기 때문에 미리 모든 방위의 자차를 구해 놓은 도표는?

① 자침도
② 자차곡선도
③ 나침도
④ 점장도

해설
자차표에 의한 자차곡선도를 이용하면 선수 방향에 대한 자차를 구하는 데 편리하다.

03 다음 중 자기컴퍼스의 구조에서 지북력을 주는 것은?

① 자 침　② 축 침
③ 축 모　④ 부 자

해설
자침은 영구자석을 사용하며 지북력을 가진다.

04 우리나라 등부표 중 등색이 녹색인 것은?

① 좌현표지　② 특수표지
③ 우현표지　④ 남방위표지

해설
우리나라는 B지역으로 좌현표지의 등색은 녹색, 우현표지는 적색, 방위표지의 등색은 백색, 특수표지는 황색이다.

05 해도의 항로표지 옆에 다음 〈보기〉와 같은 내용이 적혀 있다. ㉤이 의미하는 것은?

〈보 기〉

Fl(2)	Y	8s	37m	5M
㉠	㉡	㉢	㉣	㉤

① 등 질　② 등 색
③ 광달거리　④ 점등시간

해설
해도상에는 등화의 등질, 등색, 주기, 등고, 광달거리의 순으로 표시된다.
• 등질 : 섬광등 연속 2번
• 등색 : 황색
• 주기 : 8초마다
• 등고 : 37m
• 광달거리 : 5마일

06 해도에서 다음 그림과 같이 나타나는 방위표지는?

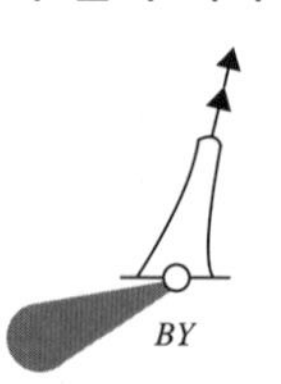

① 북방위 표지　② 동방위 표지
③ 남방위 표지　④ 서방위 표지

1 ③ 2 ② 3 ① 4 ① 5 ③ 6 ① 정답

해설

주간표지(Unilit Marks)

두표(Topmark) : 2개의 흑색 원추형

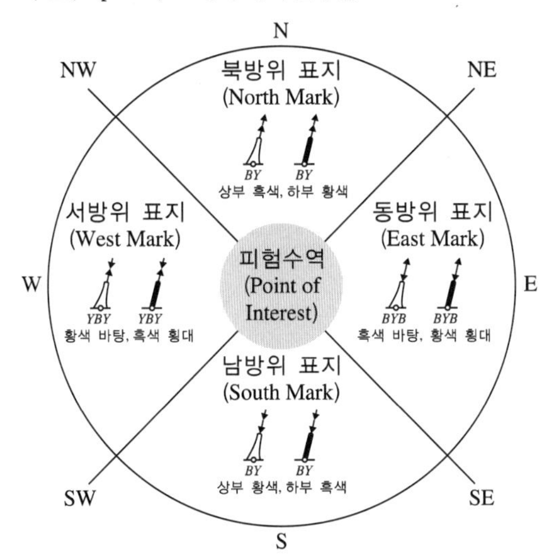

07 다음 중 주간표지에 해당하지 않는 것은?

① 도 표　② 육 표
③ 부 표　④ 등 표

해설

주간표지에는 입표, 부표, 육표, 도표가 있다.

08 우리나라 해도상에 표시된 수심의 기준면으로 옳은 것은?

① 평균고조면　② 평균수면
③ 약최저저조면　④ 약최고고조면

해설

해도상 수심의 기준
- 해도의 수심 : 기본수준면(약최저저조면)
- 물표의 높이 : 평균수면
- 해안선 : 약최고고조면

09 다음 중 조개껍질의 해도도식은?

① M　② St
③ Sh　④ Oz

해설

① M : 펄
② St : 돌
④ Oz : 연한 진흙

10 다음 중 해도의 축척비가 큰 것에서 작은 순서대로 바르게 나열된 것은?

① 총도 → 해안도 → 항박도 → 항해도
② 총도 → 항해도 → 항박도 → 해안도
③ 항박도 → 항해도 → 해안도 → 항양도
④ 항박도 → 해안도 → 항해도 → 총도

해설

종 류	축 척	내 용
총 도	1/400만 이하	세계전도와 같이 넓은 구역을 나타낸 것으로, 장거리 항해와 항해계획 수립에 이용한다.
항양도	1/100만 이하	원거리 항해에 쓰이며, 먼 바다의 수심, 주요 등대·등부표, 먼 바다에서도 보이는 육상의 물표 등이 표시된다.
항해도	1/30만 이하	육지를 바라보면서 항해할 때 사용되는 해도로, 선위를 직접 해도상에서 구할 수 있도록 육상의 물표, 등대, 등표 등이 비교적 상세히 표시된다.
해안도	1/5만 이하	연안 항해에 사용하며, 연안의 상황이 상세하게 표시된다.
항박도	1/5만 이상	항만, 정박지, 협수로 등 좁은 구역을 상세히 그린 평면도이다.

11 다음 〈보기〉에서 설명하는 것은?

〈보 기〉
항행통보를 이용하여 직접 해도상에 수정, 보완 또는 보정도로 개보하여 고치는 것

① 개 판
② 보 정
③ 재 판
④ 소개정

정답 7 ④ 8 ③ 9 ③ 10 ④ 11 ④

해설

소개정
- 매주 간행되는 항행통보에 의해 직접 해도상에 수정, 보완하거나 보정도로서 개보하여 고치는 것이다.
- 해도 왼쪽 하단에 있는 '소재정'란에 통보 연도수와 통보 항수를 기입한다.
- 소개정의 방법으로는 수기, 보정도에 의한 개보가 있다.

12 다음 〈보기〉의 (　　) 안에 들어갈 용어로 적합한 것은?

> 〈보 기〉
> 조석이란 해수의 (　　) 방향의 운동이다.

① 수 직　② 평 행
③ 수 평　④ 직 선

해설

조석이란 지구의 각 지점에 대한 달과 태양의 인력으로 인한 해면의 주기적 승강(수직)운동이다. 조석을 일으키는 힘(기조력)은 주로 달에 의하여 생긴다.

13 조석표를 이용하여 임의항만의 조시를 구하는 방법으로 적절한 것은?

① 표준항의 조시에 조시차를 부호대로 가감하여 구한다.
② 표준항의 조시에 조시차를 부호와 반대로 가감하여 구한다.
③ 표준항의 조시에 조고비를 나누어 구한다.
④ 표준항의 조시에 조시차를 곱하여 구한다.

해설

임의항만(지역)의 조석을 구하는 방법
- 조시 : 표준항의 조시에 구하려고 하는 임의항만의 개정수인 조시차를 그 부호대로 가감한다.
- 조고 : 표준항의 조고에서 표준항의 평균해면을 빼고, 그 값에 임의항만의 개정수인 조고비를 곱해서 임의항만의 평균해면을 더한다.

14 동한난류에 대한 설명으로 적절한 것은?

① 리만해류의 한 줄기이다.
② 우리나라 동해안을 따라 북쪽으로 흐른다.
③ 북서계절풍이 강한 여름철에만 서해에 존재한다.
④ 북한 연안을 따라 남하한다.

해설

동한난류 : 쿠로시오 본류로부터 분리되어 우리나라 동해안으로 들어오는 해류로, 울릉도 부근에서 동쪽으로 방향을 틀어 쓰시마난류와 합류한다.

15 연안 항해 중에 가장 많이 이용되는 선위결정법으로 위치의 정확도가 비교적 높고 측정방법이 쉬운 것은?

① 교차방위법　② 양측방위법
③ 선수배각법　④ 정횡거리법

해설

② 양측방위법 : 물표의 시간차를 두고 두 번 이상 측정하여 선위를 구하는 방법
③ 선수배각법 : 후측 시 선수각이 전측 시의 두 배가 되게 하여 선위를 구하는 방법
④ 정횡거리법 : 물표의 정횡거리를 사전에 예측하여 선위를 구하는 방법

16 선박의 위치를 결정할 때 이용하지 않는 것은?

① 섬　② 기 온
③ 수 심　④ 등 대

17 다음 중 지축과 직교하는 대권은?

① 자오선　② 거등권
③ 위 도　④ 적 도

해설

① 거등권 : 적도와 평행한 소권으로, 위도를 나타냄
② 자오선 : 대권 중에서 양극을 지나는 적도와 직교하는 대권
③ 위도 : 어느 지점을 지나는 거등권과 적도 사이의 자오선상의 호의 길이

12 ① 13 ① 14 ② 15 ① 16 ② 17 ④ 정답

18 위도 눈금 3°20′의 거리는 얼마인가?

① 32해리 ② 200해리
③ 60해리 ④ 320해리

해설
- 1해리 = 1마일 = 1,852m = 위도 1′의 길이
- 위도 1° = 60′, 1′ = 60″
- 3°20′ = 3×60′+20′ = 200′

∴ 200해리

19 다음 〈보기〉의 (　　) 안에 들어갈 내용으로 적합한 것은?

〈보 기〉
방위는 북을 000°로 하여 시계 방향으로 (　　)°까지 표시한 것이다.

① 45° ② 180°
③ 270° ④ 360°

해설
방위 : 기준선과 관측자 및 물표를 지나는 대권이 이루는 각을 북을 000°로 하여 시계 방향으로 360°까지 측정한 것

20 다음 중 진침로에서 나침로로 반개정 시 편차부호가 무엇일 때 더해 주는가?

① 이(E) ② 엔(N)
③ 에스(S) ④ 더블유(W)

해설
반개정 : 진침로(진방위)를 나침로(나침방위)로 고치는 것
진침로 → 풍압차 → 시침로 → 편차 → 자침로 → 자차 → 나침로(E는 빼고, W는 더한다)

21 진침로와 자침로 사이의 차이와 같은 값은?

① 자 차 ② 편 차
③ 가우신 오차 ④ 컴퍼스 오차

해설
편차 : 진자오선(진북)과 자기자오선(자북)과의 교각

22 선박의 침로 중 풍압차가 있을 때 진자오선과 선수미선이 이루는 각의 침로로 옳은 것은?

① 자침로 ② 진침로
③ 시침로 ④ 나침로

해설
① 자침로 : 자기자오선(자북)과 선수미선이 이루는 각
② 진침로 : 진자오선(진북)과 항적이 이루는 각, 풍·유압차가 없을 때 진자오선과 선수미선이 이루는 각
④ 나침로 : 나침의 남북선과 선수미선이 이루는 각, 나침의 오차(자차·편차) 때문에 진침로와 이루는 교각

23 레이더 플로팅 용어 중 티씨피에이(TCPA)가 의미하는 것은?

① 상대운동 속력
② 최근 접점
③ 본선의 원래 위치
④ 최근 접점까지의 도달시간

해설
레이더 플로팅 관련 용어
- DRM : 상대운동 방향
- SRM : 상대운동 속력
- CPA : 최근 접점까지의 거리
- DCPA : 최근 접점의 방위와 거리
- TCPA : 최근 접점의 예상 도달시간
- PPC : 계속 항해 시 충돌점
- PAD : 충돌 위험 예상구역

24 레이더 작동 중 다음의 그림이 화면에 나타나는 경우는?

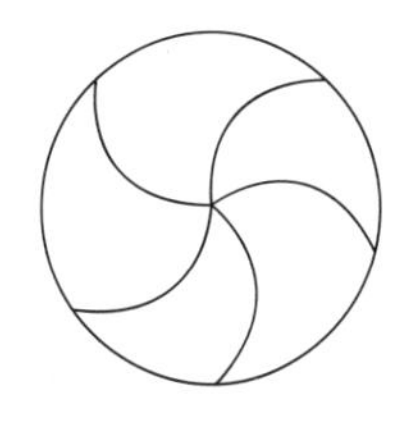

① 해면반사
② 거울면반사
③ 조류의 물결
④ 타선 레이더의 간섭작용

정답 18 ② 19 ④ 20 ④ 21 ② 22 ③ 23 ④ 24 ④

해설
타선 레이더의 간섭
저선 레이더의 펄스 반복 주파수와 타선의 펄스 반복 주파수가 같은 경우에는 간섭에 의한 점들은 원모양으로 나타나고, 주파수의 차이가 크지 않으면 점들은 나선형으로 나타난다.

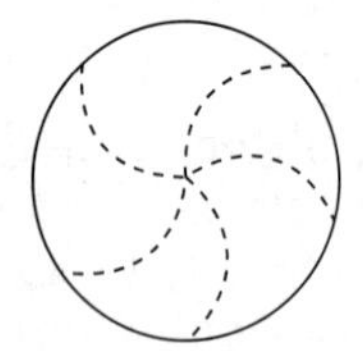
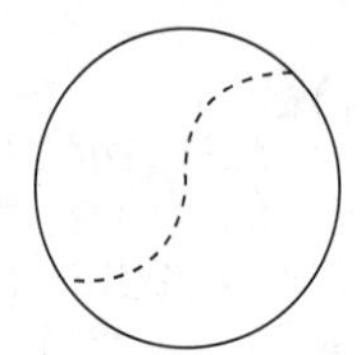

25 레이더의 특성으로 적절하지 않은 것은?

① 상대선의 위치 변화를 알아낼 수 있다.
② 본선의 안전에 위해를 줄 수 있는 암초를 항상 파악할 수 있다.
③ 날씨에 관계없이 사용이 가능하다.
④ 주위 물표의 거리와 방위를 동시에 파악할 수 있다.

해설
레이더는 발사한 전파가 물표에 반사되어 돌아오는 시간을 측정함으로써 물표까지의 거리 및 방위를 파악하는 것으로 수면 아래에 잠긴 암초는 반사파가 없어 파악할 수 없다. 수면 아래의 암초는 해도도식을 이용하여 파악할 수 있다.

제2과목 운 용

01 다음 중 하역설비가 아닌 것은?

① 데 릭
② 컨베이어
③ 캔트리
④ 윈드라스

해설
윈드라스는 계선설비이다.

02 다음 중 선박의 접·이안 시 횡방향으로 이동할 수 있도록 해 주는 설비는?

① 양묘기
② 캔트리
③ 페어리더
④ 사이드 스러스터

해설
① 양묘기 : 앵커를 감아올리거나 투묘작업 및 선박을 부두에 접안시킬 때 계선줄을 감는 데 사용되는 설비
② 캔트리 : 하역설비
③ 페어리더 : 계선줄의 마모를 방지하기 위해 롤러들로 구성된 설비

03 다음 보조기계 중 선박에서 필요한 청수를 만들어 주는 것은?

① 냉동기
② 조수기
③ 유청정기
④ 공기압축기

해설
조수기 : 해수에서 염분 등을 제거하여 청수를 얻어내는 장치

04 화재 급수와 가연성 물질의 종류가 잘못 짝지어진 것은?

① A급 – 일반 고체
② B급 – 유류 및 가스
③ C급 – 일반 액체
④ D급 – 금속

해설
화재의 유형
• A급 화재 : 일반 가연물 화재
• B급 화재 : 유류 및 가스 화재
• C급 화재 : 전기 화재
• D급 화재 : 금속 화재

25 ② / 1 ④ 2 ④ 3 ② 4 ③ 정답

05 **선창 내의 오수를 한곳에 모아 배수시키기 위한 통로는?**

① 빌지 웰(Bilge Well)
② 빌지 웨이(Bilge Way)
③ 코퍼 댐(Coffer Dam)
④ 림버 보드(Limber Board)

해설
① 빌지 웰 : 선창 내에서 발생한 땀이나 각종 오수들이 흘러가는 곳으로, 오수들이 모이면 기관실 내의 빌지 펌프를 통해 배출한다.
③ 코퍼 댐 : 다른 구획으로부터 기름 등의 유입을 방지하기 위해 인접 구획 사이에 2개의 격벽 또는 늑판을 설치하여 좁은 공간을 두는 것으로 방화벽의 역할을 한다.

06 **다음 중 각 흘수선상의 물에 잠긴 선체의 선수재 전면부터 선미 후단까지의 수평거리는?**

① 전 장 ② 형 폭
③ 등록장 ④ 수선장

해설
① 전장(LOA) : 선체에 붙어 있는 모든 돌출물을 포함하여 선수의 최전단부터 선미의 최후단까지의 수평거리
② 형폭 : 선체의 폭이 가장 넓은 부분에서 늑골의 외면부터 맞은편 늑골의 외면까지의 수평거리
③ 등록장 : 상갑판 보(Beam)상의 선수재 전면부터 선미재 후면까지의 수평거리

07 **배수량이 있는 선박이 전진 중 타의 작동으로 나타나는 선체운동으로 적절하지 않은 것은?**

① 횡 이동으로 인하여 선미 킥이 발생한다.
② 원심력으로 인하여 외방경사가 발생한다.
③ 타판에 생기는 항력으로 인하여 전진 속력은 차츰 감소한다.
④ 외관상의 선회 중심인 전심은 선미쪽으로 이동한다.

해설
전심은 정상 선회 중인 선박에 있어서 선수미 선상에서 탱커의 경우 선수 부근에, 컨테이너선의 경우 선수로부터 배 길이의 약 1/10 부근에 위치한다.

08 **수심이 얕은 수역에 나타나는 현상으로 적절하지 않은 것은?**

① 조파저항 감소
② 속력의 감소
③ 선체의 침하
④ 조종성의 저하

해설
수심이 얕은 수역의 영향
• 선체의 침하 : 흘수가 증가한다.
• 속력의 감소 : 조파저항이 커지고, 선체의 침하로 저항이 증대된다.
• 조종성의 저하 : 선체 침하와 해저 형상에 따른 와류의 영향으로 키의 효과가 나빠진다.
• 선회권 : 커진다.

09 **선체의 6자유도 운동 중 회전운동에 해당하는 것은?**

① 상하동요
② 좌우동요
③ 전후동요
④ 종동요

해설
배의 6자유도 운동에는 회전운동인 횡동요, 종동요, 선수동요와 직선운동인 전후동요, 좌우동요, 상하동요가 있다.

10 **투묘 조종 시 후진투묘법의 가장 큰 장점은 무엇인가?**

① 선체와 묘쇄에 무리가 가지 않는다.
② 선체 조종 및 보침이 용이하다.
③ 투묘에 걸리는 시간이 짧다.
④ 옆에서 조류를 받아도 정확한 위치에 투묘할 수 있다.

해설
후진투묘법
투묘 직후 곧바로 닻줄이 선수 방향으로 나가게 되어 선체에 무리가 없고, 안전하게 투하할 수 있으며, 후진 타력의 제어가 쉬워서 일반 선박에서 가장 많이 사용하는 투묘법이다. 선체 조종과 보침이 다소 어렵고, 옆에서 바람이나 조류를 받게 되면 정확한 위치에 투묘하기 어려운 단점이 있다.

정답 5 ② 6 ④ 7 ④ 8 ① 9 ④ 10 ①

11 부두 이안작업 시의 요령으로 적절하지 않은 것은?

① 풍하쪽의 계선줄을 먼저 푼다.
② 반드시 선수를 먼저 떼어 낸다.
③ 기관을 저속으로 사용한다.
④ 바람이 부두를 향하면 예인선을 이용하는 것이 좋다.

해설
이안 시의 요령
- 현측 바깥으로 나가 있는 돌출물은 거두어들인다.
- 가능하면 선미를 먼저 부두에서 떼어낸다.
- 바람이 불어오는 방향의 반대쪽, 즉 풍하쪽의 계선줄을 먼저 푼다.
- 바람이 부두쪽에서 불어오면 선미의 계선줄을 먼저 풀고, 선미가 부두에서 떨어지면 선수의 계선줄을 푼다.
- 바람이 부두쪽에서 불어오면 자력 이안이 어려우므로 예인선을 이용한다.
- 부두에 다른 선박들이 가까이 있어서 조종 수역이 좁으면 예인선의 도움으로 이안시킨다.
- 기관을 저속으로 사용하여 주위에 접안작업 중인 다른 선박에 피해를 주지 않도록 한다.
- 항상 닻을 투하할 수 있게 준비하여 긴급 시에 이용한다.

12 정박지에서 출항 직전의 조치사항으로 잘못된 것은?

① 승무원 승선 점검
② 투묘지 선정
③ 출항기 게양
④ 필요하면 예인선 이용

해설
출항 준비
출항 전에 선내의 이동물 고정, 수밀장치의 밀폐, 출·입항 시 필요한 장비들의 시운전, 승무원 승선점검, 탱크 측심 등을 점검한다. 그 외 선박서류, 하역 관련 서류, 항해계획서 작성, 관련 부서와의 협조 등의 준비가 되었는지 확인한다.

13 항구에 입항하여 도선사가 필요할 때 게양하는 기류신호로 옳은 것은?

① H기　　② P기
③ Q기　　④ G기

해설

H	나는 도선사를 태우고 있다.	
P	본선은 출항할 것이니 전 선원은 귀선하라.	
Q	• 본선은 건강하다. • 검역 통과 허가를 바란다.	
G	나는 도선사를 요구한다.	

14 다음 중 선체가 안정 평형 상태인 경우는?

① 경사시킨 선박이 더욱 경사되려고 할 때
② 경사시킨 선박이 직립 위치로 돌아가려고 할 때
③ 경사시킨 선박이 경사된 상태로 정지하고 있을 때
④ 경사시킨 선박의 경사현으로 침수가 발생할 때

해설
복원성 : 선박이 물 위에 떠 있는 상태에서 외부로부터 힘을 받아서 경사하려고 할 때의 저항 또는 경사한 상태에서 그 외력을 제거했을 때 원래의 상태로 돌아오려고 하는 힘이다.

15 다음 중 배수량에 대한 설명으로 옳은 것은?

① 선박의 용적이다.
② 선박의 순톤수이다.
③ 매 센티미터(cm) 배수톤이다.
④ 수면하 선체의 용적에 물의 밀도를 곱한 것이다.

해설
배수량(W) : 선체 중에 수면 아래에 잠겨 있는 부분의 용적(V)에 물의 밀도(ρ)를 곱한 것이다.

16 항해 당직 교대 시의 인계사항에 해당하지 않는 것은?

① 선원들의 동태
② 자선의 현재 위치 및 침로
③ 선장의 지시사항
④ 항해 계기 작동 상태

11 ② 12 ② 13 ④ 14 ② 15 ④ 16 ① 정답

해설

당직 인수 시 확인사항
- 선장의 특별 지시사항
- 주변상황, 기상 및 해상 상태, 시정
- 선박의 위치, 침로, 속력, 기관 회전수
- 항해 계기 작동 상태 및 기타 참고사항
- 선체의 상태나 선내의 작업상황

17 항해 당직사관이 항해일지에 기록해야 할 사항으로 틀린 것은?

① 중요한 변침점 통과시각
② 항해 중의 날씨 및 항해의 개요
③ 무중에 무중신호 취명 및 레이더 작동에 관한 사항
④ 상대 선과 교신한 시각 및 교신내용

해설

항해일지에 기록해야 할 사항
선박의 위치 및 상황, 기상 상태, 방화·방수훈련 내용, 항해 중 발생한 사항과 선내에서의 출생·사망자 등

18 항해 당직사관의 업무에 해당하지 않는 것은?

① 선박의 침로 확인
② 선박의 위치 확인
③ 선박의 속력 확인
④ 선용품 보급 확인

해설

항해 당직 인수·인계
- 당직자는 당직 근무시간 15분 전 선교에 도착하여 다음 사항을 확인한 후 당직을 인수·인계한다.
  - 선장의 특별 지시사항
  - 주변상황, 기상 및 해상 상태, 시정
  - 선박의 위치, 침로, 속력, 기관 회전수
  - 항해 계기 작동 상태 및 기타 참고사항
  - 선체의 상태나 선내의 작업 상황
  - 항해 당직을 인수 받은 당직사관은 가장 먼저 선박의 위치를 확인한다.
- 당직이 인계되어야 할 시간에 어떤 위험을 피하기 위하여 선박의 조종 또는 기타 동작이 취하여 지고 있을 때는 임무 교대를 미루어야 한다.

19 해륙풍에 대한 설명으로 틀린 것은?

① 육풍이 해풍보다 약하다.
② 바다와 육지의 온도차에 의해서 생긴다.
③ 온대지방에서는 여름철에 발달한다.
④ 낮에는 육풍이 불고 밤에는 해풍이 분다.

해설

해륙풍
바다와 육지의 온도차에 의해 생성되는 바람으로, 낮에 육지가 바다보다 빨리 가열되면서 육지의 기압이 낮아져 상대적으로 기압이 높은 바다에서 육지로 바람이 부는데 이를 해풍이라고 한다. 밤에는 열용량이 큰 바다는 서서히 식기 때문에 바다의 기압이 더 낮아져 육지에서 바다로 바람이 부는데 이를 육풍이라고 한다. 일반적으로 해풍이 육풍보다 강하며 온대지방에서는 주로 여름철에 발달한다.

20 우리나라에서는 푄(Foehn) 바람을 무엇이라고 하는가?

① 비바람 ② 북동풍
③ 북서풍 ④ 높새바람

해설

높새바람은 일종의 푄현상으로, 한국에서 늦봄부터 초여름에 걸쳐 동해안에서 태백산맥을 넘어 서쪽 사면으로 부는 북동계열의 바람이다.

21 화물을 싣고 내리는 것이 주목적인 장치는?

① 양승기 ② 양망기
③ 양묘기 ④ 양화기

해설

① 양승기 : 주로 주낙이나 밧줄 같은 긴 줄을 감아올리는 데 사용되는 장치
② 양망기 : 그물을 올리는 데 사용되는 장치
③ 양묘기 : 배의 닻을 감아 올리고 내리는 데 사용되는 장치

22 화재 발생 시의 조치사항으로 적절하지 않은 것은?

① 전기 화재에는 주로 포말소화기를 사용한다.
② 신속하게 진화작업을 한다.
③ 모든 소화기구를 집결하여 적절히 진화한다.
④ 화재 구역의 통풍과 전기를 차단시킨다.

정답 17 ④ 18 ④ 19 ④ 20 ④ 21 ④ 22 ①

해설
전기 화재에는 주로 이산화탄소 소화기를 사용한다.

23 다음 중 '본선은 의료 지원을 바란다.'라는 뜻을 가진 문자신호기는?

① D ② M
③ Q ④ W

해설

D	나를 피하라(조종이 자유롭지 않다).	
H	나는 도선사를 태우고 있다.	
Q	• 본선은 건강하다. • 검역 통과 허가를 바란다.	
W	나는 의료 원조를 바란다.	

24 사람이 물에 빠졌을 경우 취해야 할 조치사항으로 적절하지 않은 것은?

① 가능한 한 익수자 가까운 근처에 구명부환을 던진다.
② 선교 당직자는 사람이 물에 빠진 현으로 전타한다.
③ 현장 발견자는 큰소리로 고함을 질러 선교에 알린다.
④ 선교 당직자는 수밀문을 모두 폐쇄한다.

해설
사람이 물에 빠졌을 때의 조치
• 현장 발견자는 큰소리로 고함을 질러 선교에 알린다.
• 즉시 기관을 정지시키고, 물에 빠진 사람쪽으로 최대 타각을 주어 스크루 프로펠러에 사람이 빨려 들지 않도록 조종한다.
• 자기점화등, 발연부신호가 부착된 구명부환을 익수자에게 던져서 위치를 표시한다.
• 선내 비상소집을 발하며 구조정의 승조원은 즉각 진수 준비를 한다.
• 구조 시 익수자의 풍상측으로 접근하여 선박의 풍하측에서 구조하도록 한다.

25 인체의 중추 체온이 35℃ 이하인 저체온 상태의 증상과 거리가 먼 것은?

① 방향감각이 없어진다.
② 의식은 뚜렷해진다.
③ 말을 하기 어렵다.
④ 힘이 빠지고 나른해진다.

해설
인체의 중추 체온이 35℃ 이하가 되는 것을 저체온 상태라고 한다. 저체온 상태가 되면 힘이 빠지고 나른해지며, 말하기 어렵고, 방향감각이 없어지는 등 의식이 흐려진다.

제3과목 법 규

01 선박의 입항 및 출항 등에 관한 법률상 항로에서의 항법에 대한 설명으로 틀린 것은?

① 항로 밖으로 나가는 선박은 항로를 항해하는 선박의 진로를 피하여야 한다.
② 다른 선박과 마주칠 우려가 있을 경우 왼쪽으로 항행하여야 한다.
③ 다른 선박과 나란히 항행해서는 안 된다.
④ 추월하려는 선박을 눈으로 볼 수 있고 안전하게 추월할 수 있다고 판단되는 경우 해사안전법에 따라 추월할 수 있다.

해설
선박의 입항 및 출항 등에 관한 법률 제12조(항로에서의 항법)
• 항로 밖에서 항로에 들어오거나 항로에서 항로 밖으로 나가는 선박은 항로를 항행하는 다른 선박의 진로를 피하여 항행할 것
• 항로에서 다른 선박과 나란히 항행하지 아니할 것
• 항로에서 다른 선박과 마주칠 우려가 있는 경우에는 오른쪽으로 항행할 것
• 항로에서 다른 선박을 추월하지 아니할 것. 다만, 추월하려는 선박을 눈으로 볼 수 있고 안전하게 추월할 수 있다고 판단되는 경우에는 해사안전법에 따른 방법으로 추월할 것
• 항로를 항행하는 위험물운송선박(급유선은 제외) 또는 흘수제약선(吃水制約船)의 진로를 방해하지 아니할 것
• 범선은 항로에서 지그재그(Zigzag)로 항행하지 아니할 것

23 ④ 24 ④ 25 ② / 1 ② 정답

02 예인선이 무역항의 수상구역 등에서 다른 선박을 끌고 항행하는 경우 한꺼번에 최대 몇 척까지 예인할 수 있는가?

① 1척 ② 2척
③ 3척 ④ 4척

해설
선박의 입항 및 출항 등에 관한 법률 시행규칙 제9조(예인선의 항법 등)
예인선은 한꺼번에 3척 이상의 피예인선을 끌지 아니할 것

03 선박안전법상 임시검사를 받아야 하는 경우가 아닌 것은?

① 선적항을 변경하는 경우
② 무선설비를 변경하고자 하는 경우
③ 선박시설을 개조하고자 할 경우
④ 선박의 용도를 변경하려는 경우

해설
선박안전법 제10조(임시검사)
- 선박시설에 대하여 해양수산부령으로 정하는 개조 또는 수리를 행하고자 하는 경우
- 선박검사증서에 기재된 내용을 변경하고자 하는 경우. 다만, 선박소유자의 성명과 주소, 선박명 및 선적항의 변경 등 선박시설의 변경이 수반되지 아니하는 경미한 사항의 변경인 경우에는 그러하지 아니하다.
- 선박의 용도를 변경하고자 하는 경우
- 선박의 무선설비를 새로이 설치하거나 이를 변경하고자 하는 경우
- 해양사고의 조사 및 심판에 관한 법률 제2조제1호에 따른 해양사고 등으로 선박의 감항성 또는 인명 안전의 유지에 영향을 미칠 우려가 있는 선박시설의 변경이 발생한 경우
- 해양수산부장관이 선박시설의 보완 또는 수리가 필요하다고 인정하여 임시검사의 내용 및 시기를 지정한 경우
- 만재흘수선의 변경 등 해양수산부령으로 정하는 경우

04 선박안전법상 선박검사의 종류에 해당하지 않는 것은?

① 정기검사
② 임시검사
③ 중간검사
④ 수리검사

해설
선박안전법 제2장(선박의 검사)
- 제7조 건조검사
- 제8조 정기검사
- 제9조 중간검사
- 제10조 임시검사
- 제11조 임시항해검사
- 제12조 국제협약검사

05 해양환경관리법상 선박으로부터 기름을 배출하는 경우 배출액 중의 유분의 농도 기준으로 옳은 것은?

① 100만분의 15 이하
② 10만분의 20 이하
③ 10,000분의 100 이하
④ 15,000분의 10 이하

해설
선박에서의 오염방지에 관한 규칙 제9조(선박으로부터의 기름 배출)
해양환경관리법에 따라 선박으로부터 기름을 배출하는 경우에는 다음의 요건에 모두 적합하게 배출하여야 한다.
- 선박(시추선 및 플랫폼을 제외)의 항해 중에 배출할 것
- 배출액 중의 기름 성분이 0.0015%(15ppm) 이하일 것
- 기름오염방지설비의 작동 중에 배출할 것

06 해양환경관리법상 기름기록부에 기재하여야 할 사항으로 옳지 않은 것은?

① 선저폐수의 처리
② 연료유의 수급
③ 사고로 인한 기름의 배출
④ 선내작업 중 발생한 유성폐기물의 소각량

해설
해양환경관리법 제30조(선박오염물질기록부의 관리)
선박의 선장(피예인선의 경우에는 선박의 소유자)은 그 선박에서 사용하거나 운반 · 처리하는 폐기물 · 기름 및 유해액체물질에 대한 다음의 구분에 따른 기록부(이하 '선박오염물질기록부'라고 한다)를 그 선박(피예인선의 경우에는 선박의 소유자의 사무실) 안에 비치하고 그 사용량 · 운반량 및 처리량 등을 기록하여야 한다.
- 폐기물기록부 : 해양수산부령이 정하는 일정 규모 이상의 선박에서 발생하는 폐기물의 총량 · 처리량 등을 기록하는 장부. 다만, 제72조 제1항의 규정에 따라 해양환경관리업자가 처리대장을 작성 · 비치하는 경우에는 동 처리대장으로 갈음한다.

정답 2 ② 3 ① 4 ④ 5 ① 6 ④

• 기름기록부 : 선박에서 사용하는 기름의 사용량 · 처리량을 기록하는 장부. 다만, 해양수산부령이 정하는 선박의 경우를 제외하며, 유조선의 경우에는 기름의 사용량 · 처리량 외에 운반량을 추가로 기록하여야 한다.
• 유해액체물질기록부 : 선박에서 산적하여 운반하는 유해액체물질의 운반량 · 처리량을 기록하는 장부

07 다음 〈보기〉에서 설명하는 선박은?

〈보 기〉
해사안전법상 선박의 조종성능을 제한하는 고장이나 그 밖의 사유로 조종을 할 수 없게 되어 다른 선박의 진로를 피할 수 없는 선박

① 흘수제약선 ② 범 선
③ 조종불능선 ④ 조종제한선

해설
해사안전법 제2조(정의)
• 흘수제약선 : 가항수역의 수심 및 폭과 선박의 흘수의 관계에 비추어 볼 때 그 진로에서 벗어날 수 있는 능력이 매우 제한되어 있는 동력선을 말한다.
• 범선 : 돛을 사용하여 추진하는 선박을 말한다. 다만, 기관을 설치한 선박이라도 주로 돛을 사용하여 추진하는 경우에는 범선으로 본다.
• 조종제한선 : 다음의 작업과 그 밖에 선박의 조종성능을 제한하는 작업에 종사하고 있어 다른 선박의 진로를 피할 수 없는 선박을 말한다.
  - 항로표지, 해저전선 또는 해저 파이프라인의 부설 · 보수 · 인양작업
  - 준설 · 측량 또는 수중작업
  - 항행 중 보급, 사람 또는 화물의 이송작업
  - 항공기의 발착작업
  - 기뢰 제거작업
  - 진로에서 벗어날 수 있는 능력에 제한을 많이 받는 예인작업

08 다음 〈보기〉의 (　　) 안에 들어갈 용어로 적합한 것은?

〈보 기〉
해사안전법상 (　　)(이)란 선박의 항행 안전을 확보하기 위하여 한쪽 방향으로만 항행할 수 있도록 되어 있는 일정한 범위의 수역을 말한다.

① 분리선 ② 분리대
③ 통항로 ④ 연안통항대

해설
해사안전법 제2조(정의)
• 분리선 또는 분리대 : 서로 다른 방향으로 진행하는 통항로를 나누는 선 또는 일정한 폭의 수역을 말한다.
• 연안통항대 : 통항분리수역의 육지쪽 경계선과 해안 사이의 수역을 말한다.

09 다음 〈보기〉의 (　　) 안에 들어갈 적합한 용어는?

〈보 기〉
국제해상충돌방지규칙상 선박이 접근하여 오는 다른 선박의 (　　)에(게) 뚜렷한 변화가 일어나지 않으면 충돌의 위험성이 있다고 보고 필요한 조치를 하여야 한다.

① 진침로 ② 자침로
③ 나침로 ④ 나침방위

해설
해사안전법 제65조(충돌 위험)
선박은 접근하여 오는 다른 선박의 나침방위에 뚜렷한 변화가 일어나지 아니하면 충돌할 위험성이 있다고 보고 필요한 조치를 하여야 한다. 접근하여 오는 다른 선박의 나침방위에 뚜렷한 변화가 있더라도 거대선 또는 예인작업에 종사하고 있는 선박에 접근하거나 가까이 있는 다른 선박에 접근하는 경우에는 충돌을 방지하기 위하여 필요한 조치를 하여야 한다.

10 국제해상충돌방지규칙상 항행 중인 선박에 해당하는 것은?

① 얹혀 있는 선박
② 정박 중인 선박
③ 정류하고 있는 선박
④ 항만의 안벽에 계류 중인 선박

해설
해사안전법 제2조(정의)
항행 중이란 선박이 다음의 어느 하나에 해당하지 아니하는 상태를 말한다.
• 정박
• 항만의 안벽 등 계류시설에 매어 놓은 상태(계선부표나 정박하고 있는 선박에 매어 놓은 경우 포함)
• 얹혀 있는 상태

7 ③ 8 ③ 9 ④ 10 ③ 정답

11 **국제해상충돌방지규칙상 '모든 시계 상태'의 정의로 옳은 것은?**

① 제한된 시계 상태만을 말한다.
② 달빛이 없는 야간을 말한다.
③ 안개, 강설 등으로 시계가 제한된 경우를 말한다.
④ 서로 시계 안, 시계의 제한에 관계없이 모든 천후를 말한다.

해설
모든 시계(시정)는 시정의 양호(다른 선박을 눈으로 볼 수 있는 상태 : 선박이 서로 시계 안에 있을 때 선박의 항법), 불량(시계가 제한된 상태 : 제한된 시계에서 선박의 항법)에 관계없이 모든 천후를 말한다.

12 **국제해상충돌방지규칙상 추월선이란 타선의 양쪽 현의 정횡으로부터 몇 도를 넘는 후방에서 타선을 추월하는 선박인가?**

① 45°
② 22.5°
③ 11.5°
④ 135°

해설
해사안전법 제71조(추월)
다른 선박의 양쪽 현의 정횡으로부터 22.5°를 넘는 뒤쪽(밤에는 다른 선박의 선미등만을 볼 수 있고 어느 쪽의 현등도 볼 수 없는 위치)에서 그 선박을 앞지르는 선박은 추월선으로 보고 필요한 조치를 취하여야 한다.

13 **다음 〈보기〉의 (　　) 안에 들어갈 용어로 적합한 것은?**

〈보 기〉
국제해상충돌방지규칙상 야간에 2척의 선박이 횡단관계에서 충돌의 위험이 있는 경우, 다른 선박의 (　　)을(를) 보고 있는 선박이 피항선이다.

① 황색 선수등
② 녹색 현등
③ 붉은색 현등
④ 예선등

해설
해사안전법 제79조(등화의 종류)
• 현등 : 정선수 방향에서 양쪽 현으로 각각 112.5°에 걸치는 수평의 호를 비추는 등화로서, 그 불빛이 정선수 방향에서 좌현 정횡으로부터 뒤쪽 22.5°까지 비출 수 있도록 좌현에 설치된 붉은색 등과 그 불빛이 정선수 방향에서 우현 정횡으로부터 뒤쪽 22.5°까지 비출 수 있도록 우현에 설치된 녹색 등

해사안전법 제73조(횡단하는 상태)
2척의 동력선이 상대의 진로를 횡단하는 경우로서 충돌의 위험이 있을 때에는 다른 선박을 우현쪽에 두고 있는 선박이 그 다른 선박의 진로를 피하여야 한다. 이 경우 다른 선박의 진로를 피하여야 하는 선박은 부득이한 경우 외에는 그 다른 선박의 선수 방향을 횡단하여서는 아니 된다.

14 **국제해상충돌방지규칙상 '조종이 보다 용이한 선박이 그렇지 못한 선박을 피하여야 한다'는 피항의 일반원칙의 적용으로 틀린 것은?**

① 범선의 조종불능선에 대한 피항 의무
② 항해 중인 동력선의 범선에 대한 피항 의무
③ 범선의 어로 종사 중인 선박에 대한 피항 의무
④ 어로 종사 중인 소형 선박의 항행 중인 대형 동력선에 대한 피항 의무

해설
해사안전법 제76조(선박 사이의 책무)
항행 중인 동력선은 다음에 따른 선박의 진로를 피하여야 한다.
• 조종불능선
• 조종제한선
• 어로에 종사하고 있는 선박
• 범 선

15 **국제해상충돌방지규칙상 짙은 안개로 인하여 극히 시계가 제한받는 곳을 항행 시 선박의 조치로 올바른 것은?**

① 즉시 투묘하여 안개가 사라질 때까지 기다린다.
② 비상신호를 울리며 기관 전속으로 통과한다.
③ 안전한 속력으로 감속하고 기관 사용 준비를 한다.
④ 전 선원을 선・수미에 배치하고 시끄럽게 소리치게 한다.

해설
해사안전법 제77조(제한된 시계에서 선박의 항법)
모든 선박은 시계가 제한된 그 당시의 사정과 조건에 적합한 안전한 속력으로 항행하여야 하며, 동력선은 제한된 시계 안에 있는 경우 기관을 즉시 조작할 수 있도록 준비하고 있어야 한다.

정답 11 ④ 12 ② 13 ③ 14 ④ 15 ③

16 국제해상충돌방지규칙상 예인선이 표시하여야 하는 예선등의 설치 위치는?

① 선미등 좌측
② 선미등 상부
③ 선미등 하부
④ 선수등 하부

해설
해사안전법 제82조(항행 중인 예인선)
- 앞쪽에 표시하는 마스트등을 대신하여 같은 수직선 위에 마스트등 2개. 다만, 예인선의 선미로부터 끌려가고 있는 선박이나 물체의 뒤쪽 끝까지 측정한 예인선열의 길이가 200m를 초과하면 같은 수직선 위에 마스트등 3개를 표시하여야 한다.
- 현등 1쌍
- 선미등 1개
- 선미등의 위쪽에 수직선 위로 예선등 1개
- 예인선열의 길이가 200m를 초과하면 가장 잘 보이는 곳에 마름모꼴의 형상물 1개

17 국제해상충돌방지규칙상 등화 및 형상물에 관한 규정으로 틀린 것은?

① 모든 날씨에 적용한다.
② 등화는 제한된 시계에서도 표시한다.
③ 주간에는 형상물을 표시한다.
④ 등화는 일출 시 부터 일몰 시 까지 표시한다.

해설
해사안전법 제78조(적용)
- 모든 날씨에서 적용한다.
- 선박은 해 지는 시각부터 해 뜨는 시각까지 이 법에서 정하는 등화를 표시하여야 하며, 이 시간 동안에는 이 법에서 정하는 등화 외의 등화를 표시하여서는 아니 된다. 다만, 다음의 어느 하나에 해당하는 등화는 표시할 수 있다.
  - 이 법에서 정하는 등화로 오인되지 아니할 등화
  - 이 법에서 정하는 등화의 가시도나 그 특성의 식별을 방해하지 아니하는 등화
  - 이 법에서 정하는 등화의 적절한 경계를 방해하지 아니하는 등화
- 이 법에서 정하는 등화를 설치하고 있는 선박은 해 뜨는 시각부터 해 지는 시각까지도 제한된 시계에서는 등화를 표시하여야 하며, 필요하다고 인정되는 그 밖의 경우에도 등화를 표시할 수 있다.
- 선박은 낮 동안에는 이 법에서 정하는 형상물을 표시하여야 한다.

18 국제해상충돌방지규칙상 마스트등은 몇 도에 걸치는 수평의 호를 비추는가?

① 22.5°　② 135°
③ 225°　④ 360°

해설
해사안전법 제79조(등화의 종류)
- 마스트등 : 선수와 선미의 중심선상에 설치되어 225°에 걸치는 수평의 호를 비추되, 그 불빛이 정선수 방향으로부터 양쪽 현의 정횡으로부터 뒤쪽 22.5°까지 비출 수 있는 흰색 등

19 국제해상충돌방지규칙상 길이 50m 이상의 항행 중인 동력선이 표시하여야 하는 등화에 해당하는 것은?

① 마스트등 1개, 삼색등
② 마스트등 2개, 선미등
③ 마스트등 1개, 현등, 선미등
④ 마스트등 2개, 현등, 선미등

해설
해사안전법 제81조(항행 중인 동력선)
- 앞쪽에 마스트등 1개와 그 마스트등보다 뒤쪽의 높은 위치에 마스트등 1개. 다만, 길이 50m 미만의 동력선은 뒤쪽의 마스트등을 표시하지 아니할 수 있다.
- 현등 1쌍(길이 20m 미만의 선박은 이를 대신하여 양색등을 표시할 수 있다)
- 선미등 1개

20 국제해상충돌방지규칙상 예인 중인 동력선이 예인선열의 길이가 200m를 초과할 경우 가장 잘 보이는 장소에 표시하여야 하는 형상물로 옳은 것은?

① 둥근꼴의 형상물
② 장고형의 형상물
③ 원뿔꼴의 형상물
④ 마름모꼴의 형상물

해설
해사안전법 제82조(항행 중인 예인선)
예인선열의 길이가 200m를 초과하면 가장 잘 보이는 곳에 마름모꼴의 형상물 1개를 표시하여야 한다.

16 ② 17 ④ 18 ③ 19 ④ 20 ④ 정답

21 국제해상충돌방지규칙상 형상물 사이 수직거리의 최소 간격은 얼마인가?

① 0.6m ② 1.0m
③ 1.5m ④ 2.0m

해설
국제해상충돌방지규칙상 형상물의 기준
- 형상물은 흑색이어야 하고 그 크기는 다음과 같아야 한다.
  - 구형은 지경이 0.6m 이상되어야 한다.
  - 원추형은 저면 직경이 0.6m 이상 그리고 높이는 직경과 같다.
  - 원통형은 직경이 적어도 0.6m가 되어야 하며, 높이는 직경의 2배가 되어야 한다.
  - 능형은 위 두 개의 원추형 형상물의 저면을 맞대어 만든다.
- 형상물 사이의 수직거리는 적어도 1.5m 있어야 한다.
- 길이가 20m 미만인 선박에 있어서는 선박의 크기에 상응하는 보다 작은 크기를 가진 형상물이 사용될 수도 있으며 그들의 간격도 이에 따라 축소시킬 수 있다.

22 국제해상충돌방지규칙상 정박 중인 길이 50m 이상의 선박이 표시해야 하는 주간 형상물로 옳은 것은?

① 선수부 가장 잘 보이는 곳에 둥근꼴의 형상물 1개
② 선미의 가장 잘 보이는 곳에 원통형의 형상물 1개
③ 선수부 가장 잘 보이는 곳에 장고형의 형상물 1개
④ 선미의 가장 잘 보이는 곳에 마름모꼴의 형상물 1개

해설
해사안전법 제88조(정박선과 얹혀 있는 선박)
정박 중인 선박은 가장 잘 보이는 곳에 다음의 등화나 형상물을 표시하여야 한다.
① 앞쪽에 흰색의 전주등 1개 또는 둥근꼴의 형상물 1개
② 선미나 그 부근에 ①에 따른 등화보다 낮은 위치에 흰색 전주등 1개

23 국제해상충돌방지규칙상 길이 12m 미만 선박에 대한 음향신호설비규정으로 올바른 것은?

① 징, 장구를 비치하여야 한다.
② 기적이나 호종, 징 등 어떤 것도 비치할 필요가 없다.
③ 반드시 기적 및 호종을 비치하여야 한다.
④ 기적, 호종을 비치하지 않아도 되나 유효한 음향신호를 낼 수 있는 다른 기구를 비치하여야 한다.

해설
해사안전법 제91조(음향신호설비)
- 길이 12m 이상의 선박은 기적 1개를, 길이 20m 이상의 선박은 기적 1개 및 호종 1개를 갖추어 두어야 하며, 길이 100m 이상의 선박은 이에 덧붙여 호종과 혼동되지 아니하는 음조와 소리를 가진 징을 갖추어 두어야 한다. 다만, 호종과 징은 각각 그것과 음색이 같고 이 법에서 규정한 신호를 수동으로 행할 수 있는 다른 설비로 대체할 수 있다.
- 길이 12m 미만의 선박은 음향신호설비를 갖추어 두지 아니하여도 된다. 다만, 이들을 갖추어 두지 아니하는 경우에는 유효한 음향신호를 낼 수 있는 다른 기구를 갖추어 두어야 한다.

24 국제해상충돌방지규칙상 서로 시계 안에서 상대선이 충돌을 피하기 위한 충분한 동작을 취하고 있지 않다고 판단될 때 자선이 울려야 하는 의문신호로 옳은 것은?

① 단음 1회 ② 단음 2회
③ 단음 4회 ④ 단음 5회

해설
해사안전법 제92조(조종신호와 경고신호)
서로 상대의 시계 안에 있는 선박이 접근하고 있을 경우에는 하나의 선박이 다른 선박의 의도 또는 동작을 이해할 수 없거나 다른 선박이 충돌을 피하기 위하여 충분한 동작을 취하고 있는지 분명하지 아니한 경우에는 그 사실을 안 선박이 즉시 기적으로 단음을 5회 이상 재빨리 울려 그 사실을 표시하여야 한다. 이 경우 의문신호는 5회 이상의 짧고 빠르게 섬광을 발하는 발광신호로써 보충할 수 있다.

25 국제해상충돌방지규칙상 좁은 수로의 굴곡부를 항행 중에 장음 1회의 기적 소리를 들었을 때 본선의 조치로 올바른 것은?

① 단음 2회의 신호를 보낸다.
② 장음 1회의 신호를 보낸다.
③ 특별한 조치가 필요 없다.
④ 'H'기를 게양한다.

해설
해사안전법 제92조(조종신호와 경고신호)
좁은 수로 등의 굽은 부분이나 장애물 때문에 다른 선박을 볼 수 없는 수역에 접근하는 선박은 장음으로 1회의 기적신호를 울려야 한다. 이 경우 그 선박에 접근하고 있는 다른 선박이 굽은 부분의 부근이나 장애물의 뒤쪽에서 그 기적신호를 들은 경우에는 장음 1회의 기적신호를 울려 이에 응답하여야 한다.

정답 21 ③ 22 ① 23 ④ 24 ④ 25 ②

2018년 제2회

과년도 기출복원문제

제1과목 항해

01 편차의 설명으로 틀린 것은?

① 지구 표면상에서 그 값은 일정하다.
② 진자오선과 자기자오선과의 교각이다.
③ 같은 장소라도 시일의 경과에 따라 다르다.
④ 자북이 진북의 오른편에 있으면 편동편차이다.

해설
편 차
- 진자오선(진북)과 자기자오선(자북)과의 교각이다.
- 지자기의 극은 시간이 지남에 따라 이동하기 때문에 편차는 장소와 시간의 경과에 따라 변한다.
- 연간 변화량은 해도의 나침도에 기재한다.
- 자북이 진북의 오른쪽에 있으면 편동편차(E), 왼쪽에 있으면 편서편차(W)로 표시한다.

02 자차수정용구 중 선수미 방향의 수정용 자석을 무엇이라고 하는가?

① B자석 ② C자석
③ 플린더즈 바 ④ 연철구

해설
② C자석 : 정횡 분력 수정
③ 플린던즈 바 : 수직 분력 수정
④ 연철구(상한차 수정구) : 일시 자기의 수평력 수정

03 선내 자기컴퍼스가 자북을 가리키는 것을 방해하는 자차를 발생시키는 것은 무엇인가?

① 정전기 ② 전자파
③ 지방자기 ④ 선체자기

해설
자차는 선체자기의 영향으로 발생한다.

04 명칭과 약호의 연결이 틀린 것은?

① 부동등 – F
② 호광등 – Al
③ 군섬광등 – F.FI
④ 명암등 – Oc

해설
군섬광등(FI(*)) : 섬광등의 일종으로, 한 주기 동안에 2회 이상의 섬등을 내는 등이다. (　　) 안의 *은 섬광등의 횟수를 나타낸다.

05 우리나라 좌현표지는 무슨 색인가?

① 황 색
② 삼 색
③ 적 색
④ 녹 색

해설
우리나라는 B지역으로 등색의 좌현표지는 녹색, 우현표지는 적색이다. 방위표지의 등색은 백색, 특수표지는 황색이다.

06 우리나라 연안의 전반적인 향로표지가 수록된 수로서지를 무엇이라고 하는가?

① 등대표
② 항로지
③ 조석표
④ 조류표

해설
등대표 : 선박을 안전하게 유도하고 선위 측정에 도움을 주는 주간, 야간, 음향, 무선표지가 상세하게 수록된 수로서지

1 ① 2 ① 3 ④ 4 ③ 5 ④ 6 ① 정답

07 **무신호에 대한 설명으로 틀린 것은?**

① 무신호에만 의지하지 말고, 측심의나 레이더의 활용에 노력해야 한다.
② 신호음의 강약이나 방향만으로 거리나 방위를 판단하여서는 안 된다.
③ 무신호의 음향 전달거리는 대기의 상태나 지형에 영향을 받지 않는다.
④ 소리를 듣는 사람의 위치에 따라 강약이나 방향이 다르게 들리기도 한다.

해설
음향표지(무신호, Fog Signal) 이용 시 주의사항
• 시계가 나빠 항행에 지장을 초래할 우려가 있을 경우에 한하여 사용한다.
• 신호음의 방향 및 강약만으로 신호소의 방위나 거리를 판단해서는 안 된다.
• 무신호에만 의지하지 말고, 측심의나 레이더의 활용에 노력해야 한다.

08 **특정한 하나의 기준점을 선정하고 측량을 통해 그 밖의 다른 지점의 위치를 표시하는 방법은 무엇인가?**

① 측지계 ② 소개정
③ 나침도 ④ 등심선

해설
② 소개정 : 매주 간행되는 항행통보에 의해 직접 해도상에 수정, 보완하거나 보정도로서 개보하여 고치는 것
③ 나침도 : 지자기에 따른 자침 편차와 1년간의 변화량인 연차를 함께 기재한다.
④ 등심선 : 통상 2m, 5m, 10m, 20m 및 200m의 같은 수심인 장소를 연속하는 가는 실선으로 나타낸다.

09 **해도도식 중 해저 저질이 모래인 것을 나타내는 것은?**

① M ② S
③ Co ④ Sh

해설
M(펄), Co(산호), 조개껍질(Sh)

10 **해도에서 해저의 기복 상태를 알기 위해 같은 수심인 장소를 연속된 가는 실선으로 표시한 것은?**

① 해안선 ② 등심선
③ 등고선 ④ 저 질

해설
① 해안선 : 약최고고조면에서의 수륙 경계선으로, 항박도를 제외하고는 대부분 실선으로 기재한다.
③ 등고선 : 평균 해수면을 기준으로 같은 고도의 지점을 연결한 선으로 등치선의 일종이다.

11 **점장도의 특징으로 틀린 것은?**

① 위도 70° 이하에서 사용된다.
② 항정선이 곡선으로 표시된다.
③ 자오선은 남북 방향의 평행선이다.
④ 거리 측정 및 방위선 기입이 용이하다.

해설
점장도의 특징
• 항정선이 직선으로 표시되어 침로를 구하기 편리하다.
• 자오선과 거등권이 직선으로 나타난다.
• 거리 측정 및 방위선 기입이 용이하다.
• 고위도에서는 외곡이 생기므로 위도 70° 이하에서 사용된다.

12 **다음 〈보기〉의 ( ) 안에 들어갈 용어로 적합한 것은?**

> 〈보 기〉
> 저조시에서 고조시까지 흐르는 조류를 ( )(이)라 하고 고조시에서 저조시까지 흐르는 조류를 ( )(이)라고 한다.

① 와류, 반류 ② 반류, 와류
③ 창조류, 낙조류 ④ 밀도류, 경사류

해설
• 와류 : 좁은 수로 등에서 조류가 격렬하게 흐르면서 물이 빙빙 도는 것
• 반류 : 주로 해안의 만입부에 형성되는 해안을 따라 흐르는 해류의 주류와 반대 방향으로 흐르는 해류
• 낙조류 : 고조시에서 저조시까지 흐르는 조류
• 창조류 : 저조시에서 고조시까지 흐르는 조류

정답 7 ③ 8 ① 9 ② 10 ② 11 ② 12 ③

13 어느 장소의 해수가 다른 곳으로 이동하면 이것을 보충하기 위한 흐름이 생기는데 이러한 해류를 무엇이라고 하는가?

① 창조류 ② 밀도류
③ 경사류 ④ 보 류

해설
① 창조류 : 저조시에서 고조시까지 흐르는 조류
② 밀도류 : 해수의 밀도의 불균일로 인한 압력차에 의한 해수의 흐름으로 생긴 해류
③ 경사류 : 해면이 바람, 기압, 비 또는 강물의 유입 등에 의해 경사를 일으키면 이를 평행으로 회복하려는 흐름이 생겨 발생하는 해류(적도반류)

14 무역풍으로 인해 저위도에서 발생하는 해류는?

① 적도 해류
② 남극 순환류
③ 북대서양 해류
④ 북태평양 해류

해설
무역풍에 의해 북적도 해류와 남적도 해류가 서쪽으로 흐르고, 편서풍에 의해 북태평양 해류, 북대서양 해류, 남극 순환류가 동쪽으로 흐른다.

15 다음 〈보기〉 중 동시관측법에 해당하는 것을 모두 고른 것은?

〈보 기〉
㉠ 교차방위법
㉡ 4점방위법
㉢ 양측방위법
㉣ 두 개의 중시선에 의한 방법

① ㉠, ㉡
② ㉠, ㉣
③ ㉡, ㉣
④ ㉢, ㉤

해설
동시관측법
- 교차방위법
- 두 개 이상 물표의 수평 거리에 의한 방법
- 물표의 방위와 거리에 의한 방법
- 중시선과 방위선 또는 수평협각에 의한 방법
- 두 중시선에 의한 방법
- 수평협각법

16 실측위치에 오차가 생기는 원인으로 옳지 않은 것은?

① 해도 기입상의 오차
② 관측기기에 의한 오차
③ 관측자의 습관에 의한 오차
④ 선내 시간 전·후진에 의한 오차

해설
실측위치 : 지상의 물표의 방위나 거리를 실제로 측정하여 구한 위치

17 선박의 위치결정법 중에서 추정위치를 설명한 것으로 가장 옳은 것은?

① 현재 물체의 방위를 실제로 측정하여 구한 위치
② 현재 물체의 거리를 실제로 측정하여 구한 위치
③ 가장 최근의 실측위치를 기준으로 침로와 속력을 계산하여 구한 위치
④ 가장 최근의 실측 위치를 기준하여 침로와 속력 및 해·조류, 바람 등을 고려하여 구한 위치

해설
추정위치 : 추측위치에 바람, 해·조류 등 외력의 영향을 가감하여 구한 위치

18 다음 〈보기〉의 (   ) 안에 들어갈 내용으로 옳은 것은?

〈보 기〉
선박에서 등대의 방위를 측정한 결과가 045°일 때 해도상에서 등대를 시점으로 (   )(으)로 직선을 그으면 그 선이 위치선이 된다.

① 045° ② 090°
③ 180° ④ 225°

13 ④ 14 ① 15 ② 16 ④ 17 ④ 18 ④ 정답

19 다음 〈보기〉에서 설명하는 선위결정법의 물표 선정에 있어서 주의사항으로 틀린 것은?

〈보 기〉
선박에서 실측 가능한 2개 이상의 고정된 뚜렷한 물표를 선정하고 거의 동시에 각각의 방위를 측정하여 해도상에서 방위에 의한 위치선을 그어 위치선들의 교점을 선위로 정하는 방법이다.

① 가까운 물표보다는 먼 물표를 선정한다.
② 해도상 위치가 명확하고 뚜렷한 물표를 선정한다.
③ 물표가 많을 때는 3개 이상을 선정하는 것이 좋다.
④ 본선을 기준으로 물표 사이의 각도가 30~150°인 것을 선정한다.

해설
교차방위법에서 물표 선정 시 주의사항
- 해도상의 위치가 명확하고 뚜렷한 목표를 선정한다.
- 먼 물표보다는 적당히 가까운 물표를 선택한다.
- 물표 상호 간의 각도는 가능한 한 30~150°인 것을 선정한다.
- 두 물표일 때는 90°, 세 물표일 때는 60° 정도가 가장 좋다.
- 물표가 많을 때는 3개 이상을 선정하는 것이 좋다.

20 다음 그림이 나타내는 위치선은 무엇인가?

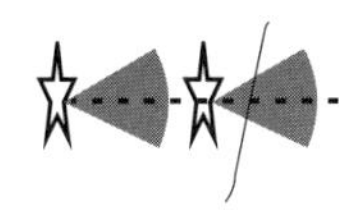

① 수평거리에 의한 위치선
② 수심의 의한 위치선
③ 중시선
④ 전위선

해설
중시선에 의한 위치선 : 두 물표가 일직선상에 겹쳐 보일 때 두 물표를 연결한 직선으로 가장 확실한 피험선이다.

21 지구상 두 지점의 경도차를 무엇이라고 하는가?

① 위 도 ② 변 위
③ 변 경 ④ 경 도

해설
변경 : 두 지점을 지나는 자오선 사이의 적도상의 호로 경도가 변한 양

22 선수미선과 선박을 지나는 자오선이 이루는 각은 무엇인가?

① 방 위 ② 위 도
③ 침 로 ④ 선수각

해설
침로 : 선수미선과 선박을 지나는 자오선이 이루는 각으로, 북을 기준으로 360°까지 측정한다.

23 항행 중 레이더로 작은 물표의 방위를 측정할 때 영상의 어디를 측정해야 하는가?

① 물표의 중심 ② 물표의 우측 끝
③ 물표의 좌측 끝 ④ 물표의 가장 먼 점

해설
방위의 정확도를 높이는 방법
- 작은 물표에 대해서는 물표의 중심방위를 측정한다.
- 목표물의 양 끝에 대한 방위 측정 시 수평 빔 폭의 절반만큼 안쪽으로 측정한다.
- 수신기의 감도를 약간 떨어뜨린다.
- 거리선택스위치를 근거리로 선택한다.
- 물표의 영상이 작을수록 정확한 방위 측정이 가능하다.
- 정지해 있거나 천천히 움직이는 물표의 방위 측정에 정확하다.
- 진방위 지시방식이 유리하다.

24 레이더의 일반적인 사용법에 대한 설명으로 틀린 것은?

① 전원스위치는 보통 ON/OFF, Stand-By의 3단계로 구성되어 있다.
② 동조조정기는 시계 방향으로 돌릴수록 화면이 선명해진다.
③ 감도조정기는 시계 방향으로 돌릴수록 영상의 잡음도 함께 증가한다.
④ 휘도조정기는 화면의 밝기를 조정하며 시계 방향으로 돌릴수록 화면이 환해진다.

정답 19 ① 20 ③ 21 ③ 22 ③ 23 ① 24 ②

해설
동조조종기(TUNE) : 주파수가 적절히 조정되면 목표물의 반사에 의한 지시기의 화면이 선명해진다.

25 다음 〈보기〉의 (　　) 안에 들어갈 내용으로 적합한 것은?

> 〈보 기〉
> 목표물의 방위를 나타낼 때 진방위를 기준으로 표시하고 진북이 항상 레이더 화면의 상방에 위치하는 방위선택스위치 모드를 (　　)(이)라고 한다.

① 헤드업 모드　② 코스업 모드
③ 노스업 모드　④ 상대 지시 모드

해설
① 헤드업 모드 : 선수 지시선이 항상 화면의 위쪽을 향한다.
② 코스업 모드 : 선수 지시선은 진침로와 일치하나 항상 화면의 위쪽에 나타나도록 한 것이며, 변침 후 화면은 재정렬되어 고정된다.
③ 노스업 모드 : 선수 지시선은 진침로와 일치하고 화면의 위쪽은 진북을 나타낸다.

제2과목 운 용

01 스톡리스 앵커(Stockless Anchor)의 장점으로 틀린 것은?

① 투・양묘 시 작업이 간단하다.
② 대형 앵커 제작이 용이하다.
③ 앵커체인이 스톡(Stock)에 얽힐 염려가 없다.
④ 스톡앵커(Stock Anchor)에 비하여 파주력이 크다.

해설
스톡리스 앵커
• 대형 앵커 제작에 용이하다.
• 파주력은 떨어지지만 투묘 및 양묘 시에 작업이 간단하다.
• 앵커가 해저에 있을 때 앵커체인이 스톡에 얽힐 염려가 없다.
• 얕은 수심에서 앵커 암이 선저를 손상시키는 일이 없어 대형선에 널리 사용된다.

02 다음 중 하역설비에 해당하지 않는 것은?

① 양묘기　② 데 릭
③ 크레인　④ 캔트리

해설
양묘기 : 앵커를 감아올리거나 투묘작업 및 선박을 부두에 접안시킬 때 계선줄을 감는 데 사용되는 설비이다.

03 부재(部材) 중 선체의 종강력의 주요 구성재에 해당하지 않는 것은?

① 용 골　② 갑 판
③ 종격벽　④ 기 둥

해설
종강력을 형성하는 부재 : 용골, 중심선 거더, 종격벽, 선저 외판, 선측 외판, 내저판, 갑판하 거더 등
기둥(Pillar) : 보와 갑판 또는 내저판 사이에 견고하게 고착되어 보를 지지함으로써 갑판 위의 하중을 분담하는 부재로, 보의 보강, 선체의 횡강재 및 진동을 억제하는 역할을 한다.

04 선박 중앙부의 수면에서부터 갑판선 상단까지의 수직거리를 무엇이라고 하는가?

① 건 현　② 캠 버
③ 형흘수　④ 용골흘수

해설
② 캠버 : 갑판보의 양현의 현측보다 선체 중심선 부근이 높도록 원호를 이루는 높이의 차
③ 형흘수 : 용골의 상면에서 수면까지의 수직거리
④ 용골흘수 : 용골의 하면에서 수면까지의 수직거리

05 계선줄의 마모를 방지할 수 있도록 롤러로 구성된 계선설비는 무엇인가?

① 계선공　② 쥐막이
③ 볼라드　④ 페어리더

해설
① 계선공 : 계선줄이 선외로 빠져 나가는 구멍이다.
② 쥐막이 : 접안 후 쥐의 침입을 막기 위해 개선줄에 설치한다.
③ 볼라드 : 계선줄을 붙들어 매는 기기이다.

25 ③ / 1 ④　2 ①　3 ④　4 ①　5 ④ 정답

06 섬유로프의 스플라이싱(Splicing)한 부분은 강도가 몇 % 정도로 떨어지는가?

① 약 1~5%
② 약 10~15%
③ 약 15~20%
④ 약 20~30%

해설
스플라이싱한 부분은 강도가 약 20~30% 떨어진다.

07 선회 시 큰 외방경사를 예방하기 위한 선박에서의 조치로 적절하지 않은 것은?

① 선회 시 속력을 낮춘다.
② 항해 중 복원력을 충분히 한다.
③ 선회 시 작은 타각을 순차적으로 사용해야 한다.
④ 큰 외방경사가 나타나면 타를 신속히 반대로 사용한다.

해설
선속이 빠르고 GM이 작은 선박들은 선회 중에 갑자기 타각을 없애거나 급히 반대쪽으로 대각도 타각을 주면 횡경사로 인한 선체 전복의 위험이 있으므로 유의하여야 한다.

08 다음 중 추진기 주위의 수류에 의한 작용 중 선체의 회두작용에 가장 큰 영향을 주는 것은 무엇인가?

① 추적류
② 횡압력
③ 배출류의 측압작용
④ 흡입류의 와류작용

해설
후진 시 프로펠러를 반시계 방향으로 회전하여 우현으로 흘러가는 배출류는 우현의 선미벽에 부딪치면서 측압을 형성하여, 선미를 좌현쪽으로 밀고 선수는 우현쪽으로 회두한다.

09 다음 중 접·이안 조종에 대한 설명으로 틀린 것은?

① 부두 접근 시에는 저속으로 접근한다.
② 부두 접근 시 전진타력 제어를 위해 닻을 이용하면 효과적이다.
③ 필요시 예인선의 보조를 받아 선박을 안전하게 조종한다.
④ 하역작업을 위하여 최소한의 인원만을 입·출항 배치한다.

해설
접·이안 시에는 모든 인원이 입출항 준비에 배치된다.

10 닻 작업에서 닻줄의 신출 길이가 수심의 약 1.5배가 된 닻 상태를 무엇이라고 하는가?

① 쇼트 스테이(Short Stay)
② 업 앤드 다운(Up and Down)
③ 앵커 어웨이(Anchor Aweigh)
④ 클리어 앵커(Clear Anchor)

해설
② 업 앤드 다운(Up and Down) : 앵커가 묘새공 바로 아래의 해저에 누워 있는 상태로, 앵커체인은 묘쇄공에서 수직 상태를 유지한다. 일반적으로 양묘 중에는 이 상태를 기준으로 정박 상태와 항해 상태를 구분하며, 이 시각을 항해 시작시간으로 사용한다.
③ 앵커 어웨이(Anchor Aweigh) : 닻이 해저를 막 떠날 때로 닻의 크라운이 해저에서 떨어지는 상태이다.
④ 클리어 앵커(Clear Anchor) : 닻이 앵커체인과 엉키지 않고 올라온 상태이다.

11 닻 정박지의 저질로서 파주력이 가장 강한 저질은 무엇인가?

① 자갈과 모래
② 펄이나 점토
③ 바위나 모래
④ 패각이나 자갈

해설
파주력이 가장 큰 해저 저질은 펄질이다.

정답 6 ④ 7 ④ 8 ③ 9 ④ 10 ① 11 ②

12 악천후 강풍 속에서 묘박요령에 대한 설명으로 틀린 것은?

① 바람의 방향을 고려하여 묘박한다.
② 강한 파주력이 필요할 경우 이묘박이 좋다.
③ 이묘박 시 양현 묘쇄의 교각이 50~60°일 때가 좋으며 120°보다 커서는 안 된다.
④ 정박지가 불량하여 위험을 느끼더라도 절대로 닻을 다시 놓아서는 안 된다.

해설
검묘(사이팅 앵커) : 강 하류나 조류가 강한 수역 등에 오래 정박하면 앵커나 앵커체인이 해저 저질 속에 묻히거나 선박의 선회로 인하여 앵커체인이 꼬여서 앵커 수납이 어려워지므로, 앵커를 감아올렸다가 다시 투하하거나 다른 쪽 앵커와 바꾸어 투하해야 한다. 이를 검묘라고 한다.

13 야간 항해 시 주의사항으로 올바른 것은?

① 조타는 자동조타로 한다.
② 야간에는 기적 사용에 신중을 기해야 한다.
③ 해도에 표시된 등부표 등은 항해 물표로서 의심할 필요가 없다.
④ 다소 멀리 돌아가는 일이 있더라도 안전한 침로를 택하는 것이 좋다.

해설
야간 항행 시의 주의사항
- 조타는 수동으로 한다.
- 안전을 가장 우선으로 한 항로와 침로를 선택한다.
- 엄중한 경계를 한다.
- 자선의 등화가 분명히 켜져 있는지 확인한다.
- 야간표지를 발견하기 위해 노력한다.
- 일정한 간격으로 계속 선위를 확인한다.

14 다음 중 복원력을 크게 하는 방법으로 적절하지 않은 것은?

① 이중저의 평형수를 비운다.
② 유동수를 최대한 줄인다.
③ 화물의 이동을 방지한다.
④ 무거운 화물은 아래쪽에 적재한다.

해설
무게중심의 위치가 낮을수록 복원력은 커진다. 이중저의 평형수를 비우면 오히려 무게중심의 위치가 높아져 복원력이 작아진다.

15 선박의 수면하 용적의 기하학적 중심을 무엇이라고 하는가?

① 무게중심 ② 부 심
③ 메타센터 ④ 부면심

해설
① 무게중심(G) : 선체의 전체 중량이 한 점에 모여 있다고 생각할 수 있는 가상의 점이다.
③ 메타센터(M, 경심) : 배가 똑바로 떠 있을 때 부심을 통과하는 부력의 작용선과 경사된 부력의 작용선이 만나는 점이다.
④ 부면심 : 수선면적의 중심이다.

16 부두 접안 중 당직 항해사의 업무에 해당하지 않는 것은?

① 승·하선자 동향 파악
② 소모품 및 부식 수급계획 확인
③ 계류삭 확인
④ 주기적으로 선위 측정

해설
정박 당직 항해사의 업무
- 선장 및 1등 항해사의 특별 지시사항을 준수한다.
- 기상 및 해상 상태를 주시한다.
- 수심, 흘수, 조석에 따른 계류삭 및 닻의 상태를 수시로 확인한다.
- 밸러스트의 이동과 청수, 소모품 및 주·부식의 수급계획 등을 확인한다.
- 승·하선자의 동향 파악 및 통제를 지휘한다.
- 적절한 간격으로 선내를 순시하여 안전 및 환경오염 상태 등을 확인한다.
- 당직 부원을 지휘·감독한다.

17 당직 항해사가 수행하거나 준수해야 할 사항으로 옳지 않은 것은?

① 침로의 유지 ② 연료량 측정
③ 철저한 경계 ④ 선박의 위치 확인

12 ④ 13 ④ 14 ① 15 ② 16 ④ 17 ② 정답

해설
항해 당직 인수・인계 사항
- 선장의 특별 지시사항
- 주변상황, 기상 및 해상 상태, 시정
- 선박의 위치, 침로, 속력, 기관 회전수
- 항해 계기 작동 상태 및 기타 참고사항
- 선체의 상태나 선내의 작업상황
- 항해 당직을 인수 받은 당직사관은 가장 먼저 선박의 위치를 확인한다.

18 다음 중 항해일지에 기록해야 하는 내용으로 적합하지 않은 것은?

① 입・출항시간
② 항해 중 기상 상태
③ 침로와 컴퍼스오차
④ 레이더 SRC, FTC 조정기 설정

해설
항해일지 기록사항
선박의 위치 및 상황, 기상 상태, 방화・방수훈련 내용, 항해 중 발생 사항과 선내에서의 출생・사망자 등

19 여름철 우리나라 날씨를 지배하는 온난 다습한 기단은 무엇인가?

① 시베리아기단 ② 양쯔강기단
③ 오호츠크해기단 ④ 북태평양기단

해설
- 시베리아기단 : 한랭 건조한 대륙성 한대기단
- 북태평양기단 : 고온 다습한 해양성 열대기단
- 오호츠크해기단 : 한랭 습윤한 해양성 한대기단
- 양쯔강기단 : 온난 건조한 대륙성 열대기단
- 적도기단 : 고온 다습한 열대성 해양기단

20 중위도지방에서 해륙풍이 현저히 발달하는 것은 어느 계절인가?

① 봄 ② 여 름
③ 가 을 ④ 겨 울

해설
해륙풍
바다와 육지의 온도차에 의해 생성되는 바람으로, 낮에 육지가 바다보다 빨리 가열되면서 육지의 기압이 낮아져 상대적으로 기압이 높은 바다에서 육지로 바람이 부는데 이를 해풍이라고 한다. 밤에는 열용량이 큰 바다는 서서히 식기 때문에 바다의 기압이 더 낮아져 육지에서 바다로 바람이 부는데 이를 육풍이라고 한다. 일반적으로 해풍이 육풍보다 강하며 온대지방에서는 주로 여름철에 발달한다.

21 디젤기관에서 피스톤을 안내하는 부분으로 항상 고온, 고압의 연소가스에 직접 접촉하고 있는 것을 무엇이라고 하는가?

① 실린더 라이너 ② 실린더 헤드
③ 실린더 블록 ④ 크랭크

22 소화작업 시에는 상대 풍속이 0이 되도록 조선하는 가장 큰 이유로 옳은 것은?

① 침로와 방위를 유지하기 위하여
② 선박이 압류되지 않도록 하기 위하여
③ 화재의 확산을 막기 위하여
④ 소화작업 중인 선원이 중심을 잡기 위하여

해설
화재 발생 시의 운용
선미쪽 화재 발생 시 선미쪽을 풍하측으로, 선수쪽 화재 발생 시 선수쪽을 풍하측으로 한다. 소화작업 시에는 화재의 확산을 막기 위해 상대 풍속이 0이 되도록 조선한다.

23 심폐소생법에 대한 설명으로 가장 올바른 것은?

① 혈액순환을 위해 전신마사지를 하는 것이다.
② 맥박, 호흡, 혈압을 알아보는 방법이다.
③ 구강 대 구강법의 인공호흡을 말하는 것이다.
④ 인공호흡과 흉부 압박을 동시에 하는 것이다.

해설
심폐소생법 : 심장과 폐의 운동이 정지된 사람에게 흉부 압박을 함으로써 그 기능을 회복하도록 하는 방법이다.

정답 18 ④ 19 ④ 20 ② 21 ① 22 ③ 23 ④

24 다음 중 상갑판 위에서 양팔을 좌우로 벌리고 팔을 상하로 천천히 흔드는 신호의 의미는 무엇인가?

① 작업 끝 신호
② 위험을 알리는 신호
③ 더 이상 도움이 필요 없다는 신호
④ 조난 중이니 구조해 달라는 신호

해설
조난신호에는 국제신호기 NC기의 게양, 양팔을 좌우로 벌리고 팔을 상하로 천천히 흔드는 신호, 낙하산 신호의 발사 등이 있다.

25 Inmarsat 위성을 사용하여 해사안전정보를 수신하는 GMDSS 무선설비를 무엇이라고 하는가?

① NBDP ② MF/HF DSC
③ EGC 수신기 ④ NAVTEX 수신기

해설
① 협대역 직접 인쇄 전신(NBDP) : MF와 HF를 사용하는 무선 텔렉스로 수신자가 없어도 통보가 자동으로 수신 기록된다.
② MF/HF 무선설비 : DSC, 무선전화 및 협대역 직접 인쇄 전신을 사용하여 중단파대와 단파대의 모든 조난 및 안전주파수로 송수신되며, 조난경보신호를 발할 수 있는 설비이다.
④ NAVTEX 수신기 : 국제 NAVTEX 업무에서 영어를 사용하여 518kHz로 운용되는 수신 전용의 NBDP 수신장치이다.

제3과목 법 규

01 선박의 입항 및 출항 등에 관한 법률상 무역항의 수상구역 등에 선박을 계선하려고 할 때 해양수산부장관에게 신고해야 하는 크기는 몇 ton 이상이어야 하는가?

① 총톤수 8ton 이상 ② 총톤수 10ton 이상
③ 총톤수 20ton 이상 ④ 총톤수 30ton 이상

해설
선박의 입항 및 출항 등에 관한 법률 제7조(선박의 계선 신고 등)
총톤수 20ton 이상의 선박을 무역항의 수상구역 등에 계선하려는 자는 해양수산부령으로 정하는 바에 따라 해양수산부장관에게 신고하여야 한다.

02 선박의 입항 및 출항 등에 관한 법률상 선박이 해상에서 일시적으로 운항을 멈추는 것을 무엇이라고 하는가?

① 항 로 ② 정 류
③ 계 류 ④ 계 선

해설
선박의 입항 및 출항 등에 관한 법률 제2조(정의)
- 항로 : 선박의 출입 통로로 이용하기 위하여 지정 · 고시한 수로를 말한다.
- 계류 : 선박을 다른 시설에 붙들어 매어 놓는 것을 말한다.
- 계선 : 선박이 운항을 중지하고 정박하거나 계류하는 것을 말한다.

03 선박안전법상 동쪽은 175°, 서쪽은 동경 94°, 남쪽은 남위 11° 및 북쪽의 북위 63°의 선으로 둘러싸인 수역을 무엇이라고 하는가?

① 평수구역
② 연해구역
③ 근해구역
④ 원양구역

해설
선박안전법 시행규칙 제15조(항해구역의 종류)
- 근해구역 : 동쪽은 동경 175°, 서쪽은 동경 94°, 남쪽은 남위 11° 및 북쪽은 북위 63°의 선으로 둘러싸인 수역을 말한다.
- 원양구역 : 모든 수역을 말한다.

04 선박안전법상 선박의 용도를 변경하고자 하는 경우 받아야 하는 검사는 무엇인가?

① 임시검사 ② 특별검사
③ 건조검사 ④ 예비검사

해설
선박안전법 제10조(임시검사)
- 선박시설에 대하여 해양수산부령으로 정하는 개조 또는 수리를 행하고자 하는 경우
- 선박검사증서에 기재된 내용을 변경하고자 하는 경우. 다만, 선박소유자의 성명과 주소, 선박명 및 선적항의 변경 등 선박시설의 변경이 수반되지 아니하는 경미한 사항의 변경인 경우에는 그러하지 아니하다.
- 선박의 용도를 변경하고자 하는 경우

24 ④ 25 ③ / 1 ③ 2 ② 3 ③ 4 ① 정답

05 해양환경관리법상 분쇄하지 않은 음식물쓰레기를 해양에 배출할 경우 영해기선으로 떨어져야 하는 최소 거리는 얼마인가?

① 3해리　　② 6해리
③ 12해리　　④ 25해리

해설
선박에서의 오염방지에 관한 규칙 별표 3
선박 안에서 발생하는 폐기물의 배출해역별 처리기준 및 방법에 따라 음식찌꺼기는 영해기선으로부터 최소한 12해리 이상의 해역에 버릴 수 있다. 다만, 분쇄기 또는 연마기를 통하여 25mm 이하의 개구를 가진 스크린을 통과할 수 있도록 분쇄되거나 연마된 음식찌꺼기의 경우 영해기선으로부터 3해리 이상의 해역에 버릴 수 있다.

06 다음 〈보기〉의 (　　) 안에 들어갈 내용으로 적합한 것은?

〈보 기〉
해양관리법상 선박에서 기름을 배출하기 위해서는 선박이 (　　) 중이어야 하며 기름 오염방지설비가 작동 중이고, 배출액 중 기름 성분이 (　　) 이하여야 한다.

① 정박, 5ppm
② 정류, 15ppm
③ 항해, 5ppm
④ 항해, 15ppm

해설
선박에서의 오염방지에 관한 규칙 제9조(선박으로부터의 기름 배출)
선박으로부터 기름을 배출하는 경우에는 다음의 요건에 모두 적합하게 배출하여야 한다.
- 선박(시추선 및 플랫폼을 제외한다)의 항해 중에 배출할 것
- 배출액 중의 기름 성분이 0.0015%(15ppm) 이하일 것. 다만, 해저광물자원 개발법에 따른 해저광물의 탐사·채취과정에서 발생한 물의 경우에는 0.004% 이하여야 한다.
- 기름오염방지설비의 작동 중에 배출할 것. 다만, 시추선 및 플랫폼에서 스킴파일(Skim Pile, 분리된 기름을 수집하는 내부 칸막이(Baffle Plate)를 가진 바닥이 개방된 수직의 파이프)의 설치를 통하여 기름을 배출하는 경우는 제외한다.

07 해사안전법상 조종제한선에 해당하는 내용을 모두 고르면?

㉠ 기뢰를 실은 선박
㉡ 준설·측량 또는 수중작업 중인 선박
㉢ 항로표지, 해저전선을 싣고 이동 중인 선박
㉣ 항행 중 보급 또는 화물을 옮기는 작업 중인 선박

① ㉠, ㉡　　② ㉡, ㉣
③ ㉢, ㉣　　④ ㉠, ㉡, ㉢

해설
해사안전법 제2조(정의)
조종제한선이란 다음 내용의 작업과 그 밖에 선박의 조종성능을 제한하는 작업에 종사하고 있어 다른 선박의 진로를 피할 수 없는 선박을 말한다.
- 항로표지, 해저전선 또는 해저 파이프라인의 부설·보수·인양작업
- 준설·측량 또는 수중작업
- 항행 중 보급, 사람 또는 화물의 이송작업
- 항공기의 발착작업
- 기뢰 제거작업
- 진로에서 벗어날 수 있는 능력에 제한을 많이 받는 예인(曳引)작업

08 해사안전법상 '항행 중'에 해당하지 않는 것을 모두 고른 것은?

㉠ 암초에 얹혀 있는 선박
㉡ 묘박지에 정박 중인 선박
㉢ 계류시설에 매어 놓은 선박
㉣ 항로표지 보수작업으로 조종이 제한되는 선박

① ㉠, ㉡, ㉢　　② ㉠, ㉢, ㉣
③ ㉡, ㉢, ㉣　　④ ㉠, ㉡, ㉣

해설
해사안전법 제2조(정의)
항행 중이란 선박이 다음 내용의 어느 하나에 해당하지 아니하는 상태를 말한다.
- 정 박
- 항만의 안벽 등 계류시설에 매어 놓은 상태(계선부표나 정박하고 있는 선박에 매어 놓은 경우를 포함한다)
- 얹혀 있는 상태

정답 5 ③ 6 ④ 7 ② 8 ①

09 국제해상충돌방지규칙상 다음 그림과 같은 신호기를 올려야 하는 경우는?

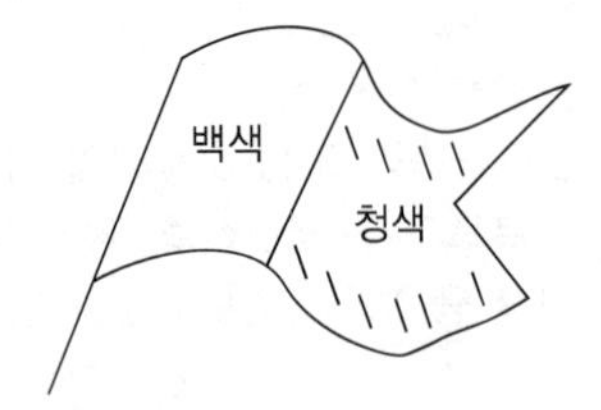

① 조난을 당한 경우
② 잠수작업 중인 경우
③ 트롤어선이 어로작업 중인 경우
④ 조종불능선이 항행 중일 경우

해설
해사안전법 제85조(조종불능선과 조종제한선)
잠수작업에 종사하고 있는 선박이 그 크기로 인하여 등화와 형상물을 표시할 수 없으면 다음의 표시를 하여야 한다.
- 가장 잘 보이는 곳에 수직으로 위쪽과 아래쪽에는 붉은색 전주등, 가운데에는 흰색 전주등 각 1개
- 국제해사기구가 정한 국제신호서 에이(A)기의 모사판을 1m 이상의 높이로 하여 사방에서 볼 수 있도록 표시

A	나는 잠수부를 내렸다.	

10 국제해상충돌방지규칙에 적용되지 않는 것은?

① 병원선 ② 부선 및 예선
③ 군함 및 관송선 ④ 고정된 해양 구조물

해설
국제해상출동예방규칙상 적용범위
외양 항행선이 항행할 수 있는 해양과 이와 접속한 모든 수역의 수상에 있는 모든 선박에 적용한다.

11 국제해상충돌방지규칙상 충돌을 피하기 위한 동작으로 옳지 않은 것은?

① 적극적인 동작
② 시간적으로 여유 있는 동작
③ 연속적인 소각도 변침
④ 적절한 운용술에 입각한 동작

해설
해사안전법 제66조(충돌을 피하기 위한 동작)
- 선박은 다른 선박과 충돌을 피하기 위한 동작을 취하되, 이 법에서 정하는 바가 없는 경우에는 될 수 있으면 충분한 시간적 여유를 두고 적극적으로 조치하여 선박을 적절하게 운용하는 관행에 따라야 한다.
- 선박은 다른 선박과 충돌을 피하기 위하여 침로나 속력을 변경할 때에는 될 수 있으면 다른 선박이 그 변경을 쉽게 알아볼 수 있도록 충분히 크게 변경하여야 하며, 침로나 속력을 소폭으로 연속적으로 변경하여서는 아니 된다.
- 선박은 넓은 수역에서 충돌을 피하기 위하여 침로를 변경하는 경우에는 적절한 시기에 큰 각도로 침로를 변경하여야 하며, 그에 따라 다른 선박에 접근하지 아니하도록 하여야 한다.
- 선박은 다른 선박과의 충돌을 피하기 위하여 동작을 취할 때에는 다른 선박과의 사이에 안전한 거리를 두고 통과할 수 있도록 그 동작을 취하여야 한다. 이 경우 그 동작의 효과를 다른 선박이 완전히 통과할 때까지 주의 깊게 확인하여야 한다.
- 선박은 다른 선박과의 충돌을 피하거나 상황을 판단하기 위한 시간적 여유를 얻기 위하여 필요하면 속력을 줄이거나 기관의 작동을 정지하거나 후진하여 선박의 진행을 완전히 멈추어야 한다.

12 국제해상충돌방지규칙상 통항분리방식이 적용되는 수역에서의 항법에 대한 설명으로 틀린 것은?

① 통항로로 출입할 때에는 통항로의 끝에서 출입하여야 한다.
② 통항로에서 가능한 한 분리선 또는 분리대에 접근하여 항행하여야 한다.
③ 선박은 통항분리수역과 그 출입구 부근에 정박하여서는 안 된다.
④ 횡단하여야 할 경우에는 통항로의 일반적인 방향에 대하여 직각에 가깝게 횡단하여야 한다.

해설
해사안전법 제68조(통항분리제도)
선박이 통항분리수역을 항행하는 경우에는 다음 사항을 준수하여야 한다.
- 통항로 안에서는 정하여진 진행 방향으로 항행할 것
- 분리선이나 분리대에서 될 수 있으면 떨어져서 항행할 것
- 통항로의 출입구를 통하여 출입하는 것을 원칙으로 하되, 통항로의 옆쪽으로 출입하는 경우에는 그 통항로에 대하여 정하여진 선박의 진행 방향에 대하여 될 수 있으면 작은 각도로 출입할 것

9 ② 10 ④ 11 ③ 12 ② 정답

13 국제해상충돌지방규칙상 야간에 추월선은 추월을 당하는 선박의 어떤 등화를 제일 먼저 보게 되는가?

① 좌현등 ② 선수등
③ 선미등 ④ 우현등

해설
해사안전법 제71조(추월)
다른 선박의 양쪽 현의 정횡으로부터 22.5°를 넘는 뒤쪽(밤에는 다른 선박의 선미등만을 볼 수 있고 어느 쪽의 현등도 볼 수 없는 위치를 말한다)에서 그 선박을 앞지르는 선박은 추월선으로 보고 필요한 조치를 취하여야 한다.

14 다음 〈보기〉의 ( ) 안에 들어갈 내용으로 적합한 것은?

〈보 기〉
국제해상충돌방지규칙상 유지선은 피항선의 동작만으로 충돌을 피할 수 없다고 판단할 때에는 충돌을 피하기 위한 ( )을(를) 취하여야 한다.

① 좌현변침 ② 우현변침
③ 기관 전속 ④ 최선의 협력 동작

해설
해사안전법 제75조(유지선의 동작)
유지선은 피항선과 매우 가깝게 접근하여 해당 피항선의 동작만으로는 충돌을 피할 수 없다고 판단하는 경우에는 충돌을 피하기 위하여 충분한 협력을 하여야 한다.

15 국제해상충돌방지규칙상 제한시계 내에서의 일반적인 항법으로 올바른 것은?

① 반드시 레이더만으로 운항하여야 한다.
② 추월당하고 있는 선박에 대한 경우를 제외하고 자선의 정횡 전방의 선박에 대해서 좌현변침하지 않는다.
③ 자선의 침로를 유지하기 위해 최대 속력으로 증속하여야 한다.
④ 무중신호가 들리는 방향으로 침로를 변경하여야 한다.

해설
해사안전법 제77조(제한된 시계에서 선박의 항법)
피항동작이 침로를 변경하는 것만으로 이루어질 경우에는 될 수 있으면 다음의 동작은 피하여야 한다.
• 다른 선박이 자기 선박의 양쪽 현의 정횡 앞쪽에 있는 경우 좌현쪽으로 침로를 변경하는 행위(추월당하고 있는 선박에 대한 경우는 제외한다)
• 자기 선박의 양쪽 현의 정횡 또는 그곳으로부터 뒤쪽에 있는 선박의 방향으로 침로를 변경하는 행위

16 국제해상충돌방지규칙상 예선등에 대한 설명으로 올바른 것은?

① 삼색등이다.
② 황색 전주등이다.
③ 선미등과 같은 특성을 가진 황색이다.
④ 예인 시 가장 뒤에 있는 선박에 표시한다.

해설
해사안전법 제79조(등화의 종류)
예선등 : 선미등과 같은 특성을 가진 황색 등

17 국제해상충돌방지규칙상 등화와 형상물에 관한 규정이 적용되는 시기는 언제인가?

① 악천후 시의 주간
② 모든 천후의 주야간
③ 특정한 천후의 주야간
④ 야간과 제한된 시정 상태

해설
해사안전법 제78조(적용)
• 모든 날씨에서 적용한다.
• 선박은 해 지는 시각부터 해 뜨는 시각까지 이 법에서 정하는 등화(燈火)를 표시하여야 하며, 이 시간 동안에는 이 법에서 정하는 등화 외의 등화를 표시하여서는 아니 된다. 다만, 다음 내용의 어느 하나에 해당하는 등화는 표시할 수 있다.
  - 이 법에서 정하는 등화로 오인되지 아니할 등화
  - 이 법에서 정하는 등화의 가시도나 그 특성의 식별을 방해하지 아니하는 등화
  - 이 법에서 정하는 등화의 적절한 경계를 방해하지 아니하는 등화
• 이 법에서 정하는 등화를 설치하고 있는 선박은 해 뜨는 시각부터 해 지는 시각까지도 제한된 시계에서는 등화를 표시하여야 하며, 필요하다고 인정되는 그 밖의 경우에도 등화를 표시할 수 있다.
• 선박은 낮 동안에는 이 법에서 정하는 형상물을 표시하여야 한다.

정답 13 ③ 14 ④ 15 ② 16 ③ 17 ②

18 국제해상충돌방지규칙상 현등은 그 불빛이 정선수 방향으로부터 각 정횡 후 몇 도까지 비추도록 설치해야 하는가?

① 11.5° ② 22.5°
③ 33.5° ④ 180°

해설
해사안전법 제79조(등화의 종류)
- 현등 : 정선수 방향에서 양쪽 현으로 각각 112.5°에 걸치는 수평의 호를 비추는 등화로서 그 불빛이 정선수 방향에서 좌현 정횡으로부터 뒤쪽 22.5°까지 비출 수 있도록 좌현에 설치된 붉은색 등과 그 불빛이 정선수 방향에서 우현 정횡으로부터 뒤쪽 22.5°까지 비출 수 있도록 우현에 설치된 녹색 등

19 국제해상충돌방지규칙상 섬광등을 제외하고 사방 어느 곳에서도 볼 수 있는 등화를 무엇이라고 하는가?

① 현 등 ② 양색등
③ 전주등 ④ 삼색등

해설
해사안전법 제79조(등화의 종류)
- 전주등 : 360°에 걸치는 수평의 호를 비추는 등화. 다만, 섬광등(閃光燈)은 제외한다.

20 국제해상충돌방지규칙상 섬광등의 섬광 횟수의 기준은 몇 회 이상인가?

① 1분에 30회 이상
② 1분에 60회 이상
③ 1분에 100회 이상
④ 1분에 120회 이상

해설
해사안전법 제79조(등화의 종류)
- 섬광등 : 360°에 걸치는 수평의 호를 비추는 등화로서 일정한 간격으로 1분에 120회 이상 섬광을 발하는 등

21 국제해상충돌방지규칙상 예인선열의 길이가 200m를 넘는 예인선이 주간에 표시하는 형상물은 무엇인가?

① 원통형 ② 둥근꼴
③ 원추형 ④ 마름모꼴

해설
해사안전법 제82조(항행 중인 예인선)
동력선이 다른 선박이나 물체를 끌고 있는 경우에는 다음 내용의 등화나 형상물을 표시하여야 한다.
- 앞쪽에 표시하는 마스트등을 대신하여 같은 수직선 위에 마스트등 2개. 다만, 예인선의 선미로부터 끌려가고 있는 선박이나 물체의 뒤쪽 끝까지 측정한 예인선열의 길이가 200m를 초과하면 같은 수직선 위에 마스트등 3개를 표시하여야 한다.
- 현등 1쌍
- 선미등 1개
- 선미등의 위쪽에 수직선 위로 예선등 1개
- 예인선열의 길이가 200m를 초과하면 가장 잘 보이는 곳에 마름모꼴의 형상물 1개

22 국제해상충돌방지규칙상 조종제한선이 표시해야 하는 형상물은?

① 위쪽과 아래쪽에는 둥근꼴, 가운데에는 원뿔꼴, 각 1개
② 위쪽과 아래쪽에는 마름모꼴, 가운데에는 장구꼴, 각 1개
③ 위쪽과 아래쪽에는 둥근꼴, 가운데에는 마름모꼴, 각 1개
④ 위쪽과 아래쪽에는 마름모꼴, 가운데에는 원뿔꼴, 각 1개

해설
해사안전법 제85조(조종불능선과 조종제한선)
조종제한선은 기뢰제거작업에 종사하고 있는 경우 외에는 다음의 등화나 형상물을 표시하여야 한다.
① 가장 잘 보이는 곳에 수직으로 위쪽과 아래쪽에는 붉은색 전주등, 가운데에는 흰색 전주등 각 1개
② 가장 잘 보이는 곳에 수직으로 위쪽과 아래쪽에는 둥근꼴, 가운데에는 마름모꼴의 형상물 각 1개
③ 대수속력이 있는 경우에는 ①에 따른 등화에 덧붙여 마스트등 1개, 현등 1쌍 및 선미등 1개
④ 정박 중에는 ①과 ②에 따른 등화나 형상물에 덧붙여 제88조에 따른 등화나 형상물

18 ② 19 ③ 20 ④ 21 ④ 22 ③ 정답

23 국제해상충돌방지규칙상 수직선상에 둥근꼴 형상물 3개를 표시해야 하는 선박은 무엇인가?

① 도선선 ② 조종불능선
③ 조종제한선 ④ 얹혀 있는 선박

해설
해사안전법 제88조(정박선과 얹혀 있는 선박)
얹혀 있는 선박은 등화를 표시하여야 하며, 이에 덧붙여 가장 잘 보이는 곳에 다음의 등화나 형상물을 표시하여야 한다.
- 수직으로 붉은색의 전주등 2개
- 수직으로 둥근꼴의 형상물 3개

24 국제해상충돌방지규칙상 장음은 몇 초 동안 계속되는 기적소리인가?

① 1~3초 ② 2~4초
③ 4~6초 ④ 8초 이상

해설
해사안전법 제90조(기적의 종류)
기적이란 다음의 구분에 따라 단음과 장음을 발할 수 있는 음향신호장치를 말한다.
- 단음 : 1초 정도 계속되는 고동소리
- 장음 : 4~6초까지의 시간 동안 계속되는 고동소리

25 국제해상충돌방지규칙상 주의환기신호에 해당하지 않는 것은?

① 오렌지색의 연기를 발하는 발연신호를 작동하는 것
② 다른 신호와 오인되지 않는 방법으로 징을 울리는 것
③ 다른 신호와 오인되지 않는 방법으로 등화를 비추는 것
④ 다른 선박을 곤란하게 하지 아니하는 방법으로, 위험이 있는 쪽으로 탐조등을 비추는 것

해설
해사안전법 제94조(주의환기신호)
- 모든 선박은 다른 선박의 주의를 환기시키기 위하여 필요하면 이 법에서 정하는 다른 신호로 오인되지 아니하는 발광신호 또는 음향신호를 하거나 다른 선박에 지장을 주지 아니하는 방법으로 위험이 있는 방향에 탐조등을 비출 수 있다.
- 위의 내용 따른 발광신호나 탐조등은 항행보조시설로 오인되지 아니하는 것이어야 하며, 스트로보등이나 그 밖의 강력한 빛이 점멸하거나 회전하는 등화를 사용하여서는 아니 된다.

※ 오렌지색 발연신호는 조난신호이다.

정답 23 ④ 24 ③ 25 ①

2018년 제 3 회

과년도 기출복원문제

제1과목 항 해

01 **액체식 자기컴퍼스의 액체에 대한 설명으로 올바른 것은?**

① 비중이 약 0.55이다.
② −60~+50℃에 걸쳐 점성의 변화가 크도록 되어 있다.
③ −20~+60℃에 걸쳐 팽창계수의 변화가 작도록 되어 있다.
④ 컴퍼스액은 증류수와 에틸알코올을 약 3 : 7의 비율로 혼합한 것이다.

해설
컴퍼스액(Compass Liquid)
• 증류수와 에틸알코올을 약 6 : 4 비율로 혼합한다.
• 비중이 약 0.95이다.
• −20~+60℃에 걸쳐 점성 및 팽창계수의 변화가 작다.
• 특수기름인 버솔(Varsol)을 사용하기도 한다.

02 **자기컴퍼스에서 자차가 변하는 경우로 적절하지 않은 것은?**

① 선체가 경사하는 경우
② 태양광선에 노출되는 경우
③ 철제로 된 화물이 이동하는 경우
④ 선수방위가 변하는 경우

해설
자차 변화요인
• 선수방위가 바뀔 때(가장 크다)
• 선체의 경사(경선차)
• 지구상의 위치 변화
• 적하물의 이동
• 선수를 동일한 방향으로 장시간 두었을 때
• 선체의 심한 충격
• 동일 침로로 장시간 항해 후 변침(가우신 오차)
• 선체의 열적 변화
• 나침의 부근의 구조 및 위치 변경 시
• 낙뢰, 발포, 기뢰의 폭격을 받았을 때
• 지방자기의 영향(우리나라에서 지방자기 영향이 가장 큰 곳 : 청산도)

03 **컴퍼스 볼(Compass Bowl) 위에 끼워 자유롭게 회전시키며 측정하고자 하는 물표의 방위를 측정하는 기기를 무엇이라고 하는가?**

① 방위환　　② 짐벌즈
③ 피 벗　　④ 비너클

해설
② 짐벌즈 : 선박의 동요로 비너클이 경사하여도 볼을 항상 수평으로 유지한다.
③ 피벗 : 캡에 꽉 끼여 카드를 지지한다.
④ 비너클 : 목재 또는 비자성재로 만든 원통형의 지지대로 윗부분에는 짐벌즈가 들어 있어 컴퍼스 볼을 지지한다.

04 **해도의 등대 옆에 다음과 같은 내용이 적혀 있었다. ㉠이 의미하는 것은 무엇인가?**

〈보 기〉

Fl(3)	G	7s	39m	7M
㉠	㉡	㉢	㉣	㉤

① 주 기　　② 등 고
③ 등 질　　④ 광달거리

해설
• 등질 : 섬광등 연속 3번
• 등색 : 녹색
• 주기 : 7초마다
• 등고 : 39m
• 광달거리 : 7마일

1 ③ 2 ② 3 ① 4 ③ 정답

05 항로표지의 광달거리를 나타내는 단위는 무엇인가?

① 분　　② 미 터
③ 해 리　　④ 패 덤

해설
광달거리는 등광을 알아볼 수 있는 최대 거리로, 해도상에서는 해리(M)로 표시한다.

06 색깔이 다른 종류의 빛을 교대로 내며, 그 사이에 등광은 꺼지는 경우 없이 계속 빛을 내는 등을 무엇이라고 하는가?

① 부동등　　② 호광등
③ 섬광등　　④ 군명암등

해설
① 부동등(F) : 등색이나 등력이 바뀌지 않고 일정하게 계속 빛을 내는 등이다.
③ 섬광등(Fl.) : 빛을 비추는 시간이 꺼져 있는 시간보다 짧은 것으로, 일정한 간격으로 섬등을 내는 등이다.
④ 군명암등(Oc(*)) : 명암등의 일종으로, 한 주기 동안에 2회 이상 꺼지는 등이다.

07 가스의 압력 또는 기계장치로 종을 쳐서 소리를 내는 장치를 무엇이라고 하는가?

① 에어사이렌　　② 모터사이렌
③ 다이어프램 폰　　④ 무 종

해설
음향표지의 종류
- 에어사이렌 : 압축공기에 의하여 사이렌을 울리는 장치
- 모터사이렌 : 전동기에 의하여 사이렌을 울리는 장치
- 다이어프램 폰 : 전자력에 의해서 발음판을 진동시켜 소리를 울리는 장치
- 무종 : 가스의 압력 또는 기계장치로 종을 쳐서 소리를 내는 장치

08 간출암의 해도도식을 의미하는 것은?

① ⚹　　② ┼
③ ⁜　　④ ┼

해설
① 간출암
② 암암
③ 항해에 위험한 세암

09 항해자가 항행통보에 의하여 해도를 수정하는 것을 무엇이라고 하는가?

① 해도번호　　② 부 도
③ 보 각　　④ 소개정

해설
소개정
- 매주 간행되는 항행통보에 의해 직접 해도상에 수정, 보완하거나 보정도로서 개보하여 고치는 것이다.
- 해도 왼쪽 하단에 있는 '소재정'란에 통보 연도수와 통보 항수를 기입한다.
- 소개정의 방법으로는 수기, 보정도에 의한 개보가 있다.

10 해도를 분류하고 정리할 때 이용하는 참조번호로 해도 왼쪽 상부 및 오른쪽 하부에 표시하는 내용은?

① 해도 간행 연월일
② 소개정번호
③ 해도번호
④ 간행번호

해설
① 해도 간행 연월일 : 해도의 아랫부분 중앙에 기재한다.
② 소개정번호 : 아랫부분 좌측 부분에 표시한다.
④ 간행번호 : 항행번호에 기재되어 있다.

11 항구나 좁은 구역을 큰 축척으로 나타낼 때 사용되는 도법을 무엇이라고 하는가?

① 점장도법
② 평면도법
③ 대권도법
④ 다원추도법

정답 5 ③ 6 ② 7 ④ 8 ① 9 ④ 10 ③ 11 ②

해설

① 점장도법 : 지구는 타원체이기 때문에 인접한 자오선의 간격은 적도에서 극으로 갈수록 좁아지는데, 이러한 자오선을 위도와 관계없이 평행선으로 표시하는 방법이다.

③ 대권도법 : 지구의 중심에 시점을 두고 지구 표면 위의 한 점에 접하는 평면에 지구 표면을 투영하는 방법으로, 심사도법이라고도 한다.

④ 다원추도법 : 각 위선마다 다수의 원추를 접하게 하고 각 위선상의 부분을 그것에 접하는 원추의 내면에 투영하는 도법이다.

12 다음 〈보기〉의 (　　) 안에 들어갈 적합한 용어는?

〈보 기〉

항만의 형상이 주머니 모양인 곳에서는 조석 이외에 해면이 짧은 주기로 승강할 때가 있다. 이러한 승강을 (　　)(이)라고 한다.

① 부진동　　② 대조승

③ 일조부등　　④ 백중사리

해설

② 대조승 : 대조 시 기본수준면에서 평균고조면까지의 높이

③ 일조부등 : 하루 두 번의 고조와 저조의 높이와 간격이 같지 않은 현상

④ 백중사리 : 달이 지구에 가까이 올 때는 조차가 매우 큰 조석현상을 보이는데 이를 근지점조라고 한다. 백중사리는 근지점조와 대조(사리)가 일치할 때로 평소의 사리보다 높은 조위를 보이는 현상이다.

13 다음 〈보기〉의 (　　) 안에 들어갈 적합한 용어는?

〈보 기〉

달이 어느 지점의 자오선을 통과하고 난 후 그 지점에서의 조위가 고조가 될 때까지 걸리는 시간을 (　　), 저조가 될 때까지 걸리는 시간을 (　　)(이)라고 한다.

① 소조승, 대조승

② 대조승, 월조 간격

③ 저조 간격, 고조 간격

④ 고조 간격, 저조 간격

해설

• 대조승 : 대조 시 기본수준면에서 평균고조면까지의 높이
• 소조승 : 소조 시 기본수준면에서 평균고조면까지의 높이
• 월조 간격 : 고조 간격과 저조 간격을 총칭한 것

14 조석표에 기재된 조위의 기준면을 무엇이라고 하는가?

① 해저면

② 약최저저조면

③ 약최고고조면

④ 평균해면

15 방위를 측정할 물표를 선정함에 있어서 주의사항으로 틀린 것은?

① 가까운 물표보다 먼 물표를 선정한다.

② 물표 상호 간의 각도는 30~150°인 것을 선정한다.

③ 물표가 많을 때는 3개 이상을 선정하는 것이 좋다.

④ 두 물표의 상호 간의 각도가 90° 정도가 가장 좋다.

해설

물표 선정 시 주의사항

• 선수미 방향의 물표를 먼저 측정한다.
• 해도상의 위치가 명확하고 뚜렷한 목표를 선정한다.
• 먼 물표보다는 적당히 가까운 물표를 선택한다.
• 물표 상호 간의 각도는 가능한 한 30~150°인 것을 선정한다.
• 두 물표일 때는 90°, 세 물표일 때는 60° 정도가 가장 좋다.
• 물표가 많을 때는 3개 이상을 선정하는 것이 좋다.

16 다음 그림과 같은 도등을 이용하여 피험선을 설정할 경우에 사용되는 위치선은 무엇인가?

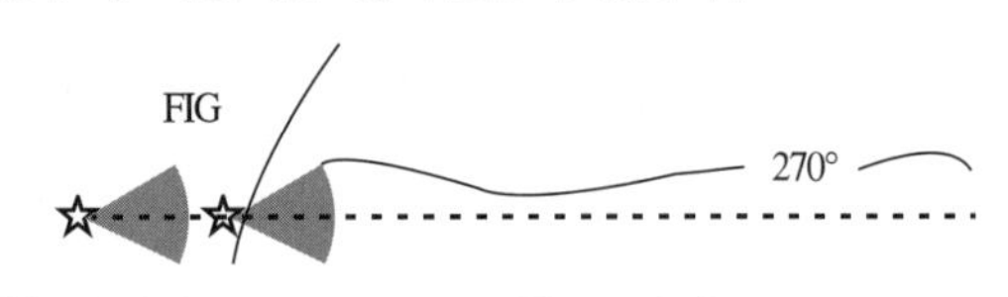

① 전위선　　② 중시선

③ 피험선　　④ 거리선

12 ① 13 ④ 14 ② 15 ① 16 ② 정답

해설
중시선에 의한 위치선 : 두 물표가 일직선상에 겹쳐 보일 때 두 물표를 연결한 직선으로 가장 확실한 피험선이다.

17 교차방위법으로 선위를 측정하기 위해서는 최소 몇 개의 물표를 선정하여 방위를 측정해야 하는가?

① 2개 ② 3개
③ 4개 ④ 6개

해설
교차방위법 : 항해 중 해도상에 기재되어 있는 2개 이상의 고정된 물표를 선정하여 거의 동시에 각각의 방위를 측정한다.

18 수평협각법을 이용하여 선위를 측정할 때 필요한 계기는 무엇인가?

① 육분의 ② 수평계
③ 삼각자 ④ 줄 자

해설
수평협각법
- 뚜렷한 3개의 물표를 육분의로 수평협각을 측정, 삼간분도기를 사용하여 그들 협각을 각각의 원주각으로 하는 원의 교점을 구하는 방법이다.
- 수평협각의 측정 및 선위 결정에 다소 시간이 걸리며, 반드시 3개 이상의 물표가 있어야한다.

19 다음 〈보기〉의 (   ) 안에 들어갈 가장 적합한 용어는?

〈보 기〉
선박이 항행 중에 수면하의 선체구조물이 조류, 해류 등의 물의 흐름에 의하여 좌우로 떠밀리는 정도를 (   )(이)라고 한다.

① 유압차
② 풍압차
③ 경선차
④ 기 차

해설
② 풍압차 : 선박이 항해 중 바람의 영향을 받아 선수미선 방향과 항적이 이루는 교각
③ 경선차 : 배가 기울어짐에 따라 배의 나침반에 생기는 오차
④ 기차 : 육분의의 오차

20 선박의 위치, 속도, 침로 및 기타의 정보를 다른 선박 및 해안의 기지국에 자동으로 송수신하여 식별하게 함으로써 선박의 안전 항행을 확보하는 장치는 무엇인가?

① 선속계(Speed Log)
② 선박자동식별장치(AIS)
③ 지피에스(GPS)
④ 레이더(Radar)

해설
① 선속계 : 선박의 속력과 항주거리를 측정하는 계기
③ 지피에스 : 본선의 위치를 파악하는 기기
④ 레이더 : 레이더에서 발사한 전파가 물표에 반사되어 돌아오는 시간을 측정함으로써 물표까지의 거리 및 방위를 파악하는 기기

21 다음 〈보기〉의 (   ) 안에 들어갈 가장 적합한 내용은?

〈보 기〉
가장 최근에 얻은 실측위치를 기준으로 그 후에 조타한 진침로와 항해거리에 의하여 결정된 선위를 (   )(이)라고 한다.

① 추정위치
② 가정위치
③ 추측위치
④ 확정위치

해설
- 추정위치 : 추측위치에 바람, 해·조류 등 외력의 영향을 가감하여 구한 위치
- 실측위치 : 지상의 물표의 방위나 거리를 실제로 측정하여 구한 위치
- 추측위치 : 현재의 선위를 모를 때 가장 최근에 구한 실측위치를 기준으로 선박의 침로와 속력을 이용해 구하는 위치

정답 17 ① 18 ① 19 ① 20 ② 21 ③

22 나침반에서 북동의 방위를 나타내는 것은?

① 엔이(NE)
② 에스이(SE)
③ 에스더블유(SW)
④ 엔엔더블유(NNW)

해설
- NE : 북동
- SE : 동남
- SW : 남서
- NNW : 북북서

23 다음 중 연안 항해에서 고정된 한 개의 목표물을 관측하여 선위를 결정할 경우에 가장 정확한 방법은 무엇인가?

① 레이더 방위에 의한 방법
② 레이더 거리에 의한 방법
③ 레이더 거리와 실측방위에 의한 방법
④ 레이더 거리와 레이더 방위에 의한 방법

24 다음 〈보기〉의 (　　) 안에 들어갈 가장 적합한 용어는?

〈보 기〉
본선으로부터 같은 거리에 있는 서로 가까운 2개의 물표를 레이더 지시부상에 2개 영상으로 분리하여 나타낼 수 있는 능력을 (　　)(이)라고 한다.

① 최소탐지거리
② 휘도조정기
③ 거리분해능
④ 방위분해능

해설
① 최소탐지거리 : 가까운 거리에 있는 목표물을 탐지할 수 있는 최소거리
② 휘도조정기 : 화면의 밝기를 조정하는 장치
③ 거리분해능 : 같은 방위선상에 서로 가까이 있는 두 물표로부터 반사파가 수신되었을 때 두 물표를 지시기상에 분리된 2개의 영상으로 분리하여 나타낼 수 있는 능력

25 다음 〈보기〉의 (　　) 안에 들어갈 가장 적합한 용어는?

〈보 기〉
목표물의 방위를 나타낼 때 진방위를 기준으로 표시하고 진북이 항상 레이더 화면의 상방에 위치하는 방위선택스위치 모드를 (　　)(이)라고 한다.

① 헤드업 모드　② 상대방위 모드
③ 노스업 모드　④ 코스업 모드

해설
① 헤드업 모드 : 선수 지시선이 항상 화면의 위쪽을 향한다.
③ 노스업 모드 : 선수 지시선은 진침로와 일치하고 화면의 위쪽은 진북을 나타낸다.
④ 코스업 모드 : 선수 지시선은 진침로와 일치하나 항상 화면의 위쪽에 나타나도록 한 것이며, 변침 후 화면은 재정렬되어 고정된다.

제2과목 운 용

01 선체 부식의 종류에 해당하지 않는 것은?

① 점 식　② 전면 부식
③ 응력 부식　④ 조파 부식

해설
선체 부식의 종류
- 점식 : 전기화학적 요인에 의한 것으로 부분적으로 부식이 발생한다.
- 전면 부식 : 적색 녹이 계속 진행되면 전면 부식으로 되기 쉽다.
- 응력 부식 : 부분적으로 과도한 응력이 집중되는 부위에 다른 원인이 복합적으로 작용하여 발생한다.
- 피로 부식 : 연속적 응력으로 금속의 피로를 유발하여 부식이 급격히 촉진되는 현상이다.

02 양묘기(Windlass)에 관한 설명으로 올바른 것은?

① 하역작업을 간편하게 한다.
② 닻을 감아올릴 때 사용한다.
③ 일정한 침로를 유지할 때 사용한다.
④ 구명정을 내리고 올릴 때 사용한다.

해설
양묘기 : 앵커를 감아올리거나 투묘작업 및 선박을 부두에 접안시킬 때 계선줄을 감는 데 사용되는 설비이다.

22 ① 23 ③ 24 ④ 25 ③ / 1 ④ 2 ② 정답

03 선저와 선측을 연결하는 만곡부는 무엇인가?

① 빌 지 ② 텀블 홈
③ 플래어 ④ 선저 경사

해설
② 텀블 홈(Tumble Home) : 상갑판 부근의 선측 상부가 안쪽으로 굽은 정도
③ 플래어(Flare) : 상갑판 부근의 선측 상부가 바깥쪽으로 굽은 정도
④ 선저 경사(Rise of Floor) : 중앙 단면에서 선저의 경사도

04 만재흘수선은 선박의 어느 부분에 표시되어 있는가?

① 선 미 ② 선체 중앙부의 양현
③ 선수 양쪽 ④ 선수재 양쪽

해설
만재 흘수선
항행구역 내에서 선박의 안전상 허용된 최대의 흘수선으로 선체 중앙부의 양현에 표시되며, 선박의 종류, 크기, 적재화물 및 항행구역에 따라 다르다.

05 다음 〈보기〉의 ( ) 안에 들어갈 가장 적합한 용어는?

〈보 기〉
선박에서 도장의 목적은 장식, 방식, ( )이다.

① 마 찰 ② 부 식
③ 마찰저항 ④ 방 오

해설
도장의 목적 : 장식, 방식, 방오, 청결 유지 등

06 와이어로프 소선에 아연 도금을 하는 가장 큰 이유는 무엇인가?

① 강도를 강하게 하기 위하여
② 보기에 좋도록 하기 위하여
③ 마모가 작도록 하기 위하여
④ 녹이 스는 것을 방지하기 위하여

해설
와이어로프 : 와이어 소선을 여러 가닥으로 합하여 스트랜드를 만들고, 스트랜드 여섯 가닥을 다시 합하여 만든 것으로, 새 와이어로프는 녹이 스는 것을 방지하기 위해 아연 도금을 한다.

07 검역을 받고자 하는 선박이 게양하는 기는 무엇인가?

① Q(큐)기 ② G(지)기
③ W(더블유)기 ④ H(에이치)기

해설

Q	본선은 건강하다. 검역 통과 허가를 바란다.	
G	나는 도선사를 요구한다.	
H	나는 도선사를 태우고 있다.	
W	나는 의료 원조를 바란다.	

08 선체가 선회 초기에 원침로로부터 타각을 준 반대쪽으로 벗어나는 현상을 무엇이라고 하는가?

① 킥 ② 양 력
③ 응 력 ④ 외방경사

해설
② 양력 : 타판에 작용하는 힘 중에서 그 작용하는 방향이 정횡 방향인 분력이다.
③ 응력 : 외부에 힘을 받아 변형을 일으킨 물체의 내부에 발생하는 단위면적당 힘이다.
④ 외방경사 : 정상 원운동 시에 원심력이 바깥쪽으로 작용하여 수면 상부의 선체가 타각을 준 반대쪽인 선회권의 바깥쪽으로 경사하는 현상이다.

09 배수량이 있는 선박이 항주 중 전타 선회 시 외방경사를 일으키는 주원인은 무엇인가?

① 중 력 ② 타의 항력
③ 원심력 ④ 마찰저항

정답 3 ① 4 ② 5 ④ 6 ④ 7 ① 8 ① 9 ③

해설
외방경사 : 정상 원운동 시에 원심력이 바깥쪽으로 작용하여 수면 상부의 선체가 타각을 준 반대쪽인 선회권의 바깥쪽으로 경사하는 현상

10 선체저항에 대한 설명으로 틀린 것은?

① 선체를 유선형으로 하여 와류저항을 줄인다.
② 조파저항을 줄이기 위해 선수형상을 구상선수로 한다.
③ 마찰저항은 표면의 거칠기와 오손의 영향을 받는다.
④ 일반적인 항해에서 공기저항이 가장 큰 비중을 차지한다.

해설
마찰저항 : 선체의 침수면에 닿은 물의 저항으로서 선저 표면의 미끄러움에 반비례하며 고속일수록 전 저항에서 차지하는 비율이 작아지는 저항으로, 저속선에서는 선체가 받는 저항 중에서 마찰저항이 가장 큰 비중을 차지한다.

11 다음 〈보기〉의 (　　) 안에 들어갈 가장 적합한 용어는?

〈보 기〉
스크루 프로펠러 작용에서 깊이 잠긴 날개에 걸린 반작용력과 수면 부근의 날개에 걸린 반작용력의 차를 (　　)(이)라고 한다.

① 횡압력　　② 반류차
③ 직압력　　④ 측압력

해설
② 반류차 : 선체가 앞으로 나아가면서 생기는 빈 공간을 채워 주는 수류로 인하여 주로 뒤쪽 선수미선상의 물이 앞쪽으로 따라 들어오는 수류이다.
③ 직압력 : 수류에 의하여 키에 작용하는 전체 압력으로 타판에 작용하는 여러 종류의 힘의 기본력을 말한다.
④ 측압력 : 우선회 프로펠러의 경우 좌현측 배수류는 선체 형상을 따라 흘러가지만, 우현측의 배수류는 우현 전체를 치며 선박은 우회두한다.

12 선박이 전타한 경우 선박이 돌면서 선박 길이 방향의 중심점이 그리는 궤적을 무엇이라고 하는가?

① 변침거리　　② 선회종거
③ 선회권　　④ 선회지름

해설
③ 선회권 : 전타 중 선체의 중심이 그리는 궤적이다.
② 선회종거 : 전타를 처음 시작한 위치에서 선수가 원침로로부터 90° 회두했을 때까지의 원침로선상에서의 전진 이동거리이다.
④ 선회지름 : 회두가 원침로로부터 180°되는 곳까지 원침로에서 직각 방향으로 잰 거리로, 선회경이라고도 한다.

13 선박이 부두 접안 조선 시 필요하지 않는 것은?

① 계선줄　　② 윈드라스
③ 페어리더　　④ 데 릭

해설
하역설비에는 데릭식, 크레인식, 캔트리식, 컨베어식, 하역용 펌프, 태클, 훅, 카고 슬링, 턴버클, 와이어 클립, 심블 등이 있다.

14 항해 중 선박의 개략적인 GM을 구할 때 무엇을 이용하는가?(단, G : 무게중심, M : 경심)

① 전 폭　　② 선체 길이
③ 횡요주기　　④ 종요주기

해설
GM의 추정
횡요 주기 : 선박이 한쪽 현으로 최대로 경사된 상태에서부터 시작하여 반대 현으로 기울었다가 다시 원위치로 되돌아오기까지 걸린 시간이다. 횡요주기와 선폭을 알면 개략적인 GM을 구할 수 있다
$\left(\text{횡요주기} \fallingdotseq \frac{0.8B}{\sqrt{GM}},\ \text{B : 선폭}\right)$.

15 복원력과 가장 관련이 깊은 것은?

① 무게중심(G)의 높이
② 선박의 길이
③ 외력의 영향
④ 화물의 이동거리

10 ④ 11 ① 12 ③ 13 ④ 14 ③ 15 ① 정답

해설
무게중심의 위치가 낮을수록 복원력은 커진다.

16 항해 당직 중 당직사관이 수행하여야 하는 임무로 틀린 것은?

① 선위를 자주 확인한다.
② 침로를 유지하면서 엄중하게 경계한다.
③ 기회가 있으면 컴퍼스의 오차를 측정한다.
④ 응급 시에는 먼저 선장에게 보고한 후 필요한 조치를 취한다.

해설
의심나는 사실이 있을 때에는 주저하지 말고 즉시 선장에게 보고하고, 응급 시에는 즉각적인 예방조치를 한 후 보고한다.

17 항해 당직자의 근무에 관한 설명으로 올바른 것은?

① 시정이 양호한 연안에서는 조타수를 갑판작업에 종사시켜도 무방하다.
② 항해 당직 중에는 항상 당직사관과 조타수가 함께 당직에 임해야 한다.
③ 항해 당직 중에는 경계를 방해하는 어떠한 일도 해서는 안 된다.
④ 항해 중 주위에 별다른 위험이 없을 때에는 소개정 등 해도작업을 수행해도 무방하다.

해설
항해 당직 중인 당직사관은 누구든 선박의 안전 항해를 방해하는 임무를 주어서는 안 되며 그러한 일에 착수하여서도 안 된다.

18 다음 중 선박에서 당직 인수 전의 반드시 확인해야 할 사항은?

① 선장의 지시사항
② 전원의 공급 경로
③ 거주구역의 환기 여부
④ 선내 비상등의 위치 확인

해설
항해 당직 인수 · 인계
- 당직자는 당직 근무시간 15분 전 선교에 도착하여 다음 사항을 확인 후 당직을 인수 · 인계한다.
  - 선장의 특별지시사항
  - 주변상황, 기상 및 해상 상태, 시정
  - 선박의 위치, 침로, 속력, 기관 회전수
  - 항해 계기 작동 상태 및 기타 참고사항
  - 선체의 상태나 선내의 작업상황
  - 항해 당직을 인수 받은 당직사관은 가장 먼저 선박의 위치를 확인한다.
- 당직이 인계되어야 할 시간에 어떤 위험을 피하기 위하여 선박의 조종 또는 기타 동작이 취하여 지고 있을 때에는 임무의 교대를 미루어야 한다.

19 다음 중 수직구름은 무엇인가?

① 권층운 ② 층적운
③ 난층운 ④ 적란운

해설
④ 적란운 : 수직으로 크게 발달하여 봉우리나 거대한 탑 모양이다.
① 권층운 : 권운과 층운에서 파생된 상층운으로 털층구름, 면사포구름, 무리구름이라고도 한다.
② 층적운 : 하층운으로 층운과 적운에서 파생되었으며, 두루마리구름이나 층쌘구름, 층계구름이라고도 한다.
③ 난층운 : 비층구름, 비구름이라고도 한다.

20 태풍 중심 부근의 등압선은?

① 불규칙형 ② 거의 원형
③ 곡선형 ④ 불규칙한 타원형

해설
태풍의 기압분포
등압선은 중심으로부터 1,000hPa 내외까지는 거의 원형으로 되어 있으며, 중심 부근으로 갈수록 기압은 급격하게 감소하고 등압선도 조밀하다.

21 2행정 기관은 크랭크축 1회전마다 몇 번 폭발하는가?

① 5회 ② 3회
③ 2회 ④ 1회

정답 16 ④ 17 ③ 18 ① 19 ④ 20 ② 21 ④

해설
2행정 사이클기관
흡입과 압축, 작동과 배기가 각각 피스톤의 1행정 동안 동시에 일어난다. 즉, 크랭크축의 1회전으로 1사이클이 완성된다.

22 방수작업 요령으로 틀린 것은?

① 인접구역을 보강한다.
② 침수구역의 수밀문을 모두 밀폐한다.
③ 큰 침수공에는 스파이크를 사용한다.
④ 기관 정지 후 안전조치를 시행한다.

23 심한 마찰에 의하여 상처 부위가 벗겨지거나 떨어져 나간 상처를 무엇이라고 하는가?

① 자 상 ② 절 상
③ 찰과상 ④ 타박상

해설
① 자상 : 바늘이나 못, 송곳 등과 같은 뾰족한 물건에 찔린 상처
② 절상 : 칼이나 유리 등의 날카로운 물건에 의하여 베인 상처
④ 타박상 : 둔기로 맞거나 딱딱한 곳에 떨어져 생기는 상처

24 조난통보의 내용으로 옳지 않은 것은?

① 목적항 ② 조난당한 위치
③ 조난의 종류 ④ 호출부호

해설
조난통보 시 필수 정보
선박의 식별(선종, 선명, 호출부호, 국정, 총톤수, 선박 소유자의 주소 및 성명) 위치, 조난의 성질 및 필요한 원조의 종류, 기타 필요한 정보(침로와 속력, 선장의 의향, 퇴선자의 수, 선체 및 화물의 상태 등)

25 퇴선 준비사항에 해당하지 않는 것은?

① 예비식량 및 식수 준비
② 귀중품 반출 준비
③ 구명동의와 방수복 준비
④ 신체를 보온할 수 있는 준비

해설
퇴선 준비사항
비상소집신호는 기적 또는 전선경보(General Alarm)에 의해 단음 7회, 장음 1회를 울려 전 선원에게 알리며, 퇴선 신호가 울리면 전 선원은 선박에 따라 정해진 비상배치표에 따라 신속하고 침착하게 퇴선 위치로 이동한다. 선원은 예비식량 및 식수를 준비하고 퇴선 전에 체온을 보호할 수 있도록 옷을 여러 겹 입고, 구명동의를 올바르게 착용한다. 또한, 선박의 각종 기기 및 연료유의 누출을 최소화할 수 있도록 조치를 취한다.

제3과목 법 규

01 선박의 입항 및 출항 등에 관한 법률상 무역항의 수상구역 등에서 해양수산부장관의 승인을 받아야 하는 경우는 언제인가?

① 국적선이 출항할 경우
② 국적선이 입항할 경우
③ 위험물을 하역할 경우
④ 총톤수 20ton 이상의 선박이 불꽃 또는 발열을 수반하지 않는 수리를 하고자 할 경우

해설
선박의 입항 및 출항 등에 관한 법률 제34조(위험물의 하역)
무역항의 수상구역 등에서 위험물을 하역하려는 자는 대통령령으로 정하는 바에 따라 자체 안전관리계획을 수립하여 해양수산부장관의 승인을 받아야 한다. 승인받은 사항 중 대통령령으로 정하는 사항을 변경하려는 경우에도 같다.

02 선박의 입항 및 출항 등에 관한 법률상 기준으로 무역항의 수상구역 밖 몇 km 이내의 수면에서 폐기물의 투기가 금지되는가?

① 4km ② 5km
③ 7km ④ 10km

해설
선박의 입항 및 출항 등에 관한 법률 제38조(폐기물의 투기 금지 등)
누구든지 무역항의 수상구역 등이나 무역항의 수상구역 밖 10km 이내의 수면에 선박의 안전 운항을 해칠 우려가 있는 흙, 돌, 나무, 어구 등 폐기물을 버려서는 아니 된다.

22 ③ 23 ③ 24 ① 25 ② / 1 ③ 2 ④ 정답

03 선박안전법상 외국의 항만국 통제에 의해 출항정지처분을 받은 한국 선박이 국내에 입항할 경우 관련 설비에 대하여 실시하는 점검을 무엇이라고 하는가?

① 신속점검　② 임시점검
③ 정기점검　④ 특별점검

해설
선박안전법 제69조(외국의 항만국 통제 등)
해양수산부장관은 다음의 대한민국 선박에 대하여 외국 항만에 출항정지를 예방하기 위한 조치가 필요하다고 인정되는 경우 해양수산부령으로 정하는 바에 따라 관련되는 선박의 구조 · 설비 등에 대하여 특별점검을 할 수 있다.
- 선령이 15년을 초과하는 산적 화물선, 위험물 운반선
- 그 밖에 해양수산부령으로 정하는 선박

04 선박안전법상 항내수역의 항해구역을 무엇이라고 하는가?

① 평수구역
② 연해구역
③ 특별구역
④ 원양구역

해설
선박안전법 시행규칙 별표 4(평수구역의 범위)

05 해양환경관리법상 기름에 해당하지 않는 것은?

① 원 유
② 석유제품
③ 액체 상태의 유성혼합물
④ 유해 액체물질

해설
해양환경관리법 제2조(정의)
기름이라 함은 석유 및 석유대체연료 사업법에 따른 원유 및 석유제품(석유가스를 제외한다)과 이들을 함유하고 있는 액체 상태의 유성혼합물(이하 '액상 유성혼합물'이라고 한다) 및 폐유를 말한다.

06 해양환경관리법상 피예인선을 제외한 선박에서 기름기록부를 보관하는 장소는?

① 선박 내
② 선박회사 사무실
③ 선박 소유자의 사무실
④ 관할 지방해양경찰청

해설
해양환경관리법 제30조(선박오염물질기록부의 관리)
선박의 선장(피예인선의 경우에는 선박의 소유자를 말한다)은 그 선박에서 사용하거나 운반 · 처리하는 폐기물 · 기름 및 유해액체물질에 대한 다음의 구분에 따른 기록부(이하 '선박오염물질기록부'라 한다)를 그 선박(피예인선의 경우에는 선박 소유자의 사무실을 말한다) 안에 비치하고 그 사용량 · 운반량 및 처리량 등을 기록하여야 한다.
- 폐기물기록부 : 해양수산부령이 정하는 일정 규모 이상의 선박에서 발생하는 폐기물의 총량 · 처리량 등을 기록하는 장부. 다만, 제72조 제1항의 규정에 따라 해양환경관리업자가 처리대장을 작성 · 비치하는 경우에는 동 처리대장으로 갈음한다.
- 기름기록부 : 선박에서 사용하는 기름의 사용량 · 처리량을 기록하는 장부. 다만, 해양수산부령이 정하는 선박의 경우를 제외하며, 유조선의 경우에는 기름의 사용량 · 처리량 외에 운반량을 추가로 기록하여야 한다.
- 유해액체물질기록부 : 선박에서 산적하여 운반하는 유해액체물질의 운반량 · 처리량을 기록하는 장부이다.

07 해사안전법상 선박 사이의 일반적인 책무에 대한 내용으로 틀린 것은?

① 조종제한선은 범선의 진로를 피해야 한다.
② 범선은 흘수제약선의 진로를 피해야 한다.
③ 일반 동력선은 조종제한선의 진로를 피해야 한다.
④ 어로에 종사하고 있는 선박은 조종불능선의 진로를 피해야 한다.

해설
해사안전법 제76조(선박 사이의 책무)
항행 중인 범선은 다음에 따른 선박의 진로를 피하여야 한다.
- 조종불능선
- 조종제한선
- 어로에 종사하고 있는 선박

정답 3 ④ 4 ① 5 ④ 6 ① 7 ①

08 해사안전법상 제한된 시계의 기상요인으로 가장 거리가 먼 것은?

① 눈　② 안 개
③ 번 개　④ 연 기

해설
해사안전법 제2조(정의)
제한된 시계란 안개, 연기, 눈, 비, 모래바람 및 그 밖에 이와 비슷한 사유로 시계가 제한되어 있는 상태를 말한다.

09 국제해상충돌방지규칙상 상대 선박의 나침방위가 뚜렷한 변화가 있더라도 충돌의 위험성이 클 때는 어떤 경우인가?

① 트롤어선이 접근하는 경우
② 초대형선이 접근하는 경우
③ 조종불능선이 접근하는 경우
④ 흘수제약선이 접근하는 경우

해설
해사안전법 제65조(충돌 위험)
선박은 접근하여 오는 다른 선박의 나침방위에 뚜렷한 변화가 일어나지 아니하면 충돌할 위험성이 있다고 보고 필요한 조치를 하여야 한다. 접근하여 오는 다른 선박의 나침방위에 뚜렷한 변화가 있더라도 거대선 또는 예인작업에 종사하고 있는 선박에 접근하거나 가까이 있는 다른 선박에 접근하는 경우에는 충돌을 방지하기 위하여 필요한 조치를 하여야 한다.

10 다음 〈보기〉의 (　　) 안에 들어갈 내용으로 적합한 것은?

〈보 기〉
국제해상충돌방지규칙상 좁은 수로 또는 항로를 따라 항행하는 선박은 항행의 안전을 고려하여 될 수 있는 대로 좁은 수로의 (　　)쪽에서 항행하여야 한다.

① 남(South)　② 가운데
③ 좌측 끝　④ 우측 끝

해설
해사안전법 제67조(좁은 수로 등)
좁은 수로나 항로를 따라 항행하는 선박은 항행의 안전을 고려하여 될 수 있으면 좁은 수로 등의 오른편 끝쪽에서 항행하여야 한다. 다만, 제31조제1항에 따라 해양수산부장관이 특별히 지정한 수역 또는 제68조제1항에 따라 통항분리제도가 적용되는 수역에서는 좁은 수로 등의 오른편 끝쪽에서 항행하지 아니하여도 된다.

11 다음 〈보기〉의 (　　) 안에 들어갈 용어로 적합한 것은?

〈보 기〉
국제해상충돌방지규칙상 다른 선박의 정횡 후 22.5°를 넘는 후방에서 접근하는 선박으로 다른 선박의 선미등만을 볼 수 있고 현등을 볼 수 없는 선박은 (　　)(으)로 보아야 한다.

① 유지선　② 피항선
③ 추월선　④ 거대선

해설
해사안전법 제71조(추월)
다른 선박의 양쪽 현의 정횡으로부터 22.5도° 넘는 뒤쪽(밤에는 다른 선박의 선미등만을 볼 수 있고 어느 쪽의 현등도 볼 수 없는 위치를 말한다)에서 그 선박을 앞지르는 선박은 추월선으로 보고 필요한 조치를 취하여야 한다.

12 국제해상충돌방지규칙상 '안전한 속력'을 결정하는 데 고려하지 않아도 되는 사항은?

① 시계의 상태　② 교통량의 밀도
③ 본선의 화물 종류　④ 본선의 최단 정지거리

해설
해사안전법 제64조(안전한 속력)
• 시계의 상태
• 해상교통량의 밀도
• 선박의 정지거리, 선회성능, 그 밖의 조종성능
• 야간의 경우에는 항해에 지장을 주는 불빛의 유무
• 바람, 해면 및 조류의 상태와 항행 장애물의 근접 상태
• 선박의 흘수와 수심과의 관계
• 레이더의 특성 및 성능
• 해면 상태, 기상 그 밖의 장애요인이 레이더 탐지에 미치는 영향
• 레이더로 탐지한 선박의 수·위치 및 동향

8 ③ 9 ② 10 ④ 11 ③ 12 ③ 정답

13 국제해상충돌방지규칙상 선박의 등화로 판단할 수 없는 것은?

① 선박의 크기
② 선박의 기항지
③ 선박의 침로 방향
④ 선박의 항행 상태

해설
선박의 등화로 기항지는 알 수 없다.

14 국제해상충돌방지규칙상 굴곡부에 접근하면서 울려야 하는 신호는?

① 단음 5회 ② 단음 2회
③ 장음 2회 ④ 장음 1회

해설
해사안전법 제92조(조종신호와 경고신호)
좁은 수로 등의 굽은 부분이나 장애물 때문에 다른 선박을 볼 수 없는 수역에 접근하는 선박은 장음으로 1회의 기적신호를 울려야 한다. 이 경우 그 선박에 접근하고 있는 다른 선박이 굽은 부분의 부근이나 장애물의 뒤쪽에서 그 기적신호를 들은 경우에는 장음 1회의 기적신호를 울려 이에 응답하여야 한다.

15 국제해상충돌방지규칙상 좁은 수로에서의 추월행위에 대한 설명으로 바른 것은?

① 위험하기 때문에 추월할 수 없다.
② 추월 동의 신호는 장음, 단음, 단음이다.
③ 길이가 50m 이상의 선박만 추월할 수 있다.
④ 추월당하는 선박이 동의하면 추월할 수 있다.

해설
해사안전법 제67조(좁은 수로 등)
추월선은 좁은 수로 등에서 추월당하는 선박이 추월선을 안전하게 통과시키기 위한 동작을 취하지 아니하면 추월할 수 없는 경우에는 기적신호를 하여 추월하겠다는 의사를 나타내야 한다. 이 경우 추월당하는 선박은 그 의도에 동의하면 기적신호를 하여 그 의사를 표현하고, 추월선을 안전하게 통과시키기 위한 동작을 취하여야 한다.

16 국제해상충돌방지규칙상 다음 그림과 같이 녹색(G) 전주등 3개를 마스트에 표시한 선박은?

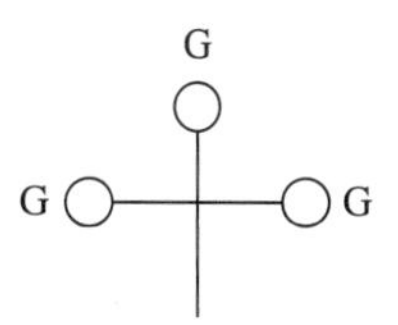

① 조종불능선 ② 조종제한선
③ 어로 종사선 ④ 기뢰제거작업선

해설
해사안전법 제85조(조종불능선과 조종제한선)
기뢰 제거작업에 종사하고 있는 선박은 해당 선박에서 1,000m 이내로 접근하면 위험하다는 경고로서, 제81조에 따른 동력선에 관한 등화, 제88조에 따른 정박하고 있는 선박의 등화나 형상물에 덧붙여 녹색의 전주등 3개 또는 둥근꼴의 형상물 3개를 표시하여야 한다.

17 국제해상충돌방지규칙상 통항분리방식에 대한 설명으로 올바른 것은?

① 통항로 인근에서 어로활동을 금지한다.
② 길이 20m 미만의 선박이 항상 우선한다.
③ 길이 20m 미만의 범선이 항상 우선한다.
④ 통항로를 횡단할 때에는 일반적인 교통 방향에 대하여 자선의 선수 방향이 직각에 가깝게 횡단하여야 한다.

해설
해사안전법 제68조(통항분리제도)
선박은 통항로를 횡단하여서는 아니 된다. 다만, 부득이한 사유로 그 통항로를 횡단하여야 하는 경우에는 그 통항로와 선수 방향이 직각에 가까운 각도로 횡단하여야 한다.

18 국제해상충돌방지규칙상 2척의 동력선이 서로 진로를 교차하여 충돌의 위험성을 내포하는 때에 피항선의 피항방법으로 잘못된 것은?

① 우전하여 타선의 선미를 통과한다.
② 기관을 정지 또는 역전하여 감속한다.
③ 전속 전진하여 급속히 타선의 진로를 횡단한다.
④ 미리 동작을 취하여 타선으로부터 거리를 둔다.

정답 13 ② 14 ④ 15 ④ 16 ④ 17 ④ 18 ③

해설
해사안전법 제73조(횡단하는 상태)
2척의 동력선이 상대의 진로를 횡단하는 경우로서 충돌의 위험이 있을 때에는 다른 선박을 우현쪽에 두고 있는 선박이 그 다른 선박의 진로를 피하여야 한다. 이 경우 다른 선박의 진로를 피하여야 하는 선박은 부득이한 경우 외에는 그 다른 선박의 선수 방향을 횡단하여서는 아니 된다.

19 **국제해상충돌방지규칙상 무중신호를 들었거나 다른 선박과 근접 상태가 되었을 때 행해야 할 최선의 조치?**

① 경고신호를 보낸다.
② 조종신호를 보낸다.
③ 속력을 줄인다.
④ 속력을 올려 현장을 빨리 벗어난다.

해설
해사안전법 제66조(충돌을 피하기 위한 동작)
선박은 다른 선박과의 충돌을 피하거나 상황을 판단하기 위한 시간적 여유를 얻기 위하여 필요하면 속력을 줄이거나 기관의 작동을 정지하거나 후진하여 선박의 진행을 완전히 멈추어야 한다.

20 **국제해상충돌방지규칙상 선박이 등화를 켜도록 요구되는 시기는?**

① 항해 중일 때
② 일출에서 일몰시까지
③ 달이 비추지 않는 밤 동안
④ 일몰시부터 일출시까지와 제한된 시계에서

해설
해사안전법 제78조(적용)
• 모든 날씨에서 적용한다.
• 선박은 해 지는 시각부터 해 뜨는 시각까지 이 법에서 정하는 등화(燈火)를 표시하여야 하며, 이 시간 동안에는 이 법에서 정하는 등화 외의 등화를 표시하여서는 아니 된다. 다만, 다음의 어느 하나에 해당하는 등화는 표시할 수 있다.
  - 이 법에서 정하는 등화로 오인되지 아니할 등화
  - 이 법에서 정하는 등화의 가시도(可視度)나 그 특성의 식별을 방해하지 아니하는 등화
  - 이 법에서 정하는 등화의 적절한 경계(警戒)를 방해하지 아니하는 등화

21 **국제해상충돌방지규칙상 수직선 위에 2개의 원뿔을 그 꼭대기에서 위아래로 결합한 형상물(장구형) 1개를 달고 항행하는 선박을 무엇이라고 하는가?**

① 항로 표지 부설 선박
② 흘수에 제약을 받는 선박
③ 조종 제한인 선박
④ 어로에 종사하고 있는 선박

해설
해사안전법 제84조(어선)
① 항망이나 그 밖의 어구를 수중에서 끄는 트롤망어로에 종사하는 선박은 항행에 관계없이 다음 각 호의 등화나 형상물을 표시하여야 한다.
  1. 수직선 위쪽에는 녹색, 그 아래쪽에는 흰색 전주등 각 1개 또는 수직선 위에 2개의 원뿔을 그 꼭대기에서 위아래로 결합한 형상물 1개
  2. 제1호의 녹색 전주등보다 뒤쪽의 높은 위치에 마스트등 1개. 다만, 어로에 종사하는 길이 50m 미만의 선박은 이를 표시하지 아니할 수 있다.
  3. 대수속력이 있는 경우에는 제1호와 제2호에 따른 등화에 덧붙여 현등 1쌍과 선미등 1개
② ①에 따른 어로에 종사하는 선박 외에 어로에 종사하는 선박은 항행 여부에 관계없이 다음 각 호의 등화나 형상물을 표시하여야 한다.
  1. 수직선 위쪽에는 붉은색, 아래쪽에는 흰색 전주등 각 1개 또는 수직선 위에 두 개의 원뿔을 그 꼭대기에서 위아래로 결합한 형상물 1개
  2. 수평거리로 150m가 넘는 어구를 선박 밖으로 내고 있는 경우에는 어구를 내고 있는 방향으로 흰색 전주등 1개 또는 꼭대기를 위로 한 원뿔꼴의 형상물 1개
  3. 대수속력이 있는 경우에는 제1호와 제2호에 따른 등화에 덧붙여 현등 1쌍과 선미등 1개

22 **국제해상충돌방지규칙상 기관이 고장 난 선박이 표시해야 하는 전주등은 무엇인가?**

① 홍등 2개
② 상부 홍등, 하부 백등
③ 홍등 3개
④ 백등 2개

19 ③ 20 ④ 21 ④ 22 ① 정답

해설
해사안전법 제85조(조종불능선과 조종제한선)
조종불능선은 다음의 등화나 형상물을 표시하여야 한다.
① 가장 잘 보이는 곳에 수직으로 붉은색 전주등 2개
② 가장 잘 보이는 곳에 수직으로 둥근꼴이나 그와 비슷한 형상물 2개
③ 대수속력이 있는 경우에는 ①과 ②에 따른 등화에 덧붙여 현등 1쌍과 선미등 1개

23 국제해상충돌방지규칙상 길이 50m 미만의 선박이 정박 중인 경우 표시해야 하는 등화는 무엇인가?

① 백색 전주등 1개
② 홍색 전주등 2개
③ 녹색 전주등 1개
④ 황색 전주등 1개

해설
해사안전법 제88조(정박선과 얹혀 있는 선박)
① 정박 중인 선박은 가장 잘 보이는 곳에 다음의 등화나 형상물을 표시하여야 한다.
- 앞쪽에 흰색의 전주등 1개 또는 둥근꼴의 형상물 1개
- 선미나 그 부근에 제1호에 따른 등화보다 낮은 위치에 흰색 전주등 1개

② 길이 50m 미만인 선박은 ①에 따른 등화를 대신하여 가장 잘 보이는 곳에 흰색 전주등 1개를 표시할 수 있다.

24 다음 〈보기〉의 (　　)안에 들어갈 내용으로 적합한 것은?

〈보 기〉
국제해상충돌방지규칙상 단음이란 (　　)간의 기적소리를 말한다.

① 약 1초　　② 4~6초
③ 약 8초　　④ 약 1분

해설
해사안전법 제90조(기적의 종류)
기적이란 다음의 구분에 따라 단음(短音)과 장음(長音)을 발할 수 있는 음향신호장치를 말한다.
- 단음 : 1초 정도 계속되는 고동소리
- 장음 : 4초부터 6초까지의 시간 동안 계속되는 고동소리

25 국제해상충돌방지규칙상 서로 시계 안에 있을 때 좁은 수로에서 다른 선박의 좌현측으로 추월하고자 할 경우 행하는 추월신호방법으로 옳은 것은?

① 단음 7회, 장음 1회
② 장음 2회, 단음 2회
③ 단음 2회, 장음 1회
④ 장음 2회, 단음 1회

해설
해사안전법 제92조(조종신호와 경고신호)
선박이 좁은 수로 등에서 서로 상대의 시계 안에 있는 경우 기적신호를 할 때에는 다음에 따라 행하여야 한다.
- 다른 선박의 우현쪽으로 추월하려는 경우에는 장음 2회와 단음 1회의 순서로 의사를 표시할 것
- 다른 선박의 좌현쪽으로 추월하려는 경우에는 장음 2회와 단음 2회의 순서로 의사를 표시할 것
- 추월당하는 선박이 다른 선박의 추월에 동의할 경우에는 장음 1회, 단음 1회의 순서로 2회에 걸쳐 동의의사를 표시할 것

정답 23 ① 24 ① 25 ②

2018년 제 4 회 과년도 기출복원문제

제1과목 항 해

01 선체의 경사, 지구상 위치의 변화 등 여러 가지 이유로 계속 변하는 자차의 변화를 선수방위에 따라 도표로 정리한 것은?

① 자차표 ② 편차표
③ 오차표 ④ 방위표

해설
자차곡선도 : 미리 모든 방위의 자차를 구해 놓은 도표로 선수 방향에 대한 자차를 구하는 데 편리하게 이용할 수 있다.

02 자기컴퍼스에 관한 설명으로 틀린 것은?

① 볼과 비너클로 구성되어 있다.
② 자석으로 지구 자기의 방향을 알아 방위를 측정한다.
③ 360°까지 눈금을 매긴 원판에 자석을 부착하는 원리로 만들어진 것이다.
④ 자기컴퍼스가 선체자기의 영향을 받아 생기는 방위의 차이를 편차라고 한다.

해설
자차는 선내 철기 및 선체자기의 영향 때문에 발생한다.

03 자기컴퍼스 크기는 무엇으로 표시하는가?

① 카드의 직경으로 표시한다.
② 볼의 직경으로 표시한다.
③ 비너클의 높이로 표시한다.
④ 캡의 직경으로 표시한다.

해설
자기컴퍼스의 크기는 카드의 직경으로 표시한다.

04 다음 중 한 주기 동안에 빛을 비추는 시간이 꺼져 있는 시간보다 짧은 등질은?

① 명암등 ② 부동등
③ 섬광등 ④ 호광등

해설
① 명암등(Oc) : 한 주기 동안에 빛을 비추는 시간이 꺼져 있는 시간보다 길거나 같은 등
② 부동등(F) : 등색이나 등력이 바뀌지 않고 일정하게 계속 빛을 내는 등
④ 호광등(Al.) : 색깔이 다른 종류의 빛을 교대로 내며, 그 사이에 등광은 꺼지는 일이 없이 계속 빛을 내는 등

05 등부표의 등색으로 사용하지 않는 색은?

① 백 색 ② 녹 색
③ 황 색 ④ 자 색

해설
우리나라는 B지역으로 등색의 좌현표지는 녹색, 우현표지는 적색이다. 방위표지의 등색은 백색, 특수표지는 황색이다.

06 형상표지라고도 하며, 점등장치가 없어 모양과 색상으로 식별하는 표지를 무엇이라고 하는가?

① 주간표지
② 야간표지
③ 음향표지
④ 특수신호표지

해설
형상표지 : 주간표지라고도 하며 점등장치가 없는 표지로 모양과 색깔로 식별한다.

1 ① 2 ④ 3 ① 4 ③ 5 ④ 6 ① 정답

07 공사구역 등 특별한 시설이 있음을 나타내는 항로표지를 의미하는 것은?

①
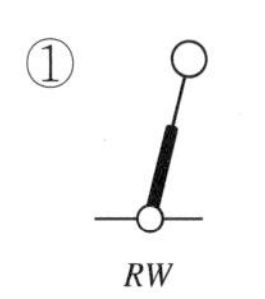

②
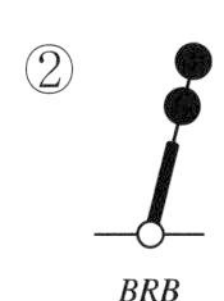

③
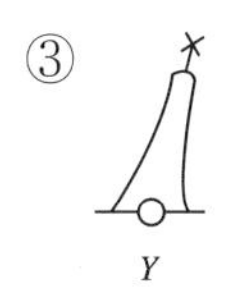

④
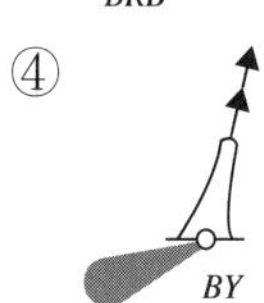

해설

주간표지(Unilit Marks)

두표(Topmark) : 2개의 흑색 원추형

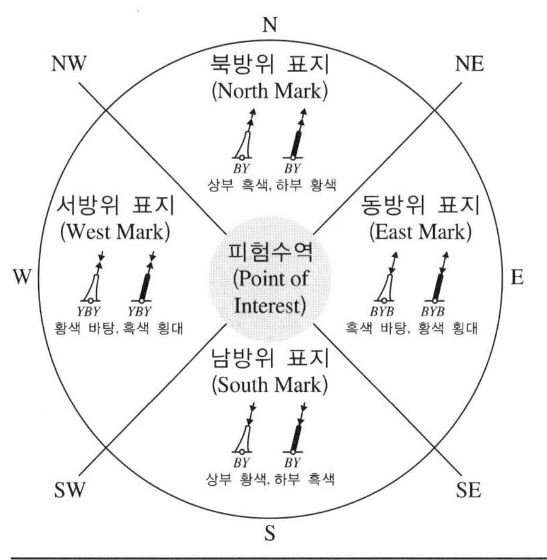

130.4 고립장해표지는 장애물 상부에 설치된 표지로서 그 주변이 가항수역임을 표시한다.

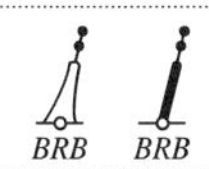

표체 : 흑색 바탕, 홍색 횡대
두표 : 2개의 흑색 구형

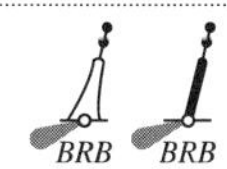

Fl(2) 백색 등화

130.5 안전수역표지는 수로 중앙 및 육지 접근, 초인 등을 표시한다.

RW RW RW 표체 : 홍백 종선
두표 : (부착할 경우) 홍색 구형

RW RW RW iso. or Oc. or LFl. 10s. or Mo(A) 백색 등화

130.6 특수표지는 용도는 항행보조가 우선이 아니며, 특정수역 및 지물을 표시한다.

Y Y Y YRY 표체(임의의 형태) : 황색
두표 : (부착할 경우) 황색×형상

Y Y Y YRY Fl(2) 백색 등화

특별한 경우에 황색은 다른 색과 함께 사용할 수 있다.

08 다음 〈보기〉의 해도도식이 의미하는 것은?

〈보 기〉

① 암 암 ② 세 암
③ 침 선 ④ 해 초

해설

4_5	사체수심(물속의 깊이값 : 4.5m)
4_5	정체수심(소축척해도에서 발췌했거나, 믿을 수 없는 수심 : 정체)
G	저질(해저의 형태와 성질)
(3_5)	노출암/섬(높이값)
	간출암(해수면이 가장 낮을 때 보이는 바위)
	세암(해수면과 거의 같은 높이의 바위)
	암암(물속의 바위)
	해초
	장애물 지역(위험 한계선)
3	장애물 지역(측량에 의해 깊이를 확인함)
	침선(물속에 가라앉은 배)
	침선(물속에 가라앉아 항해에 위험한 배)
	침선(물속에 가라앉아 선체가 보이는 배)
2kn	밀물(들물) 한 시간에 2노트
3kn	썰물(날물) 한 시간에 3노트

정답 7 ③ 8 ②

09 우리나라에서 해도와 수로도지를 정정할 목적으로 발행하는 소책자를 무엇이라고 하는가?

① 항행통보 ② 항행경보
③ 수로서지 ④ 항해서지

해설
항행통보
• 암초나 침선 등 위험물의 발견, 수심의 변화, 항로표지의 신설 · 폐지 등과 같이 직접 항해 및 정박에 영향을 주는 사항을 항해자에게 통보하여 주위를 환기시키고, 수로서지를 정정하게 할 목적으로 발행하는 소책자이다.
• 우리나라의 항행통보는 해양조사원에서 영문판 및 국문판으로 매주 간행된다.

10 해도 선택 시 유의사항으로 적절하지 않는 것은?

① 최신판 또는 개판된 해도를 선택한다.
② 해도 번호나 색인도를 참고하여 사용목적에 따라 선택한다.
③ 항만에 입항을 위해서는 가능한 한 소축적의 해도를 선택한다.
④ 연안 항해용은 수심과 저질이 정밀하게 나타난 해도를 선택한다.

해설
해도 선택 시 유의사항
• 해도는 적합한 축척의 해도를 선택하는 것이 좋다.
• 최신의 해도를 선택하거나 항행통보에 의해 완전히 개정된 것을 사용한다.
• 수심이 조밀하게 기재된 해도가 좋다.
• 등심선이 표시된 해도가 편리하다.
※ 항박도와 같이 작은 지역을 상세하게 표시한 해도를 대축척 해도라 하고, 항양도 및 총도와 같이 넓은 지역을 작게 나타낸 해도를 소축척 해도라고 한다.

11 다음 〈보기〉의 ( ) 안에 들어갈 용어로 적합한 것은?

〈보 기〉
해도상에서 어느 지점의 위도를 구하려면 삼각자 1조나 평행자 등으로 그 지점을 지나는 ( )을(를) 그어 해도의 왼쪽이나 오른쪽에 있는 위도의 눈금을 읽는다.

① 항정선 ② 거등권
③ 자오선 ④ 중시선

해설
• 경도 구하는 방법 : 삼각자 또는 평행자로 그 지점을 지나는 자오선을 긋고 해도의 위쪽이나 아래쪽에 기입된 경도 눈금을 읽는다.
• 항정선 : 모든 자오선과 같은 각도로 만나는 곡선으로 선박이 일정한 침로를 유지하면서 항행할 때 지구 표면에 그리는 항적이다.

12 다음 〈보기〉의 ( ) 안에 들어갈 용어로 적합한 것은?

〈보 기〉
조석으로 인하여 해면이 가장 높아진 상태를 ( )(이)라 하고 조석으로 인하여 해면이 가장 낮아진 상태를 ( )(이)라고 한다.

① 전류, 정조 ② 고조, 저조
③ 저조, 고조 ④ 창조류, 낙조류

해설
• 낙조류 : 고조시에서 저조시까지 흐르는 조류
• 창조류 : 저조시에서 고조시까지 흐르는 조류

13 우리나라에서 조류가 가장 강하게 흐르는 곳은?

① 진도 수도 ② 맹골 수도
③ 장죽 수도 ④ 거차 수도

14 국립해양조사원에서 발간하는 조석표에 대한 설명으로 틀린 것은?

① 창조류는 +, 낙조류는 −로 표시한다.
② 조고의 단위는 패덤(Fathom)으로 표시한다.
③ 유속의 단위는 노트(Knot)로 표시한다.
④ 표준항의 조석을 이용하여 각 지역의 조석의 시간과 높이를 구할 수 있다.

해설
조고의 단위는 표준항은 cm로 그 외 지역은 m로 표기한다.

9 ① 10 ③ 11 ② 12 ② 13 ① 14 ② 정답

15 **현재의 선위를 모르는 경우 가장 최근에 구한 실측위치를 기준으로 선박의 침로와 속력을 이용해 구하는 위치는?**

① 가정방위 ② 추정위치
③ 추측위치 ④ 실측위치

해설
② 추정위치 : 추측위치에 바람, 해 · 조류 등 외력의 영향을 가감하여 구한 위치
③ 추측위치 : 현재의 선위를 모를 때 가장 최근에 구한 실측위치를 기준으로 선박의 침로와 속력을 이용해 구하는 위치
④ 실측위치 : 지상의 물표의 방위나 거리를 실제로 측정하여 구한 위치

16 **동시관측에 의해 결정된 선위에 해당하지 않는 것은?**

① 2개 이상의 물표의 수평거리에 의한 선위
② 2개 이상의 물표를 이용한 방위 측정에 의한 선위
③ 중시선과 방위선 또는 수평협각에 의하여 구한 선위
④ 한 물표를 이용하여 시간 간격을 두고 방위를 측정하여 구한 선위

해설
④ 격시관측법 : 관측 가능한 물표가 1개뿐이거나 방위와 거리 중 한 가지밖에 구할 수 없는 경우 시간차를 두고 위치선을 구하며 전위선과 위치선을 이용하여 선위를 구하는 방법이다.
동시관측법
- 교차방위법
- 두 개 이상 물표의 수평거리에 의한 방법
- 물표의 방위와 거리에 의한 방법
- 중시선과 방위선 또는 수평협각에 의한 방법
- 두 중시선에 의한 방법
- 수평협각법

17 **두 지점의 경도 차이가 10°일 때 다음 설명 중 맞는 것은?**

① 적도상에서 두 지점 간의 거리는 600해리이다.
② 위도 45°에서 두 지점 간의 거리는 600해리이다.
③ 위도 60°에서 두 지점 간의 거리는 600해리이다.
④ 위도에 관계없이 두 지점 간의 거리는 200해리이다.

18 **두 개의 물표를 이용하여 교차방위법으로 선위를 구하는 데 있어 육상의 2물표가 이루는 교각으로 가장 좋은 것은 몇 도인가?**

① 20° ② 30°
③ 45° ④ 90°

해설
두 물표일 때는 90°, 세 물표일 때는 60° 정도가 가장 좋다.

19 **자차에 대한 설명으로 올바른 것은?**

① 진자오선과 자기자오선이 이루는 교각
② 선내 나침의 남북선과 진자오선이 이루는 교각
③ 자이로컴퍼스의 남북선과 진자오선이 이루는 교각
④ 자기컴퍼스 부근의 철기 영향을 받아 자북을 가리키지 못하여 생기는 교각

해설
① 편차 : 진자오선(진북)과 자기자오선(자북)과의 교각
② 컴퍼스오차 : 선내 나침의의 남북선(나북)과 진자오선(진북) 사이의 교각, 즉 편차와 자차에 의한 오차
③ 자침로 : 자기자오선(자북)과 선수미선이 이루는 각

20 **교차방위법을 사용하기 위한 물표 선정 시 주의사항으로 적절하지 않는 것은?**

① 선수미 방향의 물표를 먼저 측정한다.
② 먼 물표보다는 가까운 물표를 선정한다.
③ 2개보다는 3개 이상의 물표를 선정하는 것이 좋다.
④ 해도에 표시되어 있고 관측하기 쉬운 부표와 같은 물표가 좋다.

해설
물표 선정 시 주의사항
- 선수미 방향의 물표를 먼저 측정한다.
- 해도상의 위치가 명확하고 뚜렷한 목표를 선정한다.
- 먼 물표보다는 적당히 가까운 물표를 선택한다.
- 물표 상호 간의 각도는 가능한 한 30~150°인 것을 선정한다.
- 두 물표일 때는 90°, 세 물표일 때는 60° 정도가 가장 좋다.
- 물표가 많을 때는 3개 이상을 선정하는 것이 좋다.

정답 15 ③ 16 ④ 17 ① 18 ④ 19 ④ 20 ④

21 진자오선과 항적이 이루는 교각을 무엇이라고 하는가?

① 진침로
② 자침로
③ 시침로
④ 나침로

해설
② 자침로 : 자기자오선(자북)과 선수미선이 이루는 각
③ 시침로 : 풍·유압차가 있을 때의 진자오선과 선수미선이 이루는 각
④ 나침로 : 나침의 남북선과 선수미선이 이루는 각으로, 나침의 오차(자차·편차) 때문에 진침로와 이루는 교각

22 남동(SE)의 180° 반대 방향의 방위는?

① 270°
② 278°
③ 315°
④ 360°

해설
SE = 135°, 135° + 180° = 315°

23 선박용 레이더에서 사용되는 안테나를 무엇이라고 하는가?

① 무지향성 안테나
② 무지향성 수직 안테나
③ 지향성 회전 안테나
④ 지향성 무회전 안테나

24 본선 옆으로 대형선이 지나갈 때 레이더 영상에 다음 그림처럼 같은 방향에 거짓상이 나타나는 현상은?

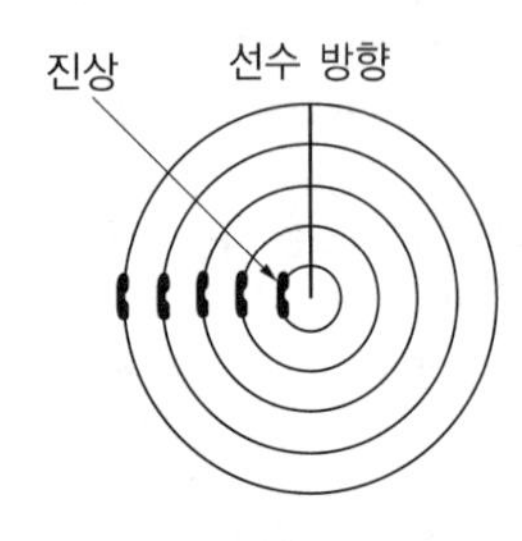

① 측엽에 의한 거짓상
② 다중반사에 의한 거짓상
③ 간접반사에 의한 거짓상
④ 거울면반사에 의한 거짓상

해설
다중반사 : 자선의 정횡 방향에서 대형선 등 반사성이 좋은 물체에 의한 반사

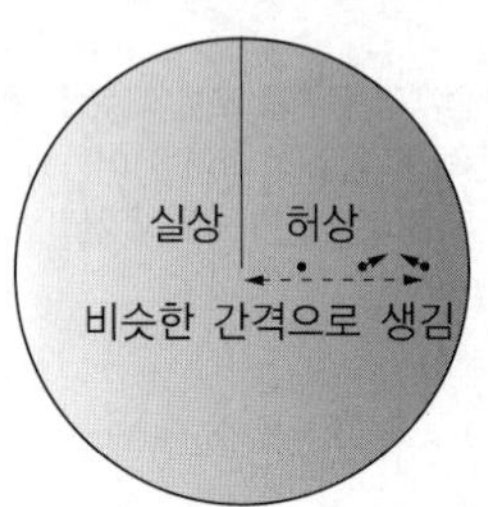

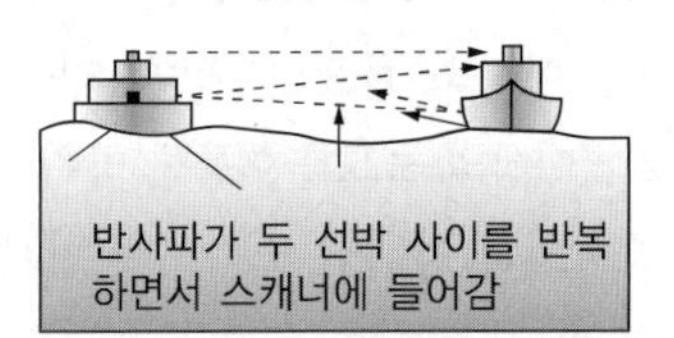

25 좁은 수로에서 레이더를 사용하는 방법으로 적절하지 않은 것은?

① 거짓상을 조심한다.
② 간접반사를 조심한다.
③ 맹목구간을 조심한다.
④ 레이더 사용을 자제한다.

해설
협수로에서의 이용 : 영상의 이동이 빠르므로, 협수로에 진입하기 전에 미리 변침점, 선수방위의 목표물, 피험선 및 주요 목표물들의 정횡거리 등을 미리 확인해 둔다.

21 ① 22 ③ 23 ③ 24 ② 25 ④ 정답

제2과목 운 용

01 양묘작업, 투묘작업 및 계선줄을 감는 데 사용하는 갑판 보조기계는?

① 데릭 붐 ② 컨베이어
③ 지브 크레인 ④ 윈드라스

해설
①, ②, ③은 하역설비이다.

02 타주의 후부 또는 타두재에 설치되어 전진 또는 후진 시에 선박을 임의의 방향으로 회전시키고 일정한 침로를 유지하는 역할을 하는 것은 무엇인가?

① 타 ② 타각지시기
③ 프로펠러 ④ 스러스터

해설
타(Rudder) : 타주의 후부 또는 타두재에 설치되어 전진 또는 후진 시에 배를 임의의 방향으로 회전시키고 일정한 침로로 유지하는 역할을 한다.

03 기본적인 선체 도면으로 마스트, 연돌, 의장 등의 시설과 배치를 파악하는 데 필요한 도면을 무엇이라고 하는가?

① 중앙횡단면도 ② 외판전개도
③ 강재배치도 ④ 일반배치도

해설
① 중앙횡단면도 : 선체의 중앙부를 횡단하여 각 부의 구조와 치수를 나타내는 도면
② 외판전개도 : 외판을 평면으로 전개하여 나타낸 도면
③ 강재배치도 : 일반배치도와 비슷한 모양이지만, 사용된 강재에 대한 것을 기입한 도면

04 선박에서 여객 또는 화물의 운송에 사용되는 장소의 크기는 무엇으로 나타내는가?

① 총톤수 ② 배수톤수
③ 순톤수 ④ 재화중량톤수

해설
① 총톤수 : 측정 갑판의 아랫부분 용적에, 측정갑판보다 위의 밀폐된 장소의 용적을 합한 것으로 관세, 등록세, 계선료, 도선료 등의 산정 기준이 되며, 선박국적증서에 기재한다.
② 배수톤수 : 선체 수면 아래의 용적(배수용적)에 상당하는 해수의 중량인 배수량에 톤수를 붙인 것으로 군함의 크기를 표시하는 데 이용한다.
④ 재화중량톤수 : 선박이 적재할 수 있는 최대의 무게를 나타내는 톤수로, 만재배수량과 경하배수량의 차로 상선의 매매와 용선료 산정의 기준이 된다.

05 초대형 유조선에서 주로 사용되는 선박구조의 양식은 무엇인가?

① 종횡식 구조
② 종늑골식 구조
③ 횡늑골식 구조
④ 종강력 보강구조

해설
- 종늑골식 구조 : 액체 화물(유조선)을 적재하는 선박이나 광석 전용선에 적합하다.
- 횡늑골식 구조 : 일반 화물선이나 냉동선이나 적합하다.
- 혼합식 구조 : 대형 화물선이나 산적 화물선에 적합하다.

06 일반적인 합성섬유(나일론)로프의 장점으로 적절하지 않은 것은?

① 열에 강하다.
② 부식에 강하다.
③ 가볍고 흡수성이 낮다.
④ 강도가 마닐라로프보다 강하다.

해설
- 합성섬유로프는 석탄이나 석유 등을 원료로 만든 것으로 가볍고 흡수성이 낮으며, 부식에 강하다.
- 충격흡수율이 좋으며 강도가 마닐라로프의 약 2배가 된다.
- 열에 약하고, 신장에 대하여 복원이 늦은 결점이 있다.

정답 1 ④ 2 ① 3 ④ 4 ③ 5 ② 6 ①

07 **전속 전진 중에 기관을 전속 후진하여 정지하는 최단 정지거리에 대한 설명으로 올바른 것은?**

① 배수량이 큰 선박일수록 최단 정지거리가 짧아진다.
② 수심이 얕은 수역일수록 최단 정지거리가 길어진다.
③ 선체의 오손이 심할수록 최단 정지거리가 길어진다.
④ 가변피치 프로펠러인 경우 고정피치 프로펠러인 경우보다 최단 정지거리가 짧아진다.

08 **부표계류정박(Buoy Mooring)의 장점이 아닌 것은?**

① 하역의 능률을 높일 수 있다.
② 항(港)을 용이하게 관리할 수 있다.
③ 항내의 수역을 능률적으로 활용할 수 있다.
④ 해저의 저질이 불량한 곳도 정박지로서 편리하게 이용할 수 있다.

해설
SBM : 싱글 부이 무어링(Single Buoy Mooring)의 약어로 대형 유조선 같이 직접 접안하기 어려운 곳에서 바다 가운데 무어링 부이를 설치하고 육상으로부터 송유관을 부이에 연결하여 적·양하작업을 할 수 있도록 한 설비이다.

09 **단추진기 화물선에서 단묘박 시 주로 사용하는 투묘법은 무엇인가?**

① 후진투묘법 ② 전진투묘법
③ 횡이동투묘법 ④ 정지투묘법

해설
후진 투묘법
투묘 직후 곧바로 닻줄이 선수 방향으로 나가게 되어 선체에 무리가 없고, 안전하게 투하할 수 있으며, 후진 타력의 제어가 쉬워서 일반 선박에서 가장 많이 사용하는 투묘법이다.

10 **지주 사이로 물이 자유롭게 흐르고, 해안과 거의 직각으로 축조된 계선장을 무엇이라고 하는가?**

① 돌 제 ② 안 벽
③ 잔 교 ④ 에스비엠

해설
① 돌제 : 해안의 표사 이동을 막을 목적으로 해안에서 직각 방향으로 시설하는 구조물이다.
② 안벽 : 배를 접안시킬 목적으로 해안이나 강가를 따라서 콘크리트로 쌓아올린 시설물로, 하부로는 물이 유통하지 않는다.
④ 에스비엠 : 싱글 부이 무어링(Single Buoy Mooring)의 약어로 대형 유조선 같이 직접 접안하기 어려운 곳에서 바다 가운데 무어링 부이를 설치하고 육상으로부터 송유관을 부이에 연결하여 적·양하작업을 할 수 있도록 한 설비이다.

11 **황천 시 조건방법으로 적절하지 않는 것은?**

① 파랑 중에서 대각도 조타를 하지 않는다.
② 정횡 방향에서 파도를 받지 않도록 조종한다.
③ 선수에서 파를 받는 경우 기관의 회전수를 높여 황천 지역을 빨리 통과한다.
④ 선수 선저부에서 강한 파의 충격을 줄이기 위해 속력을 낮춘다.

해설
거주(Heave to) : 선수를 풍랑쪽으로 향하게 하여 조타가 가능한 최소의 속력으로 전지하는 방법으로, 풍랑을 선수로부터 좌우현 25~35° 방향에서 받도록 한다.

12 **다음 중 예항 시 고려해야 할 사항으로 적절하지 않는 것은?**

① 피예선의 선박 가격
② 기상상황
③ 예항거리
④ 피예선의 크기

13 **좁은 수로에서의 선박 운용에 대한 설명으로 틀린 것은?**

① 회두 시 소각도로 여러 차례 변침한다.
② 선수미선과 조류의 유선이 일치하도록 한다.
③ 조류는 순조 때가 역조 때보다 조종이 쉽다.
④ 기관 사용 및 닻 투하 준비 상태를 계속 유지한다.

7 ④ 8 ① 9 ① 10 ③ 11 ③ 12 ① 13 ③ 정답

해설

협수로에서의 선박 운용

- 선수미선과 조류의 유선이 일치되도록 조종하고, 회두 시 소각도로 여러 차례 변침한다.
- 기관 사용 및 앵커 투하 준비 상태를 계속 유지하면서 항해한다.
- 역조 때에는 정침이 잘되나 순조 때에는 정침이 어려우므로 타효가 잘 나타나는 안전한 속력을 유지하도록 한다.
- 순조 시에는 대략 유속보다 3노트 정도 빠른 속력을 유지하도록 한다.
- 협수로의 중앙을 벗어나면 육안 영향에 의한 선체 회두를 고려한다.
- 좁은 수로에서는 원칙적으로 추월이 금지되어 있다.
- 통항시기는 게류시나 조류가 약한 때를 택한다.

14 선수흘수와 선미흘수의 차를 무엇이라고 하는가?

① 배수량
② 트 림
③ 현 호
④ 횡요 주기

해설

① 배수량 : 선체 중에 수면 아래에 잠겨 있는 부분의 용적(V)에 물의 밀도(ρ)를 곱한 것이다.
③ 현호 : 건현 갑판의 현측선이 휘어진 것으로, 예비부력과 능파성을 향상시키며 미관을 좋게 한다.
④ 횡요주기 : 선박이 한쪽 현으로 최대로 경사된 상태에서부터 시작하여 반대 현으로 기울었다가 다시 원위치로 되돌아오기까지 걸린 시간이다.

15 다음 중 복원력에 영향을 주지 않는 경우에 해당하는 것은?

① 선수미 방향으로 화물을 이동한 경우
② 밸러스트 수를 주입한 경우
③ 선내 화물을 상하로 이동한 경우
④ 각종 탱크의 자유표면을 제거한 경우

해설

무게중심의 위치가 낮을수록 복원력은 커진다.

16 당직 사관이 하역작업 감독 중에 이행하여야 할 사항으로 적절하지 않는 것은?

① 선창 내에서 담배를 피우지 않도록 주의를 준다.
② 어떤 사유라도 작업이 중단되면 즉시 상급자에게 보고한다.
③ 포장이 찢겨진 화물은 재포장하여 싣는다.
④ 하역기기의 작동에 이상이 발생하면 작업을 중지시키고 점검한다.

17 항해 당직과 관련된 설명으로 올바른 것은?

① 필요시 장시간 해도실에 머물 수 있다.
② 당직 중 졸음이 오면 선교를 비울 수 있다.
③ 당직 항해사의 주된 책임은 선박의 안전한 항해이다.
④ 급한 위험이 있을 때는 즉시 선장에게 보고한 후 응급조치를 취한다.

해설

항해 당직 중인 당직사관은 누구든 선박의 안전 항해를 방해하는 임무를 주어서는 안 되며, 그러한 일에 착수하여서도 안 된다.

18 접근해 오는 선박과 충돌 위험이 있다고 판단한 경우 피항선의 당직 항해사가 취할 조치로 적절하지 않은 것은?

① 필요하다면 기관을 정지시킨다.
② 충돌을 피할 수 있도록 우현 대각도 변침한다.
③ 서로 시계 안에서 마주치는 상태이면 우측으로 변침한다.
④ 즉시 선장에게 보고하고 선장이 선교에 도착할 때까지 대기한다.

해설

선박은 접근하여 오는 다른 선박의 나침방위에 뚜렷한 변화가 일어나지 아니하면 충돌할 위험성이 있다고 보고 필요한 조치를 하여야 한다. 접근해 오는 다른 선박의 나침방위에 뚜렷한 변화가 있더라도 거대선 또는 예인작업에 종사하고 있는 선박에 접근하거나 가까이 있는 다른 선박에 접근하는 경우에는 충돌을 방지하기 위하여 필요한 조치를 하여야 한다.

정답 14 ② 15 ① 16 ③ 17 ③ 18 ④

19 우리나라 부근에서 장마전선을 형성하는 기단끼리 짝지어진 것은?

① 시베리아기단-양쯔강기단
② 양쯔강기단-오호츠크해기단
③ 북태평양기단-양쯔강기단
④ 북태평양기단-오호츠크해기단

해설
오호츠크해기단 : 오호츠크 고기압이라고도 하며, 초여름에 북태평양 기단과 접하게 되면 장마전선이 형성되어 흐리고 비 오는 날이 계속된다.

20 태풍에너지의 주원천은?

① 태양의 복사
② 수증기의 잠열
③ 대기 불안정
④ 해수 표면온도가 높은 곳

21 다음 중 움직이는 부분이 없는 펌프는 무엇인가?

① 원심펌프
② 회전펌프
③ 왕복펌프
④ 제트펌프

22 좌초 시 손상 확대를 방지하기 위하여 선체를 고정시키는 작업에 대한 설명으로 적절하지 않는 것은?

① 선저부를 해저에 밀착시킨다.
② 육지의 고정물과 로프를 연결하여 고정시킨다.
③ 앵커 체인을 가능한 한 짧게 내어서 팽팽하게 고정시킨다.
④ 해안선에 거의 직각으로 선수가 좌초된 경우, 조류가 흘러오는 쪽의 선미를 먼저 고정시킨다.

해설
좌초 시 선체 손상의 확대를 막기 위한 조치
- 우선 조류나 풍랑에 의하여 선체가 동요되거나 이동되지 않고, 이초 작업에 편리하도록 이중저 탱크에 주수하여 선저부를 해저에 밀착시킨다.
- 닻줄이나 기타 임시로 사용된 닻줄은 가능한 한 길게 내어서 팽팽하게 긴장시킨다.
- 육지에 가까운 경우나 모래 위에 얹힌 경우는 조류에 의해 선수와 선미 아래의 모래가 이동하여 해저가 파이는 경우가 일어날 수 있는데, 이것은 선체 중앙이 암초에 얹힌 것과 같은 위험이 있다.
- 암초 위에 얹힌 경우, 썰물이 되면 전복할 위험이 있다.
- 닻은 닻줄과 분리시켜 로프와 연결시킨 다음 구명정 1척 또는 2척을 사용하여 예정 위치까지 싣고 가서 투하한다.
- 임시로 사용할 닻줄은 가능한 한 무겁고 튼튼한 와이어로프를 사용한다.
- 큰 파주력을 얻기 위하여 닻줄 하나에 닻 2개를 연결시켜 투묘하면 좋다.

23 식중독 발생 원인에 해당하지 않는 것은?

① 세균성 식중독
② 화학물질에 의한 식중독
③ 체질에 의한 식중독
④ 자연독에 의한 식중독

해설
식중독이란 부패하거나 세균 및 화학물질이 침투한 음식, 복어 및 독버섯 등과 같이 독소를 자연적으로 가지고 있는 식품을 섭취한 후 갑자기 복통 구토, 설사 등을 일으키는 병이다.

24 퇴선 후 생존 유지를 위한 조치로 적절하지 않은 것은?

① 음료수와 식량에 대한 조치
② 닥쳐올 위험에 대비한 방호조치
③ 저체온 방지를 위한 알코올 섭취
④ 구조선이 발견되기 쉽도록 위치 표시

해설
알코올은 체열 발산을 증가시키므로 저체온 방지에 도움이 되지 않는다.

19 ④ 20 ② 21 ④ 22 ③ 23 ③ 24 ③ 정답

25 **퇴선 시에 취해야 할 행동으로 적합하지 않은 것은?**

① 퇴선신호가 발령되면 신속하게 물로 뛰어든다.
② 물로 바로 뛰어들어야 하는 경우 한 손은 코를 잡고 다리를 모은 다음 발부터 물속에 잠기도록 뛰어내린다.
③ 구명뗏목의 경우는 시간이 충분하다면 구명뗏목 이탈장치를 수동 조작하여 투하하고, 완전히 팽창될 때까지 기다려 승정용 사다리를 이용하여 탑승한다.
④ 대빗식 구명정의 경우 시간이 충분하다면 구명정 강하 요원은 구명정을 승정갑판까지 강하하여 전원이 탑승하면 구명정을 수면까지 내리고, 구명정 강하 요원은 승정용 사다리를 이용하여 탑승한다.

해설
가장 안전하고 바람직한 퇴선방법은 생존정(구명정, 구명뗏목)을 타고 퇴선하는 것이다. 퇴선 명령이 발해지면 이선을 위하여 신속히 행동하여 생존정에 탑승하여야 하나, 생존정을 자선 위에서 탑승하지 못한 경우에는 각종 사다리(Jacob's Ladder, Pilot Ladder, Gangway Ladder 등) 및 안전네트 등을 이용하여 가능한 한 물에 젖지 않은 상태로 구명정에 탑승해야 한다. 바다에 직접 뛰어들어 퇴선하는 경우에는 다음 사항에 주의한다.
- 적당한 장소 선정 : 선체의 돌출물이 없는 가능한 낮은 장소를 찾아 뛰어내릴 지점의 안전 상태, 구명정의 위치 등을 고려한 후 선박이 표류하는 반대 방향으로 뛰어내린다.
- 뛰어드는 자세 : 두 다리를 모으고 한 손으로 코를 잡고 다른 한 손은 어깨에서 구명동의를 가볍게 잡은 후 시선을 정면에 고정한 채 다리부터 물속에 잠기도록 뛰어내린다.

제3과목 법 규

01 **선박의 입항 및 출항 등에 관한 법률상 선박교통관제구역에서 선박교통관제에 따라야 하는 경우로 적합하지 않은 것은?**

① 입항할 경우　② 이동할 경우
③ 통과할 경우　④ 적하할 경우

해설
선박의 입항 및 출항 등에 관한 법률 제20조(선박교통관제의 운영 등)
선박이 선박교통관제구역을 출입·통과하거나 선박교통관제구역에서 이동·정박·계류할 때에는 선박교통관제에 따라야 한다. 다만, 선박을 안전하게 운항할 수 없는 명백한 사유가 있는 경우에는 선박교통관제를 따르지 아니할 수 있다.
※ 법 개정(2019. 12. 3)으로 인해 선박교통관제 관련 내용은 삭제됨(제19조~제22조까지)

02 **선박의 입항 및 출항 등에 관한 법률상 항로에서의 항법에 관한 설명으로 틀린 것은?**

① 범선은 지그재그(Zigzag)로 항행한다.
② 선박은 항로에서 나란히 항행하지 못한다.
③ 항로에서 다른 선박을 원칙적으로 추월해서는 아니 된다.
④ 항로에서 마주칠 위험이 있을 경우 오른쪽으로 항행한다.

해설
선박의 입항 및 출항 등에 관한 법률 제12조(항로에서의 항법)
- 항로 밖에서 항로에 들어오거나 항로에서 항로 밖으로 나가는 선박은 항로를 항행하는 다른 선박의 진로를 피하여 항행할 것
- 항로에서 다른 선박과 나란히 항행하지 아니할 것
- 항로에서 다른 선박과 마주칠 우려가 있는 경우에는 오른쪽으로 항행할 것
- 항로에서 다른 선박을 추월하지 아니할 것. 다만, 추월하려는 선박을 눈으로 볼 수 있고 안전하게 추월할 수 있다고 판단되는 경우에는 해사안전법 제67조제5항 및 제71조에 따른 방법으로 추월할 것
- 항로를 항행하는 위험물운송선박(급유선은 제외) 또는 흘수제약선의 진로를 방해하지 아니할 것
- 범선은 항로에서 지그재그(Zigzag)로 항행하지 아니할 것

03 **선박안전법상 만재흘수선을 표시해야 하는 선박에 해당하지 않는 것은?**

① 길이 10m인 여객선
② 길이 10m인 예인선
③ 국제항해에 종사하는 선박
④ 위험물을 산적하여 운송하는 선박

정답 25 ① / 1 ④ 2 ① 3 ②

해설
선박안전법 제27조(만재흘수선의 표시 등)
다음 내용의 어느 하나에 해당하는 선박 소유자는 해양수산부장관이 정하여 고시하는 기준에 따라 만재흘수선의 표시를 하여야 한다. 다만, 잠수선 및 그 밖에 해양수산부령으로 정하는 선박에 대하여는 만재흘수선의 표시를 생략할 수 있다.
- 국제항해에 취항하는 선박
- 선박의 길이가 12m 이상인 선박
- 선박 길이가 12m 미만인 선박으로서 다음 각 목의 어느 하나에 해당하는 선박
  - 여객선
  - 위험물을 산적하여 운송하는 선박

선박안전법 시행규칙 제69조(만재흘수선의 표시 등)
선박안전법 제27제1항 각 호 외의 부분 단서에서 '해양수산부령이 정하는 선박'이란 다음의 어느 하나에 해당하는 선박을 말한다.
- 수중익선, 공기부양선, 수면비행선박 및 부유식 해상구조물
- 운송업에 종사하지 아니하는 유람 범선
- 국제항해에 종사하지 아니하는 선박으로서 선박길이가 24m 미만인 예인 · 해양사고구조 · 준설 또는 측량에 사용되는 선박
- 임시항해검사증서를 발급받은 선박
- 시운전을 위하여 항해하는 선박
- 만재흘수선을 표시하는 것이 구조상 곤란하거나 적당하지 아니한 선박으로서 해양수산부장관이 인정하는 선박

04 선박안전법상 선박검사증서에 대한 설명으로 틀린 것은?

① 부득이한 경우 5개월 이내의 범위에서 증서의 유효기간을 연장할 수 있다.
② 소형 선박을 포함한 모든 선박은 증서를 선내에 비치하여야 한다.
③ 원칙적으로 증서에 기재된 항해와 관련한 조건을 위반하여 사용해서는 안 된다.
④ 원칙적으로 증서의 효력이 정지된 선박을 항해에 사용해서는 안 된다.

해설
선박안전법 제17조(선박검사증서 등이 없는 선박의 항해 금지 등)
선박검사증서 등을 발급받은 선박 소유자는 그 선박 안에 선박검사증서 등을 갖추어 두어야 한다. 다만, 소형 선박의 경우에는 선박검사증서등을 선박 외의 장소에 갖추어 둘 수 있다.

05 해양환경관리법상 선박에서 수거 및 처리해야 하는 오염물질이 아닌 것은?

① 합성어망
② 수은이 100ppm 이상 포함된 쓰레기
③ 플라스틱으로 만들어진 쓰레기봉투
④ 의료구역의 배수구에서 나오는 배출물

해설
선박에서의 오염방지에 관한 규칙 제28조(선박에서의 오염물질의 수거 · 처리)
선박에서 발생하는 오염물질로서 수거 · 처리하게 하여야 하는 물질은 다음과 같다.
- 기름, 유해액체물질 및 포장유해물질의 화물 잔류물. 다만, 기름을 배출하거나 유해 액체물질의 배출기준에 따라 배출하는 경우는 제외한다.
- 포장유해물질과 그 포장용기
- 다음의 플라스틱제품을 포함한 모든 플라스틱제품
  - 합성로프
  - 합성어망
  - 플라스틱으로 만들어진 쓰레기봉투
  - 독성 또는 중금속 잔류물을 포함할 수 있는 플라스틱 제품의 소각재
- 납, 카드뮴, 수은, 육가크롬 중 어느 하나 이상의 중금속이 0.01무게%(100ppm) 이상 포함된 쓰레기

06 해양환경관리법상 해양오염방지관리인으로 선임된 자의 원칙적인 교육훈련주기는?

① 1년마다 1회 이상 ② 2년마다 1회 이상
③ 4년마다 1회 이상 ④ 5년마다 1회 이상

해설
해양환경관리법 제121조(해양오염방지관리인 등에 대한 교육 · 훈련)
해양오염방지관리인을 임명한 자 및 해양환경관리업에 종사하는 기술요원을 채용한 자는 소속 관계 직원에 대하여 대통령령으로 정하는 바에 따라 5년마다 1회 이상 교육 · 훈련을 받게 하여야 한다. 다만, 그 관계 직원이 승선 중인 경우에는 해양수산부령으로 정하는 바에 따라 1년의 범위에서 교육 · 훈련을 연기할 수 있다.
※ 해양환경관리법 제121조 전문개정(2020. 9. 25 시행)으로 인해 제121조는 다음과 같이 개정됨
해양환경관리법 제121조(해양오염 방지 및 방제 교육 · 훈련)
해양수산부장관은 대통령령으로 정하는 바에 따라 해양오염 방지 및 방제에 관한 다음 의 교육 · 훈련과정을 운영할 수 있다.
- 제32조제1항에 따른 선박 해양오염방지관리인의 자격 관련 교육 · 훈련과정
- 제36조제1항에 따른 해양시설 해양오염방지관리인의 자격 관련 교육 · 훈련과정

4 ② 5 ④ 6 ④ 정답

• 제70조제2항에 따른 기술요원의 자격 관련 교육 · 훈련과정
• 그 밖에 해양오염 방지 및 방제에 관한 교육 · 훈련과정으로 해양수산부장관이 필요하다고 인정하는 교육 · 훈련과정

07 해사안전법상 조종제한선에 해당하지 않는 것은?

① 타기가 고장 난 선박
② 준설작업 중인 선박
③ 항로표지 보수작업 중인 선박
④ 항행 중에 화물의 이송을 하고 있는 선박

해설
해사안전법 제2조(정의)
조종제한선이란 다음의 작업과 그 밖에 선박의 조종성능을 제한하는 작업에 종사하고 있어 다른 선박의 진로를 피할 수 없는 선박을 말한다.
• 항로표지, 해저전선 또는 해저 파이프라인의 부설 · 보수 · 인양작업
• 준설 · 측량 또는 수중작업
• 항행 중 보급, 사람 또는 화물의 이송작업
• 항공기의 발착작업
• 기뢰 제거작업
• 진로에서 벗어날 수 있는 능력에 제한을 많이 받는 예인(曳引)작업

08 해사안전법상 선박 통항로가 다음 그림과 같을 때 A구역의 명칭은?

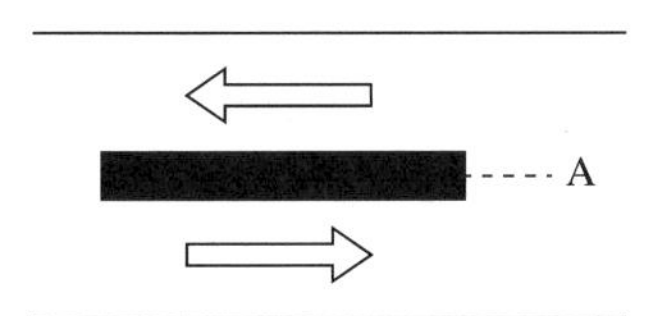

① 묘박지 ② 분리대
③ 연안통항대 ④ 항행장애물

해설
해사안전법 제2조(정의)
분리선 또는 분리대란 서로 다른 방향으로 진행하는 통항로를 나누는 선 또는 일정한 폭의 수역을 말한다.

09 국제해상충돌방지규칙상 둥근꼴 형상물의 직경은 몇 m 이상인가?

① 0.2m ② 0.4m
③ 0.5m ④ 0.6m

해설
국제해상충돌방지규칙상 형상물의 기준
• 형상물은 흑색이어야 하고 그 크기는 다음과 같아야 한다.
 – 구형은 직경이 0.6m 이상되어야 한다.
 – 원추형은 저면 직경이 0.6m 이상, 그리고 높이는 직경과 같다.
 – 원통형은 직경이 적어도 0.6m가 되어야 하며 높이는 직경의 2배가 되어야 한다.
 – 능형은 위의 두 개의 원추형 형상물의 저면을 맞대어 만든다.
• 형상물 사이의 수직거리는 적어도 1.5m 있어야 한다.
• 길이가 20m 미만인 선박에 있어서는 선박의 크기에 상응하는 보다 작은 크기를 가진 형상물이 사용될 수도 있으며 그들의 간격도 이에 따라 축소시킬 수 있다.

10 국제해상충돌방지규칙상 '흘수제약선'의 정의로 알맞은 것은?

① 흘수가 낮은 선박
② 조종이 부자유스러운 선박
③ 얕은 수역을 항행 중인 선박
④ 자선의 흘수와 이용 가능한 수역의 수심과 폭 때문에 다른 선박의 진로를 피할 수 없는 선박

해설
해사안전법 제2조(정의)
흘수제약선이란 가항수역의 수심 및 폭과 선박의 흘수와의 관계에 비추어 볼 때 그 진로에서 벗어날 수 있는 능력이 매우 제한되어 있는 동력선을 말한다.

11 국제해상충돌방지규칙상 좁은 수로를 통항 중 자선의 선미쪽에서 같은 방향으로 진행하여 오는 다른 선박으로부터 장음 2회 단음 2회의 기적신호를 들었을 때 이 기적신호가 의미하는 것은?

① 의문을 표시하는 신호이다.
② 조난신호이다.
③ 자선의 우현쪽을 추월하고자 하는 신호이다.
④ 자선의 좌현쪽을 추월하고자 하는 신호이다.

정답 7 ① 8 ② 9 ④ 10 ④ 11 ④

해설

해사안전법 제92조(조종신호와 경고신호)

선박이 좁은 수로 등에서 서로 상대의 시계 안에 있는 경우 기적신호를 할 때에는 다음에 따라 행하여야 한다.

- 다른 선박의 우현쪽으로 추월하려는 경우에는 장음 2회와 단음 1회의 순서로 의사를 표시할 것
- 다른 선박의 좌현쪽으로 추월하려는 경우에는 장음 2회와 단음 2회의 순서로 의사를 표시할 것
- 추월당하는 선박이 다른 선박의 추월에 동의할 경우에는 장음 1회, 단음 1회의 순서로 2회에 걸쳐 동의의사를 표시할 것

12 다음 중 국제해상충돌방지규칙상 좁은 수로 등에서 정박 제한이 면제되는 선박은?

① 예인선
② 어로작업선
③ 소형 유조선
④ 조난구조선

해설

해사안전법 제67조(좁은 수로 등)

선박은 좁은 수로 등에서 정박(정박 중인 선박에 매어 있는 것을 포함)을 하여서는 아니 된다. 다만, 해양사고를 피하거나 인명이나 그 밖의 선박을 구조하기 위하여 부득이하다고 인정되는 경우에는 그러하지 아니하다.

13 국제해상충돌방지규칙상 좁은 수로에서 추월당하는 선박의 추월선에 대한 행위로 적절하지 않는 것은?

① 속력을 더 높인다.
② 동의하지 않으면 응답할 필요 없다.
③ 추월동의 시 장음, 단음, 장음, 단음을 취명한다.
④ 추월동의의 신호가 있으면 추월을 할 수 있는 것으로 해석한다.

해설

해사안전법 제67조(좁은 수로 등)

추월선은 좁은 수로 등에서 추월당하는 선박이 추월선을 안전하게 통과시키기 위한 동작을 취하지 아니하면 추월할 수 없는 경우에는 기적신호를 하여 추월하겠다는 의사를 나타내야 한다. 이 경우 추월당하는 선박은 그 의도에 동의하면 기적신호를 하여 그 의사를 표현하고, 추월선을 안전하게 통과시키기 위한 동작을 취하여야 한다.

14 국제해상충돌방지규칙상 통항분리수역에서 부득이한 사유로 그 통항로를 횡단하여야 할 때의 항법은?

① 통항로와 비스듬한 각도로 횡단한다.
② 통항로가 끝나는 부분까지 항행하여 돌아온다.
③ 통항로와 선수 방향이 직각에 가깝게 횡단한다.
④ 통항로는 어떠한 일이 있어도 횡단하여서는 아니 된다.

해설

해사안전법 제68조(통항분리제도)

선박은 통항로를 횡단하여서는 아니 된다. 다만, 부득이한 사유로 그 통항로를 횡단하여야 하는 경우에는 그 통항로와 선수 방향이 직각에 가까운 각도로 횡단하여야 한다.

15 국제해상충돌방지규칙상 야간에 마주치는 상태에 있는 경우는 무엇인가?

① 자선의 선수 방향으로 타선의 녹등을 보는 경우
② 자선의 선수 방향으로 타선의 황색등을 보는 경우
③ 자선의 선수 방향으로 타선의 양현등을 보는 경우
④ 자선의 홍등이 타선의 홍등과 서로 마주보는 경우

해설

해사안전법 제72조(마주치는 상태)

선박은 다른 선박을 선수 방향에서 볼 수 있는 경우로서 다음의 어느 하나에 해당하면 마주치는 상태에 있다고 보아야 한다.

- 밤에는 2개의 마스트등을 일직선으로 또는 거의 일직선으로 볼 수 있거나 양쪽의 현등을 볼 수 있는 경우
- 낮에는 2척의 선박의 마스트가 선수에서 선미까지 일직선이 되거나 거의 일직선이 되는 경우

16 다음 〈보기〉의 (　　) 안에 들어갈 용어로 적합한 것은?

〈보 기〉

국제해상충돌방지규칙상 2척의 범선이 서로 접근하여 충돌의 위험이 있을 경우, 서로 다른 현측에서 바람을 받고 있는 경우에는 (　　)측에서 바람을 받고 있는 선박이, 같은 현측에서 바람을 받고 있는 경우에는 (　　)측의 선박이 다른 선박의 진로를 피하여야 한다.

12 ④ 13 ① 14 ③ 15 ③ 16 ③ 정답

① 선미, 풍상　　② 선수, 풍하
③ 좌현, 풍상　　④ 좌현, 풍하

해설
해사안전법 제70조(범선)
2척의 범선이 서로 접근하여 충돌할 위험이 있는 경우에는 다음에 따른 항행방법에 따라 항행하여야 한다.
- 각 범선이 다른 쪽 현에 바람을 받고 있는 경우에는 좌현에 바람을 받고 있는 범선이 다른 범선의 진로를 피하여야 한다.
- 두 범선이 서로 같은 현에 바람을 받고 있는 경우에는 바람이 불어오는 쪽의 범선이 바람이 불어가는 쪽의 범선의 진로를 피하여야 한다.

17 **국제해상충돌방지규칙상 시계가 제한된 상태에서의 운항방법으로 적절하지 않은 것은?**

① 경계를 엄중히 하여야 한다.
② 무중신호를 울려야 한다.
③ 안전한 속력으로 운항하여야 한다.
④ 상대선이 있으면 즉각 회피동작을 취하여야 한다.

해설
해사안전법 제77조(제한된 시계에서 선박의 항법)
① 모든 선박은 시계가 제한된 그 당시의 사정과 조건에 적합한 안전한 속력으로 항행하여야 하며, 동력선은 제한된 시계 안에 있는 경우 기관을 즉시 조작할 수 있도록 준비하고 있어야 한다.
② 선박은 시계가 제한되어 있는 당시의 상황에 충분히 유의하여 항행하여야 한다.
③ 레이더만으로 다른 선박이 있는 것을 탐지한 선박은 해당 선박과 얼마나 가까이 있는지 또는 충돌할 위험이 있는지를 판단하여야 한다. 이 경우 해당 선박과 매우 가까이 있거나 그 선박과 충돌할 위험이 있다고 판단한 경우에는 충분한 시간적 여유를 두고 피항동작을 취하여야 한다.
④ ③에 따른 피항동작이 침로를 변경하는 것만으로 이루어질 경우에는 될 수 있으면 다음의 동작은 피하여야 한다.
  - 다른 선박이 자기 선박의 양쪽 현의 정횡 앞쪽에 있는 경우 좌현 쪽으로 침로를 변경하는 행위(추월당하고 있는 선박에 대한 경우는 제외)
  - 자기 선박의 양쪽 현의 정횡 또는 그곳으로부터 뒤쪽에 있는 선박의 방향으로 침로를 변경하는 행위
⑤ 충돌할 위험성이 없다고 판단한 경우 외에는 다음의 어느 하나에 해당하는 경우 모든 선박은 자기 배의 침로를 유지하는 데에 필요한 최소한으로 속력을 줄여야 한다. 이 경우 필요하다고 인정되면 자기 선박의 진행을 완전히 멈추어야 하며, 어떠한 경우에도 충돌할 위험성이 사라질 때까지 주의하여 항행하여야 한다.
  - 자기 선박의 양쪽 현의 정횡 앞쪽에 있는 다른 선박에서 무중신호를 듣는 경우
  - 자기 선박의 양쪽 현의 정횡으로부터 앞쪽에 있는 다른 선박과 매우 근접한 것을 피할 수 없는 경우

18 **국제해상충돌방지규칙상 흘수로 인하여 제한을 받고 있는 선박이 주간에 표시하는 형상물은 무엇인가?**

① 장구형 형상물 1개　② 원통형 형상물 1개
③ 원추형 형상물 1개　④ 둥근꼴 형상물 2개

해설
해사안전법 제86조(흘수제약선)
흘수제약선은 동력선의 등화에 덧붙여 가장 잘 보이는 곳에 붉은색 전주등 3개를 수직으로 표시하거나 원통형의 형상물 1개를 표시할 수 있다.

19 **국제해상충돌방지규칙상 정박선이 주간에 표시하는 형상물은 무엇인가?**

① 원추형 형상물 1개
② 둥근꼴 형상물 1개
③ 둥근꼴 형상물 2개
④ 장구형 형상물 1개

해설
해사안전법 제88조(정박선과 얹혀 있는 선박)
정박 중인 선박은 가장 잘 보이는 곳에 다음의 등화나 형상물을 표시하여야 한다.
① 앞쪽에 흰색의 전주등 1개 또는 둥근꼴의 형상물 1개
② 선미나 그 부근에 ①에 따른 등화보다 낮은 위치에 흰색 전주등 1개

20 **국제해상충돌방지규칙상 좌초선이 주간에 표시해야 하는 형상물은 무엇인가?**

① 수직선상에 마름모꼴 형상물 3개
② 수직선상에 둥구꼴 형상물 3개
③ 수직선상에 원뿔꼴 형상물 3개
④ 수직선상에 장고형 형상물 3개

해설
해사안전법 제88조(정박선과 얹혀 있는 선박)
얹혀 있는 선박은 등화를 표시하여야 하며, 이에 덧붙여 가장 잘 보이는 곳에 다음의 등화나 형상물을 표시하여야 한다.
- 수직으로 붉은색의 전주등 2개
- 수직으로 둥근꼴의 형상물 3개

정답 17 ④ 18 ② 19 ② 20 ②

21 국제해상충돌방지규칙상 시계가 제한된 수역에서 끌려가는 선박에 승무원이 있을 경우의 음향신호는?

① 장음, 장음, 단음
② 단음, 장음, 단음
③ 장음, 단음, 장음, 단음
④ 장음, 단음, 단음, 단음

해설
해사안전법 제93조(제한된 시계 안에서의 음향신호)
끌려가고 있는 선박(2척 이상의 선박이 끌려가고 있는 경우에는 제일 뒤쪽의 선박)은 승무원이 있을 경우에는 2분을 넘지 아니하는 간격으로 연속하여 4회의 기적(장음 1회에 이어 단음 3회를 말한다)을 울릴 것. 이 경우 신호는 될 수 있으면 끌고 있는 선박이 행하는 신호 직후에 울려야 한다.

22 국제해상충돌방지규칙상 대수속력이 있는 항행 중인 동력선의 무중신호로 옳은 것은?

① 4분을 넘지 않는 간격으로 장음 1회
② 2분을 넘지 않는 간격으로 장음 1회
③ 5분을 넘지 않는 간격으로 장음 2회
④ 2분을 넘지 않는 간격으로 장음 2회

해설
해사안전법 제93조(제한된 시계 안에서의 음향신호)
항행 중인 동력선은 대수속력이 있는 경우에는 2분을 넘지 아니하는 간격으로 장음을 1회 울려야 한다.

23 국제해상충돌방지규칙상 굴곡부 접근 시의 음향신호와 이에 응답하는 음향신호로 올바른 것은?

① 장음 1회 – 단음 1회
② 단음 1회 – 장음 2회
③ 장음 1회 – 장음 1회
④ 장음 2회 – 단음 2회

해설
해사안전법 제92조(조종신호와 경고신호)
좁은 수로 등의 굽은 부분이나 장애물 때문에 다른 선박을 볼 수 없는 수역에 접근하는 선박은 장음으로 1회의 기적신호를 울려야 한다. 이 경우 그 선박에 접근하고 있는 다른 선박이 굽은 부분의 부근이나 장애물의 뒤쪽에서 그 기적신호를 들은 경우에는 장음 1회의 기적신호를 울려 이에 응답하여야 한다.

24 국제해상충돌방지규칙상 조난신호방법으로 적절하지 않은 것은?

① 단음 4회 신호
② SOS 모스 신호
③ N, C 기류 신호
④ 무선전화의 '메이데이'라는 말의 신호

해설
조난신호
• 약 1분간의 간격으로 행하는 1회의 발포 기타 폭발에 의한 신호
• 무중신호장치에 의한 연속 음향신호
• 짧은 시간 간격으로 1회에 1개씩 발사되어 별 모양의 붉은 불꽃을 발하는 로켓 또는 유탄에 의한 신호
• 임의의 신호 수단에 의하여 발신되는 모스부호 ···–––···(SOS)의 신호
• 무선전화에 의한 '메이데이'라는 말의 신호
• 국제기류신호에 의한 NC의 조난신호
• 상방 또는 하방에 구 또는 이와 유사한 것 1개를 붙인 4각형 기로 된 신호
• 선상에서의 발연(타르통, 기름통 등의 연소로 생기는) 신호
• 낙하산이 달린 적색의 염화 로켓 또는 적색의 수동 염화에 의한 신호
• 오렌지색의 연기를 발하는 발연신호
• 좌우로 벌린 팔을 천천히 반복하여 올렸다, 내렸다 하는 신호
• 디지털 선택 호출(DSC) 수단에 의해 발신된 조난신호

25 국제해상충돌방지규칙상 서로 시계 안에서 항행 중인 동력선이 침로를 오른쪽으로 변경하고 있는 경우에 울리는 기적신호는 무엇인가?

① 단음 1회 ② 장음 1회
③ 단음 2회 ④ 단음 3회

해설
해사안전법 제92조(조종신호와 경고신호)
항행 중인 동력선이 서로 상대의 시계 안에 있는 경우에 이 법의 규정에 따라 그 침로를 변경하거나 그 기관을 후진하여 사용할 때에는 다음 각 호의 구분에 따라 기적신호를 행하여야 한다.
• 침로를 오른쪽으로 변경하고 있는 경우 : 단음 1회
• 침로를 왼쪽으로 변경하고 있는 경우 : 단음 2회
• 기관을 후진하고 있는 경우 : 단음 3회

21 ④ 22 ② 23 ③ 24 ① 25 ① 정답

2019년 제1회 최근 기출복원문제

제1과목 항 해

01 다음 그림과 관련 있는 방위측정기구는 무엇인가?

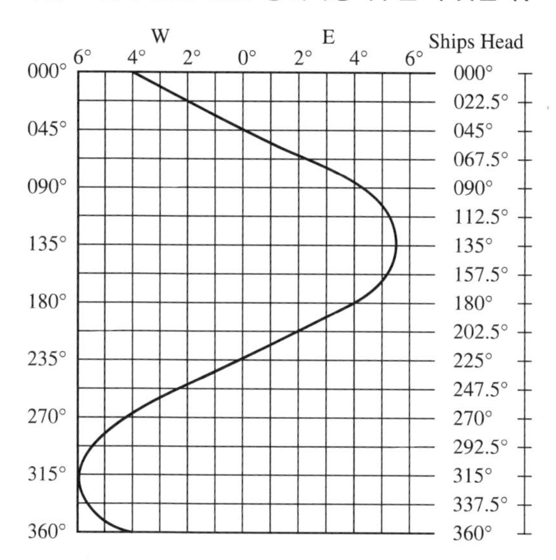

① AIS
② 육분의
③ 자기컴퍼스
④ GPS 수신기

해설
자차곡선도 : 미리 모든 방위의 자차를 구해 놓은 도표로, 선수 방향에 대한 자차를 구하는 데 편리하게 이용할 수 있다.

02 진자오선(진북 방향)과 자기자오선(자북 방향)이 일치하지 않아서 때문에 생기는 오차를 무엇이라고 하는가?

① 자 차
② 나침의 오차
③ 편 차
④ 경선차

해설
① 자차 : 자기자오선(자북)과 자기컴퍼스 남북선(나북)의 교각
② 나침의 오차 : 선내 나침의의 남북선(나북)과 진자오선(진북) 사이의 교각, 즉 편차와 자차에 의한 오차
④ 경선차 : 선체의 경사

03 자기컴퍼스가 남북을 가리킬 수 있는 것은 무엇 때문인가?

① 유도기전력 때문
② 편차 때문
③ 지자기 때문
④ 전기력 때문

해설
지구는 거대한 하나의 자성체이고, 그 극이 북극과 남극에 가까운 곳에 있다는 것을 알게 되었다. 이 지구 자석의 극을 지자극이라고 한다.

04 다음 중 명암등을 나타내는 기호는?

① Oc　② Fl.
③ Q.　④ Al.

해설
② Fl. : 섬광등
③ Q. : 급섬광등
④ Al. : 호광등

05 해면에 떠 있는 구조물로서 항행이 곤란한 항로나 항만의 유도표지로 주간에만 사용되는 것은 무엇인가?

① 등 표　② 부 표
③ 도 표　④ 등 주

정답 1 ③ 2 ③ 3 ③ 4 ① 5 ②

해설

① 등표 : 항로, 항행에 위험한 암초, 항행금지구역 등을 표시하는 지점에 고정하여 설치한다.
③ 도표 : 좁은 수로의 항로를 표시하기 위하여 항로의 연장선 위에 앞뒤로 2개 이상의 육표된 것과 방향표로 되어 선박을 인도하는 것이다.
④ 등주 : 쇠나 나무, 콘크리트와 같이 기둥모양의 꼭대기에 등을 달아 놓은 것이다.

06 다음 중 위치가 고정되어 있지 않은 항로표지를 무엇이라고 하는가?

① 등 대　② 등 주
③ 입 표　④ 등부표

해설

① 등대 : 곶, 섬 등 선박의 물표가 되기에 알맞은 장소에 설치된 탑과 같이 생긴 구조물이다.
② 등주 : 쇠나 나무, 콘크리트와 같이 기둥모양의 꼭대기에 등을 달아 놓은 것이다.
③ 입표 : 암초, 사주 등의 위에 고정적으로 설치하여 위험구역을 표시한다.

07 다음 중 항로표지를 식별하는 방법으로 적절하지 않은 것은?

① 항로표지의 형상
② 항로표지의 음향
③ 항로표지의 색채
④ 항로표지의 재질

해설

항로표지는 선박에서 확인할 수 있는 등질, 형상, 색채, 음향, 전파 등으로 식별한다.

08 축적비가 가장 작아서 넓은 지역이 한 장의 해도에 나타나므로 장거리 항해계획을 세울 때 사용되는 해도를 무엇이라고 하는가?

① 총 도　② 항해도
③ 해안도　④ 항양도

해설

종 류	축 척	내 용
총 도	1/400만 이하	세계전도와 같이 넓은 구역을 나타낸 것으로, 장거리 항해와 항해 계획 수립에 이용한다.
항양도	1/100만 이하	원거리 항해에 쓰이며, 먼 바다의 수심, 주요 등대·등부표, 먼 바다에서도 보이는 육상의 물표 등이 표시되어 있다.
항해도	1/30만 이하	육지를 바라보면서 항해할 때 사용되는 해도로, 선위를 직접 해도상에서 구할 수 있도록 육상 물표, 등대, 등표 등이 비교적 상세히 표시되어 있다.
해안도	1/5만 이하	연안 항해에 사용하는 것이며, 연안의 상황이 상세하게 표시되어 있다.
항박도	1/5만 이상	항만, 정박지, 협수로 등 좁은 구역을 상세히 그린 평면도이다.

09 해도도법에 따라 항정선이 그려지는 모양으로 올바른 것은?

① 평면도 : 직선, 점장도 : 곡선
② 평면도 : 곡선, 점장도 : 곡선
③ 점장도 : 직선, 대권도 : 곡선
④ 점장도 : 곡선, 대권도 : 직선

해설

- 평면도 : 직선
- 점장도 : 직선
- 대권도 : 곡선

10 다음 대화에서 밑줄 친 부분의 해도도식은?

> 선장 : 3항사! 이곳이 투묘지점으로 어떤지 한 번 확인해 봐.
> 3항사 : 선장님, 좀 더 가야 할 것 같습니다. 이곳에 침선이 있습니다.

① Sh　② Wk
③ Ck　④ Cl

6 ④ 7 ④ 8 ① 9 ③ 10 ② 정답

해설

저 질

자갈(G), 펄(M), 점토(Cl), 바위(Rk, rky), 모래(S), 조개껍질(Sh), 침선(Wk)

11 다음 〈보기〉에서 공통으로 설명하는 수로서지는?

〈보 기〉

- 항로의 안내서 역할을 한다.
- 해도에 표현할 수 없는 사항에 대한 설명이 수록되어 있다.
- 새로운 지역을 항행할 경우 항로, 항만에 대한 사전 정보를 확인할 수 있다.

① 항로지 ② 해도도식

③ 해상거리표 ④ 천측력

해설

② 해도도식 : 해도상에 여러 가지 사항들을 표시하기 위하여 사용되는 특수한 기호와 약어

③ 해상거리표 : 우리나라의 부산 · 인천 · 여수 등 주요 항을 비롯하여 도쿄(東京) · 뉴욕 · 런던 등 세계 각국의 주요 항간의 항로상 거리를 수록한 수로서지

④ 천측력 : 천체의 관측을 통하여 자선의 위치를 구하고 컴퍼스오차 등을 측정하는 데 필요한 수로서지

12 다음 〈보기〉의 ( ) 안에 들어갈 용어로 적합한 것은?

〈보 기〉

하루에 연달아 일어나는 두 번의 고조 또는 두 번의 저조의 높이가 같지 않고 또 시간 간격이 같지 않은 현상을 ( )(이)라고 한다.

① 백중사리 ② 일조부등

③ 대조승 ④ 해면의 부진동

해설

① 백중사리 : 달이 지구에 가까이 올 때는 조차가 매우 큰 조석현상을 보이는데 이를 근지점조라 하고, 근지점조와 대조(사리)가 일치할 때로 평소의 사리보다 높은 조위를 보이는 현상이다.

③ 대조승 : 대조 시 기본수준면에서 평균고조면까지의 높이이다.

④ 해면의 부진동 : 항만의 형상이 주머니 모양인 곳에서는 조석 이외에 해면이 짧은 주기로 승강할 때가 있다. 이러한 승강을 부진동(Secondary Undulations)이라고 한다.

13 다음 중 우리나라 조석표에서 얻을 수 없는 정보는?

① 한국 주요 항만의 조고

② 한국 주요 항만의 유속의 예보값

③ 한국 주요 항만의 전류 시

④ 한국 주요 항만의 장애물 위치

해설

우리나라 조석표에는 매일의 고조와 저조의 시각, 조고, 전류 시, 최강유시, 유속의 예보값 및 조석의 개정수와 비조화 상수가 수록되어 있다.

14 바람의 응력으로 인하여 바람이 불어가는 아래 방향으로 생기는 해수의 흐름을 무엇이라고 하는가?

① 해 류 ② 밀도류

③ 보 류 ④ 취송류

해설

① 해류 : 해수가 일정한 속력과 방향으로 이동하는 대규모의 흐름으로, 바람이 가장 큰 원인이 된다.

② 밀도류 : 해수 밀도의 불균일로 인한 압력차에 의한 해수의 흐름으로 생긴 해류이다.

③ 보류 : 어느 장소의 해수가 다른 곳으로 이동하면, 이것을 보충하기 위한 흐름으로 생긴 해류이다.

15 교차방위법으로 선위결정 시 방위 측정 순서가 잘못된 것은?

① 물표 위치는 측정 순서와 전혀 관련이 없다.

② 선수미 방향이나 먼 물표를 먼저 측정한다.

③ 정횡 방향이나 가까운 물표를 먼저 측정한다.

④ 선수미 방향이나 가까운 물표를 먼저 측정한다.

해설

물표 선정 시 주의사항

- 선수미 방향의 물표를 먼저 측정한다.
- 해도상의 위치가 명확하고 뚜렷한 목표를 선정한다.
- 먼 물표보다는 적당히 가까운 물표를 선택한다.
- 물표 상호 간의 각도는 가능한 한 30~150°인 것을 선정한다.
- 두 물표일 때는 90°, 세 물표일 때는 60°정도가 가장 좋다.
- 물표가 많을 때는 3개 이상을 선정하는 것이 좋다.

정답 11 ① 12 ② 13 ④ 14 ④ 15 ②

16 선위를 해도에 작도할 때 기재해야 하는 사항은?

① 관측시각　② 수 온
③ 풍 향　④ 조 류

17 다음 중 육상 물표의 방위를 측정하여 구한 선위는?

① 추정위치　② 실측위치
③ 추측위치　④ 임시위치

해설
① 추정위치 : 추측위치에 바람, 해 · 조류 등 외력의 영향을 가감하여 구한 위치
② 실측위치 : 지상의 물표의 방위나 거리를 실제로 측정하여 구한 위치
③ 추측위치 : 현재의 선위를 모를 때 가장 최근에 구한 실측위치를 기준으로 선박의 침로와 속력을 이용해 구하는 위치

18 적도에 대한 설명으로 올바른 것은?

① 북극을 통과하는 소권
② 남극을 통과하는 대권
③ 지축과 직교하는 대권
④ 지극을 통과하는 소권

해설
적도 : 지축에 직교하는 대권, 즉 자오선에 직교하는 대권이 적도로 위도를 측정할 때 기준이 된다.

19 다음 〈보기〉의 (　　) 안에 들어갈 용어로 적합한 것은?

> 〈보 기〉
> 북쪽을 기준으로 시계 방향으로 360°까지 측정한 것을 (　　)(이)라고 한다.

① 포인트식　② 방 향
③ 방 위　④ 방위각

해설
- 포인트식 : 360°를 32등분하여 그 등분점마다 고유의 이름을 붙여서 방위를 표시하는 방법으로, 1포인트는 11°15′이다.
- 방위각 : 북(남)을 기준으로 하여 동(서)로 90° 또는 180°까지 표시하는 방법이다.

20 물표와 관측자를 지나는 대권이 선내 자기컴퍼스의 남북선과 이루는 교각을 무엇이라고 하는가?

① 진방위
② 자침방위
③ 나침방위
④ 상대방위

해설
① 진방위 : 진자오선과 관측자 및 물표를 지나는 대권이 이루는 교각이다.
② 자침방위 : 자기자오선과 관측자 및 물표를 지나는 대권이 이루는 교각이다.
④ 상대방위 : 자선의 선수를 0°로 하여 시계 방향으로 360°까지 재거나 좌, 우현으로 180°씩 측정한다.

21 침로를 개정할 때 나침로에서 진침로로 개정 시 자차의 부호가 더해 주는 경우는?

① 더블유(W)
② 엔(N)
③ 이(E)
④ 에스이(SE)

해설
침로 개정
- 나침로를 진침로로 고치는 것
- 나침로 → 자차 → 자침로 → 편차 → 시침로 → 풍압차 → 진침로(E는 더하고, W는 뺀다)

22 본선이 진침로 090°로 항해 중 상대 선박을 상대방위 000°로 관측하였다. 상대선이 본선과 같은 침로이면 상대선이 본선을 볼 때 상대방위는 몇 도인가?

① 000°　② 090°
③ 180°　④ 045°

해설
상대방위
자선의 선수를 0°로 하여 시계 방향으로 360°까지 재거나 좌, 우현으로 180°까지 측정(견시보고나 닻줄의 방향을 보고할 때 편리하게 사용)

16 ① 17 ② 18 ③ 19 ③ 20 ③ 21 ③ 22 ③ 정답

23 레이더 송신부의 구성요소로 중심에 음극이 들어 있고 마이크로파의 신호를 발생시키는 것을 무엇이라고 하는가?

① 트리거발진기
② 마그네트론
③ 펄스변조기
④ 동기신호발생기

해설
① 트리거발진기 : 두뇌역할을 하는 곳으로 트랜지스터, 콘덴서 및 저항 등으로 되는 진동회로에 의해 매초 1,000회의 펄스전압이 발생한다.
③ 펄스변조기 : 고전압을 발생하여 마그네트론 발진관을 동작시키는 회로이다.
④ 동기신호발생기 : 동기신호가 발생하는 일종의 발진기이다.

24 레이더를 이용하여 물표와 방위를 측정할 때 사용하는 기능은 무엇인가?

① 전자방위선
② 중심이동조정기
③ 가변거리환조정기
④ 휘도조정기

해설
② 중심이동조정기 : 필요에 따라 소인선의 기점인 자선의 위치를 화면의 중심이 아닌 다른 곳으로 이동시킬 수 있는 장치
③ 가변거리환 조정기(VRM) : 자선에서 원하는 물체까지의 거리를 화면상에서 측정하기 위하여 사용하는 장치
④ 휘도조정기 : 화면의 밝기를 조정하는 장치

25 최대탐지거리를 높이기 위하여 선박 자체에서 가장 손쉽게 할 수 있는 방법으로 옳은 것은?

① 스캐너를 위로 높인다.
② 송신전력을 크게 한다.
③ 스캐너의 송신부를 닦아 준다.
④ 펄스의 폭을 넓힌다.

해설
최대탐지거리에 영향을 주는 요소
- 주파수 : 낮을수록 탐지거리는 증가한다.
- 첨두 출력 : 클수록 탐지거리는 증가한다.
- 펄스 길이 : 길수록 탐지거리는 증가한다.
- 펄스 반복률 : 낮을수록 탐지거리는 증가한다.
- 수평 빔 폭 : 좁을수록 탐지거리가 증가한다.
- 스캐너의 회전율 : 낮을수록 탐지거리가 증가한다.
- 스캐너의 높이 : 높을수록 탐지거리는 증가한다.

제2과목 운 용

01 선수 또는 선미의 수면 아래에 횡방향으로 원형 또는 4각형의 터널을 만들고, 그 내부에 프로펠러를 설치하여 선박을 횡방향으로 이동시키는 장치는?

① 추진기
② 양묘기
③ 자동조타장치
④ 사이드 스러스터

해설
① 추진기(Propeller) : 추진원동기로부터 동력으로 전달받아 추력을 발생하는 기계요소
② 양묘기 : 앵커를 감아올리거나 투묘작업 및 선박을 부두에 접안시킬 때, 계선줄을 감는 데 사용되는 설비
③ 자동조타장치 : 선수방위가 주어진 침로에서 벗어나면 자동으로 그 편각을 검출하여 편각이 없어지도록 직접 키를 제어하여 침로를 유지하는 장치

02 키의 모양에 따른 분류 중 작은 힘으로 조타장치를 작동할 수 있고, 키의 유효 면적이 커서 선박 조종이 쉬운 키는?

① 비평형키
② 평형키
③ 반평형키
④ 현측키

해설
키의 모양에 따른 분류
- 평형키 : 타판의 면이 회전축의 앞뒤에 있으며, 타의 유효 면적이 커서 조종이 용이한 장점이 있다.
- 비평형키 : 수압을 받는 타판이 회전축의 뒤쪽에 있으며, 구조가 간단하여 분해와 조립이 쉬운 장점이 있다.
- 반평형키 : 상부는 비평형타, 하부는 평형타로 되어 있으며, 주로 군함이나 쾌속선에서 사용한다.

정답 23 ② 24 ① 25 ④ / 1 ④ 2 ②

03 만재흘수선의 종류 중 'S'에 대한 설명으로 올바른 것은?

① 계절동기대역에서 동기 계절 동안 해수에 적용된다.
② 열대대역에서는 연중, 계절열대구역에서는 그 열대 계절 동안 해수에 적용된다.
③ 하기대역에서는 연중, 계절열대구역 및 계절동기대역에서는 각각 그 하기 계절 동안 해수에 적용된다.
④ 열대대역에서는 연중, 계절열대구역에서는 그 열대 계절 동안 담수에 적용된다.

해설

만재흘수선의 표시 기호

종 류	기 호	적용 대역 및 계절
하기 만재흘수선	S	하기대역에서는 연중, 계절열대구역 및 계절동기대역에서는 각각 그 하기 계절 동안 해수에 적용된다.
동기 만재흘수선	W	계절동기대역에서 동기 계절 동안 해수에 적용된다.
동기 북대서양 만재흘수선	WNA	북위 36° 이북의 북대서양을 그 동기 계절 동안 횡단하는 경우, 해수에 적용된다(근해구역 및 길이 100m 이상의 선박은 WNA 건현표가 없다).
열대 만재흘수선	T	열대대역에서는 연중, 계절열대구역에서는 그 열대 계절 동안 해수에 적용된다.
하기 담수 만재흘수선	F	하기대역에서는 연중, 계절열대구역 및 계절동기대역에서는 각각 그 하기 계절 동안 담수에 적용된다.
열대 담수 만재흘수선	TF	열대대역에서는 연중, 계절열대구역에서는 그 열대 계절 동안 담수에 적용된다.

04 선박의 길이를 나타내는 용어 중 배의 저항, 추진력 계산 등에 이용되는 것은 무엇인가?

① 전 장
② 수선장
③ 등록장
④ 전 폭

해설

① 전장(LOA) : 선체에 붙어 있는 모든 돌출물을 포함하여 선수의 최전단부터 선미의 최후단까지의 수평거리로 부두 접안이나 입거 등의 선박 조종에 사용된다.
③ 등록장 : 상갑판 보(Beam)상의 선수재 전면부터 선미재 후면까지의 수평거리로 선박원부 및 선박국적증서에 기재되는 길이이다.
④ 전폭 : 선체의 폭이 가장 넓은 부분에서 외판의 외면부터 맞은편 외판의 외면까지의 수평거리이다.

05 와이어로프의 보존방법으로 적절하지 않은 것은?

① 마찰되는 부분은 캔버스를 이용하여 보호한다.
② 충분히 건조시키고 녹이 발생하면 제거하고 기름을 바른다.
③ 스플라이싱하여 캔버스로 감아 둔 부분을 때때로 풀어서 정비한다.
④ 점성이 낮은 기름을 발라서 부식을 방지한다.

해설

로프 취급법
- 파단하중과 안전사용하중을 고려하여 사용한다.
- 킹크가 생기지 않도록 주의한다.
- 마모에 주의한다.
- 항상 건조한 상태로 보관해야 한다.
- 너무 뜨거운 장소를 피하고, 통풍과 환기가 잘되는 곳에 보관해야 한다.
- 마찰되는 부분은 캔버스를 이용하여 보호한다.
- 시일이 경과함에 따라 강도가 떨어지므로 특히 주의한다.
- 로프가 물에 젖거나 기름이 스며들면 강도가 1/4 정도 감소한다.
- 스플라이싱한 부분은 강도가 약 20~30% 떨어진다.

06 로프에 장력을 가하면 로프가 늘어지지만, 힘을 제거하면 원래의 상태로 되돌아가는데 이때 변형이나 손상이 일어나지 않는 최대 장력을 무엇이라고 하는가?

① 파단강도 ② 시험하중
③ 안전하중 ④ 안전사용하중

해설

① 파단강도 : 직물이나 가죽을 파단시키기 위해 요구되는 인장하중이나 힘이다.
③ 안전하중 : 부하 가능한 최대의 하중이다.
④ 안전사용하중 : 시험하중의 범위 내에 안전하게 사용할 수 있는 최대의 하중으로 파단력의 1/6 정도이다.

정답 3 ③ 4 ② 5 ④ 6 ②

07 다음 중 항내속력 중 전진 반속에 해당하는 기관명령은?

① 슬로우 어스턴(Slow Astern)
② 슬로우 어헤드(Slow Ahead)
③ 하프 어헤드(Half Ahead)
④ 풀 어스턴(Full Astern)

해설
① 슬로우 어스턴 : 후진 미속
② 슬로우 어헤드 : 전진 미속
④ 풀 어스턴 : 후진 전속

08 선박의 회두에서 원침로로부터 180°되는 곳까지 원침로에서 직각 방향으로 잰 거리를 무엇이라고 하는가?

① 선회권　② 선회횡거
③ 킥　④ 선회지름

해설
① 선회권 : 전타 중 선체의 중심이 그리는 궤적
② 선회 횡거 : 선체 회두가 90°된 곳까지 원침로에서 직각 방향으로 잰 거리
③ 킥 : 원친로에서 횡방향으로 무게중심이 이동한 거리

09 제한 수심으로 인해 나타나는 천수효과의 영향이 아닌 것은?

① 속력의 감소
② 선체의 부상
③ 트림의 변화
④ 선회성의 저하

해설
수심이 얕은 수역의 영향
• 선체 침하 : 흘수가 증가한다.
• 속력 감소 : 조파저항이 커지고, 선체의 침하로 저항이 증대된다.
• 조종성 저하 : 선체 침하와 해저 형상에 따른 와류의 영향으로 키의 효과가 나빠진다.
• 선회권 : 커진다.
• 저속으로 항행하는 것이 가장 좋으며, 수심이 깊어지는 고조시를 택하여 조종하는 것이 유리하다.

10 키에 작용하는 압력으로, 키판에 작용하는 여러 힘의 기본력이 되는 것을 무엇이라고 하는가?

① 직압력
② 횡압력
③ 측압력
④ 항 력

해설
② 횡압력 : 프로펠러의 상부보다 하부에 큰 압력이 걸리게 되고 전진 중 스크루 프로펠러의 회전 방향이 시계 방향이 되어 선수를 좌편향한다.
③ 측압력 : 우선회 프로펠러의 경우 좌현측 배수류는 선체 형상을 따라 흘러가지만, 우현측의 배수류는 우현 전체를 치며, 선박은 우회두한다.
④ 항력 : 타판에 작용하는 힘 중에서 그 작용하는 방향이 선수미선인 분력이다.

11 선박이 풍속 20m/s 이하에서 투묘 조선 시 가장 많이 사용하는 닻줄의 신출 길이 산출식은 무엇인가?(단, Lc는 닻줄의 신출 길이, D(m)는 수심임)

① $Lc = 4D + 145\text{m}$
② $Lc = 4D + 150\text{m}$
③ $Lc = 5D + 90\text{m}$
④ $Lc = 3D + 90\text{m}$

해설
관용적으로 사용하는 앵커체인의 신출 길이
• 풍속 20m/s 이하 : $Lc = 3D + 90\text{m}$
• 풍속 30m/s 정도 : $Lc = 4D + 150\text{m}$

12 부두에 접안할 때의 요령으로 적절하지 않는 것은?

① 항상 닻 투하 준비를 한다.
② 접안 전에 히빙라인과 펜더를 준비한다.
③ 부두에 접근 시 고속의 타력을 이용한다.
④ 계선줄이 육상에 나가 있을 경우, 계선줄이 프로펠러에 감기지 않도록 한다.

정답 7 ③ 8 ④ 9 ② 10 ① 11 ④ 12 ③

해설

부두 접안 시 요령
- 미리 계선줄을 준비하고, 히빙라인과 펜더를 준비한다.
- 선박이 부두에 접근할 때에는 저속의 전진 타력을 이용한다.
- 부두와 선박 간의 거리와 접안 부두의 전후에 있는 다른 선박과의 안전거리를 확인한다.
- 선박 접근 시 부두와 소각도는 1/2~1포인트, 대각도는 2~3포인트가 되도록 한다.
- 항상 닻을 사용할 수 있도록 접안하고자 하는 반대쪽 현의 닻을 준비한다.
- 선미에서 계선줄이 나가 있을 때에는 기관 사용에 유의하여 스크루 프로펠러에 감기지 않게 한다.
- 선박을 접안하기 위해 조종하는 경우 항상 이안 조종을 고려하여 접안 반대 현측의 닻을 투하하여 출항 조종이 쉽도록 한다.

13 강풍이나 파랑이 심하거나 조류가 강한 수역에서 앵커체인의 강한 파주력이 필요할 때 선택하는 묘박법을 무엇이라고 하는가?

① 단묘박　② 선미묘박
③ 이묘박　④ 쌍묘박

해설

① 단묘박 : 선박의 선수 양쪽 현 중 한쪽 현의 닻을 내려서 정박하는 방법이다.
② 선미묘박 : 선미부에 닻을 내려서 정박하는 방법이다.
④ 쌍묘박 : 양쪽 현의 선수 닻을 앞·뒤쪽으로 서로 먼 거리를 두고서 투하하여, 선박을 그 중간에 위치시키는 정박법이다.

14 선박의 복원력이 큰 경우에 대한 설명으로 올바른 것은?

① 승조원들의 승선감이 편안하다.
② 횡요주기가 짧다.
③ 전복 위험이 높다.
④ 화물이 이동할 우려가 전혀 없다.

해설

복원력이 클수록 횡요주기가 짧아지고, 승조원들의 멀미 및 화물의 이동이 우려된다.

15 다음 〈보기〉의 (　　) 안에 들어갈 용어로 적합한 것은?

〈보 기〉

배수량 등 곡선도는 선박의 (　　)에 대한 배수량, 부심, 메타센터의 높이 등의 값을 나타낸다.

① 흘 수　② 용 적
③ 항 로　④ 수 온

해설

곡선도 : 흘수의 변화에 따른 배수량 변화를 곡선으로 나타낸 것으로, 값에는 배수용적, 배수량, 수선면적, 침수표면적, 부면심, 부심, TPC, MTC, GM, 선형계수가 있다.

16 항해 중에 안개가 끼었을 때 당직사관이 취해야 할 조치로 가장 적합한 것은?

① 최대 속력으로 증속한다.
② 즉시 닻을 투하한다.
③ 선장에게 보고한다.
④ 즉시 기관을 멈춘다.

해설

시정이 제한될 시
- 당직사관은 무중신호를 울리고 적당한 속력으로 항해한다.
- 선장에게 사항을 보고한다.
- 견시와 조타수를 배치하고, 선박이 폭주하는 해역에서는 즉각 수동조타로 바꾼다.
- 항해등을 켠다.
- 레이더를 작동하고 사용한다.

17 다음 중 항해 당직 중인 당직사관의 임무로 적절하지 않은 것은?

① 침로의 유지
② 해도의 소개정
③ 철저한 경시 유지
④ 비상상황 발생 시 대응

해설

항해 당직 중인 당직사관은 누구든 선박의 안전한 항해를 방해하는 임무를 주어서는 안 되며, 그러한 일에 착수해서도 안 된다.

13 ③　14 ②　15 ①　16 ③　17 ②　정답

18 다음 중 선박에서 당직 인수 전 반드시 확인해야 할 사항은?

① 선장의 지시사항
② 거주구역의 청결 여부
③ 전원의 공급경로
④ 선내 비상등의 위치

해설
항해 당직 인수·인계
- 당직자는 당직 근무시간 15분 전 선교에 도착하여 다음 사항을 확인 후 당직을 인수·인계한다.
  - 선장의 특별지시사항
  - 주변상황, 기상 및 해상 상태, 시정
  - 선박의 위치, 침로, 속력, 기관 회전수
  - 항해 계기 작동 상태 및 기타 참고사항
  - 선체의 상태나 선내의 작업상황
  - 항해 당직을 인수 받은 당직사관은 가장 먼저 선박의 위치를 확인한다.
- 당직이 인계되어야 할 시간에 어떤 위험을 피하기 위하여 선박의 조종 또는 기타 동작이 취하여 지고 있을 때에는 임무의 교대를 미루어야 한다.

19 다음 중 전선을 동반하는 저기압은?

① 열대저기압
② 온대저기압
③ 몬순저기압
④ 국지저기압

해설
온대저기압
중위도 지역에서 나타나는 저기압으로 편서풍의 영향을 받으며 대부분 온난전선, 한랭전선을 동반한다.

20 주로 중위도 지방의 아열대 해역에서 형성되는 고기압을 무엇이라고 하는가?

① 한랭고기압
② 온난고기압
③ 지형성 고기압
④ 이동성 고기압

해설
① 한랭고기압 : 시베리아에서 발달하는 전형적인 한랭 고기압은 우리나라 겨울날씨를 지배한다. 키 작은 고기압이라고도 한다.
③ 지형성 고기압 : 밤에 육지의 복사냉각으로 형성되는 소규모의 고기압으로, 날씨에는 많은 영향을 끼치지 않는다.
④ 이동성 고기압 : 비교적 규모가 작은 고기압으로, 우리나라 봄과 가을에 영향을 미친다. 날씨가 자주 변하며 대체로 맑은 날씨를 보인다.

21 다음 중 유조선에서 화물창 밑 부분에 남은 기름을 퍼내는 데 사용되는 펌프는?

① 밸러스트펌프
② 스트리핑펌프
③ 버터워스펌프
④ 터보펌프

22 선박 충돌 시 자선에 위험이 없다면, 무엇을 가장 먼저 해야 하는가?

① 인명 구조
② 선명 확인
③ 선적항 확인
④ 화물 확인

23 다음 중 기계나 둔한 물체에 끼어서 불규칙하게 찢어진 상처는?

① 자 상
② 절 상
③ 열 상
④ 결출상

해설
① 자상 : 바늘이나 못, 송곳 등과 같은 뾰족한 물건에 찔린 상처이다.
② 절상 : 칼이나 유리 등의 날카로운 물건에 의하여 베인 상처이다.
④ 결출상 : 살이 찢겨져 떨어진 상태로, 늘어진 살점이 붙어 있기도 하고 떨어져 있기도 하는 상처이다.

정답 18 ① 19 ② 20 ② 21 ② 22 ① 23 ③

24 물에 빠진 조난자가 사망하는 주원인에 해당하는 것은?

① 체온 상실
② 극심한 공포감
③ 멀미 및 심한 복통
④ 조난에 의한 공포감

해설
해상에서 퇴선한 이후 조난자가 사망하는 주요원인은 조난자의 신체가 해수나 바람에 노출되어 체온 저하 또는 신체기능이 마비되기 때문이다. 건강한 사람의 체온은 36.5℃ 정도이지만, 물속에 빠지면 몸에서 발생하는 발열량보다 상실하는 열량이 커져서 체온은 급속히 떨어진다.

25 다음의 NAVTEX 수신 정보 중 수신을 거부할 수 있는 것은?

① A : 항행경보
② B : 기상경보
③ C : 유빙정보
④ D : 수색 및 구조 정보

해설
NAVTEX 수신 정보 중 수신을 거부할 수 없는 메시지는 항행경보(A), 기상경보(B), 수색 및 구조 정보(D) 등이다.

제3과목 법 규

01 다음 〈보기〉의 (　　) 안에 들어갈 내용으로 적합한 것은?

〈보 기〉
선박의 입항 및 출항 등에 관한 법률상 예인선이 무역항의 수상구역 등에서 다른 선박을 끌고 항행하는 경우, 예인선의 선수로부터 피예인선의 선미까지의 길이는 원칙적으로 (　　)m를 초과하지 아니하여야 한다.

① 100　　② 150
③ 200　　④ 300

해설
선박의 입항 및 출항 등에 관한 법률 시행규칙 제9조(예인선의 항법 등)
예인선의 선수로부터 피예인선의 선미까지의 길이는 200m를 초과하지 아니할 것. 다만, 다른 선박의 출입을 보조하는 경우에는 그러하지 아니하다.

02 선박의 입항 및 출항 등에 관한 법률상 항로에서의 항법으로 적합한 것은?

① 다른 선박과 나란히 항행하지 않아야 한다.
② 범선은 항로에서 지그재그로 항행하여야만 한다.
③ 항로를 항행하는 우선피항선의 진로를 방해하지 않아야 한다.
④ 다른 선박과 마주칠 우려가 있을 경우 왼쪽으로 항행하여야 한다.

해설
선박의 입항 및 출항 등에 관한 법률 제12조(항로에서의 항법)
- 항로 밖에서 항로에 들어오거나 항로에서 항로 밖으로 나가는 선박은 항로를 항행하는 다른 선박의 진로를 피하여 항행할 것
- 항로에서 다른 선박과 나란히 항행하지 아니할 것
- 항로에서 다른 선박과 마주칠 우려가 있는 경우에는 오른쪽으로 항행할 것
- 항로에서 다른 선박을 추월하지 아니할 것. 다만, 추월하려는 선박을 눈으로 볼 수 있고 안전하게 추월할 수 있다고 판단되는 경우에는 해사안전법 제67조제5항 및 제71조에 따른 방법으로 추월할 것
- 항로를 항행하는 위험물운송선박(급유선은 제외) 또는 흘수제약선의 진로를 방해하지 아니할 것
- 범선은 항로에서 지그재그(Zigzag)로 항행하지 아니할 것

03 다음 그림과 같이 선박의 중앙부 양현에 표시하며, 선박이 안전하게 운항할 수 있는 적재한도를 표시한 것은 무엇인가?

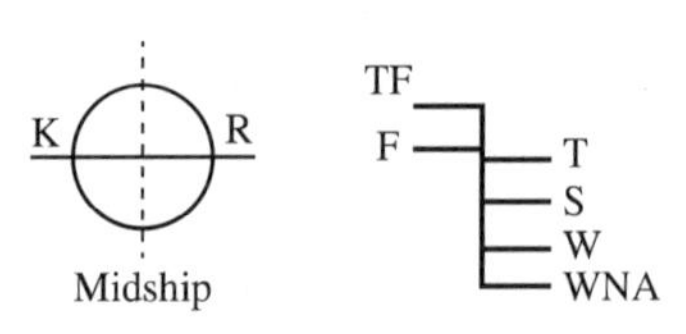

① 선적항　　② 흘수선
③ 호출부호　　④ 만재흘수선

24 ① 25 ③ / 1 ③ 2 ① 3 ④ 정답

해설
선박안전법 제2조(정의)
만재흘수선이라 함은 선박이 안전하게 항해할 수 있는 적재한도의 흘수선으로서 여객이나 화물을 승선하거나 싣고 안전하게 항해할 수 있는 최대 한도를 나타내는 선을 말한다.

04 **선박의 감항성 유지 및 안전운항에 필요한 사항을 규정함으로써 국민의 생명과 재산 보호가 목적인 법은?**

① 선박법 ② 국제해상충돌예방규칙
③ 선박안전법 ④ 해양환경관리법

해설
선박안전법 제1조(목적)
선박의 감항성 유지 및 안전 운항에 필요한 사항을 규정함으로써 국민의 생명과 재산을 보호함을 목적으로 한다.

05 **해양환경관리법상 선박오염물질기록부에 대한 설명으로 적절하지 않은 것은?**

① 기록부에 최종 기재한 날로부터 1년간 보관 후 폐기하여야 한다.
② 해당 기록부를 선박 또는 선박 소유자의 사무실에 비치하여야 한다.
③ 기름, 폐기물, 유해액체물질에 대한 사용량 및 처리량 등을 기록하여야 한다.
④ 폐기물기록부의 경우 해양환경관리업자가 비치한 처리대장으로 대체할 수 있다.

해설
해양환경관리법 제30조(선박오염물질기록부의 관리)
- 선박의 선장(피예인선의 경우에는 선박의 소유자를 말한다)은 그 선박에서 사용하거나 운반 · 처리하는 폐기물 · 기름 및 유해액체물질에 대한 다음의 구분에 따른 기록부(이하 '선박오염물질기록부'라고 한다)를 그 선박(피예인선의 경우에는 선박의 소유자의 사무실을 말한다) 안에 비치하고 그 사용량 · 운반량 및 처리량 등을 기록하여야 한다.
  - 폐기물기록부 : 해양수산부령이 정하는 일정 규모 이상의 선박에서 발생하는 폐기물의 총량 · 처리량 등을 기록하는 장부. 다만, 제72조제1항의 규정에 따라 해양환경관리업자가 처리대장을 작성 · 비치하는 경우에는 동 처리대장으로 갈음한다.
  - 기름기록부 : 선박에서 사용하는 기름의 사용량 · 처리량을 기록하는 장부. 다만, 해양수산부령이 정하는 선박의 경우를 제외하며, 유조선의 경우에는 기름의 사용량 · 처리량 외에 운반량을 추가로 기록하여야 한다.
  - 유해액체물질기록부 : 선박에서 산적하여 운반하는 유해 액체물질의 운반량 · 처리량을 기록하는 장부
- 선박오염물질기록부의 보존기간은 최종 기재를 한 날부터 3년으로 하며, 그 기재사항 · 보존방법 등에 관하여 필요한 사항은 해양수산부령으로 정한다.

06 **해양환경관리법상 선박이 해양오염방지설비 등을 최초로 설치하여 항해에 사용하려는 때 또는 유효기간이 만료한 때에 해양수산부령이 정하는 바에 따라 검사를 받은 후 교부받는 증서는 무엇인가?**

① 임시검사증서
② 에너지효율검사증서
③ 방오시스템검사증서
④ 해양오염방지검사증서

해설
해양환경관리법 제49조(정기검사)
- 폐기물오염방지설비 · 기름오염방지설비 · 유해액체물질오염방지설비 및 대기오염방지설비(해양오염방지설비)를 설치하거나 제26조제2항의 규정에 따른 선체 및 제27조제2항의 규정에 따른 화물창을 설치 · 유지하여야 하는 선박(검사 대상 선박)의 소유자가 해양오염방지설비, 선체 및 화물창(해양오염방지설비 등)을 선박에 최초로 설치하여 항해에 사용하려는 때 또는 제56조의 규정에 따른 유효기간이 만료한 때에는 해양수산부령이 정하는 바에 따라 해양수산부장관의 검사(정기검사)를 받아야 한다.
- 해양수산부장관은 정기검사에 합격한 선박에 대하여 해양수산부령이 정하는 해양오염방지검사증서를 교부하여야 한다.

07 **다음 〈보기〉의 (　　) 안에 들어갈 내용으로 적합한 것은?**

〈보 기〉
해사안전법상 거대선이란 (　　)m 이상의 선박을 말한다.

① 폭 40 ② 길이 200
③ 길이 320 ④ 폭 40, 길이 300

정답 4 ③ 5 ① 6 ④ 7 ②

해설
해사안전법 제2조(정의)
거대선이란 길이 200m 이상의 선박을 말한다.

08 해사안전법상 통항분리수역의 육지쪽 경계선과 해안 사이의 수역을 무엇이라고 하는가?

① 통항로 ② 임시지정항로
③ 연안통항대 ④ 통항분리대

해설
해사안전법 제2조(정의)
연안통항대란 통항분리수역의 육지쪽 경계선과 해안 사이의 수역을 말한다.

09 다른 선박과 충돌 위험이 있는지의 여부를 판단하기 위하여 사용할 수 있는 것을 다음 〈보기〉 중에서 모두 고른 것은?

〈보 기〉
ㄱ. 레이더(Radar)
ㄴ. 육분의(Sextant)
ㄷ. 섀도 핀(Shadow Pin)
ㄹ. 자이로컴퍼스(Gyrocompass)

① ㄱ, ㄴ ② ㄱ, ㄷ, ㄹ
③ ㄴ, ㄷ, ㄹ ④ ㄱ, ㄴ, ㄷ

10 다음 〈보기〉의 (　　) 안에 들어갈 내용으로 적합한 것은?

〈보 기〉
국제해상충돌방지규칙상 음향신호에서 상대선의 우현측을 추월하고자 한다면 장음 2회, 단음 1회를 울리고, 상대선에서 동의의 의미로 협력동작을 취하겠다고 한다면 (　　)을(를) 울린다.

① 단음 2회, 장음 1회
② 장음 1회, 단음 1회
③ 단음 1회, 장음 1회, 단음 1회, 장음 1회
④ 장음 1회, 단음 1회, 장음 1회, 단음 1회

해설
해사안전법 제92조(조종신호와 경고신호)
선박이 좁은 수로 등에서 서로 상대의 시계 안에 있는 경우 제67조제5항에 따른 기적신호를 할 때에는 다음에 따라 행하여야 한다.
- 다른 선박의 우현쪽으로 추월하려는 경우에는 장음 2회와 단음 1회의 순서로 의사를 표시할 것
- 다른 선박의 좌현쪽으로 추월하려는 경우에는 장음 2회와 단음 2회의 순서로 의사를 표시할 것
- 추월당하는 선박이 다른 선박의 추월에 동의할 경우에는 장음 1회, 단음 1회의 순서로 2회에 걸쳐 동의의사를 표시할 것

11 국제해상충돌방지규칙상 다음 중 충돌을 피하기 위한 자선의 조치에 대한 설명으로 적절하지 않은 것은?

① 충분한 여유 시간을 두고 모든 수단을 적극 활용한다.
② 연속적인 소각도 변침과 주기적인 변속을 실시한다.
③ 큰 동작 변화가 있도록 피항동작을 취한다.
④ 필요하다면 감속하거나 모든 타력을 없애기 위해 기관을 정지한다.

해설
해사안전법 제66조(충돌을 피하기 위한 동작)
- 선박은 해사안전법에 따른 항법에 따라 다른 선박과 충돌을 피하기 위한 동작을 취하되, 이 법에서 정하는 바가 없는 경우에는 될 수 있으면 충분한 시간적 여유를 두고 적극적으로 조치하여 선박을 적절하게 운용하는 관행에 따라야 한다.
- 선박은 다른 선박과 충돌을 피하기 위하여 침로나 속력을 변경할 때에는 될 수 있으면 다른 선박이 그 변경을 쉽게 알아볼 수 있도록 충분히 크게 변경하여야 하며, 침로나 속력을 소폭으로 연속적으로 변경하여서는 아니 된다.
- 선박은 넓은 수역에서 충돌을 피하기 위하여 침로를 변경하는 경우에는 적절한 시기에 큰 각도로 침로를 변경하여야 하며, 그에 따라 다른 선박에 접근하지 아니하도록 하여야 한다.
- 선박은 다른 선박과의 충돌을 피하기 위하여 동작을 취할 때에는 다른 선박과의 사이에 안전한 거리를 두고 통과할 수 있도록 그 동작을 취하여야 한다. 이 경우 그 동작의 효과를 다른 선박이 완전히 통과할 때까지 주의 깊게 확인하여야 한다.
- 선박은 다른 선박과의 충돌을 피하거나 상황을 판단하기 위한 시간적 여유를 얻기 위하여 필요하면 속력을 줄이거나 기관의 작동을 정지하거나 후진하여 선박의 진행을 완전히 멈추어야 한다.

8 ③ 9 ② 10 ④ 11 ② 정답

12 국제해상충돌방지규칙상 '항행 중'인 선박은 무엇인가?

① 좌주되어 있는 선박
② 정박하고 있는 선박
③ 육지에 계류하고 있는 선박
④ 대수속력은 있으나 기관을 정지한 선박

해설
해사안전법 제2조(정의)
항행 중이란 선박이 다음 각 목의 어느 하나에 해당하지 아니하는 상태를 말한다.
- 정박
- 항만의 안벽 등 계류시설에 매어 놓은 상태(계선부표나 정박하고 있는 선박에 매어 놓은 경우를 포함한다)
- 얹혀 있는 상태

13 국제해상충돌방지규칙상 '서로 시계 안에 있다'라는 것이 뜻하는 것은?

① 레이더 화면상으로 확인할 수 있다.
② 상대방 선박이 장애물이 없는 곳에 있다.
③ 상대방 선박을 서로 눈으로 볼 수 있다.
④ 어느 한 쪽 선박에서만 눈으로 확인할 수 있다.

해설
해사안전법 제69조(적용)
선박에서 다른 선박을 눈으로 볼 수 있는 상태에 있는 선박에 적용한다.

14 국제해상충돌방지규칙상 마스트등의 사광범위는 무엇인가?

① 112.5° ② 22.5°
③ 225° ④ 280°

해설
해사안전법 제79조(등화의 종류)
- 마스트등 : 선수와 선미의 중심선상에 설치되어 225°에 걸치는 수평의 호를 비추되, 그 불빛이 정선수 방향으로부터 양쪽 현의 정횡으로부터 뒤쪽 22.5°까지 비출 수 있는 흰색 등

15 다음 〈보기〉의 ( ) 안에 들어갈 내용으로 적합한 것은?

〈보 기〉
국제해상충돌방지규칙상 좁은 수로를 따라 항행하고 있는 선박은 안전하고 실행 가능한 자선의 ( ) 측에 위치한 수로 또는 항로의 ( )에 접근하여 항행하여야 한다.

① 좌현, 바깥쪽 한계
② 우현, 안쪽 한계
③ 우현, 바깥쪽 한계
④ 좌현, 안쪽 한계

해설
해사안전법 제67조(좁은 수로 등)
좁은 수로나 항로를 따라 항행하는 선박은 항행의 안전을 고려하여 될 수 있으면 좁은 수로 등의 오른편 끝쪽에서 항행하여야 한다. 다만, 제31조제1항에 따라 해양수산부장관이 특별히 지정한 수역 또는 제68조 제1항에 따라 통항분리제도가 적용되는 수역에서는 좁은 수로 등의 오른편 끝쪽에서 항행하지 아니하여도 된다.

16 국제해상충돌방지규칙상 통항분리방식에서의 항법규정으로 적합하지 않은 것은?

① 통항로 안에서는 정해진 진행 방향으로 항행한다.
② 부득이하게 횡단할 경우에는 선수 방향이 교통 흐름의 일반적인 방향에 직각이 되게 항행한다.
③ 가능한 한 분리선이나 분리대에 붙어서 항행한다.
④ 통항로에 들어갈 때는 가능한 끝부분에서 진입한다.

해설
해사안전법 제68조(통항분리제도)
- 선박이 통항분리수역을 항행하는 경우에는 다음의 사항을 준수하여야 한다.
  - 통항로 안에서는 정하여진 진행 방향으로 항행할 것
  - 분리선이나 분리대에서 될 수 있으면 떨어져서 항행할 것
  - 통항로의 출입구를 통하여 출입하는 것을 원칙으로 하되, 통항로의 옆쪽으로 출입하는 경우에는 그 통항로에 대하여 정하여진 선박의 진행방향에 대하여 될 수 있으면 작은 각도로 출입할 것
- 선박은 통항로를 횡단하여서는 아니 된다. 다만, 부득이한 사유로 그 통항로를 횡단하여야 하는 경우에는 그 통항로와 선수 방향이 직각에 가까운 각도로 횡단하여야 한다.

정답 12 ④ 13 ③ 14 ③ 15 ③ 16 ③

17 국제해상충돌방지규칙상 통항분리방식(TSS)을 채택하는 곳은?

① 선급협회　② 선주협회
③ 국제해사기구　④ 국제노동기구

해설
해사안전법 제68조(통항분리제도)
국제해사기구가 채택하여 통항분리제도가 적용되는 수역

18 다음 〈보기〉의 (　　) 안에 들어갈 용어로 적합한 것은?

〈보 기〉
국제해상충돌방지규칙상 두 척의 범선이 서로 다른 현측에서 바람을 받고 있는 경우에는 (　　)측에서 바람을 받고 있는 선박이 다른 선박의 진로를 피하여야 한다.

① 풍 상　② 풍 하
③ 선 수　④ 좌 현

해설
해사안전법 제70조(범선)
2척의 범선이 서로 접근하여 충돌할 위험이 있는 경우에는 다음에 따른 항행방법에 따라 항행하여야 한다.
- 각 범선이 다른 쪽 현에 바람을 받고 있는 경우에는 좌현에 바람을 받고 있는 범선이 다른 범선의 진로를 피하여야 한다.
- 두 범선이 서로 같은 현에 바람을 받고 있는 경우에는 바람이 불어오는 쪽의 범선이 바람이 불어가는 쪽의 범선의 진로를 피하여야 한다.

19 국제해상충돌방지규칙상 항행 중인 동력선이 서로 시계 안에서 마주칠 때의 항법으로 올바른 것은?

① 각각 좌현으로 변침한다.
② 각각 우현으로 변침한다.
③ 한 선박이 좌현으로 변침한다.
④ 한 선박은 우현으로 한 선박은 좌현으로 변침한다.

해설
해사안전법 제72조(마주치는 상태)
2척의 동력선이 마주치거나 거의 마주치게 되어 충돌의 위험이 있을 때에는 각 동력선은 서로 다른 선박의 좌현쪽을 지나갈 수 있도록 침로를 우현쪽으로 변경하여야 한다.

20 국제해상충돌방지규칙상 서로 시계 안에 있을 때 범선과 동력선이 횡단하는 경우 피항방법으로 적절한 것은?

① 범선이 먼저 피한다.
② 동력선이 피한다.
③ 각각 좌현으로 피한다.
④ 풍상측의 신박이 풍하측의 선박을 피한다.

해설
해사안전법 제76조(선박 사이의 책무)
항행 중인 동력선은 다음에 따른 선박의 진로를 피하여야 한다.
- 조종불능선
- 조종제한선
- 어로에 종사하고 있는 선박
- 범 선

21 국제해상충돌방지규칙상 유지선의 동작에 대한 설명으로 틀린 것은?

① 유지선은 침로와 속력을 유지하여야 한다.
② 유지선은 어떠한 경우에도 조기피항동작을 취할 필요가 없다.
③ 유지선은 충돌을 피하기 위한 최선의 협력동작을 취하여야 한다.
④ 유지선은 부득이한 경우를 제외하고 자선의 좌현측에 있는 선박을 향하여 침로를 왼쪽으로 변경하여서는 아니 된다.

해설
해사안전법 제75조(유지선의 동작)
① 2척의 선박 중 1척의 선박이 다른 선박의 진로를 피하여야 할 경우 다른 선박은 그 침로와 속력을 유지하여야 한다.
② ①에 따라 침로와 속력을 유지하여야 하는 선박(이하 '유지선'이라 고 한다)은 피항선이 이 법에 따른 적절한 조치를 취하고 있지 아니하다고 판단하면 ①에도 불구하고 스스로의 조종만으로 피항선과 충돌하지 아니하도록 조치를 취할 수 있다. 이 경우 유지선은 부득이하다고 판단하는 경우 외에는 자기 선박의 좌현쪽에 있는 선박을 향하여 침로를 왼쪽으로 변경하여서는 아니 된다.
③ 유지선은 피항선과 매우 가깝게 접근하여 해당 피항선의 동작만으로는 충돌을 피할 수 없다고 판단하는 경우에는 ①에도 불구하고 충돌을 피하기 위하여 충분한 협력을 하여야 한다.

17 ③　18 ④　19 ②　20 ②　21 ② 정답

22 국제해상충돌방지규칙상 어로에 종사하고 있는 선박이 항행 중일 때에 원칙적으로 피하여야 하는 선박을 다음 〈보기〉에서 모두 고른 것은?

〈보 기〉

ㄱ. 조종불능선
ㄴ. 조종제한선
ㄷ. 동력선
ㄹ. 수면비행선박

① ㄱ, ㄴ　② ㄱ, ㄴ, ㄷ
③ ㄱ, ㄴ, ㄹ　④ ㄱ, ㄴ, ㄷ, ㄹ

해설
해사안전법 제76조(선박 사이의 책무)
어로에 종사하고 있는 선박 중 항행 중인 선박은 될 수 있으면 다음에 따른 선박의 진로를 피하여야 한다.
- 조종불능선
- 조종제한선

23 국제해상충돌방지규칙상 선미등의 색깔과 비추는 범위가 바르게 짝지어진 것은?

① 백색 – 135°
② 황색 – 135°
③ 녹색 – 360°
④ 황색 – 225°

해설
해사안전법 제79조(등화의 종류)
- 선미등 : 135°에 걸치는 수평의 호를 비추는 흰색 등으로서 그 불빛이 정선미 방향으로부터 양쪽 현의 67.5°까지 비출 수 있도록 선미 부분 가까이에 설치된 등

24 다음 중 국제해상충돌방지규칙상 마스트등, 현등, 선미등만 켜고 항행하는 선박은?

① 어로에 종사하고 있는 선박
② 조종불능선
③ 도선업무에 종사 중인 선박
④ 항행 중인 동력선

해설
해사안전법 제81조(항행 중인 동력선)
항행 중인 동력선은 다음의 등화를 표시하여야 한다.
- 앞쪽에 마스트등 1개와 그 마스트등보다 뒤쪽의 높은 위치에 마스트등 1개. 다만, 길이 50m 미만의 동력선은 뒤쪽의 마스트등을 표시하지 아니할 수 있다.
- 현등 1쌍(길이 20m 미만의 선박은 이를 대신하여 양색등을 표시할 수 있다)
- 선미등 1개

25 국제해상충돌방지규칙상 제한시계 안에서 정박 중인 동력선이 접근하는 선박에 대해 자선의 위치와 충돌의 가능성을 경호하기 위해서 울릴 수 있는 신호로 옳은 것은?

① 단음 1회, 장음 1회, 단음 1회
② 장음 1회, 장음 1회, 장음 1회
③ 장음 1회, 단음 1회, 단음 1회
④ 장음 1회, 단음 1회, 장음 1회

해설
해사안전법 제93조(제한된 시계 안에서의 음향신호)
정박 중인 선박은 1분을 넘지 아니하는 간격으로 5초 정도 재빨리 호종을 울릴 것. 다만, 정박하여 어로작업을 하고 있거나 작업 중인 조종제한선은 2분을 넘지 아니하는 간격으로 연속하여 3회의 기적(장음 1회에 이어 단음 2회를 말한다)을 울려야 하고, 길이 100m 이상의 선박은 호종을 선박의 앞쪽에서 울리되, 호종을 울린 직후에 뒤쪽에서 징을 5초 정도 재빨리 울려야 하며, 접근하여 오는 선박에 대하여 자기 선박의 위치와 충돌의 가능성을 경고할 필요가 있을 경우에는 이에 덧붙여 연속하여 3회(단음 1회, 장음 1회, 단음 1회) 기적을 울릴 수 있다.

정답 22 ① 23 ① 24 ④ 25 ①

2019년 제2회 최근 기출복원문제

제1과목 항 해

01 자기컴퍼스의 연철구 또는 연철판의 사용용도로 알맞은 것은?

① 침로 개정 ② 방위 측정
③ 자차 수정 ④ 편차 조정

해설
상한차 수정구 : 컴퍼스 주변에 있는 일시 자기의 수평력을 조정하기 위해 부착된 연철구 또는 연철판

02 선수방위가 변할 때마다 즉시 자차 측정을 할 수 없으므로, 미리 모든 방위의 자차를 구해 놓은 것은 무엇인가?

① 점장도 ② 자차곡선도
③ 나침도 ④ 포인트식

해설
자차표에 의한 자차곡선도를 이용하면 선수 방향에 대한 자차를 구하는 데 편리하게 이용할 수 있다.

03 다음 중 액체식 자기컴퍼스의 볼(Bowl)에 속하는 부분은?

① 부실(Float)
② 경사계(Clinometer)
③ 조명장치(Dimmer)
④ 경선차 수정자석

해설
경사계, 조명장치, 경선차 수정자석은 비너클에 속하는 부분이다.

04 다음 중 등대의 부근에서 위험한 구역을 비추어 위험 표시하는 등화는?

① 조사등 ② 명암등
③ 도 등 ④ 임시등

해설
① 부등(조사등) : 풍랑이나 조류 때문에 등부표를 설치하거나 관리하기 어려운 모래기둥이나 암초 등이 있는 위험지점으로부터 가까운 등대에 강력한 투광기를 설치하여 그 구역을 비추어 위험을 표시하는 등
② 명암등(Oc) : 한 주기 동안에 빛을 비추는 시간이 꺼져 있는 시간보다 길거나 같은 등
③ 도등 : 통항이 곤란한 좁은 수로, 항만 입구 등에서 안전 항로의 연장선 위에 높고 낮은 2~3개의 등화를 앞뒤로 설치하여 그들의 중시선에 의해서 선박을 인도하는 등
④ 임시등 : 선박 출입이 빈번치 않은 항만, 하구 등에 출·입항선이 있을 때 또는 선박 출입이 빈번해지는 계절에만 임시로 점등하는 등화

05 야간 항해 중 적색이며, 광력과 등색이 바뀌지 않고 지속되는 등대를 발견하였을 때 해도상에 표시된 그 등대의 기호에 해당하는 것은?

① FR ② FlY
③ OcY ④ Al.WR

해설
- R : 적색, G : 녹색, Y : 황색
- 부동등(F) : 등색이나 등력이 바뀌지 않고 일정하게 계속 빛을 내는 등
- 섬광등(Fl.) : 빛을 비추는 시간이 꺼져 있는 시간보다 짧은 것으로, 일정한 간격으로 섬등을 내는 등
- 명암등(Oc) : 한 주기 동안에 빛을 비추는 시간이 꺼져 있는 시간보다 길거나 같은 등
- 호광등(Al.) : 색깔이 다른 종류의 빛을 교대로 내며, 그 사이에 등광은 꺼지는 일이 없이 계속 빛을 내는 등

1 ③ 2 ② 3 ① 4 ① 5 ① 정답

06 우리나라 우현표지는 무슨 색인가?

① 녹 색　② 적 색
③ 백 색　④ 황 색

해설
우리나라는 B지역으로 등색의 좌현표지는 녹색, 우현표지는 적색이다. 방위표지의 등색은 백색, 특수표지는 황색이다.

07 입표에 대한 설명으로 맞는 것은?

① 육상에 설치된 간단한 기둥표이다.
② 항만의 유도표지이다.
③ 좁은 수로의 항로 연장선상에 설치되어 있다.
④ 암초 등의 위치를 표시하기 위하여 마련된 경계표이다.

해설
① 육 표
② 부 표
③ 도 표

08 다음 중 해도의 분류 기준으로 적합한 것은?

해도의 분류	
A	B
점장도, 대권도	총도, 항박도

① A : 도법, B : 축척
② A : 도법, B : 발행처
③ A : 축척, B : 도법
④ A : 축척, B : 발행 날짜

해설
- 제작법에 의한 분류 : 평면도법, 점장도법, 대권도법
- 축척에 의한 분류 : 총도, 항양도, 항해도, 해안도, 항박도

09 수로서지의 종류와 사용목적으로 적절하지 않은 것은?

① 조석표 - 각 지역의 조석 및 조류 확인
② 천측력 - 개기일식, 월식 날짜 확인
③ 등대표 - 항로표지의 등질, 등고 확인
④ 해상거리표 - 주요 항만 간의 거리 확인

해설
천측 계산용 서지 : 천체의 관측을 통하여 자선의 위치를 구하고 컴퍼스 오차 등을 측정하는 데 필요한 수로서지

10 다음 〈보기〉에서 설명하는 것은?

〈보 기〉
선박에 있어서 바다의 안내도이며 안전한 항해를 위해 꼭 필요한 것으로서 수심, 저질, 암초와 다양한 수중 장애물, 섬의 위치와 모양 등이 표시되어 있다.

① 해 도
② 수로서지
③ 항로지
④ 거리표

해설
② 수로서지 : 해도 이외에 항해에 도움을 주는 모든 간행물을 통틀어 수로서지라고 한다.
③ 항로지 : 해도의 내용을 설명하면서 해도에서는 표현할 수 없는 사항에 대하여 상세하게 설명하는 안내서이다.
④ 거리표 : 항구 사이의 항로거리를 해리로 나타낸 표이다.

11 다음 〈보기〉에서 설명하는 용어는?

〈보 기〉
해저의 지형, 즉 기복 상태를 판단할 수 있도록 수심이 동일한 지점을 가는 실선으로 연결하여 나타낸다.

① 위치선
② 등고선
③ 등심선
④ 해안선

해설
- 등심선 : 통상 2m, 5m, 10m, 20m 및 200m의 같은 수심인 장소를 연속하는 가는 실선으로 나타낸다.
- 해안선 : 약최고고조면에서의 수륙 경계선으로 항박도를 제외하고는 대부분 실선으로 기재한다.

정답 6 ② 7 ④ 8 ① 9 ② 10 ① 11 ③

12 다음 〈보기〉의 (　　) 안에 들어갈 내용으로 적합한 것은?

> 〈보 기〉
> 조석의 주기는 약 12시간 (　　)분이다.

① 5　② 15
③ 20　④ 25

해설
조석의 주기
고조(저조)로부터 다음 고조까지 걸리는 시간, 약 12시간 25분
고조에서 저조까지 걸리는 시간이 약 12시간 25분, 저조에서 다시 고조까지 걸리는 시간이 약 12시간 25분(반일주조)이므로, 고조에서 다음 날 고조까지 걸리는 시간은 약 24시간 50분(일주조)이다.

13 다음 〈보기〉의 (　　) 안에 들어갈 용어로 적합한 것은?

> 〈보 기〉
> 항만의 형상이 주머니 모양인 곳에서는 조석 이외에 해면이 짧은 주기로 승강할 때가 있다. 이러한 승강을 (　　)(이)라고 한다.

① 부진동　② 대조승
③ 소조승　④ 창 조

해설
② 대조승 : 대조 시 기본수준면에서 평균고조면까지의 높이
③ 소조승 : 소조 시 기본수준면에서 평균고조면까지의 높이
④ 창조 : 저조부터 고조까지 해면이 점차 상승하는 사이(밀물)

14 다음 〈보기〉에서 설명하는 해류는?

> 〈보 기〉
> • 해양표층에서 바람이 일정한 방향으로 지속적으로 불 때 발생한다.
> • 쿠루시오, 멕시코만류 등이 대표적이다.

① 해 류　② 경사류
③ 밀도류　④ 취송류

해설
① 해류 : 해수가 일정한 속력과 방향으로 이동하는 대규모의 흐름으로 바람이 가장 큰 원인이다.
② 경사류 : 해면이 바람, 기압, 비 또는 강물의 유입 등에 의해 경사를 일으키면 이를 평행으로 회복하려는 흐름이 생겨 발생하는 해류이다.
③ 밀도류 : 해수의 밀도의 불균일로 인한 압력차에 의한 해수의 흐름으로 생긴 해류이다.

15 다음 선위결정법 중에 격시관측에 의한 방법에 해당하지 않는 것은?

① 교차방위법
② 선수배각법
③ 양측방위법
④ 정횡거리예측법

해설
교차방위법은 동시관측법에 속한다. 격시관측법에는 양측방위법, 선수배각법, 4점방위법, 정횡거리예측법, 측심에 의한 선위측정법 등이 있다.

16 연안 항해 시 구할 수 있는 위치선 중 정확도가 가장 낮은 것은 무엇인가?

① 수평협각에 의한 위치선
② 수심에 의한 위치선
③ 중시선에 의한 위치선
④ 수평거리에 의한 위치선

해설
수심에 의한 위치선 : 수심의 변화가 규칙적이고 측량이 잘된 해도를 이용하여 직접 측정하여 얻은 수심과 같은 수심을 연결한 등심선으로, 다른 방법에 비해 정확도가 떨어진다.

17 프로펠러 회전으로 인한 본선 전진속력이 10노트이고, 순조 상태의 해류가 2노트인 상황에서 본선의 대수속력은 무엇인가?

① 5노트　② 10노트
③ 12노트　④ 20노트

12 ④ 13 ① 14 ④ 15 ① 16 ② 17 ② 정답

해설
- 대수속력 : 물 위에서 항주한 속력이다.
- 대지속력 : 육지에 대한 속력, 도착 예정시간은 대지속력으로 계산한다.

18 선박의 위치에 대한 설명으로 틀린 것은?

① 경위도로 표시하는 것이 일반적이다.
② 해도상에 표시되어 있는 물표로부터 방위와 거리로서 나타낼 수 있다.
③ 경위도로 나타낼 때 경도부터 표시한다.
④ 위치선의 교점으로 선박의 위치를 구한다.

해설
경위도로 나타낼 때는 위도부터 표시한다.

19 지리 위도 45°에서 위도 1′에 해당되는 지표상의 거리는 무엇인가?

① 10리　② 1해리
③ 1노트　④ 1m

해설
해리 : 해상에서 사용하는 거리의 단위로, 지리 위도 45°에서의 1′의 길이인 1,852m를 1마일로 정하여 사용한다.
1해리 = 1마일 = 1,852m = 위도 1′의 길이이다.

20 방위표시법에서 ‘NE’를 ‘360°식’으로 표시한 것은?

① 045°　② 090°
③ 180°　④ 255°

해설
1포인트 = 11°15′
NE = 4포인트(4점)
11°15′ × 4 = 45°

21 부산항 근처를 항해할 때 강선인 본선 자기컴퍼스의 남북선과 오륙도 등대 및 관측자를 지나는 대권이 이루는 교각을 무엇이라고 하는가?

① 진방위　② 나침방위
③ 자침방위　④ 상대방위

해설
① 진방위 : 진자오선과 관측자 및 물표를 지나는 대권이 이루는 교각
③ 자침방위 : 자기자오선과 관측자 및 물표를 지나는 대권이 이루는 교각
④ 상대방위 : 자선의 선수를 0°로 하여 시계 방향으로 360°까지 재거나 좌, 우현으로 180°씩 측정하는 것(견시보고나 닻줄의 방향을 보고할 때 편리하게 사용)

22 자침로와 나침로 간의 차이를 무엇이라고 하는가?

① 자 차　② 편 차
③ 경선차　④ 자이로오차

해설
② 편차 : 진자오선(진북)과 자기자오선(자북)의 교각
③ 경선차 : 선체가 수평인 때의 자차와 경사졌을 때의 자차 간의 차
④ 자이로오차 : 진자오선(진북)과 자이로컴퍼스의 교각

23 레이더의 조정기 중에서 FTC의 기능에 해당하는 것은?

① 비, 눈 등의 반사파 억제
② 전원스위치
③ 해면반사파의 억제
④ 휘도 조정

해설
레이더의 조정기 중에서 FTC는 눈비 등의 반사파를 억제하는 기능을 한다.

24 레이더에서 물표로부터 반사파의 탐지 및 세기에 영향을 주는 요소에 해당하지 않는 것은?

① 물표의 높이
② 물표의 구성물질
③ 물표 부근의 풍향
④ 물표의 표면 상태와 형상

해설
레이더의 성능에 영향을 주는 요소
- 물표의 유효 반사면적
- 물표의 표면 상태와 형상
- 물표의 구성물질
- 물표의 높이 및 크기

정답 18 ③ 19 ② 20 ① 21 ② 22 ① 23 ① 24 ③

25 레이더에서 발사되는 전파속도에 대한 설명으로 옳은 것은?

① 빛속도의 1/3이다.
② 빛의 속도와 같다.
③ 음파의 속도와 같다.
④ 음파속도의 2배이다.

해설
전파는 빛의 속도와 같다.

제2과목 운 용

01 계선줄이나 앵커체인을 감아올리기 위한 갑판설비로서 수직축을 중심으로 회전하는 것을 무엇이라고 하는가?

① 캡스턴 ② 양묘기
③ 계선윈치 ④ 페어리더

해설
② 양묘기 : 앵커를 감아올리거나 투묘작업 및 선박을 부두에 접안시킬 때 계선줄을 감는 데 사용되는 설비
③ 계선윈치 : 계선줄을 감아올리거나 감아 두기 위한 기기
④ 페어리더 : 계선줄의 마모를 방지하기 위해 롤러들로 구성된 기기

02 총톤수 500ton 이상의 선박에서 항내 접안 중 화재가 발생했을 때 육상의 소방시설과 선내의 소화관 또는 소화호스에 연결·급수할 수 있도록 하는 설비는 무엇인가?

① 소화기
② 소화전
③ 렌 치
④ 국제육상시설연결구(International Shore Connection)

03 일반적으로 타의 최대 유효 타각은 몇 도인가?

① 15° ② 25°
③ 30° ④ 35°

해설
이론적으로는 타각이 45°도일 때가 최대 유효 타각이지만, 최대 타각을 35° 정도가 되도록 타각 제한장치를 설치해 두고 있다.

04 만재흘수선의 표시기호에 해당하지 않는 것은?

① S ② W
③ T ④ A

해설
만재흘수선의 표시 기호

종 류	기 호	적용 대역 및 계절
하기 만재흘수선	S	하기대역에서는 연중, 계절열대구역 및 계절동기대역에서는 각각 그 하기 계절 동안 해수에 적용된다.
동기 만재흘수선	W	계절동기대역에서 동기 계절 동안 해수에 적용된다.
동기 북대서양 만재흘수선	WNA	북위 36° 이북의 북대서양을 그 동기 계절 동안 횡단하는 경우, 해수에 적용된다(근해구역 및 길이 100m 이상의 선박은 WNA 건현표가 없다).
열대 만재흘수선	T	열대대역에서는 연중, 계절열대구역에서는 그 열대 계절 동안 해수에 적용된다.
하기 담수 만재흘수선	F	하기대역에서는 연중, 계절열대구역 및 계절동기대역에서는 각각 그 하기 계절 동안 담수에 적용된다.
열대 담수 만재흘수선	TF	열대대역에서는 연중, 계절열대구역에서는 그 열대 계절 동안 담수에 적용된다.

05 만재흘수선과 갑판선 상단까지의 수직거리를 무엇이라고 하는가?

① 건 현 ② 깊 이
③ 흘 수 ④ 전 폭

해설
② 깊이(형심) : 선체 중앙에서 용골의 상면부터 건현 갑판의 현측 상면까지의 수직거리
③ 흘수 : 선체가 물속에 잠긴 깊이
④ 전폭 : 선체의 폭이 가장 넓은 부분에서 외판의 외면부터 맞은편 외판의 외면까지의 수평거리

25 ② / 1 ① 2 ④ 3 ④ 4 ④ 5 ① 정답

06 선박의 길이를 나타내는 용어 중 부두 접안이나 선박 조종 등에 사용되는 것은?

① 전 장
② 수선장
③ 형 심
④ 수선간장

해설
② 수선장(LWL) : 각 흘수선상의 물에 잠긴 선체의 선수재 전면부터 선미 후단까지의 수평거리로 배의 저항, 추진력 계산 등에 사용된다.
③ 깊이(형심) : 선체 중앙에서 용골의 상면부터 건현 갑판의 현측 상면까지의 수직거리이다.
④ 수선간장(LBP) : 계획만재흘수선상의 선수재의 전면으로부터 타주의 후면까지의 수평 거리로 강선구조규정, 선박만재흘수선규정, 선박구획규정 등에 사용된다.

07 동일한 선박으로 긴급정지조선에 의한 최단 정지거리를 측정할 때 그 설명으로 적절하지 않은 것은?

① 공선 항해 때보다 만재 상태에서 더 길다.
② 천수 영향을 받는 저수심구역에서 더 길다.
③ 고정피치의 경우, 가변피치 경우보다 더 길다.
④ 엔진을 반전하기 직전의 속력이 빠를수록 더 길다.

08 선박이 풍속 20m/s 이하에서 투묘 시 가장 많이 사용하는 닻줄 신출 길이의 산출식은?(단, Lc는 닻줄의 신출 길이, D(m)은 수심임)

① $Lc = 4D + 145\text{m}$
② $Lc = 4D + 150\text{m}$
③ $Lc = 5D + 90\text{m}$
④ $Lc = 3D + 90\text{m}$

해설
관용적으로 사용하는 앵커체인의 신출 길이
- 풍속 20m/s 이하 : $Lc = 3D + 90\text{m}$
- 풍속 30m/s 정도 : $Lc = 4D + 150\text{m}$

09 선박이 전진 항해 중 선회를 할 때 발생하는 현상이 아닌 것은?

① 선속이 감소한다.
② 선미 킥이 발생한다.
③ 선체 내방경사가 발생한다.
④ 전심이 후방으로 이동한다.

해설
선회권의 중심으로부터 선박의 선수미선에 수선을 내려서 만나는 점을 전심이라고 하며, 선체 자체의 외관상 회전중심에 해당한다. 전심은 정상 선회 중인 선박에 있어서 선수미선상에서 탱커의 경우는 선수 부근, 컨테이너선은 선수로부터 배 길이의 약 1/10 부근에 위치한다.

10 선수 스러스터에 의한 조선의 설명으로 적절하지 않은 것은?

① 선회, 접·이안 및 침로 유지에 사용 가능하다.
② 선속이 저속일수록 효과가 커진다.
③ 선체의 선회작용만 이루어지고, 횡 이동은 발생되지 않는다.
④ 선수가 충분히 잠기지 못할 경우 효과가 감소한다.

해설
사이드 스러스터 : 물을 한쪽 현에서 다른 쪽 현으로 내보내어 선수나 선미를 횡 방향으로 이동시키는 장치로 접·이안 시 유용하다.

11 상당한 간격을 두고 양현의 닻을 투하하고 선수가 양 닻의 중간지점에 오도록 투묘하는 방식인 쌍묘박에 관한 설명으로 적절하지 않은 것은?

① 투묘 조작이 단묘박에 비하여 복잡하다.
② 장기간 묘박하면 체인이 파울호즈될 수 있다.
③ 넓은 정박지에서 가장 많이 사용하는 방법이다.
④ 황천이나 비상시 응급조치를 취하는 데 많은 시간이 필요하다.

해설
쌍묘박
- 양쪽 현의 선수 닻을 앞·뒤쪽으로 서로 먼 거리를 두고서 투하하여, 선박을 그 중간에 위치시키는 정박법이다.

정답 6 ① 7 ② 8 ④ 9 ④ 10 ③ 11 ③

- 선체의 선회면적이 작기 때문에 좁은 수역, 선박의 교통량이 많은 곳에서 주로 사용된다.
- 바람, 조류에 따라 선체가 선회하여 앵커체인이 꼬이는 경우가 많다.
- 단점으로 투묘 조작이 복잡하고, 장기간 묘박하면 파울호즈가 되기 쉽고, 황천 등을 당하여 응급조치를 취하는 데 많은 시간이 필요하다.

12 선박이 출항하기 위하여 부두를 이탈할 때의 요령으로 적절하지 않은 것은?

① 가능하면 선수를 먼저 부두에서 떼어 낸다.
② 배의 바깥으로 나가 있는 돌출물을 거두어들인다.
③ 바람이 불어오는 방향의 반대쪽 계선줄을 먼저 푼다.
④ 항상 닻을 투하할 수 있게 준비하여 긴급 시에 이용한다.

해설
이안 시의 요령
- 현측 바깥으로 나가 있는 돌출물은 거두어들인다.
- 가능하면 선미를 먼저 부두에서 떼어낸다.
- 바람이 불어오는 방향의 반대쪽, 즉 풍하쪽의 계선줄을 먼저 푼다.
- 바람이 부두쪽에서 불어오면 선미의 계선줄을 먼저 풀고, 선미가 부두에서 떨어지면 선수의 계선줄을 푼다.
- 바람이 부두쪽으로 불어오면 자력 이안이 어려우므로 예인선을 이용한다.
- 부두에 다른 선박들이 가까이 있어서 조종 수역이 좁으면 예인선의 도움으로 이안시킨다.
- 기관을 저속으로 사용하여 주위에 접안작업 중인 다른 선박에 피해를 주지 않도록 한다.
- 항상 닻을 투하할 수 있게 준비하여 긴급 시에 이용한다.

13 수심이 얕은 수역을 항행할 때 나타나는 현상이 아닌 것은?

① 선체가 침하된다. ② 속력이 감소된다.
③ 선회권이 작아진다. ④ 선회권이 커진다.

해설
수심이 얕은 수역의 영향
- 선체의 침하 : 흘수가 증가한다.
- 속력의 감소 : 조파저항이 커지고, 선체의 침하로 저항이 증대된다.
- 조종성의 저하 : 선체 침하와 해저 형상에 따른 와류의 영향으로 키의 효과가 나빠진다.
- 선회권 : 커진다.

14 선박의 불안정한 평형 상태는 언제인가?

① 무게중심과 경심의 위치가 같을 때
② 무게중심이 경심보다 아래에 있을 때
③ 무게중심이 부심보다 아래에 있을 때
④ 무게중심이 경심보다 위에 있을 때

해설
선박의 안정성 판단
- 경심(M)이 무게중심(G)보다 위쪽에 위치하면 선박은 안정 평형 상태이다.
- 경심(M)과 무게중심(G)이 같은 점에 위치하면 선박은 중립 평형 상태이다.
- 경심(M)이 무게중심(G)보다 아래쪽에 위치하면 선박은 불안정 평형 상태로 전복된다.

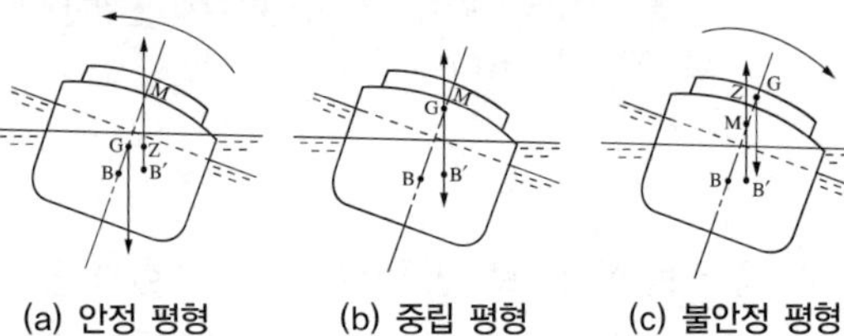

(a) 안정 평형 (b) 중립 평형 (c) 불안정 평형

15 물에 떠 있는 선박에서 밀어낸 물의 무게만큼 상방으로 작용하는 힘을 무엇이라고 하는가?

① 중 력 ② 부 력
③ 원심력 ④ 자기력

해설
부력과 중력 : 물에 떠 있는 선체에서는 배의 무게만큼의 중력이 하방향으로 작용하고, 동시에 배가 밀어 낸 물의 무게만큼의 부력이 상 방향으로 작용하는 데 힘의 크기는 같고 방향은 반대이다.

16 항해 당직사관이 즉시 선장에게 보고해야 할 경우에 해당하지 않는 것은?

① 무선전화기(VHF)에 의해 다른 선박으로부터 일반적인 호출이 있을 경우
② 제한시계에 조우하거나 예상될 경우
③ 다른 선박의 움직임이 염려스러울 경우
④ 침로 유지가 어려울 경우

12 ① 13 ③ 14 ④ 15 ② 16 ① 정답

해설

항해 당직사관이 즉시 선장에게 보고해야 할 사항
- 제한시계에 조우하거나 예상될 경우
- 교통조건 또는 다른 선박들의 동정이 불안할 경우
- 침로 유지가 곤란할 경우
- 예정된 시간에 육지나 항로표지를 발견하지 못할 경우 또는 측심을 못하였을 경우
- 예측하지 아니한 육지나 항로표지를 발견한 경우
- 주기관, 조타장치 또는 기타 중요한 항해장비에 고장이 발생했을 경우
- 황천 속 악천후 때문에 생길 수 있는 손상이 의심될 경우

17 **대수속력이 있는 선박에서 항해 당직 중 전방에 안개가 낄 경우 당직사관이 취해야 할 조치로서 옳지 않은 것은?**

① 기관을 감속하여 안전속력으로 항해한다.
② 2분을 넘지 않는 간격으로 장음 2회의 무중신호를 울린다.
③ 항해등을 켠다.
④ 레이더를 작동시킨다.

해설

시정이 제한될 시 취해야 할 조치
- 당직사관은 무중신호를 울리고 적당한 속력으로 항해한다.
- 선장에게 사항을 보고한다.
- 견시와 조타수를 배치하고, 선박이 폭주하는 해역에서는 즉각 수동조타로 바꾼다.
- 항해등을 켠다.
- 레이더를 작동하고 사용한다.

18 **항해 당직을 인수할 때 주의사항으로 적합하지 않은 것은?**

① 본선의 흘수, 트림 및 조류, 조석의 변화도 인수받아야 한다.
② 당직 인수자는 자신의 눈이 어둠에 완전히 적응할 때까지 당직을 인수해서는 안 된다.
③ 인수받아야 할 제반사항들이 완전히 숙지되기 전까지 당직을 인수해서는 안 된다.
④ 교대시각에 어떤 위험을 피하기 위한 조치가 이루어지더라도 당직 교대는 정시에 이루어져야 한다.

해설

항해 당직 인수・인계
- 당직자는 당직 근무시간 15분 전 선교에 도착하여 다음 사항을 확인 후 당직을 인수・인계한다.
  - 선장의 특별지시사항
  - 주변상황, 기상 및 해상 상태, 시정
  - 선박의 위치, 침로, 속력, 기관 회전수
  - 항해 계기 작동 상태 및 기타 참고사항
  - 선체의 상태나 선내의 작업상황
  - 항해 당직을 인수받은 당직사관은 가장 먼저 선박의 위치를 확인한다.
- 당직이 인계되어야 할 시간에 어떤 위험을 피하기 위하여 선박의 조종 또는 기타 동작이 취하여 지고 있을 때에는 임무의 교대를 미루어야 한다.

19 **태풍의 강도를 나타내는 기준은 무엇인가?**

① 강우의 범위　② 바람의 세기
③ 태풍의 직경　④ 폭풍권의 크기

해설

태풍 : 열대 해상에서 발달하는 열대성 저기압으로 중심풍속이 17m/s (풍력계급 12, 64노트) 이상의 폭풍우를 동반하는 열대성 저기압이다.

20 **기압에 관한 설명으로 틀린 것은?**

① 1,000hPa 이하를 저기압이라 한다.
② 기압이 높은 곳에서 낮은 곳으로 바람이 분다.
③ 기압경도가 크면 바람은 강하다.
④ 저기압 중심부에는 상승기류가 있다.

해설

저기압은 주위보다 상대적으로 기압이 낮은 곳이다.

21 **갑판기기에 해당하지 않는 것은?**

① 캡스턴　② 양묘기
③ 계선기　④ 조수기

해설

조수기는 해수로부터 청수를 얻어내는 장치이다.

정답 17 ② 18 ④ 19 ② 20 ① 21 ④

22 **소방원 장구의 구성품에 속하지 않는 것은?**

① 안전모 ② 방화도끼
③ 안전등 ④ 휴대식 소화기

해설
소방원 장구 : 방화복, 장화와 장갑, 안전모, 안전등, 방화도끼, 구명줄, 방연헬멧, 방연마스크, 자장식 호흡구가 있다.

23 **눈에 독물이 들어가거나 스쳤을 때 응급처치방법으로 적절한 것은?**

① 의사가 오기를 기다린다.
② 안연고를 바르고 안대를 하여 안정시킨다.
③ 안약을 넣고 안대를 하여 조용히 누워서 안정한다.
④ 세면대에 수돗물을 흘리면서 눈을 담가 깜박이며 씻어 낸다.

해설
눈에 화학물질이 들어간 경우에는 즉시 흐르는 물에 눈을 계속 씻어 낸다.

24 **해상에서 '수색'이 의미하는 것은?**

① 구조하는 것
② 사람을 검문·검색하는 것
③ 선박끼리 통신하는 것
④ 조난당한 선박이나 사람을 찾는 것

해설
수색이란 조난당한 선박이나 사람을 찾는 것이다.

25 **무선전화에서 긴급통신의 긴급신호를 의미하는 것은?**

① DAYDAY ② MEDICAL
③ PAN PAN ④ SECURITY

해설
② 의료
④ 안전통신

제3과목 법 규

01 **선박의 입항 및 출항 등에 관한 법률상 무역항의 수상구역 등에서 기적이나 사이렌을 갖춘 선박에 화재가 발생한 경우 그 선박이 울려야 하는 경보로 옳은 것은?**

① 기적이나 사이렌으로 지속음
② 기적이나 사이렌으로 단음 8회에 이어 장음 1회
③ 기적이나 사이렌으로 장음 5회를 적당한 간격으로 반복
④ 기적이나 사이렌으로 장음 2회 단음 2회를 적당한 간격으로 반복

해설
선박의 입항 및 출항 등에 관한 법률 시행규칙 제29조(화재 시 경보방법)
- 화재를 알리는 경보는 기적이나 사이렌을 장음(4초에서 6초까지의 시간 동안 계속되는 울림을 말한다)으로 5회 울려야 한다.
- 경보는 적당한 간격을 두고 반복하여야 한다.

02 **다음 〈보기〉의 ( ) 안에 들어갈 내용으로 적합한 것은?**

〈보 기〉
선박의 입항 및 출항 등에 관한 법률상 예인선이 무역항의 수상구역 등에서 다른 선박을 끌고 항행하는 경우 원칙적으로 예인선의 선수로부터 피예인선의 선미까지의 길이는 ( )를 초과해서는 안 된다.

① 100m
② 200m
③ 350m
④ 400m

해설
선박의 입항 및 출항 등에 관한 법률 시행규칙 제9조(예인선의 항법 등)
예인선의 선수로부터 피예인선의 선미까지의 길이는 200m를 초과하지 아니할 것. 다만, 다른 선박의 출입을 보조하는 경우에는 그러하지 아니하다.

22 ④ 23 ④ 24 ④ 25 ③ / 1 ③ 2 ② 정답

03 선박안전법상 해양수산관청에서 검사 등 업무를 행하는 것이 원칙이지만, 그 업무를 대행할 수 있는 기관은 어디인가?

① 선주협회
② 시·군·구청장
③ 선급법인
④ 지방해양경찰청장

해설
선박안전법 제60조(검사 등 업무의 대행)
해양수산부장관은 선박보험의 가입·유지를 위하여 선박의 등록 및 감항성에 관한 평가의 업무를 하는 국내외 법인으로서 해양수산부장관이 정하여 고시하는 기준에 적합한 법인에 해당 선급법인이 관리하는 명부에 등록하였거나 등록하려는 선박에 한정하여 검사 등 업무를 대행하게 할 수 있다. 이 경우 해양수산부장관은 대통령령으로 정하는 바에 따라 협정을 체결하여야 한다.

04 선박안전법상 부산과 제주 사이의 항해구역을 무엇이라고 하는가?

① 평수구역
② 연해구역
③ 연근해구역
④ 원양구역

해설
선박안전법 시행규칙 별표 5(연해구역의 범위)

05 해양환경관리법상 선박에 의한 해양오염사고 발생 시 해양오염방제에 사용된 비용을 부담하는 자는?

① 선박 전선원
② 당직 항해사
③ 해양수산부장관
④ 사고 선박 소유자

해설
해양환경관리법 제68조(행정기관의 방제조치와 비용 부담)
방제조치에 소요되는 비용은 대통령령이 정하는 바에 따라 선박 또는 해양시설의 소유자가 부담하게 할 수 있다. 다만, 천재지변 등 대통령령이 정하는 사유에 해당하는 경우에는 그러하지 아니하다.

06 해양환경관리법상 선박 안에서 발생하는 유성찌꺼기(슬러지)의 처리방법으로 적절하지 않은 것은?

① 유성찌꺼기탱크에 저장한다.
② 소각설비를 이용한다.
③ 저장시설 등의 운영자에게 인도한다.
④ 유성찌꺼기 전용펌프를 이용하여 해상에 배출한다.

해설
선박에서의 오염방지에 관한 규칙 별표 4
유성찌꺼기(Sludge)는 유성찌꺼기탱크에 저장하되, 별표 8의 기술기준에 따른 유성찌꺼기탱크 용량의 80%를 초과하는 경우에는 출항 전에 유성찌꺼기 전용펌프(총톤수 150ton 미만의 유조선, 총톤수 400ton 미만의 선박으로서 유조선 외의 선박과 1990년 12월 31일 이전에 건조된 선박의 경우에는 유성찌꺼기 전용펌프 외의 펌프를 사용할 수 있다)와 배출관장치를 통하여 저장시설 등의 운영자에게 인도할 것. 다만, 소각설비가 설치된 선박의 경우에는 해상에서 유성찌꺼기를 소각하여 처리할 수 있다.

07 다음 〈보기〉의 ( ) 안에 들어갈 내용으로 적합한 것은?

〈보 기〉
해사안전법 수역 안전관리상 누구든지 수역 등 또는 수역 등의 밖으로부터 ( ) 이내의 수역에서 선박 등을 이용하여 수역 등이나 항로를 점거하거나 차단하는 행위를 함으로써 선박 통항을 방해하여서는 안 된다.

① 8km
② 10km
③ 15km
④ 20km

해설
수역 등 및 항로의 안전 확보(해사안전법 제35조)
누구든지 수역 등 또는 수역 등의 밖으로부터 10km 이내의 수역에서 선박 등을 이용하여 수역 등이나 항로를 점거하거나 차단하는 행위를 함으로써 선박 통항을 방해하여서는 아니 된다.

정답 3 ③ 4 ② 5 ④ 6 ④ 7 ②

08 다음 〈보기〉의 (　　) 안에 들어갈 용어로 적합한 것은?

〈보 기〉

해사안전법상 (　　)(이)란 선박의 항행 안전을 확보하기 위하여 한쪽 방향으로만 항행할 수 있도록 되어 있는 일정한 범위의 수역이다.

① 협수로　　② 분리선
③ 통항로　　④ 연안통항대

해설

해사안전법 제2조(정의)
통항로란 선박의 항행 안전을 확보하기 위하여 한쪽 방향으로만 항행할 수 있도록 되어 있는 일정한 범위의 수역을 말한다.

09 국제해상충돌방지규칙상 두 척의 동력선이 서로 시계 안에서 다음 그림과 같이 충돌 위험이 있을 때의 설명으로 맞는 것은?

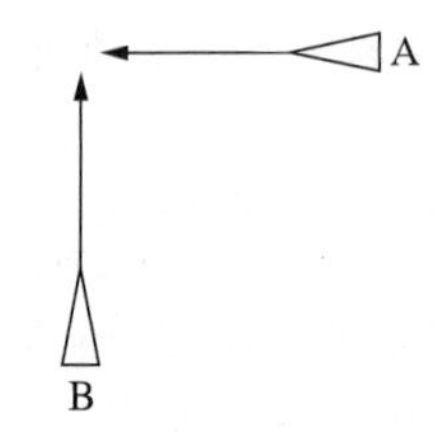

〈보 기〉

ㄱ. A선박은 속력과 침로를 유지할 의무가 있다.
ㄴ. A선박은 좌현으로 전타하여 피항한다.
ㄷ. B선박은 우현 전타하여 A선박 선미를 통과한다.
ㄹ. B선박은 피추월선이다.

① ㄱ, ㄷ　　② ㄱ, ㄹ
③ ㄴ, ㄷ　　④ ㄴ, ㄹ

해설

해사안전법 제73조(횡단하는 상태)
2척의 동력선이 상대의 진로를 횡단하는 경우로서 충돌의 위험이 있을 때에는 다른 선박을 우현쪽에 두고 있는 선박이 그 다른 선박의 진로를 피하여야 한다. 이 경우 다른 선박의 진로를 피하여야 하는 선박은 부득이한 경우 외에는 그 다른 선박의 선수 방향을 횡단하여서는 아니 된다.

해사안전법 제74조(피항선의 동작)
다른 선박의 진로를 피하여야 하는 모든 선박은 될 수 있으면 미리 동작을 크게 취하여 다른 선박으로부터 충분히 멀리 떨어져야 한다.
해사안전법 제75조(유지선의 동작)
2척의 선박 중 1척의 선박이 다른 선박의 진로를 피하여야 할 경우 다른 선박은 그 침로와 속력을 유지하여야 한다.

10 다음 〈보기〉의 (　　) 안의 숫자 합은 얼마인가?

〈보 기〉

국제해상충돌방지규칙상 단음은 (　　)초간의 취명이고, 장음은 (　　)초 내지 (　　)초간의 취명이다.

① 6　　② 9
③ 11　　④ 13

해설

해사안전법 제90조(기적의 종류)
기적이란 다음의 구분에 따라 단음과 장음을 발할 수 있는 음향신호장치를 말한다.
• 단음 : 1초 정도 계속되는 고동소리
• 장음 : 4초부터 6초까지의 시간 동안 계속되는 고동소리

11 다음 중 국제해상충돌방지규칙상 선박에 해당하는 것은?

① 도크에 얹혀 있는 선박
② 수상에 있는 수상항공기
③ 해상에 고정된 호텔용 민간선박
④ 육상에서 해체를 기다리는 선박

해설

해사안전법 제2조(정의)
선박이란 물에서 항행수단으로 사용하거나 사용할 수 있는 모든 종류의 배(물 위에서 이동할 수 있는 수상항공기와 수면비행선박 포함)를 말한다.

8 ③　9 ①　10 ③　11 ②　정답

12 **국제해상충돌방지규칙상 선박이 안전한 속력으로 항행하여야 하는 이유로 적절하지 않은 것은?**

① 다른 선박과의 충돌을 피하기 위한 적절한 피항동작을 하기 위해서이다.
② 당시의 상황에 적합한 거리에서 정선할 수 있도록 하기 위해서이다.
③ 선박이 많은 곳에서는 다른 선박의 동향을 면밀하게 관찰하기 위해서이다.
④ 다른 선박이 많은 해역에서 선박들 사이를 쉽게 빠져 나가기 위해서이다.

해설
해사안전법 제64조(안전한 속력)
선박은 다른 선박과의 충돌을 피하기 위하여 적절하고 효과적인 동작을 취하거나 당시의 상황에 알맞은 거리에서 선박을 멈출 수 있도록 항상 안전한 속력으로 항행하여야 한다.

13 **다음 〈보기〉의 (　　) 안에 들어갈 용어로 적합한 것은?**

〈보 기〉
국제해상충돌방지규칙상 좁은 수로나 항로를 따라 진행하고 있는 선박은 안전하고 실행 가능한 그 선박의 (　　)측에 위치한 항로의 외측 한계 가까이를 항행하여야 한다.

① 좌 현　　② 중 앙
③ 우 현　　④ 선 미

해설
해사안전법 제67조(좁은 수로 등)
좁은 수로나 항로를 따라 항행하는 선박은 항행의 안전을 고려하여 될 수 있으면 좁은 수로 등의 오른편 끝쪽에서 항행하여야 한다. 다만, 제31조제1항에 따라 해양수산부장관이 특별히 지정한 수역 또는 제68조제1항에 따라 통항분리제도가 적용되는 수역에서는 좁은 수로 등의 오른편 끝쪽에서 항행하지 아니하여도 된다.

14 **국제해상충돌방지규칙상 추월선이란?**

① 다른 선박의 선수로부터 접근하는 선박이다.
② 다른 선박의 정횡 후 90°를 넘는 후방에서 접근하는 선박이다.
③ 다른 선박의 125°를 넘는 후방에서 접근하는 선박이다.
④ 다른 선박의 정횡 후 22.5°를 넘는 후방에서 접근하는 선박이다.

해설
해사안전법 제71조(추월)
다른 선박의 양쪽 현의 정횡으로부터 22.5°를 넘는 뒤쪽(밤에는 다른 선박의 선미등만을 볼 수 있고 어느 쪽의 현등도 볼 수 없는 위치)에서 그 선박을 앞지르는 선박은 추월선으로 보고 필요한 조치를 취하여야 한다.

15 **국제해상충돌방지규칙상 횡단하는 상태에서 피항선이 피항동작을 취하지 않을 때 유지선이 취할 동작으로 맞는 것은?**

① 침로와 속력을 유지한다.
② 경고신호를 보내고 피항조치를 취한다.
③ 항상 좌현변침하여 피항선의 선수쪽으로 피한다.
④ 무선전화를 통해 피항선이 피항조치를 취하도록 한다.

해설
해사안전법 제75조(유지선의 동작)
- 2척의 선박 중 1척의 선박이 다른 선박의 진로를 피하여야 할 경우 다른 선박은 그 침로와 속력을 유지하여야 한다.
- 침로와 속력을 유지하여야 하는 선박(이하 '유지선'이라고 한다)은 피항선이 이 법에 따른 적절한 조치를 취하고 있지 아니하다고 판단하면 스스로의 조종만으로 피항선과 충돌하지 아니하도록 조치를 취할 수 있다. 이 경우 유지선은 부득이하다고 판단하는 경우 외에는 자기 선박의 좌현쪽에 있는 선박을 향하여 침로를 왼쪽으로 변경하여서는 아니 된다.

정답 12 ④ 13 ③ 14 ④ 15 ②

16 **국제해상충돌방지규칙상 제한시계 안에서 어로에 종사하면서 닻을 내리고 있는 선박과 작업을 수행하면서 닻을 내리고 있어서 기동성에 크게 제한을 받는 선박이 울려야 하는 음향신호로 옳은 것은?**

① 1분을 초과하지 아니하는 간격으로 약 5초 동안의 징
② 2분을 초과하지 아니하는 간격으로 장음 1회, 단음 2회
③ 2분을 초과하지 아니하는 간격으로 장음 1회, 단음 3회
④ 2분을 초과하지 아니하는 간격으로 장음 2회

해설
해사안전법 제93조(제한된 시계 안에서의 음향신호)
조종불능선, 조종제한선, 흘수제약선, 범선, 어로작업을 하고 있는 선박 또는 다른 선박을 끌고 있거나 밀고 있는 선박은 2분을 넘지 아니하는 간격으로 연속하여 3회의 기적(장음 1회에 이어 단음 2회를 말한다)을 울려야 한다.

17 **다음 〈보기〉의 (　　) 안에 들어갈 용어로 적합한 것은?**

〈보 기〉
(　　)(이)란 실행 가능한 한 선미 가깝게 설치하는 백등을 말하며 135°의 수평의 호를 고르게 비추는 등화이다.

① 현 등
② 전주등
③ 선미등
④ 항해등

해설
해사안전법 제79조(등화의 종류)
• 선미등 : 135°에 걸치는 수평의 호를 비추는 흰색 등으로서 그 불빛이 정선미 방향으로부터 양쪽 현의 67.5°까지 비출 수 있도록 선미 부분 가까이에 설치된 등

18 **다음 중 국제해상충돌방지규칙상 등화의 색이 백색이 아닌 것은?**

① 마스트등　　② 예선등
③ 선미등　　④ 정박등

해설
해사안전법 제79조(등화의 종류)
• 예선등 : 선미등과 같은 특성을 가진 황색 등

19 **국제해상충돌방지규칙상 길이 40m인 동력선이 야간 항행 중에 표시해야 할 등화로 옳은 것은?**

① 삼색등 1개, 선수등 1개
② 현등 1쌍, 후부의 마스트등 1개, 작업등 1개
③ 전부의 마스트등 1개, 현등 1쌍, 선미등 1개
④ 전부의 마스트등 1개, 양색등 1개, 선미등 1개

해설
해사안전법 제81조(항행 중인 동력선)
항행 중인 동력선은 다음의 등화를 표시하여야 한다.
• 앞쪽에 마스트등 1개와 그 마스트등보다 뒤쪽의 높은 위치에 마스트등 1개. 다만, 길이 50m 미만의 동력선은 뒤쪽의 마스트등을 표시하지 아니할 수 있다.
• 현등 1쌍(길이 20m 미만의 선박은 이를 대신하여 양색등을 표시할 수 있다)
• 선미등 1개

20 **국제해상충돌방지규칙상 기범선이 돛과 기관을 동시에 이용하여 주간에 항행 중일 때 가장 잘 보이는 곳에 표시해야 하는 형상물에 대한 설명으로 맞는 것은?**

① 둥근꼴의 형상물 2개를 수직으로 표시한다.
② 원통형의 형상물 1개를 수평으로 표시한다.
③ 마름모꼴의 형상물 2개를 수직으로 표시한다.
④ 원뿔꼴로 된 형상물 1개를 그 꼭대기가 아래로 향하도록 표시한다.

해설
해사안전법 제83조(항행 중인 범선 등)
범선이 기관을 동시에 사용하여 진행하고 있는 경우에는 앞쪽의 가장 잘 보이는 곳에 원뿔꼴로 된 형상물 1개를 그 꼭대기가 아래로 향하도록 표시하여야 한다.

16 ② 17 ③ 18 ② 19 ③ 20 ④ 정답

21 국제해상충돌방지규칙상 트롤어선이 어로에 종사할 때 표시하는 형상물은?

① 원통형 형상물 1개
② 원뿔꼴 형상물 1개
③ 원추형 형상물 1개
④ 2개의 원뿔의 정점을 위아래로 결합한 형상물 1개

해설
해사안전법 제84조(어선)
항망이나 그 밖의 어구를 수중에서 끄는 트롤망어로에 종사하는 선박은 항행에 관계없이 다음의 등화나 형상물을 표시하여야 한다.
① 수직선 위쪽에는 녹색, 그 아래쪽에는 흰색 전주등 각 1개 또는 수직선 위에 2개의 원뿔을 그 꼭대기에서 위아래로 결합한 형상물 1개
② ①의 녹색 전주등보다 뒤쪽의 높은 위치에 마스트등 1개. 다만, 어로에 종사하는 길이 50m 미만의 선박은 이를 표시하지 아니할 수 있다.
③ 대수속력이 있는 경우에는 ①과 ②에 따른 등화에 덧붙여 현등 1쌍과 선미등 1개

22 국제해상충돌방지규칙상 도선업무에 종사하는 도선선이 항해등에 추가로 표시해야 할 등화는 무엇인가?

① 홍등 1개
② 백등 2개
③ 수직으로 홍등 3개
④ 백등 1개, 그 아래에 홍등 1개

해설
해사안전법 제87조(도선선)
도선업무에 종사하고 있는 선박은 다음의 등화나 형상물을 표시하여야 한다.
① 마스트의 꼭대기나 그 부근에 수직선 위쪽에는 흰색 전주등, 아래쪽에는 붉은색 전주등 각 1개
② 항행 중에는 ①에 따른 등화에 덧붙여 현등 1쌍과 선미등 1개
③ 정박 중에는 ①에 따른 등화에 덧붙여 제88조에 따른 정박하고 있는 선박의 등화나 형상물

23 국제해상충돌방지규칙상 음향신호장치에 해당하지 않는 것은?

① 기 적 ② 징
③ 나 팔 ④ 호 종

해설
해사안전법 제91조(음향신호설비)
① 길이 12m 이상의 선박은 기적 1개를, 길이 20m 이상의 선박은 기적 1개 및 호종 1개를 갖추어 두어야 하며, 길이 100m 이상의 선박은 이에 덧붙여 호종과 혼동되지 아니하는 음조와 소리를 가진 징을 갖추어 두어야 한다. 다만, 호종과 징은 각각 그것과 음색이 같고 이 법에서 규정한 신호를 수동으로 행할 수 있는 다른 설비로 대체할 수 있다.
② 길이 12m 미만의 선박은 ①에 따른 음향신호설비를 갖추어 두지 아니하여도 된다. 다만, 이들을 갖추어 두지 아니하는 경우에는 유효한 음향신호를 낼 수 있는 다른 기구를 갖추어 두어야 한다.

24 국제해상충돌방지규칙상 기관이 고장 난 선박이 무중에 2분이 넘지 않는 간격으로 울려야 할 음향신호로 옳은 것은?

① 단음, 단음, 장음 ② 단음, 장음, 단음
③ 장음, 단음, 단음 ④ 단음, 단음 ,단음

해설
해사안전법 제93조(제한된 시계 안에서의 음향신호)
조종불능선, 조종제한선, 흘수제약선, 범선, 어로작업을 하고 있는 선박 또는 다른 선박을 끌고 있거나 밀고 있는 선박은 2분을 넘지 아니하는 간격으로 연속하여 3회의 기적(장음 1회에 이어 단음 2회를 말한다)을 울려야 한다.

25 국제해상충돌방지규칙상 타선에서 선원이 좌우로 팔을 벌려 올렸다, 내렸다를 반복하는 경우 전달하고자 하는 것은?

① 반갑다는 인사신호
② 침로를 계속 유지하라는 신호
③ 조난선박으로서 구조를 요청 중인 신호
④ 태풍이 접근해 오고 있다는 표시신호

해설
팔을 좌우로 벌려 올렸다, 내렸다를 반복하는 행동은 조난선박으로서 구조를 요청하는 신호이다.

정답 21 ④ 22 ④ 23 ③ 24 ③ 25 ③

2019년 제3회

최근 기출복원문제

제1과목 항 해

01 자기컴퍼스의 주된 용도는 무엇인가?

① 수온 측정
② 선박의 속력 측정
③ 물표의 거리 측정
④ 물표의 방위 측정

해설
자기컴퍼스는 자석을 이용해 자침이 지구 자기의 방향을 지시하도록 만든 장치로, 선박의 침로나 물표의 방위를 관측하여 선위를 확인할 수 있다.

02 다음 중 컴퍼스 카드에서 서쪽을 표시하는 것은?

① N ② E
③ S ④ W

해설
① N : 북쪽
② E : 동쪽
③ S : 남쪽

03 자차가 생기는 원인에 대한 설명으로 맞는 것은?

① 지구의 자기장과는 무관하다.
② 선체의 노후화에 의해 발생한다.
③ 선박흘수의 변화에 의해 발생한다.
④ 지구의 자기장 내에서 선박이 자화되어 발생한다.

해설
자차는 선내 철기 및 선체자기의 영향 때문에 발생한다.

04 다음 중 등부표는 어떤 지표인가?

① 음향표지 ② 전파표지
③ 광파표지 ④ 특수신호표지

해설
등부표
- 등대와 함께 가장 널리 쓰이고 있는 야간표지(광파표지)이다.
- 암초, 항해금지구역, 항로의 입구, 폭 및 변침점 등을 표시하기 위하여 설치한다.
- 해저에 체인으로 연결되어 일정한 선회반지름을 가지고 이동한다.
- 파랑이나 조류에 의해 위치 이동 및 유실에 주의해야 한다.

05 좁은 수로의 항로를 표시하여 선박을 인도하는 항로표지로 시정이 좋은 낮에만 이용할 수 있는 것은?

① 등 선 ② 도 등
③ 등 표 ④ 등 주

해설
① 등선 : 육지에서 멀리 떨어진 해양, 항로의 중요한 위치에 있는 모래기둥 등을 알리기 위해 일정한 지점에 정박하고 있는 특수 구조의 선박이다.
② 도등 : 통항이 곤란한 좁은 수로, 항만 입구 등에서 안전 항로의 연장선 위에 높고 낮은 2~3개의 등화를 앞뒤로 설치, 그 중시선에 의해서 선박을 인도하는 것이다.
④ 등주 : 쇠나 나무, 콘크리트와 같이 기둥모양의 꼭대기에 등을 달아 놓은 것이다.

06 암초, 노출암 등의 위험물을 피하기 위하여 경계표로 활용되는 형상표지는 무엇인가?

① 입 표 ② 등부표
③ 등 표 ④ 등 선

정답 1 ④ 2 ④ 3 ④ 4 ③ 5 ③ 6 ①

해설
② 등부표 : 암초, 항해금지구역, 항로의 입구, 폭 및 변침점 등을 표시하기 위하여 설치한다.
③ 등표 : 항로, 항행에 위험한 암초, 항행 금지구역 등을 표시하는 지점에 고정하여 설치한다.
④ 등선 : 육지에서 멀리 떨어진 해양, 항로의 중요한 위치에 있는 모래기둥 등을 알리기 위해 일정한 지점에 정박하고 있는 특수 구조의 선박이다.

07 다음 중 항로표지에 해당하는 것은?

① 등 대 ② 해 도
③ 레이더 ④ AIS

해설
항로표지 : 등대, 등표, 등주, 등부표, 무선 표지국 등이 규정된 기호와 약어로 기재한다.

08 다음 〈보기〉의 (　　) 안에 들어갈 용어로 적합한 것은?

〈보 기〉
(　　)은(는) 해저의 지형, 즉 기복 상태를 판단할 수 있도록 수심이 동일한 지점을 가는 실선으로 연결하여 나타낸다.

① 위치선 ② 등고선
③ 등심선 ④ 해안선

해설
① 위치선 : 어떤 물표를 관측하여 얻은 방위, 협각, 고도, 거리, 수심 등을 만족하는 점의 자취를 위치선이라고 한다.
② 등고선 : 평균 해수면을 기준으로 같은 고도의 지점을 연결한 선으로 등치선의 일종이다.
④ 해안선 : 약최고고조면에서의 수륙 경계선으로 항박도를 제외하고는 대부분 실선으로 기재한다.

09 다음 중 해도의 나침도에서 직접 알 수 있는 것은?

① 자차 및 편차의 변화율
② 해도의 종류
③ 편차 및 연 변화율
④ 해도의 간행 연월일

해설
해도의 나침도에는 지자기에 따른 자침편차와 1년간의 변화량인 연차가 함께 기재한다.

10 모양이 상세하게 그려지는 항박도를 제외하고 대부분 실선으로 기재되어 있는 수륙 경계선의 기준을 무엇이라고 하는가?

① 고조면 ② 평균해면
③ 기본수준면 ④ 약최고고조면

해설
① 고조면 : 썰물 때 해면이 높아지는 것이다.
② 평균해면 : 해수면의 높이를 임의의 기간 높이로 평균한 값이다.
③ 기본수준면 : 해도의 수심과 조석표의 조고의 기준면이다.

11 항정선을 평면 위에 직선으로 표시하는 해도도법으로, 항해할 때 가장 많이 쓰이는 해도를 제작하는 것은?

① 평면도법 ② 점장도법
③ 대권도법 ④ 원추도법

해설
① 평면도법 : 지구 표면의 좁은 한 구역을 평면으로 간주하고 그린 축척이 큰 해도이다.
③ 대권도법 : 지구의 중심에 시점을 두고 지구 표면 위의 한 점에 접하는 평면에 지구 표면을 투영하는 방법으로 심사도법이라고도 한다.
④ 원추도법 : 지구본의 중심에서 지구본에 씌운 원추에 경선과 위선을 투영하고 이를 다시 펼쳐 평면으로 만드는 도법이다.

12 일정 방향으로 오래 지속된 바람과 해면의 마찰로 인해 바람이 불어가는 방향으로 형성되는 해류를 무엇이라고 하는가?

① 취송류 ② 밀도류
③ 경사류 ④ 해 류

해설
② 밀도류 : 해수 밀도의 불균일로 인한 압력차에 의한 해수의 흐름으로 생긴 해류이다.
③ 경사류 : 해면이 바람, 기압, 비 또는 강물의 유입 등에 의해 경사를 일으키면 이를 평행으로 회복하려는 흐름이 생겨 발생하는 해류이다.
④ 해류 : 해수가 일정한 속력과 방향으로 이동하는 대규모의 흐름으로, 바람이 가장 큰 원인이다.

정답 7 ① 8 ③ 9 ③ 10 ④ 11 ② 12 ①

13 임의항만의 조고를 구하기 위한 개정수는 무엇인가?

① 조시비 ② 조시차
③ 조고비 ④ 조고차

해설
임의항만(지역)의 조석을 구하는 법
- 조시 : 표준항의 조시에 구하려고 하는 임의항만의 개정수인 조시차를 그 부호대로 가감한 것
- 조고 : 표준항의 조고에서 표준항의 평균해면을 빼고, 그 값에 임의항만의 개정수인 조고비를 곱해서 임의항만의 평균해면을 더한 것

14 다음 중 조석 간만의 차가 가장 큰 항구는?

① 부산항 ② 포항항
③ 광양항 ④ 인천항

해설
우리나라 동해안의 조석현상은 매우 미약하고, 서해안은 조차가 크다.

15 교차방위법으로 선위를 측정하기 위해 물표를 선정할 때의 주의사항으로 적절하지 않은 것은?

① 가까운 물표보다는 가급적 먼 물표를 선정하는 것이 좋다.
② 해도상의 위치가 명확하고, 뚜렷한 물표를 선정하는 것이 좋다.
③ 물표 상호 간의 교각은 두 물표일 때 90°가 좋다.
④ 물표가 많을 때는 2개보다 3개 이상을 선정하는 것이 선위오차를 확인할 수 있어서 좋다.

해설
물표 선정 시 주의사항
- 선수미 방향의 물표를 먼저 측정한다.
- 해도상의 위치가 명확하고 뚜렷한 목표를 선정한다.
- 먼 물표보다는 적당히 가까운 물표를 선택한다.
- 물표 상호 간의 각도는 가능한 한 30~150°인 것을 선정한다.
- 두 물표일 때는 90°, 세 물표일 때는 60° 정도가 가장 좋다.
- 물표가 많을 때는 3개 이상을 선정하는 것이 좋다.

16 위치선으로 사용할 수 없는 것은 무엇인가?

① 중시선
② 물표의 방위
③ 해수의 수온분포
④ 수심에 의한 위치선

해설
위치선을 구하는 방법
- 방위에 의한 위치선
- 중시선에 의한 위치선
- 수평거리에 의한 위치선
- 수평협각에 의한 위치선
- 수심에 의한 위치선
- 천체의 고도 측정에 의한 위치선
- 위선에 의한 위치선

17 해상에서 선박이 항해한 거리를 나타낼 때 사용하는 단위는 무엇인가?

① 노 트 ② 인 치
③ 해 리 ④ 피 트

해설
해리 : 해상에서 사용하는 거리의 단위로, 지리 위도 45°에서의 1′의 길이인 1,852m를 1마일로 정하여 사용한다.
1해리 = 1마일 = 1,852m = 위도 1′의 길이이다.

18 하나의 물표방위를 시간차를 두고 두 번 이상 관측하거나 서로 다른 물표를 시간차를 두고 각각의 방위를 측정하여 선위를 구하는 방법을 무엇이라고 하는가?

① 물표의 방위와 거리에 의한 방법
② 수평협각법
③ 양측방위법
④ 중시선을 이용한 선위측정법

해설
- 양측방위법 : 물표의 시간차를 두고 두 번 이상 측정하여 선위를 구하는 방법으로, 첫 관측점에서 다음 관측점까지 침로를 정확히 유지해야 한다.
- 동시관측법에는 교차방위법, 두 개 이상의 물표의 수평거리에 의한 방법, 물표의 방위와 거리에 의한 방법, 중시선과 방위선 또는 수평협각에 의한 방법, 두 중시선에 의한 방법, 수평협각법 등이 있다.

13 ③ 14 ④ 15 ① 16 ③ 17 ③ 18 ③ 정답

19 항해 당직 중 선박이 계획된 침로상에 있도록 하기 위한 조치로 적절하지 않은 것은?

① 선박 위치를 수시로 확인한다.
② 견시를 철저히 한다.
③ 항해 당직자의 근무시간을 단축시킨다.
④ 조타 침로의 정밀도를 높이기 위한 보침을 정확하게 한다.

20 출발 위도 33°N인 지점에서 위도 30°N인 지점에 도착했다면 변위는?

① 60°N ② 3°S
③ 63°N ④ 63°S

해설
변 위
- 두 지점을 지나는 자오선상의 호의 크기로, 위도가 변한 양이다.
- 두 지점의 위도가 같은 부호면 빼고, 다른 부호면 더한다. 도착지가 출발지보다 더 북쪽이면 N, 남쪽이면 S이다. 부호가 같으므로 빼고, 도착지가 더 남쪽이므로 부호는 S이다. 33°−30°=3° ∴ 3°S

21 진침로 270°를 항해 중 우현 정횡 방향은 진방위 몇 도인가?

① 000° ② 270°
③ 045° ④ 180°

해설
진방위 : 진자오선과 관측자 및 물표를 지나는 대권이 이루는 교각으로 기준선의 방향을 진북으로 선장하였을 때의 방위이다.

22 풍압차가 있을 때 선박의 진자오선과 선수미선이 이루는 각으로 나타나는 것을 무엇이라고 하는가?

① 진침로 ② 자침로
③ 시침로 ④ 침 로

해설
① 진침로 : 진자오선(진북)과 항적이 이루는 각으로, 풍 · 유압차가 없을 때에는 진자오선과 선수미선이 이루는 각이다.
② 자침로 : 자기자오선(자북)과 선수미선이 이루는 각이다.
④ 침로 : 선수미선과 선박을 지나는 자오선이 이루는 각으로, 북을 기준으로 360°까지 측정한다.

23 레이더를 이용하여 물표와의 거리를 측정할 때는 무엇을 사용하는가?

① 전자식 방위선 ② 중심이동조정기
③ 가변거리환조정기 ④ 휘도조정기

해설
① 전자식 방위선 : 평행방위선과 같이 방위를 측정하는 장치로 시차가 발생하지 않는다.
② 중심이동조정기 : 필요에 따라 소인선의 기점인 자선의 위치를 화면의 중심이 아닌 다른 곳으로 이동시킬 수 있는 장치이다.
④ 휘도조정기 : 화면의 밝기를 조정하는 장치이다.

24 레이더 전파를 계속적으로 송신하는 것으로, 레이더 등대라고도 하는 것은?

① 레이마크 ② 레이더 플레어
③ 레이더 리플렉터 ④ 레이더 트랜스폰더

해설
③ 레이더 리플렉터 : 3각형 또는 4각형의 금속판을 서로 직각으로 조합시켜 강한 반사파를 나오게 하여 레이더 탐지능력을 향상시키기 위한 장치이다.
④ 레이더 트랜스폰더 : 레이콘과 유사하나, 정확한 질문을 받거나 송신이 국부 명령으로 이루어질 때 다른 관련 자료를 자동으로 송수신할 수 있다.

25 레이더 조정기 중 과도하게 높이면 소형 물표의 반사파가 억제되어 화면상에 나타나지 않도록 할 수 있는 것은?

① 해면반사억제기
② 방위선조정기
③ 가변거리환조정기
④ 휘도조정기

정답 19 ③ 20 ② 21 ① 22 ③ 23 ③ 24 ① 25 ①

해설
② 방위선조정기 : 평행방위선과 같이 방위를 측정하는 장치로 시차가 발생하지 않는다.
③ 가변거리환조정기 : 자선에서 원하는 물체까지의 거리를 화면상에서 측정하기 위하여 사용하는 장치이다.
④ 휘도조정기 : 화면의 밝기를 조정하는 장치이다.

제2과목 운 용

01 선박의 설비 중 설치목적이 다른 것은 무엇인가?

① 키 ② 닻
③ 캡스턴 ④ 양묘기

해설
계선설비 : 앵커와 앵커체인, 양묘기, 계선윈치, 캡스턴, 계선공, 페어리더, 비트, 볼라드, 클리트, 스토퍼, 체인컨트롤러, 히빙라인, 펜더, 쥐막이

02 SOLAS 협약상 조타장치는 한쪽 현 타각 35°에서 다른 쪽 현 타각 30°까지 회전시키는 데 몇 초 이내로 해야 하는가?

① 10초 ② 18초
③ 28초 ④ 36초

해설
SOLAS 협약에는 조타자치의 동작속도를 최대 흘수 및 최대 항해 전진속력에서 한쪽 현 타각 35°에서 다른 쪽 현 타각 30°까지 회전시키는 데 28초 이내이어야 한다고 규정하고 있다.

03 구명정을 올리고 내리는 데 사용하는 것은 무엇인가?

① 페어리더 ② 캡스턴
③ 하역윈치 ④ 보트윈치

해설
① 페어리더 : 계선줄의 마모를 방지하기 위해 롤러들로 구성되어 있다.
② 캡스턴 : 계선줄이나 앵커체인을 감아올리기 위한 갑판기기이다.
③ 하역윈치 : 화물을 하역하는 데 사용하는 윈치이다.

04 용골의 최하면부터 수면까지의 수직거리를 무엇이라고 하는가?

① 수 심 ② 흘 수
③ 선체의 깊이 ④ 전폭

해설
① 수심 : 수면에서 바닥까지 연직 방향으로 측정한 물의 깊이
③ 깊이(형심) : 선체 중앙에서 용골의 상면부터 건현 갑판의 현측 상면까지의 수직거리
④ 전폭 : 선체의 폭이 가장 넓은 부분에서 외판의 외면부터 맞은편 외면까지의 수평거리

05 섬유로프의 스플라이싱한 부분은 강도가 얼마나 떨어지는가?

① 약 1~5%
② 약 5~10%
③ 약 10~20%
④ 약 20~30%

해설
로프 취급법
• 파단하중과 안전사용하중을 고려하여 사용한다.
• 킹크가 생기지 않도록 주의한다.
• 마모에 주의한다.
• 항상 건조한 상태로 보관해야 한다.
• 너무 뜨거운 장소를 피하고, 통풍과 환기가 잘되는 곳에 보관해야 한다.
• 마찰되는 부분은 캔버스를 이용하여 보호한다.
• 시일이 경과함에 따라 강도가 떨어지므로 특히 주의한다.
• 로프가 물에 젖거나 기름이 스며들면 강도가 1/4 정도 감소한다.
• 스플라이싱한 부분은 강도가 약 20~30% 떨어진다.

06 우리나라에서 섬유로프 한 사리(Coil)의 길이는 몇 m 인가?

① 100m ② 180m
③ 200m ④ 300m

해설
로프의 길이 : 굵기에 관계없이 200m가 1사리(Coil)이다.

1 ① 2 ③ 3 ④ 4 ② 5 ④ 6 ③ 정답

07 **일반적으로 화물선이 전속 전진 항행 중 전타하면 선체는 어떻게 되는가?**

① 좌우 균형을 잡고 경사되지 않는다.
② 전타한 바깥쪽으로 경하 후 전복한다.
③ 전타한 바깥쪽으로 경사 후 안쪽으로 경사한다.
④ 전타한 안쪽으로 경사 후 바깥쪽으로 경사한다.

해설
선회 중의 선체 경사
• 내방경사 : 전타 직후 키의 직압력이 타각을 준 반대쪽으로 선체의 하부를 밀어, 수면 상부의 선체는 타각을 준 쪽인 선회권의 안쪽으로 경사하는 현상
• 외방경사 : 정상 원운동 시에 원심력이 바깥쪽으로 작용하여 수면 상부의 선체가 타각을 준 반대쪽인 선회권의 바깥쪽으로 경사하는 현상
• 전타 초기에는 내방경사하고, 계속 선회하면 외방경사한다.

08 **전타를 시작한 위치에서 선수가 원침로로부터 90° 회두했을 때 원침로상의 선체의 종 이동거리를 무엇이라고 하는가?**

① 선회경
② 선회종거
③ 선회횡거
④ 선회권

해설
① 선회경(선회지름) : 회두가 원침로로부터 180°되는 곳까지 원침로에서 직각 방향으로 잰 거리
③ 선회횡거 : 선체 회두가 90°된 곳까지 원침로에서 직각 방향으로 잰 거리
④ 선회권 : 전타 중 선체의 중심이 그리는 궤적

09 **다음 〈보기〉의 ( ) 안에 들어갈 용어로 적합한 것은?**

〈보 기〉
선박이 전진 항행 중 기관을 전속 후진했을 때 선체가 수면에 대하여 정지할 때까지의 타력을 ( )(이)라 하고, 거리를 ( )(이)라고 한다.

① 반전타력, 최단 정지거리
② 반전타력, 최대 정지거리
③ 정지타력, 후진 정지거리
④ 발동타력, 최대 후진 정지거리

해설
• 반전타력 : 전진 전속 항주 중 기관을 후진 전속으로 걸어서 선체가 정지할 때까지의 타력이다.
• 최단정지거리 : 전속 전진 중에 기관을 후진 전속으로 걸어서 선체가 정지할 때까지의 거리로, 반전타력을 나타내는 척도가 된다.

10 **잔잔한 해면에서 일반적인 선박의 선회권에 영향을 주는 요소로 옳지 않은 것은?**

① 수 심 ② 현호의 대소
③ 트림의 상태 ④ 타 각

해설
선회권에 영향을 주는 요소
• 선체의 비척도(방향계수)
• 흘수 : 일반적으로 만재 상태에서 선회권이 커진다.
• 트림 : 선수트림의 선박에서는 물의 저항 작용점이 배의 무게중심보다 전방에 있으므로 선회 우력이 커져서 선회권이 작아지고, 반대로 선미트림은 선회권이 커진다.
• 타각 : 타각을 크게 할수록 선회권이 작아진다.
• 수심 : 수심이 얕을수록 선회권이 커진다.

11 **선수 닻(Anchor) 투하작업에서 '우현 닻을 투하하라'라는 뜻인 것은?**

① 렛 고 포트 앵커(Let Go Port Anchor)
② 렛 고 스타보드 앵커(Let Go Starboard Anchor)
③ 스탠바이 포트 앵커(Stand-by Port Anchor)
④ 스탠바이 스타보드 앵커(Stand-by Starboard Anchor)

해설
① 렛 고 포트 앵커 : 좌현 닻을 투하하라
③ 스탠바이 포트 앵커 : 좌현 앵커를 워크아웃 상태에서 내릴 준비가 완료된 상태
④ 스탠바이 스타보드 앵커 : 우현 앵커를 워크아웃 상태에서 내릴 준비가 완료된 상태

정답 7 ④ 8 ② 9 ① 10 ② 11 ②

12 지주 사이로 물이 자유롭게 흐르고, 해안과 거의 직각으로 축조된 계선장을 무엇이라고 하는가?

① 돌 핀 ② 돌 제
③ 잔 교 ④ 에스비엠

해설
① 돌핀 : 비교적 수심이 깊은 바다 가운데에 몇 개의 콘크리트 기둥을 조합하여 계선설비와 작업 플랫폼을 설치하여 하역작업이 가능하도록 설치한 시설물
② 돌제 : 해안의 표사 이동을 막을 목적으로 해안에서 직각 방향으로 시설되는 구조물
④ 에스비엠 : 싱글 부이 무어링(Single Buoy Mooring)의 약어로 대형 유조선처럼 직접 접안하기 어려운 곳에서 바다 가운데 무어링 부이를 설치하고 육상으로부터 송유관을 부이에 연결하여 적 · 양하작업을 할 수 있도록 한 설비

13 선박의 출항 준비사항으로 적절하지 않은 것은?

① 하역설비를 시운전한다.
② 조타장치를 시운전해 본다.
③ 가능하면 선미를 먼저 부두에서 떼어낸다.
④ 수밀문, 현창, 선창 등은 밀폐한다.

해설
이안 시의 요령
- 현측 바깥으로 나가 있는 돌출물은 거두어들인다.
- 가능하면 선미를 먼저 부두에서 떼어낸다.
- 바람이 불어오는 방향의 반대쪽, 즉 풍하 쪽의 계선줄을 먼저 푼다.
- 바람이 부두쪽에서 불어오면 선미의 계선줄을 먼저 풀고, 선미가 부두에서 떨어지면 선수의 계선줄을 푼다.
- 바람이 부두쪽에서 불어오면 자력 이안이 어려우므로 예인선을 이용한다.
- 부두에 다른 선박들이 가까이 있어서 조종 수역이 좁으면 예인선의 도움으로 이안시킨다.
- 기관을 저속으로 사용하여 주위에 접안작업 중인 다른 선박에 피해를 주지 않도록 한다.
- 항상 닻을 투하할 수 있게 준비하여 긴급 시에 이용한다.

14 선수흘수와 선미흘수의 차를 무엇이라고 하는가?

① 전 폭 ② 트 림
③ 배수량 ④ 횡요주기

해설
① 전폭 : 선체의 폭이 가장 넓은 부분에서 외판의 외면부터 맞은편 외판의 외면까지의 수평거리이다.
③ 배수량 : 선체 중에 수면하게 잠겨 있는 부분의 용적에 물의 밀도를 곱한 것이다.
④ 횡요주기 : 선박이 한쪽 현으로 최대로 경사된 상태에서부터 시작하여 반대 현으로 기울었다가 다시 원위치로 되돌아오기까지 걸린 시간이다.

15 화물을 하창과 중갑판에 구분하여 적재하는 가장 큰 이유는?

① 전단력 조절
② 적당한 GM 확보
③ 항해에 적합한 트림 확보
④ 조종성능에 적합한 흘수 유지

해설
- GM이 너무 클 경우 : 복원력이 과대하여 횡요주기가 짧아지고, 승조원들의 멀미 및 화물의 이동이 우려된다.
- GM이 너무 작을 경우 : 복원력이 작아서 횡요주기가 길고, 경사하였을 때 원위치로 되돌아오려는 힘이 약하며, 높은 파도나 강풍을 만나면 전복 위험이 있다.

16 항해 당직 중 충돌 위험성을 판단하는 방법으로 적절하지 않은 것은?

① 주변에 있는 선박들의 움직임을 면밀히 관찰한다.
② 가능할 때는 언제나 레이더 플로팅을 한다.
③ 접근하는 선박의 상대방위 변화를 자주 살핀다.
④ 상대방위 변화가 있는 거대선이 접근하는 경우에는 충돌 위험이 없는 것으로 본다.

해설
선박은 접근해 오는 다른 선박의 나침방위에 뚜렷한 변화가 일어나지 않으면 충돌할 위험성이 있다고 보고 필요한 조치를 하여야 한다. 접근하여 오는 다른 선박의 나침방위에 뚜렷한 변화가 있더라도 거대선 또는 예인작업에 종사하고 있는 선박에 접근하거나 가까이 있는 다른 선박에 접근하는 경우에는 충돌을 방지하기 위하여 필요한 조치를 해야 한다.

정답 12 ③ 13 ① 14 ② 15 ② 16 ④

17 **항해 당직 중 레이더 사용에 대한 설명으로 맞는 것은?**

① 항해 당직자는 레이더를 단지 항해 보조장비로 활용하는 것이 좋다.
② 주변에 선박이 없을 때는 시계가 제한되더라도 레이더를 작동시키지 않아도 된다.
③ 항해 중 주변의 선박 등 물표를 탐지하기 위해서는 레이더를 활용하는 것이 가장 좋은 방법이다.
④ 레이더 화면에 표시되는 영상은 전파가 물체에 반사되어 나타나는 것이므로 모두 진짜라고 할 수 있다.

18 **접근해 오는 선박과 충돌 위험이 있다고 판단한 경우 피항선의 당직 항해사가 취할 조치로 적절하지 않은 것은?**

① 필요하다면 기관을 즉각 정지시킨다.
② 충돌을 피할 수 있도록 대각도 변침한다.
③ 서로 시계 안에서 마주치는 상태이면 우측으로 변침한다.
④ 즉시 선장에게 보고하고 선장이 선교에 도착할 때까지 대기한다.

해설
의심나는 사실이 있을 때에는 주저하지 말고 즉시 선장에게 보고하고, 응급 시에는 즉각적인 예방조치를 한 후 보고한다.

19 **태풍의 전조에 해당하지 않는 것은?**

① 권운이 발달한다.
② 기압이 하강한다.
③ 풍랑 또는 너울이 도래한다.
④ 기압이 급상승한다.

해설
태풍이 접근해 오면 기압은 하강한다.

20 **다음 〈보기〉의 (　　) 안에 들어갈 내용으로 적합한 것은?**

> 〈보 기〉
> 북반구에서 바람이 북-북동-동-남동으로 변하고 기압이 하강하며 풍력이 증가하면 본선은 태풍 진로의 (　　)에 있다.

① 우측 반원 전상한
② 우측 반원 후상한
③ 좌측 반원 전상한
④ 좌측 반원 후상한

해설
태풍의 중심과 선박의 위치(북반구)
- 풍향이 변하지 않고 폭풍우가 강해지고 기압이 점점 내려가면 선박은 태풍의 진로상에 위치하고 있다.
- 태풍의 영향을 받고 있는 경우, 시간이 지나면서 풍향이 순전(시계 방향)하면 태풍 진로의 오른쪽(위험반원)에 들고, 풍향이 반전(반시계 방향)하면 왼쪽(가항반원)에 들게 된다.
- 바람이 북-북동-동-남동으로 변하고 기압이 하강하며 풍력이 증가하면 선박은 태풍의 우측 반원 전상한에 있다.

21 **다음 중 선박에서 닻을 감아올리는 기계장치는?**

① 양승기　② 양망기
③ 양묘기　④ 캡스턴

해설
양묘기 : 앵커를 감아올리거나 투묘작업 및 선박을 부두에 접안시킬 때 계선줄을 감는 데 사용하는 설비이다.

22 **포말소화기로 소화가 가능한 화재의 종류는 무엇인가?**

① A급 화재, B급 화재
② A급 화재, E급 화재
③ B급 화재, C급 화재
④ A급 화재, D급 화재

정답 17 ① 18 ④ 19 ④ 20 ① 21 ③ 22 ①

해설

포말 소화기 : 중탄산나트륨과 황산알미늄 수용액을 섞을 때 발생되는 이산화탄소와 거품에 의해 산소를 차단시킴으로써 소화하는 방식으로 A, B급 화재에 효과적이다.

23 일반적인 응급처치방법으로 적절하지 않은 것은?

① 지 혈
② 기도 유지 및 호흡처치
③ 약물 투여
④ 쇼크처치 및 예방

24 수색계획 수립 시 추정기점을 결정할 때 고려해야 할 사항으로 적합하지 않은 것은?

① 통보된 위치와 조난시각
② 조난자의 가족관계 및 주소
③ 각 구조선의 현장 도착시간
④ 구조선이 도착하기까지 조난선 또는 구명정의 추정 이동량

25 수색을 실시할 때의 조치로 적절하지 않은 것은?

① 조난 주파수를 계속 청취한다.
② 레이더를 병용하여 효과를 높인다.
③ 수색속력은 통상 가장 빠른 선박의 최대 속력을 유지한다.
④ 수색 선박 간의 간격은 지침서에 따른다.

해설

수색의 계획 및 실시
- 수색의 계획을 세우기 위해서 먼저 수색목표가 존재할 가능성이 가장 큰 위치인 추정기점(Datum)을 결정한다.
- 모든 수색은 눈으로 해야 하며, 레이더를 병용하여 효과를 높인다.
- 수색 선박 간의 간격은 지침서에 정해진 대로 따라야 하고, 동일한 속력을 유지한다.

제3과목 법 규

01 선박의 입항 및 출항 등에 관한 법률상 무역항의 수상구역 밖 몇 km까지 수면에서 폐기물의 투기가 금지되는가?

① 3km　② 5km
③ 8km　④ 10km

해설

선박의 입항 및 출항 등에 관한 법률 제38조(폐기물의 투기 금지 등)
누구든지 무역항의 수상구역 등이나 무역항의 수상구역 밖 10km 이내의 수면에 선박의 안전 운항을 해칠 우려가 있는 흙, 돌, 나무, 어구 등 폐기물을 버려서는 아니 된다.

02 선박의 입항 및 출항 등에 관한 법률상 항로에 정박할 수 없는 경우는 언제인가?

① 어로작업 중일 때
② 허가된 공사 중일 때
③ 인명구조 작업 중일 때
④ 선박의 고장이나 그 밖의 사유로 선박을 조종할 수 없는 경우

해설

선박의 입항 및 출항 등에 관한 법 제6조(정박의 제한 및 방법 등)
① 선박은 무역항의 수상구역 등에서 다음의 장소에는 정박하거나 정류하지 못한다.
  - 부두 · 잔교(棧橋) · 안벽(岸壁) · 계선부표 · 돌핀 및 선거(船渠)의 부근 수역
  - 하천, 운하 및 그 밖의 좁은 수로와 계류장(繫留場) 입구의 부근 수역
② ①에도 불구하고 다음의 경우에는 ①의 장소에 정박하거나 정류할 수 있다.
  - 해양사고의 조사 및 심판에 관한 법률 제2조제1호에 따른 해양사고를 피하기 위한 경우
  - 선박의 고장이나 그 밖의 사유로 선박을 조종할 수 없는 경우
  - 인명을 구조하거나 급박한 위험이 있는 선박을 구조하는 경우
  - 제41조에 따른 허가를 받은 공사 또는 작업에 사용하는 경우

23 ③ 24 ② 25 ③ / 1 ④ 2 ① 정답

03 선박안전법에 의한 선박검사에 대한 설명으로 틀린 것은?

① 선박검사증서는 선박 내에 비치한다.
② 중간검사는 정기검사와 정기검사 사이에 받아야 한다.
③ 국제항해에 취항하고자 하는 선박은 국제협약검사를 받아야 한다.
④ 선박 시운전 등 임시로 선박을 항해에 사용하고자 할 경우 임시검사를 받아야 한다.

해설
선박안전법 제11조(임시항해검사)
정기검사를 받기 전에 임시로 선박을 항해에 사용하고자 하는 때 또는 국내의 조선소에서 건조된 외국선박(국내의 조선소에서 건조된 후 외국에서 등록되었거나 외국에서 등록될 예정인 선박을 말한다)의 시운전을 하고자 하는 경우에는 선박 소유자 또는 선박의 건조자는 해당 선박에 요구되는 항해능력이 있는지에 대하여 해양수산부령으로 정하는 바에 따라 해양수산부장관의 검사(이하 '임시항해검사'라고 한다)를 받아야 한다.

04 다음 중 선박안전법상 만재흘수선을 표시하지 않아도 되는 것은?

① 잠수선
② 길이 12m인 여객선
③ 길이 36m 이상인 선박
④ 국제항해에 취항하는 선박

해설
선박안전법 제27조(만재흘수선의 표시 등)
다음 내용의 어느 하나에 해당하는 선박 소유자는 해양수산부장관이 정하여 고시하는 기준에 따라 만재흘수선의 표시를 하여야 한다. 다만, 잠수선 및 그 밖에 해양수산부령으로 정하는 선박에 대하여는 만재흘수선의 표시를 생략할 수 있다.
- 국제항해에 취항하는 선박
- 선박의 길이가 12m 이상인 선박
- 선박 길이가 12m 미만인 선박으로서 다음 각 목의 어느 하나에 해당하는 선박
  - 여객선
  - 위험물을 산적하여 운송하는 선박

05 해양환경관리법상 선박에서 수거 및 처리해야 하는 오염물질에 해당하지 않는 것은?

① 합성로프
② 플라스틱으로 만들어진 쓰레기봉투
③ 수은이 150ppm 이상 포함된 쓰레기
④ 의료구역의 배수구에서 나오는 배출물

해설
선박에서의 오염방지에 관한 규칙 제28조(선박에서의 오염물질의 수거·처리)
선박에서 발생하는 오염물질로서 수거·처리하게 하여야 하는 물질은 다음과 같다.
- 기름, 유해액체물질 및 포장유해물질의 화물잔류물. 다만, 기름을 배출하거나 유해 액체물질의 배출기준에 따라 배출하는 경우는 제외한다.
- 포장유해물질과 그 포장용기
- 다음의 플라스틱제품을 포함한 모든 플라스틱제품
  - 합성로프
  - 합성어망
  - 플라스틱으로 만들어진 쓰레기봉투
  - 독성 또는 중금속 잔류물을 포함할 수 있는 플라스틱제품의 소각재
- 납, 카드뮴, 수은, 육가크롬 중 어느 하나 이상의 중금속이 0.01무게%(100ppm) 이상 포함된 쓰레기

06 해양환경관리법상 선박의 중심을 잡기 위하여 싣는 물로, 유조선의 화물창에 적재가 금지된 것은?

① 세정수　② 화물유
③ 선저폐수　④ 선박평형수

해설
해양환경관리법 제28조(선박평형수 및 기름의 적재 제한)
해양수산부령이 정하는 유조선의 화물창 및 해양수산부령이 정하는 선박의 연료유탱크에는 선박평형수를 적재하여서는 아니 된다. 다만, 새로이 건조한 선박을 시운전하거나 선박의 안전을 확보하기 위하여 필요한 경우로서 해양수산부령이 정하는 경우에는 그러하지 아니하다.

07 해사안전법상 조종제한선에 해당하지 않는 것은?

① 항공기의 발착작업
② 준설작업 중인 선박
③ 기뢰 제거작업 중인 선박
④ 추진기 고장으로 기관 수리작업 중인 선박

정답 3 ④ 4 ① 5 ④ 6 ④ 7 ④

해설

해사안전법 제2조(정의)

조종제한선이란 다음 내용의 작업과 그 밖에 선박의 조종성능을 제한하는 작업에 종사하고 있어 다른 선박의 진로를 피할 수 없는 선박을 말한다.

- 항로표지, 해저전선 또는 해저 파이프라인의 부설 · 보수 · 인양작업
- 준설 · 측량 또는 수중작업
- 항행 중 보급, 사람 또는 화물의 이송작업
- 항공기의 발착작업
- 기뢰 제거작업
- 진로에서 벗어날 수 있는 능력에 제한을 많이 받는 예인작업

08 다음 〈보기〉의 (   ) 안에 들어갈 용어로 적합한 것은?

〈보 기〉

해사안전법상 (   )(이)란 가항수역의 수심 및 폭과 선박의 흘수와의 관계에서 비추어 볼 때 그 진로에서 벗어날 수 있는 능력이 매우 제한되어 있는 동력선이다.

① 공사 중인 작업선
② 조종불능선
③ 흘수제약선
④ 조종제한선

해설

해사안전법 제2조(정의)

흘수제약선이란 가항수역의 수심 및 폭과 선박의 흘수와의 관계에 비추어 볼 때 그 진로에서 벗어날 수 있는 능력이 매우 제한되어 있는 동력선을 말한다.

09 다음 〈보기〉의 (   ) 안의 숫자 합은 얼마인가?

〈보 기〉

국제해상충돌방지규칙상 단음은 (   )초 정도 계속되는 고동소리이고, 장음은 (   )초부터 (   )초까지의 시간 동안 계속되는 고동소리이다.

① 6　　② 9
③ 11　　④ 15

해설

해사안전법 제90조(기적의 종류)

기적이란 다음의 구분에 따라 단음(短音)과 장음(長音)을 발할 수 있는 음향신호장치를 말한다.

- 단음 : 1초 정도 계속되는 고동소리
- 장음 : 4초부터 6초까지의 시간 동안 계속되는 고동소리

10 국제해상충돌방지규칙상 항행 중에 해당하는 것은?

① 정박 중인 선박　　② 표류 중인 선박
③ 침몰 중인 선박　　④ 부두에 계류 중인 선박

해설

해사안전법 제2조(정의)

'항행 중'이란 선박이 다음의 어느 하나에 해당하지 아니하는 상태를 말한다.

- 정박
- 항만의 안벽 등 계류시설에 매어 놓은 상태(계선부표나 정박하고 있는 선박에 매어 놓은 경우 포함)
- 얹혀 있는 상태

11 국제해상충돌방지규칙상 범선이 기관을 동시에 사용하여 진행하고 있는 경우에 표시하는 형상물은 무엇인가?

① 원통형
② 장고형
③ 마름모꼴
④ 꼭대기를 아래로 한 원뿔꼴

해설

해사안전법 제83조(항행 중인 범선 등)

범선이 기관을 동시에 사용하여 진행하고 있는 경우에는 앞쪽의 가장 잘 보이는 곳에 원뿔꼴로 된 형상물 1개를 그 꼭대기가 아래로 향하도록 표시하여야 한다.

12 국제해상충돌방지규칙상 선박의 등화로 판단하기 어려운 것은?

① 조종 불능 또는 조종 제한의 유무
② 선박의 기항지
③ 선박의 진행 방향
④ 선박의 항행 상태

8 ③　9 ③　10 ②　11 ④　12 ② 정답

해설
선박의 등화로 기항지는 알 수 없다.

13 국제해상충돌방지규칙상 통항분리방식에서 통항로의 측면에서 합류하거나 이탈하고자 하는 선박은 일반적인 교통 방향에 대하여 어떻게 해야 하는가?

① 대각도로 출입 ② 둔각도로 출입
③ 소각도로 출입 ④ 직각으로 출입

해설
해사안전법 제68조(통항분리제도)
통항로의 출입구를 통하여 출입하는 것을 원칙으로 하되, 통항로의 옆쪽으로 출입하는 경우에는 그 통항로에 대하여 정하여진 선박의 진행 방향에 대하여 될 수 있으면 작은 각도로 출입한다.

14 국제해상충돌방지규칙상 두 척의 범선이 서로 다른 현측에서 바람을 받고 있는 경우 피항선에 해당하는 선박은?

① 풍상측에서 바람을 받는 선박
② 풍하측에서 바람을 받는 선박
③ 우현측에서 바람을 받는 선박
④ 좌현측에서 바람을 받는 선박

해설
해사안전법 제70조(범선)
각 범선이 다른 쪽 현에 바람을 받고 있는 경우에는 좌현에 바람을 받고 있는 범선이 다른 범선의 진로를 피하여야 한다.

15 국제해상충돌방지규칙상 추월선이 피추월선의 우현측으로 추월하여 상호 위치가 바뀐 바로 직후에 추월선에 대한 설명으로 맞는 것은?

① 추월선이 유지선이 된다.
② 횡단 상태의 지위로 바뀐다.
③ 서로 마주치는 상태가 된다.
④ 추월선의 지위가 계속 유지된다.

해설
해사안전법 제71조(추월)
추월하는 경우 2척의 선박 사이의 방위가 어떻게 변경되더라도 추월하는 선박은 추월이 완전히 끝날 때까지 추월당하는 선박의 진로를 피하여야 한다.

16 국제해상충돌방지규칙상 추월선이란 다른 선박의 정횡 후 몇 도를 넘는 후방에서 타선을 추월하는 선박인가?

① 11.5° ② 22.5°
③ 120° ④ 135°

해설
해사안전법 제71조(추월)
다른 선박의 양쪽 현의 정횡으로부터 22.5°를 넘는 뒤쪽(밤에는 다른 선박의 선미등만을 볼 수 있고 어느 쪽의 현등도 볼 수 없는 위치를 말한다)에서 그 선박을 앞지르는 선박은 추월선으로 보고 필요한 조치를 취하여야 한다.

17 국제해상충돌방지규칙상 유지선의 동작에 대한 설명으로 틀린 것은?

① 유지선은 속력과 침로를 유지하여야 한다.
② 유지선은 충돌을 피하기 위한 최선의 협력동작을 취하여야 한다.
③ 유지선은 자선의 좌현측에 있는 선박의 진로를 피하기 위하여 좌현측으로 변침하여야 한다.
④ 유지선은 피항선이 피항동작을 취하지 않을 경우, 자선의 조종만으로 충돌을 피하기 위한 동작을 취할 수 있다.

해설
해사안전법 제75조(유지선의 동작)
침로와 속력을 유지하여야 하는 선박(이하 '유지선'이라고 한다)은 피항선이 이 법에 따른 적절한 조치를 취하고 있지 아니하다고 판단하면 스스로의 조종만으로 피항선과 충돌하지 아니하도록 조치를 취할 수 있다. 이 경우 유지선은 부득이하다고 판단하는 경우 외에는 자기 선박의 좌현쪽에 있는 선박을 향하여 침로를 왼쪽으로 변경하여서는 아니 된다.

정답 13 ③ 14 ④ 15 ④ 16 ② 17 ③

18 국제해상충돌방지규칙상 선박 사이의 책무규정에서 항행 중인 동력선이 먼저 진로를 피하지 않아도 되는 상대 선은 무엇인가?

① 범 선
② 수상항공기
③ 조종제한선
④ 어로에 종사하고 있는 선박

해설
해사안전법 제76조(선박 사이의 책무)
항행 중인 동력선은 다음에 따른 선박의 진로를 피하여야 한다.
- 조종불능선
- 조종제한선
- 어로에 종사하고 있는 선박
- 범 선

19 국제해상충돌방지규칙상 짙은 안개로 인하여 극히 시계가 제한받는 곳을 항행 시 선박의 조치로 적절한 것은?

① 기적신호를 울리며 전속으로 항행한다.
② 즉시 투묘하여 안개가 사리질 때까지 기다린다.
③ 안전한 속력으로 감속하고 기관 사용 준비를 한다.
④ 전 선월을 선·수미에 배치하여 시끄럽게 소리치게 한다.

해설
해사안전법 제77조(제한된 시계에서 선박의 항법)
모든 선박은 시계가 제한된 그 당시의 사정과 조건에 적합한 안전한 속력으로 항행하여야 하며, 동력선은 제한된 시계 안에 있는 경우 기관을 즉시 조작할 수 있도록 준비하고 있어야 한다.

20 국제해상충돌방지규칙상 마스트등과 양색등을 표시할 수 있는 선박은 무엇인가?

① 범 선
② 도선선
③ 길이 60m 이상인 동력선
④ 길이 12m 이상 20m 미만인 동력선

해설
해사안전법 제81조(항행 중인 동력선)
- 앞쪽에 마스트등 1개와 그 마스트등보다 뒤쪽의 높은 위치에 마스트등 1개. 다만, 길이 50m 미만의 동력선은 뒤쪽의 마스트등을 표시하지 아니할 수 있다.
- 현등 1쌍(길이 20m 미만의 선박은 이를 대신하여 양색등을 표시할 수 있다)
- 선미등 1개

21 국제해상충돌방지규칙상 길이 50m 이상의 항행 중인 동력선이 표시하여야 하는 모든 등화로 옳은 것은?

① 마스트등 3개, 삼색등
② 마스트등 1개, 양색등
③ 마스트등 1개, 현등, 선미등
④ 마스트등 2개, 현등, 선미등

해설
20번 해설 참조

22 국제해상충돌방지규칙상 국제신호기 A기를 표시하는 선박은 무엇인가?

① 잠수작업에 종사 중인 선박
② 준설작업에 종사 중인 선박
③ 작업 공사 중인 선박
④ 기뢰 제거작업에 종사 중인 선박

해설
해사안전법 제85조(조종불능선과 조종제한선)
잠수작업에 종사하고 있는 선박이 그 크기로 인하여 등화와 형상물을 표시할 수 없으면 다음 표시를 하여야 한다.
- 가장 잘 보이는 곳에 수직으로 위쪽과 아래쪽에는 붉은색 전주등, 가운데에는 흰색 전주등 각 1개
- 국제해사기구가 정한 국제신호서 에이(A)기의 모사판을 1m 이상의 높이로 하여 사방에서 볼 수 있도록 표시

18 ② 19 ③ 20 ④ 21 ④ 22 ① 정답

23 **국제해상충돌방지규칙상 좌초되었을 때 수직선상에 전주를 비추는 홍등 2개와 수직선상에 둥근꼴 형상물 3개를 표시하지 아니하여도 되는 선박은 무엇인가?**

① 길이 10m인 선박 ② 길이 12m인 선박
③ 길이 24m인 선박 ④ 길이 50m인 선박

해설
해사안전법 제88조(정박선과 얹혀 있는 선박)
① 얹혀 있는 선박은 등화를 표시하여야 하며, 이에 덧붙여 가장 잘 보이는 곳에 다음의 등화나 형상물을 표시하여야 한다.
- 수직으로 붉은색의 전주등 2개
- 수직으로 둥근꼴의 형상물 3개

② 길이 12m 미만의 선박이 얹혀 있는 경우에는 ①에 따른 등화나 형상물을 표시하지 아니할 수 있다.

24 **국제해상충돌방지규칙에서 장음, 단음, 단음, 단음의 순서로 무중신호를 울려야 할 선박에 해당하는 것은? (단, 모든 선박에는 승조원이 승선하고 있다)**

① 예인선 ② 피예인선
③ 수중작업선 ④ 범 선

해설
해사안전법 제93조(제한된 시계 안에서의 음향신호)
끌려가고 있는 선박(2척 이상의 선박이 끌려가고 있는 경우에는 제일 뒤쪽의 선박)은 승무원이 있을 경우에는 2분을 넘지 아니하는 간격으로 연속하여 4회의 기적(장음 1회에 이어 단음 3회를 말한다)을 울릴 것. 이 경우 신호는 될 수 있으면 끌고 있는 선박이 행하는 신호 직후에 울려야 한다.

25 **국제해상충돌방지규칙상 주의환기신호에 해당하지 않는 것은?**

① 오렌지색의 연기를 발하는 발연신호를 작동하는 것
② 다른 신호와 오인되지 않는 방법으로 징을 울리는 것
③ 다른 신호와 오인되지 않는 방법으로 등화를 비추는 것
④ 다른 선박을 곤란하게 하지 아니하는 방법으로 위험이 방향으로 탐조등을 비추는 것

해설
오렌지색 발연신호는 조난신호이다.
해사안전법 제94조(주의환기신호)
① 모든 선박은 다른 선박의 주의를 환기시키기 위하여 필요하면 이 법에서 정하는 다른 신호로 오인되지 아니하는 발광신호 또는 음향신호를 하거나 다른 선박에 지장을 주지 아니하는 방법으로 위험이 있는 방향에 탐조등을 비출 수 있다.
② ①에 따른 발광신호나 탐조등은 항행보조시설로 오인되지 아니하는 것이어야 하며, 스트로보등이나 그 밖의 강력한 빛이 점멸하거나 회전하는 등화를 사용하여서는 아니 된다.

정답 23 ① 24 ② 25 ①

2019년 제4회

최근 기출복원문제

제1과목 항 해

01 자기컴퍼스에 대한 설명으로 틀린 것은?

① 배가 경사한 때에도 자차가 변화한다.
② 같은 항구에 있는 선박의 자차는 같다.
③ 자차 측정은 기회 있을 때마다 실시한다.
④ 자차란 나침방위와 자침방위의 차이다.

해설
자차는 선내 철기 및 선체자기의 영향 때문에 발생한다.

02 컴퍼스에서 놋쇠로 된 가는 막대로 물표방위 측정 시 사용되는 것은 무엇인가?

① 섀도 핀 ② 글라스 커버
③ 방위환 ④ 육분의

해설
섀도 핀
• 놋쇠로 된 가는 막대로 컴퍼스 볼의 글라스커버의 중앙에 핀을 세울 수 있는 섀도 핀 꽂이가 있다.
• 사용 시 한쪽 눈을 감고 목표물을 핀을 통해 보고 관측선의 아래쪽의 카드의 눈금을 읽는다.
• 가장 간단하게 방위를 측정할 수 있으나 오차가 생기기가 쉽다.

03 나침의 오차는 무엇에 의해 발생하는 오차인가?

① 자차와 시차 ② 편차와 기차
③ 자차와 편차 ④ 시차와 편차

해설
나침의 오차는 선내 나침의의 남북선(나북)과 진자오선(진북) 사이의 교각, 즉 편차와 자차에 의한 오차이다.

04 해도상 등대 옆에 표시되어 있는 내용에서 ㉠이 뜻하는 것은?

Fl(3)	G	7s	39m	7M
㉠	㉡	㉢	㉣	㉤

① 주 기 ② 등 고
③ 등 질 ④ 광달거리

해설
• 등질 : 섬광등 연속 3번
• 등색 : 녹색
• 주기 : 7초마다
• 등고 : 39m
• 광달거리 : 7마일

05 선박의 항로표지 중 야간표지에만 해당하는 것은?

① 등대, 부표 ② 등선, 입표
③ 등대, 도등 ④ 등선, 부표

06 낮에 항로를 인도해 주는 항로표지는 무엇을 보고 특성과 기능을 판단하는가?

① 길 이 ② 등 화
③ 음 향 ④ 모양과 색깔

해설
형상표지 : 주간표지라고도 하며 점등장치가 없는 표지로, 모양과 색깔로 식별한다.

1 ② 2 ① 3 ③ 4 ③ 5 ③ 6 ④ 정답

07 음향표지를 이용하는 방법으로 적절하지 않은 것은?

① 무중신호의 방향과 강약으로 신호소의 방위와 거리를 판단하여 적극적으로 항해에 이용한다.
② 무중 항해 시에는 특별한 주의를 기울여 음향표지, 항해기기 등을 활용하여야 한다.
③ 음향표지에만 지나치게 의존하지 말고 다른 항로표지나 레이더를 적극적으로 사용하여야 한다.
④ 음향표지의 소리가 들리는 방향에 꼭 표지가 존재하지 않을 수도 있다는 것을 알아야 한다.

해설
음향표지 이용 시 주의사항
- 시계가 나빠 항행에 지장을 초래할 우려가 있을 경우에 한하여 사용한다.
- 신호음의 방향 및 강약만으로 신호소의 방위나 거리를 판단해서는 안 된다.
- 무신호에만 의지하지 말고, 측심의나 레이더의 활용에 노력해야 한다.

08 육지를 바라보면서 항해할 때 사용하는 해도로, 선위를 직접 해도상에서 구할 수 있는 것은?

① 총 도 ② 해안도
③ 항박도 ④ 항해도

해설
해도의 축적

종 류	축 척	내 용
총 도	1/400만 이하	세계전도와 같이 넓은 구역을 나타낸 것으로, 장거리 항해와 항해계획 수립에 이용한다.
항양도	1/100만 이하	원거리 항해에 쓰이며, 먼 바다의 수심, 주요 등대·등부표, 먼 바다에서도 보이는 육상의 물표 등이 표시된다.
항해도	1/30만 이하	육지를 바라보면서 항해할 때 사용되는 해도로, 선위를 직접 해도상에서 구할 수 있도록 육상 물표, 등대, 등표 등이 비교적 상세히 표시된다.
해안도	1/5만 이하	연안 항해에 사용하는 것이며, 연안의 상황이 상세하게 표시된다.
항박도	1/5만 이상	항만, 정박지, 협수로 등 좁은 구역을 상세히 그린 평면도이다.

09 다음 대화에서 밑줄 친 해도도식의 기호로 맞는 것은?

> 선장 : 3항사! 이곳의 저질을 해도에서 한 번 확인해 봐.
> 3항사 : 선장님! 저질은 펄이라고 되어 있습니다.

① S ② P
③ M ④ Cl

해설
모래(S), 조약돌(P), 펄(M), 점토(Cl)

10 다음 〈보기〉에서 해도에서 확인 가능한 정보를 모두 고르면?

〈보 기〉
ㄱ. 간행 연월일 및 소개정 날짜
ㄴ. 자차(Deviation)
ㄷ. 기본수준면에서 측정한 수심
ㄹ. 침몰한 선박의 위치 및 종류

① ㄱ, ㄹ ② ㄱ, ㄷ
③ ㄴ, ㄷ, ㄹ ④ ㄱ, ㄴ, ㄷ, ㄹ

해설
자차는 선내 철기 및 선체자기의 영향 때문에 발생하며, 침몰한 선박의 위치 및 종류는 해도에서 확인할 수 없다.

11 해도를 분류하고 정리할 때 이용하는 참조번호로서, 해도 왼쪽 상부 및 오른쪽 하부에 표시되어 있는 것은?

① 해도 간행 연월일
② 간행번호
③ 해도번호
④ 소개정 번호

해설
① 해도 간행 연월일 : 해도의 아랫부분 중앙에 기재한다.
② 간행번호 : 항행번호에 기재되어 있다.
④ 소개정 번호 : 아랫부분 좌측에 표시한다.

정답 7 ① 8 ④ 9 ③ 10 ② 11 ③

12 다음 〈보기〉의 (　　) 안에 들어갈 용어로 적합한 것은?

> 〈보 기〉
> 달이 어느 지점의 자오선을 통과하고 난 후 그 지점에서의 조위가 고조가 될 때까지 걸리는 시간을 (　　), 저조가 될 때까지 걸리는 시간을 (　　)(이)라고 한다.

① 소조승, 대조승
② 대조승, 소조승
③ 조차 간격, 고조 간격
④ 고조 간격, 저조 간격

해설
- 대조승 : 대조 시 기본수준면에서 평균고조면까지의 높이
- 소조승 : 소조 시 기본수준면에서 평균고조면까지의 높이

13 국립해양조사원에서 발간하는 조석표에 대한 설명으로 틀린 것은?

① 고조와 고조의 시각을 예보한다.
② 조류의 유속을 예보한다.
③ 조류의 방향을 예보한다.
④ 조류의 전류 시와 최강류 시를 예보한다.

14 울릉도 주변 해역에서 흐르는 해류를 〈보기〉에서 모두 고르면?

> 〈보 기〉
> ㄱ. 황해난류
> ㄴ. 동한난류
> ㄷ. 북한한류
> ㄹ. 북태평양해류

① ㄱ, ㄴ　　② ㄱ, ㄷ
③ ㄴ, ㄷ　　④ ㄷ, ㄹ

해설
우리나라 근해의 해류
- 동한난류 : 쿠로시오 본류로부터 분리되어 동해안으로 들어오는 해류로 울릉도 부근에서 동쪽으로 방향을 틀어 쓰시마난류와 합류한다.
- 북한한류 : 동해의 북쪽에서 내려오는 한류로, 특히 겨울철에 발달한다.
- 황해난류 : 쿠로시오 본류로부터 분리돼 황해로 유입되어 해류로 흐름이 미약하고, 북서계절풍이 강한 겨울철에만 존재한다.
- 쿠로시오해류 : 북적도해류로부터 분리되어 우리나라 주변을 흐르는 북태평양 해류 순환 체계의 한 부분으로, 우리나라에 가장 크게 영향을 미치는 난류이다.
- 쓰시마난류 : 쿠로시오 본류로부터 분리되어 대한해협, 일본 서해안을 따라 흐르는 해류이다.

15 연안 항해 중에 가장 많이 이용되는 선위결정법으로, 측정법이 쉽고 위치의 정확도가 비교적 높은 것은?

① 교차방위법
② 양측방위법
③ 두 중시선에 의한 방법
④ 정횡거리법

해설
② 양측방위법 : 물표의 시간차를 두고 두 번 이상 측정하여 선위를 구하는 방법
③ 두 중시선에 의한 방법 : 두 중시선이 서로 교차할 때 두 중시선의 교점을 선위로 결정하는 방법
④ 정횡거리법 : 물표의 정횡거리를 사전에 예측하여 선위를 구하는 방법

16 다음 중 선박의 위치를 결정할 때 이용할 수 없는 것은?

① 섬이나 육지　　② 수 온
③ 수 심　　④ 등 대

17 출발 위도 33°N인 지점에서 위도 30°N안 지점에 도착하였다면 변위는?

① 6°N　　② 3°S
③ 63°N　　④ 63°S

12 ④ 13 ③ 14 ③ 15 ① 16 ② 17 ② 정답

해설

변 위

• 두 지점을 지나는 자오선상의 호의 크기로 위도가 변한 양이다.
• 두 지점의 위도가 같은 부호면 빼고, 다른 부호면 더한다. 도착지가 출발지보다 더 북쪽이면 N, 남쪽이면 S이다. 부호가 같으므로 빼고, 도착지가 더 남쪽이므로 부호는 S이다.
  33°−30°=3° ∴ 3°S

18 다음 〈보기〉의 (　　) 안에 들어갈 용어로 적합한 것은?

〈보 기〉

추측위치에 대하여 조류, 해류 및 풍압차 등의 외력의 영향을 고려하여 구한 위치를 (　　)라고 한다.

① 최적위치　② 실측위치
③ 추정위치　④ 예상위치

해설

추정위치는 추측위치에 바람, 해・조류 등 외력의 영향을 가감하여 구한 위치이다.

19 어느 선박이 12노트의 속력으로 2시간 30분 동안 항해했다면 이 선박의 항주거리는 얼마인가?(단, 외력은 없음)

① 14해리　② 20해리
③ 30해리　④ 36해리

해설

선박의 속력

1시간에 1해리(마일)를 항주하는 선박의 속력을 1노트라고 한다.
속력=거리/시간
거리 = 속력 × 시간
12노트 × 2.5시간 = 30마일

20 경계보고나 닻줄의 방향을 보고할 때 편리하게 사용되는 방위를 무엇이라고 하는가?

① 상대방위　② 진방위
③ 자침방위　④ 나침방위

해설

② 진방위 : 진자오선과 관측자 및 물표를 지나는 대권이 이루는 교각
③ 자침방위 : 자기자오선과 관측자 및 물표를 지나는 대권이 이루는 교각
④ 나침방위 : 나침의 남북선과 관측자 및 물표를 지나는 대권이 이루는 교각

21 다음 〈보기〉에서 제시된 정보로 계산한 본선이 진방위는 몇 도인가?

〈보 기〉

• 자기컴퍼스 선수방위 : 100°
• 편차 : 3°W
• 자차 : 1°E

① 096°　② 100°
③ 104°　④ 098°

해설

침로 개정

• 나침로를 진침로로 고치는 것
• 나침로 → 자차 → 자침로 → 편차 → 시침로 → 풍압차 → 진침로(E는 더하고, W는 뺀다)

22 물표와 관측자를 지나는 대권이 진자오선과 이루는 교각은?

① 진방위
② 자침방위
③ 나침방위
④ 상대방위

해설

② 자침방위 : 자기자오선과 관측자 및 물표를 지나는 대권이 이루는 교각이다.
③ 나침방위 : 나침의 남북선과 관측자 및 물표를 지나는 대권이 이루는 교각이다.
④ 상대방위 : 자선의 선수를 0°로 하여 시계 방향으로 360°까지 재거나 좌, 우현으로 180°씩 측정한다.

정답 18 ③ 19 ③ 20 ① 21 ④ 22 ①

23 항행 중 레이더로 작은 물표의 방위를 측정할 때 영상의 어느 부분을 측정하는가?

① 물표의 중심
② 물표의 우측 끝
③ 물표의 좌측 끝
④ 물표의 가장 먼 점

해설
방위의 정확도를 높이는 방법
- 작은 물표에 대해서는 물표의 중심방위를 측정한다.
- 목표물의 양 끝에 대한 방위 측정 시 수평 빔 폭의 절반만큼 안쪽으로 측정한다.
- 수신기의 감도를 약간 떨어뜨린다.
- 거리선택스위치를 근거리로 선택한다.
- 물표의 영상이 작을수록 정확한 방위 측정이 가능하다.
- 정지해 있거나 천천히 움직이는 물표의 방위 측정이 정확하다.
- 진방위 지시방식이 유리하다.

24 레이더의 방위분해능에 가장 큰 영향을 주는 요소는 무엇인가?

① 수평 빔 폭
② 수직 빔 폭
③ 펄스 폭
④ 스캐너 높이

해설
방위분해능에 영향을 주는 요소 : 수평 빔 폭, 두 물체 사이의 거리, 휘점의 크기

25 레이더에 나타난 물표의 방위는 무엇에 의해 알 수 있는가?

① 전파의 속도
② 스캐너의 회전수
③ 스캐너의 크기
④ 스캐너의 방향

제2과목 운 용

01 스톡리스 앵커(Stockless Anchor)의 장점으로 적절하지 않은 것은?

① 앵커작업이 스톡 앵커에 비해 간단하다.
② 대형 앵커 제작이 쉽다.
③ 앵커체인이 스톡(Stock)에 얽힐 염려가 없다.
④ 스톡 앵커(Stock Anchor)에 비하여 파주력이 크다.

해설
스톡리스 앵커
- 대형 앵커 제작이 용이하다.
- 파주력은 떨어지지만 투묘 및 양묘 시에 작업이 간단하다.
- 앵커가 해저에 있을 때 앵커체인이 스톡에 얽힐 염려가 없다.
- 얕은 수심에서 앵커암이 선저를 손상시키는 일이 없어 대형선에 널리 사용된다.

02 다음 〈보기〉에서 설명하는 검사로 옳은 것은 무엇인가?

〈보 기〉
- 여객선 및 길이 24m 이상의 선박은 선체, 기관 및 조타 설비, 계선 및 양묘설비의 설계 및 공사에 대하여 선박의 신조에 착수한 때부터 받는 검사
- 만재흘수선 표시를 필요로 하는 선박은 만재흘수선에 대하여 선박의 신조에 착수한 때부터 받는 검사

① 임시검사 ② 건조검사
③ 정기검사 ④ 특수검사

해설
선박을 건조하고자 하는 자는 선박에 설치되는 선박시설에 대하여 해양수산부령이 정하는 바에 따라 해양수산부장관의 검사(건조검사)를 받아야 한다.

03 선박이 항해 중 침로를 변경 또는 유지하는 데 이용되는 설비는 무엇인가?

① 닻 ② 볼라드
③ 조타기 ④ 스캐너

23 ① 24 ① 25 ④ / 1 ④ 2 ② 3 ③ 정답

04 선수흘수와 선미흘수의 차이이며, 선박 길이 방향의 경사를 무엇이라고 하는가?

① 트 림　② 흘 수
③ 건 현　④ 전 폭

해설
② 흘수 : 선체가 물속에 잠긴 깊이
③ 건현 : 선박의 만재흘수선부터 갑판선 상단까지의 수직거리
④ 전폭 : 선체의 폭이 가장 넓은 부분에서 외판의 외면부터 맞은편 외면까지의 수평거리

05 계선줄 중 선수에서 앞쪽으로 내어 선체가 뒤쪽으로 이동하는 것을 억제하는 계선줄은?

① 선미줄　② 선수줄
③ 선수 옆줄　④ 선미 옆줄

해설
- 선미줄
  - 선미에 내어 후방 부두에 묶는 계선줄이다.
  - 선체가 앞쪽으로 움직이는 것을 막는 역할을 한다.
- 옆 줄
  선수 및 선미에서 부두에 거의 직각 방향으로 잡는 계선줄로 선수 부근에서 잡는 줄을 선수 옆줄(Forward Breast Line), 선미에서 잡는 줄을 선미 옆줄(After Breast Line)이라고 한다. 선체를 부두에 붙어 있도록 하여 횡방향의 이동을 억제한다.

06 다음 〈보기〉의 (　　) 안에 들어갈 내용으로 적합한 것은?

〈보 기〉
목재 블록의 크기는 (　　)를 mm로 표시한다.

① 셀의 가로 길이
② 셀의 세로 길이
③ 시브의 가로 길이
④ 시브의 두께

해설
태클 : 블록에 로프를 통과시켜 작은 힘으로 중량물을 끌어올리거나 힘의 방향을 바꿀 때 사용하는 장치(목재 블록의 크기는 셀의 세로 길이로, 철재 블록의 크기는 시브의 지름을 mm로 나타낸다)

07 정지 중인 선박에 전진 전속을 발동하여 소정의 속력에 도달할 때까지의 타력은 무엇인가?

① 최단정지거리
② 반전타력
③ 회두타력
④ 발동타력

해설
① 최단정지거리 : 전속 전진 중에 기관을 후진 전속으로 걸어서 선체가 정지할 때까지의 거리로 반전타력을 나타내는 척도
② 반전타력 : 전진 전속 항주 중 기관을 후진 전속으로 걸어서 선체가 정지할 때까지의 타력
③ 회두타력 : 변침할 때의 변침회두타력과 변침을 끝내고 일정한 침로상에 정침할 때의 정침회두타력이 있다.

08 주묘를 파악할 수 있는 방법으로 적절하지 않은 것은?

① 체인에 정상적이지 않은 진동이 느껴질 때
② 선박의 선수방위가 풍상측을 향하지 않는 경우
③ 스윙운동을 할 때 양 끝단에서 앵커체인이 느슨해진 경우
④ 선박의 위치가 신출된 체인의 길이를 고려한 회전반경 밖으로 벗어난 경우

해설
주묘를 파악할 수 있는 방법
- 신출한 닻줄 길이에 자선 길이를 합한 거리를 반지름으로 하여 닻 투하지점을 중심으로 원을 그린 다음에 선박의 위치가 그 원 속에 있는지를 확인한다.
- 본선에서 90° 정도의 사잇각을 가지는 뚜렷한 두 목표물을 정해서 각각의 거리 변화를 레이더를 통해서 확인한다.
- 바람을 정횡 부근에서 받아도 선체가 진회(Swing)를 하지 않으면 끌리는 상태로 볼 수 있으므로 바람의 방향과 선체의 진회를 확인한다.
- 닻줄에 미치는 장력이 강하다가 갑자기 약해지는 경우가 반복되거나 닻줄이 끌리면 선에 미치는 충격을 감지할 수 있으므로 선체 장력의 변화와 충격음을 감지한다.
- 다른 선박과 본선과의 관계 위치와 풍향에 대한 선박의 자세를 확인한다.

정답 4 ① 5 ② 6 ② 7 ④ 8 ③

09 조타 명령을 내릴 당시의 선수 방향으로 정침하라는 표준 조타명령어는 무엇인가?

① 스테디 애즈 쉬 고우즈(Steady as She Goes)
② 미드십(Midships)
③ 이지 투 파이브(Ease to 5°)
④ 스타보드 파이브(Starboard 5°)

해설
② 미드십 : 타각이 0°인 키 중앙으로 하라.
③ 이즈 투 파이브 : 방향 타를 5°로 줄이고 유지하라.
④ 스타보드 파이브 : 우현쪽으로 5°로 돌려라.

10 지주 사이로 물이 자유롭게 흐르고, 해안과 거의 직각으로 축조된 계선장을 무엇이라고 하는가?

① 안 벽 ② 돌 핀
③ 잔 교 ④ 에스비엠

해설
① 안벽 : 배를 접안시킬 목적으로 해안이나 강가를 따라서 콘크리트로 쌓아올린 시설물로 하부로는 물이 유통되지 않는다.
② 돌핀 : 비교적 수심이 깊은 바다 가운데에 몇 개의 콘크리트 기둥을 조합하여 계선설비와 작업 플랫폼을 설치하여 하역작업이 가능하도록 설치한 시설물이다.
④ 에스비엠 : 싱글 부이 무어링(Single Buoy Mooring)의 약어로, 대형 유조선처럼 직접 접안하기 어려운 곳에서 바다 가운데 무어링 부이를 설치하고 육상으로부터 송유관을 부이에 연결하여 적·양하작업을 할 수 있도록 한 설비이다.

11 항해 중 황천 예상 시 준비사항으로 적절하지 않은 것은?

① 선내 이동물을 고정시킨다.
② 탱크 내의 액체는 가득 채우거나 비운다.
③ 현측 사다리를 준비하여 만일의 사태에 대비한다.
④ 선체 외부의 개구부는 밀폐하고 배수구를 청소해 둔다.

해설
항해 중 황천 예상 시 준비사항
- 화물의 고정된 상태를 확인하고, 선내 이동물, 구명정 등을 단단히 고정시킨다.
- 탱크 내의 기름이나 물은 가득 채우거나 비운다.
- 선체 외부의 개구부를 밀폐하고, 현측 사다리를 고정하고 배수구를 청소해 둔다.
- 어선 등에서는 갑판상에 구명줄을 매고, 작업원의 몸에도 구명줄을 매어 황천에 대비한다.

12 수심이 얕은 수역을 항해할 때 선체가 침하하는 것을 방지하기 위한 적절한 조치로 옳은 것은?

① 변 침 ② 묘 박
③ 속력 증가 ④ 속력 감소

해설
수심이 얕은 수역의 영향
- 선체의 침하 : 흘수가 증가한다.
- 속력의 감소 : 조파저항이 커지고, 선체의 침하로 저항이 증대된다.
- 조종성의 저하 : 선체 침하와 해저 형상에 따른 와류의 영향으로 키의 효과가 나빠진다.
- 선회권 : 커진다.
- 저속으로 항행하는 것이 가장 좋으며, 수심이 깊어지는 고조시를 택하여 조종하는 것이 유리하다.

13 선박의 출항 준비사항으로 적절하지 않은 것은?

① 하역설비를 시운전한다.
② 조타장치를 시운전해 본다.
③ 각종 선내 이동물을 고박시킨다.
④ 수밀문, 현창, 선창 등은 밀폐한다.

해설
이안 시 요령
- 현측 바깥으로 나가 있는 돌출물은 거두어들인다.
- 가능하면 선미를 먼저 부두에서 떼어낸다.
- 바람이 불어오는 방향의 반대쪽, 즉 풍하쪽의 계선줄을 먼저 푼다.
- 바람이 부두쪽에서 불어오면 선미의 계선줄을 먼저 풀고, 선미가 부두에서 떨어지면 선수의 계선줄을 푼다.
- 바람이 부두쪽으로 불어오면 자력 이안이 어려우므로 예인선을 이용한다.
- 부두에 다른 선박들이 가까이 있어서 조종 수역이 좁으면 예인선의 도움으로 이안시킨다.
- 기관을 저속으로 사용하여 주위에 접안작업 중인 다른 선박에 피해를 주지 않도록 한다.
- 항상 닻을 투하할 수 있게 준비하여 긴급 시에 이용한다.

9 ① 10 ③ 11 ③ 12 ④ 13 ① 정답

14 **다음 중 기선상에서 메타센터까지의 높이(KM) 값은 어디에서 구하는가?**

① 배수량 등 곡선도
② 적하척도
③ 트림 수정표
④ 도 면

해설
임의 적화 상태의 $GM = KM - KG$
여기서, KM : 배수량 곡선도에 주어진 선저 기선에서 메타센터까지의 연직 높이, KG : 선저기선에서 선박의 무게중심까지의 연직 높이

15 **선폭이 10m, 횡요주기가 8초인 선박의 GM은 몇 m인가?**

① 약 1m ② 약 2m
③ 약 3m ④ 약 5m

해설
GM의 추정
- 횡요주기 : 선박이 한쪽 현으로 최대로 경사된 상태에서부터 시작하여 반대 현으로 기울었다가 다시 원위치로 되돌아오기까지 걸린 시간이다.
- 횡요주기와 선폭을 알면 개략적인 GM을 구할 수 있다 $\left(\text{횡요주기} \fallingdotseq \frac{0.8B}{\sqrt{GM}},\ B : \text{선폭}\right)$.

16 **항해일지 기재와 관련된 설명으로 맞는 것은?**

① 잘못 기재한 경우 줄을 긋고 정정한 후 서명한다.
② 기관실 기기의 작동 및 정지 시간을 전부 빠짐없이 기재한다.
③ 가능한 한 기호와 약어를 사용하여 기재한다.
④ 수정할 사항이 많을 경우 해당 페이지를 찢어 버리고 다시 기재한다.

17 **항해 당직과 관련한 설명으로 맞는 것은?**

① 필요시 장시간 해도실에 머물 수 있다.
② 당직 중 언제든지 선교를 비울 수 있다.
③ 당직 항해사의 주된 책임은 선박의 안전한 항해이다.
④ 급한 위험이 있을 때는 즉시 선장에게 보고한 후 조치를 취한다.

해설
항해 당직자의 임무 : 선박의 안전한 항해가 가장 중요한 임무로, 선박이 계획된 침로상에 있는지 항상 적절한 견시를 유지하여야 한다.

18 **항해 당직을 인수할 때의 주의사항으로 적절하지 않은 것은?**

① 본선의 흘수, 트림 및 예측되는 조류, 조석 등의 컨디션 변화도 인수받아야 한다.
② 당직 인수자는 자신의 눈이 어둠에 완전히 적응할 때까지 당직을 인수해서는 안 된다.
③ 인수받아야 할 제반사항들이 완전히 숙지되기 전까지 당직을 인수해서는 안 된다.
④ 교대시각에 어떤 위험을 피하기 위한 조치가 이루어지더라도 당직 교대는 정시에 이루어져야 한다.

해설
당직이 인계되어야 할 시간에 어떤 위험을 피하기 위하여 선박의 조종 또는 기타 동작이 취해지고 있을 때에는 임무의 교대를 미루어야 한다.

19 **고기압에 대한 설명으로 옳은 것은?**

① 1,013hPa 이상인 것
② 저기압보다 높은 것
③ 주위보다 기압이 높은 것
④ 지상에서 가장 높은 기압

정답 14 ① 15 ① 16 ① 17 ③ 18 ④ 19 ③

20 가솔린기관에 비해 디젤기관의 장점에 해당하는 것은?

① 열효율이 높다.
② 기관의 무게가 가볍다.
③ 시동이 쉽다.
④ 진동이 작다.

해설
디젤기관의 장단점
- 장점 : 압축비가 높아 연료 소비율이 낮으며, 가솔린기관에 비해 열효율이 높다.
- 단점 : 중량이 크고, 폭발압력이 커서 진동과 소음이 크다.

21 우리나라 부근에 내습하는 태풍에 대한 설명으로 옳은 것은?

① 중국 대륙에서 이동해 온다.
② 겨울철에 많이 발생한다.
③ 열대해상에서 발생하여 북상해 온다.
④ 북태평양고기압이 발달한 것이다.

해설
우리나라에 영향을 주는 태풍은 열대성 저기압으로 북위 5°~25°, 동경 120°~170° 지역에서 7~10월에 가장 많이 발생한다.

22 퇴선 시 발하는 비상신호의 방법으로 옳은 것은?

① 장음 7호, 단음 1회
② 단음 7회, 장음 1회
③ 단음 1회, 장음 7회
④ 장음 2회, 단음 7회

해설
퇴선신호는 기적 또는 선내 경보기를 상용하여, 단음 7회 장음 1회를 울린다.

23 일반적인 응급처치방법으로 적절하지 않은 것은?

① 지혈 및 호흡처치 ② 기도 유지
③ 약물 투여 ④ 쇼크처치 및 예방

24 조난선이 육상국이나 타 선박에서 탐지할 수 있도록 송신하는 조난통보신호로 맞는 것은?

① 10~15초까지의 시간 동안 장음 1회
② 10~15초까지의 시간 동안 장음 2회
③ 10~15초까지의 시간 동안 단음 1회
④ 10~15초까지의 시간 동안 장음 4회

해설
조난통보신호는 육상국이나 타 선박에서 방향 탐지가 가능하도록 10~15초간 장음 2회와 호출부호를 일정한 시간 간격으로 송신한다.

25 육상 무선국에서 항해의 안전에 관한 통보 또는 중요한 기상경보를 무선전화로 통보하고자 함을 표시하는 신호는 무엇인가?

① PAN PAN(팡팡)
② MAYDAY(메이데이)
③ MEDICAL(메디컬)
④ SECURITE(시큐리티)

해설
① PAN PAN : 긴급통신
② MAYDAY : 조난통신
④ SECURITE : 안전통신

제3과목 법 규

01 선박의 입항 및 출항 등에 관한 법률상 무역항의 수상구역 밖 몇 km까지 수면에서 폐기물의 투기가 금지되는가?

① 3km ② 5km
③ 8km ④ 10km

해설
선박의 입항 및 출항 등에 관한 법률 제38조(폐기물의 투기 금지 등)
누구든지 무역항의 수상구역 등이나 무역항의 수상구역 밖 10km 이내의 수면에 선박의 안전 운항을 해칠 우려가 있는 흙·돌·나무·어구(漁具) 등 폐기물을 버려서는 아니 된다.

20 ① 21 ③ 22 ② 23 ③ 24 ② 25 ④ / 1 ④ 정답

02 다음 중 선박의 입항 및 출항 등에 관한 법률상 우선피항선에 해당하지 않는 것은?

① 부 선
② 총톤수 20ton인 선박
③ 예 선
④ 노와 삿대로 운전하는 선박

해설
선박의 입항 및 출항 등에 관한 법률 제2조(정의)
우선피항선이란 주로 무역항의 수상구역에서 운항하는 선박으로서 다른 선박의 진로를 피하여야 하는 다음의 선박을 말한다.
- 선박법에 따른 부선(예인선이 부선을 끌거나 밀고 있는 경우의 예인선 및 부선을 포함하되, 예인선에 결합되어 운항하는 압항부선은 제외)
- 주로 노와 삿대로 운전하는 선박
- 예 선
- 항만운송사업법에 따라 항만운송 관련 사업을 등록한 자가 소유한 선박
- 해양환경관리법에 따라 해양환경관리업을 등록한 자가 소유한 선박 또는 해양폐기물 및 해양오염퇴적물 관리법에 따라 해양폐기물관리업을 등록한 자가 소유한 선박(폐기물해양배출업으로 등록한 선박은 제외)
- 위의 규정에 해당하지 아니하는 총톤수 20ton 미만의 선박

03 선박안전법상 선박검사에 대한 설명으로 틀린 것은?

① 선박검사증서는 선박 내에 비치해야 한다.
② 중간검사는 정기검사와 다음 정기검사 사이에 받아야 한다.
③ 국제항해에 취항하고자 하는 선박은 국제협약검사를 받아야 한다.
④ 선박 시운전 등 임시로 선박을 항해에 사용하고자 할 경우 임시검사를 받아야 한다.

해설
선박안전법 제11조(임시항해검사)
정기검사를 받기 전에 임시로 선박을 항해에 사용하고자 하는 때 또는 국내의 조선소에서 건조된 외국선박(국내의 조선소에서 건조된 후 외국에서 등록되었거나 외국에서 등록될 예정인 선박)의 시운전을 하고자 하는 경우에는 선박 소유자 또는 선박의 건조자는 해당선박에 요구되는 항해능력이 있는지에 대하여 해양수산부령으로 정하는 바에 따라 해양수산부장관의 검사(이하 '임시항해검사'라고 한다)를 받아야 한다.

04 선박안전법상 선박의 구조·설비 등의 결함으로 인하여 대형 해양사고각 발생하거나 유사사고가 지속적으로 발생한 경우에 시행되는 검사는?

① 정기검사　　② 특별검사
③ 임시검사　　④ 건조검사

해설
선박안전법 제71조(특별검사)
해양수산부장관은 선박의 구조·설비 등의 결함으로 인하여 대형 해양사고가 발생한 경우 또는 유사사고가 지속적으로 발생한 경우에는 해양수산부령으로 정하는 바에 따라 관련되는 선박의 구조·설비 등에 대하여 검사를 할 수 있다.

05 해양환경관리법상 선박의 중심을 잡기 위하여 싣는 물을 말하며, 유조선 화물창에의 적재가 원칙적으로 금지된 것은?

① 세정수　　② 화물유
③ 선저폐수　　④ 선박평형수

해설
해양환경관리법 제28조(선박평형수 및 기름의 적재 제한)
해양수산부령이 정하는 유조선의 화물창 및 해양수산부령이 정하는 선박의 연료유탱크에는 선박평형수를 적재하여서는 아니 된다. 다만, 새로이 건조한 선박을 시운전하거나 선박의 안전을 확보하기 위하여 필요한 경우로서 해양수산부령이 정하는 경우에는 그러하지 아니하다.

06 다음 〈보기〉의 (　　) 안에 들어갈 내용으로 적합한 것은?

〈보 기〉
해양환경관리법상 선박은 영해기선으로부터 (　　) 해리를 넘는 거리에서 분뇨마쇄소독장치를 사용하여 마쇄하고 소독한 분뇨를 (　　)노트 이상으로 항해하면서 서서히 배출하는 경우 해양에서 배출할 수 있다.

① 2, 3　　② 4, 5
③ 3, 4　　④ 3, 5

정답 2 ② 3 ④ 4 ② 5 ④ 6 ③

해설

선박에서의 오염방지에 관한 규칙 별표 2(선박 안의 일상생활에서 생기는 분뇨의 배출해역별 처리기준 및 방법)

분뇨오염방지설비를 설치하여야 하는 선박은 다음의 어느 하나에 해당하는 경우 해양에서 분뇨를 배출할 수 있다.

- 영해기선으로부터 3해리를 넘는 거리에서 지방해양수산청장이 형식승인한 분뇨마쇄소독장치를 사용하여 마쇄하고 소독한 분뇨를 선박이 4노트 이상의 속력으로 항해하면서 서서히 배출하는 경우. 다만, 국내 항해에 종사하는 총톤수 400ton 미만의 선박의 경우에는 영해기선으로부터 3해리 이내의 해역에 배출할 수 있다.
- 영해기선으로부터 12해리를 넘는 거리에서 마쇄하지 아니하거나 소독하지 아니한 분뇨를 선박이 4노트 이상의 속력으로 항해하면서 서서히 배출하는 경우
- 지방해양수산청장이 형식승인한 분뇨처리장치를 설치·운전 중인 선박의 경우

07 해사안전법상 선박 통항로가 다음 그림과 같을 때 A구역의 명칭은?

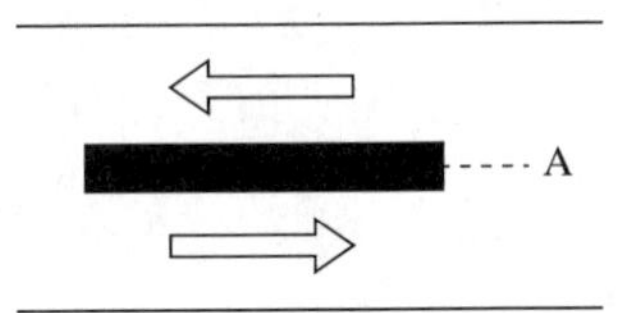

① 묘박지 ② 항행장애물 구역
③ 분리대 ④ 연안통항대

해설

해사안전법 제2조(정의)

분리선 또는 분리대란 서로 다른 방향으로 진행하는 통항로를 나누는 선 또는 일정한 폭의 수역을 말한다.

08 해사안전법상 조종제한선에 해당하는 선박을 다음 〈보기〉에서 모두 고르면?

〈보 기〉

ㄱ. 기뢰를 실은 선박
ㄴ. 준설·측량 또는 수중작업 중인 선박
ㄷ. 항로표지, 해저전선을 싣고 이동 중인 선박
ㄹ. 항행 중 보급 또는 화물을 옮기는 작업에 종사 중인 선박

① ㄱ, ㄷ ② ㄴ, ㄹ
③ ㄷ, ㄹ ④ ㄱ, ㄴ, ㄷ, ㄹ

해설

해사안전법 제2조(정의)

조종제한선이란 다음의 작업과 그 밖에 선박의 조종성능을 제한하는 작업에 종사하고 있어 다른 선박의 진로를 피할 수 없는 선박을 말한다.

- 항로표지, 해저전선 또는 해저 파이프라인의 부설·보수·인양작업
- 준설·측량 또는 수중작업
- 항행 중 보급, 사람 또는 화물의 이송작업
- 항공기의 발착작업
- 기뢰 제거작업
- 진로에서 벗어날 수 있는 능력에 제한을 많이 받는 예인작업

09 국제해상충돌방지규칙상 항행 중인 선박은 무엇인가?

① 묘박지에 정박 중인 선박
② 얹혀 있는 선박
③ 정류하고 있는 선박
④ 항만의 안벽에 매어 놓은 선박

해설

해사안전법 제2조(정의)

항행 중이란 선박이 다음 각 목의 어느 하나에 해당하지 아니하는 상태를 말한다.

- 정박
- 항만의 안벽 등 계류시설에 매어 놓은 상태(계선부표나 정박하고 있는 선박에 매어 놓은 경우 포함)
- 얹혀 있는 상태

10 국제해상충돌방지규칙상 범선이 돛과 기관을 동시에 사용하여 진행하고 있는 경우에 표시하는 형상물은 무엇인가?

① 원통형
② 구형
③ 마름모꼴
④ 꼭대기를 아래로 한 원뿔꼴

해설

해사안전법 제83조(항행 중인 범선 등)

범선이 기관을 동시에 사용하여 진행하고 있는 경우에는 앞쪽의 가장 잘 보이는 곳에 원뿔꼴로 된 형상물 1개를 그 꼭대기가 아래로 향하도록 표시하여야 한다.

7 ③ 8 ② 9 ③ 10 ④ 정답

11 **국제해상충돌방지규칙상 안전한 속력을 결정할 때 고려해야 할 요소에 해당하지 않는 것은?**

① 해상 교통의 상황
② 시계의 제한 정도
③ 자선의 조종성능
④ 당직 항해사의 면허등급

해설
해사안전법 제64조(안전한 속력)
① 선박은 다른 선박과의 충돌을 피하기 위하여 적절하고 효과적인 동작을 취하거나 당시의 상황에 알맞은 거리에서 선박을 멈출 수 있도록 항상 안전한 속력으로 항행하여야 한다.
② ①에 따른 안전한 속력을 결정할 때에는 다음 각 호(레이더를 사용하고 있지 아니한 선박의 경우에는 제1호부터 제6호까지)의 사항을 고려하여야 한다.
1. 시계의 상태
2. 해상 교통량의 밀도
3. 선박의 정지거리 · 선회성능, 그 밖의 조종성능
4. 야간의 경우에는 항해에 지장을 주는 불빛의 유무
5. 바람, 면 및 조류의 상태와 항행 장애물의 근접 상태
6. 선박의 흘수와 수심과의 관계
7. 레이더의 특성 및 성능
8. 해면 상태 · 기상, 그 밖의 장애요인이 레이더 탐지에 미치는 영향
9. 레이더로 탐지한 선박의 수 · 위치 및 동향

12 **국제해상충돌방지규칙상 항행 중인 선박이 굽은 부분(만곡부)의 부근에서 장음 1회를 들었을 때 조치사항은 무엇인가?**

① 선박을 정류한다.
② 속력을 올려 빨리 지나간다.
③ 신호를 특별히 할 필요 없다.
④ 장음 1회로 응답하고 주의와 경계를 한다.

해설
해사안전법 제92조(조종신호와 경고신호)
좁은 수로 등의 굽은 부분이나 장애물 때문에 다른 선박을 볼 수 없는 수역에 접근하는 선박은 장음으로 1회의 기적신호를 울려야 한다. 이 경우 그 선박에 접근하고 있는 다른 선박이 굽은 부분의 부근이나 장애물의 뒤쪽에서 그 기적신호를 들은 경우에는 장음 1회의 기적신호를 울려 이에 응답하여야 한다.

13 **국제해상충돌방지규칙상 추월선에 대한 설명으로 틀린 것은?**

① 상대선의 현등을 볼 수 있는 지점에서 추월하는 선박
② 상대선의 마스트등을 볼 수 있는 지점에서 항행하는 선박
③ 상대선의 양쪽의 현등을 다 볼 수 있는 지점에 있는 선박
④ 상대선의 선미등만을 볼 수 있는 지점에서 앞지르고자 하는 선박

해설
해사안전법 제71조(추월)
다른 선박의 양쪽 현의 정횡으로부터 22.5°를 넘는 뒤쪽(밤에는 다른 선박의 선미등만을 볼 수 있고 어느 쪽의 현등도 볼 수 없는 위치를 말한다)에서 그 선박을 앞지르는 선박은 추월선으로 보고 필요한 조치를 취하여야 한다.

14 **국제해상충돌방지규칙상 서로 시계 안에 있는 2척의 동력선이 야간에 횡단관계로 충돌 위험이 있을 때 피항 동작을 취하여야 할 선박은 무엇인가?**

① 2척의 선박 중 속력이 느린 선박
② 상대선의 붉은색 등을 보는 선박
③ 상대선의 녹색 등을 보는 선박
④ 2척의 선박 중 속력이 빠른 선박

해설
해사안전법 제79조(등화의 종류)
- 현등 : 정선수 방향에서 양쪽 현으로 각각 112.5°에 걸치는 수평의 호를 비추는 등화로서 그 불빛이 정선수 방향에서 좌현 정횡으로부터 뒤쪽 22.5°까지 비출 수 있도록 좌현에 설치된 붉은색 등과 그 불빛이 정선수 방향에서 우현 정횡으로부터 뒤쪽 22.5°까지 비출 수 있도록 우현에 설치된 녹색 등

해사안전법 제73조(횡단하는 상태)
2척의 동력선이 상대의 진로를 횡단하는 경우로서 충돌의 위험이 있을 때에는 다른 선박을 우현쪽에 두고 있는 선박이 그 다른 선박의 진로를 피하여야 한다. 이 경우 다른 선박의 진로를 피하여야 하는 선박은 부득이한 경우 외에는 그 다른 선박의 선수 방향을 횡단하여서는 아니 된다.

정답 11 ④ 12 ④ 13 ④ 14 ②

15 **국제해상충돌방지규칙상 서로 시계 안에서 범선과 동력선이 마주치는 경우 항법으로 맞는 것은?**

① 각각 좌현으로 변침하여야 한다.
② 각각 우현으로 변침하여야 한다.
③ 동력선이 피항하여야 한다.
④ 동력선은 좌현으로 변침하고, 범선은 풍상측으로 변침하여야 한다.

해설
해사안전법 제76조(선박 사이의 책무)
항행 중인 동력선은 다음에 따른 선박의 진로를 피하여야 한다.
- 조종불능선
- 조종제한선
- 어로에 종사하고 있는 선박
- 범 선

16 **국제해상충돌방지규칙상 연안 항해 중 시계가 제한될 때 제일 먼저 취할 조치로 옳은 것은?**

① 투묘한다.
② 무중신호를 한다.
③ 컴퍼스를 수정한다.
④ 소각도로 변침한다.

해설
해사안전법 제93조(제한된 시계 안에서의 음향신호)
시계가 제한된 수역이나 그 부근에 있는 모든 선박은 밤낮에 관계없이 다음에 따른 신호를 하여야 한다.
① 항행 중인 동력선은 대수속력이 있는 경우에는 2분을 넘지 아니하는 간격으로 장음을 1회 울려야 한다.
② 항행 중인 동력선은 정지하여 대수속력이 없는 경우에는 장음 사이의 간격을 2초 정도로 연속하여 장음을 2회 울리되, 2분을 넘지 아니하는 간격으로 울려야 한다.
③ 조종불능선, 조종제한선, 흘수제약선, 범선, 어로 작업을 하고 있는 선박 또는 다른 선박을 끌고 있거나 밀고 있는 선박은 ①과 ②에 따른 신호를 대신하여 2분을 넘지 아니하는 간격으로 연속하여 3회의 기적(장음 1회에 이어 단음 2회를 말한다)을 울려야 한다.
④ 끌려가고 있는 선박(2척 이상의 선박이 끌려가고 있는 경우에는 제일 뒤쪽의 선박)은 승무원이 있을 경우에는 2분을 넘지 아니하는 간격으로 연속하여 4회의 기적(장음 1회에 이어 단음 3회를 말한다)을 울릴 것. 이 경우 신호는 될 수 있으면 끌고 있는 선박이 행하는 신호 직후에 울려야 한다.
⑤ 정박 중인 선박은 1분을 넘지 아니하는 간격으로 5초 정도 재빨리 호종을 울릴 것. 다만, 정박하여 어로 작업을 하고 있거나 작업 중인 조종제한선은 ③에 따른 신호를 울려야 하고, 길이 100m 이상의 선박은 호종을 선박의 앞쪽에서 울리되, 호종을 울린 직후에 뒤쪽에서 징을 5초 정도 재빨리 울려야 하며, 접근하여 오는 선박에 대하여 자기 선박의 위치와 충돌의 가능성을 경고할 필요가 있을 경우에는 이에 덧붙여 연속하여 3회(단음 1회, 장음 1회, 단음 1회) 기적을 울릴 수 있다.
⑥ 얹혀 있는 선박 중 길이 100m 미만의 선박은 1분을 넘지 아니하는 간격으로 재빨리 호종을 5초 정도 울림과 동시에 그 직전과 직후에 호종을 각각 3회 똑똑히 울릴 것. 이 경우 그 선박은 이에 덧붙여 적절한 기적신호를 울릴 수 있다.
⑦ 얹혀 있는 선박 중 길이 100m 이상의 선박은 그 앞쪽에서 1분을 넘지 아니하는 간격으로 재빨리 호종을 5초 정도 울림과 동시에 그 직전과 직후에 호종을 각각 3회씩 똑똑히 울리고, 뒤쪽에서는 그 호종의 마지막 울림 직후에 재빨리 징을 5초 정도 울릴 것. 이 경우 그 선박은 이에 덧붙여 알맞은 기적신호를 할 수 있다.
⑧ 길이 12m 미만의 선박은 ①부터 ⑦까지의 규정에 따른 신호를, 길이 12m 이상 20m 미만인 선박은 ⑤부터 ⑦까지의 규정에 따른 신호를 하지 아니할 수 있다. 다만, 그 신호를 하지 아니한 경우에는 2분을 넘지 아니하는 간격으로 다른 유효한 음향신호를 하여야 한다.
⑨ 도선선이 도선업무를 하고 있는 경우에는 ①, ② 또는 ⑤에 따른 신호에 덧붙여 단음 4회로 식별신호를 할 수 있다.

17 **국제해상충돌방지규칙상 등화의 색이 흰색이 아닌 것은?**

① 마스트등 ② 예선등
③ 선미등 ④ 묘박등

해설
해사안전법 제79조(등화의 종류)
- 마스트등 : 흰색 등
- 예선등 : 황색 등
- 선미등 : 흰색 등
- 정박등 : 흰색의 전주등 1개

18 **국제해상충돌방지규칙상 길이 50m 이상의 항행 중인 동력선이 표시하여야 하는 모든 등화는 무엇인가?**

① 마스트등 3개, 삼색등 1개
② 마스트등 1개, 양색등 1개
③ 마스트등 1개, 현등 1쌍, 선미등 1개
④ 마스트등 2개, 현등 1쌍, 선미등 1개

15 ③ 16 ② 17 ② 18 ④ 정답

해설
해사안전법 제81조(항행 중인 동력선)
- 앞쪽에 마스트등 1개와 그 마스트등보다 뒤쪽의 높은 위치에 마스트등 1개. 다만, 길이 50m 미만의 동력선은 뒤쪽의 마스트등을 표시하지 아니할 수 있다.
- 현등 1쌍(길이 20m 미만의 선박은 이를 대신하여 양색등을 표시할 수 있다)
- 선미등 1개

19 국제해상충돌방지규칙상 예인선열의 길이가 200m를 넘는 예인선이 주간에 표시하는 형상물은 무엇인가?

① 원통형　② 둥근꼴
③ 원뿔형　④ 마름모꼴

해설
해사안전법 제82조(항행 중인 예인선)
동력선이 다른 선박이나 물체를 끌고 있는 경우에는 다음의 등화나 형상물을 표시하여야 한다.
- 제81조제1항제1호에 따라 앞쪽에 표시하는 마스트등을 대신하여 같은 수직선 위에 마스트등 2개. 다만, 예인선의 선미로부터 끌려가고 있는 선박이나 물체의 뒤쪽 끝까지 측정한 예인선열의 길이가 200m를 초과하면 같은 수직선 위에 마스트등 3개를 표시하여야 한다.
- 현등 1쌍
- 선미등 1개
- 선미등의 위쪽에 수직선 위로 예선등 1개
- 예인선열의 길이가 200m를 초과하면 가장 잘 보이는 곳에 마름모꼴의 형상물 1개

20 국제해상충돌방지규칙상 그림과 같이 녹색(G)의 전주등 3개를 마스트에 표시한 선박은 무엇인가?

G
G　G

① 정박선
② 조종불능선
③ 기뢰제거작업선
④ 어로에 종사하고 있는 선박

해설
해사안전법 제85조(조종불능선과 조종제한선)
기뢰 제거작업에 종사하고 있는 선박은 해당 선박에서 1,000m 이내로 접근하면 위험하다는 경고로서 동력선에 관한 등화, 정박하고 있는 선박의 등화나 형상물에 덧붙여 녹색의 전주등 3개 또는 둥근꼴의 형상물 3개를 표시하여야 한다.

21 국제해상충돌방지규칙상 기관이 고장 난 선박이 표시해야 하는 전주등은 무엇인가?

① 붉은색 등 2개
② 붉은색 등 3개
③ 상부에 붉은색 등, 하부에 흰색 등
④ 상부에 황색 등, 하부에 붉은색 등

해설
해사안전법 제85조(조종불능선과 조종제한선)
조종불능선은 다음의 등화나 형상물을 표시하여야 한다.
① 가장 잘 보이는 곳에 수직으로 붉은색 전주등 2개
② 가장 잘 보이는 곳에 수직으로 둥근 꼴이나 그와 비슷한 형상물 2개
③ 대수속력이 있는 경우에는 ①과 ②에 따른 등화에 덧붙여 현등 1쌍과 선미등 1개

22 국제해상충돌방지규칙상 길이 50m 이상의 선박이 전부 흰색 전주등 1개와 선미 또는 그 부근에 전부보다 더 낮은 높이로 흰색 전주등 1개를 표시해야 하는 경우는?

① 정박 중인 경우
② 항행 중인 경우
③ 침수 중인 경우
④ 좌주 중인 경우

해설
해사안전법 제88조(정박선과 얹혀 있는 선박)
정박 중인 선박은 가장 잘 보이는 곳에 다음의 등화나 형상물을 표시하여야 한다.
① 앞쪽에 흰색의 전주등 1개 또는 둥근꼴의 형상물 1개
② 선미나 그 부근에 ①에 따른 등화보다 낮은 위치에 흰색 전주등 1개

정답 19 ④ 20 ③ 21 ① 22 ①

23 국제해상충돌방지규칙상 단음과 장음의 지속시간으로 맞는 것은?

① 단음 약 2초, 장음 4~5초
② 단음 약 1초, 장음 4~6초
③ 단음 약 3초, 장음 4~8초
④ 단음 약 1초, 장음 6~8초

해설
해사안전법 제90조(기적의 종류)
기적이란 다음의 구분에 따라 단음과 장음을 발할 수 있는 음향신호장치를 말한다.
• 단음 : 1초 정도 계속되는 고동소리
• 장음 : 4초부터 6초까지의 시간 동안 계속되는 고동소리

24 국제해상충돌방지규칙상 항행 중인 동력선이 대수속력이 있는 경우 2분을 넘지 아니하는 간격으로 울리는 무중신호로 옳은 것은?

① 단음 1회　② 장음 1회
③ 단음 5회　④ 장음 2회

해설
해사안전법 제93조(제한된 시계 안에서의 음향신호)
항행 중인 동력선은 대수속력이 있는 경우에는 2분을 넘지 아니하는 간격으로 장음을 1회 울려야 한다.

25 국제해상충돌방지규칙상 조난신호에 해당하지 않는 것은?

① 신호부자와 국기의 동시 게양
② 무중신호장치에 의한 연속된 음향신호
③ 약 1분간의 간격으로 행하는 1회의 발포
④ 국제기류신호에 의한 NC의 조난신호

해설
국제해상충돌방지규칙 부속서 Ⅳ 조난신호
• 약 1분간의 간격으로 행하는 1회의 발포 기타 폭발에 의한 신호
• 무중신호장치에 의한 연속 음향신호
• 짧은 시간 간격으로 1회에 1개씩 발사되어 별 모양의 붉은 불꽃을 발하는 로켓 또는 유탄에 의한 신호
• 임의의 신호 수단에 의하여 발신되는 모스부호 ···−−−···(SOS)의 신호
• 무선전화에 의한 '메이데이'라는 말의 신호
• 국제기류신호에 의한 NC의 조난신호
• 상방 또는 하방에 구 또는 이와 유사한 것 1개를 붙인 4각형 기로 된 신호
• 선상에서의 발연(타르통, 기름통 등의 연소로 생기는) 신호
• 낙하산이 달린 적색의 염화 로켓 또는 적색의 수동 염화에 의한 신호
• 오렌지색의 연기를 발하는 발연신호
• 좌우로 벌린 팔을 천천히 반복하여 올렸다 내렸다 하는 신호
• 디지털 선택 호출 (DSC) 수단에 의해 발신된 조난신호

23 ② 24 ② 25 ① 정답

MEMO

항해사 6급

PART of Contents

전 문
(상선전문 · 어선전문)

제 1 회 기출복원문제

상선전문

01 Derrick장치의 안전사용하중이 10톤을 넘는 경우 하중시험을 행할 때 Derrick Boom이 수평면과 이루는 각도(앙각)는 몇 °인가?

① 45° ② 30°
③ 25° ④ 15°

해설
안전사용하중이 10톤 이하인 것에는 15°, 제한 하중이 10톤을 넘는 것에는 25°의 앙각으로 행한다.

02 Optional Cargo를 뜻하는 용어로 알맞은 것은?

① 소량 화물
② 부패성 화물
③ 양하지선택 화물
④ 품목선택 화물

03 전용 부두의 하역설비로 짝지어진 것 중 옳지 않은 것은?

① 유조선 – 파이프라인 시스템
② 광석선 – 벨트 컨베이어
③ 벌크선 – 뉴매틱 그레인 언로더
④ 컨테이너선 – 메리드 폴 데릭

해설
컨테이너선 – 캔트리 크레인

04 적화중량톤수를 바르게 나타낸 것은?

① 하기 만재배수량 + 순적화중량톤수
② 하기 만재흘수선에 상당한 배수량 – 순적화중량톤수
③ 하기 만재흘수선에 상당한 배수량 + 경하배수량
④ 하기 만재흘수선에 상당한 배수량 – 경하배수량

해설
적화중량톤수(DWT) : 만재배수량에서 경하배수량을 뺀 톤수

05 다음 중 배수량 등곡선도(Hydrostatic Curves)에서 구할 수 없는 선박 계산요소는 무엇인가?

① 트림(Trim)
② 메타센터(Metacenter)의 높이
③ 무게중심(Center of Gravity)의 위치
④ 부심(Center of Buoyance)의 위치

해설
배수량 등곡선도
화물의 적재 상태에 의하여 흘수가 달라질 때, 파도가 없는 정수 중에 떠 있는 선박의 흘수 변화에 따른 배수량, 부심, 무게중심, 메타센터의 위치 등과 같은 유체 정역학적 특성값을 계산하여 표시한 도표

06 검수(Tally)에 대한 설명으로 옳은 것은?

① 화물의 수량을 세고 손상 여부를 확인하는 것
② 화물의 용적을 검측하는 것
③ 화물을 포장하는 것
④ 적화계획을 작성하는 것

해설
검수(Tally) : 화물을 적양하할 때 화물의 수량을 세는 것을 말하며, 이에 종사하는 사람을 검수인이라 한다.

1 ③ 2 ③ 3 ④ 4 ④ 5 ① 6 ① 정답

07 다음 중 원목선의 Lashing과 거리가 먼 것은?

① Chain
② Turn Buckle
③ Pear Link
④ Lashing Net

해설
원목선의 래싱 용구로는 체인, 와이어, 롤러 섀클, 턴버클, 해치네트, 슬립훅, 스내치블록, 섀클, 와이어클립 및 클램프 등이 있다.

08 통풍환기에 관한 설명으로 잘못된 것은?

① 한랭지역에서 선적하고 온난지역을 통과할 때는 환기하지 않는다.
② 온난지역에서 선적하고 한랭지역을 통과할 때는 환기한다.
③ 외기의 노점이 창 내 공기의 노점보다 낮으면 환기하지 않는다.
④ 더니지(Dunnage)는 통풍을 좋게 한다.

해설
통풍환기법 : 통풍환기는 창 내 공기의 이슬점(노점)을 낮추기 위한 목적으로 실시한다. 즉, 외기의 노점이 창 내 공기의 노점보다 낮으면 통풍환기를 계속하고 반대로 외기의 이슬점이 창 내 공기의 이슬점보다 높으면 통풍환기를 중지해야 한다.

09 컨테이너 적부계획의 고려사항과 거리가 먼 것은?

① 복원성 및 트림
② 기항지의 순서
③ LCL 화물의 위치
④ 컨테이너의 중량배치

해설
컨테이너 적부계획 시 고려사항
- 화물의 성질 및 포장
- 화물의 로트수와 수량
- 기항지의 수 및 순서
- 운송기간 및 기후
- 양하지의 하역능률 및 정박기간
- 선박의 구조 설비

10 다음 중 탱커에서 갑판상 중앙부에 카고라인이 모여 있고, 본선과 육지의 연결관이 있는 곳은?

① Main Deck
② Deck Discharging Line
③ Riser
④ Manifold

11 컨테이너 프레이트 스테이션(CFS ; Container Freight Station)에 대한 설명으로 옳은 것은?

① LCL 화물의 혼적을 전문으로 하는 곳이다.
② 컨테이너를 미리 선적할 순서로 배열해두는 장소이다.
③ 빈 컨테이너를 놓아두는 장소이다.
④ 컨테이너와 섀시(Chassis)를 보관하는 곳이다.

해설
CFS : LCL 화물에 대한 화주와 선주 간의 인계 및 컨테이너 배닝과 디배닝이 이루어지는 장소

12 다음 중 하역 시 화물의 포장이 불량하여 발생하는 하역사고의 책임을 지는 사람은?

① 화 주　② 하역회사
③ 운송중개인　④ 운송인

13 다음 중 유조선에서 화물유탱크의 구조가 2열 종격벽으로 되어 있는 이유로 옳지 않은 것은?

① 자유표면 효과의 감소
② 종강력의 증대
③ 하역능률의 향상
④ 화물유의 구분

정답 7 ④ 8 ③ 9 ③ 10 ④ 11 ① 12 ① 13 ③

14 유조선에서 Cargo Oil의 이송과 거리가 먼 것은?

① Pipe Line
② Cargo Pump
③ Cargo Sling
④ Cargo Hose

해설
Cargo Sling : 하역 시 화물을 싸거나 묶어서 훅에 매다는 용구이다.

15 다음 중 화물을 컨테이너화하여 운송하는 경우의 장점에 대한 설명으로 틀린 것은?

① 다른 운송수단과의 연계 수송이 불가능하다.
② 화물의 파손과 도난을 방지할 수 있다.
③ 포장비, 창고비 및 부선 사용료가 절약된다.
④ 하역시간이 단축되므로 선박의 회전율이 높다.

해설
다른 운송수단과의 연계 수송이 쉽다.

16 다음 중 선박법상 한국선박의 특권이 아닌 것은?

① 국기 게양권 ② 유치권
③ 불개항장 기항권 ④ 연안 무역권

해설
국기의 게양(선박법 제5조)
한국선박이 아니면 대한민국 국기를 게양할 수 없다.
불개항장에의 기항과 국내 각 항간에서의 운송금지(선박법 제6조)
한국선박이 아니면 불개항장에 기항하거나 국내 각 항간에서 여객 또는 화물의 운송을 할 수 없다.

17 다음 중 선적항을 필요로 하는 이유가 아닌 것은?

① 선박의 등기와 등록
② 관할 관청을 정하는 표준
③ 선박에 대한 행정상 감독의 편의
④ 선박소유자 확인의 편의

18 선박법상 선박소유자가 선적항을 관할하는 지방해양수산청장에게 말소등록을 신청하여야 할 사유가 아닌 것은?

① 선박이 해체된 때
② 선박의 존재 여부가 90일간 분명하지 아니한 때
③ 선적항이 변경된 때
④ 선박이 대한민국 국적을 상실한 때

해설
말소등록(선박법 제22조)
한국선박이 다음의 어느 하나에 해당하게 된 때에는 선박소유자는 그 사실을 안 날부터 30일 이내에 선적항을 관할하는 지방해양수산청장에게 말소등록의 신청을 하여야 한다.
- 선박이 멸실·침몰 또는 해체된 때
- 선박이 대한민국 국적을 상실한 때
- 선박이 제26조 각 호에 규정된 선박으로 된 때
- 선박의 존재 여부가 90일간 분명하지 아니한 때

19 다음 중 등기를 할 필요가 없는 선박은 무엇인가?

① 총톤수 30톤의 기선
② 총톤수 30톤의 범선
③ 총톤수 15톤의 기선
④ 총톤수 100톤의 부선

해설
적용 범위(선박등기법 제2조)
이 법은 총톤수 20톤 이상의 기선과 범선 및 총톤수 100톤 이상의 부선에 대하여 적용한다.

20 지방해양수산청장은 선박국적증서를 신청인에게 언제 발급하여야 하는가?

① 제조검사에 합격했을 때
② 정기검사에 합격했을 때
③ 선박을 등록했을 때
④ 선박을 등기했을 때

해설
등기와 등록(선박법 제8조)
지방해양수산청장은 선박의 등록신청을 받으면 이를 선박원부에 등록하고 신청인에게 선박국적증서를 발급하여야 한다.

14 ③ 15 ① 16 ② 17 ④ 18 ③ 19 ③ 20 ③ 정답

21 선박국적증서를 발급받기 위해서 먼저 해야 할 일이 아닌 것은?

① 선박의 항행허가를 신청한다.
② 법원에 등기한다.
③ 선박원부에 등록한다.
④ 선박의 총톤수를 측정한다.

해설
법률상 등록 전 선박총톤수 측정 후 선박등기 대상 선박이면 등기부 등본을 첨부하여 선박등록신청서를 제출 → 선박원부에 등록 → 선박국적증서 발급 → 선박국적증서를 갖추고 항행한다.

어선전문

01 다음 중 가다랑어 운반 시 어느 부위를 잡는 것이 가장 좋은가?

① 아가미
② 몸 통
③ 꼬 리
④ 머 리

02 사후 경직의 직접적인 원인으로 틀린 것은?

① 글리코겐이 혐기적으로 분해되어 젖산이 생긴다.
② 단백질이 분해되어 아미노산으로 변한다.
③ pH값이 떨어진다.
④ ATP가 분해 및 소실된다.

해설
단백질이 분해되는 과정은 자가 소화에서 일어나는 과정이다.
①, ③, ④는 사후 해당 작용에 관한 설명이다.

03 빙장 시에 필요한 얼음의 양은 어체 무게의 몇 %를 차지하는가?

① 25% 정도 ② 35% 정도
③ 20% 정도 ④ 45% 정도

04 (　　) 안에 들어갈 말로 적당한 것은?

> 어육 속에 얼음 결정이 생기기 시작하면 얼지 않고 남는 수용액의 농도는 더 진해지므로 어는점은 점점 더 내려가 대체로 (　　)가 되어야만 완전히 동결된다.

① −40℃ ② −50℃
③ −60℃ ④ −70℃

05 25℃인 어체 1kg의 온도를 0℃로 낮추는 데 필요한 얼음량은 약 몇 kg인가?

① 0.25kg ② 0.40kg
③ 0.55kg ④ 0.65kg

06 다음 중 어획물을 상자에 담는 방법으로 틀린 것은?

① 어종과 크기별로 잘 정돈한다.
② 물이 쉽게 빠지도록 한다.
③ 상처 난 고기는 아래쪽에 담는다.
④ 갈고리로 함부로 찍지 않는다.

해설
어획물을 상자에 담는 방법
- 동일 어종으로 크기가 같은 것끼리 담아야 하며, 혼합하여 담는 것을 피한다.
- 지나치게 많은 양의 고기를 담거나 큰 고기를 담아서 어상자를 몇 겹으로 쌓게 되면 어체가 손상을 입으며, 얼음의 냉각작용이 고루 미치지 못하여 선도를 떨어뜨리는 원인이 된다.
- 주로 횟감으로 이용하는 고급 어종은 등세우기법, 가공원료로 이용하는 어종은 배세우기법, 갈치는 환상형으로 배열한다.
- 물이 쉽게 빠지도록 해야 하며, 상처가 있거나 선도가 떨어진 어획물은 함께 담지 말아야 한다.

정답 21 ① / 1 ③ 2 ② 3 ① 4 ③ 5 ① 6 ③

07 다음 ( ) 안에 들어갈 말로 가장 알맞은 것은?

> 수산식품 등은 식중독균의 증식을 억제하는 ( ) 이하에서 보관해야 한다.

① 0℃ ② 5℃
③ 10℃ ④ 15℃

해설
세균성 식중독 예방을 위해서는 어패류를 10℃ 이하의 저온에서 보관해야 하며, 2차 오염을 막기 위한 위생 관리도 철저히 해야 한다.

08 다음 중 어선의 불명중량의 측정시기로 가장 적절한 때는?

① 출거 직후 ② 만재 정박 중
③ 입거 직전 ④ 공선 항해 중

09 데릭(Derrick)의 취급상 주의사항으로 거리가 먼 것은?

① 작업을 빨리 하기 위하여 여러 명의 지휘자를 배치한다.
② 데릭작업 도중에는 블록(Block) 등에 주유를 하지 말아야 한다.
③ 작업원을 데릭 바로 밑에 배치해서는 안 된다.
④ 각 로프에 갑판상의 장애물이 걸리지 않도록 해야 한다.

10 선박 운항 시 복원력을 감소시키는 원인으로 틀린 것은?

① 연료 및 청수의 소비
② 갑판적화물의 흡수
③ 밸러스트 적재
④ 유동수의 영향

해설
항해 경과와 복원력 감소 요인
- 연료유, 청수 등의 소비
- 유동수의 발생
- 갑판적화물의 흡수
- 갑판의 결빙

11 다음 중 선박의 복원력과 관련이 적은 것은?

① 배수량 ② 부 심
③ 부력과 중력 ④ 총톤수

12 Bale Capacity 17,500ft^{3}의 선창에 적화계수 70인 냉동어를 만재할 수 있는 중량톤은 몇 톤인가?

① 200톤 ② 250톤
③ 300톤 ④ 350톤

해설

$$적화계수 = \frac{사용한\ 선창구획의\ 총\ 베일\ 용적}{구획\ 내에\ 만재한\ 화물의\ 중량}$$

$$70 = \frac{17,500}{x},\ x = \frac{17,500}{70} = 250$$

13 어선의 소유자는 어선을 누구에게 등록하여야 하는가?

① 선적항을 관할하는 시장·군수·구청장
② 선적항을 관할하는 광역시장·도지사
③ 선적항을 관할하는 지방해양수산청장
④ 농림축산식품부장관

해설
어선의 등기와 등록(어선법 제13조)
어선의 소유자나 해양수산부령으로 정하는 선박의 소유자는 그 어선이나 선박이 주로 입항·출항하는 항구 및 포구(선적항)를 관할하는 시장·군수·구청장에게 해양수산부령으로 정하는 바에 따라 어선원부에 어선의 등록을 하여야 한다. 이 경우 선박등기법 제2조에 해당하는 어선은 선박등기를 한 후에 어선의 등록을 하여야 한다.

7 ③ 8 ① 9 ① 10 ③ 11 ④ 12 ② 13 ① 정답

14 **다음 중 어선의 등록이 말소된 선박의 소유자가 어선번호판 및 선박국적증서 등을 누구에게 반납하여야 하는가?**

① 선적항을 관할하는 지방해양수산청장
② 선적항에 소재하는 지구 수산업협동조합장
③ 농림축산식품부장관
④ 선적항을 관할하는 시장・군수・구청장

해설
등록의 말소와 선박국적증서 등의 반납(어선법 제19조)
등록이 말소된 어선의 소유자는 지체 없이 그 어선에 붙어 있는 어선번호판을 제거하고 14일 이내에 그 어선번호판과 선박국적증서 등을 선적항을 관할하는 시장・군수・구청장에게 반납하여야 한다. 다만, 어선번호판과 선박국적증서 등을 분실 등의 사유로 반납할 수 없을 때에는 14일 이내에 그 사유를 선적항을 관할하는 시장・군수・구청장에게 신고하여야 한다.

15 **다음 중 어선법에서 어선의 표시사항으로 틀린 것은?**

① 어선의 명칭
② 어업의 종류
③ 선적항
④ 배 길이 24m 이상 어선은 흘수

해설
어선 명칭 등의 표시와 번호판의 부착(어선법 제16조)
어선의 소유자는 선박국적증서 등을 발급받은 경우에는 해양수산부령으로 정하는 바에 따라 지체 없이 그 어선에 어선의 명칭, 선적항, 총톤수 및 흘수의 치수 등(명칭 등)을 표시하고 어선번호판을 붙여야 한다.

16 **어선의 건조, 개조 발주허가에서 시장・군수・구청장의 발주허가 대상 어선으로 옳은 것은?**

① 연근해어업에 종사하는 어선
② 원양어업에 종사하는 어선
③ 수산계학교 실습선
④ 해양수산부 어업지도선

해설
건조・개조 등의 허가구분(어선법 시행규칙 제4조)
어선의 건조・개조 또는 건조발주・개조발주의 허가권자(그 변경허가권자를 포함한다)는 다음과 같다.
1. 해양수산부장관
  가. 원양산업발전법에 따른 원양어업에 사용할 어선
  나. 수산업법에 따라 해양수산부장관이 시험어업, 연구어업 또는 교습어업에 사용할 어선
  다. 해운법에 따라 등록을 하는 외항화물운송사업에 사용할 수산물운반선
  라. 해양수산부장관이 어업에 관한 기술보급・시험・조사 또는 지도・감독에 사용할 어선
2. 특별자치시장・특별자치도지사・시장・군수・구청장(자치구의 구청장을 말한다. 시장・군수・구청장이라 한다)
  1.의 어선을 제외한 어선

17 **다음 중 어선법령에서 어선원부의 등록사항으로 틀린 것은?**

① 소유자의 성명 ② 추진기의 종류
③ 최대승선 정원 ④ 진수연월일

해설
등록사항(어선법 시행규칙 제23조)
시장・군수・구청장은 어선의 등록에 따른 신청이 있는 때에는 다음의 사항을 어선원부에 기재하여야 한다.
- 어선번호
- 호출부호 또는 호출명칭
- 어선의 종류
- 어선의 명칭
- 선적항
- 선체재질
- 범선의 범장(범선의 경우에 한한다)
- 배의 길이
- 배의 너비
- 배의 깊이
- 총톤수
- 폐위장소의 합계용적
- 제외장소의 합계용적
- 기관의 종류・마력 및 대수
- 추진기의 종류 및 수
- 조선지
- 조선자
- 진수연월일
- 소유자의 성명・주민등록번호 및 주소
- 공유자의 지분율

정답 14 ④ 15 ② 16 ① 17 ③

18 어선법령에 따른 어선검사증서의 유효기간 연장 중 해당 어선이 정기검사를 받을 수 없는 장소에 있는 경우 몇 개월 이내에 한차례 연장하여야 하는가?

① 2개월 이내
② 3개월 이내
③ 4개월 이내
④ 5개월 이내

해설

어선검사증서 유효기간 연장(어선법 시행규칙 제67조)

어선검사증서의 유효기간 연장은 다음의 구분에 따라 한차례만 연장하여야 한다. 다만, 1.에 해당하는 경우에는 그 연장기간 내에 해당 어선이 검사를 받을 장소에 도착하면 지체 없이 정기검사를 받아야 한다.

1. 해당 어선이 정기검사를 받을 수 없는 장소에 있는 경우 : 3개월 이내
2. 해당 어선이 외국에서 정기검사를 받은 경우 등 부득이한 경우로서 새로운 어선검사증서를 즉시 발급할 수 없거나 어선에 갖추어 둘 수 없는 경우 : 5개월 이내

19 어선특별검사증서를 발급받으려면 다음의 검사 중 어느 검사에 합격해야 하는가?

① 건조검사
② 예비검사
③ 중간검사
④ 특별검사

해설

검사증서의 발급 등(어선법 제27조)

해양수산부장관은 다음의 구분에 따라 검사증서를 발급한다.

- 정기검사에 합격된 경우에는 어선검사증서(어선의 종류 · 명칭 · 최대승선인원 및 만재흘수선의 표시 위치 등을 기재하여야 한다)
- 중간검사 또는 임시검사에 합격된 경우로서 어선검사증서의 기재사항이 변경된 경우에는 변경된 사항이 기재된 어선검사증서
- 특별검사에 합격된 경우에는 어선특별검사증서
- 임시항행검사에 합격된 경우에는 임시항행검사증서
- 건조검사에 합격된 경우에는 건조검사증서
- 예비검사에 합격된 경우에는 예비검사증서
- 별도건조검사에 합격된 경우에는 별도건조검사증서
- 검정에 합격된 경우에는 검정증서
- 제25조제3항 및 제4항에 따라 확인한 경우에는 건조 · 제조확인증 또는 정비확인증
- 제26조의2제1항에 따라 확인한 경우에는 제한하중 등 확인증

18 ② 19 ④ 정답

제 2 회

기출복원문제

상선전문

01 다음 중 화물손상이 황천에 의해 불가항력적으로 발생한 것임을 증빙하기 위한 서류로 옳은 것은?

① Sea Protest
② Stowage Survey Report
③ Exception List
④ Damaged Cargo Survey Report

02 Cargo Hook이 갖추어야 할 요건으로 적절하지 않은 것은?

① 견고하여야 한다.
② Sling에 걸거나 빼기 쉽고 하역 중에는 잘 빠지지 않아야 한다.
③ Hatch Coaming 등 모서리에 잘 걸리지 않아야 한다.
④ Cargo Fall에 고정되어 있고 또 가벼워야 한다.

해설
카고 훅은 Hatch Coaming의 모서리에 잘 걸리지 않고 Sling에 걸거나 빼기 쉽고 하역 중에는 Sling이 빠지지 않아야 한다. 또 화물을 달지 않은 상태에서 자유롭게 오르내릴 수 있는 무게를 가지고 있어야 한다.

03 다음 중 하역설비의 결함으로 일어난 사고의 책임은 누구에게 있는가?

① 하역반장 ② 화 주
③ 수화인 ④ 선 주

04 선체강도에 관련된 내용으로 맞지 않는 것은?

① 종강력, 횡강력, 국부응력을 고려한다.
② 개구(Opening) 부근은 중량물을 적부하지 않는다.
③ 하중을 받는 갑판 면적이 최소가 되도록 조치한다.
④ 가급적 하중을 분산시킨다.

05 배수량 계산에 관련된 설명으로 잘못된 것은?

① 표준해수에서는 비중 수정이 필요없다.
② Hogging 시의 수정치는 (+)양이다.
③ 트림이 없으면 선수미 흘수의 수정은 필요없다.
④ 흘수감정에서 가장 먼저 이뤄지는 수정은 선수미 흘수수정이다.

해설
호깅 시 수정치는 (−), 새깅 시 수정치는 (+)이다.

06 만재흘수선을 결정하는 데 영향을 주는 요소로 옳지 않은 것은?

① 트 림 ② 해 역
③ 계 절 ④ 항 로

07 일반적으로 흘수감정에 의해 화물량을 결정하는 화물은 무엇인가?

① 컨테이너 ② 벌크 화물
③ 기 름 ④ 잡 화

정답 1 ① 2 ④ 3 ④ 4 ③ 5 ② 6 ① 7 ②

08 야간에는 하역 중에 화물사고를 일으키는 빈도가 높다. 이때 주의하여야 할 사항으로 적절하지 않은 것은?

① 야간에는 하역용구의 고장을 발견하기 어려우므로 낮에 정비, 점검을 철저히 한다.
② 야간에 필요한 용구는 도난의 우려가 있으므로 야간 하역작업 중 작업이 지체되더라도 필요할 경우 수거한다.
③ 충분한 조명을 하여야 한다.
④ 화물의 도난 및 화재 등의 위험이 많고, 본선의 감독도 소홀해질 우려가 많으므로 하역반장에게 강력히 주의를 주어야 한다.

09 다음 중 선창 내 외판의 내면, Bottom Ceiling의 상면, 갑판의 하면으로 이루어지는 용적에서 Frame, Beam, Pillar 등의 용적을 공제한 적화용적은 무엇인가?

① Bale Capacity ② Case Capacity
③ Bag Capacity ④ Grain Capacity

해설
적화용적 : 적화용적에는 그레인용적과 베일용적이 있다.
- 그레인용적(Grain Capacity) : 선창 내 외판의 내면, 선저 내판의 윗면, 갑판의 밑면으로 이루어지는 선창용적에서 프레임, 갑판빔, 사이드 스파링, 기둥 및 갑판 거더 등의 용적으로 선창 용적의 0.5%를 공제한 용적이다.
- 베일용적(Bale Capacity) : 선창 내 사이드 스파링의 내면, 선저 내판의 윗면, 갑판빔의 밑면으로 이루어지는 선창용적에서 기둥, 브래킷, 갑판 거더 등의 용적으로 선창 용적의 0.2%를 공제한 용적이다.

10 다음 중 적화계수 70에 대한 정의로 옳은 것은?

① 화물중량 1L/T을 적재하는 데 70ft^{3}의 용적을 차지한다는 의미
② 그 화물의 비중이 100분의 70이란 의미
③ 그 화물의 70개가 1톤이 된다는 의미
④ 그 화물이 전체화물 중량의 100분의 70이라는 의미

해설
적화계수 : 적화계획을 편리하게 하기 위해 화물 1톤이 차지하는 선창 용적을 ft^3 단위로 표시한 값이다.

11 컨테이너 고박 용구에 해당하지 않는 것은?

① Fiber Rope ② Shackle
③ Turnbuckle ④ Lashing Rod

해설
① Fiber Rope는 섬유로프로 컨테이너 고박에는 적합하지 않다.
컨테이너 Lashing 용구
래싱 와이어, 래싱 로드, 훅, 컨테이너 로크, 섀클, 턴버클 등이 있다.

12 다음 중 선창이나 갑판에 목재를 적재할 때 반 정도 적재한 후 래싱 와이어만으로 약간 느슨하게 하는 래싱은 무엇인가?

① Hog Lashing ② Sag Lashing
③ Top Lashing ④ Under Lashing

해설
원목선의 래싱 작업
- Hog Lashing : 지주 중간쯤 적화했을 때 와이어로 지주와 지주 사이를 느슨하게 엮어 놓는 래싱이다.
- Over Lashing : 갑판적화가 끝나고 상부의 원목을 둥글게 고른 다음 체인과 와이어로 고정하는 래싱이다.

13 다음 중 짧은 시간에 그 효과가 나타나고 생물 이외에는 피해를 주지 않으며 방산이 용이한 가스 소독법으로 옳은 것은?

① 청산가스 소독법
② 황산가스 소독법
③ 염소가스 소독법
④ 메틸브로마이트 소독법

정답 8 ② 9 ④ 10 ① 11 ① 12 ① 13 ①

14 다음 중 자동차 전용선에서 주로 사용하는 자동차 하역 방식은 무엇인가?

① RORO 방식 ② LOLO 방식
③ LASH 방식 ④ TOFC 방식

해설
컨테이너선의 하역방식
- RORO 방식 : 롤온, 롤오프의 약자로 화물을 굴려서 싣고 내린다는 의미로 사용하는 말이며, 자동차, 트럭, 컨테이너 트레일러, 기차 등이 이 범주에 들어간다.
- LOLO 방식 : 리프트온, 리프트오프의 약자로 안벽 크레인이나 선상 크레인으로 하역하는 방식이다.

15 다음 중 컨테이너 터미널 내의 시설에 해당하지 않는 것은?

① ISO ② CFS
③ CY ④ MY

해설
컨테이너 터미널 내의 시설
- 부두 및 에이프런
- 마셜링 야드(MY)
- 컨테이너 야드(CY)
- 컨테이너 프레이트 스테이션(CFS)

16 선박법에서 규정하고 있지 않은 것은 무엇인가?

① 선박의 국적
② 선박의 등기, 등록
③ 선박의 톤수
④ 선박의 선체구조

해설
목적(선박법 제1조)
이 법은 선박의 국적에 관한 사항과 선박톤수의 측정 및 등록에 관한 사항을 규정함으로써 해사에 관한 제도를 적정하게 운영하고 해상 질서를 유지하여, 국가의 권익을 보호하고 국민경제의 향상에 이바지함을 목적으로 한다.

17 선박법의 내용으로 틀린 것은?

① 기관을 사용하여 추진하는 선박은 기선이다.
② 돛을 사용하여 추진하는 선박은 범선이다.
③ 수면비행선박은 범선이다.
④ 자력항행능력이 없어 다른 선박에 의하여 끌리거나 밀려서 항행되는 선박은 부선이다.

해설
정의(선박법 제1조의2)
이 법에서 선박이란 수상 또는 수중에서 항행용으로 사용하거나 사용할 수 있는 배 종류를 말하며 그 구분은 다음과 같다.
- 기선 : 기관을 사용하여 추진하는 선박(선체 밖에 기관을 붙인 선박으로서 그 기관을 선체로부터 분리할 수 있는 선박 및 기관과 돛을 모두 사용하는 경우로서 주로 기관을 사용하는 선박을 포함한다)과 수면비행선박(표면효과 작용을 이용하여 수면에 근접하여 비행하는 선박을 말한다)
- 범선 : 돛을 사용하여 추진하는 선박(기관과 돛을 모두 사용하는 경우로서 주로 돛을 사용하는 것을 포함한다)
- 부선 : 자력항행능력이 없어 다른 선박에 의하여 끌리거나 밀려서 항행되는 선박

18 다음 중 선박법에서 규정하고 있는 내용으로 거리가 먼 것은?

① 선박의 국적에 관한 사항
② 등기와 등록에 관한 사항
③ 선원의 복지에 관한 사항
④ 선박톤수 측정에 관한 사항

해설
목적(선박법 제1조)
이 법은 선박의 국적에 관한 사항과 선박톤수의 측정 및 등록에 관한 사항을 규정함으로써 해사에 관한 제도를 적정하게 운영하고 해상 질서를 유지하여, 국가의 권익을 보호하고 국민경제의 향상에 이바지함을 목적으로 한다.

19 다음 중 선박소유자가 선박의 등기와 등록을 하고 선박 국적증서 혹은 선적증서를 발급받는 특정한 항구는?

① 모 항 ② 등록항
③ 등기항 ④ 선적항

정답 14 ① 15 ① 16 ④ 17 ③ 18 ③ 19 ④

20 다음의 선박국적증서에 대한 설명으로 가장 적절한 것은?

① 선박국적증서가 멸실되면 동시에 선박의 소유권을 상실한다.
② 선박국적증서를 발급받으면 동시에 외국 무역에 종사할 권리를 취득한다.
③ 선박국적증서를 분실하면 선박검사증서로 그 기능을 대신할 수 있다.
④ 선박국적증서를 발급받아야 선박을 항행시킬 수 있다.

해설
국기 게양과 항행(선박법 제10조)
한국선박은 선박국적증서 또는 임시선박국적증서를 선박 안에 갖추어 두지 아니하고는 대한민국 국기를 게양하거나 항행할 수 없다.

21 선박국적증서의 발급대상에 해당하는 선박으로 옳은 것은?

① 총톤수 20톤 이상의 기선
② 총톤수 5톤 미만의 범선 중 기관을 설치하지 아니한 범선
③ 군함, 경찰용 선박
④ 노와 상앗대만으로 운전하는 선박

해설
일부 적용 제외 선박(선박법 제26조)
- 군함, 경찰용 선박
- 총톤수 5톤 미만인 범선 중 기관을 설치하지 아니한 범선
- 총톤수 20톤 미만인 부선
- 총톤수 20톤 이상인 부선 중 선박계류용 · 저장용 등으로 사용하기 위하여 수상에 고정하여 설치하는 부선
- 노와 상앗대만으로 운전하는 선박
- 어선법에 따른 어선
- 건설기계관리법에 따라 건설기계로 등록된 준설선
- 수상레저안전법에 따른 동력수상레저기구 중 수상레저기구로 등록된 수상오토바이 · 모터보트 · 고무보트 및 요트

어선전문

01 빙장 시의 유의사항으로 옳지 않은 것은?

① 어창벽의 상하 주위는 얼음으로 충분히 채운다.
② 얼음은 되도록 잘게 깨뜨려서 사용한다.
③ 어체에 물이 스며들지 않도록 비닐막을 입힌다.
④ 어체의 온도가 빨리 떨어지도록 한다.

해설
빙장 시의 유의사항
- 어상자 바닥에 얼음을 깐 후, 그 위에 어체를 얹고 어체의 주위를 얼음으로 채운다.
- 물이 고이지 않게 잘 빠지도록 하고, 얼음은 잘게 부수어 어체의 온도가 빨리 떨어지도록 한다.
- 고급 어종은 얼음에 접하게 하지 말고, 황산지로 싼 후 그 주위를 얼음으로 채운다.

02 다랑어 주낙에 의한 어획물은 동결 시 어체 중심 온도가 몇 ℃ 이하로 내려가야 글레이징을 하는가?

① −10℃ ② −20℃
③ −50℃ ④ −70℃

해설
횟감용 다랑어 글레이징 처리
동결어를 완전히 담글 수 있는 큰 그릇에 약 0℃까지 냉각시킨 청수를 담고, 이 청수 속에 동결어를 담갔다가 3~5초 후에 건져 내어 어체 표면에 1~2mm 두께의 투명한 얼음막이 생기게 하며 처리한 냉동어는 -50℃ 이하의 어창에 저장한다.

03 다음 중 어패육에서 단백질의 비율은 약 몇 %인가?

① 5% 이하 ② 5~10%
③ 15~20% ④ 30% 이상

해설
어패육의 일반적인 성분 조성
- 수분 : 65~85%
- 단백질 : 15~25%
- 지방질 : 0.5~25%
- 탄수화물 : 0~1.0%
- 회분 : 1.0~3.0%
- 수분을 제외한 나머지 성분(고형물) : 15~30%

20 ④ 21 ① / 1 ③ 2 ③ 3 ③ 정답

04 다음 중 참치 연승 어선에서 다랑어를 횟감용으로 처리할 때 처리하는 순서로서 가장 올바른 것은?

① 피 뽑기 → 즉살 → 내장제거 → 동결 → 글레이징
② 즉살 → 피 뽑기 → 내장제거 → 글레이징 → 동결
③ 피 뽑기 → 내장제거 → 즉살 → 동결 → 글레이징
④ 즉살 → 피 뽑기 → 내장제거 → 동결 → 글레이징

05 적색육 어류가 아닌 것은 무엇인가?

① 정어리 ② 고등어
③ 꽁 치 ④ 명 태

해설
명태는 백색육 어류이다.

06 가다랑어를 수빙으로 저장할 경우 창 내의 온도가 상승할 때 취해야 할 조치로 적절하지 않은 것은?

① 증 빙 ② 환 풍
③ 밀 봉 ④ 냉해수 공급

해설
환풍을 실시할 경우 창 내 냉기 손실로 오히려 온도가 상승할 우려가 있다.

07 어패육의 자가 소화를 억제시키는 방법으로 틀린 것은?

① 가열처리한 후 저온 저장
② 상온에 보관
③ 급속 동결
④ 식염 처리

해설
어체의 온도를 낮추어 주는 것이 자가 소화를 억제시키는 가장 기본적인 수단이다.

08 0℃의 물 1톤을 24시간 동안에 0℃의 얼음으로 변화시키는 능력을 냉동톤이라 한다. 이것을 시간당 열량으로 계산하면 몇 kcal/h인가?

① 2,320kcal/h
② 3,320kcal/h
③ 4,320kcal/h
④ 5,320kcal/h

해설
1냉동톤(RT) = 79.68×1,000/24 = 3,320(kcal/h)

09 다음 중 방열장치가 된 어창에 냉각관을 통하고 공기를 0℃ 이하로 냉각하여 어획물을 저장하는 방법을 무엇이라고 하는가?

① 동 결 ② 빙 장
③ 냉 장 ④ 전처리

10 다음 중 어류를 냉장하여 보관할 때 더니지(Dunnage)를 사용하는 가장 큰 이유는 무엇인가?

① 흔들림을 방지하기 위하여
② 어육 냄새를 방지하기 위하여
③ 통풍이 잘되게 하기 위하여
④ 불순물이 섞이는 것을 방지하기 위하여

해설
※ 저자의견 ②(한국해양수산연수원에서는 ③으로 공개하였음)

11 다음 중 어선에서 어획물을 하역할 때 피해야 할 시기로 옳은 것은?

① 우 천 ② 야 간
③ 주 간 ④ 겨 울

해설
우천 시 수분의 영향으로 어획물의 변질이 우려된다.

정답 4 ① 5 ④ 6 ② 7 ② 8 ② 9 ③ 10 ③ 11 ①

12 다음 중 재화용적톤수의 1톤의 용적으로 옳은 것은?

① $60ft^3$ ② $1.133m^3$
③ $1,000m^3$ ④ $1,000ft^3$

13 어선의 소유자가 선박국적증서를 잃어버리거나 헐어서 못 쓰게 된 때에는 재발급 신청을 며칠 이내에 해야 하는가?

① 10일 ② 14일
③ 15일 ④ 20일

해설
선박국적증서 등의 재발급(어선법 제18조)
어선의 소유자는 선박국적증서 등을 잃어버리거나 헐어서 못 쓰게 된 경우에는 14일 이내에 해양수산부령으로 정하는 바에 따라 재발급을 신청하여야 한다.

14 어선의 용도나 어업의 종류를 변경할 목적으로 어선의 구조나 설비를 변경하는 것은?

① 구조 변경 ② 구조 개선
③ 개 조 ④ 설비 변경

해설
정의(어선법 제2조)
개조란 다음의 어느 하나에 해당하는 것을 말한다.
- 어선의 길이 · 너비 · 깊이(주요치수)를 변경하는 것
- 어선의 추진기관을 새로 설치하거나 추진기관의 종류 또는 출력을 변경하는 것
- 어선의 용도를 변경하거나 어업의 종류를 변경할 목적으로 어선의 구조나 설비를 변경하는 것

15 다음 중 총톤수 20톤 미만 어선이 등록을 한 후에 발급받는 증서는 무엇인가?

① 선박국적증서 ② 가선박국적증서
③ 선적증서 ④ 등록필증

해설
어선의 등기와 등록(어선법 제13조)
시장 · 군수 · 구청장은 등록을 한 어선에 대하여 다음의 구분에 따른 증서 등을 발급하여야 한다.
- 총톤수 20톤 이상인 어선 : 선박국적증서
- 총톤수 20톤 미만인 어선(총톤수 5톤 미만의 무동력어선은 제외한다) : 선적증서
- 총톤수 5톤 미만인 무동력어선 : 등록필증

16 다음 중 어선법상 한 나라에서 다른 나라에 이르는 해양을 항행하는 것은?

① 나라 간 항해 ② 원양항해
③ 무역항해 ④ 국제항해

해설
정의(어선법 시행규칙 제2조)
국제항해란 한 나라에서 다른 나라에 이르는 해양을 항행하는 것을 말한다.

17 어선법에서 규정한 어선의 표시사항과 표시방법에 대한 설명으로 옳지 않은 것은?

① 어선의 명칭은 선수 양현 외부에만 표시한다.
② 선적항은 선미 외부 잘 보이는 곳에 표시한다.
③ 배의 길이 24m 이상의 어선은 선수와 선미의 외부 양 측면에 흘수의 치수 표시를 한다.
④ 가로 15cm, 세로 3cm의 어선번호판을 단다.

해설
어선의 표시사항 및 표시방법(어선법 시행규칙 제24조)
어선에 표시하여야 할 사항과 그 표시방법은 다음과 같다.
- 선수 양현의 외부에 어선명칭을, 선미 외부의 잘 보이는 곳에 어선명칭 및 선적항을 10cm 크기 이상의 한글(아라비아숫자를 포함한다)로 명료하고 내구력 있는 방법으로 표시하여야 한다.
- 배의 길이 24m 이상의 어선은 선수와 선미의 외부 양측면에 흘수를 표시하기 위하여 선저로부터 최대흘수선상에 이르기까지 20cm마다 10cm 크기의 아라비아숫자로서 흘수의 치수를 표시하되, 숫자의 하단은 그 숫자가 표시하는 흘수선과 일치시켜야 한다.

어선번호판의 제작 등(어선법 시행규칙 제25조)
- 어선번호판은 알루미늄, 동판 또는 강판 등의 금속재이거나 합성수지재의 내부식성 재료로 제작하여야 하며, 그 규격은 가로 15cm, 세로 3cm로 한다.
- 어선의 소유자는 어선번호판을 조타실 또는 기관실의 출입구 등 어선 안쪽부분의 잘 보이는 장소에 내구력 있는 방법으로 부착하여야 한다.

12 ② 13 ② 14 ③ 15 ③ 16 ④ 17 ① 정답

18 어선의 추진과 관계있는 기관 및 주요부의 교체·변경 등으로 기관의 성능에 영향을 미치는 개조 또는 수리를 하려는 경우에 받아야 하는 검사는?

① 제조검사 ② 임시검사
③ 특별검사 ④ 예비검사

해설
임시검사(어선법 시행규칙 제47조)
어선소유자가 임시검사를 받아야 하는 경우는 다음과 같다.
- 배의 길이, 너비, 깊이 또는 다음의 어느 하나에 해당하는 선체 주요부의 변경으로 선체의 강도, 수밀성 또는 방화성에 영향을 미치는 개조 또는 수리를 하려는 경우
  - 상갑판 아래의 선체, 선루 또는 기관실 위벽의 폭로부
  - 갑판실(승선자가 거주하거나 항상 사용하는 것에 한정한다)의 측벽 또는 정부갑판
  - 선루갑판 아래의 폭로부 외판
  - 격벽에 설치되어 폐위구역을 보호하는 폐쇄장치(목제창구덮개 또는 창구복포는 제외한다)
- 어선의 추진과 관계있는 기관 및 그 주요부의 교체·변경 등으로 기관의 성능에 영향을 미치는 개조 또는 수리를 하려는 경우
- 타 또는 조타장치의 변경으로 어선의 조종성에 영향을 미치는 개조 또는 수리를 하려는 경우
- 탱크, 펌프실, 그 밖에 인화성 액체 또는 인화성 고압가스가 새거나 축적될 우려가 있는 곳에 설치되어 있는 전선로를 교체·변경하는 수리를 하려는 경우
- 어선의 용도를 변경하거나 어업의 종류를 변경할 목적으로 어선의 구조나 설비를 변경하려는 경우
- 어선검사증서에 기재된 내용을 변경하려는 경우
- 어선용품 중 어선에 고정 설치되는 것으로서 새로 설치하거나 변경하려는 경우
- 만재흘수선을 새로 표시하거나 변경하려는 경우
- 복원성에 관한 기준을 새로 적용받거나 그 복원성에 영향을 미칠 우려가 있는 어선용품을 신설·증설·교체 또는 제거하거나 위치를 변경하려는 경우
- 보일러 안전밸브의 봉인을 개방하여 조정하려는 경우
- 하역설비의 제한하중, 제한각도 및 제한반경을 변경하려는 경우
- 승강설비의 제한하중 또는 정원을 변경하려는 경우
- 해양사고 등으로 어선의 감항성 또는 인명안전의 유지에 영향을 미칠 우려가 있는 변경이 발생한 경우
- 어선의 정기검사 또는 중간검사를 할 때에 어선설비의 보완이 필요하다고 인정되는 등 해양수산부장관이 특정한 사항에 관하여 임시검사를 받을 것을 지정하는 경우

19 어선검사증서의 유효기간이 만료되는 경우에 해당 어선이 정기검사를 받을 수 있는 장소에 있지 아니할 때에는 몇 개월 이내에 유효기간을 연장하여야 하는가?

① 2월 이내
② 3월 이내
③ 5월 이내
④ 6월 이내

해설
어선검사증서 유효기간 연장(어선법 시행규칙 제67조)
어선검사증서의 유효기간 연장은 다음의 구분에 따라 한차례만 연장하여야 한다. 다만, 1.에 해당하는 경우에는 그 연장기간 내에 해당 어선이 검사를 받을 장소에 도착하면 지체 없이 정기검사를 받아야 한다.
1. 해당 어선이 정기검사를 받을 수 없는 장소에 있는 경우 : 3개월 이내
2. 해당 어선이 외국에서 정기검사를 받은 경우 등 부득이한 경우로서 새로운 어선검사증서를 즉시 발급할 수 없거나 어선에 갖추어 둘 수 없는 경우 : 5개월 이내

정답 18 ② 19 ②

제 3 회

기출복원문제

상선전문

01 다음 중 선체 종경사의 중심이 되는 것은 무엇인가?

① 횡경심 ② 부 심
③ 부면심 ④ 무게중심

해설
부면심
- 선박이 배수량의 변화 없이 화물을 이동하여 약간의 트림을 갖게 되면 신 수선면과 구 수선면의 교선은 반드시 한 점을 지나게 된다. 이 점은 수선 면적의 중심으로 선체 종경사의 중심이 되며, 부면심이라 한다.
- 부면심의 위치는 선체 중앙에서 배 길이의 1/30 ~ 1/60 전후방에 위치한다.
- 부면심을 지나는 수직선상에 화물을 적화 또는 양하하면 트림은 생기지 않는다.

02 곡물운송 시의 특징에 대한 설명으로 옳지 않은 것은?

① 자체 수분함유량이 많을수록 발생열이 적다.
② 자체 수분함유량이 많을수록 호흡작용이 왕성하다.
③ 창 내의 산소가 적으면 호흡작용도 억제된다.
④ 통상의 기온보다 창 내의 온도가 높으면 호흡작용이 왕성해진다.

해설
곡물은 운송 중에도 공기 중의 산소를 흡입함과 동시에 이산화탄소를 배출하는 호흡작용을 한다. 호흡작용은 화물 중 수분의 함유량이 높은 경우에는 발열과 응축 현상을 동반함으로써 화물을 손상시키고 습도, 온도 및 통풍에 영향을 받는다.

03 다음 중 화물손상이 황천에 의해 불가항력적으로 발생한 것임을 증빙하기 위한 서류는 무엇인가?

① Sea Protest
② Stowage Survey Report
③ Exception List
④ Damaged Cargo Survey Report

04 다음 중 석탄, 곡류 등 드라이벌크 화물의 적화 시에 많이 사용되는 하역설비로 옳은 것은?

① 크레인 ② 데 릭
③ 컨베이어 ④ Grab

05 하역장치(Cargo Gear)에 대한 하중시험의 결과가 기록된 증서는 무엇인가?

① 하역설비안전증서
② 화물선안전설비증서
③ 구서증서
④ 화물선안전구조증서

06 다음 중 부서지기 쉬운 화물을 포장하였을 때 그 포장에 표시하는 주의 표시로 옳은 것은?

① POISONOUS
② FRAGILE
③ KEEP FLAT
④ KEEP DRY

1 ③ 2 ① 3 ① 4 ③ 5 ① 6 ② 정답

07 다음 중 순적화중량톤수(NET D/W)를 바르게 나타낸 것은?

① 경하배수량 + 선적화물중량
② 경하배수량 + 선적화물의 중량 + 화물 이외의 중량(연료, 청수 등)
③ 만재흘수에 상당하는 배수량 − 경하배수량 + 화물 이외의 중량(청수, 연료 등)
④ 만재흘수에 상당하는 배수량 − 경하배수량 − 선적화물 이외의 중량(청수, 연료 등)

해설
순적화중량톤수 : 만재배수량에서 경하배수량과 화물 이외의 모든 중량을 뺀 중량톤수

08 길이가 100m, 폭이 80m인 상자모양의 선박이 흘수 5m로 떠 있을 때 이 선박의 매 cm 배수톤수는?(해수 비중은 1.025이다)

① 80톤
② 28톤
③ 82톤
④ 58톤

해설
배수량 = 수면하체적(100×80×5)×비중(1.025)
매 cm 배수톤수 = 수면하체적(100×80×5)×비중(1.025)/흘수(500cm) = 82

09 다음 중 일정한 배수량을 가진 선박이 해수에서 담수로 항해할 때 생기는 현상으로 옳은 것은?

① 흘수는 감소한다.
② 배수량은 증가한다.
③ 흘수는 증가하고 배수량은 변하지 않는다.
④ 흘수는 증가하고 배수량은 변한다.

10 선체 중앙부 현측의 흘수선으로부터 갑판선 상단까지의 수직거리를 무엇이라고 하는가?

① 만재흘수선 ② 건 현
③ 부면심 ④ 쿼터 평균 흘수

11 다음 중 갑판면에서 압축응력, 선저부에서 인장응력이 발생하는 상태를 나타내는 용어로 옳은 것은?

① Hogging ② Sagging
③ Twisting ④ Shearing

해설
새깅상태

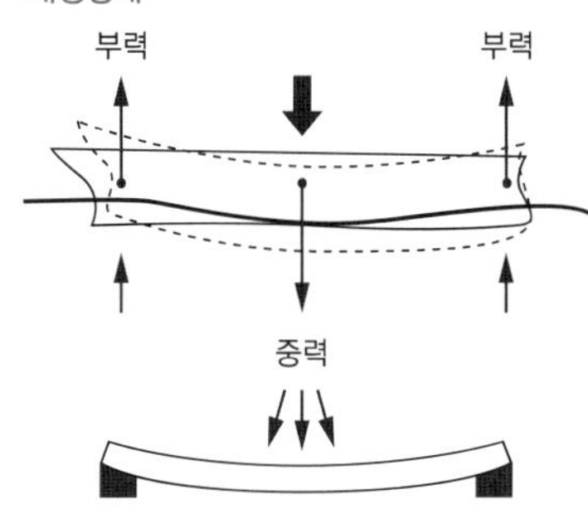

12 일반적으로 흘수감정에 의해 화물량을 결정하는 화물은 무엇인가?

① 컨테이너 ② 벌크 화물
③ 기 름 ④ 잡 화

13 실제로 화물을 적재할 수 있는 최대 적화중량인 순적화중량톤수의 산정 시 공제중량의 내용으로 틀린 것은?

① 갑판적화물 무게 ② 연료유의 무게
③ 청수의 무게 ④ 식료품의 무게

해설
공제중량 : 연료, 윤활유, 청수, 밸러스트, 창고품, 식료품, 선원 및 소지품, 화물보호재, 화물 이동방지판, 불명중량

정답 7 ④ 8 ③ 9 ③ 10 ② 11 ② 12 ② 13 ①

14 **다음 중 선박에서 사용하는 Dunnage에 관한 설명으로 잘못된 것은?**

① 화물을 선체로부터 격리한다.
② 복원성을 좋게 한다.
③ 화물의 손상을 방지한다.
④ 화물의 하중을 분산시킨다.

해설
더니지
화물을 선박에 적재할 때 주로 화물 손상을 방지하는 것을 목적으로 사용되는 판재, 각재 및 매트 등을 말하는 것으로 복원성에 영향을 줄 만큼의 관계는 없다.

15 **문제 삭제**

16 **선박의 국적에 관한 사항을 규정하는 법은 무엇인가?**

① 선박안전법 ② 선박법
③ 국제선박등록법 ④ 선박등기법

해설
목적(선박법 제1조)
이 법은 선박의 국적에 관한 사항과 선박톤수의 측정 및 등록에 관한 사항을 규정함으로써 해사에 관한 제도를 적정하게 운영하고 해상 질서를 유지하여, 국가의 권익을 보호하고 국민경제의 향상에 이바지 함을 목적으로 한다.

17 **다음 중 한국선박의 특권에 해당하지 않는 것은?**

① 국기 게양권
② 불개항장에의 기항권
③ 연안 무역권
④ 등기와 등록의 면제권

해설
국기의 게양(선박법 제5조)
한국선박이 아니면 대한민국 국기를 게양할 수 없다.
불개항장에의 기항과 국내 각 항간에서의 운송금지(선박법 제6조)
한국선박이 아니면 불개항장에 기항하거나 국내 각 항간에서 여객 또는 화물의 운송을 할 수 없다.

18 **선박을 다른 선박과 구별하는 식별사항과 가장 거리가 먼 것은?**

① 선박의 명칭 ② 선적항
③ 선박의 소유자 ④ 총톤수

19 **다음 중 선박법상 우리나라의 해사에 관한 법령을 적용할 때 선박의 크기를 나타내기 위하여 사용되는 지표를 말하는 선박톤수는 무엇인가?**

① 순톤수 ② 총톤수
③ 재화중량톤수 ④ 국제톤수

해설
선박톤수(선박법 제3조)
이 법에서 사용하는 선박톤수의 종류는 다음과 같다.
- 국제총톤수 : 1969년 선박톤수측정에 관한 국제협약 및 협약의 부속서에 따라 주로 국제항해에 종사하는 선박에 대하여 그 크기를 나타내기 위하여 사용되는 지표를 말한다.
- 총톤수 : 우리나라의 해사에 관한 법령을 적용할 때 선박의 크기를 나타내기 위하여 사용되는 지표를 말한다.
- 순톤수 : 협약 및 협약의 부속서에 따라 여객 또는 화물의 운송용으로 제공되는 선박 안에 있는 장소의 크기를 나타내기 위하여 사용되는 지표를 말한다.
- 재화중량톤수 : 항행의 안전을 확보할 수 있는 한도에서 선박의 여객 및 화물 등의 최대적재량을 나타내기 위하여 사용되는 지표를 말한다.

20 **선박소유자는 선박의 존재 여부가 얼마동안 분명하지 아니한 때 말소등록 신청을 하여야 하는가?**

① 14일간 ② 28일간
③ 90일간 ④ 180일간

해설
말소등록(선박법 제22조)
한국선박이 다음의 어느 하나에 해당하게 된 때에는 선박소유자는 그 사실을 안 날부터 30일 이내에 선적항을 관할하는 지방해양수산청장에게 말소등록의 신청을 하여야 한다.
- 선박이 멸실·침몰 또는 해체된 때
- 선박이 대한민국 국적을 상실한 때
- 선박이 제26조 각 호에 규정된 선박으로 된 때
- 선박의 존재 여부가 90일간 분명하지 아니한 때

14 ② 15 문제 삭제 16 ② 17 ④ 18 ③ 19 ② 20 ③ 정답

21 선박국적증서에 관한 설명으로 틀린 것은?

① 선박국적증서에는 유효기간이 지정되어 있다.
② 선박국적증서는 영역서로 발급될 수 있다.
③ 특별한 경우 외에 선박국적증서가 없으면 선박을 항해에 사용하지 못한다.
④ 선박의 국적, 선박의 개성 및 동일성을 증명한다.

어선전문

01 어획물의 빙장법에서 겨울철에 1일 정도 저장하는 데 필요한 어체와 얼음의 비로 적당한 것은?

① 2 : 1　② 3 : 1
③ 4 : 1　④ 5 : 1

해설
계절 및 빙장 일수에 따른 얼음 사용량

계 절	빙장일수	수산물 : 얼음	
		건빙법	수빙법
여 름	3	1 : 3	5 : 3
	2	1 : 2	5 : 2
	1	1 : 1	5 : 1
봄 · 가을	3	1 : 2	5 : 2
	2	1 : 1	5 : 1
	1	2 : 1	10 : 1
겨 울	3	3 : 1	15 : 1
	2	4 : 1	20 : 1
	1	5 : 1	25 : 1

02 어획물의 처리 원리와 관계가 없는 것은?

① 신속한 처리　② 사후 경직
③ 저온 보관　④ 정결한 취급

해설
사후 경직은 어패류의 사후변화 과정에 속한다.

03 다음 중 회유어의 어육성분 중 계절에 따라 함유량의 변화가 가장 심한 것은 무엇인가?

① 지질과 수분
② 수분과 단백질
③ 지질과 탄수화물
④ 단백질과 탄수화물

04 다음 중 어패류에서 식중독의 원인이 되는 물질로 알맞은 것은?

① 세균성, 화학성　② 세균성, 진균독
③ 자연독, 세균성　④ 자연독, 진균독

05 동결된 어획물의 글레이징 처리에 관한 내용 중 옳지 않은 것은?

① 동결어의 표면을 얼음막으로 덮이게 한다.
② 얼음막은 쇄빙을 뿌려서 만든다.
③ 어체의 건조를 방지한다.
④ 어체 표면의 상처를 방지한다.

해설
글레이징 처리
동결이 끝난 어체를 어창에 저장하기 전에 분무 또는 침지법으로 동결어의 표면에 얇은 얼음의 막을 만들어 주는 과정으로 어체의 건조를 방지함과 동시에 어체 표면에 상처가 나는 것을 방지한다.

06 빙장한 상자를 저장하는 어창 안의 습도로 적절한 것은?

① 75~80%　② 80~85%
③ 85~90%　④ 90~95%

해설
보관 중에 세균의 발육과 효소의 작용을 억제하기 위하여 빙장한 상자를 저장하는 어창 안의 온도는 0~4℃, 습도는 90~95% 정도가 되게 하는 것이 알맞다.

정답 21 ① / 1 ④ 2 ② 3 ① 4 ③ 5 ② 6 ④

07 다음 중 일반적으로 어체를 황산지로 싸서 빙장하는 어종은 무엇인가?

① 고급 어종 ② 잡 어종
③ 대형 어종 ④ 소형 어종

08 다음 중 냉동 사이클의 순서로 옳은 것은?

① 팽창 - 증발 - 압축 - 응축
② 응축 - 압축 - 증발 - 팽창
③ 증발 - 팽창 - 압축 - 응축
④ 팽창 - 증발 - 응축 - 압축

09 다음 중 어선의 불명중량의 측정시기로서 가장 적당한 때는?

① 출거 직후 ② 만재 정박 중
③ 입거 직전 ④ 공선 항해 중

10 재화중량톤수표(Deadweight Scale)에 기록되어 있지 않은 내용은?

① 부심, 부면심의 위치
② 매 cm 배수톤
③ 매 cm Trim Moment
④ 배수량

11 순적화중량의 설명으로 옳은 것은?

① 경하배수량과 선박 중량을 합한 중량
② 경하배수량과 화물 중량을 합한 중량
③ 만재흘수선의 만재배수량에서 경하 상태의 배수량 및 화물 이외의 모든 중량을 공제한 중량
④ 만재배수량에서 경하배수량과 공제중량을 제외한 중량

12 다음 중 어업에 있어 물의 흐름에 대한 정보를 수집하기 위한 장비는 무엇인가?

① 어탐기 ② 소 나
③ 선속계 ④ 조류계

해설
① 어탐기 : 수직 하방 어군을 주로 탐지하기 위한 장비
② 소나 : 수평 방향의 어군을 주로 탐지하기 위한 장비
③ 선속계 : 선박의 속력을 측정하기 위한 장비

13 어선법령에서 흘수를 표시해야 하는 어선은 무엇인가?

① 총톤수 20톤 이상의 어선
② 배의 길이가 24m 이상의 어선
③ 총톤수 5톤 이상의 동력어선
④ 모든 어선

해설
어선의 표시사항 및 표시방법(어선법 시행규칙 제24조)
배의 길이 24m 이상의 어선은 선수와 선미의 외부 양측면에 흘수를 표시하기 위하여 선저로부터 최대흘수선상에 이르기까지 20cm마다 10cm 크기의 아라비아숫자로서 흘수의 치수를 표시하되, 숫자의 하단은 그 숫자가 표시하는 흘수선과 일치시켜야 한다.

14 다음 중 어선법령에서 금속재외판이 있는 어선의 경우에는 배의 길이의 중앙에서 늑골외면 간의 최대 너비를 말하고, 금속재외판 외의 외판이 있는 어선의 경우에는 배의 길이의 중앙에서 선체외면 간의 최대 너비를 뜻하는 용어는?

① 배의 깊이 ② 배의 길이
③ 배의 너비 ④ 도 면

해설
배의 너비란 금속재외판이 있는 어선의 경우에는 배의 길이의 중앙에서 늑골외면 간의 최대 너비를 말하고, 금속재외판 외의 외판이 있는 어선의 경우에는 배의 길이의 중앙에서 선체외면 간의 최대 너비를 뜻한다.

7 ① 8 ① 9 ① 10 ① 11 ③ 12 ④ 13 ② 14 ③ 정답

15 어선의 건조, 개조 발주허가에서 시장·군수·구청장의 발주허가 대상이 되는 어선은?

① 연근해어업에 종사하는 어선
② 원양어업에 종사하는 어선
③ 수산계학교 실습선
④ 해양수산부 어업지도선

해설
건조·개조 등의 허가구분(어선법 시행규칙 제4조)
어선의 건조·개조 또는 건조발주·개조발주의 허가권자(그 변경허가권자를 포함한다)는 다음과 같다.
1. 해양수산부장관
  가. 원양산업발전법에 따른 원양어업에 사용할 어선
  나. 수산업법에 따라 해양수산부장관이 시험어업, 연구어업 또는 교습어업에 사용할 어선
  다. 해운법에 따라 등록을 하는 외항화물운송사업에 사용할 수산물 운반선
  라. 해양수산부장관이 어업에 관한 기술보급·시험·조사 또는 지도·감독에 사용할 어선
2. 특별자치시장·특별자치도지사·시장·군수·구청장(자치구의 구청장을 말한다. 시장·군수·구청장이라 한다)
  1.의 어선을 제외한 어선

16 총톤수 20톤 미만인 어선이 등록을 했을 때에 발급받는 증서는 무엇인가?

① 선박국적증서
② 가선박국적증서
③ 선적증서
④ 등록필증

해설
어선의 등기와 등록(어선법 제13조)
시장·군수·구청장은 등록을 한 어선에 대하여 다음의 구분에 따른 증서 등을 발급하여야 한다.
• 총톤수 20톤 이상인 어선 : 선박국적증서
• 총톤수 20톤 미만인 어선(총톤수 5톤 미만의 무동력어선은 제외한다) : 선적증서
• 총톤수 5톤 미만인 무동력어선 : 등록필증

17 다음 중 어선법령에서 어선원부의 등록사항으로 틀린 것은?

① 어선소유자 성명
② 추진기의 종류
③ 최대승선 정원
④ 진수연월일

해설
등록사항(어선법 시행규칙 제23조)
시장·군수·구청장은 어선의 등록에 따른 신청이 있는 때에는 다음의 사항을 어선원부에 기재하여야 한다.
• 어선번호
• 호출부호 또는 호출명칭
• 어선의 종류
• 어선의 명칭
• 선적항
• 선체재질
• 범선의 범장(범선의 경우에 한한다)
• 배의 길이
• 배의 너비
• 배의 깊이
• 총톤수
• 폐위장소의 합계용적
• 제외장소의 합계용적
• 기관의 종류·마력 및 대수
• 추진기의 종류 및 수
• 조선지
• 조선자
• 진수연월일
• 소유자의 성명·주민등록번호 및 주소
• 공유자의 지분율

정답 15 ① 16 ③ 17 ③

18 어선의 추진과 관계있는 기관 및 주요부의 교체 · 변경 등으로 기관의 성능에 영향을 미치는 개조 또는 수리를 하려는 경우에 받아야 하는 검사는 무엇인가?

① 제조검사 ② 임시검사
③ 특별검사 ④ 예비검사

해설
임시검사(어선법 시행규칙 제47조)
어선소유자가 임시검사를 받아야 하는 경우는 다음과 같다.

- 배의 길이, 너비, 깊이 또는 다음의 어느 하나에 해당하는 선체 주요부의 변경으로 선체의 강도, 수밀성 또는 방화성에 영향을 미치는 개조 또는 수리를 하려는 경우
  - 상갑판 아래의 선체, 선루 또는 기관실 위벽의 폭로부
  - 갑판실(승선자가 거주하거나 항상 사용하는 것에 한정한다)의 측벽 또는 정부갑판
  - 선루갑판 아래의 폭로부 외판
  - 격벽에 설치되어 폐위구역을 보호하는 폐쇄장치(목제창구덮개 또는 창구복포는 제외한다)
- 어선의 추진과 관계있는 기관 및 그 주요부의 교체 · 변경 등으로 기관의 성능에 영향을 미치는 개조 또는 수리를 하려는 경우
- 타 또는 조타장치의 변경으로 어선의 조종성에 영향을 미치는 개조 또는 수리를 하려는 경우
- 탱크, 펌프실, 그 밖에 인화성 액체 또는 인화성 고압가스가 새거나 축적될 우려가 있는 곳에 설치되어 있는 전선로를 교체 · 변경하는 수리를 하려는 경우
- 어선의 용도를 변경하거나 어업의 종류를 변경할 목적으로 어선의 구조나 설비를 변경하려는 경우
- 어선검사증서에 기재된 내용을 변경하려는 경우
- 어선용품 중 어선에 고정 설치되는 것으로서 새로 설치하거나 변경하려는 경우
- 만재흘수선을 새로 표시하거나 변경하려는 경우
- 복원성에 관한 기준을 새로 적용받거나 그 복원성에 영향을 미칠 우려가 있는 어선용품을 신설 · 증설 · 교체 또는 제거하거나 위치를 변경하려는 경우
- 보일러 안전밸브의 봉인을 개방하여 조정하려는 경우
- 하역설비의 제한하중, 제한각도 및 제한반경을 변경하려는 경우
- 승강설비의 제한하중 또는 정원을 변경하려는 경우
- 해양사고 등으로 어선의 감항성 또는 인명안전의 유지에 영향을 미칠 우려가 있는 변경이 발생한 경우
- 어선의 정기검사 또는 중간검사를 할 때에 어선설비의 보완이 필요하다고 인정되는 등 해양수산부장관이 특정한 사항에 관하여 임시검사를 받을 것을 지정하는 경우

19 어선검사증서의 유효기간이 만료되는 경우에 해당 어선이 정기검사를 받을 수 있는 장소에 있지 아니할 때에는 몇 개월 이내에 유효기간을 연장해야 하는가?

① 2월 이내 ② 3월 이내
③ 5월 이내 ④ 6월 이내

해설
어선검사증서 유효기간 연장(어선법 시행규칙 제67조)
어선검사증서의 유효기간 연장은 다음의 구분에 따라 한차례만 연장하여야 한다. 다만, 1.에 해당하는 경우에는 그 연장기간 내에 해당 어선이 검사를 받을 장소에 도착하면 지체 없이 정기검사를 받아야 한다.

1. 해당 어선이 정기검사를 받을 수 없는 장소에 있는 경우 : 3개월 이내
2. 해당 어선이 외국에서 정기검사를 받은 경우 등 부득이한 경우로서 새로운 어선검사증서를 즉시 발급할 수 없거나 어선에 갖추어 둘 수 없는 경우 : 5개월 이내

18 ② 19 ② 정답

제 4 회

기출복원문제

상선전문

01 다음 중 하역 시에 화물을 싸거나 묶어서 카고 훅에 매다는 용구는?

① 카고 슬링
② 카고 데릭
③ 카고 폴
④ 카고 기어

02 더니지(Dunnage)의 목적 또는 효과와 거리가 먼 것은?

① 화물의 습기 제거
② 화물 간의 마찰 감소
③ 화물 적재량의 증가
④ 화물의 이동에 의한 손상 방지

해설
더니지의 사용 목적
화물의 무게 분산, 화물 간 마찰 및 이동 방지, 양호한 통풍환기, 화물의 습기 제거

03 다음 중 곡물운송에서 횡경사 모멘트가 기준을 넘게 되는 경우의 조치와 가장 거리가 먼 것은?

① Bagging
② Strap Down
③ Shifting Board
④ Stacking

04 다음 중 화물의 선적계획을 수립할 때 이용하는 자료와 가장 거리가 먼 것은?

① 선창용적표(Capacity Table)
② 등곡선표(Hydrostatic Table)
③ 적화계수(Stowage Factor)
④ 선박조종특성표(Manoeuvering Table)

05 부서지기 쉬운 화물을 포장할 때 그 포장에 표시하는 주의표시로 옳은 것은?

① POISONOUS ② FRAGILE
③ KEEP FLAT ④ KEEP DRY

06 다음 중 화물 운송에서 용적화물의 설명으로 가장 적절한 것은?

① 선창에 적재하는 화물만을 말한다.
② 귀금속 등과 같이 중량에 비해 가격이 높은 화물을 말한다.
③ 면, 가마니 등과 같이 부피가 큰 화물을 말한다.
④ 벌크화물을 말한다.

07 다음의 설명 중 옳지 않은 것은?

① 트림의 변화는 부면심을 중심으로 하여 일어난다.
② 부면심을 통하는 수직선상에 화물을 적재하면 트림의 변화가 없다.
③ 수선 면적의 중심에 부면심이 있다.
④ 부면심의 위치는 화물의 배치와 무관하다.

정답 1 ① 2 ③ 3 ④ 4 ④ 5 ② 6 ③ 7 ④

해설

부면심

- 선박이 배수량의 변화 없이 화물을 이동하여 약간의 트림을 갖게 되면 신 수선면과 구 수선면의 교선은 반드시 한 점을 지나게 된다. 이 점은 수선 면적의 중심으로 선체 종경사의 중심이 되며, 부면심이라 한다.
- 부면심의 위치는 선체 중앙에서 배 길이의 1/30~1/60 전후방에 위치한다.
- 부면심을 지나는 수직선상에 화물을 적화 또는 양하하면 트림은 생기지 않는다.

08 일정한 배수량을 가진 선박이 해수의 비중이 다른 해상으로 갈 경우 흘수의 변화를 설명한 것이다. 다음 중 옳은 것은?

① 흘수 변화가 없다.
② 비중이 작은 해상에서의 흘수가 비중이 큰 해상에서의 흘수보다 크다.
③ 비중이 작은 해상에서의 흘수가 비중이 큰 해상에서의 흘수보다 작다.
④ 비중은 흘수 변화와 관련이 없다.

09 트림계산과 관계없는 것은 무엇인가?

① 매 cm 트림 모멘트 ② 부면심의 위치
③ 이동 화물의 무게 ④ $\overline{GM}$

10 근해구역 선박 및 길이 100m 이상의 선박에 표시하지 않는 만재흘수선은 무엇인가?

① TF ② S
③ WNA ④ W

해설

만재흘수선의 적용 대역과 계절

종 류	기 호	적용 대역 및 계절
하기 만재흘수선	S	하기 대역에서는 연중, 계절 열대 구역 및 계절 동기 대역에서는 각각 그 하기 계절 동안 해수에 적용
동기 만재흘수선	W	계절 동기 대역에서 동기 계절 동안 해수에 적용
동기 북대서양 만재흘수선	WNA	북위 36° 이북의 북대서양을 그 동기 계절 동안 횡단하는 경우, 해수에 적용(근해구역 및 길이 100m 이상의 선박은 WNA 건현표가 없다)
열대 만재흘수선	T	열대 대역에서는 연중, 계절 열대 구역에서는 그 열대 계절 동안 해수에 적용
하기 담수 만재흘수선	F	하기 대역에서는 연중, 계절 열대 구역 및 계절 동기 대역에서는 각각 그 하기 계절 동안 담수에 적용
열대 담수 만재흘수선	TF	열대 대역에서는 연중, 계절 열대 구역에서는 그 열대 계절 동안 담수에 적용

11 다음 중 흘수감정에서 선수미 흘수의 수정에 관한 설명으로 잘못된 것은?

① 선수미 형상이 경사됨으로 인해 발생된다.
② 트림의 크기와는 관계가 없다.
③ 선수트림의 경우 수정 후 선수 흘수가 증가한다.
④ 선미트림의 경우 수정 후 선미 흘수가 증가한다.

12 우리나라 연해구역이 속한 대역은 무엇인가?

① 동기대역 ② 하기대역
③ 열대대역 ④ 계절동기대역

13 일반적으로 항해 시에는 선미트림으로 한다. 그 이유로 적절하지 않은 것은?

① 선수부에 충격을 줄이기 위해서이다.
② 경계(Look-out)에 유리하기 때문이다.
③ 타효가 좋기 때문이다.
④ 선속이 유리하기 때문이다.

해설

경계(Look-out)와 트림과는 특별한 관계가 없으며 당직자들의 당직 근무 상태가 더 중요하다.

선미트림

선미흘수가 선수흘수보다 큰 상태로, 파랑의 침입을 줄이는 효과가 있으며, 타효가 좋고 선속이 증가되므로 선박 운항 시에는 약간의 선미트림이 좋다.

8 ② 9 ④ 10 ③ 11 ② 12 ② 13 ② 정답

14 다음 중 일반 화물선의 선적에 관한 설명 중 잘못된 것은?

① 대량 화물은 가능한 한 하나의 화물창으로 모아 적재한다.
② 선적 순서는 양하지 순서와 역순으로 한다.
③ 가급적 조악화물과의 혼재를 피한다.
④ 복원성과 트림을 고려하여 선적한다.

15 선적지시서(Shipping Order)상의 개수보다 실제 적재 완료 후 3Cases의 부족 여부 확인이 어려워 논쟁이 있을 때 본선 화물수령증(M/R)상의 기재상황으로 옳은 것은?

① 3 c/s Over in Shipped
② 3 c/s Over in Dispute
③ 3 c/s Short in Shipped
④ 3 c/s Short in Dispute

16 선박법상 국기 게양 의무사항에 해당하지 아니하는 것은?

① 대한민국의 등대 또는 해안망루로부터 요구가 있는 경우
② 외국항을 출입하는 경우
③ 해군 또는 해양경찰청 소속의 선박이나 항공기로부터 요구가 있는 경우
④ 전쟁이 선포된 해역을 항행하는 경우

해설
국기의 게양(선박법 시행규칙 제16조)
한국선박은 다음의 어느 하나에 해당하는 경우에는 선박의 뒷부분에 대한민국국기를 게양하여야 한다. 다만, 국내항 간을 운항하는 총톤수 50톤 미만이거나 최대속력이 25노트 이상인 선박은 조타실이나 상갑판 위쪽에 있는 선실 등 구조물의 바깥벽 양 측면의 잘 보이는 곳에 부착할 수 있다.
- 대한민국의 등대 또는 해안망루로부터 요구가 있는 경우
- 외국항을 출입하는 경우
- 해군 또는 해양경찰청 소속의 선박이나 항공기로부터 요구가 있는 경우
- 그 밖에 지방청장이 요구한 경우

17 다음 중 선박법상 국적에 관한 규정을 잘못 설명한 것은?

① 대한민국의 법률에 따라 설립된 상사법인이 소유하는 선박에 대한민국 국적을 부여할 수 있다.
② 대한민국에 주된 사무소를 둔 대한민국의 법률에 따라 설립된 상사법인 이외의 법인으로서 그 대표자(공동대표인 경우에는 그 전원)가 대한민국 국민인 경우에 그 법인이 소유하는 선박에 대한민국 국적을 부여할 수 있다.
③ 국유 또는 공유의 선박에는 국적을 특별히 부여할 필요가 없다.
④ 대한민국 국민이 소유하는 선박에는 대한민국 국적을 부여할 수 있다.

해설
한국선박(선박법 제2조)
다음의 선박을 대한민국 선박(한국선박)으로 한다.
1. 국유 또는 공유의 선박
2. 대한민국 국민이 소유하는 선박
3. 대한민국의 법률에 따라 설립된 상사법인이 소유하는 선박
4. 대한민국에 주된 사무소를 둔 3. 외의 법인으로서 그 대표자(공동대표인 경우에는 그 전원)가 대한민국 국민인 경우에 그 법인이 소유하는 선박

18 외국선박이 우리나라의 불개항장에 기항할 수 있는 경우가 아닌 것은?

① 법률 또는 조약에 다른 규정이 있을 때
② 해양사고를 피하려고 할 때
③ 해양수산부장관의 허가를 받은 때
④ 자국의 수출 화물을 선적하고자 할 때

해설
불개항장에의 기항과 국내 각 항간에서의 운송금지(선박법 제6조)
한국선박이 아니면 불개항장에 기항하거나 국내 각 항간에서 여객 또는 화물의 운송을 할 수 없다. 다만, 법률 또는 조약에 다른 규정이 있거나 해양사고 또는 포획을 피하려는 경우 또는 해양수산부장관의 허가를 받은 경우에는 그러하지 아니하다.

정답 14 ① 15 ④ 16 ④ 17 ③ 18 ④

19 다음 중 선박법상 선박국적증서 또는 임시선박국적증서를 선박 안에 비치하지 아니하고 항행할 수 있는 경우로 틀린 것은?

① 시험운전을 하려는 경우
② 총톤수의 측정을 받으려는 경우
③ 그 밖에 정당한 사유가 있는 경우
④ 국내항만을 입·출항할 경우

해설
국기 게양과 선박국적증서 등의 비치 면제(선박법 시행령 제3조)
선박이 선박국적증서 또는 임시선박국적증서를 선박 안에 갖추어 두지 아니하고 항행할 수 있는 경우는 다음의 어느 하나에 해당하는 경우로 한다.
• 시험운전을 하려는 경우
• 총톤수의 측정을 받으려는 경우
• 부선의 경우
• 그 밖에 정당한 사유가 있는 경우

20 한국의 선박국적증서는 톤수증명서의 효력을 가지고 있는가?

① 있다.
② 없다.
③ 없으나 별도의 확인을 요한다.
④ 있으나 내국용이다.

21 다음 중 선박국적증서와 가장 관계가 많은 법은?

① 선박안전법
② 선박의 입항 및 출항에 관한 법률
③ 국제해상인명안전협약
④ 선박법

해설
목적(선박법 제1조)
이 법은 선박의 국적에 관한 사항과 선박톤수의 측정 및 등록에 관한 사항을 규정함으로써 해사에 관한 제도를 적정하게 운영하고 해상 질서를 유지하여, 국가의 권익을 보호하고 국민경제의 향상에 이바지함을 목적으로 한다.

어선전문

01 다음 중 어획물을 상자에 담을 때 주의해야 할 사항으로 틀린 것은?

① 어종과 크기별로 잘 정돈한다.
② 물이 쉽게 빠지도록 담는다.
③ 갈치는 환상형으로 배열한다.
④ 가공원료로 이용하는 고기는 등세우기법으로 배열한다.

해설
어획물을 상자에 담는 방법
• 동일 어종으로 크기가 같은 것끼리 담아야 하며, 혼합하여 담는 것을 피한다.
• 지나치게 많은 양의 고기를 담거나 큰 고기를 담아서 어상자를 몇 겹으로 쌓게 되면 어체가 손상을 입으며, 얼음의 냉각작용이 고루 미치지 못하여 선도를 떨어뜨리는 원인이 된다.
• 주로 횟감으로 이용하는 고급 어종은 등세우기법, 가공원료로 이용하는 어종은 배세우기법, 갈치는 환상형으로 배열한다.
• 물이 쉽게 빠지도록 해야 하며, 상처가 있거나 선도가 떨어진 어획물은 함께 담지 말아야 한다.

02 어획물 동결 중에 일어나는 산패를 방지하기 위한 약제는 무엇인가?

① 토코페롤
② 포르말린
③ 메틸 알코올
④ 황산나트륨

03 어선의 냉동장치에서 누설될 경우 산소 부족으로 생명이 위험하게 되는 냉매의 종류로 옳은 것은?

① 질 소
② 암모니아
③ 프레온
④ 염화칼슘

19 ④ 20 ① 21 ④ / 1 ④ 2 ① 3 ③ 정답

04 글레이징 처리할 때 동결어를 담그는 청수의 온도로 적당한 것은?

① −1~0℃
② 1~4℃
③ −2℃
④ 10℃

해설
글레이징 처리
동결어(−18℃ 이하)를 냉장실(10℃ 이하)에서 냉수(0~4℃)에 수초(3~6초)간 담갔다가 꺼내면 표면에 얼음막이 생긴다. 이 작업을 2~3분 간격으로 2~3회 반복하여, 어체 표면 무게로 3~5%, 두께로 2~7mm의 얼음막이 형성되게 하는 것이다.

05 식품을 저온에 저장하는 경우 동결점 이하에서 동결하여 장기간 저장하는 동결저장법에서의 동결점으로 옳은 것은?

① −10℃ ② −12℃
③ −15℃ ④ −18℃

해설
식품의 저온저장 온도 범위
- 냉장 : 0~10℃
- 칠드 : −5~5℃
- 빙온 : −1℃
- 부분동결 : −3℃
- 동결 : −18℃ 이하

06 만드는 방법은 팩아이스와 비슷하지만 모양을 비늘같이 얇게 한 얼음은 무엇인가?

① 유빙(Pack Ice)
② 쇄빙(Crushed Ice)
③ 캔빙(Can Ice)
④ 편빙(Flake Ice)

07 굴비를 만들 때의 원료어인 조기와 같이 어획한 그대로의 형태는 무엇인가?

① 라운드 ② 필 레
③ 드레스 ④ 스테이크

해설
어체 및 어육의 명칭과 처리방법

종 류	명 칭	처리방법
어 체	라운드	머리, 내장이 붙은 전 어체
	세미 드레스	아가미, 내장 제거
	드레스	아가미, 내장, 머리 제거
	팬 드레스	머리, 아가미, 내장, 지느러미, 꼬리 제거
어 육	필 레	드레스하여 3장 뜨기 한 것
	청 크	드레스한 것을 뼈를 제거하고 통째 썰기 한 것
	스테이크	필레를 약 2cm 두께로 자른 것
	다이스	육편을 2~3cm 각으로 자른 것
	초 프	채육기에 걸어서 발라낸 육

08 저인망 어선에 요구되는 성능으로 틀린 것은?

① 내항성 ② 복원성
③ 고출력 ④ 고속성

해설
고속성은 그물을 둘러쳐 어획하는 선망어선(건착망)에서 요구되는 성능이다.

09 다음 중 어군 탐지기에 이용되는 초음파의 성질에 해당되지 않는 것은?

① 반사성 ② 직진성
③ 굴절성 ④ 등속성

해설
어군 탐지기
초음파의 직진, 반사, 등속성의 원리를 이용하여 수면 하에 발사된 초음파가 해저나 어군 등에 부딪혀서 반사해 오는 시간을 측정하여 어군의 존재를 확인하는 장치이다.

정답 4 ② 5 ④ 6 ④ 7 ① 8 ④ 9 ③

10 선미식 트롤어선의 설비에 해당되지 않는 것은?

① 슬립 웨이 ② 갤로스
③ 트롤 윈치 ④ 양승기

해설
양승기는 주로 주낙이나 밧줄 같은 기다란 줄을 감아올리는 데 쓰이는 장비이다.

11 주로 주낙과 같은 긴 줄을 감아올리는 데 쓰이는 기계는 무엇인가?

① 윈들러스 ② 윈 치
③ 양망기 ④ 양승기

해설
① 윈들러스 : 앵커체인을 감아올리는 데 쓰이는 장비
② 윈치 : 중량물을 달아 올리거나 감아올리는 데 쓰이는 장비
③ 양망기 : 그물을 감아올리는 데 쓰이는 장비

12 다음 중 어업기기의 분류 중 어구 조작에 쓰이는 기기에 해당되지 않는 것은?

① 권양기 ② 양승기
③ 자동조상기 ④ 양망기

해설
자동조상기는 오징어채낚기에 쓰이는 어구이다.

13 어선법상 어선의 소유자는 선박국적증서 등을 발급받은 경우에는 해양수산부령으로 정하는 바에 따라 지체 없이 어떠한 사항을 표시하거나 붙여야 한다. 다음 중 이에 해당되지 않는 것은?

① 어선의 명칭 ② 흘수의 치수
③ 어선소유자의 성명 ④ 어선번호판

해설
어선 명칭 등의 표시와 번호판의 부착(어선법 제16조)
어선의 소유자는 선박국적증서 등을 발급받은 경우에는 해양수산부령으로 정하는 바에 따라 지체 없이 그 어선에 어선의 명칭, 선적항, 총톤수 및 흘수의 치수 등을 표시하고 어선번호판을 붙여야 한다.

14 어선의 소유자가 어선등록을 하려면 누구에게 총톤수 측정신청을 하여야 하는가?

① 관할 시・군・구청장
② 관할 시・도지사
③ 관할 해양수산청장
④ 해양수산부장관

해설
어선의 총톤수 측정 등(어선법 제14조)
어선의 소유자가 어선등록을 하려면 해양수산부령으로 정하는 바에 따라 해양수산부장관에게 어선의 총톤수 측정을 신청하여야 한다.

15 다음 중 어선법에서 만재흘수선을 표시하여야 하는 어선 크기의 기준은?

① 길이 24m 이상 어선
② 길이 45m 이상 어선
③ 총톤수 100톤 이상 어선
④ 총톤수 300톤 이상 어선

해설
만재흘수선의 표시(어선법 제4조)
길이 24m 이상의 어선의 소유자는 해양수산부장관이 정하여 고시하는 기준에 따라 만재흘수선의 표시를 하여야 한다.

16 다음 중 어선의 선박국적증서를 발급하는 기관은 어디인가?

① 시장・군수・구청장
② 해양수산부장관
③ 지방해양수산청장
④ 선박안전기술공단

해설
어선의 등기와 등록(어선법 제13조)
시장・군수・구청장은 등록을 한 어선에 대하여 다음의 구분에 따른 증서 등을 발급하여야 한다.
- 총톤수 20톤 이상인 어선 : 선박국적증서
- 총톤수 20톤 미만인 어선(총톤수 5톤 미만의 무동력어선은 제외한다) : 선적증서
- 총톤수 5톤 미만인 무동력어선 : 등록필증

정답 10 ④ 11 ④ 12 ③ 13 ③ 14 ④ 15 ① 16 ①

17 다음 중 어선법상 어선의 소유자는 어선을 어디에 등록하여야 하는가?

① 선적증서
② 선박국적증서
③ 어선원부
④ 어선검사증서

해설
어선의 등기와 등록(어선법 제13조)
어선의 소유자나 해양수산부령으로 정하는 선박의 소유자는 그 어선이나 선박이 주로 입항·출항하는 항구 및 포구(선적항)를 관할하는 시장·군수·구청장에게 해양수산부령으로 정하는 바에 따라 어선원부에 어선의 등록을 하여야 한다. 이 경우 선박등기법에 해당하는 어선은 선박등기를 한 후에 어선의 등록을 하여야 한다.

18 어선에 설치된 무선설비는 어느 법에 의하여 무선설비 검사를 받아야 하는가?

① 어선법
② 선박안전법
③ 전파법
④ 선박안전조업규칙

해설
어선의 검사(어선법 제21조)
무선설비 및 어선위치발신장치에 대하여는 전파법에서 정하는 바에 따라 검사를 받아야 한다.

19 어선에 대하여 정기검사를 받으려는 어선소유자가 어선검사신청서에 첨부하여 해양수산부장관에게 제출하여야 하는 서류는 무엇인가?

① 해당 어선의 등기필증
② 해당 어선의 어선원부
③ 해당 어선의 사고 이력서
④ 해당 어선의 정기검사 관련 승인도면

해설
정기검사(어선법 시행규칙 제43조)
최초로 항행에 사용하는 어선에 대하여 정기검사를 받으려는 어선소유자는 어선검사신청서에 다음의 서류를 첨부하여 해양수산부장관에게 제출하여야 한다. 이 경우 건조검사 및 별도건조검사 신청시에 첨부한 서류는 첨부하지 아니하되 3.부터 5.까지의 서류는 해당하는 경우에만 첨부한다.

1. 건조검사증서 또는 별도건조검사증서(건조검사 또는 별도건조검사를 정기검사와 동시에 실시하는 경우에는 생략한다)
2. 정기검사 관련 승인도면(도면을 승인한 대행검사기관에 신청하는 경우에는 생략한다)
3. 어선용품의 예비검사증서
4. 어선용품의 검정증서
5. 어선용품의 건조·제조확인증 또는 정비확인증

제 5 회

기출복원문제

상선전문

01 다음 적화 관계 서류 중 선적항에서 발급되는 것은 무엇인가?

① Stowage Survey Report
② Sea Protest
③ Hatch Survey Report
④ Damaged Cargo Survey Report

02 다음 중 하역기구에 걸리는 힘 가운데 동하중에 속하는 것은 무엇인가?

① 겨울철에 화물 위에 얼어붙은 얼음의 무게
② 화물을 올리거나 내릴 때 가속에 의해 증감된 하중
③ 화물의 무게와 똑같이 걸리는 붐의 하중
④ 화물과 붐의 중량을 합한 하중

03 표준해수에 떠있는 길이가 200m, 폭이 10m인 상자형 선박의 Tcm(매 cm 배수톤)는?

① 1.025톤
② 10.25톤
③ 20.5톤
④ 30.5톤

해설

$$T\text{cm} = \frac{\text{물의 밀도} \times \text{수선 면적}}{100(\text{ton})}$$

$$= \frac{1.025(\text{표준해수의 밀도}) \times 200 \times 10}{100}$$

$$= 20.5(\text{ton})$$

04 선미 Trim을 50cm 만들려면 30m 후방의 탱크로 몇 톤의 기름을 이송하여야 하는가?(단, Mcm(매 cm 트림모멘트) = 150t-m)

① 150톤 ② 200톤
③ 250톤 ④ 750톤

해설

$$t = \frac{w \times d}{M\text{cm}}(\text{cm})$$

$$w = \frac{M\text{cm} \times t}{d}(\text{t}) = \frac{150 \times 50}{30} = 250$$

여기서, t : 트림의 변화량(cm)
w : 화물중량(ton)
d : 이동거리(m)

05 일정한 배수량을 가진 선박이 해수의 비중이 다른 해상으로 갈 때 흘수의 변화를 설명한 것으로 옳은 것은?

① 흘수 변화가 없다.
② 비중이 작은 해상에서의 흘수가 비중이 큰 해상에서의 흘수보다 크다.
③ 비중이 작은 해상에서의 흘수가 비중이 큰 해상에서의 흘수보다 작다.
④ 비중은 흘수 변화와 관련이 없다.

06 선박의 감항성과 안전성 확보를 위한 요소로 옳지 않은 것은?

① 만재흘수선 초과 금지
② 최대한의 유동수 확보
③ 적절한 복원력 유지
④ 적절한 트림 유지

해설

유동수 발생 시 무게 중심의 위치 상승으로 복원력이 감소한다.

1 ① 2 ② 3 ③ 4 ③ 5 ② 6 ② 정답

07 적화척도(Deadweight Scale)에서 구할 수 없는 요소는 무엇인가?

① TKM　　② MTC
③ DWT　　④ TPC

08 선체 길이의 중앙부에 화물이 집중될 경우에 발생하는 현상으로 옳은 것은?

① Hogging　　② Sagging
③ Rolling　　④ Shearing

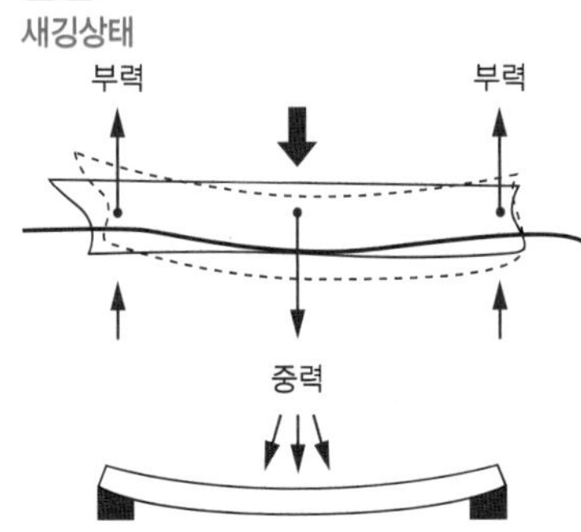

09 다음 중 일반적으로 건현을 가장 많이 확보해야 하는 것은?

① 동 기　　② 하 기
③ 열 대　　④ 담 수

10 다음 중 화물 1Long ton이 차지하는 선창용적을 ft^3 단위로 표시한 수치를 그 화물의 무엇이라 하는가?

① Broken Space
② Measurement ton
③ Board Measure
④ Stowage Factor

해설
적화계수(SF ; Stowage Factor)

11 다음 중 하역회사에서 본선에 승선하여 작업하는 하역 인부의 현장 책임자를 무엇이라고 하는가?

① 서베이어(Surveyor)
② 포맨(Foreman)
③ 슈퍼카고(Supercargo)
④ 롱쇼어맨(Longshoreman)

해설
① 서베이어 : 적화에 관한 검사, 감정, 조사를 하는 사람(감정인, 검사인)
③ 슈퍼카고 : 정기용선의 경우, 용선자를 대신하여 본선에 승선하여 화물의 적부, 취급, 양하에 조언을 하는 사람
④ 롱쇼어맨 : 항만 노무자를 총칭

12 수분을 흡수하면 물기가 흘러내리는 화물이 아닌 것은 다음 중 무엇인가?

① 소 금　　② 생석회
③ 소 다　　④ 곡 물

13 선창 통풍(Ventilation)의 실시 여부를 결정하는 가장 중요한 기준은 다음 중 무엇인가?

① 습구온도
② 이슬점
③ 건구온도
④ 해수온도

해설
통풍환기법
통풍환기는 창 내 공기의 이슬점(노점)을 낮추기 위한 목적으로 실시한다. 즉, 외기의 노점이 선창 내 공기의 노점보다 낮으면 통풍환기를 계속하고 반대로 외기의 이슬점이 창 내 공기의 이슬점보다 높으면 통풍환기를 중지해야 한다.

정답 7 ① 8 ② 9 ① 10 ④ 11 ② 12 ④ 13 ②

14 다음 중 Container Freight Station(CFS)의 설명으로 옳은 것은?

① LCL화물(Less than Container Load cargo)의 혼적을 전문으로 하는 곳
② CL화물(Container Load cargo)를 Vanning하는 곳
③ Container 자체의 검사 및 보수 등을 하는 곳
④ 빈 Container를 보관하는 곳

해설
CFS : LCL화물에 대한 화주와 선주 간의 인계 및 컨테이너 배닝과 디배닝이 이루어지는 장소

15 다음 중 가장 많이 사용되는 컨테이너로 대부분의 일반 화물을 넣어 수송하는 컨테이너는?

① 하이드 컨테이너　② 보랭 컨테이너
③ 드라이 컨테이너　④ 오픈 톱 컨테이너

16 다음 중 선박법상 소형선박에 해당되지 않는 선박은 무엇인가?

① 총톤수 20톤 미만인 기선
② 총톤수 5톤 이상 20톤 미만인 범선
③ 배수톤수 20톤 미만인 어선
④ 총톤수 20톤 이상 100톤 미만인 부선

해설
정의(선박법 제1조의2)
이 법에서 소형선박이란 다음의 어느 하나에 해당하는 선박을 말한다.
- 총톤수 20톤 미만인 기선 및 범선
- 총톤수 100톤 미만인 부선

17 다음 중 한국선박 특권에 속하는 것은 무엇인가?

① 불개항장에의 기항　② 선급협회 가입
③ 선적항 표시　④ 호출부호 표시

해설
불개항장에의 기항과 국내 각 항간에서의 운송금지(선박법 제6조)
한국선박이 아니면 불개항장에 기항하거나 국내 각 항간에서 여객 또는 화물의 운송을 할 수 없다.

18 우리나라의 해사에 관한 법령에 따라 선박의 크기를 나타내기 위하여 사용되는 지표는 무엇인가?

① 배수톤수　② 총톤수
③ 순톤수　④ 중량톤수

해설
선박톤수(선박법 제3조)
- 국제총톤수 : 1969년 선박톤수측정에 관한 국제협약 및 협약의 부속서에 따라 주로 국제항해에 종사하는 선박에 대하여 그 크기를 나타내기 위하여 사용되는 지표를 말한다.
- 총톤수 : 우리나라의 해사에 관한 법령을 적용할 때 선박의 크기를 나타내기 위하여 사용되는 지표를 말한다.
- 순톤수 : 협약 및 협약의 부속서에 따라 여객 또는 화물의 운송용으로 제공되는 선박 안에 있는 장소의 크기를 나타내기 위하여 사용되는 지표를 말한다.
- 재화중량톤수 : 항행의 안전을 확보할 수 있는 한도에서 선박의 여객 및 화물 등의 최대적재량을 나타내기 위하여 사용되는 지표를 말한다.

19 (　　) 안에 들어갈 말로 옳은 것은?

> 선박법상 외국에서 취득한 선박을 외국의 각 항간에서 항행시키는 경우 선박소유자는 (　　)에게 그 선박의 총톤수의 측정을 신청할 수 있다.

① 대한민국 영사
② 본사 대리점
③ 선급협회 지점
④ 건조 조선소

해설
선박톤수 측정의 신청(선박법 제7조)
외국에서 취득한 선박을 외국 각 항간에서 항행시키는 경우 선박소유자는 대한민국 영사에게 그 선박톤수의 측정을 신청할 수 있다.

14 ①　15 ③　16 ③　17 ①　18 ②　19 ①　정답

20 다음 중 선박의 국적을 증명하는 서류는 무엇인가?

① 임시항행허가증 ② 국제톤수증서
③ 항행허가증 ④ 선박국적증서

21 새로 선박을 건조한 자가 그 선박을 항해에 사용하기 위하여 가장 먼저 취하여야 하는 조치로 옳은 것은?

① 선박의 등기 ② 선박의 등록
③ 총톤수의 측정 ④ 선박국적증서의 교부

해설
법률상 등록 전 선박총톤수 측정 후 선박등기 대상 선박이면 등기부 등본을 첨부하여 선박등록신청서를 제출 → 선박원부에 등록 → 선박국적증서 발급 → 선박국적증서를 갖추고 항행한다.

어선전문

01 어획물의 빙장법 중 수빙법에서 겨울철에 3일 정도 저장할 경우에 필요한 어체와 얼음의 비율은?

① 10 : 1 ② 15 : 1
③ 20 : 1 ④ 25 : 2

해설
계절 및 빙장 일수에 따른 얼음 사용량

계 절	빙장일수	수산물 : 얼음	
		건빙법	수빙법
여 름	3	1 : 3	5 : 3
	2	1 : 2	5 : 2
	1	1 : 1	5 : 1
봄·가을	3	1 : 2	5 : 2
	2	1 : 1	5 : 1
	1	2 : 1	10 : 1
겨 울	3	3 : 1	15 : 1
	2	4 : 1	20 : 1
	1	5 : 1	25 : 1

02 다음 중 어획물의 선도 유지 효과가 가장 좋은 경우로 옳은 것은?

① 신속하게 처리한 어체
② 세척을 하지 않은 어체
③ 시달리다 죽은 어체
④ 높은 온도에서 처리한 어체

해설
어획물의 선도유지를 위한 처리 원칙
• 신속한 처리
• 저온보관
• 정결한 취급

03 어류의 저온저장방법 중 가장 효율적이고 경제적인 것은 무엇인가?

① 얼음 이용
② 드라이 아이스 이용
③ 펠티에 효과 이용
④ 증발하기 쉬운 액체 이용

04 다음 중 어창에 어상자를 적재할 경우 올바른 방법은 무엇인가?

① 고급 어종은 보호를 위해 제일 아래쪽에 쌓는다.
② 일반적으로 선수쪽에서 시작하여 선미쪽으로 쌓아간다.
③ 잡어종은 상자의 바닥쪽으로 흩트려놓고 위쪽은 배를 아래로 세워 놓는다.
④ 일반적으로 선미쪽에서 시작하여 선수쪽으로 쌓아간다.

05 냉각 해수 저장법에서 몇 ℃ 정도로 해수를 냉각하는가?

① 0℃ ② −1℃
③ −5℃ ④ −10℃

정답 20 ④ 21 ③ / 1 ② 2 ① 3 ④ 4 ④ 5 ②

해설

냉각 해수 저장법

해수를 -1℃ 정도로 냉각하여 어획물을 그 냉각 해수에 침지시켜 저장하는 방법으로 선도 보존 효과가 좋다. 지방질 함유량이 높은 어류 등에 빙장법 대신 이용하며, 해수에 대한 어류의 비율은 3~4 : 1로 한다.

06 다음에서 설명하는 과정은 어패류의 사후변화 중 어느 과정인가?

> 근육의 투명감이 떨어지고 수축하여 어체가 굳어지는 현상

① 사후 경직 ② 해 경
③ 자가 소화 ④ 부 패

해설

② 해경 : 사후 경직에 의하여 수축되었던 근육이 풀어지는 현상
③ 자가 소화 : 어체 조직 속에 있는 효소의 작용으로 조직을 구성하는 단백질, 지방질, 글리코겐과 그 밖의 유기물이 저급의 화합물로 분해되는 현상
④ 부패 : 미생물이 생산한 효소의 작용에 따라 어패류 성분이 유익하지 않은 물질로 분해되어 독성 및 악취를 내는 현상

07 빙장 시의 유의사항으로 옳지 않은 것은?

① 어창벽의 상하 주위는 얼음으로 충분히 채운다.
② 얼음은 되도록 잘게 깨뜨려서 사용한다.
③ 어체에 물이 스며들지 않도록 비닐막을 입힌다.
④ 어체의 온도가 빨리 떨어지도록 한다.

해설

빙장 시의 유의사항

- 어상자 바닥에 얼음을 깐 후, 그 위에 어체를 얹고 어체의 주위를 얼음으로 채운다.
- 물이 고이지 않고 잘 빠지도록 하고, 얼음은 잘게 부수어 어체 온도가 빨리 떨어지도록 한다.
- 고급 어종은 얼음에 접하게 하지 말고, 황산지로 싼 후 그 주위를 얼음으로 채운다.

08 ( ) 안에 들어갈 말로 적합한 것은?

> 선박이 경사됨이 없이 흘수를 1cm 침하시키는 데 필요한 중량톤수를 ( )라 한다.

① 매 cm 흘수톤수
② 매 cm 배수톤수
③ 매 cm 중량톤수
④ 매 cm 용적톤수

09 Derrick의 의장에 있어서 Boom Top-up의 위험한 앙각은?

① 45°
② 50°
③ 55°
④ 60°

10 ( ) 안에 들어갈 말로 적합한 것은?

> 선박의 트림이 변하지 않는 위치를 ( )이라 한다.

① 트림 중심
② 선박의 중심
③ 선박의 무게 중심
④ 선박의 부면심

해설

부면심

- 선박이 배수량의 변화 없이 화물을 이동하여 약간의 트림을 갖게 되면 신 수선면과 구 수선면의 교선은 반드시 한 점을 지나가게 된다. 이 점은 수선 면적의 중심으로 선체 종경사의 중심이 되며, 부면심이라 한다.
- 부면심의 위치는 선체 중앙에서 배 길이의 1/30~1/60 전후방에 위치한다.
- 부면심을 지나는 수직선상에 화물을 적화 또는 양하하면 트림은 생기지 않는다.

6 ① 7 ③ 8 ② 9 ① 10 ④ 정답

11 다음 중 트롤 윈치나 사이드 드럼과 같이 힘이 많이 걸리는 긴 줄을 감아올리는 어로 기기는 무엇인가?

① 권양기　　② 페어 리더
③ 와이어 리더　　④ 톱 롤러

12 다음 중 수중에서 음파의 전파속도는 어느 정도인가?

① 340m/sec
② 500m/sec
③ 1,000m/sec
④ 1,500m/sec

13 어선법에서 어획물운반업에 종사하는 선박의 등록 기관으로 옳은 것은?

① 해양수산부장관
② 해당 어선 선적항 관할 시장 · 군수 · 구청장
③ 해당 어선 선적항 관할 광역시장 · 도지사
④ 해당 어선 선적항 관할 지방해양수산청장

해설
어선의 등기와 등록(어선법 제13조)
어선의 소유자나 해양수산부령으로 정하는 선박의 소유자는 그 어선이나 선박이 주로 입항 · 출항하는 항구 및 포구(선적항)를 관할하는 시장 · 군수 · 구청장에게 해양수산부령으로 정하는 바에 따라 어선원부에 어선의 등록을 하여야 한다.

14 선적증서를 발급받는 선박으로 옳은 것은?

① 총톤수 5톤 미만의 무동력 어선을 제외한 총톤수 20톤 미만의 어선
② 총톤수 20톤 이상의 어선
③ 총톤수 20톤 이상의 범선
④ 총톤수 100톤 이상의 부선

해설
어선의 등기와 등록(어선법 제13조)
시장 · 군수 · 구청장은 등록을 한 어선에 대하여 다음의 구분에 따른 증서 등을 발급하여야 한다.
- 총톤수 20톤 이상인 어선 : 선박국적증서
- 총톤수 20톤 미만인 어선(총톤수 5톤 미만의 무동력어선은 제외한다) : 선적증서
- 총톤수 5톤 미만인 무동력어선 : 등록필증

15 다음 중 어선을 건조, 개조하고자 할 때 허가권자로 옳지 않은 것은?

① 시장, 군수, 구청장
② 해양경찰청장
③ 특별자치도지사
④ 해양수산부장관

해설
건조 · 개조의 허가 등(어선법 제8조)
어선을 건조하거나 개조하려는 자 또는 어선의 건조 · 개조를 발주하려는 자는 해양수산부령으로 정하는 바에 따라 해양수산부장관이나 특별자치시장 · 특별자치도지사 · 시장 · 군수 · 구청장의 허가(건조 · 개조허가)를 받아야 한다.

16 외국에서 취득한 어선을 외국에서 항행하거나 조업의 목적으로 사용하려는 경우에는 누구에게 총톤수 측정이나 총톤수 재측정을 신청하는가?

① 대 사
② 공 사
③ 영 사
④ 외교부장관

해설
어선의 총톤수 재측정 등(어선법 제14조)
어선의 소유자는 외국에서 취득한 어선을 외국에서 항행하거나 조업 목적으로 사용하려는 경우에는 그 외국에 주재하는 대한민국 영사에게 총톤수 측정이나 총톤수 재측정을 신청할 수 있다.

정답 11 ① 12 ④ 13 ② 14 ① 15 ② 16 ③

17 **다음 중 어선원부에 기재하여야 할 사항 중 옳지 않은 것은?**

① 어선번호 ② 어선의 명칭
③ 어선의 종류 ④ 승선 정원

해설
등록사항(어선법 시행규칙 제23조)
시장·군수·구청장은 신청이 있는 때에는 다음의 사항을 어선원부에 기재하여야 한다.
어선번호, 호출부호 또는 호출명칭, 어선의 종류, 어선의 명칭, 선적항, 선체재질, 범선의 범장(범선의 경우에 한한다), 배의 길이·너비·깊이, 총톤수, 폐위장소의 합계용적, 제외장소의 합계용적, 기관의 종류·마력 및 대수, 추진기의 종류 및 수, 조선지, 조선자, 진수연월일, 소유자의 성명·주민등록번호 및 주소(법인인 경우에는 법인의 명칭·법인등록번호 및 주소), 공유자의 지분율(어선이 공유인 경우에 한한다)

18 **문제 삭제**

19 **어선검사증서의 유효기간을 연장할 수 있는 경우로 옳지 않은 것은?**

① 새로운 어선검사증서를 즉시 교부할 수 없는 경우
② 어선검사증서의 유효기간이 만료되는 때에 해당 어선이 검사를 받을 수 있는 장소에 있지 아니한 경우
③ 출어준비를 위해 어항에 정박 중인 경우
④ 어선에 비치하게 할 수 없는 경우

해설
검사증서의 유효기간(어선법 제28조)
어선검사증서의 유효기간은 다음의 어느 하나에 해당하는 경우에는 5개월 이내의 범위에서 해양수산부령으로 정하는 바에 따라 이를 연장할 수 있다.
- 어선검사증서의 유효기간이 만료되는 때에 해당 어선이 검사를 받을 수 있는 장소에 있지 아니한 경우
- 해당 어선이 외국에서 정기검사를 받은 경우 등 부득이한 경우로서 새로운 어선검사증서를 즉시 교부할 수 없거나 어선에 비치하게 할 수 없는 경우
- 그 밖에 해양수산부령으로 정하는 경우

17 ④ 18 문제 삭제 19 ③ 정답

제 6 회

기출복원문제

상선전문

01 선창 내에서 화물이 들어가고 나오는 갑판 개구를 무엇이라 하는가?

① Bulkhead ② Bulwalk
③ Hatch ④ Hold

02 Mcm(MTC)의 설명으로 틀린 것은?

① 트림 1cm를 생기게 하는 화물의 이동 모멘트이다.
② 1톤의 모멘트를 생기게 하는 화물량이다.
③ 배수량 등곡선도에 의해 구할 수 있다.
④ Deadweight Scale에서 구할 수 있다.

해설
매 cm 트림 모멘트(MTC, Mcm ; Moment to change Trim 1cm)
트림 1cm가 발생하는 데 필요한 화물의 이동 모멘트이다. 적화척도(Deadweight Scale)나 배수량 등곡선도에서 구할 수 있다.

03 표준해수에 떠있는 길이 100m인 선박에서 50톤의 중량을 양하하였더니 평균흘수가 5cm 감소했다면, 매 cm 배수톤은 약 몇 톤인가?

① 2톤 ② 10톤
③ 20톤 ④ 50톤

해설
매 cm 배수톤수 : 선박의 평균흘수를 1cm 변화시키는 데 필요한 중량 톤수
50톤 양하 전 배수량은 문제에 제시된 값으로는 알 수 없으나 50톤을 양하하였을 때 평균흘수가 5cm 감소했으므로 매 cm 배수톤수는 10톤이다.

04 다음 중 선박의 수면하체적의 기하학적 중심을 무엇이라 하는가?

① 무게중심 ② 부력중심
③ 복원정 ④ 경사중심

05 선박의 프림솔 마크(Plimsoll Mark)는 어떠한 목적으로 사용되는가?

① 선박의 중심선을 측정하기 위하여
② 선박의 트림을 측정하기 위한 보조역할
③ 선박의 건현을 결정하기 위하여
④ 선박의 경사를 결정하기 위하여

해설
프림솔 마크
선박의 현측에 표시하는 건현표, 즉 만재흘수선표를 말한다.

06 표준해수 중에 있을 때와 담수(밀도 1.000) 중에 있을 때 배수량 5,000톤의 선박의 수면하 용적은 각각 몇 m^3인가?

① 해수 중 약 4,878m^3, 담수 중 4,995m^3
② 해수 중 약 4,878m^3, 담수 중 5,000m^3
③ 해수 중 약 4,890m^3, 담수 중 5,000m^3
④ 해수 중 약 5,000m^3, 담수 중 4,878m^3

해설
- 배수량 = 선체 중에 수면하에 잠겨 있는 부분의 용적 × 물의 밀도
- 표준해수 중에서의 수면하 용적 $= \frac{5,000}{1.025} \fallingdotseq 4,878m^3$
- 담수 중에서의 수면하 용적 $= \frac{5,000}{1.000} = 5,000m^3$

정답 1 ③ 2 ② 3 ② 4 ② 5 ③ 6 ②

07 다음 중 하중곡선을 적분하여 얻어지는 종강도 곡선을 무엇이라 하는가?

① 중량 곡선 ② 전단력 곡선
③ 굽힘 모멘트 곡선 ④ 부력 곡선

08 적화용적(Cargo Capacity)에는 Grain Capacity(Vg)와 Bale Capacity(Vb)가 있다. 다음은 Vg와 Vb의 관계를 수식으로 표시한 것으로 옳은 것은 무엇인가?

① $Vg < Vb$ ② $Vg > Vb$
③ $Vg = Vb$ ④ $Vg \leq Vb$

09 다음 중 방역을 위한 청산가스 훈증을 실시할 경우의 주의사항으로 옳지 않은 것은?

① 실내 가구의 서랍 및 Locker는 청산가스의 독성이 침투되지 않도록 밀폐하여 둔다.
② 훈증 중에는 기류신호 VE기를 게양한다.
③ 훈증 개시 30분 전에는 선원을 퇴선시킨다.
④ 검역관의 지시에 따라 선원은 그 실시에 협력하여야 한다.

해설
훈증 소독 실시 전, 가스의 침투와 발산이 쉽도록 내부의 모든 폐쇄구역을 개방한다. 이때 훈증 구역의 외부로 통하는 개구는 가스가 새나가지 않도록 완전히 밀폐시킨다.

10 다음 화물의 배치방법 중 선박의 안전을 확보하기 위한 방법으로 옳지 않은 것은?

① 각 선창의 화물량은 선창 용적에 대한 비율로 정한다.
② 각 선창에 똑같은 양의 화물을 배치한다.
③ 화물이 일부분에 집중되어 실리지 않도록 한다.
④ 선창 내의 수직배치도는 항해 전 과정에서 적정 메타센터 높이를 확보할 수 있도록 배치한다.

11 롱톤(Long ton)으로 표시된 중량을 메트릭톤(Metric ton)으로 환산하는 관계식은?

① Metric ton = 907/1,000 × Long ton
② Metric ton = 1,000/907 × Long ton
③ Metric ton = 1,000/1,016.05 × Long ton
④ Metric ton = 1,016.05/1,000 × Long ton

해설
1Long ton = 2,240lbs = 1,016.05kg
1Metric ton(kg · t) = 2,204.62lbs = 1,000kg

12 콩 또는 쌀 등과 같은 벌크 화물인 곡류를 적재할 경우 항해 중 선체의 동요로 인해 화물이 한 쪽으로 움직이는 것을 방지하는 역할을 하는 것은?

① Shifting Board
② Food Board
③ Wooden Ventilator
④ 각 목

13 다음 중 케미컬탱커의 Cargo Piping System에 관한 설명으로 틀린 것은?

① 화물유 파이프는 일정구역에만 배치한다.
② 다른 파이프 계통과 독립시키는 것이 일반적이다.
③ 화물유 파이프는 밸러스트탱크 내부로 설치할 수 없다.
④ 화물유 파이프는 연료유탱크 내부로는 관통할 수 있다.

해설
연료유 탱크로의 관통은 어떤 경우에도 허락되지 않는다.

7 ② 8 ② 9 ① 10 ② 11 ④ 12 ① 13 ④ 정답

14 다음에서 설명하는 사람은?

> 정기용선의 경우, 용선자를 대신해서 본선에 승선하여 화물의 양하, 취급, 적부에 조언을 하는 사람

① 탤리맨(Tallyman)
② 검량인(Sworn Measurer)
③ 슈퍼카고(Supercargo)
④ 검수인(Checker)

해설
슈퍼카고 : 정기용선의 경우 용선자를 대신해서 본선에 승선하여 화물의 양하, 취급, 적부에 조언을 하는 사람

15 다음 중 유류 화물의 양을 표시하는 단위로 거리가 먼 것은?

① Measurement ton ② Long ton
③ Barrel ④ Metric ton

16 다음 중 선박법상 선박의 종류로 관계가 없는 것은 무엇인가?

① 기 선 ② 범 선
③ 어 선 ④ 부 선

해설
정의(선박법 제1조의2)
- 이 법에서 선박이란 수상 또는 수중에서 항행용으로 사용하거나 사용할 수 있는 배 종류를 말하며 그 구분은 다음과 같다.
  - 기선 : 기관을 사용하여 추진하는 선박(선체 밖에 기관을 붙인 선박으로서 그 기관을 선체로부터 분리할 수 있는 선박 및 기관과 돛을 모두 사용하는 경우로서 주로 기관을 사용하는 선박을 포함한다)과 수면비행선박(표면효과 작용을 이용하여 수면에 근접하여 비행하는 선박을 말한다)
  - 범선 : 돛을 사용하여 추진하는 선박(기관과 돛을 모두 사용하는 경우로서 주로 돛을 사용하는 것을 포함한다)
  - 부선 : 자력항행능력이 없어 다른 선박에 의하여 끌리거나 밀려서 항행되는 선박
- 이 법에서 소형선박이란 다음의 어느 하나에 해당하는 선박을 말한다.
  - 총톤수 20톤 미만인 기선 및 범선
  - 총톤수 100톤 미만인 부선

17 선박의 국적에 대한 다음 설명 중 틀린 것은?

① 특정한 국적을 가져야 한다.
② 이중국적을 가지지 못한다.
③ 국적취득의 조건은 각국의 국내법에 일임되어 있다.
④ 편의 치적국에 등록하는 경우는 이중으로 국적을 가질 수 있다.

해설
선박의 지위(해양법에 관한 국제연합협약 제92조)
2개국 이상의 국기를 편의에 따라 게양하고 항행하는 선박은 다른 국가에 대하여 그 어느 국적도 주장할 수 없으며 무국적선으로 취급될 수 있다.

18 다음 중 선박법에서 규정한 한국선박의 의무와 거리가 먼 것은 무엇인가?

① 등기와 등록의 의무
② 국기 게양의 의무
③ 연안 무역의 의무
④ 명칭 등 표시의 의무

해설
등기와 등록(선박법 제8조)
한국선박의 소유자는 선적항을 관할하는 지방해양수산청장에게 해양수산부령으로 정하는 바에 따라 선박을 취득한 날부터 60일 이내에 그 선박의 등록을 신청하여야 한다. 이 경우 선박등기법에 해당하는 선박은 선박의 등기를 한 후에 선박의 등록을 신청하여야 한다.
국기 게양과 표시(선박법 제11조)
한국선박은 해양수산부령으로 정하는 바에 따라 대한민국 국기를 게양하고 그 명칭, 선적항, 흘수의 치수와 그 밖에 해양수산부령으로 정하는 사항을 표시하여야 한다.

19 선박법상 한국선박이 국기를 게양하여야 하는 경우로 옳지 않은 것은?

① 대한민국의 등대로부터 요구가 있는 경우
② 외국항을 출입하는 경우
③ 해군 또는 해양경찰청 소속의 선박이나 항공기로부터 요구가 있는 경우
④ 해양사고로 인한 구조 행위를 할 경우

정답 14 ③ 15 ① 16 ③ 17 ④ 18 ③ 19 ④

해설

국기의 게양(선박법 시행규칙 제16조)

한국선박은 다음의 어느 하나에 해당하는 경우에는 선박의 뒷부분에 대한민국국기를 게양하여야 한다. 다만, 국내항 간을 운항하는 총톤수 50톤 미만이거나 최대속력이 25노트 이상인 선박은 조타실이나 상갑판 위쪽에 있는 선실 등 구조물의 바깥벽 양 측면의 잘 보이는 곳에 부착할 수 있다.

- 대한민국의 등대 또는 해안망루로부터 요구가 있는 경우
- 외국항을 출입하는 경우
- 해군 또는 해양경찰청 소속의 선박이나 항공기로부터 요구가 있는 경우
- 그 밖에 지방청장이 요구한 경우

20 선박법의 내용으로서 다음 중 (   ) 안에 알맞은 것은?

> 흘수를 표시하는 숫자는 (   )마다 (   )의 아라비아 숫자로 표시해야 한다.

① 10cm, 10cm   ② 20cm, 10cm
③ 10cm, 20cm   ④ 20cm, 20cm

해설

선박의 표시사항과 표시방법(선박법 시행규칙 제17조)

흘수의 치수 : 선수와 선미의 외부 양 측면에 선저로부터 최대흘수선 이상에 이르기까지 20cm마다 10cm의 아라비아숫자로 표시하며, 이 경우 숫자의 하단은 그 숫자가 표시하는 흘수선과 일치해야 한다.

21 다음 중 선박 등기의 대상이 아닌 것은?

① 총톤수 20톤의 기선
② 총톤수 150톤의 범선
③ 단 주
④ 총톤수 200톤의 부선

해설

적용범위(선박등기법 제2조)

이 법은 총톤수 20톤 이상의 기선과 범선 및 총톤수 100톤 이상의 부선에 대하여 적용한다.

어선전문

01 어체의 사후 경직 현상을 설명한 것으로 올바르지 않은 것은?

① 근육의 투명감을 잃게 된다.
② 글리코겐이 분해된다.
③ 젖산이 발생한다.
④ pH 값이 높아진다.

해설

pH 값이 낮아진다.

02 어류를 동결할 경우 동결장치에서 어체의 중심부가 몇 ℃ 이하가 되었을 경우에 꺼내서 동결 저장으로 옮기는가?

① −5℃   ② −8℃
③ −15℃   ④ −20℃

03 어체를 쇠갈고리로 찍어서 어상자 등으로 옮겨야 할 때 어느 부위를 주로 찍어서 옮기는가?

① 두 부   ② 몸 통
③ 꼬 리   ④ 지느러미

04 보통 가공원료로 이용할 어획물을 어창 속에 10일 이상 수용해야 될 때 상자에 담는 방법으로 옳은 것은?

① 등세우기법   ② 배세우기법
③ 눕히는법   ④ 머리세우기법

해설

주로 횟감으로 이용하는 고급 어종은 등세우기법, 가공원료로 이용하는 어종은 배세우기법, 갈치는 환상형으로 배열한다.

20 ② 21 ③ / 1 ④ 2 ③ 3 ① 4 ② 정답

05 참치 선망에서 어획물을 동결할 경우 주로 쓰는 브라인의 종류로 옳은 것은?

① 식 염 ② 염화칼슘
③ 염화마그네슘 ④ 알코올

06 다음에서 설명하는 비율은 어느 정도의 범위에 있는가?

어패육의 일반적인 성분 조성 중에서 고형물의 비율

① 10~15% ② 15~30%
③ 30~40% ④ 40~50%

해설
어패육의 일반적인 성분 조성
- 수분 : 65~85%
- 단백질 : 15~25%
- 지방질 : 0.5~25%
- 탄수화물 : 0~1.0%
- 회분 : 1.0~3.0%
- 수분을 제외한 나머지 성분(고형물) : 15~30%

07 다음 ( ) 안에 알맞은 것은?

즉살한 고기의 피뽑기는 염분이 낮은 물에 ( ) 시간 담근 후가 적당하다.

① 1~2 ② 2~3
③ 3~4 ④ 4~5

08 선폭이 30m, 횡요주기가 12초인 경우 GM은 약 몇 m인가?(단, G는 선박의 무게중심, M은 메타센터)

① 1m ② 4m
③ 3m ④ 2m

해설

$$횡요주기(T) = \frac{0.8 \times 선폭(B)}{\sqrt{GM}}(sec)$$

$$GM = \left(\frac{0.8 \times 선폭}{횡요주기}\right)^2 = \left(\frac{0.8 \times 30}{12}\right)^2 = 4$$

09 어류 화물의 톤(ton)당 용적은 어느 정도 범위인가?

① $0.8\sim1.1m^3$ ② $1.1\sim1.4m^3$
③ $1.4\sim1.7m^3$ ④ $1.7\sim2.0m^3$

10 부면심(F)의 위치로 다음 ( ) 안에 알맞은 것은?

보통의 선형에 있어서 선체 중앙에서 배 길이의 ( ) 전후방에 있다.

① 1/5~1/10
② 1/10~1/20
③ 1/30~1/60
④ 1/60~1/100

해설
부면심
- 선박이 배수량의 변화 없이 화물을 이동하여 약간의 트림을 갖게 되면 신 수선면과 구 수선면의 교선은 반드시 한 점을 지나게 된다. 이 점은 수선 면적의 중심으로 선체 종경사의 중심이 되며, 부면심이라 한다.
- 부면심의 위치는 선체 중앙에서 배 길이의 1/30~1/60 전후방에 위치한다.
- 부면심을 지나는 수직선상에 화물을 적화 또는 양하하면 트림은 생기지 않는다.

11 다음 화물 중 냉장 화물에 포함되지 않는 것은?

① 과 일 ② 채 소
③ 어 류 ④ 곡 물

12 다음 중 화물포장의 목적으로 틀린 것은?

① 손상 방지
② 화물의 보전
③ 취급의 편리
④ 화물의 보온

정답 5 ② 6 ② 7 ① 8 ② 9 ② 10 ③ 11 ④ 12 ④

13 선미 외부에 어선명칭 및 선적항을 표시할 경우 글자 크기는 몇 cm 이상이어야 하는가?

① 5cm ② 10cm
③ 15cm ④ 20cm

해설
어선의 표시사항 및 표시방법(어선법 시행규칙 제24조)
선수양현의 외부에 어선명칭을, 선미 외부의 잘 보이는 곳에 어선명칭 및 선적항을 10cm 크기 이상의 한글(아라비아숫자를 포함한다)로 명료하고 내구력 있는 방법으로 표시하여야 한다.

14 어선법에서 어선의 개조에 해당되지 않는 것은 다음 중 무엇인가?

① 어선의 길이 · 너비 · 깊이를 변경하는 것
② 어선의 추진기관을 새로 설치하거나 추진기관의 종류 또는 출력을 변경하는 것
③ 어선의 용도를 변경하기 위하여 어선의 구조나 설비를 변경하는 것
④ 어선소유자의 변경으로 어선 명칭을 변경하는 것

해설
정의(어선법 제2조)
개조란 다음의 어느 하나에 해당하는 것을 말한다.
- 어선의 길이 · 너비 · 깊이(주요치수)를 변경하는 것
- 어선의 추진기관을 새로 설치하거나 추진기관의 종류 또는 출력을 변경하는 것
- 어선의 용도를 변경하거나 어업의 종류를 변경할 목적으로 어선의 구조나 설비를 변경하는 것

15 어선을 등록하면 등록기관에서 어선의 크기와 동력 유무에 따라 서류를 발급한다. 등록기관에서 발급하는 서류의 종류가 아닌 것은?

① 선박검사증서 ② 선박국적증서
③ 선적증서 ④ 등록필증

해설
어선의 등기와 등록(어선법 제13조)
시장 · 군수 · 구청장은 등록을 한 어선에 대하여 다음의 구분에 따른 증서 등을 발급하여야 한다.
- 총톤수 20톤 이상인 어선 : 선박국적증서
- 총톤수 20톤 미만인 어선(총톤수 5톤 미만의 무동력어선은 제외한다) : 선적증서
- 총톤수 5톤 미만인 무동력어선 : 등록필증

16 다음 중 (   ) 안에 알맞은 것은?

> 등록이 말소된 어선의 소유자는 지체 없이 그 어선에 붙어 있는 어선번호판을 제거하고 (   ) 이내에 그 어선번호판과 선박국적증서 등을 선적항을 관할하는 시장 · 군수 · 구청장에게 반납하여야 한다.

① 10일 ② 14일
③ 15일 ④ 30일

해설
등록의 말소와 선박국적증서 등의 반납(어선법 제19조)
등록이 말소된 어선의 소유자는 지체 없이 그 어선에 붙어 있는 어선번호판을 제거하고 14일 이내에 그 어선번호판과 선박국적증서 등을 선적항을 관할하는 시장 · 군수 · 구청장에게 반납하여야 한다. 다만, 어선번호판과 선박국적증서 등을 분실 등의 사유로 반납할 수 없을 때에는 14일 이내에 그 사유를 선적항을 관할하는 시장 · 군수 · 구청장에게 신고하여야 한다.

17 다음 중 선박안전기술공단의 업무가 아닌 것은?

① 어선과 그 설계에 대한 검사 업무
② 어선의 총톤수 측정 및 계측 업무
③ 어선용품에 대한 검정 업무
④ 어선의 등록 업무

해설
검사업무 등의 대행(어선법 제41조)
해양수산부장관은 공단 또는 선박안전법 제60조제2항에 따른 선급법인으로 하여금 다음의 업무를 대행하게 할 수 있다. 다만, 선급법인의 경우 5.의 업무는 제외한다.
1. 어선의 총톤수 측정 · 재측정
2. 어선의 검사
3. 어선의 건조검사, 어선용품의 예비검사 및 별도건조검사
4. 어선 또는 어선용품의 검정
5. 우수건조사업장 · 우수제조사업장 또는 우수정비사업장의 지정을 위한 조사 및 어선 · 어선용품의 확인
6. 어선검사증서 유효기간 연장의 승인

13 ② 14 ④ 15 ① 16 ② 17 ④ 정답

18 어선의 검사신청 의무자는 누구인가?

① 해당 어선소유자
② 해당 어선 대리점
③ 해당 어선 기관장
④ 해당 어선 기관감독관

해설
어선의 검사(어선법 제21조)
어선의 소유자는 어선의 설비, 복원성의 승인·유지 및 만재흘수선의 표시에 관하여 해양수산부령으로 정하는 바에 따라 다음의 구분에 따른 해양수산부장관의 검사를 받아야 한다. 다만, 총톤수 5톤 미만의 무동력어선 등 해양수산부령으로 정하는 어선은 그러하지 아니하다.
- 정기검사 : 최초로 항행의 목적에 사용하는 때 또는 어선검사증서의 유효기간이 만료된 때 행하는 정밀한 검사
- 중간검사 : 정기검사와 다음의 정기검사와의 사이에 행하는 간단한 검사
- 특별검사 : 해양수산부령으로 정하는 바에 따라 임시로 특수한 용도에 사용하는 때 행하는 간단한 검사
- 임시검사 : 정기검사, 중간검사, 특별검사 외에 해양수산부장관이 특히 필요하다고 인정하는 때 행하는 검사
- 임시항행검사 : 어선검사증서를 발급받기 전에 어선을 임시로 항행의 목적으로 사용하고자 하는 때 행하는 검사

19 다음에 해당하는 검사는 무엇인가?

어선검사증서의 기재된 내용을 변경하려는 경우 받는 검사

① 임시검사 ② 특별검사
③ 제조검사 ④ 예비검사

해설
임시검사(어선법 시행규칙 제47조)
어선소유자가 임시검사를 받아야 하는 경우는 다음과 같다.
- 배의 길이, 너비, 깊이 또는 다음의 어느 하나에 해당하는 선체 주요부의 변경으로 선체의 강도, 수밀성 또는 방화성에 영향을 미치는 개조 또는 수리를 하려는 경우
  - 상갑판 아래의 선체, 선루 또는 기관실 위벽의 폭로부
  - 갑판실(승선자가 거주하거나 항상 사용하는 것에 한정한다)의 측벽 또는 정부갑판
  - 선루갑판 아래의 폭로부 외판
  - 격벽에 설치되어 폐위구역을 보호하는 폐쇄장치(목제창구덮개 또는 창구복포는 제외한다)
- 어선의 추진과 관계있는 기관 및 그 주요부의 교체·변경 등으로 기관의 성능에 영향을 미치는 개조 또는 수리를 하려는 경우
- 타 또는 조타장치의 변경으로 어선의 조종성에 영향을 미치는 개조 또는 수리를 하려는 경우
- 탱크, 펌프실, 그 밖에 인화성 액체 또는 인화성 고압가스가 새거나 축적될 우려가 있는 곳에 설치되어 있는 전선로를 교체·변경하는 수리를 하려는 경우
- 어선의 용도를 변경하거나 어업의 종류를 변경할 목적으로 어선의 구조나 설비를 변경하려는 경우
- 어선검사증서에 기재된 내용을 변경하려는 경우
- 어선용품 중 어선에 고정 설치되는 것으로서 새로 설치하거나 변경하려는 경우
- 만재흘수선을 새로 표시하거나 변경하려는 경우
- 복원성에 관한 기준을 새로 적용받거나 그 복원성에 영향을 미칠 우려가 있는 어선용품을 신설·증설·교체 또는 제거하거나 위치를 변경하려는 경우
- 보일러 안전밸브의 봉인을 개방하여 조정하려는 경우
- 하역설비의 제한하중, 제한각도 및 제한반경을 변경하려는 경우
- 승강설비의 제한하중 또는 정원을 변경하려는 경우
- 해양사고 등으로 어선의 감항성 또는 인명안전의 유지에 영향을 미칠 우려가 있는 변경이 발생한 경우
- 어선의 정기검사 또는 중간검사를 할 때에 어선설비의 보완이 필요하다고 인정되는 등 해양수산부장관이 특정한 사항에 관하여 임시검사를 받을 것을 지정하는 경우

정답 18 ① 19 ①

제 7 회 기출복원문제

상선전문

01 하역할 때 검수인이 화물의 상태나 개수 등을 검수하여 작성하는 서류는 무엇인가?

① 탤리시트(Tally Sheet)
② 로그북(Log Book)
③ 해치 서베이리포트(Hatch Survey Report)
④ 시프로테스트(Sea Protest)

02 선창 내에서 화물이 들어가고 나오는 갑판 개구를 무엇이라 하는가?

① Bulkhead
② Bulwark
③ Hatch
④ Hold

03 다음 중 무게의 이동으로 인한 트림 모멘트를 나타내는 식으로 옳은 것은?(단, w : 이동 화물의 무게, d : 화물의 이동거리, t : 트림의 변화량, MTC : 매 cm 트림 모멘트이다)

① $w \times d = \text{MTC} \times t$
② $w \times \text{MTC} = d \times t$
③ $w \times t = \text{MTC} \times d$
④ $w \times d = \text{MTC}$

04 표준해수에 떠있는 길이가 200m, 폭이 10m인 상자형 선박의 Tcm(매 cm 배수톤)는?

① 1.025톤 ② 10.25톤
③ 20.5톤 ④ 30.5톤

해설

$$T\text{cm} = \frac{\text{물의 밀도} \times \text{수선 면적}}{100(\text{ton})} = \frac{1.025(\text{표준해수의 밀도}) \times 200 \times 10}{100} = 20.5\text{ton}$$

05 선수흘수가 5.00m, 선미흘수가 6.00m인 선박에서 100톤(ton)의 화물을 30m 후방으로 옮길 시 선수흘수는?(단, 부면심(F)은 선체 중앙에 있고 Mcm는 100t-m이다)

① 4.70m
② 4.85m
③ 5.15m
④ 5.30m

해설

• $t = \frac{w \times d}{M\text{cm}}(\text{cm}) = \frac{100 \times 30}{100} = 30$

여기서, t : 트림의 변화량(cm)
w : 화물중량(ton)
d : 이동거리(m)

• $df' = df \pm \frac{L/2 - mid.F}{L} \times t(\text{cm}) = 500 - 0.5 \times 30 = 485\text{cm}$

여기서, df' : 변화 후의 선수흘수(cm)
df : 변화 전의 선수흘수(cm)
L : 선박의 수선 간 길이(m)
$mid.F$: 선체 중앙에서 부면심까지의 거리(m)
t : 트림의 변화량(cm)

1 ① 2 ③ 3 ① 4 ③ 5 ② 정답

06 다음 중 흘수감정에 의한 배수량 계산을 위해 해수의 비중을 측정할 때 주의해야 할 사항으로 옳지 않은 것은?

① 비중계의 차이로 인한 오차는 없다.
② 비중계에 수포나 손자국이 묻지 않도록 한다.
③ 선체의 흘수를 3등분하는 깊이의 물을 채수하여 평균한다.
④ 해수 비중은 같은 장소라도 겨울에는 커지고 여름에는 작아진다.

07 다음 중 선박의 프림솔 마크(Plimsoll Mark)는 어떠한 목적으로 사용되는가?

① 선박의 중심선을 측정하기 위하여
② 선박의 트림을 측정하기 위한 보조 역할
③ 선박의 건현을 결정하기 위하여
④ 선박의 경사를 결정하기 위하여

해설
프림솔 마크
선박의 현측에 표시하는 건현표, 즉 만재흘수선표를 말한다.

08 다음 중 하중곡선을 적분하여 얻어지는 종강도 곡선을 무엇이라 하는가?

① 중량 곡선 ② 전단력 곡선
③ 굽힘 모멘트 곡선 ④ 부력 곡선

09 선창의 용적이 86,000cubic feet일 경우 적화계수 43인 화물은 얼마만큼 적재할 수 있는가?(화물틈률은 5%)

① 1,900L/T ② 3,600L/T
③ 4,300M/T ④ 8,600L/T

해설

$$\text{적화계수} = \frac{\text{사용한 선창구획의 총 베일 용적}}{\text{구획 내에 만재한 화물의 중량}}$$

$$43 = \frac{(86{,}000 \times 0.95)}{x}$$

$$x = \frac{(86{,}000 \times 0.95)}{43} = 1{,}900$$

10 다음 중 하역회사에서 본선에 승선하여 작업하는 하역 인부의 현장 책임자를 무엇이라고 하는가?

① 서베이어(Surveyor)
② 포맨(Foreman)
③ 슈퍼카고(Supercargo)
④ 롱쇼어맨(Longshoreman)

해설
① 서베이어 : 적화에 관한 검사, 감정, 조사를 하는 사람(감정인, 검사인)
③ 슈퍼카고 : 정기용선의 경우, 용선자를 대신하여 본선에 승선하여 화물의 적부, 취급, 양하에 조언을 하는 사람
④ 롱쇼어맨 : 항만 노무자를 총칭

11 Freight Container를 뜻하는 것으로 옳은 것은?

① 국제운송용의 대형 Container를 말한다.
② 국제운송용의 중형 Container를 말한다.
③ 국제운송용의 소형 Container를 말한다.
④ 미국 내 철도수송용 중형 Container를 말한다.

12 컨테이너 터미널(Container Terminal)의 시설 중에서 본선이 입항하기 전에 Container를 미리 선적할 순서로 배열해 두는 곳으로서 Apron과 인접해 있는 것은?

① Marshalling Yard
② Storage Yard
③ Container Freight Station
④ Inland Container Depot

정답 6 ① 7 ③ 8 ② 9 ① 10 ② 11 ① 12 ①

해설
마셜링 야드(MY) : 선박이 입항하기 전에 미리 계획된 선적 순서에 따라 컨테이너를 쌓아 두는 동시에, 양하된 컨테이너를 CY나 CFS로 이동시키거나 화주의 인도 요구에 즉시 응할 수 있도록 일시적으로 장치하여 두는 장소이다.

13 다음 중 Container 화물을 수납할 때 여러 Lot의 화물을 합하지 않으면 Container가 가득차지 않는 화물은 무엇인가?

① LCL 화물 ② FCL 화물
③ ROL 화물 ④ RUL 화물

해설
- LCL 화물 : 컨테이너 하나에 한 회사의 화물을 적재하지 않고 여러 회사의 화물을 합쳐서 하나의 컨테이너를 채우는 경우
- FCL 화물 : 컨테이너 하나에 한 회사의 화물이 적재되는 경우

14 다음 중 화물 선적 시 작성되는 서류가 아닌 것은 무엇인가?

① 선창화물일람표(Hatch List)
② 본선 수령증(Mate's Receipt)
③ 화물인도증(Boat Note)
④ 선적지시서(Shipping Order)

해설
화물인도증(Boat Note) : 양하한 화물에 대해서 본선측이 양하한 화물이라는 것을 증명하는 서류

15 다음 중 케미컬탱커의 Cargo Piping System에 관한 설명으로 틀린 것은?

① 화물유 파이프는 일정구역에만 배치한다.
② 다른 파이프 계통과 독립시키는 것이 일반적이다.
③ 화물유 파이프는 밸러스트탱크 내부로 설치할 수 없다.
④ 화물유 파이프는 연료유탱크 내부로는 관통할 수 있다.

해설
연료유 탱크로의 관통은 어떤 경우에도 허락되지 않는다.

16 다음은 선박법상 선박의 종류이다. 관계가 없는 것은 무엇인가?

① 기 선 ② 범 선
③ 어 선 ④ 부 선

해설
정의(선박법 제1조의2)
- 이 법에서 선박이란 수상 또는 수중에서 항행용으로 사용하거나 사용할 수 있는 배 종류를 말하며 그 구분은 다음과 같다.
  - 기선 : 기관을 사용하여 추진하는 선박(선체 밖에 기관을 붙인 선박으로서 그 기관을 선체로부터 분리할 수 있는 선박 및 기관과 돛을 모두 사용하는 경우로서 주로 기관을 사용하는 선박을 포함한다)과 수면비행선박(표면효과 작용을 이용하여 수면에 근접하여 비행하는 선박을 말한다)
  - 범선 : 돛을 사용하여 추진하는 선박(기관과 돛을 모두 사용하는 경우로서 주로 돛을 사용하는 것을 포함한다)
  - 부선 : 자력항행능력이 없어 다른 선박에 의하여 끌리거나 밀려서 항행되는 선박
- 이 법에서 소형선박이란 다음의 어느 하나에 해당하는 선박을 말한다.
  - 총톤수 20톤 미만인 기선 및 범선
  - 총톤수 100톤 미만인 부선

17 다음 중 선박법과 관계가 없는 것은 무엇인가?

① 선박의 국적 ② 선박의 검사
③ 선박의 표시 ④ 선박의 등록

해설
목적(선박법 제1조)
이 법은 선박의 국적에 관한 사항과 선박톤수의 측정 및 등록에 관한 사항을 규정함으로써 해사에 관한 제도를 적정하게 운영하고 해상질서를 유지하여, 국가의 권익을 보호하고 국민경제의 향상에 이바지함을 목적으로 한다.

18 우리나라의 해사에 관한 법령에 따라 선박의 크기를 나타내기 위하여 사용되는 지표는 무엇인가?

① 배수톤수 ② 총톤수
③ 순톤수 ④ 중량톤수

13 ① 14 ③ 15 ④ 16 ③ 17 ② 18 ② 정답

해설
선박톤수(선박법 제3조)
- 국제총톤수 : 1969년 선박톤수측정에 관한 국제협약 및 협약의 부속서에 따라 주로 국제항해에 종사하는 선박에 대하여 그 크기를 나타내기 위하여 사용되는 지표를 말한다.
- 총톤수 : 우리나라의 해사에 관한 법령을 적용할 때 선박의 크기를 나타내기 위하여 사용되는 지표를 말한다.
- 순톤수 : 협약 및 협약의 부속서에 따라 여객 또는 화물의 운송용으로 제공되는 선박 안에 있는 장소의 크기를 나타내기 위하여 사용되는 지표를 말한다.
- 재화중량톤수 : 항행의 안전을 확보할 수 있는 한도에서 선박의 여객 및 화물 등의 최대적재량을 나타내기 위하여 사용되는 지표를 말한다.

19 선박의 등록사항에서 포함되지 않는 것은 무엇인가?

① 최대승선인원 ② 선박번호
③ 선박의 명칭 ④ 호출부호

해설
등록사항(선박법 시행규칙 제11조)
지방청장은 선박의 등록신청을 받았을 때에는 선박원부에 다음의 사항을 등록하여야 한다.
선박번호, 국제해사기구에서 부여한 선박식별번호(IMO번호), 호출부호, 선박의 종류 및 명칭, 선적항, 선질, 범선의 범장, 선박의 길이 · 너비 · 깊이, 총톤수, 폐위장소의 합계용적, 제외 장소의 합계용적, 기관의 종류와 수, 추진기의 종류와 수, 조선지, 조선자, 진수일, 소유자의 성명 · 주민등록번호 및 주소, 선박이 공유인 경우에는 각 공유자의 지분율

20 다음 중 새로 선박을 건조한 자가 그 선박을 항해에 사용하기 위하여 가장 먼저 취해야 하는 조치로 옳은 것은?

① 선박의 등기
② 선박의 등록
③ 총톤수의 측정
④ 선박국적증서의 교부

해설
법률상 등록 전 선박총톤수 측정 후 선박등기 대상 선박이면 등기부 등본을 첨부하여 선박등록신청서를 제출 → 선박원부에 등록 → 선박국적증서 발급 → 선박국적증서를 갖추고 항행한다.

21 다음 중 선박국적증서의 기재사항으로 옳지 않은 것은?

① 선적항과 선질 ② 기관의 종류와 수
③ 조선지와 조선자 ④ 선박번호와 등기번호

해설
선박국적증서(선박법 시행규칙 별지 제8호 서식)
소유자(성명, 주소), 선박번호, 총톤수, IMO 번호, 호출부호, 선박의 종류 · 명칭, 선적항, 선질, 범선의 범장, 기관의 종류와 수, 추진기의 종류와 수, 조선지, 조선자, 진수일, 주요치수(길이, 너비, 깊이), 용적, 공유자의 성명 · 주민등록번호 · 지분

어선전문

01 어획물을 빙장할 때 오수의 온도는 몇 ℃ 이하로 유지하여야 하는가?

① 5℃ ② 8℃
③ 10℃ ④ 12℃

02 빙장법에 대한 설명 중 옳지 않은 것은?

① 빙장에 사용하는 얼음에는 청수빙과 쇄빙이 있다.
② 쇄빙은 해수빙을 지름 5mm 이하로 잘게 부순 것이다.
③ 해수빙은 0℃에서 녹는다.
④ 수빙법은 건빙법보다 냉각속도가 빠르다.

해설
청수빙은 0℃, 해수빙은 -2℃에서 녹는다.

03 다음에서 설명하는 것을 무엇이라 하는가?

어획물이 드레스 상태에서 척추골을 중심으로 양쪽의 육편만을 발라낸 것

① 라운드 ② 세미 드레스
③ 팬 드레스 ④ 필 레

정답 19 ① 20 ③ 21 ④ / 1 ① 2 ③ 3 ④

해설
어체 및 어육의 명칭과 처리방법

종 류	명 칭	처리방법
어 체	라운드	머리, 내장이 붙은 전어체
	세미 드레스	아가미, 내장 제거
	드레스	아가미, 내장, 머리 제거
	팬 드레스	머리, 아가미, 내장, 지느러미, 꼬리 제거
어 육	필 레	드레스하여 3장 뜨기한 것
	청 크	드레스한 것을 뼈를 제거하고 통째 썰기한 것
	스테이크	필레를 약 2cm 두께로 자른 것
	다이스	육편을 2~3cm 각으로 자른 것
	초 프	채육기에 걸어서 발라낸 육

04 어류의 저온저장방법 중 가장 효율적이고 경제적인 것은 무엇인가?

① 얼음 이용
② 드라이 아이스 이용
③ 펠티에효과 이용
④ 증발하기 쉬운 액체 이용

05 어획물의 선도를 유지하기 위한 방법으로 틀린 것은?

① 사후 강직 시간을 늦추거나 시간을 지속시킨다.
② 어획물을 빠른 시간 안에 씻는다.
③ 어획 직후 즉살한다.
④ 고온 건조상태를 유지한다.

해설
어획물의 처리 원칙
신속한 처리, 저온보관, 청결한 취급

06 다음 중 공간이나 물체로부터 인위적으로 열을 빼앗아 주변의 온도보다 낮은 온도를 유지시키는 것을 무엇이라 하는가?

① 수 빙 ② 냉 장
③ 빙 장 ④ 냉 동

07 어획물 냉동공정을 순서대로 나열한 것으로 옳은 것은?

① 전처리 → 동결 → 글레이징 → 동결냉장
② 전처리 → 글레이징 → 동결 → 동결냉장
③ 전처리 → 동결냉장 → 글레이징 → 동결
④ 전처리 → 동결 → 씻기 → 글레이징

08 선체가 소각도 경사할 경우의 복원력 계산식으로 옳은 것은?(단, W : 배수량, θ : 경사각)

① $W \times GM \times \sin\theta$
② $W - GM \times \sin\theta$
③ $W / GM \times \sin\theta$
④ $W + GM \times \sin\theta$

09 다음 중 어창에 적재된 어획물의 양을 나타내는 단위는 무엇인가?

① 용적톤수 ② 중량톤수
③ 재화용적톤수 ④ 운하톤수

10 다음 중 복원력에 영향을 끼치지 않는 것은?

① 바 람 ② 선 폭
③ 트 림 ④ 탱크 내 가득 찬 청수

11 다음 중 해저의 상태, 해저와 어구와의 상대적 위치, 어구의 전개상태와 입망되는 어군의 동태 등을 파악하기 위하여 이용되는 장비는 무엇인가?

① 네트 레코더 ② 소 나
③ 레이더 ④ 네트 존데

4 ④ 5 ④ 6 ④ 7 ① 8 ① 9 ② 10 ④ 11 ① 정답

해설
② 소나 : 수평방향의 어군을 주로 탐지하기 위한 장비
③ 레이더 : 마이크로파를 이용하여 물체와의 거리, 방향 등을 알아내는 장비
④ 네트 존데 : 선망 어선에서 그물이 가라앉는 상태를 감시하는 장비

12 다음 중 초음파의 발사방향에 따른 어업 계측장비의 종류 중 수평 어군 탐지기인 것은 무엇인가?

① 컬러 어탐기 ② 네트 레코더
③ 소 나 ④ 기록식 어탐기

해설
소나 : 수평방향의 어군을 주로 탐지하기 위한 장비

13 어선법상 어선의 톤수 측정에 포함되지 않는 것은?

① 총톤수
② 배수톤수
③ 국제총톤수
④ 재화중량톤수

해설
다른 법령의 준용(어선법 제37조)
어선의 총톤수 측정에 관하여 선박법 제3조와 선박법개정법률 부칙 제3조제1항을 준용한다. 이 경우 한국선박은 한국어선으로 본다.
선박톤수(선박법 제3조)
이 법에서 사용하는 선박톤수의 종류는 다음과 같다.
- 국제총톤수 : 1969년 선박톤수측정에 관한 국제협약(협약) 및 협약의 부속서에 따라 주로 국제항해에 종사하는 선박에 대하여 그 크기를 나타내기 위하여 사용되는 지표를 말한다.
- 총톤수 : 우리나라의 해사에 관한 법령을 적용할 때 선박의 크기를 나타내기 위하여 사용되는 지표를 말한다.
- 순톤수 : 협약 및 협약의 부속서에 따라 여객 또는 화물의 운송용으로 제공되는 선박 안에 있는 장소의 크기를 나타내기 위하여 사용되는 지표를 말한다.
- 재화중량톤수 : 항행의 안전을 확보할 수 있는 한도에서 선박의 여객 및 화물 등의 최대적재량을 나타내기 위하여 사용되는 지표를 말한다.

14 다음 ( ) 안에 알맞은 것은?

> 어선법상 어선의 선령이란 ( )부터 경과한 기간을 말한다.

① 어선의 건조검사에 합격한 날로부터
② 최초의 정기검사에 합격한 날로부터
③ 어선을 진수한 날로부터
④ 어선을 등록한 날로부터

해설
정의(어선법 시행규칙 제2조)
선령이란 어선이 진수한 날부터 경과한 기간을 말한다.

15 시장·군수·구청장은 등록을 한 어선에 대하여 어선의 크기와 동력 유무에 따라 증서를 발급하여야 한다. 다음 중 옳은 것은?

① 총톤수 20톤 이상의 어선은 선적증서를 발급하여야 한다.
② 총톤수 20톤 이상의 어선은 선박국적증서를 발급하여야 한다.
③ 총톤수 20톤 미만의 어선은 국적증서를 발급하여야 한다.
④ 총톤수 5톤 미만의 무동력선은 선적증서를 발급하여야 한다.

해설
어선의 등기와 등록(어선법 제13조)
시장·군수·구청장은 등록을 한 어선에 대하여 다음의 구분에 따른 증서 등을 발급하여야 한다.
- 총톤수 20톤 이상인 어선 : 선박국적증서
- 총톤수 20톤 미만인 어선(총톤수 5톤 미만의 무동력어선은 제외한다) : 선적증서
- 총톤수 5톤 미만인 무동력어선 : 등록필증

정답 12 ③ 13 ② 14 ③ 15 ②

16 다음 중 어선원부에 기재하여야 할 사항 중 틀린 것은?

① 어선번호
② 어선의 명칭
③ 어선의 종류
④ 승선 정원

해설
등록사항(어선법 시행규칙 제23조)
시장·군수·구청장은 신청이 있는 때에는 다음의 사항을 어선원부에 기재하여야 한다.
어선번호, 호출부호 또는 호출명칭, 어선의 종류, 어선의 명칭, 선적항, 선체재질, 범선의 범장(범선의 경우에 한한다), 배의 길이·너비·깊이, 총톤수, 폐위장소의 합계용적, 제외장소의 합계용적, 기관의 종류·마력 및 대수, 추진기의 종류 및 수, 조선지, 조선자, 진수연월일, 소유자의 성명·주민등록번호 및 주소(법인인 경우에는 법인의 명칭·법인등록번호 및 주소), 공유자의 지분율(어선이 공유인 경우에 한한다)

17 다음 중 어선법에서 선박의 개조라고 할 수 없는 것은 무엇인가?

① 어선 길이의 변경
② 어선 너비의 변경
③ 추진기관의 출력 변경
④ 승선 어선원수 변경

해설
정의(어선법 제2조)
개조란 다음의 어느 하나에 해당하는 것을 말한다.
• 어선의 길이·너비·깊이(주요치수)를 변경하는 것
• 어선의 추진기관을 새로 설치하거나 추진기관의 종류 또는 출력을 변경하는 것
• 어선의 용도를 변경하거나 어업의 종류를 변경할 목적으로 어선의 구조나 설비를 변경하는 것

18 다음 중 선박안전기술공단의 업무로서 해당되지 않는 것은?

① 어선과 그 설계에 대한 검사 업무
② 어선의 총톤수 측정 및 계측 업무
③ 어선용품에 대한 검정 업무
④ 어선의 등록 업무

해설
검사업무 등의 대행(어선법 제41조)
해양수산부장관은 공단 또는 선박안전법 제60조제2항에 따른 선급법인으로 하여금 다음의 업무를 대행하게 할 수 있다. 다만, 선급법인의 경우 5.의 업무는 제외한다.
1. 어선의 총톤수 측정·재측정
2. 어선의 검사
3. 어선의 건조검사, 어선용품의 예비검사 및 별도건조검사
4. 어선 또는 어선용품의 검정
5. 우수건조사업장·우수제조사업장 또는 우수정비사업장의 지정을 위한 조사 및 어선·어선용품의 확인
6. 어선검사증서 유효기간 연장의 승인

19 어선검사증서의 유효기간을 연장할 수 있는 경우로 옳지 않은 것은?

① 새로운 어선검사증서를 즉시 교부할 수 없을 때
② 어선검사증서의 유효기간이 만료되는 때에 해당 어선이 검사를 받을 수 있는 장소에 있지 아니한 경우
③ 출어준비를 위해 어항에 정박 중인 때
④ 어선에 비치하게 할 수 없는 경우

해설
검사증서의 유효기간(어선법 제28조)
어선검사증서의 유효기간은 다음의 어느 하나에 해당하는 경우에는 5개월 이내의 범위에서 해양수산부령으로 정하는 바에 따라 이를 연장할 수 있다.
• 어선검사증서의 유효기간이 만료되는 때에 해당 어선이 검사를 받을 수 있는 장소에 있지 아니한 경우
• 해당 어선이 외국에서 정기검사를 받은 경우 등 부득이한 경우로서 새로운 어선검사증서를 즉시 교부할 수 없거나 어선에 비치하게 할 수 없는 경우
• 그 밖에 해양수산부령으로 정하는 경우

16 ④ 17 ④ 18 ④ 19 ③ 정답

제 8 회

기출복원문제

상선전문

01 통풍환기에 대한 설명으로 옳은 것은?

① 창 내의 이슬점을 낮추는 것이 기본 목표이다.
② 선창 밖의 이슬점이 창 내보다 높으면 통풍환기한다.
③ 이슬점이 높다는 것은 상대습도가 낮다는 것을 의미한다.
④ 이슬점은 절대습도와 관계된다.

해설
통풍환기법 : 통풍환기는 창 내 공기의 이슬점(노점)을 낮추기 위한 목적으로 실시한다. 즉, 외기의 노점이 선창 내 공기의 노점보다 낮으면 통풍환기를 계속하고 반대로 외기의 이슬점이 창 내 공기의 이슬점보다 높으면 통풍환기를 중지해야 한다.

02 케미컬탱커에서 이용하는 방독면에 관한 설명으로 틀린 것은?

① 방독면은 산소농도가 부족한 밀폐구역 진입 시 반드시 착용하여야 한다.
② 모든 승무원의 수만큼 선내에 비치하여야 한다.
③ 흡수관의 유효기간은 가스농도, 호흡량 등에 따라 달라진다.
④ 화물가스의 종류에 따라 흡수관이 다르므로 해당 화물가스용으로 사용이 가능한지 확인하여야 한다.

해설
방독면은 공기 중의 오염물질을 제거하기 위한 장비로 산소농도가 부족한 구역에서는 사용할 수 없다.

03 다음 중 케미컬탱커에서 탱크를 세정한 후 세정수는 어디를 통하여 배출하도록 규정하고 있는가?

① 흘수선상에서 배출
② 수면하 배출구를 통하여 배출
③ 흘수선보다 상부에서 배출
④ 밸러스트 배출구를 통하여 배출

04 주의마크(Care Mark)의 표기와 내용이 틀리게 짝지어진 것은?

① Handle with Care – 뒤엎지 말 것
② This Side Up – 이쪽을 위로
③ Use No Hook – 훅을 사용하지 말 것
④ Keep Dry – 건조한 곳에 실을 것

해설
Handle with Care : 취급주의

05 다음의 항목은 서로 관련된 것을 짝지어 놓은 것이다. 옳지 않은 것은 무엇인가?

① 평균흘수 – 선체 중앙부의 흘수
② 선미트림 – 선미 흘수가 큰 경우
③ 선수미 등흘수 – 선수미의 흘수가 같은 경우
④ 선수트림 – 선수 흘수가 큰 경우

해설
① 평균흘수 – 선수흘수와 선미흘수의 평균값

정답 1 ① 2 ① 3 ② 4 ① 5 ①

06 다음 중 선박의 경하배수량에 포함되지 않는 것은 무엇인가?

① 완비된 선체 및 기관
② 법정속구 및 그 예비품
③ 불명중량
④ 항해설비

해설
경하상태 : 화물과 공제중량을 적재하지 않은 상태이며, 불명중량은 공제중량이다.

07 선박의 트림(Trim)이 1.5m인 때 Even Keel로 하고자 한다면, 100톤(ton)의 화물을 몇 m 이동시켜야 하는가?(단, 매 cm 트림 모멘트는 100ton-m)

① 50m
② 100m
③ 150m
④ 250m

해설

$$t = \frac{w \times d}{Mcm}(\text{cm})$$

$$d = \frac{Mcm \times t}{w}$$

$$= \frac{100 \times 150}{100} = 150\text{m}$$

여기서, t : 트림의 변화량(cm)
w : 화물중량(ton)
d : 이동거리(m)

08 다음 중 선박의 배수량에 관한 설명으로 옳은 것은?

① 수면하 용적과 물의 밀도를 곱한 것
② 중심과 물의 밀도를 곱한 것
③ 수면하 중량과 물의 밀도를 곱한 것
④ 부심과 물의 밀도를 곱한 것

09 다음 중 적화척도(Deadweight Scale)에서 구할 수 없는 것은 무엇인가?

① TKM　② MTC
③ DWT　④ TPC

10 다음 중 Hog/Sag에 대한 배수량 수정 시 수정을 위하여 필요하지 않는 요소는 무엇인가?

① 트 림　② 매 cm 배수톤
③ 중앙부 흘수　④ 선수미 평균흘수

11 다음 중 트림에 의해 영향을 받는 것에 해당되지 않는 것은 무엇인가?

① 능파성　② 타 효
③ 속 력　④ 평균흘수

12 다음 중 (　　) 안에 들어갈 말로 옳은 것은?

선박은 해수 비중이 다른 곳으로 이동하면 비중 차이에 의한 (　　)의 변화로 흘수가 달라진다.

① 중 심　② 경 심
③ 부면심　④ 부 력

13 석유류 및 석유가스의 일반적인 성질에 관한 설명으로 틀린 것은?

① 연소성, 인화성이 있다.
② 발열량이 크다.
③ 전기적으로 전도체이다.
④ 불완전 연소하면 검은 연기가 발생한다.

6 ③　7 ③　8 ①　9 ①　10 ①　11 ④　12 ④　13 ③　정답

14 다음 중 화물이 선창을 차지하는 용적 및 무게를 검측하는 것은 무엇인가?

① 검 수　② 검 량
③ 선 복　④ 적화계획

15 다음 중 컨테이너선 선창에서 컨테이너가 움직이지 못하도록 하는 구조는 무엇인가?

① Stacker Construction
② Cellular Construction
③ Square Construction
④ Waterproof Construction

16 선박법의 목적에 관한 설명으로 옳지 않은 것은?

① 선박의 국적에 관한 사항을 규정하는 것이다.
② 선박톤수의 측정 및 등록에 관한 사항을 규정한다.
③ 해사에 관한 제도를 적정하게 운영하고 해상질서를 유지한다.
④ 무해 통항권을 명시하여 영해에서의 선박안전에 기여한다.

해설
목적(선박법 제1조)
이 법은 선박의 국적에 관한 사항과 선박톤수의 측정 및 등록에 관한 사항을 규정함으로써 해사에 관한 제도를 적정하게 운영하고 해상질서를 유지하여, 국가의 권익을 보호하고 국민경제의 향상에 이바지함을 목적으로 한다.

17 다음 중 선박톤수측정에 관한 국제협약의 시행에 필요한 사항과 관련이 있는 법률은 무엇인가?

① 선박법　② 선박안전법
③ 어선법　④ 선박직원법

해설
선박톤수(선박법 제3조)
이 법에서 사용하는 선박톤수의 종류는 다음과 같다.
- 국제총톤수 : 1969년 선박톤수측정에 관한 국제협약 및 협약의 부속서에 따라 주로 국제항해에 종사하는 선박에 대하여 그 크기를 나타내기 위하여 사용되는 지표를 말한다.
- 총톤수 : 우리나라의 해사에 관한 법령을 적용할 때 선박의 크기를 나타내기 위하여 사용되는 지표를 말한다.
- 순톤수 : 협약 및 협약의 부속서에 따라 여객 또는 화물의 운송용으로 제공되는 선박 안에 있는 장소의 크기를 나타내기 위하여 사용되는 지표를 말한다.
- 재화중량톤수 : 항행의 안전을 확보할 수 있는 한도에서 선박의 여객 및 화물 등의 최대적재량을 나타내기 위하여 사용되는 지표를 말한다.

18 선적항에 대한 다음 기술 중 타당하지 않은 것은?

① 선박이 상시 발항 또는 귀항하는 항해기지로서 해상기업 경영의 중심이 되는 항
② 선박소유자가 선박의 등기, 등록을 하고 선박국적증서의 교부를 받는 곳
③ 선박소유자의 주소가 서울일 때에는 그 소유 선박의 선적항은 원칙적으로 부산항이다.
④ 선적항은 등록항, 본거항의 의미로 사용될 수 있다.

해설
선적항(선박법 시행령 제2조)
- 선박법에 따른 선적항은 시 · 읍 · 면의 명칭에 따른다.
- 선적항으로 할 시 · 읍 · 면은 선박이 항행할 수 있는 수면에 접한 곳으로 한정한다.
- 선적항은 선박소유자의 주소지에 정한다. 다만, 다음의 어느 하나에 해당하는 경우에는 선박소유자의 주소지가 아닌 시 · 읍 · 면에 정할 수 있다.
  - 국내에 주소가 없는 선박소유자가 국내에 선적항을 정하려는 경우
  - 선박소유자의 주소지가 선박이 항행할 수 있는 수면에 접한 시 · 읍 · 면이 아닌 경우
  - 제주특별자치도 설치 및 국제자유도시 조성을 위한 특별법 선박등록특구의 지정에 따라 선박등록특구로 지정된 개항을 같은 조 제2항에 따라 선적항으로 정하려는 경우
- 그 밖에 소유자의 주소지 외의 시 · 읍 · 면을 선적항으로 정하여야 할 부득이한 사유가 있는 경우

정답 14 ② 15 ② 16 ④ 17 ① 18 ③

19 다음 중 지방해양수산청장은 선박의 등록신청을 받았을 경우 어디에 등록하는가?

① 선박등록부
② 선박카드
③ 선박국적증서대장
④ 선박원부

해설
등기와 등록(선박법 제8조)
지방해양수산청장은 선박의 등록신청을 받으면 이를 선박원부에 등록하고 신청인에게 선박국적증서를 발급하여야 한다.

20 지방해양수산청장이 선박국적증서를 발급하는 시기는?

① 선박을 등록하였을 때
② 선박을 등기하였을 때
③ 정기검사에 합격하였을 때
④ 제조검사에 합격하였을 때

해설
등기와 등록(선박법 제8조)
지방해양수산청장은 선박의 등록신청을 받으면 이를 선박원부에 등록하고 신청인에게 선박국적증서를 발급하여야 한다.

21 다음 중 국제총톤수 및 순톤수를 기재한 증서는 무엇인가?

① 선박국적증서
② 임시선박국적증서
③ 국제톤수증서
④ 재화중량톤수증서

해설
국제톤수증서 등(선박법 제13조)
길이 24m 이상인 한국선박의 소유자는 해양수산부장관으로부터 국제톤수증서(국제총톤수 및 순톤수를 적은 증서를 말한다)를 발급받아 이를 선박 안에 갖추어 두지 아니하고는 그 선박을 국제항해에 종사하게 하여서는 아니 된다.

어선전문

01 어체의 비열을 대략적으로 나타낸 것은?

① 80kcal/kg ② 8kcal/kg
③ 0.8kcal/kg ④ 50kcal/kg

02 어창 안에서 30일 정도 장기간 수용할 어획물의 상자 담기로서 알맞은 어체배열 방법은 무엇인가?

① 등세우기법
② 배세우기법
③ 반듯하게 눕히는 법
④ 불규칙하게 담는 법

03 고기 칸(Fish Pond)의 요건 및 사용방법으로 올바르지 않은 것은?

① 필요 이상으로 깊게 만들지 않아야 한다.
② 직사일광을 받지 않아야 한다.
③ 오랜 시간 방치할 때는 가끔 어체에 찬물을 끼얹어 건조와 온도 상승을 막아야 한다.
④ 어획물의 건조와 온도 상승을 막기 위해 배수하지 않고 계속 물을 뿌려야 한다.

04 간유 중에 포함된 탄화수소로서 스콸렌이 가장 많이 함유된 것은 어떤 어종인가?

① 표·중층 상어 ② 심해산 상어
③ 대 구 ④ 고 래

05 문제 삭제

19 ④ 20 ① 21 ③ / 1 ③ 2 ② 3 ④ 4 ② 5 문제 삭제 정답

06 빙장한 상자를 저장하는 어창 안의 알맞은 습도는 몇 %인가?

① 60~65% ② 70~75%
③ 80~85% ④ 90~95%

해설
보관 중에 세균의 발육과 효소의 작용을 억제하기 위하여 빙장한 상자를 저장하는 어창 안의 온도는 0~4℃, 습도는 90~95% 정도가 되게 하는 것이 알맞다.

07 어육 속에 얼음결정이 생기기 시작하면 얼지 않은 수용액의 농도는 더 진해지며, 어는점이 점점 더 내려가 완전 동결된다. 이 온도를 공정점이라 하는데 다음 중 공정점은 대체로 몇 ℃인가?

① −20℃ ② −30℃
③ −60℃ ④ −70℃

08 다음 중 피스톤의 왕복운동으로 냉매를 압축시키는 형태의 압축기는 무엇인가?

① 회전식 압축기
② 왕복식 압축기
③ 스크루 압축기
④ 터보 압축기

09 어획물의 적재 시 주의사항으로 가장 옳은 것은?

① 하역작업의 편리를 위해 혼획상태로 어창에 적재한다.
② 어획물의 틈에는 칸막이를 설치한다.
③ 최대한 많은 양의 얼음을 사용한다.
④ 같은 종류의 어획물은 동일 어창에 적재한다.

10 트림의 변화량(t)을 구하는 식으로 올바른 것은?(단, w : 중량물, Mcm : 매 cm 트림 모멘트, d : 중량물의 수평이동거리)

① $t = (w \times M\text{cm})/d$
② $t = M\text{cm}/(w \times d)$
③ $t = (w \times d)/M\text{cm}$
④ $t = (d \times M\text{cm})/w$

11 250톤(ton) 용적의 선창에 화물틈 10%인 화물을 적재한다면 적재할 수 있는 용적 톤은 얼마인가?

① 200톤 ② 225톤
③ 260톤 ④ 2,500톤

해설
$250 \times 0.9 = 225$

12 어군탐지기에 사용되는 주파수의 값은?

① 28~200kHz
② 300~400kHz
③ 400~500kHz
④ 500kHz 이상

13 어선의 소유자는 내수면어업법의 경우를 제외하고 어선을 항행하거나 조업 목적으로 사용할 경우에는 선박국적증서, 선적증서 또는 등록필증을 어떻게 해야 하는가?

① 어선에 갖추어 두어야 한다.
② 원본은 선박소유자가 보관하고 사본을 어선 내에 비치하여야 한다.
③ 원본이나 사본 중 어느 하나를 어선 내에 비치하여야 한다.
④ 원본 또는 사본을 어선 내에 비치할 필요는 없다.

정답 6 ④ 7 ③ 8 ② 9 ④ 10 ③ 11 ② 12 ① 13 ①

해설
선박국적증서 등의 비치(어선법 제15조)
어선의 소유자는 어선을 항행하거나 조업 목적으로 사용할 경우에는 선박국적증서, 선적증서 또는 등록필증을 어선에 갖추어 두어야 한다. 다만, 내수면어업법에 따라 면허어업·허가어업 또는 신고어업 또는 양식업에 사용하는 어선 등 해양수산부령으로 정하는 어선의 경우에는 그러하지 아니하다.

14 다음 중 어선검사가 면제되는 어선은 무엇인가?

① 총톤수 4톤인 동력 어선
② 총톤수 10톤인 무동력 어선
③ 어선검사증서를 발급받은 자가 일정기간 동안 운항하지 아니할 목적으로 그 증서를 지방해양수산청장에게 반납한 후 해당 어선을 계류한 어선
④ 내수면어업법에 따른 면허어업, 허가어업 또는 신고어업에 사용되는 어선으로 최초의 정기검사를 받은 어선

해설
어선의 검사면제 등(어선법 시행규칙 제49조)
어선의 검사가 면제되는 어선은 다음과 같다.
- 총톤수 5톤 미만의 무동력어선
- 내수면어업법에 따른 면허어업, 허가어업 또는 신고어업에 사용되는 어선으로 최초의 정기검사를 받은 어선
- 어선검사증서를 발급받은 자가 일정기간 동안 운항하지 아니할 목적으로 그 증서를 해양수산부장관에게 반납한 후 해당 어선을 계류한 어선

15 어선법상 '특별검사'를 올바르게 정의한 것은 무엇인가?

① 임시로 특수한 용도에 사용하는 때 행하는 간단한 검사
② 임시로 특수한 용도에 사용하는 때 행하는 정밀한 검사
③ 지속적으로 특수한 용도에 사용하는 때 행하는 간단한 검사
④ 지속적으로 특수한 용도에 사용하는 때 행하는 정밀한 검사

해설
어선의 검사(어선법 제21조)
특별검사 : 해양수산부령으로 정하는 바에 따라 임시로 특수한 용도에 사용하는 때 행하는 간단한 검사

16 정기검사 준비사항으로 입거 또는 상가를 반드시 해야 하는 어선은?

① 배의 길이 20m인 목선
② 배의 길이 20m인 FRP선
③ 배의 길이 15m인 알루미늄선
④ 배의 길이 15m인 강선

해설
정기검사 준비사항(어선법 시행규칙 [별표 8])
선체에 관한 준비
입거 또는 상가를 할 것. 다만, 다음의 경우에는 그러하지 아니하다.
- 배의 길이 24m 미만의 비금속재(목재 및 강화플라스틱) 어선 및 알루미늄선과 총톤수 10톤 미만인 강선을 거선한 경우
- 입거 또는 상가의 시설이 없는 호수, 하천, 항내에서만 조업하는 배의 길이 24m 미만인 어선의 선저를 검사할 수 있도록 수면 밖으로 끌어올린 경우

17 다음 중 어선법상 제2종 중간검사의 준비사항이 아닌 것은 무엇인가?

① 수밀문에 대한 효력시험 준비
② 방화문에 대한 현상검사 준비
③ 구명설비에 대한 효력시험 준비
④ 조타설비에 대한 현상검사 준비

해설
중간검사 준비사항(어선법 시행규칙 [별표 9])
제2종 중간검사
- 수밀문, 방화문 등 폐쇄장치에 대한 효력시험의 준비를 할 것
- 기관, 배수설비, 조타설비, 구명 및 소방설비, 거주 및 위생설비, 항해설비는 효력시험 또는 현상검사의 준비를 할 것
- 전기설비는 절연저항시험 및 효력시험의 준비를 할 것

14 ④ 15 ① 16 ④ 17 ② 정답

18 어선법령에 의한 어선의 중간검사에 대한 설명이다. 옳지 않은 것은?

① 정기검사와 다음의 정기검사 사이에 실시된다.
② 제1종 중간검사와 제2종 중간검사로 구분된다.
③ 배의 길이가 24m 미만은 제1종 중간검사가 면제된다.
④ 부득이 한 사유가 있을 때는 검사기준일보다 3개월 이상 앞당겨 받을 수 있다.

해설

어선의 검사(어선법 제21조)
중간검사는 정기검사와 다음의 정기검사와의 사이에 행하는 간단한 검사이다.
중간검사(어선법 시행규칙 제44조)

1. 중간검사는 제1종 중간검사와 제2종 중간검사로 구분하며, 어선 규모에 따라 받아야 하는 중간검사의 종류와 그 검사시기는 다음과 같다. 다만, 총톤수 2톤 미만인 어선은 중간검사를 면제한다.
   - 배의 길이가 24m 미만인 어선
     제1종 중간검사를 정기검사 후 두 번째 검사기준일 전 3개월부터 세 번째 검사기준일 후 3개월까지의 기간 이내에 받을 것
   - 배의 길이가 24m 이상인 어선
     - 선령이 5년 미만인 어선
       제1종 중간검사를 정기검사 후 두 번째 검사기준일 전 3개월부터 세 번째 검사기준일 후 3개월까지의 기간 이내에 받을 것
     - 선령이 5년 이상인 어선
       ⓐ 제1종 중간검사 : 정기검사 후 두 번째 검사기준일 전후 3개월 이내 또는 세 번째 검사기준일 전후 3개월 이내의 기간 중 하나를 선택하여 그 기간 이내에 받을 것
       ⓑ 제2종 중간검사 : 정기검사 또는 제1종 중간검사를 받아야 하는 연도의 검사기준일을 제외한 검사기준일의 전후 3개월의 기간 이내에 받을 것
2. 1.에도 불구하고 어선소유자는 장기항해 등 부득이한 사유가 있는 경우에는 중간검사를 검사기준일보다 3개월 이상 앞당겨 받을 수 있다. 이 경우 해당 검사완료일부터 3개월이 지난 날을 새로운 검사기준일로 한다.

19 어선법령에 따른 어선의 흘수표시와 관련한 내용이다. 틀린 것은?

① 배 길이 24m 이상 어선은 흘수표시를 하여야 한다.
② 흘수표시는 선수와 선미의 양측 면에 표시하여야 한다.
③ 선저로부터 최대흘수선상에 이르기까지 20cm 마다 10cm 크기의 아라비아숫자 또는 로마숫자로서 흘수의 치수를 표시한다.
④ 숫자의 하단은 그 숫자가 표시하는 흘수선과 일치시켜야 한다.

해설

어선의 표시사항 및 표시방법(어선법 시행규칙 제24조)
배의 길이 24m 이상의 어선은 선수와 선미의 외부 양측 면에 흘수를 표시하기 위하여 선저로부터 최대흘수선상에 이르기까지 20cm마다 10cm 크기의 아라비아숫자로서 흘수의 치수를 표시하되, 숫자의 하단은 그 숫자가 표시하는 흘수선과 일치시켜야 한다.

정답 18 ③ 19 ③

제 9 회 기출복원문제

상선전문

01 유조선에서 갑판상 및 탱크 내의 Cargo Main Line에 사용하는 연결용 설비는 무엇인가?

① Dressor Type Expansion Joint
② Slide Type Expansion Joint
③ Expansion Bend
④ Pipe Supporter

02 화폐 및 금, 은, 귀금속 등과 같은 고가품은 가격을 기준해서 해상운송 운임을 결정하는 데 이를 무엇이라 하는가?

① 할증운임(Additional Rate)
② 종가운임(Ad-valorem Freight)
③ 운임톤(Freight ton)
④ 수입톤(Revenue ton)

03 선박이 물의 비중 ρ_1인 곳에서 ρ_2인 곳으로 들어갔을 경우 비중 차이에 의한 흘수의 변화에 대한 설명으로 틀린 것은?

① 비중 ρ_1인 곳에서 비중이 더 큰 ρ_2인 곳으로 항해하면 흘수가 감소한다.
② ρ_1과 ρ_2의 비중이 같을 때 배수량의 변화가 있으면 흘수의 변화도 생긴다.
③ ρ_1과 ρ_2의 비중이 다른 경우에도 부심의 위치는 변하지 않는다.
④ 바다에서 강으로 들어가면 흘수가 증가하고 강에서 바다로 나오면 흘수가 감소한다.

04 선미 Trim을 50cm 만들기 위해서 30m 후방의 탱크로 이송하여야 할 기름은 몇 ton인가?(단, Mcm(매 cm 트림모멘트) = 150t-m이다)

① 150톤 ② 200톤
③ 250톤 ④ 750톤

해설
화물중량 = Mcm×트림변화량/이동거리 = 150×50/30 = 250

05 다음 중 화표에서 기호나 숫자 등으로 내용품의 품질을 나타내는 것은 무엇인가?

① Care Mark
② Case No.
③ Export Mark
④ Quality Mark

해설
④ Quality Mark : 품질 마크
① Care Mark : 주의 마크
② Case Number : 화물 번호
③ Export Mark : 수출지 마크

1 ① 2 ② 3 ③ 4 ③ 5 ④ 정답

06 Derrick식 하역기기에서 화물의 정횡방향 이동을 방지하기 위하여 데릭 붐을 고정시키는 장치가 아닌 것은 무엇인가?

① Pendante
② Topping Lift Wire
③ Guy Tackle
④ Preventer Wire

07 화물의 성질에 의한 분류 중 특수화물이 아닌 것은 무엇인가?

① 부패성 화물 ② 냉장 화물
③ 고가 화물 ④ 액체 화물

해설
액체 화물은 일반화물에 속한다.

08 다음 중 배수량 등곡선도의 요소에 해당되지 않는 것은 무엇인가?

① 수선면적
② 매 cm 배수톤
③ 경심반경
④ 매 cm 트림모멘트

09 부면심에 대한 설명으로 옳지 않은 것은 무엇인가?

① 부면심의 수직선상에 화물을 배치하면 트림이 발생하지 않는다.
② 배수량의 변화에 따라 위치가 달라진다.
③ 종경사의 중심이다.
④ 배수용적의 중심에 위치한다.

해설
부면심
- 선박이 배수량의 변화 없이 화물을 이동하여 약간의 트림을 갖게 되면 신 수선면과 구 수선면의 교선은 반드시 한 점을 지나게 된다. 이 점은 수선 면적의 중심으로 선체 종경사의 중심이 되며, 부면심이라 한다.
- 부면심의 위치는 선체 중앙에서 배 길이의 1/30~1/60 전후방에 위치한다.
- 부면심을 지나는 수직선상에 화물을 적화 또는 양하하면 트림은 생기지 않는다.

10 다음 중 만재흘수선의 결정에 있어서 가장 기본이 되는 표시는 무엇인가?

① WNA ② S
③ W ④ TF

11 보르네오, 수마트라 등 남양재의 원목을 검재할 때 주로 사용하는 검재법은 무엇인가?

① Brereton Scale
② Hoppus String Measure
③ Conference Scale
④ Mean Measure

12 문제 삭제

13 다음 중 화물인도 사고 중 선하증권에 기재된 화물이 아닌 다른 화물이 인도되는 것은?

① Overland
② Shortland
③ Overcarriage
④ Misdelivery

정답 6 ① 7 ④ 8 ③ 9 ④ 10 ② 11 ② 12 문제 삭제 13 ④

14 다음 중 화물의 이동방지를 위한 조치로서 옳지 않은 것은 무엇인가?

① 코밍(Coaming)
② 래싱(Lashing)
③ 쇼어링(Shoring)
④ 더니징(Dunnaging)

해설
코밍(Coaming) : 해수의 침입을 방지하기 위한 방수장치

15 컨테이너 화물이 FCL이라고 하는 것의 의미는?

① 화물이 한 개의 컨테이너를 만재할 수 있을 때
② 화물이 한 개의 컨테이너를 만재할 수 없을 때
③ 컨테이너 야드가 한 품목의 화물로 만재된 상태
④ 컨테이너 야드가 부분 적재된 상태

16 다음 중 선박법상 한국선박의 의무에 해당되지 않는 것은 무엇인가?

① 개항에의 기항 ② 선박국적증서의 비치
③ 등기와 등록 ④ 선박의 표시

해설
불개항장에의 기항과 국내 각 항간에서의 운송금지(선박법 제6조)
한국선박이 아니면 불개항장에 기항하거나 국내 각 항간에서 여객 또는 화물의 운송을 할 수 없다. 다만, 법률 또는 조약에 다른 규정이 있거나 해양사고 또는 포획을 피하려는 경우 또는 해양수산부장관의 허가를 받은 경우에는 그러하지 아니하다.

17 선박의 국적에 관한 설명으로 옳지 않은 것은 무엇인가?

① 선박은 국제법상 반드시 국적을 가져야 한다.
② 선박이 공해상에 있을 때에는 그 기국의 법률이 그 선박에 적용된다.
③ 선박의 국적이라 함은 그 선박이 어느 나라에 속하는가를 나타내는 것을 말한다.
④ 선박은 국적을 이중으로 가질 수 있다.

해설
선박의 지위(해양법에 관한 국제연합협약 제92조)
2개국 이상의 국기를 편의에 따라 게양하고 항행하는 선박은 다른 국가에 대하여 그 어느 국적도 주장할 수 없으며 무국적선으로 취급될 수 있다.

18 선박법에서 선박의 등기를 한 후에 선박의 등록을 신청하여야 하는 선박이 아닌 것은?

① 총톤수 20톤 미만의 기선
② 총톤수 20톤 이상의 기선
③ 총톤수 20톤 이상의 범선
④ 총톤수 100톤 이상의 부선

해설
등기와 등록(선박법 제8조)
한국선박의 소유자는 선적항을 관할하는 지방해양수산청장에게 해양수산부령으로 정하는 바에 따라 선박을 취득한 날부터 60일 이내에 그 선박의 등록을 신청하여야 한다. 이 경우 선박등기법 제2조에 해당하는 선박은 선박의 등기를 한 후에 선박의 등록을 신청하여야 한다.
적용범위(선박등기법 제2조)
이 법은 총톤수 20톤 이상의 기선과 범선 및 총톤수 100톤 이상의 부선에 대하여 적용한다. 다만, 선박법 제26조제4호에 따른 부선에 대하여는 적용하지 아니한다.

19 다음 중 ( ) 안에 적합한 것은 무엇인가?

> 선박법상 외국에서 취득한 선박을 외국의 각 항간에서 항행시키는 경우 선박소유자는 ( )에게 그 선박톤수의 측정을 신청할 수 있다.

① 대한민국 영사 ② 본사 대리점
③ 선급협회 지점 ④ 건조 조선소

해설
선박톤수 측정의 신청(선박법 제7조)
외국에서 취득한 선박을 외국 각 항간에서 항행시키는 경우 선박소유자는 대한민국 영사에게 그 선박톤수의 측정을 신청할 수 있다.

정답 14 ① 15 ① 16 ① 17 ④ 18 ① 19 ①

20 선박법상 국제톤수증서를 발급받아야 할 선박의 최소 길이는 몇 m인가?

① 12m ② 24m
③ 50m ④ 100m

해설
국제톤수증서 등(선박법 제13조)
길이 24m 이상인 한국선박의 소유자는 해양수산부장관으로부터 국제톤수증서(국제총톤수 및 순톤수를 적은 증서)를 발급받아 이를 선박 안에 갖추어 두지 아니하고는 그 선박을 국제항해에 종사하게 하여서는 아니 된다.

21 선박법상 선박톤수측정에 관한 국제협약 및 협약의 부속서에 따라 여객 또는 화물의 운송용으로 제공되는 선박 안에 있는 장소의 크기를 나타내기 위하여 사용되는 지표를 무엇이라 하는가?

① 총톤수
② 순톤수
③ 재화중량톤수
④ 국제총톤수

해설
선박톤수(선박법 제3조)
이 법에서 사용하는 선박톤수의 종류는 다음과 같다.
- 국제총톤수 : 1969년 선박톤수측정에 관한 국제협약 및 협약의 부속서에 따라 주로 국제항해에 종사하는 선박에 대하여 그 크기를 나타내기 위하여 사용되는 지표를 말한다.
- 총톤수 : 우리나라의 해사에 관한 법령을 적용할 때 선박의 크기를 나타내기 위하여 사용되는 지표를 말한다.
- 순톤수 : 협약 및 협약의 부속서에 따라 여객 또는 화물의 운송용으로 제공되는 선박 안에 있는 장소의 크기를 나타내기 위하여 사용되는 지표를 말한다.
- 재화중량톤수 : 항행의 안전을 확보할 수 있는 한도에서 선박의 여객 및 화물 등의 최대적재량을 나타내기 위하여 사용되는 지표를 말한다.

어선전문

01 어류가 죽으면 일시적으로 근육이 탄성을 잃고 굳어지는데 이러한 현상을 의미하는 것은?

① 자가 소화 ② 사후 경직
③ 탄성 경직 ④ 어체 경직

해설
사후 경직 : 근육의 투명감이 떨어지고 수축하여 어체가 굳어지는 현상

02 다음 중 어획물의 취급상 활어로서 취급되는 어체의 상태로 옳은 것은?

① 빙장 시에만 ② 사후 경직 전
③ 사후 경직 중 ④ 자가 소화 이전

해설
사후 경직을 기준으로 활어와 선어로 구분한다.

03 어선의 냉동장치에서 냉매 누출로 폭발을 일으킬 수 있는 냉매는 무엇인가?

① 나트륨 ② 칼 륨
③ 프레온 ④ 암모니아

04 다음은 어상자 내의 어체를 저온상태로 유지하기 위한 방법이다. 적합하지 않은 것은 무엇인가?

① 어상자 바닥은 얼음으로 깐다.
② 어체 위에 얼음을 충분히 덮는다.
③ 쇄빙은 되도록 굵은 것을 사용한다.
④ 어체와 얼음에서 흘러내리는 물은 잘 빠지도록 한다.

정답 20 ② 21 ② / 1 ② 2 ② 3 ④ 4 ③

해설
빙장 시의 유의사항
- 어상자 바닥에 얼음을 깐 후, 그 위에 어체를 얹고 어체의 주위를 얼음으로 채운다.
- 물이 고이지 않게 잘 빠지도록 하고, 얼음은 잘게 부수어 어체 온도가 빨리 떨어지도록 한다.
- 고급 어종은 얼음에 접하게 하지 말고, 황산지로 싼 후 그 주위를 얼음으로 채운다.

05 10℃ 이하의 냉장실에서 글레이징 처리를 할 때 동결어를 0~4℃의 청수에 담그는 시간으로 몇 초가 적당한가?

① 1~3초
② 3~6초
③ 5~8초
④ 8~10초

해설
글레이징 처리
동결어(-18℃ 이하)를 냉장실(10℃ 이하)에서 냉수(0~4℃)에 수초(3~6초)간 담갔다가 꺼내면 표면에 얼음막이 생긴다. 이 작업을 2~3분 간격으로 2~3회 반복하여, 어체 표면 무게로 3~5%, 두께로 2~7mm의 얼음막이 형성되게 하는 것이다.

06 다음 중 냉각해수 저장법의 설명으로 옳지 않은 것은?

① 고등어·청어 등에 빙장법 대신 이용한다.
② 해수에 대한 어류의 비율은 3~4 : 1이다.
③ 해수를 0℃ 정도로 냉각한다.
④ 어획물을 냉각해수에 침지시켜 저장한다.

해설
냉각해수 저장법
해수를 -1℃ 정도로 냉각하여 어획물을 그 냉각해수에 침지시켜 저장하는 방법으로 선도 보존 효과가 좋다. 지방질 함유량이 높은 어류 등에 빙장법 대신에 이용하며, 해수에 대한 어류의 비율은 3~4 : 1로 한다.

07 선폭이 30m이고 횡요주기가 12초인 때 GM은 약 얼마인가?(단, G : 선박의 무게중심, M : 메타센터)

① 1m ② 2m
③ 3m ④ 4m

해설
횡요주기(T) ≒ $\frac{0.8 \times \text{선폭}(B)}{\sqrt{GM}}$(sec)
GM ≒ $(0.8\times\text{선폭}/\text{횡요주기})^2$ ≒ $(0.8\times30/12)^2$ ≒ 4

08 트림의 변화량(t)을 구하는 식으로 옳은 것은 무엇인가?(단, w : 중량물의 무게, Mcm : 매 cm 트림모멘트, d : 중량물의 수평이동거리)

① $t = (w\times M\text{cm})/d$
② $t = M\text{cm}/(w\times d)$
③ $t = (w\times d)/M\text{cm}$
④ $t = (d\times M\text{cm})/w$

09 어획물을 적재할 때 선박의 안전을 확보하기 위하여 고려해야 할 사항으로 적합하지 않은 것은?

① 화물틈을 크게 확보
② 적당한 흘수와 트림 유지
③ 충분한 복원성의 확보
④ 화물의 이동 방지

10 다음 중 새우의 흑변이나 퇴색을 방지하기 위하여 어느 부위를 제거하는 것이 효과적인가?

① 꼬 리 ② 다 리
③ 머 리 ④ 내 장

5 ② 6 ③ 7 ④ 8 ③ 9 ① 10 ③ 정답

11 어군 탐지기로 탐지한 정보를 육상이나 다른 선박에 무선으로 보내어 어군의 동태를 감지하도록 하는 장치는 무엇인가?

① 스캐닝 소나
② 원격 탐지장치
③ 서치라이트 소나
④ 네트레코더

12 다음 중 오징어 자동 조획기의 구성부로 적합하지 않은 것은?

① 드 럼 ② 드럼 구동부
③ 발신부 ④ 집중 제어장치

13 어선법에 어선으로 규정되어 있지 않은 선박은?

① 어업에 종사하는 선박
② 어선의 선용품 보급에 종사하는 선박
③ 수산업에 관한 단속에 종사하는 선박
④ 어획물운반업에 종사하는 선박

해설
정의(어선법 제2조)
어선이란 다음의 어느 하나에 해당하는 선박을 말한다.
- 어업, 어획물운반업 또는 수산물가공업에 종사하는 선박
- 수산업에 관한 시험·조사·지도·단속 또는 교습에 종사하는 선박
- 건조허가를 받아 건조 중이거나 건조한 선박
- 어선의 등록을 한 선박

14 어선의 주요치수로 적합한 것은?

① 길이 – 너비 – 깊이
② 길이 – 높이 – 깊이
③ 길이 – 흘수 – 높이
④ 길이 – 너비 – 높이

15 다음 중 어선법상 원양어업에 사용할 어선의 건조, 개조의 허가권자는?

① 외교부장관
② 관할 시·도지사
③ 해양수산부장관
④ 관할 시·군·구청장

해설
건조·개조 등의 허가구분(어선법 시행규칙 제4조)
어선의 건조·개조 또는 건조발주·개조발주의 허가권자는 다음과 같다.
1. 해양수산부장관
 가. 원양산업발전법에 따른 원양어업에 사용할 어선
 나. 수산업법에 따라 해양수산부장관이 시험어업, 연구어업 또는 교습어업에 사용할 어선
 다. 해운법에 따라 등록을 하는 외항화물운송사업에 사용할 수산물 운반선
 라. 해양수산부장관이 어업에 관한 기술보급·시험·조사 또는 지도·감독에 사용할 어선
2. 특별자치시장·특별자치도지사·시장·군수·구청장(자치구의 구청장을 말한다. 시장·군수·구청장이라 한다)
 1.의 어선을 제외한 어선

16 해외수역에서의 장기간 항행·조업 등 부득이한 사유로 어선법령에 따라 중간검사시기를 연기할 수 있는 기간에 대한 설명으로 옳은 것은 무엇인가?

① 해당 검사기준일부터 6개월 이내
② 해당 검사기준일부터 12개월 이내
③ 해당 검사기준일부터 18개월 이내
④ 해당 검사기준일부터 24개월 이내

해설
중간검사시기의 연기(어선법 시행규칙 제45조)
해양수산부장관은 중간검사시기의 연기 신청이 있는 때에는 해당 어선의 항해 및 조업 일정을 고려하여 타당하다고 인정되는 경우 해당 검사기준일부터 12개월 이내의 기간을 정하여 그 검사시기를 연기할 수 있다. 이 경우 다음 검사시기와 검사종류 등을 어선소유자에게 알려야 한다.

정답 11 ② 12 ③ 13 ② 14 ① 15 ③ 16 ②

17 어선법상 제1종 중간검사의 대상으로 옳지 않은 설비는?

① 배수설비
② 계선설비
③ 거주설비
④ 하역설비

해설
중간검사(어선법 시행규칙 제44조)
해양수산부장관은 중간검사의 신청이 있는 때에는 다음의 사항에 대하여 검사한다.
- 제1종 중간검사 : 선체, 기관, 배수설비, 조타 · 계선 · 양묘설비, 전기설비, 구명 · 소방설비, 거주 · 위생설비, 냉동 · 냉장 및 수산물처리가공설비, 항해설비와 만재흘수선의 표시
- 제2종 중간검사 : 선체(선체의 내부구조로 한정한다), 기관(선체 내부의 추진설비로 한정한다), 배수설비, 조타 · 계선 · 양묘설비(선체 내부의 조타설비로 한정한다), 구명 · 소방설비, 거주 · 위생설비, 항해설비

18 어선법상 임시항행검사를 받지 않아도 되는 경우는?

① 총톤수의 측정 또는 개측을 받을 장소로 항행하려는 경우
② 어선검사를 받기 위하여 시운전을 하려는 경우
③ 항해설비가 대폭적으로 변경 설치된 경우
④ 어선검사증서를 발급받기 전에 부득이한 사정으로 임시로 항행하려는 경우

해설
임시항행검사(어선법 시행규칙 제48조)
어선소유자가 임시항행검사를 받아야 하는 경우는 다음과 같다.
- 총톤수의 측정 또는 개측을 받을 장소로 항행하려는 경우
- 어선검사를 받기 위하여 시운전을 하려는 경우
- 그 밖에 어선검사증서의 효력이 상실되었거나 어선검사증서를 발급받기 전에 부득이한 사정으로 임시로 항행하려는 경우

19 다음 중 정기검사에 합격한 어선에 대한 어선검사증서의 필수 기재사항이 아닌 것은 무엇인가?

① 어선의 종류
② 만재흘수선의 위치
③ 최대승선인원
④ 주요 조업해역

해설
검사증서의 발급 등(어선법 제27조)
규정에 따른 정기검사에 합격된 경우에는 어선검사증서(어선의 종류 · 명칭 · 최대승선인원 및 만재흘수선의 위치 등을 기재하여야 한다)를 발급한다.

17 ④ 18 ③ 19 ④ 정답

제 10 회

기출복원문제

상선전문

01 적부 감정서(Stowage Survey Report)에 대한 설명으로 적합하지 않은 것은 무엇인가?

① 선적항에서 발급된다.
② 선주의 면책을 위한 거증서류이다.
③ 화주의 입회하에 1항사가 감정한다.
④ 항해 중 화물손상이 우려될 때 필요하다.

해설
선주 또는 화주에게 고용된 감정인이 감정한다.
Stowage Survey Report : 화물의 선적에 있어 설비가 양호하고 화물의 적화를 Surveyor의 지시대로 했다는 것을 증명하는 서류로 양하지에서 화물손상이 있어도 선적상태에 문제가 없었다는 것을 증명할 수 있다.

02 다음 중 Derrick식 하역장치의 일반적인 사용에 대한 설명으로 옳지 않은 것은 무엇인가?

① Cargo Hook의 무게는 될 수 있는 한 가벼워야 한다.
② Rope 표면의 Thread가 절단된 부분이 많으면 교체해야 한다.
③ Cargo Fall을 장기간 사용하면 마멸되므로 가끔 전후를 바꾸어 사용하면 좋다.
④ Cargo Fall이 외줄(Single Fall)인 경우 그 길이는 한쪽 끝이 Wire Drum에 3회 이상 감긴 상태에서 Hook이 선창의 구석까지 도달해야 한다.

해설
카고 훅은 화물을 달지 않은 상태에서 자유롭게 오르내릴 수 있는 무게를 가지고 있어야 한다.

03 케미컬탱커에서 한 탱크에 최대로 적재할 수 있는 화물량을 결정할 때의 고려사항으로 틀린 것은?

① 선형에 따라 화물탱크의 최대용량이 제한된다.
② 운송 중 온도 상승에 따른 화물체적의 팽창을 고려하여야 한다.
③ 가열화물은 가열 지시서상의 최고온도를 고려하여 최대적재량을 결정한다.
④ 가능하면 화물의 출렁거림(Sloshing)이 발생하지 않도록 여유 공간을 두지 않고 100% 적재한다.

04 Derrick의 의장법으로 가장 많이 이용되며, 하역작업이 빠르고 안전사용하중이 보통 2톤 이하인 것은 무엇인가?

① House Fall
② Split Fall
③ Swinging Boom
④ Union Purchase(Married Fall)

05 다음 중 화물의 선적계획을 수립할 때 이용하는 자료로 거리가 먼 것은?

① 적화계수(Stowage Factor)
② 선창 용적표(Capacity Table)
③ 배수량 등곡선표(Hydrostatic Table)
④ 선박조종 특성표(Manoeuvering Table)

정답 1 ③ 2 ① 3 ④ 4 ④ 5 ④

06 다음 중 화표에 기입되는 것이 아닌 것은 무엇인가?

① 품질기호　② 원산지기호
③ 주의표시　④ 판매지표시

07 다음은 선박의 만재배수량을 계산하는 식이다. (　) 안에 알맞은 것은?

만재배수량 = 경하배수량 + (　)

① 총톤수　② 순톤수
③ 배수톤수　④ 적화중량톤수

해설
적화중량톤수(DWT) : 만재배수량에서 경하배수량을 뺀 톤수

08 선체운항과 트림의 상태에 영향을 주는 요소에 대한 설명으로 옳지 않은 것은 무엇인가?

① 선수트림은 선회경을 크게 만든다.
② 선미트림은 타효나 추진효율이 좋다.
③ 얕은 수심이나 입거 시에는 등흘수가 좋다.
④ 선미트림은 파도의 침입을 완화시켜준다.

해설
선수 트림의 선박에서는 물의 저항 작용점이 배의 무게 중심보다 전방에 있으므로 선회 우력이 커져서 선회권이 작아지고, 반대로 선미트림은 선회권이 커진다.
선수트림 : 선수흘수가 선미흘수보다 큰 상태로, 내항성과 타효가 나쁘고 침로유지가 힘들다.

09 다음 중 일정한 배수량을 가진 선박이 해수에서 담수로 항해할 때 생기는 현상은 무엇인가?

① 흘수는 감소한다.
② 배수량은 증가한다.
③ 흘수는 증가하고 배수량은 변하지 않는다.
④ 흘수는 증가하고 배수량은 변한다.

10 다음 중 화물의 이동에 따른 흘수 변화의 계산에 적용하지 않는 것은?

① 선박의 길이　② 매 cm 배수톤
③ 부면심의 위치　④ 매 cm 트림모멘트

11 100t의 기름을 후방으로 100m 이동할 때 발생되는 Trim의 변화량은?(단, TPC : 20t, MTC(매 cm 트림모멘트) : 500t-m)

① 2cm　② 20cm
③ 50cm　④ 500cm

해설
트림변화량 = (화물중량×이동거리)/MTC = (100×100)/500 = 20

12 석유류의 일반적인 성질에 대한 설명이 아닌 것은 무엇인가?

① 자연발화점이 낮다.
② 확산연소 및 증발연소한다.
③ 석유의 비중은 물보다 가볍다.
④ 가스화하기 어렵고, 폭발화합물을 만든다.

13 적화계수 70의 의미는?

① 그 화물의 70개가 1톤이 된다는 의미
② 그 화물의 비중이 100분의 70이란 의미
③ 그 화물이 전체화물 중량의 100분의 70이라는 의미
④ 화물중량 1L/T을 적재하는데 70ft^{3}의 용적을 차지한다는 의미

해설
적화계수 : 적화계획을 편리하게 하기 위해 화물 1톤이 차지하는 선창 용적을 ft^3 단위로 표시한 값이다.

6 ④ 7 ④ 8 ① 9 ③ 10 ② 11 ② 12 ④ 13 ④ 정답

14 문제 삭제

15 컨테이너 프레이트 스테이션(CFS ; Container Freight Station)의 의미로 적합한 것은?

① 빈 컨테이너를 놓아두는 장소이다.
② LCL 화물의 혼적을 전문으로 하는 곳이다.
③ 컨테이너와 섀시(Chassis)를 보관하는 곳이다.
④ 컨테이너를 미리 선적할 순서로 배열해 두는 장소이다.

해설
CFS : LCL 화물에 대한 화주와 선주 간의 인계 및 컨테이너 배닝과 디배닝이 이루어지는 장소

16 선박법과 직접적인 관련이 없는 내용은 무엇인가?

① 선박의 국적에 관한 사항
② 선박의 등기등록에 관한 사항
③ 선박의 톤수 측정에 관한 사항
④ 선박의 선체구조와 설비에 관한 사항

해설
목적(선박법 제1조)
이 법은 선박의 국적에 관한 사항과 선박톤수의 측정 및 등록에 관한 사항을 규정함으로써 해사에 관한 제도를 적정하게 운영하고 해상 질서를 유지하여, 국가의 권익을 보호하고 국민경제의 향상에 이바지함을 목적으로 한다.

17 선박법에 의하여 분류되는 선박의 종류를 옳게 나타낸 것은?

① 기선과 범선 및 부선
② 상선과 어선 및 부선
③ 어선과 범선 및 기선
④ 기선과 압항부선 및 예선

해설
정의(선박법 제1조의2)
- 이 법에서 선박이란 수상 또는 수중에서 항행용으로 사용하거나 사용할 수 있는 배 종류를 말하며 그 구분은 다음과 같다.
  - 기선 : 기관을 사용하여 추진하는 선박(선체 밖에 기관을 붙인 선박으로서 그 기관을 선체로부터 분리할 수 있는 선박 및 기관과 돛을 모두 사용하는 경우로서 주로 기관을 사용하는 선박을 포함한다)과 수면비행선박
  - 범선 : 돛을 사용하여 추진하는 선박(기관과 돛을 모두 사용하는 경우로서 주로 돛을 사용하는 것을 포함한다)
  - 부선 : 자력항행능력이 없어 다른 선박에 의하여 끌리거나 밀려서 항행되는 선박
- 이 법에서 소형선박이란 다음의 어느 하나에 해당하는 선박을 말한다.
  - 총톤수 20톤 미만인 기선 및 범선
  - 총톤수 100톤 미만인 부선

18 선박원부에 등록한 사항이 변경된 경우 선박소유자는 변경등록을 신청하여야 하는데 며칠 이내에 하여야 하는가?

① 7일 이내　　② 14일 이내
③ 30일 이내　　④ 60일 이내

해설
등록사항의 변경(선박법 제18조)
선박원부에 등록한 사항이 변경된 경우 선박소유자는 그 사실을 안 날부터 30일 이내에 변경등록의 신청을 하여야 한다.

19 다음 중 임시선박국적증서의 발급을 신청할 수 없는 경우는?

① 외국에서 선박을 취득한 자가 지방해양수산청장 또는 해당 선박의 취득지를 관할하는 대한민국 영사에게 임시선박국적증서의 발급을 신청할 수 없는 경우
② 외국으로 항해하는 도중에 승선 선원 전체의 국적이 변경된 경우
③ 국내에서 선박을 취득한 자가 그 취득지를 관할하는 지방해양수산청장의 관할구역에 선적항을 정하지 아니할 경우
④ 외국에서 선박을 취득한 경우

해설

임시선박국적증서의 발급신청(선박법 제9조)

1. 국내에서 선박을 취득한 자가 그 취득지를 관할하는 지방해양수산청장의 관할구역에 선적항을 정하지 아니할 경우에는 그 취득지를 관할하는 지방해양수산청장에게 임시선박국적증서의 발급을 신청할 수 있다.
2. 외국에서 선박을 취득한 자는 지방해양수산청장 또는 그 취득지를 관할하는 대한민국 영사에게 임시선박국적증서의 발급을 신청할 수 있다.
3. 2.에도 불구하고 외국에서 선박을 취득한 자가 지방해양수산청장 또는 해당 선박의 취득지를 관할하는 대한민국 영사에게 임시선박국적증서의 발급을 신청할 수 없는 경우에는 선박의 취득지에서 출항한 후 최초로 기항하는 곳을 관할하는 대한민국 영사에게 임시선박국적증서의 발급을 신청할 수 있다.
4. 임시선박국적증서의 발급에 필요한 사항을 해양수산부령으로 정한다.

20 지방해양수산청장이 선박국적증서를 그 신청자에게 발급하는 시기로 적합한 경우는?

① 제조검사에 합격했을 때
② 정기검사에 합격했을 때
③ 선박을 등록했을 때
④ 선박을 등기했을 때

해설

등기와 등록(선박법 제8조)

지방해양수산청장은 선박의 등록신청을 받으면 이를 선박원부에 등록하고 신청인에게 선박국적증서를 발급하여야 한다.

21 선박국적증서의 말소등록을 해야 할 경우에 해당되지 않는 것은?

① 선박이 멸실 또는 침몰된 때
② 선박이 대한민국 국적을 상실한 때
③ 선박이 해체된 때
④ 선박의 존재 여부가 60일간 분명하지 아니한 때

해설

말소등록(선박법 제22조)

한국선박이 다음의 어느 하나에 해당하게 된 때에는 선박소유자는 그 사실을 안 날부터 30일 이내에 선적항을 관할하는 지방해양수산청장에게 말소등록의 신청을 하여야 한다.

- 선박이 멸실·침몰 또는 해체된 때
- 선박이 대한민국 국적을 상실한 때
- 선박이 제26조 각 호에 규정된 선박으로 된 때
- 선박의 존재 여부가 90일간 분명하지 아니한 때

어선전문

01 다음 중 어획물의 빙장에 주로 쓰이는 얼음 조각을 뜻하는 것은?

① 유 빙 ② 편 빙
③ 쇄 빙 ④ 냉 빙

02 횟감용 다랑어를 냉동 처리할 경우 어체의 중심 온도를 몇 ℃ 이하로 낮추어야 하는가?

① −10℃
② −20℃
③ −40℃
④ −50℃

해설

횟감용 다랑어의 글레이징 처리

동결어를 완전히 담글 수 있는 큰 그릇에 약 0℃까지 냉각시킨 청수를 담고, 이 청수 속에 동결어를 담갔다가 3~5초 후에 건지면 어체 표면에 1~2mm 두께의 투명한 얼음막이 생긴다. 이렇게 처리한 냉동어는 −50℃ 이하의 어창에 저장한다.

03 다음 중 어획물의 부패가 가장 늦게 일어나는 경우는 무엇인가?

① 적색육 어류
② 수분을 많이 함유한 어류
③ 저온에 보관한 어류
④ pH가 높은 식초를 첨가한 어류

20 ③ 21 ④ / 1 ③ 2 ④ 3 ③ 정답

04 다음 중 어육의 성분 중에서 가장 많은 비중을 차지하는 것은 무엇인가?

① 수 분
② 단백질
③ 지방질
④ 탄수화물

해설
어패육의 일반적인 성분 조성
• 수분 : 65~85%
• 단백질 : 15~25%
• 지방질 : 0.5~25%
• 탄수화물 : 0~1.0%
• 회분 : 1.0~3.0%
• 수분을 제외한 나머지 성분(고형물) : 15~30%

05 어패류가 변패하기 쉬운 이유로 적합하지 않은 것은?

① 수분 함량이 적다.
② 효소의 활성이 크다.
③ 체조직이 연약하다.
④ 세균의 부착 기회가 많다.

06 동결된 어획물의 글레이징 처리에 관한 사항 중 옳지 않은 것은?

① 동결어의 표면을 얼음막으로 덮이게 한다.
② 얼음막은 쇄빙을 뿌려서 만든다.
③ 어체의 건조를 방지한다.
④ 어체 표면의 상처를 방지한다.

해설
글레이징 처리
동결이 끝난 어체를 어창에 저장하기 전에 분무 또는 침지법으로 동결어의 표면에 얇은 얼음의 막을 만들어 주는 과정으로 어체의 건조를 방지함과 동시에 어체 표면에 상처가 나는 것을 방지한다.

07 다음 중 어체 무게의 25~50% 정도의 쇄빙이나 얼음덩어리를 어체에 겹겹이 쌓고 물을 주입하여 보장하는 방법은 무엇인가?

① 빙장법
② 침지법
③ 냉장법
④ 수빙법

08 냉매로 많이 사용되는 암모니아가 1기압 하에서 증발되는 온도는 몇 ℃인가?

① −22℃
② −33℃
③ −44℃
④ −55℃

09 다음 중 어창 안에 고기를 담은 어상자를 적재하는 방법으로 옳은 것은 무엇인가?

① 선수 쪽에서 선미 쪽으로 적재
② 어창 중앙에서 선미 쪽으로 적재
③ 선미 쪽에서 선수 쪽으로 적재
④ 좌현에서 우현 쪽으로 적재

10 선박 운항 시 복원력을 감소시키는 원인으로 적합하지 않은 것은?

① 연료 및 청수의 소비
② 갑판적 화물의 흡수
③ 밸러스트 적재
④ 유동수의 영향

해설
밸러스트 적재 시 배수량과 GM을 증가시켜 복원력이 증가한다.

정답 4 ① 5 ① 6 ② 7 ④ 8 ② 9 ③ 10 ③

11 다음 중 ( ) 안에 들어갈 말로 알맞은 것은?

> 불명중량은 선박에 따라 다르나 재화중량의 약 ( )에 달한다.

① 2~3.6%
② 4~5.6%
③ 4.8~10%
④ 10~20%

12 선미식 기선저인망 어선의 작업갑판 뒷부분에서 주로 이루어지는 작업은 무엇인가?

① 어획물 처리　② 어구 조작
③ 냉동 처리　④ 어군 탐지

13 어선의 소유자가 선박국적증서를 잃어버리거나 헐어서 못쓰게 된 경우 재발급 신청을 며칠 이내에 하여야 하는가?

① 10일　② 14일
③ 15일　④ 20일

해설
선박국적증서 등의 재발급(어선법 제18조)
어선의 소유자는 선박국적증서 등을 잃어버리거나 헐어서 못 쓰게 된 경우에는 14일 이내에 해양수산부령으로 정하는 바에 따라 재발급을 신청하여야 한다.
※ 저자의견 ②(한국해양수산연수원에서는 ①로 공개하였음)

14 어선법령에서 흘수를 표시해야 하는 어선으로 옳은 것은?

① 총톤수 20톤 이상의 어선
② 배의 길이가 24m 이상의 어선
③ 총톤수 5톤 이상의 동력어선
④ 모든 어선

해설
어선의 표시사항 및 표시방법(어선법 시행규칙 제24조)
배의 길이 24m 이상의 어선은 선수와 선미의 외부 양측면에 흘수를 표시하기 위하여 선저로부터 최대흘수선상에 이르기까지 20cm마다 10cm 크기의 아라비아숫자로서 흘수의 치수를 표시하되, 숫자의 하단은 그 숫자가 표시하는 흘수선과 일치시켜야 한다.

15 다음은 어선법에서 규정한 어선의 표시사항과 표시방법을 설명한 것으로 틀린 것은?

① 어선의 명칭은 선수 양현 외부에만 표시한다.
② 선적항은 선미 외부 잘 보이는 곳에 표시한다.
③ 배의 길이 24m 이상의 어선은 선수와 선미의 외부 양측면에 흘수의 치수표시를 한다.
④ 가로 15cm, 세로 3cm의 어선번호판을 단다.

해설
어선의 표시사항 및 표시방법(어선법 시행규칙 제24조)
- 선수 양현의 외부에 어선명칭을, 선미 외부의 잘 보이는 곳에 어선명칭 및 선적항을 10cm 크기 이상의 한글(아라비아숫자를 포함한다)로 명료하고 내구력 있는 방법으로 표시하여야 한다. 다만, 어선의 식별을 효과적으로 하기 위하여 해양수산부장관이 필요하다고 인정하는 경우에는 어업별로 어선명칭의 크기, 표시방법 등에 관하여 따로 정할 수 있다.
- 배의 길이 24m 이상의 어선은 선수와 선미의 외부 양측면에 흘수를 표시하기 위하여 선저로부터 최대흘수선상에 이르기까지 20cm마다 10cm 크기의 아라비아숫자로서 흘수의 치수를 표시하되, 숫자의 하단은 그 숫자가 표시하는 흘수선과 일치시켜야 한다.

어선번호판의 제작 등(어선법 시행규칙 제25조)
- 어선번호판은 알루미늄, 동판 또는 강판 등의 금속재이거나 합성수지재의 내부식성 재료로 제작하여야 하며, 그 규격은 가로 15cm, 세로 3cm로 한다.
- 어선의 소유자는 위에 따른 규격으로 제작된 어선번호판을 조타실 또는 기관실의 출입구 등 어선 안쪽부분의 잘 보이는 장소에 내구력 있는 방법으로 부착하여야 한다. 다만, 수산업법 시행령에 따라 어선 표지판을 설치하는 어선에 대하여는 어선번호판 부착을 면제한다.

16 어선검사증서의 유효기간이 만료되는 때에 해당 어선이 정기검사를 받을 수 없는 장소에 있는 경우, 유효기간을 연장할 수 있는 기간은?

① 2개월 이내　② 3개월 이내
③ 5개월 이내　④ 6개월 이내

11 ① 12 ② 13 ① 14 ② 15 ① 16 ② 정답

해설

어선검사증서 유효기간 연장(어선법 시행규칙 제67조)

어선검사증서의 유효기간 연장은 다음의 구분에 따라 한차례만 연장하여야 한다. 다만, 1.에 해당하는 경우에는 그 연장기간 내에 해당 어선이 검사를 받을 장소에 도착하면 지체 없이 정기검사를 받아야 한다.

1. 해당 어선이 정기검사를 받을 수 없는 장소에 있는 경우 : 3개월 이내
2. 해당 어선이 외국에서 정기검사를 받은 경우 등 부득이한 경우로서 새로운 어선검사증서를 즉시 발급할 수 없거나 어선에 갖추어 둘 수 없는 경우 : 5개월 이내

17 검사증서의 비치 면제 대상이 아닌 것은?

① 연안 낚시어업에 사용하는 총톤수 3톤인 어선
② 어장관리에 사용하는 총톤수 3톤인 어선
③ 내수면면허어업에 사용하는 총톤수 3톤인 어선
④ 내수면신고어업에 사용하는 총톤수 10톤인 어선

해설

검사증서 등의 비치 면제(어선법 시행규칙 제68조)

검사증서 비치 면제 어선

- 내수면어업법에 따라 면허어업 · 허가어업 또는 신고어업에 사용하는 어선
- 수산업법에 따른 어장관리에 사용하는 총톤수 5톤 미만의 어선

18 다음 중 어선법에서 정하는 어선의 제1종 중간검사 대상이 되는 설비로 적합하지 않은 것은?

① 어로 · 하역설비
② 구명 · 소방설비
③ 거주 · 위생설비
④ 냉동 · 냉장설비

해설

중간검사(어선법 시행규칙 제44조)

제1종 중간검사 : 선체, 기관, 배수설비, 조타 · 계선 · 양묘설비, 전기설비, 구명 · 소방설비, 거주 · 위생설비, 냉동 · 냉장 및 수산물처리가공설비, 항해설비, 만재흘수선의 표시

19 어선법상 개조에 해당되지 않는 내용은 무엇인가?

① 너비를 변경하는 것
② 추진기관의 출력을 변경하는 것
③ 항적기록장치의 설치
④ 어업의 종류를 변경할 목적으로 어선의 구조나 설비를 변경하는 것

해설

정의(어선법 제2조)

개조란 다음의 어느 하나에 해당하는 것을 말한다.

- 어선의 길이 · 너비 · 깊이(주요치수)를 변경하는 것
- 어선의 추진기관을 새로 설치하거나 추진기관의 종류 또는 출력을 변경하는 것
- 어선의 용도를 변경하거나 어업의 종류를 변경할 목적으로 어선의 구조나 설비를 변경하는 것

정답 17 ① 18 ① 19 ③

제 11 회

기출복원문제

상선전문

01 한 개의 데릭 붐을 이용한 Bulk Cargo나 중량물, 위험 화물 등의 하역에 적합하며 가장 보편화되어 있는 Derrick의 의장법으로 맞는 것은?

① Single Boom
② Slewing Boom
③ House Fall
④ Married Fall

02 다음 중 선체 종경사의 중심이 되는 것은 무엇인가?

① 횡경심　② 부 심
③ 부면심　④ 무게 중심

해설
부면심
- 선박이 배수량의 변화 없이 화물을 이동하여 약간의 트림을 갖게 되면 신 수선면과 구 수선면의 교선은 반드시 한 점을 지나게 된다. 이 점은 수선 면적의 중심으로 선체 종경사의 중심이 되며, 부면심이라 한다.
- 부면심의 위치는 선체 중앙에서 배 길이의 1/30~1/60 전후방에 위치한다.
- 부면심을 지나는 수직선상에 화물을 적화 또는 양하하면 트림은 생기지 않는다.

03 다음은 곡물운송 시의 특징에 대한 설명이다. 옳지 않은 것은?

① 자체 수분함유량이 많을수록 발생열이 적다.
② 자체 수분함유량이 많을수록 호흡작용이 왕성하다.
③ 창 내의 산소가 적으면 호흡작용도 억제된다.
④ 통상의 기온보다 창 내의 온도가 높으면 호흡작용이 왕성해진다.

해설
곡물은 운송 중에도 공기 중의 산소를 흡입함과 동시에 이산화탄소를 배출하는 호흡작용을 한다. 호흡작용은 화물 중 수분의 함유량이 높은 경우에는 발열과 응축 현상을 동반함으로써 화물을 손상시키고 습도, 온도 및 통풍에 영향을 받는다.

04 화물손상이 황천에 의해 불가항력적으로 발생한 것임을 증빙하기 위한 서류는 무엇인가?

① Sea Protest
② Stowage Survey Report
③ Exception List
④ Damaged Cargo Survey Report

05 배수량 5,000톤인 선박의 표준해수 중에서 수면하 용적은 약 몇 m^3인가?

① $4,854m^3$　② $4,878m^3$
③ $5,000m^3$　④ $5,125m^3$

해설
- 배수량 = 선체 중에 수면하에 잠겨 있는 부분의 용적×물의 밀도
- 표준해수 중에서의 수면하 용적 = 5,000/1.025 ≒ $4,878m^3$

06 배수량 6,000톤의 선박이 표준해수항에서 비중 1.000인 담수항에 입항하였을 때 흘수의 변화는 약 몇 cm인가?(단, 배수량의 변화는 없고, 매 cm 배수톤 : 15톤)

① −8cm　② 8cm
③ −10cm　④ 10cm

1 ① 2 ③ 3 ① 4 ① 5 ② 6 ④ 정답

해설
흘수변화량
= 배수량/TPC×(1.025/이동할 곳의 해수비중 - 1.025/현재 해수비중)
= 6,000/15×(1.025/1 - 1.025/1.025) = 10

07 **선수흘수 5.00m, 선미흘수 6.00m의 선박이 APT 청수 60톤을 FPT로 이동하였다. 트림변화량은 약 몇 cm인가?(단, 탱크 간의 거리 : 40m, MTC : 60톤, 배의 길이 : 60m이며, 부면심은 중앙에 있다)**

① −40cm ② 40cm
③ −60cm ④ 60cm

해설
트림변화량 = (화물중량×이동거리)/MTC = (60×−40)/60 = −40
※ APT는 선미탱크, FPT는 선수탱크로 부호는 선미방향 이동 시 (+), 선수방향 이동 시 (−)이다.

08 **선박에 화물의 배치를 계획할 때 고려사항으로 틀린 것은?**

① 선체의 종강력상 과도한 응력이 발생하지 않도록 고려하여야 한다.
② 과도한 호깅(Hogging) 및 새깅(Sagging)이 생기지 않도록 유의하여야 한다.
③ 선수미 방향의 무게 분포에서 심한 불연속이 생기지 않도록 하여야 한다.
④ 적화완료 상태의 굽힘응력(Bending Moment)값은 허용응력값보다 커야 한다.

09 **다음 중 화물의 하중을 분산시키는 데 가장 효과적인 것은 무엇인가?**

① Securing ② Lashing
③ Dunnage ④ Shoring

해설
더니지의 사용 목적
화물의 무게 분산, 화물 간 마찰 및 이동 방지, 양호한 통풍환기, 화물의 습기 제거

10 **만재흘수선 표시기호 중 "F"가 뜻하는 것은?**

① 하기 담수 만재흘수선
② 동기 담수 만재흘수선
③ 열대 만재흘수선
④ 하기 만재흘수선

해설
만재흘수선의 적용 대역과 계절

종 류	기 호	적용 대역 및 계절
하기 만재흘수선	S	하기 대역에서는 연중, 계절 열대 구역 및 계절 동기 대역에서는 각각 그 하기 계절 동안 해수에 적용
동기 만재흘수선	W	계절 동기 대역에서 동기 계절 동안 해수에 적용
동기 북대서양 만재흘수선	WNA	북위 36° 이북의 북대서양을 그 동기 계절 동안 횡단하는 경우, 해수에 적용(근해 구역 및 길이 100m 이상의 선박은 WNA 건현표가 없다)
열대 만재흘수선	T	열대 대역에서는 연중 계절 열대 구역에서는 그 열대 계절 동안 해수에 적용
하기 담수 만재흘수선	F	하기 대역에서는 연중, 계절 열대 구역 및 계절 동기 대역에서는 각각 그 하기 계절 동안 담수에 적용
열대 담수 만재흘수선	TF	열대 대역에서는 연중, 계절 열대 구역에서는 그 열대 계절 동안 담수에 적용

11 **다음 중 선박의 감항성(Seaworthiness)에 해당하지 않는 것은 무엇인가?**

① 항해 감항성 ② 기관 감항성
③ 선체 감항성 ④ 적재 감항성

12 **다음 중 불명중량(Constant)에 포함되지 않는 것은 무엇인가?**

① 선저부착물
② 기관실 내의 빌지수
③ 밸러스트탱크 내의 잔수
④ 선체연장공사에 의한 부가중량

정답 7 ① 8 ④ 9 ③ 10 ① 11 ② 12 ④

13 광석, 곡물 등을 선창 내에 Bulk로 적재할 때, 적재 가능한 선창 용적을 나타내는 것으로 적합한 것은?

① Measurement ton
② Broken Space
③ Grain Capacity
④ Bale Capacity

해설
• 베일 용적 : 포장 화물을 선창 안에 실었을 때의 선창 용적
• 그레인 용적 : 광석·공물 등 산적 화물을 선창에 실었을 때의 선창 용적

14 다음 중 적화계수가 가장 작은 것은 무엇인가?

① 곡 물　② 고 무
③ 시멘트　④ 철광석

15 SOLAS에서 가스프리 상태를 제외하고 유조선의 화물 탱크 내 산소 농도를 몇 % 이하로 유지하여야 하는가?

① 5%　② 8%
③ 12%　④ 15%

16 선박법상 기선으로 보기 어려운 선박은 무엇인가?

① 주로 돛을 사용하여 운항하지만 기관을 장치하고 있는 선박
② 기관을 장치하였으나 증기의 힘이 아닌 가스의 힘으로 운항하는 선박
③ 수면비행선박
④ 디젤기관으로 추진하는 어선

해설
정의(선박법 제1조의2)
이 법에서 선박이란 수상 또는 수중에서 항행용으로 사용하거나 사용할 수 있는 배 종류를 말하며 그 구분은 다음과 같다.
• 기선 : 기관을 사용하여 추진하는 선박(선체 밖에 기관을 붙인 선박으로서 그 기관을 선체로부터 분리할 수 있는 선박 및 기관과 돛을 모두 사용하는 경우로서 주로 기관을 사용하는 선박을 포함한다)과 수면비행선박
• 범선 : 돛을 사용하여 추진하는 선박(기관과 돛을 모두 사용하는 경우로서 주로 돛을 사용하는 것을 포함한다)
• 부선 : 자력항행능력이 없어 다른 선박에 의하여 끌리거나 밀려서 항행되는 선박

17 외국선박이 불개항장에 기항하기 위하여 허가를 받으려는 자는 '불개항장 기항 등 허가신청서'를 누구에게 제출해야 하는가?

① 관할 해양경찰서장　② 외교부장관
③ 지방해양수산청장　④ 관세청장

해설
외국선박의 불개항장에의 기항 등의 허가신청(선박법 시행규칙 제2조)
선박법 제6조 단서에 따라 불개항장에 기항하거나 국내 각 항간에서 여객 또는 화물을 운송하기 위하여 허가를 받으려는 자는 불개항장 기항 등 허가신청서를 해당 불개항장 또는 여객의 승선지나 화물의 선적지를 관할하는 지방해양수산청장에게 제출하여야 한다.

18 선박법에서 규정하는 선박톤수가 아닌 것은?

① 총톤수　② 순톤수
③ 배수톤수　④ 재화중량톤수

해설
선박톤수(선박법 제3조)
이 법에서 사용하는 선박톤수의 종류는 다음과 같다.
• 국제총톤수 : 1969년 선박톤수측정에 관한 국제협약 및 협약의 부속서에 따라 주로 국제항해에 종사하는 선박에 대하여 그 크기를 나타내기 위하여 사용되는 지표를 말한다.
• 총톤수 : 우리나라의 해사에 관한 법령을 적용할 때 선박의 크기를 나타내기 위하여 사용되는 지표를 말한다.
• 순톤수 : 협약 및 협약의 부속서에 따라 여객 또는 화물의 운송용으로 제공되는 선박 안에 있는 장소의 크기를 나타내기 위하여 사용되는 지표를 말한다.
• 재화중량톤수 : 항행의 안전을 확보할 수 있는 한도에서 선박의 여객 및 화물 등의 최대적재량을 나타내기 위하여 사용되는 지표를 말한다.

13 ③　14 ④　15 ②　16 ①　17 ③　18 ③　정답

19 선적항에 대한 설명으로 적합하지 않는 내용은?

① 선적항이란 선박소유자가 등록을 하고 선박국적증서를 교부받는 곳이다.
② 선적항은 선박소유자의 주소지에 정하는 것을 원칙으로 한다.
③ 선적항은 시, 읍, 면의 명칭에 따른다.
④ 국내에 주소가 없는 선박소유자는 국내에 선적항을 정할 수 없다.

해설

선적항(선박법 시행령 제2조)

- 선박법에 따른 선적항은 시·읍·면의 명칭에 따른다.
- 선적항으로 할 시·읍·면은 선박이 항행할 수 있는 수면에 접한 곳으로 한정한다.
- 선적항은 선박소유자의 주소지에 정한다. 다만, 다음의 어느 하나에 해당하는 경우에는 선박소유자의 주소지가 아닌 시·읍·면에 정할 수 있다.
  - 국내에 주소가 없는 선박소유자가 국내에 선적항을 정하려는 경우
  - 선박소유자의 주소지가 선박이 항행할 수 있는 수면에 접한 시·읍·면이 아닌 경우
  - 제주특별자치도 설치 및 국제자유도시 조성을 위한 특별법에 따라 선박등록특구로 지정된 개항을 같은 조 제2항에 따라 선적항으로 정하려는 경우
  - 그 밖에 소유자의 주소지 외의 시·읍·면을 선적항으로 정하여야 할 부득이한 사유가 있는 경우

20 선박국적증서 및 임시선박국적증서의 재발급 신청 요건으로 보기 어려운 것은?

① 임시선박국적증서가 훼손된 경우
② 선박국적증서가 분실된 경우
③ 임시선박국적증서를 발급받은 경우
④ 선박국적증서가 훼손된 경우

해설

선박국적증서의 발급(선박법 시행규칙 제12조)

선박국적증서의 재발급에 관하여는 제7조제5항부터 제7항까지의 규정을 준용한다. 이 경우 재화중량톤수증서는 선박국적증서로 본다.

임시선박국적증서의 발급신청(선박법 시행규칙 제14조)

임시선박국적증서의 재발급에 관하여는 제7조제5항부터 제7항까지의 규정을 준용한다. 이 경우 재화중량톤수증서는 임시선박국적증서로 본다.

※ 재화중량톤수의 측정신청(선박법 시행규칙 제7조제5항부터 제7항)

⑤ 재화중량톤수증서를 발급받은 자가 그 증서를 훼손하거나 분실한 경우에는 재발급신청서(전자문서로 된 신청서를 포함한다)에 다음의 구분에 따른 서류를 첨부하여 지방청장이나 영사에게 재발급을 신청할 수 있다.
- 재화중량톤수증서를 훼손한 경우 : 해당 재화중량톤수증서
- 재화중량톤수증서를 분실한 경우 : 분실 사유서

⑥ ⑤에 따라 재발급 신청을 받은 지방청장 또는 영사는 재화중량톤수 증서를 신청인에게 재발급하여야 한다.

⑦ 해당 선박의 선적항 외의 구역을 관할하는 지방청장이 ⑥에 따라 재화중량톤수증서를 재발급한 경우에는 지체 없이 관련 서류를 선적항을 관할하는 지방청장에게 보내야 한다.

21 다음 중 국제톤수증서에 기재되는 톤수는 무엇인가?

① 국제총톤수
② 만재배수톤수
③ 재화중량톤수
④ 재화용적톤수

해설

국제톤수증서 등(선박법 제13조)

길이 24m 이상인 한국선박의 소유자는 해양수산부장관으로부터 국제톤수증서(국제총톤수 및 순톤수를 적은 증서를 말한다)를 발급받아 이를 선박 안에 갖추어 두지 아니하고는 그 선박을 국제항해에 종사하게 하여서는 아니 된다.

어선전문

01 참치 선망어업에서 사용하는 급속 동결법은 무엇인가?

① 접촉식 ② 송풍식
③ 분무식 ④ 침지식

02 다음 중 동결된 어획물의 후처리 작업이 아닌 것은?

① 글레이징 ② 팬 빼기
③ 선 별 ④ 포 장

정답 19 ④ 20 ③ 21 ① / 1 ④ 2 ③

해설
동결된 어획물의 처리 공정
• 전처리 공정 : 선별 – 수세 및 물 빼기 – 어체 처리 – 재수세 및 물 빼기 – 선별 – 산화방지제 및 동결변성 방지제 처리 – 칭량 – 속 포장 – 팬 넣기
• 후처리 공정 : 동결 – 팬 빼기 – 글레이징 – 포장 – 동결 저장

03 다음 중 수빙법에서 빙괴나 쇄빙은 일반적으로 어체 무게의 어느 정도를 사용하는 것이 가장 적당한가?

① 1/4~1/2　② 1/2~1
③ 1~1.5　④ 1.5~2

04 어획물의 선도 유지를 위한 처리 원리로 적합하지 않은 것은?

① 신속한 처리　② 저온 보관
③ 정결한 취급　④ 어창 건조

해설
어획물의 선도 유지를 위한 처리 원칙
• 신속한 처리
• 저온 보관
• 정결한 취급

05 어패류의 생식이나 세균에 오염된 바닷물이 피부의 상처에 접촉되었을 때 감염되며 심하면 2~3일 만에 사망할 수도 있는 균은 무엇인가?

① 장염 비브리오균　② 패혈증 비브리오균
③ 콜레라 비브리오균　④ 담셀라 비브리오균

06 어획물을 동결할 경우 어체의 중심부 온도가 몇 ℃ 정도일 때 동결 저장으로 옮기는 것이 적합한가?

① –5℃　② –10℃
③ –15℃　④ –20℃

07 다음 중 가공 원료로 이용하는 조기, 매퉁이 등과 같은 어종을 상자에 담을 때 가장 적당한 어체 배열법은 무엇인가?

① 등세우기법
② 배세우기법
③ 눕히는 법
④ 불규칙하게 담는 법

해설
주로 횟감으로 이용하는 고급 어종은 등세우기법, 가공 원료로 이용하는 어종은 배세우기법, 갈치는 환상형으로 배열한다.

08 빙장한 상자를 저장할 경우 가장 적당한 어창 안의 습도는?

① 75~80%　② 80~85%
③ 85~90%　④ 90~95%

해설
보관 중에 세균의 발육과 효소의 작용을 억제하기 위하여 빙장한 상자를 저장하는 어창 안의 온도는 0~4℃, 습도는 90~95% 정도가 되게 하는 것이 알맞다.

09 다음 중 어패육의 성분 조성 중 가장 높은 비율은 무엇인가?

① 탄수화물　② 단백질
③ 지 질　④ 회 분

해설
어패육의 일반적인 성분 조성
• 수분 : 65~85%
• 단백질 : 15~25%
• 지방질 : 0.5~25%
• 탄수화물 : 0~1.0%
• 회분 : 1.0~3.0%
• 수분을 제외한 나머지 성분(고형물) : 15~30%

정답 3 ① 4 ④ 5 ② 6 ③ 7 ② 8 ④ 9 ②

10 **저인망 어선에 요구되는 성능으로 적합하지 않은 것은?**

① 내항성 ② 복원성
③ 고출력 ④ 고속성

해설
고속성은 그물을 둘러쳐 어획하는 선망어선(건착망)에서 요구되는 성능이다.

11 **재화용적톤수 1톤의 용적은 얼마인가?**

① $60ft^3$ ② $1.133m^3$
③ $1,000m^3$ ④ $1,000ft^3$

12 **어선의 어군 탐지기의 송수파기를 설치할 장소로 가장 적당한 곳은?**

① 선수부분 선저 ② 선미부분 선저
③ 현측부분 선저 ④ 중앙부 앞쪽 선저

13 **어선의 선적항에 관한 내용으로 옳지 않은 것은 무엇인가?**

① 해당 어선이 항행할 수 있는 수면에 접한 지역에 한한다.
② 어선소유자의 주소지로 한다.
③ 어항, 해외전진기지 등으로 지정된 항구에 한한다.
④ 국내에 주소가 없는 어선소유자도 국내에 선적항을 정할 수 있다.

해설
선적항의 지정 등(어선법 시행규칙 제22조)
선적항을 정하고자 할 때에는 해당 어선 또는 선박이 항행할 수 있는 수면을 접한 그 소유자의 주소지인 시·구·읍·면에 소재하는 항·포구를 기준으로 하여 정한다. 다만, 다음의 어느 하나에 해당하는 경우에는 어선 또는 선박의 소유자가 지정하는 항·포구를 선적항으로 정할 수 있다.

- 국내에 주소가 없는 어선의 소유자가 국내에 선적항을 정하는 경우
- 어선의 소유자의 주소지가 어선이 항행할 수 있는 수면을 접한 시·구·읍·면이 아닌 경우
- 그 밖의 부득이한 사유로 어선의 소유자의 주소지 외의 항·포구를 선적항으로 지정하고자 하는 경우

14 **다음 중 어선의 무선설비에 준용되는 법은?**

① 선박법 ② 선박안전법
③ 전파법 ④ 선원법

15 **다음 중 ( ) 안에 알맞은 것은?**

> 국제협약의 적용을 받는 어선의 경우 그 협약의 규정이 어선법의 규정과 다를 때에는 ( ).

① 어선법의 규정을 적용한다.
② 해당 국제협약의 규정을 적용한다.
③ 둘 중 유리한 쪽의 규정을 적용한다.
④ 어느 규정을 적용할지 문의하여 결정한다.

해설
국제협약 규정의 적용(어선법 제6조)
국제협약의 적용을 받는 어선의 경우 그 협약의 규정이 이 법의 규정과 다를 때에는 해당 국제협약의 규정을 적용한다.

16 **어선의 용도나 종류를 변경할 목적으로 어선의 구조나 설비를 변경하는 것을 뜻하는 것은?**

① 구조 변경 ② 구조 개선
③ 개 조 ④ 설비 변경

해설
정의(어선법 제2조)
개조란 다음의 어느 하나에 해당하는 것을 말한다.

- 어선의 길이·너비·깊이(주요치수)를 변경하는 것
- 어선의 추진기관을 새로 설치하거나 추진기관의 종류 또는 출력을 변경하는 것
- 어선의 용도를 변경하거나 어업의 종류를 변경할 목적으로 어선의 구조나 설비를 변경하는 것

정답 10 ④ 11 ② 12 ④ 13 ③ 14 ③ 15 ② 16 ③

17 해당 어선이 정기검사를 받을 수 없는 장소에 있는 경우에 어선검사증서의 유효기간을 연장할 수 있는 기간으로 알맞은 것은?

① 1개월 ② 2개월
③ 3개월 ④ 5개월

해설
어선검사증서의 유효기간 연장(어선법 시행규칙 제67조)
어선검사증서의 유효기간 연장은 다음의 구분에 따라 한차례만 연장하여야 한다. 다만, 1.에 해당하는 경우에는 그 연장기간 내에 해당 어선이 검사를 받을 장소에 도착하면 지체 없이 정기검사를 받아야 한다.
1. 해당 어선이 정기검사를 받을 수 없는 장소에 있는 경우 : 3개월 이내
2. 해당 어선이 외국에서 정기검사를 받은 경우 등 부득이한 경우로서 새로운 어선검사증서를 즉시 발급할 수 없거나 어선에 갖추어 둘 수 없는 경우 : 5개월 이내

18 문제 삭제

19 어선의 검사에서 정기검사와 정기검사의 중간에 실시하는 간이검사로 중간검사가 있다. 다음 중 어선의 중간검사 종류로 올바르게 구분한 것은?

① 제1종 중간검사만 있다.
② 특별 중간검사만 있다.
③ 제1종과 제2종 중간검사가 있다.
④ 제1종, 제2종 및 제3종 중간검사가 있다.

해설
중간검사(어선법 시행규칙 제44조)
중간검사는 제1종 중간검사와 제2종 중간검사로 구분하며, 어선 규모에 따라 받아야 하는 중간검사의 종류와 그 검사시기는 규정에 따른다. 다만, 총톤수 2톤 미만인 어선은 중간검사를 면제한다.

17 ③ 18 문제 삭제 19 ③ 정답

제 12 회

기출복원문제

상선전문

01 화물 인수증(M/R)에 대한 내용으로 옳지 않은 것은 무엇인가?

① 선장이 발급한다.
② 화물의 수취를 증명한다.
③ 선적화물의 상태가 기입된다.
④ M/R를 근거로 하여 적화사고 보고서를 작성한다.

02 문제 삭제

03 다음 중 전용 부두의 하역설비로 짝지어진 것으로 틀린 것은?

① 유조선 – 파이프라인 시스템
② 광석선 – 벨트 컨베이어
③ 벌크선 – 뉴매틱 그레인 언로더
④ 컨테이너선 – 메리드 폴 데릭

해설
④ 컨테이너선 – 캔트리 크레인

04 깨끗한 화물(Clean Cargo)에 속하는 것은 무엇인가?

① 주류, 유류
② 도자기, 양모, 면화
③ 폭발물, 발화성 물질
④ 비료, 시멘트, 소금에 절인 어류

05 다음 선창 내부의 구조물 중 화물의 충격에 의한 선창 내벽의 손상을 방지하기 위한 것은 무엇인가?

① 빔(Beam)
② 빌지 킬(Bilge Keel)
③ 해치 코밍(Hatch Coaming)
④ 사이드 스파링(Side Sparring)

06 배수량에 대한 설명으로 틀린 것은?

① 배수량은 수면하의 선박의 부피(V)×물의 밀도(ρ)로 구한다.
② 해당 선박의 최대 적재 가능 톤수와 같다.
③ 선박의 무게를 나타낸다.
④ 해당 선박이 배제한 물의 용적에 그 물의 밀도를 곱한 것이다.

07 흘수감정 시 마지막에 이루어지는 배수량 수정으로 적합한 것은?

① 선수미 흘수 측정 ② Hog/Sag 수정
③ 트림에 대한 수정 ④ 해수비중에 대한 수정

08 다음 선박 중 구획 만재흘수선을 표시해야 하는 것은?

① 원목선
② 유조선
③ 광석선
④ 국제항해에 종사하는 여객선

정답 1 ④ 2 문제 삭제 3 ④ 4 ② 5 ④ 6 ② 7 ④ 8 ④

해설
구획 만재흘수선 : 국제항해에 종사하는 여객선에는 만재흘수선 이외에 구획 만재흘수선을 나타내는 C를 부가하여 표시

09 다음 중 산적화물인 곡류의 적재 시에 사용하는 것으로 항해 중 선체의 동요로 한쪽으로 화물이 이동하는 것을 방지하기 위하여 설치하는 것은 무엇인가?

① Brace
② Dunnage
③ Side Sparring
④ Shifting Board

10 다음 중 양하 후에 선창을 철저히 청소한 후 검사원의 검사를 받고 선창 청소 검사보고서를 받아 두는 화물은 무엇인가?

① 베일 화물　② 상자 화물
③ 더러운 화물　④ 포대 화물

해설
더러운 화물
- 선수미창의 한 구획을 따로 지정하여 다른 화물과 격리 적재한다.
- 깨끗한 화물과는 분리하여 적재한다.
- 더러운 화물을 양하한 후에는 철저히 청소하여 검사원의 검사를 받고 선창 소재 검사보고서를 받는다.

11 검수(Tally)의 뜻으로 옳은 것은?

① 화물의 개수를 세는 것
② 화물의 용적을 검측하는 것
③ 적화계획을 세워 선적할 것
④ 화물을 포장하여 고정하는 것

해설
검수(Tally) : 화물을 적양하할 때 화물의 수량을 세는 것을 말하며 이에 종사하는 사람을 검수인이라 한다.

12 다음 중 Container 고박용구가 아닌 것은 무엇인가?

① Fiber Rope　② Shackle
③ Turnbuckle　④ Lashing Rod

해설
① Fiber Rope는 섬유로프로 컨테이너 고박에는 적합하지 않다.
컨테이너 Lashing 용구
래싱 와이어, 래싱 로드, 훅, 컨테이너 로크, 섀클, 턴버클 등이 있다.

13 통풍환기의 목적으로 틀린 것은?

① 화물의 이동 방지
② 위험한 가스의 배출
③ 발한에 의한 화물의 손상 방지
④ 화물의 발열에 따른 변질 및 화재 방지

해설
통풍환기의 목적
- 선창 내 온도 및 습도의 상승에 의한 화물의 변질 방지
- 발한에 의한 화물의 손상 방지
- 신선한 외기의 공급에 의한 화물의 변질 방지
- 화물의 자연 발열에 대한 변질 및 발화 방지
- 위험 가스의 배출

14 유류화물 양화를 시작하기 전에 펌프 케이싱 안에 화물유를 가득 채우는 것을 프라이밍(Priming)이라고 한다. 프라이밍을 하는 목적은 무엇인가?

① 임펠러의 공회전을 방지하기 위하여
② 펌프의 속도를 높이기 위하여
③ 스트리핑을 방지하기 위하여
④ 탱크를 만재하기 위하여

15 석유가스의 농도와 관계없이 연소 및 폭발이 일어나지 않는 산소 농도는 몇 % 미만인가?

① 11.5% 미만　② 13.5% 미만
③ 15% 미만　④ 18% 미만

9 ④　10 ③　11 ①　12 ①　13 ①　14 ①　15 ①　정답

16 선박법에서 규정하고 있지 않는 내용은 무엇인가?

① 선박의 국적
② 선박의 등기, 등록
③ 선박의 톤수
④ 선박의 선체구조

해설
목적(선박법 제1조)
선박의 국적에 관한 사항과 선박톤수의 측정 및 등록에 관한 사항을 규정함으로써 해사에 관한 제도를 적정하게 운영하고 해상 질서를 유지하여, 국가의 권익을 보호하고 국민경제의 향상에 이바지함을 목적으로 한다.

17 선박법상 한국국적 선박의 특권에 해당하지 않는 것은?

① 유치권 ② 국기 게양권
③ 불개항장 기항권 ④ 연안 무역권

해설
국기의 게양(선박법 제5조)
한국선박이 아니면 대한민국 국기를 게양할 수 없다.
불개항장에의 기항과 국내 각 항간에서의 운송금지(선박법 제6조)
한국선박이 아니면 불개항장에 기항하거나, 국내 각 항간에서 여객 또는 화물의 운송을 할 수 없다.

18 선박법상 한국선박에 표시해야 할 사항으로 적합하지 않은 것은?

① 흘수의 치수 ② 선적항
③ 호출부호 ④ 선박의 명칭

해설
선박의 표시사항과 표시방법(선박법 시행규칙 제17조)
한국선박에 표시하여야 할 사항과 그 표시방법은 다음과 같다. 다만, 소형선박은 3.의 사항을 표시하지 아니할 수 있다.
1. 선박의 명칭 : 선수양현의 외부 및 선미 외부의 잘 보이는 곳에 각각 10cm 이상의 한글(아라비아숫자를 포함)로 표시
2. 선적항 : 선미 외부의 잘 보이는 곳에 10cm 이상의 한글로 표시
3. 흘수의 치수 : 선수와 선미의 외부 양측면에 선저로부터 최대흘수선 이상에 이르기까지 20cm마다 10cm의 아라비아숫자로 표시. 이 경우 숫자의 하단은 그 숫자가 표시하는 흘수선과 일치해야 한다.

19 선박법상 우리나라의 해사에 관한 법령을 적용할 때 선박의 크기를 나타내기 위하여 사용되는 지표를 뜻하는 선박톤수는 무엇인가?

① 순톤수
② 총톤수
③ 재화중량톤수
④ 국제톤수

해설
선박톤수(선박법 제3조)
이 법에서 사용하는 선박톤수의 종류는 다음과 같다.
- 국제총톤수 : 1969년 선박톤수측정에 관한 국제협약 및 협약의 부속서에 따라 주로 국제항해에 종사하는 선박에 대하여 그 크기를 나타내기 위하여 사용되는 지표를 말한다.
- 총톤수 : 우리나라의 해사에 관한 법령을 적용할 때 선박의 크기를 나타내기 위하여 사용되는 지표를 말한다.
- 순톤수 : 협약 및 협약의 부속서에 따라 여객 또는 화물의 운송용으로 제공되는 선박 안에 있는 장소의 크기를 나타내기 위하여 사용되는 지표를 말한다.
- 재화중량톤수 : 항행의 안전을 확보할 수 있는 한도에서 선박의 여객 및 화물 등의 최대적재량을 나타내기 위하여 사용되는 지표를 말한다.

20 다음 중 ( ) 안에 들어갈 말로 알맞은 것은?

> 한국선박의 소유자는 ( )에게 해양수산부령으로 정하는 바에 따라 그 선박의 등록을 신청하여야 한다.

① 선적항 소재지의 등기소
② 입·출항이 많은 항의 영사관
③ 가장 가까운 지방해양수산청장
④ 선적항을 관할하는 지방해양수산청장

해설
등기와 등록(선박법 제8조)
한국선박의 소유자는 선적항을 관할하는 지방해양수산청장에게 해양수산부령으로 정하는 바에 따라 선박을 취득한 날부터 60일 이내에 그 선박의 등록을 신청하여야 한다. 이 경우 선박등기법 제2조에 해당하는 선박은 선박의 등기를 한 후에 선박의 등록을 신청하여야 한다.

정답 16 ④ 17 ① 18 ③ 19 ② 20 ④

21 다음 중 선박국적증서에 기재되는 사항이 아닌 것은 무엇인가?

① 선적항
② 선장의 이름
③ 선박의 명칭
④ 선박소유자의 성명

해설
선박국적증서(선박법 시행규칙 별지 제8호 서식)
소유자(성명, 주소), 선박번호, 총톤수, IMO 번호, 호출부호, 선박의 종류·명칭, 선적항, 선질, 범선의 범장, 기관의 종류와 수, 추진기의 종류와 수, 조선지, 조선자, 진수일, 주요치수(길이, 너비, 깊이), 용적, 공유자의 성명·주민등록번호·지분

어선전문

01 다음 중 어획물의 냉동공정 순서로 알맞은 것은?

① 전처리 - 동결 - 글레이징 - 동결냉장
② 동결 - 글레이징 - 전처리 - 동결냉장
③ 전처리 - 글레이징 - 동결 - 동결냉장
④ 전처리 - 냉장 - 글레이징 - 동결

02 굴비를 만들 때의 원료어인 조기와 같이 어획한 그대로의 형태를 뜻하는 말은 무엇인가?

① 라운드 ② 필 레
③ 드레스 ④ 스테이크

해설
어체 및 어육의 명칭과 처리방법

종 류	명 칭	처리방법
어 체	라운드	머리, 내장이 붙은 전 어체
	세미 드레스	아가미, 내장 제거
	드레스	아가미, 내장, 머리 제거
	팬 드레스	머리, 아가미, 내장, 지느러미, 꼬리 제거
어 육	필 레	드레스하여 3장 뜨기한 것
	청 크	드레스한 것을 뼈를 제거하고 통째 썰기한 것
	스테이크	필레를 약 2cm 두께로 자른 것
	다이스	육편을 2~3cm 각으로 자른 것
	초 프	채육기에 걸어서 발라낸 육

03 사후 경직의 직접적인 원인으로 보기 어려운 것은?

① 글리코겐이 혐기적으로 분해되어 젖산이 생긴다.
② 단백질이 분해되어 아미노산으로 변한다.
③ pH값이 떨어진다.
④ ATP가 분해, 소실된다.

해설
단백질이 분해되는 과정은 자가 소화에서 일어나는 과정이다.
①, ③, ④번은 사후 해당 작용에 관한 설명이다.

04 참치 연승 어선에서 다랑어를 횟감용으로 처리하는 순서로서 알맞은 것은?

① 피 뽑기→즉살→내장 제거→동결→글레이징
② 즉살→피 뽑기→내장 제거→글레이징→동결
③ 피 뽑기→내장 제거→즉살→동결→글레이징
④ 즉살→피 뽑기→내장제거→동결→글레이징

05 25℃인 어체의 온도를 0℃로 낮추는 데 필요한 얼음의 양은 어체 무게의 몇 % 정도인가?

① 25% 정도 ② 35% 정도
③ 20% 정도 ④ 45% 정도

06 얼음 1kg이 융해될 때 주위에 빼앗기는 열은 몇 kcal인가?

① 약 30kcal ② 약 80kcal
③ 약 100kcal ④ 약 130kcal

21 ② / 1 ① 2 ① 3 ② 4 ① 5 ① 6 ② 정답

해설
- 청수빙 : 79.7kcal
- 해수빙 : 77.2kcal

07 다음 중 어획물의 선도 유지 효과를 높이기 위하여 항생제나 방부제 등 각종 약제를 녹인 물로 만든 얼음은 무엇인가?

① 쇄 빙 ② 살균빙
③ 유 빙 ④ 편 빙

08 다음 중 선박 복원성이 안정된 상태는 무엇인가?

① 중심과 부심이 일치할 때
② 경심이 중심보다 위에 있을 때
③ 경심과 중심이 일치할 때
④ 경심이 중심보다 아래에 있을 때

해설
선박의 안정성 판단
- 경심(M)이 무게중심(G)보다 위쪽에 위치하면 선박은 안정 평형상태이다.
- 경심(M)과 무게중심(G)이 같은 점에 위치하면 선박은 중립 평형상태이다.
- 경심(M)이 무게중심(G)보다 아래쪽에 위치하면 선박은 불안정 평형상태로 전복된다.

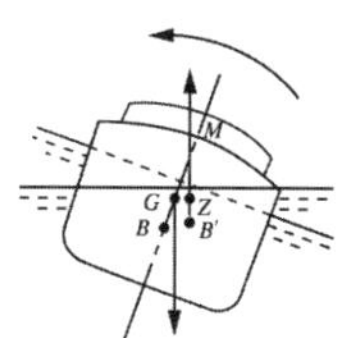
[안정 평형]

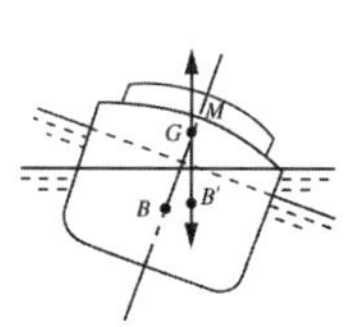
[중립 평형]

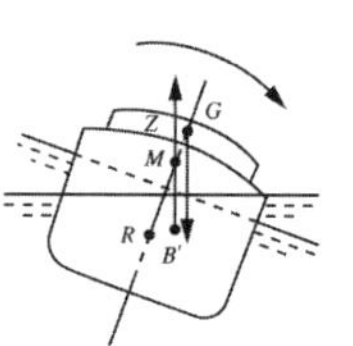
[불안정 평형]

09 다음 중 흘수계산에 필요한 용어로 옳지 않은 것은?

① 부면심(F)
② 매 cm Trim Moment(Mcm)
③ 매 cm 배수톤수
④ 횡요주기

해설
횡요주기는 GM의 추정 시 필요하다.

10 항해 경과로 인해 선박의 복원력이 감소하게 되는 요인이 아닌 것은?

① 연료유, 청수 등의 소비
② 유동수의 발생
③ 갑판적화물의 흡수
④ 화물의 전후 배치

해설
항해 경과와 복원력 감소요인
- 연료유, 청수 등의 소비
- 유동수의 발생
- 갑판적화물의 흡수
- 갑판의 결빙

11 Bale Capacity 17,500ft^{3}의 선창에 적화계수 70인 냉동어를 만재하였을 경우 냉동어 중량은 얼마인가?

① 200Long ton
② 250Long ton
③ 300Long ton
④ 350Long ton

해설

$$\text{적화계수} = \frac{\text{사용한 선창구획의 총 베일 용적}}{\text{구획 내에 만재한 화물의 중량}}$$

$$70 = \frac{17,500}{x},\ x = \frac{17,500}{70} = 250$$

12 1Long ton과 같은 값은?

① 2,204lbs
② 1,000kg
③ 2,000lbs
④ 2,240lbs

해설
1Long ton = 2,240lbs = 1,016.05kg

정답 7 ② 8 ② 9 ④ 10 ④ 11 ② 12 ④

13 다음 중 어선의 선박국적증서를 발급하는 기관은 어디인가?

① 시장・군수・구청장
② 해양수산부
③ 지방해양수산청장
④ 선박안전기술공단

해설
어선의 등기와 등록(어선법 제13조)
시장・군수・구청장은 등록을 한 어선에 대하여 다음의 구분에 따른 증서 등을 발급하여야 한다.
- 총톤수 20톤 이상인 어선 : 선박국적증서
- 총톤수 20톤 미만인 어선(총톤수 5톤 미만의 무동력어선은 제외한다) : 선적증서
- 총톤수 5톤 미만인 무동력어선 : 등록필증

14 어선의 소유자는 어선의 수리 또는 개조로 인하여 총톤수가 변경된 경우 총톤수의 재측정을 신청해야 한다. 누구에게 해야 하는가?

① 지방해양수산청장
② 해양수산부장관
③ 도지사
④ 시장・군수・구청장

해설
어선의 총톤수 측정 등(어선법 제14조)
어선의 소유자는 어선의 수리 또는 개조로 인하여 총톤수가 변경된 경우에는 해양수산부장관에게 총톤수의 재측정을 신청하여야 한다.

15 해양경찰청장이 해양사고 발생 시 신속한 대응과 어선 출항・입항 신고 자동화 등을 위하여 필요한 경우 그 기준을 정할 수 있는 어선의 장비로 적합한 것은?

① 어선위치발신장치
② 레이더 장치
③ 컴퍼스 장
④ 무선방향탐지장치

해설
어선위치발신장치(어선법 제5조의2)
어선의 안전운항을 확보하기 위하여 해양수산부령으로 정하는 어선의 소유자는 해양수산부장관이 정하는 기준에 따라 어선의 위치를 자동으로 발신하는 장치(어선위치발신장치)를 갖추고 이를 작동하여야 한다. 다만, 해양경찰청장은 해양사고 발생 시 신속한 대응과 어선 출항・입항신고 자동화 등을 위하여 필요한 경우 그 기준을 정할 수 있다.

16 어선법상 한 나라에서 다른 나라에 이르는 해양을 항행하는 것을 뜻하는 것은?

① 나라 간 항해
② 원양항해
③ 무역항해
④ 국제항해

해설
정의(어선법 시행규칙 제2조)
국제항해 : 한 나라에서 다른 나라에 이르는 해양을 항행하는 것을 말한다. 이 경우 한 나라가 국제관계에 관하여 책임이 있는 지역 또는 국제연합이 시정권자인 지역은 별개의 나라로 본다.

17 다음 중 (　　) 안에 들어갈 단어로 적합하지 않은 것은 무엇인가?

> 어선의 소유자는 그 어선의 선적항을 관할하는 (　　)에게 어선을 등록하여야 한다.

① 도지사　　② 시 장
③ 구청장　　④ 군 수

해설
어선의 등기와 등록(어선법 제13조)
어선의 소유자나 해양수산부령으로 정하는 선박의 소유자는 그 어선이나 선박이 주로 입항・출항하는 항구 및 포구(선적항)를 관할하는 시장・군수・구청장에게 해양수산부령으로 정하는 바에 따라 어선원부에 어선의 등록을 하여야 한다. 이 경우 선박등기법에 해당하는 어선은 선박등기를 한 후에 어선의 등록을 하여야 한다.

13 ① 14 ② 15 ① 16 ④ 17 ① 정답

18 어선법령에서 사용하는 용어의 정의로 알맞지 않은 것은?

① 동력어선 : 추진 기관을 설치한 어선
② 무동력 어선 : 추진 기관을 설치하지 아니한 어선
③ 선령 : 어선이 용골을 거치한 날부터 경과한 기간
④ 배의 깊이 : 배 길이의 중앙에 있어서의 형 깊이

해설
정의(어선법 시행규칙 제2조)
선령이란 어선이 진수한 날부터 경과한 기간을 말한다.

19 어선법상 예비검사의 대상이 되는 항해용구가 아닌 것은 무엇인가?

① 자기컴퍼스
② 선속거리계
③ 레이더
④ 음향측심기

해설
예비검사를 받을 수 있는 어선용품(어선법 시행규칙 [별표 3])
항해용구에 관한 것
선등 또는 그 부품(전구, 유리), 음향신호장치(기적, 호종, 동라 등), 자기컴퍼스, 자이로컴퍼스, 음향측심기, 선속거리계, 회두각속도계, 도선사용사다리, 엔진텔레그래프, 재화문개폐표시장치, 누수검지장치, 흘수계측장치, 위성항법장치(GPS) 및 보정위성항법장치(DGPS)

제 13 회

기출복원문제

상선전문

01 융해(融解) 화물이란 높은 온도에서 녹아흐르는 성질을 가진 화물을 말하는 데 이 범주에 해당하지 않는 것은?

① 당 밀 ② 유 지
③ 시멘트 ④ 아스팔트

02 관의 내부에 공기의 흐름을 고속으로 흐르게 하여 화물을 적양하하는 데 이용하는 것을 무엇이라고 하는가?

① 롤러 컨베이어
② 버킷 컨베이어
③ 벨트 컨베이어
④ 뉴매틱 컨베이어

03 데릭의 표준설계에서 붐의 상단이 최대 선폭의 선보다 3.5m 이상 선외로 나갈 경우 붐의 앙각은 몇 °로 하여야 하는가?

① 15°
② 25°
③ 45°
④ 60°

해설
붐 : 앙각을 45°로 해서 붐의 끝이 선측으로부터 3.5m 이상 밖으로 나가야 하고 해치길이의 2/3까지 도달해야 한다.

04 케미컬탱커에서 적화작업 전에 육상과 교환하는 정보로 보기 어려운 것은?

① 화물증기배기방법
② 적부절차와 최대적부율
③ 적부예정 화물의 종류와 양
④ 화물오염사고 시 책임관계

05 안전사용하중(S.W.L.)이 20톤 이상 50톤 미만일 경우 Derrick 시험하중은 얼마인가?

① S.W.L.에 1톤을 더한 하중
② S.W.L.에 5톤을 더한 하중
③ S.W.L.에 7톤을 더한 하중
④ S.W.L.에 10톤을 더한 하중

해설
Derrick의 안전사용하중과 시험하중

안전사용하중	시험하중
20톤 미만	안전사용하중의 1.25배의 하중
20톤 이상 50톤 미만	안전사용하중에 5톤을 더한 하중
50톤 이상 100톤 미만	안전사용하중의 1.1배의 하중
100톤 이상	해운관청이 적당하다고 인정하는 하중

06 다음은 부면심에 관한 설명이다. 거리가 먼 내용은?

① 수선 면적의 중심에 부면심이 있다.
② 부면심의 위치는 화물의 배치와 무관하다.
③ 트림의 변화는 부면심을 중심으로 하여 일어난다.
④ 부면심을 통하는 수직선상에 화물을 적재하면 트림변화가 없다.

정답 1 ③ 2 ④ 3 ③ 4 ④ 5 ② 6 ②

해설
부면심
- 선박이 배수량의 변화 없이 화물을 이동하여 약간의 트림을 갖게 되면 신 수선면과 구 수선면의 교선은 반드시 한 점을 지나게 된다. 이 점은 수선 면적의 중심으로 선체 종경사의 중심이 되며, 부면심이라 한다.
- 부면심의 위치는 선체 중앙에서 배 길이의 1/30~1/60 전후방에 위치한다.
- 부면심을 지나는 수직선상에 화물을 적화 또는 양하하면 트림은 생기지 않는다.

07 다음 중 선체의 종강도 및 응력에 영향을 미치는 요소와 관계 없는 것은?

① 해면상태 ② 부력분포
③ 화물의 형태 ④ 화물의 중량배치

08 적화톤수 계산에 사용되는 도면으로 적합한 것은?

① 강재 배치도 ② 일반 배치도
③ 배수량 등곡선도 ④ 하역기구 배치도

09 선체의 종강도와 가장 거리가 먼 것은?

① 이중저 ② 상갑판
③ 횡격벽 ④ 사이드거더

해설
횡격벽은 횡강도와 관련이 있다.

10 선박구조와 화물선적에 대한 설명으로 틀린 것은?

① 선창이 정방형이 아니라서 화물선적에 불편이 있다.
② 하부화물이 상부화물의 하중에 의하여 상할 우려가 있다.
③ 항해 중에는 선창이 침수할 우려가 있어 통풍구를 제외하고는 폐쇄한다.
④ 선체강도를 확보하고 하역작업을 쉽게 하기 위하여 가능한 한 선창개구(Hatch Openings)를 크게 만들어야 한다.

11 구획 만재흘수선은 일반 만재흘수선에 부가하여 어느 기호로 표시하는가?

① A ② B
③ C ④ D

해설
구획 만재흘수선 : 국제항해에 종사하는 여객선에는 만재흘수선 이외에 구획 만재흘수선을 나타내는 C를 부가하여 표시

12 선박의 적화계획의 요점으로 거리가 먼 것은?

① 화물사고를 방지한다.
② 최대화물량을 적재한다.
③ 선박의 감항성을 확보해야 한다.
④ 무거운 화물은 갑판에 적재한다.

해설
적화계획의 요점
- 선박의 감항성 확보 : 복원력, 트림, 화물의 이동 방지 등
- 운항 능률의 증진 : 이상적인 만재상태가 되도록 하며 적양하가 순조롭게 이루어지며 하역 시간을 짧게 계획
- 화물사고의 방지 : 화물의 성질에 따른 적재장소 선정 및 원활한 통풍
- 하역 속력의 증진과 제경비 절감

13 선창이나 갑판에 목재를 적재할 때 반 정도 적재한 후 래싱 와이어만으로 약간 느슨하게 하는 것을 무엇이라고 하는가?

① Hog Lashing ② Sag Lashing
③ Top Lashing ④ Under Lashing

해설
원목선의 래싱 작업
- Hog Lashing : 지주 중간쯤 적화했을 때 와이어로 지주와 지주 사이를 느슨하게 엮어 놓는 래싱이다.
- Over Lashing : 갑판적화가 끝나고 상부의 원목을 둥글게 고른 다음 체인과 와이어로 고정하는 래싱이다.

정답 7 ③ 8 ③ 9 ③ 10 ④ 11 ③ 12 ④ 13 ①

14 다음 중 선박회사가 양화 후 화물의 부족을 발견하였을 때 조사를 의뢰하는 서류는 무엇인가?

① Tracer　② Boat Note
③ Tally Sheet　④ Survey Report

15 수증기를 함유한 공기가 냉각되어 포화상태에 도달했을 때의 온도를 뜻하는 것은?

① 이슬점　② 상대습도
③ 습구온도　④ 건구온도

16 선박법상 소형선박에 해당하는 것은 무엇인가?

① 군함, 경찰용 선박
② 총톤수 150톤 미만의 부선
③ 총톤수 20톤 미만의 기선
④ 노와 상앗대만으로 운전하는 선박

해설

정의(선박법 제1조의2)
이 법에서 소형선박이란 다음의 어느 하나에 해당하는 선박을 말한다.
• 총톤수 20톤 미만인 기선 및 범선
• 총톤수 100톤 미만인 부선

17 다음 중 한국선박의 특권으로 적합하지 않은 것은?

① 국기 게양권
② 불개항장에의 기항권
③ 연안 무역권
④ 등기와 등록의 면제권

해설

등기와 등록(선박법 제8조)
한국선박의 소유자는 선적항을 관할하는 지방해양수산청장에게 해양수산부령으로 정하는 바에 따라 선박을 취득한 날부터 60일 이내에 그 선박의 등록을 신청하여야 한다.
국기의 게양(선박법 제5조)
한국선박이 아니면 대한민국 국기를 게양할 수 없다.
불개항장에의 기항과 국내 각 항간에서의 운송금지(선박법 제6조)
한국선박이 아니면 불개항장에 기항하거나, 국내 각 항간에서 여객 또는 화물의 운송을 할 수 없다.

18 선박의 개성에 대한 내용으로 틀린 것은?

① 선박 상호 간 구별을 위하여 필요하다.
② 선박의 개성은 사법상의 거래관계와는 무관하다.
③ 선박의 항행에 대한 국가의 감독 및 보호를 위하여 필요하다.
④ 선박에 대한 개성의 부여는 선박의 명칭, 선적항, 총톤수 등을 정하는 것이다.

19 선박법상 선박소유자가 선적항을 관할하는 지방해양수산청장에게 말소등록을 신청하여야 할 사유가 아닌 것은?

① 선박이 해체된 때
② 선적항이 변경된 때
③ 선박이 대한민국 국적을 상실한 때
④ 선박의 존재 여부가 90일간 분명하지 아니한 때

해설

말소등록(선박법 제22조)
한국선박이 다음의 어느 하나에 해당하게 된 때에는 선박소유자는 그 사실을 안 날부터 30일 이내에 선적항을 관할하는 지방해양수산청장에게 말소등록의 신청을 하여야 한다.
• 선박이 멸실·침몰 또는 해체된 때
• 선박이 대한민국 국적을 상실한 때
• 선박이 제26조 각 호에 규정된 선박으로 된 때
• 선박의 존재 여부가 90일간 분명하지 아니한 때

20 선박국적증서에 대한 설명으로 옳은 것은 무엇인가?

① 선박국적증서를 교부받아야 선박을 항행시킬 수 있다.
② 선박국적증서가 멸실되면 동시에 선박의 소유권을 상실한다.

14 ① 15 ① 16 ③ 17 ④ 18 ② 19 ② 20 ① 정답

③ 선박국적증서를 분실하면 선박검사증서로 그 기능을 대신할 수 있다.
④ 선박국적증서를 교부받으면 동시에 외국무역에 종사할 권리를 취득한다.

해설
국기 게양과 항행(선박법 제10조)
한국선박은 선박국적증서 또는 임시선박국적증서를 선박 안에 갖추어 두지 아니하고는 대한민국 국기를 게양하거나 항행할 수 없다.

21 임시선박국적증서의 발급을 신청할 수 있는 경우에 해당하지 않는 것은?

① 외국에서 선박을 취득한 경우
② 외국에서 선박을 취득한 자가 지방해양수산청장 또는 해당 선박의 취득지를 관할하는 대한민국 영사에게 임시선박국적증서의 발급을 신청할 수 없는 경우
③ 외국으로 항해하는 도중에 승선 선원 전체의 국적이 변경된 경우
④ 국내에서 선박을 취득한 자가 그 취득지를 관할하는 지방해양수산청장의 관할구역에 선적항을 정하지 아니할 경우

해설
임시선박국적증서의 발급신청(선박법 제9조)
1. 국내에서 선박을 취득한 자가 그 취득지를 관할하는 지방해양수산청장의 관할구역에 선적항을 정하지 아니할 경우에는 그 취득지를 관할하는 지방해양수산청장에게 임시선박국적증서의 발급을 신청할 수 있다.
2. 외국에서 선박을 취득한 자는 지방해양수산청장 또는 그 취득지를 관할하는 대한민국 영사에게 임시선박국적증서의 발급을 신청할 수 있다.
3. 2.에도 불구하고 외국에서 선박을 취득한 자가 지방해양수산청장 또는 해당 선박의 취득지를 관할하는 대한민국 영사에게 임시선박국적증서의 발급을 신청할 수 없는 경우에는 선박의 취득지에서 출항한 후 최초로 기항하는 곳을 관할하는 대한민국 영사에게 임시선박국적증서의 발급을 신청할 수 있다.
4. 임시선박국적증서의 발급에 필요한 사항은 해양수산부령으로 정한다.

어선전문

01 도미, 민어와 같은 고급 횟감 어종을 어상자에 담는 방법으로 적합한 것은?

① 등세우기법 ② 배세우기법
③ 눕히는 법 ④ 불규칙하게 담는 법

해설
주로 횟감으로 이용하는 고급 어종은 등세우기법, 가공 원료로 이용하는 어종은 배세우기법, 갈치는 환상형으로 배열한다.
※ 저자의견 ①(한국해양수산연수원에서는 ③으로 공개하였음)

02 어획물의 사후 경직에 영향을 가장 적게 미치는 요인은?

① 어 종 ② 어획장소
③ 어획방법 ④ 처리방법

해설
사후 경직이란 사후에 일어나는 일로 어획장소와는 관계가 없다.
사후 경직에 영향을 미치는 요인
어패류의 종류, 연령, 성분 조성, 생전의 활동, 죽음의 상태, 사후 관리 및 환경, 온도 등에 따라 다르다.

03 다음 중 어획물의 처리원리에 해당하지 않는 것은?

① 신속한 처리 ② 사후 경직
③ 저온 보관 ④ 정결한 취급

해설
사후 경직은 어패류의 사후 변화 과정에 속한다.

04 다음 중 어패류가 죽은 후 일어나는 현상 중에서 가장 먼저 일어나는 것은 무엇인가?

① 부 패 ② 자가 소화
③ 사후 경직 ④ 해 경

해설
어패류의 사후 변화
해당 작용 - 사후 경직 - 해경 - 자가 소화 - 부패

정답 21 ③ / 1 ③ 2 ② 3 ② 4 ③

05 글레이징(Glazing)할 때 사용하는 냉수의 온도로 적합한 것은?

① −10∼−5℃ ② −5∼−1℃
③ 0∼4℃ ④ 6∼10℃

해설
글레이징 처리
동결어(−18℃ 이하)를 냉장실(10℃ 이하)에서 냉수(0∼4℃)에 수초(3∼6초)간 담갔다가 꺼내면 표면에 얼음막이 생긴다. 이 작업을 2∼3분 간격으로 2∼3회 반복하여, 어체 표면 무게로 3∼5%, 두께로 2∼7mm의 얼음막이 형성되게 하는 것이다.

06 어체 조직 속에 분포하는 효소의 작용으로 일어나는 어패류의 사후 변화를 무엇이라고 하는가?

① 사후 경직 ② 부 패
③ 해 경 ④ 자가 소화

해설
④ 자가 소화 : 어체 조직 속에 있는 효소의 작용으로 조직을 구성하는 단백질, 지방질, 글리코겐과 그 밖의 유기물이 저급의 화합물로 분해되는 현상
① 사후 경직 : 근육의 투명감이 떨어지고 수축하여 어체가 굳어지는 현상
② 부패 : 미생물이 생산한 효소의 작용에 따라 어패류 성분이 유익하지 않은 물질로 분해되어 독성 및 악취를 내는 현상
③ 해경 : 사후 경직에 의하여 수축되었던 근육이 풀어지는 현상

07 동결처리 시 어체를 몇 ℃ 이하까지 급속 동결시켜야 하는가?

① −10℃ ② −12℃
③ −15℃ ④ −18℃

해설
식품의 저온저장 온도범위
- 냉장 : 0∼10℃
- 칠드 : −5∼5℃
- 빙온 : −1℃
- 부분 동결 : −3℃
- 동결 : −18℃ 이하

08 어획물 양륙 처리방법으로 알맞은 내용은?

① 항 내의 물로 깨끗이 씻는다.
② 냉각시킨 바닷물로 씻고 첨빙한다.
③ 어상자를 교환한다.
④ 어상자를 몇 겹으로 쌓는다.

해설
어획물 양륙 처리
- 어체에서 유출된 오물 등으로 더럽혀져 있으므로 냉각시킨 해수로 간단히 씻은 후에 쇄빙을 보충해주는 것이 좋다.
- 어상자를 던지거나 밟는 일이 없도록 하고, 어상자를 바꾸어 담는 일은 피한다.
- 어체는 갈고리로 찍지 않도록 하고, 상자를 4∼5단 이상으로 쌓아 놓지 않도록 한다.

※ 저자의견 ②(한국해양수산연수원에서는 ④로 공개하였음)

09 어류를 냉장하여 보관할 때 더니지(Dunnage)를 사용하는 목적은?

① 흔들림을 방지하기 위하여
② 어육 냄새를 방지하기 위하여
③ 통풍이 잘 되게 하기 위하여
④ 불순물이 섞이는 것을 방지하기 위하여

10 데릭(Derrick) 취급 시 주의사항으로 옳지 않은 것은?

① 작업을 빨리 하기 위하여 여러 명의 지휘자를 배치한다.
② 데릭작업 도중에는 블록(Block) 등에 주유를 하지 말아야 한다.
③ 작업원을 데릭 바로 밑에 배치해서는 안 된다.
④ 각 로프에 갑판상의 장애물이 걸리지 않도록 해야 한다.

해설
※ 저자의견 ①(한국해양수산연수원에서는 ③으로 공개하였음)

5 ③ 6 ④ 7 ④ 8 ④ 9 ② 10 ③ 정답

11 ***GM*(메타센터 높이)은 선박의 횡동요주기와 밀접한 관계가 있다. 횡동요주기와 *GM*의 관계를 식으로 표현할 때 알맞은 것은?(단, 횡동요주기 : *T*초, 선폭 : *B*m)**

① $T = 0.8B \, / \, \sqrt{GM}$
② $T = \sqrt{GM} \, / \, 0.8B$
③ $T = 0.8B \, / \, \sqrt{GM} \times 100$
④ $T = \sqrt{GM} \, / \, 0.8B \times 100$

12 **다음 중 재화중량톤수표(Deadweight Scale)에 기록되어 있지 않는 내용은 무엇인가?**

① 부심, 부면심의 위치
② 매 cm 배수톤
③ 매 cm Trim Moment
④ 배수량

13 **어선의 선박국적증서 또는 선적증서를 발급할 수 없는 자는?**

① 시 장
② 지방해양수산청장
③ 군 수
④ 구청장

해설
어선의 등기와 등록(어선법 제13조)
시장 · 군수 · 구청장은 등록을 한 어선에 대하여 다음의 구분에 따른 증서 등을 발급하여야 한다.
• 총톤수 20톤 이상인 어선 : 선박국적증서
• 총톤수 20톤 미만인 어선(총톤수 5톤 미만의 무동력어선은 제외한다) : 선적증서
• 총톤수 5톤 미만인 무동력어선 : 등록필증
※ 저자의견 ②(한국해양수산연수원에서는 ④로 공개하였음)

14 **어선법상 어선의 정의로 틀린 내용은?**

① 어업, 어획물운반업 또는 수산물가공업에 종사하는 선박
② 수산업에 관한 시험, 조사, 지도, 단속 또는 교습에 종사하는 선박
③ 어선 건조허가를 받아 건조 중이거나 건조한 선박
④ 어선에 유류를 공급하는 데 종사하는 선박

해설
정의(어선법 제2조)
어선이란 다음의 어느 하나에 해당하는 선박을 말한다.
• 어업, 어획물운반업 또는 수산물가공업에 종사하는 선박
• 수산업에 관한 시험 · 조사 · 지도 · 단속 또는 교습에 종사하는 선박
• 어선법에 따른 건조허가를 받아 건조 중이거나 건조한 선박
• 어선법에 따라 어선의 등록을 한 선박
※ 저자의견 ④(한국해양수산연수원에서는 ①로 공개하였음)

15 **어선법 시행규칙에 명시된 용어의 정의로 알맞은 것은?**

① 선령은 어선등록을 한 날부터 기산한다.
② 검사기준일은 정기검사 시작일부터 해마다 1년을 경과한 날이다.
③ 국제항해란 일본과 중국을 제외한 다른 나라에 이르는 해양을 항행하는 것을 말한다.
④ 도면이란 설계도 · 사양서 · 계산서 · 표 · 자료 등 어선의 치수 · 형상 및 성능 등을 나타내는 서류이다.

해설
정의(어선법 시행규칙 제2조)
• 선령 : 어선이 진수한 날부터 경과한 기간을 말한다.
• 검사기준일 : 어선검사증서의 유효기간 시작일부터 해마다 1년이 되는 날을 말한다.
• 국제항해 : 한 나라에서 다른 나라에 이르는 해양을 항행하는 것을 말한다.

정답 11 ① 12 ③ 13 ④ 14 ① 15 ④

16 어선법령에서 정하는 선체두께를 측정하여야 할 선령 10년 이상 30년 미만의 어선은 해당 어선의 어느 검사시기에 측정하여야 하는가?

① 임시검사
② 특별검사
③ 정기검사
④ 중간검사

해설
검사의 준비 등(어선법 시행규칙 제55조)
어선법에 따라 준용하는 선박안전법에 따른 선체두께의 측정은 강선으로서 배의 길이 24m 이상인 어선에 대하여 다음의 구분에 따라 측정한다.
- 선령 10년 이상 30년 미만인 경우 : 정기검사 시에 측정
- 선령 30년 이상인 경우 : 정기검사 시와 제1종 중간검사 시에 각각 측정

17 어선을 최초로 항행의 목적에 사용하는 때 또는 어선 검사증서의 유효기간이 만료된 때에 행하는 정밀한 검사는?

① 정기검사
② 중간검사
③ 임시검사
④ 특별검사

해설
어선의 검사(어선법 제21조)
정기검사 : 최초로 항행의 목적에 사용하는 때 또는 어선검사증서의 유효기간이 만료된 때 행하는 정밀한 검사

18 어선법상 선체에 관한 정기검사 준비사항으로 틀린 내용은?

① 타를 들어 올리거나 빼낼 것
② 탱크 맨홀을 폐쇄할 것
③ 갑판피복의 일부를 떼어 낼 것
④ 압력시험 준비를 할 것

해설
정기검사 준비사항(어선법 시행규칙 [별표 8])
선체에 관한 준비
- 입거 또는 상가를 할 것
- 타를 들어 올리거나 빼낼 것
- 선체에 붙어 있는 해초 · 조개류 등을 깨끗이 떼어낼 것
- 목선의 선체 외판에 덧붙인 선체보호용 포판의 일부를 떼어낼 것
- 선체 내부에 있는 화물 및 고형밸러스트를 떼어낼 것
- 선체 내부의 선체에 고착되지 아니하는 물품을 정리할 것
- 탱크의 맨홀을 열어 놓고 내용물 및 위험성 가스를 배출할 것
- 화물구획의 내장판의 일부를 떼어낼 것
- 갑판피복 및 선저 시멘트의 일부를 떼어낼 것
- 강제선체 주요부의 녹을 떨어내고 두께를 측정할 수 있도록 할 것
- 선체 내외부의 적당한 장소에 안전한 발판을 설치할 것
- 재료시험의 준비를 할 것(처음으로 검사를 받는 경우로 한정한다)
- 비파괴검사의 준비를 할 것
- 압력시험 및 하중시험의 준비를 할 것
- 수밀문 · 방화문 등 폐쇄장치 효력시험의 준비를 할 것

19 어선검사 신청 의무자가 어선소유자가 아닌 검사는 무엇인가?

① 정기검사
② 중간검사
③ 특별검사
④ 예비검사

해설
건조검사 등(어선법 제22조)
어선용물건(어선용품) 중 해양수산부령이 정하는 어선용품을 제조 · 개조 · 수리 또는 정비하거나 수입하려는 자는 해당 어선용품을 설치하여야 할 어선이 결정되기 전에 해양수산부장관의 검사(예비검사)를 받을 수 있다.

16 ③ 17 ① 18 ② 19 ④ 정답

제 14 회 기출복원문제

상선전문

01 화물손상과 관련하여 양화항에서 발급되는 서류로 적합하지 않은 것은?

① 창구검사서
② 해난보고서
③ 손상화물감정서
④ 적부감정서

해설
적화항에서 화물을 적재한 후 감정인에게 화물적부상태의 감정을 의뢰하고 적부상태에 대하여 감정결과 이상이 없다는 감정인의 감정증명서를 받는데 이 증명서를 적부감정서라고 한다.

02 IBC Code에서 규정하고 있는 탱크 내 환경제어방법에 해당하지 않는 것은?

① 불활성 가스 주입(Inerting)
② 패딩(Padding)
③ 건조(Drying)
④ 냉각(Cooling)

03 배수량이 5,000톤인 선박이 갖는 표준해수 중에서의 수면하 용적은 약 몇 m^3인가?

① $4,854m^3$　② $4,878m^3$
③ $5,000m^3$　④ $5,125m^3$

해설
- 배수량 = 선체 중에 수면하에 잠겨 있는 부분의 용적×물의 밀도
- 표준해수 중에서의 수면하 용적 = 5,000/1.025 ≒ $4,878m^3$

04 배수량 6,000톤의 선박이 표준해수항에서 비중 1.000인 담수항에 입항하였을 때 흘수의 변화로 옳은 것은? (단, 배수량의 변화는 없고, 매 cm 배수톤은 15톤이다)

① 8cm 감소
② 8cm 증가
③ 10cm 감소
④ 10cm 증가

해설
흘수변화량
= 배수량/TPC×(1.025/이동할 곳의 해수비중 - 1.025/현재 해수비중)
= 6,000/15×(1.025/1 - 1.025/1.025) = 10

05 Topping Lift의 역할은?

① Derrick Boom을 선회시키기 위한 것이다.
② Derrick Boom의 앙각을 조절하기 위한 것이다.
③ Derrick Boom의 하단을 Derrick Post에 접합하기 위한 것이다.
④ Cargo Fall을 보강하기 위한 것이다.

06 선수흘수 5.00m, 선미흘수 6.00m의 선박이 APT 청수 60톤을 FPT로 이동했을 때의 트림변화량은?(단, 탱크 간의 거리 : 40m, MTC : 60톤, 배의 길이 : 60m이며, 부면심은 중앙에 있다)

① −40cm　② 40cm
③ −60cm　④ 60cm

해설
트림변화량 = (화물중량×이동거리)/MTC = (60×−40)/60 = −40
※ APT는 선미탱크, FPT는 선수탱크로 부호는 선미방향 이동 시 (+), 선수방향 이동 시 (−)이다.

정답 1 ④ 2 ④ 3 ② 4 ④ 5 ② 6 ①

07 선체길이의 중앙부에 화물이 집중될 때에 발생하는 현상으로 적합한 것은?

① Hogging
② Sagging
③ Rolling
④ Shearing

해설
새깅상태

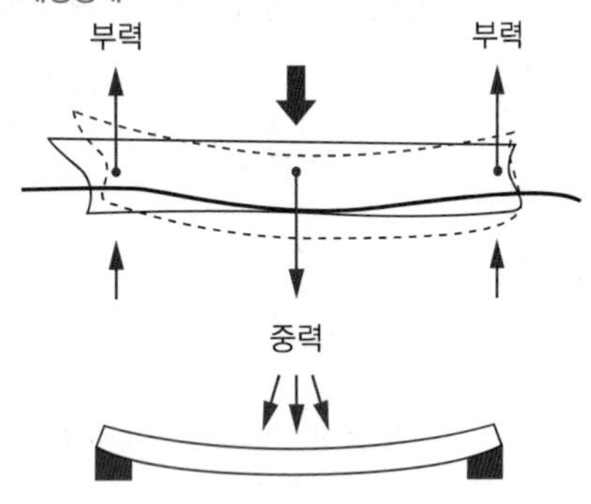

08 선박에서 프림솔 마크(Plimsoll Mark)를 사용하는 목적은?

① 선박의 중심선을 측정하기 위하여
② 선박의 트림을 측정하기 위한 보조 역할
③ 선박의 건현을 결정하기 위하여
④ 선박의 경사를 결정하기 위하여

해설
프림솔 마크
선박의 현측에 표시하는 건현표, 즉 만재흘수선표를 말한다.

09 하기 만재배수량에서 경하배수량을 뺀 톤수를 뜻하는 것은?

① Deadweight Tonnage
② Net Tonnage
③ Gross Tonnage
④ Displacement Tonnage

10 운임의 계산과 관련된 중량품의 정의로 적합한 것은?

① 화물의 용적 $40ft^3$의 무게가 1Long ton 넘는 화물
② 화물의 용적 $100ft^3$의 무게가 1Long ton 넘는 화물
③ 화물의 용적 $40ft^3$의 무게가 1Long ton 이하인 화물
④ 화물의 용적 $100ft^3$의 무게가 1Long ton 이하인 화물

11 검량에 대한 설명으로 거리가 먼 것은?

① 화물이 선창을 차지하는 용적 및 무게를 검측하는 것이다.
② 검측된 용적 및 무게는 운임계산의 기초이다.
③ 검측된 용적 및 무게는 필요한 선창의 공간을 견적하고 적화계획을 작성하는 데에도 이용된다.
④ 화물을 선적 또는 양륙할 때 개수로써 화물의 수량을 세는 것이다.

12 선박의 안전을 확보하기 위한 화물의 배치방법으로 잘못된 것은?

① 각 선창의 화물량은 선창 용적에 대한 비율로 정한다.
② 각 선창에 똑같은 양의 화물을 배치한다.
③ 화물이 일부분에 집중되어 실리지 않도록 한다.
④ 선창 내의 수직배치도는 항해 전과정에서 적정 메타센터 높이를 확보할 수 있도록 배치한다.

13 컨테이너의 적재위치를 나타내는 셀번호에 포함되지 않는 표시요소는?

① Bay No.
② Slot No.
③ Tier No.
④ Roof No.

7 ② 8 ③ 9 ① 10 ① 11 ④ 12 ② 13 ④ 정답

14 탱커에서 갑판상 중앙부에 카고라인이 모여 있고, 본선과 육지의 연결관이 있는 곳은?

① Riser ② Manifold
③ Main Deck ④ Deck Discharging Line

15 선창의 통풍(Ventilation) 실시 여부를 결정할 때 가장 중요한 기준이 되는 것은?

① 이슬점 ② 습구온도
③ 건구온도 ④ 해수온도

해설
통풍환기법 : 통풍환기는 창 내 공기의 이슬점(노점)을 낮추기 위한 목적으로 실시한다. 즉, 외기의 노점이 선창 내 공기의 노점보다 낮으면 통풍환기를 계속하고 반대로 외기의 이슬점이 창 내 공기의 이슬점보다 높으면 통풍환기를 중지해야 한다.

16 다음 중 선박의 등록사항에 포함되지 않는 것은?

① 최대승선인원 ② 선박번호
③ 선박의 명칭 ④ 호출부호

해설
등록사항(선박법 시행규칙 제11조)
지방청장은 선박의 등록신청을 받았을 때에는 선박원부에 다음의 사항을 등록하여야 한다.
선박번호, 국제해사기구에서 부여한 선박식별번호(IMO번호), 호출부호, 선박의 종류 및 명칭, 선적항, 선질, 범선의 범장, 선박의 길이 · 너비 · 깊이, 총톤수, 폐위장소의 합계용적, 제외 장소의 합계용적, 기관의 종류와 수, 추진기의 종류와 수, 조선지, 조선자, 진수일, 소유자의 성명 · 주민등록번호 및 주소, 선박이 공유인 경우에는 각 공유자의 지분율

17 선박법상 선박의 종류와 관계없는 것은?

① 기 선 ② 범 선
③ 어 선 ④ 부 선

해설
정의(선박법 제1조의2)
- 이 법에서 선박이란 수상 또는 수중에서 항행용으로 사용하거나 사용할 수 있는 배 종류를 말하며 그 구분은 다음과 같다.
  - 기선 : 기관을 사용하여 추진하는 선박(선체 밖에 기관을 붙인 선박으로서 그 기관을 선체로부터 분리할 수 있는 선박 및 기관과 돛을 모두 사용하는 경우로서 주로 기관을 사용하는 선박을 포함한다)과 수면비행선박(표면효과 작용을 이용하여 수면에 근접하여 비행하는 선박을 말한다)
  - 범선 : 돛을 사용하여 추진하는 선박(기관과 돛을 모두 사용하는 경우로서 주로 돛을 사용하는 것을 포함한다)
  - 부선 : 자력항행능력이 없어 다른 선박에 의하여 끌리거나 밀려서 항행되는 선박
- 이 법에서 소형선박이란 다음의 어느 하나에 해당하는 선박을 말한다.
  - 총톤수 20톤 미만인 기선 및 범선
  - 총톤수 100톤 미만인 부선

18 선박법상 한국선박이 선박의 뒷부분에 국기를 게양해야 하는 경우로 틀린 것은?

① 위험구역을 항행하는 경우
② 대한민국의 등대로부터 요구가 있는 경우
③ 해군 항공기로부터 요구가 있는 경우
④ 외국항을 출입하는 경우

해설
국기의 게양(선박법 시행규칙 제16조)
한국선박은 다음의 어느 하나에 해당하는 경우에는 선박의 뒷부분에 대한민국국기를 게양하여야 한다. 다만, 국내항 간을 운항하는 총톤수 50톤 미만이거나 최대속력이 25노트 이상인 선박은 조타실이나 상갑판 위쪽에 있는 선실 등 구조물의 바깥벽 양 측면의 잘 보이는 곳에 부착할 수 있다.
- 대한민국의 등대 또는 해안망루로부터 요구가 있는 경우
- 외국항을 출입하는 경우
- 해군 또는 해양경찰청 소속의 선박이나 항공기로부터 요구가 있는 경우
- 그 밖에 지방청장이 요구한 경우

19 다음은 우리나라 선박국적증서의 효력에 대한 내용이다. 옳지 않은 것은?

① 대한민국 국기를 게양할 수 있다.
② 선박을 항행할 수 있다.
③ 톤수증명서로서의 효력이 있다.
④ 임시선박국적증서를 대신한다.

정답 14 ② 15 ① 16 ① 17 ③ 18 ① 19 ④

해설

국기 게양과 항행(선박법 제10조)

한국선박은 선박국적증서 또는 임시선박국적증서를 선박 안에 갖추어 두지 아니하고는 대한민국 국기를 게양하거나 항행할 수 없다.

20 선박국적증서를 발급할 수 있는 시기는 언제인가?

① 선박을 등록하였을 때
② 선박을 등기하였을 때
③ 정기검사에 합격하였을 때
④ 제조검사에 합격하였을 때

해설

등기와 등록(선박법 제8조)

지방해양수산청장은 선박의 등록신청을 받으면 이를 선박원부에 등록하고 신청인에게 선박국적증서를 발급하여야 한다.

21 새로 선박을 건조한 자가 그 선박을 항해에 사용하기 위하여 가장 먼저 취해야 할 조치로 적합한 것은?

① 선박의 등기　② 선박의 등록
③ 총톤수의 측정　④ 선박국적증서의 교부

해설

법률상 등록 전 선박총톤수 측정 후 선박등기 대상 선박이면 등기부 등본을 첨부하여 선박등록신청서를 제출 → 선박원부에 등록 → 선박국적증서 발급 → 선박국적증서를 갖추고 항행한다.

어선전문

01 다음 중 어류의 관능적 판정 요소로 옳지 않은 것은 무엇인가?

① 냄 새　② 경 도
③ 색 깔　④ 영양성분

해설

관능적 판정은 시각, 미각, 후각, 청각과 촉각 등 오감을 가지고 실시하는 선도를 판정하는 방법이다. 영양성분은 화학적 방법으로 판정이 가능하다.

어류의 관능적 판정 요소

피부의 광택, 안구의 상태, 복부의 연화도, 아가미 색도, 육의 투명감 및 점착성, 비늘의 붙은 정도 및 지느러미의 상처 등

02 연승선에서 횟감용 다랑어를 선상처리할 경우 글레이징 두께는 몇 mm가 적절한가?

① 1~2mm　② 4mm
③ 5~6mm　④ 8mm

해설

횟감용 다랑어 글레이징 처리

동결어를 완전히 담글 수 있는 큰 그릇에 약 0℃까지 냉각시킨 청수를 담고, 이 청수 속에 동결어를 담갔다가 3~5초 후에 건져 내어 어체 표면에 1~2mm 두께의 투명한 얼음막이 생기게 하며 처리한 냉동어는 -50℃ 이하의 어창에 저장한다.

03 다음 중 어획물의 선도 변화가 가장 먼저 일어나는 곳은 어디인가?

① 꼬 리　② 복 부
③ 등　④ 가 슴

04 어체 1kg의 온도를 1℃ 낮추기 위해 약 몇 kcal의 열량을 빼앗아야 하는가?

① 72kcal　② 80kcal
③ 0.5kcal　④ 0.8kcal

05 어체 처리형태 중 머리, 내장이 붙은 원형 그대로 어체를 처리하는 방법으로 적합한 것은?

① 필 레　② 라운드
③ 드레스　④ 팬 드레스

20 ① 21 ③ / 1 ④ 2 ① 3 ② 4 ④ 5 ② 정답

해설

어체 및 어육의 명칭과 처리방법

종 류	명 칭	처리방법
어 체	라운드	머리, 내장이 붙은 전 어체
	세미 드레스	아가미, 내장 제거
	드레스	아가미, 내장, 머리 제거
	팬 드레스	머리, 아가미, 내장, 지느러미, 꼬리 제거
어 육	필 레	드레스하여 3장 뜨기 한 것
	청 크	드레스한 것을 뼈를 제거하고 통째 썰기 한 것
	스테이크	필레를 약 2cm 두께로 자른 것
	다이스	육편을 2~3cm 각으로 자른 것
	초 프	채육기에 걸어서 발라낸 육

06 다음 중 데릭 붐(Derrick Boom)을 올리거나 내리는 윈치(Winch)에 해당하는 것은?

① Slewing Winch
② Topping Winch
③ Derrick Post
④ Cargo Winch

07 어패류의 사후 변화 중 근육의 투명감이 떨어지고 수축하여 어체가 굳어지는 현상에 해당되는 것은?

① 부 패　② 해 경
③ 자가 소화　④ 사후 경직

해설

① 부패 : 미생물이 생산한 효소의 작용에 따라 어패류 성분이 유익하지 않은 물질로 분해되어 독성 및 악취를 내는 현상
② 해경 : 사후 경직에 의하여 수축되었던 근육이 풀어지는 현상
③ 자가 소화 : 어체 조직 속에 있는 효소의 작용으로 조직을 구성하는 단백질, 지방질, 글리코겐과 그 밖의 유기물이 저급의 화합물로 분해되는 현상

08 다음 중 ( ) 안에 알맞은 것은?

> 어육 속에 얼음 결정이 생기기 시작하면 얼지 않고 남는 수용액의 농도는 더 진해지므로 어는점은 점점 더 내려가 대체로 ( )가 되어야만 완전히 동결된다.

① −40℃　② −50℃
③ −60℃　④ −70℃

09 다음 중 갈치를 어상자에 담는 방법으로 적합한 것은?

① 배립형　② 편평형
③ 산립형　④ 환상형

해설

주로 횟감으로 이용하는 고급 어종은 등세우기법, 가공 원료로 이용하는 어종은 배세우기법, 갈치는 환상형으로 배열한다.

10 Bale Capacity 17,500ft³의 선창에 적화계수 70인 냉동어를 만재하였을 경우의 냉동어 중량으로 옳은 것은?

① 200Long ton　② 250Long ton
③ 300Long ton　④ 350Long ton

해설

$$\text{적화계수} = \frac{\text{사용한 선창구획의 총 베일 용적}}{\text{구획 내에 만재한 화물의 중량}}$$

$$70 = \frac{17{,}500}{x},\ x = \frac{17{,}500}{70} = 250$$

11 다음 중 외력에 의하여 선박이 경사하였을 때 부력의 작용선과 중심선과의 교점을 뜻하는 것은?

① 경심고(Metacentric Height)
② 부면심(Center of Floatation)
③ 복원정(Righting Lever)
④ 경심(Metacenter)

정답 6 ② 7 ④ 8 ③ 9 ④ 10 ② 11 ④

12 다음 중 재화중량톤수로 맞는 것은?

① 만재흘수선에 상당하는 배수톤수
② 만재배수톤수와 경하배수톤수와의 차
③ 기름과 청수를 실었을 때의 배의 중량
④ 선박에 실린 순수한 화물만의 무게

13 어선법의 목적과 관계가 적은 내용은?

① 어선의 건조・등록・설비에 관한 사항 규정
② 어선의 효율적인 관리와 안전성 확보
③ 어선의 조사・연구에 관한 사항 규정
④ 어업자원의 자율 관리

해설
목적(어선법 제1조)
이 법은 어선의 건조・등록・설비・검사・거래 및 조사・연구에 관한 사항을 규정하여 어선의 효율적인 관리와 안전성을 확보하고, 어선의 성능 향상을 도모함으로써 어업생산력의 증진과 수산업의 발전에 이바지함을 목적으로 한다.

14 어선이 정기검사에 합격된 경우에 해양수산부장관으로부터 발급받는 증서를 무엇이라고 하는가?

① 어선검사증서　② 선박국적증서
③ 선박검사증서　④ 임시선박국적증서

해설
검사증서의 발급 등(어선법 제27조)
해양수산부장관은 다음의 구분에 따라 검사증서를 발급한다.
- 정기검사에 합격된 경우에는 어선검사증서(어선의 종류・명칭・최대승선인원 및 만재흘수선의 표시 위치 등을 기재하여야 한다)
- 중간검사 또는 임시검사에 합격된 경우로서 어선검사증서의 기재사항이 변경된 경우에는 변경된 사항이 기재된 어선검사증서
- 특별검사에 합격된 경우에는 어선특별검사증서
- 임시항행검사에 합격된 경우에는 임시항행검사증서
- 건조검사에 합격된 경우에는 건조검사증서
- 예비검사에 합격된 경우에는 예비검사증서
- 별도건조검사에 합격된 경우에는 별도건조검사증서
- 제24조제1항에 따른 검정에 합격된 경우에는 검정증서
- 제25조제3항 및 제4항에 따라 확인한 경우에는 건조・제조확인증 또는 정비확인증
- 제26조의2 제1항에 따라 확인한 경우에는 제한하중 등 확인증

15 다음 중 세계해상조난 및 안전제도(GMDSS)의 시행에 필요한 무선설비를 갖추어야 할 선박에 해당되는 것은?

① 국제항해에 종사하는 총톤수 50톤 이상의 모든 어선
② 국제항해에 종사하는 총톤수 100톤 이상으로서 수산업에 관한 교습에 종사하는 어선
③ 국제항해에 종사하는 총톤수 150톤 이상으로서 수산물 가공에 종사하는 어선
④ 국제항해에 종사하는 총톤수 300톤 이상으로서 어획물운반업에 종사하는 어선

해설
무선설비(어선법 제5조)
어선의 소유자는 해양수산부장관이 정하여 고시하는 기준에 따라 전파법에 따른 무선설비를 어선에 갖추어야 한다. 다만, 국제항해에 종사하는 총톤수 300톤 이상의 어선으로서 어획물운반업에 종사하는 어선 등 해양수산부령으로 정하는 어선에는 해상에서의 인명안전을 위한 국제협약에 따른 세계해상조난 및 안전제도의 시행에 필요한 무선설비를 갖추어야 한다.

16 외국에서 취득한 어선을 외국에서 항행하거나 조업 목적으로 사용하려는 경우에는 누구에게 총톤수 측정이나 재측정을 신청할 수 있는가?

① 대 사
② 공 사
③ 영 사
④ 외교부장관

해설
어선의 총톤수 측정 등(어선법 제14조)
어선의 소유자는 외국에서 취득한 어선을 외국에서 항행하거나 조업 목적으로 사용하려는 경우에는 그 외국에 주재하는 대한민국 영사에게 총톤수 측정이나 총톤수 재측정을 신청할 수 있다.

12 ② 13 ④ 14 ① 15 ④ 16 ③ 정답

17 **어선에 설치된 무선설비는 어느 법에 따라 검사를 받아야 하는가?**

① 어선법
② 선박안전법
③ 전파법
④ 선박안전조업규칙

해설
어선의 검사(어선법 제21조)
무선설비 및 어선위치발신장치에 대하여는 전파법에서 정하는 바에 따라 검사를 받아야 한다.

18 **어선검사증서에 기재하는 최대승선인원을 정하는 자는?**

① 해양수산부장관
② 행정안전부장관
③ 시 · 도지사
④ 군 수

해설
어선검사증서의 기재사항 등(어선법 시행규칙 제64조)
어선검사증서에 기재하는 최대승선인원과 만재흘수선의 표시 위치는 해양수산부장관이 정하여 고시하는 기준에 따른다.

19 **어선검사증서에 기재된 내용을 변경하려는 경우 받는 검사에 해당되는 것은?**

① 임시검사 ② 특별검사
③ 제조검사 ④ 예비검사

해설
임시검사(어선법 시행규칙 제47조)
어선소유자가 임시검사를 받아야 하는 경우는 다음과 같다.

- 배의 길이, 너비, 깊이 또는 다음의 어느 하나에 해당하는 선체 주요부의 변경으로 선체의 강도, 수밀성 또는 방화성에 영향을 미치는 개조 또는 수리를 하려는 경우
  - 상갑판 아래의 선체, 선루 또는 기관실 위벽의 폭로부
  - 갑판실(승선자가 거주하거나 항상 사용하는 것에 한정한다)의 측벽 또는 정부갑판
  - 선루갑판 아래의 폭로부 외판
  - 격벽에 설치되어 폐위구역을 보호하는 폐쇄장치(목제창구덮개 또는 창구복포는 제외한다)
- 어선의 추진과 관계있는 기관 및 그 주요부의 교체 · 변경 등으로 기관의 성능에 영향을 미치는 개조 또는 수리를 하려는 경우
- 타 또는 조타장치의 변경으로 어선의 조종성에 영향을 미치는 개조 또는 수리를 하려는 경우
- 탱크, 펌프실, 그 밖에 인화성 액체 또는 인화성 고압가스가 새거나 축적될 우려가 있는 곳에 설치되어 있는 전선로를 교체 · 변경하는 수리를 하려는 경우
- 어선의 용도를 변경하거나 어업의 종류를 변경할 목적으로 어선의 구조나 설비를 변경하려는 경우
- 어선검사증서에 기재된 내용을 변경하려는 경우
- 어선용품 중 어선에 고정 설치되는 것으로서 새로 설치하거나 변경하려는 경우
- 만재흘수선을 새로 표시하거나 변경하려는 경우
- 복원성에 관한 기준을 새로 적용받거나 그 복원성에 영향을 미칠 우려가 있는 어선용품을 신설 · 증설 · 교체 또는 제거하거나 위치를 변경하려는 경우
- 보일러 안전밸브의 봉인을 개방하여 조정하려는 경우
- 하역설비의 제한하중, 제한각도 및 제한반경을 변경하려는 경우
- 승강설비의 제한하중 또는 정원을 변경하려는 경우
- 해양사고 등으로 어선의 감항성 또는 인명안전의 유지에 영향을 미칠 우려가 있는 변경이 발생한 경우
- 어선의 정기검사 또는 중간검사를 할 때에 어선설비의 보완이 필요하다고 인정되는 등 해양수산부장관이 특정한 사항에 관하여 임시검사를 받을 것을 지정하는 경우

정답 17 ③ 18 ① 19 ①

제 15 회 기출복원문제

상선전문

01 중합반응을 일으키는 석유화학제품을 적재할 때의 주의사항으로 틀린 내용은?

① 탱크 내 이물질에 의한 중합반응 촉진을 방지하기 위하여 청결상태가 양호한 탱크에 적재한다.
② 중합반응을 억제하기 위한 반응억제제를 투입한다.
③ 중합반응억제제를 투입한 경우는 증명서를 받아 둔다.
④ 항해 중에는 일정온도로 가열하여 반응을 억제한다.

02 케미컬탱커에서 화물호스 취급 시 유의사항에 대한 내용으로 틀린 것은?

① 무어링 로프와 같이 둥글게 사려서 보관한다.
② 연결부는 지나치게 굽혀지지 않도록 주의한다.
③ 제한 사용온도와 사용압력 범위 내에서 사용한다.
④ 항해 중 해수가 유입되지 않도록 양 끝단에 플랜지로 막아서 보관한다.

03 주의마크(Care Mark)의 표기와 설명의 연결이 틀린 것은?

① This Side Up : 이쪽을 위로
② Handle with Care : 뒤엎지 말 것
③ Keep Dry : 건조한 곳에 실을 것
④ Use No Hook : 훅을 사용하지 말 것

해설
Handle with Care : 취급주의

04 선수흘수 5.00m, 선미흘수 6.00m인 선박에서 100톤의 화물을 30m 후방으로 이동 시 선수흘수는 몇 m인가? (단, F(부면심)는 선체 중앙에 있고 Mcm는 100t-m 이다)

① 4.70m ② 4.85m
③ 5.15m ④ 5.30m

해설
• 트림변화량 = 화물중량 × 이동거리/Mcm = 100 × 30/100 = 30cm
• 선수흘수의 변화량 = 0.5 × 트림변화량(30)/100 = 0.15m
• 선수흘수 = 5.00m − 0.15m = 4.85m

05 다음 중 적화척도(Deadweight Scale)에서 구할 수 없는 것은 무엇인가?

① TKM ② MTC
③ DWT ④ TPC

06 가로 10m, 세로 5m인 상자형 선박이 2m의 깊이로 표준해수에 떠 있을 때 배수량은 약 몇 톤인가?

① 50.5톤
② 100.25톤
③ 102.5톤
④ 125.25톤

해설
배수량 = 수면하체적(10×5×2)×비중(1.025) = 102.5

1 ④ 2 ① 3 ② 4 ② 5 ① 6 ③ 정답

07 다음 중 선적화물의 화표에서 각형, 원형, 사다리꼴 등의 여러 모양에 수화인을 표시하는 대표 문자를 합한 기호로 되어 있는 것은 무엇인가?

① Main Mark
② Port Mark
③ Trade Mark
④ Counter Mark

08 화물창 내의 화물틈(Broken Space)에 해당되지 않는 것은 무엇인가?

① 화물과 화물 사이의 간격
② 내용물과 포장 사이의 틈
③ 통풍, 환기 및 팽창을 고려한 여분의 공간
④ 화물과 선창 안의 기둥, 브래킷, 프레임 등 구조물과의 간격

해설
화물틈
- 화물 상호 간의 간격
- 화물과 선창 내 구조물과의 간격
- 통풍, 환기 및 팽창 용적으로서의 공간
- 더니지, 화물 이동 방지판 등이 차지하는 용적

09 선박에서 사용하는 Dunnage에 대한 내용으로 틀린 것은?

① 화물 상호 간 또는 화물과 선체 간에 간격을 만든다.
② 복원성을 좋게 한다.
③ 화물의 손상을 방지한다.
④ 화물의 하중을 분산시킨다.

해설
더니지
화물을 선박에 적재할 때 주로 화물 손상을 방지하는 것을 목적으로 사용되는 판재, 각재 및 매트 등을 말하는 것으로 복원성에 영향을 줄 만큼의 관계는 없다.

10 다음 중 유조선에 적재되는 정제(제품)유에서 백유에 해당되지 않는 것은 무엇인가?

① 가솔린 ② 등 유
③ 경 유 ④ 중 유

11 선적지시서(Shipping Order)상의 개수보다 실제 적재완료 후 3Cases의 부족 논쟁이 있을 때 본선 화물수령증(M/R)상의 기재상황에 해당되는 것은?

① 3c/s Over in Shipped
② 3c/s Over in Dispute
③ 3c/s Short in Shipped
④ 3c/s Short in Dispute

12 쌀, 콩 등과 같은 벌크 화물이 항해 중 선체 동요로 인하여 한 쪽으로 이동하는 것을 방지하는 역할을 하는 것을 무엇이라고 하는가?

① 각 목
② Food Board
③ Shifting Board
④ Wooden Ventilator

13 문제 삭제

14 정기용선의 경우, 용선자 대신 본선에 승선하여 화물의 적부, 취급, 양하에 조언을 하는 자를 뜻하는 것은?

① 탤리맨(Tallyman)
② 검량인(Sworn Measurer)
③ 슈퍼카고(Supercargo)
④ 검수인(Checker)

정답 7 ① 8 ② 9 ② 10 ④ 11 ④ 12 ③ 13 문제 삭제 14 ③

15 유조선에서 화물유 탱크의 구조가 2열 종격벽으로 되어 있는 이유로 적합하지 않은 것은?

① 자유표면 효과의 감소
② 종강력의 증대
③ 하역능률의 향상
④ 화물유의 구분

16 다음 중 선박법상 기선에 해당하는 선박은?

① 돛만을 사용하여 추진하는 선박
② 기선과 결합되어 밀려서 항행되는 선박
③ 기관과 돛을 장치하고 주로 기관을 사용하여 추진하는 선박
④ 기관과 돛을 장치하고 주로 돛을 사용하여 추진하는 선박

해설
정의(선박법 제1조의2)
이 법에서 선박이란 수상 또는 수중에서 항행용으로 사용하거나 사용할 수 있는 배 종류를 말하며 그 구분은 다음과 같다.
- 기선 : 기관을 사용하여 추진하는 선박(선체 밖에 기관을 붙인 선박으로서 그 기관을 선체로부터 분리할 수 있는 선박 및 기관과 돛을 모두 사용하는 경우로서 주로 기관을 사용하는 선박을 포함한다)과 수면비행선박(표면효과 작용을 이용하여 수면에 근접하여 비행하는 선박을 말한다)
- 범선 : 돛을 사용하여 추진하는 선박(기관과 돛을 모두 사용하는 경우로서 주로 돛을 사용하는 것을 포함한다)
- 부선 : 자력항행능력이 없어 다른 선박에 의하여 끌리거나 밀려서 항행되는 선박

17 다음 중 선박법상 선박에 대한 관리행정의 관할권을 표시하는 것을 무엇이라고 하는가?

① 선 명
② 호출부호
③ 선적항
④ 선박번호

18 선박법에서 규정하고 있는 한국선박의 특권에 해당하는 것은?

① 원양 항해권 ② 무선 검역권
③ 국기 게양권 ④ 면세 통관권

해설
국기의 게양(선박법 제5조)
한국선박이 아니면 대한민국 국기를 게양할 수 없다.

19 선박의 소유자는 어느 곳에서 등기를 하여야 하는가?

① 지방해양수산청 ② 관할 지방자치단체
③ 관할 등기소 ④ 해양수산부

해설
관할 등기소(선박등기법 제4조)
선박의 등기는 등기할 선박의 선적항을 관할하는 지방법원, 그 지원 또는 등기소를 관할 등기소로 한다.

20 선적항을 정하는 이유로 적합하지 않은 것은?

① 선박의 등기와 등록 장소가 확정된다.
② 선박에 대한 행정상의 감독이 편리하다.
③ 선박에 대한 소정의 특권을 줄 수 있다.
④ 선박국적증서를 발급하는 지방해양수산청장을 정하는 표준이 된다.

21 다음 중 선박을 등록했을 때 지방해양수산청장이 발급하는 증서에 해당하는 것은?

① 선박국적증서 ② 임시선박국적증서
③ 선적증서 ④ 선박검사증서

해설
등기와 등록(선박법 제8조)
지방해양수산청장은 선박의 등록신청을 받으면 이를 선박원부에 등록하고 신청인에게 선박국적증서를 발급하여야 한다.

15 ③ 16 ③ 17 ③ 18 ③ 19 ③ 20 ③ 21 ① 정답

어선전문

01 다음 중 어체 처리형태 중 아가미, 내장, 머리를 제거하는 처리방법을 뜻하는 것은?

① 필 레　② 라운드
③ 드레스　④ 팬 드레스

해설
어체 및 어육의 명칭과 처리방법

종 류	명 칭	처리방법
어 체	라운드	머리, 내장이 붙은 전 어체
	세미 드레스	아가미, 내장 제거
	드레스	아가미, 내장, 머리 제거
	팬 드레스	머리, 아가미, 내장, 지느러미, 꼬리 제거
어 육	필 레	드레스하여 3장 뜨기 한 것
	청 크	드레스한 것을 뼈를 제거하고 통째 썰기 한 것
	스테이크	필레를 약 2cm 두께로 자른 것
	다이스	육편을 2~3cm 각으로 자른 것
	초 프	채육기에 걸어서 발라낸 육

02 어류를 동결할 때 동결장치에서 어체의 중심부 온도가 몇 ℃ 이하가 되었을 때 꺼내어 동결저장으로 옮겨야 하는가?

① −5℃　② −8℃
③ −15℃　④ −20℃

03 다음 중 어육 성분의 함량 사이에 역의 상관관계가 가장 뚜렷이 나타나는 것은 무엇인가?

① 수분 - 지질
② 단백질 - 지질
③ 회분 - 탄수화물
④ 탄수화물 - 단백질

04 어패육의 일반적인 성분 조성 중 고형물의 비율로 적합한 것은?

① 10~15%　② 15~30%
③ 30~40%　④ 40~50%

해설
어패육의 일반적인 성분 조성
- 수분 : 65~85%
- 단백질 : 15~25%
- 지방질 : 0.5~25%
- 탄수화물 : 0~1.0%
- 회분 : 1.0~3.0%
- 수분을 제외한 나머지 성분(고형물) : 15~30%

05 0℃에서 어육 1g을 저장한 경우 세균수가 수억 마리 이상이 되는 저장일수는 약 며칠인가?

① 2일　② 5일
③ 8일　④ 12일

06 식품을 저온에 저장하는 경우 동결점 이하에서 동결하여 장기간 저장하는 동결저장법에서 동결점은?

① −10℃　② −12℃
③ −15℃　④ −18℃

해설
식품의 저온 저장 온도 범위
- 냉장 : 0~10℃
- 칠드 : −5~5℃
- 빙온 : −1℃
- 부분 동결 : −3℃
- 동결 : −18℃ 이하

07 다음 중 피스톤의 왕복 운동으로 냉매를 압축시키는 형태의 압축기에 해당되는 것은?

① 회전식 압축기　② 왕복식 압축기
③ 스크루 압축기　④ 터보 압축기

정답 1 ③ 2 ③ 3 ① 4 ② 5 ④ 6 ④ 7 ②

08 냉동방법은 크게 물리적인 자연현상을 이용한 자연 냉동법과 에너지를 공급하여 인공적으로 냉동작용을 얻는 인공 냉동법 또는 기계적 냉동법으로 나눌 수 있다. 다음 중 자연 냉동법에 해당하지 않는 것은 무엇인가?

① 얼음이 녹을 때 그 융해열을 이용한 냉동법
② 증발하기 쉬운 액체가 증발할 때 흡수하는 증발열을 이용한 냉동법
③ 드라이 아이스가 승화될 때 그 승화열을 이용한 냉동법
④ 얼음과 소금 등의 기한제를 이용한 냉동법

09 선폭 20m인 어떤 선박의 GM은 선폭의 약 5%이다. 이 선박의 횡요주기는 약 몇 초인가?

① 20sec　② 24sec
③ 30sec　④ 16sec

해설

횡요주기(T) $\fallingdotseq \dfrac{0.8 \times 선폭(B)}{\sqrt{GM}}$(sec)

0.8×20/1 = 16sec

10 Bale Capacity 62,000ft^{3}의 어창에 적화계수 62인 건어를 만재할 수 있는 중량톤은 약 몇 톤인가?

① 1,000톤　② 1,500톤
③ 4,900톤　④ 10,000톤

해설

적화계수 $= \dfrac{사용한\ 선창구획의\ 총베일용적}{구획\ 내에\ 만재한\ 화물의\ 중량}$

$62 = \dfrac{62{,}000}{x},\ x = \dfrac{62{,}000}{62} = 1{,}000$

11 다음 중 ( ) 안에 알맞은 것은?

> 트림계산도표는 ( )의 중량을 선내 임의의 장소에 탑재 또는 제거하였을 때의 선수 및 선미흘수 변화량을 구하는 도표이다.

① 1,000톤　② 500톤
③ 200톤　④ 100톤

12 선박의 트림이 변하지 않는 위치를 뜻하는 것은?

① 트림 중심　② 선박의 중심
③ 선박의 무게 중심　④ 선박의 부면심

해설

부면심

- 선박이 배수량의 변화 없이 화물을 이동하여 약간의 트림을 갖게 되면 신 수선면과 구 수선면의 교선은 반드시 한 점을 지나게 된다. 이 점은 수선 면적의 중심으로 선체 종경사의 중심이 되며, 부면심이라 한다.
- 부면심의 위치는 선체 중앙에서 배 길이의 1/30~1/60 전후방에 위치한다.
- 부면심을 지나는 수직선상에 화물을 적화 또는 양하하면 트림은 생기지 않는다.

13 어선의 소유자는 누구에게 어선을 등록하여야 하는가?

① 선적항을 관할하는 시장·군수·구청장
② 선적항을 관할하는 광역시장·도지사
③ 선적항을 관할하는 지방해양수산청장
④ 농림축산식품부장관

해설

어선의 등기와 등록(어선법 제13조)
어선의 소유자나 해양수산부령으로 정하는 선박의 소유자는 그 어선이나 선박이 주로 입항·출항하는 항구 및 포구(선적항)를 관할하는 시장·군수·구청장에게 해양수산부령으로 정하는 바에 따라 어선원부에 어선의 등록을 하여야 한다. 이 경우 선박등기법에 해당하는 어선은 선박등기를 한 후에 어선의 등록을 하여야 한다.

14 어선을 등록하기 전에 등기를 하여야 하는 선박의 총톤수는 몇 톤 이상인가?

① 5톤　② 10톤
③ 15톤　④ 20톤

해설

적용 범위(선박등기법 제2조)
이 법은 총톤수 20톤 이상의 기선과 범선 및 총톤수 100톤 이상의 부선에 대하여 적용한다.

8 ② 9 ④ 10 ① 11 ④ 12 ④ 13 ① 14 ④ 정답

15 **어선의 소유자가 그 어선을 등록하려면 총톤수 측정은 누구에게 신청하여야 하는가?**

① 해양수산부장관 ② 시 장
③ 도지사 ④ 군 수

해설
어선의 총톤수 측정 등(어선법 제14조)
어선의 소유자가 규정에 따른 등록을 하려면 해양수산부령으로 정하는 바에 따라 해양수산부장관에게 어선의 총톤수 측정을 신청하여야 한다.

16 **다음 중 어선의 최대승선인원이 기재되어 있는 증서는?**

① 선박국적증서
② 어선검사증서
③ 어선총톤수증서 측정증명서
④ 특별검사증서

해설
검사증서의 발급(어선법 제27조)
해양수산부장관은 정기검사에 합격할 경우 어선검사증서(어선의 종류·명칭·최대승선인원 및 만재흘수선의 표시 위치 등을 기재하여야 한다)를 발급한다.

17 **어선법상 만재흘수선을 표시해야 하는 어선의 기준으로 적합한 것은?**

① 배의 총톤수 10톤 이상의 어선
② 배의 총톤수 20톤 이상의 어선
③ 배의 길이 12m 이상의 어선
④ 배의 길이 24m 이상의 어선

해설
만재흘수선의 표시 등(어선법 제4조)
길이 24m 이상의 어선의 소유자는 해양수산부장관이 정하여 고시하는 기준에 따라 만재흘수선의 표시를 하여야 한다.

18 **어선법상 선박국적증서에 대한 내용으로 옳지 않은 것은 무엇인가?**

① 선박국적증서의 발급 기준은 20톤 이상 어선
② 선박국적증서는 원본을 그 어선에 비치해야 함
③ 선박국적증서 반환 시 영문 선박국적증서도 같이 반환해야 함
④ 영문 선박국적증서는 해당 선급회사에서 기재 내용을 확인 후 발급

해설
선박국적증서의 영역서의 발급신청 등(어선법 시행규칙 제34조)
- 선박국적증서의 영역서를 발급받으려는 자는 선박국적증서영역서 발급신청서를 선적항을 관할하는 시장·군수·구청장에게 제출하여야 한다. 이 경우 시장·군수·구청장은 전자정부법에 따른 행정정보의 공동이용을 통하여 다음의 서류를 확인하여야 하며, 신청인이 확인에 동의하지 아니하는 경우에는 그 서류를 제출하도록 하여야 한다.
  - 선박국적증서
  - 여 권
- 시장·군수·구청장은 규정에 따른 신청이 있는 때에는 선박국적증서영역서를 신청인에게 발급하여야 한다.
- 선박국적증서의 영역서를 소지한 자가 선박국적증서를 시장·군수·구청장에게 반환하는 때에는 그 영역서도 같이 반환하여야 한다.

19 **어선법령상 정기검사를 받기 위하여 선체에 대하여 준비하여야 할 사항으로 적합하지 않은 것은?**

① 입거 또는 상가를 할 것
② 타를 들어 올리거나 빼낼 것
③ 선체에 붙어 있는 해초·조개류 등을 깨끗이 떼어낼 것
④ 최고 항해흘수선 이하에서 선외로 통하는 밸브를 분해할 것

해설
정기검사 준비사항(어선법 시행규칙 [별표 8])
선체에 관한 준비
- 입거 또는 상가를 할 것
- 타를 들어 올리거나 빼낼 것
- 선체에 붙어 있는 해초·조개류 등을 깨끗이 떼어낼 것
- 목선의 선체 외판에 덧붙인 선체보호용 포판의 일부를 떼어낼 것
- 선체 내부에 있는 화물 및 고형밸러스트를 떼어낼 것
- 선체 내부의 선체에 고착되지 아니하는 물품을 정리할 것
- 탱크의 맨홀을 열어 놓고 내용물 및 위험성가스를 배출할 것
- 화물구획의 내장판의 일부를 떼어낼 것
- 갑판피복 및 선저 시멘트의 일부를 떼어낼 것
- 강제선체 주요부의 녹을 떨어내고 두께를 측정할 수 있도록 할 것
- 선체 내외부의 적당한 장소에 안전한 발판을 설치할 것
- 재료시험의 준비를 할 것(처음으로 검사를 받는 경우로 한정한다)
- 비파괴검사의 준비를 할 것
- 압력시험 및 하중시험의 준비를 할 것
- 수밀문·방화문 등 폐쇄장치 효력시험의 준비를 할 것

정답 15 ① 16 ② 17 ④ 18 ④ 19 ④

제 16 회

기출복원문제

상선전문

01 케미컬탱커의 선체구조 및 설비에 관한 사항을 규정하고 있는 국제규칙을 무엇이라고 하는가?

① BC Code ② IBC Code
③ IMDG Code ④ ISU Code

해설
화학제품은 IBC코드에 따라 분류되는데, 어떤 화학제품을 선박에 실을 것이냐에 따라 선박의 사양, 특히 화물 탱크 및 배관의 코팅 방법이 결정된다.

02 MARPOL 부속서 2의 규정에 따른 유해액체물질 중 강제예비세정(Prewash)을 하지 않아도 되는 것은?

① 모든 X류 물질
② 고점성 Y류 물질
③ 응고성 Y류 물질
④ OS(Other Substances) 물질

03 다음은 물과 반응 위험이 있는 석유화학제품을 적재할 때의 주의사항에 대한 설명이다. 틀린 것은?

① 물과 이중으로 분리된 탱크에 적부한다.
② 가열이 필요한 화물은 스팀을 사용할 수 없으므로 별도의 열교환장치가 필요하다.
③ 청수나 해수 등 물이 통과하는 배관도 분리가 되어야 한다.
④ 화물유 탱크 아래에 밸러스트탱크가 있는 경우는 슬로싱(Sloshing)이 발생하지 않도록 해수를 만재하여야 한다.

04 2007년 1월 1일 이후 건조된 케미컬탱커의 경우 양화 후 탱크와 배관 등에 잔류하는 물질의 양은 다음 중 몇 L 이내이어야 하는가?

① 75L ② 100L
③ 300L ④ 900L

05 다음 중 하역설비에서 Cargo Fall의 끝에 바로 연결되어 사용되는 것은 무엇인가?

① Cargo Sling
② Cargo Hook
③ Winch
④ Gin Block

해설
카고 훅
카고 폴의 끝에 연결되어 있으며, 화물이 싸매져 있는 카고 슬링에 걸기 위한 것이다.

06 일정한 배수량을 가진 선박이 해수의 비중과 다른 해상으로 갈 때 흘수의 변화를 설명한 것으로 알맞은 것은?

① 흘수 변화가 없다.
② 비중은 흘수 변화와 관련이 없다.
③ 비중이 작은 해상에서의 흘수가 비중이 큰 해상에서의 흘수보다 작다.
④ 비중이 작은 해상에서의 흘수가 비중이 큰 해상에서의 흘수보다 크다.

정답 1 ② 2 ④ 3 ④ 4 ① 5 ② 6 ④

07 선박이 수면에 떠 있을 때 작용하는 힘에 대한 설명으로 알맞은 것은?

① 중력과 부력이 동일방향으로 작용한다.
② 배수량이 일정하고 중심이 상방으로 작용한다.
③ 중심은 상방으로, 부심은 하방으로 작용할 때이다.
④ 중력과 부력의 크기가 같고 동일 직선상에서 작용한다.

08 다음 중 화물을 선수미 방향으로 배치할 때 영향을 받지 않는 것은 무엇인가?

① Hogging
② Trim
③ Bending Stress
④ Heeling

09 다음 중 선박의 선수미 방향으로 중력과 부력 차이의 분포를 나타낸 곡선은?

① 중량곡선 ② 부력곡선
③ 하중곡선 ④ 전단력곡선

10 적화용적(Cargo Capacity)에는 Grain Capacity(Vg)와 Bale Capacity(Vb)가 있다. 다음 중 일반화물선의 Vg와 Vb의 관계를 수식으로 나타낸 것으로 옳은 것은?

① $Vg < Vb$
② $Vg > Vb$
③ $Vg = Vb$
④ $Vg \leq Vb$

11 선적 화물의 용적이나 중량을 측정하여 증명서를 발급하는 검량업에 종사하는 자를 뜻하는 것은?

① 스원메저러(Sworn Measurer)
② 슈퍼카고(Super Cargo)
③ 탤리맨(Tallyman)
④ 포맨(Foreman)

해설
② 슈퍼카고 : 정기용선의 경우, 용선자 대신 본선에 승선하여 화물의 적부, 취급, 양하에 조언을 하는 사람
③ 탤리맨 : 화물을 적양하할 때 화물의 수량을 세는 검수업에 종사하는 사람
④ 포맨 : 하역회사에서 본선에 승선하여 작업하는 하역인부의 현장 책임자

12 유조선의 화물탱크 내에서 발생할 수 있는 화재 및 폭발사고 방지를 위해 가장 확실하고 효과적인 방법으로 현재 시행되고 있는 것은 무엇인가?

① 충격 방지
② 산소 농도 억제
③ 인화물질 제거
④ 불활성가스 제거

13 흡습성 화물을 적부할 경우 주의사항으로 틀린 것은?

① 발한(Sweat)을 방지하여야 한다.
② 발한(Sweat)에 의한 피해를 막는 것에 최대한 주의를 기울여야 한다.
③ 발한(Sweat) 방지를 위해 적절한 통풍환기를 행하여야 한다.
④ 발한(Sweat)의 발생을 감소시키기 위해 외부공기를 완전히 차단한다.

해설
흡습성 화물은 수분을 잘 흡수하기 때문에 운송 중 발한 손상이 우려되므로 적절한 통풍환기를 행하도록 한다.

정답 7 ④ 8 ④ 9 ③ 10 ② 11 ① 12 ② 13 ④

14 빌지 웰(Bilge Well)의 청소와 관련된 사항으로 적합한 내용은?

① 부유물이 있는 경우는 지장이 없으므로 그냥 둔다.
② 물로 씻어내고 난 후 빌지 보드(Bilge Board)를 비닐로 감싸 밀봉한다.
③ 청소 후 빌지 보드(Bilge Board)를 원상태로 덮어두고, 수밀되어서는 안 된다.
④ 빌지 웰(Bilge Well)은 찌꺼기가 모이는 곳이므로 발청된 부분(녹이 난 부분)은 그대로 둔다.

15 컨테이너 전용선의 하역에 사용되지 않는 것은 무엇인가?

① Gantry Crane ② Dunnage
③ Spreader ④ Cell Guide

해설
더니지
화물을 선박에 적재할 때 주로 화물 손상을 방지하는 것을 목적으로 사용되는 판재, 각재 및 매트 등을 말하는 것

16 공해상에서 항해하는 선박이 해당 국가 영토의 연장선으로서 주권을 표시하는 방법에 해당하는 것은?

① 공해상에서는 국기를 게양해서는 아니 된다.
② 선박의 선적국에 해당하는 국기를 게양한다.
③ 공해상에서는 국기 대신에 형상물로서 주권을 표시한다.
④ 선장과 선원의 국적이 다를 경우 선장의 국적에 해당하는 국기를 게양한다.

17 선박법상 외국선박이 국내 불개항장에 기항할 수 없는 경우에 해당하는 것은?

① 법률 또는 조약에 다른 규정이 있는 경우
② 해양사고를 피하려는 경우
③ 해양수산부장관의 허가를 받은 경우
④ 국내 연안 간의 운송에 종사하고자 할 경우

해설
불개항장에의 기항과 국내 각 항간에서의 운송금지(선박법 제6조)
한국선박이 아니면 불개항장에 기항하거나 국내 각 항간에서 여객 또는 화물의 운송을 할 수 없다. 다만, 법률 또는 조약에 다른 규정이 있거나, 해양사고 또는 포획을 피하려는 경우 또는 해양수산부장관의 허가를 받은 경우에는 그러하지 아니하다.

18 선박법에서 규정한 한국선박의 의무로 적합하지 않은 것은?

① 등기와 등록의 의무 ② 국기 게양의 의무
③ 연안 무역의 의무 ④ 명칭 등 표시의 의무

해설
등기와 등록(선박법 제8조)
한국선박의 소유자는 선적항을 관할하는 지방해양수산청장에게 해양수산부령으로 정하는 바에 따라 선박을 취득한 날부터 60일 이내에 그 선박의 등록을 신청하여야 한다.
국기 게양과 표시(선박법 제11조)
한국선박은 해양수산부령으로 정하는 바에 따라 대한민국 국기를 게양하고 그 명칭, 선적항, 흘수의 치수와 그 밖에 해양수산부령으로 정하는 사항을 표시하여야 한다.

19 선박법상 한국선박이 대한민국국기를 게양하여야 하는 경우에 해당되지 않는 것은?

① 대한민국의 등대 또는 해안망루로부터 요구가 있는 경우
② 외국항을 출입하는 경우
③ 해군 또는 해양경찰청 소속의 선박이나 항공기로부터 요구가 있는 경우
④ 전쟁이 선포된 해역을 항행하는 경우

해설
국기의 게양(선박법 시행규칙 제16조)
한국선박은 다음의 어느 하나에 해당하는 경우에는 선박의 뒷부분에 대한민국국기를 게양하여야 한다. 다만, 국내항 간을 운항하는 총톤수 50톤 미만이거나 최대속력이 25노트 이상인 선박은 조타실이나 상갑판 위쪽에 있는 선실 등 구조물의 바깥벽 양 측면의 잘 보이는 곳에 부착할 수 있다.

14 ③ 15 ② 16 ② 17 ④ 18 ③ 19 ④ 정답

- 대한민국의 등대 또는 해안망루로부터 요구가 있는 경우
- 외국항을 출입하는 경우
- 해군 또는 해양경찰청 소속의 선박이나 항공기로부터 요구가 있는 경우
- 그 밖에 지방청장이 요구한 경우

20 선박법상 항행의 안전을 확보할 수 있는 한도에서 선박의 여객 및 화물 등의 최대적재량을 나타내기 위하여 사용되는 지표를 뜻하는 것은?

① 재화중량톤수 ② 국제총톤수
③ 총톤수 ④ 순톤수

해설
선박톤수(선박법 제3조)
이 법에서 사용하는 선박톤수의 종류는 다음과 같다.
- 국제총톤수 : 1969년 선박톤수측정에 관한 국제협약 및 협약의 부속서에 따라 주로 국제항해에 종사하는 선박에 대하여 그 크기를 나타내기 위하여 사용되는 지표를 말한다.
- 총톤수 : 우리나라의 해사에 관한 법령을 적용할 때 선박의 크기를 나타내기 위하여 사용되는 지표를 말한다.
- 순톤수 : 협약 및 협약의 부속서에 따라 여객 또는 화물의 운송용으로 제공되는 선박 안에 있는 장소의 크기를 나타내기 위하여 사용되는 지표를 말한다.
- 재화중량톤수 : 항행의 안전을 확보할 수 있는 한도에서 선박의 여객 및 화물 등의 최대적재량을 나타내기 위하여 사용되는 지표를 말한다.

21 선박법상 국제톤수증서의 변경발급을 신청하는 사유에 해당되지 않는 것은?

① 선박명칭의 변경
② 선박번호의 변경
③ 선박소유자의 변경
④ 선박의 구조변경 등에 따른 국제톤수의 변경

해설
국제톤수증서 등의 변경발급(선박법 시행규칙 제19조)
선박의 소유자는 다음의 어느 하나에 해당하는 변경이 있는 경우에는 해당 선박의 선적항 또는 소재지를 관할하는 지방청장에게 선박의 국제톤수증서 또는 국제톤수확인서의 변경발급을 신청할 수 있다.
- 선박의 구조변경 등에 따른 국제톤수의 변경
- 등록사항 중 선박의 명칭 · 선박번호 · 호출부호 및 선적항의 변경

어선전문

01 어획물의 피 뽑기 처리에 쓰이는 물의 온도로 적당한 것은?

① 글레이징에 적합한 온도
② 어체 온도와 같은 온도
③ 고기의 서식 환경수보다 2~3℃ 낮은 온도
④ 얼음이 전부 녹지 않을 정도의 0℃ 부근

02 어획물을 상자에 담을 때의 주의사항으로 옳지 않은 내용은?

① 어종과 크기별로 잘 정돈한다.
② 물이 쉽게 빠지도록 담는다.
③ 갈치는 환상형으로 배열한다.
④ 가공 원료로 이용하는 고기는 등세우기법으로 배열한다.

해설
어획물을 상자에 담는 방법
- 동일 어종으로 크기가 같은 것끼리 담아야 하며, 혼합하여 담는 것을 피한다.
- 지나치게 많은 양의 고기를 담거나 큰 고기를 담아서 어상자를 몇 겹으로 쌓게 되면, 어체가 손상을 입으며, 얼음의 냉각작용이 고루 미치지 못하여 선도를 떨어뜨리는 원인이 된다.
- 주로 횟감으로 이용하는 고급 어종은 등세우기법, 가공 원료로 이용하는 어종은 배세우기법, 갈치는 환상형으로 배열한다.
- 물이 쉽게 빠지도록 해야 하며, 상처가 있거나 선도가 떨어진 어획물은 함께 담지 말아야 한다.

03 다음 중 빙장법의 종류에 해당하지 않는 것은?

① 팩 아이스법
② 수빙법
③ 냉각수 침지법
④ 일반 빙장법

정답 20 ① 21 ③ / 1 ③ 2 ④ 3 ①

04 어체를 쇠갈고리를 이용하여 어상자 등으로 옮길 때 어느 부분을 주로 찍는가?

① 두 부 ② 몸 통
③ 꼬 리 ④ 지느러미

05 참치 선망에서 어획물을 동결할 때 자주 사용하는 브라인의 종류는?

① 식 염 ② 염화칼슘
③ 염화마그네슘 ④ 알코올

06 글레이징 처리를 할 때 동결어를 담그는 청수의 온도는 약 몇 ℃가 적당한가?

① −1~0℃ ② 1~4℃
③ −2℃ ④ 10℃

해설
글레이징 처리
동결어(−18℃ 이하)를 냉장실(10℃ 이하)에서 냉수(0~4℃)에 수초(3~6초)간 담갔다가 꺼내면 표면에 얼음막이 생긴다. 이 작업을 2~3분 간격으로 2~3회 반복하여, 어체 표면 무게로 3~5%, 두께로 2~7mm의 얼음막이 형성되게 하는 것이다.

07 어창에 어상자를 적재하는 방법으로 옳은 것은?

① 고급 어종은 보호를 위해 제일 아래쪽에 쌓는다.
② 일반적으로 선수쪽에서 시작하여 선미쪽으로 쌓아간다.
③ 잡어종은 상자의 바닥쪽으로 흐트려 놓고 위쪽은 배를 아래로 세워 놓는다.
④ 일반적으로 선미쪽에서 시작하여 선수쪽으로 쌓아간다.

08 냉각해수 저장법에서 해수는 몇 ℃ 정도로 냉각하는 것이 적당한가?

① 0℃ ② −1℃
③ −5℃ ④ −10℃

해설
냉각해수 저장법
해수를 −1℃ 정도로 냉각하여 어획물을 그 냉각 해수에 침지시켜 저장하는 방법으로 선도 보존 효과가 좋다. 지방질 함유량이 높은 어류 등에 빙장법 대신에 이용하며, 해수에 대한 어류의 비율은 3~4 : 1로 한다.

09 빙장창의 관리방법으로 옳지 않은 것은?

① 얼음은 고운 것을 쓴다.
② 통풍시킨다.
③ 물이 잘 빠지도록 한다.
④ 오수를 배제한다.

10 냉동 사이클의 순서로 맞는 것은?

① 팽창 − 증발 − 압축 − 응축
② 응축 − 압축 − 증발 − 팽창
③ 증발 − 팽창 − 압축 − 응축
④ 팽창 − 증발 − 응축 − 압축

11 다음 중 ( ) 안에 알맞은 것은?

> 부면심(F)의 위치는 보통의 선형에 있어 선체 중앙에서 배 길이의 ( ) 전후방에 있다.

① 1/5~1/10
② 1/10~1/20
③ 1/30~1/60
④ 1/60~1/100

4 ① 5 ② 6 ② 7 ④ 8 ② 9 ② 10 ① 11 ③ 정답

해설

부면심

- 선박이 배수량의 변화 없이 화물을 이동하여 약간의 트림을 갖게 되면 신 수선면과 구 수선면의 교선은 반드시 한 점을 지나게 된다. 이 점은 수선 면적의 중심으로 선체 종경사의 중심이 되며, 부면심이라 한다.
- 부면심의 위치는 선체 중앙에서 배 길이의 1/30~1/60 전후방에 위치한다.
- 부면심을 지나는 수직선상에 화물을 적화 또는 양하하면 트림은 생기지 않는다.

12 데릭식 하역설비의 의장법에 해당되지 않는 것은?

① 크레인 방식
② 매리드 폴 방식
③ 슬루잉 붐 방식
④ 싱글 붐 방식

13 어선법상 어선소유자가 표시하거나 붙여야만 항행이 가능한 것에 해당되지 않는 것은?

① 어선의 명칭
② 흘수의 치수
③ 어선소유자의 성명
④ 어선번호판

해설

어선 명칭 등의 표시와 번호판의 부착(어선법 제16조)

어선의 소유자는 선박국적증서 등을 발급받은 경우에는 해양수산부령으로 정하는 바에 따라 지체 없이 그 어선에 어선의 명칭, 선적항, 총톤수 및 흘수의 치수 등을 표시하고 어선번호판을 붙여야 한다.

14 어선법상 어선의 선미 외부에 어선명칭 및 선적항을 표시할 때 글자 크기는 몇 cm 이상이어야 하는가?

① 5cm ② 10cm
③ 15cm ④ 20cm

해설

어선의 표시사항 및 표시방법(어선법 시행규칙 제24조)

선수양현의 외부에 어선명칭을, 선미 외부의 잘 보이는 곳에 어선명칭 및 선적항을 10cm 크기 이상의 한글(아라비아숫자를 포함한다)로 명료하고 내구력 있는 방법으로 표시하여야 한다.

15 어선의 소유자는 누구에게 어선의 등록을 하여야 하는가?

① 해양수산부장관
② 해당 어선의 선적항을 관할하는 지방해양수산청장
③ 해당 어선의 선적항을 관할하는 시장・군수・구청장
④ 해당 어선의 선적항을 관할하는 해양경비안전서장

해설

어선의 등기와 등록(어선법 제13조)

어선의 소유자나 해양수산부령으로 정하는 선박의 소유자는 그 어선이나 선박이 주로 입항・출항하는 항구 및 포구(선적항)를 관할하는 시장・군수・구청장에게 해양수산부령으로 정하는 바에 따라 어선원부에 어선의 등록을 하여야 한다.

16 다음 중 어선의 검사에 대한 내용을 규정하고 있는 것은?

① 선박안전법
② 어선법
③ 선박안전조업규칙
④ 수산업법

해설

목적(어선법 제1조)

이 법은 어선의 건조・등록・설비・검사・거래 및 조사・연구에 관한 사항을 규정하여 어선의 효율적인 관리와 안전성을 확보하고, 어선의 성능 향상을 도모함으로써 어업생산력의 증진과 수산업의 발전에 이바지함을 목적으로 한다.

정답 12 ① 13 ③ 14 ② 15 ③ 16 ②

17 **어선검사증서의 유효기간 기산일에 대한 설명이다. 알맞은 것은?**

① 최초로 정기검사를 받은 경우 해당 어선검사를 완료한 날
② 어선검사증서의 유효기간이 끝나기 전 3개월이 되는 날 이후에 정기검사를 받은 경우 종전 어선검사증서의 유효기간 만료일
③ 어선검사증서의 유효기간이 끝나기 전 3개월이 되는 날 전에 정기검사를 받은 경우 해당 어선검사증서를 발급 받은 날
④ 어선검사증서의 유효기간이 끝난 후에 정기검사를 받은 경우 종전 어선검사증서의 유효기간 만료일

해설
어선검사증서 유효기간 계산방법(어선법 시행규칙 제66조)
어선검사증서 유효기간의 계산방법은 다음에 따른 날부터 계산한다.
- 최초로 정기검사를 받은 경우 해당 어선검사증서를 발급받은 날
- 어선검사증서의 유효기간이 끝나기 전 3개월이 되는 날 이후에 정기검사를 받은 경우 종전 어선검사증서의 유효기간 만료일의 다음 날
- 어선검사증서의 유효기간이 끝나기 전 3개월이 되는 날 전에 정기검사를 받은 경우 해당 어선검사증서를 발급받은 날
- 어선검사증서의 유효기간이 끝난 후에 정기검사를 받은 경우 종전 어선검사증서의 유효기간만료일의 다음 날

18 **어선법에서 정하는 어선의 제2종 중간검사 대상이 되는 설비가 아닌 것은?**

① 항해설비
② 구명・소방설비
③ 거주・위생설비
④ 냉동・냉장설비

해설
중간검사(어선법 시행규칙 제44조)
제2종 중간검사 : 선체(선체의 내부 구조로 한정), 기관(선체 내부의 추진설비로 한정), 배수설비, 조타・계선・양묘설비(선체 내부의 조타설비로 한정), 구명・소방설비, 거주・위생설비, 항해설비

19 **어선법에 정하는 건조검사 대상 설비에 해당되는 것은?**

① 조타・계선설비
② 구명・소방설비
③ 거주・위생설비
④ 냉동・냉장설비

해설
건조검사 등(어선법 제22조)
어선을 건조하는 자는 선체, 기관, 배수설비, 조타・계선・양묘설비, 전기설비와 만재흘수선에 대하여 각각 어선의 건조를 시작한 때부터 해양수산부장관의 건조검사를 받아야 한다.

17 ③ 18 ④ 19 ① 정답

제 17 회

기출복원문제

상선전문

01 다음 중 더니지(Dunnage)를 사용하는 목적 또는 효과로 틀린 것은?

① 화물의 습기 제거
② 화물 간의 마찰 감소
③ 화물 적재량의 증가
④ 화물의 이동에 의한 손상 방지

해설
더니지의 사용 목적
화물의 무게 분산, 화물 간 마찰 및 이동 방지, 양호한 통풍환기, 화물의 습기 제거

02 케미컬탱커에서 화물 혼합사고를 방지하기 위하여 화물배관을 분리하는 방법에 해당하지 않은 것은?

① 독립배관 방식 이용
② 맹판(Blind Flange) 이용
③ 이동식 스풀피스(Spool Piece) 이용
④ 코먼라인(Common Line) 이용

03 다음 중 Optional Cargo란 무슨 화물을 말하는가?

① 소량 화물
② 부패성 화물
③ 양하지 선택 화물
④ 품목 선택 화물

04 유조선에서 각 Suction Line의 끝단에 설치되어 흡입구로 사용되는 설비로 옳은 것은?

① Vent Riser ② Joint
③ Bell Mouth ④ Expansion Bend

05 다음 중 ( ) 안에 알맞은 것은?

> 중량건은 일반적으로 40ft^{3}의 중량이 ( )을 초과하는 경우에 적용된다.

① 1Measurement ton ② 1Metric ton
③ 1Long ton ④ 1Short ton

06 완전한 화물 적재(Good Stowage)의 기초가 되는 적화계획의 수립목적으로 틀린 것은?

① 화물사고 방지 ② 선박의 감항성 확보
③ 최대량의 화물 적재 ④ 항해 중 선속의 유지

07 선박의 경하상태에 대한 설명으로 맞는 것은?

① 선박을 처음 건조하여 아무것도 싣지 아니한 상태이다.
② 밸러스트만 적재한 상태이다.
③ 선원, 연료, 청수를 만재한 상태이다.
④ 적화중량톤수의 절반인 상태이다.

해설
경하상태 : 화물과 공제중량을 적재하지 않은 상태로 선박 자체의 무게이다.

정답 1 ③ 2 ④ 3 ③ 4 ③ 5 ③ 6 ④ 7 ①

08 갑판면에서는 압축응력, 선저부에서 인장응력이 발생하는 상태를 나타내는 용어는 무엇인가?

① Hogging ② Sagging
③ Twisting ④ Shearing

해설

새깅상태

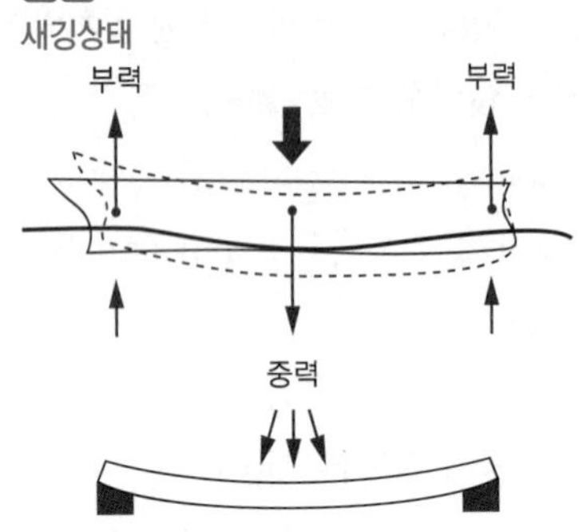

09 다음 중 원목적화 시 원목을 지주높이의 중간쯤 또는 1/3 정도 적재했을 때 와이어로 지주와 지주 사이를 느슨하게 엮어 놓는 것은 무엇인가?

① 오버 래싱
② 호그 래싱
③ 체인 래싱
④ 와이어 래싱

해설

원목선의 래싱 작업

- Hog Lashing : 지주 중간쯤 적화했을 때 와이어로 지주와 지주 사이를 느슨하게 엮어 놓는 래싱이다.
- Over Lashing : 갑판적화가 끝나고 상부의 원목을 둥글게 고른 다음 체인과 와이어로 고정하는 래싱이다.

10 1용적톤(Measurement ton)의 목재는 몇 B.F.에 해당되는가?

① 360B.F. ② 420B.F.
③ 480B.F. ④ 520B.F.

11 다음 중 흘수감정에 의한 배수량 계산 시 가장 나중에 하는 수정은 무엇인가?

① 트림 수정
② 물의 비중 수정
③ 선수미 흘수 수정
④ 호깅 및 새깅 수정

해설

흘수감정에 의한 배수량 계산

선수미 흘수의 평균 흘수에 대한 배수량을 배수량 등곡선 도표로 구하고, 새깅 및 호깅, 트림, 해수 비중에 대한 수정을 행하여 배수량을 계산한다.

12 Long ton으로 표시된 중량을 Metric ton으로 환산하는 관계식으로 맞는 것은?

① Metric ton = 907/1,000×Long ton
② Metric ton = 1,000/907×Long ton
③ Metric ton = 1,000/1,016.05×Long ton
④ Metric ton = 1,016.05/1,000×Long ton

해설

- 1Long ton = 2,240lbs = 1,016.05kg
- 1Metric ton = 1,000kg

13 다음 중 ( ) 안에 들어갈 말로 적합한 것은?

> 하역작업원이 선창 내에서 화물을 난폭하게 취급하는 행위를 발견하면 현장에서 주의를 주고 하역작업원의 책임자인 ( )을 통해서 강력한 주의를 주어야 한다.

① 검수원
② 검사원
③ 포 맨
④ 갑판장

8 ② 9 ② 10 ③ 11 ② 12 ④ 13 ③ 정답

14 화물을 선창에 적재할 때의 주의사항으로 옳지 않은 것은?

① 통풍환기가 잘 되도록 적재한다.
② 예인방법과 황천준비를 고려한다.
③ 항해 중 이동하지 않도록 고정시킨다.
④ 화물 중 무거운 것은 밑에 실어 중심을 낮춘다.

15 유조선의 탱크 내부 산소 농도를 낮추는 데 사용되는 기체로 옳은 것은?

① 부탄 가스 ② 석유 가스
③ 이너트 가스 ④ 프로판 가스

16 문제 삭제

17 다음 중 선박법의 목적에서 규정하지 않는 것은 무엇인가?

① 선박의 국적 ② 선박의 검사
③ 선박톤수의 측정 ④ 선박톤수의 등록

해설
목적(선박법 제1조)
이 법은 선박의 국적에 관한 사항과 선박톤수의 측정 및 등록에 관한 사항을 규정함으로써 해사에 관한 제도를 적정하게 운영하고 해상 질서를 유지하여, 국가의 권익을 보호하고 국민경제의 향상에 이바지함을 목적으로 한다.

18 선박법상 한국선박의 특권에 해당하는 것은?

① 불개항장의 기항
② 선급협회 가입
③ 선적항 표시
④ 호출부호 표시

해설
국기의 게양(선박법 제5조)
한국선박이 아니면 대한민국 국기를 게양할 수 없다.
불개항장에의 기항과 국내 각 항간에서의 운송금지(선박법 제6조)
한국선박이 아니면 불개항장에 기항하거나, 국내 각 항간에서 여객 또는 화물의 운송을 할 수 없다.

19 선박법상 선적항 설정에 대한 설명으로 틀린 것은?

① 개항에 정한다.
② 수면에 접한 곳이어야 한다.
③ 원칙적으로 선박소유자의 주소지에 정한다.
④ 선박소유자가 외국에 거주하더라도 한국에 선적항을 정할 수 있다.

해설
선적항(선박법 시행령 제2조)
- 선박법에 따른 선적항은 시·읍·면의 명칭에 따른다.
- 선적항으로 할 시·읍·면은 선박이 항행할 수 있는 수면에 접한 곳으로 한정한다.
- 선적항은 선박소유자의 주소지에 정한다. 다만, 다음의 어느 하나에 해당하는 경우에는 선박소유자의 주소지가 아닌 시·읍·면에 정할 수 있다.
  - 국내에 주소가 없는 선박소유자가 국내에 선적항을 정하려는 경우
  - 선박소유자의 주소지가 선박이 항행할 수 있는 수면에 접한 시·읍·면이 아닌 경우
  - 제주특별자치도 설치 및 국제자유도시 조성을 위한 특별법에 따라 선박등록특구로 지정된 개항을 선적항으로 정하려는 경우
  - 그 밖에 소유자의 주소지 외의 시·읍·면을 선적항으로 정하여야 할 부득이한 사유가 있는 경우

20 다음 중 선박법상 선박원부의 등록사항에 해당되지 않는 것은?

① 선박의 명칭
② 선적항
③ 총톤수
④ 만재흘수선

정답 14 ② 15 ③ 16 문제 삭제 17 ② 18 ① 19 ① 20 ④

해설
등록사항(선박법 시행규칙 제11조)
지방청장은 선박의 등록신청을 받았을 때에는 선박원부에 다음의 사항을 등록하여야 한다.
선박번호, 국제해사기구에서 부여한 선박식별번호(IMO번호), 호출부호, 선박의 종류 및 명칭, 선적항, 선질, 범선의 범장, 선박의 길이 · 너비 · 깊이, 총톤수, 폐위장소의 합계용적, 제외 장소의 합계용적, 기관의 종류와 수, 추진기의 종류와 수, 조선지, 조선자, 진수일, 소유자의 성명 · 주민등록번호 및 주소, 선박이 공유인 경우에는 각 공유자의 지분율

21 선박법상 선박국적증서에 대한 설명으로 틀린 것은?

① 선박국적증서는 그 선박이 한국 국적을 갖고 있다는 것과 그 선박의 동일성을 증명하는 공문서이다.
② 선박국적증서의 등기는 총톤수 20톤 이상의 기선과 범선 및 총톤수 100톤 이상의 부선에 대하여 발급한다.
③ 선박소유자는 선박원부에 등록된 것을 확인하고, 선박을 등기한다.
④ 선장은 선박국적증서를 선내에 비치하여야 한다.

해설
등기와 등록(선박법 제8조)
- 한국선박의 소유자는 선적항을 관할하는 지방해양수산청장에게 해양수산부령으로 정하는 바에 따라 선박을 취득한 날부터 60일 이내에 그 선박의 등록을 신청하여야 한다. 이 경우 선박등기법 제2조에 해당하는 선박은 선박의 등기를 한 후에 선박의 등록을 신청하여야 한다.
- 지방해양수산청장은 등록신청을 받으면 이를 선박원부에 등록하고 신청인에게 선박국적증서를 발급하여야 한다.

어선전문

01 다음 중 트롤에서 어획된 소형 고급 어종에 사용하는 급속 동결장치를 무엇이라고 하는가?

① 접촉식 ② 송풍식
③ 분무식 ④ 침지식

02 다랑어 주낙에 의한 어획물은 동결 시 어체 중심 온도가 몇 ℃ 이하로 감소하여야 글레이징을 하는가?

① −10℃ ② −20℃
③ −50℃ ④ −70℃

해설
횟감용 다랑어 글레이징 처리
동결어를 완전히 담글 수 있는 큰 그릇에 약 0℃까지 냉각시킨 청수를 담고, 이 청수 속에 동결어를 담갔다가 3~5초 후에 건져내어 어체 표면에 1~2mm 두께의 투명한 얼음막이 생기게 하며 처리한 냉동어는 −50℃ 이하의 어창에 저장한다.

03 어획물이 드레스 상태에서 척추골을 중심으로 양쪽의 육편만을 발라낸 것은?

① 필 레 ② 라운드
③ 팬 드레스 ④ 세미 드레스

해설
어체 및 어육의 명칭과 처리방법

종 류	명 칭	처리방법
어 체	라운드	머리, 내장이 붙은 전 어체
	세미 드레스	아가미, 내장 제거
	드레스	아가미, 내장, 머리 제거
	팬 드레스	머리, 아가미, 내장, 지느러미, 꼬리 제거
어 육	필 레	드레스하여 3장 뜨기 한 것
	청 크	드레스한 것을 뼈를 제거하고 통째 썰기 한 것
	스테이크	필레를 약 2cm 두께로 자른 것
	다이스	육편을 2~3cm 각으로 자른 것
	초 프	채육기에 걸어서 발라낸 육

04 다음 중 어류의 저온저장방법 중 가장 경제적이고 효율적인 방법은?

① 얼음 이용
② 드라이 아이스 이용
③ 펠티에 효과 이용
④ 증발하기 쉬운 액체 이용

21 ③ / 1 ① 2 ③ 3 ① 4 ④ 정답

05 다음의 회유어의 어육성분 중 계절에 따라 함유량의 변화가 가장 심한 것은 무엇인가?

① 지질과 수분
② 수분과 단백질
③ 지질과 탄수화물
④ 단백질과 탄수화물

06 고기 칸(Fish Pond)의 요건 및 이용방법으로 잘못된 것은?

① 필요 이상으로 깊게 만들지 않아야 한다.
② 직사 일광을 받지 않아야 한다.
③ 오랜 시간 방치할 때는 가끔 어체에 찬물을 끼얹어 건조와 온도 상승을 막아야 한다.
④ 어획물의 건조와 온도 상승을 막기 위해 배수하지 않고 계속 물을 뿌려야 한다.

07 어패류가 가지고 있는 독성분의 연결이 잘못된 것은?

① 복어 – 복어독
② 고등어 – 알레르기성 식중독
③ 담치 – 마비성 패류독
④ 망둑어 – 시과테라 독소

해설
시과테라는 태평양 열대지역의 쥐취, 비늘돔 등의 생선이나 시과를 먹은 경우 자주 발생한다.

08 어획물의 대량 적재 시 가장 큰 단점은 무엇인가?

① 대량 운송으로 인한 불편
② 하역 곤란
③ 선도 저하
④ 냉각 능력 감소

09 데릭(Derrick)의 의장에 있어서 Boom Top-up의 위험한 앙각은 몇 °인가?

① 45°　② 50°
③ 55°　④ 60°

10 용적톤에서 1톤의 용적으로 알맞은 것은?

① $40ft^3$　② $1,000ft^3$
③ $50m^3$　④ $480m^3$

11 다음 중 사이드 드럼이나 트롤 윈치와 같이 힘이 많이 걸리는 긴 줄을 감아올리는 어로기기로 옳은 것은?

① 권양기　② 페어 리더
③ 와이어 리더　④ 톱 롤러

12 수중에서 음파의 전파속도는 약 몇 m/sec인가?

① 340m/sec　② 500m/sec
③ 1,000m/sec　④ 1,500m/sec

13 어선법상 선박국적증서의 기재내용으로 틀린 것은?

① 어선의 총톤수
② 어선의 소유자
③ 어선의 추진기관
④ 어선의 용골거치일자

해설
선박국적증서(어선법 시행규칙 별지 제35호 서식)
소유자(성명, 주소, 전화번호), 어선번호 및 명칭, 호출부호 또는 명칭, 어선의 종류, 선체재질, 선적항, 범선의 범장, 추진기관, 추진기, 조선지, 조선자, 진수연월일, 주요치수(길이, 너비, 깊이), 총톤수, 용적

정답 5 ① 6 ④ 7 ④ 8 ③ 9 ① 10 ① 11 ① 12 ④ 13 ④

14 어선법상 어선의 표시사항에 대한 설명으로 틀린 것은?

① 어선의 명칭을 표시해야 함
② 어선의 선적항을 표시해야 함
③ 선적항은 선수양현의 명칭 아래에 표시해야 함
④ 배의 길이 24m 이상 어선은 흘수를 표시해야 함

해설
어선의 표시사항 및 표시방법(어선법 시행규칙 제24조)
어선에 표시하여야 할 사항과 그 표시방법은 다음과 같다.
- 선수양현의 외부에 어선명칭을, 선미외부의 잘 보이는 곳에 어선명칭 및 선적항을 10cm 크기 이상의 한글(아라비아숫자를 포함한다)로 명료하고 내구력 있는 방법으로 표시하여야 한다.
- 배의 길이 24m 이상의 어선은 선수와 선미의 외부 양측면에 흘수를 표시하기 위하여 선저로부터 최대흘수선상에 이르기까지 20cm마다 10cm 크기의 아라비아숫자로서 흘수의 치수를 표시하되, 숫자의 하단은 그 숫자가 표시하는 흘수선과 일치시켜야 한다.

15 어선법상 선박국적증서에 대한 설명 중 잘못된 것은?

① 선박국적증서의 발급 기준은 20톤 이상 어선이다.
② 선박국적증서는 원본을 그 어선에 비치해야 한다.
③ 어선의 소유자는 선박국적증서를 잃어버린 경우에는 14일 이내에 재발급을 신청해야 한다.
④ 등록이 말소된 어선의 소유자는 선박국적증서를 선적항을 관할하는 시・도지사에게 반납하여야 한다.

해설
등록의 말소와 선박국적증서 등의 반납(어선법 제19조)
등록이 말소된 어선의 소유자는 지체 없이 그 어선에 붙어 있는 어선번호판을 제거하고 14일 이내에 그 어선번호판과 선박국적증서 등을 선적항을 관할하는 시장・군수・구청장에게 반납하여야 한다. 다만, 어선번호판과 선박국적증서 등을 분실 등의 사유로 반납할 수 없을 때에는 14일 이내에 그 사유를 선적항을 관할하는 시장・군수・구청장에게 신고하여야 한다.

16 어선법에서 선박의 개조라고 보기 어려운 것은?

① 어선길이의 변경
② 어선너비의 변경
③ 추진기관의 출력 변경
④ 승선어선원수 변경

해설
정의(어선법 제2조)
개조란 다음의 어느 하나에 해당하는 것을 말한다.
- 어선의 길이・너비・깊이(주요치수)를 변경하는 것
- 어선의 추진기관을 새로 설치하거나 추진기관의 종류 또는 출력을 변경하는 것
- 어선의 용도를 변경하거나 어업의 종류를 변경할 목적으로 어선의 구조나 설비를 변경하는 것

17 어선법상 중간검사를 연기 받은 경우의 검사시기에 관한 기준으로 옳은 것은?

① 해당 검사기준일부터 6개월 이내
② 해당 검사기준일부터 12개월 이내
③ 정기검사 후 두 번째 검사기준일부터 6개월 이내
④ 정기검사 후 세 번째 검사기준일부터 12개월 이내

해설
중간검사시기의 연기(어선법 시행규칙 제45조)
해양수산부장관은 중간검사의 연기 신청이 있는 때에는 해당 어선의 항해 및 조업 일정을 고려하여 타당하다고 인정되는 경우 해당 검사기준일부터 12개월 이내의 기간을 정하여 그 검사시기를 연기할 수 있다.

18 다음 중 길이 24m 미만인 어선이 임시검사를 받아야 하는 경우로 틀린 것은?

① 하역설비의 신규 고정 설치
② 어로설비의 신규 고정 설치
③ 고정 설치된 구명설비의 변경
④ 고정 설치된 소방설비의 변경

14 ③ 15 ④ 16 ④ 17 ② 18 ② 정답

해설

임시검사(어선법 시행규칙 제47조)

어선용품 중 어선에 고정 설치되는 것으로서 새로 설치하거나 변경하려는 경우 어선소유자는 임시검사를 받아야 한다. 다만, 배의 길이 24m 미만인 어선의 경우에는 어선에 고정 설치되는 것으로서 하역설비, 구명 · 소방설비, 항해설비로 한정한다.

19 **어선이 정기검사를 받으려는 때에 어선검사신청서에 첨부하여 해양수산부장관에게 제출하여야 하는 것은?**

① 해당 어선의 등기필증

② 해당 어선의 어선원부

③ 해당 어선의 사고 이력서

④ 해당 어선의 정기검사 관련 승인도면

해설

정기검사(어선법 시행규칙 제43조)

최초로 항행에 사용하는 어선에 대하여 정기검사를 받으려는 어선소유자는 어선검사신청서에 다음의 서류를 첨부하여 해양수산부장관에게 제출하여야 한다.

- 건조검사증서 또는 별도건조검사증서
- 정기검사 관련 승인도면(도면을 승인한 대형검사기관에 신청하는 경우에는 생략한다)
- 어선용품의 예비검사증서
- 어선용품의 검정증서
- 어선용품의 건조 · 제조확인증 또는 정비확인증

정답 19 ④

제 18 회

기출복원문제

상선전문

01 선적 화물의 관리에 관한 본선 측의 주의 의무이행에 대한 중요한 증거서류로 옳은 것은?

① 기관일지 ② 벨 북
③ 항해일지 ④ 기름기록부

02 다음 중 구서훈증소독증의 유효기간은 몇 개월인가?

① 3개월 ② 6개월
③ 9개월 ④ 12개월

03 선수 흘수 4.00m, 선미 흘수 6.00m, 중앙부 흘수 5.10m이다. Hogging/Sagging에 대한 배수량 수정치는 약 몇 톤인가?(단, 매 cm 배수톤은 40톤이다)

① −300톤 ② 300톤
③ −400톤 ④ 400톤

04 배수량 계산에 대한 설명 중 틀린 것은?

① 표준해수에서는 비중 수정이 필요 없다.
② Hogging 시의 수정치는 (+)양이다.
③ 트림이 없으면 선수미 흘수의 수정은 필요 없다.
④ 흘수감정에서 가장 먼저 이뤄지는 수정은 선수미 흘수수정이다.

해설
호깅 시 수정치는 (−), 새깅 시 수정치는 (+)이다.

05 순적화중량을 구하기 위하여 적화중량톤수에서 공제되는 중량으로 맞지 않는 것은?

① 밸러스트의 무게 ② 청수의 무게
③ 연료의 무게 ④ 무포장화물의 무게

해설
- 순적화중량톤수 : 만재배수량에서 경하배수량과 화물 이외의 모든 중량을 뺀 중량톤수
- 공제중량 : 연료, 윤활유, 청수, 밸러스트, 창고품, 식료품, 선원 및 소지품, 화물보호재, 화물 이동방지판, 불명중량

06 다음 중 우리나라 연해구역을 항해구역으로 하는 선박이 적용받는 만재흘수선의 적용 대역은 무엇인가?

① 동기대역 ② 하기대역
③ 열대대역 ④ 계절동기대역

07 다음 중 목재의 검재단위인 1Board Measure에 해당하는 것은 무엇인가?

① 10Board feet ② 100Board feet
③ 500Board feet ④ 1,000Board feet

08 다음 중 선박의 경하배수량에 불포함되는 것은?

① 선박평형수(Ballast Water)량
② 법정속구와 예비품
③ 완성된 상태의 선체 및 기관
④ 보통의 작동상태에 있는 보일러 및 콘덴서의 물

1 ③ 2 ② 3 ② 4 ② 5 ④ 6 ② 7 ④ 8 ① 정답

해설
① 선박평형수는 공제중량이다.
경하상태 : 화물과 공제중량을 적재하지 않은 상태이다.

09 하역책임사관의 수행 업무로 틀린 것은?

① 하역이 종료되면 하역책임사관이 화물인수증을 발행한다.
② 입항하면 곧 대리점, 하역업자와 하역에 관한 협의를 한다.
③ 1등 항해사의 지시를 받아 하역 중 선창을 담당하여 하역작업을 감독한다.
④ 하역에 필요한 사항을 하역감독사관과 하역인부에게 지시하여 신속한 하역작업과 위험방지에 노력해야 한다.

해설
③번은 하역감독사관에 관한 설명이다.

10 다음 중 포대 등의 포장된 화물을 선창 안에 실었을 때에 차지하는 선창용적을 무엇이라고 하는가?

① Bay Capacity　② Bale Capacity
③ Case Capacity　④ Grain Capacity

해설
② 베일용적 : 포장 화물을 선창 안에 실었을 때의 선창용적
④ 그레인용적 : 광석 · 공물 등 산적 화물을 선창에 실었을 때의 선창용적

11 유조선이 양화항 터미널에 접안 후 육상 측과 협의할 내용으로 틀린 것은?

① Manifold 연결(직경, 수)
② Loading Rate
③ 통신수단
④ 비상시의 조치

12 화물틈에 포함되지 않는 용적으로 옳은 것은?

① 화물상호 간의 간격
② 화물과 선창 내 구조물과의 간격
③ Dunnage가 차지하는 용적
④ Frame의 용적

해설
화물틈
- 화물 상호 간의 간격
- 화물과 선창 내 구조물과의 간격
- 통풍, 환기 및 팽창 용적으로서의 공간
- 더니지, 화물 이동 방지판 등이 차지하는 용적

13 유조선의 화물탱크 내에서 정전기가 가장 잘 발생하는 곳은 어디인가?

① 탱크 벽　② 탱크 중간
③ 탱크 상부　④ 돌출 구조물

14 다음 중 화물의 적재 시에 운송 중 발한(Sweat)에 의한 화물 사고를 방지하기 위하여 최대의 주의를 요하는 화물로 알맞은 것은?

① 액체 화물　② 중량 화물
③ 흡습성 화물　④ 갑판적화물

해설
흡습성 화물은 수분을 잘 흡수하기 때문에 운송 중 발한 손상이 우려되므로 적절한 통풍환기를 행하도록 한다.

15 전용 컨테이너선에서 선창 내의 컨테이너를 구조적으로 지지하는 것은 무엇인가?

① RORO　② 셀 구조
③ LOLO　④ 이중 구조

16 문제 삭제

정답 9 ③ 10 ② 11 ② 12 ④ 13 ④ 14 ③ 15 ② 16 문제 삭제

17 다음 중 선박의 국적에 관한 사항을 규정하는 법은 무엇인가?

① 선박안전법 ② 선박법
③ 국제선박등록법 ④ 선박등기법

해설
목적(선박법 제1조)
이 법은 선박의 국적에 관한 사항과 선박톤수의 측정 및 등록에 관한 사항을 규정함으로써 해사에 관한 제도를 적정하게 운영하고 해상 질서를 유지하여, 국가의 권익을 보호하고 국민경제의 향상에 이바지함을 목적으로 한다.

18 선박법에 따른 선적항이 필요한 이유로 틀린 것은?

① 선박의 등기와 등록
② 관할 관청을 정하는 표준
③ 선박에 대한 행정상 감독의 편의
④ 선박소유자 확인의 편의

19 문제 삭제

20 선박국적증서가 가지는 효력으로 틀린 것은?

① 톤수 증명 ② 국적 증명
③ 항행권 증명 ④ 해기사자격 증명

21 다음 중 선박법상 우리나라 해사에 관한 법령을 적용할 때 선박의 크기를 나타내기 위하여 사용되는 지표로 옳은 것은?

① 총톤수 ② 국제총톤수
③ 순톤수 ④ 재화중량톤수

해설
선박톤수(선박법 제3조)
이 법에서 사용하는 선박톤수의 종류는 다음과 같다.
- 국제총톤수 : 1969년 선박톤수측정에 관한 국제협약 및 협약의 부속서에 따라 주로 국제항해에 종사하는 선박에 대하여 그 크기를 나타내기 위하여 사용되는 지표를 말한다.
- 총톤수 : 우리나라의 해사에 관한 법령을 적용할 때 선박의 크기를 나타내기 위하여 사용되는 지표를 말한다.
- 순톤수 : 협약 및 협약의 부속서에 따라 여객 또는 화물의 운송용으로 제공되는 선박 안에 있는 장소의 크기를 나타내기 위하여 사용되는 지표를 말한다.
- 재화중량톤수 : 항행의 안전을 확보할 수 있는 한도에서 선박의 여객 및 화물 등의 최대적재량을 나타내기 위하여 사용되는 지표를 말한다.

어선전문

01 수산물 동결품의 제조 공정에서 전처리 공정에 해당되지 않는 것은?

① 선 별
② 칭 량
③ 글레이징
④ 어체 처리

해설
동결된 어획물의 처리 공정
- 전처리 공정 : 선별 – 수세 및 물 빼기 – 어체 처리 – 재수세 및 물 빼기 – 선별 – 산화 방지제 및 동결변성 방지제 처리 – 칭량 – 속포장 – 팬 넣기
- 후처리 공정 : 동결 – 팬 빼기 – 글레이징 – 포장 – 동결 저장

02 사후 경직에 도달한 근육이 차츰 연해지기 시작하는 현상을 무엇이라고 하는가?

① 해 경
② 해당 작용
③ 자가 소화
④ 사후 경직

17 ② 18 ④ 19 문제 삭제 20 ④ 21 ① / 1 ③ 2 ① 정답

해설

② 해당 작용 : 사후 산소공급이 끊겨 글리코겐이 분해되어 젖산으로 분해
③ 자가 소화 : 어체 조직 속에 있는 효소의 작용으로 조직을 구성하는 단백질, 지방질, 글리코겐과 그 밖의 유기물이 저급의 화합물로 분해되는 현상
④ 사후 경직 : 근육의 투명감이 떨어지고 수축하여 어체가 굳어지는 현상

03 빙온 저장의 일반적인 온도 범위로 옳은 것은?

① −18℃ 이하
② −60∼−40℃
③ −40℃ 이하
④ −2∼0℃

해설

식품의 저온 저장 온도 범위
- 냉장 : 0∼10℃
- 칠드 : −5∼5℃
- 빙온 : −1℃
- 부분 동결 : −3℃
- 동결 : −18℃ 이하

04 다음 중 다랑어를 저장 처리할 때 일반적으로 내장을 제거하지 않는 것은?

① 참다랑어
② 황다랑어
③ 눈다랑어
④ 날개다랑어

05 어선의 냉동장치에서 누설될 경우 산소 부족으로 생명이 위험하게 되는 냉매의 종류는 무엇인가?

① 질 소
② 일산화탄소
③ 프레온
④ 염화칼슘

06 어체 처리방법 중 Dressed한 것에서 다시 지느러미까지 제거한 제품은?

① Round
② Semi-dressed
③ Fillet
④ Pan-dressed

해설

어체 및 어육의 명칭과 처리방법

종 류	명 칭	처리방법
어 체	라운드	머리, 내장이 붙은 전 어체
	세미 드레스	아가미, 내장 제거
	드레스	아가미, 내장, 머리 제거
	팬 드레스	머리, 아가미, 내장, 지느러미, 꼬리 제거
어 육	필 레	드레스하여 3장 뜨기 한 것
	청 크	드레스한 것을 뼈를 제거하고 통째 썰기 한 것
	스테이크	필레를 약 2cm 두께로 자른 것
	다이스	육편을 2∼3cm 각으로 자른 것
	초 프	채육기에 걸어서 발라낸 육

07 다음 중 자가 소화는 어느 작용으로 일어나는 현상인가?

① 아미노산 ② 세 균
③ 효 소 ④ 효 모

08 어육 속의 수분과 지질의 함유량은 몇 % 정도인가?

① 50% 전후 ② 60% 전후
③ 70% 전후 ④ 80% 전후

해설

어패육의 일반적인 성분 조성
- 수분 : 65∼85%
- 단백질 : 15∼25%
- 지방질 : 0.5∼25%
- 탄수화물 : 0∼1.0%
- 회분 : 1.0∼3.0%
- 수분을 제외한 나머지 성분(고형물) : 15∼30%

정답 3 ④ 4 ④ 5 ③ 6 ④ 7 ③ 8 ④

09 저온 세균은 약 몇 ℃ 이하에서 작용이 거의 정지되는가?

① 0℃ ② −5℃
③ −10℃ ④ −15℃

해설
온도에 따른 품질
0℃까지 온도를 내리면 미생물의 작용은 상당히 억제되며, 체내의 효소는 −20℃ 이하, 저온에 비교적 강한 저온 세균, 효모, 곰팡이도 −10℃ 이하가 되면 작용이 거의 정지한다.

10 어로 성능을 유지시키면서 어획물을 적재할 경우 가장 주의가 필요한 것은?

① 어창의 적재 순위
② 내장판의 수밀
③ 더니지(Dunnage)의 손상
④ 빌지 웰의 정비

11 선체의 복원력에 영향을 주는 요소로 옳지 않은 것은?

① 경사각 ② 중 심
③ 부 심 ④ 선 속

12 데릭의 하중시험은 제한하중이 10톤을 초과하는 경우 붐의 앙각을 몇 °로 시행하는가?

① 10°
② 15°
③ 20°
④ 25°

해설
안전사용하중이 10톤 이하인 것에는 15°, 제한하중이 10톤을 넘는 것에는 25°의 앙각으로 행한다.

13 어선의 등록이 말소된 선박의 소유자는 누구에게 어선번호판 및 선박국적증서 등을 반납해야 하는가?

① 선적항을 관할하는 지방해양수산청장
② 선적항에 소재하는 지구 수산업협동조합장
③ 해양수산부장관
④ 선적항을 관할하는 시장·군수·구청장

해설
등록의 말소와 선박국적증서 등의 반납(어선법 제19조)
등록이 말소된 어선의 소유자는 지체 없이 그 어선에 붙어 있는 어선번호판을 제거하고 14일 이내에 그 어선번호판과 선박국적증서 등을 선적항을 관할하는 시장·군수·구청장에게 반납하여야 한다. 다만, 어선번호판과 선박국적증서 등을 분실 등의 사유로 반납할 수 없을 때에는 14일 이내에 그 사유를 선적항을 관할하는 시장·군수·구청장에게 신고하여야 한다.

14 어선소유자가 톤수의 측정 또는 개측을 받을 장소로 항행하려는 경우에 받아야 하는 검사로 옳은 것은?

① 임시항행검사 ② 임시검사
③ 정기검사 ④ 중간검사

해설
임시항행검사(어선법 시행규칙 제48조)
어선소유자가 임시항행검사를 받아야 하는 경우는 다음과 같다.
• 총톤수의 측정 또는 개측을 받을 장소로 항행하려는 경우
• 어선검사를 받기 위하여 시운전을 하려는 경우
• 그 밖에 어선검사증서의 효력이 상실되었거나 어선검사증서를 발급받기 전에 부득이한 사정으로 임시로 항행하려는 경우

15 다음 중 어선법령에서 어선등록원부 기재사항이 아닌 것은?

① 어선소유자 성명 ② 추진기의 종류
③ 최대승선 정원 ④ 진수연월일

해설
등록사항(어선법 시행규칙 제23조)
시장·군수·구청장은 어선의 등록 신청이 있는 때에는 다음의 사항을 어선원부에 기재하여야 한다.
• 어선번호
• 호출부호 또는 호출명칭

9 ③ 10 ① 11 ④ 12 ④ 13 ④ 14 ① 15 ③ 정답

- 어선의 종류
- 어선의 명칭
- 선적항
- 선체재질
- 범선의 범장(범선의 경우에 한한다)
- 배의 길이
- 배의 너비
- 배의 깊이
- 총톤수
- 폐위장소의 합계용적
- 제외장소의 합계용적
- 기관의 종류 · 마력 및 대수
- 추진기의 종류 및 수
- 조선지
- 조선자
- 진수연월일
- 소유자의 성명 · 주민등록번호 및 주소(법인인 경우에는 법인의 명칭 · 법인등록번호 및 주소)
- 공유자의 지분율(어선이 공유인 경우에 한한다)

16 **어선소유자가 어선의 등록을 하려면 해양수산부장관에게 다음 중 무엇을 신청하여야 하는가?**

① 국제총톤수 측정
② 총톤수 측정
③ 순톤수 측정
④ 재화중량톤수 측정

해설
어선의 총톤수 측정 등(어선법 제14조)
어선의 소유자가 어선의 등록을 하려면 해양수산부령으로 정하는 바에 따라 해양수산부장관에게 어선의 총톤수 측정을 신청하여야 한다.

17 **배의 길이 24m 미만인 어선의 중간검사에 관한 규정으로 알맞은 것은?**

① 제1종 중간검사를 받아야 한다.
② 경우에 따라 제2종 중간검사를 받을 수 있다.
③ 총톤수 5톤 미만인 어선은 중간검사를 면제한다.
④ 정기검사 후 두 번째 검사기준일 전 2개월부터 세 번째 검사 기준일 후 2개월까지의 기간 이내에 받아야 한다.

해설
중간검사(어선법 시행규칙 제44조)
중간검사는 제1종 중간검사와 제2종 중간검사로 구분하며, 어선 규모에 따라 받아야 하는 중간검사의 종류와 그 검사 시기는 다음과 같다. 다만, 총톤수 2톤 미만인 어선은 중간검사를 면제한다.
- 배의 길이가 24m 미만인 어선 : 제1종 중간검사를 정기검사 후 두 번째 검사기준일 전 3개월부터 세 번째 검사기준일 후 3개월까지의 기간 이내에 받을 것
- 배의 길이가 24m 이상인 어선
  - 선령이 5년 미만인 어선 : 제1종 중간검사를 정기검사 후 두 번째 검사기준일 전 3개월부터 세 번째 검사기준일 후 3개월까지의 기간 이내에 받을 것
  - 선령이 5년 이상인 어선
    ㉠ 제1종 중간검사 : 정기검사 후 두 번째 검사기준일 전후 3개월 이내 또는 세 번째 검사기준일 전후 3개월 이내의 기간 중 하나를 선택하여 그 기간 이내에 받을 것. 다만, 선저검사(어선의 밑부분에 대한 검사를 말한다)는 지난 번 선저검사일부터 3년을 초과해서는 아니 된다.
    ㉡ 제2종 중간검사 : 정기검사 또는 제1종 중간검사를 받아야 하는 연도의 검사기준일을 제외한 검사기준일의 전후 3개월의 기간 이내에 받을 것

18 **다음 중 어선법상 어선검사증서에 대한 설명으로 적절한 것은?**

① 건조검사에 합격한 경우에 발급한다.
② 어선검사증서의 유효기간은 3년이다.
③ 어선검사증서에 어업의 종류는 기재되지 않는다.
④ 어선검사증서를 선내에 비치하여야 항행할 수 있다.

해설
검사증서의 발급 등(어선법 제27조)
해양수산부장관은 정기검사에 합격된 경우에는 어선검사증서(어선의 종류 · 명칭 · 최대승선인원 및 만재흘수선의 표시 위치 등을 기재하여야 한다)를 발급한다.
검사증서의 유효기간(어선법 제28조)
어선검사증서의 유효기간은 5년으로 한다.
어선검사증서(어선법 시행규칙 별지 제62호 서식)
어선의 명칭, 어선번호, 선질, 총톤수, 어업의 종류, 추진기관, 배의 길이, 최대승선인원, 항해와 관련한 조건, 유효기간, 만재흘수선의 위치, 연장된 유효기간, 차기검사(검사기준일, 검사종류, 검사사항), 검사완료일, 선박검사원의 성명, 검사기관(인)

정답 16 ② 17 ① 18 ④

19 **어선을 건조하는 자가 받아야 하는 건조검사의 대상 설비로 알맞지 않은 것은?**

① 배수설비
② 양묘설비
③ 전기설비
④ 항해설비

해설
건조검사 등(어선법 제22조)
어선을 건조하는 자는 선체, 기관, 배수설비, 조타 · 계선 · 양묘설비, 전기설비의 설비와 만재흘수선에 대하여 각각 어선의 건조를 시작한 때부터 해양수산부장관의 건조검사를 받아야 한다. 다만, 배의 길이 24m 미만의 목선 등 해양수산부령으로 정하는 어선의 경우에는 그러하지 아니하다.

19 ④ 정답

제 19 회 기출복원문제

상선전문

01 다음 중 케미컬탱커에서 X류 및 Y류 물질에 대한 탱크 세정 후 세정수는 어디를 통하여 배출하도록 규정하는가?

① 흘수선상에서 배출
② 흘수선보다 상부에서 배출
③ 수면하 배출구를 통하여 배출
④ 밸러스트 배출구를 통하여 배출

02 독성이나 방사성을 가지고 인체나 환경에 위험을 야기시키는 화물은 무엇인가?

① 장척 화물　② 위험 화물
③ 거대 화물　④ 조악 화물

03 다음 중 화표에서 기호나 숫자 등으로 내용품의 품질을 나타내는 것은 무엇인가?

① Care Mark
② Case No.
③ Export Mark
④ Quality Mark

해설
④ Quality Mark : 품질 마크
① Care Mark : 주의 마크
② Case Number : 화물 번호
③ Export Mark : 수출지 마크

04 Derrick 장치에서 Boom의 앙각을 조정하는 것은 무엇인가?

① Guy Wire
② Topping Lift Wire
③ Cargo Wire
④ Shroud Wire

05 문제 삭제

06 다음 중 무게의 이동으로 인한 트림 모멘트를 나타내는 식은?(단, w : 이동 화물의 무게, d : 화물의 이동거리, t : 트림의 변화량, MTC : 매 cm 트림 모멘트)

① $w \times d = MTC \times t$
② $w \times MTC = d \times t$
③ $w \times t = MTC \times d$
④ $w \times d = MTC$

07 다음 중 (　) 안에 들어갈 말로 적합한 것은?

> 선박은 해수 비중이 다른 곳으로 이동하면 비중 차이에 의한 (　)의 변화로 흘수가 달라진다.

① 중 심
② 경 심
③ 부면심
④ 부 력

정답 1 ③ 2 ② 3 ④ 4 ② 5 문제 삭제 6 ① 7 ④

08 Hogging/Sagging 배수량 수정에 대한 설명으로 틀린 것은?

① 선체의 Bending에 대한 수정이다.
② Trim에도 관련이 된다.
③ Sagging일 때 수정치의 부호는 (+)가 된다.
④ 대형선일수록 수정값이 커진다.

09 트림을 수정하는 계산에 사용되는 것으로 틀린 것은?

① 매 cm 트림 모멘트
② 부면심의 위치
③ 이동 화물의 무게
④ GM

10 선박의 Trim이 1.5m인 때 Even Keel로 하고자 한다. 100톤의 화물을 이동시켜야 할 거리는 몇 m인가?(단, 매 cm 트림 모멘트는 100ton-m이다)

① 50m
② 100m
③ 150m
④ 250m

해설
- 트림변화량 = (화물중량×이동거리)/MTC
- 이동거리 = MTC(100)×트림변화량(150)/화물중량(100) = 150m

11 더니지(Dunnage)를 사용하는 목적으로 틀린 것은?

① 화물의 무게 분산
② 화물의 이동방지
③ 양호한 통풍환기
④ 화물틈(Broken Space)의 감소

해설
더니지의 사용 목적
화물의 무게 분산, 화물 간 마찰 및 이동방지, 양호한 통풍환기, 화물의 습기 제거

12 Container Terminal의 시설 중에서 본선 입항 전에 Container를 미리 선적할 순서로 배열해 두는 장소로서 Apron과 인접해 있는 것은 무엇인가?

① Storage Yard
② Marshalling Yard
③ Container Freight Station
④ Inland Container Depot

해설
마셜링 야드(MY) : 선박이 입항하기 전에 미리 계획된 선적 순서에 따라 컨테이너를 쌓아 두는 동시에, 양하된 컨테이너를 CY나 CFS로 이동시키거나 또는 화주의 인도 요구에 즉시 응할 수 있도록 일시 장치하여 두는 장소이다.

13 다음 중 컨테이너선 선창에서 컨테이너의 이동을 막는 구조는?

① Stacker Construction
② Cellular Construction
③ Square Construction
④ Waterproof Construction

14 다음 중 곡물의 운송 중에 생기는 손상에 해당되지 않는 것은?

① 충격 손상
② 침수 손상
③ 발한 손상
④ 열 손상

8 ② 9 ④ 10 ③ 11 ④ 12 ② 13 ② 14 ① 정답

15 화물을 컨테이너화하여 운송하는 경우의 장점으로 잘못된 것은?

① 다른 운송수단과의 연계 수송이 쉽다.
② 화물의 파손과 도난을 방지할 수 있다.
③ 포장비, 창고비 및 부선 사용료가 절약된다.
④ 하역시간이 단축되어 선박운항의 회전율이 낮다.

해설
화물을 컨테이너화하여 운송하는 경우 하역시간이 단축되어 선박운항의 회전율이 높다.

16 선박법의 제정 목적 및 내용으로 맞지 않는 것은?

① 해사에 관한 제도의 적정한 운영
② 해상의 질서유지
③ 국민경제의 향상과 국가권익의 보호
④ 선박의 감항성 유지와 안전 확보

해설
목적(선박법 제1조)
이 법은 선박의 국적에 관한 사항과 선박톤수의 측정 및 등록에 관한 사항을 규정함으로써 해사에 관한 제도를 적정하게 운영하고 해상 질서를 유지하여, 국가의 권익을 보호하고 국민경제의 향상에 이바지함을 목적으로 한다.

17 선박법상 한국선박의 의무가 아닌 것은?

① 등기와 등록
② 선박의 표시
③ 무역항에의 기항
④ 선박국적증서의 비치

해설
등기와 등록(선박법 제8조)
한국선박의 소유자는 선적항을 관할하는 지방해양수산청장에게 해양수산부령으로 정하는 바에 따라 선박을 취득한 날부터 60일 이내에 그 선박의 등록을 신청하여야 한다.
국기 게양과 항행(선박법 제10조)
한국선박은 선박국적증서 또는 임시선박국적증서를 선박 안에 갖추어 두지 아니하고는 대한민국 국기를 게양하거나 항행할 수 없다.
국기 게양과 표시(선박법 제11조)
한국선박은 해양수산부령으로 정하는 바에 따라 대한민국 국기를 게양하고 그 명칭, 선적항, 흘수의 치수와 그 밖에 해양수산부령으로 정하는 사항을 표시하여야 한다.

18 선적항에 관한 설명 중 알맞지 않은 것은?

① 선박이 상시 발항 또는 귀항하는 항해기지로서 해상기업경영의 중심이 되는 항
② 선박소유자가 선박의 등기, 등록을 하고 선박국적증서의 발급을 받는 곳
③ 선박소유자의 주소가 서울일 때에는 그 소유 선박의 선적항은 원칙적으로 부산항이다.
④ 선적항은 등록항, 본거항의 의미로 사용될 수 있다.

해설
선적항(선박법 시행령 제2조)
- 선적항은 시·읍·면의 명칭에 따른다.
- 선적항으로 할 시·읍·면은 선박이 항행할 수 있는 수면에 접한 곳으로 한정한다.
- 선적항은 선박소유자의 주소지에 정한다. 다만, 다음의 어느 하나에 해당하는 경우에는 선박소유자의 주소지가 아닌 시·읍·면에 정할 수 있다.
  - 국내에 주소가 없는 선박소유자가 국내에 선적항을 정하려는 경우
  - 선박소유자의 주소지가 선박이 항행할 수 있는 수면에 접한 시·읍·면이 아닌 경우
  - 제주특별자치도 설치 및 국제자유도시 조성을 위한 특별법에 따라 선박등록특구로 지정된 개항을 선적항으로 정하려는 경우
  - 그 밖에 소유자의 주소지 외의 시·읍·면을 선적항으로 정하여야 할 부득이한 사유가 있는 경우

19 다음 서류 중 선박법상 선박의 등록신청에 필요한 것은?

① 선박보험증서, 선박등기부 등본
② 선박등기부 등본, 총톤수 측정증명서
③ 선박보험증서, 총톤수 측정증명서
④ 선박등기부 등본, 총톤수 측정신청서

정답 15 ④ 16 ④ 17 ③ 18 ③ 19 ②

해설
선박의 등록신청(선박법 시행규칙 제10조)
선박의 등록을 신청하려는 자는 선박등록신청서에 다음의 서류를 첨부하여 해당 선박의 선적항을 관할하는 지방청장에게 제출하여야 한다.
- 선박 총톤수 측정증명서(공단 또는 선급법인으로부터 선박 총톤수 측정증명서를 발급받은 경우로 한정한다)
- 선박등기부 등본(선박등기 대상 선박으로 한정한다)

20 선박국적증서에 관한 설명으로 잘못된 것은?

① 선박국적증서에는 유효기간이 지정되어 있다.
② 선박국적증서는 영역서로 발급될 수 있다.
③ 특별한 경우 외에 선박국적증서가 없으면 선박을 항해에 사용하지 못한다.
④ 선박의 국적, 선박의 개성 및 동일성을 증명한다.

해설
선박국적증서 등의 영역서 발급(선박법 시행규칙 제15조)
선박국적증서 또는 임시선박국적증서의 영역서를 발급받으려는 자는 영역서 발급신청서를 선박국적증서 영역서 발급신청의 경우에는 해당 선박의 선적항을 관할하는 지방청장에게 제출하고, 임시선박국적증서 영역서 발급신청의 경우에는 해당 선박의 소재지를 관할하는 지방청장 또는 영사에게 제출하여야 한다.
국기 게양과 항행(선박법 제10조)
한국선박은 선박국적증서 또는 임시선박국적증서를 선박 안에 갖추어 두지 아니하고는 대한민국 국기를 게양하거나 항행할 수 없다.

21 다음 중 ( ) 안에 들어갈 말로 적절한 것은?

선박법상 외국에서 취득한 선박을 외국의 각 항간에서 항행시키는 경우 선박소유자는 ( )에게 그 선박의 총톤수의 측정을 신청할 수 있다.

① 대한민국 영사　② 본사 대리점
③ 선급협회 지점　④ 건조 조선소

해설
선박톤수 측정의 신청(선박법 제7조)
외국에서 취득한 선박을 외국 각 항간에서 항행시키는 경우 선박소유자는 대한민국 영사에게 그 선박톤수의 측정을 신청할 수 있다.

어선전문

01 어류의 관능적 선도 판정에서 선도가 좋은 어류에 대한 설명으로 적합한 것은?

① 눈알이 혼탁하다.
② 복부는 탄력이 있다.
③ 아가미는 회색을 띠고 있다.
④ 몸 전체가 적갈색을 띠고 있다.

해설
관능적 선도 판정에서 선도가 좋은 어류
- 눈알에 혼탁이 없음
- 몸 전체가 윤이 나고 팽팽함
- 지느러미는 상처가 없음
- 아가미는 선홍색을 띠고 있음
- 비늘이 단단하게 붙어 있음
- 복부는 탄력이 있음

02 글레이징 방법에 대한 설명으로 틀린 것은?

① 방법에는 침지법과 분무법이 있다.
② 동결어를 냉장실에서 냉수에 수 초간 담갔다가 끄집어낸다.
③ 어체 표면에 무게로 3~5% 얼음막이 형성되게 하는 것이다.
④ 사용되는 냉수는 0℃ 이하이다.

해설
글레이징 처리
동결어(−18℃ 이하)를 냉장실(10℃ 이하)에서 냉수(0~4℃)에 수초(3~6초)간 담갔다가 꺼내면 표면에 얼음막이 생긴다. 이 작업을 2~3분 간격으로 2~3회 반복하여, 어체 표면 무게로 3~5%, 두께로 2~7mm의 얼음막이 형성되게 하는 것이다.

20 ① 21 ① / 1 ② 2 ④ 정답

03 어획물의 빙장법에서 겨울철에 1일 정도 저장하는 데 필요한 어체와 얼음의 비는?

① 2 : 1 ② 3 : 1
③ 4 : 1 ④ 5 : 1

해설
계절 및 빙장일수에 따른 얼음 사용량

계 절	빙장일수	수산물 : 얼음	
		건빙법	수빙법
여 름	3	1 : 3	5 : 3
	2	1 : 2	5 : 2
	1	1 : 1	5 : 1
봄 · 가을	3	1 : 2	5 : 2
	2	1 : 1	5 : 1
	1	2 : 1	10 : 1
겨 울	3	3 : 1	15 : 1
	2	4 : 1	20 : 1
	1	5 : 1	25 : 1

04 다음 중 어획물의 선도유지 효과가 가장 좋은 경우는 무엇인가?

① 신속하게 처리한 어체
② 세척을 하지 않은 어체
③ 시달리다 죽은 어체
④ 높은 온도에서 처리한 어체

해설
어획물의 선도유지를 위한 처리 원칙
• 신속한 처리
• 저온 보관
• 정결한 취급

05 어류의 선도변화가 가장 늦게 일어나는 부위는 어디인가?

① 등 ② 복 부
③ 안 구 ④ 아가미

06 어상자 내의 어체를 저온 상태로 유지하기 위한 방법으로 알맞지 않은 것은?

① 어상자 바닥은 얼음으로 깐다.
② 어체 위에 얼음을 충분히 덮는다.
③ 쇄빙은 되도록 굵은 것을 사용한다.
④ 어체와 얼음에서 흘러내리는 물은 잘 빠지도록 한다.

해설
빙장 시의 유의사항
• 어상자 바닥에 얼음을 깐 후, 그 위에 어체를 얹고 어체의 주위를 얼음으로 채운다.
• 물이 고이지 않고 잘 빠지도록 하고, 얼음은 잘게 부수어 어체 온도가 빨리 떨어지도록 한다.
• 고급 어종은 얼음에 접하게 하지 말고, 황산지로 싼 후 그 주위를 얼음으로 채운다.

07 청수 또는 해수에 쇄빙을 넣어 −2~0℃의 물과 얼음의 혼합물을 사용하여 저장하는 방법은 무엇인가?

① 수빙법 ② 건빙법
③ 해동법 ④ 냉동법

08 다음 중 어선의 불명중량의 측정시기로서 가장 적당한 때는?

① 출거 직후
② 만재 정박 중
③ 입거 직전
④ 공선 항해 중

09 공선 항해 시 추진기의 일부가 수면 위로 노출되었을 때 일어나는 현상으로 틀린 것은?

① 타효 감소 ② 선속 증가
③ 추진효율 감소 ④ 추진기의 공회전

정답 3 ④ 4 ① 5 ① 6 ③ 7 ① 8 ① 9 ②

10 다랑어 주낙 어선에서 양승기가 설치되는 곳은 어디인가?

① 선수 우현
② 선미 좌현
③ 선수 좌현
④ 선미 우현

11 와이어로프 1코일(Coil)의 길이는 몇 m인가?

① 50m ② 100m
③ 150m ④ 200m

12 초음파의 발사방향에 따른 어업 계측장비의 종류에서 수평 어군 탐지기인 것은 무엇인가?

① 컬러 어탐기
② 네트 레코더
③ 소 나
④ 기록식 어탐기

13 다음 중 어선법상 어선의 개조에 해당되지 않는 것은?

① 선박의 주요치수를 변경하는 것
② 추진기관을 새로이 설치하는 것
③ 추진기관의 종류를 변경하는 것
④ 통신기를 추가로 설치하는 것

해설
정의(어선법 제2조)
개조란 다음의 어느 하나에 해당하는 것을 말한다.
- 어선의 길이 · 너비 · 깊이(주요치수)를 변경하는 것
- 어선의 추진기관을 새로 설치하거나 추진기관의 종류 또는 출력을 변경하는 것
- 어선의 용도를 변경하거나 어업의 종류를 변경할 목적으로 어선의 구조나 설비를 변경하는 것

14 누구든지 선박의 감항성 및 안전설비의 결함을 발견한 때에는 그 내용을 어디에게 신고하여야 하는가?

① 관할 시 · 도지사
② 지방해양수산청장
③ 해양수산부장관
④ 해양경찰청장

해설
결함신고에 따른 확인 등(선박안전법 제74조)
누구든지 선박의 감항성 및 안전설비의 결함을 발견한 때에는 해양수산부령으로 정하는 바에 따라 그 내용을 해양수산부장관에게 신고하여야 한다.

15 시장, 군수, 구청장이 어선등록 신청자에게 어선을 등록한 때에 발급하는 증서로 옳지 않은 것은?

① 선박국적증서 ② 선적증서
③ 등록필증 ④ 어선번호부여증서

해설
어선의 등기와 등록(어선법 제13조)
시장 · 군수 · 구청장은 등록을 한 어선에 대하여 다음의 구분에 따른 증서 등을 발급하여야 한다.
- 총톤수 20톤 이상인 어선 : 선박국적증서
- 총톤수 20톤 미만인 어선(총톤수 5톤 미만의 무동력어선은 제외한다) : 선적증서
- 총톤수 5톤 미만인 무동력어선 : 등록필증

16 다음 중 어선법령에서 어선번호판 규격에 해당하는 것은?

① 가로 15cm, 세로 3cm
② 가로 3cm, 세로 15cm
③ 가로 20cm, 세로 5cm
④ 가로 5cm, 세로 20cm

해설
어선번호판의 제작 등(어선법 시행규칙 제25조)
어선번호판은 알루미늄, 동판 또는 강판 등의 금속재이거나 합성수지재의 내부식성 재료로 제작하여야 하며, 그 규격은 가로 15cm, 세로 3cm로 한다.

10 ① 11 ④ 12 ③ 13 ④ 14 ③ 15 ④ 16 ① 정답

17 **어선의 소유자 또는 선장은 어선위치발신장치가 고장나거나 이를 분실한 경우 지체 없이 그 사실을 다음 중 어디에 신고하여야 하는가?**

① 수협 어업정보통신본부장
② 지방해양수산청장
③ 해양경찰청장
④ 해양수산부장관

해설
어선위치발신장치(어선법 제5조의2)
어선의 소유자 또는 선장은 어선위치발신장치가 고장나거나 이를 분실한 경우 지체 없이 그 사실을 해양경찰청장에게 신고한 후 대통령령으로 정하는 기한까지 어선위치발신장치를 정상 작동하기 위한 수리 또는 재설치 등의 조치를 하여야 한다.

18 **어선법에서 정하는 어선검사증서의 유효기간은 몇 년인가?**

① 1년
② 3년
③ 4년
④ 5년

해설
검사증서의 유효기간(어선법 제28조)
어선검사증서의 유효기간은 5년으로 한다.

19 **어선법상 제2종 중간검사의 준비사항으로 거리가 먼 것은?**

① 수밀문에 대한 효력시험 준비
② 방화문에 대한 현상검사 준비
③ 구명설비에 대한 효력시험 준비
④ 조타설비에 대한 현상검사 준비

해설
중간검사 준비사항(어선법 시행규칙 [별표 9])
제2종 중간검사
- 수밀문, 방화문 등 폐쇄장치에 대한 효력시험의 준비를 할 것
- 기관, 배수설비, 조타설비, 구명 및 소방설비, 거주 및 위생설비, 항해설비는 효력시험 또는 현상검사의 준비를 할 것
- 전기설비는 절연저항시험 및 효력시험의 준비를 할 것

제 20 회

기출복원문제

상선전문

01 독성의 평가기준을 나타내는 TLV-TWA(Threshold Limit Value-time Weighted Average Concentration : 시간가중평균 허용치)에 대한 설명이다. 맞는 것은?

① 순간적으로라도 노출이 금지되는 증기 농도를 말한다.
② 1일 기준 8시간, 1주 기준 40시간 동안 노출 허용치를 말한다.
③ 48시간 내에 50% 이상의 실험용 동물이 죽을 수 있는 치사량을 말한다.
④ 짧은 시간(15분) 유해증기에 노출되더라도 견딜 수 있는 최대 농도를 말한다.

02 하역 시 화물을 싸매거나 묶어서 카고 훅에 달아매는 용구로 옳은 것은?

① 카고 폴　② 카고 데릭
③ 카고 슬링　④ 카고 기어

03 다음 중 유조선에서 각 Suction Line의 끝단에 설치되어 흡입구로 사용되는 설비로 옳은 것은?

① Vent Riser　② Joint
③ Bell Mouth　④ Expansion Bend

04 해상 화물운송의 특성으로 틀린 것은?

① 장거리 운송　② 대량화물 운송
③ 단일화물 운송　④ 국제화물 운송

05 길이 3m, 폭 40cm, 높이 30cm 장방형의 목재가 표준 해수 중에서 높이 30cm 중 20cm가 평행 침하하였을 때의 목재의 비중은 얼마인가?

① 약 0.63　② 약 0.68
③ 약 0.82　④ 약 0.87

06 길이가 100m, 폭이 80m인 상자모양의 선박이 흘수 5m로 떠 있을 때 이 선박의 매 cm 배수톤은 몇 톤인가?(단, 해수비중은 1.025이다)

① 28톤　② 58톤
③ 80톤　④ 82톤

해설
매 cm 배수톤수 = 수면하체적(100×80×5)×비중(1.025)/흘수(500cm)
= 82

07 선체강도에 관한 설명으로 적절하지 않은 것은?

① 가급적 하중을 분산시킨다.
② 종강력, 횡강력, 국부응력을 고려한다.
③ 개구(Opening) 부근에 중량물을 적부하지 않는다.
④ 하중을 받는 갑판 면적이 최소가 되도록 조치한다.

08 다음 중 하중곡선을 적분하여 얻어지는 종강도 곡선을 무엇이라고 하는가?

① 중량 곡선　② 부력 곡선
③ 전단력 곡선　④ 굽힘 모멘트 곡선

1 ② 2 ③ 3 ③ 4 ③ 5 ② 6 ④ 7 ④ 8 ③ 정답

09 화물적부도에 기재되는 내용으로 알맞지 않은 것은?

① 양하지
② 적부장소
③ 화물관리방법
④ 화물의 종류와 수량

해설
선박의 적화 용적도를 참조하여 각 화물의 종류, 수량, 양하지에 따라 적화계획 화물적재도를 작성하여 이것에 따라 화물을 싣는다.

10 지주법(Shoring)에 대한 설명 중 틀린 것은?

① 지주는 6" × 8" 정도의 각재를 사용한다.
② Brace와 Shore가 이루는 각은 45° 이내로 한다.
③ 화물을 수평방향에서 옆으로 지지하는 것을 Brace라고 한다.
④ 화물이 위쪽으로 이동하는 것을 방지하고자 할 때에는 역지주법(Tomming)에 비해 효과적이다.

11 화물틈(Broken Space)과 화물틈률(Broken Space Ratio)에 대한 설명이다. 틀린 것은?

① 화물틈은 선창 안에 화물을 만재했을 때, 화물이 차지하는 용적 이외에 화물과 화물 사이에 빈 공간들의 총용적을 말한다.
② 화물틈은 화물을 싣는 장소, 싣는 방법, 화물의 종류 및 포장의 형상에 따라 상당한 차이가 있다.
③ 화물틈률은 화물틈을 그레인 용적에 대한 백분율(%)로 표시한 것이다.
④ 화물마다 각각이 지니고 있는 고유한 특성이 다르므로 각 화물은 고유의 화물틈률을 가지게 되나, 같은 종류의 화물은 대체적으로 비슷하다.

해설
화물틈률은 화물틈을 베일용적에 대한 백분율(%)로 표시한 것이다.
화물틈 : 선창 내에 화물을 만재하더라도 화물과 화물 사이에 생긴 미소한 공간을 말한다.

12 양화 시 화물의 손상 및 대책으로 거리가 먼 것은?

① M/R상의 기재내용과 동일한 상태로 화물을 인도해 주는 것이 중요하다.
② 양화 시 손상화물의 원인파악이 어려운 경우 검수인의 검수보고서를 받아 둔다.
③ 황천을 만난 것에 대해서는 항해 중 그러한 사실이 있었음을 확인하기 위해 해난보고서를 작성하여 공증인의 인증을 받아 둔다.
④ 항해 중 황천을 만나 화물의 손상이 예상될 때에는 양화항에 도착하는 즉시 해사감정인의 선창검사 보고서를 받아 둔다.

13 다음 중 ( ) 안에 들어갈 말로 적합한 것은?

석탄화물은 비교적 정지각이 ( ) 때문에 화물의 이동에 대한 위험성이 비교적 ( ).

① 크기, 적다
② 작기, 많다
③ 작기, 적다
④ 크기, 많다

해설
화물의 정지각 : 원추상으로 쌓인 선적화물의 경사면과 수평면이 이루는 각
- 곡류 : 22~35°
- 석탄 : 30~40°
- 광석 : 30~50°

14 벌크 화물선에서 적재완료 시점에 시행하는 트리밍(Trimming)이란 무엇을 말하는가?

① 화물을 고박시키는 작업
② 횡경사를 조정하는 작업
③ 화물표면을 편평하게 고르는 작업
④ 종경사를 등흘수로 조정하는 작업

정답 9 ③ 10 ④ 11 ③ 12 ② 13 ① 14 ③

15 빈 컨테이너 자체의 중량을 나타내는 것은 무엇인가?

① Gross Weight ② Tare Weight
③ Internal Weight ④ Max Weight

16 선박법상 대한민국 선박으로 볼 수 없는 것은?

① 국유 또는 공유의 선박
② 대한민국 국민이 소유하는 선박
③ 대한민국의 법률에 따라 설립된 상사법인이 소유하는 선박
④ 외국인이 소유하고 대한민국에 기항하는 선박

해설
한국선박(선박법 제2조)
다음의 선박을 대한민국 선박(한국선박)으로 한다.
1. 국유 또는 공유의 선박
2. 대한민국 국민이 소유하는 선박
3. 대한민국의 법률에 따라 설립된 상사법인이 소유하는 선박
4. 대한민국에 주된 사무소를 둔 3. 외의 법인으로서 그 대표자(공동대표인 경우에는 그 전원)가 대한민국 국민인 경우에 그 법인이 소유하는 선박

17 다음 중 선박법상 소형선박에 해당하는 것은 무엇인가?

① 총톤수 20톤인 경찰용 선박
② 총톤수 10톤인 기선
③ 총톤수 150톤인 부선
④ 노와 상앗대만으로 운전하는 15톤인 선박

해설
정의(선박법 제1조의2)
이 법에서 소형선박이란 다음의 어느 하나에 해당하는 선박을 말한다.
- 총톤수 20톤 미만인 기선 및 범선
- 총톤수 100톤 미만인 부선

18 다음 중 선박법상 지방해양수산청장이 선박국적증서를 신청자에게 교부하는 시기로 옳은 것은?

① 선박을 등기했을 때
② 선박을 등록했을 때
③ 제조검사에 합격했을 때
④ 정기검사에 합격했을 때

해설
등기와 등록(선박법 제8조)
지방해양수산청장은 선박의 등록신청을 받으면 이를 선박원부에 등록하고 신청인에게 선박국적증서를 발급하여야 한다.

19 다음 중 ( ) 안에 들어갈 말로 적합한 것은?

> 선박법상 외국에서 취득한 선박을 외국의 각 항간에서 항행시키는 경우 선박소유자는 ( )에게 선박의 총톤수 측정을 신청할 수 있다.

① 대한민국 영사
② 본사 대리점
③ 선급협회 지점
④ 건조 조선소

해설
선박톤수 측정의 신청(선박법 제7조)
외국에서 취득한 선박을 외국 각 항간에서 항행시키는 경우 선박소유자는 대한민국 영사에게 그 선박톤수의 측정을 신청할 수 있다.

20 선박법상 선박소유자가 선적항을 관할하는 지방해양수산청장에게 말소등록을 신청하여야 할 사유로 옳지 않은 것은?

① 선박이 멸실된 때
② 선박이 침몰된 때
③ 선박이 대한민국 국적을 상실한 때
④ 선박의 존재 여부가 30일간 분명하지 아니한 때

해설
말소등록(선박법 제22조)
한국선박이 다음의 어느 하나에 해당하게 된 때에는 선박소유자는 그 사실을 안 날부터 30일 이내에 선적항을 관할하는 지방해양수산청장에게 말소등록의 신청을 하여야 한다.
- 선박이 멸실·침몰 또는 해체된 때
- 선박이 대한민국 국적을 상실한 때
- 선박이 제26조 각 호에 규정된 선박으로 된 때
- 선박의 존재 여부가 90일간 분명하지 아니한 때

15 ② 16 ④ 17 ② 18 ② 19 ① 20 ④ 정답

21 다음 중 선박법상 외국선박이 국내 불개항장에 기항할 수 없는 경우는 무엇인가?

① 해양사고를 피하려고 할 때
② 해양수산부장관의 허가를 얻었을 때
③ 국내 연안 간의 운송에 종사하고자 할 때
④ 국내 법령에 의해 기항할 수 있도록 규정된 때

해설
불개항장에의 기항과 국내 각 항간에서의 운송금지(선박법 제6조)
한국선박이 아니면 불개항장에 기항하거나 국내 각 항간에서 여객 또는 화물의 운송을 할 수 없다. 다만, 법률 또는 조약에 다른 규정이 있거나 해양사고 또는 포획을 피하려는 경우 또는 해양수산부장관의 허가를 받은 경우에는 그러하지 아니하다.

어선전문

01 다음 중 조기를 어상자에 담는 방법에 해당하는 것은?

① 배립형
② 복립형
③ 편평형
④ 환상형

해설
어획물을 상자에 담는 방법
주로 횟감으로 이용하는 도미, 민어 등과 같은 고급 어종은 등세우기법(배립형), 가공 원료로 이용하는 조기, 매퉁이 같은 어종은 배세우기법(복립형), 갈치는 환상형으로 배열한다.

02 황다랑어와 눈다랑어에 갈고리를 사용하는 데 가장 적합한 부위는 어디인가?

① 머 리
② 등지느러미 옆
③ 배지느러미 옆
④ 가슴지느러미 위

03 어창 속에 30일 정도 장기간 수용할 어획물의 상자담기로서 알맞은 어체 배열방법은 무엇인가?

① 등세우기법
② 배세우기법
③ 반듯하게 눕히는 법
④ 불규칙하게 담는 법

04 다음 중 어획물의 부패가 가장 늦게 일어날 수 있는 것은 무엇인가?

① 적색육 어류
② 수분을 많이 함유한 어류
③ 저온에 보관한 어류
④ pH가 높은 식초를 첨가한 어류

05 선상에서 어획물을 어상자에 담는 경우 양륙 때까지 약 몇 %의 감량을 고려하여 담아야 하는가?

① 3%
② 10%
③ 15%
④ 20%

06 어획물 양륙 때의 처리방법으로 가장 적합한 것은?

① 연안의 높은 온도의 해수로 씻는다.
② 냉각시킨 바닷물로 씻고 쇄빙을 보충한다.
③ 진열된 어상자에 물을 뿌린다.
④ 어상자를 몇 겹으로 쌓는다.

해설
어획물 양륙 처리
- 어체에서 유출된 오물 등으로 더럽혀져 있으므로 냉각시킨 해수로 간단히 씻은 후에 쇄빙을 보충해주는 것이 좋다.
- 어상자를 던지거나 밟는 일이 없도록 하고, 어상자를 바꾸어 담는 일은 피한다.
- 어체는 갈고리로 찍지 않도록 하고, 상자를 4~5단 이상으로 쌓아 놓지 않도록 한다.

정답 21 ③ / 1 ② 2 ① 3 ② 4 ③ 5 ① 6 ②

07 250톤 용적의 선창에 화물틈 10%인 화물을 적재한다면 적재 가능한 용적톤은?

① 200톤 ② 225톤
③ 260톤 ④ 2,500톤

해설
250×0.9 = 225

08 어군 탐지기로 탐지한 정보를 무선으로 육상이나 다른 선박에 보내어 어군의 동태를 감지하도록 하는 장치를 무엇이라고 하는가?

① 스캐닝 소나 ② 원격 탐지장치
③ 서치라이트 소나 ④ 네트레코더

09 다음 중 조종이 용이하고 소음과 진동이 작으며, 시동 준비가 간단하고 동력 소비가 적은 윈치로 옳은 것은?

① 스팀 윈치 ② 전동 윈치
③ 유압 윈치 ④ 하이브리드 윈치

10 선미식 기선저인망 어선에서 작업갑판의 뒷부분에서 주로 이루어지는 작업으로 옳은 것은?

① 어획물 처리 ② 어구 조작
③ 냉동 처리 ④ 어군 탐지

11 다음 중 트롤에 주로 사용하는 네트 레코더(Net Recorder)의 기능에 해당하지 않는 것은?

① 해저의 상태
② 해저와 어구의 상대적 위치
③ 어구의 상태와 입망되는 어군의 동태
④ 어군의 종류

12 어업기기의 분류 중 어구 조작에 쓰이는 기기로 틀린 것은?

① 권양기
② 양승기
③ 자동조상기
④ 양망기

해설
자동조상기는 오징어채낚기에 쓰이는 어구이다.

13 어선의 표시사항과 표시방법 및 어선번호판의 제작기술이 잘못된 것은?

① 선수 양현의 외부에 어선명칭을 표시한다.
② 선미 외부의 잘 보이는 곳에 어선명칭 및 선적항을 표시한다.
③ 어선번호판은 내부식성 재료로 제작한다.
④ 길이 24m 이상의 어선은 선체 중앙부 양현에 흘수의 치수를 표시한다.

해설
어선의 표시사항 및 표시방법(어선법 시행규칙 제24조)
어선에 표시하여야 할 사항과 그 표시방법은 다음과 같다.
- 선수 양현의 외부에 어선명칭을, 선미 외부의 잘 보이는 곳에 어선명칭 및 선적항을 10cm 크기 이상의 한글(아라비아숫자를 포함한다)로 명료하고 내구력 있는 방법으로 표시하여야 한다.
- 배의 길이 24m 이상의 어선은 선수와 선미의 외부 양측면에 흘수를 표시하기 위하여 선저로부터 최대흘수선상에 이르기까지 20cm마다 10cm 크기의 아라비아숫자로서 흘수의 치수를 표시하되, 숫자의 하단은 그 숫자가 표시하는 흘수선과 일치시켜야 한다.

어선번호판의 제작 등(어선법 시행규칙 제25조)
- 어선번호판은 알루미늄, 동판 또는 강판 등의 금속재이거나 합성수지재의 내부식성 재료로 제작하여야 하며, 그 규격은 가로 15cm, 세로 3cm로 한다.
- 어선의 소유자는 규정에 따른 규격으로 제작된 어선번호판을 조타실 또는 기관실의 출입구 등 어선 안쪽부분의 잘 보이는 장소에 내구력 있는 방법으로 부착하여야 한다.

정답 7 ② 8 ② 9 ② 10 ② 11 ④ 12 ③ 13 ④

14 **어선이 외국에서 정기검사를 받은 등의 사유로 새로운 어선검사증서를 선박에 비치할 수 없다고 인정되는 경우에 연장할 수 있는 어선검사증서의 유효기간은 얼마나 되는가?**

① 3월 이내　② 5월 이내
③ 6월 이내　④ 12월 이내

해설
어선검사증서 유효기간 연장(어선법 시행규칙 제67조)
어선검사증서의 유효기간 연장은 다음 각 호의 구분에 따라 한차례만 연장하여야 한다. 다만, 1.에 해당하는 경우에는 그 연장기간 내에 해당 어선이 검사를 받을 장소에 도착하면 지체 없이 정기검사를 받아야 한다.
1. 해당 어선이 정기검사를 받을 수 없는 장소에 있는 경우 : 3개월 이내
2. 해당 어선이 외국에서 정기검사를 받은 경우 등 부득이한 경우로서 새로운 어선검사증서를 즉시 발급할 수 없거나 어선에 갖추어 둘 수 없는 경우 : 5개월 이내

15 **다음 중 어선검사증서의 유효기간은 몇 년인가?**

① 1년
② 2년
③ 4년
④ 5년

해설
검사증서의 유효기간(어선법 제28조)
어선검사증서의 유효기간은 5년으로 한다.

16 **어선법상 어선 중간검사에 합격한 어선에 대한 해양수산부장관의 조치사항으로 알맞은 것은?**

① 중간검사증서를 발급한다.
② 신규 어선검사증서를 발급한다.
③ 선박국적증서의 이면에 합격필증을 부착한다.
④ 어선검사증서의 뒤쪽에 다음 검사시기와 검사종류를 기재한다.

해설
중간검사(어선법 시행규칙 제44조)
해양수산부장관은 중간검사에 합격한 어선에 대하여 어선검사증서의 뒤쪽에 다음 검사시기와 검사종류를 적어야 한다.

17 **어선법상 어선 정기검사 준비사항으로 틀린 것은?**

① 타를 들어 올리거나 빼낼 것
② 로즈박스 및 머드박스를 분해할 것
③ 선체에 붙어있는 해초·조개류 등을 깨끗이 떼어 낼 것
④ 프로펠러를 빼내고 스턴튜브와 프로펠러축을 밀봉할 것

해설
정기검사 준비사항(어선법 시행규칙 [별표 8])
프로펠러를 빼내고 프로펠러축을 뽑아낼 것

18 **어선법상 어선의 제1종 중간검사 대상이 되는 설비로 적합하지 않은 것은?**

① 어로·하역설비
② 구명·소방설비
③ 거주·위생설비
④ 냉동·냉장설비

해설
중간검사(어선법 시행규칙 제44조)
해양수산부장관은 중간검사 신청이 있는 때에는 다음의 사항에 대하여 검사한다.
제1종 중간검사 대상 설비 : 선체, 기관, 배수설비, 조타·계선·양묘설비, 전기설비, 구명·소방설비, 거주·위생설비, 냉동·냉장 및 수산물처리가공설비, 항해설비와 만재흘수선의 표시

19 **어선법상 제2종 중간검사를 받아야 하는 어선의 기준은?**

① 배의 길이 24m 이상 어선으로 선령 5년 이상의 어선
② 배의 길이 24m 이상 어선으로 선령 5년 미만의 어선
③ 배의 길이 24m 미만 어선으로 선령 5년 이상의 어선
④ 배의 길이 24m 미만 어선으로 선령 5년 미만의 어선

정답 14 ② 15 ④ 16 ④ 17 ④ 18 ① 19 ①

해설

중간검사(어선법 시행규칙 제44조)

중간검사는 제1종 중간검사와 제2종 중간검사로 구분하며, 어선 규모에 따라 받아야 하는 중간검사의 종류와 그 검사 시기는 다음과 같다. 다만, 총톤수 2톤 미만인 어선은 중간검사를 면제한다.

• 배의 길이가 24m 미만인 어선
  제1종 중간검사를 정기검사 후 두 번째 검사기준일 전 3개월부터 세 번째 검사기준일 후 3개월까지의 기간 이내에 받을 것
• 배의 길이가 24m 이상인 어선
  – 선령이 5년 미만인 어선
    제1종 중간검사를 정기검사 후 두 번째 검사기준일 전 3개월부터 세 번째 검사기준일 후 3개월까지의 기간 이내에 받을 것
  – 선령이 5년 이상인 어선
    ㉠ 제1종 중간검사 : 정기검사 후 두 번째 검사기준일 전후 3개월 이내 또는 세 번째 검사기준일 전후 3개월 이내의 기간 중 하나를 선택하여 그 기간 이내에 받을 것. 다만, 선저검사(어선의 밑부분에 대한 검사를 말한다)는 지난 번 선저검사일부터 3년을 초과해서는 아니 된다.
    ㉡ 제2종 중간검사 : 정기검사 또는 제1종 중간검사를 받아야 하는 연도의 검사기준일을 제외한 검사기준일의 전후 3개월의 기간 이내에 받을 것

제 21 회 기출복원문제

상선전문

01 다음 중 평형수(밸러스트) 관리에 대한 설명으로 가장 옳은 것은?

① 양하지에서의 흘수의 제약이 없다면 평형수의 양은 별의미가 없다.
② 양하지 도착 시 만재흘수선의 한계에 오도록 평형수를 남긴다.
③ 만재흘수선을 약간 초과하도록 평형수를 남기는 것이 일반적이다.
④ 적하지에서는 좌우 경사 조절을 위한 일부의 평형수를 제외하고는 전부 배출하는 것이 일반적이다.

해설
완전한 화물 적재를 위해서는 선박의 감항성을 확보하여 선박의 안전을 확립하고, 선박의 적화 용적과 적화 중량을 활용하여 최대량의 화물을 적재할 수 있도록 적화 계획을 작성하는 것이 중요하므로 안전항해에 필요한 평형수를 제외하고 다 배출해 주는 것이 좋다.

02 다음 그림의 하역용구는 무엇인가?

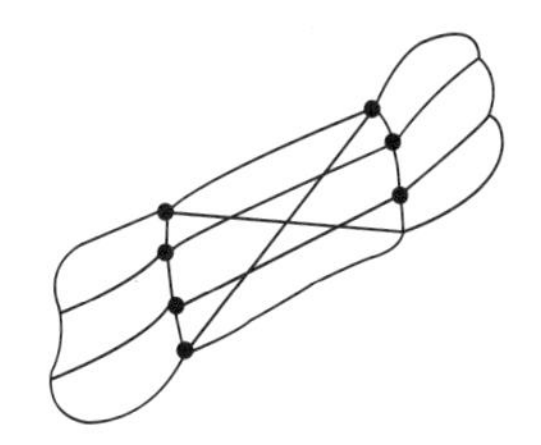

① 웨브 슬링
② 팰 릿
③ 파우더 슬링
④ 플랫폼 슬링

해설

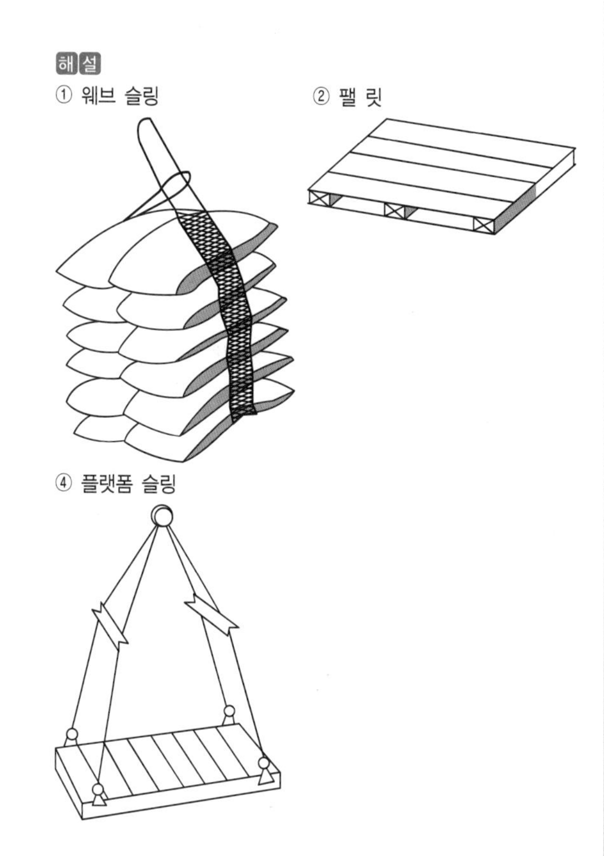

03 다음 중 화물의 손상을 방지하고 하역의 편의를 위하여 사용되는 판재, 각재 및 매트(Mat)는?

① 데 릭
② 그 랩
③ 격 벽
④ 더니지

해설
더니지(Dunnage)
화물을 선박에 적재할 때 주로 화물 손상을 방지하는 것을 목적으로 사용되는 판재, 각재 및 매트 등을 말하며 화물의 무게 분산, 화물 간 마찰 및 이동 방지, 양호한 통풍 환기, 화물의 습기 제거 등의 효과가 있다.

정답 1 ④ 2 ③ 3 ④

04 다음은 어떤 통풍통을 나타낸 것인가?

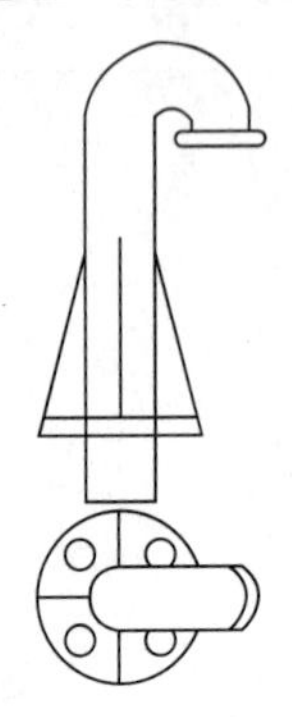

① 고깔형 통풍통
② 버섯형 통풍통
③ 장고형 통풍통
④ 구스넥형 통풍통

해설
① 고깔형 통풍통 ② 버섯형 통풍통

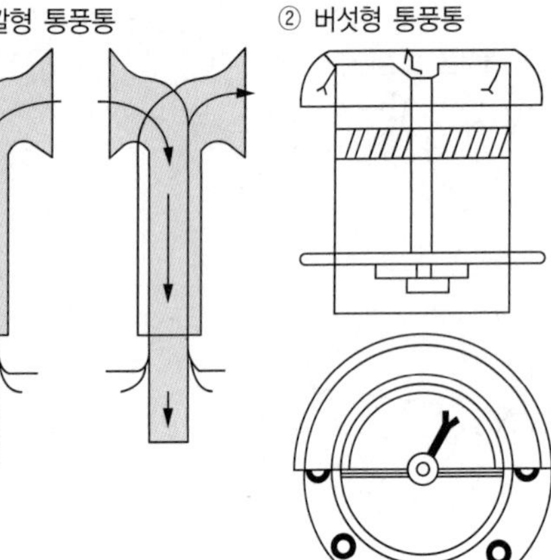

05 다음 중 ( ) 안에 들어갈 용어로 적합한 것은?

> 선박이 등흘수 상태로 떠 있다가 중량 배치의 변화나 외력 등의 원인으로 인해 길이 방향으로 경사져서 트림이 발생하면, 트림이 생기기 전의 수선면과 트림이 생긴 후의 수선면이 한 점에서 교차하는 데 이점을 ( )이라고 한다.

① 무게중심 ② 전 심
③ 부면심 ④ 경 심

해설
① 무게중심 : 선체의 전체 중량이 한 점에 모여 있다고 생각할 수 있는 가상의 점을 말한다.
② 전심 : 선회권의 중심으로부터 선박의 선수 미선에 수직선을 내려 만나는 점으로 선체 자체의 외관상의 회전 중심에 해당한다.
④ 경심(미터센터) : 배가 똑바로 떠 있을 때 부심을 통과하는 부력의 작용선과 경사된 부력의 작용선이 만나는 점을 말한다.

06 그림의 트림(Trim)에 대한 표현으로 적절한 것은?

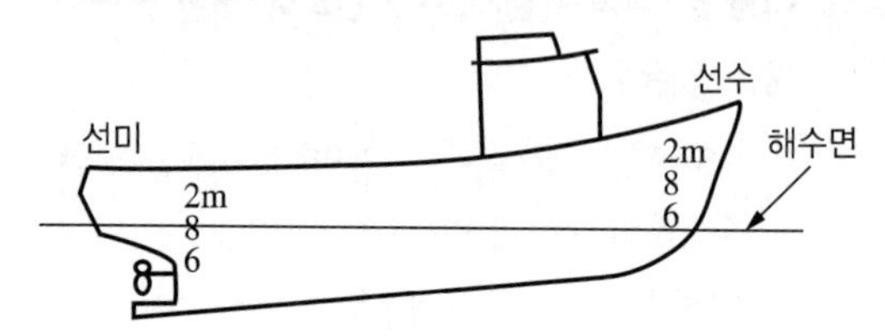

① 선수트림 25cm
② 선수트림 2m 60cm
③ 선미트림 25cm
④ 선미트림 2m 85cm

해설
트 림
길이 방향의 선체 경사를 나타내는 것으로서, 선수흘수와 선미흘수의 차를 말한다.
• 선수트림 : 선수흘수가 선미흘수보다 큰 상태
• 선미트림 : 선미흘수가 선수흘수보다 큰 상태
선미흘수(2m 85cm) − 선수흘수(2m 60cm) = 선미트림(25cm)

07 밀도 1.000인 강에서 선박의 매 cm 배수톤수(TPC)가 30.0톤일 때 흘수 1.0m 변화를 주는 중량으로 옳은 것은?

① 30톤
② 300톤
③ 3,000톤
④ 30,000톤

해설
매 cm 배수톤수(TPC) : 선박의 흘수를 1cm 부상 혹은 침하시키는 데 필요한 중량
30.0톤 × 100 = 3,000톤

4 ④ 5 ③ 6 ③ 7 ③ 정답

08 다음 중 ( ) 안에 들어갈 용어로 옳은 것은?

> 경량품/중량품의 판별 기준은 화물의 용적 ( )의 무게가 ( )의 이하/초과에 따라 나뉜다.

① 45입방피트(ft^3), 1롱톤(Long ton)
② 40입방피트(ft^3), 2롱톤(Long ton)
③ 40입방피트(ft^3), 1롱톤(Long ton)
④ 35입방피트(ft^3), 2롱톤(Long ton)

해설
경량품과 중량품의 판별
화물의 용정 40ft^3의 무게가 1롱톤을 넘는 화물을 중량품이라 하고, 1롱톤 이하인 화물을 경량품이라 한다.

09 다음 중 적화계획을 세울 때의 유의사항으로 틀린 것은?

① 적재규칙을 준수하여 적화계획을 세워야 한다.
② 복원력, 트림, 화물의 이동 방지 등을 고려해야 한다.
③ 양하지에서 하역을 고려하여 적화계획을 세운다.
④ 선박의 감항성은 적화계획과 크게 상관이 없다.

해설
적화계획이 잘못되면 선박의 감항성이 나빠지고, 화물에 손상 및 운항 능률이 떨어진다.

10 다음 중 중량물을 적부할 때의 주의사항으로 틀린 것은?

① 갑판의 강도, 사용할 더니지의 종류와 규격 및 수량에 유의하여 적부하여야 한다.
② 중량이 한 부분에 집중되지 않도록 주의해야 한다.
③ 화물의 이동 방지를 위하여 래싱(Lashing)을 포함하여 취할 수 있는 모든 조치를 하여야 한다.
④ 중량물은 화물이 무거워서 움직이지 않으므로 화물 이동에 대한 특별한 주의를 요하지 않는다.

해설
중량물은 무거운 만큼 이동 시 대단히 위험하므로 완벽하게 래싱하여야 한다.

11 다음 중 검량의 의미로 가장 적절한 것은?

① 화물의 개수를 셈하는 것
② 검수와 동일한 의미
③ 선박의 적재능력을 평가하는 것
④ 화물이 선창을 차지하는 용적 및 무게를 검측하는 것

해설
검 량
화물이 선창을 차지하는 용적 및 무게를 검측하는 것으로 운임 계산의 기초가 되며, 필요한 선창의 공간을 견적하고 적화 계획을 작성하는 데 이용된다.

12 초기 복원력에 대한 설명으로 올바른 것은?

① 초기 복원력은 경사각이 클수록 작아진다.
② 초기 복원력은 무게중심과는 크게 상관이 없다.
③ 초기 복원력은 배수량과는 크게 상관이 없다.
④ 초기 복원력의 크기는 보통 GM의 크기에 의하여 판단한다.

해설
초기 복원력 : 선박이 기울어지기 시작하여 15° 미만의 작은 각도로 경사한 경우의 복원력
초기복원력 = W(배수량) × GM sinϕ

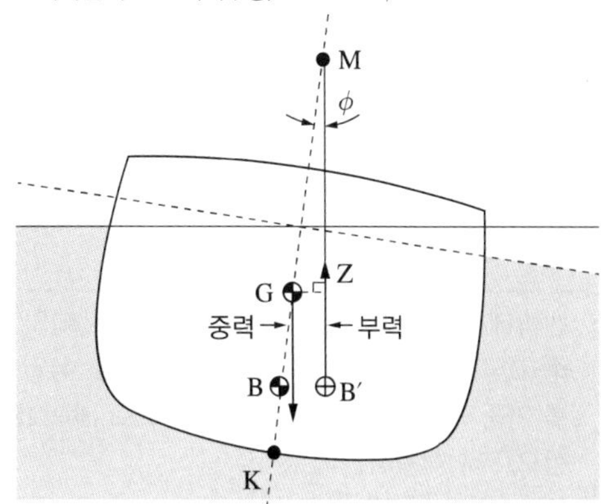

13 어떠한 사유로 인해 약정된 정박 기간 안에 하역을 종료하지 못하고 초과 정박하였을 때 취하는 행동으로 적절한 것은?

① 선박의 특성상 흔히 있는 일이므로 무시한다.
② 용선주는 면책특권이 있으므로 따로 행동을 취하지 않아도 무방하다.
③ 용선주는 선주에게 조출료를 지급해야 한다.
④ 용선주는 선주에게 체선료를 지불하게 된다.

14 다음 중 데릭(Derrick)식 하역 설비의 구성품으로 붐(Boom)을 선회시키거나 고정시키는 역할을 하는 것은 무엇인가?

① 카고 폴(Cargo Fall)
② 카고 훅(Cargo Hook)
③ 붐 가이(Boom Guy)
④ 토핑 리프트(Topping Lift)

해설
① 카고 폴(Cargo Fall) : 일반하역용 줄로 20mm 정도의 유연강 로프를 사용
② 카고 훅(Cargo Hook) : 카고 폴의 끝에 연결되어 화물이 싸매어져 있는 카고 슬링에 걸기 위한 것
④ 토핑 리프트(Topping Lift) : 붐의 앙각을 조절

15 다음에 설명하는 윈치는 무엇인가?

> 선박에 설비되어 있는 하역용 윈치(Winch)의 종류 중 교류전원에 의하여 구동되는 전동기로 유압 펌프를 가동시켜서 기름을 일정한 압력으로 계속 흐르게 함으로써 작동시킨다.

① 스팀 윈치
② 전동 윈치
③ 유압 윈치
④ 수압 윈치

16 다음 중 하역설비의 안전사용하중을 뜻하는 영문 약자는?

① ISO
② COW
③ SWL
④ SWS

해설
안전사용하중(SWL ; Safe Working Load)

17 다음 중 선박의 각 구획을 세분한 소구획의 형상과 장애물을 실측하여 적화 계획의 자료로 사용하는 것은?

① 적화도
② 일반배치도
③ 배수용적도
④ 적화용적도

해설
① 적화도 : 선창에 화물이 적재된 상태를 나타낸 도면
② 일반배치도 : 선박의 전장, 폭, 깊이 등이 나타나 있으며, 선실의 배치 수 및 선창의 배치 수, 기타사항을 한 눈에 알아볼 수 있도록 한 측면도와 평면도가 곁들여진 도면

18 다음 중 해치 주위에 대한 강도 보강과 방수를 위하여 갑판상에 일정 높이로 설치하는 것은 무엇인가?

① 용 골
② 늑 골
③ 외 판
④ 해치 코밍

해설
① 용골 : 선체의 최하부 중심선에 있는 종강력재로, 선체의 중심선을 따라 선수재에서 선미재까지의 종 방향 힘을 구성하는 부분
② 늑골 : 선체의 좌우 선측을 거성하는 뼈대
③ 외판 : 선박의 늑골 외면을 싸서 선체의 외곽을 이루는 부재

13 ④ 14 ③ 15 ③ 16 ③ 17 ④ 18 ④ 정답

19 **선박법상 선박의 종류에 대한 설명으로 올바른 것은?**

① 수면비행선박은 기선으로 분류한다.
② 선박을 크게 기선, 범선, 예선으로 분류한다.
③ 총톤수 30톤 미만인 범선은 소형 선박으로 분류한다.
④ 기관과 돛을 모두 사용하는 경우는 범선으로 분류한다.

해설
선박법 제1조의2(정의)
- 선박이란 수상 또는 수중에서 항행용으로 사용하거나 사용할 수 있는 배의 종류를 말하며 그 구분은 다음과 같다.
  - 기선 : 기관을 사용하여 추진하는 선박(선체 밖에 기관을 붙인 선박으로서 그 기관을 선체로부터 분리할 수 있는 선박 및 기관과 돛을 모두 사용하는 경우로서 주로 기관을 사용하는 선박을 포함)과 수면비행선박
  - 범선 : 돛을 사용하여 추진하는 선박(기관과 돛을 모두 사용하는 경우로서 주로 돛을 사용하는 것을 포함)
  - 부선 : 자력항행능력이 없어 다른 선박에 의하여 끌리거나 밀려서 항행되는 선박
- 소형 선박이란 다음의 어느 하나에 해당하는 선박을 말한다.
  - 총톤수 20톤 미만인 기선 및 범선
  - 총톤수 100톤 미만인 부선

20 **선박법상 한국 선박의 국적 취득 요건으로 틀린 것은?**

① 대한민국 국민이 소유하는 선박
② 국유 또는 공유의 선박
③ 외국 법률에 의하여 외국에 설립된 상사법인이 소유하는 선박
④ 대한민국에 주된 사무소를 둔 상사법인 외의 법인(대표자가 한국인)이 소유하는 선박

해설
선박법 제2조(한국 선박)
다음의 선박을 대한민국 선박(한국 선박)으로 한다.
㉠ 국유 또는 공유의 선박
㉡ 대한민국 국민이 소유하는 선박
㉢ 대한민국의 법률에 따라 설립된 상사법인이 소유하는 선박
㉣ 대한민국에 주된 사무소를 둔 ㉢ 외의 법인으로서 그 대표자(공동대표인 경우에는 그 전원)가 대한민국 국민인 경우에 그 법인이 소유하는 선박

21 **선박법상에 규정된 내용으로 틀린 것은?**

① 선박의 국적에 관한 사항
② 선박톤수의 측정에 관한 사항
③ 선박의 등록에 관한 사항
④ 선박의 정기검사에 관한 사항

해설
선박법 제1조(목적)
이 법은 선박의 국적에 관한 사항과 선박톤수의 측정 및 등록에 관한 사항을 규정함으로써 해사에 관한 제도를 적정하게 운영하고 해상 질서를 유지하여, 국가의 권익을 보호하고 국민경제의 향상에 이바지함을 목적으로 한다.

22 **다음의 설명으로 옳은 것은?**

선박법상 표면효과 작용을 이용하여 해수면에 근접하여 비행하는 선박

① 수상비행선박　② 수중비행선박
③ 수면비행선박　④ 해상비행선박

23 **다음 중 선박법상 불개항장 기항에 대한 설명으로 틀린 것은?**

① 한국 선박은 불개항장에 기항할 수 있다.
② 법률 또는 조약에 다른 규정이 있는 경우에는 외국 선박도 불개항장에 기항할 수 있다.
③ 관할하는 시・도지사의 허가를 받은 경우에는 외국 선박도 불개항장에 기항할 수 있다.
④ 해양사고를 피하려고 할 때에는 외국 선박도 불개항장에 기항할 수 있다.

해설
선박법 제6조(불개항장에의 기항과 국내 각 항 간에서의 운송금지)
한국 선박이 아니면 불개항장에 기항하거나, 국내 각 항 간에서 여객 또는 화물의 운송을 할 수 없다. 다만, 법률 또는 조약에 다른 규정이 있거나, 해양사고 또는 포획을 피하려는 경우 또는 해양수산부장관의 허가를 받은 경우에는 그러하지 아니하다.

정답　19 ①　20 ③　21 ④　22 ③　23 ③

24 선박법상 한국 선박의 특권을 나열한 것으로 옳은 것은?

① 국기 게양권, 불개항장 기항권, 국내 연안 무역권
② 국기 게양권, 외국항 자유 무역권, 불개항장 기항권
③ 국기 게양권, 선적항 자유 기항권, 불개항장 기항권
④ 기국 차별권, 국내 연안 무역권, 선적항 자유 기항권

해설
선박법 제5조(국기의 게양)
한국 선박이 아니면 대한민국 국기를 게양할 수 없다.
선박법 제6조(불개항장에의 기항과 국내 각 항 간에서의 운송금지)
한국 선박이 아니면 불개항장에 기항하거나, 국내 각 항 간에서 여객 또는 화물의 운송을 할 수 없다.

25 선박법상 선적항에 대한 설명으로 틀린 것은?

① 선박검사를 실시하는 곳이다.
② 선박국적증서를 교부받는 곳이다.
③ 선박 등록을 하는 곳이다.
④ 선박에 대한 행정상 편의를 위해 각 선박에 특정된 항구이다.

해설
선박검사에 관한사항은 선박안전법에 명시되어 있다.

어선전문

01 다음의 설명에 해당되는 어패류 사후 변화 과정은?

고기의 사후변화과정 중 죽고 나서 어체가 굳기 시작하는 단계

① 사후경직 ② 해 경
③ 자가소화 ④ 부 패

해설
어패류의 사후변화과정
해당작용 → 사후경직 → 해경 → 자가소화 → 부패
- 해당작용 : 사후에 산소 공급이 끊겨 글리코겐이 분해되어 젖산으로 분해
- 사후경직 : 근육의 투명감이 떨어지고 수축하여 어체가 굳어지는 현상
- 해경 : 사후경직에 의하여 수축되었던 근육이 풀어지는 현상
- 자가소화 : 어체 조직 속에 있는 효소의 작용으로 조직을 구성하는 단백질, 지방질, 글리코겐과 그 밖의 유기물이 저급의 화합물로 분해되는 현상
- 부패 : 미생물이 생산한 효소의 작용에 따라 어패류 성분이 유익하지 않은 물질로 분해되어 독성 및 악취를 내는 현상

02 아가미로 어획물의 신선도를 조사하는 방법에 대한 설명으로 틀린 것은?

① 신선한 것은 색깔이 암적색이다.
② 신선한 것은 해수어라도 해수 냄새가 없다.
③ 악취도 서서히 자극성을 갖게 되며 최후에는 완전히 부패 악취를 발한다.
④ 부패가 진행됨에 따라 색깔이 회색으로 된다.

해설
신선한 것은 악취는 없고 해수어라면 해수의 냄새가 있다.

03 다음 중 어체 조직 속에 있는 효소의 작용으로 조직을 구성하는 단백질, 지질 등이 저급한 화합물로 분해되는 단계는?

① 해 경
② 사후경직
③ 자가소화
④ 부 패

해설
어패류의 사후변화과정
해당작용 → 사후경직 → 해경 → 자가소화 → 부패
- 해당작용 : 사후에 산소공급이 끊겨 글리코겐이 분해되어 젖산으로 분해
- 사후경직 : 근육의 투명감이 떨어지고 수축하여 어체가 굳어지는 현상
- 해경 : 사후경직에 의하여 수축되었던 근육이 풀어지는 현상
- 자가소화 : 어체 조직 속에 있는 효소의 작용으로 조직을 구성하는 단백질, 지방질, 글리코겐과 그 밖의 유기물이 저급의 화합물로 분해되는 현상
- 부패 : 미생물이 생산한 효소의 작용에 따라 어패류 성분이 유익하지 않은 물질로 분해되어 독성 및 악취를 내는 현상

24 ① 25 ① / 1 ① 2 ② 3 ③ 정답

04 인간의 오감을 이용하는 어패류의 선도 관리법은?

① 세균학적 판정법 ② 화학적 판정법
③ 물리적 판정법 ④ 관능적 판정법

해설
어류의 관능적 판정법
피부의 광택, 안구의 상태, 복부의 연화도, 아가미 색도, 육의 투명감 및 점착성, 비늘의 붙은 정도 및 지느러미의 상처 등 인간의 오감을 이용하여 판정하는 방법

05 다음 중 어획물을 하역할 때의 주의사항으로 틀린 것은?

① 줄 작업에는 장갑을 착용한다.
② 짐을 다루는 사람과 윈치나 크레인 조작자 사이에 통신을 위한 신호체계에 익숙해야 한다.
③ 윈치 조작자는 조작 위치를 수시로 벗어나 갑판 경계를 하여야 한다.
④ 드럼을 사용할 경우에는 줄을 드럼에 충분히 감아 사용한다.

해설
윈치 조작자는 작업이 완전히 종료 될 때까지 조작 위치를 벗어나지 않아야 한다.

06 어창의 개폐장치 사용에 대한 내용으로 틀린 것은?

① 해치를 고정하는 속구는 좋은 상태로 유지한다.
② 열어 놓은 해치는 방수포로 덮어두어야 한다.
③ 해치 커버를 열 때에는 항상 주의하여야 한다.
④ 제거된 해치 커버는 보행에 지장이 없는 곳에 둔다.

07 하역 시 화물을 싸거나 묶어서 훅에 매다는 용구로 옳은 것은?

① 카고 슈트 ② 카고 슬링
③ 엘리베이터 ④ 하역등

해설
카고 슬링 : 화물 등을 싸거나 묶어서 훅에 매다는 용구로 하역설비에 속한다.

08 일반적으로 처리된 어획물의 포장 방법으로 가장 많이 쓰이는 것은?

① 종이상자 포장 ② 다발 포장
③ 압축 베일 포장 ④ 드럼 포장

09 선수흘수가 2.5m, 선미흘수가 3.0m인 선박의 청수 20.0톤을 선수물탱크에서 선미물탱크로 이동하였다. 이때의 트림의 변화량은?(단, 물탱크 사이의 거리는 30m이고, 매 cm 트림 모멘트는 20.0ton · m임)

① 10cm ② 20cm
③ 30cm ④ 40cm

해설

$$t = \frac{W \times d}{Mcm} = \frac{20 \times 30}{20} = 30$$

(여기에서 t : 트림의 변화량(cm), W : 이동한 중량(t), d : 이동거리(m), Mcm(MTC) : 매 cm 트림 모멘트)

10 적화 계획에 사용되며, 화물 1톤(L/T)이 차지하는 선창 용적을 ft^3단위로 표시한 값으로 옳은 것은?

① 순적화 용적 ② 적화 계수
③ 적화 용적 ④ 적화 중량

11 다음 중 선미트림으로 유지할 때의 이점으로 틀린 것은?

① 파랑의 침입을 줄이는 효과가 있다.
② 선속이 증가된다.
③ 타효가 좋아진다.
④ 수심이 얕은 수역 항해에 유리하다.

해설
선미트림
선미흘수가 선수흘수보다 큰 상태로 파랑의 침입을 줄이는 효과가 있으며 선속이 증가되고 타효가 좋다.
수심이 얕은 수역을 항해할 때나 입거 시에는 등흘수가 유리하다.

정답 4 ④ 5 ③ 6 ② 7 ② 8 ① 9 ③ 10 ② 11 ④

12 어떤 어선의 최대 복원각이 40°일 때 경계해야 할 위험 경사각은?

① 약 15° ② 약 20°
③ 약 30° ④ 약 40°

13 다음 중 어선이 조업 중에 선체 하부에 저장된 연료유를 소모하게 되면 나타나는 현상으로 적절한 것은?

① 횡동요 주기가 빨라진다.
② 하부 중량이 감소하여 복원성이 나빠진다.
③ 같은 세기의 바람에도 종전보다 경사각이 작게 생긴다.
④ 탱크 용적은 변화가 없으므로 복원성은 변화가 없다.

해설
연료유, 청수 등의 소비
연료유, 청수 등의 소비로 인하여 배수량의 감소를 가져올 뿐만 아니라 무게중심의 위치가 높아지며, 빈 공간에 선체 횡동요에 따라 유동수가 생겨서 무게중심의 위치가 상승하는 효과를 가져와 복원력이 감소한다.

14 어선에서 주로 사용되고 있는 냉매로 옳은 것은?

① 물, 공기
② 암모니아, 프레온
③ 이산화탄소, 아황산가스
④ 질소, 아르곤

15 다음에서 설명하는 것은 무엇인가?

> 어선에서 염화나트륨(NaCl)을 주로 사용하며, 간접 냉각법에서 열을 전달하는 매체로 사용되는 2차 냉매라고도 하는 용액

① 프레온 ② 브라인
③ 암모니아 ④ 이산화탄소

16 어획물 손상 방지와 선체 보호 목적으로 설치된 어창설비로 틀린 것은?

① 프레임 ② 파이프 커버
③ 보텀 실링 ④ 사이드 스파링

17 기름을 일정한 압력으로 계속 흐르게 하고, 이 압력과 흐름을 이용하여 모터를 회전시키는 윈치로 옳은 것은?

① 전동 윈치 ② 유압 윈치
③ 스팀 윈치 ④ 하이브리드 윈치

18 데릭의 태클이 싱글 휩일 경우 태클의 배력은?

① 1 ② 2
③ 3 ④ 4

해설
태클의 배력이란 하중과 당김줄에 가해지는 힘과의 비를 말하며, 저항을 무시할 때의 배력은 태클에서 이동 활차에 걸리는 로프 가닥 수와 같다.
※ 마찰을 고려한 배력
실용배력 = $(10 \times n) \div (10 + m)$
(여기에서, m : 시브의 총 수, n : 이동 활차를 통하는 로프의 가닥 수)
※ 태클의 종류

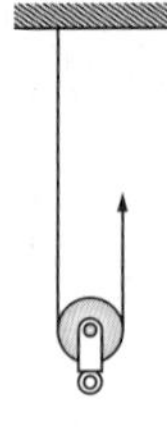

㉠ 러너

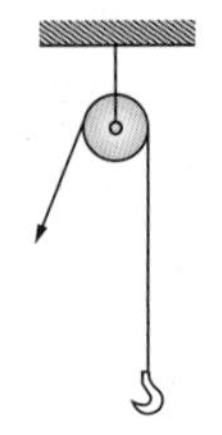
㉡ 싱글 휩

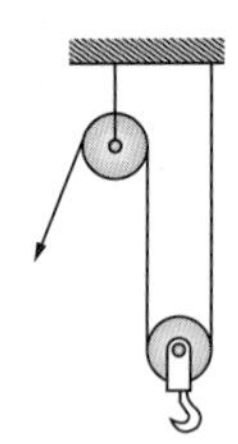
㉢ 더블 휩

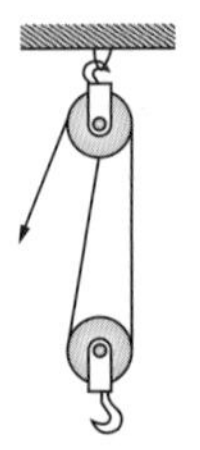
㉣ 건 태클

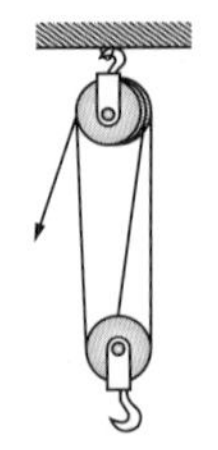
㉤ 러프 태클

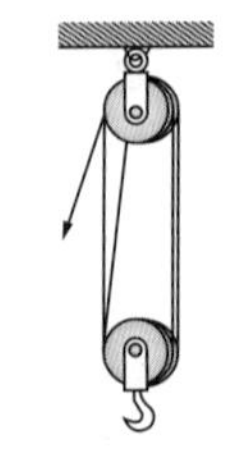
㉥ 투 폴드 퍼처스

12 ② 13 ② 14 ② 15 ② 16 ① 17 ② 18 ① 정답

19 **다음 중 어선법상 어선에 포함되는 것은?**

① 어업, 어획물 운반업에 종사하는 선박
② 기관을 사용하여 추진하는 선박
③ 수상 또는 수중에서 항행용으로 사용하거나 사용할 수 있는 선박
④ 국유 또는 공유의 선박

해설
어선법 제2조(정의)
어선이란 다음의 어느 하나에 해당하는 선박을 말한다.
- 어업(양식산업발전법에 따른 양식업 포함), 어획물 운반업 또는 수산물 가공업(수산업)에 종사하는 선박
- 수산업에 관한 시험 · 조사 · 지도 · 단속 또는 교습에 종사하는 선박
- 건조 허가를 받아 건조 중이거나 건조한 선박
- 어선의 등록을 한 선박

20 **어선법상 선박의 외부 양측면에 흘수를 표시하여야 하는 어선 길이의 기준으로 옳은 것은?**

① 배의 길이가 10m 이상인 어선
② 배의 길이가 15m 이상인 어선
③ 배의 길이가 20m 이상인 어선
④ 배의 길이가 24m 이상인 어선

해설
어선법 제4조(만재흘수선의 표시)
길이 24m 이상의 어선의 소유자는 해양수산부장관이 정하여 고시하는 기준에 따라 만재흘수선의 표시를 하여야 한다.

21 **어선법상 한국 국적 어선의 의무로 옳지 않은 것은?**

① 선적항 표시
② 어선의 등록
③ 어선번호판 부착
④ 선적항 내에서 조업

22 **다음 중 어선법상 어선의 선적항 지정에 대한 설명으로 틀린 것은?**

① 선적항은 시 · 읍 · 면의 명칭에 따라야 한다.
② 선적항은 어선 소유자의 주소지에 정하여야 한다.
③ 어선의 소유자는 대한민국에 선적항을 정하여야 한다.
④ 선적항으로 정할 시 · 읍 · 면은 선박이 항행할 수 있는 수면과 접하지 않아도 된다.

해설
어선법 시행규칙 제22조(선적항의 지정 등)
선적항을 정하고자 할 때에는 해당 어선 또는 선박이 항행할 수 있는 수면을 접한 그 소유자의 주소지인 시 · 구 · 읍 · 면에 소재하는 항 · 포구를 기준으로 하여 정한다.

23 **어선법상 어선의 등록 신청에 관한 설명으로 틀린 것은?**

① 관련법령에 따라 등록하지 아니한 어선은 어선으로 사용할 수 없다.
② 관련법령에 따라 등록한 어선에 대해 해당 증서를 발급하여야 한다.
③ 관련법령에 따른 어선 등록업무는 관할 지방해양수산청장이 담당한다.
④ 관련법령에 따라 등록신청자는 선박등기를 한 후 어선을 등록하여야 한다.

해설
어선법 제13조(어선의 등기와 등록)
㉠ 어선의 소유자나 해양수산부령으로 정하는 선박의 소유자는 그 어선이나 선박이 주로 입항 · 출항하는 항구 및 포구(선적항)를 관할하는 시장 · 군수 · 구청장에게 해양수산부령으로 정하는 바에 따라 어선원부에 어선의 등록을 하여야 한다. 이 경우 선박등기법 제2조에 해당하는 어선은 선박등기를 한 후에 어선의 등록을 하여야 한다.
㉡ ㉠에 따른 등록을 하지 아니한 어선은 어선으로 사용할 수 없다.
㉢ 시장 · 군수 · 구청장은 ㉠에 따른 등록을 한 어선에 대하여 다음의 구분에 따른 증서 등을 발급하여야 한다.
- 총톤수 20톤 이상인 어선 : 선박국적증서
- 총톤수 20톤 미만인 어선(총톤수 5톤 미만의 무동력 어선은 제외한다) : 선적증서
- 총톤수 5톤 미만인 무동력 어선 : 등록필증

정답 19 ① 20 ④ 21 ④ 22 ④ 23 ③

24 다음 중 어선법상 선박국적증서에 대한 설명으로 틀린 것은?

① 선박 소유자는 어선을 항행하고자 하는 경우 선박국적증서를 비치하여야 한다.
② 선박 소유자는 어선을 조업 목적으로 사용할 경우 선박국적증서를 비치하여야 한다.
③ 내수면어업법에 따른 면허어업에 사용하는 어선은 선박국적증서의 비치의무가 면제된다.
④ 수산업법에 따른 어장관리에 사용하는 총톤수 20톤 미만의 어선은 선박국적증서의 비치의무가 면제된다.

해설

어선법 시행규칙 제33조의2(선박국적증서 등의 비치의무 면제)

- 내수면어업법 제6조 · 제9조 또는 제11조에 따라 면허어업 · 허가어업 또는 신고어업에 사용하는 어선
- 수산업법 제27조에 따른 어장관리에 사용하는 총톤수 5톤 미만의 어선
- 어업의 허가 및 신고 등에 관한 규칙 제14조제1항제1호에 따른 연근해어업허가증을 비치한 총톤수 2톤 미만의 어선

25 다음 중 ( ) 안에 적합한 것은?

> 어선법상 어선의 소유자는 선박국적증서 등을 잃어버리거나 헐어서 못 쓰게 된 경우에는 ( ) 이내에 해양수산부령으로 정하는 바에 따라 재발급 신청을 하여야 한다.

① 7일 ② 14일
③ 21일 ④ 28일

해설

어선법 제18조(선박국적증서 등의 재발급)

어선의 소유자는 선박국적증서 등을 잃어버리거나 헐어서 못 쓰게 된 경우에는 14일 이내에 해양수산부령으로 정하는 바에 따라 재발급을 신청하여야 한다.

24 ④ 25 ② 정답

제 22 회 기출복원문제

상선전문

01 선박의 밀폐된 총용적에서 상갑판상 선박의 안전, 위생 및 항해 등에 필요한 장소의 용적을 제외하고 톤으로 환산한 값을 무엇이라고 하는가?

① 순톤수 ② 적재톤수
③ 총톤수 ④ 배수톤수

해설
① 순톤수 : 총톤수에서 선원상용실, 밸러스트 탱크, 갑판장 창고, 기관실 등을 뺀 용적
② 적재톤수 : 선박이 적재할 수 있는 최대의 무게를 나타내는 톤수
④ 배수톤수 : 선체의 수면 하의 용적(배수 용적)에 상당하는 해수의 중량인 배수량에 톤수를 붙인 것

02 포장할 때 고려할 조건이 아닌 것은?

① 포장비가 높지 않을 것
② 내용물의 식별, 표시, 해설 등이 적절할 것
③ 유통과정에서 내용물이 양호하게 보존될 것
④ 내용물 이외의 남은 공간이 클 것

해설
좋은 포장의 조건
• 모든 유통 과정에서 내용물을 보호하고 품질을 보존할 수 있을 것
• 재료 또는 포장 용기가 내용물 및 인체에 안전할 것
• 포장 단위가 유통 과정에 적절하고, 매매하는 데 편리할 것
• 식별, 표시, 해설 방법이 적절할 것
• 이외의 남은 공간 용적이 필요 이상으로 크지 않을 것
• 내용물의 원가에 비해 높지 않을 것
• 재이용 및 폐기물 처리에 어려움이 없을 것

03 다음 그림의 포장형식을 무엇이라고 하는가?

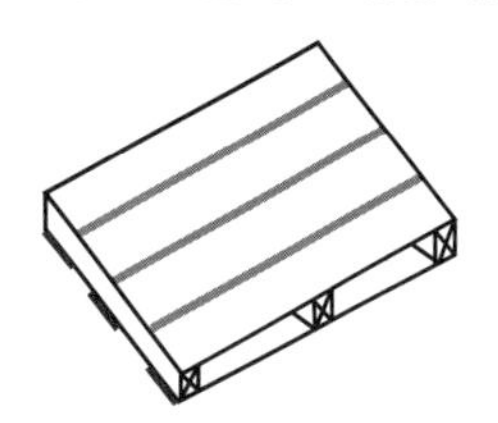

① 개방형 목상자
② 밀폐형 목상자
③ 번들 포장
④ 팰 릿

해설

구분	그림
개방형 목상자	천장 / 옆 / 앞
밀폐형 목상자	천장 / 옆 / 앞
번들 포장	
팰 릿	

정답 1 ③ 2 ④ 3 ④

04 수선면적이 1,000m²인 상자형 선박이 중앙 흘수 5m 50cm로 표준 해수에 떠 있다. 이 선박의 부면심 위에 1,025톤의 화물을 선적하였을 경우 변화된 중앙 흘수로 옳은 것은?

① 5m 50cm ② 6m
③ 6m 25cm ④ 6m 50cm

해설
표준 해수의 비중 = 1.025
초기 배수량 = 1,000 × 5.5 × 1.025 = 5,637.5
화물 선적 후 배수량 = (5,637.5 + 1,025) = 1,000 × x × 1.025
∴ x = 6.5

05 직육면체형 선박의 정보가 다음 표와 같을 경우 배수량으로 옳은 것은?

전 장	100.0m
폭	20.0m
깊 이	15.0m
흘 수	5.0m(등흘수)
해수의 비중	1.025

① 2,050톤
② 10,250톤
③ 30,750톤
④ 153,750톤

해설
배수량 = 물속에 잠겨 있는 선체의 부피 × 물의 밀도
배수량 = 100 × 20 × 5 × 1.025 = 10,250

06 하역 시 화물을 싸매거나 묶어서 카고 훅에 달아매는 용구로 옳은 것은?

① 카고 폴
② 카고 데릭
③ 카고 슬링
④ 카고 기어

07 선박 및 기관이나 조타설비, 배수설비 등의 설비를 적정하게 갖추어 통상의 위험을 견디고 안전한 항해를 할 수 있는 선박의 물적 능력에 해당하는 것은?

① 선체 감항성 ② 항해 감항성
③ 하역 능률 ④ 적재 감항성

해설
② 항해 감항성 : 선박의 속구가 품질 및 수량면에서 완전히 갖추어져 있고, 연료 및 양식과 그 밖의 소모품이 충분하게 구비되어 있으며, 필요한 자격을 갖춘 적정 인원 수의 선원 및 선장을 승무시키고, 화물을 과적하지 않고 또 그 화물의 적재가 적절하여 통상의 위험을 견디고 안전한 항해를 할 수 있는 능력
④ 적재 감항성 : 화물의 운송하기 위한 적재 시설을 갖추어, 운송하기로 예정된 화물을 안전하게 운송할 수 있는 능력

08 다음 중 하역 당직사관의 작업 감독 요령으로 틀린 것은?

① 하역 용구의 정비 상황을 확인한다.
② 하역 기구의 고장으로 인하여 작업이 일시 중단되었을 때 이를 1등 항해사에게 보고한다.
③ 화물의 고박은 작업 인부에게 전적으로 위임한다.
④ 사고 화물이 발견될 때에는 따로 분리하여 두었다가 1등 항해사의 지시에 따른다.

해설
고박은 운송 중 화물 이동에 의한 화물 및 선체 손상 사고를 방지하기 위한 필수적인 사항이므로 철저한 감독을 행해야 한다.

09 화물창 내의 화물틈(Broken Space)에 해당되지 않는 것은 무엇인가?

① 화물과 화물 사이의 간격
② 내용물과 포장 사이의 틈
③ 통풍, 환기 및 팽창을 고려한 여분의 공간
④ 화물과 선창 안의 기둥, 브래킷, 프레임 등 구조물과의 간격

해설
화물틈
• 화물 상호 간의 간격
• 화물과 선창 내 구조물과의 간격
• 통풍, 환기 및 팽창 용적으로서의 공간
• 더니지, 화물 이동 방지판 등이 차지하는 용적

4 ④ 5 ② 6 ③ 7 ① 8 ③ 9 ② 정답

10 **다음 중 갑판에 화물을 적재하여 운반할 때 나타나는 현상으로 틀린 것은?**

① 무게중심이 위로 올라가게 된다.
② 선박의 횡요주기가 길어진다.
③ 선박의 복원성이 나빠지게 된다.
④ 평형수를 밸러스트 탱크에 넣지 않아도 복원력이 충분하다.

해설
갑판 상에 화물 적재 시 무게중심이 위로 올라가므로 밸러스트 탱크에 평형수를 채워 적절한 복원성을 확보하도록 한다.

11 **적하작업을 진행 중에 평형수(밸러스트)를 다루는 방법으로 가장 적절한 것은?**

① 일반적으로 필요한 소량의 평형수를 제외하고는 다 배출해 주는 것이 좋다.
② 평형수의 많고 적음은 별로 중요하지 않다.
③ 평형수를 가능한 적게 배출한다.
④ 적하항에서 출항 시는 만재흘수선을 조금 넘더라도 양하지에 도착할 때만 만재흘수선이 넘지 않도록 계산하여 남겨 둔다.

해설
완전한 화물 적재를 위해서는 선박의 감항성을 확보하여 선박의 안전을 확립하고, 선박의 적화 용적과 적화 중량을 활용하여 최대량의 화물을 적재할 수 있도록 적화 계획을 작성하는 것이 중요하므로 안전 항해에 필요한 평형수를 제외하고 다 배출해 주는 것이 좋다.

12 **양륙항에 화물은 도착하였으나 선하증권이 수화인에게 도착하지 않았을 경우 화물의 양하를 위하여 취할 수 있는 적절한 방법은?**

① 수화인은 보증장(L/G)을 제출하고 화물을 인수할 수 있다.
② 벌금을 내고 수화인은 화물을 인수할 수 있다.
③ 수화인은 인도지시서(D/O)를 가지고 화물을 인수할 수 있다.
④ 화물을 양하할 수 없다.

13 **다음에서 설명하는 것은?**

> 하역설비 중 카고 폴(Cargo Fall)의 끝에 훅(Hook)을 달아서 하역 작업을 하는 형태의 크레인이며, 지브 크레인(Jib Crane)이라고도 한다.

① 헤비 데릭(Heavy Derrick)
② 덱 크레인(Deck Crane)
③ 스피드 크레인(Speed Crane)
④ 갠트리 크레인(Gantry Crane)

해설
① 헤비 데릭 : 선창에 실린 화물을 부두에 양화하거나 부두에 있던 화물을 선창 내에 적하할 때에 화물을 들어 올리거나 내리는 역할을 하는 것으로 제한 하중이 작은 것은 20~50톤, 대형선은 120~150톤 정도까지 있다.
④ 갠트리 크레인 : 레일 위를 이동하면서 하역 작업을 하는 크레인으로 컨테이너 전용 부두에 많이 설치되어 있으며 항만의 하역 설비 중 하역 능률이 매우 높다.

14 **다음 중 항만에서 사용되는 하역 설비로 옳지 않은 것은?**

① 컨베이어　　② 하역용 바지(Barge)
③ 해상 크레인　　④ 선 창

해설
선창은 선박에 화물을 적재할 수 있는 큰 공간을 의미한다.

15 **다음에서 설명하는 것은?**

> 기름을 적재하는 기름 탱크, 기관실과 일반 선창이 접하는 장소 사이에 설치하는 이중수밀격벽으로 방화벽 역할을 하는 것

① 해치(Hatch)
② 코퍼댐(Cofferdam)
③ 딥탱크(Deep Tank)
④ 해치코밍(Hatch Coaming)

해설
① 해치 : 갑판구 중에서 선창에 화물을 적재하거나 양하하기 위한 선창구로 갑판구 중 가장 크다.
③ 딥탱크 : 물 또는 기름과 같은 액체 화물을 적재하기 위하여 선창 또는 선수미 부근에 설치한 깊은 탱크로 보통 상선에 설치되어 있는 딥탱크는 피크탱크로 트림을 조절한다.

정답 10 ④ 11 ① 12 ① 13 ② 14 ④ 15 ②

④ 해치코밍 : 선박 선창 내 등으로 파랑의 침입을 방지하기 위해 해치 입구 주위에 설치된 격벽을 말한다.

16 **벌크선의 선창에 톱사이드 탱크(Topside Tank)를 설치하는 이유로 옳지 않은 것은?**

① 화물을 더 많이 적재하기 위하여
② 선박 동요 시 화물의 움직임을 방지하기 위하여
③ 화물이 한쪽으로 쏠리는 것을 방지하기 위하여
④ 필요시 밸러스트 탱크로 사용하기 위하여

17 **갑판 개구 중에서 선창에 화물을 적재하거나 양하하기 위한 선창의 개구는 무엇인가?**

① 승강구 ② 기관실구
③ 해 치 ④ 탈출구

18 **다음 선박 중 여러 층의 갑판으로 선창이 이루어져 있고 선박과 부두 사이로 설치된 램프를 통하여 화물을 적양하하는 것은?**

① 액화가스 운반선 ② 자동차 운반선
③ 광석 운반선 ④ 컨테이너선

19 **선박법상 기관과 돛을 모두 사용하는 경우로서 주로 돛을 사용하는 선박으로 옳은 것은?**

① 기 선 ② 범 선
③ 예인선 ④ 부 선

해설
선박법 제1조의2(정의)
• 선박이란 수상 또는 수중에서 항행용으로 사용하거나 사용할 수 있는 배 종류를 말하며 그 구분은 다음과 같다.
 – 기선 : 기관을 사용하여 추진하는 선박(선체 밖에 기관을 붙인 선박으로서 그 기관을 선체로부터 분리할 수 있는 선박 및 기관과 돛을 모두 사용하는 경우로서 주로 기관을 사용하는 선박을 포함)과 수면비행선박
 – 범선 : 돛을 사용하여 추진하는 선박(기관과 돛을 모두 사용하는 경우로서 주로 돛을 사용하는 것을 포함)
 – 부선 : 자력항행능력이 없어 다른 선박에 의하여 끌리거나 밀려서 항행되는 선박
• 소형선박이란 다음의 어느 하나에 해당하는 선박을 말한다.
 – 총톤수 20톤 미만인 기선 및 범선
 – 총톤수 100톤 미만인 부선

20 **선박의 국적에 대한 설명으로 가장 적절한 것은?**

① 특정 선박이 공해상에서 항해 중에는 그 국가의 영토로 간주하지 않는다.
② 특정 선박에 대하여 자국 국적의 취득 요건은 국제법에 명시되어 있다.
③ 특정 선박이 공해상에서 여러 나라에 귀속되어 있음을 나타내는 것이다.
④ 국적을 가진다는 것은 특정 선박이 그 고유의 특성을 가진다는 의미이다.

해설
선박의 국적
• 선박은 국제법상 반드시 국적을 가져야 한다.
• 선박이 공해상에 있을 때에는 그 기국의 법률이 그 선박에 적용된다.
• 선박의 국적이라 함은 그 선박이 어느 나라에 속하는가를 나타내는 것을 말한다.
• 선박은 국적을 이중으로 가질 수 없다.

21 **다음 〈보기〉에서 선박법상 한국 선박에 표시해야 할 사항을 모두 고른 것은?**

〈보 기〉
ㄱ. 선적항 ㄴ. 선장의 이름
ㄷ. 선박의 명칭 ㄹ. 흘수의 치수

① ㄱ, ㄷ ② ㄱ, ㄴ, ㄷ
③ ㄱ, ㄴ, ㄹ ④ ㄱ, ㄷ, ㄹ

해설
선박법 시행규칙 제17조(선박의 표시사항과 표시방법)
한국 선박에 표시하여야 할 사항과 그 표시방법은 다음과 같다. 다만, 소형선박은 ㉢의 사항을 표시하지 아니할 수 있다.
㉠ 선박의 명칭 : 선수양현(船首兩舷)의 외부 및 선미(船尾) 외부의 잘 보이는 곳에 각각 10cm 이상의 한글(아라비아숫자를 포함한다)로 표시
㉡ 선적항 : 선미 외부의 잘 보이는 곳에 10cm 이상의 한글로 표시
㉢ 흘수의 치수 : 선수와 선미의 외부 양 측면에 선저(船底)로부터 최대흘수선(最大吃水線) 이상에 이르기까지 20cm마다 10cm의 아라비아숫자로 표시. 이 경우 숫자의 하단은 그 숫자가 표시하는 흘수선과 일치해야 한다.

16 ① 17 ③ 18 ② 19 ② 20 ④ 21 ④ 정답

22 **다음 중 선박법상 선적항의 지정기준에 대한 설명으로 틀린 것은?**

① 선적항으로 할 시・읍・면은 선박이 항행할 수 있는 수면에 접한 곳으로 한정한다.
② 선적항은 시・읍・면의 명칭에 따라야 한다.
③ 선적항은 선박 소유자의 주소지에 정한다.
④ 한국 선박의 소유자는 외국항에 선적항을 정할 수 있다.

해설
선박법 제7조(선박톤수 측정의 신청)
한국 선박의 소유자는 대한민국에 선적항을 정하고 그 선적항 또는 선박의 소재지를 관할하는 지방해양수산청장에게 선박의 총톤수의 측정을 신청하여야 한다.

23 **선박법상 선적항을 관할하는 지방법원에 선박을 등기하는 목적에 해당하지 않은 것은?**

① 선박의 소유권 증명
② 선박의 저당권 증명
③ 선박의 관할권 증명
④ 선박의 임차권 증명

해설
선박등기법 제3조(등기할 사항)
선박의 등기는 다음에 열거하는 권리의 설정・보존・이전・변경・처분의 제한 또는 소멸에 대하여 한다.
• 소유권
• 저당권
• 임차권

24 **선박국적증서에 대한 설명으로 적절하지 않은 것은?**

① 선박의 개성을 증명하는 공문서이다.
② 선박 안에 갖추어 두어야 하는 의무가 있다.
③ 대양 항해 중에는 선박국적증서를 선박에 갖추지 아니하여도 대한민국 국기를 게양할 수 있다.
④ 지방해양수산청장이 한국 선박을 선박 원부에 등록하고 발급한다.

해설
선박법 제10조(국기 게양과 항행)
한국 선박은 선박국적증서 또는 임시선박국적증서를 선박 안에 갖추어 두지 아니하고는 대한민국 국기를 게양하거나 항행할 수 없다.

25 **다음 중 선박법상 대한민국 국기를 게양할 수 없는 선박에 해당하는 것은?**

① 한국 선박
② 대한민국의 항만에 출입하거나 머무는 일본선박
③ 대한민국의 항만에 출입하거나 머무는 중국 선박
④ 한국 선박이 아니면서 외국항을 출입하는 선박

해설
선박법 제5조(국기의 게양)
• 한국 선박이 아니면 대한민국 국기를 게양할 수 없다.
• 위에도 불구하고 대한민국의 항만에 출입하거나 머무는 한국 선박 외의 선박은 선박의 마스트나 그 밖에 외부에서 눈에 잘 띄는 곳에 대한민국 국기를 게양할 수 있다.

어선전문

01 **다음 중 어창 속에 10일 이상 어획물을 수용할 때 배열하는 일반적인 방법으로 옳은 것은?**

① 등세우기법
② 배세우기법
③ 반듯하게 눕히는 법
④ 규칙적이게 담는 법

해설
주로 횟감으로 이용하는 고급 어종은 등세우기법, 가공 원료로 이용하는 어종은 배세우기법, 갈치는 환상형으로 배열한다. 또, 일반적으로 어창 속에 10일 이상 수용할 어획물은 배세우기법으로, 10일 이내에 양륙될 것은 등세우기법으로 배열한다.

정답 22 ④ 23 ③ 24 ③ 25 ④ / 1 ②

02 다음 중 어체의 자가소화에 대한 내용으로 틀린 것은?

① 고등어는 가자미보다 일반적으로 자가소화가 빨리 일어난다.
② 어체를 가열 처리한 후에 저온에서 저장하면 저장 기간을 연장할 수 있다.
③ 어체의 온도를 낮추어 주는 것이 자가소화를 억제시키는 가장 기본적인 수단이다.
④ 식염의 작용으로 자가소화는 빨라진다.

해설
자가소화는 식염의 작용으로도 어느 정도 억제되며, pH가 산성일 때보다 알칼리성일 때 덜 진행된다. 또한 완만히 동결시키고 완만히 해동시킨 것이 자가소화가 빨리 일어난다.

03 어패류의 선도 관리법 중 가장 일반적으로 이용되는 방법은 무엇인가?

① 관능적　　② 화학적
③ 물리적　　④ 세균학적

해설
관능적 판정법은 가장 일반적으로 행해지고 있는 방법으로 인간의 오감을 이용하여 판정하는 방법으로 각 개인에 따라 판정상의 차이가 발생하는 경우도 있다.

04 어패류의 사후변화 단계의 내용으로 가장 적절한 것은?

① 육질 중의 단백질 분해 효소에 의한 부패
② 해당작용에 의한 근육의 사후경직
③ 세균의 증식에 의한 자가소화
④ 굳어진 육이 다시 유연해지는 해경

해설
① 육질 중의 단백질 분해 효소에 의한 자가소화
② 해당작용에 의한 생화학적 변화
③ 세균 증식에 의한 부패

05 다음 중 일반 빙장법에 대한 설명으로 적절하지 않은 것은?

① 어체를 직간접으로 쇄빙으로 싸서 0℃ 전후로 냉각하는 방법이다.
② 처리 방법이 비교적 간단하다.
③ 단거리 수송에 효과적이다.
④ 양륙 능률이 좋다.

해설
일반 빙장법의 단점
- 고기를 수용할 수 있는 양의 제약을 받는다.
- 어획물을 쌓는 중심부는 온도가 오를 우려가 있다.
- 어체에 얼음이 밀착하지 않는 부분이 생기고, 밑에 것은 압박을 받을 수 있다.
- 양륙 능률이 좋지 않다.

06 어패육의 일반 성분조성 중 수분에 대한 설명으로 틀린 것은?

① 수분은 일반적으로 성어에 많은 경향이 있다.
② 적색육 어류보다는 백색육 어류에 많은 경향이 있다.
③ 해삼, 해파리의 수분 함량은 90% 이상이다.
④ 무척추동물의 수분 함량도 높다.

해설
수분은 일반적으로 유어에 많은 경향이 있다.

07 선망어선에서 그물에 포획된 어획물을 갑판 위로 퍼 올려 적재할 때의 주의 사항으로 가장 올바른 것은?

① 언제나 어포부를 최대한 뱃전으로 졸라맨다.
② 피쉬 펌프는 복원성을 저해하므로 사용해서는 안 된다.
③ 같이 퍼 올려진 물을 충분히 배수하고 적재한다.
④ 어체를 들어 표피를 햇빛에 건조시킨 후 적재한다.

2 ④ 3 ① 4 ④ 5 ④ 6 ① 7 ③ 정답

08 하역 중 사용하는 윈치에서 이상한 소리가 발생하는 경우의 조치방법으로 옳은 것은?

① 무시한다.
② 즉시 하역을 일시 중단한다.
③ 조심해서 계속 하역한다.
④ 윈치 조작 속도를 늦추어 작동시킨다.

해설
이상 발생 즉시 작업을 중단하고 원인 파악 및 적절한 조치를 통해 안전이 확보되면 다시 작업을 진행하도록 한다.

09 데릭 장치의 사고 원인으로 옳지 않은 것은?

① 붐의 구조 불량
② 블록 주유 불량
③ 가이의 정비 불량
④ 해치의 정비 불량

해설
해치는 선창에 화물을 적재하거나 양하하기 위한 선창구로 데릭 장치와는 관련이 없다.

10 다음 중 저온 어창 작업의 안전과 관련된 내용으로 틀린 것은?

① 지나치게 장시간 일을 요구해서는 안 된다.
② 어창의 온도에 따라 작업시간을 조절해야 한다.
③ 어창 작업에는 활동성 있는 간편한 복장을 착용한다.
④ 어창에서 발생할 수 있는 독성가스를 유의해야 한다.

해설
저온 어창 작업 시에는 체온을 유지할 수 있는 복장을 착용하도록 한다.

11 선수흘수가 2.5m, 선미흘수가 3.0m인 선박의 청수 20.0톤을 선수물탱크에서 선미물탱크로 이동하였을 때 트림의 변화량으로 옳은 것은?(단, 물탱크 사이의 거리는 30m이고, 매 cm 트림 모멘트는 30.0t · m임)

① 10cm　② 20cm
③ 30cm　④ 50cm

해설
$t=\frac{W\times d}{Mcm}=\frac{20\times 30}{30}=20$
(여기서, t : 트림의 변화량(cm), W : 이동한 중량(t), d : 이동거리(m), Mcm(MTC) : 매cm 트림 모멘트)

12 선수흘수가 2.0m, 선미흘수가 2.4m인 선박에서 40톤의 어획물을 선미어창에서 선수어창으로 10m 이동하니 등흘수 상태가 되었다. 이때 매 cm 트림 모멘트는 얼마인가?

① 10t · m　② 20t · m
③ 30t · m　④ 40t · m

해설
$t=\frac{W\times d}{Mcm}$ 에서
$Mcm=\frac{W\times d}{t}=\frac{40\times 10}{40}=10$
(여기서, t : 트림의 변화량(cm), W : 이동한 중량(t), d : 이동거리(m), Mcm(MTC) : 매cm 트림 모멘트)

13 선수흘수와 선미흘수의 차이를 말하며, 선박 길이 방향의 경사를 나타내는 것은?

① 트림(Trim)　② 건현(Freeboard)
③ 늑골(Frame)　④ 현호(Sheer)

해설
② 건현 : 선박 중앙부의 수면에서 갑판선 상단까지의 수직거리
③ 늑골 : 선체의 좌우 선측을 구성하는 뼈로 용골에 직각으로 배치
④ 현호 : 건현 갑판의 현측선이 휘어진 것

정답 8 ② 9 ④ 10 ③ 11 ② 12 ① 13 ①

14 매 cm 배수톤(Tcm)이 3톤인 선박이 표준 해수에 떠 있을 때의 수선 면적으로 옳은 것은?(단, 표준 해수의 밀도는 1.025임)

① 146.3m^2　② 292.7m^2
③ 439.0m^2　④ 585.4m^2

해설
Tcm = 물의 밀도 × 수선 면적 / 100(ton)
수선면적 = Tcm × 100(ton) / 물의 밀도
= 3 × 100 / 1.025 ≒ 292.7

15 소형어선에서 주로 사용하는 동결장치로, 공기 냉각기로 냉각한 공기를 팬에 의해 고속으로 순환시키며 동결하는 장치는 무엇인가?

① 액화가스 동결장치(Cryogenic Freezer)
② 송풍식 동결장치(Air Blast Freezer)
③ 침지식 동결장치(Immersion Freezer)
④ 접촉식 동결장치(Contact Freezer)

16 증기 압축식 냉동장치의 기본적인 냉동사이클에 포함되지 않는 것은?

① 압축 과정　② 응축 과정
③ 팽창 과정　④ 폭발 과정

해설
증기 압축식 냉동장치의 구조

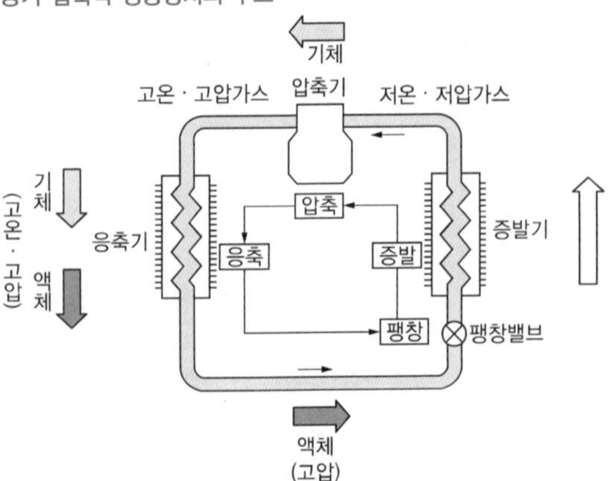

17 다음 중 냉동톤의 정의는?

① 0℃의 물 1톤을 1시간 동안에 0℃의 얼음으로 변화시키는 능력
② 0℃의 물 1톤을 12시간 동안에 0℃의 얼음으로 변화시키는 능력
③ 0℃의 물 1톤을 24시간 동안에 0℃의 얼음으로 변화시키는 능력
④ 0℃의 물 1톤을 48시간 동안에 0℃의 얼음으로 변화시키는 능력

18 데릭이 설치되어 있지 않은 어선에서 선측에 붙여 부두와 갑판 사이에 화물을 이동하는데 이용하면 편리한 하역 설비에 해당하는 것은?

① 슈 트
② 엘리베이터
③ 슬 링
④ 이동식 컨베이어

19 어선법상 용어의 정의로 틀린 것은?

① 배의 깊이란 배의 길이의 중앙에서의 형 깊이를 말한다.
② 동력어선이란 추진 기관을 설치한 어선을 말한다.
③ 선령이란 어선이 최초 선적한 날부터 경과한 시간을 말한다.
④ 국제항해란 한 나라에서 다른 나라에 이르는 해양을 항해하는 것을 말한다.

해설
어선법 시행규칙 제2조(정의)
선령이란 어선이 진수한 날부터 경과한 기간을 말한다.

14 ② 15 ② 16 ④ 17 ③ 18 ④ 19 ③ 정답

20 다음 (　　) 안에 들어갈 용어로 옳은 것은?

> 어선법상 (　　)은 어선검사증서의 유효기간 시작일부터 해마다 1년이 되는 날을 말한다.

① 최초검사일　　② 유효기간 만료일
③ 검사기준일　　④ 정기검사일

해설
어선법 시행규칙 제2조(정의)
검사기준일이란 어선검사증서의 유효기간 시작일부터 해마다 1년이 되는 날을 말한다.

21 다음 〈보기〉에서 어선법상 한국어선에 표시해야 할 사항을 모두 고른 것은?

> 〈보 기〉
> ㄱ. 선적항　　ㄴ. 어선번호
> ㄷ. 어선의 명칭　　ㄹ. 선장의 이름

① ㄱ, ㄴ　　② ㄱ, ㄷ
③ ㄱ, ㄴ ㄷ　　④ ㄱ, ㄷ, ㄹ

해설
어선법 제16조(어선 명칭 등의 표시와 번호판의 부착)
어선의 소유자는 선박국적증서 등을 발급받은 경우에는 해양수산부령으로 정하는 바에 따라 지체 없이 그 어선에 어선의 명칭, 선적항, 총톤수 및 흘수의 치수 등을 표시하고 어선번호판을 붙여야 한다.

22 어선법상 어선의 선적항 지정에 대한 설명으로 가장 올바른 것은?

① 선적항은 시・읍・면의 명칭에 따라야 한다.
② 선적항은 어선 소유자의 실제 거주지에 정하여야 한다.
③ 어선의 소유자는 국내외 선적항을 정할 수 있다.
④ 선적항으로 정할 시・읍・면은 선박이 항행할 수 있는 수면과 접하지 않아도 된다.

해설
어선법 시행규칙 제22조(선적항의 지정 등)
- 선적항을 정하고자 할 때에는 해당 어선 또는 선박이 항행할 수 있는 수면을 접한 그 소유자의 주소지인 시・구・읍・면에 소재하는 항・포구를 기준으로 하여 정한다.
- 선적항의 명칭은 항・포구의 명칭이나 어선 또는 선박이 항행할 수 있는 수면을 접한 시・군・구・읍・면의 명칭을 기준으로 하여 정한다.

23 다음 중 (　　) 안에 적합한 순서대로 나타낸 것은?

> 어선법상 총톤수 (　　)의 소형어선에 대한 소유권의 득실 변경은 (　　)을/를 하여야 그 효력이 생긴다.

① 5톤 미만, 등기
② 5톤 미만, 등록
③ 20톤 미만, 등기
④ 20톤 미만, 등록

해설
어선법 13조의2(소형어선 소유권 변동의 효력)
총톤수 20톤 미만의 소형어선에 대한 소유권의 득실 변경은 등록을 하여야 그 효력이 생긴다.

24 다음 중 어선법상 어선의 등록 업무를 수행하는 등록권자로 옳은 것은?

① 선적항을 관할하는 해양경비안전서장
② 선적항을 관할하는 지방해양수산청장
③ 선박이 주로 입항하는 포구의 읍・면장
④ 선적항을 관할하는 시장・군수・구청장

해설
어선법 제13조(어선의 등기와 등록)
어선의 소유자나 해양수산부령으로 정하는 선박의 소유자는 선적항을 관할하는 시장・군수・구청장에게 해양수산부령으로 정하는 바에 따라 어선원부에 어선의 등록을 하여야 한다.

25 어선법상 총톤수 5톤 미만인 무동력선인 어선 소유자가 어선을 등록한 후 발급받는 서류는 무엇인가?

① 선박국적증서　　② 등록필증
③ 선적증서　　④ 어선원부

해설
어선법 제13조(어선의 등기와 등록)
시장・군수・구청장은 등록을 한 어선에 대하여 다음의 구분에 따른 증서 등을 발급하여야 한다.
- 총톤수 20톤 이상인 어선 : 선박국적증서
- 총톤수 20톤 미만인 어선(총톤수 5톤 미만의 무동력어선은 제외한다) : 선적증서
- 총톤수 5톤 미만인 무동력어선 : 등록필증

정답 20 ③ 21 ③ 22 ① 23 ④ 24 ④ 25 ②

제 23 회

기출복원문제

상선전문

01 다음 그림을 보고 흘수를 가장 근접하게 읽은 것은?

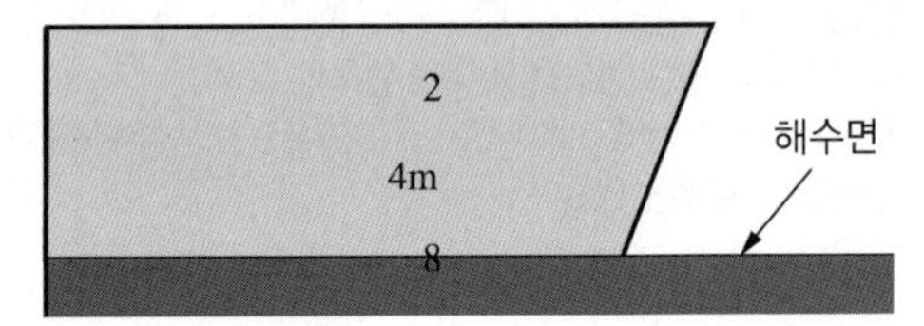

① 3m 65cm ② 3m 85cm
③ 4m 65cm ④ 4m 85cm

해설

흘수의 표시

숫자 높이, 숫자와 숫자의 간격은 10cm이고, 숫자의 하단이 선저로부터의 흘수이다.

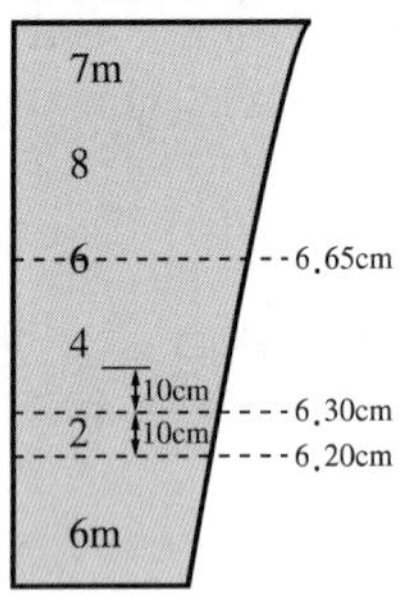

02 트림 1m를 발생시키기 위해 50톤의 무게를 10m 이동시킬 때 매 cm 트림 모멘트(MTC) 값으로 옳은 것은?

① 1t · m
② 5t · m
③ 100t · m
④ 500t · m

해설

$$t = \frac{W \times d}{Mcm}$$

$$Mcm = \frac{W \times d}{t} = \frac{50 \times 10}{100} = 5$$

(여기서, t : 트림의 변화량(cm), W : 이동한 중량(t), d : 이동거리(m), Mcm(MTC) : 매 cm 트림 모멘트)

03 통풍 환기의 목적이 아닌 것은?

① 선창 내의 응결을 증가시킨다.
② 자동차 배기가스를 환기시킨다.
③ 선창 내의 온도 및 습도를 조절해 준다.
④ 곡물, 야채 등의 신선도를 유지할 수 있다.

해설

통풍환기의 목적

- 선창 내 온도 및 습도의 상승에 의한 화물의 변질 방지
- 발한에 의한 화물의 손상 방지
- 신선한 외기의 공급에 의한 화물의 변질 방지
- 화물의 자연 발열에 대한 변질 및 발화 방지
- 위험 가스의 배출

04 화물 적재 시 선박의 전후부에 무게가 집중될 때 나타나는 현상은?

① 호깅현상이 발생한다.
② 새깅현상이 발생한다.
③ GM값이 증가하게 된다.
④ GM값이 감소하게 된다.

해설

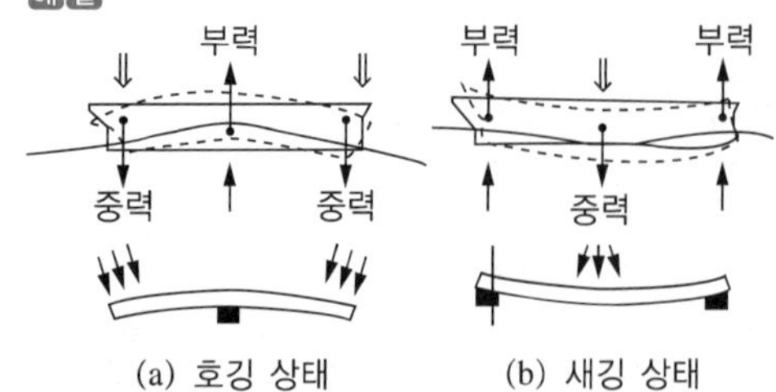

(a) 호깅 상태 (b) 새깅 상태

1 ② 2 ② 3 ① 4 ① 정답

05 다음 중 배수량 등곡선도에 관한 설명은?

① 선박이 밸러스트를 배출하는 데 참고하는 곡선도
② 선박의 배수량과 선체침하량과의 관계를 나타내는 곡선도
③ 선박이 표준해수에서 청수로 바뀔 때 배수량의 변화를 나타내는 곡선도
④ 표준해수에서 임의의 평균흘수에서의 배수량 및 흘수 계산, 복원력에 계산에 필요한 여러 가지 요소의 값을 읽을 수 있도록 작성된 곡선도

06 선박에서 횡요 주기를 이용하여 간단하게 GM을 산출할 때의 추정식은?(단, B : 선폭(m), T : 횡요 주기(초))

① $T = 0.802GM/\sqrt{B}$
② $T = 0.082GM/\sqrt{B}$
③ $T = 0.802B/\sqrt{GM}$
④ $T = 0.082B/\sqrt{GM}$

07 화표에 대한 설명으로 틀린 것은?

① 화표가 없는 화물은 선적을 거부한다.
② 수하인, 양하지 및 취급법 등이 명시되어 있다.
③ 화표는 없어도 별 상관이 없다.
④ 화물의 포장에 표시되는 표식이다.

해설
화물의 포장에 표시되는 화표에는 수화인, 양하지 및 취급법 등을 명시하게 된다. 선내 반입 시에 화표가 없거나 불명확하면, 인수를 거절하거나 화물인수증에 그 사실을 기입해야 한다.

08 순적화중량을 구할 때 차감해야 하는 항목에 해당되지 않는 것은?

① 경하배수톤수　② 연 료
③ 청 수　④ 화 물

해설
순적화중량톤수 = 만재흘수에 상당하는 배수량 − 경하배수량 − 선적화물 이외의 중량(청수, 연료 등)

09 화물틈에 대한 설명으로 옳은 것은?

① 불명중량을 의미한다.
② 그레인 용적이라고도 한다.
③ 선박의 빈 공간을 의미한다.
④ 화물과 화물 사이의 간격을 의미한다.

해설
화물틈
- 화물 상호 간의 간격
- 화물과 선창 내 구조물과의 간격
- 통풍, 환기 및 팽창 용적으로서의 공간
- 더니지, 화물 이동 방지판 등이 차지하는 용적

10 화물 취급 시 일반적인 주의사항으로 틀린 것은?

① 화물의 특성을 정확히 파악한다.
② 화물 취급은 통상 기계를 이용하므로 신경쓰지 않아도 된다.
③ 화물로 인한 비상상황에 대비해야 한다.
④ 능률적인 하역이 되도록 화물을 적재한다.

해설
화물을 취급할 때는 기계 이상 및 기타 위험 요소가 많으므로 항상 안전에 만전을 기하도록 한다.

11 추운 지방에서는 증기관의 동결에 의한 손상을 방지하기 위하여 약간의 증기를 계속 흘려보내야 하는 하역용 윈치는?

① 스팀 윈치　② 전동 윈치
③ 유압 윈치　④ 수압 윈치

정답 5 ④ 6 ③ 7 ③ 8 ④ 9 ④ 10 ② 11 ①

12 항만에서 사용되는 하역 설비 중 높은 곳에서 화물을 미끄러 떨어트리기 위한 장치는?

① 갠트리 크레인
② 컨베이어
③ 해상 크레인
④ 카고 슈트

해설
카고 슈트 : 높은 곳에서 화물을 미끄러 떨어트리기 위한 활송장치

13 선창의 청결과 같이 제반조건이 곡물을 적재하는 데 적합한 지 확인하는 것은?

① 선창 소독 ② 선창 검사
③ 선창 세정 ④ 선창 청소

14 선박의 무게중심을 낮추어 선박 복원성을 좋게 할 때 적합한 평형수(Ballast) 탱크는?

① 선수 피크탱크(Fore Peak Tank)
② 선미 피크탱크(After Peak Tank)
③ 이중저 탱크(Double Bottom Tank)
④ 청수탱크(Fresh Water Tank)

해설
이중저는 선체의 바닥에 이중 외판을 설치한 선저로 평형수 적제 시 선박의 무게중심을 낮추어 복원성을 좋게 만들 수 있다.

15 다음 중 하역설비의 안전사용하중을 뜻하는 것은?

① ISO ② COW
③ SWL ④ SWS

해설
안전사용하중(SWL ; Safe Working Load)

16 선체의 응력 변화, 파이프라인 내의 온도 변화 등으로 인해 발생할 수 있는 파이프라인의 팽창수축현상을 완화시키기 위하여 탱크 내 화물라인에 설치하는 것은?

① 스트리핑라인 ② 벨 마우스
③ 안전밸브 ④ 익스팬션 조인트

17 화물창을 선수미 방향으로 분리시키는 격벽은?

① 외 판 ② 횡격벽
③ 종격벽 ④ 방화벽

18 하역 시 화물을 싸매거나 묶어서 카고 훅(Hook)에 달아매는 용구는?

① 지 주 ② 카고 기어
③ 크레인 ④ 카고 슬링

19 선박법상 선박톤수측정에 관한 국제협약에 따라 여객 또는 화물의 운송용으로 제공되는 선박 안에 있는 장소의 크기를 나타내기 위해 사용되는 지표는?

① 순톤수 ② 총톤수
③ 배수톤수 ④ 용적톤수

해설
선박법 제3조(선박톤수)
선박톤수의 종류는 다음과 같다.
- 국제총톤수 : 1969년 선박톤수측정에 관한 국제협약 및 협약의 부속서에 따라 주로 국제항해에 종사하는 선박에 대하여 그 크기를 나타내기 위하여 사용되는 지표를 말한다.
- 총톤수 : 우리나라의 해사에 관한 법령을 적용할 때 선박의 크기를 나타내기 위하여 사용되는 지표를 말한다.
- 순톤수 : 협약 및 협약의 부속서에 따라 여객 또는 화물의 운송용으로 제공되는 선박 안에 있는 장소의 크기를 나타내기 위하여 사용되는 지표를 말한다.
- 재화중량톤수 : 항행의 안전을 확보할 수 있는 한도에서 선박의 여객 및 화물 등의 최대 적재량을 나타내기 위하여 사용되는 지표를 말한다.

12 ④ 13 ② 14 ③ 15 ③ 16 ④ 17 ③ 18 ④ 19 ① 정답

20 선박법상 선박의 국적 취득에 대한 설명으로 옳은 것은?

① 선박은 인격자 유사성이 있어 이중 국적이 허용된다.
② 선박은 국제법상 국적을 가지지 않아도 된다.
③ 공해상을 항해하는 무국적 선박은 국제법상 외교적 보호를 받을 수 없다.
④ 한국 법률에 따라 설립된 상사법인이 소유한 선박은 등기, 등록이 없어도 한국 국적을 취득한다.

해설

선박의 국적
- 선박은 국제법상 반드시 국적을 가져야 한다.
- 선박이 공해상에 있을 때에는 그 기국의 법률이 그 선박에 적용된다.
- 선박의 국적이라 함은 그 선박이 어느 나라에 속하는가를 나타내는 것을 말한다.
- 선박은 국적을 이중으로 가질 수 없다.

21 선박법상 소형 선박에 해당되는 것은?

① 총톤수 20톤인 기선
② 총톤수 20톤인 범선
③ 총톤수 80톤인 부선
④ 총톤수 80톤인 예인선

해설

선박법 제1조의2(정의)
소형 선박이란 다음의 어느 하나에 해당하는 선박을 말한다.
- 총톤수 20톤 미만인 기선 및 범선
- 총톤수 100톤 미만인 부선

22 선박법상 한국 선박의 특권에 관한 설명으로 틀린 것은?

① 한국 선박이 아니면 원칙적으로 불개항장에 기항할 수 없다.
② 한국 선박이 아니면 외국항 기항 시 대한민국 국기를 게양할 수 없다.
③ 한국 선박은 국외 항만 간의 자유무역권과 운송권을 가진다.
④ 한국 선박은 국내 각 항간에서 여객 또는 화물의 운송을 할 수 있다.

해설

선박법 제6조(불개항장에의 기항과 국내 각 항간에서의 운송금지)
한국 선박이 아니면 불개항장에 기항하거나, 국내 각 항간에서 여객 또는 화물의 운송을 할 수 없다.
선박법 제10조(국기 게양과 항행)
한국 선박은 선박국적증서 또는 임시선박국적증서를 선박 안에 갖추어 두지 아니하고는 대한민국 국기를 게양하거나 항행할 수 없다.

23 선박법상 선박공시제도에 대한 설명으로 틀린 것은?

① 선박의 선적항을 증명하기 위한 제도이다.
② 공시방법으로는 등기와 등록이 있다.
③ 등기는 선적항을 관할하는 지방법원의 등기소에서 관장한다.
④ 선박 계류용 부선은 등기의 대상이 아니다.

해설

선박등기법 제3조(등기할 사항)
선박의 등기는 다음에 열거하는 권리의 설정 · 보존 · 이전 · 변경 · 처분의 제한 또는 소멸에 대하여 한다.
- 소유권
- 저당권
- 임차권

24 선박법상 지방해양수산청의 선박원부에 선박에 관한 표시사항과 소유자를 기재하는 것은?

① 선박 등록
② 선박 검사
③ 선박 등기
④ 선박 계약

해설

선박법 제8조(등기와 등록)
- 한국 선박의 소유자는 선적항을 관할하는 지방해양수산청장에게 해양수산부령으로 정하는 바에 따라 선박을 취득한 날부터 60일 이내에 그 선박의 등록을 신청하여야 한다. 이 경우 선박등기법 제2조에 해당하는 선박은 선박을 등기한 후에 선박의 등록을 신청하여야 한다.
- 지방해양수산청장은 위의 등록신청을 받으면 이를 선박원부에 등록하고 신청인에게 선박국적증서를 발급하여야 한다.

정답 20 ③ 21 ③ 22 ③ 23 ① 24 ①

25 다음 〈보기〉의 (　　) 안에 적합한 것은?

〈보 기〉
선박법상 (　　)는 길이 24m 미만인 한국 선박이 국제항해에 종사하고자 하는 경우 국제 총톤수 및 순톤수를 기재하여 발급받는 증서이다.

① 총톤수증서
② 국제톤수증서
③ 국제톤수확인서
④ 선박검사증서

해설
선박법 제13조(국제톤수증서 등)
길이 24m 미만인 한국 선박의 소유자가 그 선박을 국제항해에 종사하게 하려는 경우에는 해양수산부장관으로부터 국제톤수확인서(국제총톤수 및 순톤수를 적은 서면을 말한다)를 발급받을 수 있다.

어선전문

01 어패류의 사후 변화과정으로 옳은 것은?

① 해당작용 → 자가소화 → 해경 → 사후경직 → 부패
② 해당작용 → 해경 → 사후경직 → 자가소화 → 부패
③ 해당작용 → 사후경직 → 해경 → 자가소화 → 부패
④ 해당작용 → 사후경직 → 자가소화 → 해경 → 부패

해설
어패류의 사후 변화 과정
해당작용 → 사후경직 → 해경 → 자가소화 → 부패
- 해당 작용 : 사후 산소 공급이 끊겨 글리코젠이 분해되어 젖산으로 분해
- 사후경직 : 근육의 투명감이 떨어지고 수축하여 어체가 굳어지는 현상
- 해경 : 사후 경직에 의하여 수축되었던 근육이 풀어지는 현상
- 자가소화 : 어체 조직 속에 있는 효소의 작용으로 조직을 구성하는 단백질, 지방질, 글리코젠과 그 밖의 유기물이 저급의 화합물로 분해되는 현상
- 부패 : 미생물이 생산한 효소의 작용에 따라 어패류 성분이 유익하지 않은 물질로 분해되어 독성 및 악취를 내는 현상

02 어패류의 관능적 선도판정법에 대한 설명으로 틀린 것은?

① 신선한 어류의 아가미 색깔은 분홍색이다.
② 선도가 저하하면 안구는 혼탁해진다.
③ 복부는 선도 저하에 따라 단단해진다.
④ 신선한 어류의 표피는 윤기를 갖고 있다.

해설
복부는 선도 저하에 따라 부드럽게 되고, 점차 팽창하게 된다.

25 ③ / 1 ③ 2 ③ 정답

03 어획물의 선도 유지를 위한 처리 원칙이 아닌 것은?

① 신속한 처리
② 저온 보관
③ 청결한 취급
④ 관능적 처리

04 다음 어획물을 어상자에 배열하는 방법 중 적절치 못한 것은?

① 갈치는 등세우기법으로 배열한다.
② 가공 원료로 이용하는 어종은 배세우기법으로 배열한다.
③ 일반적으로 어창 속에 10일 이상 수용할 어획물은 배세우기법으로 배열한다.
④ 일반적으로 10일 이내 양륙될 것은 등세우기법으로 배열한다.

해설
① 갈치는 환상형으로 배열한다.
주로 횟감으로 이용하는 고급 어종은 등세우기법, 가공원료로 이용하는 어종은 배세우기법으로 배열한다. 또, 일반적으로 어창 속에 10일 이상 수용할 어획물은 배세우기 법으로, 10일 이내에 양륙될 것은 등세우기 법으로 배열한다.

05 어패육의 일반 성분 조성 중 지질에 대한 설명으로 틀린 것은?

① 일반 성분 중 가장 변동이 심하다.
② 적색육 어류보다는 백색육 어류가 계절적 변동이 크다.
③ 저서어보다는 회유어가 계절적 변동이 크다.
④ 어육의 지질 함량과 수분 함량과는 상관관계가 있다.

해설
백색육 어류보다는 적색육 어류가 계절적 변동이 크다.

06 나무 상자와 비교하여 합성수지 어상자의 장점으로 볼 수 없는 것은?

① 가격이 저렴하다.
② 내구성이 좋다.
③ 상자 자체에 의한 오염도가 낮다.
④ 냉각 속도가 빠르다.

해설
나무 이외의 재료들은 가격이 비싸고 회수가 곤란하다는 단점이 있다.

07 다랑어 선망에서 하역 후 어창 관리방법으로 틀린 것은?

① 하역 직후 어창을 폐쇄하여 다음 입고 시까지 둔다.
② 청소가 미루어질 경우 어창을 열어 둔다.
③ 통풍시킨다.
④ 고압의 호스를 사용하여 세척한다.

해설
어창은 하역 완료 후에 깨끗이 청소하여 어획물 적재 전의 세균 생성을 억제하여야 한다. 만일 어창 청소를 미룰 경우 각 어창은 개방되어야 하고, 작업 개시 전까지 통풍기를 사용하여 통풍해야 한다.

08 어창이 가지는 구조상의 제약으로 옳지 않은 것은?

① 굽어진 부정형의 공간이 많이 있다.
② 어창의 깊이가 있어 하부 적재물이 손상될 수 있다.
③ 기둥이나 돌출물이 방열재로 덮여 있어 적재 공간이 줄어든다.
④ 항해 중 통풍구로 침수가 일어난다.

09 하역 중 일어날 수 있는 사고의 원인이 아닌 것은?

① 작업원의 미숙
② 작업원의 적절한 휴식
③ 작업원의 부주의
④ 일기 악화와 야간 하역

정답 3 ④ 4 ① 5 ② 6 ① 7 ① 8 ④ 9 ②

해설
작업원의 적절한 휴식은 사고 예방에 도움이 된다.

10 화물틈을 발생시키는 원인으로 잘못된 것은?

① 어선이 신조된 후 부가된 중량
② 화물 상호 간의 간격
③ 화물과 창 내 구조물과의 간격
④ 냉기의 흐름을 고려한 공간

해설
화물틈
• 화물 상호 간의 간격
• 화물과 선창 내 구조물과의 간격
• 통풍, 환기 및 팽창 용적으로서의 공간
• 더니지, 화물 이동 방지판 등이 차지하는 용적

11 선수흘수가 2.0m이고, 선미흘수가 2.5m인 선박의 45톤의 어획물을 선미어창에서 선수어창으로 20m 이동하였더니 선미트림 0.2m 상대가 되었다. 이때 매 cm 트림 모멘트는?

① 10t · m　　② 25t · m
③ 30t · m　　④ 50t · m

해설
$$t = \frac{W \times d}{Mcm}$$
(여기에서 t : 트림의 변화량(cm), W : 이동한 중량(t), d : 이동거리(m), Mcm(MTC) : 매 cm 트림 모멘트)
선미트림이 0.5m에서 화물 이동 후 0.2m가 되었으므로 트림 변화량은 30cm이다.
$$Mcm = \frac{W \times d}{t} = \frac{45 \times 20}{30} = 30$$

12 매 cm 배수톤(Tcm)이 3톤인 선박이 물의 밀도 ρ= 1.0톤/m^3에 떠 있다. 이때의 수선 면적은?

① $100.0m^2$　　② $200.0m^2$
③ $300.0m^2$　　④ $400.0m^2$

해설
Tcm = 물의 밀도 × 수선 면적 / 100(ton)
수선면적 = Tcm × 100(ton) / 물의 밀도
= 3 × 100 / 1
= 300

13 어선 복원성 적용 대상 기준이 되는 배의 길이는?

① 5m　　② 10m
③ 24m　　④ 35m

14 어창에 설치되는 칸막이, 하지판 등 더니지의 역할로 옳지 않은 것은?

① 외부 환기
② 냉기의 소통
③ 어획물의 이동 방지
④ 적재 어획물의 손상 방지

해설
어창의 저온 유지를 위해 냉기가 순환이 될 수 있도록 하며 외기의 유입이 없도록 한다.

15 일정한 공간이나 어떤 물체로부터 열을 흡수하여 다른 곳으로 열을 운반하는 것은?

① 촉 매　　② 윤활유
③ 냉 매　　④ 냉동기유

16 어선의 어창 설비에 요구되는 것으로 틀린 것은?

① 위쪽 갑판은 수밀 구조이어야 한다.
② 청소용 해수관은 어창을 통과하지 않아야 한다.
③ 어창 바닥에는 선수미 방향으로 하지판을 설치한다.
④ 어창에 설치되는 횡격벽은 모두 수밀격벽이어야 한다.

10 ① 11 ③ 12 ③ 13 ③ 14 ① 15 ③ 16 ④ 정답

17 어창 방열재에 해당하지 않는 것은?

① 석 면 ② 스티로폼
③ 경질 우레탄 폼 ④ 폴리스티렌 폼

해설
어선에 사용되는 모든 설비에는 석면이 포함된 것을 사용하여서는 아니 된다.

18 2005 어선원과 어선 안전규칙 A상 하역용 컨베이어에 대한 설명으로 틀린 것은?

① 여러 개의 컨베이어를 연결해 사용할 때 모든 컨베이어를 멈출 수 있는 비상정지스위치를 설치한다.
② 비상정지스위치의 설치 간격은 15m 이내이다.
③ 15m 이상 길이의 컨베이어가 시동될 경우 경보를 발령하는 장치가 있어야 한다.
④ 컨베이어 시동 경보는 음향이나 시각신호 장치로 되어야 한다.

19 어선법상 어선의 개성에 포함되는 것은?

① 흘수의 치수 ② 정박항
③ 의장수 ④ 승선 인원

해설
어선법 제16조(어선 명칭 등의 표시와 번호판의 부착)
어선의 소유자는 선박국적증서 등을 발급받은 경우에는 해양수산부령으로 정하는 바에 따라 지체 없이 그 어선에 어선의 명칭, 선적항, 총톤수 및 흘수의 치수 등을 표시하고 어선번호판을 붙여야 한다.

20 어선법상 어선번호판에 대한 설명으로 틀린 것은?

① 번호판의 규격은 별도 정해져 있지 않다.
② 합성수지재의 내부식성 재료로 제작하여야 한다.
③ 기관실의 출입구 잘 보이는 곳에 부착하여야 한다.
④ 어선번호판을 붙인 후가 아니면 어선을 조업목적으로 사용해서는 안된다.

해설
어선법 시행규칙 제25조(어선번호판의 제작 등)
- 어선번호판은 알루미늄, 동판 또는 강판 등의 금속재이거나 합성수지재의 내부식성 재료로 제작하여야 하며, 그 규격은 가로 15cm, 세로 3cm로 한다.
- 어선의 소유자는 위에 따른 규격으로 제작된 어선번호판을 조타실 또는 기관실의 출입구 등 어선 안쪽 부분의 잘 보이는 장소에 내구력 있는 방법으로 부착하여야 한다.

21 어선법상 선박을 어선으로 사용하고자 할 때 등록을 신청할 수 없는 사람은?

① 외국에서 수입한 선박의 소유자
② 선박법에 따라 등록된 선박의 소유자
③ 대한민국 국적을 상실한 선박의 소유자
④ 어선의 등록이 말소된 선박의 소유자

22 어선법상 한국 어선에 관한 설명으로 알맞은 것은?

① 대한민국 국민이 소유하는 어선은 모두 한국 어선이다.
② 국가 소유의 어선은 별도로 절차 없이 한국 국적을 취득한다.
③ 대한민국 법률에 의하여 설립된 상사법인이 소유하는 어선은 모두 한국 어선이 된다.
④ 대한민국에 주된 사무소를 둔 상사법인 외의 법인(대표자가 한국인)이 소유하는 어선은 한국 어선이 될 수 있다.

해설
어선법 제37조(다른 법령의 준용)
위법에 따라 선박법 제2조(한국 선박)을 준용한다는 것이 "무조건 한국어선이다."라고 규정하는 의미가 아니다.

정답 17 ① 18 ② 19 ① 20 ① 21 ③ 22 ④

23 어선의 등록 신청 시 제출하는 서류가 아닌 것은?

① 예비검사증서
② 어선건조허가서
③ 선박등기부등본
④ 어선총톤수측정증명서

해설
어선법 시행규칙 제21조(등록의 신청 등)
어선의 등록을 하려는 자는 어선등록신청서·어선변경등록신청서 또는 어업변경허가신청서에 다음의 서류를 첨부하여 선적항을 관할하는 시장·군수·구청장에게 제출하여야 한다.
- 어선건조허가서 또는 어선건조발주허가서
- 어선총톤수측정증명서
- 선박등기부등본
- 대체되는 어선의 처리에 관한 서류(어선을 대체하기 위하여 건조 또는 건조발주한 경우)

24 어선법상 어선의 등록권자가 어선의 등록을 한 때에 통지해야 하는 기관이 아닌 것은?

① 해양수산부장관
② 중앙해양안전심판원
③ 해당 어선이 등기된 등기소
④ 해당 어선에 관련된 어업의 면허·허가기관

해설
중앙안전해양심판원은 해양과 내수면에서 발생하는 선박의 해양사고 조사와 심판 업무를 담당하는 해양수산부 소속기관으로 어선의 등록 또는 변경등록통지기관이 아니다.

25 어선법상 어선원부 기재사항을 〈보기〉에서 모두 고른 것은?

〈보 기〉
㉠ 어선번호　　㉡ 총톤수
㉢ 선체 재질　　㉣ 등기부 번호

① ㉠, ㉡, ㉣　　② ㉡, ㉢, ㉣
③ ㉠, ㉡, ㉢　　④ ㉠, ㉢, ㉣

해설
어선법 시행규칙 제23조(등록사항)
어선원부 기재사항
- 어선번호
- 호출부호 또는 호출명칭
- 어선의 종류
- 어선의 명칭
- 선적항
- 선체 재질
- 범선의 범장(범선의 경우에 한한다)
- 배의 길이
- 배의 너비
- 배의 깊이
- 총톤수
- 폐위장소의 합계용적
- 제외장소의 합계용적
- 기관의 종류·마력 및 대수
- 추진기의 종류 및 수
- 조선지
- 조선자
- 진수연월일
- 소유자의 성명·주민등록번호 및 주소
- 공유자의 지분율

23 ① 24 ② 25 ③ 정답

제 24 회 기출복원문제

상선전문

01 다음 중 화물을 적재할 수 있는 능력을 나타내는 톤수는 무엇인가?

① 운임톤 ② 경하 중량톤
③ 만재 배수톤 ④ 재화 중량톤수

해설
① 운임톤 : 선박 회사의 해상운임 청구기준이 되는 톤을 말한다. 운송화물에 대한 운임은 중량과 용적 중에서 운임이 높게 계산되는 편을 택하여 표시한다.
② 경하 중량톤 : 순수한 선박 자체의 중량을 의미하는 것으로 화물, 연료, 청수, 식량 등을 적재하지 아니한 경우의 선박 배수량
③ 만재 배수톤 : 만재흘수선까지 화물, 연료 등을 적재한 상태에서의 선박 배수량

02 다음 중 건화물선에 해당되지 않는 것은?

① 석탄전용선 ② 곡물전용선
③ 유조선 ④ 일반화물선

해설
화물선의 분류

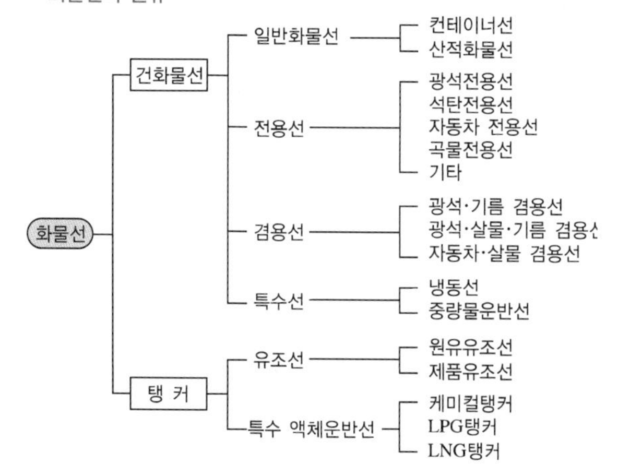

03 다음 중 선적지시서대로 화물을 적재하고 본선의 일등항해사가 발급하는 서류는?

① 선하증권
② 양하지시서
③ 화물인도증
④ 화물인수증

04 중량물의 선체 세로 방향 이동에 의한 트림 변화를 나타내는 공식($t = W \cdot d$ / MTC)에 대한 설명으로 옳지 않은 것은?

① t는 트림 변화량을 의미한다.
② W는 중량물 무게를 의미한다.
③ d는 중량물의 이동한 거리를 의미한다.
④ MTC는 매 m 트림 모멘트를 의미한다.

해설
MTC : 매 cm 트림 모멘트

05 다음 그림에서 트림(Trim)에 대한 설명으로 옳은 것은?

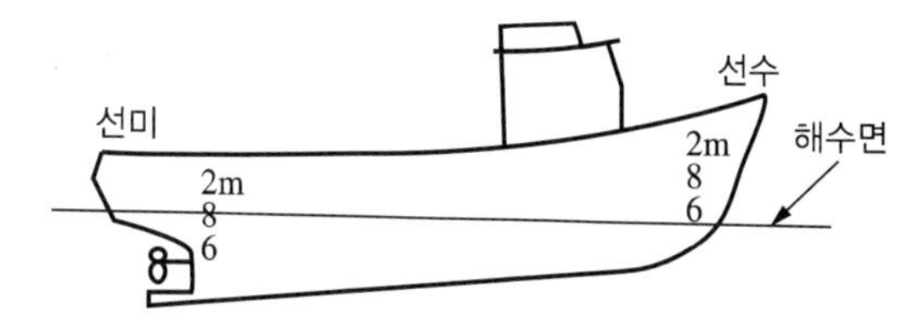

① 직립(Upright)
② 선미트림(Trim by The Stern)
③ 선수트림(Trim by The Head)
④ 등흘수(Even Keel)

정답 1 ④ 2 ③ 3 ④ 4 ④ 5 ②

해설
트림
길이 방향의 선체 경사를 나타내는 것으로서, 선수흘수와 선미흘수의 차를 말한다.
• 선수트림 : 선수흘수가 선미흘수보다 큰 상태
• 선미트림 : 선미흘수가 선수흘수보다 큰 상태
• 등흘수 : 선미흘수와 선수흘수가 같은 상태

06 **다음 중 부면심에 대한 설명은?**

① 부력의 중심
② 횡경사의 중심
③ 수면하 면적의 중심
④ 선체 종 방향 경사의 중심

해설
부면심
수선면적의 중심으로서 선체의 종 방향 경사의 중심(Tipping Center)이 된다. 따라서 부면심을 지나는 수직선상에 화물을 적하 또는 양하하면 트림은 생기지 않는다.

07 **다음 중 선박이 통상의 위험을 견디고 안전하게 항해할 수 있는 상태를 의미하는 것은?**

① 감항성 ② 추종성
③ 통상성 ④ 복원성

해설
선박의 감항성
선박이 출항 당시에 통상의 위험을 견디고 안전하게 항해할 수 있는 인적 및 물적인 준비를 갖추는 것 또는 갖춘 상태

08 **다음 중 선창 수리 시 점검사항으로 틀린 것은?**

① 선창이 비었을 때 청소를 하고 동시에 선창을 엄밀히 점검한다.
② 해치 커버 고무 패킹은 선창 위에 있기 때문에 점검사항에서 제외된다.
③ 화물을 적재하면 접근할 수 없는 곳은 공선 시에 점검하여 시급한 것을 수리한다.
④ 더니지 역할을 하는 선저 내판, 사이드 스파링 등은 조사하여 파손된 부분을 수리한다.

해설
수분에 의한 화물 손상을 예방하기 위하여 해치 커버에 누수되는 부분이 있는지 검사하고 적절히 조치한다.

09 **화물사고의 원인에 해당되지 않는 것은?**

① 적화계획의 부적절
② 선적 준비의 미흡
③ 적절한 평형수 운영
④ 항해 중 화물 관리 부적절

해설
적절한 평형수 운영은 선박의 안정성을 높이므로 화물사고의 위험을 어느 정도 줄일 수 있다.

10 **선박의 복원력이 과도하게 클 때 나타나는 현상은?**

① 횡요주기가 길어진다.
② 선박이 전복할 위험이 커진다.
③ 승무원들이 안락함을 느끼게 된다.
④ 승무원들이 불쾌감을 느낄 수 있다.

해설
복원력이 과도할 때 나타나는 현상
선박의 횡요주기가 짧아지고, 승조원들의 멀미 및 화물의 이동의 우려가 있다.

11 **공선 항해 시 평형수(Ballast Water)를 적재하는 이유는?**

① GM 값을 최소화하기 위하여
② 물에 대한 저항을 작게 하기 위하여
③ 무게중심을 낮추어 복원성을 증대시키기 위하여
④ 관례적으로 그렇게 하기 때문에

해설
공선 항해 시 밸러스트 탱크에 평형수를 채워 흘수를 증가시켜 적절한 복원성을 확보하도록 한다.

6 ④ 7 ① 8 ② 9 ③ 10 ④ 11 ③ 정답

12 수선면적이 100m^{2}인 상자형 선박이 표준 해수에 떠 있을 때 매 cm 배수톤(TPC) 값은?

① 약 1톤 ② 약 1.025톤
③ 약 10톤 ④ 약 10.25톤

해설
TPC = 물의 밀도 × 수선 면적 / 100(ton)
= 1.025 × 100 / 100
= 1.025

13 광석선적과 관련된 내용으로 적절하지 것은?

① 중량 화물이므로 선체 복원력이 과도해질 우려가 있다.
② 선체 중앙부에 화물을 많이 적재하면 호깅 상태가 된다.
③ 부피에 비하여 중량이 크다는 점을 유의하여야 한다.
④ 만재흘수선까지 적재하더라도 화물의 용적은 선창용적의 일부분만 채워진다.

해설
선체 중앙부에 화물을 많이 적재하면 새깅 상태가 된다.

14 다음 중 선박에 설비되어 있는 하역용 윈치(Winch)의 구비 요건이 아닌 것은?

① 역전장치를 갖출 것
② 중량의 크기에 따라 감는 속도가 조절되지 않도록 고정해 놓을 것
③ 신속하고 정확하게 화물을 올리고 내릴 수 있을 것
④ 정격 하중을 정격 속도로 감아들일 수 있을 것

해설
하역용 윈치의 구비 요건
- 정격 하중을 정격 속도로 감아들일 수 있을 것
- 중량의 크기와 관계없이 감는 속도를 광범위하게 조절할 수 있을 것
- 신속하고 정확하게 화물을 올리고 내릴 수 있고, 역전 장치를 갖출 것
- 작동 중에 즉시 정지할 수 있는 제동장치를 갖출 것
- 누구든지 쉽고 안전하게 취급할 수 있고, 고장이 잘 나지 않을 것
- 작동 시에 소음이 적고, 작업상 안전도가 높을 것

15 다음 〈보기〉에서 설명하는 컨베이어는?

〈보 기〉
롤러가 완만한 경사를 가지고 연속 배열된 것으로 중력을 이용하여 화물을 아래쪽으로 자동으로 이동시킬 수 있는 컨베이어(Conveyor)

① 벨트 컨베이어 ② 롤러 컨베이어
③ 버킷 컨베이어 ④ 뉴매틱 컨베이어

16 선체구조의 일부로서 물, 연료유, 기타 액체를 적재하기 위하여 화물창 내 또는 갑판 사이에 구성되는 탱크는?

① 해치(Hatch)
② 코퍼댐(Cofferdam)
③ 딥탱크(Deep Tank)
④ 해치코밍(Hatch Coaming)

해설
① 해치 : 갑판구 중에서 선창에 화물을 적재하거나 양하하기 위한 선창구로 갑판구 중 가장 크다.
② 코퍼댐 : 기름을 적재하는 기름탱크, 기관실과 일반 선창이 접하는 장소 사이에 설치하는 이중수밀격벽으로 방화벽 역할을 하는 것을 말한다.
④ 해치코밍 : 선박 선창 내 등으로 파랑의 침입을 방지하기 위해 해치 입구 주위에 설치된 격벽을 말한다.

17 평형수(Ballast Water)를 적재하여 선수트림을 만드는 데 가장 적합한 탱크는?

① 선수 피크탱크(Fore Peak Tank)
② 선미 피크탱크(After Peak Tank)
③ 이중저 탱크(Double Bottom Tank)
④ 청수탱크(Fresh Water Tank)

해설
이중저는 선체의 바닥에 이중 외판을 설치한 선저로, 평형수 적재 시 선박의 무게중심을 낮추어 복원성을 좋게 만들 수 있다.

정답 12 ② 13 ② 14 ② 15 ② 16 ③ 17 ①

18 다음 중 선창에 외부 공기를 주입할 수 있도록 설치된 장치는 무엇인가?

① 보온장치
② 세정장치
③ 환기장치
④ 빌지장치

19 다음 〈보기〉의 (　　) 안에 들어갈 용어로 적합한 것은?

〈보 기〉
선박법상 (　　)는 길이 24m 미만인 한국 선박이 국제항해에 종사하고자 하는 경우 국제총톤수 및 순톤수를 기재하여 발급받는 증서를 말한다.

① 총톤수증서
② 국제톤수증서
③ 국제톤수확인서
④ 선박검사증서

해설
선박법 제13조(국제톤수증서 등)
길이 24m 미만인 한국 선박의 소유자가 그 선박을 국제항해에 종사하게 하려는 경우에는 해양수산부장관으로부터 국제톤수확인서(국제총톤수 및 순톤수를 적은 서면을 말한다)를 발급받을 수 있다.

20 다음 중 선박법상 총톤수(Gross Tonnage)에 대한 설명은?

① 우리나라 해사에 관한 법령을 적용할 때 선박의 크기를 나타내기 위하여 사용되는 지표이다.
② 선박의 여객 및 화물 등의 최대 적재량을 나타내기 위하여 사용되는 지표이다.
③ 주로 국제항해에 종사하는 선박에 대하여 그 크기를 나타내기 위하여 사용되는 지표이다.
④ 여객 또는 화물의 운송용으로 제공되는 선박 안에 있는 장소의 크기를 나타내기 위하여 사용되는 지표이다.

해설
선박법 제3조(선박톤수)
- 국제총톤수 : 1969년 선박톤수 측정에 관한 국제협약 및 협약의 부속서에 따라 주로 국제항해에 종사하는 선박에 대하여 그 크기를 나타내기 위하여 사용되는 지표를 말한다.
- 총톤수 : 우리나라의 해사에 관한 법령을 적용할 때 선박의 크기를 나타내기 위하여 사용되는 지표를 말한다.
- 순톤수 : 협약 및 협약의 부속서에 따라 여객 또는 화물의 운송용으로 제공되는 선박 안에 있는 장소의 크기를 나타내기 위하여 사용되는 지표를 말한다.
- 재화중량톤수 : 항행의 안전을 확보할 수 있는 한도에서 선박의 여객 및 화물 등의 최대 적재량을 나타내기 위하여 사용되는 지표를 말한다.

21 다음 중 선박법상 소형 선박에 해당하는 것은?

① 길이 10m 미만의 범선
② 길이 24m 미만의 기선
③ 순톤수 20톤 미만의 범선
④ 총톤수 20톤 미만의 기선

해설
선박법 제1조의2(정의)
소형선박이란 다음의 어느 하나에 해당하는 선박을 말한다.
- 총톤수 20톤 미만인 기선 및 범선
- 총톤수 100톤 미만인 부선

22 다음 〈보기〉에서 선박법상 한국 선박의 권리와 의무를 모두 고르시오.

〈보 기〉
ㄱ. 국기 게양 권리
ㄴ. 선박 등기 및 등록 의무
ㄷ. 외국항의 자유로운 입항 및 무역을 할 수 있는 권리
ㄹ. 선박에 표시해야 할 사항과 표시방법을 준수할 의무

① ㄱ, ㄷ, ㄹ
② ㄱ, ㄴ, ㄷ
③ ㄱ, ㄴ, ㄹ
④ ㄴ, ㄷ, ㄹ

18 ③ 19 ③ 20 ① 21 ④ 22 ③ 정답

해설
선박법 제11조(국기 게양과 표시)
한국 선박은 해양수산부령으로 정하는 바에 따라 대한민국 국기를 게양하고 그 명칭, 선적항, 흘수의 치수와 그 밖에 해양수산부령으로 정하는 사항을 표시하여야 한다.
선박법 제8조(등기와 등록)
한국 선박의 소유자는 선적항을 관할하는 지방해양수산청장에게 해양수산부령으로 정하는 바에 따라 선박을 취득한 날부터 60일 이내에 그 선박의 등록을 신청하여야 한다. 이 경우 선박등기법 제2조에 해당하는 선박은 선박의 등기를 한 후에 선박의 등록을 신청하여야 한다.

23 다음 중 선박법상 한국 선박이 한국 국기를 게양해야 하는 경우는?

① 선박의 정기검사를 수검하고 있는 경우
② 항해 중인 경우
③ 대한민국의 등대 또는 해안망루로부터 요구가 있는 경우
④ 피난선으로 구조 요청을 받아 구조 작업을 수행하는 경우

해설
선박법 시행규칙 제16조(국기의 게양)
한국 선박은 다음의 어느 하나에 해당하는 경우에는 선박의 뒷부분에 대한민국 국기를 게양하여야 한다.
- 대한민국의 등대 또는 해안망루로부터 요구가 있는 경우
- 외국항을 출입하는 경우
- 해군 또는 해양경찰청 소속의 선박이나 항공기로부터 요구가 있는 경우
- 그 밖에 지방청장이 요구한 경우

24 다음 중 선박법상 선박공시제도의 목적에 해당하지 않는 것은?

① 선박의 국적 증명
② 선박의 관할권 증명
③ 선박의 저당권 증명
④ 선박의 소유권 증명

해설
선박법 제8조(등기와 등록)
- 한국 선박의 소유자는 선적항을 관할하는 지방해양수산청장에게 해양수산부령으로 정하는 바에 따라 선박을 취득한 날부터 60일 이내에 그 선박의 등록을 신청하여야 한다. 이 경우 선박등기법 제2조에 해당하는 선박은 선박의 등기를 한 후에 선박의 등록을 신청하여야 한다.
- 지방해양수산청장은 위의 등록신청을 받으면 이를 선박원부에 등록하고 신청인에게 선박국적증서를 발급하여야 한다.

선박등기법 제3조(등기할 사항)
선박의 등기는 다음에 열거하는 권리의 설정 · 보존 · 이전 · 변경 · 처분의 제한 또는 소멸에 대하여 한다.
- 소유권
- 저당권
- 임차권

25 선박법상 한국 선박이 선적항을 관할하는 지방해양수산청장에게 사실을 안 날로부터 30일 이내에 말소등록의 신청을 해야 하는 경우가 아닌 것은?

① 선박의 존재 여부가 90일간 분명하지 아니 한 때
② 선박이 멸실 · 침몰 또는 해체된 때
③ 선박의 길이가 50m 미만으로 된 때
④ 선박이 대한민국 국적을 상실한 때

해설
선박법 제22조(말소등록)
한국 선박이 다음의 어느 하나에 해당하게 된 때에는 선박소유자는 그 사실을 안 날부터 30일 이내에 선적항을 관할하는 지방해양수산청장에게 말소등록의 신청을 하여야 한다.
- 선박이 멸실 · 침몰 또는 해체된 때
- 선박이 대한민국 국적을 상실한 때
- 선박이 제26조 각호에 규정된 선박으로 된 때
- 선박의 존재 여부가 90일간 분명하지 아니한 때

정답 23 ③ 24 ④ 25 ④

어선전문

01 **신속한 어획물 처리방법으로 틀린 것은?**

① 사후경직의 시작 시간을 빠르게 한다.
② 어체가 클 때에는 어획 직후 즉살한다.
③ 사후경직이 시작된 후에는 장시간에 걸쳐 지속시킨다.
④ 어체가 클 때에는 아가미와 내장을 잘라낸다.

해설
어획물의 선도를 좋게 유지하려면 사후경직의 시작 시간을 늦추고, 이미 시작된 후에는 장시간에 걸쳐 지속시킨다.

02 **어획물의 내장 제거에 대한 설명으로 적절하지 않은 것은?**

① 어획물의 선도 변화는 복부, 안구, 아가미 부분에서 먼저 일어난다.
② 어획물 처리 과정에서 내장을 제거하는 것이 좋은 어종은 홍어, 오징어 등이다.
③ 변패가 빠른 어종은 내장을 제거하고 저온에 저장하는 것이 선도 유지에 효과적이다.
④ 어획물의 복부 주위에 변색이 일어나면 그것이 점차 머리쪽으로 번져 어체 전체가 변패하게 된다.

해설
어획물의 선도 변화는 내장이 있는 복부, 안구, 아가미, 부분에서 먼저 일어나고, 복부 주위가 연화되면서 변색이 일어나면 그것이 점차 등이나 꼬리쪽으로 번져 어체 전체가 변패하게 된다.

03 **관능적 선도판정법의 설명으로 틀린 것은?**

① 복부는 선도 저하에 따라 부드럽게 된다.
② 표피는 부패가 진행되면 복부쪽부터 적갈색으로 변한다.
③ 안구는 선도가 저하함에 따라 서서히 머리 내부쪽으로 침하한다.
④ 아가미는 부패가 진행됨에 따라 색깔과 윤기가 퇴화하고, 담적색 또는 암적색으로 된다.

해설
아가미는 부패가 진행됨에 따라 색깔과 윤기가 퇴화되고, 회색 또는 회녹색으로 변한다.

04 **다음 중 어선 고기 칸에 대한 설명으로 틀린 것은?**

① 고기 칸은 어선의 동요에 의한 어체 손상을 방지한다.
② 고기 칸은 어선의 동요에 의한 어체 유동을 방지한다.
③ 고기 칸은 깊게 만들수록 편리하다.
④ 고기 칸 속의 어체를 오랜 시간 방치할 때는 가끔 어체에 찬물을 끼얹는 것이 좋다.

해설
고기 칸(Fish Pond)은 필요 이상으로 깊게 만들지 않아야 한다. 깊게 만들면 처리작업에 불편을 줄뿐만 아니라, 고기가 쌓이면 위에서 누르는 무게 때문에 밑에 깔리는 고기는 육질에 혈액이 스며들거나 연화되어 품질이 떨어지기 때문이다.

05 **다음 중 백색육 어류가 아닌 것은?**

① 정어리　② 도 미
③ 넙 치　④ 가자미

06 **다음 중 어패류의 사후경직에 영향을 주는 요인이 아닌 것은?**

① 어 종　② 어체의 크기
③ 어획 장소　④ 어획방법

해설
사후경직은 여러 가지 요인에 영향을 받지만, 특히 어종, 어체의 크기, 어획방법, 방치온도 및 처리방법 등의 영향을 크게 받는다.

07 **어패류의 선도 관리방법에 해당되지 않는 것은?**

① 관능적 방법　② 화학적 방법
③ 세균학적 방법　④ 생물학적 방법

1 ① 2 ④ 3 ④ 4 ③ 5 ① 6 ③ 7 ④ 정답

해설
어패류의 선도관리법에는 관능적, 세균학적, 물리적 및 화학적 방법 등이 있다.

08 냉동어창이나 급랭실에서 작업하는 어선원을 보호하기 위한 적절한 조치가 아닌 것은?

① 외부와 통신할 수 있는 수단을 갖춘다.
② 충분한 보호구를 지급한다.
③ 격리된 곳에는 경보장치를 갖춘다.
④ 문을 닫고 격리하여 작업할 경우에 책임자가 동행한다.

09 다음 중 어창 적부에서 어획물 간의 손상 방지나 이동 방지에 사용되는 것은?

① 훅 ② 스파링
③ 더니지 ④ 체 인

10 1팬당 무게가 15kg인 팬을 2,000개를 어창에 적재하였을 때 전체 적재량은 얼마인가?

① 1.3톤 ② 3톤
③ 13톤 ④ 30톤

해설
15kg × 2,000 = 30,000kg = 30톤

11 선수흘수가 2.3m, 선미흘수가 2.5m인 선박의 청수 40.0톤을 선수물탱크에서 선미물탱크로 이동하였을 때 트림의 변화량은?(단, 물탱크 사이의 거리는 30m이고, 매 cm 트림 모멘트는 20.0m·t임)

① 20cm ② 30cm
③ 50cm ④ 60cm

해설
$t = \frac{W \times d}{Mcm}$
(여기서, t : 트림의 변화량(cm), W : 이동한 중량(t), d : 이동거리(m), Mcm(MTC) : 매 cm 트림 모멘트)
$t = \frac{40 \times 30}{20}$ = 60

12 대형 트롤선의 선수흘수가 2.2m이고 등흘수 상태일 경우, 선미흘수는 얼마인가?

① 1.8m ② 2.0m
③ 2.2m ④ 2.5m

해설
등흘수 : 선미흘수와 선수흘수가 같은 경우를 말한다.

13 부산항에서 동중국해 어장까지 항해하는 어선의 항해 시간이 경과되면 복원력은 어떻게 되는가?

① 복원력에 변화가 없다.
② 복원력이 감소된다.
③ 복원력이 증가된다.
④ 복원력이 증감을 반복한다.

해설
항해 경과와 복원력 감소
• 연료유, 청수 등의 소비로 인한 배수량의 감소
• 유동수의 발생으로 무게중심의 위치 상승
• 갑판 적화물의 물을 흡수로 중량 증가

14 다음 중 어선 전복사고의 일반적인 방지대책으로 틀린 것은?

① 화물 고박을 철저히 한다.
② 적당한 선미트림이 되도록 적재한다.
③ 만재흘수선을 넘어 과적하지 않는다.
④ 작업 반대 현에 집중하여 어획물을 적재한다.

정답 8 ④ 9 ③ 10 ④ 11 ④ 12 ③ 13 ② 14 ④

15 빙장물 저장 어창의 적절한 온도는 얼마인가?

① −8~−4℃
② 0~4℃
③ 5~10℃
④ 11~16℃

해설
보관 중에 세균의 발육과 효소의 작용을 억제하기 위하여 빙장한 상자를 저장하는 어창 안의 온도는 0~4℃, 습도는 90~95% 정도가 알맞다.

16 다음 중 유압윈치 사용상의 주의사항으로 적절하지 않은 것은?

① 유압유는 정해진 것을 사용한다.
② 마그네틱 필터는 사용 후 소제한다.
③ 마그네틱 필터를 소제할 때 유압유 통로의 콕을 개방한다.
④ 유압유의 점도가 낮아지면 전체를 교체한다.

17 2005 어선원과 어선 안전규칙 A상 하역용 컨베이어에 대한 설명으로 틀린 것은?

① 여러 개의 컨베이어를 연결해 사용할 때 모든 컨베이어를 멈출 수 있는 비상스위치를 설치한다.
② 비상정지스위치의 설치 간격은 15m 이내이다.
③ 컨베이어 시동 경보는 음향이나 시각신호장치로 되어야 한다.
④ 15m 이상 길이의 컨베이어가 시동될 경우 경보를 발령하는 장치가 있어야 한다.

18 상자로 된 냉동 어획물 하역에 많이 사용되는 카고 슬링은 무엇인가?

① 체인 슬링　② 네트 슬링
③ 로프 슬링　④ 와이어 슬링

19 어선법상 무선설비를 갖추어야 할 대상 어선임에도 불구하고 갖추지 아니하고 항행할 수 있는 경우는?

① 임시항행검사증서를 가지고 1회의 항행에 사용하는 어선
② 임시항행검사증서를 가지고 3회의 항행에 사용하는 어선
③ 중간검사증서를 가지고 1회의 항행에 사용되는 경우
④ 정기검사증서를 가지고 3회의 항행에 사용되는 경우

해설
어선법 제5조(무선설비)
어선이 해양수산부령으로 정하는 항행의 목적에 사용되는 경우에는 무선설비를 갖추지 아니하고 항행할 수 있다.
어선법 시행규칙 제24조(무선설비의 설치대상어선 등)
어선법 제5조제2항에 따라 "해양수산부령으로 정하는 항행의 목적에 사용되는 경우"란 다음의 어느 하나에 해당하는 경우를 말한다.
- 임시항행검사증서를 가지고 1회의 항행에 사용하는 경우
- 시운전을 하는 경우

20 어선법상 개조에 해당되지 않는 것은?

① 어선의 추진기관을 새로 설치하는 것
② 어선의 길이 · 너비 · 깊이를 변경하는 것
③ 추진기관의 종류 또는 출력을 변경하는 것
④ 어선의 고장난 부분을 수리하는 것

해설
어선법 제2조(정의)
개조란 다음의 어느 하나에 해당하는 것을 말한다.
- 어선의 길이 · 너비 · 깊이(이하 "주요치수"라 한다)를 변경하는 것
- 어선의 추진기관을 새로 설치하거나 추진기관의 종류 또는 출력을 변경하는 것
- 어선의 용도를 변경하거나 어업의 종류를 변경할 목적으로 어선의 구조나 설비를 변경하는 것

15 ② 16 ③ 17 ② 18 ② 19 ① 20 ④ 정답

21 **어선의 국적에 대한 설명으로 적절하지 않은 것은?**

① 어선의 국적은 인격자 유사성이 있다.
② 특정 어선이 여러 나라에 귀속되어 있음을 의미한다.
③ 어선에 국적을 부여하는 것은 주권 국가의 고유 권한이다.
④ 공해상을 항해하는 어선은 그 국가의 영토의 연장선이라 할 수 있다.

해설
선박의 국적
- 선박은 국제법상 반드시 국적을 가져야 한다.
- 선박이 공해상에 있을 때에는 그 기국의 법률이 그 선박에 적용된다.
- 선박의 국적이라 함은 그 선박이 어느 나라에 속하는가를 나타내는 것을 말한다.
- 선박은 국적을 이중으로 가질 수 없다.

22 **다음 중 어선법상 한국 어선에서 표시해야 할 사항이 아닌 것은?**

① 선적항 ② 흘수의 치수
③ 어선의 명칭 ④ 선장의 이름

해설
어선법 제16조(어선 명칭 등의 표시와 번호판의 부착)
어선의 소유자는 선박국적증서 등을 발급받은 경우에는 해양수산부령으로 정하는 바에 따라 지체 없이 그 어선에 어선의 명칭, 선적항, 총톤수 및 흘수의 치수 등을 표시하고 어선번호판을 붙여야 한다.

23 **다음 〈보기〉의 (　　) 안에 들어갈 용어로 적합한 것은?**

〈보 기〉
총톤수 20톤 미만의 소형 어선에 대한 소유권의 득실변경은 (　　)을/를 하여야 그 효력이 생긴다.

① 공 고 ② 신 고
③ 등 록 ④ 등 기

해설
어선법 제13조의2(소형어선 소유권 변동의 효력)
총톤수 20톤 미만의 소형어선에 대한 소유권의 득실변경은 등록을 하여야 그 효력이 생긴다.

24 **어선법상 총톤수 20톤 미만(총톤수 5톤 미만인 무동력선 제외)인 어선 소유자가 어선을 등록한 후 발급받는 것은?**

① 등록필증 ② 어선원부
③ 선적증서 ④ 선박국적증서

해설
어선법 제13조(어선의 등기와 등록)
시장·군수·구청장은 제1항에 따른 등록을 한 어선에 대하여 다음의 구분에 따른 증서 등을 발급하여야 한다.
- 총톤수 20톤 이상인 어선 : 선박국적증서
- 총톤수 20톤 미만인 어선(총톤수 5톤 미만의 무동력어선은 제외한다) : 선적증서
- 총톤수 5톤 미만인 무동력어선 : 등록필증

25 **어선법상 어선번호판에 대한 설명으로 틀린 것은?**

① 어선번호판은 알루미늄 또는 동판의 금속재이거나 합성수지재의 내부식성 재료로 제작하여야 한다.
② 어선번호판의 규격은 가로 13cm, 세로 5cm로 한다.
③ 어선의 소유자는 어선번호판을 조타실 또는 기관실의 출입구 등 어선 안쪽 부분의 잘 보이는 장소에 내구력 있는 방법으로 부착하여야 한다.
④ 어선표지판을 설치하는 어선에 대하여는 어선번호판 부착을 면제한다.

해설
어선법 시행규칙 제25조(어선번호판의 제작 등)
- 어선번호판은 알루미늄, 동판 또는 강판 등의 금속재이거나 합성수지재의 내부식성 재료로 제작하여야 하며, 그 규격은 가로 15cm, 세로 3cm로 한다.
- 어선의 소유자는 위에 따른 규격으로 제작된 어선번호판을 조타실 또는 기관실의 출입구 등 어선 안쪽 부분의 잘 보이는 장소에 내구력 있는 방법으로 부착하여야 한다. 다만, 수산업법 시행령 제47조에 따라 어선표지판을 설치하는 어선에 대하여는 어선번호판 부착을 면제한다.

정답 21 ② 22 ④ 23 ③ 24 ③ 25 ②

제 25 회 기출복원문제

상선전문

01 다음 그림의 하역용구 명칭은?

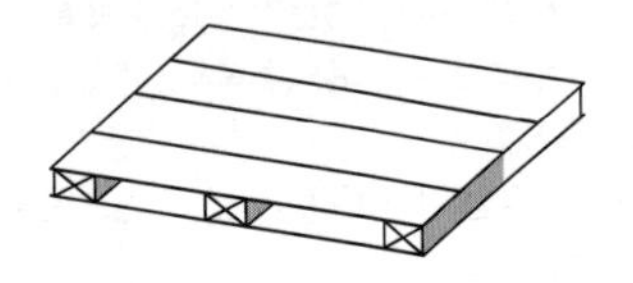

① 팰 릿　　② 웨브 슬링
③ 플렛폼 슬링　　④ 파우더 슬링

해설
② 웨브 슬링

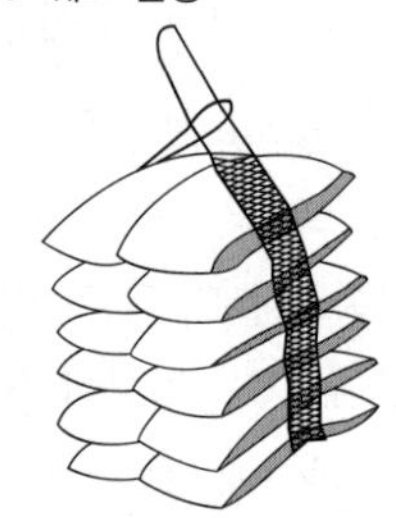

③ 플렛폼 슬링

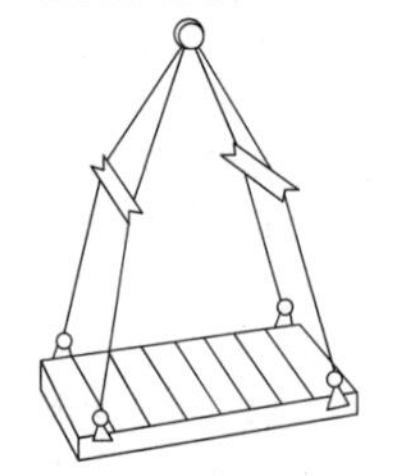

④ 파우더 슬링

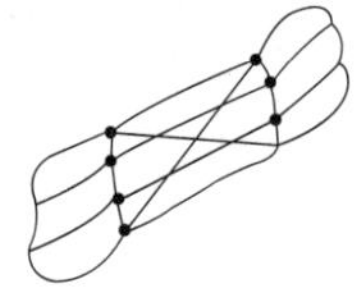

02 해상운송인이 화물을 수령하였거나 선적하였다는 것을 증명하고 이 화물을 양하항에서 정당한 소지인에게 인도할 것을 약정한 유가증권은?

① 본선수취증　　② 적하목록
③ 선하증권　　④ 선적지시서

해설
① 본선수취증 : 본선에 적재한 화물을 수취했다는 증거로 일등 항해사가 화주에게 발급하는 서류
② 적하목록 : 적재된 화물의 목록
④ 선적지시서 : 선박회사에서 화물 선적에 대한 지시사항을 기재하여 화물 주인에게 발급하는 문서

03 하역기기가 고장 났을 때 해야 할 행동으로 적절하지 않은 것은?

① 육상 하역책임자와 협의한다.
② 선주사(또는 용선주)에 보고를 하여 필요한 지시를 받는다.
③ 하역장비의 고장은 자주 일어나는 일이므로 별다른 조치는 필요 없다.
④ 고장 난 하역기기의 수리를 위하여 최선을 다한다.

04 다음 그림에 대한 설명으로 올바른 것은?

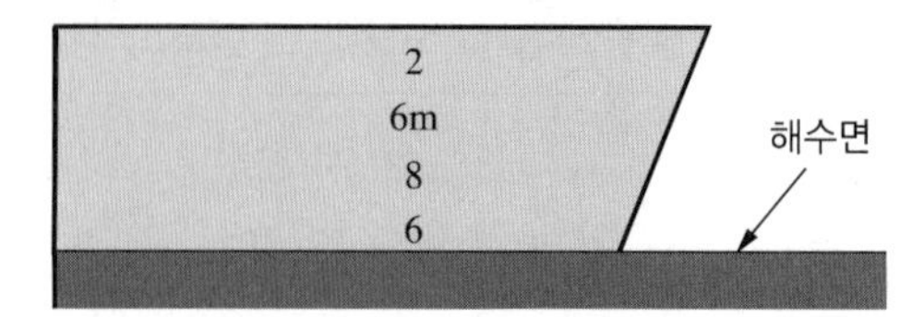

① 숫자 간 세로 공백의 간격은 5cm이다.
② 숫자의 세로 크기는 5cm이다.
③ 해수면에 따른 현재 흘수는 5m 60cm이다.
④ 용골 상단에서 해저면까지 깊이는 6m 20cm이다.

1 ①　2 ③　3 ③　4 ③　정답

해설

흘수의 표시

숫자 높이, 숫자와 숫자의 간격은 10cm이고, 숫자의 하단이 선저로부터의 흘수이다.

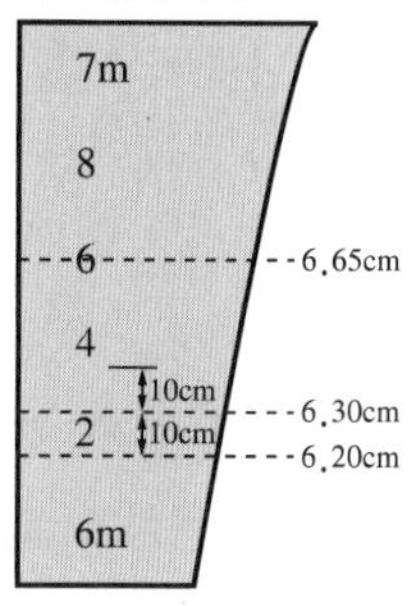

05 표준해수에 떠 있는 선체가 경사 없이 평행하게 1cm 물속에 잠기는 데 필요한 무게를 구하는 공식은?(단, TPC는 매 센티미터 배수톤수, Aw는 수선 면적을 의미한다)

① TPC=(Aw/100)×1.025
② TPC=(100/Aw)×1.025
③ TPC=(Aw/1.025)×100
④ TPC=(1.025/Aw)×1,000

06 선박의 선창, 탱크 등의 각 구획의 형상과 장애물을 실측하여 표시한 것으로, 적화계획의 자료로 사용되는 것은?

① 베이플랜　② 화물적재도
③ 일반배치도　④ 적화용적도

해설

① 베이플랜 : 적부계획의 기본도로서 각 컨테이너의 적부 위치, 선적항 및 양하항, 고유번호, 컨테이너 화물의 적부 상태, 총중량 등의 주요 정보가 일정한 형식으로 기재된 것
② 화물적재도 : 적화용적도와 비슷한 양식의 도면에 화물의 적재 상태를 기입한 것
③ 일반배치도 : 선수부, 선미부, 기관실, 화물 구역을 구분하고 구획 수, 구획 길이, 화물창의 크기, 밸러스트탱크, 연료유탱크 및 청수탱크 등의 배치를 쉽게 파악할 수 있도록 그려진 도면

07 화물 적재 시 선박의 중앙에 무게가 집중될 때 나타나는 현상은?

① 러칭현상이 발생한다.
② 새깅현상이 발생한다.
③ 호깅현상이 발생한다.
④ 태킹현상이 발생한다.

해설

선체 중앙부에 화물을 많이 적재하면 새깅 상태가 된다.

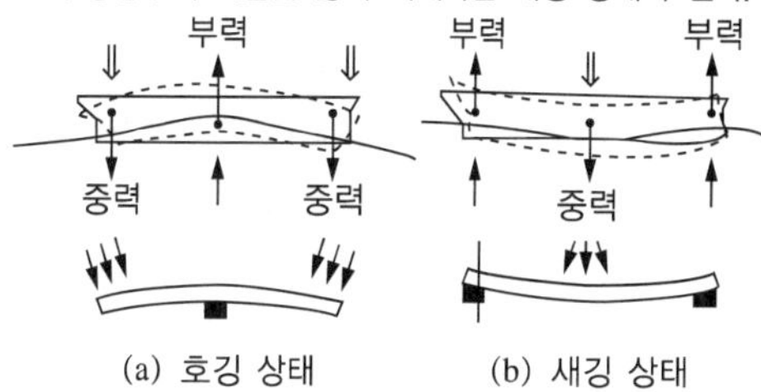

(a) 호깅 상태　(b) 새깅 상태

08 화물사고가 났을 때 선주가 면책이 되지 않는 경우에 해당하는 것은?

① 감항성을 유지하지 못했을 경우
② 불가항력인 경우
③ 해적행위, 기타 이에 준하는 행위에 의한 경우
④ 운송물의 특수한 성질 또는 숨은 하자가 있는 경우

09 다음 〈보기〉에서 설명하는 작업은?

〈보 기〉

화물탱크를 청소할 때 남아 있는 화물유를 최대한 배출한 후 증기호스를 맨홀에 넣은 뒤 수증기를 공급하여 탱크 벽의 기름을 데워 녹이는 작업

① 닦기(Wiping)
② 스티밍(Steaming)
③ 물세척(Washing)
④ 래싱(Lashing)

정답 5 ① 6 ④ 7 ② 8 ① 9 ②

10 다음 〈보기〉의 (   ) 안에 들어갈 용어로 적합한 것은?

〈보 기〉
정해진 정박기간보다 하역이 빨리 종료되면 단축된 정박기간에 대하여 화주는 선주에게 (   )을(를) 지급한다.

① 하역비　② 조출료
③ 체선료　④ 계선료

해설
조출료란 계약된 기간보다 선적이나 하역을 빨리 하였을 때 지급하는 금액으로 조기에 화물을 선적하거나 하역했을 때 지급하는 할인요금을 이다. 정박기간 내에 선적 또는 하역을 하지 못하여 화주가 선박회사에 지급하는 체선료에 상대되는 개념이다.

11 적재하는 과정에 화물의 외관이 불량한 것을 발견하였을 때 취할 조치로 올바른 것은?

① 외장이 불량하면 무조건 선적을 거절한다.
② 외장만 다시 포장하면 상관없다.
③ 외장이 불량한 것은 중요한 사안이 아니므로 무시한다.
④ 원칙적으로 거절해야 하나 내용물에 영향이 없고 운송 중에 추가위험이 없다면, 관련 내용을 기록하고 선적한다.

12 다음 중 포장화물에 해당하지 않는 것은?

① 캔　② 상 자
③ 원 목　④ 포 대

해설
원목은 목재화물로 무포장화물에 속한다.

13 컨테이너 전용선에서 해치 커버를 닫았을 때 해치 커버와 선창을 고정하기 위한 장치를 무엇이라고 하는가?

① 훅(Hook)　② 아이(Eye)
③ 클리트(Cleat)　④ 셀 가이드(Cell Guide)

14 선체 중간에 위치하여 선박과 육상이 연결되는 곳으로, 유조선과 같은 액체화물선에서 화물을 내주거나 싣는 곳은?

① 빌지 웨이　② 매니폴드
③ 메인 카고라인　④ 벙커 스테이션

15 하역 중 화물이 카고 슬링에서 떨어져 바다에 추락하는 것을 방지하기 위해 본선의 현측과 육상에 설치하는 마대 또는 그물은?

① 로프 슬링　② 네트 슬링
③ 체인 슬링　④ 카고 네트

해설
①, ②, ③은 화물을 싸매거나 묶어서 카고 훅에 달아매는 용구로, 카고 슬링의 한 종류이다.

16 레일(Rail) 위를 이동하면서 하역작업을 하는 크레인은?

① 헤비 데릭(Heavy Derrick)
② 덱 크레인(Deck Crane)
③ 지브 크레인(Jib Crane)
④ 갠트리 크레인(Gantry Crane)

해설
① 헤비 데릭 : 선창에 실린 화물을 부두에 양화하거나 부두에 있던 화물을 선창 내에 적하할 때에 화물을 들어 올리거나 내리는 역할을 하는 장치이다.
② 덱 크레인 : 카고 폴의 끝에 훅을 달아서 하역작업을 하는 형태의 크레인으로, 지브 크레인이라고도 한다.

17 압력 유체를 사용하는 장치에 설치되어 설정치 이상의 내부 압력이 상승하면 자동으로 작동하여 밸브를 보호하는 것은?

① 버터플라이밸브　② 안전밸브
③ 슬루이스밸브　④ 스톱밸브

10 ② 11 ④ 12 ③ 13 ③ 14 ② 15 ④ 16 ④ 17 ② 정답

해설
① 버터플라이밸브 : 밸브 관 내 원판 형상의 밸브 본체를 돌려 관로의 유량을 조절하는 밸브
③ 슬루이스밸브 : 밸브 본체가 흐름에 직각으로 놓여 있어 밸브 시트에 대해 미끄럼 운동을 하면서 개폐하는 형식의 밸브
④ 스톱밸브 : 밸브 시트에 밀착할 수 있는 밸브 본체를 나사 봉에 설치하여 이것에 핸들을 설치하고 밸브 본체의 상하 움직임이 가능하도록 해서 유체의 흐름을 완전하게 개폐하도록 한 밸브

18 좌초로 인하여 선저부에 손상을 입어도 내저판으로 화물창 내 침수를 방지하여 화물을 안전하게 보호할 수 있도록 설계된 구조는?

① 선수구조 ② 복합구조
③ 단저구조 ④ 이중저구조

해설
이중저 구조의 장점
- 좌초 등으로 선저부에 손상을 입어도 내저판에 의해 일차적으로 선내의 침수를 방지하여 화물과 선박의 안전을 기할 수 있다.
- 선저부의 구조가 견고하여 호깅(Hogging) 및 새깅(Sagging) 상태에도 잘 견딘다.
- 이중저의 내부가 구획되어 있으므로 선박평형수(Ballast Water), 연료 및 청수탱크로 사용할 수 있다.
- 선박평형수 탱크의 주 · 배수로 인하여 공선 시 복원성과 추진효율을 향상시킬 수 있고, 선박의 횡경사와 트림 등을 조절할 수 있다.

19 선박법상 총톤수 측정의 적용이 제외되는 선박을 〈보기〉에서 모두 고른 것은?

〈보 기〉
ㄱ. 군함
ㄴ. 수상오토바이
ㄷ. 상선 해기사 교육용 실습선
ㄹ. 건설기계로 등록된 준설선

① ㄴ, ㄷ, ㄹ
② ㄱ, ㄴ, ㄷ
③ ㄱ, ㄴ, ㄹ
④ ㄱ, ㄴ, ㄷ, ㄹ

해설
선박법 제26조(일부 적용 제외 선박)
- 군함, 경찰용 선박
- 총톤수 5ton 미만인 범선 중 기관을 설치하지 아니한 범선
- 총톤수 20ton 미만인 부선
- 총톤수 20ton 이상인 부선 중 선박계류용 · 저장용 등으로 사용하기 위하여 수상에 고정하여 설치하는 부선
- 노와 상앗대만으로 운전하는 선박
- 어선법에 따른 어선
- 건설기계관리법에 따라 건설기계로 등록된 준설선
- 수상레저안전법에 따른 동력수상레저기구 중 수상레저기구로 등록된 수상오토바이 · 모터보트 · 고무보트 및 요트

20 선박법상 소형선박에 해당하는 것은?

① 총톤수 30ton의 범선
② 총톤수 40ton의 기선
③ 총톤수 80ton의 부선
④ 선박 계류용으로 수상에 고정하여 설치한 부선

해설
선박법 제1조의2(정의)
소형 선박이란 다음의 어느 하나에 해당하는 선박을 말한다.
- 총톤수 20ton 미만인 기선 및 범선
- 총톤수 100ton 미만인 부선

21 선박법상 한국 선박이 선박의 뒷부분에 대한민국 국기를 게양해야 하는 경우에 해당하지 않는 것은?

① 외국의 영해를 통과하는 경우
② 대한민국의 등대 또는 해안망루로부터 요구가 있는 경우
③ 외국항을 출입하는 경우
④ 해군 또는 해양경찰청 소속의 선박이나 항공기로부터 요구가 있는 경우

해설
선박법 시행규칙 제16조(국기의 게양)
- 대한민국의 등대 또는 해안망루(海岸望樓)로부터 요구가 있는 경우
- 외국항을 출입하는 경우
- 해군 또는 해양경찰청 소속의 선박이나 항공기로부터 요구가 있는 경우
- 그 밖에 지방청장이 요구한 경우

정답 18 ④ 19 ③ 20 ③ 21 ①

22 선박법상 톤수에 대한 설명으로 틀린 것은?

① 총톤수는 우리나라의 해사에 관한 법령을 적용할 때 선박의 크기를 나타내기 위하여 사용하는 지표이다.
② 국제총톤수는 주로 국제 항해에 종사하는 선박에 대하여 그 크기를 나타내기 위하여 사용되는 지표이다.
③ 순톤수는 여객 또는 화물의 운송용으로 제공되는 선박 안에 있는 장소의 크기를 중량톤수로 나타내기 위하여 사용되는 지표이다.
④ 재화중량톤수는 선박의 여객 및 화물 등의 최대 적재량을 나타내기 위하여 사용되는 지표이다.

해설
선박법 제3조(선박톤수)
• 국제총톤수 : 1969년 선박톤수측정에 관한 국제협약(이하 '협약'이라고 한다) 및 협약의 부속서(附屬書)에 따라 주로 국제 항해에 종사하는 선박에 대하여 그 크기를 나타내기 위하여 사용되는 지표를 말한다.
• 총톤수 : 우리나라의 해사에 관한 법령을 적용할 때 선박의 크기를 나타내기 위하여 사용되는 지표를 말한다.
• 순톤수 : 협약 및 협약의 부속서에 따라 여객 또는 화물의 운송용으로 제공되는 선박 안에 있는 장소의 크기를 나타내기 위하여 사용되는 지표를 말한다.
• 재화중량톤수 : 항행의 안전을 확보할 수 있는 한도에서 선박의 여객 및 화물 등의 최대적재량을 나타내기 위하여 사용되는 지표를 말한다.

23 선박법상 한국 선박의 소유자가 관할 지방해양수산청의 선박원부에 등록해야 할 사항에 해당하지 않는 것은?

① 선적항 ② 총톤수
③ 선급협회 ④ 선박번호

해설
선박법 시행규칙 제11조(등록사항)
지방청장은 선박의 등록신청을 받았을 때에는 선박원부에 다음의 사항을 등록하여야 한다.
• 선박번호
• 국제해사기구에서 부여한 선박식별번호(IMO번호)
• 호출부호
• 선박의 종류
• 선박의 명칭
• 선적항
• 선 질
• 범선의 범장
• 선박의 길이
• 선박의 너비
• 선박의 깊이
• 총톤수
• 폐위장소의 합계용적
• 제외 장소의 합계용적
• 기관의 종류와 수
• 추진기의 종류와 수
• 조선지
• 조선자
• 진수일
• 소유자의 성명·주민등록번호(법인인 경우에는 그 명칭과 법인등록번호) 및 주소
• 선박이 공유인 경우에는 각 공유자의 지분율

24 선박법에서 한국 선박이 국적을 사칭할 목적으로 대한민국 국기 외의 기장을 게양한 경우, 그에 따른 벌칙은?

① 선박의 선장은 2년 이하의 징역 또는 2천만원 이하의 벌금에 처한다.
② 선박의 선장은 4년 이하의 징역 또는 4천만원 이하의 벌금에 처한다.
③ 선박의 선장은 5년 이하의 징역 또는 5천만원 이하의 벌금에 처한다.
④ 선박의 선장은 6년 이하의 징역 또는 6천만원 이하의 벌금에 처한다.

해설
선박법 제32조(벌칙)
한국 선박이 아니면서 국적을 사칭할 목적으로 대한민국 국기를 게양하거나 한국 선박의 선박국적증서 또는 임시선박국적증서로 항행한 선박의 선장은 5년 이하의 징역 또는 5천만원 이하의 벌금에 처한다. 다만, 선박의 포획을 피하기 위하여 대한민국 국기를 게양한 경우에는 그러하지 아니하다.

25 선박법상 선박국적증서를 선박에 갖추어 두지 아니하고 항행할 수 있는 경우로 잘못된 것은?

① 선적항이 변경된 경우
② 시험운전을 하려는 경우
③ 총톤수의 측정을 받으려는 경우
④ 선박법에 따른 부선인 경우

22 ③ 23 ③ 24 ③ 25 ① 정답

해설
선박법 시행령 제3조(국기 게양과 선박국적증서 등의 비치 면제)
선박이 선박국적증서 또는 임시선박국적증서를 선박 안에 갖추어 두지 아니하고 항행할 수 있는 경우는 다음의 어느 하나에 해당하는 경우로 한다.
• 시험운전을 하려는 경우
• 총톤수의 측정을 받으려는 경우
• 선박법에 따른 부선의 경우
• 그 밖에 정당한 사유가 있는 경우

어선전문

01 어패류에서 발생하는 자가소화에 관한 설명으로 틀린 것은?

① 삼치는 도미보다 빨리 진행된다.
② 자가소화가 끝나면 사후경직이 일어난다.
③ 어체 조직 속에 있는 효소의 작용으로 일어난다.
④ 어체의 온도를 낮추면 천천히 진행된다.

해설
어패류의 사후 변화과정
해당작용 → 사후경직 → 해경 → 자가소화 → 부패

02 다음 중 어획물 냉장의 단점이 아닌 것은?

① 수분 증발에 의한 어체의 무게 감소
② 표피나 육질의 습윤
③ 냄새의 발산
④ 산패와 변색

03 선어를 보관하거나 운반할 때 사용하는 방법으로 적절하지 않은 것은?

① 수 빙　② 빙 장
③ 냉 동　④ 냉 장

해설
선어란 경직 중 또는 해경이 얼마 되지 않은 신선한 어류로, 시장용어로서는 저온하에서 보존되어 있는 미동결어를 가리킨다.

04 어획물의 관능적 선도 판정 기준 항목 중 신선한 어획물에 대한 평가로 잘못된 것은?

① 표피 : 표피의 광택이 선명하고 팽팽하다.
② 비늘 : 피부에 밀착되어 있다.
③ 아가미 : 노란색, 회색 또는 갈색으로 퇴색되어 있다.
④ 근육 : 단단하고 탄력이 있으며, 손가락으로 누르면 되돌아온다.

해설
관능적 선도 판정에서 선도가 좋은 어류
• 눈알에 혼탁이 없다.
• 몸 전체가 윤이 나고 팽팽하다.
• 지느러미에 상처가 없다.
• 아가미는 선홍색을 띠고 있다.
• 비늘이 단단하게 붙어 있다.
• 복부에 탄력이 있다.

05 다음 중 어획물의 선도를 좋은 상태로 유지하는 방법으로 적절하지 않은 것은?

① 아가미와 내장을 빨리 제거한다.
② 자가소화를 촉진시킨다.
③ 사후경직의 시작시간을 늦춘다.
④ 사후경직의 시간을 연장시킨다.

해설
자가소화란 어체 조직 속에 있는 효소작용으로 조직을 구성하는 단백질, 지방질, 글리코겐과 그 밖의 유기물이 저급의 화합물로 분해되는 현상이다. 자가소화가 왕성한 단계에 이르면 어체의 선도가 저하된 상태이다.

06 어획물의 선상 처리 및 보관에 관한 방법으로 적절하지 않은 것은?

① 어획물이 인양되면 물로 세척한다.
② 대형어는 선도 저하가 느리므로 천천히 선별한다.
③ 어창에 어상자를 잴 때는 선미쪽에서 선수쪽으로 쌓아간다.
④ 어종을 선별할 때에는 어체에 상처를 입히지 않도록 한다.

정답 1② 2② 3③ 4③ 5② 6②

해설
어획물의 선도 저하는 어패류의 크기보다는 어패류의 종류, 연령, 성분 조성, 생전의 활동, 죽음의 상태, 사후관리 및 환경, 온도 등에 따라 다르다.

07 다음 중 사후경직에 도달한 근육이 차츰 연해지기 시작하는 현상을 무엇이라고 하는가?

① 해 경
② 부 패
③ 자가소화
④ 해당작용

해설
② 부패 : 미생물이 생산한 효소작용에 따라 어패류 성분이 유익하지 않은 물질로 분해되어 독성 및 악취를 내는 현상
③ 자가소화 : 어체 조직 속에 있는 효소의 작용으로 조직을 구성하는 단백질, 지방질, 글리코겐과 그 밖의 유기물이 저급의 화합물로 분해되는 현상
④ 해당작용 : 사후 산소 공급이 끊겨 글리코겐이 분해되어 젖산으로 분해되는 것

08 어패류의 부패에 영향을 주는 세균수와 관련된 내용으로 틀린 것은?

① 어체에 붙어 있는 세균수를 줄이기 위하여 내장을 제거한다.
② 어체에 붙어 있는 세균수를 줄이기 위하여 어체 표면의 점액을 씻는다.
③ 세균의 발육에 알맞은 pH는 산성이므로 어육에 식초를 첨가하면 부패를 크게 억제시킬 수 있다.
④ 같은 조건일 때 어체에 붙어 있는 세균수가 많을수록 부패는 촉진된다.

해설
세균의 활성이 높아지는 pH는 중성이다.

09 어선에서 적당한 복원력을 확보, 유지하기 위해 고려해야 할 요소가 아닌 것은?

① 상갑판의 배수 상태
② 항해 계기의 작동 상태
③ 어획물 적재 시의 중량 분포
④ 출항 시의 개구부 폐쇄 상태

해설
선박 복원력의 감소요인
- 연료유, 청수 등의 소비
- 유동수 발생
- 갑판 적화물의 수분 흡수
- 갑판의 결빙 등

10 하역용 장치의 안전한 운전과 관련된 내용으로 올바른 것은?

① 하역용 기계는 전원을 켜둔 채로 방치하지 않는다.
② 달고 있는 짐 아래에는 경계원을 배치한다.
③ 표시된 안전사용하중의 3배까지는 사용할 수 있다.
④ 윈치와 크레인은 안전수칙만 숙지한다면 누구나 사용하여도 된다.

11 기선저인망 어선의 선수흘수가 2.5m이고 선미흘수가 3.0m일 때 트림은?

① 선수트림 0.25m
② 선미트림 0.25m
③ 선수트림 0.5m
④ 선미트림 0.5m

해설
트림이란 길이 방향의 선체 경사를 나타내는 것으로서, 선수흘수와 선미흘수의 차이다.
- 선수트림 : 선수흘수가 선미흘수보다 큰 상태
- 선미트림 : 선미흘수가 선수흘수보다 큰 상태
- 등흘수 : 선미흘수와 선수흘수가 같은 상태

선미흘수(3.0) − 선수흘수(2.5) = 0.5

7 ① 8 ③ 9 ② 10 ① 11 ④ 정답

12 어획물을 적재하여 배수량이 200ton이고 GM이 1m인 어선이 우현으로 15° 경사하였을 때 초기 복원력은 몇 ton인가?

① 10ton ② 20ton
③ 30ton ④ 40ton

해설
초기 복원력 = W(배수량) × GM × sinϕ
200 × 1 × 0.2 = 40
※ 저자 의견 : 한국해양수산연수원에서 발표한 확정 답안은 ②번이지만, 정답 오류로 판단됨. 따라서 정답은 ④번임

13 어창의 유지 온도 결정 시 고려해야 할 사항이 아닌 것은?

① 어획물의 종류 ② 승선원의 수
③ 조업 해역 ④ 조업 일수

해설
어창이란 어획물 보관 창고로서 어창의 유지 온도는 어획물의 선도와 관련된 사항으로 승선원의 수와는 관계가 없다.

14 어획물 손상 방지와 선체 보호 목적으로 설치된 어창설비에 해당하지 않는 것은?

① 프레임
② 보텀 실링
③ 파이프 커버
④ 사이드 스파링

15 유압윈치 사용상의 주의사항으로 틀린 것은?

① 유압유는 정해진 규격의 것을 사용한다.
② 마그네틱 필터는 사용 후 소제한다.
③ 마그네틱 필터를 소제할 때 유압유 통로의 콕을 개방한다.
④ 유압유의 점도가 낮아지면 전체를 교체한다.

16 다음 그림과 같은 활차를 사용할 때 배력은?(단, W는 하중, P는 들어올리는 힘, 마찰저항은 없음)

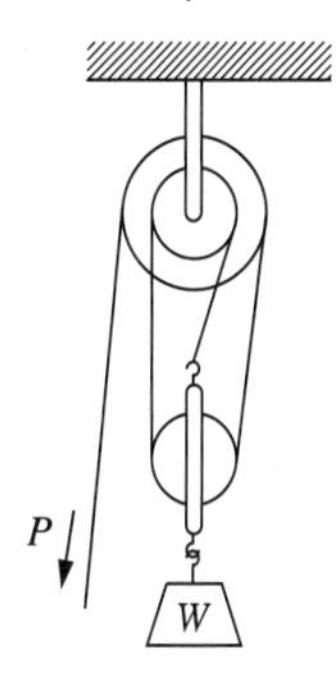

① $P = 1/2\ W$
② $P = 1/3\ W$
③ $P = 1/5\ W$
④ $P = 1/8\ W$

해설
태클의 배력이란 하중과 당김줄에 가해지는 힘과의 비를 말하며, 저항을 무시할 때의 배력은 태클에서 이동활차에 걸리는 로프 가닥수와 같다.

17 유압윈치를 사용할 때 유압펌프의 안전변에 대한 조치로 올바른 것은?

① 유압펌프 초기 가동 시 열어 두고 충분히 예열되면 닫는다.
② 특별한 경우를 제외하고 언제나 열린 상태로 둔다.
③ 유압이 올라오면 닫는다.
④ 닫아 두었다가 유압이 약해지면 연다.

18 다음 중 데릭 의장에서 일반적으로 하역용의 카고 폴로 사용되는 줄의 종류는?

① PK로프 ② 유연강삭
③ 필러형 강삭 ④ 불유연강삭

해설
일반 하역용으로 20mm 정도의 유연강 로프를 사용한다.

정답 12 ② 13 ② 14 ① 15 ③ 16 ② 17 ② 18 ②

19 **어선법에 규정되어 있는 사항으로 맞는 것은?**

① 어선의 건조에 관한 사항
② 어선의 소유권에 관한 사항
③ 어선의 재해 보상에 관한 사항
④ 어선의 조업장소 확보에 관한 사항

해설
어선법 제1조(목적)
이 법은 어선의 건조・등록・설비・검사・거래 및 조사・연구에 관한 사항을 규정하여 어선의 효율적인 관리와 안전성을 확보하고, 어선의 성능 향상을 도모함으로써 어업 생산력의 증진과 수산업의 발전에 이바지함을 목적으로 한다.

20 **어선법상 어선 소유자가 하역설비의 제한하중・제한각도 및 제한반경의 사항에 대하여 해양수산부장관의 확인을 받아야 하는 어선에 해당하는 것은?**

① 총톤수 200ton 이상의 어선
② 총톤수 300ton 이상의 어선
③ 길이 12m 이상의 어선
④ 길이 24m 이상의 어선

해설
어선법 제26조의2(하역설비의 확인 등)
1ton 이상의 어획물 또는 화물 등의 하역에 사용하는 하역설비를 갖춘 총톤수 300ton 이상의 어선의 소유자는 하역설비의 제한하중・제한각도 및 제한반지름(이하 '제한하중등'이라고 한다)에 대하여 해양수산부장관의 확인을 받아야 한다.

21 **어선법의 적용을 받지 않는 선박에 해당하는 것은?**

① 수산물가공업에 종사하는 선박
② 수산업에 관한 시험, 조사, 지도, 단속 또는 교습에 종사하는 선박
③ 어업, 어획물운반업에 종사하는 선박
④ 총톤수 20ton 이상의 유람 범선

해설
어선법 제2조(정의)
어선이란 다음 내용의 어느 하나에 해당하는 선박을 말한다.
- 어업, 어획물운반업 또는 수산물가공업(이하 '수산업'이라고 한다)에 종사하는 선박
- 수산업에 관한 시험・조사・지도・단속 또는 교습에 종사하는 선박
- 건조허가를 받아 건조 중이거나 건조한 선박
- 어선의 등록을 한 선박

22 **어선법상 어선번호판에 관한 설명으로 틀린 것은?**

① 어선 소유자는 어선번호판을 붙이지 않고 어선을 항행하면 안 된다.
② 어선 번호판의 제작과 부착 등에 필요한 사항은 선박법에서 정하는 바에 따른다.
③ 어선 소유자는 어선번호판을 붙이지 않고 어선을 조업 목적으로 사용하여서는 안 된다.
④ 어선 소유자는 선박국적증서 등을 발급받은 경우 지체 없이 어선번호판을 부착해야 한다.

해설
어선법 제16조(어선 명칭 등의 표시와 번호판의 부착)
① 어선의 소유자는 선박국적증서등을 발급받은 경우에는 해양수산부령으로 정하는 바에 따라 지체 없이 그 어선에 어선의 명칭, 선적항, 총톤수 및 흘수의 치수 등(명칭 등)을 표시하고 어선 번호판을 붙여야 한다.
② ①에 따른 어선 번호판의 제작과 부착 등에 필요한 사항은 해양수산부령으로 정한다.
③ 어선의 소유자는 ①에 따른 명칭 등을 표시하고 어선번호판을 붙인 후가 아니면 그 어선을 항행하거나 조업목적으로 사용하여서는 아니 된다.

23 **어선법상 어선을 등록할 때에 그 어선이 주로 입항 및 출항하는 항구 또는 포구는 무엇인가?**

① 환적항 ② 무역항
③ 선적항 ④ 어 항

해설
어선법 제13조(어선의 등기와 등록)
어선의 소유자나 해양수산부령으로 정하는 선박의 소유자는 그 어선이나 선박이 주로 입항・출항하는 항구 및 포구(이하 '선적항'이라고 한다)를 관할하는 시장・군수・구청장에게 해양수산부령으로 정하는 바에 따라 어선원부에 어선의 등록을 하여야 한다. 이 경우 선박등기법에 해당하는 어선은 선박등기를 한 후에 어선의 등록을 하여야 한다.

19 ① 20 ② 21 ④ 22 ② 23 ③ 정답

24 **어선법상 어선의 등록 또는 변경등록을 한 때에 그 사실을 지체 없이 통보하여야 하는 기관으로 틀린 것은?**

① 해양경비안전서
② 해양수산부장관
③ 중앙전파관리소
④ 해당 어선에 관련된 어업의 면허・허가기관

해설
어선법 시행규칙 제32조(등록 등의 통보)
시장・군수・구청장은 법 제13조・제17조 또는 제19조에 따라 어선의 등록 또는 변경등록을 하거나 어선의 등록을 말소한 때에는 다음 각 호의 기관에 그 사실을 지체 없이 통보하여야 한다. 다만, ④의 경우에는 무선설비가 설치된 어선과 관련하여 주소의 변경등록 및 어선의 등록말소만 해당한다.
① 해당 어선이 등기된 등기소(선박등기법의 적용을 받는 어선에만 해당)
② 해양수산부장관. 다만, 법 제41조제1항에 따라 어선의 검사업무를 대행하게 한 경우에는 한국해양교통안전공단법에 따라 설립된 한국해양교통안전공단(이하 '공단'이라고 한다) 또는 선박안전법 제60조제2항에 따른 선급법인(이하 '선급법인'이라고 한다)
③ 해당 어선에 관련된 어업의 면허・허가기관
④ 중앙전파관리소

25 **다음 〈보기〉의 (　　) 안에 들어갈 알맞은 내용은?**

〈보 기〉
어선법상 등록을 한 (　　　)인 어선에 대하여 시장・군수・구청장은 등록필증을 발급하여야 한다.

① 총톤수 20ton 미만
② 총톤수 25ton 이상
③ 총톤수 5ton 이상
④ 총톤수 5ton 미만인 무동력

해설
어선법 제13조(어선의 등기와 등록)
- 총톤수 20ton 이상인 어선 : 선박국적증서
- 총톤수 20ton 미만인 어선(총톤수 5ton 미만의 무동력어선은 제외한다) : 선적증서
- 총톤수 5ton 미만인 무동력어선 : 등록필증

정답 24 ① 25 ④

제 26 회

기출복원문제

상선전문

01 선수 및 선미에 중량 화물을 실어 선체 중앙 갑판부는 인장하중이, 선저는 압축하중이 발생하는 상태를 무엇이라고 하는가?

① 호 깅　　② 새 깅
③ 횡강력　　④ 종강력

해설
선체의 전·후단에서 중력이 크고 중앙부에 부력이 크게 되는 상태를 호깅이라고 한다.

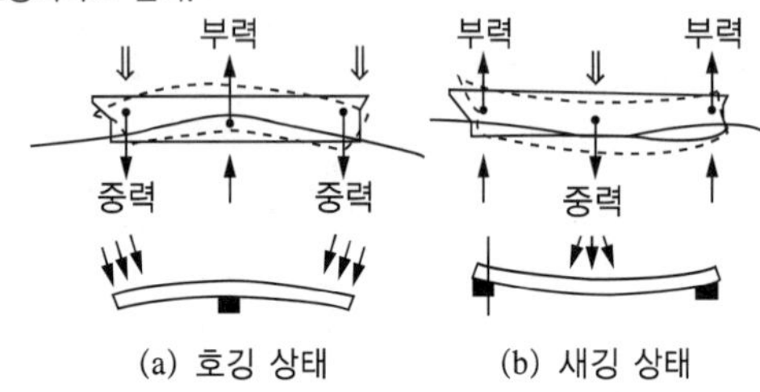

(a) 호깅 상태　(b) 새깅 상태

02 선창 안에 화물을 만재하였을 경우 화물이 차지하는 실제 용적 이외에 화물과 화물 사이에 생기는 공간들의 총용적을 무엇이라고 하는가?

① 래 싱　　② 브래킷
③ 화물틈　　④ 베일 용적

03 트림에 대한 설명으로 올바른 것은?

① 선체 종방향 경사
② 선수흘수와 선미흘수의 차
③ 선미가 수면 아래 잠겨 있는 깊이
④ 선수가 수면 아래 잠겨 있는 깊이

해설
트림이란 길이 방향의 선체 경사를 나타내는 것으로서, 선수흘수와 선미흘수의 차이다.
- 선수트림 : 선수흘수가 선미흘수보다 큰 상태
- 선미트림 : 선미흘수가 선수흘수보다 큰 상태
- 등흘수 : 선미흘수와 선수흘수가 같은 상태

04 곡물을 산적할 때 곡물의 표면을 평평하게 고르는 작업을 무엇이라고 하는가?

① 왁 싱　　② 스트리핑
③ 디스차징　　④ 트리밍

해설
트리밍(Trimming) : 항해 중 화물의 이동을 최소화하기 위해서 화물의 적재 표면을 편평하게 고르는 작업

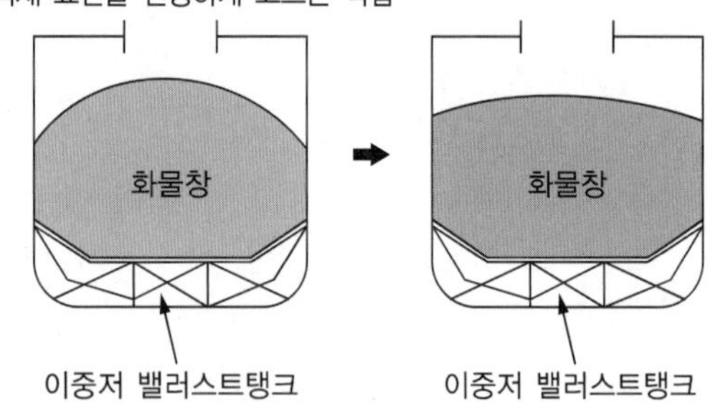

05 액체 화물 선적 시 일반적인 경우 화물창 내 화물의 최대 허용용적은 몇 %인가?

① 95%　　② 97.5%
③ 98%　　④ 100%

해설
액체 화물 선적 시 본선이 선적할 수 있는 최대 선적량은 탱크의 98% 용적(어떤 경우에도 98% 용적을 초과하지 않도록 해야 한다)에 해당하는 화물량과 만재흘수에 해당하는 화물량을 각각 구하여 그중 작은 값을 취한다.

1 ① 2 ③ 3 ② 4 ④ 5 ③ 정답

06 선박에 실을 수 있는 화물의 중량을 나타낸 톤수를 무엇이라고 하는가?

① 배수톤수
② 적화중량톤수
③ 총톤수
④ 순톤수

해설
① 배수톤수 : 선체의 수면 아래의 용적(배수용적)에 상당하는 해수의 중량인 배수량에 톤수를 붙인 것으로 군함의 크기를 표시하는 데 이용한다.
③ 총톤수 : 측정 갑판의 아랫부분 용적에, 측정 갑판보다 위의 밀폐된 장소의 용적을 합한 것이다.
④ 순톤수 : 총톤수에서 선원 상용실, 밸러스트탱크, 갑판장 창고, 기관실 등을 뺀 용적으로, 화물이나 여객 운송을 위해 쓰이는 실제 용적이다.

07 산적 화물의 적재, 사고 등에 관해 조사, 감정하여 증명서를 발급하는 사람은 누구인가?

① 감정인　　② 검수인
③ 검량인　　④ 검역관

해설
② 검수인 : 화물을 배에 싣거나 배에서 내릴 때 물건의 수량을 세어 확인하고 물건의 인도·인수 증명을 맡아 하는 사람
③ 검량인 : 화물의 수량을 검사하는 사람
④ 검역관 : 검역에 관한 일을 맡아 처리하는 사람으로 선박, 승객, 화물에 대하여 전염병 따위의 병원체 유무를 검사하는 일과 예방 조치에 관한 일을 담당하는 사람

08 부적절한 적재로 선체의 종강도에 이상이 있을 시 나타날 수 있는 현상에 대한 설명으로 올바른 것은?

① 선체 종강도와 화물의 적재는 상관없다.
② 선체의 진동이 줄어들고 선체의 횡요주기가 증가한다.
③ 종강도에 무리가 있어도 횡강도가 좋아지기 때문에 크게 상관없다.
④ 선체가 감내할 수 있는 파단점을 벗어나는 경우 선체가 부러질 수도 있다.

09 다음 〈보기〉의 (　　) 안에 들어갈 적합한 용어는?

〈보 기〉
정해진 정박기간보다 하역이 빨리 종료되면 단축된 정박기간에 대하여 화주는 선주에게 (　　)을(를) 지급한다.

① 체선료
② 조출료
③ 정박료
④ 계선료

해설
조출료란 계약된 기간보다 선적이나 하역을 빨리 하였을 때 지급하는 금액으로, 조기에 화물을 선적하거나 하역했을 때 지급하는 할인요금이다. 정박기간 내에 선적 또는 하역을 하지 못하여 화주가 선박회사에 지급하는 체선료에 상대되는 개념이다.

10 선박이 외력을 받아 경사하려고 할 때의 저항 또는 경사한 상태에서 그 외력을 제거하였을 때 원래의 위치로 되돌아가려는 성질을 무엇이라고 하는가?

① 내구성
② 추종성
③ 감항성
④ 복원성

11 위험물운송전문가위원회가 각 종류의 위험물에 부여한 고유번호를 무엇이라고 하는가?

① 유엔번호
② 식별번호
③ 선박번호
④ 아이엠오번호

해설
유엔번호(UN Number)는 유엔경제사회이사회에 설치된 위험물운송전문가위원회로부터 운송 위험 및 유해성이 있는 화학물질에 부여된 번호이다. 부여방법은 제정순으로, 일련번호의 숫자 자체는 의미가 없다. 이 번호가 부여되는 화학물질은 유해성이 있다고 판단할 수 있다.

정답 6 ② 7 ① 8 ④ 9 ② 10 ④ 11 ①

12 하역작업 도중 본선의 하역기기가 고장 났을 경우 취해야 할 조치로 틀린 것은?

① 가능한 한 신속하게 고장의 원인을 파악한다.
② 하역장비의 고장은 일어날 수 있는 일이므로 본선이 책임져야 할 사항은 아니다.
③ 육상 하역책임자와 협의하여 본선의 책임범위를 확실히 해 둔다.
④ 선주사(또는 용선주)에 보고하여 추가 지시를 받는다.

13 임펠러의 회전운동에 의해 펌프 내부에 진공을 형성하여 유체를 흡입, 토출하는 형태의 펌프를 무엇이라고 하는가?

① 원심펌프
② 진공펌프
③ 왕복동펌프
④ 스트리핑펌프

해설
② 진공펌프 : 공기를 뽑아 진공 상태를 만드는 데 쓰는 펌프이다.
③, ④ 왕복동펌프 : 흡입밸브와 송출밸브를 장치한 실린더 속을 피스톤 또는 플런저를 왕복운동시켜 유체를 이동시키는 펌프로 스트리핑 펌프라고도 한다.

14 항만에서 사용되는 하역설비 중 컨베이어(Conveyor)의 종류에 해당하지 않는 것은?

① 롤러 컨베이어
② 벨트 컨베이어
③ 뉴매틱 컨베이어
④ 사이드 스파링

해설
컨베이어의 종류
컨베이어는 화물의 성질이나 용도에 따라 벨트, 롤러, 이동식, 버킷, 뉴매틱 컨베이어 등이 있다.

15 데릭식(Derrick) 하역설비 중 카고 폴(Cargo Fall)의 끝에 연결되어 있으며, 화물이 싸매어져 있는 카고 슬링(Cargo Sling)에 걸기 위한 하역설비를 무엇이라고 하는가?

① 붐(Boom)
② 카고 훅(Cargo Hook)
③ 태클(Tackle)
④ 토핑 리프트(Topping Lift)

해설
① 붐(Boom) : 토핑 리프트와 붐 가이가 연결되어 있고, 붐의 하단은 구스 넥에 의해 데릭 포스트에 접합되어 있다.
③ 태클(Tackle) : 블록과 로프를 결합하여 작은 힘으로 중량을 들어 올리거나 이동시키는 장치이다.
④ 토핑 리프트(Topping Lift) : 붐의 앙각을 조절하는 역할을 한다.

16 산적 화물선의 화물창 배수를 위하여 각 선창 후단에 무엇을 설치하는가?

① 로즈박스
② 스트리핑 라인
③ 환풍장치
④ 빌지 웰

17 유조선에서 보일러의 배기가스를 탈황, 탈진 및 냉각시켜 탱크 내에 공급하여 탱크의 폭발과 화재를 방지하기 위한 안전장치를 무엇이라고 하는가?

① 질소가스장치
② 탱크세정장치
③ 산소공급장치
④ 불활성가스장치

해설
불활성가스장치(IGS : Inert Gas System)
불활성가스장치는 기관실 보일러의 배기가스를 냉각, 세척하여 탱크 내에 주입함으로써 탱크 내부를 불활성 상태로 만들어 화재와 폭발을 방지하는 탱커의 안전장치이다.

12 ② 13 ① 14 ④ 15 ② 16 ④ 17 ④ 정답

18 평형수(Ballast)를 적재하여 선미트림을 만드는 데 가장 적합한 탱크를 무엇이라고 하는가?

① 선수 피크탱크(Fore Peak Tank)
② 선미 피크탱크(After Peak Tank)
③ 상부 현측탱크(Topside Tank)
④ 이중저 탱크(Double Bottom Tank)

해설
선수 피크탱크(FPT ; Fore Peak Tank)와 선미 피크탱크(APT ; After Peak Tank)
최하 갑판 이하에서 선수 격벽의 전부와 선미 격벽의 후부에 설치된 탱크로, 트림을 조정하는 것 이외에 선수는 파의 충격에 저항하고, 후부는 스크루 프로펠러의 진동을 완화시켜 준다.

19 선박법에서 규정하고 있는 내용으로 틀린 것은?

① 선박의 등록에 관한 사항을 규정하고 있다.
② 선박의 국적에 관한 사항을 규정하고 있다.
③ 선박의 검사에 관한 사항을 규정하고 있다.
④ 선박 톤수의 측정에 관한 사항을 규정하고 있다.

해설
선박법 제1조(목적)
선박의 국적에 관한 사항과 선박 톤수의 측정 및 등록에 관한 사항을 규정함으로써, 해사에 관한 제도를 적정하게 운영하고 해상 질서를 유지하여 국가의 권익을 보호하고 국민경제의 향상에 이바지함을 목적으로 한다.

20 선박법상 외국 선박이 불개항장에 기항할 수 있는 경우에 해당하지 않는 것은?

① 포획을 피하려는 경우
② 해양경찰청에 신고한 경우
③ 법률 또는 조약에 다른 규정이 있는 경우
④ 해양수산부장관의 허가를 받은 경우

해설
선박법 제6조(불개항장에의 기항과 국내 각 항 간에서의 운송 금지)
한국 선박이 아니면 불개항장에 기항하거나 국내 각 항 간에서 여객 또는 화물의 운송을 할 수 없다. 다만, 법률 또는 조약에 다른 규정이 있거나 해양사고 또는 포획을 피하려는 경우 또는 해양수산부장관의 허가를 받은 경우에는 그러하지 아니하다.

21 다음 〈보기〉 중 선박법상 등기와 등록의 의무가 제외되는 선박을 모두 고른 것은?

ㄱ. 어선	ㄴ. 실습선
ㄷ. 준설선	ㄹ. 수상 레저보트

① ㄱ, ㄹ　　② ㄱ, ㄴ, ㄷ
③ ㄱ, ㄷ, ㄹ　　④ ㄱ, ㄴ, ㄷ, ㄹ

해설
선박법 제26조(일부 적용 제외 선박)
다음 내용의 어느 하나에 해당하는 선박에 대하여는 등기와 등록을 적용하지 아니한다.
- 군함, 경찰용 선박
- 총톤수 5ton 미만인 범선 중 기관을 설치하지 아니한 범선
- 총톤수 20ton 미만인 부선
- 총톤수 20ton 이상인 부선 중 선박계류용·저장용 등으로 사용하기 위하여 수상에 고정하여 설치하는 부선. 다만, 공유수면 관리 및 매립에 관한 법률에 따른 점용 또는 사용 허가나 하천법에 따른 점용허가를 받은 수상호텔, 수상식당 또는 수상공연장 등 부유식 수상구조물형 부선은 제외한다.
- 노와 상앗대만으로 운전하는 선박
- 어선법에 따른 어선
- 건설기계관리법에 따라 건설기계로 등록된 준설선
- 수상레저안전법에 따른 동력수상레저기구 중 수상레저기구로 등록된 수상오토바이·모터보트·고무보트 및 요트

22 선박법상 선박의 소유권, 저당권, 임차권 등의 권리관계를 분명히 하고자 하는 공사방법을 무엇이라고 하는가?

① 선박등록　　② 선박등기
③ 선박조사　　④ 선박검사

해설
선박법 제8조(등기와 등록)
한국 선박의 소유자는 선적항을 관할하는 지방해양수산청장에게 해양수산부령으로 정하는 바에 따라 선박을 취득한 날부터 60일 이내에 그 선박의 등록을 신청하여야 한다. 이 경우 선박등기법에 해당하는 선박은 선박의 등기를 한 후에 선박의 등록을 신청하여야 한다.
선박등기법 제3조(등기할 사항)
선박의 등기는 다음에 열거하는 권리의 설정·보존·이전·변경·처분의 제한 또는 소멸에 대하여 한다.
- 소유권
- 저당권
- 임차권

정답 18 ② 19 ③ 20 ② 21 ③ 22 ②

23 **선박법상 임시선박국적증서와 발급 신청에 관한 설명으로 틀린 것은?**

① 임시선박국적증서는 선박국적증서와 동일한 효력을 가지기 때문에 대한민국 국기를 게양하거나 선박의 항행에 이용할 수 있으며 톤수증명서로서의 역할도 한다.
② 외국에서 선박을 취득한 자는 지방해양수산청장 또는 그 취득지를 관할하는 대한민국 영사에게 임시선박국적증서의 발급을 신청할 수 있다.
③ 국내에서 선박을 취득한 자가 그 취득지를 관할하는 지방해양수산청장의 관할구역에 선적항을 정하지 아니 할 경우에는 그 취득지를 관할하는 지방해양수산청장에게 임시선박국적증서의 발급을 신청할 수 있다.
④ 외국에서 선박을 취득한 자가 그 취득지에서 임시선박국적증서의 발급을 신청할 수 없는 경우에는 선박의 취득지에서 출항한 후 최후로 기항하는 곳을 관할하는 대한민국 영사에게 임시선박국적증서의 발급을 신청할 수 있다.

해설
선박법 제9조(임시선박국적증서의 발급 신청)
① 국내에서 선박을 취득한 자가 그 취득지를 관할하는 지방해양수산청장의 관할구역에 선적항을 정하지 아니할 경우에는 그 취득지를 관할하는 지방해양수산청장에게 임시선박국적증서의 발급을 신청할 수 있다.
② 외국에서 선박을 취득한 자는 지방해양수산청장 또는 그 취득지를 관할하는 대한민국 영사에게 임시선박국적증서의 발급을 신청할 수 있다.
③ ②에도 불구하고 외국에서 선박을 취득한 자가 지방해양수산청장 또는 해당 선박의 취득지를 관할하는 대한민국 영사에게 임시선박국적증서의 발급을 신청할 수 없는 경우에는 선박의 취득지에서 출항한 후 최초로 기항하는 곳을 관할하는 대한민국 영사에게 임시선박국적증서의 발급을 신청할 수 있다.
④ 임시선박국적증서의 발급에 필요한 사항은 해양수산부령으로 정한다.

24 **선박법상 선박국적증서를 선박 안에 갖추어 두지 않고 항행할 수 있는 경우에 해당하지 않는 것은?**

① 시험운전을 하려는 경우
② 총톤수 측정을 받으려는 경우
③ 총톤수 100ton 미만의 부선
④ 외국의 영해를 통과하는 경우

해설
선박법 시행령 제3조(국기 게양과 선박국적증서 등의 비치 면제)
선박법에 따라 선박국적증서 또는 임시선박국적증서를 선박 안에 갖추어 두지 아니하고 항행할 수 있는 경우는 다음의 어느 하나에 해당하는 경우로 한다.
- 시험운전을 하려는 경우
- 총톤수의 측정을 받으려는 경우
- 선박법에 따른 부선의 경우
- 그 밖에 정당한 사유가 있는 경우

25 **선박법상 선박톤수 측정의 신청에 대한 설명으로 틀린 것은?**

① 지방해양수산청장에게 선박의 총톤수 측정을 신청해야 한다.
② 측정 길이가 12m 미만인 기선과 범선은 일반배치도를 첨부하여 총톤수측정신청서를 제출하여야 한다.
③ 선적항을 관할하는 지방해양수산청장은 선박의 소재지를 관할하는 해양경찰서장에게 선박톤수를 측정하게 할 수 있다.
④ 외국에서 취득한 선박을 외국 각 항 간에서 항행시키는 경우 선박소유자는 대한민국 영사에게 그 선박톤수의 측정을 신청할 수 있다.

해설
선박법 제7조(선박톤수 측정의 신청)
- 한국 선박의 소유자는 대한민국에 선적항을 정하고 그 선적항 또는 선박의 소재지를 관할하는 지방해양수산청장(지방해양수산청 해양수산사무소장을 포함한다)에게 선박의 총톤수의 측정을 신청하여야 한다.
- 선적항을 관할하는 지방해양수산청장은 선박의 소재지를 관할하는 지방해양수산청장에게 선박톤수를 측정하게 할 수 있다.
- 외국에서 취득한 선박을 외국 각 항 간에서 항행시키는 경우 선박소유자는 대한민국 영사에게 그 선박톤수의 측정을 신청할 수 있다.
- 선박톤수의 측정을 위한 신청에 필요한 사항은 해양수산부령으로 정한다.

23 ④ 24 ④ 25 ③ 정답

어선전문

01 어획물을 선상에서 처리하기 전 취급에 관한 내용으로 틀린 것은?

① 피시 펀드는 충분히 깊게 만든다.
② 피시 펀드 속의 고기는 직사광선을 받지 않도록 한다.
③ 갑판에 올라온 고기는 일단 피시 펀드에 넣는다.
④ 오랜 시간 피시 펀드 속에 고기를 방치할 때에는 가끔 어체에 찬물을 적당량 끼얹는다.

해설
피시 펀드는 고기 상호 간 압력에 의한 육질 손상이라는 문제가 있으므로, 설계 시 어획물 처리작업의 편리성과 주어종의 어획물에 대한 적정 깊이를 고려해야 한다.

02 다음 〈보기〉에서 어체를 저온 상태로 유지하기 위하여 얼음을 사용할 때 유의사항을 모두 고른 것은?

〈보 기〉
ㄱ. 고급 어종은 바로 얼음에 접하게 한다.
ㄴ. 얼음은 잘게 부수어 어체 온도가 빨리 떨어지도록 한다.
ㄷ. 어상자 속의 어체와 얼음에서 흘러내리는 물이 고이지 않고 잘 빠지도록 한다.
ㄹ. 어상자 바닥에 얼음을 깐 후 그 위에 어체를 얹고 어체의 주위를 얼음으로 채운다.

① ㄱ, ㄴ
② ㄴ, ㄷ, ㄹ
③ ㄱ, ㄷ, ㄹ
④ ㄱ, ㄴ, ㄷ, ㄹ

해설
고급 어종의 경우 황산지로 덮고, 그 위에 얼음으로 채워 어체 표면에 불결한 물질의 부착을 방지함과 동시에 선어 고유의 색깔과 광택을 보존할 수 있도록 한다.

03 어패육의 일반 성분 중 계절적으로 변동이 가장 심한 성분은?

① 수 분　　② 지 질
③ 비타민　　④ 단백질

해설
어패류 산란기 전후에는 지질 함유량의 변동이 크다.

04 어패류가 죽은 후 육조직이 굳어지고 투명감을 잃는 현상을 무엇이라고 하는가?

① 부 패　　② 사후경직
③ 자가소화　　④ 해당작용

해설
어패류의 사후 변화 과정
해당작용 → 사후경직 → 해경 → 자가소화 → 부패
- 해당작용 : 사후 산소 공급이 끊겨 글리코겐이 분해되어 젖산으로 분해되는 현상
- 사후경직 : 근육의 투명감이 떨어지고 수축하여 어체가 굳어지는 현상
- 해경 : 사후경직에 의하여 수축되었던 근육이 풀어지는 현상
- 자가소화 : 어체 조직 속에 있는 효소작용으로 조직을 구성하는 단백질, 지방질, 글리코겐과 그 밖의 유기물이 저급의 화합물로 분해되는 현상
- 부패 : 미생물이 생산한 효소작용에 따라 어패류 성분이 유익하지 않은 물질로 분해되어 독성 및 악취를 내는 현상

05 다음 〈보기〉에서 식품의 품질을 저하시키는 원인을 모두 고른 것은?

〈보 기〉
ㄱ. 식품 자체의 효소에 의한 분해
ㄴ. 건조 등의 물리적 작용에 의한 것
ㄷ. 산화 등의 화학적 반응에 의한 것
ㄹ. 세균 및 곰팡이 등의 미생물에 의한 분해

① ㄱ, ㄴ　　② ㄱ, ㄷ
③ ㄱ, ㄴ, ㄷ　　④ ㄱ, ㄴ, ㄷ, ㄹ

정답 1 ① 2 ② 3 ② 4 ② 5 ④

06 어획물 원산지 표시 기준으로 틀린 것은?

① 국산 수산물 : 국산이나 국내산 또는 연근해산
② 원양산 수산물 : 원양산 또는 원양산(해역명)
③ 수산물 가공품 : 가공공장의 위치
④ 수입 수산물 : 수입 국가명(통관 시 원산지)

해설
수산물 가공품 : 사용된 원료의 원산지를 표시한다. 원산지가 다른 원료를 사용한 경우 혼합 비율이 높은 순서대로 2개 국가까지 표시한다.

07 선도 유지를 위한 어획물 처리원칙이 아닌 것은?

① 저온 보관
② 약품처리
③ 신속한 처리
④ 정결한 취급

08 어패류에서 발생하는 사후경직의 지속시간과 관계없는 것은?

① 어체 크기
② 성분 조성
③ 즉살 여부
④ 표피의 명암

해설
사후경직은 여러 가지 요인에 영향을 받지만, 특히 어종, 어체의 크기, 조성, 어획방법, 방치온도 및 처리방법 등의 영향을 크게 받는다.

09 어패류의 냉동 저장에 있어 가장 널리 작용하는 경제적 온도는 몇 ℃인가?

① −3℃ 이하
② −10℃ 이하
③ −18℃ 이하
④ −40℃ 이하

10 빙장 다랑어를 어창에 저장할 때 유의할 사항으로 틀린 것은?

① 얼음을 충분히 사용한다.
② 녹은 물은 충분히 배출시킨다.
③ 다랑어는 가급적 많이 쌓는다.
④ 공기의 온도는 너무 낮추지 않는다.

해설
어체는 위에 쌓아올린 고기와 얼음의 중량으로부터 심한 압력을 받게 하여서는 안 된다.

11 선수흘수가 2.0m, 선미흘수가 2.3m인 선박의 청수 40ton을 선미 물탱크에서 선수 물탱크로 이동시키면 트림은 무엇인가?(단, 물탱크 사이의 거리는 20m이고, 매 센티미터 트림 모멘트는 20.0t・m임)

① 선수트림 5cm ② 선미트림 5cm
③ 선수트림 10cm ④ 선미트림 15cm

해설

$$t = \frac{w \times d}{Mcm} = \frac{40 \times 20}{20} = 40$$

여기서, t : 트림의 변화량(cm), w : 이동한 중량(t), d : 이동거리(m), Mcm(MTC) : 매 센티미터 트림모멘트

- 트림 변화량 : 40cm
- 이동 전 트림 : 선미트림 30cm
- 이동 후 트림 : 선수트림(선미에서 선수로 이동하였으므로) 10cm

12 어획물을 산적하여 어창에 적재할 때 복원성 저하를 막기 위해 무엇을 설치하는가?

① 디딤판
② 슬라이딩 슈트
③ 어창 칸막이
④ 카고 슬링

해설
항해 시 어획물의 이동을 방지를 위해 어창 칸막이를 설치하여 복원력 저하를 막는다.

정답 6 ③ 7 ② 8 ④ 9 ③ 10 ③ 11 ③ 12 ③

13 다음 중 어획물을 적재하여 배수량이 200ton이고 GM이 1m인 어선이 우현으로 10° 경하였을 때 초기 복원력은 얼마인가?(단, sin10°의 값은 0.15임)

① 7.5ton
② 20ton
③ 30ton
④ 40ton

해설
초기 복원력 = W(배수량) × GM × sinϕ
200 × 1 × 0.15 = 30

14 어창 빌지 웰이 하는 역할은?

① 어창 쓰레기를 저장한다.
② 외부로부터 오수 유입을 방지한다.
③ 어창 오수를 분산 저장한다.
④ 오수를 모아 배출을 용이하게 한다.

15 다음 중 어떤 어선의 최대 횡요각이 40°일 때 경계해야 할 위험 경사각은?

① 약 10°
② 약 20°
③ 약 30°
④ 약 40°

해설
최대 경사각은 최대 횡요각의 약 1/2이다.

16 어창에 설치되는 칸막이, 하지판 등 더니지의 역할에 해당하지 않는 것은?

① 외부 환기
② 어획물의 이동 방지
③ 냉기의 소통
④ 적재 어획물의 손상 방지

17 다음 중 하역용 윈치가 갖추어야 할 구비요건으로 적절하지 않은 것은?

① 정격하중을 정격속도로 감아 들일 수 있을 것
② 작동 중에 즉시 정지할 수 있는 제동장치를 갖출 것
③ 신속하고 정확하게 화물을 올리고 내릴 수 있고 역전장치를 갖출 것
④ 중량에 관계없이 감는 속도는 좁은 범위 내에서 조절할 수 있을 것

해설
하역용 윈치의 구비요건
- 정격 하중을 정격 속도로 감아 들일수 있을 것
- 중량의 크기에 관계없이 감는 속도를 광범위하게 조절할 수 있을 것
- 신속하고 정확하게 화물을 올리고 내릴 수 있고, 역전 장치를 갖출 것
- 작동 중에 즉시 정지할 수 있는 제동장치를 갖출 것
- 누구든지 쉽고 안전하게 취급할 수 있고 고장 나지 않을 것
- 작동 시에 소음이 작고, 작업상 안전도가 높을 것

18 데릭 의장에서 앙각을 고정하기 위해서 와이어 길이를 고정시켜 매어 두는 설비를 무엇이라고 하는가?

① 비 트　② 블 록
③ 클리트　④ 태 클

19 어선법상 국제항해에 종사하는 총톤수 300ton 이상의 어선으로 무선설비의 설치 대상에 해당하지 않는 것은?

① 시운전을 하는 어선
② 어획물운반업에 종사하는 어선
③ 수산물가공업에 종사하는 어선
④ 수산업에 관한 교습에 종사하는 어선

해설
어선법 제5조(무선설비)
어선이 해양수산부령으로 정하는 항행의 목적에 사용되는 경우에는 무선설비를 갖추지 아니하고 항행할 수 있다.
어선법 시행규칙 제42조(무선설비의 설치대상어선 등)
해양수산부령으로 정하는 항행의 목적에 사용되는 경우란 다음의 어느 하나에 해당하는 경우를 말한다.
- 임시항행검사증서를 가지고 1회의 항행에 사용하는 경우
- 시운전을 하는 경우

정답 13 ③ 14 ④ 15 ② 16 ① 17 ④ 18 ③ 19 ①

20 다음 〈보기〉의 (　) 안에 들어갈 용어로 적합한 것은?

〈보 기〉
어선법상 (　　)은(는) 어선검사증서의 유효기간 시작일부터 해마다 1년이 되는 날을 말한다.

① 최초검사일　② 정기검사일
③ 검사기준일　④ 임시검사일

21 다음 〈보기〉의 (　) 안에 들어갈 용어로 적합한 것은?

〈보 기〉
선박의 개성이란 특정 어선이 다른 어선과 구별할 수 있는 특성으로 비록 어선은 물건이지만 국적, 어선의 명칭, (　　), (　　) 등을 가지고 있는 점에서 사람과 유사한 특징을 가지고 있다.

① 선주, 총톤수　② 선주, 흘수와 치수
③ 선적항, 총톤수　④ 선적항, 선장의 이름

해설
어선법 제16조(어선 명칭 등의 표시와 번호판의 부착)
어선의 소유자는 선박국적증서 등을 발급받은 경우에는 해양수산부령으로 정하는 바에 따라 지체 없이 그 어선에 어선의 명칭, 선적항, 총톤수 및 흘수의 치수 등(이하 '명칭 등'이라고 한다)을 표시하고 어선번호판을 붙여야 한다.

22 어선법상 어선의 등록 말소를 신청하여야 하는 경우에 해당하는 것은?

① 어선의 소유자가 변경되었을 때
② 어선의 구조가 변경되었을 때
③ 어선이 멸실, 침몰하게 되었을 때
④ 어선이 장기간 항·포구에 정박해 있을 때

해설
어선법 제19조(등록의 말소와 선박국적증서 등의 반납)
• 어선 외의 목적으로 사용하게 된 경우
• 대한민국의 국적을 상실한 경우
• 멸실·침몰·해체 또는 노후·파손 등의 사유로 어선으로 사용할 수 없게 된 경우
• 6개월 이상 행방불명이 된 경우

23 다음 〈보기〉의 (　) 안에 들어갈 내용으로 적합한 것은?

〈보 기〉
어선법상 등록을 한 (　　)인 어선에 대하여 시장·군수·구청장은 선박국적증서를 발급하여야 한다.

① 총톤수 20ton 미만
② 총톤수 20ton 이상
③ 총톤수 10ton 이상
④ 총톤수 5ton 이상

해설
어선법 제13조(어선의 등기와 등록)
시장·군수·구청장은 선박법에 따른 등록을 한 어선에 대하여 다음 내용의 구분에 따른 증서 등을 발급하여야 한다.
• 총톤수 20ton 이상인 어선 : 선박국적증서
• 총톤수 20ton 미만인 어선(총톤수 5ton 미만의 무동력어선은 제외) : 선적증서
• 총톤수 5ton 미만인 무동력어선 : 등록필증

24 다음 〈보기〉의 (　) 안에 들어갈 내용으로 적합한 것은?

〈보 기〉
어선법상 어선의 소유자는 선박국적증서등을 잃어버리거나 헐어서 못 쓰게 된 경우에는 (　　) 이내에 재발급을 신청하여야 한다.

① 10일
② 14일
③ 21일
④ 25일

해설
어선법 제18조(선박국적증서 등의 재발급)
어선의 소유자는 선박국적증서 등을 잃어버리거나 헐어서 못 쓰게 된 경우에는 14일 이내에 해양수산부령으로 정하는 바에 따라 재발급을 신청하여야 한다.

정답 20 ③ 21 ③ 22 ③ 23 ② 24 ②

25 다음 〈보기〉의 ( ) 안에 들어갈 내용으로 적합한 것은?

〈보 기〉
어선법상 국제톤수확인서는 어선 소유자의 신청에 의하여 해양수산부장관으로부터 ( )인 한국 어선이 국제항해에 종사하려는 경우 국제총톤수 및 순톤수를 기재하여 발급하는 증서를 말한다.

① 길이 24m 이상
② 길이 24m 미만
③ 총톤수 400ton 이상
④ 총톤수 500ton 미만

해설
어선법 시행규칙 제17조(국제톤수증서등의 발급신청 등)
법 제37조제1항에 따라 준용되는 선박법 제13조에 따라 국제톤수증서 또는 국제톤수확인서를 발급받으려는 자는 발급신청서에 다음의 서류를 첨부하여 해양수산부장관 또는 영사에게 제출하여야 한다.
• 일반배치도
• 선체선도
• 중앙횡단면도
• 강재배치도 또는 재료배치도
• 상부구조도
• 그 밖에 해양수산부장관이 국제톤수의 측정 또는 그 개측을 위하여 필요하다고 인정하는 서류

선박법 제13조(국제톤수증서 등)
길이 24m 미만인 한국 선박의 소유자가 그 선박을 국제항해에 종사하게 하려는 경우에는 해양수산부장관으로부터 국제톤수확인서(국제총톤수 및 순톤수를 적은 서면)를 발급받을 수 있다.

정답 25 ②

제 27 회

기출복원문제

상선전문

01 선체 중앙에 중량 화물을 실었을 때 선체 중앙 갑판부는 압축하중이, 선저는 인장하중이 발생하는 상태는?

① 호 깅　　② 새 깅
③ 전단하중　　④ 횡강력

해설
선체 중앙부에 화물을 많이 적재하면 새깅 상태가 된다.

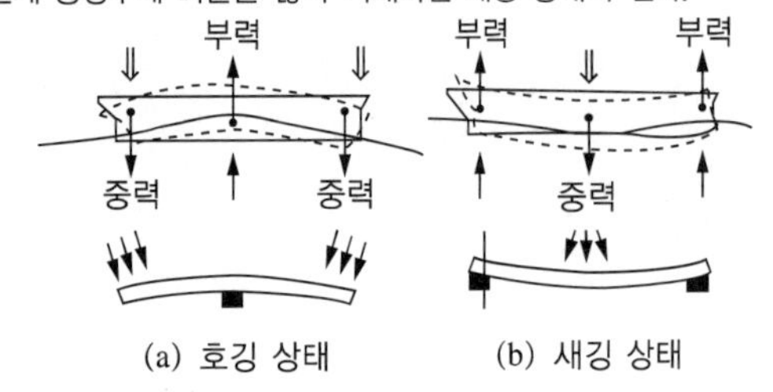

(a) 호깅 상태　(b) 새깅 상태

02 선박의 하역용구에 표시된 'SWL(에스 더블유 엘)'이 뜻하는 것은?

① 위험사용용적　　② 위험사용하중
③ 안전사용하중　　④ 파단하중

해설
안전사용하중(SWL ; Safe Working Load)
시험하중의 범위 내에서 안전하게 사용할 수 있는 최대의 하중으로, 파단하중의 1/6 정도이다.

03 전단력 곡선을 적분하여 구한 것으로, 선체 길이 방향으로 작용하는 굽힘 모멘트를 나타낸 곡선은?

① 중량 곡선　　② 전단력 곡선
③ 횡강력 곡선　　④ 굽힘 모멘트 곡선

04 다음 그림에 대한 설명으로 틀린 것은?

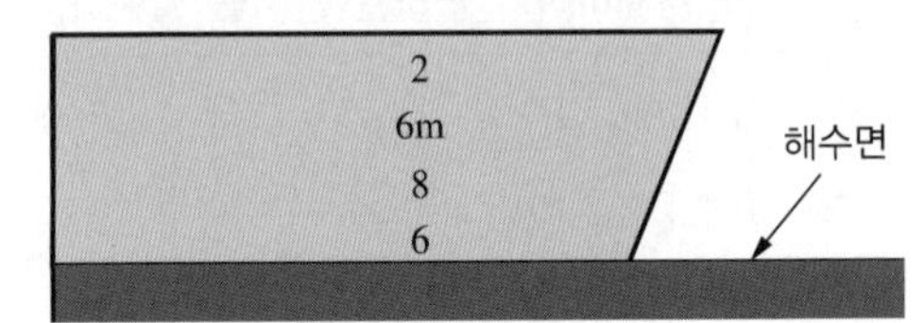

① 숫자 세로 크기는 10cm이다.
② 숫자 간 공백 간격은 10cm이다.
③ 수면에서 상갑판까지 높이는 6m 30cm이다.
④ 현재 흘수는 5m 60cm이다.

해설
흘수의 표시
숫자 높이, 숫자와 숫자의 간격은 10cm이고, 숫자의 하단이 선저로부터의 흘수이다.

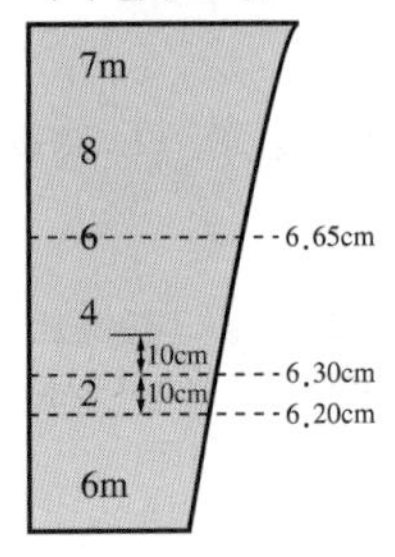

05 밀도가 1,000인 강에서 수선면적이 $40m^2$인 상자형 선박이 등흘수 3.0m로 떠 있을 때 배수용적은 얼마인가?

① $50m^3$
② $90m^3$
③ $120m^3$
④ $160m^3$

해설
배수용적이란 배가 물에 떠 있을 때 수선 아래의 선체용적이다.
$40m^2 \times 3m = 120m^3$

1 ② 2 ③ 3 ④ 4 ③ 5 ③ 정답

06 선수흘수 3m 50cm, 중앙흘수 3m 60cm, 선미흘수 3m 85cm일 경우 선박 상태에 대한 설명으로 올바른 것은?

① 이븐킬 상태이다.
② 선수트림이 35cm이다.
③ 선미트림이 35cm이다.
④ 선수미 평균 흘수는 3m 60cm이다.

해설
트림이란 길이 방향의 선체 경사를 나타내는 것으로서, 선수흘수와 선미흘수의 차이다.
- 선수트림 : 선수흘수가 선미흘수보다 큰 상태
- 선미트림 : 선미흘수가 선수흘수보다 큰 상태
- 등흘수(Even Keel) : 선미흘수와 선수흘수가 같은 상태
  3m 85cm(선미흘수) − 3m 50cm(선수흘수) = 35cm
∴ 선미 트림이 35cm이다.

07 항해 중 화물의 이동을 최소화하기 위하여 화물의 적재 표면을 편평하게 고르는 작업을 무엇이라고 하는가?

① 화물고박작업
② 스트리핑작업
③ 원유세정작업
④ 트리밍작업

해설
일반 화물선에서의 횡경사는 윙탱크의 밸러스트 조정으로 바로 잡을 수 있으나 벌크화물의 만선 선적 시에는 만재흘수의 제한을 받게 되므로 선창 적재화물의 트리밍(Trimming)을 잘해 횡경사가 일어나지 않도록 해야 한다.

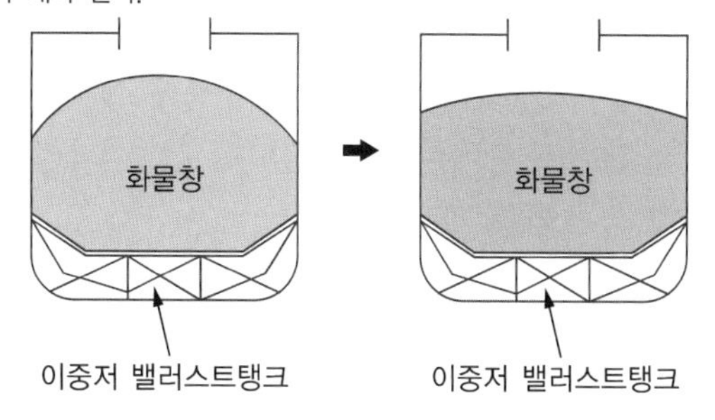

08 다음 중 적재 감항성과 관련이 없는 것은?

① 화물의 총량
② 충분한 복원력
③ 선박 항해설비
④ 선박의 종강도

해설
적재 감항성
화물을 운송하기 위한 적재 시설을 갖추어 운송하기로 예정된 화물을 안전하게 운송할 수 있는 능력이다. 따라서 적화계획과 관련된 선박의 감항성 문제는 실을 화물의 총량과 충분한 복원력 및 선체강도의 허용 범위를 고려하여 화물의 적절한 수직 및 선수·선미 방향의 무게 배치를 통해 선박의 안전성을 확보하는 것이다.

09 무게중심에 대한 설명으로 올바른 것은?

① 무게중심은 항상 선박의 1/2 지점에 있다.
② 무게중심은 항상 선박의 중앙에 있다.
③ 선체의 전체 중량이 한 점에 모여 있다고 생각할 수 있는 가상의 점이다.
④ 선박 전체 중량을 의미한다.

10 곡물 운송 중 유의사항으로 적절하지 않은 것은?

① 열, 응결수, 비, 눈 등에 의한 화물 손상에 주의하여야 한다.
② 곡물은 대표적인 중량 화물이므로 중량 화물 운송 시 발생할 수 있는 주의사항을 따라야 한다.
③ 곡물의 호흡으로 화물구역은 산소결핍 상태가 될 가능성이 높다.
④ 곡물은 보통 40℃ 이상의 열을 받게 되면 변질되므로 과열되지 않도록 주의한다.

해설
중량 화물
한 개 또는 한 꾸러미의 화물용적 $40ft^3$의 중량이 1L/T(Long ton)을 초과하는 화물을 중량 화물(Heavy Cargo)로 규정하고 있으나, 일반적으로 헤비 데릭 또는 크레인 등 특수설비에 의해 하역되는 기관차, 트랙터, 불도저, 전차, 초대형 기계류 등 초중량급의 화물을 가리킨다.

정답 6 ③ 7 ④ 8 ③ 9 ③ 10 ②

11 **선박에 설비되어 있는 하역용 윈치(Winch)의 종류별 특성과 성능에 대한 설명으로 틀린 것은?**

① 스팀윈치는 역전속도가 빠르고 회전속도를 광범위하게 조절할 수 있다.
② 전동윈치는 시동력이 작고 속도제어가 잘된다.
③ 전동윈치는 소음과 진동이 작고, 시동 준비가 간단하여 동력 소비가 작은 장점이 있다.
④ 유압윈치는 유압펌프를 가동시켜서 기름을 일정한 압력을 유지함으로써 유압모터를 회전시키게 한다.

해설
전동윈치는 시동력이 크고, 속도제어가 잘되어야 한다.

12 **화물의 안전과 하역의 편의를 위하여 화물과 화물 사이에 끼워 넣는 판자나 각재, 매트를 무엇이라고 하는가?**

① 백(Bag)
② 팰릿(Pallet)
③ 해치 커버(Hatch Cover)
④ 더니지(Dunnage)

해설
더니지(Dunnage)
주로 화물을 선박에 적재할 때 화물 손상을 방지하는 것을 목적으로 사용되는 판재, 각재 및 매트 등으로, 화물의 무게 분산, 화물 간 마찰 및 이동방지, 양호한 통풍 환기, 화물의 습기 제거 등의 효과가 있다.

13 **관의 내부에 공기를 고속으로 흐르게 하여 이 속에 가루 상태의 물질을 띄워 연속적으로 운반할 수 있는 컨베이어를 무엇이라고 하는가?**

① 롤러 컨베이어 ② 벨트 컨베이어
③ 버킷 컨베이어 ④ 뉴매틱 컨베이어

해설
① 롤러 컨베이어 : 롤러가 완만한 경사를 가지고 연속 배열된 것으로, 중력을 이용하여 화물을 아래쪽으로 자동으로 이동시킬 수 있는 장치이다.
② 벨트 컨베이어 : 수평으로 연속 운반할 수 있는 기계로서, 가장 전형적인 컨베이어이다.
③ 버킷 컨베이어 : 순환벨트에 버킷을 연달아 매달고 이 버킷을 이용하여 화물을 하역하는 장치이다.

14 **벌크선의 상갑판 아래의 좌우 양쪽에 설치하여 화물 적재 시 선창 내의 빈 공간이 제거되어 항해 중 선박의 동요에 따른 화물의 이동을 방지하는 탱크는?**

① 밸러스트탱크
② 선수 피크탱크
③ 선미 피크탱크
④ 톱 사이드 탱크

해설
밸러스트탱크 : 배의 아래쪽 무게를 늘려 안정적으로 항해할 수 있도록 해주는 평형수를 담는 물탱크이다.
선수 피크탱크(FPT ; Fore Peak Tank)와 선미 피크탱크(APT ; After Peak Tank) : 최하 갑판 이하에서 선수 격벽의 전부와 선미 격벽의 후부에 설치된 탱크로, 트림을 조정하는 것 이외에 선수는 파의 충격에 저항하고, 후부는 스크루 프로펠러의 진동을 완화시켜 준다.

15 **갑판상에 해치를 설치할 때 선체강도의 보강과 방수를 위하여 무엇을 설치하는가?**

① 해치 코밍
② 해치 커버
③ 비상구
④ 바 닥

16 **선창 소독 시 주의사항으로 적절하지 않은 것은?**

① 선창 소독 실시 전 내부의 모든 폐쇄구역은 개방하고 외부로 통하는 개구는 완전히 밀폐한다.
② 선창 소독은 적재작업 도중에 실시한다.
③ 소독 중에는 소독을 알리는 신호기와 접근금지신호기를 게양한다.
④ 소독을 마치면 담당 관계자의 안전을 확인한 후 승선한다.

해설
곡물 선적을 위한 선창 소독은 적재 전에 실시한다. 원목 선적을 위한 선창 소독 시 일반적으로 갑판상에 적재된 원목은 육상으로 양화하여 육상에서 소독을 실시하고, 선창 내의 원목은 선창에 적재된 상태에서 실시하는 것이 보통이다.

11 ② 12 ④ 13 ④ 14 ④ 15 ① 16 ② 정답

17 컨테이너 전용선에서 해치에서부터 선창 바닥까지 컨테이너를 수직으로 내리기 위하여 무엇을 설치해야 하는가?

① 셀 가이드(Cell Guide)
② 빌지 웨이(Bilge Way)
③ 파이프라인(Pipe Line)
④ 승하선용 사다리(Gangway)

해설
컨테이너 전용선의 가장 큰 특징은 선창 내에 컨테이너의 적·양하의 편리와 이동방지를 위하여 수직으로 셀 가이드를 설치한 것이다. 대부분의 컨테이너선은 선창 내에 7~9단 정도의 높이로 컨테이너를 적재하며, 화물 무게가 집중적으로 선체와 접촉되는 4코너에는 특별히 보강재를 설치한다.

18 기름을 적재하는 기름탱크, 기관실과 일반 선창이 접하는 장소 사이에 설치하는 이중 수밀 격벽으로 방화벽 역할을 하는 것은 무엇인가?

① 딥탱크(Deep Tank)
② 코퍼댐(Cofferdam)
③ 해치 커버(Hatch Cover)
④ 해치 코밍(Hatch Coaming)

해설
① 딥탱크 : 물 또는 기름과 같은 액체 화물을 적재하기 위하여 선창 또는 선수미 부근에 설치한 깊은 탱크로, 보통 상선에 설치되어 있는 딥탱크는 피크탱크로 트림을 조절한다.
③ 해치 커버 : 화물의 적·양하를 위한 화물창의 상부 갑판 또는 갑판에 만들어진 창구를 폐쇄하는 제반장치이다.
④ 해치 코밍 : 선박, 선창 내 등으로 파랑의 침입을 방지하기 위해 해치 입구 주위에 설치된 격벽이다.

19 선박법상 한국 선박에 관한 설명으로 올바른 것은?

① 대한민국 국민이 소유하는 선박은 모두 한국 선박이다.
② 국가 소유의 선박은 별도의 절차 없이 한국 국적을 취득할 수 있다.
③ 외국 법률에 의하여 외국에 설립된 상사법인(대표자가 한국인)이 소유하는 선박은 모두 한국 선박이다.
④ 대한민국에 주된 사무소를 둔 상사법인 외의 법인(대표자가 한국인)이 소유하는 선박은 한국 선박이 될 수 있다.

해설
선박법 제2조(한국 선박)
다음의 선박을 대한민국 선박(이하 '한국 선박'이라고 한다)으로 한다.
① 국유 또는 공유의 선박
② 대한민국 국민이 소유하는 선박
③ 대한민국의 법률에 따라 설립된 상사법인이 소유하는 선박
④ 대한민국에 주된 사무소를 둔 ③ 외의 법인으로서 그 대표자(공동대표인 경우에는 그 전원)가 대한민국 국민인 경우에 그 법인이 소유하는 선박

20 다음 중 선박국적증서를 교부받을 수 있는 대상 선박은?

① 총톤수 12ton의 범선
② 총톤수 20ton의 부선
③ 총톤수 30ton의 수면비행선박
④ 총톤수 40ton의 선박계류형 부선

해설
선박법 제8조(등기와 등록)
① 한국선박의 소유자는 선적항을 관할하는 지방해양수산청장에게 해양수산부령으로 정하는 바에 따라 선박을 취득한 날부터 60일 이내에 그 선박의 등록을 신청하여야 한다. 이 경우 선박등기법에 해당하는 선박은 선박의 등기를 한 후에 선박의 등록을 신청하여야 한다.
② 지방해양수산청장은 ①의 등록신청을 받으면 이를 선박원부에 등록하고 신청인에게 선박국적증서를 발급하여야 한다.
선박등기법 제2조(적용 범위)
총톤수 20ton 이상의 기선과 범선 및 총톤수 100ton 이상의 부선에 대하여 적용한다. 다만, 선박법에 따른 부선에 대하여는 적용하지 아니한다.
선박법 26조(일부 적용 제외 선박)
다음의 어느 하나에 해당하는 선박에 대하여는 등기와 등록을 적용하지 아니한다.
- 군함, 경찰용 선박
- 총톤수 5ton 미만인 범선 중 기관을 설치하지 아니한 범선
- 총톤수 20ton 미만인 부선

정답 17 ① 18 ② 19 ④ 20 ③

- 총톤수 20ton 이상인 부선 중 선박계류용·저장용 등으로 사용하기 위하여 수상에 고정하여 설치하는 부선. 다만, 공유수면 관리 및 매립에 관한 법률에 따른 점용 또는 사용 허가나 하천법에 따른 점용허가를 받은 수상호텔, 수상식당 또는 수상공연장 등 부유식 수상구조물형 부선은 제외한다.
- 노와 상앗대만으로 운전하는 선박
- 어선법상의 어선
- 건설기계관리법에 따라 건설기계로 등록된 준설선(浚渫船)
- 수상레저안전법에 따른 동력수상레저기구 중 수상레저기구로 등록된 수상오토바이·모터보트·고무보트 및 요트

21 선박법상 선박의 구분으로 올바른 것은?

① 상선, 어선, 페리
② 기선, 범선, 부선
③ 기선, 상선, 어선
④ 여객선, 화물선, 유조선

해설
선박법 제1조의2(정의)
- 기선 : 기관을 사용하여 추진하는 선박(선체 밖에 기관을 붙인 선박으로서 그 기관을 선체로부터 분리할 수 있는 선박 및 기관과 돛을 모두 사용하는 경우로서 주로 기관을 사용하는 선박을 포함한다)과 수면비행선박(표면효과작용을 이용하여 수면에 근접하여 비행하는 선박을 말한다)
- 범선 : 돛을 사용하여 추진하는 선박(기관과 돛을 모두 사용하는 경우로서 주로 돛을 사용하는 것을 포함한다)
- 부선 : 자력항행능력이 없어 다른 선박에 의하여 끌리거나 밀려서 항행되는 선박

22 다음 그림에서 ㉠에 들어갈 용어로 옳은 것은?

① 주민등록등본　② 선박등록증
③ 선박국적증서　④ 선박원부

해설
선박법 제8조(등기와 등록)
① 한국 선박의 소유자는 선적항을 관할하는 지방해양수산청장에게 해양수산부령으로 정하는 바에 따라 선박을 취득한 날부터 60일 이내에 그 선박의 등록을 신청하여야 한다. 이 경우 선박등기법 제2조에 해당하는 선박은 선박의 등기를 한 후에 선박의 등록을 신청하여야 한다.
② 지방해양수산청장은 ①의 등록신청을 받으면 이를 선박원부에 등록하고 신청인에게 선박국적증서를 발급하여야 한다.

23 선박법상 선적항에 대한 설명으로 적절하지 않은 것은?

① 선적항은 선박의 동일성을 식별하기 위한 수단이다.
② 선적항은 시·읍·면의 명칭에 따라야 한다.
③ 선박검사증서를 교부받는 곳이다.
④ 선박에 대한 행정감독상의 편의를 위하여 각각의 선박에 대하여 설정한 특정항구이다.

24 다음 〈보기〉의 (　) 안에 들어갈 내용으로 적합한 것은?

〈보 기〉
선박법상 선박 소유자는 선박의 존재 여부가 (　)일간 분명하지 아니한 경우 선적항을 관할하는 지방해양수산청장에게 (　)을(를) 신청하여야 한다.

① 60, 변경등록　② 90, 변경등록
③ 30, 말소등록　④ 90, 말소등록

해설
선박법 제22조(말소등록)
한국 선박이 다음의 어느 하나에 해당하게 된 때에는 선박 소유자는 그 사실을 안 날부터 30일 이내에 선적항을 관할하는 지방해양수산청장에게 말소등록의 신청을 하여야 한다.
- 선박이 멸실·침몰 또는 해체된 때
- 선박이 대한민국 국적을 상실한 때
- 선박이 제26조에 규정된 선박으로 된 때
- 선박의 존재 여부가 90일간 분명하지 아니한 때

21 ② 22 ③ 23 ③ 24 ④ 정답

25 선박법상 국제 항해에 종사하는 선박으로서 국제톤수 증서를 발급받아야 하는 대상 선박은?

① 길이 20m 이상인 선박
② 길이 24m 이상인 선박
③ 총톤수 20ton 이상인 선박
④ 총톤수 100ton 이상인 선박

해설
선박법 제13조(국제톤수증서 등)
길이 24m 이상인 한국 선박의 소유자(그 선박이 공유로 되어 있는 경우에는 선박관리인, 그 선박이 대여된 경우에는 선박 임차인을 말한다)는 해양수산부장관으로부터 국제톤수증서(국제총톤수 및 순톤수를 적은 증서를 말한다)를 발급받아 이를 선박 안에 갖추어 두지 아니하고는 그 선박을 국제항해에 종사하게 하여서는 아니 된다.

어선전문

01 어획물 냉장에 대한 설명으로 적절하지 않는 것은?

① 자가소화 진행이 안 된다.
② 일정한 온도를 유지할 수 있다.
③ 수분 증발에 따라 어체 무게가 감소된다.
④ 어창에 냉각관을 통하여 공기를 0℃ 이하로 냉각시켜 고기를 보관하는 방법이다.

해설
냉장 시 자가소화가 억제되어 서서히 진행된다.

02 다음 〈보기〉의 ( ) 안에 들어갈 내용으로 적합한 것은?

〈보 기〉
로프를 꼬아넣기(Short Splice)를 하여 이으면 강도가 ( )% 줄어든다.

① 0~8% ② 10~15%
③ 20~25% ④ 30~31%

03 어획물의 신선도를 유지하기 위한 처리방법으로 적절하지 않은 것은?

① 최대한 빠른 시간 안에 씻는다.
② 되도록 빨리 빙장하거나 냉장한다.
③ 어체가 클 때에는 오래도록 시달리게 하여 죽인다.
④ 아가미와 내장을 빨리 잘라 낸다.

해설
장시간 시달린 어획물은 근육의 강한 수축으로 사후경직이 빨리 시작되고 해경도 빨리 진행되어 선도가 빨리 저하된다.

04 다음 중 자가소화에 대한 설명으로 맞는 것은?

① 세균의 작용으로 자가소화가 일어난다.
② 자가소화의 진행은 백색육이 적색육에 비해 늦게 일어난다.
③ 자가소화란 근육의 투명감이 떨어지고 어체가 수축하는 현상이다.
④ 자가소화를 억제시키는 가장 기본적인 수단은 어체의 온도를 높여 주는 것이다.

해설
자가소화
어체 조직 속에 있는 효소작용으로 조직을 구성하는 단백질, 지방질, 글리코겐과 그 밖의 유기물이 저급의 화합물로 분해되는 현상이다. 온도가 높으면 자가소화가 빨리 진행되며, 낮은 온도에서는 자가소화력이 억제되어 서서히 진행된다.

05 다음 중 어패육의 일반 성분 조성 중 수분의 비율이 가장 높은 것은?

① 고등어
② 해 삼
③ 꽁 치
④ 오징어

정답 25 ② / 1 ① 2 ② 3 ③ 4 ② 5 ②

06 다음 〈보기〉의 (　) 안에 들어갈 용어로 적합한 것은?

〈보 기〉
청수 또는 해수에 (　)을 넣어 -2~0℃의 물과 얼음의 혼합물을 사용하여 어획물을 저장하는 방법은 수빙법이다.

① 쇄 빙　② 각 빙
③ 유 빙　④ 수 빙

07 저온의 액체가 주위로부터 열을 흡수하여 기화하는 냉동기의 장치를 무엇이라고 하는가?

① 증발기　② 압축기
③ 응력기　④ 팽창밸브

08 어획물 원산지를 표시하는 방법으로 적절하지 않은 것은?

① 어획물을 어획한 방법과 선명 및 어업 허가번호를 스티커, 푯말 등으로 표시한다.
② 포장하지 않고 판매하는 어획물은 꼬리표 등을 부착하거나 스티커, 푯말 등을 부착한다.
③ 포장하여 판매하는 어획물과 포장에 인쇄하거나 스티커, 전자저울에 의한 라벨지 등을 부착한다.
④ 살아 있는 어획물은 수족관 등의 보관시설에 동일 품명의 국산과 수입산이 섞이지 않도록 구획하고 표시한다.

09 빙장 어창의 어획물 적재요령으로 적절하지 않은 것은?

① 어창 내에 출입이 쉽도록 적재한다.
② 판자를 사용하여 칸을 질러서는 안 된다.
③ 횡동요에 넘어지지 않도록 적재를 옆 방향으로 한다.
④ 빌지 웰(오수가 고이는 통)에 접근할 수 있도록 적재한다.

해설
선박이 동요하여 어체가 떠오르면 어체가 서로 부딪혀 손상되므로 칸막이판을 사용하여 어체의 이동을 방지해야 한다.

10 어획물 하역 시 슬링을 사용하여 들어 올릴 때의 요령으로 틀린 것은?

① 슬링이 다른 물체의 접촉으로 마멸되지 않도록 한다.
② 날카로운 물체에 걸리지 않도록 한다.
③ 슬링이 이루는 각도는 가급적 커야 한다.
④ 항상 슬링에 하자가 있는지 점검한다.

해설
슬링이 이루는 각도는 가급적 작아야 한다.

11 배수량 600ton인 운반선의 무게중심에서 아래 방향으로 수직거리 1.0m에 적재되어 있는 어획물 200ton을 이동하였다면, 이 운반선의 무게중심은?

① 30cm 상승한다.
② 50cm 상승한다.
③ 75cm 상승한다.
④ 100cm 상승한다.

해설
선박 중심의 위 또는 아래의 수직거리에 있는 중량을 내릴 경우

$$GG' = \frac{-w \times d}{\Delta - w} = \frac{-200 \times -1}{600 - 200} = \frac{200}{400} = 0.5$$

여기서, GG' : 무게중심의 수직 이동거리, w : 중량(t), d : 거리(m), Δ : 배수량
(d의 부호가 선박 중심의 윗 방향이면 +, 아래 방향이면 −이다)

12 선박이 기울어지기 시작하여 몇 도 미만의 작은 각도로 경사한 경우의 복원력을 초기 복원력이라고 하는가?

① 1°　② 5°
③ 15°　④ 25°

6 ① 7 ① 8 ① 9 ② 10 ③ 11 ② 12 ③ 정답

13 선박의 무게중심 조정에 영향을 미치는 사항으로 적절하지 않는 것은?

① 적재하는 어획물의 중량
② 적재하는 어획물의 포장 상태
③ 상하로 이동하는 어획물의 중량
④ 상하로 이동하는 어획물의 이동거리

14 어획물을 양륙한 후 냉동 어창의 청소법으로 적합하지 않은 것은?

① 악취를 제거한다.
② 필요하면 물 세척을 한다.
③ 칸막이 및 하역용구를 정리한다.
④ 어창이 건조해지지 않도록 즉시 해치를 닫는다.

해설
선창을 개방하여 건조시킨다.

15 활어창의 사용방법으로 적절하지 않은 것은?

① 오물을 제거하고 필요에 따라 산소를 공급한다.
② 활어창은 가급적이면 해수로 가득 채운다.
③ 활어창의 덮개는 항상 열어 둔다.
④ 어획물 선적 및 양하작업 외에는 수밀을 유지한다.

해설
활어창의 덮개는 가능하면 닫아 둔다.

16 선박 건조 또는 검사 시 하중시험을 하여 붐에 표시하는 것은?

① 응력하중　② 파단하중
③ 최대하중　④ 안전사용하중

해설
선박에 의장된 하역설비는 선박 건조 시에 하중시험을 실시하여 안전사용하중(SWL ; Safety Working Load)을 붐에 표시하며, 안전사용하중은 제한하중으로 표현되기도 한다.

17 다음 그림과 같이 데릭의 태클이 더블 휩일 경우 태클의 배력은?

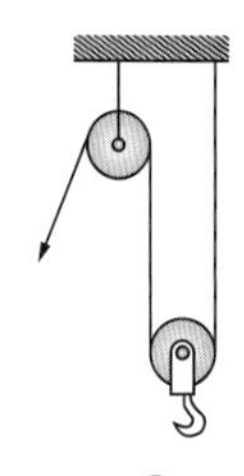

① 0　② 2
③ 3　④ 4

해설
태클의 배력이란 하중과 당김줄에 가해지는 힘과의 비로, 저항을 무시할 때의 배력은 태클에서 이동활차에 걸리는 로프 가닥수와 같다.

18 유압윈치를 사용할 때 유압펌프의 안전조치로 올바른 것은?

① 유압펌프 가동 초기에는 열어 두고 적절히 예열되면 닫는다.
② 특별한 경우를 제외하고 언제나 열린 상태로 둔다.
③ 유압이 올라오면 닫는다.
④ 닫아 두었다가 유압이 약해지면 연다.

19 어선법상 총톤수 20ton 이상 어선의 국적에 대한 설명으로 틀린 것은?

① 특정한 국적을 가져야 한다.
② 이중국적은 허용하지 않는다.
③ 등록은 가능하나 등기할 필요는 없다.
④ 어선 국적은 국제법상 중요한 의미를 가진다.

해설
어선법 제13조(어선의 등기와 등록)
어선의 소유자나 해양수산부령으로 정하는 선박의 소유자는 그 어선이나 선박이 주로 입항·출항하는 항구 및 포구(이하 '선적항'이라고 한다)를 관할하는 시장·군수·구청장에게 해양수산부령으로 정하는 바에 따라 어선원부에 어선의 등록을 하여야 한다. 이 경우 선박등기법에 해당하는 어선은 선박등기를 한 후에 어선의 등록을 하여야 한다.

정답 13 ② 14 ④ 15 ③ 16 ④ 17 ② 18 ② 19 ③

20 어선의 인격자 유사성 개념과 관련 없는 것은 무엇인가?

① 선적항 ② 어선의 국적
③ 선박의 명칭 ④ 회사의 명칭

해설
어선법 제16조(어선 명칭 등의 표시와 번호판의 부착)
어선의 소유자는 선박국적증서등을 발급받은 경우에는 해양수산부령으로 정하는 바에 따라 지체 없이 그 어선에 어선의 명칭, 선적항, 총톤수 및 흘수(吃水)의 치수 등을 표시하고 어선 번호판을 붙여야 한다.

21 어선법상 어선원부에 기재할 사항에 해당하지 않는 것은?

① 종 류 ② 총톤수
③ 등기부번호 ④ 어선의 진수 연월일

해설
어선법 시행규칙 별지 제28호 서식(어선원부)
어선원부에는 총톤수, 어선의 종류, 어선의 진수 연월일 등을 기재하여야 한다.

22 어선법상 총톤수 20ton 미만의 소형 어선에 대한 소유권의 득실변경이 효력이 발생하기 위해 필요한 것은 무엇인가?

① 검사를 하여야 한다.
② 등록을 하여야 한다.
③ 등기를 하여야 한다.
④ 담보의 저당권을 설정하여야 한다.

해설
어선법 제13조의2(소형 어선 소유권 변동의 효력)
총톤수 20ton 미만의 소형 어선에 대한 소유권의 득실변경은 등록을 하여야 그 효력이 생긴다.

23 다음 〈보기〉의 ( )에 들어갈 용어로 적합한 것은?

〈보 기〉
어선법상 총톤수 20ton 이상인 어선으로부터 등록 신청을 받은 시장・군수・구청장이 등록을 할 어선에 대하여( )을(를) 발급하여야 한다.

① 선박국적증서 ② 선적증서
③ 등기등록부 ④ 등록필증

해설
어선법 제13조(어선의 등기와 등록)
시장・군수・구청장은 등록을 한 어선에 대하여 다음의 구분에 따른 증서 등을 발급하여야 한다.
- 총톤수 20ton 이상인 어선 : 선박국적증서
- 총톤수 20ton 미만인 어선(총톤수 5ton 미만의 무동력어선은 제외한다) : 선적증서
- 총톤수 5ton 미만인 무동력어선 : 등록필증

24 항행의 안전을 확보할 수 있는 한도에서 선박의 여객 및 화물 등의 최대 적재량을 나타내기 위하여 사용되는 지표를 무엇이라고 하는가?

① 총톤수 ② 국제총톤수
③ 경하배수톤수 ④ 재화중량톤수

해설
선박법 제3조(선박톤수)
- 국제총톤수 : 1969년 선박톤수측정에 관한 국제협약 (이하 '협약'이라고 한다) 및 협약의 부속서에 따라 주로 국제 항해에 종사하는 선박에 대하여 그 크기를 나타내기 위하여 사용되는 지표를 말한다.
- 총톤수 : 우리나라의 해사에 관한 법령을 적용할 때 선박의 크기를 나타내기 위하여 사용되는 지표를 말한다.
- 경하배수톤수 : 순수한 선박 자체의 중량을 의미하는 것으로 화물, 연료, 청수, 식량 등을 적재하지 아니한 경우의 선박의 배수톤수를 말한다.
- 재화중량톤수 : 항행의 안전을 확보할 수 있는 한도에서 선박의 여객 및 화물 등의 최대 적재량을 나타내기 위하여 사용되는 지표를 말한다.

25 어선법상 국제총톤수 및 순톤수 측정한 후 국제톤수증서는 누가 발급하는가?

① 해양수산부장관 ② 지방자치단체장
③ 법원등기소장 ④ 해양경비안전서장

해설
어선법 시행규칙 제17조(국제톤수증서 등의 발급 신청 등)
해양수산부장관 또는 영사는 국제총톤수 및 순톤수의 측정 또는 그 개측을 한 때에는 국제톤수증서 또는 국제톤수확인서를 신청인에게 발급하여야 한다.

20 ④ 21 ③ 22 ② 23 ① 24 ④ 25 ① 정답

제 28 회

기출복원문제

상선전문

01 다음 중 선박의 적화중량을 나타내는 톤수는?

① 재화중량톤수
② 경하배수톤수
③ 순톤수
④ 총톤수

해설
① 재화중량톤수(DWT) : 선박이 적재할 수 있는 최대의 무게를 나타내는 톤수로, 만재배수량과 경하배수량의 차이다. 상선의 매매와 용선료 산정의 기준이 된다.
② 경하배수톤수 : 순수한 선박 자체의 중량을 의미하는 것으로 화물, 연료, 청수, 식량 등을 적재하지 아니한 경우의 선박의 배수톤수이다.
③ 순톤수(NT) : 총톤수에서 선원 상용실, 밸러스트탱크, 갑판장 창고, 기관실 등을 뺀 용적으로, 화물이나 여객 운송을 위하여 쓰이는 실제 용적이다.
④ 총톤수(GT) : 측정 갑판의 아랫부분 용적에, 측정 갑판보다 위의 밀폐된 장소의 용적을 합한 것이다.

02 다음 그림에 대한 설명으로 맞는 것은?

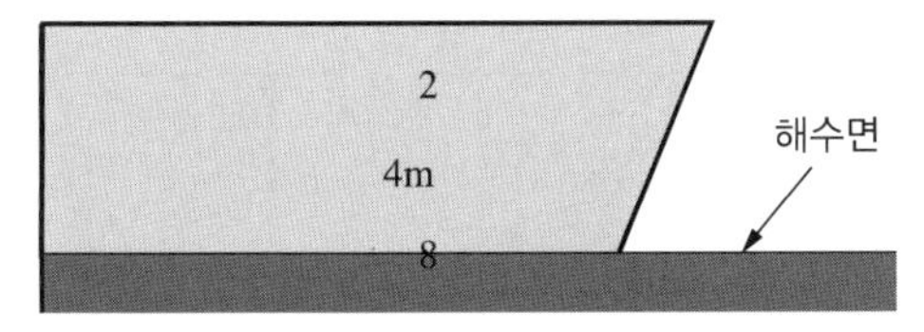

① 숫자의 세로 크기는 10cm이다.
② 해수면에 따르는 현재 흘수는 3m 90cm이다.
③ 용골 윗부분에서 상갑판까지 높이는 4m 20cm이다.
④ 흘수의 숫자는 2m 단위로 20cm마다 표시되어 있다.

해설
흘수의 표시
숫자 높이, 숫자와 숫자의 간격은 10cm이고, 숫자의 하단이 선저로부터의 흘수이다.

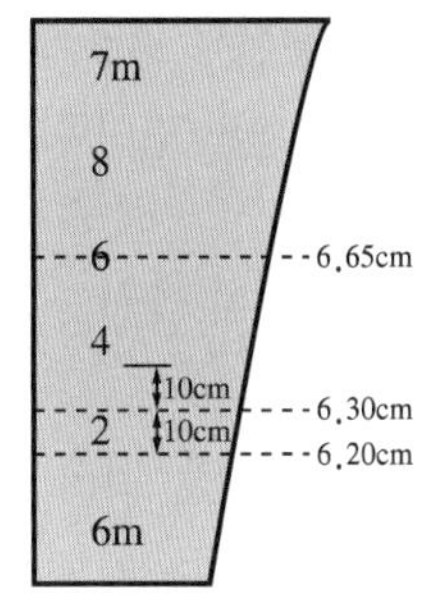

03 밀도가 1,000인 강에서 선박의 만재흘수가 6m 50cm, 매 센티미터 배수톤(TPC)이 50.0ton, 현재 흘수가 6m 45cm일 때 더 실을 수 있는 최대 중량은 얼마인가?

① 100ton
② 150ton
③ 250ton
④ 450ton

해설
매 센티미터(cm) 배수톤
표준 해수에 떠 있는 선체가 경사 없이 평행하게 1cm 물속에 잠기도록 하는 데 필요한 무게이다. 그러므로 더 실을 수 있는 최대 중량은 50 × 5 = 250ton이다.

04 다음 중 적화계획 시 고려해야 할 사항으로 적절하지 않은 것은?

① 선박의 구조설비
② 선박의 안전설비
③ 운송기간 및 기후
④ 화물의 성질 및 포장 상태

정답 1 ① 2 ① 3 ③ 4 ②

해설
적화계획 시 고려해야 할 사항
• 화물의 성질 및 포장
• 화물의 로트수 및 수량
• 기항지의 수 및 순서
• 운송기간 및 기후
• 양화지의 하역능률 및 정박기간
• 선박의 구조설비

05 **광석 하역 시 주의사항으로 적절하지 않은 것은?**

① 평형수 작업 중에는 계류삭에 장력의 변화가 심하므로 주의해야 한다.
② 당직사관은 본선과 육상구조물의 관계를 수시로 점검하고 적절히 대처해야 한다.
③ 나무, 고철 등 이물질은 선적해도 된다.
④ 작업 중 사용할 공구나 기타의 물건은 사용하기 편리한 곳에 정리해 두어야 한다.

06 **하역 중에 화물이 슬링으로부터 바다로 떨어지는 것을 방지하기 위하여 선박의 현측과 육상 사이에 무엇을 설치하는가?**

① 심 블　　② 하역등
③ 더니지　　④ 카고 네트

07 **컴퓨터를 이용하여 적화계획을 세울 때 로딩 컴퓨터로 구할 수 있는 데이터가 아닌 것은?**

① GM　　② 트 림
③ 흘 수　　④ 조종성능

해설
로딩 마스터로 구할 수 있는 일반적인 데이터
• GM, 흘수 및 트림, 배수량
• 전단력 곡선 및 휨 모멘트 곡선 등의 선체 세로 강도 곡선
• 호깅 또는 새깅

08 **공선 항해 시 평형수가 충분하지 못해 발생할 수 있는 현상이 아닌 것은?**

① 추진기의 공회전 증대
② 선박의 안정성 감소
③ 슬래밍의 증대
④ 풍압저항의 감소

해설
공선 항해 시 평형수가 충분하지 못하면 풍압저항이 증가된다.

09 **매터센터의 높이(GM)와 선박의 복원성과의 관계를 가장 잘 설명한 것은 무엇인가?**

① GM의 크기와 선박의 복원성은 크게 관계가 없다.
② GM의 크기가 양의 값을 가질 때 선박은 불안정하다.
③ GM의 크기가 양의 값을 가질 때 선박은 안정하다.
④ GM의 크기가 제로일 때 선박은 가장 안정된 상태를 유지하게 된다.

해설
경심(M)이 무게중심(G)보다 위쪽에 위치하면 선박은 안정 평형 상태이다. 이 상태의 $GM(KM-KG>0)$

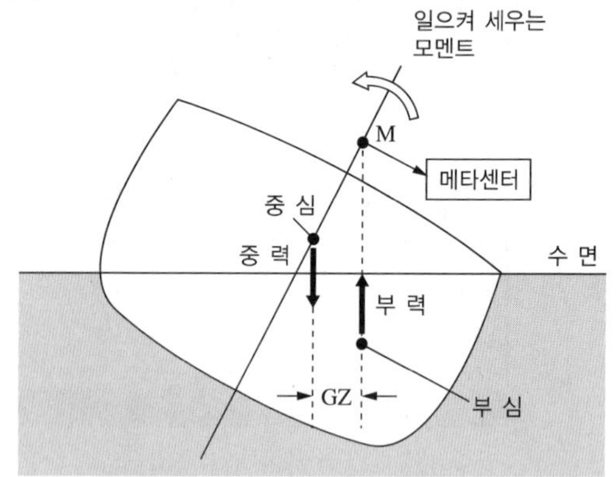

중심이 경심(M)보다 아래에 있다.

10 **현재 가장 많이 쓰이는 1CC(20feet), 1AA(40feet) 규격의 컨테이너 높이는 얼마인가?**

① 7피트　　② 7피트 6인치
③ 8피트 2인치　　④ 8피트 6인치

5 ③ 6 ④ 7 ④ 8 ④ 9 ③ 10 ④ 정답

11 데릭식(Derrick) 하역설비 중 임의의 각도로서 붐(Boom)을 소정의 위치에 고정시키기 위한 것으로 붐의 앙각을 조절하는 것은 무엇인가?

① 붐(Boom)
② 태클(Tackle)
③ 카고 훅(Cargo Hook)
④ 토핑 리프트(Topping Lift)

해설
① 붐(Boom) : 토핑 리프트와 붐 가이가 연결되어 있고, 붐의 하단은 구스넥에 의해 데릭 포스트에 접합되어 있다.
② 태클(Tackle) : 블록과 로프를 결합하여 작은 힘으로 중량을 들어 올리거나 이동시키는 장치이다.
③ 카고 훅(Cargo Hook) : 카고 폴의 끝에 연결되어 화물이 싸매어져 있는 카고 실링에 걸기 위한 것이다.

12 선박에 위험가스 치환작업 등을 위해 보일러 배기가스를 이용해 산소를 제거한 가스는 무엇인가?

① 불활성가스
② 배기가스
③ 폭발방지가스
④ 탱크치환가스

해설
불활성 가스장치(IGS ; Inert Gas System)
불활성 가스장치는 기관실 보일러의 배기가스를 냉각, 세척하여 탱크 내에 주입함으로써 탱크 내부를 불활성 상태로 만들어 화재와 폭발을 방지하는 탱커의 안전장치이다.

13 파이프나 호스, 매니폴드를 분리한 뒤 액체화물의 누출을 막기 위해 설치하는 설비를 무엇이라고 하는가?

① 세터(Setter)
② 플랜지(Flange)
③ 맹판(Blind Plate)
④ 숏 피스(Short Piece)

14 탱크 내 액체화물을 흡입할 때 흡입면적을 넓게 하여 흡입이 용이하도록 흡입 파이프라인 끝에 무엇을 설치하는가?

① 왕복펌프
② 냉각수펌프
③ 에듀터(Eductor)
④ 벨 마우스(Bell Mouth)

해설

Bell Mouth

15 선체에 바람과 비가 침투하지 못하도록 하는 구조는 무엇인가?

① 종식구조
② 풍우밀구조
③ 방수구조
④ 방식구조

16 극저온에도 견딜 수 있도록 특수설계된 선창을 가진 선박을 무엇이라고 하는가?

① 액화천연가스 운반선
② 화학제품 운반선
③ 예인선
④ 컨테이너선

해설
LNG(액화천연가스)는 끓는점이 −163℃이고, 기화 시 공기보다 가벼우며 액화 상태와 기화 상태의 용적비가 600배에 이르므로, LNG선은 초저온을 유지할 수 있는 특수한 탱크구조와 설비를 갖추고 있다.

정답 11 ④ 12 ① 13 ③ 14 ④ 15 ② 16 ①

17 다음 중 선저판, 외판 및 갑판 등에 둘러싸인 공간으로 화물 적재에 이용되는 공간은?

① 선 창　② 해 치
③ 승강구　④ 선 교

18 다음 중 처음 들어가는 곳부터 선창 바닥까지 고정 설치하여 선창에 출입할 수 있도록 만든 것은?

① 엘리베이터　② 수직 사다리
③ 도선사 사다리　④ 작업 의자

19 선박법상 선박의 구분으로 적절하지 않은 것은?

① 기 선　② 범 선
③ 부 선　④ 피항선

해설
선박법 제1조의2(정의)
선박이란 수상 또는 수중에서 항행용으로 사용하거나 사용할 수 있는 배 종류를 말하며 그 구분은 다음과 같다.
- 기선 : 기관을 사용하여 추진하는 선박(선체 밖에 기관을 붙인 선박으로서 그 기관을 선체로부터 분리할 수 있는 선박 및 기관과 돛을 모두 사용하는 경우로서 주로 기관을 사용하는 선박을 포함한다)과 수면비행선박(표면효과 작용을 이용하여 수면에 근접하여 비행하는 선박을 말한다)
- 범선 : 돛을 사용하여 추진하는 선박(기관과 돛을 모두 사용하는 경우로서 주로 돛을 사용하는 것을 포함한다)
- 부선 : 자력항행능력이 없어 다른 선박에 의하여 끌리거나 밀려서 항행되는 선박

20 선박법상 한국 선박의 특권만을 〈보기〉에서 모두 고른 것은?

〈보 기〉
ㄱ. 국기게양권　ㄴ. 무해 통항권
ㄷ. 불개항장 기항권　ㄹ. 국내 연안무역권

① ㄱ, ㄴ　② ㄱ, ㄷ, ㄹ
③ ㄴ, ㄷ, ㄹ　④ ㄱ, ㄴ, ㄷ, ㄹ

21 선박법상 선박의 명칭에 대한 설명으로 틀린 것은?

① 한국 선박은 반드시 선박의 명칭을 표시하여야 한다.
② 선박 소유자는 선박의 명칭을 원하는 데로 정할 수 있다.
③ 선박의 동일성을 식별하기 위한 수단이다.
④ 선수 양현의 외부 및 선미 외부의 잘 보이는 곳에 각각 5cm 이상의 한글로 표시한다.

해설
선박법 시행규칙 제17조(선박의 표시사항과 표시방법)
- 선박의 명칭 : 선수 양현의 외부 및 선미 외부의 잘 보이는 곳에 각각 10cm 이상의 한글(아라비아숫자를 포함한다)로 표시한다.

22 다음 중 선박법상 선박 소유자가 선박의 등기 및 등록을 하고 선박국적증서를 발급받는 곳은?

① 선적항　② 등기항
③ 무역항　④ 양륙항

해설
선박법 제8조(등기와 등록)
① 한국선박의 소유자는 선적항을 관할하는 지방해양수산청장에게 해양수산부령으로 정하는 바에 따라 선박을 취득한 날부터 60일 이내에 그 선박의 등록을 신청하여야 한다. 이 경우 선박등기법에 해당하는 선박은 선박의 등기를 한 후에 선박의 등록을 신청하여야 한다.
② 지방해양수산청장은 ①의 등록신청을 받으면 이를 선박원부에 등록하고 신청인에게 선박국적증서를 발급하여야 한다.

23 선박법상 선박 등록 시 선박원부에 등록해야 할 사항을 〈보기〉에서 모두 고른 것은?

〈보 기〉
ㄱ. 선적항
ㄴ. 승선 인원수
ㄷ. 선박의 종류
ㄹ. 선박 소유자의 주소

① ㄱ, ㄴ　② ㄴ, ㄷ
③ ㄱ, ㄷ, ㄹ　④ ㄴ, ㄷ, ㄹ

17 ① 18 ② 19 ④ 20 ② 21 ④ 22 ① 23 ③ 정답

해설
선박법 시행규칙 제12조(선박국적증서의 발급) 별지 제8호 서식
선박원부에 등록해야 할 사항으로는 선적항, 선박의 종류, 선박 소유자의 주소 등이 있다.

24 선박법상 한국 선박의 말소등록에 대한 설명으로 적절하지 않은 것은?

① 선박 소유자는 선박이 멸실·침몰 또는 해체된 때 말소등록을 신청하여야 한다.
② 선박 소유자는 선박의 존재 여부가 90일간 분명하지 아니한 때 말소등록을 신청하여야 한다.
③ 선박 소유자는 그 사유를 안 날부터 30일 이내에 말소등록을 신청하여야 한다.
④ 선박 소유자가 기간 내에 말소등록을 하지 않는 경우 해양경찰서장은 직권으로 말소등록 할 수 있다.

해설
선박법 제22조(말소등록)
- 한국 선박이 다음의 어느 하나에 해당하게 된 때에는 선박 소유자는 그 사실을 안 날부터 30일 이내에 선적항을 관할하는 지방해양수산청장에게 말소등록의 신청을 하여야 한다.
  - 선박이 멸실·침몰 또는 해체된 때
  - 선박이 대한민국 국적을 상실한 때
  - 선박이 제26조에 규정된 선박으로 된 때
  - 선박의 존재 여부가 90일간 분명하지 아니한 때
- 선박 소유자가 말소등록의 신청을 하지 아니하면 선적항을 관할하는 지방해양수산청장은 30일 이내의 기간을 정하여 선박소유자에게 선박의 말소등록신청을 최고하고, 그 기간에 말소등록신청을 하지 아니하면 직권으로 그 선박의 말소등록을 하여야 한다.

25 선박법상 임시선박국적증서에 대한 설명으로 틀린 것은?

① 임시선박국적증서는 선박국적증서와 동일한 효력을 가진다.
② 선박국적증서 발급이 곤란한 경우 선박이 한국 국적을 일시적으로 갖고 있음을 증명한다.
③ 취득지를 관할하는 해양경찰서에 발급을 신청할 수 있다.
④ 외국에서 선박을 취득한 자는 그 취득지의 대한민국 영사에게 발급을 신청할 수 있다.

해설
선박법 제9조(임시선박국적증서의 발급 신청)
① 국내에서 선박을 취득한 자가 그 취득지를 관할하는 지방해양수산청장의 관할구역에 선적항을 정하지 아니할 경우에는 그 취득지를 관할하는 지방해양수산청장에게 임시선박국적증서의 발급을 신청할 수 있다.
② 외국에서 선박을 취득한 자는 지방해양수산청장 또는 그 취득지를 관할하는 대한민국 영사에게 임시선박국적증서의 발급을 신청할 수 있다.
③ ②에도 불구하고 외국에서 선박을 취득한 자가 지방해양수산청장 또는 해당 선박의 취득지를 관할하는 대한민국 영사에게 임시선박국적증서의 발급을 신청할 수 없는 경우에는 선박의 취득지에서 출항한 후 최초로 기항하는 곳을 관할하는 대한민국 영사에게 임시선박국적증서의 발급을 신청할 수 있다.
④ 임시선박국적증서의 발급에 필요한 사항은 해양수산부령으로 정한다.

어선전문

01 어획물 빙장법에 대한 설명으로 틀린 것은?

① 냉동법에 비해 시설비가 적게 든다.
② 냉동법에 비해 어획물을 손쉽게 다룰 수 있다.
③ 냉기 유통을 위하여 얼음과 고기 사이에 공간이 있어야 한다.
④ 어체가 클 때에는 미리 내장을 제거한 다음 뱃속까지 얼음을 채운다.

해설
개개의 어체는 얼음으로 둘러싸거나 어체의 대부분이 얼음과 직접 접촉할 수 있게 얼음과 고기층을 차례로 빙장하는 것이 좋다.

02 어패류의 사후경직과 선도 유지에 대한 설명으로 틀린 것은?

① 급사한 것일수록 선도 유지에 효과가 좋다.
② 사후경직 시작이 빠를수록 선도 유지 효과는 좋다.
③ 사후경직 지속시간이 길수록 선도 유지 효과는 좋다.
④ 활동이 둔한 종류일수록 선도 유지에 유리하다.

정답 24 ④ 25 ③ / 1 ③ 2 ②

해설
사후경직 시작이 느릴수록 선도 유지 효과는 좋다.

03 어획물의 어상자 담기에 관한 설명으로 맞는 것은?

① 최대한 많이 채워 담는다.
② 갈치는 배세우기법으로 담는다.
③ 가급적 여러 어종을 섞어서 담는다.
④ 횟감용 고급 어종은 등세우기법으로 담는다.

해설
주로 횟감으로 이용하는 고급 어종은 등세우기법, 가공원료로 이용하는 어종은 배세우기법, 갈치는 환상형으로 배열한다. 일반적으로 어창 속에 10일 이상 수용할 어획물은 배세우기 법으로, 10일 이내에 양륙될 것은 등세우기법으로 배열한다.

04 다음 〈보기〉의 (　) 안에 들어갈 용어로 적합한 것은?

〈보 기〉
사후경직이란 어패류가 죽은 다음에 근육의 (　)이(가) 떨어지고 수축하여 어체가 굳어지는 현상이다.

① 수 분
② 온 도
③ 점 액
④ 투명감

05 다음 〈보기〉의 (　) 안에 들어갈 용어로 적합한 것은?

〈보 기〉
자가소화의 진행은 고등어와 같은 (　) 어류는 가자미와 같은 (　)어류에 비해 빨리 일어난다.

① 적색육, 백색육
② 백색육, 적색육
③ 갈색육, 회색육
④ 적색육, 갈색육

06 수산물의 표준거래단위를 설명한 것으로 틀린 것은?

① 표준거래단위는 3kg, 5kg, 10kg, 15kg 및 20kg를 기본으로 한다.
② 수산물을 거래할 때 포장에 사용되는 각종 용기의 무게를 제외한 내용물의 무게 또는 마릿수로 한다.
③ 상품성을 높이고 유통능률을 향상시키며 공정한 거래를 실현하기 위하여 포장규격과 등급규격을 정할 수 있다.
④ 5kg 미만이나 최대 거래 단위 이상 등의 거래 단위는 거래 당사자 간의 협의 또는 유통 여건에 따라 정할 수 있다.

07 다음 중 즉살한 고기의 피 뽑기에 상용되는 물은?

① 담 수
② 바닷물
③ 바닷물보다 염분이 조금 많은 물
④ 바닷물보다 염분이 아주 조금 많은 물

해설
즉살한 어획물은 바닷물이나 바닷물보다 염분이 조금 적은 묽은 물에 1~2시간 담가 피 뽑기를 한다.

08 다음 중 어선에서 주로 사용되는 냉매물질에 해당하지 않는 것은?

① 프레온　② 암모니아
③ 아세틸렌　④ 이산화탄소

09 다음 중 같은 어종에서 개체별 어육의 성분 조성에 영향을 주는 요소가 아닌 것은?

① 연 령　② 암 수
③ 계 절　④ 조 석

해설
어육의 성분 조성은 어획 시기, 연령, 성별, 영양 상태 등에 따라 차이가 있으며, 특히 산란기 전후에는 지질 함량의 변동이 크다.

3 ④ 4 ④ 5 ① 6 ③ 7 ② 8 ③ 9 ④ 정답

10 도미의 어육의 성장 조성 중에서 지질의 함량이 가장 높은 어체 부위는 어디인가?

① 머 리　② 복 부
③ 등　④ 꼬 리

11 어패류의 사후 변화에서 자가소화란 어체 조직 속의 무엇에 의하여 일어나는 것인가?

① 효 모　② 효 소
③ 세 균　④ 요 산

해설
자가소화 : 어체 조직 속에 있는 효소작용으로 조직을 구성하는 단백질, 지방질, 글리코겐과 그 밖의 유기물이 저급의 화합물로 분해되는 현상

12 어선의 복원력 확보를 위해 어창 적재 시 고려해야 할 사항으로 적절하지 않는 것은?

① 어획물의 이동이 없도록 적재한다.
② 어창의 중량 분포를 고려해서 적재한다.
③ 적하 상태에 따라 적절히 경사를 조정한다.
④ 연료유의 소비는 고려하지 않는다.

해설
항해 중 연료유, 청수 등의 소비로 인한 배수량의 감소로 복원력이 감소하므로 어창 적재 시 고려해야 한다.

13 선수흘수가 2.0m, 선미흘수가 2.3m인 선박의 청수 30ton을 선미 물탱크에서 선수 물탱크로 이동시키면 트림은 얼마인가?(단, 물탱크 사이의 거리는 20m이고, 매 센티미터 트림 모멘트는 30.0m・t임)

① 선수트림 5cm
② 선미트림 8cm
③ 선수트림 10cm
④ 선미트림 10cm

해설

$$t = \frac{w \times d}{M\text{cm}} = \frac{30 \times 20}{30} = 20$$

여기서, t : 트림의 변화량(cm), w : 이동한 중량(t), d : 이동거리(m), Mcm(MTC) : 매 센티미터 트림 모멘트

- 트림 변화량 : 20cm
- 이동 전 트림 : 선미트림 30cm
- 이동 후 트림 : 선미트림(선미에서 선수로 이동하였으므로) 10cm

14 복원력이 작은 상태의 어선의 조선 및 운용에 대한 주의사항으로 올바른 것은?

① 가급적 파도를 횡으로 받는다.
② 무거운 어구는 풀어서 펼쳐 둔다.
③ 배수가 잘되는지 항상 확인한다.
④ 변침할 때 가급적 짧은 시간에 큰 각도로 변침한다.

해설
가급적 파도는 종으로 받고, 무거운 어구는 이동을 하지 않도록 잘 고정하며, 변침 시 여유를 두고 실시하며, 배수가 잘되는지 항상 확인한다.

15 다음 중 어창에 사용하는 방습제는?

① 스티로폼　② 우레탄 폼
③ 글라스 폼　④ 아스팔트 루핑

16 카고 폴의 끝에 연결되어 있는 카고 훅의 조건으로 적합한 것은?

① 해치 코밍의 모서리에 잘 걸릴 것
② 카고 슬링이 잘 빠지는 구조일 것
③ 카고 슬링에 걸거나 빼기가 쉬울 것
④ 화물을 달지 않은 상태에서는 카고 폴에 장력을 주지 않을 것

해설
카고 훅의 조건
- 카고 슬링에 걸거나 빼기가 쉬어야 한다.
- 하역 중에는 카고 슬링이 빠지지 않는 구조여야 한다.
- 해치 코밍의 모서리에 잘 걸리지 않아야 한다.
- 화물을 달지 않은 상태에서 카고 폴에 적당한 장력을 주어서 카고 폴이 자유롭게 오르내릴 수 있도록 적당한 무게를 가져야 한다.

정답 10 ① 11 ② 12 ④ 13 ④ 14 ③ 15 ④ 16 ③

17 데릭 의장에서 앙각을 고정하기 위해서 와이어 길이를 고정하여 매어 두는 설비를 무엇이라고 하는가?

① 블 록　② 펜 더
③ 클리트　④ 불워크

18 다음 중 상자로 된 냉동 어획물 하역에 많이 사용되는 화물용 슬링은?

① 체인 슬링　② 그물 슬링
③ 로프 슬링　④ 와이어 슬링

해설
카고 슬링의 종류

로프 슬링

와이어 슬링

체인 슬링

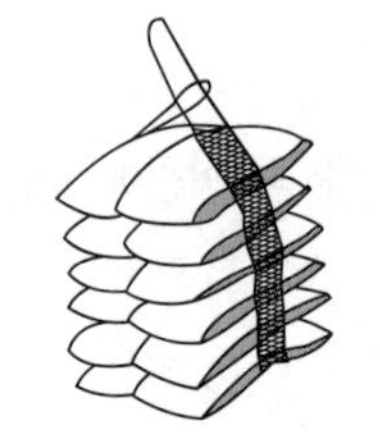
웨브 슬링

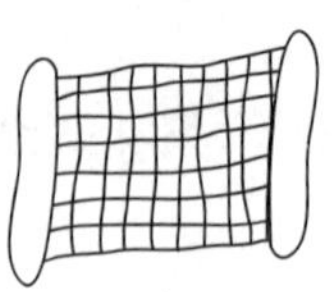
네트 슬링

파우더 슬링

플랫폼 슬링

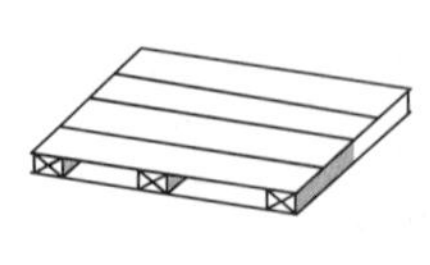
팰릿

19 어선법상 총톤수 측정 또는 개측의 신청을 위해 첨부해야 하는 도면을 〈보기〉에서 모두 고른 것은?

〈보 기〉
ㄱ. 일반배치도
ㄴ. 외판전개도
ㄷ. 중앙횡단면도
ㄹ. 강재배치도

① ㄱ, ㄴ　② ㄱ, ㄴ, ㄹ
③ ㄴ, ㄷ, ㄹ　④ ㄱ, ㄷ, ㄹ

해설
어선법 시행규칙 제12조(총톤수 측정 또는 개측의 신청)
어선의 총톤수 측정 또는 그 개측을 받으려는 자는 어선 총톤수 측정·개측신청서를 해양수산부장관 또는 대한민국 영사에게 제출하여야 한다. 이 경우 측정 길이 24m 이상인 어선의 경우에는 다음의 도면 또는 서류를 첨부하여야 한다.
- 일반배치도
- 선체선도
- 중앙횡단면도
- 강재배치도 또는 재료배치도
- 상부구조도
- 그 밖에 해양수산부장관이 총톤수 측정 등에 필요하다고 인정하는 서류

20 어선법상 어선의 국적에 대한 설명으로 맞는 것은?

① 특정 어선에 대하여 자국 국적 취득요건은 국제법에 명시되어 있다.
② 특정 어선이 공해상에 항해 중에는 그 국가의 영토로 간주하지 않는다.
③ 특정 어선이 공해상에서 여러 나라에 귀속되어 있음을 나타내는 것이다.
④ 국적을 가진다는 것은 특정 어선이 그 고유의 특성을 가진다는 의미이다.

17 ③ 18 ② 19 ④ 20 ④ 정답

21 어선법상 한국 국적 어선에 해당하지 않는 것은?

① 한국 국유의 어선
② 한국 공유의 어선
③ 한국 국민이 소유한 어선
④ 한국에 거주하는 외국인이 소유한 어선

해설
어선법 제37조(다른 법령의 준용)
'대한민국 선박'은 '대한민국 어선'으로, '한국 선박'은 '한국 어선'으로, '선박'은 '어선'으로, '선박취득지'는 '어선취득지'로, '선박관리인'은 '어선관리인'으로, '선박 소유자'는 '어선 소유자'로 본다.
선박법 제2조(한국 선박)
① 국유 또는 공유의 선박
② 대한민국 국민이 소유하는 선박
③ 대한민국의 법률에 따라 설립된 상사법인이 소유하는 선박
④ 대한민국에 주된 사무소를 둔 ③ 외의 법인으로서 그 대표자(공동대표인 경우에는 그 전원)가 대한민국 국민인 경우에 그 법인이 소유하는 선박

22 다음 〈보기〉의 (　　) 안에 들어갈 내용으로 적합한 것은?

〈보 기〉
어선법상 어선의 수리 또는 개조로 인하여 총톤수가 변경된 경우에는 (　　　)에게 총톤수의 재측정을 신청하여야 한다.

① 선급협회장
② 해양수산부장관
③ 시장・군수・구청장
④ 경찰청장

해설
어선법 제14조(어선의 총톤수 측정 등)
어선의 소유자는 어선의 수리 또는 개조로 인하여 총톤수가 변경된 경우에는 해양수산부장관에게 총톤수의 재측정을 신청하여야 한다.

23 어선법상 선적항의 지정에 대한 설명으로 적절하지 않은 것은?

① 국내에 주소가 없는 어선 소유자도 국내에 선적항을 지정할 수 있다.
② 국내에 주소가 있는 어선 소유자는 국내 모든 항을 선적항으로 지정할 수 있다.
③ 부득이한 사유가 있는 경우 어선 소유자의 주소지 외의 다른 지역을 선적항으로 지정할 수 있다.
④ 어선 소유자의 주소지가 어선이 항행할 수 있는 수면을 접한 경우가 아닌 경우에는 어선 소유자가 선적항을 지정할 수 있다.

해설
어선법 시행규칙 제22조(선적항의 지정 등)
- 선적항을 정하고자 할 때에는 해당 어선 또는 선박이 항행할 수 있는 수면을 접한 그 소유자의 주소지인 시・구(자치구에 한한다)・읍・면에 소재하는 항・포구를 기준으로 하여 정한다. 다만, 다음의 어느 하나에 해당하는 경우에는 어선 또는 선박의 소유자가 지정하는 항・포구를 선적항으로 정할 수 있다.
  - 국내에 주소가 없는 어선의 소유자가 국내에 선적항을 정하는 경우
  - 어선의 소유자의 주소지가 어선이 항행할 수 있는 수면을 접한 시・구・읍・면이 아닌 경우
  - 그 밖의 부득이한 사유로 어선의 소유자의 주소지 외의 항・포구를 선적항으로 지정하고자 하는 경우
- 선적항의 명칭은 항・포구의 명칭이나 어선 또는 선박이 항행할 수 있는 수면을 접한 시・군・구・읍・면의 명칭을 기준으로 하여 정한다.

24 어선법상 총톤수 20ton 이상인 어선의 등록 신청자가 등록 신청 시에 준비해야 하는 서류에 해당하지 않는 것은?

① 어선등록원부
② 어선건조허가서
③ 선박등기부등본
④ 어선톤수측정증명서

정답 21 ④ 22 ② 23 ② 24 ①

해설

어선법 시행규칙 제21조(등록의 신청 등)

어선의 등록을 하려는 자는 어선등록신청서·어선변경등록신청서 또는 어업변경허가신청서에 다음의 서류를 첨부하여 선적항을 관할하는 시장·군수·구청장에게 제출하여야 한다.

- 어선건조허가서 또는 어선건조발주허가서
- 어선총톤수측정증명서
- 선박등기부등본
- 대체되는 어선의 처리에 관한 서류(어선을 대체하기 위하여 건조 또는 건조 발주한 경우)

25 **어선법상 외국에서 취득한 어선에 대해서 총톤수를 측정 또는 재측정받고자 하는 경우 누구에게 신청해야 하는가?**

① 해당 국가의 선급법인

② 해당 국가에 주재하는 대한민국 영사

③ 해당 국가의 해양경찰청장

④ 해당 국가에 주재하는 선주의 대리인

해설

어선법 제14조(어선의 총톤수 측정 등)

어선의 소유자는 외국에서 취득한 어선을 외국에서 항행하거나 조업목적으로 사용하려는 경우에는 그 외국에 주재하는 대한민국 영사에게 총톤수 측정이나 총톤수 재측정을 신청할 수 있다.

25 ② 정답

제 29 회

기출복원문제

상선전문

01 다음 그림의 하역용구 명칭은?

① 네트 슬링
② 체인 슬링
③ 웨이브 슬링
④ 와이어 슬링

해설
① 네트 슬링

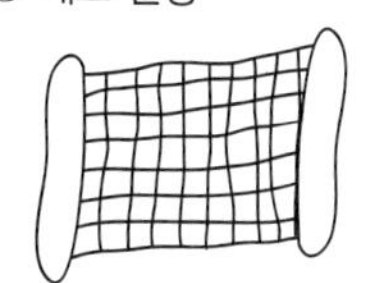

③ 웨브 슬링

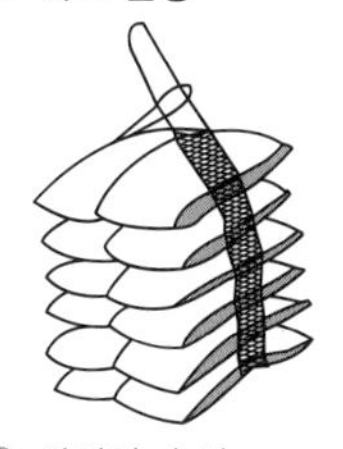

④ 와이어 슬링

02 다음 중 건화물선에 해당하지 않는 것은?

① 광석전용선　② 곡물전용선
③ 일반화물선　④ 원유유조선

해설
화물선의 분류

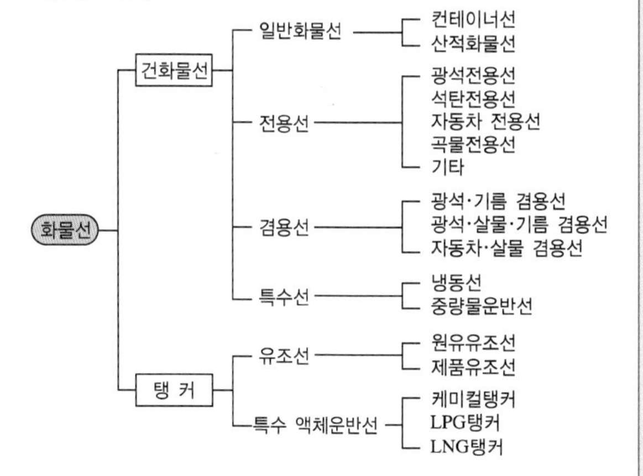

03 선창 등 선내구조를 종 또는 횡으로 막는 칸을 무엇이라고 하는가?

① 격벽(Bulkhead)
② 보(Beam)
③ 이중저(Double Bottom)
④ 수밀문(Watertight Door)

해설
② 보 : 양현의 늑골과 빔 브래킷으로 결합되어 선체의 횡강력을 형성하는 부재로, 횡방향의 수압과 갑판 위의 무게를 지탱한다.
③ 이중저 : 선저 외판의 내측의 만곡부에서 만곡부까지 수밀구조의 내저판을 설치하여 선저를 이중으로 하고, 선저 외판과 내저판 사이에 만든 공간이다.
④ 수밀문 : 수밀 격벽의 출입구에 설치하는 방수문이다. 수평 또는 수직으로 개폐되며 수동식, 전동식, 전동 유압식 등이 있다.

정답 1 ② 2 ④ 3 ①

04 표준 해수에 떠 있는 선체가 경사 없이 평행하게 1cm 물속에 잠기도록 하는 데 필요한 무게를 의미하는 것은?

① GM ② KB
③ TPI ④ TPC

해설
매 센티미터 배수톤수(TPC) : 선박의 흘수를 1cm 부상 또는 침하시키는 데 필요한 중량

05 중량물을 선체 선·수미 방향 이동에 트림 변화를 나타내는 관계식은?(단, t는 트림 변화량, w는 중량물 무게(t), d는 중량물의 이동한 거리(m), MTC는 매 센티미터 트림 모멘트임)

① $w \times d = MTC \times t$ ② $w \times t = MTC \times d$
③ $d \times t = MTC \times w$ ④ $d = w \times t \times MTC$

06 다음 그림의 흘수에 대한 설명으로 올바른 것은?

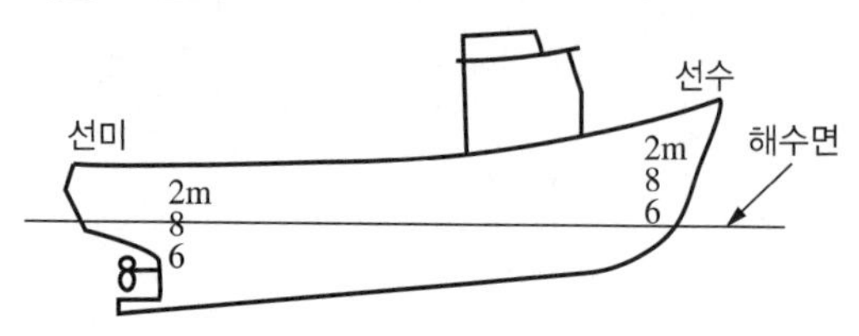

① 흘수는 inch 단위로 새겨져 있다.
② 흘수는 홀수로 새겨져 있다.
③ 흘수의 숫자 세로 길이는 20cm이다.
④ 선미가 선수보다 약 25cm 더 침하되어 있다.

해설
흘수의 표시
숫자 높이, 숫자와 숫자의 간격은 10cm이고, 숫자의 하단이 선저로부터의 흘수이다.

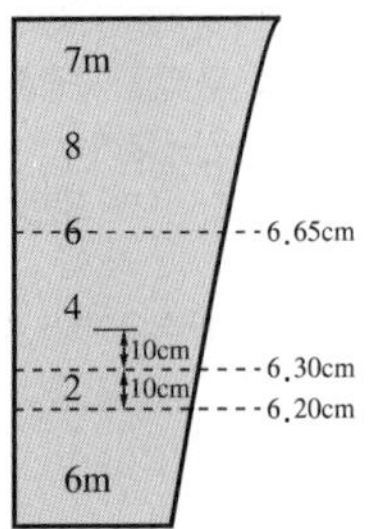

07 필요한 자격을 갖춘 적정 인원수의 선장과 승무원을 승무시켜 안전한 항해를 할 수 있는 선박의 능력을 무엇이라고 하는가?

① 선체 감항성
② 항해 감항성
③ 적재 감항성
④ 하역 능률성

해설
② 항해 감항성 : 선박의 속구가 품질 및 수량면에서 완전히 갖추어져 있고, 연료 및 양식과 그 밖의 소모품이 충분히 구비되어 있으며, 필요한 자격을 갖춘 적정한 인원수의 선장 및 선원을 승무시키고, 화물을 과적하지 않고 그 화물의 적재가 적절하여 통상의 위험을 견디고 안전한 항해를 할 수 있는 능력이다.
① 선체 감항성 : 선체, 기관, 조타 설비, 배수설비 등을 적정하게 갖추어 통상의 위험을 견디고, 안전한 항해를 할 수 있는 선박의 물적 능력으로 협의의 감항성이다.
③ 적재 감항성 : 화물을 운송하기 위한 적재 시설을 갖추어, 운송하기로 예정된 화물을 안전하게 운송할 수 있는 능력이다.

08 곡물을 선적하기 위해 선창을 소독할 때 주의사항으로 적절하지 않는 것은?

① 소독을 실시하기 전에 미리 전체 선원에게 알린다.
② 소독을 실시하는 도중 거주구 문을 개방해야 한다.
③ 선창용적을 사전에 계산하여 필요한 소독약제의 양을 산정한다.
④ 소독 후에는 갑판상에 있는 밀폐구역도 완전히 개방하여 통풍시킨다.

해설
선창 내에서 나온 소독가스가 선박의 항진으로 인하여 선내의 거주구역으로 스며들지 못하도록 거주구역 앞쪽의 문은 밀폐시킨다.

09 선체 자체 또는 하역 부두에 설치된 크레인으로 컨테이너를 수직 방향으로 들어 올려 하역하는 방식을 무엇이라고 하는가?

① RORO ② NONO
③ LOLO ④ MOMO

정답 4 ④ 5 ① 6 ④ 7 ② 8 ② 9 ③

해설

컨테이너선의 하역방식

- RORO(Roll On Roll Off) 선박은 컨테이너를 대차에 싣고 트레일러로 선미 또는 선측의 램프(Ramp)를 통하여 오르내리게 하거나 지게차를 이용하여 하역하는 방식을 채용한 것이다.
- LOLO(Lift On Lift Off) 선박은 부두나 선상 크레인으로 수직 방향으로 들어 하역하는 방식을 채용한 것이다.

10 선박에서 확보해야 할 복원력의 크기에 대한 설명으로 맞는 것은?

① 만재흘수선이 넘어도 복원력은 크게 상관이 없다.
② 복원력이 크면 클수록 좋다.
③ 복원력은 작으면 작을수록 좋다.
④ 적절한 크기의 복원력을 확보한다.

해설

복원력이 너무 크면 횡동요주기가 짧아 승조원에게 불쾌감을 주며, 선체나 화물 등에 손상을 줄 수도 있다. 복원력이 작으면 높은 파도나 강풍을 만났을 때는 선박을 경사시키려는 외력에 의하여 전복할 수도 있다. 그러므로 선박은 적당한 크기의 복원력을 가지고 있어야 한다.

11 화물 창고가 가스로 차 있을 경우, 사람이 창고 내부로 들어가 작업이 가능하도록 안전한 대기로 치환하는 작업은 무엇인가?

① 에어프리(Air Free)
② 가스프리(Gas Free)
③ 에어체인지(Air Change)
④ 워터체인지(Water Change)

12 하역 당직사관의 작업감독 요령에 대한 설명으로 적절하지 않는 것은?

① 일등 항해사로부터 작업 지시를 받아 선적작업을 한다.
② 하역 중 문제가 발생하면 혼자 결정하여 처리한 후 일등 항해사에게 보고한다.
③ 작업현장에는 외부인의 출입을 일절 금하여야 한다.
④ 하역 중에 화물에 이상이 있을 때는 일등 항해사에게 즉시 보고한다.

해설

하역 중 문제 발생 시 일등 항해사에게 보고 후 지시를 받는다.

13 화표에 표시되는 내용에 해당하지 않는 것은?

① 주의마크　　② 부마크
③ 양하지 표시　　④ 화물 사용 용도

해설

화표

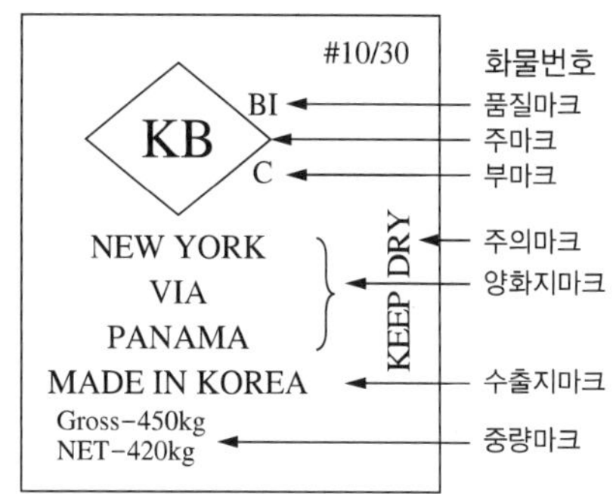

14 다음 중 냉동식 LPG 탱커의 일반적인 화물작업으로 적절하지 않는 것은?

① 스파징(Spargin)
② 에어 스트리핑(Air Stripping)
③ 세척작업(Washing)
④ 예랭작업(Cool Down)

15 하역에 대한 설명으로 적합한 것은?

① 비상시 화물을 바다에 투하하는 행위
② 선박을 건조하기 위해서 하는 모든 작업
③ 선박이 항해하면서 하는 모든 작업
④ 화물을 본선의 선창에 적부하고 양하지에서 양륙하는 작업

정답 10 ④ 11 ② 12 ② 13 ④ 14 ③ 15 ④

16 원유나 LNG, LPG 등을 적하 또는 양하할 때 선체와 육상의 호스를 연결하기 위한 구조물은 무엇인가?

① 칙산암(Chiksan Arm)
② 드롭라인(Drop Line)
③ 페어리더(Fair leader)
④ SBM(Single Buoy Mooring)

17 선박의 평형수(Ballast) 탱크에 주수나 배수를 하여 얻을 수 있는 효과가 아닌 것은?

① 선미트림을 만들어 타효나 추진효율을 좋게 할 수 있다.
② 횡경사 및 트림 등을 조절할 수 있다.
③ 선박의 중심이 하방으로 작용하여 복원성을 증가시킬 수 있다.
④ 화물을 더 적재하여 만재흘수선을 초과할 수 있다.

해설
평형수는 배수하고 화물을 더 적재하였을 경우 무게중심이 높아져 선박의 안전이 보장되지 않는다.

18 화물창에 물이 침투하지 못하도록 하는 구조는 무엇인가?

① 수밀구조 ② 선수구조
③ 종식구조 ④ 횡식구조

19 선박법상 선박의 종류에 해당하지 않는 것은?

① 수상에서 항행용으로 사용할 수 있는 부선
② 수상에서 항행용으로 사용할 수 있는 어선
③ 수상에서 항행용으로 사용할 수 있는 기선
④ 수상에서 항행용으로 사용할 수 있는 범선

해설
선박법 제1조의2(정의)
• 선박이란 수상 또는 수중에서 항행용으로 사용하거나 사용할 수 있는 배 종류를 말하며, 그 구분은 다음과 같다.
  – 기선 : 기관을 사용하여 추진하는 선박(선체 밖에 기관을 붙인 선박으로서 그 기관을 선체로부터 분리할 수 있는 선박 및 기관과 돛을 모두 사용하는 경우로서 주로 기관을 사용하는 선박 포함)과 수면비행선박
  – 범선 : 돛을 사용하여 추진하는 선박(기관과 돛을 모두 사용하는 경우로서 주로 돛을 사용하는 것 포함)
  – 부선 : 자력항행능력이 없어 다른 선박에 의하여 끌리거나 밀려서 항행되는 선박
• 소형 선박이란 다음의 어느 하나에 해당하는 선박을 말한다.
  – 총톤수 20ton 미만인 기선 및 범선
  – 총톤수 100ton 미만인 부선

20 선박법의 목적에 대한 설명으로 적절하지 않는 것은?

① 국가의 권익을 보호하고 국민경제의 향상에 이바지함을 목적으로 한다.
② 선박 톤수의 측정 및 등록에 관한 사항을 규정하기 위한 법이다.
③ 선박의 감항성 유지 및 안전운항에 필요한 사항을 규정하기 위한 법이다.
④ 해사에 관한 제도의 적정한 운영과 해상 질서를 유지하기 위한 법이다.

해설
선박법 제1조(목적)
선박의 국적에 관한 사항과 선박톤수의 측정 및 등록에 관한 사항을 규정함으로써 해사에 관한 제도를 적정하게 운영하고 해상 질서를 유지하여, 국가의 권익을 보호하고 국민경제의 향상에 이바지함을 목적으로 한다.

21 선박법상 한국 선박의 표시사항에 대한 설명으로 적절하지 않는 것은?

① 선수 양현의 외부 및 선미 외부의 잘 보이는 곳에 선박의 명칭을 표시하여야 한다.
② 선미 외부의 잘 보이는 곳에 선적항을 표시하여야 한다.
③ 선미 외부의 잘 보이는 곳에 선박의 명칭을 표시하여야 한다.
④ 선측 외부의 잘 보이는 곳에 회사의 명칭을 표시하여야 한다.

16 ① 17 ④ 18 ① 19 ② 20 ③ 21 ④ 정답

해설

선박법 시행규칙 제17조(선박의 표시사항과 표시방법)

선박법에 따라 한국 선박에 표시하여야 할 사항과 그 표시방법은 다음과 같다. 다만, 소형 선박은 ③의 사항을 표시하지 아니할 수 있다.

① 선박의 명칭 : 선수 양현의 외부 및 선미 외부의 잘 보이는 곳에 각각 10cm 이상의 한글(아라비아숫자를 포함한다)로 표시
② 선적항 : 선미 외부의 잘 보이는 곳에 10cm 이상의 한글로 표시
③ 흘수의 치수 : 선수와 선미의 외부 양 측면에 선저로부터 최대흘수선 이상에 이르기까지 20cm마다 10cm의 아라비아숫자로 표시. 이 경우 숫자의 하단은 그 숫자가 표시하는 흘수선과 일치해야 한다.

22 **선박법상 한국 선박이 선박의 뒷부분에 대한민국 국기를 게양하여야 하는 경우에 해당하지 않는 것은?**

① 외국항을 출입하는 경우
② 공해상에서 비상상황이 발생한 경우
③ 대한민국의 등대 또는 해안망루로부터 요구가 있는 경우
④ 지방청장이 요구한 경우

해설

선박법 시행규칙 제16조(국기의 게양)

한국 선박은 다음 내용의 어느 하나에 해당하는 경우에는 선박법에 따라 선박의 뒷부분에 대한민국 국기를 게양하여야 한다.

- 대한민국의 등대 또는 해안망루로부터 요구가 있는 경우
- 외국항을 출입하는 경우
- 해군 또는 해양경찰청 소속의 선박이나 항공기로부터 요구가 있는 경우
- 그 밖에 지방청장이 요구한 경우

23 **선박법상 선적항의 지정기준에 대한 설명으로 적절하지 않는 것은?**

① 선적항은 시・읍・면의 명칭에 따라야 한다.
② 선적항으로 할 시・읍・면은 선박이 항행할 수 있는 수면에 접한 곳으로 한정한다.
③ 선적항은 선박을 건조한 장소의 주소지에 정한다.
④ 선적항은 선박 소유자의 주소지에 정한다.

해설

선박법 시행령 제2조(선적항)

- 선박법에 따른 선적항은 시・읍・면의 명칭에 따른다.
- 선적항으로 할 시・읍・면은 선박이 항행할 수 있는 수면에 접한 곳으로 한정한다.
- 선적항은 선박 소유자의 주소지에 정한다.

24 **선박법상 한국 선박의 말소등록에 대한 설명으로 틀린 것은?**

① 선박 소유자는 선박이 등록 제외 선박으로 된 때 말소등록을 신청하여야 한다.
② 선박 소유자는 대한민국 국적을 상실한 때 말소등록을 신청하여야 한다.
③ 선박 소유자는 그 사유를 안 날부터 90일 이내에 말소등록을 신청하여야 한다.
④ 선박 소유자가 기간 내에 말소등록을 하지 않는 경우 지방해양수산청장은 30일 이내에 선박 소유자에게 선박의 말소등록신청을 최고한다.

해설

선박법 제22조(말소등록)

- 한국 선박이 다음의 어느 하나에 해당하게 된 때에는 선박 소유자는 그 사실을 안 날부터 30일 이내에 선적항을 관할하는 지방해양수산청장에게 말소등록의 신청을 하여야 한다.
  - 선박이 멸실・침몰 또는 해체된 때
  - 선박이 대한민국 국적을 상실한 때
  - 선박이 제26조에 규정된 선박으로 된 때
  - 선박의 존재 여부가 90일간 분명하지 아니한 때
- 선박 소유자가 말소등록의 신청을 하지 아니하면 선적항을 관할하는 지방해양수산청장은 30일 이내의 기간을 정하여 선박 소유자에게 선박의 말소등록신청을 최고(催告)하고, 그 기간에 말소등록신청을 하지 아니하면 직권으로 그 선박의 말소등록을 하여야 한다.

25 **선박법상 외국에서 선박을 취득한 경우 임시선박국적증서의 발급은 누구에게 신청해야 하는가?**

① 선박취득지 주재 대한민국 영사
② 선박취득지의 해양경찰
③ 선박취득지의 항만 당국
④ 선적항을 관할하는 지방해양수산청장

해설

선박법 제9조(임시선박국적증서의 발급신청)

외국에서 선박을 취득한 자는 지방해양수산청장 또는 그 취득지를 관할하는 대한민국 영사에게 임시선박국적증서의 발급을 신청할 수 있다.

정답 22 ② 23 ③ 24 ③ 25 ①

어선전문

01 일반적인 빙장에 있어서 실제로 필요한 얼음의 양에 대한 설명으로 맞는 것은?

① 겨울철 1일 저장 : 어체 중량의 1/5 정도
② 겨울철 3일 저장 : 어체 중량의 1/5 정도
③ 여름철 1일 저장 : 어체 중량의 1/2 정도
④ 여름철 2일 저장 : 어체 중량의 1/3 정도

해설
계절 및 빙장 일수에 따른 얼음 사용량

계 절	빙장일수	수산물 : 얼음	
		건빙법	수빙법
여 름	3	1 : 3	5 : 3
	2	1 : 2	5 : 2
	1	1 : 1	5 : 1
봄 · 가을	3	1 : 2	5 : 2
	2	1 : 1	5 : 1
	1	2 : 1	10 : 1
겨 울	3	3 : 1	15 : 1
	2	4 : 1	20 : 1
	1	5 : 1	25 : 1

02 어패류의 저온 보관을 위해 얼음을 사용할 때 유의사항으로 적절하지 않는 것은?

① 어상자 바닥에도 얼음을 깐다.
② 얼음을 가급적 잘게 부수어 쓴다.
③ 어창 벽 주변을 얼음으로 채운다.
④ 어상자 속의 얼음 녹은 물이 흘러나오지 않도록 가둔다.

해설
어패류의 저온 보관을 위해 얼음을 사용할 때 유의사항
- 어창 벽 주변을 얼음으로 채운다.
- 어상자 바닥에 얼음을 고르게 편 후 그 위에 어체를 얹고 어체 주위를 얼음으로 채운다.
- 어상자 속의 어체와 얼음에서 흘러내리는 물이 고이지 않고 잘 빠지도록 한다.
- 얼음은 되도록 잘게 깨뜨려서 쓴다.
- 어체의 온도가 빨리 떨어지도록 한다.
- 고급 어종은 바로 얼음에 접하게 하지 말고, 황상지로 싼 후 그 주위를 얼음으로 채운다.

03 어패육의 일반적인 성분 중 비율이 가장 높은 것은?

① 수 분　　② 지 질
③ 단백질　　④ 회분

해설
어패육의 일반적인 성분 조성
- 수분 : 65~85%
- 단백질 : 15~25%
- 지방질 : 0.5~25%
- 탄수화물 : 0~1.0%
- 회분 : 1.0~3.0%
- 수분을 제외한 나머지 성분(고형물) : 15~30%

04 다음 〈보기〉에서 어패류의 선도가 양호한 것을 모두 고른 것은?

〈보 기〉
ㄱ. 눈알에 혼탁이 없다.
ㄴ. 복부가 말랑하다.
ㄷ. 지느러미는 상처가 없다.
ㄹ. 아가미는 암적색을 띠고 있다.
ㅁ. 몸 전체가 윤이 나고 팽팽하다.

① ㄱ, ㄴ, ㄷ　　② ㄴ, ㄷ, ㅁ
③ ㄱ, ㄷ, ㅁ　　④ ㄱ, ㄴ, ㄷ, ㄹ, ㅁ

해설
선도가 좋은 어류
- 눈알에 혼탁이 없다.
- 몸 전체가 윤이 나고 팽팽하다.
- 지느러미에 상처가 없다.
- 아가미는 선홍색을 띠고 있다.
- 비늘이 단단하게 붙어 있다.
- 복부에 탄력이 있다.

05 다음 중 식품의 저장온도범위가 −5~5℃인 것은?

① 냉 장　　② 칠 드
③ 빙 온　　④ 부분 동결

1 ① 2 ④ 3 ① 4 ③ 5 ② 정답

해설
식품의 저온 저장온도범위
• 냉장 : 0 ~ 10℃
• 칠드 : -5 ~ 5℃
• 빙온 : -1℃
• 부분 동결 : -3℃
• 동결 : -18℃ 이하

06 어패류가 죽으면 근육 내에 사후 변화가 일어나는데 그 원인으로 옳은 것은?

① 햇빛을 받으므로
② 필수영양분이 차단되므로
③ 공기와 접하게 되므로
④ 산소 공급이 차단되므로

해설
어패류의 사후 변화
해당작용 → 사후경직 → 해경 → 자가소화 → 부패
※ 해당작용 : 사후 산소 공급이 끊겨 글리코겐이 분해되어 젖산으로 분해되는 것

07 어획물의 선상처리원칙으로 적절하지 않은 것은?

① 저온 처리한다.
② 신속하게 처리한다.
③ 청결하게 취급한다.
④ 나무 어상자를 사용한다.

08 어패류의 사후 변화에서 자가소화의 바로 앞 단계에 해당하는 것은?

① 해 경 ② 활 어
③ 해당 작용 ④ 사후 경직

해설
어패류의 사후 변화
해당작용 → 사후경직 → 해경 → 자가소화 → 부패

09 문제 삭제

10 선박의 무게중심 위에 수직거리 d(m)에 있는 중량 w(t)인 어획물을 하역할 경우, 선박 무게중심의 수직 이동거리를 구하는 식은?(단, 선박의 배수량은 Δ라고 한다)

① 선박 무게중심의 수직 이동거리 = $w \cdot d/(\Delta + w)(m)$
② 선박 무게중심의 수직 이동거리 = $(\Delta + w)/w \cdot d(m)$
③ 선박 무게중심의 수직 이동 거리 = $(-w) \cdot d/(\Delta - w)(m)$
④ 선박 무게중심의 수직 이동 거리 = $(\Delta - w)/(-w) \cdot d(m)$

11 선상에서 어획물을 어상자 또는 카톤 박스를 이용하여 적재하는 어법을 무엇이라고 하는가?

① 트롤어법 ② 대형 선망어법
③ 다랑어 연승어법 ④ 꽁치 유자망 어법

12 무게중심이 경심보다 아래쪽에 위치하고 있는 상태는 무엇인가?(단, G : 무게중심, M : 경심)

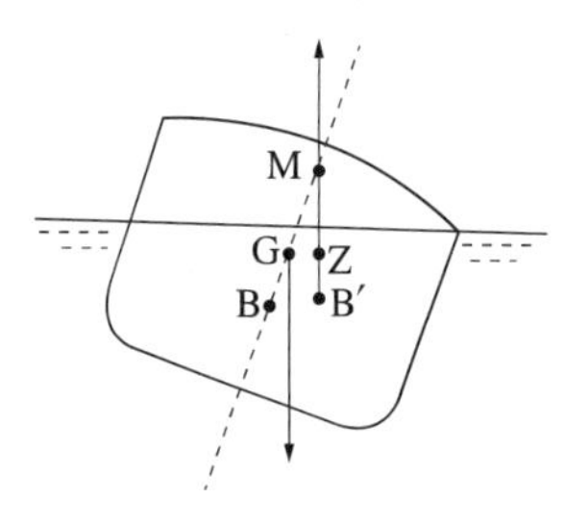

① 안정 평형 상태
② 중립 평형 상태
③ 불안정 평형 상태
④ 불완전 비평형 상태

정답 6 ④ 7 ④ 8 ① 9 문제 삭제 10 ③ 11 ① 12 ①

해설

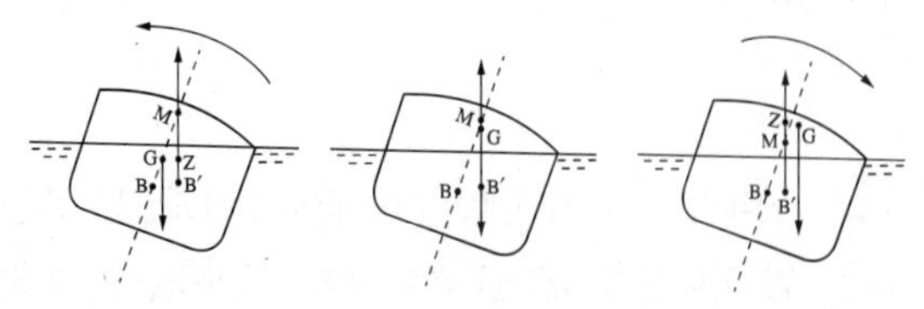

(a) 안정 평형 상태 (b) 중립 평형 상태 (c) 불안정 평형 상태

13 어획물 적재 및 양륙작업 시 작업원 안전 확보를 위한 주의사항으로 옳지 않은 것은?

① 하역설비 작동에 관한 수신호
② 어장 출입 및 이동
③ 낙하물에 대한 주의 경계
④ 냉매의 종류 및 냉동기 용량

해설
냉매의 종류 및 냉동기 용량은 어획물의 저장에 따른 품질과 관련 있다.

14 문제 삭제

15 어창 바닥에 설치하는 하지판의 주된 역할은 무엇인가?

① 어창 배수
② 냉동효율 증대
③ 어획물의 횡 이동 방지
④ 작업원 슬리핑 방지

16 다음 중 어선의 어창에 장치할 수 있는 냉동설비로 적합하지 않은 것은?

① 빙장설비 ② 동결설비
③ 해수냉각장치 ④ 제빙설비

17 어창이 없고 운반선(가공선)을 보유한 어법을 〈보기〉에서 모두 고른 것은?

〈보 기〉
ㄱ. 기선권 현망
ㄴ. 대형 선망(고등어)
ㄷ. 원양선망(가다랑어)
ㄹ. 원양트롤
ㅁ. 원양연승(참다랑어)

① ㄱ, ㄴ ② ㄱ, ㅁ
③ ㄴ, ㄷ ④ ㄹ, ㅁ

18 선용품 및 어획물 등의 적재와 하역에 이용되는 데릭의 붐 길이는 주로 무엇에 의해 결정되는가?

① 선 폭
② 하역 속도
③ 어창의 깊이
④ 데릭의 무게

해설
선폭이 클수록 붐의 길이는 길어진다.

19 문제 삭제

20 어선법상 추진기관을 설치하지 않는 선박은?

① 기 선
② 예 선
③ 동력어선
④ 무동력어선

해설
어선법 시행규칙 제2조(정의)
무동력어선이란 추진기관을 설치하지 아니한 어선을 말한다.

13 ④ 14 문제 삭제 15 ③ 16 ④ 17 ① 18 ① 19 문제 삭제 20 ④ 정답

21 다음 〈보기〉의 (　　) 안에 들어갈 내용으로 적합한 것은?

〈보 기〉
어선법상 어선의 등록사항을 변경하고자 할 때 상속을 제외한 사유가 발생한 날로부터 (　　) 이내에 선적항 관할 시장・군수・구청장에게 신청을 해야 한다.

① 10일　　② 20일
③ 30일　　④ 50일

해설
어선법 시행규칙 제26조(등록사항의 변경 신청 등)
어선의 등록사항에 관한 변경등록을 하려는 자(허가권자가 시장・군수・구청장인 경우만 해당)는 그 변경의 사유가 발생한 날부터 30일(상속의 경우에는 상속이 발생한 날이 속하는 달의 말일부터 6개월을 말한다) 이내에 어선등록신청서, 어선변경등록신청서에 다음 각 호의 서류를 첨부하여 선적항을 관할하는 시장・군수・구청장에게 제출하여야 한다.
- 어선검사증서 및 매매・상속 관련 서류 등 변경내용을 증명하는 서류
- 선박국적증서・선박국적증서영역서・선적증서 또는 등록필증
- 어업의 허가 및 신고 등에 관한 규칙 제16조제2항제1호 및 제3호의 서류(어선의 등록사항에 관한 변경등록과 함께 어업의 허가 및 신고 등에 관한 규칙에 따라 어업허가사항의 변경허가를 받으려는 경우만 해당)

22 문제 삭제

23 문제 삭제

24 어선법상 선박국적증서에 표시되는 어선의 주요 수치에 해당하지 않는 것은?

① 길 이　　② 너 비
③ 깊 이　　④ 흘 수

해설
어선법 제2조(정의)
개조 : 어선의 길이・너비・깊이('주요 치수'라고 한다)를 변경하는 것

25 다음 〈보기〉의 (　　) 안에 들어갈 내용으로 적합한 것은?

〈보 기〉
어선법상 어선의 소유자는 어선의 수리 또는 개조로 인하여 총톤수가 변경된 경우에는 (　　)에게 총톤수의 재측정을 신청하여야 한다.

① 시・도지사
② 해양수산부장관
③ 지방해양수산청장
④ 지방해양경찰

해설
어선법 제14조(어선의 총톤수 측정 등)
어선의 소유자는 어선의 수리 또는 개조로 인하여 총톤수가 변경된 경우에는 해양수산부장관에게 총톤수의 재측정을 신청하여야 한다.

정답 21 ③ 22 문제 삭제 23 문제 삭제 24 ④ 25 ②

제 30 회 기출복원문제

상선전문

01 총톤수에서 기관실, 선원 거주 공간, 계단, 연료 등 화물 적재에 활용할 수 없는 공간을 공제한 톤수를 무엇이라고 하는가?

① 중량톤수 ② 적화톤수
③ 총톤수 ④ 순톤수

02 경하배수량을 산정할 때 포함되지 않는 것은?

① 완성 상태의 선체 및 기관
② 화물 중량
③ 법정 속구 및 예비품
④ 보통의 작동 상태에 있는 보일러 및 콘덴서의 물

해설
경하배수량(Light Loaded Displacement) : 순수한 선박 자체의 중량을 의미하는 것으로, 사람 및 화물, 연료, 윤활유, 선박평형수 탱크, 탱크 내의 청수, 선원 및 여객의 휴대품을 적재하지 아니한 경우의 선박의 배수량으로, 경하배수량은 만재배수량의 30~40%를 차지하는 것이 일반적이다.

03 다음 그림에서 흘수에 대한 설명으로 맞는 것은?

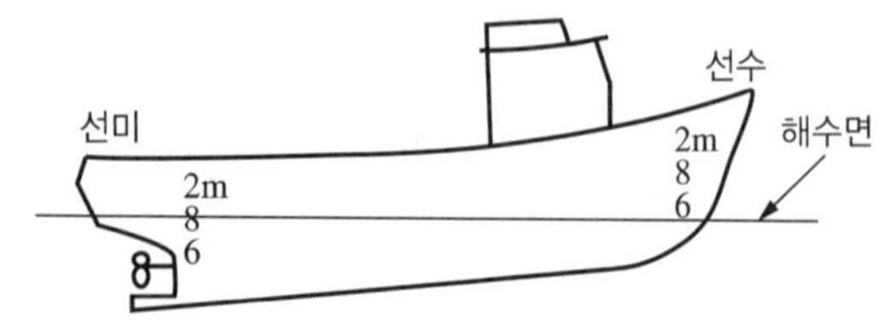

① 선수흘수는 2m 60cm이다.
② 선미흘수는 2m 75cm이다.
③ 최대 만재흘수는 2m 85cm이다.
④ 선미가 선수보다 25cm 더 잠겨 있다.

해설
흘수 표시
숫자 높이, 숫자와 숫자의 간격은 10cm이고, 숫자의 하단이 선저로부터의 흘수이다.

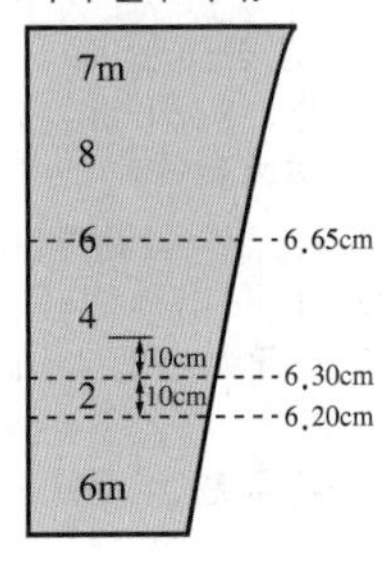

04 밀도가 1,000인 강에서 중앙부 흘수 2m인 선박의 부면심 위에 10ton의 화물을 선적하였을 때 변화된 흘수는 무엇인가?(단, 선박의 매 센티미터 배수톤(TPC)은 1.0ton이다)

① 2m 02cm ② 2m 05cm
③ 2m 10cm ④ 2m 20cm

해설
매 센티미터(cm) 배수톤
표준 해수에 떠 있는 선체가 경사 없이 평행하게 1cm 물속에 잠기도록 하는 데 필요한 무게이다. 따라서 흘수 변화량은 1 × 10 = 10cm이다.

05 트리밍(Trimming)에 대한 설명으로 맞는 것은?

① 트리밍은 주로 탱커에서 한다.
② 트리밍은 주로 액화가스운반선에서 한다.
③ 평형수를 이용하여 트림을 조절하는 것이다.
④ 화물을 이용하여 화물의 표면을 고르게 하는 것이다.

정답 1 ④ 2 ② 3 ④ 4 ③ 5 ④

해설
트리밍(Trimming) : 항해 중 화물의 이동을 최소화하기 위해서 화물의 적재 표면을 편평하게 고르는 작업

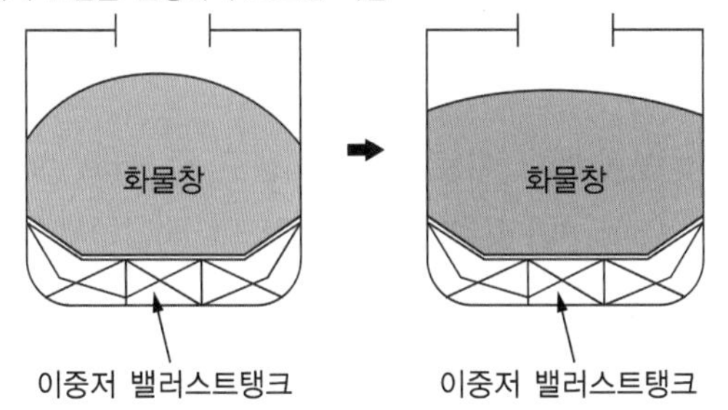

06 길이가 80m, 폭이 6m, 높이가 10m인 상자형 선박의 수선면적은 얼마인가?

① 약 48m^2 ② 약 60m^2
③ 약 480m^2 ④ 약 800m^2

해설
수선면적 : 배의 흘수선을 따라 끊은 단면의 면적이다.
따라서, 80m × 6m = 480m^2

07 화물 취급 시 일반적인 주의사항으로 적절하지 않은 것은?

① 화물 선적은 특별한 이유가 없다면 적하계획대로 시행한다.
② 화물 적재과정 중 선체강도, 복원성, 트림, 흘수 등이 한계치를 넘지 않도록 한다.
③ 하역작업을 진행할 때에는 선체강도, 복원성이 한계치를 넘어도 상관없다.
④ 밸러스트 배출계획을 잘 세워 밸러스트가 최소화 되도록 한다.

08 화물 운송 중 관리 불량으로 인한 사고를 예방 또는 대비하기 위한 조치로 적절하지 않은 것은?

① 통풍, 환기를 실시한 사실은 갑판 항해일지(Deck Log Book)에 기재할 필요가 없다.
② 황천 시에는 모든 개구부를 철저히 폐쇄하여 밀폐되도록 한다.
③ 가연성 가스를 발생시키는 화물은 화재의 위험성이 있어 적절한 대책이 있어야 한다.
④ 정해진 시간에 빌지의 양을 측정하고, 자주 배출해 주어야 한다.

해설
통풍 환기를 실시한 경우에는 그 사실을 갑판 항해일지에 기록해 두어야 한다. 이는 필요시에 항해 중 화물 관리에 최선을 다했음을 증면하는 증거서류가 된다.

09 화재를 일으키는 요소 중 불활성 가스장치를 통해 제어할 수 있는 것은 무엇인가?

① 열 ② 산 소
③ 헬 륨 ④ 연쇄작용

해설
불활성 가스장치(IGS ; Inert Gas System) : 불활성 가스장치는 기관실 보일러의 배기가스를 냉각, 세척하여 탱크 내에 주입함으로써 탱크 내부를 불활성 상태로 만들어 화재와 폭발을 방지하는 탱커의 안전장치이다. 원유가스의 경우 산소 농도가 11.5% 이하이면 어떤 경우에도 연소가 일어나지 않는 불활성 상태가 되는데, 탱커에서는 IGS를 사용하여 탱크 내부의 산소 농도를 8% 이하로 유지시킨다.

10 적화중량에 대한 설명으로 맞는 것은?

① 선박이 동기 만재흘수선까지 침하하였을 때의 선박의 총중량과 경하배수량의 차이
② 선박이 하기 만재흘수선까지 침하하였을 때의 선박의 총중량과 경하배수량의 차이
③ 선박이 하기 담수 만재흘수선까지 침하하였을 때의 선박의 총중량과 경하배수량의 차이
④ 선박이 열대 담수 만재흘수선까지 침하하였을 때 선박이 총중량과 경하배수량의 차이

해설
적화중량 : 선박의 하기 만재배수량과 그 선박의 경하배수량의 차이다. 일반적으로 선박에 실을 수 있는 화물의 중량을 나타내기 때문에 선박의 매매 또는 정기 용선료의 기준이 된다.

정답 6 ③ 7 ③ 8 ① 9 ② 10 ②

11 **해상운송인이 화물을 수령하였거나 선적하였다는 것을 증명하고, 이 화물을 양하항에서 정당한 소지인에게 인도할 것을 약정한 유가증권을 무엇이라고 하는가?**

① 본선수취증 ② 선적지시서
③ 선하증권 ④ 적화목록

해설
① 본선수취증 : 본선에 적재한 화물을 수취했다는 증거로 일등 항해사가 화주에게 발급하는 서류
② 선적지시서 : 선박회사에서 화물 선적에 대한 지시사항을 기재하여 화물 주인에게 발급하는 문서
④ 적화목록 : 적재된 화물의 목록

12 **좌초로 인해 선저부에 손상을 입어도 내저판으로 화물창 내 침수를 방지하여 화물을 안전하게 보호할 수 있도록 설계된 선저부의 구조는?**

① 격벽구조 ② 선미구조
③ 선수구조 ④ 이중저 구조

해설
이중저 구조의 장점
- 좌초 등으로 선저부가 손상을 입어도 내저판에 의해 일차적으로 선내의 침수를 방지하여 화물과 선박의 안전을 기할 수 있다.
- 선저부의 구조가 견고하여 호깅(Hogging) 및 새깅(Sagging) 상태에도 잘 견딘다.
- 이중저의 내부가 구획되어 있으므로 선박평형수(Ballast Water), 연료 및 청수탱크로 사용할 수 있다.
- 선박평형수 탱크의 주・배수로 인하여 공선 시 복원성과 추진효율을 향상시킬 수 있고, 선박의 횡경사와 트림 등을 조절할 수 있다.

13 **다음 그림의 하역설비 명칭은 무엇인가?**

① 스트래들 캐리어 ② 갠트리 크레인
③ 리치 스태커 ④ 하버 크레인

해설
리치 스태커 : 좁은 공간에서 긴 붐을 컨테이너의 적재, 위치 이동, 교체 등에 사용하는 장비

14 **선박에서 사용하는 하역용구 중 카고 슬링(Cargo Sling)이 갖추어야 할 요건으로 적합하지 않은 것은?**

① 하중에 대해서 충분한 강도가 있을 것
② 화물을 완전히 싸맬 수 있을 것
③ 화물에 손상을 주지 않아야 할 것
④ 카고 훅을 빼고 끼우기 어려울 것

해설
카고 슬링이 갖추어야 할 요건
- 하중에 대해서 충분한 강도가 있어야 할 것
- 화물을 완전히 싸맬 수 있고, 화물을 떨어뜨리지 않아야 할 것
- 화물에 손상을 주지 않을 것
- 화물을 싸매기 쉽고, 카고 훅을 끼우고 빼기 쉬울 것

15 **탱크 내 액체 화물의 잔유나 찌꺼기를 빨아들이기 위하여 설치하는 파이프라인을 무엇이라고 하는가?**

① 스트리핑라인
② 양하라인
③ 라이저라인
④ 밸러스트라인

16 **화물탱크 내에 배기가스 등을 공급하여 탱크의 폭발 또는 화재를 방지하기 위한 장치는 무엇인가?**

① 불활성 가스장치
② 하역장치
③ 환풍장치
④ 밸러스트펌프

해설
불활성 가스장치(IGS ; Inert Gas System) : 불활성 가스장치는 기관실 보일러의 배기가스를 냉각, 세척하여 탱크 내에 주입함으로써 탱크 내부를 불활성 상태로 만들어 화재와 폭발을 방지하는 탱커의 안전장치이다.

11 ③ 12 ④ 13 ③ 14 ④ 15 ① 16 ① 정답

17 **소형 선박의 구조 및 설비 기준상 빌지흡입관의 요건으로 적합하지 않은 것은?**

① 소형 선박에는 선내의 각 구획으로부터 빌지를 흡입할 수 있는 빌지흡입관을 설치하여야 한다.
② 빌지흡입관에는 반드시 자동펌프를 설치하여야 한다.
③ 수동빌지펌프 흡입관의 폭로 갑판상 개구단은 접근하기 쉬운 장소에 설치하여야 한다.
④ 마개 등으로 완전히 수밀되도록 하여야 한다.

해설
소형 선박의 구조 및 설비 기준 제15조(빌지흡입관)
- 소형 선박에는 선내의 각 구획으로부터 빌지를 흡입할 수 있는 빌지흡입관을 설치하거나 그 밖의 적당한 조치를 하여야 한다.
- 수동빌지펌프 흡입관의 폭로 갑판상 개구단은 접근하기 쉬운 장소에 이를 설치하고 마개 등에 의하여 수밀이 되도록 하여야 한다.

18 **탱크의 수축과 팽창에 따른 구조 부재의 응력을 고려한 설계가 필요하고, 화물액에 의한 하중을 단열 내장재를 통하여 선각 전체에 골고루 전달되도록 한 탱크의 구조를 무엇이라고 하는가?**

① 단일형 ② 모스형
③ 봄베형 ④ 멤브레인형

해설
탱크의 구조
- 모스식(Moss Type) : 탱크 자체가 화물의 하중을 지지하는 독립지지 방식으로 선체구조에 고착된 스커트에 의해 지지된다.
- 멤브레인식(Membrane Type) : 탱크가 화물의 하중을 지지 않고, 화물의 하중이 단열재를 통하여 선각 전체에 균등하게 미치도록 되어 있다.

19 **선박법상 선박의 국적에 관한 설명으로 틀린 것은?**

① 특정한 국적을 가져야 한다.
② 이중국적은 허용하지 않는다.
③ 등록은 가능하나 등기할 필요는 없다.
④ 선박 국적은 국제법에서 중요한 의미를 가진다.

해설
선박법 제8조(등기와 등록)
한국 선박의 소유자는 선적항을 관할하는 지방해양수산청장에게 해양수산부령으로 정하는 바에 따라 선박을 취득한 날부터 60일 이내에 그 선박의 등록을 신청하여야 한다. 이 경우 선박등기법에 해당하는 선박은 선박의 등기를 한 후에 선박의 등록을 신청하여야 한다.

20 **다음 중 선박의 인격자 유사성의 개념과 관련 없는 것은?**

① 국 적
② 선박의 크기(적재량)
③ 선장의 이름
④ 선박의 명칭

해설
선박은 사람과 같이 국적과 명칭을 부여하고 사람의 주소에 해당하는 선적항을 정하고 선박의 크기(적재량)를 확정하여 인격자와 유사한 성질을 갖는다.

21 **선박법상 한국 선박이 선미에 국기를 게양해야 하는 경우에 해당하지 않는 것은?**

① 연안 항해를 하는 경우
② 외국항에 입항하는 경우
③ 해군 함정으로부터 요구가 있는 경우
④ 대한민국의 등대 또는 해안망루로부터 요구가 있는 경우

해설
선박법 시행규칙 제16조(국기의 게양)
한국 선박은 다음의 어느 하나에 해당하는 경우에는 선박법에 따라 선박의 뒷부분에 대한민국 국기를 게양하여야 한다.
- 대한민국의 등대 또는 해안망루로부터 요구가 있는 경우
- 외국항을 출입하는 경우
- 해군 또는 해양경찰청 소속의 선박이나 항공기로부터 요구가 있는 경우
- 그 밖에 지방청장이 요구한 경우

정답 17 ② 18 ④ 19 ③ 20 ③ 21 ①

22 **선박법상 선박 소유자의 주소지가 아닌 시·읍·면에 선적항을 정할 수 있는 경우에 대한 설명으로 적절하지 않는 것은?**

① 선박등록 특구로 지정된 개항을 선적항으로 정하려는 경우
② 선박건조자의 주소지가 선박이 항행할 수 있는 수면에 접한 시·읍·면이 아닌 경우
③ 국내에 주소가 없는 선박 소유자가 국내에 선적항을 정하려는 경우
④ 소유자의 주소지 외의 시·읍·면을 선적항으로 정하여야 할 부득이한 사유가 있는 경우

해설
선박법 시행령 제2조(선적항)
선적항은 선박 소유자의 주소지에 정한다. 다만, 다음의 어느 하나에 해당하는 경우에는 선박 소유자의 주소지가 아닌 시·읍·면에 정할 수 있다.
- 국내에 주소가 없는 선박 소유자가 국내에 선적항을 정하려는 경우
- 선박 소유자의 주소지가 선박이 항행할 수 있는 수면에 접한 시·읍·면이 아닌 경우
- 제주특별자치도 설치 및 국제자유도시 조성을 위한 특별법에 따라 선박등록특구로 지정된 개항을 선적항으로 정하려는 경우
- 그 밖에 소유자의 주소지 외의 시·읍·면을 선적항으로 정하여야 할 부득이한 사유가 있는 경우

23 **선박법상 선박공시제도에 대한 설명으로 틀린 것은?**

① 선박의 국적을 증명하기 위한 제도이다.
② 공시방법으로는 등기 및 등록이 있다.
③ 등기는 선적항을 관할하는 지방법원에서 하여야 한다.
④ 선박계류용 부선은 등기와 등록 대상이다.

해설
선박법 제8조(등기와 등록)
- 한국 선박의 소유자는 선적항을 관할하는 지방해양수산청장에게 해양수산부령으로 정하는 바에 따라 선박을 취득한 날부터 60일 이내에 그 선박의 등록을 신청하여야 한다. 이 경우 선박등기법에 해당하는 선박은 선박의 등기를 한 후에 선박의 등록을 신청하여야 한다.
- 지방해양수산청장은 위의 등록신청을 받으면 이를 선박원부에 등록하고 신청인에게 선박국적증서를 발급하여야 한다.

선박등기법 제3조(등기할 사항)
선박의 등기는 다음에 열거하는 권리의 설정·보존·이전·변경·처분의 제한 또는 소멸에 대하여 한다.
- 소유권
- 저당권
- 임차권

24 **선박법상 선박국적증서를 발급받아야 하는 선박에 해당하지 않는 것은?**

① 총톤수 30톤인 화물선
② 총톤수 20톤인 어선
③ 총톤수 50톤인 경찰용 선박
④ 총톤수 150톤인 부선

해설
선박법 제26조(일부 적용 제외 선박)
다음 내용의 어느 하나에 해당하는 선박에 대하여는 등기와 등록을 적용하지 아니한다.
- 군함, 경찰용 선박
- 총톤수 5ton 미만인 범선 중 기관을 설치하지 아니한 범선
- 총톤수 20ton 미만인 부선
- 총톤수 20ton 이상인 부선 중 선박계류용·저장용 등으로 사용하기 위하여 수상에 고정하여 설치하는 부선. 다만, 공유수면 관리 및 매립에 관한 법률에 따른 점용 또는 사용 허가나 하천법에 따른 점용허가를 받은 수상호텔, 수상식당 또는 수상공연장 등 부유식 수상구조물형 부선은 제외한다.
- 노와 상앗대만으로 운전하는 선박
- 어선법에 따른 각 목의 어선
- 건설기계관리법에 따라 건설기계로 등록된 준설선
- 수상레저안전법 에 따른 동력수상레저기구 중 수상레저기구로 등록된 수상오토바이·모터보트·고무보트 및 요트

25 **선박법상 임시선박국적증서의 효력에 대한 설명으로 적절하지 않는 것은?**

① 임시선박국적증서는 톤수증명서로서의 효력이 있다.
② 임시선박국적증서는 선박의 동일성을 증명하는 공문서이다.
③ 임시선박국적증서를 선내에 비치한 선박은 항행에 제한이 있다.
④ 임시선박국적증서를 선내에 비치한 선박은 한국 국기를 게양하거나 항행할 수 있다.

22 ② 23 ④ 24 ③ 25 ③ 정답

해설
선박법 제10조(국기 게양과 항행)
한국 선박은 선박국적증서 또는 임시선박국적증서를 선박 안에 갖추어 두지 아니하고는 대한민국 국기를 게양하거나 항행할 수 없다.

어선전문

01 다음 중 어패류의 선도 유지효과가 좋은 것은 무엇인가?

① 사후경직 시작이 빠르고, 지속시간이 긴 것
② 사후경직 시작이 지연되고, 지속시간이 긴 것
③ 사후경직 시작이 빠르고, 지속시간이 짧은 것
④ 사후경직 시작이 느리고, 지속시간이 짧은 것

해설
어패류의 사후 변화
해당작용 → 사후경직 → 해경 → 자가소화 → 부패
사후경직 이후 해경과 자가소화가 진행되므로, 사후경직이 지연되고 지속시간이 길수록 선도 유지효과가 좋다.

02 어획물의 피 뽑기 과정에 대한 설명으로 틀린 것은?

① 즉살한 고기는 바닷물에 1~2시간 담가 피 뽑기를 한다.
② 피 뽑기에 쓰이는 물은 고기가 서식하던 환경수보다 차가울수록 좋다.
③ 바닷물에 담그는 과정은 혈액이나 오물을 제거하기 위한 것이다.
④ 바닷물에 담그는 과정은 피를 뽑음과 동시에 체온 상승을 막아 주는 효과가 있다.

해설
피 뽑기에 쓰이는 해수는 어획물이 서식하던 환경수의 온도보다 2~3℃ 낮은 것이 좋다. 갑자기 찬 해수에 어획물을 넣으면 근육이 수축되어 후경직을 촉진하기 때문이다.

03 어패류를 저온 저장하는 경우 동결점은 몇 ℃인가?

① 5℃ ② −1℃
③ −3℃ ④ −18℃

해설
저온 저장온도의 범위
• 냉장 : 0 ~ 10℃
• 칠드 : −5 ~ 5℃
• 빙온 : −1℃
• 부분 동결 : −3℃
• 동결 : −18℃ 이하

04 연료유 유창으로 사용되었던 다랑어 연승 어선의 어창 청소와 관련된 내용으로 적절한 것은?

① 청소하면 안 된다.
② 물로 씻어서는 안 된다.
③ FDA에서 승인된 세척제를 사용한다.
④ 사용된 물은 한 번 더 사용한다.

해설
어창이 연료유 저장탱크로 사용되었다면 어획물을 적재하기 전에 깨끗이 청소해야 한다. 이때 세척제는 식품 가공에 사용가능한 FDA의 승인용품으로 불가연성, 무독성, 비유성액이어야 한다.

05 문제 삭제

06 종이상자나 마대로 포장된 냉동 어획물의 적재방법으로 적절하지 않은 것은?

① 겹치거나 벽돌처럼 위로 차곡차곡 쌓는다.
② 각 단을 평탄하게 배열하여 쌓는다.
③ 포장이 파손될 우려가 거의 없으므로 던져도 된다.
④ 해치 아래에 적재된 것에는 판자나 박스를 깔아 오염되지 않도록 한다.

해설
종이상자나 마대로 포장된 냉동 어획물은 어획물 손상의 우려가 있으므로 막 던지지 않는다.

정답 1 ② 2 ② 3 ④ 4 ③ 5 문제 삭제 6 ③

07 하역용 와이어로프의 사용에 대한 내용으로 틀린 것은?

① 킹크(Kinks)가 생기지 않도록 주의한다.
② 줄을 직접 다룰 경우에는 필히 장갑을 착용한다.
③ 연(Strands)을 구성하는 세사(Yarn) 1개가 절단되면 사용할 수 없다.
④ 건조한 장소에 보관한다.

08 문제 삭제

09 대형 트롤선의 선미흘수가 1.8m이고 선수트림이 0.2m 상태인 경우, 선수흘수는 몇 m인가?

① 1.5m ② 1.8m
③ 2.0m ④ 2.2m

해설
트림이란 길이 방향의 선체 경사를 나타내는 것으로서, 선수흘수와 선미흘수의 차이다.
- 선수트림 : 선수흘수가 선미흘수보다 큰 상태
- 선미트림 : 선미흘수가 선수흘수보다 큰 상태
- 등흘수 : 선미흘수와 선수흘수가 같은 상태
- (선수흘수) − 1.8 = 0.2
  ∴ 선수흘수 = 2

10 어선의 복원성이 나빠질 수 있는 경우에 해당하지 않는 것은?

① 갑판에 유동수가 있을 때
② 해저에 걸린 어구를 당겨 올릴 때
③ 어획물을 처리하여 하부 어창에 적재하였을 때
④ 어창에 보관 중인 무거운 물건을 갑판 위로 올렸을 때

해설
복원력 감소의 요인
- 연료유, 청수 등의 소비
- 유동수의 발생
- 갑판 적화물의 흡수
- 갑판의 결빙
- 어획물을 처리하여 하부 어창에 적재하면 무게중심을 낮추어 복원성이 좋아질 수 있다.

11 어떤 어선의 정적 복원력 곡선에서 최대 복원각이 50°일 때 경계해야 할 위험 경사각은?

① 약 15° ② 약 25°
③ 약 35° ④ 약 45°

해설
최대경사각은 최대 횡요각의 약 1/2이다.

12 냉동 어창에서 적재작업을 할 때 작업 안전조치로 적절하지 않는 것은?

① 장갑을 착용한다.
② 귀마개를 착용한다.
③ 통기가 잘되고 활동성 있는 복장을 착용한다.
④ 어창 밖에 있는 선원과 서로 연락할 수단이 있어야 한다.

해설
냉동 어창은 온도가 매우 낮으므로 활동성보다는 보온성에 중점을 둔다.

13 어획물을 직접 접촉 또는 침지시켜 냉동할 때 사용하는 브라인(Brine)의 구비조건에 적합하지 않은 것은?

① 응고점이 낮을 것
② 응고점이 높을 것
③ 열전달 작용이 좋을 것
④ 부식성이 없을 것

해설
브라인의 구비조건
- 응고점이 낮을 것
- 부식성이 없을 것
- 공정점과 점도가 낮을 것
- 열용량이 크고, 전열이 양호할 것
- 누설 시 냉장물품에 손상이 없을 것

7 ③ 8 문제 삭제 9 ③ 10 ③ 11 ② 12 ③ 13 ② 정답

14 하역용의 훅과 슬링을 사용할 때에 점검해야 하는 사항으로 적절하지 않은 것은?

① 훅의 하부에 하중이 걸리도록 점검한다.
② 훅의 끝이 날카롭지 않는지 점검한다.
③ 슬링의 각도를 가능하면 크게 하여 점검한다.
④ 슬링의 강도가 안전한지 점검한다.

15 싱글 폴의 경우, 카고 폴의 한쪽 끝은 와이어 드럼에 감김 상태이고, 다른 한쪽 끝은 무엇과 연결되어 있는가?

① 데릭 붐 ② 카고 훅
③ 데릭 포스트 ④ 토핑 리프트

16 하역 중 어획물이 바다에 추락하는 것을 방지하기 위하여 본선의 현측과 육상 간에 설치하는 그물은 무엇인가?

① 슈 트 ② 어망그물
③ 카고 네트 ④ 플랫폼 슬링

17 다음 그림과 같은 활차를 사용할 때 배력은?(단, W는 하중, P는 들어올리는 힘, 마찰저항은 없음)

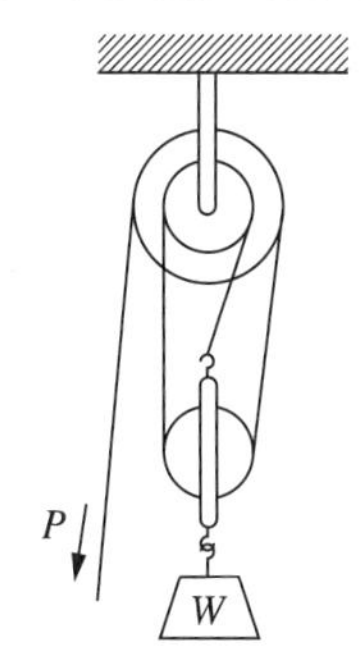

① $P=1/2W$ ② $P=1/3W$
③ $P=1/4W$ ④ $P=1/5W$

해설
태클의 배력이란 하중과 당김줄에 가해지는 힘과의 비로, 저항을 무시할 때의 배력은 태클에서 이동활차에 걸리는 로프의 가닥수와 같다.

18 데릭식 하역장치의 주요 구성품에 해당하지 않는 것은?

① 데릭붐 ② 훅
③ 윈 치 ④ 크레인

해설
데릭식 하역설비의 주요 구성품 : 데릭 포스트, 붐, 토핑 리프트, 붐가이, 카고 폴, 카고 훅 및 윈치 등이 있다.

19 어선법의 적용 대상에 해당하지 않는 선박은?

① 총톤수 20ton 이상의 부선
② 수산물가공업에 종사하는 선박
③ 어업, 어획물운반업에 종사하는 선박
④ 건조허가를 받아 건조 중이거나 건조한 선박

해설
어선법 제2조(정의)
어선이란 다음의 어느 하나에 해당하는 선박을 말한다.
- 어업, 어획물운반업 또는 수산물가공업에 종사하는 선박
- 수산업에 관한 시험·조사·지도·단속 또는 교습에 종사하는 선박
- 건조허가를 받아 건조 중이거나 건조한 선박
- 어선의 등록을 한 선박

20 어선법상 연근해 어법에 종사하는 총톤수 10ton 이상 어선에 반드시 설치해야 하는 어선위치발신장치에 해당하는 것을 모두 고른 것은?

① V-pass
② V-pass, VHF-DSC
③ V-pass, VHF-DSC, AIS
④ V-pass, VHF-DSC, AIS, NAVTEX

21 어선법상 조타실에 부착하여야 할 어선 번호판의 규격으로 옳은 것은?

① 가로 10cm, 세로 6cm
② 가로 15cm, 세로 3cm
③ 가로 20cm, 세로 3cm
④ 가로 20cm, 세로 6cm

정답 14 ③ 15 ② 16 ③ 17 ③ 18 ④ 19 ① 20 ③ 21 ②

해설

어선법 시행규칙 제25조(어선 번호판의 제작 등)

어선 번호판은 알루미늄, 동판 또는 강판 등의 금속재이거나 합성수지재의 내부식성 재료로 제작하여야 하며, 그 규격은 가로 15cm, 세로 3cm로 한다.

22 다음 중 어선법에 규정되어 있는 사항에 해당하지 않는 것은?

① 어선의 건조
② 어선의 검사
③ 어선의 거래 및 조사
④ 어선의 출입항

해설

어선법 규정사항

- 어선법 제1장 총칙
- 어선법 제2장 어선의 건조
- 어선법 제3장 어선의 등록
- 어선법 제4장 어선의 검사 등
- 어선법 제5장 어선 등의 거래
- 어선법 제6장 어선의 연구 개발

23 어선법상 어선 소유자가 어선을 등록한 후 어선의 크기에 따라 발급받는 증서를 〈보기〉에서 모두 고르면?

〈보 기〉

ㄱ. 등록필증
ㄴ. 선적증서
ㄷ. 선박국적증서
ㄹ. 임시검사증서

① ㄱ, ㄴ　② ㄱ, ㄷ
③ ㄱ, ㄴ, ㄷ　④ ㄴ, ㄷ, ㄹ

해설

어선법 제13조(어선의 등기와 등록)

시장·군수·구청장은 등록을 한 어선에 대하여 다음의 구분에 따른 증서 등을 발급하여야 한다.

- 총톤수 20ton 이상인 어선 : 선박국적증서
- 총톤수 20ton 미만인 어선(총톤수 5ton 미만의 무동력어선은 제외) : 선적증서
- 총톤수 5ton 미만인 무동력어선 : 등록필증

24 '어선 소유자는 그 어선이 주로 입·출항하는 항구 및 포구를 관할하는 시장, 군수, 구청장에게 어선원부에 어선을 등록하여야 한다.'에서 밑줄 친 부분에 해당하는 것은?

① 어촌항　② 선적항
③ 지정항　④ 포구항

해설

어선법 제13조(어선의 등기와 등록)

어선의 소유자나 해양수산부령으로 정하는 선박의 소유자는 그 어선이나 선박이 주로 입항·출항하는 항구 및 포구(이하 '선적항'이라고 한다)를 관할하는 시장·군수·구청장에게 해양수산부령으로 정하는 바에 따라 어선원부에 어선의 등록을 하여야 한다.

25 총톤수에 대한 설명으로 맞는 것은?

① 선박의 크기를 부피로 나타내는 용적 톤수이다.
② 선박의 크기를 적재 가능한 화물의 중량으로 나타내는 톤수이다.
③ 선박의 매매, 용선 등에 사용되는 톤수이다.
④ 여객이나 화물의 운송에 사용되는 장소의 용적만을 환산하여 표시한 톤수이다.

해설

②, ③ 재화중량톤수, ④ 순톤수

22 ④ 23 ③ 24 ② 25 ① 정답

제 31 회 기출복원문제

상선전문

01 해상 운송인이 화물을 수령했거나 선적했다는 것을 증명하고, 이 화물을 양하항에서 정당한 소지인에게 인도할 것을 약정한 유가증권을 무엇이라고 하는가?

① 선하증권 ② 본선수취증
③ 적하목록 ④ 선적지시서

해설
② 본선수취증 : 본선에 적재한 화물을 수취했다는 증거로 일등 항해사가 화주에게 발급하는 서류
③ 적하목록 : 화물 적재의 목록
④ 선적지시서 : 선박회사에서 화물 선적에 대한 지시사항을 기재하여 화물 주인에게 발급하는 문서

02 선박의 적화중량을 나타내는 톤수는 무엇인가?

① 총톤수 ② 재화중량톤수
③ 운하톤수 ④ 경하배수톤수

해설
적화중량
선박의 하기 만재배수량과 그 선박의 경하배수량의 차로, 선박에 실을 수 있는 화물의 중량을 나타낸다.
② 재화중량톤수 : 선박의 안전한 항해를 확보할 수 있는 한도 내에서 여객 및 화물 등의 최대 적재량을 나타내는 톤수로서, 만재배수량과 경하배수량의 차이다.
① 총톤수(GT) : 측정 갑판의 아랫부분 용적에, 측정 갑판보다 위의 밀폐된 장소의 용적을 합한 것이다.
③ 운하톤수 : 운하 통항료의 산정을 위하여 각각 특별한 측도방법에 의해 선박의 적량을 계산한다(파나마 운하 톤수, 수에즈 운하 톤수).
④ 경하배수톤수 : 순수한 선박 자체의 중량을 의미하는 것으로, 화물 · 연료 · 청수 · 식량 등을 적재하지 아니한 경우의 선박의 배수톤수이다.

03 엑손발데즈호의 기름 유출 사고 후 유류의 해상 유출 방지와 화물 보호를 위해 유조선에 의무화된 선체구조는 무엇인가?

① 단저구조 ② 이중 선체구조
③ 팬팅구조 ④ 종늑골식 구조

해설
이중저 구조의 장점
- 좌초 등으로 선저부가 손상을 입어도 내저판에 의해 일차적으로 선내의 침수를 방지하여 화물과 선박의 안전을 기할 수 있다.
- 선저부의 구조가 견고하므로 호깅(Hogging) 및 새깅(Sagging) 상태에도 잘 견딘다.
- 이중저의 내부가 구획되어 있으므로 선박평형수(Ballast Water), 연료 및 청수탱크로 사용할 수 있다.
- 선박평형수 탱크의 주 · 배수로 인하여 공선 시 복원성과 추진효율을 향상시킬 수 있고, 선박의 횡경사와 트림 등을 조절할 수 있다.

04 선창 안 사이드 스파링(Side Sparring)의 내면, 선저 내저판(Bottom Plate)의 상면, 갑판 빔의 하면으로 이루어지는 용적에서 기둥(Pillar), 브래킷(Bracket), 갑판 거더(Deck Girder) 등의 용적을 제외한 것은?

① 경하배수톤수 ② 적화용적
③ 그레인용적 ④ 베일용적

해설
① 경하배수톤수 : 순수한 선박 자체의 중량을 의미하는 것으로, 화물 · 연료 · 청수 · 식량 등을 적재하지 아니한 경우의 선박의 배수톤수이다.
② 적화용적 : 화물은 싣기 위하여 사용되는 선창 안의 용적으로, 그레인용적과 베일용적이 있다.
③ 그레인용적 : 선창 내 외판의 내면, 선저 내판의 윗면, 갑판의 밑면으로 이루어지는 선창용적에서 프레임, 갑판 빔, 사이드 스파링, 기둥 및 갑판 거더 등의 용적을 제외한 용적이다.

정답 1 ① 2 ② 3 ② 4 ④

05 로프의 강도를 표시하는 용어 중 값이 가장 큰 것은?

① 파단하중
② 시험하중
③ 안전하중
④ 안전사용하중

해설

로프의 강도

- 파단하중(Breaking Load) : 로프에 장력을 가하여 로프가 절단되는 순간의 힘 또는 무게이다.
- 시험하중(Test Load) : 로프에 장력을 가하면 로프가 늘어나고 힘을 제거하면 원래의 상태로 되돌아가는데, 이때 변형이 일어나지 않는 최대 장력을 시험하중이라고 한다. 대략 파단하중의 1/2 정도이다.
- 안전사용하중(SWL ; Safe Working Load) : 시험하중의 범위 내에서 안전하게 사용할 수 있는 최대 하중으로, 파단하중의 1/6 정도이다.

06 다음 그림에서 흘수에 대한 설명으로 맞는 것은?

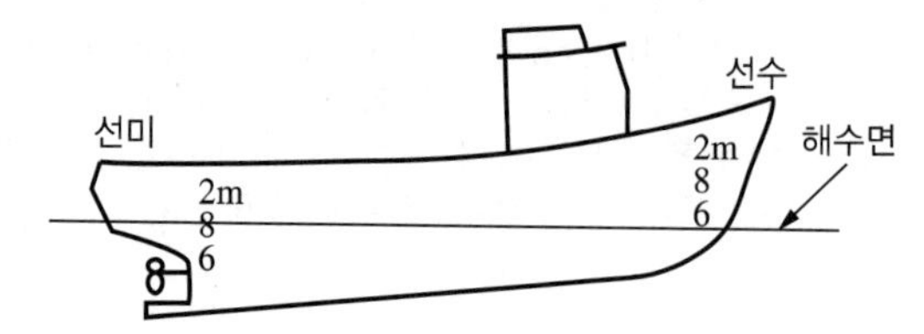

① 선수흘수는 2m 70cm이다.
② 선미흘수는 2m 85cm이다.
③ 최대 만재흘수는 2m 85cm이다.
④ 선미가 선수보다 25cm 더 잠겨 있다.

해설

흘수의 표시

숫자 높이, 숫자와 숫자의 간격은 10cm이고, 숫자의 하단이 선저로부터의 흘수이다.

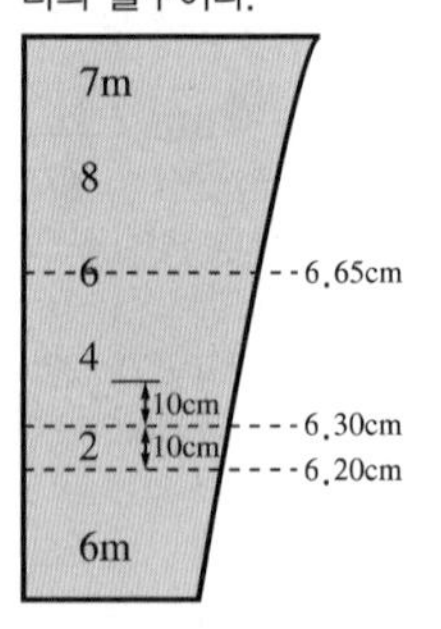

07 길이가 80m, 폭이 6m, 높이가 10m인 상자형 선박의 수선면적은 얼마인가?

① 약 $48m^2$
② 약 $60m^2$
③ 약 $480m^2$
④ 약 $800m^2$

해설

수선면적 : 배의 흘수선을 따라 끊은 단면의 면적이므로, $80m \times 6m = 480m^2$

08 강(비중 : 1,000)에서 매 센티미터 배수톤(TPC)이 5.0 ton인 선박의 부면심 위에 20ton의 화물을 선적하였을 때 변화된 중앙흘수가 4m 80cm으로 된 경우 선적 전 흘수는 얼마인가?(단, 화물선적 전후의 수선면적은 동일하다)

① 4m 50cm
② 4m 60cm
③ 4m 76cm
④ 4m 84cm

해설

매 센티미터 배수톤수(TPC)

- 선박의 흘수를 1cm 부상 또는 침하시키는 데 필요한 중량
- 흘수 변화량 : 20 / 5 = 4cm
- 선적 전 흘수 : 4m 80cm − 4cm = 4m 76cm

09 다음 중 적재 감항성과 관련 없는 것은?

① 복원력
② 화물의 총량
③ 선박 항해설비
④ 선박의 횡강도

해설

적재 감항성

화물을 운송하기 위한 적재시설을 갖추어 운송하기로 예정된 화물을 안전하게 운송할 수 있는 능력이다. 따라서 적화계획과 관련된 선박의 감항성 문제는 실을 화물의 총량과 충분한 복원력 및 선체 강도의 허용 범위를 고려하여 화물의 적절한 수직 및 선수・미 방향의 무게 배치를 통해 선박의 안전성을 확보하는 것이다.

5 ① 6 ④ 7 ③ 8 ③ 9 ③ 정답

10 **화물틈(Broken Space)에 대한 설명으로 맞는 것은?**

① 불명중량을 의미한다.
② 선박의 빈 공간을 의미한다.
③ 베일 용적의 다른 말이다.
④ 화물과 화물 사이의 간격을 의미한다.

해설
화물틈
- 화물 상호 간의 간격
- 화물과 선창 내 구조물과의 간격
- 통풍, 환기 및 팽창용적으로서의 공간
- 더니지, 화물 이동 방지판 등이 차지하는 용적

11 **무게중심에 대한 설명으로 맞는 것은?**

① 선박 전체 무게를 의미한다.
② 무게중심은 항상 선체 길이의 중앙에 있다.
③ 무게중심은 항상 선수로부터 선체 길이의 1/3지점에 있다.
④ 선체의 전체 중량이 한 점에 모여 있다고 생각할 수 있는 가상의 점이다.

12 **냉동 컨테이너를 선적할 때 점검해야 할 사항으로 적합하지 않은 것은?**

① 컨테이너 설정 온도
② 정상 작동 유무
③ 화물 색깔
④ 컨테이너 내부 온도

13 **원유 수송 시 안전한 취급을 위해 주의해야 할 사항으로 적절하지 않은 것은?**

① 흡연으로 인한 폭발 및 화재에 주의한다.
② 선적량은 탱크의 99.5% 이상으로 유지한다.
③ 원유가스의 독성으로 인한 질식에 주의한다.
④ 정전기 발생으로 인한 화재와 폭발에 주의한다.

해설
선적량은 어떠한 경우에도 98% 용적을 초과하지 않도록 해야 한다.

14 **양륙항에 화물은 도착하였으나 선하증권이 수화인에게 도착하지 아니하였을 때 화물의 양하를 위하여 취할 수 있는 방법으로 적합한 것은?**

① 화물을 적·양하할 수 있다.
② 벌금을 내고 수화인은 화물을 인수할 수 있다.
③ 수화인은 보증장(L/G)을 제출하고 화물을 인수할 수 있다.
④ 수화인은 인도지시서(D/O)를 가지고 화물을 인수할 수 있다.

15 **초기복 원력에 대한 설명으로 맞는 것은?**

① 초기 복원력은 경사각이 클수록 작아진다.
② 초기 복원력은 배수량과는 크게 관계가 없다.
③ 초기 복원력은 무게중심(G)과 크게 관계가 없다.
④ 초기 복원력의 크기는 보통 GM의 크기에 의하여 판단한다.

해설
초기 복원력은 동일 선박에서 배수량이 클수록, GM이 클수록, 경사각이 클수록 커진다. 그러나 배수량이 같은 선박이라도 GM에 따라 복원력이 달라지므로 중요한 것은 GM, 즉 메타센터 높이이다.

16 **하역용 윈치(Winch)의 구비요건으로 적합한 것은?**

① 역전장치가 없을 것
② 감는 속도가 항상 일정할 것
③ 정격하중을 정격 속도로 감아올릴 것
④ 안전을 위해 면허가 있는 전문가만 취급이 가능할 것

정답 10 ④ 11 ④ 12 ③ 13 ② 14 ③ 15 ④ 16 ③

해설

하역용 윈치의 구비요건
- 정격하중을 정격속도로 감아 들일 수 있을 것
- 중량의 크기에 관계없이 감는 속도를 광범위하게 조절할 수 있을 것
- 신속하고 정확하게 화물을 올리고 내릴 수 있고, 역전장치를 갖출 것
- 작동 중에 즉시 정지할 수 있는 제동장치를 갖출 것
- 누구나 쉽고 안전하게 취급할 수 있고, 고장 나지 않을 것
- 작동 시에 소음이 작고, 작업상 안전도가 높을 것

17 컨테이너 전용선에서 해치 커버를 닫았을 때 해치 커버와 선창을 고정하기 위한 장치는 무엇인가?

① 아이패드(Eye pad)
② 홀드(Hold)
③ 클리트(Cleat)
④ 셀 가이드(Cell Guide)

18 유조선에서 보일러의 배기가스를 탈황, 탈진 및 냉각시켜 탱크 내에 공급하여 탱크의 폭발과 화재를 방지하기 위한 장치는 무엇인가?

① 수소가스장치 ② 공기공급장치
③ 탱크세정장치 ④ 불활성 가스장치

해설

불활성 가스장치(IGS ; Inert Gas System) : 불활성 가스장치는 기관실 보일러의 배기가스를 냉각, 세척하여 탱크 내에 주입함으로써 탱크 내부를 불활성 상태로 만들어 화재와 폭발을 방지하는 탱커의 안전장치이다.

19 선박법상 선박의 한국 국적 취득요건에 해당하지 않는 것은?

① 국유 선박
② 공유 선박
③ 대한민국 법률에 따라 설립된 상사법인이 소유하는 선박
④ 대한민국 국민이 승선한 선박

해설

선박법 제2조(한국 선박)
다음의 선박을 대한민국 선박으로 한다.
① 국유 또는 공유의 선박
② 대한민국 국민이 소유하는 선박
③ 대한민국의 법률에 따라 설립된 상사법인이 소유하는 선박
④ 대한민국에 주된 사무소를 둔 ③ 외의 법인으로서 그 대표자(공동대표인 경우에는 그 전원)가 대한민국 국민인 경우에 그 법인이 소유하는 선박

20 다음 중 선박법상 소형 선박에 해당하는 것은?

① 길이 12m 미만의 범선
② 길이 24m 미만의 기선
③ 순톤수 10ton 미만의 범선
④ 총톤수 20ton 미만의 기선

해설

선박법 제1조의2(정의)
소형 선박이란 다음의 어느 하나에 해당하는 선박을 말한다.
- 총톤수 20ton 미만인 기선 및 범선
- 총톤수 100ton 미만인 부선

21 선박법상 한국 선박이 선미에 국기를 게양해야 하는 경우에 해당하지 않는 것은?

① 연안 항해를 하는 경우
② 외국항에 입항하는 경우
③ 해군 함정으로부터 요구가 있는 경우
④ 대한민국 등대나 해안망루로부터 요구가 있는 경우

해설

선박법 시행규칙 제16조(국기의 게양)
한국 선박은 다음의 어느 하나에 해당하는 경우에는 선박법에 따라 선박의 뒷부분에 대한민국 국기를 게양하여야 한다.
- 대한민국의 등대 또는 해안망루로부터 요구가 있는 경우
- 외국항을 출입하는 경우
- 해군 또는 해양경찰청 소속의 선박이나 항공기로부터 요구가 있는 경우
- 그 밖에 지방청장이 요구한 경우

17 ③ 18 ④ 19 ④ 20 ④ 21 ① 정답

22 **선박법상 선박등록 시 선박원부에 등록해야 할 사항을 〈보기〉에서 모두 고르면?**

〈보 기〉
ㄱ. 선적항
ㄴ. 승선 정원
ㄷ. 선박의 종류
ㄹ. 선박 소유자의 주소

① ㄱ, ㄷ　　② ㄱ, ㄴ, ㄷ
③ ㄱ, ㄷ, ㄹ　　④ ㄴ, ㄷ, ㄹ

해설
선박법 시행규칙 제11조(등록사항)
지방청장은 선박의 등록 신청을 받았을 때에는 선박원부에 다음의 사항을 등록하여야 한다.
- 선박번호
- 국제해사기구에서 부여한 선박식별번호(IMO번호)
- 호출부호
- 선박의 종류
- 선박의 명칭
- 선적항
- 선 질
- 범선의 범장
- 선박의 길이
- 선박의 너비
- 선박의 깊이
- 총톤수
- 폐위 장소의 합계 용적
- 제외 장소의 합계 용적
- 기관의 종류와 수
- 추진기의 종류와 수
- 조선지
- 조선자
- 진수일
- 소유자의 성명 · 주민등록번호(법인인 경우에는 그 명칭과 법인등록번호) 및 주소
- 선박이 공유인 경우에는 각 공유자의 지분율

23 **선박법상 선박등기제도에 대한 설명으로 맞는 것은?**

① 등기는 관할 지방해양수산청에서 관장한다.
② 총톤수 20ton 이상의 기선은 등기 대상이다.
③ 선박등기는 선박의 관할권을 증명하는 것이다.
④ 선박계류용 기선 및 부선은 등기 대상 의무 선박이다.

해설
선박등기법 제2조(적용 범위)
총톤수 20ton 이상의 기선과 범선 및 총톤수 100ton 이상의 부선에 대하여 적용한다. 다만, 선박법에 따른 부선에 대하여는 적용하지 아니한다.

24 **선박법상 선박국적증서에 대한 설명으로 틀린 것은?**

① 한국국적의 선박임을 증명한다.
② 선박의 개성을 증명한다.
③ 선박의 동일성을 증명한다.
④ 선박의 재산 가치를 증명한다.

25 **선박법상 선박 소유자가 말소등록을 신청해야 하는 사유로 적절하지 않은 것은?**

① 선박이 침몰 또는 멸실한 경우
② 선박이 대한민국 국적을 상실한 경우
③ 선박의 존재 여부가 30일간 분명하지 아니한 경우
④ 선박의 구조 변경으로 인하여 총톤수 15ton인 부선으로 된 경우

해설
선박법 제22조(말소등록)
한국 선박이 다음 각 호의 어느 하나에 해당하게 된 때에는 선박 소유자는 그 사실을 안 날부터 30일 이내에 선적항을 관할하는 지방해양수산청장에게 말소등록의 신청을 하여야 한다.
- 선박이 멸실 · 침몰 또는 해체된 때
- 선박이 대한민국 국적을 상실한 때
- 선박이 제26조에 규정된 선박으로 된 때
- 선박의 존재 여부가 90일간 분명하지 아니한 때

정답 22 ③ 23 ② 24 ④ 25 ③

어선전문

01 어패육의 일반 성분 조성 중 수분 비율이 가장 높은 것은?

① 해 삼
② 방 어
③ 꽁 치
④ 오징어

02 어선 고기 칸과 고기 칸 속의 고기의 처리에 대한 설명으로 적절하지 않은 것은?

① 고기 칸은 깊게 만들수록 편리하다.
② 고기 칸은 어선의 동요에 의한 어체 이동을 방지한다.
③ 고기 칸은 어선의 동요에 의한 어체 손상을 방지한다.
④ 고기 칸 속의 어체를 오랜 시간 방치할 때는 가끔 어체에 찬물을 끼얹는 것이 좋다.

해설
고기 상호 간 압력에 의한 육질 손상이라는 문제가 있으므로, 설계 시 어획물처리작업의 편리성과 주어종의 어획물에 대한 적정 깊이를 고려해야 한다.

03 백색육 어류에 해당하지 않는 것은?

① 넙 치
② 조 기
③ 정어리
④ 가자미

해설
정어리는 적색육 어류이다.

04 어패류의 지방질 함유량에 대한 일반적인 설명으로 옳은 것을 다음 〈보기〉에서 모두 고르면?

〈보 기〉
ㄱ. 등육은 복부육보다 낮다.
ㄴ. 자연산이 양식산보다 훨씬 높다.
ㄷ. 연체류 등의 무척추동물은 낮다.
ㄹ. 회유성 어종인 고등어와 같은 적색육 어종이 넙치와 같은 백색육 어종보다 높다.

① ㄱ, ㄴ
② ㄴ, ㄷ
③ ㄱ, ㄷ, ㄹ
④ ㄴ, ㄷ, ㄹ

05 어패류의 사후 변화과정 중 자가소화의 설명으로 맞는 것은?

① 사후 근육이 차츰 연해지는 현상이다.
② 어체 조직 속에 있는 효소의 작용으로 어체가 분해되는 과정이다.
③ 증식된 미생물이 생산한 효소작용에 의해 악취가 나는 상태이다.
④ 어체의 근육의 투명감이 떨어지고 수축하여 어체가 서서히 굳어지는 현상이다.

해설
어패류의 사후 변화과정
해당작용 → 사후경직 → 해경 → 자가소화 → 부패
- 해당작용 : 사후 산소 공급이 끊겨 글리코겐이 분해되어 젖산으로 분해되는 현상
- 사후경직 : 근육의 투명감이 떨어지고 수축하여 어체가 굳어지는 현상
- 해경 : 사후경직에 의하여 수축되었던 근육이 풀어지는 현상
- 자가소화 : 어체 조직 속에 있는 효소작용으로 조직을 구성하는 단백질, 지방질, 글리코겐과 그 밖의 유기물이 저급의 화합물로 분해되는 현상
- 부패 : 미생물이 생산한 효소작용에 따라 어패류 성분이 유익하지 않은 물질로 분해되어 독성 및 악취를 내는 현상

1 ① 2 ① 3 ③ 4 ③ 5 ② 정답

06 바다에서 생산되는 생어패류를 먹었을 때 많이 발생하는 세균성 식중독의 원인균은?

① 코로나균
② 살모넬라균
③ 보툴리누스균
④ 장염비브리오균

해설
장염비브리오균은 바닷물에 살고 있으므로, 바닷물 속에 살고 있는 어패류에서 이 세균의 오염을 막기는 어렵다.

07 어획물을 어창에 적부할 때 어획물 사이의 손상 방지나 어획물의 이동 방지에 사용하는 것은?

① 훅 ② 체 인
③ 더니지 ④ 클리트

08 어선의 복원력 확보를 위해 어창 적재 시 고려해야 할 사항으로 적절하지 않은 것은?

① 어획물이 고정되도록 적재한다.
② 연료유의 소비는 고려하지 않는다.
③ 어창의 중량 분포를 고려해서 적재한다.
④ 적하 상태에 따라 적절히 경사를 조절한다.

해설
항해 중 연료유, 청수 등의 소비로 인한 배수량의 감소로 복원력이 감소하므로 어창 적재 시 고려해야 한다.

09 처리된 어획물의 포장방법으로 가장 많이 사용하는 방법은?

① 다발 포장
② 종이상자 포장
③ 드럼용기 포장
④ 압축베일 포장

10 어선 운항 시 선미트림으로 유지할 때의 이점으로 틀린 것은?

① 선속이 증가된다.
② 타효가 좋아진다.
③ 수심이 얕은 수역항해에 유리하다.
④ 파랑의 침입을 없애는 효과가 있다.

해설
- 선수트림 : 선수흘수가 선미흘수보다 큰 상태로 선속을 감소시키며, 타효가 불량하다.
- 선미트림 : 선미흘수가 선수흘수보다 큰 상태로 선속이 증가되며, 타효가 좋다.
- 등흘수 : 선수흘수와 선미흘수가 같은 상태로 수심이 얕은 수역을 항해할 때나 입거할 때 유리하다.

11 선수흘수가 2.5m, 선미흘수가 3.0m인 선박의 청수 50ton을 선미 물탱크에서 선수 물탱크로 이동시켜 등흘수 상태가 되었을 때 이동거리는 몇 m인가?(단, 매 센티미터 트림 모멘트는 30.0t・m임)

① 10m ② 20m
③ 30m ④ 35m

해설

$$t = \frac{w \times d}{Mcm}$$

$$d = \frac{t \times Mcm}{w} = \frac{50 \times 30}{50} = 30$$

여기서, t : 트림의 변화량(cm), w : 이동한 중량(t), d : 이동거리(m), Mcm(MTC) : 매 센티미터 트림모멘트

12 어선의 선상에서 어획물의 적재량을 산출하는 방법에 해당하지 않는 것은?

① 어상자의 개수
② 틀채 입고 횟수
③ 냉동 팬 개수
④ 개별 실중량 측정

정답 6 ④ 7 ③ 8 ② 9 ② 10 ③ 11 ③ 12 ④

13 어획물 양륙작업을 위한 어선원을 배치할 때 고려해야 할 사항으로 적합하지 않은 것은?

① 어창 개수
② 예정 하역량
③ 어창 온도
④ 선원들의 숙련도

14 어선 운항 중 복원성 평가요소로 가장 적절하지 않은 것은?

① 청수 소비로 인한 배수량의 감소
② 연료유의 적재량
③ 수리 예비품 적재량
④ 어창의 어획물 적재량

해설
항해 경과와 복원력 감소
• 연료유, 청수 등의 소비로 인한 배수량의 감소
• 유동수 발생으로 무게중심의 위치 상승
• 갑판 적화물의 물을 흡수로 중량 증가

15 어창 빌지 웰의 역할은 무엇인가?

① 어창 가비지를 저장한다.
② 어창 오수를 분산 저장한다.
③ 외부로부터 오수 유입을 방지한다.
④ 오수를 모아 배출을 용이하게 한다.

16 어획물을 입고 및 냉동과정에서 어창에 예랭수와 브라인이 반드시 준비되어야 하는 어업은 무엇인가?

① 원양 트롤
② 원양 다랑어 선망
③ 원양 다랑어 연승
④ 원양 꽁치 봉수망

17 상자로 된 냉동 어획물 하역에 많이 사용되는 화물용 슬링은 무엇인가?

① 줄 슬링
② 그물 슬링
③ 체인 슬링
④ 웨브 슬링

해설
카고 슬링의 종류

로프 슬링

와이어 슬링

체인 슬링

웨브 슬링

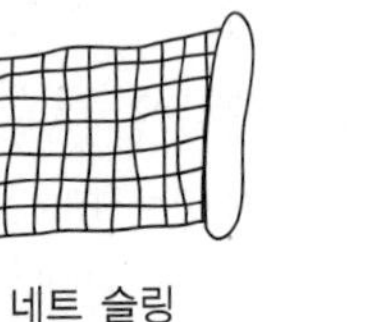
네트 슬링

파우더 슬링

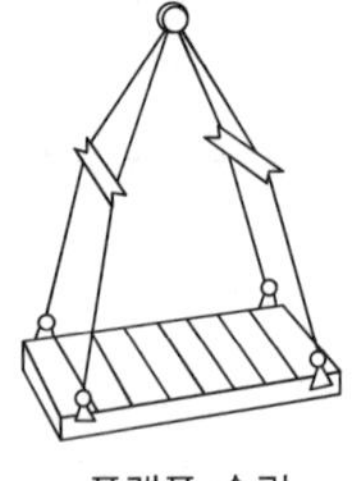
플랫폼 슬링

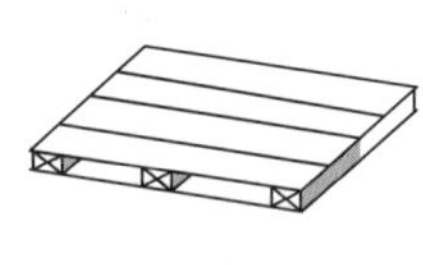
팰릿

13 ③ 14 ③ 15 ④ 16 ② 17 ② 정답

18 데릭식 하역장치의 주요부 구성에 해당하지 않는 것은?

① 붐 ② 토핑 리프트
③ 윈 치 ④ 크레인

해설
데릭식 하역 설비의 주요부 구성에는 데릭 포스트, 붐, 토핑 리프트, 붐 가이, 카고 풀, 카고 훅 및 윈치 등이 있다.

19 어선법상 어선을 등록할 때에 어선원부에 기재하는 사항으로서 그 어선이 주로 입항 및 출항하는 항구 또는 포구는 무엇인가?

① 지정항 ② 무역항
③ 선적항 ④ 어 항

해설
어선법 제13조(어선의 등기와 등록)
어선의 소유자나 해양수산부령으로 정하는 선박의 소유자는 그 어선이나 선박이 주로 입항·출항하는 항구 및 포구(이하 '선적항'이라고 한다)를 관할하는 시장·군수·구청장에게 해양수산부령으로 정하는 바에 따라 어선원부에 어선의 등록을 하여야 한다.

20 다음 〈보기〉의 ( ) 안에 들어갈 내용으로 적합한 것은?

〈보 기〉
어선법상 어선의 수리 또는 개조로 인하여 총톤수가 변경된 경우에는 ( )에게 총톤수의 재측정을 신청하여야 한다.

① 선급협회장
② 해양수산부장관
③ 지방해양경찰
④ 시장·군수·구청장

해설
어선법 제14조(어선의 총톤수 측정 등)
어선의 소유자는 어선의 수리 또는 개조로 인하여 총톤수가 변경된 경우에는 해양수산부장관에게 총톤수의 재측정을 신청하여야 한다.

21 어선법상 개조에 해당하지 않는 것은?

① 어선의 길이·너비·깊이를 변경하는 것
② 어구의 크기와 주요 재질 및 속구를 변경하는 것
③ 추진기관을 새로 설치하거나 추진기관의 종류 또는 출력을 변경하는 것
④ 어선의 용도를 변경하거나 어업의 종류를 변경할 목적으로 어선의 구조나 설비를 변경하는 것

해설
어선법 제2조(정의)
개조란 다음의 어느 하나에 해당하는 것을 말한다.
- 어선의 길이·너비·깊이를 변경하는 것
- 어선의 추진기관을 새로 설치하거나 추진기관의 종류 또는 출력을 변경하는 것
- 어선의 용도를 변경하거나 어업의 종류를 변경할 목적으로 어선의 구조나 설비를 변경하는 것

22 어선법상 어선 선령의 기준일은 무엇인가?

① 인도일
② 용골 거치일
③ 진수일
④ 시운전일

해설
어선법 시행규칙 제2조(정의)
선령이란 어선이 진수한 날부터 경과한 기간을 말한다.

23 어선법상 어선의 등록에 관한 설명으로 틀린 것은?

① 등록하지 아니한 어선은 어선으로서 사용할 수 없다.
② 어선등록업무는 관할 지방해양수산청장이 담당한다.
③ 등록한 어선에 대해 총톤수 구분에 따른 증서를 발급한다.
④ 어선이 6개월 이상 행방불명된 경우에는 등록의 말소를 신청해야 한다.

정답 18 ④ 19 ③ 20 ② 21 ② 22 ③ 23 ②

해설

어선법 제13조(어선의 등기와 등록)

- 어선의 소유자나 해양수산부령으로 정하는 선박의 소유자는 그 어선이나 선박이 주로 입항·출항하는 항구 및 포구를 관할하는 시장·군수·구청장에게 해양수산부령으로 정하는 바에 따라 어선원부에 어선의 등록을 하여야 한다.
- 시장·군수·구청장은 등록을 한 어선에 대하여 다음의 구분에 따른 증서 등을 발급하여야 한다.
  - 총톤수 20ton 이상인 어선 : 선박국적증서
  - 총톤수 20ton 미만인 어선(총톤수 5ton 미만의 무동력어선은 제외한다) : 선적증서
  - 총톤수 5ton 미만인 무동력어선 : 등록필증

어선법 제19조(등록의 말소와 선박국적증서 등의 반납)

어선이 다음의 어느 하나에 해당하는 경우 그 어선의 소유자는 30일 이내에 해양수산부령으로 정하는 바에 따라 등록의 말소를 신청하여야 한다.

- 어선 외의 목적으로 사용하게 된 경우
- 대한민국의 국적을 상실한 경우
- 멸실·침몰·해체 또는 노후·파손 등의 사유로 어선으로 사용할 수 없게 된 경우
- 6개월 이상 행방불명이 된 경우

24 다음 〈보기〉의 (　) 안에 들어갈 용어로 적합한 것은?

〈보 기〉
어선법상 총톤수 20ton 미만 동력선의 소유자는 어선을 등록한 후에 (　)을(를) 발급받아야 한다.

① 선적증서　② 선박국적증서
③ 등록필증　④ 승무최소정원증서

해설

어선법 제13조(어선의 등기와 등록)

시장·군수·구청장은 등록을 한 어선에 대하여 다음의 구분에 따른 증서 등을 발급하여야 한다.

- 총톤수 20ton 이상인 어선 : 선박국적증서
- 총톤수 20ton 미만인 어선(총톤수 5ton 미만의 무동력어선은 제외한다) : 선적증서
- 총톤수 5ton 미만인 무동력어선 : 등록필증

25 어선법상 총톤수 30ton인 어선을 등록 신청할 때 첨부해야 하는 서류에 해당하지 않는 것은?

① 선박국적증서
② 어선건조발주허가서
③ 선박등기부등본
④ 어선총톤수측정증명서

해설

어선법 시행규칙 제21조(등록의 신청 등)

어선의 등록을 하려는 자는 어선등록신청서·어선변경등록신청서에 다음의 서류를 첨부하여 선적항을 관할하는 시장·군수·구청장에게 제출하여야 한다.

- 어선건조허가서 또는 어선건조발주허가서
- 어선총톤수측정증명서
- 선박등기부등본
- 대체되는 어선의 처리에 관한 서류

24 ① 25 ① 정답

제 32 회

기출복원문제

상선전문

01 적화계획 수립 시 고려해야 할 요소로 가장 중요한 것은 무엇인가?

① 양하지의 날씨 ② 적하지의 날씨
③ 안전 확보와 경제성 ④ 영업적 이윤의 확보

해설
적화계획 시 고려해야 할 사항
- 화물의 성질 및 포장
- 화물의 로트수 및 수량
- 기항지의 수 및 순서
- 운송기간 및 기후
- 양화지의 하역능률 및 정박기간
- 선박의 구조설비

02 전단력 곡선을 적분하여 구한 곡선으로서, 선체 길이 방향으로 임의 단면에 작용하는 힘을 나타낸 곡선은 무엇인가?

① 중량 곡선 ② 전단력 곡선
③ 횡강력 곡선 ④ 굽힘 모멘트 곡선

03 선창 안 사이드 스파링(Side Sparring)의 내면, 선저 내저판(Bottom Plate)의 상면, 갑판 빔의 하면으로 이루어지는 용적에서 기둥(Pillar), 브래킷(Bracket), 갑판 거더(Deck Girder) 등의 용적을 제외한 것은?

① 경하배수톤수 ② 적화용적
③ 그레인용적 ④ 베일용적

해설
① 경하배수톤수 : 순수한 선박 자체의 중량을 의미하는 것으로, 화물 · 연료 · 청수 · 식량 등을 적재하지 아니한 경우의 선박의 배수톤수이다.
② 적화용적 : 화물을 싣기 위하여 사용되는 선창 안의 용적으로, 그레인용적과 베일용적이 있다.
③ 그레인용적 : 선창 내 외판의 내면, 선저 내판의 윗면, 갑판의 밑면으로 이루어지는 선창용적에서 프레임, 갑판 빔, 사이드 스파링, 기둥 및 갑판 거더 등의 용적을 제외한 용적이다.

04 선박의 밀폐된 총용적에서 상갑판상 선박의 안전, 위생 및 항해 등에 필요한 장소의 용적을 제외하고 톤으로 환산한 값은 무엇인가?

① 순톤수
② 배수톤수
③ 총톤수
④ 적재톤수

해설
① 순톤수 : 총톤수에서 선원 상용실, 밸러스트 탱크, 갑판장 창고, 기관실 등을 뺀 용적으로, 화물이나 여객 운송을 위해여 쓰이는 실제 용적
② 배수톤수 : 선체의 수면 아래의 용적(배수용적)에 상당하는 해수의 중량

05 배수용적이 1,000m^3인 선박이 밀도 1,020t/m^3의 해수에 떠 있을 때 배수량은 무엇인가?

① 약 985ton
② 약 1,000ton
③ 약 1,020ton
④ 약 1,025ton

정답 1 ③ 2 ④ 3 ④ 4 ③ 5 ③

06 다음 그림에서 선미흘수가 약 5m 75cm일 때 흘수표에 대한 수면선으로 옳은 것은 무엇인가?

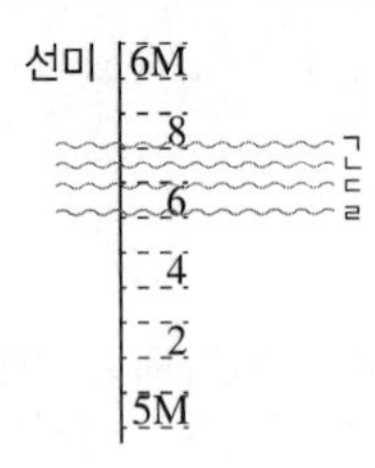

① ㄱ ② ㄴ
③ ㄷ ④ ㄹ

해설
흘수의 표시
숫자 높이, 숫자와 숫자의 간격은 10cm이고, 숫자의 하단이 선저로부터의 흘수이다.

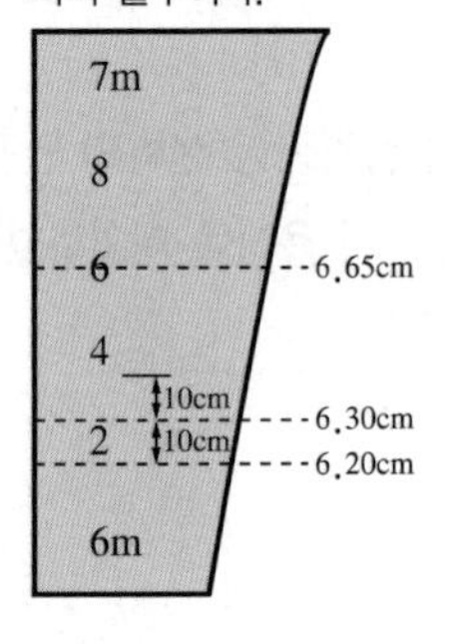

07 다음 중 적재 감항성과 관련이 없는 것은 무엇인가?

① 복원력
② 화물의 총량
③ 선박 항해설비
④ 선박의 횡강도

해설
적재 감항성
화물을 운송하기 위한 적재시설을 갖추어 운송하기로 예정된 화물을 안전하게 운송할 수 있는 능력이다. 따라서 적화계획과 관련된 선박의 감항성 문제는 실을 화물의 총량과 충분한 복원력 및 선체 강도의 허용 범위를 고려하여 화물의 적절한 수직 및 선수·미 방향의 무게 배치를 통해 선박의 안전성을 확보하는 것이다.

08 화물 취급 시 일반적인 주의사항으로 적절하지 않은 것은?

① 화물의 특성을 정확히 파악한다.
② 화물 취급은 통상 기계를 이용하므로 신경 쓰지 않아도 된다.
③ 화물로 인한 비상상황에 항상 대비해야 한다.
④ 능률적인 하역이 되도록 화물을 적재한다.

09 일반적으로 선체 중간에 위치하여 선박과 육상이 연결되는 곳으로 유조선과 같은 액체 화물선에서 화물을 내주거나 싣는 곳은 무엇인가?

① 펌프 룸 ② 매니폴드
③ 벙커 스테이션 ④ 카고 라인

10 선박이 통상의 위험을 견디고 안전하게 항해할 수 있는 상태를 뜻하는 용어는?

① 감항성 ② 추종성
③ 통상성 ④ 복원성

해설
선박의 감항성
감항성(Seaworthiness)은 선박이 출항 당시에 통상의 위험을 견디고 안전하게 항해할 수 있는 인적 및 물적 준비를 갖추는 것이다. 갖춘 상태로 판정하는 요소는 선체 감항성, 항해 감항성, 적재 감항성이다.

11 화재를 일으키는 요소 중 불활성 가스장치를 통해 제어할 수 있는 것은 무엇인가?

① 열 ② 산 소
③ 질 소 ④ 수 소

해설
불활성 가스장치(IGS ; Inert Gas System)
불활성 가스장치는 기관실 보일러의 배기가스를 냉각, 세척하여 탱크 내에 주입함으로써 탱크 내부를 불활성 상태로 만들어 화재와 폭발을 방지하는 탱커의 안전장치이다. 원유가스의 경우 산소 농도가 11.5% 이하이면 어떤 경우에도 연소가 일어나지 않는 불활성 상태가 되는데 탱커에서는 IGS를 사용하여 탱크 내부의 산소 농도를 8% 이하로 유지시킨다.

6 ② 7 ③ 8 ② 9 ② 10 ① 11 ② 정답

12 **어떠한 사유로 인하여 약정된 정박기간 안에 하역을 종료하지 못하고 초과 정박하였을 경우 취할 수 있는 조치로 올바른 것은?**

① 용선주는 선주에게 체선료를 지불하게 된다.
② 용선주는 선주에게 조출료를 지급해야 한다.
③ 선박의 특성상 흔히 있는 일이므로 벌금을 내고 무시한다.
④ 용선주는 면책특권이 있으므로 따로 행동을 취하지 않아도 무방하다.

해설
체선료란 정박기간 내에 선적 또는 하역을 하지 못하여 화주가 선박회사에 지급하는 금액이다. 계약된 기간보다 선적이나 하역을 빨리 하였을 때 지급하는 금액으로 조기에 화물을 선적하거나 하역했을 때 지급하는 조출료에 상대되는 개념이다.

13 **컨테이너 전용선에서 해치 커버를 닫았을 때 해치 커버와 선창을 고정하기 위한 장치는 무엇인가?**

① 아이 패드(Eye pad) ② 홀드(Hold)
③ 클리트(Cleat) ④ 셀 가이드(Cell Guide)

14 **태클을 구성하는 요소로서 로프를 관통시켜 방향을 전환시키거나 힘의 이득을 얻기 위한 하역용구는 무엇인가?**

① 섀 클 ② 데릭 붐
③ 슬 링 ④ 블 록

해설
태클의 구성
태클은 로프와 블록으로 구성되어 있다.

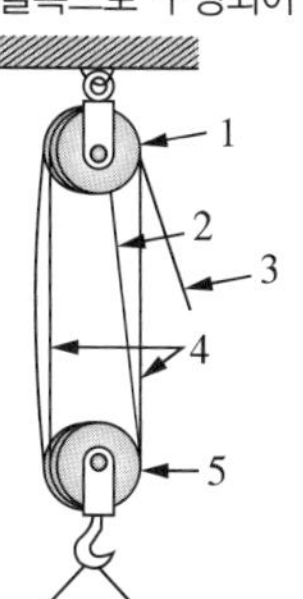

1. 고정 블록
2. 고정줄
3. 당김줄
4. 이동줄
5. 이동 블록
6. 중량물

15 **선박에 설치된 하역설비 중 데릭의 하중시험에 대한 규정으로 맞는 것은?**

① 제한하중의 등록을 한 하역설비는 매 3개월마다 검사를 받아야 한다.
② 제한하중의 등록을 한 하역설비는 매 2년마다 정기검사를 받아야 한다.
③ 정기검사에서는 하역설비의 각부 현상에 대하여 정밀검사를 하여야 한다.
④ 하중시험은 우리나라의 경우 선박법에 의해 실시한다.

해설
하중시험
제한하중의 등록을 한 하역설비는 12개월마다 연차검사를 받아야 하고, 4년마다 정기검사를 받아야 한다. 연차검사 시에는 하역설비의 주요부에 대한 검사를 하고, 정기검사에서는 하역설비의 각 부 현상에 대하여 정밀검사를 실시한다. 우리나라는 선박안전법에 의해 실시한다.

16 **선박의 인격자 유사성의 개념과 관련 있는 것을 다음 〈보기〉에서 모두 고르면?**

〈보 기〉
ㄱ. 국 적
ㄴ. 선장의 이름
ㄷ. 회사의 명칭
ㄹ. 선박의 명칭

① ㄱ, ㄹ
② ㄴ, ㄹ
③ ㄱ, ㄴ, ㄹ
④ ㄱ, ㄷ, ㄹ

해설
선박은 사람과 같이 국적과 명칭을 부여하고 사람의 주소에 해당하는 선적항을 정하고 선박의 크기(적재량)를 확정하여 인격자와 유사한 성질을 갖는다.

정답 12 ① 13 ③ 14 ④ 15 ③ 16 ①

17 선창 내부에 적재한 화물의 충격으로 인해 발생하는 선창 하부의 손상을 방지하기 위한 화물창 내부 구조물은 무엇인가?

① 보텀 실링(Bottom Ceiling)
② 빌지 파이프(Bilge Pipe)
③ 빌지 킬(Bilge Keel)
④ 환풍구(Ventilator)

18 좌초로 인해 선저부에 손상을 입어도 내저판으로 화물창 내 침수를 방지하여 화물을 안전하게 보호할 수 있도록 설계된 선저부 구조를 무엇이라고 하는가?

① 격벽구조
② 선미구조
③ 선수구조
④ 이중저 구조

해설
이중저 구조의 장점
- 좌초 등으로 선저부가 손상을 입어도 내저판에 의해 일차적으로 선내의 침수를 방지하여 화물과 선박의 안전을 기할 수 있다.
- 선저부의 구조가 견고하므로 호깅(Hogging) 및 새깅(Sagging) 상태에도 잘 견딘다.
- 이중저의 내부가 구획되어 있으므로 선박평형수(Ballast Water), 연료 및 청수탱크로 사용할 수 있다.
- 선박평형수 탱크의 주·배수로 인하여 공선 시 복원성과 추진효율을 향상시킬 수 있고, 선박의 횡경사와 트림 등을 조절할 수 있다.

19 선체의 응력 변화, 파이프라인 내의 온도 변화 등으로 발생할 수 있는 파이프라인의 팽창수축현상을 완화하기 위하여 화물용 파이프라인에 설치하는 것은 무엇인가?

① 밸러스트라인
② 벨 마우스
③ 안전밸브
④ 익스팬션 조인트

20 선박법상 여객 또는 화물의 운송용으로 제공되는 선박 안에 있는 장소의 크기를 나타내기 위하여 사용되는 지표는 무엇인가?

① 순톤수
② 총톤수
③ 국제총톤수
④ 경하배수톤수

해설
선박법 제3조(선박톤수)
선박톤수의 종류는 다음과 같다.
- 국제총톤수 : 1969년 선박톤수측정에 관한 국제협약 (이하 '협약'이라 고 한다) 및 협약의 부속서(附屬書)에 따라 주로 국제 항해에 종사하는 선박에 대하여 그 크기를 나타내기 위하여 사용되는 지표를 말한다.
- 총톤수 : 우리나라의 해사에 관한 법령을 적용할 때 선박의 크기를 나타내기 위하여 사용되는 지표를 말한다.
- 순톤수 : 협약 및 협약의 부속서에 따라 여객 또는 화물의 운송용으로 제공되는 선박 안에 있는 장소의 크기를 나타내기 위하여 사용되는 지표를 말한다.
- 경하배수톤수 : 순수한 선박 자체의 중량을 의미하는 것으로 화물, 연료, 청수, 식량 등을 적재하지 아니한 경우의 선박의 배수톤수를 말한다.

21 선박법상 선박의 국적에 관한 설명으로 틀린 것은?

① 특정한 국적을 가져야 한다.
② 이중국적은 허용하지 않는다.
③ 등록은 가능하나 등기할 필요는 없다.
④ 선박 국적은 국제법상 중요한 의미를 가진다.

해설
선박법 제8조(등기와 등록)
한국 선박의 소유자는 선적항을 관할하는 지방해양수산청장에게 해양수산부령으로 정하는 바에 따라 선박을 취득한 날부터 60일 이내에 그 선박의 등록을 신청하여야 한다. 이 경우 선박등기법에 해당하는 선박은 선박의 등기를 한 후에 선박의 등록을 신청하여야 한다.

17 ① 18 ④ 19 ④ 20 ① 21 ③ 정답

22 **선박법상 선박의 명칭에 대한 설명으로 맞는 것은?**

① 선박의 명칭은 강제사항이 아니다.
② 선박의 명칭을 결정하기 위해 지방해양수산청장의 허가가 필요하다.
③ 선박의 명칭을 변경하기 위해 해양경찰서장의 허가가 필요하다.
④ 선수 양현의 외부 및 선미 외부의 잘 보이는 곳에 각각 10cm 이상의 한글로 표시한다.

해설
선박법 제11조(국기 게양과 표시)
한국 선박은 해양수산부령으로 정하는 바에 따라 대한민국 국기를 게양하고 그 명칭, 선적항, 흘수의 치수와 그 밖에 해양수산부령으로 정하는 사항을 표시하여야 한다.
선박법 시행규칙 제17조(선박의 표시사항과 표시방법)
- 선박의 명칭 : 선수 양현의 외부 및 선미 외부의 잘 보이는 곳에 각각 10cm 이상의 한글(아라비아숫자를 포함한다)로 표시

23 **선박법상 선박등기제도에 대한 설명으로 맞는 것은?**

① 등기는 관할 지방해양경찰청장에서 관장한다.
② 총톤수 20ton 이상의 기선은 등기 대상이다.
③ 선박등기는 선박의 관할권을 증명하는 것이다.
④ 선박계류용 부선은 등기 대상 의무 선박이다.

해설
선박등기법 제2조(적용 범위)
총톤수 20ton 이상의 기선과 범선 및 총톤수 100ton 이상의 부선에 대하여 적용한다. 다만, 선박법에 따른 부선에 대하여는 적용하지 아니한다.

24 **선박법상 불개항장에 해당하는 것은 무엇인가?**

① 한국 선박 및 외국 선박이 상시 출입하는 항구
② 관세법상 외국과의 무역이 허용되지 아니하는 항구
③ 부산항
④ 관세법상 외국과의 무역이 허용되는 항구

25 **다음 〈보기〉의 (　　) 안에 들어갈 내용으로 적합한 것은?**

〈보 기〉
선박법상 한국 선박의 소유자는 대한민국에 (　　) 을(를) 정하고 그 (　　)또는 선박의 소재지를 관할하는 (　　)에게 선박의 총톤수의 측정을 신청하여야 한다.

① 선적항, 항만국, 해양수산부장관
② 선적항, 선적항, 지방해양수산청장
③ 항만국, 항만국 , 지방해양수산부청장
④ 지정항, 선적항, 해양수산부장관

해설
선박법 제7조(선박톤수 측정의 신청)
한국 선박의 소유자는 대한민국에 선적항을 정하고 그 선적항 또는 선박의 소재지를 관할하는 지방해양수산청장(지방해양수산청 해양수산사무소장을 포함한다)에게 선박의 총톤수의 측정을 신청하여야 한다.

정답 22 ④ 23 ② 24 ② 25 ②

어선전문

01 **어선에서 주로 사용되는 냉매로 적합하지 않은 것은?**

① 프레온
② 암모니아
③ 아세틸렌
④ 브라인

02 **어패육의 일반 성분 조성 중 수분 비율이 가장 높은 것은?**

① 해 삼　　② 방 어
③ 대 구　　④ 오징어

03 **어획물의 내장 제거에 대한 설명으로 틀린 것은?**

① 변패가 빠른 어종은 내장을 제거하고 저온에 저장하는 것이 선도 유지에 효과적이다.
② 어획물 처리과정에서 내장을 제거하는 것이 좋은 어종은 홍어, 오징어 등이다.
③ 어획물의 선도 변화는 내장이 있는 복부, 안구, 아가미 부분에서 먼저 일어난다.
④ 어획물이 내장에 있는 복부 주위에 변색이 일어나면 그것이 점차 머리쪽으로 번져 어체 전체가 변패하게 된다.

해설
어획물이 내장이 있는 복부 주위에 변색이 일어나면 그것이 점차 꼬리쪽으로 번져 어체 전체가 변패하게 된다.

04 **어창 내에 화물을 만재했을 때 화물이 차지하는 용적 이외의 용적을 의미하는 것은?**

① 배분량　　② 화물틈
③ 순톤수　　④ 순적화량

05 **어창 적재 중에 잘 모르는 냉동된 고기의 가시에 찔렸을 경우 가장 먼저 취할 조치로 옳은 것은?**

① 담수에 씻는다.
② 소독약을 바른다.
③ 찔린 부위의 피를 뽑아낸다.
④ 찔린 부위를 주물러 마사지 한다.

해설
세균이나 바이러스의 감염의 우려가 있으므로 찔린 부위를 피를 뽑아낸다.

06 **처리된 어획물의 포장방법으로 가장 많이 사용하는 것은?**

① 벌크 포장
② 종이상자 포장
③ 드럼 포장
④ 압축베일 포장

07 **기선저인망 어선의 선수흘수가 3.2m이고 선미흘수가 3.0m일 때 트림은?**

① 선수트림 0.1m
② 선미트림 0.1m
③ 선수트림 0.2m
④ 선미트림 0.3m

해설
트림이란 길이 방향의 선체 경사를 나타내는 것으로서, 선수흘수와 선미흘수의 차이다.
선수흘수(3.2m) − 선미흘수(3.0m) = 0.2m
• 선수트림 : 선수흘수가 선미흘수보다 큰 상태
• 선미트림 : 선미흘수가 선수흘수보다 큰 상태
• 등흘수 : 선미흘수와 선수흘수가 같은 상태

1 ③ 2 ① 3 ④ 4 ② 5 ③ 6 ② 7 ③ 정답

08 선수흘수가 2.5m, 선미흘수가 3.0m인 선박의 청수 50ton을 선미 물탱크에서 선수 물탱크로 이동시켜 등흘수 상태가 되었을 때 이동거리는 몇 m인가?(단, 매 센티미터 트림모멘트는 30.0t・m임)

① 10m ② 20m
③ 30m ④ 35m

해설

$t = \frac{w \times d}{Mcm}$

$d = \frac{t \times Mcm}{w} = \frac{50 \times 30}{50} = 30$

여기서, t :트림의 변화량(cm), w : 이동한 중량(t), d : 이동거리(m), Mcm(MTC) : 매 cm 트림모멘트

09 어선의 선상에서 어획물의 적재량을 산출하는 방법으로 적절하지 않은 것은?

① 어상자의 개수 ② 틀채 입고 횟수
③ 냉동 팬 개수 ④ 개별 실중량 측정

10 선박의 횡요주기를 측정하면 그 상태의 GM의 값을 대략 구할 수 있는데, 횡요운동주기[T(초)], 선폭 [B(m)], GM(m)과의 관계로 맞는 것은?

① $T \fallingdotseq 0.8B/\sqrt{GM}$
② $T \fallingdotseq 0.8B/GM$
③ $T \fallingdotseq 0.8B/(GM)^2$
④ $T \fallingdotseq (0.8B/GM)^2$

11 어선이 어획물을 끌어 올릴 때 무게중심이 경심보다 높은 위치로 이동할 때 발생되는 것은 무엇인가?

① 선체가 안정된다.
② 선체가 전복된다.
③ 선체가 종경사된 상태로 정지한다.
④ 선체의 좌우 요동이 반복하여 나타난다.

해설

무게중심이 경심보다 높은 위치로 이동하면 불안정 평형 상태가 된다.

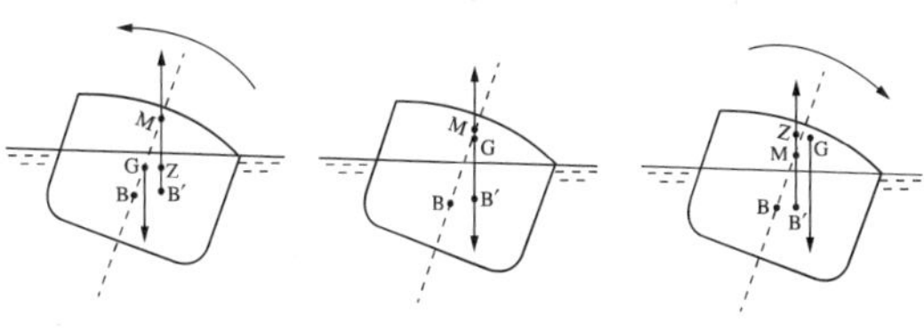

원래 위치로 돌아감 (a) 안정 평형 상태 / 기운 채 정지함 (b) 중립 평형 상태 / 기운 쪽으로 더욱 경사함 (c) 불안정 평형 상태

12 어선의 복원성 및 만재흘수선 기준의 적용대상이 되는 선박을 다음 〈보기〉에서 모두 고르면?

〈보 기〉
ㄱ. 길이 12m 이상의 어선
ㄴ. 길이 24m 이상의 어선
ㄷ. 길이 36m 이상의 어선
ㄹ. 최대 승선 인원이 7명 이상인 낚시 어선
ㅁ. 최대 승선 인원이 13명 이상인 낚시 어선

① ㄱ, ㄴ ② ㄴ, ㄹ
③ ㄴ, ㅁ ④ ㄷ, ㅁ

해설

어선법 제3조의2(복원성 승인 및 유지)
다음 내용의 어느 하나에 해당하는 어선의 소유자는 어선이 해양수산부장관이 정하여 고시하는 복원성 기준에 적합한지에 대하여 해양수산부령으로 정하는 바에 따라 복원성 승인을 받아야 한다.
- 배의 길이가 24m 이상인 어선
- 낚시 관리 및 육성법에 따른 낚시어선으로서 어선검사증서에 기재된 최대 승선인원이 13명 이상인 어선

어선법 제4조(만재흘수선의 표시 등)
길이 24m 이상의 어선의 소유자는 해양수산부장관이 정하여 고시하는 기준에 따라 만재흘수선의 표시를 하여야 한다.

13 다음 중 근해어선의 방장용 어창에 방열재로 사용되는 것이 아닌 것은 무엇인가?

① 탄화 코르크판 ② 발포 폴리우레탄
③ 스티로폼 ④ 알루미늄판

정답 8 ③ 9 ④ 10 ① 11 ② 12 ③ 13 ④

14 어선에서 사용하는 동결장치 중 공기냉각기로 냉각한 공기를 팬에 의해 고속으로 순환시키며 동결하는 장치를 무엇이라고 하는가?

① 액화가스 동결장치(Cryogenic Freezer)
② 송풍식 동결장치(Air Blast Freezer)
③ 접촉식 동결장치(Contact Freezer)
④ 침지식 동결장치(Lmmersion Freezer)

해설
① 액화가스 동결장치 : 식품에 직접 액체 질소 등의 액화가스를 살포하여 급속 동결하는 장치
③ 접촉식 동결장치 : 냉각 금속판 사이에 원료를 넣고, 양면을 밀착하여 동결하는 장치
④ 침지식 동결장치 : 브라인 중에 식품을 직접 담가 동결하는 장치

15 어창에 사용되는 방열재의 구비조건으로 적절하지 않은 것은?

① 열전도율이 작을 것
② 불연성 또는 난연성일 것
③ 팽창계수가 클 것
④ 밀도가 작을 것

16 데릭 의장에서 앙각을 고정하기 위해서 와이어 길이를 고정하여 메어 두는 설비를 무엇이라고 하는가?

① 섀 클 ② 비 트
③ 클리트 ④ 불워크

17 상자로 된 냉동 어획물 하역에 많이 사용되는 화물용 슬링은 무엇인가?

① 로프 슬링
② 그물 슬링
③ 체인 슬링
④ 와이어 슬링

해설
카고 슬링의 종류

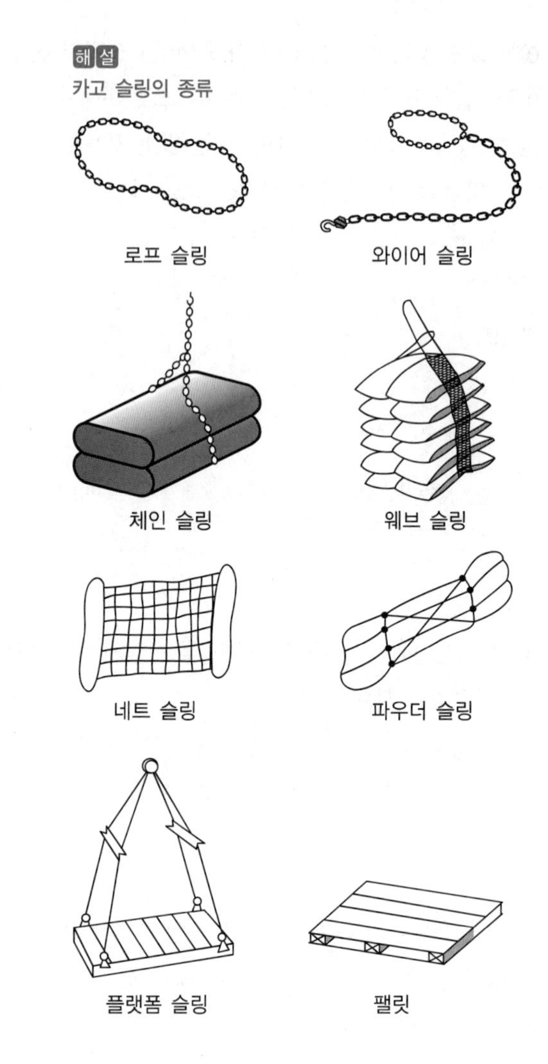

18 데릭식 하역장치의 주요부 구성에 해당하지 않는 것은?

① 붐
② 카고 훅
③ 윈 치
④ 크레인

해설
데릭식 하역설비의 주요부는 데릭 포스트, 붐, 토핑 리프트, 붐 가이, 카고 풀, 카고 훅 및 윈치 등으로 구성되어 있다.

14 ② 15 ③ 16 ③ 17 ② 18 ④ 정답

19 어선법상 총톤수 측정 또는 개측의 신청을 위해 첨부해야 하는 도면을 다음 〈보기〉에서 모두 고르면?

〈보기〉
ㄱ. 일반배치도
ㄴ. 외판전개도
ㄷ. 중앙횡단면도
ㄹ. 강재배치도

① ㄱ, ㄴ ② ㄱ, ㄴ, ㄹ
③ ㄴ, ㄷ, ㄹ ④ ㄱ, ㄷ, ㄹ

해설
어선법 시행규칙 제12조(총톤수측정 또는 개측의 신청)
어선의 총톤수 측정 또는 그 개측을 받으려는 자는 어선 총톤수 측정·개측신청서를 해양수산부장관 또는 대한민국 영사에게 제출하여야 한다. 이 경우 측정 길이 24m 이상인 어선의 경우에는 다음의 도면 또는 서류를 첨부하여야 한다.
- 일반배치도
- 선체선도
- 중앙횡단면도
- 강재배치도 또는 재료배치도
- 상부구조도
- 그 밖에 해양수산부장관이 총톤수 측정 등에 필요하다고 인정하는 서류

20 어선법상 무전설비를 갖추어야 할 대상이 어선임에도 불구하고 갖추지 아니하고 항행할 수 있는 경우로 올바른 것은?

① 임시항행검사증서를 가지고 1회의 항행에 사용되는 경우
② 임시항행검사증서를 가지고 5회의 항행에 사용되는 경우
③ 중간검사증서를 가지고 1회의 항행에 사용되는 경우
④ 정기검사증서를 가지고 3회의 항행에 사용되는 경우

해설
어선법 제5조(무선설비)
어선이 해양수산부령으로 정하는 항행의 목적에 사용되는 경우에는 무선설비를 갖추지 아니하고 항행할 수 있다.

어선법 시행규칙 제42조(무선설비의 설치대상어선 등)
'해양수산부령으로 정하는 항행의 목적에 사용되는 경우'란 다음의 어느 하나에 해당하는 경우를 말한다.
- 임시항행검사증서를 가지고 1회의 항행에 사용하는 경우
- 시운전을 하는 경우

21 다음 〈보기〉의 ( ) 안에 들어갈 용어로 적합한 것은?

〈보 기〉
어선법상 총톤수 20ton 미만 동력어선의 소유자는 어선을 등록한 후에 ( )을(를) 발급받아야 한다.

① 선적증서 ② 선박국적증서
③ 등록필증 ④ 승무최소정원증서

해설
어선법 제13조(어선의 등기와 등록)
시장·군수·구청장은 등록을 한 어선에 대하여 다음의 구분에 따른 증서 등을 발급하여야 한다.
- 총톤수 20ton 이상인 어선 : 선박국적증서
- 총톤수 20ton 미만인 어선(총톤수 5ton 미만의 무동력어선은 제외) : 선적증서
- 총톤수 5ton 미만인 무동력어선 : 등록필증

22 다음 〈보기〉의 ( ) 안에 들어갈 내용으로 적합한 것은?

〈보 기〉
어선법상 어선의 등록사항을 변경하고자 할 때 상속을 제외한 사유가 발생한 날부터 ( ) 이내에 선적항 관할 시장·군수·구청장에게 신청을 하여야 한다.

① 10일 ② 20일
③ 30일 ④ 50일

해설
어선법 시행규칙 제26조(등록사항의 변경 신청 등)
어선의 등록사항에 관한 변경등록을 하려는 자(허가권자가 시장·군수·구청장인 경우만 해당한다)는 그 변경의 사유가 발생한 날부터 30일(상속의 경우에는 상속이 발생한 날이 속하는 달의 말일부터 6개월을 말한다) 이내에 어선등록신청서·어선변경등록신청서에 다음 각 호의 서류를 첨부하여 선적항을 관할하는 시장·군수·구청장에게 제출하여야 한다.

정답 19 ④ 20 ① 21 ① 22 ③

23 어선법상 선박국적증서 등을 어선에 갖추어 두지 않고 1차에 걸쳐 어선을 항행하거나 조업에 사용할 경우 과태료 금액은 얼마인가?

① 5만원 ② 15만원
③ 25만원 ④ 50만원

해설
어선법 시행령 별표 2(과태료의 부가 기준)

위반행위	근거 법조문	과태료 금액		
		1차 위반	2차 위반	3차 이상 위반
법 제15조 본문을 위반하여 선박국적증서등을 어선에 갖추어 두지 않고 어선을 항행하거나 조업에 사용한 경우	법 제53조 제2항 제2호	25만원	50만원	100만원

24 어선법상 선박국적증서등의 비치의무 면제 선박에 해당하지 않는 것은?

① 내수면에서 허가어업에 사용하는 어선
② 연근해수역 어획물운반선
③ 어장관리에 사용하는 총톤수 5ton 미만의 어선
④ 연근해어업 허가증을 비치한 총톤수 2ton 미만의 어선

해설
어선법 시행규칙 제33조의2(선박국적증서등의 비치의무 면제)
- 내수면어업법에 따라 면허어업·허가어업 또는 신고어업에 사용하는 어선
- 수산업법에 따른 어장관리에 사용하는 총톤수 5ton 미만의 어선
- 어업의 허가 및 신고 등에 관한 규칙에 따른 연근해어업 허가증을 비치한 총톤수 2ton 미만의 어선

25 어선법상 국제톤수증서 발급 신청 시 제출하여야 하는 도면에 해당하지 않는 것은?

① 파이프배치도 ② 선체선도
③ 상부구조도 ④ 외판전개도

해설
어선법 시행규칙 제17조(국제톤수증서 등의 발급 신청 등)
국제톤수증서 또는 국제톤수확인서를 발급받으려는 자는 발급신청서에 다음의 서류를 첨부하여 해양수산부장관 또는 영사에게 제출하여야 한다.
- 일반배치도
- 선체선도
- 중앙횡단면도
- 강재배치도 또는 재료배치도
- 상부구조도
- 그 밖에 해양수산부장관이 국제톤수의 특정 또는 그 개측을 위하여 필요하다고 인정하는 서류

23 ③ 24 ② 25 ④ 정답

MEMO

참 / 고 / 문 / 헌

- 고등학교 교과서 항해, 전라남도교육청
- 고등학교 교과서 선박운용, 전라남도교육청
- 고등학교 교과서 선화운송, 부산광역시교육청
- 고등학교 교과서 해양일반, 부산광역시교육청
- 고등학교 교과서 어업 상, 교육인적자원부
- 고등학교 교과서 어업 하, 교육인적자원부
- 어획물취급 및 적화, 한길

참 / 고 / 사 / 이 / 트

- 법제처(http://www.moleg.go.kr)
- 해양수산부(http://www.mof.go.kr)
- 국토교통부(http://www.molit.go.kr)
- 한국해양수산연수원(http://www.seaman.or.kr)
- (사)한국해기사협회(http://www.mariners.or.kr)
- IMO 협약사항

좋은 책을 만드는 길
독자님과 함께하겠습니다.

도서나 동영상에 궁금한 점, 아쉬운 점, 만족스러운 점이
있으시다면 어떤 의견이라도 말씀해 주세요.
시대고시기획은 독자님의 의견을 모아 더 좋은 책으로 보답하겠습니다.

www.sidaegosi.com

Win-Q 항해사 6급 필기

개정2판1쇄 발행	2020년 06월 05일 (인쇄 2020년 04월 24일)
초 판 발 행	2018년 05월 10일 (인쇄 2018년 03월 28일)
발 행 인	박영일
책 임 편 집	이해욱
편 저	오동훈
편 집 진 행	윤진영 · 최 영
표지디자인	조혜령
편집디자인	심혜림 · 박진아
발 행 처	(주)시대고시기획
출 판 등 록	제10-1521호
주 소	서울시 마포구 큰우물로 75 [도화동 538 성지 B/D] 9F
전 화	1600-3600
팩 스	02-701-8823
홈 페 이 지	www.sidaegosi.com
I S B N	979-11-254-7062-5(13550)
정 가	29,000원